Formulaire

Propriétés algébriques des fonctions exponentielle et logarithme

Pour tous réels a et b et $n \in \mathbb{N}$, on a :

$$e^a \times e^b = e^{a+b} \qquad \frac{e^a}{e^b} = e^{a-b} \qquad (e^a)^n = e^{an}$$

Pour tous réels strictement positifs a et b et $n \in \mathbb{N}$, on a :

$$\ln ab = \ln a + \ln b \qquad \ln \frac{a}{b} = \ln a - \ln b \qquad \ln a^n = n \ln a$$

Limites des fonctions exp et ln aux bornes de leur ensemble de définition

$$\lim_{x \to -\infty} e^x = 0 \qquad \lim_{x \to +\infty} e^x = +\infty \qquad \lim_{x \to 0} \ln x = -\infty \qquad \lim_{x \to +\infty} \ln x = +\infty.$$

Signe de la fonction exponentielle - Pour tout $x \in \mathbb{R}$, $e^x > 0$.

Signe de la fonction logarithme - Pour tout $x \in]0\,;\,1[$, $\ln x < 0$ et pour tout $x \in]1\,;\,+\infty[$, $\ln x > 0$

Croissances comparées

$$\lim_{x \to +\infty} \left(\frac{e^x}{x}\right) = +\infty \qquad \lim_{x \to -\infty} (xe^x) = 0 \qquad \lim_{x \to 0} \left(\frac{e^x - 1}{x}\right) = 1 \qquad \lim_{x \to 0} (x \ln(x)) = 0 \qquad \lim_{x \to +\infty} \frac{\ln(x)}{x} = 0 \qquad \lim_{x \to 0} \frac{\ln(1+x)}{x} = 1$$

Corollaire du théorème des valeurs intermédiaires pour les fonctions strictement monotones

Lorsqu'une fonction f admet l'un des tableaux de variations suivants :

x	a	c	b
Variations de *f*	$f(a)$ ↗	k ↗	$f(b)$

x	a	c	b
Variations de *f*	$f(a)$ ↘		

alors l'équation $f(x) = k$ admet une unique solution dans l'intervalle $[a\,;\,b]$.

Les suites

	Suite arithmétique de raison r	Suite géométrique de raison q
Définition	$U_{n+1} = U_n + r$	$U_{n+1} = qU_n$
Terme général	$U_n = U_p + (n-p)r$ Si $p = 0$, $U_n = U_0 + nr$	$U_n = U_p q^{n-p}$ Si $p = 0$, $U_n = U_0 q^n$
Somme	$S = (\text{nombre de termes}) \times \dfrac{(\text{premier terme}) + (\text{dernier terme})}{2}$	Si $q \neq 1$ $S = (\text{premier terme}) \times \dfrac{1 - q^{(\text{nombre de termes})}}{1-q}$

Formulaire

Raisonnement par récurrence - On considère une propriété P_n dépendant de l'entier n.

Initialisation : On vérifie que la propriété est vraie au premier rang n_0.(en pratique $n_0 = 0$ ou $n_1 = 1$) ;

Hérédité : On suppose que pour un n fixé, on a P_n est vraie et on démontre alors que P_{n+1} est vraie ;

Conclusion : Lorsque ces points sont vérifiés, on peut affirmer que pour tout $n \geqslant n_0$ la propriété P_n est vraie.

Sens de variation d'une suite

	Définition explicite d'une suite	Définition par récurrence d'une suite
Modes de génération	$U_n = f(n)$	$\begin{cases} U_0 \\ U_{n+1} = f(U_n) \end{cases}$ pour $n > 1$
Sens de variation	On étudie la fonction f lorsque l'on peut donner ses variations.	On étudie le signe de $U_{n+1} - U_n$

Limite d'une suite

Suites convergentes de limite nulle	Suites divergentes de limite infini
• $\lim\limits_{n \to +\infty} \frac{1}{\sqrt{n}} = 0$ et $p \in \mathbb{N}^*$ $\lim\limits_{n \to +\infty} \frac{1}{n^p} = 0$ • Si $-1 < q < 1$ alors $\lim\limits_{n \to +\infty} q^n = 0$	• $\lim\limits_{n \to +\infty} \sqrt{n} = +\infty$ et $p \in \mathbb{N}$ $\lim\limits_{n \to +\infty} n^p = +\infty$ • Si $q > 1$ alors $\lim\limits_{n \to +\infty} q^n = +\infty$

Primitives - Soient f et F deux fonctions dérivables sur l'intervalle I.

F est une primitive de f sur I si pour tout $x \in I$, $F'(x) = f(x)$.

Fonction	$u'u^n$ avec $n \in \mathbb{Z}^*, n \neq -1$	$\frac{u'}{u}$	$u'e^u$	e^{ax+b}	$\cos(ax+b)$	$\sin(ax+b)$
Une primitive	$\frac{u^{n+1}}{n+1}$	$\ln\lvert u \rvert$	e^u	$\frac{e^{ax+b}}{a}$	$-\frac{\sin(ax+b)}{a}$	$\frac{\cos(ax+b)}{a}$

Calcul intégral - Soit f et g deux fonctions continues sur un intervalle I contenant a, b et c, α et β sont des réels :

- $\int_a^b f(x)\,dx = [F(x)]_a^b = F(b) - F(a)$
- Opposé : $\int_b^a f(x)\,dx = -\int_a^b f(x)\,dx$.
- Linéarité : $\int_a^b (\alpha f(x) + \beta g(x))\,dx = \alpha \int_a^b f(x)\,dx + \beta \int_a^b g(x)\,dx$
- Relation de Chasles : $\int_a^b f(x)\,dx + \int_b^c f(x)\,dx = \int_a^c f(x)\,dx$
- Valeur moyenne de f sur $[a\,;\,b]$: $\frac{1}{b-a}\int_a^b f(x)\,dx$
- Positivité : Si pour tout $x \in [a\,;\,b]$, $f(x) > 0$ alors $\int_a^b f(x)\,dx \geqslant 0$

Term S

maths repères

À la découverte des algorithmes et de la calculatrice

Qu'est-ce qu'un algorithme ?

Un algorithme est un enchaînement d'étapes ou d'instructions à effectuer dans un certair ordre et dont la réalisation permet la résolution d'un problème donné.

Quelques exemples d'algorithme

1. Les Babyloniens ont utilisé un algorithme très performant pour trouver une valeur approchée de la racine carré d'un nombre.
Voici leur méthode pour trouver une valeur approchée a de $\sqrt{7}$:
étape 1 : On part de $a = 1$; on divise 7 par a et on lui ajoute a ; on obtient donc $1 + \frac{7}{1}$ qui donne 8 ; on divise le résulta précédent par 2 ; on obtient 4.
étape 2 : On recommence l'*étape 1* en prenant pour a le résultat obtenu (c'est-à-dire $a = 4$) : $4 + \frac{7}{4}$ donne $\frac{23}{4}$; on divise par 2 ; on obtient $\frac{23}{8}$.
étape 3 : On procède de même en repartant du résultat de l'*étape 2* : $\frac{23}{8} + \frac{7}{\frac{23}{8}} = \frac{977}{184}$; on divise par 2 on obtient $\frac{977}{368}$ soit 2,65 ; or $\sqrt{7} \approx$ **2,646** ... On peut poursuivre cet algorithme pour obtenir une précision plus grande.

2. *Euclide*, dans son *Livre 7*, donne un algorithme qui permet de calculer le *pgcd* de deux entiers a et b.
Prenons par exemple $a = 220$ et $b = 64$:
On effectue la division euclidienne de a par b, on obtient $220 = 64 \times 3 + 28$;
on remplace a par b et b par le reste de la division euclidienne, on obtient $64 = 28 \times 2 + 8$;
on recommence jusqu'à trouver un reste nul, on obtient $28 = 8 \times 3 + 4$ puis $8 = \boxed{4} \times 2 + \mathbf{0}$.
Le *pgcd* est le reste qui précède ce reste nul : Le *pgcd* de 220 et 64 est donc $\boxed{4}$.

3. Voici l'algorithme utilisé par *César* pour coder ses messages.
On associe à A, B, ..., Z les valeurs respectives 0, 1, ..., 25.
Soit x le nombre associé à la lettre à coder ; on calcule $3x + 8$ et on prend le reste de la division euclidienne par 26 ; l lettre associée à ce nombre est la lettre codée :
Par exemple, au mot MATH sont associés les nombres **14-1-20-8** ;
$3 \times \mathbf{14} + 8 = 50$ et $50 = 26 \times 1 + 24$ qui est associé au **Y**
$3 \times \mathbf{1} + 8 = 11$ et $11 = 26 \times 0 + 11$ qui est associé au **J**
$3 \times \mathbf{20} + 8 = 68$ et $68 = 26 \times 2 + 14$ qui est associé au **M**
$3 \times \mathbf{8} + 8 = 32$ et $32 = 26 \times 1 + 6$ qui est associé au **F**

Le mot MATH est donc codé par le mot **YJMF**.
Pour décoder un message on applique le même procédé en utilisant l'opération $9x + 6$.

De nos jours, les algorithmes commandent...

... le téléchargement d'un fichier, la compression des données, les jeux vidéo, les feux tricolores, les fontaines, les lumières de la tour Eiffel, les éclairages automatiques de Roissy, le pilotage automatique des avions, la recherche du plus court chemin entre deux villes...

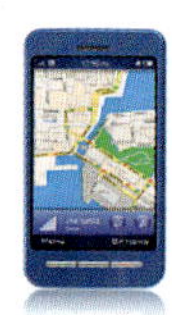

La recherche d'algorithme s'avère parfois très difficile...

Il arrive aux mathématiciens de douter de l'existence d'algorithme pour résoudre certains problèmes.
En 1900, le célèbre mathématicien *Hilbert* énuméra son 10e problème :

Trouver un algorithme qui permet de déterminer si une équation diophantienne admet, ou non, des solutions.

Une équation diophantienne est du type $5a^2 + 3b^2 = 16c^2 - d$ (équation formée de variables et de coefficients entiers).
Youri Matiyasévitch travailla près de 20 ans pour démontrer, en 1970, qu'un tel algorithme n'existe pas !

Entrées – Sorties

1. Partons du quotidien

Dans certains magasins, en période de soldes, le prix figurant sur un article, correspond au prix sans la remise et une étiquette précise *– 20 %, – 30 %, ...*
Pour déterminer le montant de la remise ainsi que le prix à payer, il faut :

- ✓ **Saisir** le prix avant la remise ;
- ✓ **Saisir** le pourcentage de réduction ;
- ✓ Calculer le montant de la remise ;
- ✓ Calculer le prix à payer ;
- ✓ **Afficher** le montant de la remise ;
- ✓ **Afficher** le prix à payer.

> Ces éléments sont les **entrées** de l'algorithme.

> Ces éléments sont les **sorties** de l'algorithme.

Durant l'exécution de l'algorithme on devra stocker :

Le prix avant remise (noté **A**),
le pourcentage de réduction (noté **P**),
le montant de la remise (noté **M**) et
le prix à payer (noté **B**)

> Ces éléments sont les **variables** de l'algorithme.

2. Mise en application

Analyse du processus

On définit tout d'abord les variables utilisées dans l'algorithme :

Saisir une donnée permet à l'utilisateur d'attribuer une valeur à une variable (c'est ce qu'on appelle les entrées) ;
Affecter une donnée permet à l'algorithme d'attribuer une valeur à une variable (on peut aussi utiliser le symbole →) ;
Afficher permet à l'utilisateur de voir un texte (entre guillemets) ou la valeur d'une variable à l'écran.

Algorithme

Variables :
A, B, M, P des nombres réels.
Début
Saisir A
Saisir P
Affecter à M la valeur $A \times \dfrac{P}{100}$
$A - M \rightarrow B$
Afficher « Montant de la remise M »,
Afficher « Prix à payer », B
Fin

Programmes

```
▼ VARIABLES
   ├ A EST_DU_TYPE NOMBRE
   ├ P EST_DU_TYPE NOMBRE
   ├ M EST_DU_TYPE NOMBRE
   └ B EST_DU_TYPE NOMBRE
▼ DEBUT_ALGORITHME
   ├ LIRE A
   ├ LIRE P
   ├ M PREND_LA_VALEUR A*P/100
   ├ B PREND_LA_VALEUR A-M
   ├ AFFICHER "Montant de la remise "
   ├ AFFICHER M
   ├ AFFICHER "Prix à payer "
   └ AFFICHER B
FIN_ALGORITHME
```

TI

```
PROGRAM:SOLDES
:Prompt A,P
:A*P/100→M
:A-M→B
:Disp "MONTANT D
E LA REMISE",M
:Disp "PRIX A PA
YER",B
```

Casio

```
======SOLDES  ======
?→A↵
?→P↵
A×P÷100→M↵
A-M→B↵
"Montant de la remise"◢
M◢
"Prix à payer"◢
B◢
COM CTL JUMP ? ◢ ▷
```

Si... alors... Sinon

1. Partons du quotidien

Lorsqu'on choisit un abonnement téléphonique, le coût mensuel dépend du temps total de communication ainsi que du type d'abonnement. On suppose dans ce cas qu'il n'y a que 2 types d'abonnements possibles :

Le *forfait A* qui propose un temps de communication illimité pour un montant mensuel de 80 € ;

Le *forfait B* qui propose un coût de 12 € par heure de communication.

À la fin du mois, l'ordinateur calcule le montant de la facture en effectuant les opérations suivantes :

- ✓ Demander le type de forfait ;
- ✓ Demander le temps de communication du mois ;
- ✓ Si le forfait est A alors afficher un montant à payer de 80 €.
- ✓ Sinon afficher un montant à payer du nombre d'heures de communication × 12.

Avec un schéma

Si *Condition*
    Alors
    Instructions
    Sinon
    Instruction
FinSi

2. Mise en application

Soit $\mathscr{D}$ le disque de centre $A(2-i)$ et de rayon 3. Écrire un algorithme qui demande de saisir l'affixe z d'un point M, puis l'algorithme renvoie « appartient » si $M \in \mathscr{D}$ et renvoie « n'appartient pas » sinon. Afficher aussi la valeur de la distance AM.

Analyse du processus

Pour déterminer si M appartient au disque $\mathscr{D}$, on va calculer la distance $AM = |z-(2-i)|$.

Si $AM \leqslant 3$ alors $M \in \mathscr{D}$.

Sinon (on est donc dans le cas où $AM > 3$) $M \notin \mathscr{D}$.

- ✓ a prend la valeur $2-i$.
- ✓ Saisir la valeur de z.
- ✓ d prend la valeur $|z-a|$.
- ✓ **Si** $d \leqslant 3$ alors $M \in \mathscr{D}$.
- ✓ **Sinon** $M \notin \mathscr{D}$.
- ✓ **FinSi**
- ✓ Afficher d.

Algorithme

Variables :
a et z deux nombres complexes ;
d un nombre réel.
Début
$2-i \to a$
Saisir z.
$|z-a| \to d$
Si $d \leqslant 3$
Alors
    Afficher « appartient »
Sinon
    Afficher « n'appartient pas »
FinSi
    Afficher « $AM=$ », d
Fin

Programmes

TI

```
PROGRAM:CERCLE
:2-i→A
:Prompt Z
:abs(Z-A)→D
:If D≤3
:Then
:Disp "APPARTIEN
T"
:Else
:Disp "N'APPARTI
ENT PAS"
:End
:Disp "AM=",D
```

Casio

```
======CERCLE   ======
2-i→A↵
?→Z↵
Abs (Z-A)→D↵
If D≤3↵
Then "appartient"◢
Else ↵
"n'appartient pas"◢
IfEnd↵
"AM="◢
D◢
COM CTL JUMP ? ◢ ▷
```

Boucle Pour

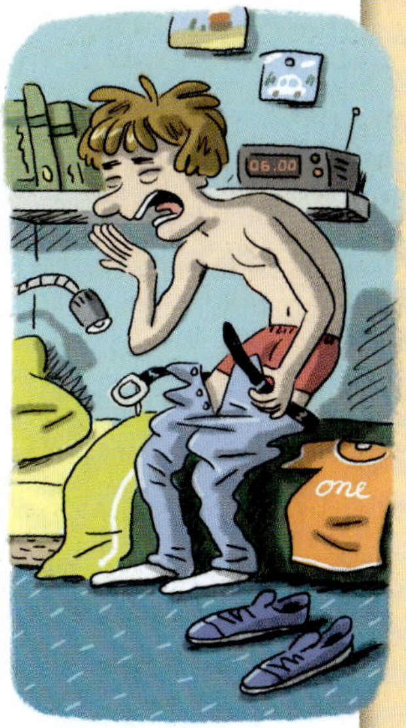

1. Partons du quotidien

Lorsque l'on s'habille le matin, on enfile un à un chacun des vêtements en respectant un certain ordre (il existe une marge de manœuvre mais, par exemple, on évitera d'enfiler son pantalon avant son caleçon !).

S'habiller suit donc un procédé qualifiable d'algorithmique :

- ✓ Prendre un vêtement (en respectant un certain ordre) ;
- ✓ Enfiler ce vêtement ;
- ✓ Choisir un autre vêtement possible et recommencer.

Une fois tous les vêtements enfilés, on admet que l'on est « habillé ».

Ceci peut aussi s'écrire :

Pour chaque vêtement, du **premier** au **dernier**, suivant un ordre préétabli :
└On **répète** l'enchaînement de ces étapes : *Prendre le vêtement, enfiler ce vêtement.*

Lorsque l'on répète un même ensemble d'étapes et qu'on en connaît le nombre de répétitions, en langage algorithmique, cela peut se traduire par une « boucle Pour ».

Avec un schéma

Pour *Variable* **allant de** *Valeurdébut* **à** *Valeurfin* **de** *Pas* **en** *Pas* **faire :**
| *Instructions*
Fin Pour

2. Mise en application

Écrire un algorithme qui effectue la somme des termes d'une suite $(u_n)_{n \geqslant 0}$ du terme u_p au terme u_q, p et q étant deux entiers fixés avec $p \leqslant q$.

Analyse du processus

On demande d'effectuer la somme :

$$S = u_p + \dots + u_q$$

En considérant que les termes de la suite (u_n) sont connus et ne sont pas à déterminer.

Remarque : Si ces termes ne sont pas connus, il suffit de les calculer à chaque nouvelle itération.

On a donc la suite d'étapes suivante :

- ✓ On initialise la somme S avec u_p ;
- ✓ On ajoute à S le successeur du terme précédent ;
- ✓ On poursuit cet enchaînement jusqu'à ce que le terme soit u_q.

Algorithme

Variables :
p et q deux nombres entiers naturels ;
S un nombre réel ;
k un nombre entier.
Début
Saisir p et q.
S prend la valeur 0
Pour k allant de p à q de 1 en 1 :
  S prend la valeur $S + u_k$
Fin Pour
Afficher S
Fin

Programme

TI-84

```
PROGRAM:SOMSUITE
:Prompt P,Q
:0→S
:For(K,P,Q)
:S+u(K)→S
:End
:Disp S
:
```

Boucle Tant que

1. Partons du quotidien

Le « *forfait bloqué* » d'un téléphone portable permet à l'utilisateur de téléphoner tant que la durée totale des communications est inférieure ou égale à la durée indiquée par le forfait. Pour un forfait bloqué d'une heure, on peut résumer la gestion du forfait ainsi :

Tant que la durée totale des communications est inférieure ou égale à une heure :
| On communique sur son forfait.
| Chaque minute supplémentaire de communication est ajoutée au temps de communication total.

Lorsqu'on répète un même ensemble d'étapes tant qu'un ensemble de conditions est respecté, en langage algorithmique, cela peut se traduire par une « boucle Tant que ».

Avec un schéma

Tant que *Condition* **est vraie faire :**
| *Instructions*
Fin Tant que

2. Mise en application

Soit $\varepsilon > 0$. Écrire un algorithme qui calcule une approximation, à ε près de l'unique solution dans l'intervalle $[1\,;\,2]$ de l'équation d'inconnue réelle x, $x^2 = 2$.

Analyse du processus

On construit deux listes de réelles L_a et L_b qui vont contenir les approximations progressives, suivant la méthode expliquée en classe de seconde et première.

Algorithme

Variables :
L_a, L_b deux listes de réels ;
epsilon un nombre réel ;
n un entier naturel.
Début
Lire la variable *epsilon*
n prend la valeur 1.
$L_a[n]$ prend la valeur 1 ;
$L_b[n]$ prend la valeur 2 ;
Tant que $L_b[n] - L_a[n] < epsilon$
  Si $\left(\dfrac{L_a[n]+L_b[n]}{2}\right)^2 < 2$ alors
    $L_a[n+1]$ prend la valeur $\dfrac{L_a[n]+L_b[n]}{2}$
    $L_b[n+1]$ prend la valeur $L_b[n]$
  Sinon
    $L_a[n+1]$ prend la valeur $L_a[n]$
    $L_b[n+1]$ prend la valeur $\dfrac{L_a[n]+L_b[n]}{2}$
  Fin Si
  n prend la valeur $n+1$
  Afficher $L_a[n]$ et $L_b[n]$
Fin Tant que
Fin

Programme

```
VARIABLES
  List_a EST_DU_TYPE LISTE
  List_b EST_DU_TYPE LISTE
  epsilon EST_DU_TYPE NOMBRE
  n EST_DU_TYPE NOMBRE
DEBUT_ALGORITHME
  AFFICHER "Quelle est l'approximation souhaitée ?"
  LIRE epsilon
  n PREND_LA_VALEUR 1
  List_a[n] PREND_LA_VALEUR 1
  List_b[n] PREND_LA_VALEUR 2
  AFFICHER "Les valeurs encadrantes sont données cidessous :"
  TANT_QUE (List_b[n]-List_a[n]>=epsilon) FAIRE
    DEBUT_TANT_QUE
    SI (pow((List_a[n]+List_b[n])/2,2)<2) ALORS
      DEBUT_SI
      List_a[n+1] PREND_LA_VALEUR (List_a[n]+List_b[n])/2
      List_b[n+1] PREND_LA_VALEUR List_b[n]
      FIN_SI
      SINON
        DEBUT_SINON
        List_a[n+1] PREND_LA_VALEUR List_a[n]
        List_b[n+1] PREND_LA_VALEUR (List_a[n]+List_b[n])/2
        FIN_SINON
    n PREND_LA_VALEUR n+1
    AFFICHER List_a[n]
    AFFICHER " ; "
    AFFICHER List_b[n]
    FIN_TANT_QUE
FIN_ALGORITHME
```

Boucle Répète

1. Partons du quotidien

Lorsque l'on joue au jeu des petits chevaux, on ne peut commencer à sortir de l'enclos que lorsque l'on obtient 6 au dé. On commence donc nécessairement par lancer un dé une fois et on réitère le lancer jusqu'à obtenir un 6. On pourrait résumer ce début de jeu par le schéma suivant :

On **Répète** :
| le lancer du dé.
Jusqu'à l'obtention du « 6 ».

Lorsque l'on répète un même ensemble d'étapes jusqu'à ce qu'un ensemble de conditions soit respecté, en langage algorithmique, cela peut se traduire par une « boucle Répète ».

Attention : Contrairement à la « Boucle Tant Que », la condition est ici testée en **fin de boucle**. On peut donc remarquer que l'emploi d'une telle structure se fait dès lors que l'on itère le procédé au moins une fois.

Avec un schéma

Répète :
| *Instructions*
Jusqu'à *Condition* **est vraie**

2. Mise en application

Écrire un algorithme qui simule le lancer d'un dé et qui le répète jusqu'à obtenir un 6, comme dans l'exemple du jeu des petits chevaux, et qui renvoie le nombre de lancers nécessaires.

Analyse du processus

On va supposer que l'on a à disposition une fonction capable de fournir un entier pseudo-aléatoire compris au sens large entre 1 et 6.
À partir de là, on répète cette génération « aléatoire » jusqu'à obtenir la valeur 6 et à chaque nouvelle itération, on incrémente le nombre de lancers.

Il est clair que, puisqu'il faut lancer le dé au moins une fois, une boucle « Répète » est tout indiquée.

Algorithme

Variables :
n un nombre entier ;
D un entier compris entre 1 et 6.
Début
n prend la valeur 0.
Repète
 D prend la valeur d'un entier aléatoire compris entre 1 et 6 ;
 n prend la valeur $n + 1$;
Jusqu'à $D = 6$
Afficher n.
Fin

Programmes

TI

```
PROGRAM:DESIX
:1→N
:Repeat D=6
:entAléat(1,6)→D
:N+1→N
:End
:Disp N
:
```

Casio

```
======DESIX    ======
1→N↵
Do↵
RanInt#(1,6)→D↵
N+1→N↵
LpWhile D≠6↵
N◢
TOP BTM SRC MENU A⇔a CHAR
```

TI : Fonctions

Touche « *f*(*x*) » Y=

Permet **d'entrer les expressions des fonctions.**

```
Graph1 Graph2 Graph3
\Y1■-3X²-2X+3
\Y2=4X-1
```

permet d'afficher la courbe en gras, ou en pointillés.

■ signifie que la courbe de la fonction **Y1** sera tracée et = que la courbe de la fonction **Y2** ne sera pas tracée.

Pour le modifier, il suffit de se placer avec le curseur sur = et d'appuyer sur ENTER.

Touche « fenêtre » WINDOW

Permet de **définir la fenêtre d'affichage** des représentations graphiques.

```
FENETRE
 Xmin=-5
 Xmax=5
 Xgrad=1
 Ymin=-5
 Ymax=5
 Ygrad=1
 Xres=1
```

Xmin et **Xmax** sont les valeurs extrêmes de l'axe des abscisses.

Ymin et **Ymax** sont celles de l'axe des ordonnées.

Xgrad et **Ygrad** renseignent sur l'écart entre deux graduations.

Touche « graphe » GRAPH

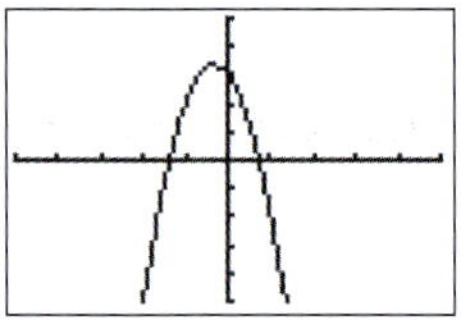

Permet de **tracer les représentations graphiques** (de fonctions, des graphes statistiques, etc.).

Touche « calculs » 2ND TRACE

```
CALCULS
1:valeur
2:zéro
3:minimum
4:maximum
5:intersect
```

Permet de **déterminer graphiquement des extremums, des intersections** entre courbes et avec l'axe des abscisses (zéros), etc.

Touche « déf table » 2ND WINDOW

```
DEFINIR TABLE
 DébTbl=-3
 Pas=1
Valeurs:Auto Dem
Calculs:Auto Dem
```

Permet de **définir la première valeur et le pas** du tableau de valeurs.

Touche « table » 2ND GRAPH

Permet d'**afficher le tableau de valeurs** de la fonction.

X	Y1	
-3	-18	
-2	-5	
-1	2	
0	3	
1	-2	
2	-13	

X=-3

On peut avoir plus de valeurs à l'aide des flèches et

Touche « zoom » ZOOM

Permet de **sélectionner différents zooms** de la fenêtre graphique.

```
ZOOM MEMOIRE
1:Zboîte
2:Zoom +
3:Zoom -
4:ZDécimal
5:ZOrthonormal
6:ZStandard
7:ZTrig
8:ZEntier
9:ZoomStat
0:ZMinMax
```

1. Définit un zoom rectangle

2. Zoome autour du curseur

3. Dézoome autour du curseur

4. Xmin=-4,7 Xmax=4,7 Ymin=-3,1 Ymax=3,1 (pour avoir un pas de 0,1 par pixel).

5. Ajuste **Xmin** et **Xmax** pour que le repère soit orthonormé.

6. Xmin=-10 Xmax=10 Ymin=-10 Ymax=10

9. Ajuste la fenêtre pour visualiser un graphique statistique.

Touche « format » 2ND ZOOM

Permet de **définir des paramètres d'affichage** de la fenêtre graphique.

```
CoorRec   CoorPol
CoorAff   CoorNAff
QuadNAff  QuadAff
AxesAff   AxesNAff
EtiqNAff  EtiqAff
ExprAff   ExprNAff
```

Aff : Signifie « affiché » ;

NAff : « non affiché ».

Quad : Correspond au quadrillage.

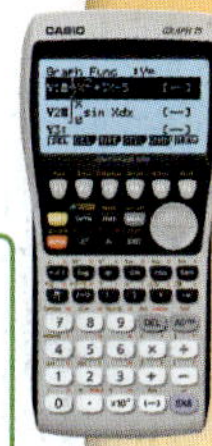

Casio : Fonctions   Icône GRAPH

C'est l'icône du menu qui donne **l'accès aux fonctions graphiques** de la calculatrice.

Cette icône donne accès au menu d'édition ci dessous :

```
Fonct graph :Y=
Y1■-3X²-2X+1        [—]
Y2■X+2/(X+3)        [▬]
Y3=√(3X-1)          [····]
Y4■2                [·····]
SEL DEL TYPE STYL GMEM DRAW
```

SEL : Permet de sélectionner ou désélectionner une courbe lors du tracé

TYPE : Permet de changer le type d'équation.

Une forme utile pour l'équation de droite : **X=3**.

STYL : Permet d'afficher la courbe en gras, pointillés, etc. :

DRAW : Affiche la ou les représentations graphiques sélectionnées (ici **Y1**, **Y2** et **Y4**).

Accès aux paramètres de la fenêtre graphique   SHIFT et V-Window

On obtient la fenêtre suivante :

```
Fen-V
Xmin  :-6.3
 max  :6.3
 scale:1
 dot  :0.1
Ymin  :-3.1
 max  :3.1
 scale:1
INIT TRIG STD STO RCL
```

Nombre de pixels sur l'écran : 126 × 62.

Ces valeurs, permettent de fixer les valeurs extrêmes des axes (abscisse et ordonnée).

scale : Renseigne sur l'écart entre deux graduations de l'axe considéré.

dot : Renseigne sur le pas de variation, par rapport aux pixels, automatiquement calculé avec **scale**.

INIT : Fournit les paramètres ci-contre, permettant au repère d'être **orthonormé**.

STD : Fournit des paramètres plus larges :

Xmin=-10 Xmax=10 Ymin=-10 Ymax=10

Les outils de la zone graphique   SHIFT et G-Solv

Ces outils sont utiles pour les recherches de maximum/minimum, des intersections de courbes avec les axes, etc.

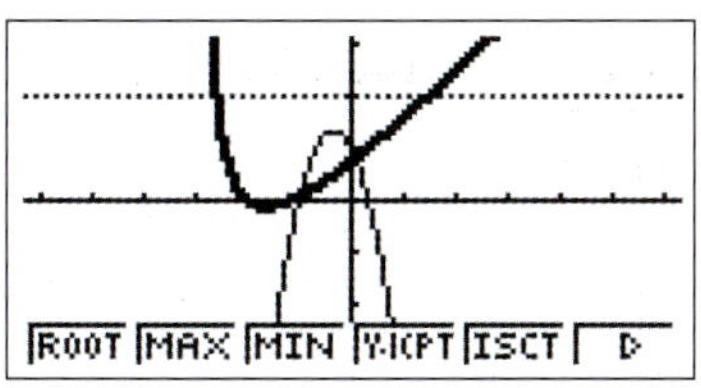

ROOT : Détermine le(s) intersection(s) avec l'axe des abscisses (racines d'une fonction).

MAX : Calcule le maximum d'une fonction.

Y-ICPT : Détermine l'intersection avec l'axe des ordonnées.

ISCT : Détermine l'intersection entre deux courbes.

Y-CAL : Calcule une image (accessible par ▷).

X-CAL : Recherche les éventuels antécédents.

Les zooms de la zone graphique   SHIFT et Zoom

Ces outils sont utiles pour changer de point de vue et zoomer.

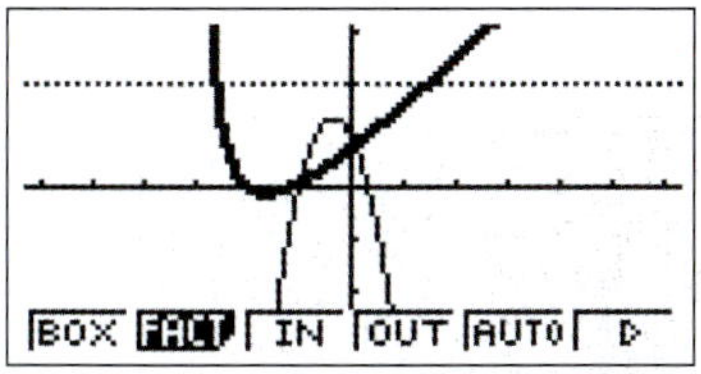

BOX : Définit un zoom rectangle (une boîte).

IN/OUT : Zoome/dézoome autour du curseur.

AUTO : Ajuste la fenêtre graphique sur la première courbe.

SQR : Ajuste la fenêtre en maintenant un repère orthonormé.

INTG : Ajuste l'échelle autour du curseur où chaque pixel correspond à une unité graphique.

Le tableau des valeurs (X,Y(X))

Ce tableau s'obtient en retournant au menu et en sélectionnant : TABLE

On retrouve alors le même menu d'édition.

La fonction **SET** permet de définir ces paramètres.

On choisit la valeur de départ, de fin, puis le pas :

```
Réglage Table
X
 Start:1
 End  :5
 Step :1
```

TI : Calcul

Touche « math » MATH

ΣFrac donne l'accès à l'écriture sous forme de fractions, partie entière et décimale, nombres aléatoires, etc.

```
MATH NUM CPX PRB
1:▸Frac
2:▸Dec
6:xfMin(
7↓xfMax(
```

```
MATH NUM CPX PRB
4:partDéc(
5:partEnt(
8:ppcm(
9:pgcd(
```

```
MATH NUM CPX PRB
1:NbrAléat
5:entAléat(
```

Astuce : 2ND ENTER : Permet d'afficher le dernier calcul. On peut l'utiliser plusieurs fois de suite pour remonter dans les calculs.

Pour afficher un rationnel sous la forme d'une fraction, utiliser MATH ▶ **Frac**.

Exemple : $\frac{3}{4} - \frac{2}{7}$ donne un résultat sous forme décimale :

```
3/4-2/7
       .4642857143
```

MATH ▶ **Frac** donne l'affiche suivant :

```
Rep▸Frac
             13/28
```

TI : Statistiques

Touche « stats » STAT

Permet d'avoir **accès aux fonctions statistiques** : édition des données, calculs, etc.

```
EDIT CALC TESTS
1:Edite...
2:Tricroi(
3:TriDécroi(
4:EffListe
5:ListesDéfaut
```

```
EDIT CALC TESTS
1:Stats 1-Var
```

Stat 1-Var L1,L2 : Calcule les moyenne, médiane et quartiles d'une série statistique dont les **valeurs du caractère** sont dans **L1** et les effectifs dans **L2**.

Touche « graph stats » 2ND Y=

Permet de **définir le type de graphique statistique** (on peut afficher jusqu'à trois graphiques sur une fenêtre).

```
GRAPH STATS
1:Graph1...NAff
  L1   L3
2:Graph2...NAff
  L2   i
3:Graph3...NAff
  L3   L2   ▫
4↓GraphNAff
```

Touche « listes » 2ND STAT

```
NOMS OPS MATH
1:L1
2:L2
3:L3
4:L4
5:L5
```

```
NOMS OPS MATH
1:Tricroi(
2:TriDécroi(
6:somCum(
```

```
NOMS OPS MATH
1:min(
2:max(
3:moyenne(
4:médiane(
5:somme(
6:prod(
7↓ecart-type(
```

somCum : Définit une liste contenant les sommes cumulées croissantes.

dim : Renvoie le nombre d'éléments d'une liste.

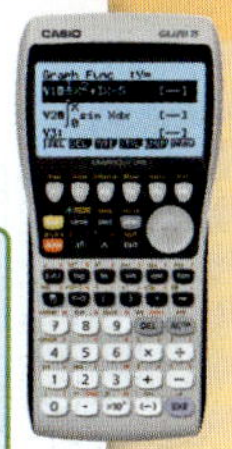

Casio : Calcul Icône 

C'est l'icône du menu qui donne **l'accès à la page courante de tous les types de calculs.**

Astuce : À tout moment, le **set up** permet d'avoir recours à la personnalisation des affichages tels que :

– l'affichage **Maths 2D** qui affiche « $\frac{35}{78}$ » au lieu de « $35\sqrt{78}$ » et qui permet de remonter toutes les lignes ;

– le type d'affichage de calcul de fraction : $\frac{d}{c}$ ou $a + \frac{b}{c}$;

– le type d'affichage de la zone graphique (axes, grille, etc.).

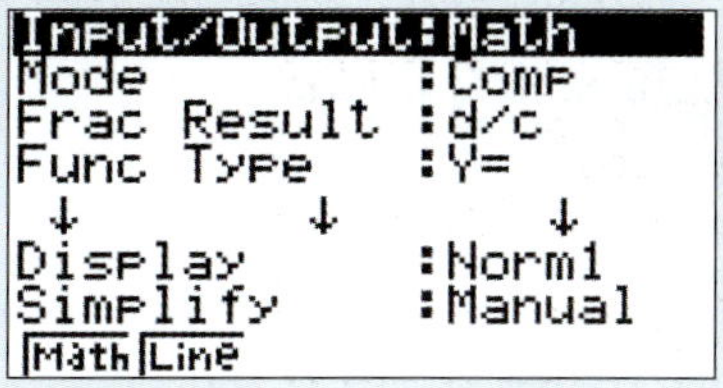

La touche **OPTN** permet l'accès à d'autres fonctions sur les thèmes suivants :

À l'intérieur de chacun de ces sous-menus, on accède à un ensemble de fonctions associées.

➔ dans **NUM**, on a les fonctions suivantes :

GCD : Donne le plus grand diviseur commun de deux entiers,

LCM : Le plus petit multiple commun.

MOD(a,b) : Fournit le reste de la division euclidienne de **a** par **b**

➔ dans **PROB**, on a les fonctions suivantes :

RAND Sous-menu qui donne accès aux fonctions aléatoires de la machine.

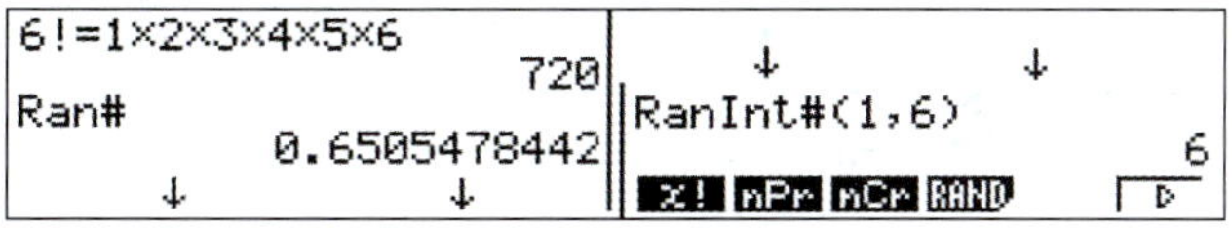

Casio : Statistiques Icône 

Ce menu permet d'éditer et d'effectuer des calculs statistiques sur des listes.

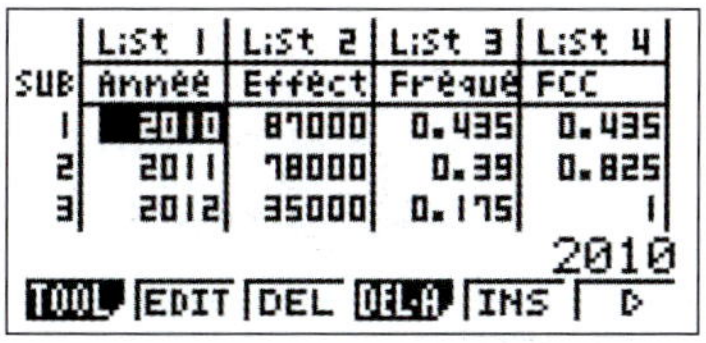

GRPH : Donne accès au menu de différents types de graphiques (nuage, histogramme, diagramme en boite, ligne brisée, etc.).

LIST : Permet d'avoir accès au nom d'une liste (**List1**, **List2**, etc.).

Mean : Calcule la moyenne d'une liste de nombres.

Cuml : Calcule les sommes cumulées croissantes d'une liste de nombres.

CALC : Donne accès aux résumés statistiques d'une ou deux variables statistiques (moyenne, médiane, quartile, etc.).

Pour avoir accès aux fonctions statistiques, dans le menu **Run Mat**, appuyer sur **OPTN**, puis sur **LIST**.

SET : Permet de définir le type de graphique statistique (jusqu'à trois graphiques).

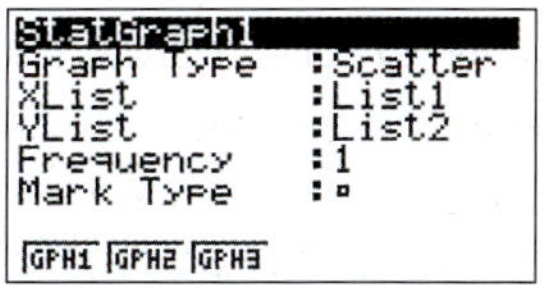

On sélectionne le type de graphique, les listes et le type de marquage.

TI : Programmation

Touche « prgm » PRGM

Permet d'entrer dans le menu programme.

```
EXEC EDIT NOUV
1:AGE
2:BAC
```

EXEC : Exécute le programme sélectionné.

EDIT : Entre dans le programme pour le modifier.

NOUV : Permet d'écrire un nouveau programme.

AGE, **BAC** sont ici les noms des programmes présents dans la calculatrice.

Une fois dans un programme, cette touche permet d'accéder aux fonctions de programmation.

```
CTL E/S EXEC
1:If
2:Then
3:Else
4:For(
5:While
6:Repeat
7:End
8:Pause
9:Lbl
0:Goto
```

```
CTL E/S EXEC
2↑Prompt
3:Disp
4:AffGraph
5:AffTable
6:Output(
7:codeTouch(
8:EffEcr
9:EffTable
```

Touche « dessin » 2ND PRGM

Permet d'**effacer la fenêtre graphique et de dessiner** des segments, des cercles, etc.

```
DESSIN POINTS SA
1:EffDessin
2:Ligne(
3:Horizontale
4:Verticale
5:Tangente(
6:DessFonct
```

Après avoir choisi sa fonction (ligne, par exemple) on clique dans la zone graphique pour définir les deux points passant par cette ligne pour la tracer.

Touche « tests » 2ND MATH

Permet d'**avoir accès aux fonctions logiques**.

```
TEST LOGIQUE
1:=
2:≠
3:>
4:≥
5:<
6:≤
```

```
TEST LOGIQUE
1:et
2:ou
3:ouExcl
4:non(
```

Touche « var » VARS

Permet d'avoir accès à tous les paramètres comme **Xmin**, **Xmax**, ou encore le nom des fonctions, afin, par exemple, de les utiliser dans d'un programme.

```
VARIABLES Y-VARS
1:Fenêtre...
2:Zoom...
3:BDG...
4:Image...
5:Statistiques...
6:Table...
7:Chaîne...
```

Les erreurs les plus fréquentes

1. Il ne faut pas confondre le signe (–) de l'opposé d'un nombre avec le signe – de la soustraction.

```
Graph1 Graph2 Graph3
\Y1■-X²-2X+3
\Y2=
\Y3=
```

Erreur

Message d'erreur

```
ERR:SYNTAXE
1:Quitter
2:Voir
```

Il fallait mettre ici le signe (–) de l'opposé.

```
2→X              2
X-2             -4
X-2              0
```

On obtient des résultats différents selon que l'on mette (–) ou –.

La calculatrice effectue des opérations différentes : $X \times (-2)$ ou $X - 2$...

2. Erreur lors de la représentation graphique

```
Graph1 Graph2 Graph3
\Y1■-X²-2X+3
\Y2=
```

Message d'erreur

```
ERR:DIM INVALIDE
1:Quitter
```

Il faut désactiver **Graph1** en le sélectionnant et en appuyant sur ENTER.

```
FENETRE
Xmin=5
Xmax=-3
Xgrad=1
Ymin=-10
Ymax=10
Ygrad=1
Xres=1
```

Message d'erreur

```
ERR:VAL FENETRE
1:Quitter
```

On doit toujours avoir **Xmin** < **Xmax** et **Ymin** < **Ymax**.

Casio : Programmation   Icône PRGM

C'est l'icône du menu qui donne **l'accès au menu de programmation.**

Cette icône donne l'accès au menu d'édition ci dessous :

EXEC : Exécute le programme sélectionné.

EDIT : Entre dans le programme pour le modifier.

NEW : Permet d'écrire un nouveau programme.

AGE, **BAC** sont ici les noms des programmes présents dans la calculatrice.

Une fois dans un programme, on accède aux fonctions de programmation par la touche **PRGM** (SHIFT et VARS).

On obtient alors la structure des sous-menus suivante :

COM : **If, Then, Else, I-End** (Si..., alors ... Sinon ... Fin Si).

For, To, Step, Next (Pour 0 → K à 10 avec un pas de 2).

While, Wend (Tant que *condition* ... Fin Tant que).

Do, Lpw (Répète ... Tant que *condition*).

? : Instruction pour saisir une donnée. Elle est suivie de → pour stocker la valeur saisie.

Exemple : **?**⎕**A** demande de saisir un nombre qui sera stocké dans la variable A.

◢ : Instruction pour afficher un texte, une variable, etc.

Exemple : **A◢** affiche le contenu de la variable A ; **"A"** affiche à l'écran la lettre A.

: : Permet de séparer deux instructions (on peut également revenir à la ligne).

Exemple : **"Entrer un nombre" :?**⎕**A** sépare dans cet exemple un affichage et une saisie.

CLR : Permet d'effacer la fenêtre texte, la fenêtre graphique, une liste, etc.

DISP : **Stat** : Affiche un graphe statistique.

Grph : Affiche la représentation graphique d'une fonction.

REL : Donne accès aux symboles suivants : **=** **≠** **>** **<** **≥** **≤**.

Touche CHAR

Permet d'avoir accès à tous les symboles de la calculatrice, lors de l'écriture d'un programme, et notamment pour **l'affichage de texte que l'on peut faire en lettres minuscules**. Plus précisément :

MATH

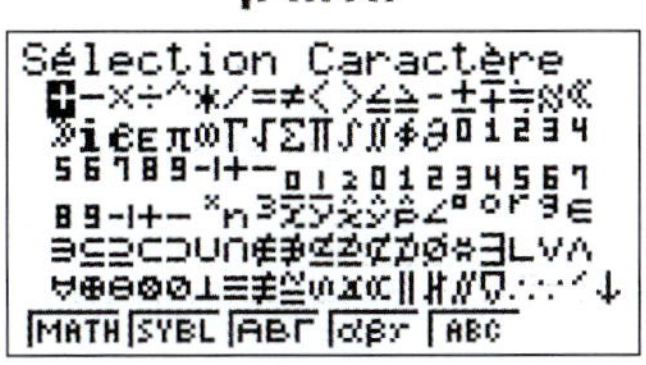

SYBL

ABΓ

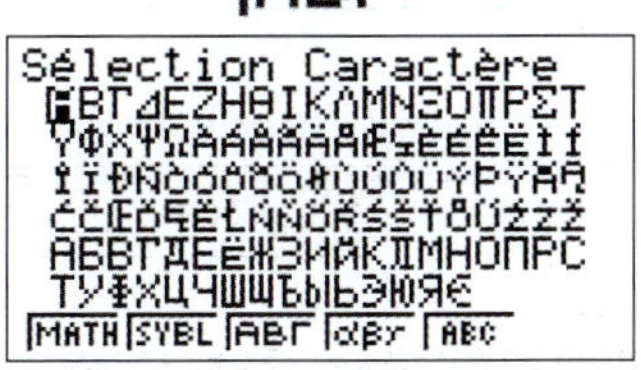

αβγ

(extraits) Bulletin Officiel n° 8 du 13 octobre 2011.

ENSEIGNEMENT SPÉCIFIQUE

1. Analyse

Un des objectifs du programme est de permettre à l'élève d'étudier un plus grand nombre de phénomènes discrets ou continus.

- La notion de limite de suite fait l'objet d'une étude approfondie. On prépare ainsi la présentation des limites de fonctions.
- L'ensemble des fonctions mobilisables est élargi par l'introduction des fonctions exponentielle, logarithme, sinus et cosinus. La fonction exponentielle intervenant dans différents champs du programme, il est souhaitable de l'introduire assez tôt dans l'année.
- Enfin, s'ajoute le nouveau concept d'intégration qui, bien que modestement abordé et développé, demeure un concept fondamental de l'analyse.

Contenus	Chapitres	Capacités attendues
Suites Raisonnement par récurrence. Limite finie ou infinie d'une suite. Limites et comparaison. Opérations sur les limites. Comportement à l'infini de la suite (q^n), q étant un nombre réel. Suite majorée, minorée, bornée.	1	• Savoir mener un raisonnement par récurrence. • Dans le cas d'une limite infinie, étant donnés une suite croissante (u_n) et un nombre réel A, déterminer à l'aide d'un algorithme un rang à partir duquel u_n est supérieur à A. • Démontrer que si (u_n) et (v_n) sont deux suites telles que : u_n est inférieur ou égal à v_n à partir d'un certain rang ; u_n tend vers $+\infty$ quand n tend vers $+\infty$; alors v_n tend vers $+\infty$ quand n tend vers $+\infty$. • Étudier la limite d'une somme, d'un produit ou d'un quotient de deux suites. • Démontrer que la suite (q_n), avec $q > 1$, a pour limite $+\infty$. • Déterminer la limite éventuelle d'une suite géométrique. • Utiliser le théorème de convergence des suites croissantes majorées.
Limites de fonctions Limite finie ou infinie d'une fonction à l'infini. Limite infinie d'une fonction en un point. Limite d'une somme, d'un produit, d'un quotient ou d'une composée de deux fonctions. Limites et comparaison. Asymptote parallèle à l'un des axes de coordonnées.	1	• Déterminer la limite d'une somme, d'un produit, d'un quotient ou d'une composée de deux fonctions. • Déterminer des limites par minoration, majoration et encadrement. • Interpréter graphiquement les limites obtenues.
Continuité sur un intervalle, théorème des valeurs intermédiaires	2	• Exploiter le théorème des valeurs intermédiaires dans le cas où la fonction est strictement monotone, pour résoudre un problème donné.
Calculs de dérivées : compléments	2	• Calculer les dérivées des fonctions : $x \mapsto \sqrt{u(x)}$; $x \mapsto (u(x))^n$, n entier relatif non nul ; $x \mapsto e^{u(x)}$; $x \mapsto \ln(u(x))$. • Calculer la dérivée d'une fonction $x \mapsto f(ax+b)$ où f est dérivable, a et b deux réels.
Fonctions sinus et cosinus	2	• Connaître la dérivée des fonctions sinus et cosinus. • Connaître quelques propriétés de ces fonctions, notamment parité et périodicité. • Connaître les représentations graphiques de ces fonctions.
Fonction exponentielle Fonction $x \mapsto \exp(x)$. Relation fonctionnelle, notation e^x.	3	• Démontrer l'unicité d'une fonction dérivable sur $\mathbb{R}$, égale à sa dérivée et qui vaut 1 en 0. • Démontrer que $\lim\limits_{x \to +\infty} e^x = +\infty$ et $\lim\limits_{x \to -\infty} e^x = 0$. • Utiliser la relation fonctionnelle pour transformer une écriture. • Connaître le sens de variation et la représentation graphique de la fonction exponentielle. • Connaître et exploiter $\lim\limits_{x \to +\infty} \frac{e^x}{x} = +\infty$ et $\lim\limits_{x \to -\infty} xe^x = 0$.
Fonction logarithme népérien Fonction $x \mapsto \ln x$. Relation fonctionnelle, dérivée.	3	• Connaître le sens de variation, les limites et la représentation graphique de la fonction logarithme népérien. • Utiliser, pour a réel strictement positif et b réel, l'équivalence $\ln a = b \Leftrightarrow a = e^b$. • Utiliser la relation fonctionnelle pour transformer une écriture. • Connaître et exploiter $\lim\limits_{x \to +\infty} \frac{\ln x}{x} = 0$.
Intégration Définition de l'intégrale d'une fonction continue et positive sur $[a\ ;\ b]$ comme aire sous la courbe. Notation $\int_a^b f(x)\,dx$. Théorème : si f est une fonction continue et positive sur $[a\ ;\ b]$, la fonction F définie sur $[a\ ;\ b]$ par $F(X) = \int_a^X f(t)\,dt$ est dérivable sur $[a\ ;\ b]$ et a pour dérivée f. Primitive d'une fonction continue sur un intervalle. Théorème : toute fonction continue sur un intervalle admet des primitives. Intégrale d'une fonction continue de signe quelconque. Linéarité, positivité, relation de Chasles. Valeur moyenne.	4	• Déterminer des primitives des fonctions usuelles par lecture inverse du tableau des dérivées. • Connaître et utiliser les primitives de $u'e^u$, $u'u^n$ (n entier relatif, différent de -1) et, pour u strictement positive, $\frac{u'}{\sqrt{u}}$, $\frac{u'}{u}$. • Calculer une intégrale. • Utiliser le calcul intégral pour déterminer une aire. • Encadrer une intégrale. • Pour une fonction monotone positive, mettre en œuvre un algorithme pour déterminer un encadrement d'une intégrale.

2. Géométrie

2.1. Nombres complexes

En classe terminale, les nombres complexes sont vus essentiellement comme constituant un nouvel ensemble de nombres avec ses opérations propres. Cette introduction s'inscrit dans la perspective d'un approfondissement lors d'une poursuite d'études.

Contenus	Chapitres	Capacités attendues
Forme algébrique, conjugué ; somme, produit, quotient. Équation du second degré à coefficients réels. Représentation géométrique ; Affixe d'un point, d'un vecteur. Forme trigonométrique : – module et argument, interprétation géométrique dans un repère orthonormé direct ; – notation exponentielle.	5	• Effectuer des calculs algébriques avec des nombres complexes. • Résoudre dans $\mathbb{C}$ une équation du second degré à coefficients réels. • Représenter un nombre complexe par un point ou un vecteur. • Déterminer l'affixe d'un point ou d'un vecteur. • Passer de la forme algébrique à la forme trigonométrique et inversement. • Connaître et utiliser la relation $z\bar{z} = \|z\|^2$. • Effectuer des opérations sur les nombres complexes écrits sous différentes formes.

2.2. Géométrie dans l'espace - L'objectif est de rendre les élèves capables d'étudier des problèmes d'intersection de droites et de plans, en choisissant un cadre adapté, vectoriel ou non, repéré ou non.

- Il s'agit, d'une part de renforcer la vision dans l'espace, d'autre part de faire percevoir toute l'importance de la notion de direction de droite ou de plan.
- La décomposition d'un vecteur d'un plan suivant deux vecteurs non colinéaires de ce plan, puis celle d'un vecteur de l'espace suivant trois vecteurs non coplanaires, sensibilisent aux concepts de liberté et de dépendance en algèbre linéaire.
- Le repérage permet à la fois de placer des objets dans l'espace et de se donner un moyen de traiter des problèmes d'intersection d'un point de vue algébrique. Le concept d'orthogonalité fournit un outil pour une caractérisation simple des plans de l'espace.

Contenus	Chapitres	Capacités attendues
Droites et plans Positions relatives de droites et de plans : intersection et parallélisme. Orthogonalité : – de deux droites ; – d'une droite et d'un plan.	6	• Étudier les positions relatives de droites et de plans. • Établir l'orthogonalité d'une droite et d'un plan.
Géométrie vectorielle Caractérisation d'un plan par un point et deux vecteurs non colinéaires. Vecteurs coplanaires. Décomposition d'un vecteur en fonction de trois vecteurs non coplanaires. Repérage. Représentation paramétrique d'une droite.	6	• Choisir une décomposition pertinente dans le cadre de la résolution de problèmes d'alignement ou de coplanarité. • Utiliser les coordonnées pour : traduire la colinéarité ; caractériser l'alignement ; déterminer une décomposition de vecteurs.
Produit scalaire Produit scalaire de deux vecteurs dans l'espace : définition, propriétés. Vecteur normal à un plan. Équation cartésienne d'un plan.	6	• Déterminer si un vecteur est normal à un plan. • Caractériser les points d'un plan de l'espace par une relation $ax + by + cz + d = 0$ avec a, b, c trois nombres réels tous non nuls. • Déterminer une équation cartésienne d'un plan connaissant un point et un vecteur normal. • Déterminer un vecteur normal à un plan défini par une équation cartésienne. • Démontrer qu'une droite est orthogonale à toute droite d'un plan si et seulement si elle est orthogonale à deux droites sécantes de ce plan. • Choisir la forme la plus adaptée entre équation cartésienne et représentation paramétrique pour : – déterminer l'intersection d'une droite et d'un plan ; – étudier la position relative de deux plans.

3. Probabilités et statistique

Afin de traiter les champs de problèmes associés aux données continues, on introduit les lois de probabilité à densité. La loi normale permet d'initier les élèves à la statistique inférentielle par la détermination d'un intervalle de confiance pour une proportion à un niveau de confiance de 95 %.
Cette partie se prête particulièrement à l'étude de problèmes issus d'autres disciplines. Le recours aux représentations graphiques et aux simulations est indispensable.

Contenus	Chapitres	Capacités attendues
Conditionnement, indépendance Conditionnement par un événement de probabilité non nulle. Notation $P_A(B)$. Indépendance de deux événements.	7	• Construire un arbre pondéré en lien avec une situation donnée. • Exploiter la lecture d'un arbre pondéré pour déterminer des probabilités. • Calculer la probabilité d'un événement connaissant ses probabilités conditionnelles relatives à une partition de l'univers. • Démontrer que si deux événements A et B sont indépendants, alors il en est de même pour $\overline{A}$ et B.
Notion de loi à densité à partir d'exemples Loi à densité sur un intervalle. Loi uniforme sur $[a\ ;\ b]$. Espérance d'une variable aléatoire suivant une loi uniforme. Lois exponentielles. Espérance d'une variable aléatoire suivant une loi exponentielle.	7	• Connaître la fonction de densité de la loi uniforme sur $[a\ ;\ b]$. • Calculer une probabilité dans le cadre d'une loi exponentielle. • Démontrer que l'espérance d'une variable aléatoire suivant une loi exponentielle de paramètre λ est $\frac{1}{\lambda}$.
Loi normale centrée réduite $\mathcal{N}(0\ ;\ 1)$. Théorème de Moivre-Laplace (admis). Loi normale $\mathcal{N}(\mu\ ;\ \sigma^2)$ d'espérance μ et d'écart-type σ.	8	• Connaître la fonction de densité de la loi normale $\mathcal{N}(0\ ;\ 1)$ et sa représentation graphique. • Démontrer que pour $\alpha \in]0\ ;\ 1[$, il existe un unique réel positif u_α tel que $P(-u_\alpha \leqslant X \leqslant u_\alpha) = 1 - \alpha$ lorsque X suit la loi normale $\mathcal{N}(0\ ;\ 1)$. • Connaître les valeurs approchées $u_{0,05} \approx 1,96$ et $u_{0,01} \approx 2,58$. • Utiliser une calculatrice ou un tableur pour calculer une probabilité dans le cadre d'une loi normale $\mathcal{N}(\mu\ ;\ \sigma^2)$. • Connaître une valeur approchée de la probabilité des événements suivants : $\{X \in [\mu - \sigma\ ;\ \mu + \sigma]\}$, $\{X \in [\mu - 2\sigma\ ;\ \mu + 2\sigma]\}$ et $\{X \in [\mu - 3\sigma\ ;\ \mu + 3\sigma]\}$, lorsque X suit la loi normale $\mathcal{N}(\mu\ ;\ \sigma^2)$.
Intervalle de fluctuation	8	• Démontrer que si la variable aléatoire X_n suit la loi $\mathcal{B}(n\ ;\ p)$, alors, pour tout α dans $]0\ ;\ 1[$ on a, $\lim\limits_{x \to +\infty} P\left(\frac{X_n}{n} \in I_n\right) = 1 - \alpha$, où I_n désigne l'intervalle $\left[p - u_\alpha \frac{\sqrt{p(1-p)}}{\sqrt{n}}\ ;\ p + u_\alpha \frac{\sqrt{p(1-p)}}{\sqrt{n}}\right]$. • Connaître l'intervalle de fluctuation asymptotique (*) au seuil de 95 % : $\left[p - 1,96 \frac{\sqrt{p(1-p)}}{\sqrt{n}}\ ;\ p + 1,96 \frac{\sqrt{p(1-p)}}{\sqrt{n}}\right]$ où p désigne la proportion dans la population.
Estimation Intervalle de confiance (*). Niveau de confiance.	8	• Estimer par intervalle une proportion inconnue à partir d'un échantillon. • Déterminer une taille d'échantillon suffisante pour obtenir, avec une précision donnée, une estimation d'une proportion au niveau de confiance 0,95.

Contenus		Capacités attendues
Loi normale centrée réduite $\mathcal{N}(0\,;1)$. Théorème de Moivre-Laplace (admis). Loi normale $\mathcal{N}(\mu\,;\sigma^2)$ d'espérance μ et d'écart-type σ.	8	• Connaître la fonction de densité de la loi normale $\mathcal{N}(0\,;1)$ et sa représentation graphique. • Démontrer que pour $\alpha \in]0\,;1[$, il existe un unique réel positif u_α tel que $P(-u_\alpha \leqslant X \leqslant u_\alpha) = 1-\alpha$ lorsque X suit la loi normale $\mathcal{N}(0\,;1)$. • Connaître les valeurs approchées $u_{0,05} \approx 1,96$ et $u_{0,01} \approx 2,58$. • Utiliser une calculatrice ou un tableur pour calculer une probabilité dans le cadre d'une loi normale $\mathcal{N}(\mu\,;\sigma^2)$. • Connaître une valeur approchée de la probabilité des événements suivants : $\{X \in [\mu-\sigma\,;\mu+\sigma]\}$, $\{X \in [\mu-2\sigma\,;\mu+2\sigma]\}$ et $\{X \in [\mu-3\sigma\,;\mu+3\sigma]\}$, lorsque X suit la loi normale $\mathcal{N}(\mu\,;\sigma^2)$.
Intervalle de fluctuation	8	• Démontrer que si la variable aléatoire X_n suit la loi $\mathcal{B}(n\,;p)$, alors, pour tout α dans $]0\,;1[$ on a, $\lim\limits_{x \to +\infty} P\left(\frac{X_n}{n} \in I_n\right) = 1-\alpha$, où I_n désigne l'intervalle $\left[p - u_\alpha \frac{\sqrt{p(1-p)}}{\sqrt{n}}\,;p + u_\alpha \frac{\sqrt{p(1-p)}}{\sqrt{n}}\right]$. • Connaître l'intervalle de fluctuation asymptotique (*) au seuil de 95 % : $\left[p - 1,96\frac{\sqrt{p(1-p)}}{\sqrt{n}}\,;p + 1,96\frac{\sqrt{p(1-p)}}{\sqrt{n}}\right]$ où p désigne la proportion dans la population.
Estimation Intervalle de confiance (*). Niveau de confiance.	8	• Estimer par intervalle une proportion inconnue à partir d'un échantillon. • Déterminer une taille d'échantillon suffisante pour obtenir, avec une précision donnée, une estimation d'une proportion au niveau de confiance 0,95.

Crédits photographiques

Couverture, p. I et p. 1 : N.Piroux ; **p. II (g) :** Tungtopgun* ; **p. II (m) :** Cozaar* ; **p. II (d) :** Oleksiy Mark* ; **p. X :** *La marque du Chat,* Philipp Geluck - Casterman ; **p. 40 :** Richard Villalon** ; **p. 41 :** Paul Erdös/DR ; **p. 42 :** Roman Sigaev* ; **p. 45 :** Leungchopan* ; **p. 54 :** EastWes Imaging** ; **p. 95 :** Collection particulière ; **p. 97 :** Blaj Gabriel* ; **p. 103 :** Verchik* ; **p. 123 :** Association Bourbaki ; **p. 148 (h) :** Wutthichai* **p. 148 (b) :** Atelier Jacobi/Ullstein Bild/ Roger-Viollet ; **p. 150 :** Martin D. Vonka* ; **p. 166 (hd) :** Angelo Giampiccolo* ; **p. 166 (hg) :** Antoni Abrignani* ; **p. 166 (b) :** Lipowski Milan* ; **p. 228 :** Babarobot*; **p. 280 (h) :** University of Pennsylvania ; **p. 280 (b) :** Gabor Domokos **p. 354 :** Stefan Fierros* ; **p. 358 :** Gillmar* ; **p. 359 :** Christian Musat* ; **p. 368 :** Oliveromg* ; **p. 370 (m) :** DR ; **p. 370 (b) :** DR ; **p. 398** Asharkyu* ; **p. 400 :** Photosync* ; **p. 401 :** Andrey Yurlov* ; **p. 404 :** Ken Schulze* ; **p. 406 :** Cristina Ciochina* ; **p. 410 :** Anaken2012* ; **p. 414** Claudiofichera*.

*©Shutterstock **©Fotoli

Nous remercions vivement les enseignants qui ont accepté de participer à la relecture critique du manuscrit : Estelle Daeschner, Frédérique Feibel, Isabelle Le Maître, Séverine Lestaevel, Frédéric Thibaut et Olivier Véziant.

Maquette intérieure et couverture : Nicolas Piroux
Composition et schémas : APS-Chromostyle
Illustrations humoristiques : Pascal Baltzer
Illustrations des mathématiciens : Julie Fliniaux
Recherche iconographique : Katia Davidoff / Booklage

Cet ouvrage est imprimé sur du papier composé de fibres naturelles, renouvelables, recyclables, et fabriqué à partir de bois issu de forêts gérées de façon durable conformément à l'article 206 de la loi n° 2010-788 du 12 juillet 2010.

www.hachette-education.com

ISBN : 978-2-01-135587-4

43, quai de Grenelle,
75905 Paris Cedex 15.

Term S
maths repères

Fabienne Bruneau
professeur à l'Externat des Enfants
Nantais de Nantes (44)

Maxime Cocault
professeur au lycée
Chateaubriand de Rennes (35)

Boris Hanouch
professeur au lycée
Condorcet de Limay (78)

Frédéric Lavancier
maître de Conférences à l'université
de Nantes (44)

Agnès Choquer-Raoult
professeur au lycée
Léopold-Sédar-Senghor de Magnanville (78)

Frédéric Férré
professeur au lycée
Jean-Macé de Lanester (56)

Thierry Joffrédo
professeur détaché au Rectorat de Rennes
auprès du département de développement
des usages des TICE (35)

Hervé Mauxion
professeur au lycée
Henri-Avril de Lamballe (22)

David Simon
professeur au lycée
Notre-Dame-de-Toute-Aides de Nantes (44)

hachette
ÉDUCATION

sommaire

Cahier « À la découverte... »

Pages *TP informatiques*

Points *histoire des sciences*

Pages *logique et notations*

Fonctions

Géométrie

Probabilités et statistiques

Présentation d'

Double page d'ouverture

Une approche empirique du thème, comme moyen d'**éveil à la curiosité**.

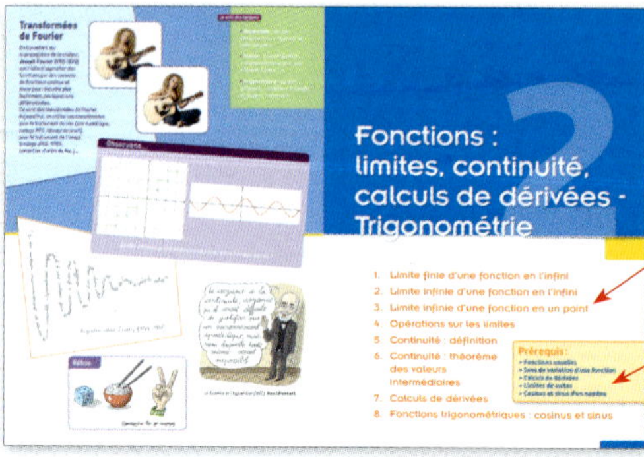

Les titres des paragraphes du cours.

La liste des prérequis.

Double page de découverte

Pour **aborder la problématique** du chapitre, plusieurs activités de découverte Avec l'**usage des TICE** ou « **à la main** ».

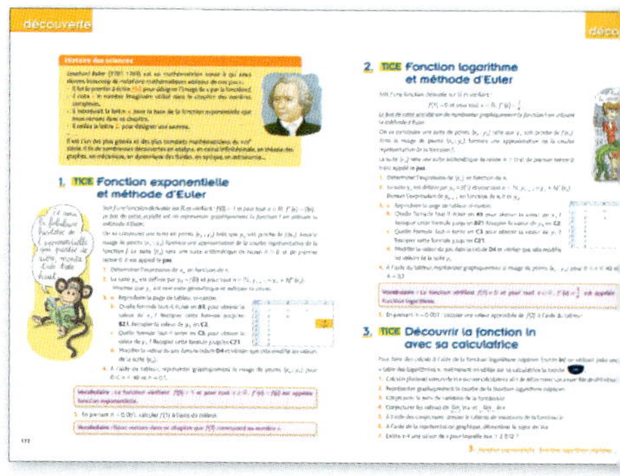

Les notions de cours et leurs mises en application

Un **cours** clair et synthétique...

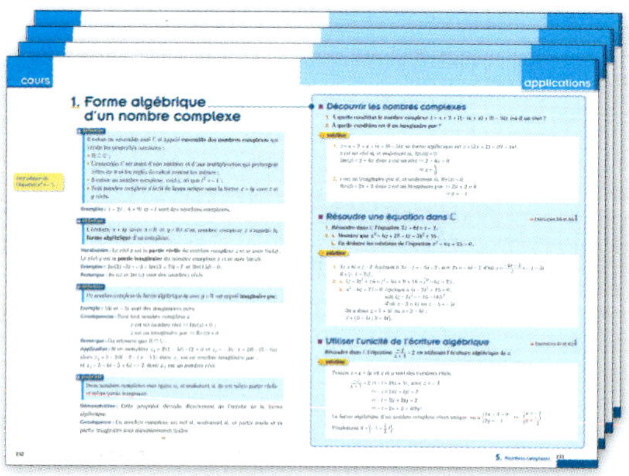

... des **applications** directement en regard pour donner immédiatement du sens.

Les démonstrations des principaux théorèmes du co

dont les démonstrations exigibles au programme.

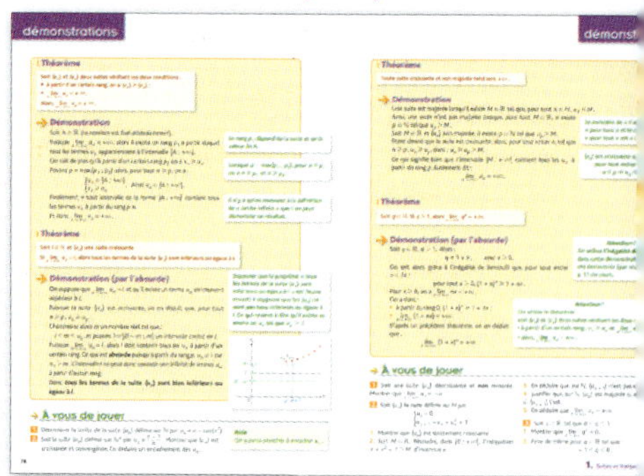

À la fin du manuel : un fascicule de logique !

Ces étiquettes indiquent, tout au long du manuel, la démarche mathématique mise en œuvre ou l'outil utilisé.

- **95. corrigé** *Exercice corrigé en fin de manuel*
- **BAC** *Exercice extrait des épreuves du baccalauréat*
- **[logique]** *Exercice de logique*
- **[algorithmique]** *Exercice d'algorithmique*
- **TICE** *Utilisation d'outils technologiques*
- **ROC** *Restitution Organisée des Connaissances*
- **[calcul formel]** *Exercice de calcul formel*

apitre du manuel

Travail en autonomie

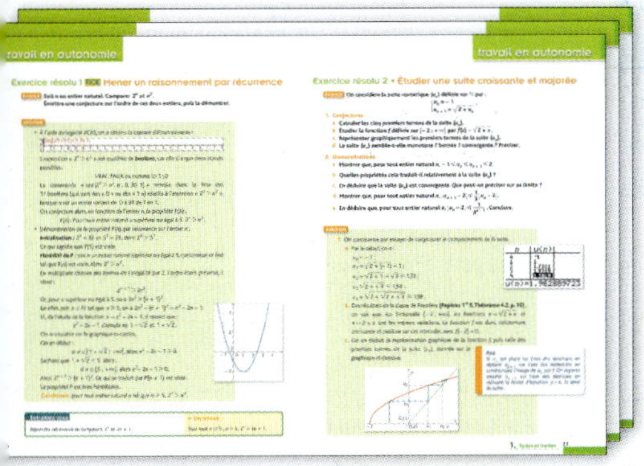

Des exercices résolus : Énoncé, solution détaillée et commentée, conseils : **des atouts pour progresser**.

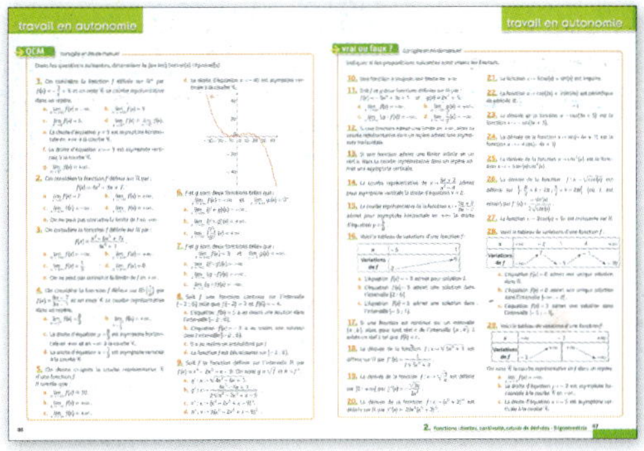

Une double page de **tests** corrigés en fin de manuel : **QCM, vrai ou faux** et **exercices à compléter**.

De très nombreux exercices

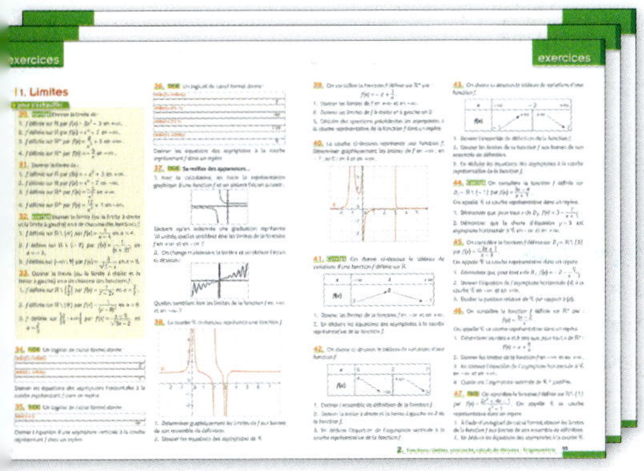

Des exercices **nombreux, variés**, proposés par ordre de difficulté et classés selon les notions du cours.

En route vers le Bac :
ROC, vrai ou faux, QCM et problèmes pour s'entraîner sérieusement aux épreuves du Bac.

Une double page d'accompagnement personnalisé

Avec
une page
d'**Aide**...

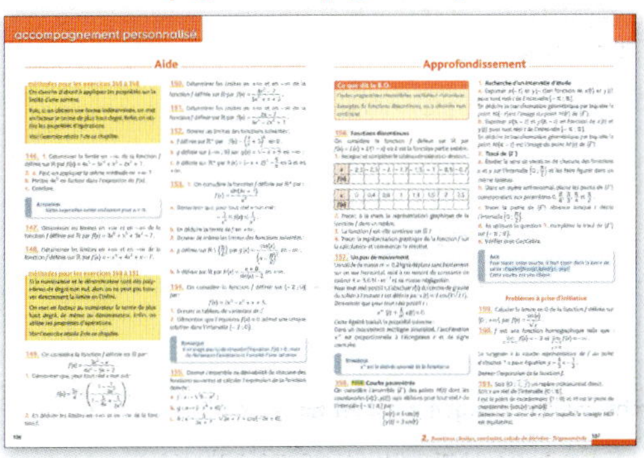

...et une page
d'**Approfondissement**.

Des TP Informatiques

Pour apprendre à utiliser les outils incontournables.

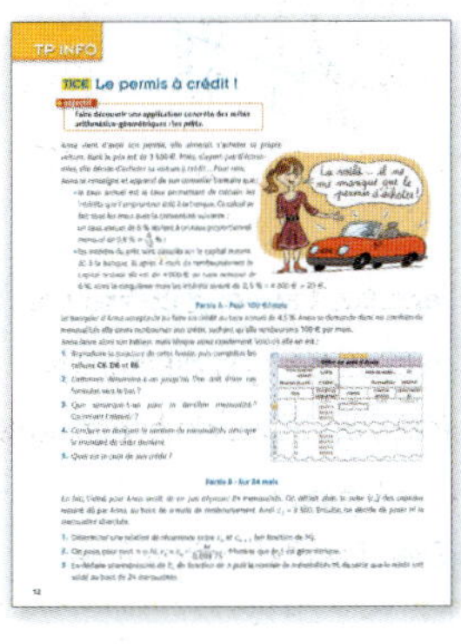

Sur les pas du Supérieur

Pour se projeter concrètement dans un domaine professionnel lié aux sciences.

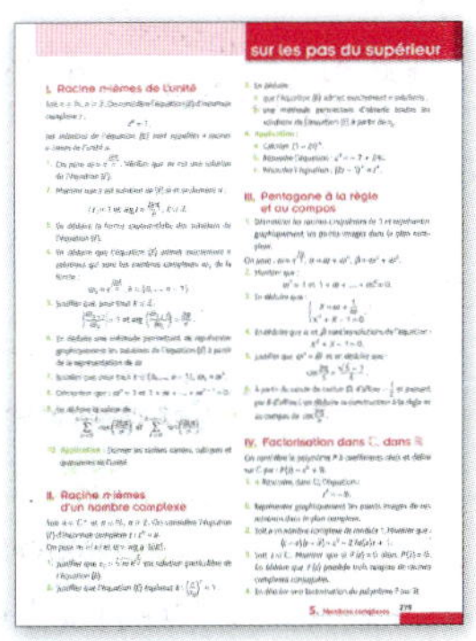

Dans le langage courant...

Le coin des langues

- **Récurrence** provient du mot latin *recurrens* qui signifie : *qui revient en arrière.*
Souvent associé à un phénomène répétitif, en mathématique la démonstration par récurrence consiste à étendre à tous les termes d'une série ce qui est valable pour les deux premiers.

- **Infinie** provient du mot latin *infinitus* de la famille latine *finis : borne, limite, fin.*
En français, cette famille a crée les mots finir, final, affinité, affine, paraffine, définir, infinitif... mais également finance et finesse.

Citations

« Toute la suite des hommes doit être considérée comme un même homme. »

Blaise **Pascal**

Définition par récurrence

1 Suites et limites

1. Un raisonnement « récurrent »
2. Comportement d'une suite numérique
3. Opérations sur les limites de suites
4. Propriétés sur les limites de suite

Prérequis :

- Variations de suites
- Suite arithmétique
- Suite géométrique

1. TICE Abonnements à « PARIS MATHS »

Un éditeur veut faire paraître un nouveau magazine mensuel intitulé « PARIS MATHS », sachant qu'un nouveau magazine reste rentable pour lui, dès lors que le nombre d'abonnés reste supérieur ou égal à 3 000. Il réalise une étude de marché qui révèle que le nombre d'abonnés serait de 8 000 la première année, que le taux de réabonnement serait de 80 % et que, chaque année, il y aurait 600 nouveaux abonnés.

n étant un entier naturel, on note, dans cette activité, a_n le nombre d'abonnés à l'année n. On suppose que $a_1 = 8\,000$.

A. Point de vue éditorial

À l'aide d'un tableur, déterminer le nombre d'abonnés des premières années. En colonne **B**, on donnera le résultat de a_n et en colonne **C**, le résultat arrondi à l'entier près de la colonne **B**.

> **Rappel**
> En colonne C, penser à utiliser la fonction :
> « =ARRONDI(nombre ; n° chiffre) »

	A	B	C	D
1	mois	Calcul de an	Nombre d'abonnés	80%
2	1	8000		600
3	2	=		
4	3			
5	4			
6	5			
7	6			
8	7			
9	8			
10	9			
11	10			
12	11			

1. Représenter graphiquement, à l'aide du tableur, le nombre d'abonnés en fonction de l'année, sur 5, 10, 15, 20, 25, 30, 40 et 50 années…

2. Conjecturer alors le comportement de ce nombre d'abonnés au fur et à mesure que les années s'écoulent.
3. Le magazine semble-t-il pérenne dans le temps ?

B. Point de vue mathématique

Dans cette partie, n est un entier supérieur ou égal à 1.

1. Expliciter une relation entre a_{n+1} et a_n.
2. On définit, pour tout $n \in \mathbb{N}^*$, la suite (b_n) par :
$$b_n = a_n - 3\,000.$$
Montrer que la suite (b_n) est géométrique, puis déterminer les éléments caractéristiques de cette suite, ainsi qu'une formule explicite de b_n.
3. En déduire, pour tout $n \in \mathbb{N}^*$, a_n en fonction de n.
4. Justifier que la suite (a_n) est strictement décroissante et qu'elle est minorée par 3 000.
5. **a.** Montrer que $a_n = 3\,000$ si, et seulement si, $a_{n+1} = 3\,000$.
b. La suite (a_n) peut-elle atteindre la valeur de 3 000 ?
c. Pourquoi le tableur affiche-t-il pour autant $a_n = 3\,000$, à partir d'un certain rang ?

> **Aide**
> (u_n) est minorée par 3 000 signifie que, pour tout $n \in \mathbb{N}$, $u_n \geqslant 3\,000$.

6. **Pour ou contre ?** Commenter la phrase suivante :
« Tout intervalle ouvert contenant 3 000 contient toutes les valeurs a_n, à partir d'un certain rang. »
7. Conclure sur l'évolution dans le temps du nombre d'abonnés au magazine « PARIS MATHS ».

2. TICE Démontrer « Pour tout »

On considère la suite numérique (u_n) définie, pour tout entier naturel n, par :

$$\begin{cases} u_0 = 1 \\ u_{n+1} = u_n + 2n - 1 \end{cases}.$$

1. Calculer les trois premiers termes de la suite (u_n).

2. On utilise un tableur pour obtenir u_0, u_1 jusqu'à u_{11}.

	A	B
1	Indice n	terme u_n
2	0	1
3	1	=
4	2	
5	3	
6	4	
7	5	
8	6	
9	7	
10	8	
11	9	
12	10	
13	11	

a. Quelle formule, à étirer vers le bas jusqu'en cellule **B13**, peut-on écrire en cellule **B3** ?

b. Représenter graphiquement, dans un repère orthogonal $(O ; \vec{i}, \vec{j})$ l'ensemble des points de coordonnées $(n ; u_n)$ pour n entier compris entre 0 et 11.

c. Conjecturer l'expression de u_n en fonction de n.

d. À l'aide du tableur, vérifier que la conjecture est toujours exacte avec de grandes valeurs de l'entier n (par exemple : $n = 100$; 557 ; 1 284...).

3. Pour tout entier naturel n, on définit la propriété P (n) par :

$$u_n = (n-1)^2.$$

a. Qu'est-ce que l'étude précédente sur tableur, laisse à penser de la propriété P ?

b. Démontrer que la propriété P (n) est **héréditaire**, c'est-à-dire que, pour tout n entier naturel fixé :

P (n) est vraie **implique** P $(n + 1)$ est vraie.

c. Peut-on, à partir de cette propriété d'hérédité, en déduire que la propriété P (n) est vraie, pour tout entier naturel n ?

> **AIDE**
> Pour cela, il faut se fixer un entier naturel n quelconque pour lequel la propriété P (n) est vraie, et « franchir » le cap du rang suivant...

4. On remplace le contenu de la cellule **B2** par la valeur $u_0 = 2$.

a. Effectuer le changement sur la feuille de calcul et écrire en face, dans la colonne **C** les termes de la séquence « $(n-1)^2$ », pour n entier compris entre 0 et 11.

b. Conjecture-t-on toujours que, pour tout $n \in \mathbb{N}$, P (n) est vraie.

c. Démontrer que la propriété P (n) est, pour autant, toujours **héréditaire**.

5. Soit Q (n) une propriété dépendant d'un entier naturel n.

a. Expliquer pourquoi le **seul** fait de savoir que la propriété Q est héréditaire ne peut permettre de justifier que cette propriété Q est vraie pour tout entier naturel n.

b. Que faudrait-il savoir au moins en plus pour décider que Q est vraie pour tout entier n ?

c. Conjecturer à partir de quelles conditions on pourra admettre que la propriété Q (n) est vraie, quel que soit l'entier naturel n.

Vérifier qu'une propriété P (n) dépendant d'un entier naturel n est vraie au rang 0, puis vérifier qu'elle est héréditaire, sont les deux étapes d'un raisonnement dit « par récurrence » qui permet effectivement de montrer que la propriété P (n) est vraie pour tout entier naturel n.

1. Un raisonnement « récurrent »

1.1 À partir d'un exemple

On considère la suite (u_n) définie sur $\mathbb{N}$ par $u_n = 4^n - 1$.
C'est-à-dire la séquence de nombres suivants :
$\{0 ; 3 ; 15 ; 63 ; 255 ; 1\,023 ; 4\,095 ; 16\,383 ; 65\,535 ; 262\,143\}$.
On peut alors remarquer que tous ces nombres sont des **multiples** de 3 (il suffit de vérifier que la somme de leurs chiffres est bien un multiple de 3). Se pose alors légitimement la question :
« Pour tout entier naturel n,

$4^n - 1$ est-il bien un multiple de 3 ? »

On peut **conjecturer** que « Oui »... Mais il reste à le **démontrer**.
La démonstration de ce résultat repose sur un type de raisonnement appelé « **raisonnement par récurrence** ».

Un entier N est dit **multiple de 3** s'il existe un entier k tel que $N = 3 \times k$.

→ axiome de récurrence

Soit $\mathrm{P}(n)$ une propriété dépendant de l'entier naturel n.
On suppose que l'on a les deux assertions suivantes :
- $\mathrm{P}(0)$ est vraie (*initialisation*) ;
- pour tout $n \in \mathbb{N}$, **P(*n*) vraie** implique **P(*n* + 1) vraie** (*hérédité*).

Alors P(*n*) est vraie pour tout entier naturel n.

Au début du XXe siècle, le mathématicien *Giuseppe Peano* présente notamment l'axiome de récurrence dans sa construction des entiers naturels...

Remarque : Soit $n_0 \in \mathbb{N}$. On a une variante de ce raisonnement :
Si « $\mathrm{P}(n_0)$ est vraie » **et** « pour tout $n \geqslant n_0$, **P(*n*) vraie** implique **P(*n* + 1) vraie** », **alors** $\mathrm{P}(n)$ est vraie pour tout entier naturel n supérieur ou égal à n_0.

1.2 Démontrer par récurrence

Soit $n \in \mathbb{N}$. On pose $\mathrm{P}(n)$ la propriété « $4^n - 1$ est multiple de 3 ».
Démontrons, par récurrence, que la propriété $\mathrm{P}(n)$ est vraie pour tout entier $n \in \mathbb{N}$.

- **Initialisation :** $4^0 - 1 = 1 - 1 = 0 = 3 \times 0$. Donc $4^0 - 1$ est bien multiple de 3.

Ce qui prouve que $\mathrm{P}(0)$ est vraie.

- **Hérédité :** soit $n \in \mathbb{N}$ quelconque **fixé**, tel que $4^n - 1 = 3 \times k$, avec k entier (c'est ce que l'on appelle « l'hypothèse de récurrence »).

Pour cet entier n quelconque et fixé, on remarque que :

$$4^{n+1} - 1 = 4 \times 4^n - 1 = (3 + 1) \times 4^n - 1 = 3 \times 4^n + (4^n - 1).$$

Or, d'après l'hypothèse de récurrence : $4^n - 1 = 3 \times k$. On en déduit donc que :

$$4^{n+1} - 1 = 3 \times 4^n + 3 \times k = 3 \times (4^n + k) = 3 \times k', \text{ avec } k' \text{ entier.}$$

Donc $4^{n+1} - 1$ est multiple de 3. On a montré que, si $\mathrm{P}(n)$ est vraie, alors $\mathrm{P}(n + 1)$ l'est aussi. On a donc montré, pour $n \in \mathbb{N}$, que :

$\mathrm{P}(n)$ est vraie **implique** $\mathrm{P}(n + 1)$ est vraie.

- **Conclusion** pour tout entier naturel n, $4^n - 1$ est multiple de 3.

Remarque : La propriété $\mathrm{P}(n)$ peut alors être considérée comme vraie pour tout entier naturel n.

Bien respecter les étapes de la démonstration, ainsi que sa rédaction, doit permettre de ne pas rater sa récurrence.

TICE Démontrer par récurrence une expression explicite

→ Exercices 24 et plus

Démontrer, à l'aide d'un raisonnement par récurrence, que pour tout $n \in \mathbb{N}$:

$$\sum_{k=0}^{k=n} k = 0 + \ldots + n = \frac{n(n+1)}{2}.$$

solution

Voici ce que l'on obtient lorsque l'on interroge le logiciel *XCAS* :

```
1 seq(sum(k,k,0,n,1),n,0,25)
[0, 1, 3, 6, 10, 15, 21, 28, 36, 45, 55, 66, 78, 91, 105, 120, 136, 153, 171, 190, 210, 231, 253, 276, 300, 325 ]
2 seq(n*(n+1)/2,n,0,25)
[0, 1, 3, 6, 10, 15, 21, 28, 36, 45, 55, 66, 78, 91, 105, 120, 136, 153, 171, 190, 210, 231, 253, 276, 300, 325 ]
```

On constate que, pour n entier compris entre 0 et 25, les deux expressions coïncident.

Soit $n \in \mathbb{N}$. On pose $P(n) : 0 + \ldots + n = \frac{n(n+1)}{2}$.

- **Initialisation** : $0 = 0$ et $\frac{0 \times (0+1)}{2} = 0$. Ce qui prouve que $P(0)$ est donc vraie.
- **Hérédité de P :** soit $n \in \mathbb{N}$ quelconque et fixé, tel que $0 + \ldots + n = \frac{n(n+1)}{2}$.
  Pour cet entier n quelconque et fixé, on remarque alors que :
  $$0 + \ldots + n + (n+1) = (0 + \ldots + n) + (n+1) \quad \text{(l'addition est associative).}$$
  Or, on vient de supposer que $(0 + \ldots + n) = \frac{n(n+1)}{2}$. Donc, on obtient :
  $$0 + \ldots + n + (n+1) = \frac{n(n+1)}{2} + (n+1) = (n+1)\left(\frac{n}{2} + 1\right) = \frac{(n+1)(n+2)}{2}.$$
  En remarquant que $n + 2 = (n+1) + 1$, on en déduit :
  $$0 + \ldots + n + (n+1) = \frac{((n+1))((n+1)+1)}{2}.$$
  On a montré que, si $P(n)$ est vraie, alors $P(n+1)$ l'est aussi.
- **Conclusion** : pour tout entier naturel n, $0 + \ldots + n = \frac{n(n+1)}{2}$.

REMARQUE
Lorsqu'il s'agit de démontrer un résultat qui s'énonce sous la forme « Pour tout n, on a… », souvent le raisonnement par récurrence convient.

Démontrer l'inégalité de Bernoulli

→ Démonstration du 2e théorème page 19

Démontrer, pour n entier, $n \geqslant 0$, la propriété $B(n)$ suivante :

Pour tout nombre réel $x > 0$, on a $(1+x)^n \geqslant 1 + nx$.

solution

- **Initialisation** : soit x un nombre réel, $x > 0$. On a $(1+x)^0 = 1 = 1 + 0 \times x$.
  Donc $(1+x)^0 \geqslant 1 + 0 \times x$. Ce qui signifie que $B(0)$ est vraie.
- **Hérédité de B :** soit $n \in \mathbb{N}$ quelconque et fixé tel que pour tout réel x strictement positif $(1+x)^n \geqslant 1 + nx$. On a $(1+x)^{n+1} = (1+x)(1+x)^n$.
  On a alors $(1+x)^{n+1} \geqslant (1+x)(1+nx)$ car, comme $x > 0$, alors $1 + x \geqslant 0$.
  Donc $(1+x)^{n+1} \geqslant 1 + (n+1)x + nx^2$, puis $(1+x)^{n+1} \geqslant 1 + (n+1)x$, car $nx^2 \geqslant 0$.
  On retrouve alors la propriété B à l'ordre « $n + 1$ ». D'où $B(n+1)$ est vraie.
- **Conclusion** : pour tout entier $n \geqslant 0$, pour tout réel $x > 0$, $(1+x)^n \geqslant 1 + nx$.

2. Comportement d'une suite numérique

Par « comportement de la suite (u_n) » on sous-entend étudier les propriétés du nombre u_n lorsque l'entier n devient de plus en plus grand (variations, encadrement, comportement à l'infini...). Soit (u_n) une suite de nombres réels définie sur $\mathbb{N}$.

2.1 Suites majorées, minorées, bornées

On dit aussi que M est un **majorant** ou m un **minorant** de la suite (u_n).

définition

Soit M et m deux nombres réels. On dit que la suite (u_n) est :
- **majorée** par M si, pour tout $n \in \mathbb{N}$, $u_n \leqslant M$;
- **minorée** par m si, pour tout $n \in \mathbb{N}$, $u_n \geqslant m$;
- **bornée** si, pour tout $n \in \mathbb{N}$, $m \leqslant u_n \leqslant M$.

Exemples

- Soit la suite $\left(\frac{1}{n}\right)_{n \geqslant 1} = \left\{\frac{1}{1} ; \frac{1}{2} ; \frac{1}{3} ; \ldots\right\}$. Pour tout $n \in \mathbb{N}^*$, $\frac{1}{n} > 0$. Cette suite est donc minorée par 0, mais aussi par tout réel négatif. Un minorant n'est donc pas unique.
- Soit la suite $(n^2)_{n \geqslant 0} = \{0 ; 1 ; 4 ; \ldots\}$. Pour tout $n \in \mathbb{N}$, $n^2 \geqslant 0$. Cette suite est aussi minorée par 0, qui est en plus ici le minimum de la suite, car il est atteint au rang 0.

2.2 Limite finie dune suite

On dit aussi la suite (u_n) converge vers le réel l ou qu'elle est **convergente**.

définition

La suite (u_n) admet pour limite le réel l si, tout intervalle ouvert contenant l contient toutes les valeurs u_n à partir d'un certain rang.

On écrit alors $\lim\limits_{n \to +\infty} u_n = l$.

Interprétation graphique

À partir du rang p, toutes les valeurs u_n appartiennent à l'intervalle I.

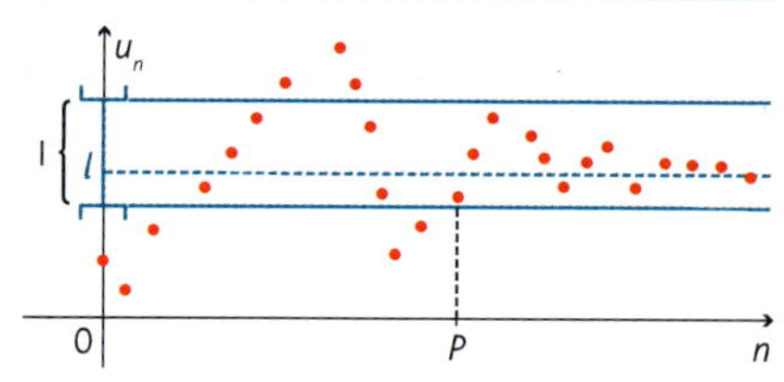

2.3 Limite infinie d'une suite

On dit qu'une telle suite **diverge** vers $+\infty$ (resp. $-\infty$).

définition

Soit $A \in \mathbb{R}$. La suite (u_n) admet pour limite $+\infty$ (resp. $-\infty$) si, tout intervalle de la forme $]A ; +\infty[$ (resp. $]-\infty ; A[$) contient toutes les valeurs u_n à partir d'un certain rang.

On écrit alors $\lim\limits_{n \to +\infty} u_n = +\infty$ (resp. $-\infty$).

Interprétation graphique

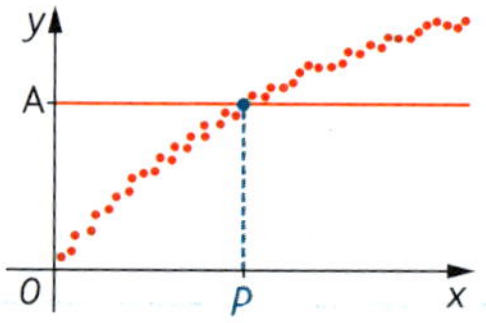

Démontrer qu'une suite est bornée

→ Exercices 49 et plus

Soit (u_n) la suite définie sur $\mathbb{N}$ par $u_0 = 0$ et $u_{n+1} = \sqrt{u_n + 1}$.
Montrer que, pour tout $n \in \mathbb{N}$, $0 \leqslant u_n \leqslant 2$. On le vérifiera graphiquement.

solution

Voici une représentation graphique des premiers termes u_n en fonction de n.

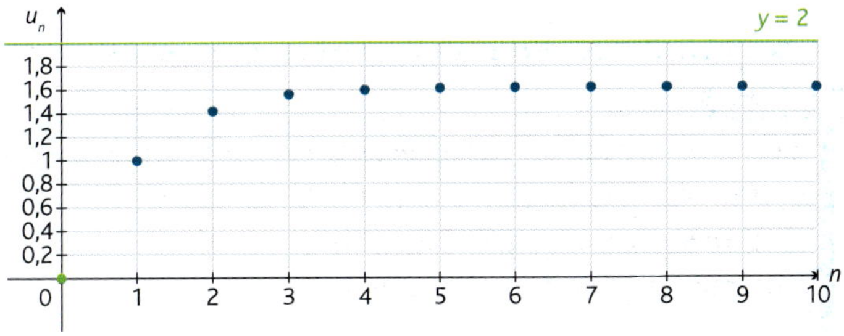

On pose P(n) : $0 \leqslant u_n \leqslant 2$. Démontrons par récurrence que cette propriété est vraie pour tout $n \in \mathbb{N}$.

- **Initialisation** : $u_0 = 0$, donc $0 \leqslant u_0 \leqslant 2$ et donc P(0) est vraie.
- **Hérédité de P** : soit $n \in \mathbb{N}$ tel que $0 \leqslant u_n \leqslant 2$. Alors $1 \leqslant 1 + u_n \leqslant 3$.
  Or, la fonction « racine carrée » est définie et croissante sur l'intervalle $[1 ; 3]$, donc :
  $$\sqrt{1} \leqslant \sqrt{1 + u_n} \leqslant \sqrt{3}.$$
  Du fait que $\sqrt{1} \geqslant 0$ et $\sqrt{3} \leqslant 2$ (car $\sqrt{3} \leqslant \sqrt{4}$), on en déduit que $0 \leqslant u_{n+1} \leqslant 2$.
- **Conclusion** : pour tout $n \in \mathbb{N}$, $0 \leqslant u_n \leqslant 2$.

REMARQUE
« 2 » est ici un majorant, mais ce n'est pas le plus petit. On peut montrer, par un raisonnement par récurrence que $\frac{1 + \sqrt{5}}{2}$ est aussi un majorant de (u_n). C'est en fait le plus petit, car c'est aussi la limite de cette suite (u_n)...

Utiliser les définitions sur les limites

→ Exercices 59 et plus

Démontrer que :

$$\lim_{n \to +\infty} \frac{1}{n} = 0 \quad \text{et} \quad \lim_{n \to +\infty} n = +\infty.$$

solution

- Soit $n \in \mathbb{N}^*$. Soit I un intervalle ouvert contenant 0. I est donc de la forme $]a ; b[$ avec $a < 0$ et $b > 0$.
  $$\frac{1}{n} \in]a ; b[\Leftrightarrow a < \frac{1}{n} < b \Leftrightarrow 0 < \frac{1}{n} < b \Leftrightarrow n > \frac{1}{b}.$$
  Du fait que b est un entier naturel non nul.
  En posant $p = Ent\left(\frac{1}{b}\right) + 1$, on en déduit que, pour tout entier n, $n \geqslant p$, $\frac{1}{n} \in \text{I}$.
  Conclusion : l'intervalle I ouvert contenant 0 contient toutes les valeurs $\frac{1}{n}$ à partir du rang p. Et le rang dépend bien de l'intervalle I.
- Soit $n \in \mathbb{N}$. Soit A un réel. $n \in]\text{A} ; +\infty[$ si, et seulement si, $n > \text{A}$.
  En posant $p = Ent(\text{A}) + 1$, alors pour tout entier n, $n \geqslant p$, on a $n > a$.

  Conclusion : l'intervalle ouvert $]\text{A} ; +\infty[$ contient toutes les valeurs n à partir du rang p.

3. Opérations sur les limites de suites

Soit deux suites de nombres réels (u_n) et (v_n) admettant une limite finie ou infinie.

3.1 Addition

théorème admis

Les résultats associés à **la somme** des suites (u_n) et (v_n) sont :

$\lim_{n \to +\infty} v_n$ \ $\lim_{n \to +\infty} u_n$	l, $l \in \mathbb{R}$	$+\infty$	$-\infty$
m, $m \in \mathbb{R}$	$l + m$	$+\infty$	$-\infty$
$+\infty$	$+\infty$	$+\infty$	?
$-\infty$	$-\infty$	?	$-\infty$

« ? » signifie que la forme est indéterminée, c'est-à-dire que l'on **ne peut pas conclure directement** sur le résultat. Il faut approfondir l'étude.

Exemple : soit la suite $\left(1 + \frac{1}{n}\right)_{n \geqslant 1}$. On sait que $\lim\limits_{n \to +\infty} \frac{1}{n} = 0$ donc $\lim\limits_{n \to +\infty} \left(1 + \frac{1}{n}\right) = 1$.

3.2 Produit

théorème admis

Les résultats associés **au produit** des suites (u_n) et (v_n) sont :

$\lim_{n \to +\infty} v_n$ \ $\lim_{n \to +\infty} u_n$	l, $l \neq 0$	0	$+\infty$	$-\infty$
m, $m \neq 0$	$l \times m$	0	$\pm\infty$	$\pm\infty$
0	0	0	?	?
$+\infty$	$\pm\infty$	?	$+\infty$	$-\infty$
$-\infty$	$\pm\infty$	?	$-\infty$	$+\infty$

« $\pm$ » signifie que, pour conclure, une étude de signes est nécessaire, suivant notamment le signe de l ou m.

Exemple : soit la suite $(n^2 - n)_{n \geqslant 0}$. Par somme, on a une forme indéterminée. Pour tout $n \in \mathbb{N}$, $n^2 - n = n(n-1)$. On obtient, par produit, $\lim\limits_{n \to +\infty} (n^2 - n) = +\infty$.

3.3 Quotient

théorème admis

Les résultats associés **au quotient** de la suite (u_n) par la suite (v_n) sont :

$\lim_{n \to +\infty} v_n$ \ $\lim_{n \to +\infty} u_n$	l, $l \neq 0$	0	$+\infty$	$-\infty$
m, $m \neq 0$	$\frac{l}{m}$	0	$\pm\infty$	$\pm\infty$
0	$\pm\infty$	?	$\pm\infty$	$\pm\infty$
$\pm\infty$	0	0	?	?

Attention ! Pour le cas « $\frac{l}{0}$ », le signe de v_n doit entrer en compte dans le raisonnement.

Exemple : soit la suite $\left(\frac{1}{n^2 + 1}\right)_{n \geqslant 0}$. On a $\lim\limits_{n \to +\infty} n^2 + 1 = +\infty$, donc $\lim\limits_{n \to +\infty} \left(\frac{1}{n^2 + 1}\right) = 0$.

■ Étudier la limite d'une suite de la forme « $an^2 + bn + c$ »

→ Exercices 62 et plus

Déterminer, dans chacun des cas, la limite de la suite définie par :

a. pour tout $n \in \mathbb{N}$, $u_n = 3n^2 + n - 5$; **b. pour tout $n \in \mathbb{N}$, $u_n = 3n^2 - n - 5$.**

solution

1. On sait que $\lim\limits_{n \to +\infty} n = +\infty$. **Par produit des limites**, on a $\lim\limits_{n \to +\infty} n^2 = +\infty$, puis $\lim\limits_{n \to +\infty} 3n^2 = +\infty$.
On a alors :
$$\left.\begin{array}{l}\lim\limits_{n \to +\infty} 3n^2 = +\infty \\ \lim\limits_{n \to +\infty} n = +\infty \\ \lim\limits_{n \to +\infty} -5 = -5\end{array}\right\} \text{ d'où, par somme des limites : } \lim\limits_{n \to +\infty} 3n^2 + n - 5 = +\infty.$$
2. Par un même raisonnement, on aboutit à une **forme indéterminée**, à cause du terme « $-n$ ».
Pour lever l'indétermination, on **factorise par le terme prépondérant** afin de transformer la somme de termes en un produit de facteurs. Soit $n \in \mathbb{N}^*$ (ce n'est pas gênant car on veut « n grand »):
$$3n^2 - n - 5 = n^2 \times \left(3 - \frac{n}{n^2} - \frac{5}{n^2}\right) = n^2\left(3 - \frac{1}{n} - \frac{5}{n^2}\right).$$
Vu que $\lim\limits_{n \to +\infty} n^2 = +\infty$, on en déduit **par quotient des limites** que $\lim\limits_{n \to +\infty} -\frac{5}{n^2} = 0$. On a alors :
$$\left.\begin{array}{l}\lim\limits_{n \to +\infty} 3 = 3 \\ \lim\limits_{n \to +\infty} -\frac{1}{n} = 0 \\ \lim\limits_{n \to +\infty} -\frac{5}{n^2} = 0\end{array}\right\} \text{ d'où, par somme des limites : } \lim\limits_{n \to +\infty} \left(3 - \frac{1}{n} - \frac{5}{n^2}\right) = 3.$$
Puis, **par produit**, on conclut $\lim\limits_{n \to +\infty} u_n = +\infty$.

■ TICE Étudier la limite d'une suite de la forme « $\dfrac{an + b}{cn + d}$ »

→ Exercices 64 et plus

Conjecturer, puis déterminer la limite de la suite définie sur $\mathbb{N}$ par $u_n = \dfrac{3n + 5}{-2n + 7}$.

solution

On peut conjecturer $\lim\limits_{n \to +\infty} u_n = -1{,}5$. En effet, voici ce que fournit le logiciel *XCAS*, lorsqu'on lui demande les valeurs de u_0, u_{50}, u_{100}, u_{150}, …, u_{500} :

```
1 approx(seq((-3*n+5)/(2*n+7),n,0,500,50),5)
  [0.71429, -1.35514, -1.42512, -1.44951, -1.46192, -1.46943, -1.47446, -1.47808, -1.48079, -1.48291, -1.48461 ]  M
```

Démontrons cette conjecture. Par un raisonnement analogue à l'exercice précédent :
$$\lim\limits_{n \to +\infty} 3n + 5 = +\infty \quad \text{et} \quad \lim\limits_{n \to +\infty} -2n + 7 = +\infty.$$
Mais on obtient, **par quotient des limites**, une **forme indéterminée**. Pour la lever, on factorise une fois de plus, numérateur et dénominateur, par les termes prépondérants, lorsque n devient de plus en plus grand. Soit $n \in \mathbb{N}^*$ (« n grand »), puisque $n \neq 0$, on a $u_n = \dfrac{3n + 5}{-2n + 7} = \dfrac{n \times \left(3 + \frac{5}{n}\right)}{n \times \left(-2 + \frac{7}{n}\right)} = \dfrac{3 + \frac{5}{n}}{-2 + \frac{7}{n}}$.

On en déduit alors que $\lim\limits_{n \to +\infty} \left(3 + \frac{5}{n}\right) = 3$ et $\lim\limits_{n \to +\infty} \left(-2 + \frac{7}{n}\right) = -2$.

Et, **par quotient des limites**, on en conclut bien que $\lim\limits_{n \to +\infty} u_n = -\frac{3}{2} = -1{,}5$.

4. Propriétés sur les limites de suites

4.1 Limites et comparaison

théorème démontré page 18

Soit (u_n) et (v_n) deux suites vérifiant les deux conditions :
- à partir d'un certain rang, on a $v_n \geqslant u_n$;
- $\lim\limits_{n \to +\infty} u_n = +\infty$.

Alors, $\boldsymbol{\lim\limits_{n \to +\infty} v_n = +\infty}$.

Remarque : D'une façon analogue : si on a $v_n \leqslant u_n$ à partir d'un certain rang et $\lim\limits_{n \to +\infty} u_n = -\infty$, alors $\lim\limits_{n \to +\infty} v_n = -\infty$.

théorème démontré page 18

Soit $l \in \mathbb{R}$ et (u_n) une suite croissante.

Si $\lim\limits_{n \to +\infty} u_n = l$, alors tous les termes de la suite (u_n) sont inférieurs ou égaux à l.

Remarque : on pourrait dire aussi que la suite (u_n) est majorée par le nombre l.

Pour les curieux, la démonstration de ce théorème est donnée dans l'exercice 133.

théorème admis

Soit $l \in \mathbb{R}$ et (u_n), (v_n), (w_n) trois suites vérifiant les deux conditions :
- à partir d'un certain rang, on a $u_n \leqslant v_n \leqslant w_n$;
- $\lim\limits_{n \to +\infty} u_n = l$ **et** $\lim\limits_{n \to +\infty} w_n = l$.

Alors, $\boldsymbol{\lim\limits_{n \to +\infty} v_n = l}$.

Remarque : ce théorème est traditionnellement appelé **« théorème des gendarmes »**.

4.2 Convergence monotone

On dit aussi « une suite croissante et majorée est **convergente** ».

théorème admis

- Toute suite croissante et majorée admet une limite finie.
- Toute suite décroissante et minorée admet une limite finie.

théorème démontré page 19

- Toute suite croissante et non majorée a pour limite $+\infty$.
- Toute suite décroissante et non minorée a pour limite $-\infty$.

4.3 Comportement de « q^n », $q \in \mathbb{R}$

théorème démontré page 19

Soit $q \in \mathbb{R}$. On a les résultats suivants :
- si $-1 < q < 1$, alors $\lim\limits_{n \to +\infty} q^n = 0$;
- si $q > 1$, alors $\lim\limits_{n \to +\infty} q^n = +\infty$;
- si $q < -1$, alors la suite $(q^n)_{n \geqslant 0}$ n'admet pas de limite, finie ou infinie.

Remarque : pour $q = 1$, la suite est constante égale à 1 (donc convergente !). Et pour $q = -1$, la suite (q^n) prend périodiquement les valeurs 1 et -1, suivant la parité de n.

TICE Utiliser les critères de comparaison

→ Exercices 80 et plus

Soit (u_n) la suite définie sur $\mathbb{N}$ par $u_n = n^2 + (-1)^n$. Observer, puis conjecturer son comportement à l'infini à l'aide de la calculatrice. Démontrer ensuite cette conjecture.

solution

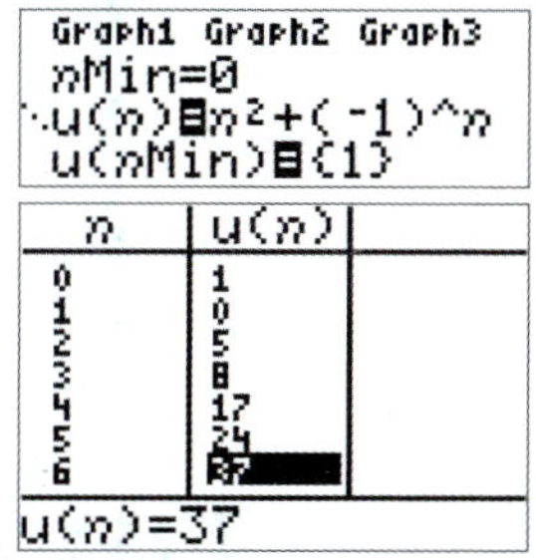

Voici ce que fournit la calculatrice pour les sept premiers termes de (u_n).
Il en découle la conjecture : $\lim\limits_{n \to +\infty} u_n = +\infty$.

Démonstration de la conjecture

La suite (-1^n) n'a pas de limite *a priori*, on ne peut donc pas conclure directement. On va minorer (u_n) par une suite qui a pour limite $+\infty$.
Mais, pour tout $n \in \mathbb{N}$, $(-1^n) \geqslant -1$. Ainsi :
Pour tout $n \in \mathbb{N}$, $n^2 + (-1^n) \geqslant n^2 - 1$, avec $\lim\limits_{n \to +\infty} (n^2 - 1) = +\infty$.
Alors, $\lim\limits_{n \to +\infty} u_n = +\infty$.

Utiliser le théorème de convergence monotone

→ Exercices 103 et plus

Soit (u_n) une suite décroissante et strictement positive.
Montrer que la suite (v_n), définie sur $\mathbb{N}$ par $v_n = \dfrac{1}{1 + u_n}$, est convergente.

solution

• Montrons que (v_n) est croissante. Soit $n \in \mathbb{N}$:

$$v_{n+1} - v_n = \frac{1}{1 + u_{n+1}} - \frac{1}{1 + u_n} = \frac{u_n - u_{n+1}}{(1 + u_{n+1})(1 + u_n)}.$$

Or, (u_n) est décroissante donc, pour tout $n \in \mathbb{N}$, $u_n - u_{n+1} \geqslant 0$. Et comme (u_n) est strictement positive, on a pour tout $n \in \mathbb{N}$ $(1 + u_{n+1})(1 + u_n) > 0$. On en déduit que, pour tout $n \in \mathbb{N}$, $v_{n+1} - v_n \geqslant 0$.
La suite (v_n) est donc croissante.

• Montrons que (v_n) est majorée. La suite (u_n) est à termes strictement positifs. On a donc, pour tout $n \in \mathbb{N}$, $u_n > 0$, puis $u_n + 1 > 1 > 0$, puis $\dfrac{1}{1 + u_n} < 1$ (car la fonction « inverse » est strictement décroissante sur $]0\,;+\infty[$). Ainsi, pour tout $n \in \mathbb{N}$, $v_n < 1$. La suite (v_n) est donc majorée par 1.

Conclusion : la suite (v_n) est croissante et majorée, donc elle converge.

Utiliser la limite de « q^n »

→ Exercices 92 et plus

Étudier la limite à l'infini de $3^n - 4^n$.

solution

On a directement une forme indéterminée. Cependant, soit $n \in \mathbb{N}$:

$$3^n - 4^n = 4^n \times \left(\frac{3^n}{4^n} - 1\right) = 4^n\left(\left(\frac{3}{4}\right)^n - 1\right).$$

$$\lim_{n \to +\infty} 4^n = +\infty \quad \text{et} \quad \lim_{n \to +\infty} \left(\frac{3}{4}\right)^n = 0 \quad \text{car } -1 < \frac{3}{4} < 1.$$

Donc $\lim\limits_{n \to +\infty} \left(\left(\dfrac{3}{4}\right)^n - 1\right) = -1$ et, par produit, on en déduit que $\lim\limits_{n \to +\infty} (3^n - 4^n) = -\infty$.

démonstrations

Théorème

Soit (u_n) et (v_n) deux suites vérifiant les deux conditions :
- **à partir d'un certain rang, on a $(v_n) \geqslant (u_n)$;**
- **$\lim\limits_{n \to +\infty} u_n = +\infty$.**

Alors, $\lim\limits_{n \to +\infty} v_n = +\infty$.

Démonstration

Soit $A \in \mathbb{R}$ (ce nombre est fixé arbitrairement).

Puisque $\lim\limits_{n \to +\infty} u_n = +\infty$, alors il existe un rang p_1 à partir duquel tous les termes u_n appartiennent à l'intervalle $]A\,;+\infty[$.

On sait de plus qu'à partir d'un certain rang p_2 on a $v_n \geqslant u_n$.

Posons $p = \max(p_1\,;p_2)$ alors, pour tout $n \geqslant p$, on a :

$$\begin{cases} u_n \in \,]A\,;+\infty[\\ v_n \geqslant u_n \end{cases}. \quad \text{Ainsi } v_n \in \,]A\,;+\infty[.$$

Finalement, « tout intervalle de la forme $]A\,;+\infty[$ contient tous les termes v_n à partir du rang p ».

Et donc $\lim\limits_{n \to +\infty} v_n = +\infty$.

Le rang p_1 dépend de la suite et de la valeur de A.

Lorsque $p = \max(p_1\,;p_2)$, pour $n \geqslant p$, on a $n \geqslant p_1$ et $n \geqslant p_2$.

Il n'y a qu'en revenant à la définition de « limite infinie » que l'on peut démontrer ce résultat.

Théorème

Soit $l \in \mathbb{R}$ et (u_n) une suite croissante.

Si $\lim\limits_{n \to +\infty} u_n = l$, alors tous les termes de la suite (u_n) sont inférieurs ou égaux à l.

Démonstration (par l'absurde)

On suppose que $\lim\limits_{n \to +\infty} u_n = l$ et qu'il existe un terme u_p strictement supérieur à l.

Puisque la suite (u_n) est croissante, on en déduit que, pour tout $n \geqslant p$, $u_n \geqslant u_p$.

Choisissons alors m un nombre réel tel que :

$l < m < u_p$, et posons $I = \,]2l - m\,;m[$ un intervalle centré en l.

Puisque $\lim\limits_{n \to +\infty} u_n = l$, alors I doit contenir tous les u_n à partir d'un certain rang. Ce qui est **absurde** puisqu'à partir du rang p, $u_n \notin I$ car $u_n > m$. L'intervalle I ne peut donc contenir une infinité de termes u_n à partir d'aucun rang.

Donc **tous les termes de la suite (u_n) sont bien inférieurs ou égaux à l.**

Supposer que la propriété « tous les termes de la suite (u_n) sont inférieurs ou égaux à l » est fausse revient à supposer que les (u_n) ne sont pas tous inférieurs ou égaux à l. Ce qui revient à dire qu'il existe au moins un u_n tel que $u_n > l$.

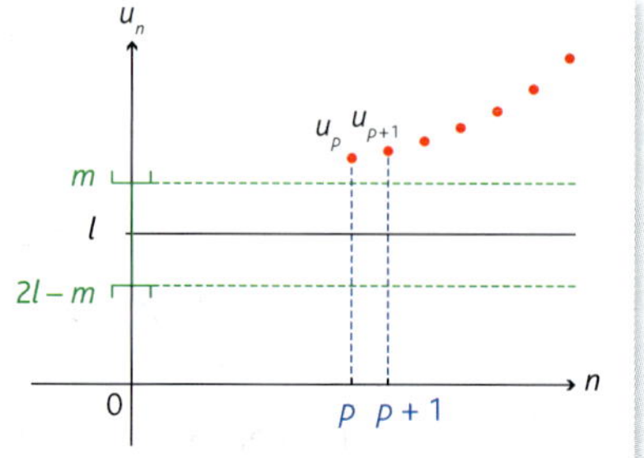

À vous de jouer

1. Déterminer la limite de la suite (u_n) définie sur $\mathbb{N}$ par $u_n = n - \cos(n^2)$.

2. Soit la suite (u_n) définie sur $\mathbb{N}^*$ par $u_n = \dfrac{n-1}{n}$. Montrer que (u_n) est croissante et convergente. En déduire un encadrement des u_n.

Aide
On pourra chercher à encadrer u_n…

Théorème

Toute suite croissante et non majorée tend vers $+\infty$.

Démonstration

Une suite est majorée lorsqu'il existe $M \in \mathbb{R}$ tel que, pour tout $n \in \mathbb{N}$, $u_n \leqslant M$.
Ainsi, une suite n'est pas majorée lorsque, pour tout $M \in \mathbb{R}$, il existe $p \in \mathbb{N}$ tel que $u_p > M$.
Soit $M \in \mathbb{R}$ et (u_n) non majorée, il existe $p \in \mathbb{N}$ tel que $u_p > M$.
Étant donné que la suite est croissante, alors, pour tout entier n, tel que $n \geqslant p$, $u_n \geqslant u_p$, donc : $u_n \geqslant u_p > M$.
Ce qui signifie bien que, l'intervalle $]M\,;+\infty[$ contient tous les u_n, à partir du rang p. Autrement dit :

$$\lim_{n \to +\infty} u_n = +\infty.$$

Le contraire de « il existe » est « pour tout » et le contraire de « pour tout » est « il existe ».

(u_n) est croissante signifie que : pour tout entier n et p, $n \leqslant p \Rightarrow u_n \leqslant u_p$.

Théorème

Soit $q \in \mathbb{R}$. Si $q > 1$, alors $\lim_{n \to +\infty} q^n = +\infty$.

Démonstration (par l'absurde)

Soit $q \in \mathbb{R}$, $q > 1$. Alors :

$$q = 1 + x, \qquad \text{avec } x > 0.$$

On sait alors, grâce à l'inégalité de Bernoulli que, pour tout entier $n \in \mathbb{N}$:

$$\text{pour tout } x > 0,\ (1+x)^n \geqslant 1 + nx.$$

Pour $x > 0$, on a $\lim_{n \to +\infty} nx = +\infty$.
On a donc :

- à partir du rang 0, $(1+x)^n \geqslant 1 + nx$;
- $\lim_{n \to +\infty} (1 + nx) = +\infty$.

D'après un précédent théorème, on en déduit que :

$$\lim_{n \to +\infty} (1+x)^n = +\infty.$$

Attention !
On utilise **l'inégalité de Bernoulli** dans cette démonstration. Elle a été démontrée (par récurrence) p. 11 du cours.

Attention !
On utilise le théorème :
soit (u_n) et (v_n) deux suites vérifiant les deux conditions :
- à partir d'un certain rang : $v_n \geqslant u_n$ et $\lim_{n \to +\infty} u_n = +\infty$;
- alors, $\lim_{n \to +\infty} v_n = +\infty$.

À vous de jouer

1 Soit une suite (u_n) décroissante et **non** minorée. Montrer que $\lim_{n \to +\infty} u_n = -\infty$.

2 Soit (u_n) la suite définie sur $\mathbb{N}$ par :

$$\begin{cases} u_n = 0 \\ u_{n+1} = u_n + u_n^2 + 1 \end{cases}.$$

1. Montrer que (u_n) est strictement croissante.
2. Soit $M \in \mathbb{R}$. Résoudre, dans $[0\,;+\infty[$, l'inéquation $x + x^2 + 1 > M$, d'inconnue x.
3. En déduire que, sur $\mathbb{N}$, (u_{n+1}) n'est pas majorée.
4. Justifier que, sur $\mathbb{N}$, (u_n) est majorée si, et seulement si, (u_{n+1}) l'est.
5. En déduire que $\lim_{n \to +\infty} u_n = +\infty$.

3 Soit $q \in \mathbb{R}$, tel que $0 < q < 1$.
1. Montrer que $\lim_{n \to +\infty} q^n = 0$.
2. Faire de même pour $q \in \mathbb{R}$ tel que : $-1 < q < 0$.

Exercice résolu 1 TICE Mener un raisonnement par récurrence

énoncé **Soit n un entier naturel. Comparer 2^n et n^2.**
Émettre une conjecture sur l'ordre de ces deux entiers, puis la démontrer.

solution

- À l'aide du logiciel *XCAS*, on a obtenu la capture d'écran suivante :

```
1 seq(2^n>n^2,n,0,30,1)
  [1, 1, 0, 0, 0, 1, 1, 1, 1, 1, 1, 1, 1, 1, 1, 1, 1, 1, 1, 1, 1, 1, 1, 1
```

L'expression « $2^n > n^2$ » est qualifiée de **booléen**, car elle n'a que deux statuts possibles :

VRAI ; FAUX ou comme ici 1 ; 0

La commande « $seq(2^n > n^2, n, 0, 30, 1)$ » renvoie donc la liste des 31 booléens (qui sont des « 0 » ou des « 1 ») relatifs à l'assertion « $2^n > n^2$ », lorsque n est un entier variant de 0 à 30 de 1 en 1.

On conjecture alors, en fonction de l'entier n, la propriété P(n) :

P(n) : Pour tout entier naturel n supérieur ou égal à 5, $2^n > n^2$.

- Démonstration de la propriété P(n), par récurrence sur l'entier n :

Initialisation : $2^5 = 32$ et $5^2 = 25$, donc $2^5 > 5^2$.

Ce qui signifie que P(5) est vraie.

Hérédité de P : soit n un entier naturel supérieur ou égal à 5, quelconque et fixé tel que P(n) est vraie. Alors $2^n > n^2$.

En multipliant chacun des termes de l'inégalité par 2, l'ordre étant préservé, il vient :

$$2^{n+1} > 2n^2.$$

Or, pour n supérieur ou égal à 5, on a $2n^2 \geqslant (n+1)^2$.

En effet, soit $n \in \mathbb{N}$ tel que $n \geqslant 5$, on a $2n^2 - (n+1)^2 = n^2 - 2n - 1$.

Et, de l'étude de la fonction $x \mapsto x^2 - 2x - 1$, il ressort que :

$x^2 - 2x - 1$ s'annule en $1 - \sqrt{2}$ et $1 + \sqrt{2}$.

On le visualise sur le graphique ci-contre.

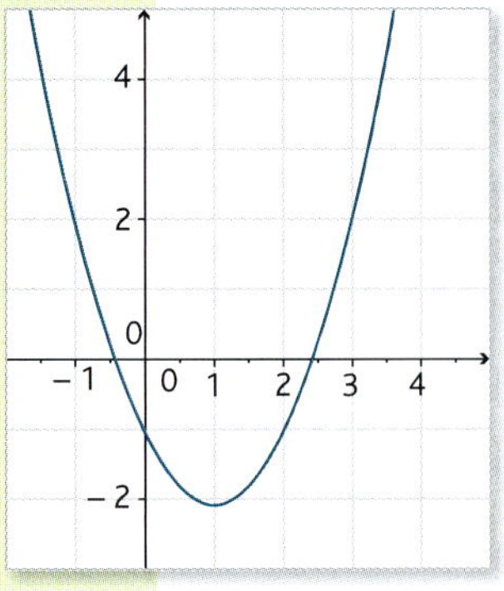

On en déduit :

si $x \in [1 + \sqrt{2}\,;+\infty[$, alors $x^2 - 2x - 1 \geqslant 0$.

Sachant que $1 + \sqrt{2} < 5$, alors :

si $x \in [5\,;+\infty[$, alors $x^2 - 2x - 1 \geqslant 0$.

Ainsi $2^{n+1} > (n+1)^2$. Ce qui se traduit par P(n + 1) est vraie.

La propriété P est bien héréditaire.

Conclusion : pour tout entier naturel n tel que $n \geqslant 5$, $2^n > n^2$.

Entraînez-vous

Reprendre cet énoncé en comparant 2^n et $2n + 1$.

→ On trouve

Pour tout $n \in \mathbb{N}$, $n \geqslant 3$, $2^n \geqslant 2n + 1$.

Exercice résolu 2 • Étudier une suite croissante et majorée

énoncé **On considère la suite numérique (u_n) définie sur $\mathbb{N}$ par :**

$$\begin{cases} u_0 = -1 \\ u_{n+1} = \sqrt{2 + u_n} \end{cases}.$$

1. Conjectures

a. **Calculer les cinq premiers termes de la suite (u_n).**

b. **Étudier la fonction f définie sur $[-2 ; +\infty[$ par $f(x) = \sqrt{2 + x}$.**

c. **Représenter graphiquement les premiers termes de la suite (u_n).**

d. **La suite (u_n) semble-t-elle monotone ? bornée ? convergente ? Préciser.**

2. Démonstrations

a. **Montrer que, pour tout entier naturel n, $-1 \leqslant u_n \leqslant u_{n+1} \leqslant 2$.**

b. **Quelles propriétés cela traduit-il relativement à la suite (u_n) ?**

c. **En déduire que la suite (u_n) est convergente. Que peut-on préciser sur sa limite ?**

d. **Montrer que, pour tout entier naturel n, $|u_{n+1} - 2| \leqslant \frac{1}{3}|u_n - 2|$.**

e. **En déduire que, pour tout entier naturel n, $|u_n - 2| \leqslant \frac{1}{3^{n-1}}$. Conclure.**

solution

1. On commence par essayer de conjecturer le comportement de la suite.

a. Par le calcul, on a :

$u_0 = -1$;

$u_1 = \sqrt{2 + (-1)} = 1$;

$u_2 = \sqrt{2 + 1} = \sqrt{3} \approx 1{,}73$;

$u_3 \sqrt{2 + \sqrt{3}} \approx 1{,}93$;

$u_4 = \sqrt{2 + \sqrt{2 + \sqrt{3}}} \approx 1{,}98$.

n	u(n)
0	-1
1	1
2	1.7321
3	1.9319
4	1.9829

u(n)=1.982889723

b. Des résultats de la classe de Première **(Repères 1re S, Théorème 4.2, p. 16)**, on sait que, sur l'intervalle $[-2 ; +\infty[$, les fonctions $x \mapsto \sqrt{2 + x}$ et $x \mapsto 2 + x$ ont les mêmes variations. La fonction f est donc strictement croissante et positive sur cet intervalle, avec $f(-2) = 0$.

c. On en déduit la représentation graphique de la fonction f, puis celle des premiers termes de la suite (u_n), donnée sur le graphique ci-dessous.

> **AIDE**
> Si u_n est placé sur l'axe des abscisses, on obtient u_{n+1} sur l'axe des ordonnées en construisant l'image de u_n par f. On reporte ensuite u_{n+1} sur l'axe des abscisses en utilisant la droite d'équation $y = x$. Et ainsi de suite…

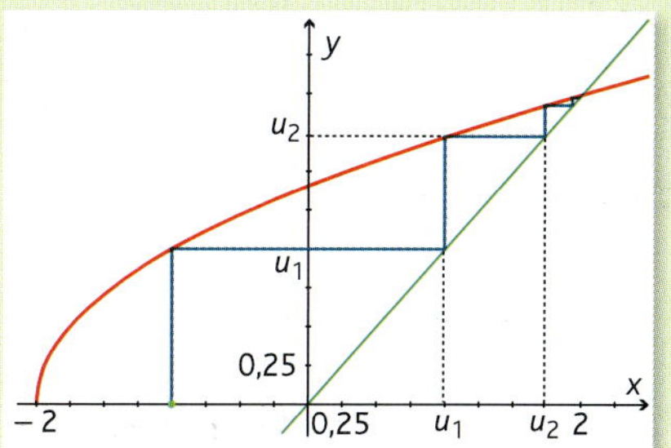

d. En confrontant les points de vue, numérique et graphique, la suite (u_n) semble : **croissante** à partir du rang 0, **majorée** par 2, et **convergente** vers 2. De plus, si l est la limite de cette suite (u_n), l semble être l'abscisse du point d'intersection des courbes d'équation $y = f(x)$ et $y = x$. Or :

$$x = \sqrt{2 + x} \Leftrightarrow x \geqslant 0 \quad \text{et} \quad x^2 - x - 2 = 0$$

$$\Leftrightarrow x \geqslant 0 \quad \text{et} \quad (x = -1 \text{ ou } x = 2) \Leftrightarrow x = 2.$$

2. Démontrons ces trois conjectures.

a. Montrons que, pour tout $n \in \mathbb{N}$, la propriété P(n) :

$$\text{« } -1 \leqslant u_n \leqslant u_{n+1} \leqslant 2 \text{ » est vraie.}$$

Initialisation : $u_0 = -1$ et $u_1 = 1$, donc $-1 \leqslant u_0 \leqslant u_1 \leqslant 2$.

Ce qui signifie que P(0) est vraie.

Hérédité de P : soit $n \in \mathbb{N}$ quelconque fixé tel que P(n) est vraie. Alors, pour cet entier n, on a $-1 \leqslant u_n \leqslant u_{n+1} \leqslant 2$.

On sait que la fonction f est croissante sur l'intervalle $[-2\,;+\infty[$. On en déduit donc qu'elle est aussi croissante sur l'intervalle $[-1\,;2]$, on a donc le tableau de variations ci-contre :

x	-1	2
$f(x)$	1 ↗	2

On constate alors que :

Pour tout x, $x' \in [-1\,;2]$, on a :

$$1 \leqslant f(x) \leqslant f(x') \leqslant 2$$

et donc :

$$-1 \leqslant f(x) \leqslant f(x') \leqslant 2.$$

Donc $-1 \leqslant u_n \leqslant u_{n+1} \leqslant 2$ implique $-1 \leqslant 1 \leqslant f(u_n) \leqslant f(u_{n+1}) \leqslant 2$. Soit :

$$-1 \leqslant u_{n+1} \leqslant u_{n+2} \leqslant 2.$$

Ce qui se traduit par P$(n+1)$ est vraie.

Conclusion : pour tout entier naturel n, $-1 \leqslant u_n \leqslant u_{n+1} \leqslant 2$.

b. On a donc montré deux propriétés de la suite (u_n) :

- la suite (u_n) est croissante à partir du rang 0 ;
- la suite (u_n) est minorée par -1 et majorée par 2.

c. Toute suite croissante et majorée étant convergente, on en déduit que la suite (u_n) est convergente, vers un réel appartenant nécessairement à l'intervalle $[-1\,;2]$.

Remarque : le « nécessairement » fait l'objet de l'exercice 76..

d. Soit $n \in \mathbb{N}$, $u_{n+1} - 2 = \sqrt{2 + u_n} - 2$

$$= \frac{(\sqrt{2+u_n} - 2) \times (\sqrt{2+u_n} + 2)}{\sqrt{2+u_n} + 2} = \frac{2 + u_n - 4}{\sqrt{2+u_n} + 2}.$$

Ce qui a bien un sens car le dénominateur est strictement positif.

Ainsi $u_{n+1} - 2 = \dfrac{u_n - 2}{\sqrt{2+u_n} + 2}$.

Du fait que, pour tous réels A et B, $A = B \Rightarrow |A| = |B|$, on en déduit que :

$$|u_{n+1} - 2| = \frac{|u_n - 2|}{\sqrt{2+u_n} + 2}.$$

D'après les variations de la fonction f, on a $-1 \leqslant u_n$, donc $1 \leqslant \sqrt{2+u_n}$, et donc $3 \leqslant \sqrt{2+u_n}+2$, ce qui implique :

$$\frac{1}{\sqrt{2+u_n}+2} \leqslant \frac{1}{3}.$$

D'où $|u_{n+1}-2| \leqslant \frac{1}{3}|u_n-2|$ (H).

Aide
La relation (H) traduit le fait que la distance du terme u_{n+1} à 2 est, à chaque étape, inférieure stricte à la distance du terme u_n à 2. C'est cette propriété (H) qui permet à la distance entre u_n et 2 de « tendre vers 0 ».

e. Soit $n \in \mathbb{N}$ et Q(n) : « $|u_n - 2)| \leqslant \frac{1}{3^{n-1}}$ ».

Démontrons la propriété Q par récurrence.

Initialisation : $|u_0-2| = |-1-2| = 3$ et $\frac{1}{3^{0-1}} = \frac{1}{3^{-1}} = 3$,

donc $|u_0 - 2| \leqslant \frac{1}{3^{0-1}}$. Ce qui prouve que Q(0) est vraie.

Hérédité de Q : soit $n \in \mathbb{N}$ quelconque tel que $|u_n - 2| \leqslant \frac{1}{3^{n-1}}$.

De la relation (H) et de Q(n), on en déduit alors que :

$$|u_{n+1}-2| \leqslant \frac{1}{3} \times |u_n - 2| \leqslant \frac{1}{3} \times \frac{1}{3^{n-1}} \leqslant \frac{1}{3^{(n+1)-1}}.$$

Ce qui se traduit par Q($n+1$) est vraie.

Conclusion : pour tout entier naturel n, $|u_n - 2| \leqslant \frac{1}{3^{n-1}}$.

Il faut commencer par remarquer que, pour tout entier naturel n, $\frac{1}{3^{n-1}} = 3 \times \left(\frac{1}{3}\right)^n$. Dès lors, on en déduit que, parce que $-1 < \frac{1}{3} < 1$, on a $\lim\limits_{n \to +\infty} \left(\frac{1}{3}\right)^n = 0$.

Ainsi, par propriété du produit des limites, on en déduit que :

$$\lim_{n \to +\infty} 3 \times \left(\frac{1}{3}\right)^n = 0 = \lim_{n \to +\infty} \left(\frac{1}{3^{n-1}}\right).$$

En conclusion :

- à partir du rang 0, on a $0 \leqslant |u_n - 2| \leqslant \frac{1}{3^{n-1}}$;
- $\lim\limits_{n \to +\infty} 0 = 0$ **et** $\lim\limits_{n \to +\infty} \left(\frac{1}{3^{n-1}}\right) = 0$.

D'après le théorème des gendarmes, $\lim\limits_{n \to +\infty} |u_n - 2| = 0$, soit $\lim\limits_{n \to +\infty} u_n = 2$.

On peut vérifier, sur la représentation graphique de u_n en fonction de n que, à chaque nouvelle étape, l'écart entre u_n et 2 est plus que divisé par 3 !

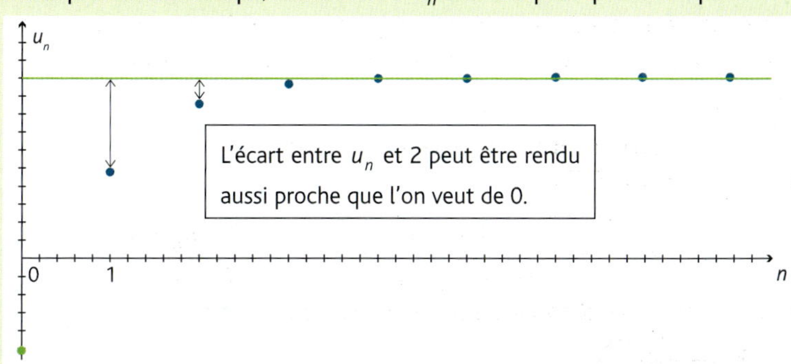

On pourrait d'ailleurs écrire le nombre 2 sous la forme d'un développement infini de radicaux :

$$2 = \sqrt{2 + \sqrt{2 + \sqrt{2 + \sqrt{2 + \sqrt{2 + \ldots}}}}}$$

Exercice résolu 3 • Une méthode utile

énoncé **Soit l un nombre réel et soit $k \in]0\,;\,1[$. On considère une suite numérique (u_n) telle qu'à partir d'un certain rang p, on a $|u_{n+1} - l| \leqslant k \times |u_n - l|$ (H).**

1. **Montrer que pour tout entier naturel n, $|u_n - l| \leqslant k^{n-p} \times |u_p - l|$.**

2. **En déduire que la suite (u_n) est convergente.**

solution

On considère un entier naturel p fixé. Ce peut être 0, 1, 2, ...

1. Avant de démontrer cette relation par récurrence, expliquons sa provenance en dégageant de (H) une relation explicite.

De la relation de récurrence (H), on a successivement :

$$|u_{p+1} - l| \leqslant k \times |u_p - l| \leqslant k^1 \times |u_p - l|$$

$$|u_{p+2} - l| \leqslant k \times |u_{p+1} - l| \leqslant k \times k \times |u_p - l| \leqslant k^2 \times |u_p - l|$$

$$|u_{p+3} - l| \leqslant k \times |u_{p+2} - l| \leqslant k \times k^2 \times |u_p - l| \leqslant k^3 \times |u_p - l|.$$

Et de proche en proche, émerge la relation :

$$|u_{p+m} - l| \leqslant k \times |u_{p+m-1} - l| \leqslant k \times k^{m-1} \times |u_p - l| \leqslant k^m \times |u_p - l|,$$

c'est-à-dire $|u_{p+m} - l| \leqslant k^m |u_p - l|$ qui peut aussi s'écrire, en substituant m par $n - p$:

Pour tout entier n supérieur ou égal à p :

$$|u_n - l| \leqslant k^{n-p} \times |u_p - l|.$$

Soit $p \in \mathbb{N}$. Pour $n \in \mathbb{N}$, $n \geqslant p$. Posons Q(n) : « $|u_n - l| \leqslant k^{n-p} \times |u_p - l|$ ».

Et démontrons Q par récurrence sur n avec $n \geqslant p$.

Initialisation : $k^{p-p} \times |u_p - l| = 1 \times |u_p - l| = |u_p - l|$,

donc $|u_p - l| \leqslant k^{p-p} \times |u_p - l|$. Ce qui prouve que Q($p$) est vraie.

Hérédité de Q : soit n entier supérieur ou égal à p, quelconque et fixé, tel que :

$$|u_n - l| \leqslant k^{n-p} \times |u_p - l|.$$

De la relation (H) et de Q(n) vraie, on en déduit alors que :

$$|u_{n+1} - l| \leqslant k \times |u_n - l| \leqslant k \times (k^{n-p} \times |u_p - l|) \leqslant k^{(n+1)-p} \times |u_p - l|.$$

Ce qui se traduit par Q(n + 1) est vraie.

La propriété Q est bien héréditaire.

Conclusion : pour tout entier naturel n :

$$|u_n - l| \leqslant k^{n-p} \times |u_p - l|.$$

2. On utilise le **théorème des gendarmes**.

$k \in]0\,;\,1[$ donc $\lim_{n \to +\infty} k^n = 0$, par propriété du produit des limites, on en déduit que $\lim_{n \to +\infty} k^{n-p} \times |u_p - l| = 0$.

En conclusion :

- à partir du rang p, on a $0 \leqslant |u_n - l| \leqslant k^{n-p} \times |u_p - l|$;
- $\lim_{n \to +\infty} 0 = 0$ **et** $\lim_{n \to +\infty} (k^{n-p} \times |u_p - l|) = 0$.

Donc $\lim_{n \to +\infty} |u_n - l| = 0$.

Conclusion : $\lim_{n \to +\infty} u_n = l$.

REMARQUE

Ce qui fait que la suite (u_n) converge vers l c'est que la distance de u_n à l diminue strictement au rang suivant.

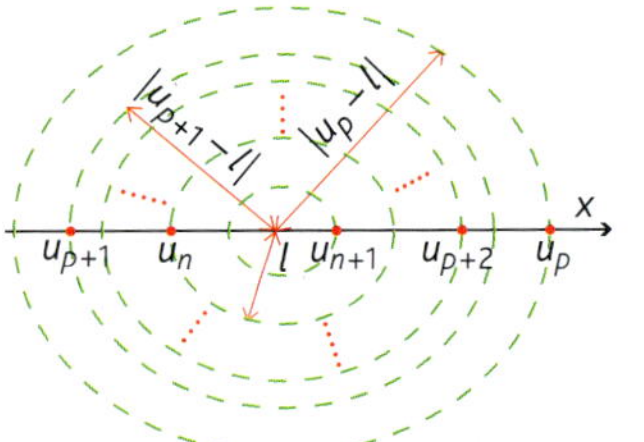

Exercice résolu 4 TICE Étudier une suite arithmético-géométrique

énoncé **On reprend l'énoncé de l'activité *découverte 1* page 8.**
On a montré que la suite des abonnés (a_n) est définie pour tout entier naturel non nul par :

$$a_1 = 8\,000 \quad \text{et} \quad a_{n+1} = 0{,}8a_n + 600.$$

1. **Représenter graphiquement, sans les calculer, les premiers termes de la suite $(a_n)_{n \geqslant 1}$.**
2. **Conjecturer la limite l de la suite (a_n) et la caractériser algébriquement.**
3. **Montrer que, pour tout entier naturel n supérieur ou égal à 1, $a_{n+1} - l = 0{,}8(a_n - l)$.**
4. **En déduire une expression explicite de a_n. Conclure sur la convergence de la suite (a_n).**

solution

1. On représente les droites d'équations $y = 0{,}8x + 600$ et $y = x$. Il suffit alors de placer a_1, puis $a_2 = 0{,}8a_1 + 600$, sur l'axe des ordonnées. Ensuite, à l'aide de ces deux droites, on place autant de termes que l'on veut.

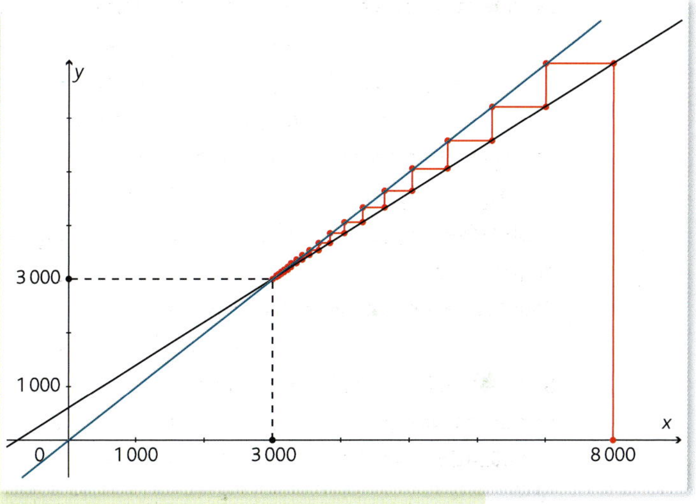

2. On conjecture alors que la suite semble converger vers le réel $l = 3\,000$ qui se trouve être l'abscisse du point d'intersection des deux droites d'équations :

$$y = 0{,}8x + 600 \quad \text{et} \quad y = x.$$

$l = 3\,000$ est-il une solution de l'équation $x = 0{,}8x + 600$?

$$\text{On a } x = 0{,}8x + 600 \Leftrightarrow (1 - 0{,}8)x = 600 \Leftrightarrow x = \frac{600}{0{,}2} \Leftrightarrow x = 3\,000.$$

L'unique solution de l'équation $x = 0{,}8x + 600$ est : $l = 3\,000$.

3. Soit n entier supérieur ou égal à 1. On a :

$$a_{n+1} = 0{,}8 \times a_n + 600$$
$$\text{et} \quad 3\,000 = 0{,}8 \times 3\,000 + 600.$$

En soustrayant, membre à membre, il vient immédiatement :

$$a_{n+1} - 3\,000 = 0{,}8(a_n - 3\,000).$$

4. Puisque, pour tout $n \in \mathbb{N}$, $a_{n+1} - 3\,000 = 0{,}8(a_n - 3\,000)$, alors la suite $(a_n - 3\,000)_n$ est géométrique de raison 0,8. Donc, pour tout n entier naturel supérieur ou égal à 1, on a $a_n - 3\,000 = (8\,000 - 3\,000)0{,}8^{n-1}$. Soit

$$\mathbf{a_n = 3\,000 + 5\,000 \times 0{,}8^{n-1}}.$$

$-1 < 0{,}8 < 1$, donc $\lim\limits_{n \to +\infty} 0{,}8^n = 0$, par propriété du produit des limites, on en déduit que $\lim\limits_{n \to +\infty} 5\,000 \times 0{,}8^{n-1} = 0$. D'où $\mathbf{\lim\limits_{n \to +\infty} a_n = 3\,000}$.

Exercice résolu 5 • Utiliser les critères de comparaison

énoncé **Soit $a \in \mathbb{R}$, on considère la suite numérique (u_n) définie, pour tout entier naturel n, par :**

$$u_0 = a \quad \text{et} \quad u_{n+1} = u_n + u_n^2 + 1.$$

1. **Montrer que la suite (u_n) est strictement croissante.**
2. **Écrire et programmer un algorithme qui demande de saisir deux réels M et A et qui renvoie (si possible) un rang p pour lequel $u_p > \text{M}$. Quel est son intérêt pour la suite (u_n) ?**
3. **Soit $n \in \mathbb{N}$ et P(n) : « $u_n \geqslant a + n$ ». Montrer que P(n) est vraie pour tout $n \in \mathbb{N}$.**
4. **En déduire que $\lim\limits_{n \to +\infty} u_n = +\infty$.**

solution

1. Soit $n \in \mathbb{N}$. $u_n^2 \geqslant 0$, donc $1 + u_n^2 \geqslant 1$ et $u_{n+1} - u_n \geqslant 1 > 0$.
La suite (u_n) est donc strictement croissante.

2.

Variables
A, M et U des nombres réels ;
N un entier naturel.
Début
Affecter à N la valeur 0
Saisir A et M.
U prend la valeur A
TantQue U $\leqslant$ M
  U prend la valeur de U + U^2 + 1 ;
  N prend la valeur de N + 1
Fin TantQue
Afficher N
Fin

TI

```
PROGRAM:MAJ
:0→N
:Prompt A,M
:A→U
:While U≤M
:U+U²+1→U
:N+1→N
:End
:Disp N
:
```

Si l'algorithme fonctionne pour tout $\text{M} \in \mathbb{R}$, cela signifie que la suite (u_n) est non majorée. Elle est alors **croissante** et **non majorée.**

Programmer cet algorithme pour constater qu'il renvoie constamment à l'entier n.

3. Montrons par récurrence que la propriété P est vraie pour tout $n \in \mathbb{N}$.
Initialisation : $u_0 = a$ donc $u_0 \geqslant a$. Ce qui signifie que P(0) est vraie.
Hérédité de P : soit n entier naturel quelconque et fixé tel que $u_n \geqslant a + n$.
Alors, du fait $u_n^2 \geqslant 0$,
$u_{n+1} \geqslant u_n + 1 \geqslant (a + n) + 1 \geqslant a + (n + 1)$.
La propriété P est donc héréditaire.
Donc, pour tout entier naturel n, $u_n \geqslant a + n$.

4. En résumé, on a donc :
   - à partir du rang 0, $u_n \geqslant a + n$;
   - $\lim\limits_{n \to +\infty} (a + n) = +\infty$.

On en déduit alors que $\lim\limits_{n \to +\infty} u_n = +\infty$.

REMARQUE
Quelle que soit la valeur de a, la suite étudiée est en fait croissante et non majorée, comme on peut le visualiser dans le cas ci-contre :
$a = -4$

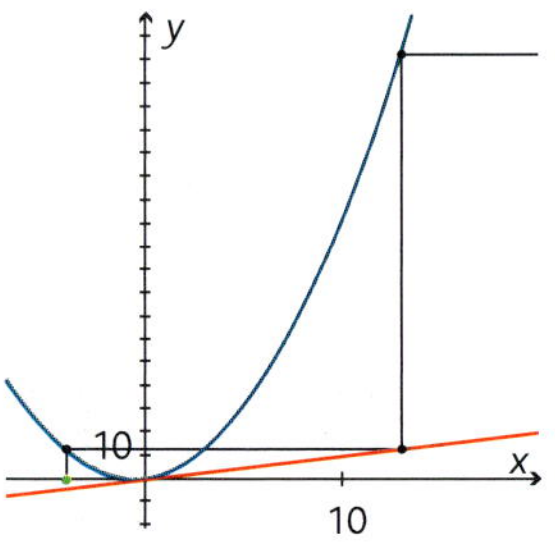

Exercice résolu 6 • Montrer qu'une suite n'a pas de limite

énoncé **On considère la suite (u_n) définie sur $\mathbb{N}$ par $u_n = (-1)^n$.**

1. **Décrire les termes de la suite (u_n). Quels sont les candidats potentiels à la limite de la suite (u_n) ?**
2. **Justifier que la suite (u_n) ne peut avoir de limite infinie.**
3. **Donner un intervalle ouvert contenant 1 et ne contenant pas toutes les valeurs u_n à partir d'un certain rang. Qu'en conclut-on ?**

solution

1. La suite (u_n) ne prend comme valeurs que 1 ou -1. Si le rang est pair, le résultat vaut 1, sinon il vaut -1. Ce qui donne graphiquement :

Si la suite (u_n) admet une limite finie, ce ne peut être que 1 ou -1.

2. Puisque pour tout entier naturel n, $-1 \leqslant (-1)^n \leqslant 1$, alors la suite (u_n) est bornée, et ne peut donc admettre une limite infinie.
3. Soit l'intervalle $I_1 =]0,5\ ;\ 1,5[$. On peut alors remarquer que :

Pour $p \in \mathbb{N}$ tel que $u_p \in I_1$, alors $u_p = 1$, donc $u_{p+1} = -1$ et $u_{p+1} \notin I_1$.
Ainsi, pour tout $p \in \mathbb{N}$, $u_p \in I_1$ implique $u_{p+1} \notin I_1$.
Ce qui est illustré dans le schéma ci-contre :

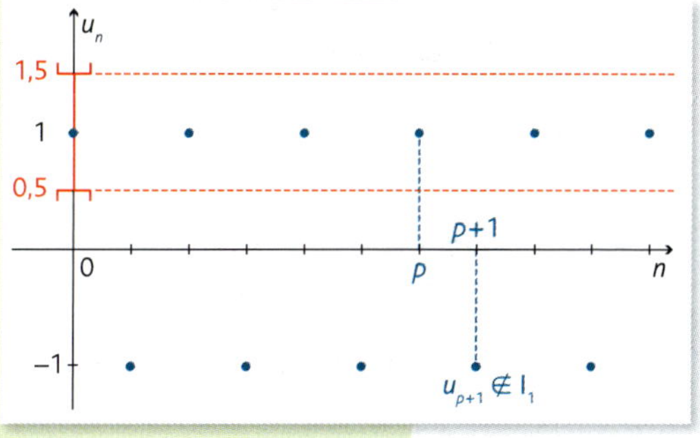

Il existe donc un intervalle ouvert contenant la valeur 1 (l'intervalle I_1), qui, quel que soit le rang p entier naturel, ne pourra pas contenir toutes les valeurs u_n à partir du rang p.
Ce qui permet de nier : « tout intervalle ouvert contenant 1, contient toutes les valeurs u_n à partir d'un certain rang ».
On conclut **la suite (u_n) n'a pas pour limite 1.**
Par un même raisonnement, on montre que la suite n'a pas pour limite -1 (par exemple à l'aide de l'intervalle ouvert contenant -1 : $]-1,5\ ;\ -0,5[$).
La suite (u_n) n'a donc pas de limite finie.
Conclusion : la suite (u_n) n'a pas de limite infinie, ni de limite finie vers -1, **elle n'admet donc aucune limite.**
On dira qu'une telle suite est **divergente**.

Entraînez-vous

Montrer que la suite (u_n) définie sur $\mathbb{N}$ par $u_n = \sin n$ n'admet aucune limite, finie ou infinie.

travail en autonomie

QCM

Corrigés en fin de manuel

Dans les questions suivantes, déterminer la (ou les) bonne(s) réponse(s).

1. Soit (u_n) la suite définie sur $\mathbb{N}$ par $u_n = 2 \times 5^{-n}$.

a. La suite (u_n) admet pour limite 2.

b. La suite (u_n) admet pour limite 5.

c. La suite (u_n) admet pour limite 0.

d. La suite (u_n) n'a aucune limite finie.

2. Sur ce graphique, les premiers termes d'une suite (u_n) sont représentés.

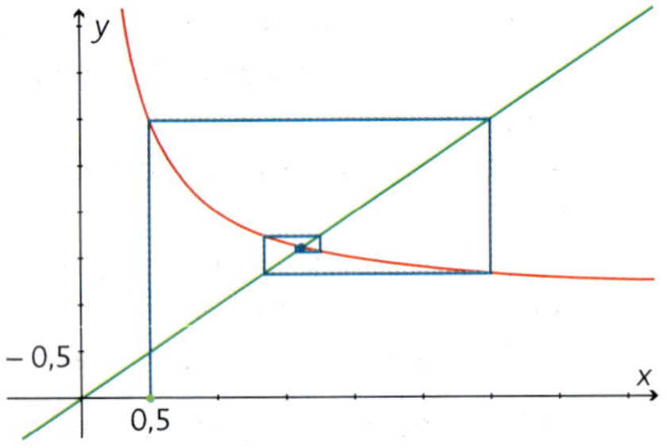

Il est légitime de conjecturer que la suite (u_n) :

a. est croissante.

b. est décroissante.

c. est bornée.

d. a une limite finie.

3. Sur ce graphique, les premiers termes d'une suite (u_n) sont représentés.

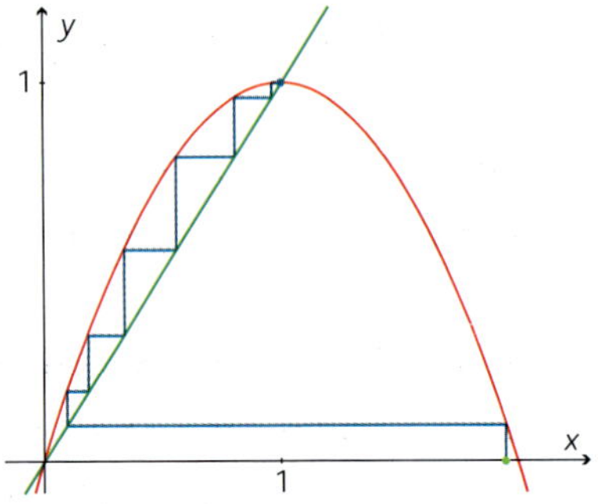

Il est légitime de conjecturer que la suite (u_n) :

a. est croissante.

b. est décroissante puis croissante.

c. est majorée par 1.

d. a pour limite 1.

4. Soit la suite (u_n) définie par :

$$u_0 = 1 \quad ; \quad u_1 = 1 \quad \text{et} \quad u_{n+2} = u_{n+1} + u_n.$$

On souhaite utiliser un tableur pour calculer les premiers termes de la suite (u_n), comme sur la capture d'écran ci-dessous :

	A	B	C
1		valeurs de *n*	valeurs de *Un*
2	*u0=*	0	1
3	1	1	1
4	*u1=*	2	=
5	1	3	

Quelle formule est-il possible d'écrire en cellule **C4** ?

a. =A3+A4 b. =A\$3+A\$4 c. =C2+C3 d. =B2+B3

5. Limite ? Limite infinie ? Pas de limite ?

a. La suite $\left(\dfrac{2-(-1)^n}{1+n}\right)_{n \in \mathbb{N}}$ admet pour limite 0.

b. La suite $\left(\dfrac{\sin n}{n}\right)_{n \in \mathbb{N}}$ n'admet pas de limite finie.

c. La suite $\left(\dfrac{n^2-1}{n^2+1}\right)_{n \in \mathbb{N}}$ admet pour limite 1.

d. La suite $\left(\dfrac{5^n-2^n}{4^n-5^n}\right)_{n \in \mathbb{N}^*}$ admet pour limite $+\infty$.

6. Soit (u_n) une suite de réels pour laquelle on suppose que $\lim\limits_{n \to +\infty} u_n^2 = +\infty$. Alors :

a. $\lim\limits_{n \to +\infty} u_n = +\infty$.

b. $\lim\limits_{n \to +\infty} \dfrac{1}{u_n} = +\infty$.

c. $\lim\limits_{n \to +\infty} u_n^3 = +\infty$.

d. $\lim\limits_{n \to +\infty} u_n^4 = +\infty$.

7. Soit (u_n) une suite de nombres réels.

a. Si $(u_n)_{n \in \mathbb{N}}$ est une suite géométrique de raison q, alors $(|u_n|)_{n \in \mathbb{N}}$ est une suite géométrique de raison $|q|$.

b. Si la suite $(|u_n|)_{n \in \mathbb{N}}$ a une limite finie, alors la suite $(u_n)_{n \in \mathbb{N}}$ a elle aussi une limite finie.

c. Si $(u_n)_{n \in \mathbb{N}^*}$ est une suite bornée, alors $\left(\dfrac{(-1)^n}{n} u_n\right)_{n \in \mathbb{N}^*}$ est une suite qui converge vers 0.

d. Si, pour tout $n \in \mathbb{N}$, $u_n - \dfrac{1}{2} \leqslant \left(\dfrac{1}{2}\right)^n$, alors la suite (u_n) a pour limite $\dfrac{1}{2}$.

vrai ou faux ?

Corrigés en fin de manuel

Indiquer si les propositions suivantes sont vraies ou fausses.
On ne manquera pas de chercher un contre-exemple pour mettre en défaut telle ou telle proposition.

Soit (u_n) et (v_n) deux suites de nombres réels.

8. Les suites (u_n) et (v_n) sont à termes strictement positifs.

a. Si $\lim\limits_{n\to+\infty} u_n = +\infty$, alors $\lim\limits_{n\to+\infty} u_n + v_n = +\infty$.

b. Si $\lim\limits_{n\to+\infty} u_n = +\infty$ et $\lim\limits_{n\to+\infty} v_n = +\infty$, alors $\lim\limits_{n\to+\infty} \frac{u_n}{v_n} = 1$.

c. Si $\lim\limits_{n\to+\infty} u_n = +\infty$, $\lim\limits_{n\to+\infty} v_n = +\infty$ et $v_n > u_n$ à partir d'un certain rang, alors $\lim\limits_{n\to+\infty} \frac{u_n}{v_n} = 0$.

9. **a.** Si $\lim\limits_{n\to+\infty} u_n = +\infty$ et $\lim\limits_{n\to+\infty} v_n = -\infty$, alors $\lim\limits_{n\to+\infty} (u_n + v_n) = 0$.

b. Si (u_n) a pour limite un réel strictement positif, la suite (v_n) est à termes strictement positifs et a pour limite 0, alors $\lim\limits_{n\to+\infty} \frac{u_n}{v_n} = +\infty$.

c. Si (u_n) et (v_n) ont toutes les deux une limite finie, alors la suite $\left(\frac{u_n}{v_n}\right)$ aussi.

d. Si $\lim\limits_{n\to+\infty} u_n = +\infty$ et $\lim\limits_{n\to+\infty} v_n = 0$, alors $\lim\limits_{n\to+\infty} \frac{u_n}{v_n} = +\infty$.

10. **a.** Toute suite croissante est minorée.

b. Toute suite croissante et minorée admet une limite finie.

c. Toute suite ayant une limite finie est bornée.

d. Toute suite bornée admet une limite finie.

11. **a.** Toute suite strictement croissante et à termes positifs tend vers $+\infty$.

b. Une suite strictement décroissante définie de premier terme positif est négative à partir d'un certain rang.

c. Toute suite qui admet pour limite $+\infty$ est strictement positive à partir d'un certain rang.

d. Toute suite strictement décroissante a pour limite $-\infty$.

12. **a.** Si (u_n) est une suite positive qui tend vers 0, alors (u_n) est décroissante.

b. Si (u_n) tend vers 0, alors (u_n) est décroissante.

c. Si (u_n) est décroissante à termes positifs ou nuls, alors elle admet pour limite 0.

d. Si (u_n) est décroissante et a pour limite 0, alors elle est à termes positifs ou nuls.

13. **a.** Si (u_n) est croissante et négative, alors (u_n) converge vers 0 .

b. Si (u_n) est croissante et a pour limite 0, alors elle est négative.

c. Si (u_n) admet pour limite 0 et négative, alors elle est croissante.

d. Si (u_n) est croissante et négative ou nulle, alors elle admet une limite négative ou nulle.

14. **a.** Si (u_n) une suite majorée par 1 et a pour limite 1, alors (u_n) est positive à partir d'un certain rang.

b. Si $u_n = 0$ à partir d'un certain rang, alors (u_n) converge vers 0.

c. Si (u_n) converge vers 0, alors $u_n = 0$ à partir d'un certain rang.

d. Si (u_n) admet pour limite 0, alors tous les termes (u_n) appartiennent à l'intervalle $[-0{,}001 ; 0{,}001]$ à partir d'un certain rang.

15. **a.** Si (u_n) tend vers $+\infty$, alors elle est croissante à partir d'un certain rang.

b. Si (u_n) tend vers $+\infty$, alors elle est positive à partir d'un certain rang.

c. Si (u_n) tend vers $+\infty$, alors $((u_n)^2)$ tend vers $+\infty$.

d. Si (u_n) tend vers $+\infty$, alors $(u_n - 1)$ tend vers $+\infty$.

16. **a.** Si $\lim\limits_{n\to+\infty} (u_n - v_n) = 0$, alors les suites (u_n) et (v_n) admettent la même limite.

b. Si $\lim\limits_{n\to+\infty} (u_n - v_n) = 0$, alors $u_n = v_n$ à partir d'un certain rang.

c. Si la suite (v_n) ne s'annule pas et si $\lim\limits_{n\to+\infty} \frac{u_n}{v_n} = 1$, alors les suites (u_n) et (v_n) tendent vers la même limite.

d. Si la suite (v_n) ne s'annule pas et si $\lim\limits_{n\to+\infty} \frac{u_n}{v_n} = 1$, alors $u_n = v_n$ à partir d'un certain rang.

17. **a.** Si $\lim\limits_{n\to+\infty} u_n = +\infty$, alors la suite (u_n) n'est pas bornée.

b. La suite (u_n) définie sur $\mathbb{N}$ par $u_n = (-2)^n$ tend vers $-\infty$ ou vers $+\infty$.

c. Une suite qui a pour limite $-\infty$ est décroissante.

d. Une suite qui a pour limite $+\infty$ est croissante à partir d'un certain rang.

exercices

1. Commençons par les premiers termes…

pour s'échauffer

18. corrigé TICE Dans chacun des cas suivants, on considère une suite (u_n) définie sur $\mathbb{N}$.

- $u_n = 2n - 1$.
- $u_n = 3 - \left(\frac{1}{2}\right)^n$.
- $u_n = \frac{n}{n+1}$.
- $u_0 = 3$ et $u_{n+1} = -u_n + 4$.

1. Calculer les cinq premiers termes de la suite (u_n) (à la main).

2. Vérifier ses calculs à l'aide de la calculatrice. On rappelle la procédure à effectuer pour programmer les termes d'une suite numérique sur calculatrice :

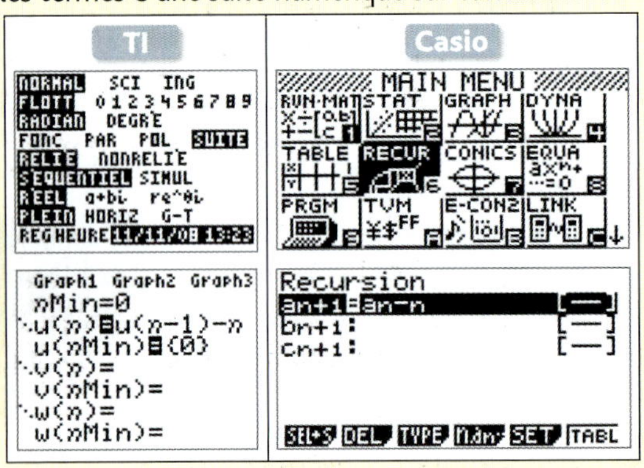

3. Conjecturer le comportement de la suite (u_n).

> **AIDE**
> Conjecturer le comportement d'une suite (u_n) revient à observer si la suite (u_n) :
> • est monotone ;
> • est majorée, minorée ou bornée ;
> • admet une limite finie, infinie ou aucune limite finie ou infinie.

19. corrigé **Premiers termes**

Reprendre l'énoncé de l'exercice 18. avec :

- $u_0 = -4\,084$ et $u_{n+1} = -\frac{1}{2}u_n$;
- $u_0 = 10$ et $u_{n+1} = \frac{1}{2}u_n + 3$;
- $u_0 = -1$ et $u_{n+1} = u_n - n$;
- $u_0 = 0$ et $u_{n+1} = \frac{1}{u_n + 1}$.

20. **Représentation graphique**

Représenter graphiquement les cinq premiers termes des suites définies ci-après.

1. Pour tout $n \in \mathbb{N}$, $u_n = (-2)^n$.
2. Pour tout $n \in \mathbb{N}$, $u_n = -2n + 3$.
3. Pour tout $n \in \mathbb{N}$, $u_n = n^2 - 2n + 1$.
4. Pour tout $n \in \mathbb{N}$, $n \geqslant 2$, $u_n = \frac{n}{n-1}$.

21. corrigé **Représentation graphique**

Représenter graphiquement les cinq premiers termes des suites définies ci-après.

1. Pour tout $n \in \mathbb{N}$:
$$u_0 = 2 \quad \text{et} \quad u_{n+1} = 1 - u_n.$$
2. Pour tout $n \in \mathbb{N}$:
$$u_0 = 1 \quad \text{et} \quad u_{n+1} = \frac{2u_n}{2 + 3u_n}.$$
3. Pour tout $n \in \mathbb{N}$:
$$u_0 = 8 \quad \text{et} \quad u_{n+1} = \sqrt{u_n + 1}.$$
4. Pour tout $n \in \mathbb{N}$:
$$u_0 = -1 \quad \text{et} \quad u_{n+1} = 1 - u_n^2.$$

Pour les exercices 22. et 23., conjecturer le comportement de la suite, définie à partir de sa représentation graphique.

22. **Conjecturer à partir du graphique…**

La suite (u_n) définie sur $\mathbb{N}$.

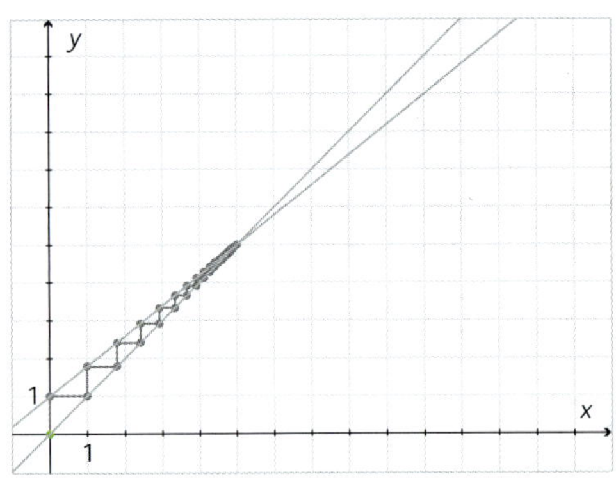

La suite (v_n) définie sur $\mathbb{N}$.

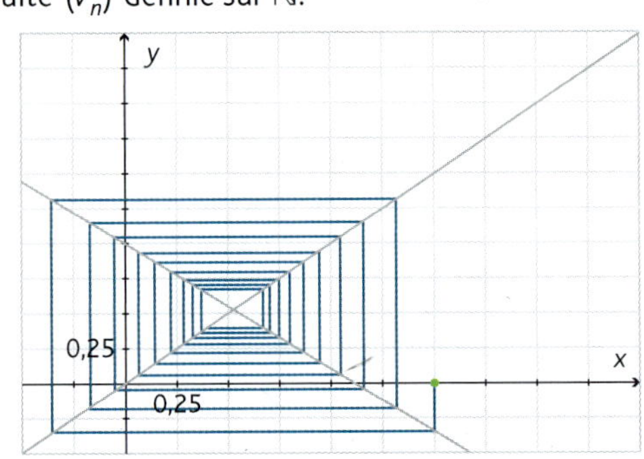

23. corrigé **Une nouvelle fois**

La suite (u_n) définie sur $\mathbb{N}$.

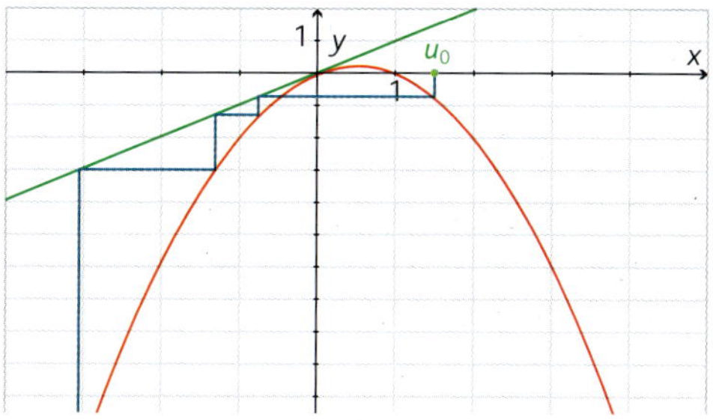

La suite (v_n) définie sur $\mathbb{N}$.

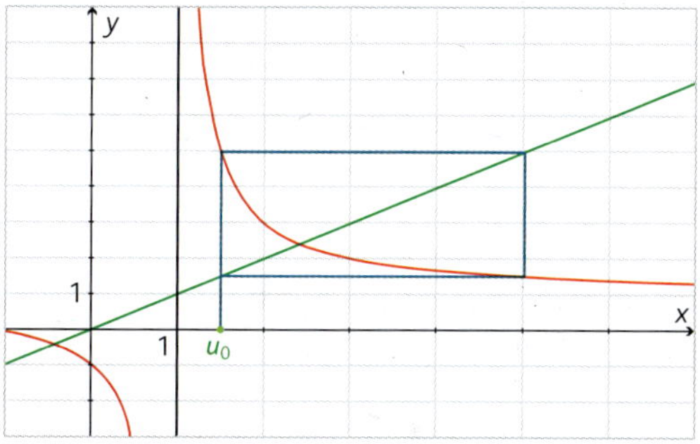

2. Démontrer par récurrence

pour s'échauffer

24. corrigé **À connaître !**

Montrer, pour tout entier naturel n, que :

a. $\displaystyle\sum_{i=0}^{i=n} i^2 = \frac{n(n+1)(2n+1)}{6}$;

b. $\displaystyle\sum_{i=0}^{i=n} i^3 = \left[\frac{n(n+1)}{2}\right]^2$.

25. corrigé **Arithmétique...**

Montrer, pour tout entier naturel n, que :

a. $4^n - 1$ est divisible par 3 ;

b. $2^{n+4} + 3^{3n+2}$ est divisible par 5 ;

c. $3^{6n+2} - 2$ est divisible par 7.

26. **Arithmétique...**

Montrer, pour tout entier naturel n, que :

a. $n^3 - n$ est divisible par 3 ;

b. $4^n - 1 - 3n$ est divisible par 9 ;

c. $7 \times 3^{5n} + 4$ est divisible par 11.

27. **Initialisation indispensable !...**

On considère les propositions P_n et Q_n suivantes :

P_n : « 3 divise $4^n - 1$ » et Q_n : « 3 divise $4^n + 1$ ».

1. Démontrer, pour tout $n \in \mathbb{N}$, que :

Si P_n est vraie, alors P_{n+1} est vraie.

2. Démontrer, pour tout $n \in \mathbb{N}$, que :

Si Q_n est vraie, alors Q_{n+1} est vraie.

3. Vérifier que P_0 est vraie.
Que peut-on en déduire.

4. Qu'en est-il de Q_0, Q_1, Q_2, Q_3 et Q_4 ? Que semble-t-il légitime de conjecturer ?

5. a. Soit a et b deux entiers multiples de 3.
Montrer que $a - b$ est aussi multiple de 3.

b. Montrer à l'aide d'un raisonnement par l'absurde que, pour tout $n \in \mathbb{N}$, Q_n est fausse.

28. corrigé **Le même !**

On considère la proposition P_n suivante :

P_n : « 9 divise $10^n + 1$ ».

1. Démontrer, pour tout $n \in \mathbb{N}$, que :

Si P_n est vraie, alors P_{n+1} est vraie.

2. Qu'en est-il de P_0, P_1, P_2 et P_3 ? Que semble-t-il légitime de conjecturer ?

3. Montrer que, pour tout $n \in \mathbb{N}$:

9 divise $10^n - 1$.

4. En déduire à l'aide d'un raisonnement par l'absurde que, pour tout $n \in \mathbb{N}$, la proposition P_n est fausse.

29. **Arithmético-géométrique**

On considère la suite (u_n) définie sur $\mathbb{N}$ par :

$$u_0 = 8 \quad \text{et} \quad u_{n+1} = \frac{2}{5}u_n + 3.$$

Démontrer que, pour tout entier naturel n :

$$u_n = 3\left(\frac{2}{5}\right)^n + 5.$$

30. **Arithmético-géométrique**

On considère la suite (u_n) définie sur $\mathbb{N}$ par :

$$u_0 = 0 \quad \text{et} \quad u_{n+1} = \frac{2}{5}u_n + 3.$$

Démontrer à l'aide d'un raisonnement par récurrence que, pour tout entier naturel n :

$$u_n = 5\left(1 - \left(\frac{2}{5}\right)^n\right).$$

31. corrigé **Changement d'indice**

On considère la suite (u_n) définie par :

$u_1 = 5$ et pour $n \geqslant 2$: $u_n = 2u_{n-1} - n$.

Démontrer, pour tout entier naturel non nul, que :

$$u_n = 2(2^{n-1} + 1) + n.$$

32. Le même !

On considère la suite (u_n) définie sur $\mathbb{N}$ par :

$$u_0 = 2 \quad \text{et} \quad u_{n+1} = 3u_n + n + 1.$$

Démontrer, pour tout entier naturel n, que :

$$u_n = \frac{11}{4} \times 3^n - \frac{3}{4} - \frac{n}{2}.$$

33. corrigé On conjecture, on démontre

On considère la suite (u_n) définie sur $\mathbb{N}$ par :

$$u_0 = \frac{1}{4} \quad \text{et} \quad u_{n+1} = 5u_n - 1.$$

1. Calculer les trois premiers termes de la suite (u_n).
2. Conjecturer son expression explicite.
3. Le démontrer.

34. TICE Avec un tableur

On considère la suite (u_n) définie sur $\mathbb{N}$ par :

$$u_0 = 0 \quad \text{et} \quad u_{n+1} = u_n + 2n + 1.$$

On souhaite faire calculer les premiers termes de la suite à un tableur, afin de conjecturer u_n en fonction de n pour $n \in \mathbb{N}$.

À partir d'un logiciel de type tableur, on réalise la feuille de calculs suivante :

	A	B
1	n	Un
2	0	0
3	1	=
4	2	
5	3	
6	4	
7	5	
8	6	

1. Quelle formule à étirer peut-on écrire dans la cellule **B3** afin d'obtenir, en recopiant vers le bas, les termes de la suite (u_n) ?
2. Recopier alors cette feuille de calculs ainsi que la formule en cellule **B3**.
3. En déduire une conjecture de u_n en fonction de n, entier naturel, que vous démontrerez à l'aide d'un raisonnement par récurrence.

35. Récurrence d'ordre 2

On considère la suite (u_n) définie sur $\mathbb{N}^*$ par :

$$u_1 = u_2 = 1 \quad \text{et} \quad u_{n+2} = -3u_{n+1} - 2u_n.$$

Démontrer que, pour tout $n \in \mathbb{N}^*$:

$$u_1 = u_2 = 1 \quad \text{et} \quad u_n = (-2)^n - 3 \times (-1)^n.$$

36. corrigé TICE Récurrence d'ordre 2

On considère la suite (u_n) définie sur $\mathbb{N}$ par :

$$u_0 = u_1 = 4 \quad \text{et} \quad u_{n+2} = \frac{5}{2}u_{n+1} - \frac{3}{2}u_n.$$

À partir d'un logiciel de type tableur, on réalise la feuille de calculs suivante :

	A	B
1	n	u_n
2	0	4
3	1	4
4	2	=
5	3	
6	4	
7	5	
8	6	

1. Quelle formule à étirer peut-on écrire dans la cellule **B4** afin d'obtenir, en recopiant vers le bas, les termes de la suite (u_n) ?
Quelle conjecture peut-on alors faire de l'expression de u_n, en fonction de n, entier naturel ?
2. Démontrer cette conjecture à l'aide d'un raisonnement par récurrence.

37. TICE Nombre d'Or et Fibonacci

On considère la suite (u_n) définie par $u_0 = u_1 = 1$ et, pour tout entier n supérieur ou égal à 2 :

$$u_n = u_{n-1} + u_{n-2}.$$

On pose $\phi = \dfrac{1 + \sqrt{5}}{2}$.

1. Vérifier que $\phi^2 = \phi + 1$.
2. En déduire une expression de ϕ^3, ϕ^4 et ϕ^5 de la forme $a\phi + b$, avec a et b deux entiers.
3. Déduire des deux questions précédentes, une conjecture sur l'expression de ϕ^n sous la forme $a\phi + b$. Démontrer alors cette conjecture avec n un entier naturel quelconque.

> **AIDE**
> Il va sans dire que cette conjecture doit utiliser la définition par récurrence de la suite (u_n)…

4. À l'aide du résultat de la question 3., on a conçu l'algorithme suivant, avec *AlgoBox* dans le but de fournir les valeurs de a et b dans la décomposition de ϕ^n sous la forme $a\phi + b$ pour n entier naturel quelconque :

```
▼ VARIABLES
  ├ n EST_DU_TYPE NOMBRE
  ├ a EST_DU_TYPE NOMBRE
  ├ b EST_DU_TYPE NOMBRE
  ├ c EST_DU_TYPE NOMBRE
  └ i EST_DU_TYPE NOMBRE
▼ DEBUT_ALGORITHME
  ├ AFFICHER "Entrer votre valeur de n :"
  ├ LIRE n
  ▼ SI (n==0) ALORS
    ├ DEBUT_SI
    ├ a PREND_LA_VALEUR 0
    ├ b PREND_LA_VALEUR 1
    ├ FIN_SI
    ▼ SINON
      ├ DEBUT_SINON
      ▼ SI (n==1) ALORS
        ├ DEBUT_SI
        ├ a PREND_LA_VALEUR 1
        ├ b PREND_LA_VALEUR 0
        ├ FIN_SI
        ▼ SINON
          ├ DEBUT_SINON
          ├ a PREND_LA_VALEUR 1
          ├ b PREND_LA_VALEUR 1
          ▼ SI (n>=3) ALORS
            ├ DEBUT_SI
            ▼ POUR i ALLANT_DE 1 A n-2
              ├ DEBUT_POUR
              ├ c PREND_LA_VALEUR a
              ├ a PREND_LA_VALEUR
              ├ b PREND_LA_VALEUR
              └ FIN_POUR
            └ FIN_SI
          └ FIN_SINON
      └ FIN_SINON
  ├ AFFICHER "a="
  ├ AFFICHER a
  ├ AFFICHER "b="
  └ AFFICHER b
FIN_ALGORITHME
```

Reproduire cet algorithme après avoir complété les lignes « cachées » et l'exécuter.
En déduire ϕ^{35}.

5. Programmer cet algorithme sur une calculatrice.

38. corrigé Factorielle de *n*

On définit, de façon récurrente, la factorielle d'un entier naturel n et que l'on note $n!$ de la façon suivante :

- $0! = 1$;
- pour $n \geqslant 0$, $(n+1)! = (n+1) \times n!$.

Démontrer, à l'aide d'un raisonnement par récurrence que, pour tout entier naturel n supérieur ou égal à 1 :

$$n! = 1 \times \ldots \times n.$$

39. TICE Il faut connaître *n*!

On souhaite comparer les croissances, pour n entier naturel, des progressions 3^n et $n!$.
Voici ce que l'on a obtenu à l'aide d'une calculatrice :

```
Graph1 Graph2 Graph3
nMin=0
·.u(n)■3^n
  u(nMin)■{1}
·.v(n)■n!
  v(nMin)■{1}
·.w(n)=
  w(nMin)=
```

n	u(n)	v(n)
0	1	1
1	3	1
2	9	2
3	27	6
4	81	24
5	243	120
6	729	720

n=0

1. Reproduire ces captures d'écran avec une calculatrice.

2. Conjecturer alors une relation d'ordre entre $n!$ et 3^n, pour n entier de plus en plus grand.

> **Aide**
> • Par « relation d'ordre », on entend « qui est le plus grand ou le plus petit des deux termes ».
> • Il faut être précis dans votre conjecture...

3. Démontrer la conjecture, à l'aide d'un raisonnement par récurrence.

40. DÉMO Identité remarquable

Démontrer, pour tout $n \in \mathbb{N}^*$, que :

$$a^n - b^n = (a-b)\sum_{i=0}^{n-1} a^{n-1-i}b^i.$$

> **Aide**
> Une récurrence est toute indiquée... et pour l'étape d'hérédité, on pourra utiliser, par exemple, le fait que :
> $$a^{n+1} - b^{n+1} = a \times a^n - b \times b^n$$
> puis que $a = (a-b) + b$..., ce qui permettra d'utiliser l'hypothèse de récurrence.

41. BAC corrigé Vrai ou Faux !

On considère la suite (t_n) définie pour tout entier naturel n par :
$t_0 = 0$ et pour tout entier naturel n,

$$t_{n+1} = t_n + \frac{1}{(n+1)(n+2)}.$$

La proposition :
« Pour tout entier naturel n, $t_n = \dfrac{n}{(n+1)}$ »
est-elle vraie ou fausse ?

D'après Bac, 2010

42. DÉMO

Soit I un intervalle ou une réunion d'intervalle de $\mathbb{R}$ et f une fonction définie sur I.
Montrer que, si la fonction f vérifie la propriété :

P : « Pour tout $x \in I$, $f(x) \in I$ »,

alors on peut définir sur $\mathbb{N}$ la suite numérique (u_n) de la façon suivante :

$$\begin{cases} u_0 \in I \\ u_{n+1} = f(u_n), \text{ pour tout } n \in \mathbb{N}. \end{cases}$$

De plus, la suite numérique (u_n) vérifie la propriété :

Pour tout $n \in \mathbb{N}$, $u_n \in I$.

3. Calculs de sommes

***Pour les exercices 43. à 46.**, calculer en fonction de n chacune des sommes données.*

pour s'échauffer

43. corrigé a. $\sum_{p=0}^{p=n}(4p-1)$; b. $\sum_{p=1}^{p=n-1}(3p+5)$.

44. corrigé a. $\sum_{p=0}^{p=n}\left(\frac{1}{2}\right)^n$; b. $\sum_{p=1}^{p=n+1}3\times 5^{-n}$.

45. a. $\sum_{p=0}^{p=n-1}p(p+1)$; b. $\sum_{p=1}^{p=n+1}(p-2)^2$.

46. a. $\sum_{p=0}^{p=n}3^{2p+1}$; b. $\sum_{p=0}^{p=n-1}3\times 2^p-1$.

47. corrigé **De + vers Σ**

Exprimer les sommes suivantes à l'aide du symbole Σ, puis les calculer :

a. $S=5+8+11+14+\ldots+2\,012$;

b. $T=2^2+2^5+2^8+\ldots+2^{20}$;

c. $R=1+10^{-2}+10^{-4}+\ldots+10^{10}$.

48. corrigé **Progression géométrique**

Même question que pour l'exercice précédent.

a. $U=x+x^2+x^3+\ldots+x^n$, pour $x\in\mathbb{R}$.

b. $V=1+x^2+x^4+x^6+\ldots+x^{2n}$, pour $x\in\mathbb{R}$.

4. Majoration, minoration

pour s'échauffer

49. corrigé **Question de définition**

Donner la définition de :

a. la suite (u_n) est majorée ;

b. la suite (u_n) n'est pas majorée.

***Pour les exercices 50. à 52.**, déterminer si chacune des suites proposée est minorée, majorée ou bornée.*

50. corrigé a. $u_n=\frac{n+3}{2n+1}$; b. $u_n=\frac{n-1}{2n-3}$;

c. $u_n=\frac{n^2+1}{n}$.

51. a. $u_n=(-1)^n\times\frac{n^2}{n+1}$;

b. $u_n=\sqrt{n^2+1}-n$;

c. $u_n=\pi^n-3^n$.

52. a. $u_n=\sqrt{n^2+n+1}-2n$;

b. $u_n=\frac{1}{n}\sin\frac{1}{n}$ pour $n\in\mathbb{N}^*$;

c. $u_n=\sin(2^n\times\pi)$.

***Pour les exercices 53. et 54.**, montrer que les suites définies sur ℕ sont bornées.*

53. a. $u_n=10-2\sin\frac{1}{n}$.

b. $u_n=\frac{n}{n+2}$.

c. $u_n=\frac{1}{n}-\frac{1}{\sqrt{n}}$, pour tout $n\geqslant 1$.

54. a. $u_n=1+\frac{2}{7}+\left(\frac{2}{7}\right)^2+\ldots+\left(\frac{2}{7}\right)^n$.

b. $u_n=25+5+1+\frac{1}{5}+\frac{1}{5^2}+\ldots+\frac{1}{5^n}$.

c. $u_n=9+3+1+\ldots+3^{-n+2}$.

55. corrigé TICE **Radical !**

On considère la suite (u_n) définie sur ℕ par :

$$\begin{cases}u_0=0\\u_{n+1}=\sqrt{u_n+2}\end{cases}.$$

1. Montrer que, pour tout $n\in\mathbb{N}$:

a. $u_n\geqslant 0$;

b. $u_n\leqslant 2$.

2. Écrire un **algorithme** qui demande en entrée la saisie d'un réel M, $0\leqslant M<2$ et qui renvoie (éventuellement) un rang n pour lequel :

$$M\leqslant u_n\leqslant 2.$$

3. Compléter la conjecture suivante :

« 2 semble être le plus .... des majorants de la suite (u_n) ».

4. Montrer que, pour tout entier naturel n :

$$2-u_n\leqslant\frac{1}{2^{n-1}}.$$

5. En déduire une preuve de cette dernière conjecture.

56. **Changement de sens**

On considère la suite (u_n) définie sur ℕ par :

$$u_0=3 \quad\text{et}\quad u_{n+1}=2+\frac{1}{u_n}.$$

Montrer que, pour tout $n\in\mathbb{N}$:

$$2\leqslant u_n\leqslant 3.$$

57. **Récurrence double**

On considère la suite (u_n) définie sur $\mathbb{N}$ par :

$$\begin{cases} u_0 = 1,\ u_1 = \dfrac{3}{2} \\ u_{n+2} = \dfrac{1}{2}u_{n+1} + \dfrac{2}{3}u_n \end{cases}.$$

Montrer que, pour tout $n \in \mathbb{N}$:

$$u_n \geqslant 1.$$

Qu'en déduit-on pour la suite (u_n) ?

58. **TICE** **Suite arithmético-géométrique**

On considère la suite (u_n) définie sur $\mathbb{N}$ par :

$$u_0 = \frac{2}{7} \quad \text{et} \quad u_{n+1} = \frac{1}{3}u_n + \frac{1}{2}.$$

1. Montrer que, pour tout $n \in \mathbb{N}$:

a. $u_n \geqslant 0$;

b. $u_n < \dfrac{3}{4}$.

2. On considère l'algorithme suivant.

Variables
n un entier naturel ;
u un nombre réel ;
M un réel tel que $0 < M < \dfrac{3}{4}$.
Début
Saisir M
***n* prend la valeur 0**
***u* prend la valeur $\frac{2}{7}$**
Tant que *u* < M
  n prend la valeur $n + 1$
  u prend la valeur $\frac{1}{3}u + \frac{1}{2}$
Fin tantQue
Afficher *n*
Fin

Quel est l'intérêt de cet algorithme ?

3. Programmer cet algorithme sur un logiciel ou une calculatrice.

4. Tester alors le programme avec différentes valeurs de M, de plus en plus proches de $\dfrac{3}{4}$. Que remarque-t-on ?

5. Compléter la conjecture suivante :

« $\dfrac{3}{4}$ semble être le plus .... des majorants de la suite (u_n) ».

6. Montrer que, pour tout entier naturel n :

$$\frac{3}{4} - u_n = \frac{13}{28 \times 3^n}.$$

7. Pourquoi cette dernière conjecture est-elle vraie ?

5. Limites d'une suite

pour s'échauffer

Pour les exercices 59. et 60., démontrer, à partir des définitions les limites suivantes.

59. **corrigé**

1. $\lim\limits_{n \to +\infty} n^2 = +\infty$.

2. $\lim\limits_{n \to +\infty} \dfrac{1}{n^2} = 0$.

60. **corrigé**

1. $\lim\limits_{n \to +\infty} \sqrt{n} = +\infty$.

2. $\lim\limits_{n \to +\infty} \dfrac{1}{\sqrt{n}} = 0$.

61. **corrigé** **TICE** On considère la suite (p_n) définie sur $\mathbb{N}$ par :

$$p_n = n^2 + 2n + 10.$$

1. On considère l'algorithme suivant :

Variables
n un entier naturel ;
p et M deux nombres réels.
Début
Saisir M
***n* prend la valeur 0**
***p* prend la valeur 10**
Tant que *p* < M
  n prend la valeur $n + 1$
  p prend la valeur $n^2 + 2n + 10$
Fin tantQue
Afficher *n*
Fin

Quel est l'intérêt de cet algorithme ?

2. Programmer cet algorithme sur un logiciel ou une calculatrice.

3. Tester alors le programme avec différentes valeurs de M, de plus en plus grandes.

4. Quelle conjecture peut-on alors formuler relativement à la limite de la suite (p_n) ?

62. **Limite de trinôme**

Soit a, b, c trois réels avec $a \neq 0$. Montrer que :

- si $a > 0$, alors $\lim\limits_{n \to +\infty} (an^2 + bn + c) = +\infty$;
- si $a < 0$, alors $\lim\limits_{n \to +\infty} (an^2 + bn + c) = -\infty$.

63. **TICE** On considère la suite (f_n) définie sur $\mathbb{N}$ par :

$$f_n = \frac{n+3}{2n+1}.$$

1. Quelle est la limite de la suite (f_n) ?

2. On a conçu l'algorithme suivant à l'aide du logiciel *AlgoBox* :

```
VARIABLES
  n EST_DU_TYPE NOMBRE
  f EST_DU_TYPE NOMBRE
  eps EST_DU_TYPE NOMBRE
DEBUT_ALGORITHME
  AFFICHER "'eps' est un réel strictement positif ! "
  LIRE eps
  n PREND_LA_VALEUR 0
  f PREND_LA_VALEUR (0+3)/(2*0+1)
  TANT_QUE (f<=1/2-eps OU f>=1/2+eps) FAIRE
    DEBUT_TANT_QUE
    n PREND_LA_VALEUR n+1
    f PREND_LA_VALEUR (n+3)/(2*n+1)
    FIN_TANT_QUE
  AFFICHER n
FIN_ALGORITHME
```

Reproduire, puis exécuter cet algorithme, pour des valeurs de *eps* telles que :

$$10^{-1}\ ;\ 10^{-2}\ ;\ 10^{-3}\ ;\ 10^{-4}\ ;\ 10^{-5}.$$

Que remarque-t-on ?

3. Quel est la fonction de cet algorithme ?

4. Soit $\varepsilon > 0$. Pourquoi on ne peut pas dire, à ce stade, que l'algorithme rend un entier n, **à partir duquel :**

$$\frac{1}{2} - \varepsilon < u_n < \frac{1}{2} + \varepsilon\ ?$$

5. Montrer que, pour tout $n \in \mathbb{N}$:

$$f_n - \frac{1}{2} = \frac{5}{4n+2}.$$

6. Justifier que la suite $\left(\frac{5}{4n+2}\right)_{n \geqslant 0}$ est décroissante, positive, minorée par 0 et de limite nulle.

7. En déduire que la suite $(f_n)_{n \geqslant 0}$ est décroissante et minorée par $\frac{1}{2}$.

8. Conclure sur l'intérêt de l'algorithme précédent.

64. Fraction rationnelle...

Soit a, b, c trois réels avec $a \neq 0$ d'une part et a', b', c' trois réels avec $a' \neq 0$ d'autre part. Montrer que :

$$\lim_{n \to +\infty} \left(\frac{an^2 + bn + c}{a'n^2 + b'n + c'}\right) = \frac{a}{a'}.$$

65. C'est qui le chef ?

Soit a, b, c trois réels avec $a \neq 0$ d'une part et a', b' deux réels avec $a' \neq 0$ d'autre part. Montrer que :

a. $\lim\limits_{n \to +\infty} \left(\frac{a'n + b'}{an^2 + bn + c}\right) = 0$;

b. si $a > 0$, alors :

$$\lim_{n \to +\infty} \left(\frac{an^2 + bn + c}{a'n + b'}\right) = +\infty\ ;$$

c. si $a < 0$, alors :

$$\lim_{n \to +\infty} \left(\frac{an^2 + bn + c}{a'n + b'}\right) = -\infty.$$

66. Logique

On sait d'une suite (u_n) qu'elle est croissante et qu'elle n'est pas majorée.
Que doit-on en conclure ? Le démontrer.

67. VRAI ou FAUX

Répondre par VRAI ou FAUX aux propositions suivantes, en justifiant.

1. Si une suite n'est pas majorée, alors elle tend vers $+\infty$.

2. Si une suite tend vers $+\infty$, alors elle n'est pas majorée.

***Pour les exercices 68. à 75., étudier la limite de la suite** (u_n).*

68. 1. $u_n = 5 - 2n$.

2. $u_n = \frac{3}{n^2}$.

3. $u_n = 3n^2 + 2n + 5 - \frac{6}{n}$.

69. **corrigé** 1. $u_n = 6n^2 - n - 1$.

2. $u_n = (2n-1)(2-n)$.

3. $u_n = \frac{1-n}{1+n}$.

70. **corrigé** 1. $u_n = \sqrt{n^2 + n + 1}$.

2. $u_n = \frac{-2n^2 + 4n + 5}{n^2 + 6n - 8}$.

3. $u_n = \sqrt{2n+1} - \sqrt{2n-1}$.

AIDE
Dans cet exercice, multiplier par l'expression conjuguée est utile dès qu'on rencontre le symbole $\sqrt{\ }$.

71. 1. $u_n = 3n^2 - n + \frac{1}{n}$.

2. $u_n = 1 - 6^n$.

3. $u_n = 3^n - 2^n$.

72. 1. $u_n = 1 - 3 \times \left(-\frac{2}{3}\right)^n$.

2. $u_n = \frac{6}{5 - 7^n}$.

3. $u_n = \frac{3^n - 2}{4^n - 3^n}$.

73. 1. $u_n = \dfrac{1}{n + 4^n}$.

2. $u_n = 3^{2n} - 10^n$.

3. $u_n = 5^{n+2} - 5^{n+1} + 5^n$.

74. corrigé 1. $u_n = \dfrac{3^{n+1} - 4^{n+2}}{3^{n-1} - 4^{n+2}}$.

2. $u_n = \dfrac{\left(\frac{1}{2}\right)^n - \left(\frac{3}{2}\right)^n}{\left(\frac{1}{2}\right)^n + \left(\frac{3}{2}\right)^n}$.

3. $u_n = \dfrac{6^{n+1} - 5^{n-1}}{3^n + 7^n}$.

75. corrigé 1. $u_n = 1 + \dfrac{1}{7} + \dfrac{1}{7^2} + \dots + \dfrac{1}{7^n}$.

2. $u_n = \dfrac{1}{5} + \dfrac{1}{5^2} + \dots + \dfrac{1}{5^n}$.

3. $u_n = 3 + \dfrac{2}{3} + \left(\dfrac{2}{3}\right)^2 + \left(\dfrac{2}{3}\right)^3 + \dots + \left(\dfrac{2}{3}\right)^n$.

76. Soit (u_n) une suite définie sur $\mathbb{N}$ et à valeurs dans l'intervalle $[a\,;b]$. Montrer que si la suite (u_n) admet une limite finie l ($l \in \mathbb{R}$), alors $l \in [a\,;b]$.

77. (u_n) est une suite convergente vers un réel l.
Montrer que cette suite est bornée.

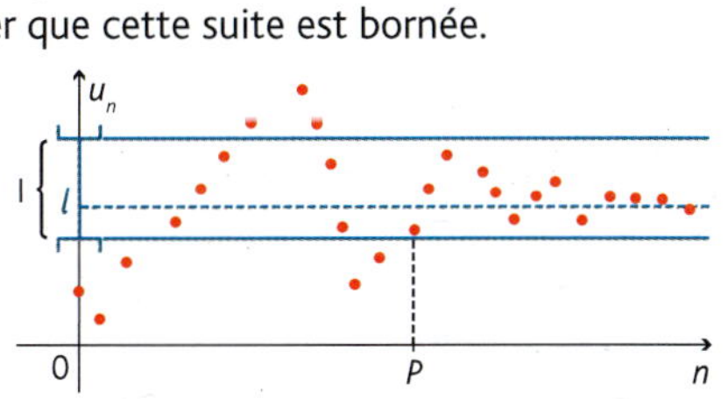

Aide
Avant p… et après p…

78. DÉMO Soit $l \in \mathbb{R}$ et soit (u_n) et (v_n) deux suites réelles telles que :

- à partir d'un certain rang, $|u_n - l| \leqslant v_n$;
- $\lim\limits_{n \to +\infty} v_n = 0$.

Montrer que $\lim\limits_{n \to +\infty} u_n = l$.

Aide
L'intérêt ici est de le démontrer sans faire appel au « théorème des gendarmes »…

79. **Logique**
On appelle suite **divergente**, toute suite qui ne converge pas.
Doit-on en conclure que les suites divergentes sont les suites qui ont une limite infinie ? Justifier.

Pour les exercices 80. à 82., étudier la limite de la suite (u_n) à l'aide d'un théorème de comparaison.

80. corrigé
a. $u_n = \cos n - n$.
b. $u_n = 3n + 1 + (-1)^n$.

81. corrigé
a. $u_n = \dfrac{\sin n}{2^n}$.
b. $u_n = \dfrac{(-1)^n}{n}$.

82. corrigé
a. $u_n = \dfrac{4 \times (-1^n)}{\sqrt{3n}}$.
b. $u_n = \dfrac{3 - 2\sin(n^2)}{\sqrt{n}}$.

83. **Théorème du sandwich**
Pour tout $n \in \mathbb{N}$, $n \geqslant 2$, on pose :
$$u_n = 1 + \frac{\sqrt{n+1}}{n + (-1)^n}.$$

1. Montrer que, pour tout $n \in \mathbb{N}$, $n \geqslant 2$:
$$\frac{\sqrt{n+1}}{n+1} \leqslant u_n - 1 \leqslant \frac{\sqrt{n+1}}{n-1}.$$
2. Déterminer la limite des suites de termes généraux :
$$\frac{\sqrt{n+1}}{n+1} \quad \text{et} \quad \frac{\sqrt{n+1}}{n-1}.$$
3. Conclure sur la limite de la suite (u_n).

84. Classique...

Soit (u_n) une suite qui admet comme limite finie le réel l.

1. Expliciter les suites numériques :

$$(u_{2n})_{n \geqslant 0} \quad \text{et} \quad (u_{2n+1})_{n \geqslant 0}.$$

2. Montrer que les suites (u_{2n}) et (u_{2n+1}) admettent aussi comme limite le réel l.

3. a. Énoncer la propriété montrée à la question 2. sous la forme « si ..., alors... ».
b. En déduire la contraposée de cette dernière propriété.

4. **Application**

On pose, pour tout entier naturel n :

$$u_n = (-1)^n.$$

a. Justifier que, si la suite (u_n) admet une limite, alors cette limite est finie.
b. Expliciter, pour tout $n \in \mathbb{N}$, u_{2n} et u_{2n+1}.
c. En déduire que la suite $((-1)^n)_{n \geqslant 0}$ n'admet aucune limite, finie ou infinie.

85. Sur le modèle de l'exercice précédent, montrer que la suite $(\sin n)_{n \geqslant 0}$ n'admet ni limite finie, ni limite infinie.

AIDE
On dit que les suites $((-1)^n)_{n \geqslant 0}$ et $(\sin n)_{n \geqslant 0}$ sont divergentes.

86. D'abord une bonne conjecture

La suite (u_n) est définie sur $\mathbb{N}^*$ par :

$$\begin{cases} u_1 = 0 \\ u_{n+1} = \sqrt{u_n^2 + 1} \end{cases}.$$

1. Calculer u_2, u_3, u_4 et u_5.
2. Conjecturer une expression explicite de u_n, pour n entier supérieur ou égal à 1.
3. Démontrer la propriété conjecturée.
4. En déduire la limite de la suite (u_n).

87. Les limites de la factorielle

On pose pour tout entier naturel n :

$$\begin{cases} 0! = 1 \\ \text{pour tout } n \in \mathbb{N}^*,\ n! = n \times (n-1)! \end{cases}.$$

1. Montrer ou admettre que, pour tout $n \in \mathbb{N}^*$:

$$n! = 1 \times \ldots \times n.$$

2. Justifier que pour tout $n \in \mathbb{N}$, $n! > 0$.
3. Calculer, pour $n \in \mathbb{N}$, $\dfrac{(n+1)!}{n!}$.
En déduire que $(n!)_{n \geqslant 0}$ est croissante.
4. Justifier que $(n!)_{n \geqslant 0}$ n'est pas majorée.
5. En déduire la limite de la suite $(n!)_{n \geqslant 0}$.

6. À partir de suites arithmétiques ou géométriques

88. Soit $r \in \mathbb{R}$ et soit (u_n) une suite arithmétique de raison r.

1. En supposant que u_0 est son premier terme, démontrer à l'aide d'un **raisonnement par récurrence** que, pour tout $n \in \mathbb{N}$, $u_n = u_0 + nr$.
2. Qu'est-ce que cela change si son premier terme est u_1 ? Le démontrer.
3. Généraliser le résultat avec comme premier terme u_p, $p \in \mathbb{N}$. Le démontrer.

89. Soit $q \in \mathbb{R}$ et soit (v_n) une suite géométrique de raison q.

1. En supposant que v_0 est son premier terme, démontrer, à l'aide d'un **raisonnement par récurrence** que, pour tout $n \in \mathbb{N}$, $v_n = v_0 \times q^n$.
2. Qu'est-ce que cela change si son premier terme est v_1 ? Le démontrer.
3. Généraliser le résultat avec comme premier terme v_p, $p \in \mathbb{N}$. Le démontrer.

90. TICE **Somme des termes d'une suite...**

r et u_0 sont deux réels donnés.
On a conçu l'algorithme suivant avec le logiciel *AlgoBox* dans le but de déterminer la somme :

$$S = \sum_{i=0}^{i=n} u_i$$

où (u_n) est une suite arithmétique de raison r et de premier terme u_0.

```
▼ VARIABLES
  ├ u0 EST_DU_TYPE NOMBRE
  ├ r EST_DU_TYPE NOMBRE
  ├ n EST_DU_TYPE NOMBRE
  ├ S EST_DU_TYPE NOMBRE
  ├ i EST_DU_TYPE NOMBRE
  └ u EST_DU_TYPE NOMBRE
▼ DEBUT_ALGORITHME
  ├ LIRE u0
  ├ LIRE r
  ├ LIRE n
  ├ S PREND_LA_VALEUR 0
  ├ u PREND_LA_VALEUR u0
  ▼ POUR i ALLANT_DE 0 A n
    ├ DEBUT_POUR
    ├ S PREND_LA_VALEUR [redacted]
    ├ u PREND_LA_VALEUR [redacted]
    └ FIN_POUR
  ├ AFFICHER "La somme vaut : "
  └ AFFICHER S
FIN_ALGORITHME
```

1. Reproduire cet algorithme après avoir complété les lignes « cachées » et l'exécuter.

2. Proposer, avec le logiciel *AlgoBox*, un algorithme simplifié de celui-ci, permettant la même finalité.

91. **TICE** **Le même ?...**

q et u_0 sont deux réels donnés.

On a conçu l'algorithme suivant avec le logiciel *AlgoBox* dans le but de déterminer la somme :

$$S = \sum_{i=0}^{i=n} u_i$$

où (u_n) est une suite géométrique de raison q et de premier terme u_0.

```
▼ VARIABLES
  ├ u0 EST_DU_TYPE NOMBRE
  ├ r EST_DU_TYPE NOMBRE
  ├ n EST_DU_TYPE NOMBRE
  ├ S EST_DU_TYPE NOMBRE
  ├ i EST_DU_TYPE NOMBRE
  └ u EST_DU_TYPE NOMBRE
▼ DEBUT_ALGORITHME
  ├ LIRE u0
  ├ LIRE r
  ├ LIRE n
  ├ S PREND_LA_VALEUR 0
  ├ u PREND_LA_VALEUR u0
  ▼ POUR i ALLANT_DE 0 A n
    ├ DEBUT_POUR
    ├ S PREND_LA_VALEUR [redacted]
    ├ u PREND_LA_VALEUR [redacted]
    └ FIN_POUR
  ├ AFFICHER "La somme vaut : "
  └ AFFICHER S
FIN_ALGORITHME
```

1. Reproduire cet algorithme après avoir complété les lignes « cachées » et l'exécuter.

2. Proposer, avec le logiciel *AlgoBox*, un algorithme simplifié de celui-ci, permettant la même finalité.

92. **Troublant**

Pour tout $n \in \mathbb{N}^*$, on pose :

$$u_n = 0,9 \ldots \ldots \ldots 9.$$

Le chiffre 9 apparaissant exactement n fois.

1. Écrire u_n sous la forme d'une somme.

2. En déduire que, pour tout $n \in \mathbb{N}^*$:

$$u_n = 1 - \frac{1}{10^n}.$$

3. En déduire que 0,999 999 ... = 1.

93. Pour tout $n \in \mathbb{N}^*$, on pose :

$$u_n = 0,27 \ldots \ldots \ldots 27.$$

L'entier 27 apparaissant exactement n fois.

1. Écrire u_n sous la forme d'une somme.

2. En déduire que, pour tout $n \in \mathbb{N}^*$:

$$u_n = \frac{27}{99} - \frac{27}{99 \times 100^n}.$$

3. En déduire que :

$$0{,}272\,727\,27 \ldots = \frac{3}{11}.$$

94. a et b sont deux chiffres compris entre 0 et 9 et non nuls, tous les deux.

Démontrer que : $0,\overline{ababab} \ldots = \dfrac{\overline{ab}}{99}$.

95. Établir un résultat analogue à celui de l'exercice précédent, mais pour des nombres (non nuls) à trois chiffres exactement.

96. **Récurrence d'ordre 2 ?**

On considère la suite (u_n) définie par $u_0 = 2$, $u_1 = 6$ et, pour tout $n \in \mathbb{N}^*$:

$$u_{n+1} = 6u_n - 9u_{n-1}.$$

1. Calculer u_2, u_3, u_4, u_5 et u_6.

2. Conjecturer la progression de la suite (u_n) ?

3. Démontrer la propriété conjecturée, et en déduire l'expression de la suite (u_n).

97. **Récurrence homographique**

On considère la suite (u_n) définie sur $\mathbb{N}$ par :

$$u_0 = 0 \quad \text{et} \quad u_{n+1} = \frac{2u_n + 3}{u_n + 4}.$$

1. On pose, pour tout entier naturel n, $v_n = \dfrac{u_n - 1}{u_n + 3}$.

Montrer que la suite (v_n) est une suite géométrique, dont on donnera le premier terme et la raison.

2. Exprimer alors (v_n), puis (u_n) en fonction de n entier naturel.

3. Déterminer la limite de la suite (v_n) et enfin celle de la suite (u_n).

98. BAC Contrats de location

Une personne loue une maison à partir du 1er janvier 2012. Elle a le choix entre deux formules de contrat. Dans les deux cas, le loyer annuel initial est de 12 000 € et le locataire s'engage à occuper la maison pendant neuf années complètes.

1. **Contrat n°1 :** le locataire accepte une augmentation annuelle de 5 % du loyer de l'année précédente.

a. Calculer le loyer u_1 payé lors de la deuxième année.

b. Exprimer u_n le loyer payé lors de la $(n + 1)$-ième année, en fonction de n. Calculer u_8.

c. Calculer la somme payée par le locataire à l'issue des neufs années de contrat.

2. **Contrat n°2 :** Le locataire accepte une augmentation annuelle forfaitaire de 750 € du loyer de l'année précédente.

a. Calculer le loyer v_1 payé lors de la deuxième année.

b. Exprimer v_n le loyer payé lors de la $(n + 1)$-ième année, en fonction de n. Calculer v_8.

c. Calculer la somme payée par le locataire à l'issue des neufs années de contrat.

3. Quel est le contrat le plus avantageux pour le locataire ?

D'après Bac

99. BAC Changement de variable

On donne $v_0 = -\frac{3}{2}$ et pour tout $n \in \mathbb{N}$:

$$\begin{cases} v_{n+1} = \frac{2}{3}v_n - 1 \\ w_n = 2v_n + 6 \end{cases}.$$

1. Montrer que ces données permettent effectivement de définir les deux suites numériques (v_n) et (w_n), pour tout entier naturel n.

2. Démontrer que (w_n) est une suite géométrique dont on précisera la raison et le premier terme.

3. En déduire les expressions de v_n et w_n en fonction de n entier naturel. En déduire la limite de la suite (v_n).

4. Calculer :

$$S_n = \sum_{k=0}^{k=n} w_k.$$

En déduire la limite de la suite (S_n).

D'après Bac

100. TICE BAC Tout y est !

On considère la suite (u_n) définie sur $\mathbb{N}$ par :

$$u_0 = 1 \quad \text{et} \quad u_{n+1} = \frac{1}{2}u_n + n - 1.$$

1. a. Démontrer que pour tout entier supérieur ou égal à 3, $u_n \geqslant 0$.

b. On a conçu l'algorithme suivant :

Variables
n un entier naturel ;
u et M deux nombres réels.
Début
Saisir M
***n* prend la valeur 0**
***u* prend la valeur 1**
Tant que *u* < M
  n prend la valeur $n + 1$
  u prend la valeur $\frac{1}{2}u + n - 1$
Fin tantQue
Afficher *n*
Fin

Programmer cet algorithme à l'aide d'un logiciel ou d'une calculatrice, puis l'exécuter pour des valeurs de M telles que 5, 10, 100, 1 000.

c. En déduire une conjecture sur le comportement à l'infini de la suite (u_n).

d. Montrer que, pour tout entier n supérieur ou égal à 4 :

$$u_n \geqslant n - 2.$$

e. En déduire la limite de la suite (u_n).

2. On définit la suite (v_n) sur $\mathbb{N}$ par :

$$v_n = 4u_n - 8n + 24.$$

a. Démontrer que la suite (v_n) est une suite géométrique strictement décroissante et dont on donnera le premier terme et la raison.

b. Démontrer que, pour tout entier naturel n :

$$u_n = \frac{7}{2^n} + 2n - 6.$$

c. Vérifier que, pour tout entier naturel n, $u_n = x_n + y_n$, où (x_n) est une suite géométrique et (y_n) une suite arithmétique, dont on précisera pour chacune, le premier terme ainsi que la raison.

d. En déduire l'expression de :

$$S_n = \sum_{k=0}^{k=n} v_k$$

en fonction de n entier naturel.

D'après Bac, 2005.

101. **Récurrence double**

On considère (E) l'ensemble des suites (x_n) définies sur $\mathbb{N}$ et vérifiant la relation suivante :

Pour tout entier naturel non nul n :

$$x_{n+1} - x_n = 0,24x_{n-1}.$$

1. On considère un réel λ non nul et on définit sur $\mathbb{N}$ la suite (t_n) par :

$$t_n = \lambda^n.$$

Démontrer que la suite (t_n) appartient à l'ensemble (E) si, et seulement si, λ est solution de l'équation :

$$x^2 - x - 0,24 = 0.$$

En déduire les suites (t_n) appartenant à l'ensemble (E).

On admet que (E) est l'ensemble des suites (u_n) définies sur $\mathbb{N}$ par une relation de la forme :

$$u_n = \alpha(1,2)^n + \beta(-0,2)^n,$$

où α et β sont deux réels.

2. On considère une suite (u_n) de l'ensemble (E).

Déterminer les valeurs de α et β telles que :

$$u_0 = 6 \quad \text{et} \quad u_1 = 6,6.$$

En déduire que, pour tout entier naturel n :

$$u_n = \frac{39}{7}(1,2)^n + \frac{3}{7}(-0,2)^n.$$

3. Déterminer la limite de la suite (u_n).

D'après Bac, 2008

102. **Dans le MIL**

On considère une droite $\mathcal{D}$ munie du repère $(O\,;\vec{i})$.

Soit (A_n) la suite de points de la droite $\mathcal{D}$ ainsi définie :

- A_0 est le point 0 ;
- A_1 est le point d'abscisse 1 ;
- pour tout entier naturel n, le point A_{n+2} est le milieu du segment $[A_nA_{n+1}]$.

1. a. Placer sur un dessin la droite $\mathcal{D}$, les points A_0, A_1, A_2, A_3, A_4, A_5 et A_6. On prend 10 cm comme unité graphique.

b. Pour tout entier naturel n, on note a_n l'abscisse du point A_n.

Calculer a_2, a_3, a_4, a_5 et a_6.

c. Pour tout entier naturel n, justifier l'égalité :

$$a_{n+2} = \frac{a_n + a_{n+1}}{2}.$$

2. Démontrer par récurrence, que pour tout entier naturel n :

$$a_{n+1} = -\frac{1}{2}a_n + 1.$$

3. Soit (v_n) la suite défnie, pour tout entier naturel n, par : $v_n = a_n - \frac{2}{3}$.

Démontrer que (v_n) est une suite géométrique de raison $-\frac{1}{2}$.

4. Déterminer la limite de la suite (v_n), puis celle de la suite (a_n).

D'après Bac, 2011

7. Convergence monotone

103. **VRAI ou FAUX**

Répondre par VRAI ou FAUX aux propositions suivantes, en justifiant :

a. si une suite croissante, alors elle tend vers $+\infty$;

b. si une suite tend vers $+\infty$, alors elle croissante.

104. **Nombre d'Erdös**

On pose $u_1 = 0,2$; $u_2 = 0,23$; $u_3 = 0,235$ et ainsi de suite en suite, u_n s'obtient en juxtaposant au bout de l'écriture décimale de u_{n-1} le n-ième nombre premier.

Démontrer que la suite (u_n) admet une limite finie.

La limite de cette suite est un réel mystérieux imaginé en 1945 par *Paul Erdös*, mathématicien hongrois. *Paul Erdös* est une figure marquante du XXe siècle, avec 1500 articles publiés et un très grand nombre de collaborateurs.

La vie d'*Erdös* fut pourtant étrange : pas de maison, pas de famille... Les contingences matérielles étaient pénibles pour lui, il voyagait en solitaire..

Des mathématiciens se sont amusés à définir par récurrence un *nombre d'Erdös* :

– Le nombre d'Erdös de Paul Erdös vaut 0 ;

– Tout mathématicien qui a publié un article en commun avec une personne qui a un *nombre d'Erdös* de 1 a alors un *nombre d'Erdös* de 2 et ainsi de suite...

– Si aucun article n'a été cosigné avec un mathématicien ayant un *nombre d'Erdös* fini, alors son *nombre d'Erdös* est par définition ∞.

Peut-être aurez-vous le privilège d'avoir votre *nombre d'Erdös* fini.

105. TICE **Ille et joli**

On pose :

$u_1 = 1{,}35$; $u_2 = 1{,}335\,5$ ainsi de suite

$$u_n = 1{,}3 \ldots 35 \ldots 5$$

avec n chiffres « 3 » et n chiffres « 5 ».

1. Justifier que la suite est décroissante et minorée.
2. En déduire que la suite (u_n) admet une limite finie l.
3. On a conçu l'algorithme suivant avec *AlgoBox*, dans le but de conjecturer la limite de la suite (u_n) :

```
VARIABLES
  n EST_DU_TYPE NOMBRE
  u EST_DU_TYPE NOMBRE
  k EST_DU_TYPE NOMBRE
DEBUT_ALGORITHME
  LIRE n
  u PREND_LA_VALEUR 1.35
  SI (n>=2) ALORS
    DEBUT_SI
    k PREND_LA_VALEUR 2
    TANT_QUE (k<=n) FAIRE
      DEBUT_TANT_QUE
      u PREND_LA_VALEUR [redacted]
      k PREND_LA_VALEUR k+1
      FIN_TANT_QUE
    FIN_SI
  AFFICHER "u("
  AFFICHER n
  AFFICHER ")= "
  AFFICHER u
FIN_ALGORITHME
```

Reproduire cet algorithme après avoir complété la ligne « cachée » et l'exécuter. Conjecturer la valeur de l.

4. Montrer que, pour tout $n \in \mathbb{N}^*$: $u_n - l \leqslant \dfrac{2}{10^n}$
5. Conclure, en justifiant, sur la limite de la suite (u_n).
6. Qu'est ce que cela change en prenant :

a. $u_1 = 1{,}39$? **b.** $u_1 = 1{,}30$? **c.** $u_1 = 1{,}33$?

106. **Nombre de Champernowne**

On pose :

$u_1 = 0{,}1$; $u_2 = 0{,}12$; $u_3 = 0{,}123$; et ainsi de suite, $u_{10} = 0{,}123\,456\,789\,10$; etc.

u_n est obtenu en mettant bout à bout les écritures décimales des entiers de 1 à n. Prouver que la suite (u_n) ainsi définie admet une limite finie.

Le saviez-vous ?

La limite de cette suite est appelée *nombre de Champernowne* du nom du mathématicien anglais qui a lui-même imaginé cette suite, et donc ce nombre (compris entre 0,1 et 0,2) en 1933. Ce nombre est irrationnel : il ne peut s'écrire sous la forme d'un quotient de deux entiers naturels. Il est aussi transcendant : il n'est la solution d'aucune équation polynomiale à coefficients entiers.

107. Soit (u_n) une suite de réels définie sur $\mathbb{N}$, croissante et de limite le nombre réel l.

1. Justifier que, pour tout entier naturel n :

$$u_n \leqslant l.$$

2. Montrer que tout réel M strictement inférieur à l ne peut être majorant de la suite (u_n).
3. En déduire que l est le plus petit des majorants de la suite (u_n).

108. **Apery**

On pose pour tout entier supérieur ou égal à 1 :

$$u_n = \sum_{k=1}^{k=n} \frac{1}{k^3} = 1 + \frac{1}{2^3} + \ldots + \frac{1}{n^3}.$$

1. Justifier que la suite (u_n) est croissante.
2. Montrer, à l'aide d'un raisonnement par récurrence, que, pour tout $n \in \mathbb{N}^*$:

$$u_n \leqslant 2 - \frac{1}{n}.$$

3. Que peut-on conclure ?
4. Soit $\varepsilon > 0$.

Écrire un algorithme qui rend une valeur approchée à ε près de la limite de la suite (u_n).

Le saviez-vous ?

1,202 056 903 159 594 285...

est une approximation de la limite de cette suite, appelée, constante d'Apéry, du nom du mathématicien (*Roger Apéry*) qui a montré en 1977 que ce nombre (défini comme la limite de la suite (u_n)) est irrationnel.

En 2011, on ne sait toujours pas si cette constante est, ou non, transcendante...

109. **EncOr !**

Partie A - Le nombre d'Or

On appelle **nombre d'Or** la solution positive de l'équation d'inconnue réelle x :

$$~~x^2 + x + 1 = 0.~~$$

$x^2 - x - 1$

1. Calculer Φ.
2. Justifier que $1 < \Phi < 2$.
3. Montrer que :

$$\Phi^2 = \Phi + 1,\ \Phi = \sqrt{\Phi + 1} \quad \text{et} \quad \frac{1}{\Phi} = \Phi - 1.$$

Partie B - Une suite !

On considère la suite (u_n) définie sur $\mathbb{N}^*$ par :

$u_1 = \sqrt{1}$; $u_2 = \sqrt{1 + \sqrt{1}}$;

$u_3 = \sqrt{1 + \sqrt{1 + \sqrt{1}}}$, et ainsi de suite :

$$u_n = \sqrt{1 + ... + \sqrt{1 + \sqrt{1}}}$$

avec n radicaux.

1. Exprimer, pour tout n entier supérieur ou égal à 1, u_{n+1} en fonction de u_n.
2. Montrer que, pour tout entier supérieur ou égal à 1 :
$$1 \leqslant u_n \leqslant \Phi.$$
3. Montrer que la suite (u_n) est croissante.

> **Aide**
> Exprimer $u_{n+1} - u_n$ en fonction de u_n en utilisant l'expression conjuguée. Ensuite utiliser l'encadrement de u_n.

4. Montrer, pour tout entier supérieur ou égal à 1, que :
$$|u_{n+1} - \Phi| \leqslant \frac{1}{2}|u_n - \Phi|.$$

> **Aide**
> Il faut commencer par utiliser une des relations algébriques établies en partie A.

5. Montrer, à l'aide d'un raisonnement par récurrence, pour tout entier supérieur ou égal à 1, que :
$$|u_n - \Phi| \leqslant \frac{1}{2^{n-1}}.$$
6. En déduire que :
$$\Phi = \sqrt{1 + ... + \sqrt{1 + \sqrt{1}}}$$
avec une **infinité** de radicaux.
7. Soit $\varepsilon > 0$. Donner une condition suffisante pour que u_n délivre une approximation de Φ à ε près.
8. Soit $\varepsilon > 0$. Écrire un algorithme qui rend une valeur approchée à ε près de du nombre d'Or.
Programmer cet algorithme et donner une valeur approchée de Φ à 10^{-8} près.

110. BAC Très classique...

On considère la suite (v_n) définie sur $\mathbb{N}$ par :

$v_0 = 2$ et, pour tout entier naturel n :

$$v_{n+1} = 1{,}4v_n - 0{,}05v_n^2.$$

1. Soit f la fonction définie sur $\mathbb{R}$ par :
$$f(x) = 1{,}4x - 0{,}05x^2.$$
a. Étudier les variations de la fonction f sur l'intervalle $[0 ; 8]$.
b. Représenter graphiquement la fonction f dans un repère orthonormé $(O ; \vec{i}, \vec{j})$ avec le centimètre comme unité graphique, ainsi que les 10 premiers termes de la suite (v_n).
c. Conjecturer son comportement.
2. Montrer par récurrence que, pour tout entier naturel n :
$$2 \leqslant v_n \leqslant v_{n+1} \leqslant 8.$$
3. En déduire que la suite (u_n) admet une limite finie.
4. Soit $x \in \mathbb{R}$. Montrer que :
$$f(x) - 8 = -0{,}05(x - 20)(x - 8).$$
a. Pour tout entier naturel n :
$$8 - v_{n+1} \leqslant 0{,}9 \times (8 - v_n).$$
b. En déduire que, pour tout entier naturel n :
$$8 - v_n \leqslant 6 \times 0{,}9^n.$$
c. Conclure.

D'après Bac, 2008

8. Problèmes

111. Suite de Fibonacci

On considère la suite (u_n) définie par $u_0 = u_1 = 1$ et, pour tout $n \in \mathbb{N}^*$:

$$u_{n+2} = u_{n+1} + u_n.$$

1. Calculer u_2, u_3, u_4, u_5 et u_6.
2. À l'aide d'un logiciel de type tableur, reproduire la capture d'écran ci-dessous :

	A	B	C
1	n	u_n	$\frac{u_{n+1}}{u_n}$
2	0	1	=
3	1	1	
4	2	=	
5	3		
6	4		
7	5		
8	6		

Quelle formule à étirer peut on écrire dans les cellules **B4** et **C2** afin d'obtenir, en recopiant vers le bas, les valeurs de u_n ainsi que de $\frac{u_{n+1}}{u_n}$, pour n entier naturel ?

3. Conjecturer le comportement de la suite :

$$\left(\frac{u_{n+1}}{u_n}\right)_{n \geqslant 0}.$$

4. a Montrer qu'il existe exactement deux suites géométriques satisfaisant la relation de récurrence de la suite (u_n). On notera q_1 et q_2 $(q_1 < q_2)$ les raisons de ces suites géométriques.

b. Justifier que, pour tout $i \in \{1 ; 2\}$:

$$q_i^2 = q_i + 1 \quad \text{et} \quad \frac{1}{q_i} = q_i - 1.$$

5. Soit λ et μ deux réels quelconques. Montrer que la suite (f_n) définie sur $\mathbb{N}$ de terme général :

$$f_n = \lambda q_1^n + \mu q_2^n.$$

Vérifier la relation de récurrence de la suite (u_n).

a. Montrer qu'il existe un unique couple $(\lambda_0 ; \mu_0)$ tel que :

$$f_0 = \lambda_0 \quad \text{et} \quad f_1 = \mu_1.$$

b. En déduire, que pour, pour tout $n \in \mathbb{N}$:

$$u_n = \lambda_0 q_1^n + \mu_0 q_2^n.$$

c. En déduire la limite de la suite $\left(\frac{u_{n+1}}{u_n}\right)_{n \geqslant 0}$.

Le saviez-vous ?

Leonardo ***Fibonacci***, appelé aussi Léonard de Pise, fut un commerçant et un grand voyageur, ce qui lui permit de connaître les travaux de mathématiciens arabes tels que ***Al Khwarizmi*** et d'étudier aussi la numérotation indienne. Il publia en 1202 son *Liber Acci* (premier traité en latin sur la résolution algébrique de problèmes algébriques) dans lequel figure le problème de la reproduction des lapins :

Possédant au départ un couple de lapins, combien de couples de lapins obtient-on en douze mois si chaque couple de lapins engendre tous les mois un nouveau couple à compter de son deuxième mois d'existence ?

Ce problème conduit à l'étude de la suite exposée dans l'exercice précédent.

Il publia en 1220 un traité de géométrie *Pratica geometrica* où il résout des problèmes de géométrie en utilisant des méthodes algébriques. Il publia aussi sur le calcul des racines carrées et cubiques en 1225 : Le *Liber Quadrotum*.

112. TICE Série harmonique

Pour tout entier n supérieur ou égal à 1, on pose :

$$H_n = \sum_{p=1}^{p=n} \frac{1}{p}.$$

1. Démontrer que la suite (H_n) est strictement croissante.

2. En déduire une **condition nécessaire et suffisante** pour que la suite (H_n) admette une limite finie.

3. On considère l'algorithme suivant :

Variables
p un entier naturel non nul ;
H et M deux nombres réels.
Début
Saisir M
***p* prend la valeur 1**
H prend la valeur 1
Tant que H < M
  p prend la valeur $p + 1$
  H prend la valeur $H + \frac{1}{p}$
Fin tantQue
Afficher *p*
Fin

Expliquer la fonction de cet algorithme.

4. Programmer cet algorithme à l'aide d'un logiciel ou d'une calculatrice, puis l'exécuter pour les valeurs de M :

2, 3, 4, 5, 6, 7, 8, 9, 10, 15, puis 20.

Que remarque-t-on ?

5. En déduire une conjecture sur le comportement de la suite (H_n) lorsque n tend vers l'infini.

6. Soit $l \in \mathbb{R}$.

a. Montrer la proposition suivante :

Si (u_n) est une suite de réels qui admet pour limite l, alors la suite $(u_{2^n})_{n \geqslant 0}$ admet aussi pour limite l.

b. Énoncer la contraposée de cette dernière proposition.

c. Soit $n \in \mathbb{N}^*$. On pose P_n la propriété suivante :

$$H_{2^n} \geqslant 1 + \frac{n}{2}.$$

Démontrer par récurrence que la propriété P_n est vraie, pour tout entier n, supérieur ou égal à 1.

7. Conclure, de tout ce qui précède, sur le comportement de la suite (H_n).

Aide

La suite H_n est appelée « série harmonique ». En mathématiques, on s'intéresse beaucoup aux séries. Soit $(u_n)_{n \geqslant 0}$ une suite de réels, on s'intéresse à la suite $(S_n)_{n \geqslant 0}$ définie par :

$$S_n = \sum_{p=0}^{p=n} u_p.$$

Étudier une série, c'est étudier son comportement à l'infini. Certaines séries ont une limite infinie comme la série harmonique, mais d'autres admettent une limite finie. Dans ce cas, on cherche à la connaître. Par exemple, un résultat aussi remarquable que troublant, on sait aujourd'hui que :

$$\lim_{n \to +\infty} \left(\sum_{p=0}^{p=n} \frac{1}{p^2} \right) = \frac{\pi^2}{6}.$$

113. BAC Récurrence double au Bac

On considère la suite de nombres réels (u_n) définie sur $\mathbb{N}$ par :

$$\begin{cases} u_0 = -1, u_1 = \dfrac{1}{2} \\ u_{n+2} = u_{n+1} - \dfrac{1}{4} u_n \end{cases}.$$

1. Calculer u_2 et en déduire que la suite (u_n) n'est ni arithmétique, ni géométrique.

2. On définit la suite (v_n) en posant pour tout entier naturel n :

$$v_n = u_{n+1} - \frac{1}{2} u_n.$$

a. Calculer v_0.

b. Exprimer v_{n+1} en fonction de v_n.

c. En déduire que la suite (v_n) est géométrique de raison $\frac{1}{2}$.

d. Exprimer v_n en fonction de n entier naturel.

3. On définit la suite (w_n) en posant, pour tout entier naturel n :

$$w_n = \frac{u_n}{v_n}.$$

a. Calculer w_0.

b. En utilisant l'égalité $u_{n+1} = v_n + \frac{1}{2} u_n$, exprimer w_{n+1} en fonction de u_n et de v_n.

c. En déduire que pour tout $n \in \mathbb{N}$, $w_{n+1} = w_n + 2$.

d. Exprimer w_n en fonction de n entier naturel.

4. Montrer que, pour tout entier naturel n :

$$u_n = \frac{2n-1}{2^n}.$$

5. Pour tout entier naturel n, on pose :

$$S_n = \sum_{k=0}^{k=n} u_k = u_0 + \ldots + u_n.$$

Démontrer par récurrence que, pour tout entier naturel n :

$$S_n = 2 - \frac{2n+3}{2^n}.$$

D'après Bac, 2010

114. Dazibao

Un sociologue étudie l'évolution de la population d'un pays du sud-est asiatique.

Depuis 1969 (cette année-là, ce pays comptait 44 500 000 habitants), il constate qu'en moyenne la population a un taux de natalité de 35 pour mille et un taux de mortalité de 17 pour mille.

À ces variations, il faut ajouter 25 000 nouveaux arrivants dans ce pays et retirer 9 000 citoyens qui partent définitivement.

On note p_n la population en $1969 + n$, exprimée en milliers d'habitants.

1. Déterminer p_0.

2. Démonter que, pour tout entier naturel n :

$$p_{n+1} = 1{,}018 p_n + 16.$$

3. Déterminer le réel l tel que la suite (u_n) définie sur $\mathbb{N}$ par :

$$u_n = p_n - l$$

soit géométrique.

4. En déduire les expressions de u_n et p_n en fonction de n entier naturel.

5. Combien d'habitants peut-on prévoir en 2012 ?

6. Au bout de combien d'années la population va-t-elle tripler, par rapport à celle de 1969 ?

Le saviez-vous ?

En 2011, les deux pays les plus peuplés sont :
- **la Chine avec plus de 1,3 milliard d'habitants ;**
- **l'Inde avec 1,1 milliard d'habitants.**

115. TICE BAC Déroutant ?

On considère la suite (w_n) dont les termes vérifient, pour tout entier supérieur ou égal à 1, n :

$$n w_n = (n+1) w_{n-1} + 1 \quad \text{et} \quad w_0 = 1.$$

Le tableau suivant donne les quatre premiers termes de cette suite.

w_0	w_1	w_2	w_3
1	3	5	7

1. Détailler le calcul permettant d'obtenir w_4.

2. On a conçu l'algorithme suivant :

Variables
I un entier naturel **impair** ;
n un entier naturel ;
w un nombre réel.
Début
Saisir I
n prend la valeur 0
w prend la valeur 1
Tant que $w \neq I$
  n prend la valeur $n + 1$
  w prend la valeur $\frac{n+1}{n}w + \frac{1}{n}$
Fin tantQue
Afficher n
Fin

Programmer cet algorithme à l'aide d'un logiciel ou d'une calculatrice, puis l'exécuter.

1. Pour $I = 4\,027$, quelle valeur de n votre programme vous donne-t-il ?
2. Quel est l'intérêt de cet algorithme ?
3. En déduire une conjecture de l'expression de w_n en fonction de n.
4. Démontrer la propriété conjecturée.
5. En déduire $w_{2\,013}$.

D'après Bac, 2009

116. TICE BAC Vu et revu

On considère la suite (u_n) définie sur $\mathbb{N}$ par :

$$u_0 = 1 \quad \text{et} \quad u_{n+1} = \frac{1}{3}u_n + n - 2.$$

1. Calculer u_1, u_2, et u_3.
2. a. Écrire un algorithme qui, pour une valeur de $M \in \mathbb{R}$ donnée, renvoie un entier n pour lequel $u_n > M$.
b. Programmer cet algorithme à l'aide d'une calculatrice, puis l'exécuter pour des valeurs de M telles que 101, 100, 1 000.
c. En déduire une conjecture sur le comportement de la suite (u_n) à l'infini.
3. Démontrer que, pour tout entier naturel n :

$$n \geqslant 4,\ u_n \geqslant 0.$$

Démontrer que, pour tout entier naturel n :

$$n \geqslant 5,\ u_n \geqslant n - 3.$$

4. En déduire la limite de la suite (u_n).

D'après Bac, 2010

117. BAC Un peu de tout

Certains résultats de la partie A pourront être utilisés dans la partie B, mais les deux parties peuvent être traitées indépendamment l'une de l'autre.

Partie A

On définit :
- la suite (u_n) par $u_0 = 13$ et, pour tout entier naturel n :

$$u_{n+1} = \frac{1}{5}u_n + \frac{4}{5}\,;$$

- la suite (S_n) pour tout entier naturel n :

$$S_n = \sum_{k=0}^{k=n} u_k.$$

1. Montrer, par récurrence, que, pour tout entier naturel n :

$$u_n = 1 + \frac{12}{5^n}.$$

En déduire la limite de la suite (u_n).

2. a. Déterminer le sens de variation de la suite (S_n).
b. Calculer S_n en fonction de n.
c. Déterminer la limite de la suite (S_n).

Partie B

Étant donnée une suite (x_n), de nombres réels, définie pour tout entier naturel n, on considère la suite (S_n) définie par :

$$S_n = \sum_{k=0}^{k=n} x_k.$$

Indiquer pour chaque proposition suivante si elle est vraie ou fausse ; justifier dans chaque cas.

Proposition 1 : si la suite (x_n) est convergente, alors la suite (S_n) l'est aussi.

Proposition 2 : les suites (u_n) et (S_n) ont le même sens de variation.

D'après Bac, 2008

118. Affectif et répulsif

On considère la suite (u_n) définie sur $\mathbb{N}$ par :

$$\begin{cases} u_0 \in \mathbb{R} \\ u_{n+1} = -\sin\left(\frac{\pi}{2}u_n\right) \end{cases}.$$

On pose, pour tout $x \in \mathbb{R}$:

$$f(x) = -\sin\left(\frac{\pi}{2}x\right).$$

Partie A - u_0 entier

1. Peut-on affirmer que, pour tout entier n, $u_n \in [-1\,;\,1]$?
2. Montrer que si u_0 est un entier pair, alors la suite (u_n) est constante à partir du rang 1.

3. Montrer que si u_0 est impair, alors la suite (u_n) est à valeurs dans $\{-1 ; 1\}$ à partir du rang 1.

Partie B - u_0 non entier

Dans cette partie, on suppose que u_0 n'est pas entier.

1. Établir le tableau de variations de la fonction f sur l'intervalle $[-1 ; 1]$.

2. a. En déduire que, pour tout entier supérieur ou égal à 1, $u_n \in [-1 ; 1]$.
b. En déduire que la suite (u_n) est bornée.
c. Peut-on affirmer que la suite (u_n) converge si, et seulement si, (u_n) est monotone ?

3. a. Montrer que, si $x \in]-1 ; 0[\cup]0 ; 1[$, alors :
$$f(x) \in]-1 ; 0[\cup]0 ; 1[.$$
b. En déduire, pour tout entier naturel n, que si u_0 n'est pas entier, alors u_n n'est pas entier.

4. a. Justifier que, l'image par f de l'intervalle $]0 ; 1[$ est l'intervalle $]-1 ; 0[$, puis que l'image par f de l'intervalle $]-1 ; 0[$ est l'intervalle $]0 ; 1[$.
b. En déduire que, quel que soit le rang, la suite (u_n) ne peut être monotone.

POUR ALLER PLUS LOIN

Sur la représentation graphique ci-dessous, on a représenté graphiquement les courbes d'équations $y = f(x)$ et $y = x$ ainsi que les premiers termes de la suite (u_n) avec $u_0 = 0,1$. On peut remarquer que, même si la suite reste bornée, elle ne peut converger. Pour cela, on pourrait montrer que les suites extraites de termes pairs et impairs convergent vers 1 et –1. Ce qui empêche la suite (u_n) de converger. D'ailleurs la seule valeur théorique vers laquelle elle aurait pu converger est 0. Mais voilà, 0 est dit « **point répulsif** » pour la suite $\left(\text{car } |f'(0)| = \frac{2}{\pi} > 1\right)$ et c'est ce qui fait géométriquement que u_n s'éloigne de plus en plus de 0.

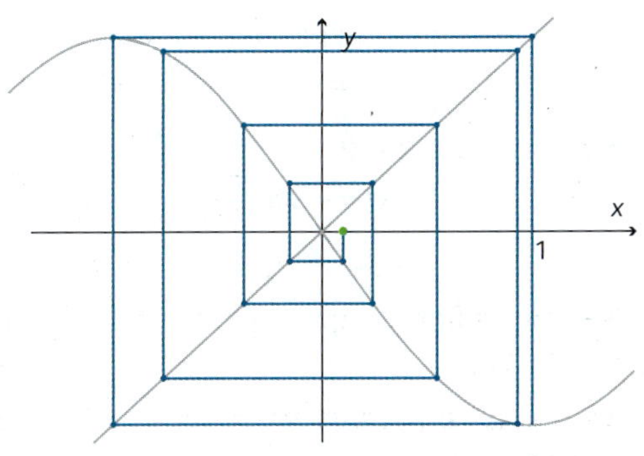

119. « Suites imbriquées »

On considère les deux suites (u_n) et (v_n) définies sur $\mathbb{N}$ par :

$$\begin{cases} u_0 = 3 \\ u_{n+1} = \dfrac{u_n + v_n}{2} \end{cases} \quad \text{et} \quad \begin{cases} v_0 = 4 \\ v_{n+1} = \dfrac{u_{n+1} + v_n}{2} \end{cases}.$$

1. Calculer les termes u_1, v_1, u_2 et v_2.

2. À l'aide d'un logiciel de type tableur, on calcule les premiers termes des suites (u_n) et (v_n).

Reproduire la capture d'écran ci-dessous :

	A	B	C	D	E
1	*rang*	u_n	v_n	w_n	t_n
2	0	3	4		
3	1	=	=		
4	2				
5	3				
6	4				
7	5				
8	6				

a. Quelle formule peut-on écrire dans les cellules **B3** et **C3** afin d'obtenir, en recopiant vers le bas, les valeurs de u_n et v_n ?
b. Conjecturer le comportement des suites (u_n) et (v_n).
c. On définit alors les deux suites (w_n) et (t_n) sur $\mathbb{N}$ par :

$$w_n - v_n \quad u_n \quad \text{et} \quad t_n = \frac{u_n + 2v_n}{3}.$$

Quelle formule peut-on écrire dans les cellules **D2** et **E2** afin d'obtenir, en recopiant vers le bas, les valeurs de w_n et t_n ?
d. Conjecturer une expression explicite pour chacune des suites (w_n) et (t_n).
e. Démontrer ces conjectures.

3. En déduire, pour tout entier naturel n, u_n et v_n en fonction de n.

4. Conclure sur la limite des suites (u_n) et (v_n).

INFO

Les suites (u_n) et (v_n) sont en fait adjacentes. On peut vérifier que :
- la suite (u_n) est croissante ;
- la suite (v_n) est décroissante ;
- $\lim_{n \to +\infty} (v_n - u_n) = 0$.

On sait alors montrer dans ce cas que les deux suites admettent une même limite lorsque n tend vers l'infini. (Voir exercice 144. page 51.)

problèmes

120. Soit (u_n) la suite définie par $u_0 = 1$ et, pour tout $n \in \mathbb{N}$:

$$u_{n+1} = 2u_n - 8.$$

Démontrer que, pour tout $n \in \mathbb{N}$, $u_n = -7 \times 2^n + 8$.

121. Soit (u_n) la suite définie par $u_1 = \frac{5}{2}$ et, pour tout $n \in \mathbb{N}^*$:

$$u_{n+1} = \frac{5u_n - 4}{2u_n - 1}.$$

Démontrer que, pour tout $n \in \mathbb{N}$ $u_n = 2 + \frac{1}{3^n - 1}$.

122. On considère une suite (u_n) positive et la suite (v_n) définie par $v_n = \frac{u_n}{1 + u_n}$.

Les propositions sont-elles vraies ou fausses ? Justifier.

1. Pour tout $n \in \mathbb{N}$, $0 \leqslant v_n \leqslant 1$.
2. Si la suite (u_n) est a une limite finie, alors la suite (v_n) a une limite finie.
3. Si la suite (u_n) est croissante, alors la suite (v_n) est croissante.
4. Si la suite (v_n) est a une limite finie, alors la suite (u_n) a une limite finie.

123. On considère la suite (u_n) définie sur $\mathbb{N}$ par :

$$u_0 = 1 \text{ et } u_{n+1} = u_n + 2n + 3.$$

1. Écrire un algorithme permettant de calculer les termes $u_0, \ldots, u_n$, où n est un entier saisi à la demande.
2. Programmer cet algorithme sur un logiciel ou calculatrice, puis l'exécuter.
3. Donner alors les termes u_0 à u_{10}.
4. Étudier la monotonie de la suite (u_n).
5. a. Démontrer que, pour tout entier naturel n, $u_n > n^2$.
   b. Quelle est la limite de la suite (u_n) ?
6. Conjecturer une expression de u_n en fonction de n nombre entier naturel, puis démontrer la propriété ainsi conjecturée.

D'après Bac, 2004

124. On considère la suite (u_n) définie sur $\mathbb{N}$ par :

$$u_0 = 8 \text{ et } u_{n+1} = \sqrt{u_n + 12}.$$

1. Démontrer que, pour tout entier naturel n, $u_n \geqslant 4$.
2. On donne ci-dessous la représentation graphique de la fonction f définie sur $[-12 ; +\infty[$ par $f(x) = \sqrt{x + 12}$.

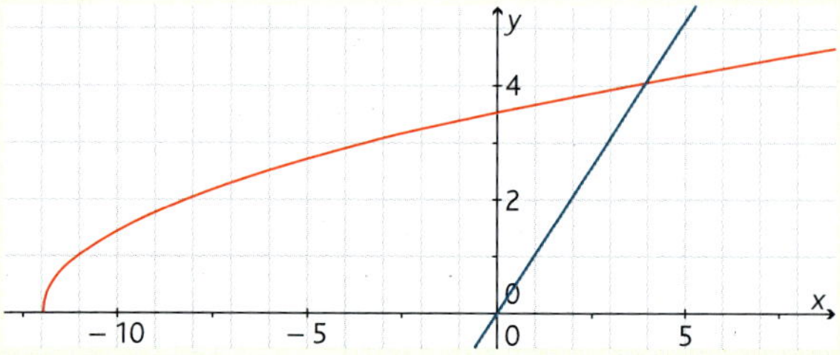

Construire les premiers termes de la suite (u_n) et conjecturer son comportement.

3. a. Démontrer que, pour tout $n \in \mathbb{N}$:

$$u_{n+1} - 4 \leqslant \frac{1}{4}(u_n - 4).$$

   b. En déduire que, pour tout $n \in \mathbb{N}$:

$$u_n - 4 \leqslant \frac{1}{4^{n-1}}.$$

4. En déduire que la suite (u_n) admet une limite finie que l'on précisera.

D'après Bac

125. 1. Soit x un nombre réel positif ou nul et k un entier strictement supérieur à X.

a. Montrer, par récurrence sur n, que, pour tout entier n supérieur ou égal à k $\frac{k^n}{n!} \leqslant \frac{k^k}{k!}$.

b. En déduire que, pour tout entier n supérieur ou égal à k :

$$\frac{x^n}{n!} \leqslant \left(\frac{x}{k}\right)^n \times \frac{k^k}{k!}.$$

c. Montrer que $\lim\limits_{n \to +\infty} \frac{x^n}{n!} = 0$.

2. a. Montrer que, pour tout entier supérieur ou égal à 2 :

$$\frac{n^{n-1}}{n!} \geqslant 1.$$

> **AIDE**
> On pourra écrire $\frac{n^{n-1}}{n!}$ comme produit de $n - 1$ facteurs supérieurs ou égaux à 1.

b. En déduire que $\lim\limits_{n \to +\infty} \frac{n^n}{n!} = +\infty$.

D'après Bac, 2004

vrai ou faux ?

Déterminer si les propositions suivantes sont vraies ou fausses.

126. a. $15 + 19 + 23 + ... + 95 = 1\,155$.

b. $\left(\frac{1}{3}\right)^2 + \left(\frac{1}{3}\right)^3 + \left(\frac{1}{3}\right)^4 + ... + \left(\frac{1}{3}\right)^8 = \frac{1\,391}{6\,561}$.

c. Soit $n \in \mathbb{N}^*$. On considère la fonction f définie sur $]1\,;+\infty[$ par :

$$f(x) = \frac{1 - x^{n+1}}{1 - x}.$$

f est dérivable sur $]1\,;+\infty[$ et, pour tout $x > 1$, on a :

$$f'(x) = 1 + 2x + 3x^2 + 4x^3 + ... + nx^{n-1}.$$

127. a. Soit (u_n) une suite réelle strictement croissante. Peut-on écrire, sans erreur de rigueur mathématique, que « quel que soit $n \in \mathbb{N}$, $\frac{u_{n+1}}{u_n} \geqslant 1$ » ?

b. Une suite $(u_n)_{n \geqslant 0}$ est strictement croissante si, pour tout $n \in \mathbb{N}$, $u_n < u_{n+1}$.

c. Soit (u_n) et (v_n) deux suites telles que $\lim\limits_{n \to +\infty}(u_n - v_n) = 0$. Alors elles admettent la même limite.

d. Une suite admet une limite finie si, et seulement si, elle est bornée.

128. On considère la suite (u_n) définie par $u_1 = 1$ et, pour tout $n \in \mathbb{N}^*$, $u_{n+1} = \left(\frac{1}{n} + \frac{1}{n^2}\right)u_n$.

a. La suite (u_n) est géométrique de raison $\left(\frac{1}{n} + \frac{1}{n^2}\right)$.

b. Pour tout $n \in \mathbb{N}^*$, $u_n = \frac{n}{(n-1)!}$.

c. La suite (u_n) est décroissante à partir de $n = 2$.

129. Soit f la fonction définie sur $]0\,;+\infty[$ par :

$$f(x) = 3 - \frac{4}{x+2}.$$

On considère la suite (u_n) définie sur $\mathbb{N}$ par :

$$\begin{cases} u_0 = 4 \\ u_{n+1} = f(u_n) \end{cases}.$$

a. La suite (u_n) est bien définie.

b. f est croissante sur $[0\,;+\infty[$.

c. Pour tout $n \in \mathbb{N}$, $u_n \geqslant 2$.

d. La suite (u_n) admet une limite finie.

130. On considère les suites (u_n) et (v_n) définies par :

$$\begin{cases} u_0 = \frac{3}{2} \\ u_{n+1} = -\frac{2}{u_n - 3} \end{cases} \quad \text{et} \quad v_n = \frac{u_n - 2}{u_n - 1}.$$

a. Pour tout $n \in \mathbb{N}$, $1 < u_n < 2$.

b. La suite (u_n) est croissante.

c. La suite (v_n) est géométrique de raison $\frac{1}{2}$ et de premier terme $v_0 = -1$.

d. Pour tout $n \in \mathbb{N}$:

$$u_n = \frac{2^n + 2}{2^n + 1}.$$

e. La suite (u_n) admet une limite finie.

restitution organisée des connaissances

131. DÉMO Soit (u_n) une suite de réels. Montrer que, si elle existe, la limite de la suite (u_n) est unique.

Aide
On pourra supposer qu'il existe deux réels l_1 et l_2, $l_1 \neq l_2$, tels que :

$$\lim_{n \to +\infty} u_n = l_1 \quad \text{et} \quad \lim_{n \to +\infty} u_n = l_2$$

et aboutir à une contradiction.

De toutes façons, un schéma est ici indispensable...

132. DÉMO Soit (u_n) une suite de réels décroissante et de limite nulle.
Démontrer que la suite (u_n) est positive.

133. DÉMO **Théorème des gendarmes**

Soit $l \in \mathbb{R}$ et (u_n), (v_n), (w_n) trois suites vérifiant les deux conditions :

- à partir d'un certain rang, on a $u_n \leqslant v_n \leqslant w_n$;
- $\lim\limits_{n \to +\infty} u_n = l$ et $\lim\limits_{n \to +\infty} w_n = l$.

Soit I un intervalle quelconque, ouvert et contenant l.

1. Traduire explicitement, en fonction de l'intervalle I la seconde condition.

2. En déduire un rang (dépendant de I) à partir duquel :

$$u_n \in [v_n\,; w_n] \quad \text{et} \quad [v_n\,; w_n] \subset I.$$

3. Conclure sur la démonstration du théorème « des gendarmes ».

Aide

méthodes pour les exercices 134 à 136

Pour montrer l'hérédité ?
Soit P_n une propriété dépendant d'un entier naturel n.
- Si P_n est exprimée sous la forme d'une inégalité, on part de l'hypothèse de récurrence de P_n pour montrer P_{n+1}.
- Si P_n est exprimée sous la forme d'une égalité, on part du membre qui offre le plus de possibilités de travailler.

134. Montrer par récurrence que, pour tout entier naturel n non nul :

$$\sum_{k=0}^{n} k(k+1) = \frac{n(n+1)(n+2)}{3}.$$

135. Soit (u_n) la suite définie par :

$$u_0 = 1 \text{ et } u_n = \frac{1}{1+\frac{1}{u_n}}.$$

1. Calculer les premiers termes de la suite et conjecturer une expression explicite de la suite (u_n).
2. Prouver cette conjecture.

136. Soit (v_n) la suite définie par :

$$v_0 = 1 \text{ et } v_{n+1} = v_n^2 + 1.$$

Montrer que pour tout entier naturel n :

$$v_n \geqslant 2^n.$$

méthodes pour les exercices 137 et 138

Pour montrer qu'une suite est majorée ?
Soit (u_n) une suite de réels, et M le supposé majorant. On peut :
- comparer u_n et M en utilisant les inégalités (en procédant par encadrements successifs) ;
- étudier le signe de « $u_n - M$ » ;
- utiliser un raisonnement par récurrence.

137. Soit (w_n) la suite définie sur $\mathbb{N}$ par :

$$w_n = \frac{n}{1+n^2}.$$

Montrer que la suite (u_n) est minorée par 0 et majorée par 1.

138. Soit (x_n) la suite définie par :

$$x_0 = -1 \text{ et } x_{n+1} = \sqrt{3x_n + 4}.$$

Montrer que, pour tout $n \in \mathbb{N}^*$, $0 \leqslant x_n \leqslant 4$.

méthodes pour les exercices 139 et 140

Pour montrer qu'une suite a une limite finie ?
Soit (u_n) une suite de réels, et l la supposée limite de la suite.
- Si (u_n) est donnée sous forme explicite, alors on utilise les propriétés algébriques des limites.
- Si (u_n) est donnée sous forme récurrente, alors :
  – on montre, par exemple que, pour tout $n \in \mathbb{N}$:
  $$|u_{n+1} - l| \leqslant k|u_n - l|,\ k \in]0\,;1[\,;$$
  – on en déduit par un raisonnement par récurrence que pour tout $n \in \mathbb{N}$:
  $$0 \leqslant |u_n - l| \leqslant k^n \times |u_0 - l|\,;$$
  – on conclut à l'aide des critères de comparaison sur les limites.

139. On reprend la suite (y_n) définie sur $\mathbb{N}$ par :

$$y_n = \frac{n}{1+n^2}.$$

Conjecturer la limite de la suite (y_n), puis démontrer cette conjecture.

140. On reprend la suite (a_n) définie par :

$$a_0 = -1 \text{ et } a_{n+1} = \sqrt{3a_n + 4}.$$

Montrer que $\lim_{n \to +\infty} a_n = 4$.

méthodes pour les exercices 141 et 142

Pour montrer qu'une suite a une limite infinie ?
Soit (u_n) une suite de réels.
- Si (u_n) est donnée sous forme explicite, alors on utilise les propriétés algébriques des limites.
- Si (u_n) est donnée sous forme récurrente, alors :
  – soit on montre qu'elle est croissante non majorée ou décroissante non minorée ;
  – soit on montre qu'elle doit dominer par une suite qui a une limite infinie.

141. Soit (b_n) la suite définie sur $\mathbb{N}$ par :

$$b_0 = 0 \text{ et } b_{n+1} = b_n + 2n + 1.$$

Déterminer l'expression explicite de la suite (b_n), puis en déduire sa limite.

142. Soit (c_n) définie par :

$$c_0 = 0 \text{ et } c_{n+1} = c_n^2 + 1.$$

Montrer que, pour tout $n \geqslant 3$, $c_n \geqslant 1 + n$.
En déduire la limite de la suite (c_n).

Approfondissement

Ce que dit le B.O.

Approximation des réels π, e, φ, etc.

143. Algorithme de Newton

Soit f la fonction définie sur $]0\ ;+\infty[$ par :

$$f(x)=x^2-2.$$

On note $\mathscr{C}_f$ sa courbe représentative.

Soit $n \in \mathbb{N}$ et $u_n \in]0\ ;+\infty[$. Montrer que T_n, la tangente à $\mathscr{C}_f$ au point d'abscisse u_n, coupe l'axe des abscisses en u_{n+1} avec :

$$u_{n+1}=\frac{1}{2}\left(u_n+\frac{2}{u_n}\right) \quad \text{(R)}.$$

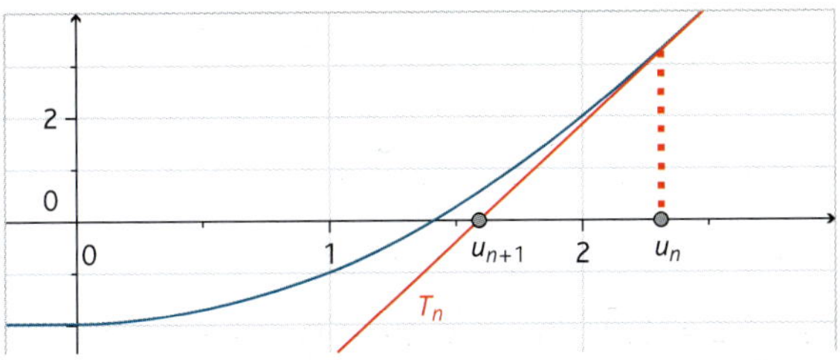

1. Justifier que $1<\sqrt{2}<2$.
2. On pose $u_0=2$. Grâce à la relation (R) précédente, justifier que l'on peut définir la suite (u_n) sur $\mathbb{N}$.
3. Montrer que, pour tout $n \in \mathbb{N}$, $u_n \geqslant 1$.
4. Montrer que, pour tout $n \in \mathbb{N}$, on a :
$$|u_{n+1}-\sqrt{2}| \leqslant \frac{1}{2}(u_n-\sqrt{2})^2 \quad \text{(I I)}.$$
5. Traduire en langage courant ce dernier résultat. Qu'a-t-il de remarquable ?
6. En déduire que, pour tout $n \in \mathbb{N}$, on a :
$$|u_n-\sqrt{2}| \leqslant \frac{1}{2^{2^n-1}} \quad \text{(H)}.$$
7. Conclure en donnant une condition suffisante pour connaître une approximation de $\sqrt{2}$ à 10^{-10} près.

144. Partie A - Suites adjacentes

DÉFINITION
Les deux suites (u_n) et (v_n) sont dites adjacentes si la suite (u_n) est croissante, la suite (v_n) est décroissante et $\lim\limits_{n\to+\infty}(v_n-u_n)=0$.

Soit (u_n) et (v_n) deux suites définie sur $\mathbb{N}$. On pose, pour tout $n \in \mathbb{N}$, $w_n=v_n-u_n$.

1. Justifier que la suite (w_n) est décroissante.
2. En déduire que, pour tout $n \in \mathbb{N}$, $w_n \geqslant 0$.
3. En déduire que deux suites adjacentes admettent une même limite finie.

Partie B - Approximation et irrationalité

Soit (u_n) et (v_n) les deux suites définies sur $\mathbb{N}^*$ par :

$$u_n=\sum_{p=0}^{n}\frac{1}{p!} \quad \text{et} \quad v_n=u_n+\frac{1}{n\times n!}.$$

1. Montrer que la suite (u_n) est strictement croissante et que la suite (v_n) est strictement décroissante.
2. En déduire que les suites (u_n) et (v_n) sont adjacentes.
3. On note e la limite commune des suites.

a. Soit $\varepsilon>0$ fixé. Expliquer pourquoi $\dfrac{1}{n\times n!}<\varepsilon$ est une condition suffisante pour que u_n et v_n soient tous les deux des approximations de e à ε près.

b. Expliquer le fonctionnement ainsi que l'utilité de l'algorithme suivant :

Variables
U et V deux nombre réels ;
ε un réel strictement positif ;
n un entier naturel.
Début
Saisir ε
n prend la valeur 1
U prend la valeur 1
V prend la valeur 2
TantQue $\dfrac{1}{n\times n!} \geqslant \varepsilon$
  n prend la valeur $n+1$
  U prend la valeur U + $\dfrac{1}{n!}$
  V prend la valeur U + $\dfrac{1}{n\times n!}$
FinTantQue
Afficher « Termes d'indices : »
Afficher n
Afficher U
Afficher V
Fin

c. Programmer cet algorithme.

d. Quel intérêt y a-t-il à afficher U et V ?

e. En déduire les 10 premières décimales de e.

4. On suppose qu'il existe $p \in \mathbb{N}$ et $q \in \mathbb{N}^*$ tels que $e=\dfrac{p}{q}$. En utilisant le fait que $u_q<e<v_q$, montrer que l'on aboutit à une contradiction.
5. Que conclut-on ?

TICE Le permis à crédit !

→ objectif

Faire découvrir une application concrète des suites arithmético-géométriques : les prêts.

Anna vient d'avoir son permis, elle aimerait s'acheter sa propre voiture, dont le prix est de 3 500 €. Mais, n'ayant pas d'économies, elle décide d'acheter sa voiture à crédit... Pour cela, Anna se renseigne et apprend de son conseiller bancaire que :

- le taux annuel est le taux permettant de calculer les intérêts que l'emprunteur doit à la banque. Ce calcul se fait tous les mois avec la convention suivante : un taux annuel de 6 % revient à un taux proportionnel mensuel de 0,5 % $= \frac{6}{12}$ % ;
- les intérêts du prêt sont calculés sur le capital restant dû à la banque. Si après 4 mois de remboursement le capital restant dû est de 4 000 € au taux annnuel de 6 %, alors le cinquième mois les intérêts seront de $0,5\ \% \times 4\ 000$ € = 20 €.

Partie A - Pour 100 €/mois

Le banquier d'Anna accepte de lui faire un crédit au taux annuel de 4,5 %. Anna se demande donc en combien de mensualités elle devra rembourser son crédit, sachant qu'elle remboursera 100 € par mois.

Anna lance alors son tableur, mais bloque assez rapidement. Voici où elle en est :

1. Reproduire la structure de cette feuille, puis compléter les cellules **C6**, **D6** et **E6**.
2. Comment détermine-t-on jusqu'où l'on doit étirer ces formules vers le bas ?
3. Que remarque-t-on pour la dernière mensualité ? Comment l'obtenir ?
4. Conclure en donnant le nombre de mensualités ainsi que le montant de cette dernière.
5. Quel est le coût de son crédit ?

	A	B	C	D	E
1	**Offre de prêt d'Anna**				
2	**Taux nominal annuel :**	**4,50%**		**Coût du crédit :**	**???**
3	**Montant du prêt :**	**3 500 €**		**Mensualités:**	**100,00 €**
4	Mois	Montant du prélèvement	Intérêts	créance amortie	capital restant dû
5	0	0,00 €	0,00 €	0,00 €	3 500,00 €
6	1	100,00 €	=		
7	2	100,00 €			
8	3	100,00 €			
16	11	100,00 €			
17	12	100,00 €			
18	13	100,00 €			
19	14	100,00 €			

Partie B - Sur 24 mois

En fait, l'idéal pour Anna serait de ne pas dépasser 24 mensualités. On définit alors la suite (c_n) des capitaux restant dû par Anna, au bout de n mois de remboursement. Ainsi $c_0 = 3\ 500$. Ensuite, on décide de poser M la mensualité cherchée.

1. Déterminer une relation de récurrence entre c_n et c_{n+1} (en fonction de M).
2. On pose, pour tout $n \in \mathbb{N}$, $v_n = c_n - \frac{\text{M}}{0{,}003\ 75}$. Montrer que (v_n) est géométrique.
3. En déduire une expression de c_n en fonction de n, puis le nombre de mensualités M, de sorte que le crédit soit soldé au bout de 24 mensualités.

I. L1 – Mathématiques

Soit (u_n) une suite de nombres réels, définie sur $\mathbb{N}$.

1. Expliciter les suites $(u_{2n})_{n\in\mathbb{N}}$ et $(u_{2n+1})_{n\in\mathbb{N}}$ en langage courant.
2. Soit $l \in \mathbb{R}\cup\{-\infty\,;+\infty\}$. Montrer que, les suites $(u_{2n})_{n\in\mathbb{N}}$ et $(u_{2n+1})_{n\in\mathbb{N}}$ ont pour limite l si, et seulement si, la suite (u_n) admet comme limite l.

Application

Soit $q\in\mathbb{R}, q\leqslant -1$. Montrer que la suite $(q^n)_{n\in\mathbb{N}}$ n'admet aucune limite, finie ou infinie.

II. Classes préparatoires

Soit a, b, c et d quatre nombres réels $(c\neq 0)$. On définit la suite $(u_n)_{n\in\mathbb{N}}$ par :

$$u_0\in\mathbb{R} \quad \text{et} \quad u_{n+1}=\frac{au_n+b}{cu_n+d}.$$

Et on suppose que, pour tout $n\in\mathbb{N}$, $cu_n+d\neq 0$.

Soit f la fonction définie sur $\mathbb{R}-\left\{-\frac{d}{c}\right\}$ par $f(x)=\frac{ax+b}{cx+d}$.

1. Montrer que si $ad-bc=0$, alors la suite $(u_n)_{n\in\mathbb{N}}$ est constante à partir du rang 1.
   On suppose désormais : $ad-bc\neq 0$.
2. Interpréter graphiquement les solutions de l'équation :
$$x=\frac{ax+b}{cx+d} \quad \text{(E)}.$$
3. Montrer que (E) est équivalente à une équation du second degré dont le discriminant Δ vaut :
$$\Delta=(d+a)^2-4(ad-bc).$$
4. Étude des cas $\Delta=0$ et $\Delta>0$.
   a. On suppose $\Delta=0$ et on note γ l'unique solution de (E).
   Soit $u_0\neq\gamma$. On pose $v_n=\frac{1}{u_n-\gamma}$.
   Montrer que (v_n) est définie et arithmétique de raison $r=\frac{2c}{a+d}$.
   b. On suppose $\Delta>0$. On note α et β les solutions distinctes (E).
   Soit $u_0\notin\{\alpha,\beta\}$. On pose $v_n=\frac{u_n-\alpha}{u_n-\beta}$.
   Montrer que la suite (v_n) est définie et géométrique de raison $q=\frac{c\beta+d}{c\alpha+d}$.
5. On définit la suite $(u_n)_{n\in\mathbb{N}}$ par :
$$u_0=0 \quad \text{et} \quad u_{n+1}=\frac{3u_n+2}{u_n+4}.$$
   Montrer que $\lim\limits_{n\to+\infty}u_n=1$.

III. Classes préparatoires : Lemme de CESARO

Soit (u_n) une suite de nombres réels. Pour tout entier naturel n, on pose :

$$v_n=\frac{1}{n+1}\sum_{k=0}^{k=n}u_k.$$

Il s'agit de montrer le résultat suivant : « Si la suite (u_n) admet le réel l comme limite, alors la suite (v_n) admet aussi le réel l comme limite ».

Soit $l\in\mathbb{R}$ tel que $\lim\limits_{n\to+\infty}u_n=l$.

1. Montrer que, pour tout $n\in\mathbb{N}$:
$$v_n-l=\frac{1}{n+1}\sum_{k=0}^{k=n}(u_k-l).$$
   Puis que :
$$|v_n-l|\leqslant\frac{1}{n+1}\sum_{k=0}^{k=n}|u_k-l|.$$
2. Soit $\varepsilon>0$ fixé et $I_\varepsilon=]l-\varepsilon\,;l+\varepsilon[$.
   a. Justifier qu'il existe un entier naturel n_0 tel que, pour tout entier naturel n :
$$n\geqslant n_0\Rightarrow|u_k-l|<\frac{\varepsilon}{2}.$$
   Puis en déduire que :
$$n\geqslant n_0\Rightarrow\frac{1}{n+1}\sum_{k=n_0}^{k=n}|u_k-l|<\frac{\varepsilon}{2}.$$
   b. Justifier qu'il existe un entier naturel n_1 tel que, pour tout entier naturel n :
$$n\geqslant n_1\Rightarrow\frac{1}{n+1}\sum_{k=0}^{k=n_0-1}|u_k-l|\leqslant\frac{\varepsilon}{2},$$
   où n_0 est de fait un entier fixé (celui déterminé précédemment).
3. Achever la démonstration.

> **AIDE**
> Le **lemme de Cesàro** dit par exemple que, si dans une classe ayant un grand nombre d'élèves $n+1$, la plupart des notes $u_0, u_1, \dots, u_n$ sont voisines de 10, même s'il y a un petit nombre de 0, 2, 14, 17, alors la moyenne de la classe $\frac{u_0+\dots+u_n}{n+1}$ est voisine de 10.

Transformées de Fourier

En travaillant sur la propagation de la chaleur, **Joseph Fourier** (1768-1830) eut l'idée d'approcher des fonctions par des sommes de fonctions cosinus et sinus pour résoudre plus facilement des équations différentielles.
Ce sont des transformées de Fourier.
Aujourd'hui, on utilise ces transformées pour le traitement du son (son numérique, codage MP3, filtrage de bruit), pour le traitement de l'image (codage JPEG, MPEG, correction d'effet de flou)...

Le coin des langues

- **Asymptote** : du grec ασύμπτωτος « ligne qui ne coïncide pas ».
- **Limite** : du latin *limitem* « chemin de traverse », puis « lisière, frontière ».
- **Trigonométrie** : du grec τρίγωνος « trigone » (triangle) et μετρον « mesure ».

Observons...

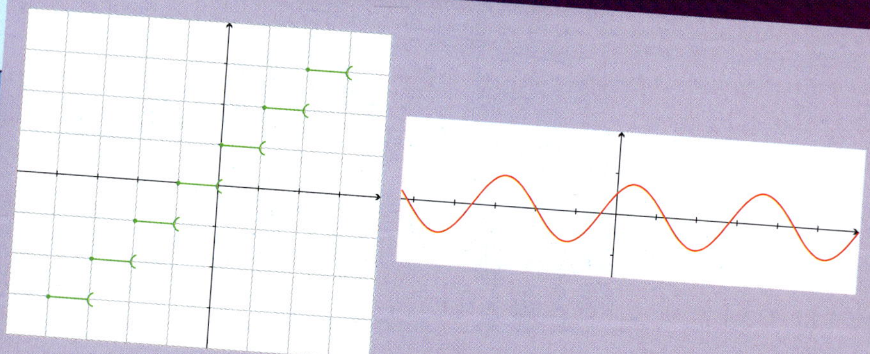

Quelles différences évidentes constate-t-on entre ces deux tracés ?

« Si les valeurs successivement attribuées à une même variable s'approchent indéfiniment d'une valeur fixe de manière à finir par en différer aussi peu que l'on voudra, alors cette dernière est appelée la limite de toutes les autres. »

Augustin-Louis Cauchy (1789 - 1857)

La Science et l'hypothèse (1902), **Henri Poincaré**.

Rébus

Solution : dé - riz - v (dérivée)

Fonctions : limites, continuité, calculs de dérivées - Trigonométrie

1. Limite finie d'une fonction en l'infini
2. Limite infinie d'une fonction en l'infini
3. Limite infinie d'une fonction en un point
4. Opérations sur les limites
5. Continuité : définition
6. Continuité : théorème des valeurs intermédiaires
7. Calculs de dérivées
8. Fonctions trigonométriques : cosinus et sinus

Prérequis :

- Fonctions usuelles
- Sens de variation d'une fonction
- Calculs de dérivées
- Limites de suites
- Cosinus et sinus d'un nombre

1. TICE Où sont les limites ?

1. Limite d'une fonction en $-\infty$ et en $+\infty$

On considère la fonction f définie sur $\mathbb{R}^*$ par $f(x) = 2 + \frac{1}{x}$ ainsi que les fonctions g et h définies sur $\mathbb{R}$ par $g(x) = x^2 - 5$ et $h(x) = \frac{1}{5}x^3 - 4$.

1. Recopier et compléter le tableau suivant.

x	-10^5	-10^3	-100	-10	10	100	10^3	10^5
$f(x)$								
$g(x)$								
$h(x)$								

2. Comment semble se comporter $f(x)$ quand x est un réel de plus en plus grand ?
3. Comment semble se comporter $f(x)$ quand x est un réel négatif de plus en plus grand en valeur absolue ?
4. Sur la calculatrice, tracer la courbe représentative de f pour $10\,000 \leqslant x \leqslant 100\,000$ et $1{,}5 \leqslant y \leqslant 2{,}5$. Que constate-t-on ? Même question avec $1{,}999\,9 \leqslant y \leqslant 2{,}000\,1$.
5. Refaire le tracé avec $-10 \leqslant x \leqslant 10$ et $-10 \leqslant y \leqslant 10$.
   De quelle droite semble se rapprocher la représentation graphique de f lorsque x est un réel de plus en plus grand ou négatif de plus en plus grand en valeur absolue ?
6. Reprendre les questions 2. et 3. pour $g(x)$, puis pour $h(x)$. Interpréter graphiquement ces résultats. Vérifier en traçant les représentations graphiques des fonctions g et h sur la calculatrice.

On dit que f a pour limite 2 en $-\infty$ et en $+\infty$ et on note $\lim\limits_{x \to -\infty} f(x) = 2$ et $\lim\limits_{x \to +\infty} f(x) = 2$.

2. Limite infinie d'une fonction en un point

On considère la fonction f définie sur $\mathbb{R} \setminus \{3\}$ par $f(x) = \frac{x-2}{x-3}$.

1. Recopier et compléter le tableau suivant.

x	2,9	2,99	2,999	2,999 9	3,000 1	3,001	3,01	3,1
$f(x)$								

2. Comment semble se comporter $f(x)$ quand x s'approche de 3 ?
3. Tracer la courbe représentative de f sur la calculatrice.
4. De quelle droite semble se rapprocher cette courbe quand x se rapproche de 3 ?

2. TICE Limite et opérations

On considère les fonctions f et g définies sur $\mathbb{R}^*$ par :

$$f(x) = \frac{1}{x} + 2 \quad \text{et} \quad g(x) = \frac{1}{x^2} - 3.$$

1. Ouvrir une fenêtre *GeoGebra* et tracer les courbes représentant les fonctions f et g.
2. Lire sur le graphique les limites de f et de g en $+\infty$.

Conseil
On peut choisir une couleur pour chaque courbe en allant dans **Propriétés** (avec le clic droit), puis **Couleur**.

3. On considère la fonction h telle que, pour tout x de $\mathbb{R}^*$, $h(x) = f(x) + g(x)$.
   a. Sur la même feuille *GeoGebra*, tracer la courbe représentative de h.
   b. Quelle semble être la limite de h en $+\infty$?
4. Reprendre la question 3. avec :
   a. la fonction k telle que, pour tout x de $\mathbb{R}^*$, $k(x) = f(x) \times g(x)$;
   b. la fonction l telle que, pour tout x de $\mathbb{R} \setminus \left\{-\frac{\sqrt{3}}{3} ; 0 ; \frac{\sqrt{3}}{3}\right\}$, $l(x) = \frac{f(x)}{g(x)}$.
5. a. Changer l'expression de f en prenant $f(x) = \frac{3}{x^2} - 1$.
   b. Lire sur le graphique les limites de f, de h, de k et de l en $+\infty$.
6. Conjecturer une propriété donnant la limite d'une somme, d'un produit ou d'un quotient de fonctions dont on connaît les limites réelles non nulles.
7. **Cas des limites nulles**
   Lire sur le graphique la limite en $+\infty$ de f, de g, de k et de l dans chacun des cas suivants :
   a. $f(x) = \frac{3}{x^2}$ et $g(x) = \frac{1}{x^2}$; b. $f(x) = \frac{3}{x}$ et $g(x) = \frac{1}{x^2}$; c. $f(x) = \frac{3}{x^3}$ et $g(x) = \frac{1}{x^2}$.
8. Peut-on utiliser les opérations sur les limites dans tous les cas ?

3. TICE Continuité… ou pas ?

Soit E la « fonction partie entière » qui à tout réel x associe l'entier n tel que $n \leqslant x < n + 1$.

1. a. Compléter le tableau de valeurs suivant.

x	$-6,2$	-5	$-0,8$	$3,79$	$3,9$	$3,99$	$3,999\,99$	4
$E(x)$								

   b. Quelle semble être la limite à gauche en 4 de E ? Est-elle égale à $E(4)$?
2. Représenter graphiquement la fonction E sur la calculatrice.
3. Comment se traduit sur le graphique la réponse à la question 1. b. ?

On dit que la fonction E n'est pas continue en 4. Elle n'est continue en aucun nombre entier.

TI	Casio
Dans MATH, Puis NUM, on a : 5:partEnt(	Dans , OPTN Puis NUM, on a : INT

4. TICE Dérivons

1. a. Rappeler la dérivée de la fonction racine carrée.
   b. Avec un logiciel de calcul formel, chercher la dérivée de chacune des fonctions suiv…
   i) $f : x \mapsto \sqrt{3x-5}$; ii) $g : x \mapsto \sqrt{4x^3 - 3x^2 + 5x - 1}$; iii) $h : x \mapsto \sqrt{x^5}$…
   c. Observer ces résultats et conjecturer l'expression de la dérivée de la fonction…
   u est une fonction à valeurs strictement positives.
2. a. Rappeler la dérivée de la fonction $x \mapsto x^n$, où n est un entier relat… $(x)]^n$, où
   b. Avec un logiciel de calcul formel, chercher la dérivée de chac…
   i) $f : x \mapsto (7x+2)^5$; ii) $g : x \mapsto (x^4$ …
   iii) $h : x \mapsto (x^2 - 5x + 1)^{-3}$; iiii) $k : x \mapsto (x$ …
   c. Observer ces résultats et conjecturer l'expression de la …
   u est une fonction et n un entier relatif non nul.

1. Limite finie d'une fonction en l'infini

La définition peut se traduire par : Pour tout $\varepsilon > 0$, il existe un réel $x_0 > 0$ tel que, pour tout réel x de l'ensemble de définition de f vérifiant $x > x_0$, on a : $f(x) \in]L - \varepsilon \,;\, L + \varepsilon[$.

Soit a et L deux réels et f une fonction définie sur un intervalle de la forme $]a\,;+\infty[$ (respectivement $]-\infty\,;a[$).

approche intuitive

Si $f(x)$ est « aussi proche de L que l'on veut » dès que x est « assez grand » (resp. dès que x est négatif et « assez grand en valeur absolue »), on dit que la fonction f admet pour limite L en $+\infty$ (resp. en $-\infty$).

définition

Si tout intervalle ouvert contenant L contient tous les $f(x)$ dès que x est « assez grand » (resp. dès que x est négatif et « assez grand en valeur absolue »), on dit que la fonction f admet pour limite L en $+\infty$ (resp. en $-\infty$).
On note $\lim\limits_{x \to +\infty} f(x) = L$ (resp. $\lim\limits_{x \to -\infty} f(x) = L$).

Interprétation graphique

Lorsque $\lim\limits_{x \to +\infty} f(x) = L$ (resp. $\lim\limits_{x \to -\infty} f(x) = L$), la courbe $\mathscr{C}$ représentant la fonction f dans un repère devient « aussi proche que l'on veut » de la droite d'équation $y = L$ lorsque x est « assez grand » (resp. négatif et « aussi grand que l'on veut en valeur absolue »).

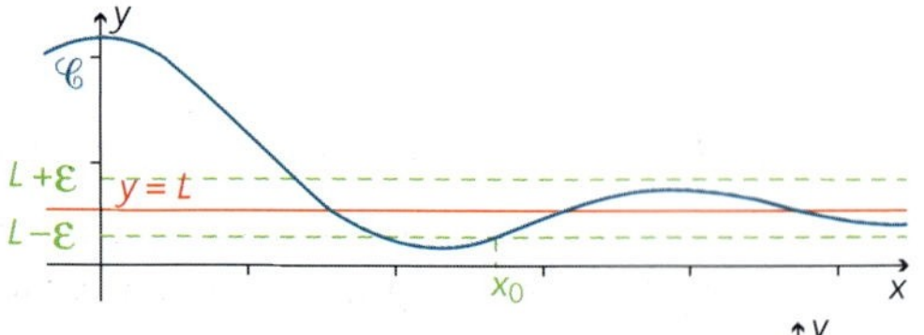

$\lim\limits_{x \to +\infty} f(x) = L$

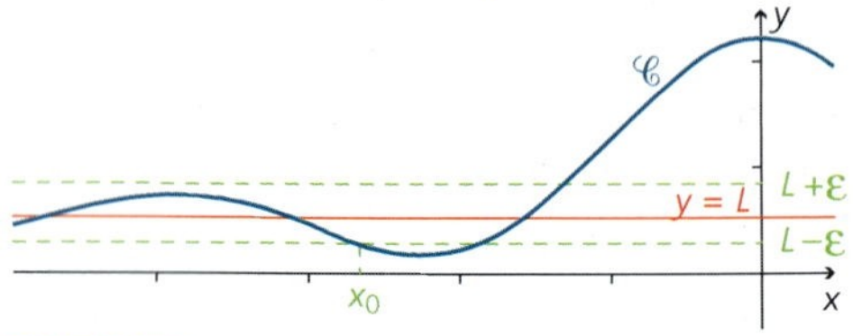

$\lim\limits_{x \to -\infty} f(x) = L$

définition

Lorsque $\lim\limits_{x \to +\infty} f(x) = L$ (resp. $\lim\limits_{x \to -\infty} f(x) = L$), on dit que la droite d'équation $y = L$ est asymptote horizontale à la courbe représentative de la fonction f en $+\infty$ (resp. en $-\infty$).

Limites à connaître

$\lim\limits_{x \to +\infty} \left(\frac{1}{x}\right) = \lim\limits_{x \to +\infty} \left(\frac{1}{\sqrt{x}}\right) = \lim\limits_{x \to +\infty} \left(\frac{1}{x^n}\right) = 0$ et $\lim\limits_{x \to -\infty} \left(\frac{1}{x}\right) = \lim\limits_{x \to -\infty} \left(\frac{1}{x^n}\right) = 0$, où n est un nombre entier strictement positif.

…e des abscisses est asymptote horizontale aux courbes des fonctions $x \mapsto \frac{1}{x}$ et … (où n est un nombre entier strictement positif) en $+\infty$ et en $-\infty$ et à la … fonction $x \mapsto \frac{1}{\sqrt{x}}$ en $+\infty$.

■ Déterminer une limite finie en l'infini

→ Exercices 30 et 31

1. Résoudre les inéquations suivantes :

a. $\frac{1}{x^2} < \frac{1}{10}$; **b.** $\frac{1}{x^2} < \frac{1}{10^{50}}$; **c.** $\frac{1}{x^2} < 10^{-10}$; **d.** $\frac{1}{x^2} < 10^{-20}$; **e.** $\frac{1}{x^2} < a$, **où** a **est un réel non nul.**

2. En déduire les limites de la fonction f **définie sur** $\mathbb{R}^*$ **par** $f(x) = \frac{1}{x^2}$ **en** $+\infty$ **et en** $-\infty$.

3. La courbe représentant f **dans un repère admet-elle une asymptote horizontale ?**

→ solution

1. a. La fonction inverse est strictement décroissante sur $]0\,;+\infty[$, donc $\frac{1}{x^2} < \frac{1}{10} \Leftrightarrow x^2 > 10$.

De plus, la fonction carré est strictement décroissante sur $]-\infty\,;0[$ et strictement croissante sur $]0\,;+\infty[$, donc $x^2 > 10 \Leftrightarrow x < -\sqrt{10}$ ou $x > \sqrt{10}$.

Ainsi, l'ensemble des solutions de l'inéquation $\frac{1}{x^2} < \frac{1}{10}$ est $]-\infty\,;-\sqrt{10}[\,\cup\,]\sqrt{10}\,;+\infty[$.

b. De même $\frac{1}{x^2} < \frac{1}{10^{50}} \Leftrightarrow x < -10^{25}$ ou $x > 10^{25}$.

Donc l'ensemble des solutions de l'inéquation $\frac{1}{x^2} < \frac{1}{10^{50}}$ est $]-\infty\,;-10^{25}[\,\cup\,]10^{25}\,;+\infty[$.

c. $\frac{1}{x^2} < 10^{-10} \Leftrightarrow x^2 > 10^{10} \Leftrightarrow x < -10^5$ ou $x > 10^5$.

Donc l'ensemble des solutions de l'inéquation $\frac{1}{x^2} < 10^{-10}$ est $]-\infty\,;-10^5[\,\cup\,]10^5\,;+\infty[$.

d. $\frac{1}{x^2} < 10^{-20} \Leftrightarrow x^2 > 10^{20} \Leftrightarrow x < -10^{10}$ ou $x > 10^{10}$.

Donc l'ensemble des solutions de l'inéquation $\frac{1}{x^2} < 10^{-20}$ est $]-\infty\,;-10^{10}[\,\cup\,]10^{10}\,;+\infty[$.

e. $\frac{1}{x^2} < a \Leftrightarrow x^2 > \frac{1}{a} \Leftrightarrow x < -\frac{1}{\sqrt{a}}$ ou $x > \frac{1}{\sqrt{a}}$.

Donc l'ensemble des solutions de l'inéquation $\frac{1}{x^2} < a$ est $\left]-\infty\,;-\frac{1}{\sqrt{a}}\right[\,\cup\,\left]\frac{1}{\sqrt{a}}\,;+\infty\right[$.

2. D'après les résultats précédents, il semble que $f(x)$ peut être « aussi proche de 0 que l'on veut » à condition que x soit « assez grand » ou négatif et « assez grand en valeur absolue »

Donc $\lim\limits_{x \to +\infty} f(x) = 0$ et $\lim\limits_{x \to -\infty} f(x) = 0$.

3. Ces limites nous permettent d'affirmer que la courbe représentant f dans un repère admet l'axe des abscisses pour asymptote horizontale en $+\infty$ et en $-\infty$.

■ Lire un tableau de variations

→ Exercice 41

On donne ci-contre le tableau de variations d'une fonction f **définie sur** $\mathbb{R}$.

1. Donner les limites de la fonction f **en** $+\infty$ **et en** $-\infty$.

2. En déduire les équations des asymptotes horizontales à la courbe représentative $\mathscr{C}$ **de** f **dans un repère.**

x	$-\infty$	5	$+\infty$
Variations de f	-2 ↗	3 ↘	1

→ solution

1. $\lim\limits_{x \to -\infty} f(x) = -2$ et $\lim\limits_{x \to +\infty} f(x) = 1$.

2. D'après les résultats précédents, la courbe $\mathscr{C}$ admet deux asymptotes horizontales : la droite d'équation $y = -2$ en $-\infty$ et la droite d'équation $y = 1$ en $+\infty$.

cours

2. Limite infinie d'une fonction en l'infini

approche intuitive

Dire qu'une fonction f admet pour limite $+\infty$ (resp. en $-\infty$) en $+\infty$ signifie que $f(x)$ peut être « aussi grand que l'on veut » (resp. négatif et « aussi grand que l'on veut en valeur absolue ») dès que x est « assez grand ».

$\lim_{x \to +\infty} f(x) = +\infty$ se traduit par : Pour tout réel $M > 0$, il existe un réel $x_0 > 0$ tel que pour tout réel x tel que $x > x_0$, on a $f(x) > M$.

définition

Si tout intervalle de la forme $]A\ ;+\infty[$ (resp. $]-\infty\ ;A[$) où A est un réel, contient tous les $f(x)$ lorsque x est « suffisamment grand », alors f admet pour limite $+\infty$ (resp. $-\infty$) en $+\infty$. On note $\lim_{x \to +\infty} f(x) = +\infty$ (resp. $\lim_{x \to +\infty} f(x) = -\infty$).
On définit de même une limite infinie en $-\infty$.

Limites à connaître

$\lim_{x \to +\infty} \sqrt{x} = \lim_{x \to +\infty} x^n = +\infty$ où n est un nombre entier strictement positif ;
$\lim_{x \to -\infty} x^n = +\infty$ si n est pair ; $\lim_{x \to -\infty} x^n = -\infty$ si n est impair.

Interprétation graphique

La courbe représentative de la fonction f dans un repère est au-dessus (resp. en dessous) de toute droite parallèle à l'axe des abscisses pour x « suffisamment grand » ou négatif et « suffisamment grand » en valeur absolue.

Cas où $\lim_{x \to +\infty} f(x) = +\infty$

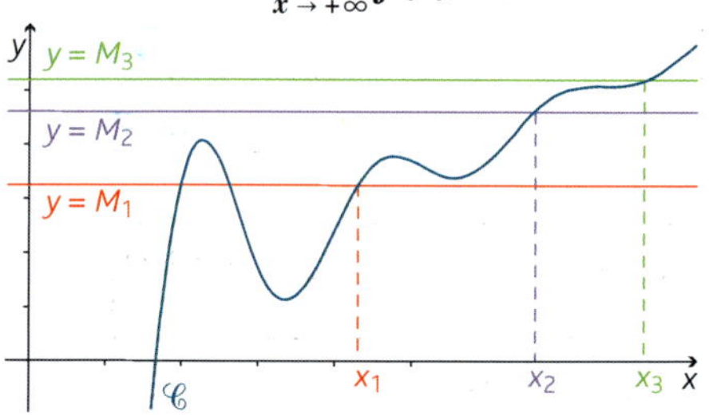

Pour $M = M_1$ (resp. M_2, resp. M_3) : pour tout $x > x_1$ (resp. $x > x_2$, resp. $x > x_3$), on a $f(x) > M$.

Cas où $\lim_{x \to +\infty} f(x) = -\infty$

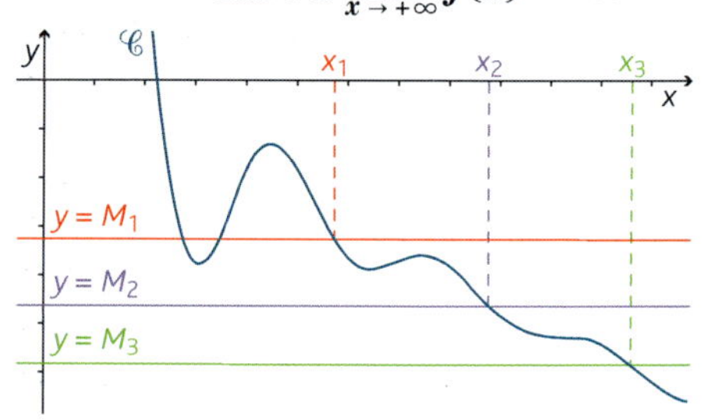

Pour $M = M_1$ (resp. M_2, resp. M_3) : pour tout $x > x_1$ (resp. $x > x_2$, resp. $x > x_3$), on a $f(x) < M$.

Cas où $\lim_{x \to -\infty} f(x) = +\infty$

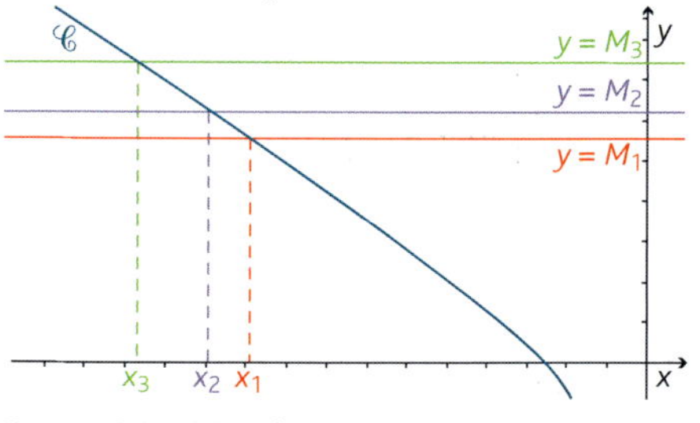

Pour $M = M_1$ (resp. M_2, resp. M_3) : pour tout $x < x_1$ (resp. $x < x_2$, resp. $x < x_3$), on a $f(x) > M$.

Cas où $\lim_{x \to -\infty} f(x) = -\infty$

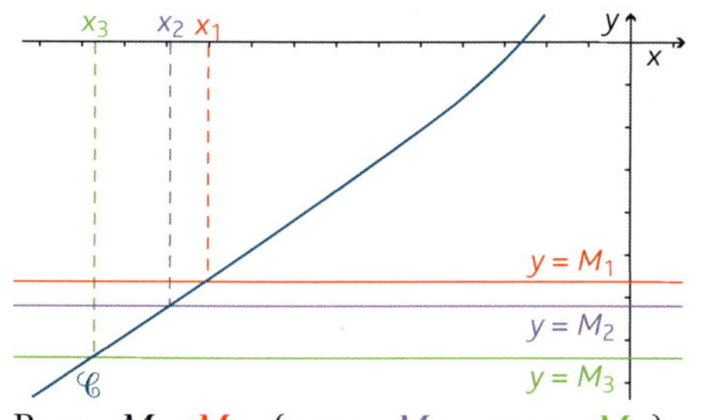

Pour $M = M_1$ (resp. M_2, resp. M_3) : pour tout $x < x_1$ (resp. $x < x_2$, resp. $x < x_3$), on a $f(x) < M$.

■ Déterminer une limite finie en l'infini

→ Exercices 30 et 31

1. Résoudre les inéquations suivantes :

a. $x^3 > 1\,000$; **b.** $x^3 > 10^{12}$; **c.** $x^3 < -1\,000$; **d.** $x^3 < -10^{30}$.

2. En déduire les limites de la fonction f définie sur $\mathbb{R}$ par $f(x) = x^3$ en $+\infty$ et en $-\infty$.

3. Dresser le tableau de variations de la fonction f.

4. Représenter graphiquement la fonction f dans un repère.

→ **solution**

1. a. La fonction cube est strictement croissante sur $\mathbb{R}$ et $(10)^3 = 1\,000$.
Donc $x^3 > 1\,000 \Leftrightarrow x > 10$.
Ainsi, l'ensemble des solutions de l'inéquation $x^3 > 1\,000$ est $]10\,;+\infty[$.
b. De même, donc $x^3 > 10^{12} \Leftrightarrow x > 10^4$.
Ainsi, l'ensemble des solutions de l'inéquation $x^3 > 10^{12}$ est $]10^4\,;+\infty[$.
c. $x^3 < -1\,000 \Leftrightarrow x < -10$.
Donc l'ensemble des solutions de l'inéquation $x^3 < -1\,000$ est $]-\infty\,;-10[$.
d. $x^3 < -10^{30} \Leftrightarrow x < -10^{10}$.
Donc l'ensemble des solutions de l'inéquation $x^3 < -10^{30}$ est $]-\infty\,;-10^{10}[$.

2. $f(x)$ semble être « aussi grand que l'on veut » à condition que x soit « assez grand ». Donc $\lim\limits_{x\to+\infty} f(x) = +\infty$. De plus, $f(x)$ semble négatif et « aussi grand que l'on veut en valeur absolue » à condition que x soit négatif et « assez grand en valeur absolue ». Donc $\lim\limits_{x\to-\infty} f(x) = -\infty$.

3. f est dérivable sur $\mathbb{R}$ et, pour tout réel x, $f'(x) = 3x^2$.
Donc pour tout réel x, $f'(x) \geqslant 0$; d'où f est croissante sur $\mathbb{R}$.
On obtient le tableau de variations suivant :

x	$-\infty$	$+\infty$
Signe de $f'(x)$	+	
Variations de f	$-\infty$ ↗	$+\infty$

4. La courbe représentative de f est tracée ci-dessous.

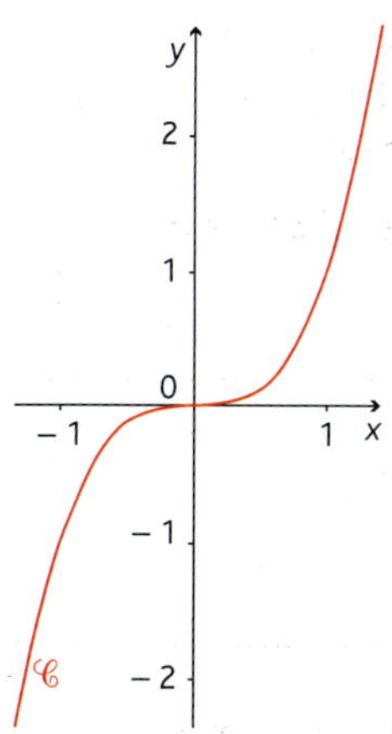

3. Limite infinie d'une fonction en un point

$\lim_{x \to a} f(x) = +\infty$ se traduit par : pour tout réel $M > 0$, il existe un réel $\varepsilon > 0$ tel que, pour tout réel $x \neq a$ de l'intervalle $]a - \varepsilon \,;\, a + \varepsilon[$, on a $f(x) > M$.

→ définition

Soit f une fonction et a un nombre réel, borne de l'ensemble de définition de f n'appartenant pas à cet ensemble.

- Si $f(x)$ est « aussi grand que l'on veut » dès que x est « assez proche » de a, on dit que la limite en a de la fonction f est $+\infty$. On note $\lim_{x \to a} f(x) = +\infty$.
- De même, si $f(x)$ est « négatif et aussi grand que l'on veut en valeur absolue » dès que x est « assez proche » de a, on dit que la limite en a de la fonction f est $-\infty$. On note $\lim_{x \to a} f(x) = -\infty$.

En pratique, on est parfois amené à étudier séparément les limites de f pour $x > a$ et pour $x < a$. On parle alors de « limite de f à droite en a », notée $\lim_{\substack{x \to a \\ x > a}} f(x)$ ou $\lim_{x \to a^+} f(x)$ et de « limite de f à gauche en a », notée $\lim_{\substack{x \to a \\ x < a}} f(x)$ ou $\lim_{x \to a^-} f(x)$.

La limite à droite en a est aussi appelée « limite en a par valeurs supérieures ». De même, la limite à gauche en a est appelée « limite en a par valeurs inférieures ».

Interprétation graphique

La courbe représentant f peut être « aussi proche que l'on veut » de la droite d'équation $x = a$.

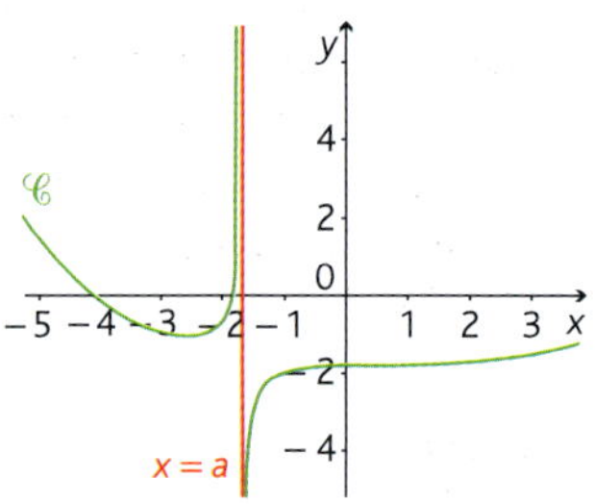

$\lim_{\substack{x \to a \\ x > a}} f(x) = -\infty$ et $\lim_{\substack{x \to a \\ x < a}} f(x) = +\infty$

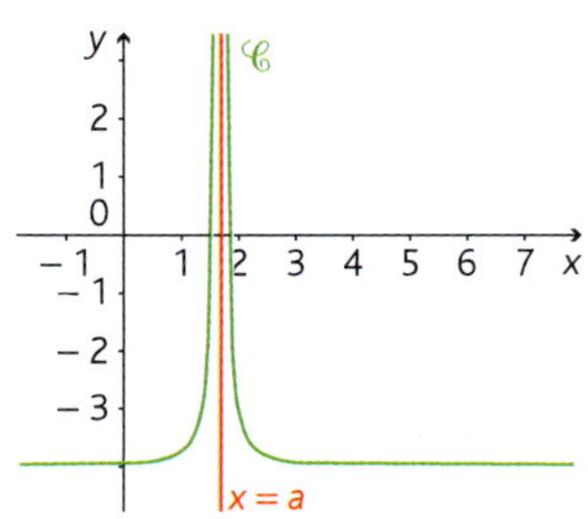

$\lim_{x \to a} f(x) = +\infty$

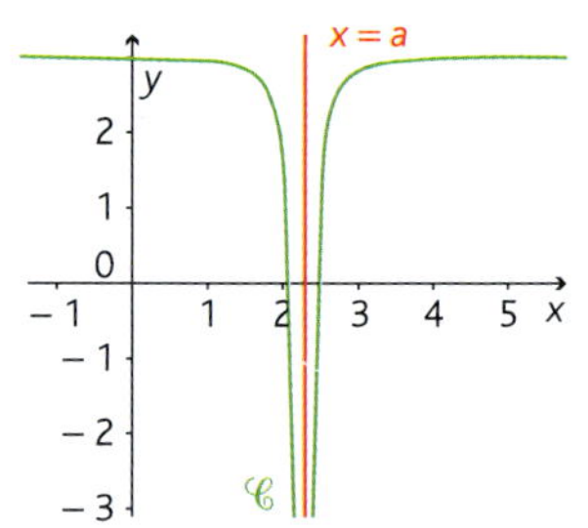

$\lim_{x \to a} f(x) = -\infty$

→ définition

Lorsqu'une fonction f admet une limite infinie en un réel a (ou à droite en a ou à gauche en a), on dit que la droite d'équation $x = a$ est **asymptote verticale** à la courbe représentative de la fonction f.

Limites à connaître

$\lim_{\substack{x \to 0 \\ x > 0}} \left(\frac{1}{x}\right) = \lim_{\substack{x \to 0 \\ x > 0}} \left(\frac{1}{\sqrt{x}}\right) = \lim_{\substack{x \to 0 \\ x > 0}} \left(\frac{1}{x^n}\right) = +\infty$ où n est un nombre entier strictement positif ;

$\lim_{\substack{x \to 0 \\ x < 0}} \left(\frac{1}{x}\right) = -\infty$ et $\lim_{\substack{x \to 0 \\ x < 0}} \left(\frac{1}{x^n}\right) = \begin{cases} +\infty \text{ si } n \text{ est pair} \\ -\infty \text{ si } n \text{ est impair} \end{cases}$.

Donc l'axe des ordonnées est asymptote verticale à la courbe représentative de ces fonctions.

TICE Déterminer une limite en un point

→ Exercices 39, 47 et 48

1. **On considère la fonction f définie sur $\mathbb{R} \setminus \{5\}$ par $f(x) = \dfrac{1}{x-5}$.**

a. **Représenter graphiquement la fonction f sur la calculatrice.**

b. **Conjecturer les limites à gauche et à droite de f en 5.**

c. **Vérifier ces conjectures avec un logiciel de calcul formel.**

d. **Donner une interprétation graphique de ces résultats.**

2. **Mêmes consignes avec la fonction g définie sur $\mathbb{R} \setminus \{5\}$ par $g(x) = \dfrac{1}{(x-5)^2}$.**

→ solution

1. a. Sur la calculatrice, on obtient :

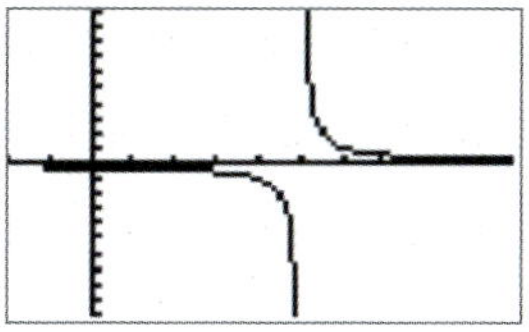

avec la fenêtre :

```
FENETRE
 Xmin=-2
 Xmax=10
 Xgrad=1
 Ymin=-10
 Ymax=10
 Ygrad=1
 Xres=1
```

b. Il semble que :

$$\lim_{\substack{x \to 5 \\ x > 5}} f(x) = +\infty \quad \text{et} \quad \lim_{\substack{x \to 5 \\ x < 5}} f(x) = -\infty .$$

c. Avec un logiciel de calcul formel, on obtient :

$$\lim_{x \to 5^+} \left(\frac{1}{x-5}\right) \qquad \infty$$

$$\lim_{x \to 5^-} \left(\frac{1}{x-5}\right) \qquad -\infty$$

d. Puisque la fonction f semble admettre une limite infinie à droite en 5 (et à gauche en 5), sa courbe représentative dans un repère semble admettre comme asymptote verticale la droite d'équation $x = 5$.

2. a. Sur la calculatrice, on obtient :

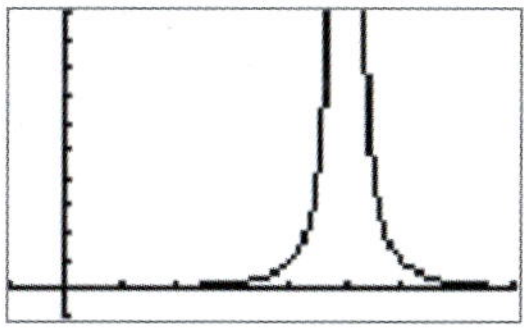

avec la fenêtre :

```
FENETRE
 Xmin=-1
 Xmax=8
 Xgrad=1
 Ymin=-1
 Ymax=10
 Ygrad=1
 Xres=1
```

b. Il semble que :

$$\lim_{\substack{x \to 5 \\ x > 5}} g(x) = \lim_{\substack{x \to 5 \\ x < 5}} g(x) = +\infty .$$

c. Avec un logiciel de calcul formel, on obtient :

$$\lim_{x \to 5^+} \left(\frac{1}{(x-5)^2}\right) \qquad \infty$$

$$\lim_{x \to 5^-} \left(\frac{1}{(x-5)^2}\right) \qquad \infty$$

d. Puisque la fonction g semble admettre une limite infinie à droite en 5 (et à gauche en 5), sa courbe représentative dans un repère semble admettre la droite d'équation $x = 5$ comme asymptote verticale.

4. Opérations sur les limites

4.1 Limite d'une somme, d'un produit, d'un quotient

> Dans certains cas, les opérations sur les limites ne permettent pas de conclure directement. On parle alors de forme indéterminée. Il faut transformer l'expression de la fonction pour lever l'indétermination.

> $\lim_{x \to a} f(x) = 0^+$ signifie que la limite de f en a est nulle et pour x « proche de a », $f(x)$ est positif.

propriétés

a désigne un réel ou $+\infty$ ou $-\infty$.
l et l' désignent des réels.

$\lim_{x \to a} f(x)$	$\lim_{x \to a} g(x)$	$\lim_{x \to a} (f+g)(x)$	$\lim_{x \to a} (fg)(x)$
l	l'	$l + l'$	$l \times l'$
$l \neq 0$	$+\infty$	$+\infty$	$+\infty$ si $l > 0$
			$-\infty$ si $l < 0$
$l \neq 0$	$-\infty$	$-\infty$	$-\infty$ si $l > 0$
			$+\infty$ si $l < 0$
0	$+\infty$	$+\infty$	?
0	$-\infty$	$-\infty$	?
$+\infty$	$+\infty$	$+\infty$	$+\infty$
$-\infty$	$-\infty$	$-\infty$	$+\infty$
$+\infty$	$-\infty$	?	$-\infty$

$\lim_{x \to a} f(x)$	$\lim_{x \to a} g(x)$	$\lim_{x \to a} \left(\frac{f}{g}\right)(x)$
l	$l' \neq 0$	$\frac{l}{l'}$
$l > 0$	0^+	$+\infty$
	0^-	$-\infty$
$l < 0$	0^+	$-\infty$
	0^-	$+\infty$
0	0	?
$l \geqslant 0$	$+\infty$	0^+
	$-\infty$	0^-
$l \leqslant 0$	$+\infty$	0^-
	$-\infty$	0^+
∞	∞	?

4.2 Définition et limite d'une fonction composée

> Attention à l'ordre des lettres pour la composée : en général, $f \circ g \neq g \circ f$.

définition

Soit f une fonction définie sur un ensemble E à valeurs dans un ensemble F et g définie sur l'ensemble F.
La fonction notée $\boldsymbol{g \circ f}$ et définie pour tout x de E par $g \circ f(x) = g(f(x))$ est appelée **composée de f suivie de g.**

$$E \xrightarrow{f} F \xrightarrow{g} \mathbb{R} \quad (g \circ f : E \to \mathbb{R})$$
$$x \mapsto f(x) \mapsto g(f(x))$$

Exemple : Soit f et g les fonctions définies sur $\mathbb{R}$ par $f(x) = 3x^4 + 5x - 1$ et $g(x) = x^2$.
Alors, pour tout réel x, $g \circ f(x) = g(f(x)) = g(3x^4 + 5x - 1) = (3x^4 + 5x - 1)^2$.

> Si x se rapproche de a, $f(x)$ se rapproche de b et pour les X proches de b, $g(X)$ se rapproche de c. Donc, en posant $X = f(x)$, on obtient $g(f(x))$ se rapproche de c lorsque x se rapproche de a.

théorème de composition des limites

Soit a, b et c trois réels ou $+\infty$ ou $-\infty$. Soit f et g deux fonctions.
Si $\lim_{x \to a} f(x) = b$ et $\lim_{X \to b} g(X) = c$, alors $\lim_{x \to a} g \circ f(x) = c$.

Exemple : $\lim_{x \to +\infty} \left(\frac{1}{x} + 5\right) = 5$ et $\lim_{x \to 5} (X^2) = 25$, donc $\lim_{x \to +\infty} \left(\left(\frac{1}{x} + 5\right)^2\right) = 25$.

4.3 Limites et comparaison

> Cette propriété correspond au « théorème des gendarmes » vu dans le chapitre 1.

propriétés

Soit a et l deux réels ou $+\infty$ ou $-\infty$ et f, g et h trois fonctions.
Si pour tout réel x voisin de a :

- $g(x) \leqslant f(x) \leqslant h(x)$ et si $\lim_{x \to a} g(x) = \lim_{x \to a} h(x) = l$, alors $\lim_{x \to a} f(x) = l$;
- $g(x) \leqslant f(x)$ et si $\lim_{x \to a} g(x) = +\infty$, alors $\lim_{x \to a} f(x) = +\infty$;
- $f(x) \leqslant h(x)$ et si $\lim_{x \to a} h(x) = -\infty$, alors $\lim_{x \to a} f(x) = -\infty$.

Utiliser les propriétés d'opérations pour déterminer une limite

→ Exercices 49 à 52

Déterminer, dans chaque cas, la limite de la fonction f en a.

1. **f est définie sur $\mathbb{R}^*$ par $f(x) = x + \dfrac{1}{x}$ et $a = 0$.**
2. **f est définie sur $\mathbb{R}$ par $f(x) = (x-2)(x^2+1)$ et $a = -\infty$.**
3. **f est définie sur $\mathbb{R} \setminus \{5\}$ par $f(x) = \dfrac{-4x^2}{x-5}$ et $a = 5$.**

solution

1. $f = g + h$ où g et h sont les fonctions définies sur $\mathbb{R}^*$ par $g(x) = x$ et $h(x) = \dfrac{1}{x}$.
$\lim\limits_{x \to 0} g(x) = 0$, $\lim\limits_{\substack{x \to 0 \\ x > 0}} h(x) = +\infty$ et $\lim\limits_{\substack{x \to 0 \\ x < 0}} h(x) = -\infty$, donc d'après la propriété sur la limite d'une somme, $\lim\limits_{\substack{x \to 0 \\ x > 0}} f(x) = +\infty$ et $\lim\limits_{\substack{x \to 0 \\ x < 0}} f(x) = -\infty$.

2. $f = g \times h$ où g et h sont les fonctions définies sur $\mathbb{R}$ par $g(x) = x - 2$ et $h(x) = x^2 + 1$.
$\lim\limits_{x \to -\infty} g(x) = -\infty$ et $\lim\limits_{x \to -\infty} h(x) = +\infty$, donc d'après la propriété sur la limite d'un produit, $\lim\limits_{x \to -\infty} f(x) = -\infty$.

3. $f = \dfrac{g}{h}$ où g et h sont les fonctions définies sur $\mathbb{R} \setminus \{5\}$ par $g(x) = -4x^2$ et $h(x) = x - 5$.
$\lim\limits_{x \to 5} g(x) = -4 \times 5^2 = -100$.

x	$-\infty$		5		$+\infty$
Signe de $h(x)$		$-$	0	$+$	

D'où $\lim\limits_{\substack{x \to 5 \\ x > 5}} h(x) = 0^+$ et $\lim\limits_{\substack{x \to 5 \\ x < 5}} h(x) = 0^-$, donc d'après la propriété sur la limite d'un quotient, $\lim\limits_{\substack{x \to 5 \\ x > 5}} f(x) = -\infty$ et $\lim\limits_{\substack{x \to 5 \\ x < 5}} f(x) = +\infty$.

Déterminer la limite d'une composée de fonctions

→ Exercices 61 et 62

1. **Déterminer la limite en $-\infty$ de la fonction f définie sur $\mathbb{R}$ par $f(x) = x^2 - 9$.**
2. **Rappeler la limite de la fonction inverse en $+\infty$.**
3. **En déduire la limite en $-\infty$ de la fonction g définie sur $]-\infty\,;-3[$ par $g(x) = \dfrac{1}{x^2-9}$.**

solution

1. $\lim\limits_{x \to -\infty} (x^2) = +\infty$ et $\lim\limits_{x \to -\infty} (-9) = -9$, donc $\lim\limits_{x \to -\infty} f(x) = +\infty$.
2. $\lim\limits_{x \to +\infty} \left(\dfrac{1}{x}\right) = 0$.
3. $g = u \circ f$ où u est la fonction inverse. $\lim\limits_{x \to -\infty} f(x) = +\infty$ et $\lim\limits_{X \to +\infty} u(X) = 0$.

Donc, $\lim\limits_{x \to -\infty} g(x) = 0$.

5. Continuité : définition

définition

Soit a un réel et f une fonction définie sur un intervalle I contenant a.
La fonction f est continue en a si $\lim\limits_{x \to a} f(x) = f(a)$.
La fonction f est continue sur l'intervalle I si f est continue en tout réel x de I.

Graphiquement : la courbe représentative d'une fonction f continue sur un intervalle I peut être tracée sur cet intervalle sans lever le crayon.

La courbe d'une fonction continue sur un intervalle est en un seul morceau sur cet intervalle.

Exemples

• La fonction f représentée ci-dessous n'est pas continue en 0.
En effet, $\lim\limits_{\substack{x \to 0 \\ x < 0}} f(x) \neq f(0)$.
f n'est donc pas continue sur son ensemble de définition.

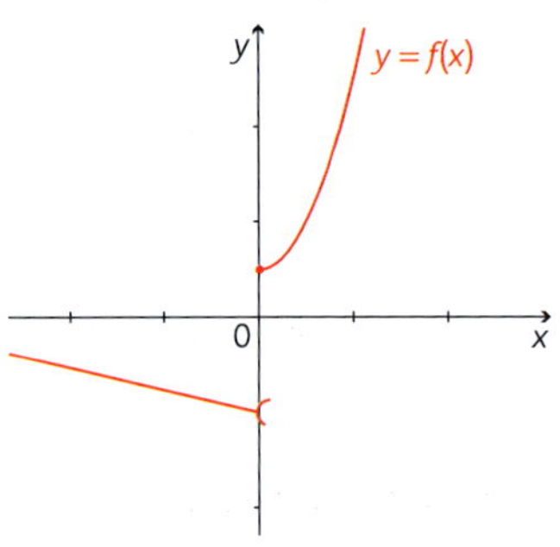

• On a représenté ci-dessous la courbe de la fonction partie entière (voir activité de découverte).
Cette fonction n'est pas continue sur $\mathbb{R}$.
Mais elle est continue sur tout intervalle de la forme $]n\,;\,n+1[$ où n est un nombre entier.

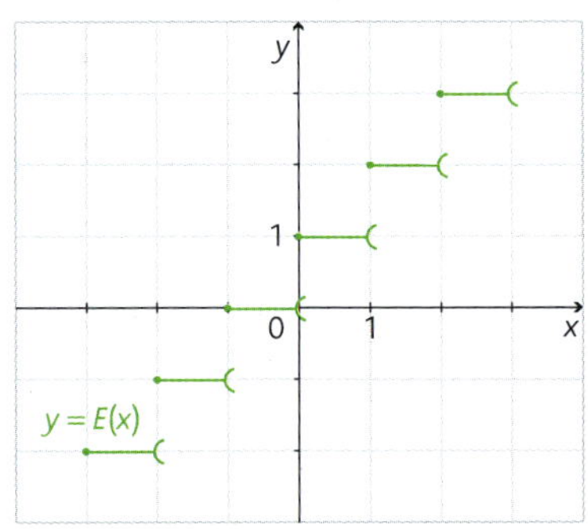

• La fonction inverse, représentée ci-contre, est continue sur $]-\infty\,;\,0[$ et sur $]0\,;\,+\infty[$.

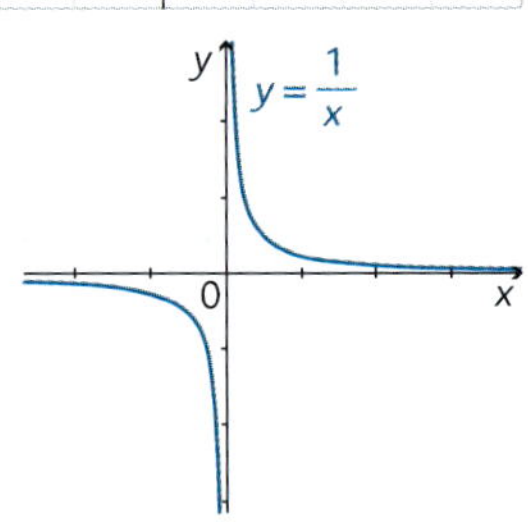

propriété admise

Une fonction dérivable en un réel a est continue en a.
Une fonction dérivable sur un intervalle est continue sur cet intervalle.

La **somme** et le **produit** de fonctions continues sur un intervalle I est une fonction continue sur I.
L'**inverse** d'une fonction continue sur un intervalle I et qui ne s'annule pas sur I est une fonction continue sur I.

En particulier : les fonctions usuelles $\left(x \mapsto x,\ x \mapsto x^2,\ x \mapsto \sqrt{x},\ x \mapsto |x|,\ x \mapsto \frac{1}{x}\right)$, les fonctions polynômes et les fonctions rationnelles sont continues sur tout intervalle de leurs ensembles de définition.

Attention

Une fonction continue en un réel a n'est pas nécessairement dérivable en a.
Par exemple, la fonction $x \mapsto \sqrt{x}$ est continue en 0, mais n'est pas dérivable en 0.

Reconnaître des courbes de fonctions continues

→ Exercice 80

Parmi les courbes ci-dessous, quelles sont celles qui semblent représenter des fonctions continues sur tout intervalle de leurs ensembles de définition ?

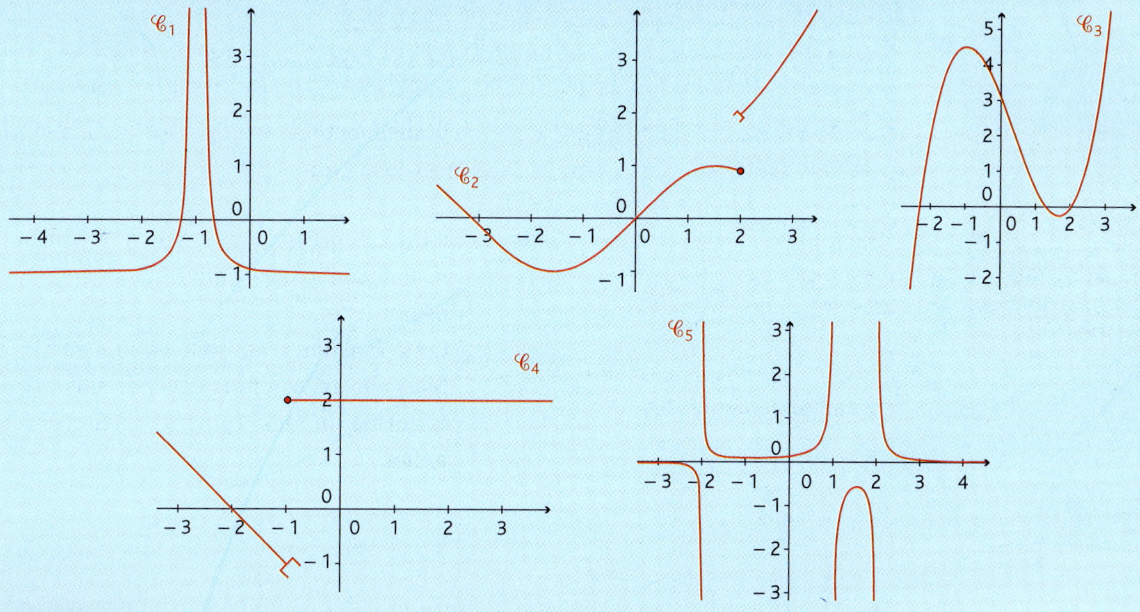

solution

- Les courbes $\mathscr{C}_1$, $\mathscr{C}_3$ et $\mathscr{C}_5$ semblent représenter des fonctions continues sur tout intervalle de leurs ensembles de définition.
- La courbe $\mathscr{C}_2$ représente une fonction qui n'est pas continue en 2.
- La courbe $\mathscr{C}_4$ représente une fonction qui n'est pas continue en (-1).

Étudier la continuité d'une fonction

→ Exercices 82, 83 et 85

On considère la fonction f définie sur $\mathbb{R}$ par $f(x) = \begin{cases} x^2 - 3x + 5 & \text{si } x < 0 \\ k & \text{si } x \geqslant 0 \end{cases}$.

Pour quelle valeur de k, la fonction f est-elle continue sur $\mathbb{R}$?

AIDE
La limite de f à gauche en 0 doit être l'image de 0 par f.

solution

$x \mapsto x^2 - 3x + 5$ est une fonction polynôme, donc elle est continue sur $]-\infty ; 0[$.
Pour tout réel k, $x \mapsto k$ est une fonction constante, donc continue sur $[0 ; +\infty[$.
Étudions la limite de f à gauche en 0 pour savoir quelle doit être la valeur de $f(0)$.
$\lim\limits_{x \to 0^-} (x^2) = 0$; $\lim\limits_{x \to 0^-} (-3x) = 0$ et $\lim\limits_{x \to 0^-} (5) = 5$, donc d'après la propriété sur la limite d'une somme :

$$\lim_{x \to 0^-} (x^2 - 3x + 5) = 5.$$

Ainsi, pour que f soit continue en 0, il faut que $f(0) = 5$.
Par conséquent, $k = 5$.

6. Continuité : théorème des valeurs intermédiaires

Cette propriété signifie que si une fonction f est continue sur $[a\ ;\ b]$, alors tout nombre compris entre $f(a)$ et $f(b)$ a au moins un antécédent par f dans $[a\ ;\ b]$.

théorème des valeurs intermédiaires admis

Une fonction f **continue** sur un intervalle $[a\ ;\ b]$ (où a et b sont deux réels tels que $a < b$) atteint toutes les valeurs comprises entre $f(a)$ et $f(b)$, c'est-à-dire : Pour tout réel k compris entre $f(a)$ et $f(b)$, il existe un réel c de l'intervalle $[a\ ;\ b]$ tel que $f(c) = k$.

Graphiquement

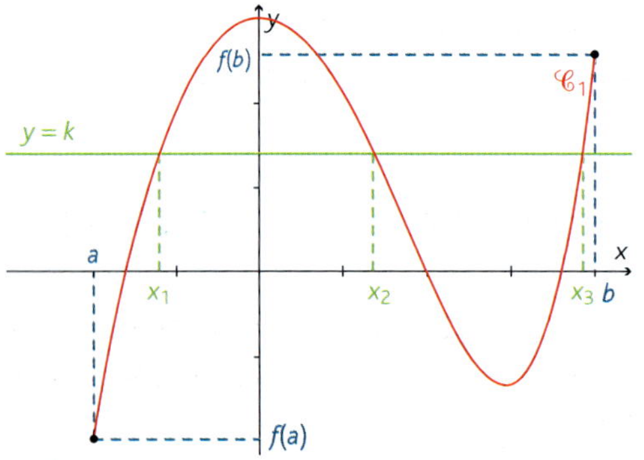

$k \in [f(a)\ ;\ f(b)]$ et f est continue sur l'intervalle $[a\ ;\ b]$.
x_1, x_2 et x_3 sont les solutions de l'équation $f(x) = k$ dans l'intervalle $[a\ ;\ b]$.

Attention : il est indispensable que la fonction f soit continue sur l'intervalle $[a\ ;\ b]$ pour utiliser le théorème des valeurs intermédiaires sur cet intervalle.

corollaire admis

Soit f une fonction **continue** et **strictement monotone** sur un intervalle $[a\ ;\ b]$. Alors, pour tout réel k compris entre $f(a)$ et $f(b)$, il existe un **unique** réel c de l'intervalle $[a\ ;\ b]$ tel que $f(c) = k$.

Les flèches des tableaux de variations indiquent la **continuité** et la **stricte monotonie** de la fonction sur l'intervalle considéré.

Lorsqu'une fonction f admet l'un des tableaux de variations suivants :

x	a	c	b
Variations de f	$f(a)$ ↗	k	↗ $f(b)$

x	a	c	b
Variations de f	$f(a)$ ↘	k	↘ $f(b)$

Alors l'équation $f(x) = k$ a une unique solution c dans l'intervalle $[a\ ;\ b]$.
On peut alors utiliser le tableau de valeurs de la fonction sur la calculatrice pour encadrer c ou en donner une valeur approchée.

On admet que ces théorèmes restent vrais lorsque l'intervalle d'étude n'est pas fermé et lorsqu'au moins une de ses bornes est infinie.

Exemple

La fonction racine carrée est continue et strictement croissante sur $[1\ ;\ 5]$.
$2 \in [f(1)\ ;\ f(5)]$, donc l'équation $\sqrt{x} = 2$ admet une unique solution sur $[1\ ;\ 5]$.
Cette solution est 4.

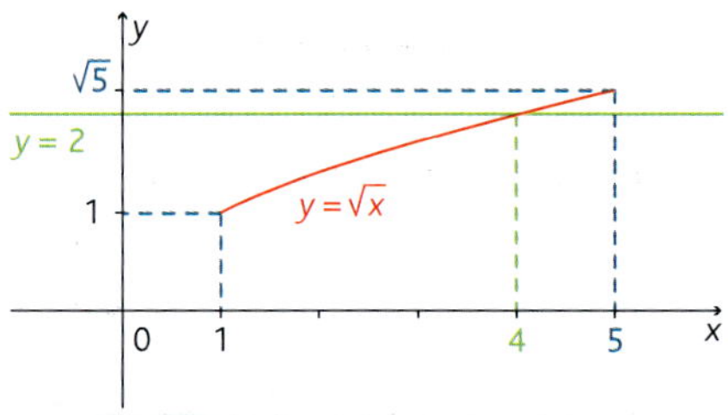

Déterminer si une équation a une solution dans un intervalle donné

→ Exercices 84 et 86

L'équation $\dfrac{x+6}{x^2+1}=2$ admet-elle une (ou des) solution(s) dans l'intervalle $[1\ ;\ 4]$?

solution

Notons f la fonction définie sur $\mathbb{R}$ par $f(x)=\dfrac{x+6}{x^2+1}$.

f est une fonction rationnelle, donc f est continue sur $\mathbb{R}$.

$f(1)=\dfrac{1+6}{1^2+1}=\dfrac{7}{2}$ et $f(4)=\dfrac{4+6}{4^2+1}=\dfrac{10}{17}$. Donc $2\in[f(4)\ ;f(1)]$.

> **AIDE**
> Repérer quels nombres représentent les nombres *a* et *b* du théorème des valeurs intermédiaires et calculer leurs images par la fonction *f*.

Par conséquent, d'après le théorème des valeurs intermédiaires, l'équation $f(x)=2$ admet au moins une solution dans l'intervalle $[1\ ;\ 4]$.

TICE Démontrer qu'une équation a une solution unique

→ Exercice 92

1. **Démontrer que l'équation $x^3+5=0$ admet une unique solution dans l'intervalle $[-2\ ;\ 1]$.**
2. **Déterminer une valeur approchée de cette solution à 0,1 près à l'aide de la calculatrice.**
3. **Vérifier avec un logiciel de calcul formel.**

solution

1. Notons f la fonction définie sur $\mathbb{R}$ par $f(x)=x^3+5$. On cherche alors à résoudre l'équation $f(x)=0$.
La fonction f est une fonction polynôme, donc **continue** sur $\mathbb{R}$ et dérivable sur $\mathbb{R}$.
Pour tout réel x, $f'(x)=3x^2$. Ainsi f' est positive sur $\mathbb{R}$ et puisque f' s'annule seulement en 0, f est **strictement croissante** sur $\mathbb{R}$.
$f(-2)=(-2)^3+5=-8+5=-3$ et $f(1)=1^3+5=1+5=6$.
D'où $0\in[f(-2)\ ;f(1)]$.
Donc d'après le théorème des valeurs intermédiaires appliqué aux fonctions strictement monotones, l'équation $f(x)=0$ admet une unique solution dans l'intervalle $[-2\ ;\ 1]$.
2. On peut tracer la courbe représentative de f sur l'intervalle $[-2\ ;\ 1]$ et demander le tableau de valeurs de la fonction f.
On obtient :

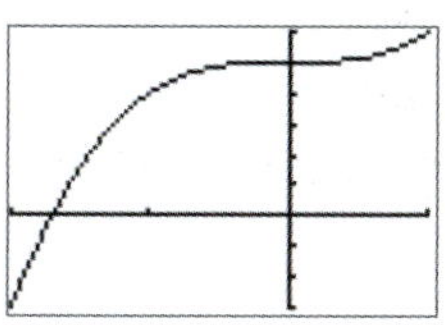

avec la fenêtre :

```
FENETRE
Xmin=-2
Xmax=1
Xgrad=1
Ymin=-3
Ymax=6
Ygrad=1
Xres=1
```

Donc la solution est entre -2 et -1.

Puis :

X	Y3
-2	-3
-1.9	-1.859
-1.8	-.832
-1.7	.087
-1.6	.904
-1.5	1.625
-1.4	2.256

X=-2

Donc la solution est entre $-1{,}8$ et $-1{,}7$.

Et :

X	Y3
-1.74	-.268
-1.73	-.1777
-1.72	-.0884
-1.71	-2E-4
-1.7	.087
-1.69	.17319
[illegible]	.25837

Donc la solution est entre $-1{,}71$ et $-1{,}7$.

Ainsi, une valeur approchée à 0,1 près de la solution de $x^3+5=0$ est $-1{,}7$.

3. On obtient : solve$(x^3+5=0,x)$ $x=-1.70998$

7. Calculs de dérivées

7.1 Dérivée de la fonction $x \mapsto \sqrt{u(x)}$

Rappel
la fonction $x \mapsto \sqrt{x}$ est définie sur $[0 ; +\infty[$, mais elle est dérivable sur $]0 ; +\infty[$.

définition

Soit u une fonction définie et dérivable sur un intervalle I.
Alors la fonction $f : x \mapsto \sqrt{u(x)}$ est dérivable sur tout intervalle J inclus dans I tel que, pour tout x de J, $u(x) > 0$. On a alors, pour tout x de J, $f'(x) = \dfrac{u'(x)}{2\sqrt{u(x)}}$.

Exemple : la fonction $u : x \mapsto -3x + 2$ est une fonction affine, donc dérivable sur $\mathbb{R}$ et pour tout réel x, $u'(x) = -3$. De plus, $u(x) > 0$ lorsque $x \in \left]-\infty ; \frac{2}{3}\right[$. Donc la fonction f définie sur $\left]-\infty ; \frac{2}{3}\right]$ par $f(x) = \sqrt{-3x+2}$ est dérivable sur $\left]-\infty ; \frac{2}{3}\right[$ et pour tout $x \in \left]-\infty ; \frac{2}{3}\right[$, $f'(x) = \dfrac{-3}{2\sqrt{-3x+2}}$.

7.2 Dérivée de $x \mapsto (u(x))^n$ pour n entier relatif non nul

définition

Soit u une fonction définie et dérivable sur un intervalle I.
Alors la fonction $f : x \mapsto (u(x))^n$ (où n est un entier relatif non nul) est dérivable :
- sur I, si $n > 0$;
- sur tout intervalle J inclus dans I tel que, pour tout x de J, $u(x) \neq 0$ si $n < 0$.

Et pour tout x de l'ensemble de dérivabilité de f, $f'(x) = n \times u'(x) \times (u(x))^{n-1}$.

Exemple : avec la même fonction u que dans l'exemple précédent, la fonction g définie sur $\mathbb{R}$ par $g(x) = (-3x+2)^5$ est dérivable sur $\mathbb{R}$ et pour tout réel x :

$$g'(x) = 5 \times (-3) \times (-3x+2)^4 = -15(-3x+2)^4.$$

7.3 Dérivée de la fonction $x \mapsto f(ax + b)$

définition

Soit f une fonction dérivable sur un intervalle I et soit a et b deux nombres réels.
Alors la fonction $g : x \mapsto f(ax+b)$ est dérivable sur tout intervalle J tel que, pour tout x de J, $ax + b \in I$.
On a alors pour tout x de J, $g'(x) = a \times f'(ax+b)$.

Ici, f est la fonction inverse, elle est donc dérivable sur $\mathbb{R}^*$ et pour tout réel x non nul :
$f'(x) = -\dfrac{1}{x^2}$.

Exemple : la fonction g définie sur $\mathbb{R} \setminus \left\{\frac{5}{3}\right\}$ par $g(x) = \dfrac{1}{3x-5}$ est dérivable sur $\mathbb{R} \setminus \left\{\frac{5}{3}\right\}$ et pour tout x de $\mathbb{R} \setminus \left\{\frac{5}{3}\right\}$, $g'(x) = \dfrac{-3}{(3x-5)^2}$.

7.4 Généralisation

De façon générale, on peut observer que :
Si u est une fonction définie et dérivable sur un intervalle I et à valeurs dans un intervalle J,
si f est une fonction dérivable sur J,
alors la fonction g définie par $g(x) = f(u(x))$ est dérivable sur I et, pour tout x de I, $g'(x) = u'(x) \times f'(u(x))$.

$$\underset{g = f \circ u}{I \to J \to \mathbb{R}} \qquad x \overset{u}{\mapsto} u(x) \overset{f}{\mapsto} f(u(x))$$

Déterminer la dérivée d'une fonction de la forme $\sqrt{u}$

→ Exercice 98

Déterminer l'ensemble de dérivabilité et l'expression de la fonction dérivée de la fonction f définie sur $\mathbb{R}$ par $f(x) = \sqrt{x^2 + x + 1}$.

solution

$u : x \mapsto x^2 + x + 1$ est dérivable sur $\mathbb{R}$ et pour tout réel x, $u'(x) = 2x + 1$.

Pour savoir si u s'annule sur $\mathbb{R}$, on calcule son discriminant : $\Delta = 1 - 4 \times 1 = -3$. $\Delta < 0$, donc pour tout réel x, $u(x) > 0$. D'où f est dérivable sur $\mathbb{R}$ et pour tout réel x, $f'(x) = \dfrac{u'(x)}{2\sqrt{u(x)}} = \dfrac{2x+1}{2\sqrt{x^2+x+1}}$.

Étudier une fonction de la forme $\sqrt{u}$

→ Exercice 102

On considère la fonction f définie sur $]0\,;+\infty[$ par $f(x) = \sqrt{\dfrac{1}{x}}$.

1. **Donner les limites de f en 0 et en $+\infty$.**
2. **Déterminer l'ensemble de dérivabilité et l'expression de la fonction dérivée de f.**
3. **En déduire le tableau de variations de f.**

solution

1. • $\lim\limits_{\substack{x \to 0 \\ x>0}} \left(\dfrac{1}{x}\right) = +\infty$ et $\lim\limits_{x \to +\infty} (\sqrt{x}) = +\infty$, donc $\lim\limits_{\substack{x \to 0 \\ x>0}} (f(x)) = +\infty$.

   • $\lim\limits_{x \to +\infty} \left(\dfrac{1}{x}\right) = 0^+$ et $\lim\limits_{\substack{x \to 0 \\ x>0}} (\sqrt{x}) = 0$ donc $\lim\limits_{x \to +\infty} (f(x)) = 0$.

2. $u : x \mapsto \dfrac{1}{x}$ est dérivable sur $]0\,;+\infty[$ et pour tout réel $x > 0$, $u'(x) = -\dfrac{1}{x^2}$. $u(x) > 0$ lorsque $x > 0$.

   Donc f est dérivable sur $]0\,;+\infty[$ et pour tout $x > 0$, $f'(x) = \dfrac{u'(x)}{2\sqrt{u(x)}} = \dfrac{-\dfrac{1}{x^2}}{2\sqrt{\dfrac{1}{x}}} = -\dfrac{\sqrt{x}}{2x^2}$.

3. Pour tout réel $x > 0$, $\sqrt{x} > 0$ et $x^2 > 0$, d'où $f'(x) < 0$

x	0	$+\infty$
$f'(x)$	‖	$-$
$f(x)$	‖ $+\infty$	↘ 0

Déterminer la dérivée d'une fonction de la forme u^n

→ Exercice 99

Déterminer la fonction dérivée des fonctions $f_1 : x \mapsto (5x^2 - 3x + 2)^5$ et $f_2 : x \mapsto \left(\dfrac{1}{4x-7}\right)^3$.

solution

- Pour tout réel x, $f_1(x) = (u_1(x))^5$ où u_1 est la fonction définie sur $\mathbb{R}$ par $u_1(x) = 5x^2 - 3x + 2$.
  u_1 est dérivable sur $\mathbb{R}$ et, pour tout réel x, $u_1'(x) = 10x - 3$. Donc f_1 est dérivable sur $\mathbb{R}$ et, pour tout réel x, $f_1'(x) = 5u_1'(x) \times (u_1(x))^4 = 5(10x-3)(5x^2 - 3x + 2)^4$.
- Pour tout réel x, $f_2(x) = (u_2(x))^3$ où u_2 est la fonction définie sur $\mathbb{R} \setminus \left\{\dfrac{7}{4}\right\}$ par $u_2(x) = \dfrac{1}{4x-7}$.
  u_2 est dérivable sur $\mathbb{R} \setminus \left\{\dfrac{7}{4}\right\}$ et pour tout réel x de $\mathbb{R} \setminus \left\{\dfrac{7}{4}\right\}$, $u_2'(x) = -\dfrac{4}{(4x-7)^2}$. Donc f_2 est dérivable sur $\mathbb{R} \setminus \left\{\dfrac{7}{4}\right\}$ et pour tout x de $\mathbb{R} \setminus \left\{\dfrac{7}{4}\right\}$, $f_2'(x) = 3u_2'(x) \times (u_2(x))^2 = 3\left(-\dfrac{4}{(4x-7)^2}\right)\left(\dfrac{1}{4x-7}\right)^2 = -\dfrac{12}{(4x-7)^4}$.

COURS

8. Fonctions trigonométriques : cosinus et sinus

f est dite **paire** lorsque pour tout réel *x* de son ensemble de définition *D* :
- $(-x) \in D$;

et
- $f(-x) = f(x)$.

f est dite **impaire** lorsque pour tout réel *x* de son ensemble de définition *D* :
- $(-x) \in D$;

et
- $f(-x) = -f(x)$.

rappel

Soit x un réel et M le point associé sur le cercle trigonométrique. Dans le repère orthonormal $(O\,;\vec{i},\vec{j})$:
- le **cosinus de x**, noté **$\cos x$**, est l'abscisse du point M ;
- le **sinus de x**, noté **$\sin x$**, est l'ordonnée du point M.

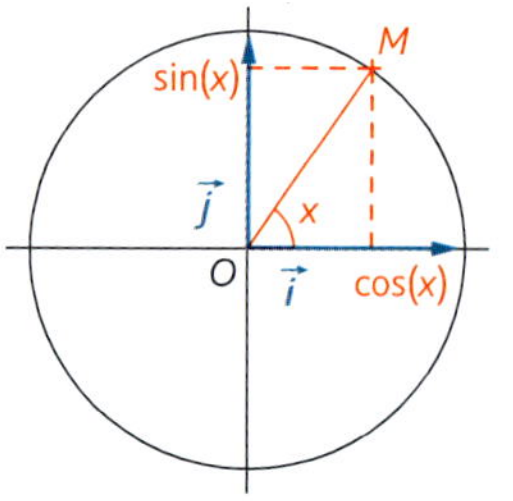

Remarque : les fonctions cosinus ($x \mapsto \cos(x)$) et sinus ($x \mapsto \sin(x)$) sont définies sur $\mathbb{R}$.

propriétés

- Pour tout réel x, $\cos(-x) = \cos(x)$. La fonction cosinus est une fonction **paire**.
- Pour tout réel x, $\sin(-x) = -\sin(x)$. La fonction sinus est une fonction **impaire**.

Conséquence graphique : la courbe représentative de la fonction cosinus est symétrique par rapport à l'axe des ordonnées.

Celle de la fonction sinus est symétrique par rapport à l'origine du repère.

Soit *f* une fonction définie sur $\mathbb{R}$ et *T* un réel. La fonction *f* est **périodique** de période *T* lorsque pour tout réel *x* :
$f(x) = f(x + T)$.

propriété

Pour tout réel x, $\cos(x) = \cos(x + 2\pi)$ et $\sin(x) = \sin(x + 2\pi)$.

On dit que les fonctions cosinus et sinus sont **périodiques de période 2π** (ou 2π-périodiques).

Ces deux propriétés nous permettent de réduire l'intervalle d'étude des fonctions cosinus et sinus à $[0\,;\pi]$. En effet, par parité, on en déduit les résultats sur $[-\pi\,;0]$, puis lorsque ces fonctions sont connues sur $[-\pi\,;\pi]$, on utilise la périodicité pour obtenir ces résultats sur $\mathbb{R}$.

Tableaux de variations des fonctions cosinus et sinus sur $[0\,;\pi]$

x	0		π
$\cos(x)$	1	↘	-1

x	0		$\frac{\pi}{2}$		π
$\sin(x)$	0	↗	1	↘	0

Ces courbes sont appelées des **sinusoïdes.**

propriété

Les fonctions cosinus et sinus sont continues et dérivables sur $\mathbb{R}$.

La dérivée de la fonction (sin) est la fonction (cos) et la dérivée de la fonction (cos) est la fonction (− sin).

Représentations graphiques

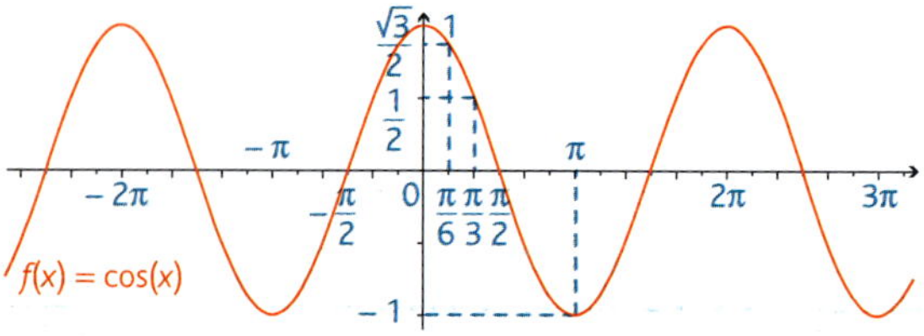

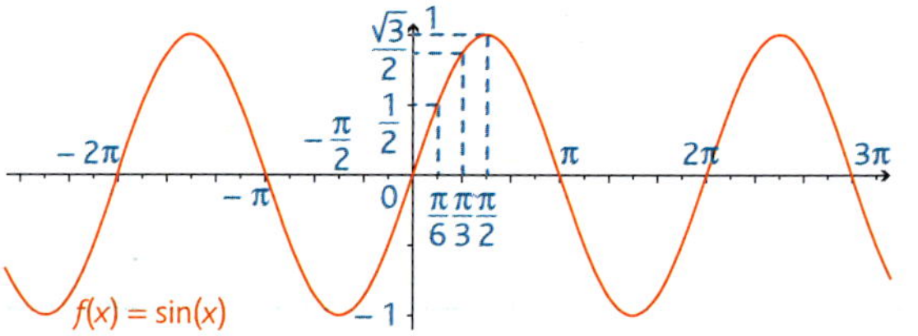

■ Étudier une fonction trigonométrique

→ Exercices 106 et 107

On considère la fonction f définie sur $\mathbb{R}$ par $f(x) = \cos(2x) - 1$.

1. **Étudier la parité de f.**
2. **Démontrer que f est périodique de période π.**
3. **Étudier les variations de f sur l'intervalle $\left[0\ ;\ \frac{\pi}{2}\right]$.**
4. **Déduire des questions précédentes la représentation graphique de la fonction f.**

→ solution

1. **Étude de la parité de f**

Pour tout réel x, $f(-x) = \cos(-2x) - 1$.

Donc, puisque la fonction cosinus est paire, pour tout réel x, $f(-x) = \cos(2x) - 1 = f(x)$.

Ainsi, f est paire.

2. **Étude de la périodicité de f**

Pour tout réel x, $f(x + \pi) = \cos(2(x + \pi)) - 1 = \cos(2x + 2\pi) - 1$.

Or la fonction cosinus est 2π – périodique, donc pour tout réel x, $\cos(2x + 2\pi) = \cos(2x)$.

D'où pour tout réel x, $f(x + \pi) = f(x)$.

On en déduit que f est périodique de période π.

3. **Étude des variations de f**

Pour cela, étudions la dérivabilité de f.

La fonction $x \mapsto 2x$ est une fonction affine, donc dérivable sur $\mathbb{R}$.

Ainsi, la fonction $x \mapsto \cos(2x)$ est dérivable sur $\mathbb{R}$ (voir paragraphe 7.3 du cours).

Par conséquent, f est dérivable sur $\mathbb{R}$ et pour tout réel x, $f'(x) = -2\sin(2x)$.

Si $x \in \left[0\ ;\ \frac{\pi}{2}\right]$, alors $2x \in [0\ ;\ \pi]$, donc $\sin(2x) \geqslant 0$, d'où $f'(x) \leqslant 0$.

Par suite, f est décroissante sur $\left[0\ ;\ \frac{\pi}{2}\right]$.

4. **Tableau de valeurs**

x	0	$\frac{\pi}{6}$	$\frac{\pi}{4}$	$\frac{\pi}{3}$	$\frac{\pi}{2}$
$f(x)$	0	$-\frac{1}{2}$	-1	$-\frac{3}{2}$	-2

On peut ainsi construire la courbe représentant f sur $\left[0\ ;\ \frac{\pi}{2}\right]$, puis f étant paire, par symétrie par rapport à l'axe des ordonnées, on construit la courbe sur $\left[-\frac{\pi}{2}\ ;\ 0\right]$.

Enfin, on utilise la périodicité de f pour tracer le reste de la courbe (en appliquant des translations de vecteur $k\pi\vec{i}$, où k est un entier relatif).

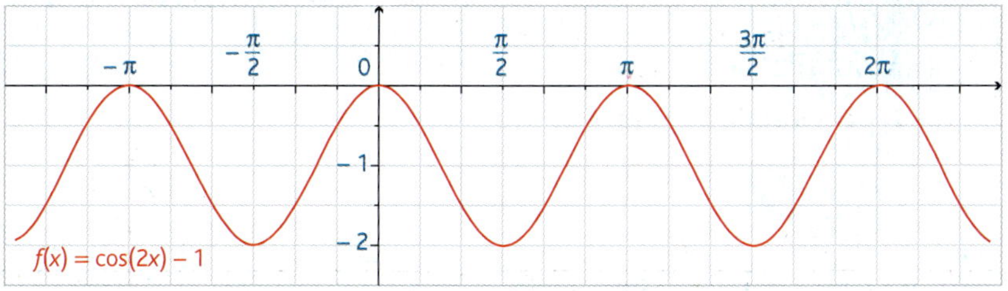

Exercice résolu 1 • Déterminer les limites d'une fonction polynôme

énoncé **On considère la fonction f définie sur $\mathbb{R}$ par $f(x) = 5x^3 - 3x^2 + 2x + 1$.**

1. **Est-il possible de déterminer la limite de la fonction f en $-\infty$ en utilisant l'expression de f donnée par l'énoncé ? Si oui, la donner en justifiant.**

2. **Même question en $+\infty$.**

3. a. **Démontrer que, pour tout réel $x \neq 0$, $f(x) = 5x^3\left(1 - \frac{3}{5x} + \frac{2}{5x^2} + \frac{1}{5x^3}\right)$.**

   b. **Déterminer les limites en $+\infty$ de $-\frac{3}{5x}$, de $\frac{2}{5x^2}$, de $\frac{1}{5x^3}$ et de $5x^3$.**

   c. **En déduire la limite de f en $+\infty$.**

solution

1. $\lim\limits_{x \to -\infty} (5x^3) = -\infty$; $\lim\limits_{x \to -\infty} (-3x^2) = -\infty$; $\lim\limits_{x \to -\infty} (2x) = -\infty$ et $\lim\limits_{x \to -\infty} (1) = 1$.
Donc d'après la propriété sur les limites de sommes, $\lim\limits_{x \to -\infty} (f(x)) = -\infty$.

2. $\lim\limits_{x \to +\infty} (5x^3) = +\infty$ et $\lim\limits_{x \to +\infty} (-3x^2) = -\infty$. Par conséquent, on obtient une forme indéterminée.
On ne peut pas trouver la limite de f en $+\infty$ avec cette expression.

3. a. Pour tout réel $x \neq 0$:
$$5x^3\left(1 - \frac{3}{5x} + \frac{2}{5x^2} + \frac{1}{5x^3}\right) = 5x^3 \times 1 - 5x^3 \times \frac{3}{5x} + 5x^3 \times \frac{2}{5x^2} + 5x^3 \times \frac{1}{5x^3}$$
donc $5x^3\left(1 - \frac{3}{5x} + \frac{2}{5x^2} + \frac{1}{5x^3}\right) = 5x^3 - 3x^2 + 2x + 1 = f(x)$.

   b. $\lim\limits_{x \to +\infty} \left(-\frac{3}{5x}\right) = 0$; $\lim\limits_{x \to +\infty} \left(\frac{2}{5x^2}\right) = 0$ et $\lim\limits_{x \to +\infty} \left(\frac{1}{5x^3}\right) = 0$. Donc d'après la propriété sur les limites de sommes, $\lim\limits_{x \to +\infty} \left(1 - \frac{3}{5x} + \frac{2}{5x^2} + \frac{1}{5x^3}\right) = 1$.
De plus, $\lim\limits_{x \to +\infty} (5x^3) = +\infty$.

   c. D'après la propriété sur les limites de produits, on obtient :
$$\lim_{x \to +\infty} (f(x)) = +\infty.$$

Remarque
Pour que les quotients utilisés à la question 3. a. existent, il est indispensable que x soit non nul. Mais, il est inutile d'étudier le cas où $x = 0$ puisqu'on cherche des limites en l'infini.

Remarque
La limite d'une fonction polynôme en $+\infty$ (resp. en $-\infty$) est égale à la limite en $+\infty$ (resp. en $-\infty$) de son terme de plus haut degré.

Entraînez-vous

1. On considère la fonction f définie sur $\mathbb{R}$ par $f(x) = x^4 + 3x^3 - 5$.
   1. Déterminer la limite de la fonction f en $+\infty$.
   2. a. Démontrer que, pour tout réel $x \neq 0$, $f(x) = x^4\left(1 + \frac{3}{x} - \frac{5}{x^4}\right)$.
      b. En déduire la limite de la fonction f en $-\infty$.
2. On considère la fonction f définie sur $\mathbb{R}$ par $f(x) = -x^5 + 2x^2 + x - 3$.
Déterminer les limites de f en $+\infty$ et en $-\infty$.

→ On trouve

1. 1. $\lim\limits_{x \to +\infty} (f(x)) = +\infty$.
   2. b. $\lim\limits_{x \to -\infty} (f(x)) = +\infty$.

2. Mettre $-x^5$ (qui est le terme de plus haut degré) en facteur.
$\lim\limits_{x \to +\infty} (f(x)) = -\infty$; $\lim\limits_{x \to -\infty} (f(x)) = +\infty$.

Exercice résolu 2 • Déterminer les limites d'une fonction rationnelle

énoncé **On considère la fonction f définie sur $\mathbb{R}$ par $f(x) = \frac{2x^2 - x + 1}{3x^2 + 5}$.**

1. **Est-il possible de déterminer la limite de f en $+\infty$ sans transformer l'expression de l'énoncé ?**

2. a. **Démontrer que, pour tout réel $x \neq 0$, $f(x) = \frac{2}{3} \times \frac{1 - \frac{1}{2x} + \frac{1}{2x^2}}{1 + \frac{5}{3x^2}}$.**

   b. **Déterminer les limites en $+\infty$ de $-\frac{1}{2x}$, de $\frac{1}{2x^2}$ et de $\frac{5}{3x^2}$, puis en déduire la limite de f en $+\infty$.**

solution

1. Avec la méthode vue dans l'**exercice résolu 1**, on trouve :

$$\lim_{x \to +\infty} (2x^2 - x + 1) = +\infty \quad \text{et} \quad \lim_{x \to +\infty} (3x^2 + 5) = +\infty.$$

Par conséquent, on obtient une forme indéterminée.

On ne peut pas trouver la limite de f en $+\infty$ avec cette expression.

2. a. Pour tout réel $x \neq 0$:

$$\frac{2}{3} \times \frac{1 - \frac{1}{2x} + \frac{1}{2x^2}}{1 + \frac{5}{3x^2}} = \frac{2 \times 1 - 2 \times \frac{1}{2x} + 2 \times \frac{1}{2x^2}}{3 \times 1 + 3 \times \frac{5}{3x^2}} = \frac{2 - \frac{1}{x} + \frac{1}{x^2}}{3 + \frac{5}{x^2}}.$$

En mettant les fractions du numérateur au même dénominateur et en procédant de même pour le dénominateur, on obtient :

$$\frac{2}{3} \times \frac{1 - \frac{1}{2x} + \frac{1}{2x^2}}{1 + \frac{5}{3x^2}} = \frac{\frac{2x^2 - x + 1}{x^2}}{\frac{3x^2 + 5}{x^2}} = \frac{2x^2 - x + 1}{3x^2 + 5} = f(x).$$

b. $\lim_{x \to +\infty} \left(-\frac{1}{2x}\right) = 0$; $\lim_{x \to +\infty} \left(\frac{1}{2x^2}\right) = 0$ et $\lim_{x \to +\infty} \left(\frac{5}{3x^2}\right) = 0$.

D'après les propriétés sur la limite d'une somme, on a :

$$\lim_{x \to +\infty} \left(1 - \frac{1}{2x} + \frac{1}{2x^2}\right) = 1 \quad \text{et} \quad \lim_{x \to +\infty} \left(1 + \frac{5}{3x^2}\right) = 1.$$

D'où, d'après les propriétés sur la limite d'un quotient :

$$\lim_{x \to +\infty} \left(\frac{1 - \frac{1}{2x} + \frac{1}{2x^2}}{1 + \frac{5}{3x^2}} \right) = 1. \text{ Or } \lim_{x \to +\infty} \left(\frac{2}{3}\right) = \frac{2}{3}.$$

Ainsi, d'après les propriétés sur la limite d'un produit, $\lim_{x \to +\infty} (f(x)) = \frac{2}{3}$.

MÉTHODE
Pour obtenir la forme proposée à la question 2. a., on peut mettre en facteur le terme de plus haut degré au numérateur et au dénominateur.

REMARQUE
La limite d'une fonction rationnelle en $+\infty$ (resp. en $-\infty$) est égale à la limite en $+\infty$ (resp. en $-\infty$) du quotient du terme de plus haut degré du numérateur par celui du dénominateur.

Entraînez-vous

On considère la fonction f définie sur $\mathbb{R}$ par $f(x) = \frac{3x - 5}{x^4 + 2x^2 + 4}$.

1. Démontrer que, pour tout réel $x \neq 0$, $f(x) = \frac{3}{x^3} \left(\frac{1 - \frac{5}{3x}}{1 + \frac{2}{x^2} + \frac{4}{x^4}} \right)$.
2. En déduire la limite de la fonction f en $-\infty$.

→ On trouve

2. $\lim_{x \to -\infty} (f(x)) = 0$.

Exercice résolu 3 • Déterminer des limites en levant des indéterminations

énoncé **Déterminer les limites des fonctions suivantes en $+\infty$:**

1. **f définie sur $\mathbb{R}$ par $f(x) = \sqrt{x^2 + 2x + 3} - x$;**
2. **g définie sur $\mathbb{R}$ par $g(x) = \dfrac{10 - x}{5 - \cos(x)}$.**

Remarque
Les fonctions f et g sont définies sur $\mathbb{R}$ car :
• le discriminant de $x^2 + 2x + 3$ est strictement négatif, donc pour tout réel x, $x^2 + 2x + 3 > 0$;
• pour tout réel x, $\cos(x) \leqslant 1$, donc $5 - \cos(x) \geqslant 4 > 0$.

solution

1. $\lim\limits_{x \to +\infty} (x^2) = +\infty$ et $\lim\limits_{x \to +\infty} (2x) = +\infty$, donc d'après la propriété sur les limites d'une somme et d'une fonction composée, $\lim\limits_{x \to +\infty} (\sqrt{x^2 + 2x + 3}) = +\infty$.
Mais $\lim\limits_{x \to +\infty} (-x) = -\infty$.
On obtient donc une forme indéterminée.
Pour lever l'indétermination, on multiplie et on divise $f(x)$ par son expression conjuguée. Pour tout réel x :
$$f(x) = \frac{(\sqrt{x^2 + 2x + 3} - x) \times (\sqrt{x^2 + 2x + 3} + x)}{\sqrt{x^2 + 2x + 3} + x}$$
$$f(x) = \frac{(\sqrt{x^2 + 2x + 3})^2 - x^2}{\sqrt{x^2 + 2x + 3} + x} = \frac{x^2 + 2x + 3 - x^2}{\sqrt{x^2 + 2x + 3} + x} = \frac{2x + 3}{\sqrt{x^2 + 2x + 3} + x}.$$
On obtient encore une forme indéterminée. On poursuit donc en mettant x en facteur au numérateur et au dénominateur.
Pour tout réel $x > 0$:
$$f(x) = \frac{x\left(2 + \frac{3}{x}\right)}{x\left(\frac{\sqrt{x^2 + 2x + 3}}{x} + 1\right)} = \frac{2 + \frac{3}{x}}{\sqrt{\frac{x^2 + 2x + 3}{x^2}} + 1} = \frac{2 + \frac{3}{x}}{\sqrt{1 + \frac{2}{x} + \frac{3}{x^2}} + 1}.$$
$\lim\limits_{x \to +\infty} \left(2 + \frac{3}{x}\right) = 2$ et $\lim\limits_{x \to +\infty} \left(\sqrt{1 + \frac{2}{x} + \frac{3}{x^2}} + 1\right) = 2$; donc, d'après les propriétés sur la limite d'un quotient, $\lim\limits_{x \to +\infty} f(x) = 1$.

Rappel
Si a et b sont deux réels avec $a > 0$, l'expression conjuguée de $\sqrt{a} - b$ est $\sqrt{a} + b$. On a alors :
$\sqrt{a} - b = \dfrac{(\sqrt{a} - b) \times (\sqrt{a} + b)}{\sqrt{a} + b} = \dfrac{a - b^2}{\sqrt{a} + b}$.

Remarque
Lorsque $x > 0$, $\dfrac{1}{x} = \sqrt{\dfrac{1}{x^2}}$.

2. La fonction cosinus n'a pas de limite en $+\infty$. On sait que pour tout réel x :
$-1 \leqslant \cos(x) \leqslant 1$, donc $4 \leqslant 5 - \cos(x) \leqslant 6$; d'où $\dfrac{1}{6} \leqslant \dfrac{1}{5 - \cos(x)} \leqslant \dfrac{1}{4}$.
De plus, pour tout $x > 10$, $10 - x < 0$. D'où $\dfrac{10 - x}{4} \leqslant \dfrac{10 - x}{5 - \cos(x)} \leqslant \dfrac{10 - x}{6}$,
donc $g(x) \leqslant \dfrac{10 - x}{6}$. Or $\lim\limits_{x \to +\infty} \left(\dfrac{10 - x}{6}\right) = -\infty$.
Ainsi, d'après le théorème de comparaison, $\lim\limits_{x \to +\infty} (g(x)) = -\infty$.

Entraînez-vous

Déterminer les limites en $-\infty$ des fonctions f et g définies sur $\mathbb{R}$:
$$f : x \mapsto \sqrt{4x^2 - x + 3} + 2x \quad \text{et} \quad g : x \mapsto \frac{3 - x}{\sin(x) + 2}.$$

→ On trouve
$\lim\limits_{x \to -\infty} (f(x)) = \dfrac{1}{4}$ et $\lim\limits_{x \to -\infty} (g(x)) = +\infty$.
Aide : Si $x < 0$, alors $\sqrt{x^2} = -x$.

Exercice résolu 4 • Calculer des dérivées

énoncé **Donner l'ensemble de dérivabilité de chacune des fonctions suivantes et calculer l'expression de sa fonction dérivée :**

1. $f : x \mapsto \sqrt{x^2 + 3x - 10}$; **2.** $g : x \mapsto -3\cos(5x + 2)$.

solution

1. Étudions le signe de $x^2 + 3x - 10$. Pour cela, calculons son discriminant Δ :
$\Delta = 3^2 - 4 \times (-10) = 9 + 40 = 49$. $\Delta > 0$, donc le polynôme $x^2 + 3x - 10$ a deux racines distinctes : $x_1 = \frac{-3-7}{2} = -5$ et $x_2 = \frac{-3+7}{2} = 2$.
On obtient alors le tableau de signes suivant :

x	$-\infty$		-5		2		$+\infty$
Signe de $x^2 + 3x - 10$		$+$	0	$-$	0	$+$	

Donc l'ensemble de définition de f est $]-\infty\,;-5] \cup [2\,;+\infty[$.
La fonction $f = \sqrt{u}$ où $u : x \mapsto x^2 + 3x - 10$ est strictement positive sur $]-\infty\,;-5[\cup]2\,;+\infty[$.
Par conséquent, la fonction f est dérivable sur $]-\infty\,;-5[\cup]2\,;+\infty[$.
Pour tout x de $]-\infty\,;-5[\cup]2\,;+\infty[$, $f'(x) = \frac{u'(x)}{2\sqrt{u(x)}} = \frac{2x+3}{2\sqrt{x^2+3x-10}}$.

Étude de la dérivabilité en (-5)

Pour cela, calculons le taux d'accroissement $t_{-5}(h)$ de f entre $(-5-h)$ et (-5) pour $h > 0$.

$$t_{-5}(h) = \frac{f(-5) - f(-5-h)}{h}$$

$$t_{-5}(h) = \frac{0 - \sqrt{(-5-h)^2 + 3(-5-h) - 10}}{h} = -\frac{\sqrt{h^2+7h}}{h} = -\sqrt{1 + \frac{7}{h}}.$$

Donc $\lim\limits_{\substack{h \to 0 \\ h > 0}} (t_{-5}(h)) = -\infty$, ainsi f n'est pas dérivable en (-5).
On obtient le même résultat pour la racine 2.

2. Pour tout réel x, $g(x) = -3u(ax+b)$ où $a = 5$, $b = 2$ et u est la fonction définie sur $\mathbb{R}$ par $u(x) = \cos(x)$. La fonction u est dérivable sur $\mathbb{R}$.
Donc la fonction g est dérivable sur $\mathbb{R}$.
De plus, pour tout réel x, $u'(x) = -\sin(x)$.
Ainsi, pour tout réel x, $g'(x) = -3 \times a \times u'(ax+b)$
$g'(x) = -3 \times 5(-\sin(5x+2)) = 15\sin(5x+2)$.

Entraînez-vous

Même question pour $f : x \mapsto \left(\frac{1}{9x^2 - 4}\right)^5$.

→ On trouve

Pour tout x de $\mathbb{R} \setminus \left\{-\frac{2}{3}\,;\frac{2}{3}\right\}$, $f'(x) = -\frac{90x}{(9x^2-4)^6}$.

Exercice résolu 5 TICE Étudier la position relative d'une courbe par rapport à son asymptote

énoncé **On considère la fonction f définie sur $D = \mathbb{R}\setminus\{4\}$ par $f(x) = \dfrac{-5x+1}{x-4}$ et on note $\mathscr{C}$ la courbe représentative de la fonction f dans un repère.**

1. **Étudier les limites de la fonction f aux bornes de son ensemble de définition.**
2. **En déduire les équations des asymptotes à la courbe $\mathscr{C}$.**
3. **Étudier la position relative de $\mathscr{C}$ par rapport à son asymptote horizontale.**
4. **Étudier le sens de variation de la fonction f.**
5. **Tracer dans un repère, les asymptotes puis la courbe $\mathscr{C}$.**

solution

1. • Étudions les limites de la fonction f en 4 :

x	$-\infty$	4	$+\infty$
Signe de $x-4$	$-$	0	$+$

$\lim\limits_{x \to 4} (-5x+1) = -5 \times 4 + 1 = -19$ et

Donc $\lim\limits_{\substack{x \to 4 \\ x>4}} (x-4) = 0^+$ et $\lim\limits_{\substack{x \to 4 \\ x<4}} (x-4) = 0^-$. D'après les propriétés sur la limite d'un quotient, $\lim\limits_{\substack{x \to 4 \\ x>4}} (f(x)) = -\infty$ et $\lim\limits_{\substack{x \to 4 \\ x<4}} (f(x)) = +\infty$.

• Étudions les limites de f en $+\infty$ et en $-\infty$: en $-\infty$ et $+\infty$, le numérateur et le dénominateur tendent vers l'infini ; on obtient des formes indéterminées dans les deux cas. On transforme l'expression de f pour trouver ces limites.

Pour tout x non nul de D, $f(x) = \dfrac{-5x+1}{x-4} = \dfrac{-5x\left(1-\frac{1}{5x}\right)}{x\left(1-\frac{4}{x}\right)} = -5 \times \dfrac{1-\frac{1}{5x}}{1-\frac{4}{x}}$.

Or, d'une part, $\lim\limits_{x \to +\infty} \left(-\dfrac{1}{5x}\right) = 0$, donc $\lim\limits_{x \to +\infty} \left(1-\dfrac{1}{5x}\right) = 1$;

d'autre part, $\lim\limits_{x \to +\infty} \left(-\dfrac{4}{x}\right) = 0$, donc $\lim\limits_{x \to +\infty} \left(1-\dfrac{4}{x}\right) = 1$.

Ainsi, d'après la propriété sur la limite d'un quotient, $\lim\limits_{x \to +\infty} \left(\dfrac{1-\frac{1}{5x}}{1-\frac{4}{x}}\right) = 1$.

Par conséquent, d'après la propriété sur la limite d'un produit, $\lim\limits_{x \to +\infty} (f(x)) = -5$.

On obtient de la même façon, $\lim\limits_{x \to -\infty} (f(x)) = -5$.

2. Puisque $\lim\limits_{\substack{x \to 4 \\ x>4}} (f(x)) = -\infty$ (et $\lim\limits_{\substack{x \to 4 \\ x<4}} (f(x)) = +\infty$), la droite d'équation $x = 4$ est asymptote verticale à $\mathscr{C}$.

Puisque $\lim\limits_{x \to +\infty} (f(x)) = -5$ et $\lim\limits_{x \to -\infty} (f(x)) = -5$, la droite d'équation $y = -5$ est asymptote horizontale à $\mathscr{C}$ en $+\infty$ et en $-\infty$.

> **Remarque**
> Pour démontrer que la droite d'équation $x = 4$ est asymptote verticale à $\mathscr{C}$, il suffit de démontrer que la limite à droite ou la limite à gauche de f en 4 est $+\infty$ ou $-\infty$.

3. Pour étudier la position relative de $\mathscr{C}$ par rapport à la droite (d) d'équation $y = -5$, étudions le signe de la différence entre $f(x)$ et (-5).

Pour tout x de D, $f(x) - (-5) = \dfrac{-5x+1}{x-4} + 5 = \dfrac{-5x+1+5x-20}{x-4} = \dfrac{-19}{x-4}$.

Si $x < 4$, alors $x - 4 < 0$, donc $f(x) - (-5) > 0$; la courbe $\mathscr{C}$ est au-dessus de la droite (d) sur l'intervalle $]-\infty\,;\,4[$.

Si $x > 4$, alors $x - 4 > 0$, donc $f(x) - (-5) < 0$; la courbe $\mathscr{C}$ est au-dessous de la droite (d) sur l'intervalle $]4\,;+\infty[$.

4. Pour étudier les variations de la fonction f, étudions le signe de sa dérivée.
f est une fonction rationnelle, donc dérivable sur son ensemble de définition D.
$f = \dfrac{u}{v}$ où u et v sont les fonctions définies sur D par :
$$u(x) = -5x + 1 \quad \text{et} \quad v(x) = x - 4.$$
Les fonctions u et v sont affines, donc dérivables sur D et pour tout x de D : $u'(x) = -5$ et $v'(x) = 1$.
$f' = \dfrac{u'v - uv'}{v^2}$; donc, pour tout x de D :
$$f'(x) = \frac{-5(x-4) - (-5x+1) \times 1}{(x-4)^2} = \frac{19}{(x-4)^2}.$$
Pour tout x de D, $f'(x) > 0$, donc f est croissante sur $]-\infty\,;4[$ et sur $]4\,;+\infty[$.

Aide
Calcul de la dérivée avec un logiciel de calcul formel

```
f:=(-5*x+1)/(x-4)
                 -5·x+1
                 x-4
factor(simplify(diff(f)))
                 19
                 (x-4)^2
```

5. On obtient le tracé ci-contre :

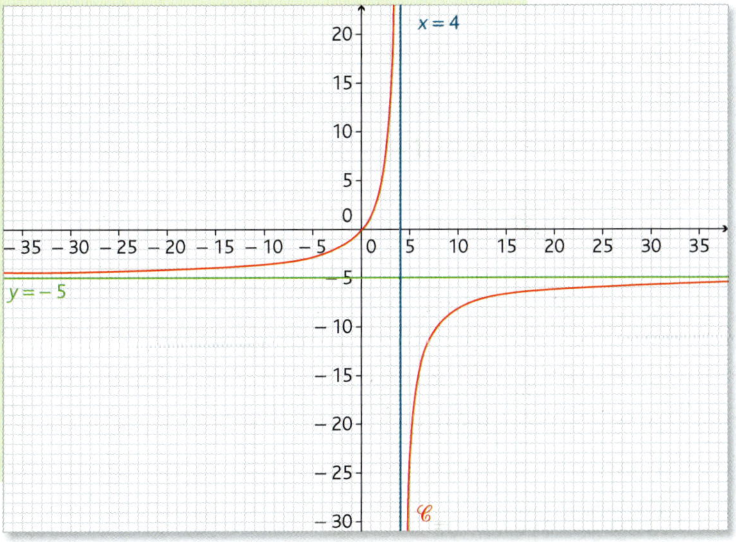

Entraînez-vous

Mêmes questions avec la fonction f définie sur $\mathbb{R}^*$ par $f(x) = \dfrac{3x^2+1}{4x^2}$.

→ On trouve

Pour tout x de $\mathbb{R}^*$, $f'(x) = -\dfrac{1}{2x^3}$.

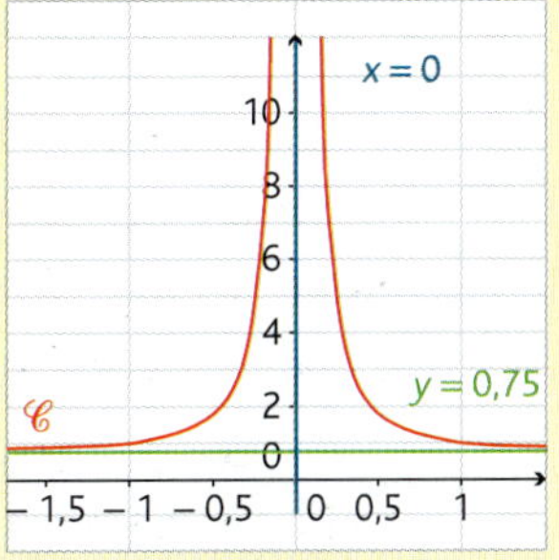

Exercice résolu 6 • Étudier la continuité et la dérivabilité d'une fonction

énoncé **On considère la fonction f définie sur $[0\,;+\infty[$ par $f(x) = x\sqrt{x}$.**
Étudier la continuité et la dérivabilité de f sur $[0\,;+\infty[$.

solution

Étude de la continuité de f : Les fonctions $u : x \mapsto x$ et $v : x \mapsto \sqrt{x}$ sont continues sur $[0\,;+\infty[$; donc f est continue sur $[0\,;+\infty[$.

Étude de la dérivabilité de f : Les fonctions u et v sont dérivables sur $]0\,;+\infty[$ et, pour tout réel x de $]0\,;+\infty[$, $u'(x) = 1$ et $v'(x) = \dfrac{1}{2\sqrt{x}}$.

$f = u \times v$; donc f est dérivable sur $]0\,;+\infty[$ et $f' = u' \times v + u \times v'$.

D'où, pour tout réel x de $]0\,;+\infty[$, $f'(x) = 1 \times \sqrt{x} + x \times \dfrac{1}{2\sqrt{x}}$.

On met tous les termes avec le même dénominateur ; on obtient, pour tout réel x de $]0\,;+\infty[$, $f'(x) = \dfrac{2\sqrt{x} \times \sqrt{x} + x}{2\sqrt{x}} = \dfrac{2x + x}{2\sqrt{x}} = \dfrac{3x}{2\sqrt{x}}$.

Puis en simplifiant, on a, pour tout réel x de $]0\,;+\infty[$, $f'(x) = \dfrac{3\sqrt{x}}{2}$.

En 0 : pour étudier la dérivabilité de f en 0, on calcule le taux d'accroissement $t_0(h)$ de f entre 0 et $0 + h$ pour tout $h > 0$. Puis on cherche si ce taux a une limite finie quand h tend vers 0.

Pour tout $h > 0$, $t_0(h) = \dfrac{f(0+h) - f(0)}{h} = \dfrac{h\sqrt{h} - 0}{h} = \sqrt{h}$.

Donc $\lim\limits_{h \to 0}(t_0(h)) = 0$.

Ainsi f est dérivable en 0 et $f'(0) = 0$.

Par conséquent, f est dérivable sur $[0\,;+\infty[$ et $f'(x) = \begin{cases} \dfrac{3\sqrt{x}}{2} & \text{si } x > 0 \\ 0 & \text{si } x = 0 \end{cases}$.

REMARQUE

$\lim\limits_{h \to 0}\left(\dfrac{3\sqrt{x}}{2}\right) = 0$ donc $\lim\limits_{h \to 0}(f'(x)) = f'(0)$.

Ainsi f' est aussi continue sur $[0\,;+\infty[$.

Entraînez-vous

On considère la fonction f définie par $f(x) = (x-1)\sqrt{1-x^2}$.

1. Déterminer l'ensemble de définition D_f de la fonction f.
2. Étudier la continuité et la dérivabilité de la fonction f sur D_f.

→ On trouve

1. $D_f = [-1\,;1]$.
2. La fonction f est continue sur $[-1\,;1]$ et dérivable sur $]-1\,;1]$.

Exercice résolu 7 TICE Utiliser le théorème des valeurs intermédiaires

énoncé

1. **Démontrer que l'équation $2x^3 + 3x^2 - 12x + 8 = 0$ admet une unique solution réelle.**
2. **Utiliser la calculatrice pour donner un encadrement au dixième de cette solution.**

solution

1. On considère la fonction f définie sur $\mathbb{R}$ par $f(x) = 2x^3 + 3x^2 - 12x + 8$.
On cherche à résoudre l'équation $f(x) = 0$.
f est une fonction polynôme, donc f est continue et dérivable sur $\mathbb{R}$.

Étude des limites de f en $+\infty$ et en $-\infty$

Pour tout $x \neq 0$, $f(x) = 2x^3\left(1 + \dfrac{3}{2x} - \dfrac{6}{x^2} + \dfrac{4}{x^3}\right)$.

$\lim\limits_{x \to +\infty}\left(1 + \dfrac{3}{2x} - \dfrac{6}{x^2} + \dfrac{4}{x^3}\right) = 1$ et $\lim\limits_{x \to +\infty}(x^3) = +\infty$, donc $\lim\limits_{x \to +\infty}(f(x)) = +\infty$.

$\lim\limits_{x \to -\infty}\left(1 + \dfrac{3}{2x} - \dfrac{6}{x^2} + \dfrac{4}{x^3}\right) = 1$ et $\lim\limits_{x \to -\infty}(x^3) = -\infty$, donc $\lim\limits_{x \to -\infty}(f(x)) = -\infty$.

Étude du sens de variation de la fonction f

Pour tout réel x, $f'(x) = 6x^2 + 6x - 12 = 6(x^2 + x - 2)$. Étudions le signe de $f'(x)$. Pour cela, calculons le discriminant Δ de $x^2 + x - 2$:

$$\Delta = (1)^2 - 4 \times 1 \times (-2) = 1 + 8 = 9.$$

$\Delta > 0$, donc $f'(x)$ a deux racines distinctes :

$x_1 = \dfrac{-1-\sqrt{9}}{2} = \dfrac{-1-3}{2} = \dfrac{-4}{2} = -2$ et

$x_2 = \dfrac{-1+\sqrt{9}}{2} = \dfrac{-1+3}{2} = \dfrac{2}{2} = 1.$

On obtient donc le tableau de variations ci-contre :

x	$-\infty$		-2		1		$+\infty$
Signe de f'		+	0	−	0	+	
Variations de f	$-\infty$	↗	28	↘	1	↗	$+\infty$

Résolution de l'équation $f(x) = 0$

- Sur l'intervalle $[-2\,;+\infty[$, la fonction f est strictement positive puisqu'elle admet 1 comme minimum, qu'elle atteint en 1. Par conséquent, l'équation $f(x) = 0$ n'a pas de solution dans l'intervalle $[-2\,;+\infty[$.
- La fonction f est continue et strictement croissante sur $]-\infty\,;-2]$. De plus, $\lim\limits_{x \to -\infty}(f(x)) = -\infty$ et $f(-2) = 28$, donc, d'après le corollaire des valeurs intermédiaires, puisque $0 \in\,]-\infty\,;28]$, l'équation $f(x) = 0$ admet une unique solution dans l'intervalle $]-\infty\,;-2]$.

2. Le tableau de valeurs de la calculatrice donne l'écran ①.
On observe donc que $f(-4) < 0$ et $f(-3) > 0$.
Donc la solution cherchée est dans l'intervalle $]-4\,;-3[$.
En réduisant le pas de la calculatrice, on obtient l'écran ②.
On observe donc que $f(-3{,}6) < 0$ et $f(-3{,}5) > 0$.
Par conséquent, la solution de l'équation :
$2x^3 + 3x^2 - 12x + 8 = 0$
est comprise entre $(-3{,}6)$ et $(-3{,}5)$.

①

X	Y₁
-5	-107
-4	-24
-3	17
-2	28
-1	21
0	8

②

X	Y₁
-4	-24
-3.9	-18.21
-3.8	-12.82
-3.7	-7.836
-3.6	-3.232
-3.5	1
-3.4	4.872

Entraînez-vous

1. Montrer que $(E) : -2x^3 - 6x^2 + 18x + 59 = 0$ admet une unique solution réelle α.
2. À l'aide de la calculatrice, encadrer α au dixième.

→ On trouve

$3 < \alpha < 3{,}1$.

Exercice résolu 8 TICE Étudier une fonction composée

énoncé **On considère la fonction $f : x \mapsto \sqrt{\dfrac{3x}{4x-5}}$.**
On note $\mathscr{C}$ sa courbe représentative dans un repère.

1. **Déterminer l'ensemble de définition D de la fonction f.**
2. **Écrire f comme composée de deux fonctions à définir.**
3. **Étudier les limites de f aux bornes de son ensemble de définition et en déduire les équations des asymptotes à la courbe $\mathscr{C}$.**
4. **Étudier les variations de la fonction f.**
5. **Tracer les asymptotes à $\mathscr{C}$, puis la courbe $\mathscr{C}$.**
6. **Vérifier ces résultats avec un logiciel de calcul formel.**

solution

1. La fonction racine carrée est définie sur $[0 ; +\infty[$; donc pour que $f(x)$ existe, il faut que $\dfrac{3x}{4x-5} \geqslant 0$.

Dressons le tableau de signes de ce quotient :

x	$-\infty$		0		$\frac{5}{4}$		$+\infty$
Signe de $3x$		$-$	0	$+$		$+$	
Signe de $4x-5$		$-$		$-$	0	$+$	
Signe de $\dfrac{3x}{4x-5}$		$+$	0	$-$	‖	$+$	

Par conséquent, l'ensemble de définition de la fonction f est :

$$D =]-\infty ; 0] \cup \left]\frac{5}{4} ; +\infty\right[.$$

2. $f = v \circ u$, où v est la fonction racine carrée et u est la fonction définie sur D par $u(x) = \dfrac{3x}{4x-5}$.

3. **Étude des limites de f en l'infini**

Pour tout réel $x \in \left]\frac{5}{4} ; +\infty\right[$, $u(x) = \dfrac{3x}{4x\left(1-\frac{5}{4x}\right)} = \dfrac{3}{4\left(1-\frac{5}{4x}\right)}$.

Or $\lim\limits_{x \to +\infty} \left(1 - \dfrac{5}{4x}\right) = 1$, d'où $\lim\limits_{x \to +\infty} (u(x)) = \dfrac{3}{4}$.

De plus, $\lim\limits_{x \to \frac{3}{4}} (v(x)) = v\left(\dfrac{3}{4}\right) = \sqrt{\dfrac{3}{4}} = \dfrac{\sqrt{3}}{2}$.

Donc, d'après la propriété sur la limite d'une fonction composée, on obtient $\lim\limits_{x \to +\infty} (f(x)) = \dfrac{\sqrt{3}}{2}$. On démontre de même que $\lim\limits_{x \to -\infty} (f(x)) = \dfrac{\sqrt{3}}{2}$.

Ainsi, la droite d'équation $y = \dfrac{\sqrt{3}}{2}$ est asymptote horizontale à $\mathscr{C}$ en $-\infty$ et en $+\infty$.

Étude de la limite de f en $\frac{5}{4}$

$\lim\limits_{x \to \frac{5}{4}} (3x) = 3 \times \frac{5}{4} = \frac{15}{4}$ et $\lim\limits_{\substack{x \to \frac{5}{4} \\ x > \frac{5}{4}}} (4x - 5) = 0^+$, donc, d'après la propriété sur

la limite d'un quotient, $\lim\limits_{x \to \frac{5}{4}} (u(x)) = +\infty$. De plus $\lim\limits_{X \to +\infty} (v(X)) = +\infty$. Ainsi,

d'après la propriété sur la limite d'une fonction composée, $\lim\limits_{x \to \frac{5}{4}} (f(x)) = +\infty$.

Par conséquent, la droite d'équation $x = \frac{5}{4}$ est asymptote verticale à $\mathscr{C}$.

4. Pour étudier les variations de la fonction f, étudions le signe de sa dérivée.
$f = \sqrt{u}$ où u est strictement positive sur $]-\infty\,;0[\cup \left]\frac{5}{4}\,;+\infty\right[$ et dérivable sur cet ensemble.
D'après les propriétés du cours, f est dérivable sur $]-\infty\,;0[\cup \left]\frac{5}{4}\,;+\infty\right[$.
Pour tout réel x de $]-\infty\,;0[\cup \left]\frac{5}{4}\,;+\infty\right[$, $f'(x) = \dfrac{u'(x)}{2\sqrt{u(x)}}$.
Or $u'(x) = \dfrac{3(4x-5) - 3x \times 4}{(4x-5)^2} = \dfrac{-15}{(4x-5)^2}$.

Ainsi, $f'(x) = \dfrac{-15}{(4x-5)^2} \times \dfrac{1}{2\sqrt{\dfrac{3x}{4x-5}}}$

$= \dfrac{-15\sqrt{4x-5}}{2(4x-5)^2\sqrt{3x}}$.

On sait que, pour tout réel x de $]-\infty\,;0[\cup \left]\frac{5}{4}\,;+\infty\right[$, $\sqrt{4x-5} > 0$, $\sqrt{3x} > 0$ et $(4x-5)^2 > 0$, donc $f'(x) < 0$.
Par conséquent, la fonction f est décroissante sur $]-\infty\,;0[$ et sur $\left]\frac{5}{4}\,;+\infty\right[$.

5.

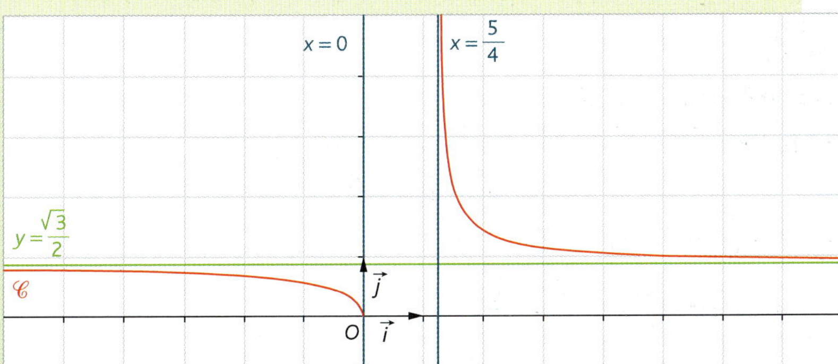

6. a. La fonction racine carrée est définie sur $[0\,;+\infty[$, donc pour que $f(x)$ existe, il faut que $\dfrac{3x}{4x-5} \geqslant 0$. Pour cela, on utilise la fonction « résoudre ».

```
resoudre((3x)/(4x-5)>=0,x)
[x≤0, x>(5/4)]
```

Ce résultat signifie que $D =]-\infty\,;0] \cup \left]\frac{5}{4}\,;+\infty\right[$.

b. Le logiciel ne décompose pas...

c. On définit la fonction f :

```
f(x):=sqrt((3x)/(4x-5))
```

$x \to \sqrt{\dfrac{3 \cdot x}{4 \cdot x - 5}}$

Puis on demande les différentes limites de f :

```
limite(f(x),x,-infinity)
```

$\dfrac{\sqrt{3}}{2}$

```
limite(f(x),x,0)
```

0

```
limite(f(x),x,5/4,1)
```

$+\infty$

```
limite(f(x),x,+infinity)
```

$\dfrac{\sqrt{3}}{2}$

> **Remarque**
> Dans l'expression $\lim\left(f(x), x, \frac{5}{4}, 1\right)$, le **1** signifie que l'on cherche la limite de f en $\frac{5}{4}$ par **valeurs supérieures**.
> Si on cherche la limite d'une fonction f en un nombre a par **valeurs inférieures**, on tape $\lim\left(f(x), x, a, -1\right)$.

d. Étude des variations de la fonction f

On calcule sa dérivée :

```
g:=fonction_derivee(f)
// Success
```

$`x` \to \dfrac{\left(\dfrac{3}{4 \cdot `x` - 5} + \dfrac{3 \cdot `x` \cdot (-4)}{(4 \cdot `x` - 5)^2}\right) \cdot \left(\sqrt{\dfrac{3 \cdot `x`}{4 \cdot `x` - 5}}\right)^{-1}}{2}$

Puis on cherche le signe de la dérivée :

```
resoudre(g(x)<0,x)
```

$\left[x<0,\ x>\left(\frac{5}{4}\right)\right]$

```
resoudre(g(x)>0,x)
```

[]

```
resoudre(g(x)=0,x)
```

[]

Ceci signifie que pour tout x de $]-\infty\,;0[\,\cup\,]\frac{5}{4}\,;+\infty[$, $f'(x) < 0$.

Donc la fonction f est décroissante sur $]-\infty\,;0[$ et sur $]\frac{5}{4}\,;+\infty[$.

e. On obtient :

```
plotfunc(f(x),x=-30..30,xstep=0.25,display=magenta+rempli)
```

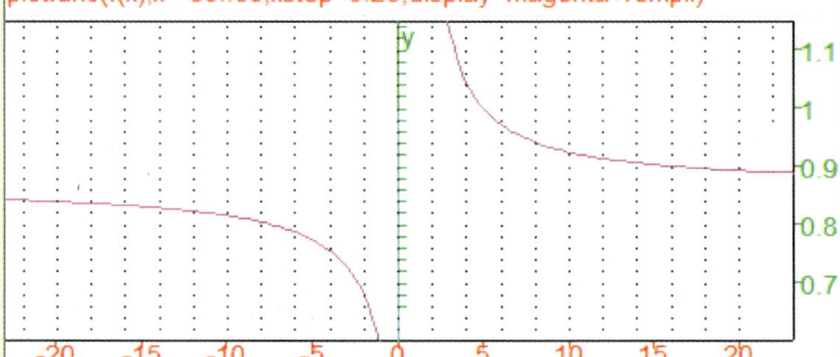

Entraînez-vous

Même exercice pour la fonction f :

$$f(x) = \left(\frac{2x+1}{x-3}\right)^4.$$

→ On trouve

Pour tout x de $\mathbb{R}\setminus\{3\}$, $f'(x) = \dfrac{-28(2x+1)^3}{(x-3)^5}$.

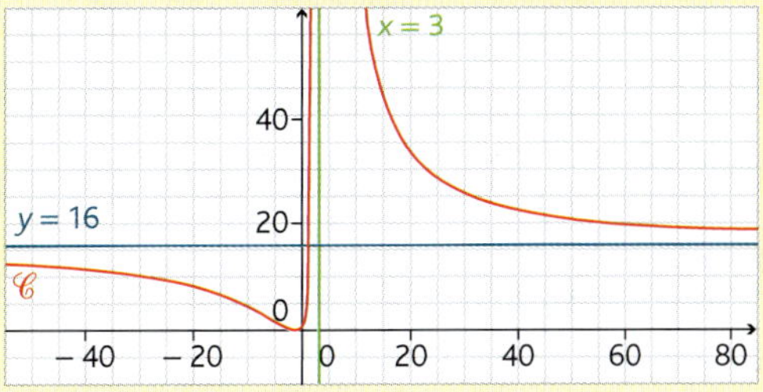

Exercice résolu 9 • Étudier la continuité et la dérivabilité d'une fonction trigonométrique

énoncé **On considère la fonction f définie sur $\mathbb{R}$ par $f(x) = \begin{cases} \dfrac{\sin(x)}{x} & \text{si } x \neq 0 \\ 1 & \text{si } x = 0 \end{cases}$.**

Étudier $\lim\limits_{x \to 0} \left(\dfrac{\sin(x)}{x}\right)$ et en déduire que f est continue sur $\mathbb{R}$.

solution

Notons g la fonction sinus.

Alors g est dérivable sur $\mathbb{R}$ et pour tout réel x, $g'(x) = \cos(x)$.

Pour tout réel x non nul, $\dfrac{\sin(x)}{x} = \dfrac{\sin(x) - \sin(0)}{x-0} = \dfrac{g(x) - g(0)}{x-0}$.

Or, puisque g est dérivable en 0, $\lim\limits_{x \to 0} \left(\dfrac{g(x) - g(0)}{x-0}\right) = g'(0)$.

Donc $\lim\limits_{x \to 0} \left(\dfrac{\sin(x)}{x}\right) = g'(0) = \cos(0) = 1$.

Par conséquent, $\lim\limits_{x \to 0} (f(x)) = f(0)$.

Ainsi f est continue en 0.

Les fonctions $x \mapsto \sin(x)$ et $x \mapsto x$ sont continues sur $]-\infty\,;0[$ et sur $]0\,;+\infty[$, donc f l'est aussi.

Par conséquent, la fonction f est continue sur $\mathbb{R}$.

Entraînez-vous

On considère la fonction f définie sur $\mathbb{R}$ par

$$f(x) = \begin{cases} \dfrac{\sin(x-\pi)}{x-\pi} & \text{si } x \neq \pi \\ 1 & \text{si } x = \pi \end{cases}.$$

Étudier $\lim\limits_{x \to \pi} \left(\dfrac{\sin(x-\pi)}{x-\pi}\right)$ et en déduire que f est continue sur $\mathbb{R}$.

→ Indice

La fonction g utilisée peut être $x \mapsto \sin(x-\pi)$.

travail en autonomie

QCM

Corrigés en fin de manuel

Dans les questions suivantes, déterminer la (ou les) bonne(s) réponse(s).

1. On considère la fonction f définie sur $\mathbb{R}^*$ par $f(x) = -\dfrac{3}{x} + 5$ et on note $\mathscr{C}$ sa courbe représentative dans un repère.

a. $\lim\limits_{x \to +\infty} f(x) = -\infty$.

b. $\lim\limits_{x \to +\infty} f(x) = 5$.

c. $\lim\limits_{x \to 0} f(x) = 5$.

d. $\lim\limits_{x \to 0^+} f(x) \neq \lim\limits_{x \to 0^-} f(x)$.

e. La droite d'équation $y = 5$ est asymptote horizontale en $+\infty$ à la courbe $\mathscr{C}$.

f. La droite d'équation $x = -3$ est asymptote verticale à la courbe $\mathscr{C}$.

g. $\lim\limits_{x \to 0^+} f(x) = +\infty$.

2. On considère la fonction f définie sur $\mathbb{R}$ par :

$$f(x) = 4x^2 - 3x + 7.$$

a. $\lim\limits_{x \to 0} f(x) = 7$.

b. $\lim\limits_{x \to -\infty} f(x) = +\infty$.

c. $\lim\limits_{x \to +\infty} f(x) = -\infty$.

d. $\lim\limits_{x \to +\infty} f(x) = +\infty$.

e. On ne peut pas connaître la limite de f en $+\infty$.

3. On considère la fonction f définie sur $\mathbb{R}$ par :

$$f(x) = \frac{x^8 - 6x^5 + 7x}{3x^8 + 1}.$$

a. $\lim\limits_{x \to +\infty} f(x) = -\infty$.

b. $\lim\limits_{x \to +\infty} f(x) = +\infty$.

c. $\lim\limits_{x \to +\infty} f(x) = \dfrac{1}{3}$.

d. $\lim\limits_{x \to +\infty} f(x) = 0$.

e. On ne peut pas connaître la limite de f en $+\infty$.

4. On considère la fonction f définie sur $\mathbb{R}\backslash\left\{\dfrac{1}{3}\right\}$ par $f(x) = \dfrac{8x - 7}{3x - 1}$ et on note $\mathscr{C}$ sa courbe représentative dans un repère.

a. $\lim\limits_{x \to 0^+} f(x) = \dfrac{8}{3}$.

b. $\lim\limits_{x \to \frac{1}{3}^+} f(x) = +\infty$.

c. La droite d'équation $y = \dfrac{8}{3}$ est asymptote horizontale en $+\infty$ et en $-\infty$ à la courbe $\mathscr{C}$.

d. La droite d'équation $x = \dfrac{1}{3}$ est asymptote verticale à la courbe $\mathscr{C}$.

5. On donne ci-après la courbe représentative $\mathscr{C}$ d'une fonction f.
Il semble que :

a. $\lim\limits_{x \to -\infty} f(x) \approx 50$.

b. $\lim\limits_{x \to -\infty} f(x) = +\infty$.

c. $\lim\limits_{x \to +\infty} f(x) = +\infty$.

d. La droite d'équation $x = -40$ est asymptote verticale à la courbe $\mathscr{C}$.

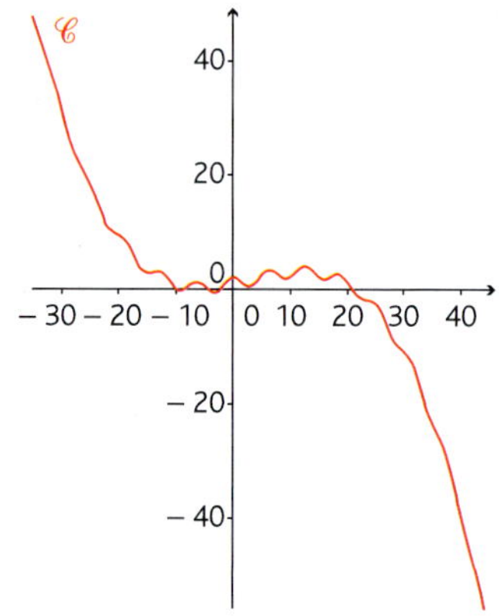

6. f et g sont deux fonctions telles que :

$$\lim_{x \to +\infty} f(x) = -\infty \quad \text{et} \quad \lim_{x \to +\infty} g(x) = 0^-.$$

a. $\lim\limits_{x \to +\infty} (f + g)(x) = -\infty$.

b. $\lim\limits_{x \to +\infty} (f \times g)(x) = +\infty$.

c. $\lim\limits_{x \to +\infty} \left(\dfrac{f}{g}\right)(x) = +\infty$

7. f et g sont deux fonctions telles que :

$$\lim_{x \to +\infty} f(x) = 3 \quad \text{et} \quad \lim_{x \to 3} g(x) = -\infty.$$

a. $\lim\limits_{x \to +\infty} (f \circ g)(x) = -\infty$.

b. $\lim\limits_{x \to +\infty} (g \circ f)(x) = -\infty$.

c. $\lim\limits_{x \to 3} (g \circ f)(x) = -\infty$.

8. Soit f une fonction continue sur l'intervalle $[-2\,;6]$ telle que $f(-2) = 3$ et $f(6) = -4$.

a. L'équation $f(x) = 5$ a au moins une solution dans l'intervalle $[-2\,;6]$.

b. L'équation $f(x) = -3$ a au moins une solution dans l'intervalle $[-2\,;6]$.

c. 0 a au moins un antécédent par f.

d. La fonction f est décroissante sur $[-2\,;6]$.

9. Soit f la fonction définie sur l'intervalle $\mathbb{R}$ par $f(x) = x^4 - 2x^3 + x - 9$. On note $g = \sqrt{f}$ et $h = f^3$.

a. $g' : x \mapsto \sqrt{4x^3 - 6x + 1}$.

b. $g' : x \mapsto \dfrac{4x^3 - 6x + 1}{2\sqrt{x^4 - 2x^3 + x - 9}}$.

c. $h' : x \mapsto (x^4 - 2x^3 + x - 9)^3$.

d. $h' : x \mapsto 3(x^4 - 2x^3 + x - 9)^2$.

vrai ou faux ?

Corrigés en fin de manuel

Indiquer si les propositions suivantes sont vraies ou fausses.

10. Une fonction a toujours une limite en $+\infty$.

11. Soit f et g deux fonctions définies sur $\mathbb{R}$ par :
$f(x) = -5x^4 + 3x + 1$ et $g(x) = 2x^2 + 5$.

a. $\lim_{x \to +\infty} f(x) = -\infty$. **b.** $\lim_{x \to -\infty} g(x) = +\infty$.

c. $\lim_{x \to +\infty} (g \circ f(x)) = -\infty$. **d.** $\lim_{x \to -\infty} \frac{f}{g}(x) = -\infty$.

12. Si une fonction admet une limite en $+\infty$, alors sa courbe représentative dans un repère admet une asymptote horizontale.

13. Si une fonction admet une limite infinie en un réel a, alors sa courbe représentative dans un repère admet une asymptote verticale.

14. La courbe représentative de $x \mapsto \frac{5x+2}{x^2-4}$ admet pour asymptote verticale la droite d'équation $x = 2$.

15. La courbe représentative de la fonction $x \mapsto \frac{5x+2}{8x-7}$ admet pour asymptote horizontale en $+\infty$ la droite d'équation $y = \frac{5}{8}$.

16. Voici le tableau de variations d'une fonction f :

x	-5		1
Variations de f	2	↗	6

a. L'équation $f(x) = -5$ admet pour solution 2.

b. L'équation $f(x) = 3$ admet une solution dans l'intervalle $[2\ ;\ 6]$.

c. L'équation $f(x) = 5$ admet une solution dans l'intervalle $[-5\ ;\ 1]$.

17. Si une fonction est continue sur un intervalle $[a\ ;\ b]$, alors, pour tout réel c de l'intervalle $[a\ ;\ b]$, il existe un réel k tel que $f(k) = c$.

18. La dérivée de la fonction $f : x \mapsto \sqrt{5x^4 + 3}$ est définie sur $\mathbb{R}$ par $f'(x) = \frac{1}{2\sqrt{5x^4+3}}$.

19. La dérivée de la fonction $f : x \mapsto \sqrt{\frac{3}{x}}$ est définie sur $]0\ ;\ +\infty[$ par $f'(x) = -\frac{\sqrt{3x}}{2x^2}$.

20. La dérivée de la fonction $f : x \mapsto (x^5 + 2)^4$ est définie sur $\mathbb{R}$ par $f'(x) = 20x^4(x^5 + 2)^3$.

21. La fonction $x \mapsto 5\cos(x) + \sin(x)$ est impaire.

22. La fonction $x \mapsto \cos(2x) + 3\sin(4x)$ est périodique de période π.

23. La dérivée de la fonction $x \mapsto \cos(3x + 5)$ est la fonction $x \mapsto -\sin(3x + 5)$.

24. La dérivée de la fonction $x \mapsto \sin(-4x + 1)$ est la fonction $x \mapsto -4\cos(-4x + 1)$.

25. La dérivée de la fonction $x \mapsto \cos^5(x)$ est la fonction $x \mapsto -5\sin(x)\cos^4(x)$.

26. La dérivée de la fonction $f : x \mapsto \sqrt{\cos(x)}$ est définie sur $\left]-\frac{\pi}{2} + k \times 2\pi\ ;\ \frac{\pi}{2} + k \times 2\pi\right[$ (où k est entier) par $f'(x) = \frac{-\sin(x)}{2\sqrt{\cos(x)}}$.

27. La fonction $x \mapsto 3\cos(x) + 5x$ est croissante sur $\mathbb{R}$.

28. Voici le tableau de variations d'une fonction f :

x	$-\infty$		-2		1		4		$+\infty$
Variations de f	$-\infty$	↗	2	↘	-5	↗	-1	↘	-10

a. L'équation $f(x) = 0$ admet une unique solution dans $\mathbb{R}$.

b. L'équation $f(x) = 0$ admet une unique solution dans l'intervalle $]-\infty\ ;\ -2[$.

c. L'équation $f(x) = 3$ admet une solution dans l'intervalle $]-5\ ;\ -1[$.

29. Voici le tableau de variations d'une fonction f :

x	$-\infty$		-5		$+\infty$
Variations de f	-3	↗	$+\infty$ ‖ $+\infty$	↘	$-\infty$

On note $\mathscr{C}$ la courbe représentative de f dans un repère.

a. $\lim_{x \to -3} f(x) = -\infty$.

b. La droite d'équation $y = -3$ est asymptote horizontale à la courbe $\mathscr{C}$ en $-\infty$.

c. La droite d'équation $x = -5$ est asymptote verticale à la courbe $\mathscr{C}$.

exercices

1. Limites

pour s'échauffer

30. corrigé Donner la limite de :

1. f définie sur $\mathbb{R}$ par $f(x) = 2x^5 - 3$ en $+\infty$.
2. f définie sur $\mathbb{R}$ par $f(x) = x^4 + 7$ en $-\infty$.
3. f définie sur $\mathbb{R}^*$ par $f(x) = \dfrac{8}{x^3} + 5$ en $+\infty$.
4. f définie sur $\mathbb{R}^*$ par $f(x) = -\dfrac{6}{x}$ en $-\infty$.

31. Donner la limite de :

1. f définie sur $\mathbb{R}$ par $f(x) = -x^2 + 3$ en $+\infty$.
2. f définie sur $\mathbb{R}$ par $f(x) = x^8 - 7$ en $-\infty$.
3. f définie sur $\mathbb{R}^*$ par $f(x) = \dfrac{-5}{x^5}$ en $+\infty$.
4. f définie sur $\mathbb{R}^*$ par $f(x) = \dfrac{12}{x^3} + 1$ en $-\infty$.

32. corrigé Donner la limite (ou la limite à droite et la limite à gauche) en a de chacune des fonctions f.

1. f définie sur $\mathbb{R} \setminus \{4\}$ par $f(x) = \dfrac{1}{x-4}$ en $a = 4$.
2. f définie sur $\mathbb{R} \setminus \{-3\}$ par $f(x) = \dfrac{1}{(x+3)^2}$ en $a = -3$.
3. f définie sur $]-\infty\,; 5[$ par $f(x) = \dfrac{3}{\sqrt{5-x}}$ en $a = 5$.

33. Donner la limite (ou la limite à droite et la limite à gauche) en a de chacune des fonctions f.

1. f définie sur $\mathbb{R} \setminus \left\{\dfrac{7}{2}\right\}$ par $f(x) = \dfrac{1}{7-2x}$ en $a = \dfrac{7}{2}$.
2. f définie sur $\mathbb{R} \setminus \{8\}$ par $f(x) = \dfrac{1}{(x-8)^2}$ en $a = 8$.
3. f définie sur $\left]\dfrac{2}{3}\,; +\infty\right[$ par $f(x) = \dfrac{x-9}{\sqrt{3x-2}}$ en $a = \dfrac{2}{3}$.

34. TICE Un logiciel de calcul formel donne :

limite(f,x,+infinity)
-2
limite(f,x,-infinity)
1

Donner les équations des asymptotes horizontales à la courbe représentant f dans un repère.

35. TICE Un logiciel de calcul formel donne :

limite(f,x,3)
oo

Donner l'équation d'une asymptote verticale à la courbe représentant f dans un repère.

36. TICE Un logiciel de calcul formel donne :

limite(f,x,+infinity)
5
limite(f,x,2/3,-1)
-oo
limite(f,x,2/3,1)
+ oo
limite(f,x,-infinity)
5

Donner les équations des asymptotes à la courbe représentant f dans un repère.

37. TICE **Se méfier des apparences...**

1. Avec la calculatrice, on trace la représentation graphique d'une fonction f et on obtient l'écran suivant :

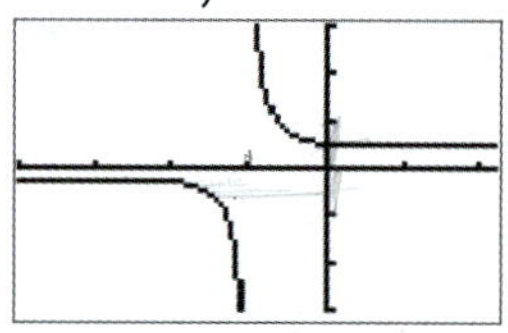

Sachant qu'en ordonnée une graduation représente 10 unités, quelles semblent être les limites de la fonction f en $+\infty$ et en $-\infty$?

2. On change maintenant la fenêtre et on obtient l'écran ci-dessous :

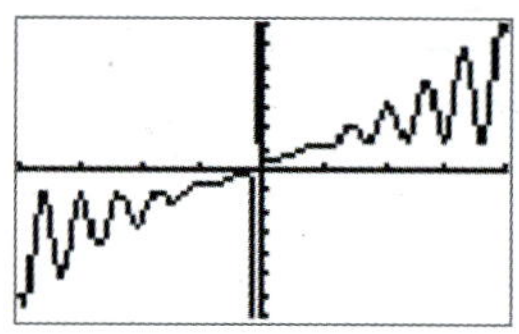

Quelles semblent être les limites de la fonction f en $+\infty$ et en $-\infty$?

38. La courbe $\mathscr{C}$ ci-dessous représente une fonction f.

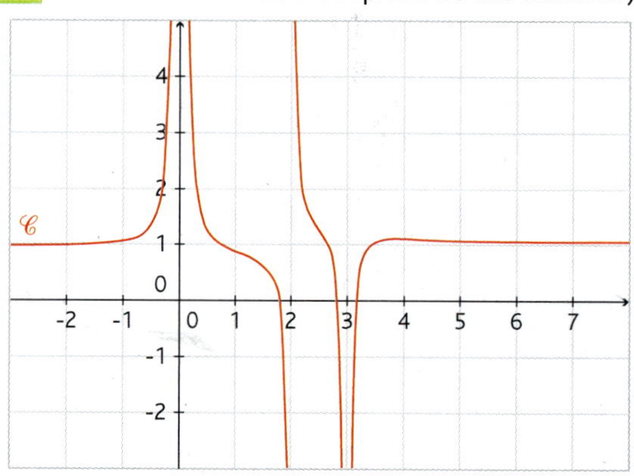

1. Déterminer graphiquement les limites de f aux bornes de son ensemble de définition.
2. Donner les équations des asymptotes de $\mathscr{C}$.

39. On considère la fonction f définie sur $\mathbb{R}^*$ par :

$$f(x) = -2 + \frac{1}{x}.$$

1. Donner les limites de f en $+\infty$ et en $-\infty$.
2. Donner les limites de f à droite et à gauche en 0.
3. Déduire des questions précédentes les asymptotes à la courbe représentative de la fonction f dans un repère.

40. La courbe ci-dessous représente une fonction f. Déterminer graphiquement les limites de f en $-\infty$; en -1 ; en 0 ; en 3 et en $+\infty$.

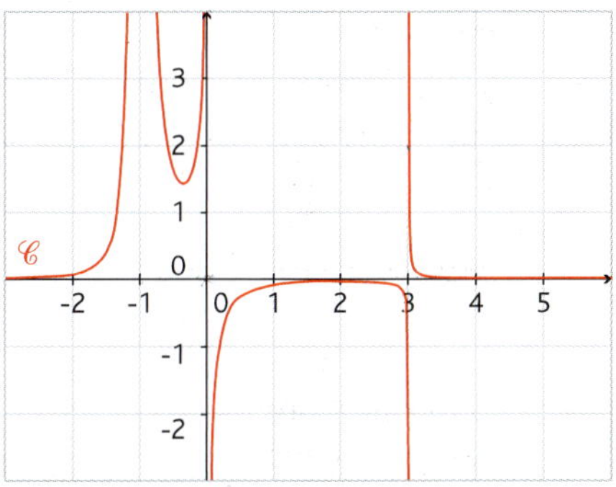

41. **Corrigé** On donne ci-dessous le tableau de variations d'une fonction f définie sur $\mathbb{R}$.

x	$-\infty$	4	$+\infty$
$f(x)$	3 ↗	8	↘ -1

1. Donner les limites de la fonction f en $-\infty$ et en $+\infty$.
2. En déduire les équations des asymptotes à la courbe représentative de la fonction f.

42. On donne ci-dessous le tableau de variations d'une fonction f.

x	0	2	7
$f(x)$	4 ↘	$-\infty$ ‖ $+\infty$	↘ 5

1. Donner l'ensemble de définition de la fonction f.
2. Donner la limite à droite et la limite à gauche en 2 de la fonction f.
3. En déduire l'équation de l'asymptote verticale à la courbe représentative de la fonction f.

43. On donne ci-dessous le tableau de variations d'une fonction f.

x	$-\infty$	-3	$+\infty$
$f(x)$	-1 ↗	$+\infty$ ‖ $+\infty$	↘ 1

1. Donner l'ensemble de définition de la fonction f.
2. Donner les limites de la fonction f aux bornes de son ensemble de définition.
3. En déduire les équations des asymptotes à la courbe représentative de la fonction f.

44. **Corrigé** On considère la fonction f définie sur $D_f = \mathbb{R} \setminus \{-1\}$ par $f(x) = \dfrac{3x-4}{x+1}$.

On appelle 𝒞 sa courbe représentative dans un repère.

1. Démontrer que, pour tout x de D_f, $f(x) = 3 - \dfrac{7}{x+1}$.
2. Démontrer que la droite d'équation $y = 3$ est asymptote horizontale à 𝒞 en $-\infty$ et en $+\infty$.

45. On considère la fonction f définie sur $D_f = \mathbb{R} \setminus \{3\}$ par $f(x) = \dfrac{-2x+1}{x-3}$.

On appelle 𝒞 sa courbe représentative dans un repère.

1. Démontrer que, pour tout x de D_f, $f(x) = -2 - \dfrac{5}{x-3}$.
2. Donner l'équation de l'asymptote horizontale (d) à la courbe 𝒞 en $-\infty$ et en $+\infty$.
3. Étudier la position relative de 𝒞 par rapport à (d).

46. On considère la fonction f définie sur $\mathbb{R}^*$ par :

$$f(x) = \frac{5x-2}{x}.$$

On appelle 𝒞 sa courbe représentative dans un repère.

1. Déterminer les réels a et b tels que, pour tout x de $\mathbb{R}^*$:
$$f(x) = a + \frac{b}{x}.$$
2. Donner les limites de la fonction f en $-\infty$ et en $+\infty$.
3. En déduire l'équation de l'asymptote horizontale à 𝒞 en $-\infty$ et en $+\infty$.
4. Quelle est l'asymptote verticale de 𝒞 ? Justifier.

47. **TICE** On considère la fonction f définie sur $\mathbb{R} \setminus \{1\}$ par $f(x) = \dfrac{2x^3 + 4x - 1}{x^3 - 1}$. On appelle 𝒞 sa courbe représentative dans un repère.

1. À l'aide d'un logiciel de calcul formel, donner les limites de la fonction f aux bornes de son ensemble de définition.
2. En déduire les équations des asymptotes à la courbe 𝒞.

48. TICE On considère la fonction f définie sur $D_f = \mathbb{R} \setminus \{-2\ ;\ 2\}$ par $f(x) = \dfrac{-3x^2 + 5}{x^2 - 4}$.

On appelle $\mathscr{C}$ sa courbe représentative dans un repère.

1. À l'aide d'un logiciel de calcul formel, donner les limites de la fonction f aux bornes de son ensemble de définition.

2. En déduire les équations des asymptotes à la courbe $\mathscr{C}$.

3. Avec le logiciel de calcul formel, étudier la position de $\mathscr{C}$ par rapport à son asymptote horizontale.

2. Limites et opérations

pour s'échauffer

Dans les exercices 49 à 51, donner, dans chaque cas, la limite de la fonction f en justifiant.

49. **1.** f définie sur $\mathbb{R}$ par $f(x) = 2x^5 + x^3 - 4$ en $-\infty$.

2. f définie sur $\mathbb{R}$ par $f(x) = x^5 + 4x^3 + x + 2$ en $+\infty$.

3. f définie sur $\mathbb{R}^*$ par $f(x) = \dfrac{3}{x} - 2x + 1$ en 0.

4. f définie sur $]0\ ;+\infty[$ par $f(x) = \sqrt{x} + 2 + \dfrac{1}{x}$ en $+\infty$.

50. **1.** f définie sur $\mathbb{R}$ par $f(x) = (x^2 + 4)(-2x + 5)$ en $-\infty$.

2. f définie sur $\mathbb{R}^*$ par $f(x) = x^5\left(\dfrac{1}{x} - 3\right)$ en $+\infty$.

3. f définie sur $[0\ ;+\infty[$ par $f(x) = -5x(\sqrt{x} + 2)$ en $+\infty$.

51. **1.** f définie sur $\mathbb{R} \setminus \left\{\dfrac{1}{2}\right\}$ par $f(x) = \dfrac{7}{8x^3 - 1}$ en $+\infty$.

2. f définie sur $]0\ ;+\infty[$ par $f(x) = \dfrac{-4}{3\sqrt{x}}$ en 0.

3. f définie sur $\mathbb{R} \setminus \left\{\dfrac{1}{3}\right\}$ par $f(x) = \dfrac{-2}{9x^2 - 6x + 1}$ en $-\infty$.

4. f définie sur $\mathbb{R} \setminus \{1\}$ par $f(x) = \dfrac{5}{x^2 - 2x + 1}$ en $+\infty$.

52. Donner dans chaque cas la limite de la fonction f à droite en a et à gauche en a, en justifiant.

1. f définie sur $\mathbb{R}^*$ par $f(x) = \dfrac{-7x^3 + 3x - 4}{x^2}$ en $a = 0$.

2. f définie sur $\mathbb{R} \setminus \{-5\}$ par $f(x) = \dfrac{x^2 - 3}{x + 5}$ en $a = (-5)$.

53. Associer chaque fonction à sa courbe représentative en justifiant.

La fonction f est définie sur $\mathbb{R} \setminus \{-2\}$ par $f(x) = \dfrac{1}{x+2} - 3$.

La fonction g est définie sur $\mathbb{R} \setminus \{-2\}$ par :

$$g(x) = \frac{1}{(x+2)^2} - 3.$$

La fonction h est définie sur $\mathbb{R} \setminus \{-2\}$ par :

$$h(x) = -\frac{1}{(x+2)^2} - 3.$$

- **Courbe 1**

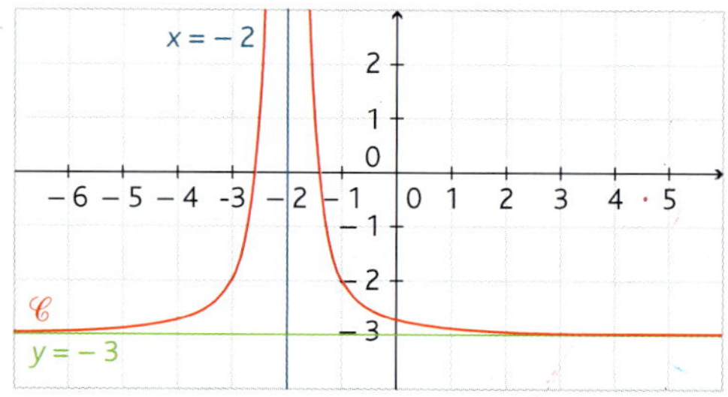

- **Courbe 2**

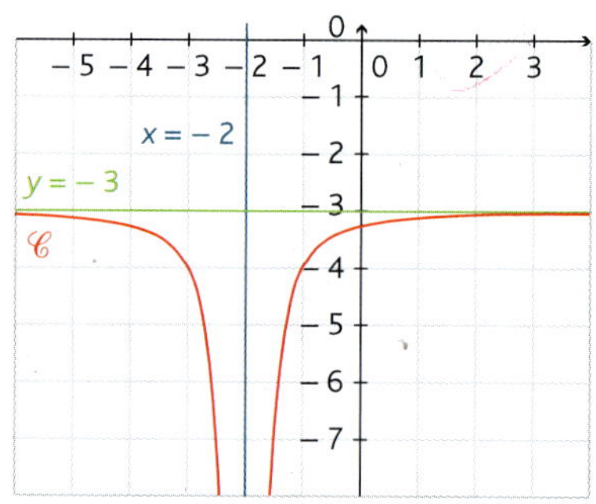

- **Courbe 3**

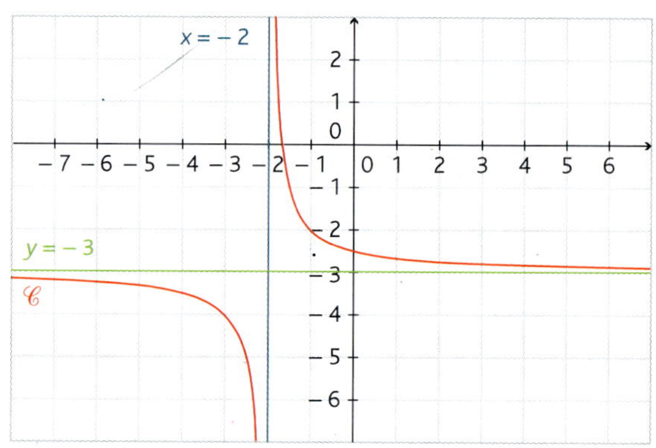

54. Corrigé On considère la fonction f définie sur $\mathbb{R}$ par $f(x) = 7x^3 - 4x^2 + 2x - 4$.

1. Donner, en justifiant, la limite de f en $-\infty$.

2. a. Démontrer que pour tout réel x non nul :

$$f(x) = 7x^3\left(1 - \frac{4}{7x} + \frac{2}{7x^2} - \frac{4}{7x^3}\right).$$

b. En déduire la limite de f en $+\infty$.

AIDE
Voir l'exercice résolu 1.

55. Déterminer les limites des fonctions polynômes suivantes en $+\infty$ et en $-\infty$.

1. f définie sur $\mathbb{R}$ par $f(x) = -8x^5 - 3x^4 - 2x + 1$.

2. g définie sur $\mathbb{R}$ par $g(x) = 6x^7 - x^4 + 2x^3 + 4$.

3. h définie sur $\mathbb{R}$ par $h(x) = 2x^5 - 3x + 4$.

56. **Corrigé** On considère la fonction f définie sur $D_f = \mathbb{R} \setminus \left\{\frac{5}{3}\right\}$ par $f(x) = \dfrac{2x^5 + x^2 - 4}{3x - 5}$.

1. Donner, en justifiant, la limite à droite et la limite à gauche de f en $\dfrac{5}{3}$.

2. a. Démontrer que pour tout réel x non nul de D_f :

$$f(x) = \frac{2}{3}x^4\left(\frac{1 + \dfrac{1}{2x^3} - \dfrac{2}{x^5}}{1 - \dfrac{5}{3x}}\right).$$

b. En déduire les limites de f en $+\infty$ et en $-\infty$.

AIDE
Voir l'exercice résolu 2.

57. Déterminer les limites des fonctions rationnelles suivantes en $+\infty$ et en $-\infty$.

1. f définie sur $\mathbb{R}$ par $f(x) = \dfrac{-2x + 1}{4x^4 + 4x^2 + 1}$.

2. g définie sur $\mathbb{R}$ par $g(x) = \dfrac{x^5 - 2x^3 + 3}{x^2 + 4}$.

3. h définie sur $\mathbb{R} \setminus \{-1\}$ par :

$$h(x) = \frac{5x^3 + 2x^2 - 4}{x^3 + 3x^2 + 3x + 1}.$$

58. Déterminer les limites des fonctions rationnelles suivantes aux bornes de leurs ensembles de définition.

1. f définie sur $\mathbb{R} \setminus \left\{\frac{1}{3}\right\}$ par $f(x) = \dfrac{x - 2}{(3x - 1)^2}$.

2. g définie sur $\mathbb{R}^*$ par $g(x) = \dfrac{4x^2 + 3}{x^2}$.

3. h définie sur $\mathbb{R} \setminus \{5\}$ par $h(x) = \dfrac{x^4 - 3x^2 - 4}{x - 5}$.

59. **TICE** On considère la fonction :

$$f : x \mapsto \frac{x}{\sqrt{3x^2 + x + 7}}$$

et on note $\mathscr{C}$ sa courbe représentative dans un repère.

1. Donner l'ensemble de définition D de la fonction f.

2. À l'aide d'un logiciel de géométrie :

a. tracer la courbe $\mathscr{C}$;

b. conjecturer une valeur approchée de la limite en $+\infty$ de la fonction f.

3. Déterminer par le calcul la valeur exacte de cette limite.

60. On considère la fonction $f : x \mapsto \sqrt{x^2 - x - 6} - x$.

1. Donner l'ensemble de définition D de la fonction f.

2. Déterminer la limite en $+\infty$ de la fonction f.

AIDE
Voir l'exercice résolu 3.

3. Limites et composées de fonctions

pour s'échauffer

61. On considère les fonctions f et g définies sur $\mathbb{R}$ par $f(x) = 4x^2 + 1$ et $g(x) = x^3$.

1. Donner l'expression de la fonction $g \circ f$.

2. Étudier les limites en $+\infty$ et en $-\infty$ de $g \circ f$.

62. On considère la fonction f définie sur $\mathbb{R}$ par :

$$f(x) = \frac{1}{5x^2 + 3}.$$

1. Donner les expressions des fonctions g et h telles que $f = h \circ g$.

2. Étudier les limites en $+\infty$ et en $-\infty$ de f.

63. On considère les fonctions f et g définies sur $\mathbb{R}$ par :

$$f(x) = 5x^3 - x^2 + 4 \quad \text{et} \quad g(x) = x^2.$$

1. Donner l'expression de la fonction $g \circ f$.

2. Étudier les limites en $+\infty$ et en $-\infty$ de $g \circ f$.

exercices

64. On note f la fonction inverse.
Dans chacun des cas suivants, définir la fonction $f \circ g$, puis déterminer sa limite (ou, si nécessaire, sa limite à droite et sa limite à gauche) en a.

1. g est la fonction définie sur $\mathbb{R}$ par :
$$g(x) = -5x + 1 \text{ et } a = \frac{1}{5}.$$
2. g est la fonction définie sur $\mathbb{R}$ par :
$$g(x) = x^2 + x - 2 \text{ et } a = 1.$$
3. g est la fonction définie sur $[3\ ;\ +\infty[$ par :
$$g(x) = \sqrt{x-3} \text{ et } a = 3.$$
4. g est la fonction définie sur $\mathbb{R}$ par :
$$g(x) = (x+4)^2 \text{ et } a = -4.$$

65. On note f la fonction racine carrée.
Dans chacun des cas suivants, définir la fonction $f \circ g$, puis déterminer sa limite en $+\infty$.

1. g est la fonction définie sur $\mathbb{R}$ par $g(x) = 3x - 2$.
2. g est la fonction définie sur $\mathbb{R}^*$ par $g(x) = \dfrac{1}{x} + 3$.
3. g est la fonction définie sur $[2\ ;\ +\infty[$ par :
$$g(x) = x^4 - 3x^2 - 4.$$

66. Déterminer les limites de chacune des fonctions aux bornes de son ensemble de définition.

1. f définie sur $\mathbb{R}$ par $f(x) = (4x^3 - 5x - 2)^2$.
2. g définie sur $\mathbb{R} \setminus \left\{\frac{1}{4}\right\}$ par $g(x) = \dfrac{1}{-4x+1}$.
3. h définie sur $\mathbb{R}$ par $h(x) = \sqrt{x^4 + 4x^2 + 3}$.

67. On considère la fonction f définie sur $\mathbb{R} \setminus \left\{-\frac{3}{2}\right\}$ par $f(x) = \dfrac{1}{4x^2 + 12x + 9}$. On note $\mathscr{C}$ la courbe représentative de la fonction f dans un repère.

1. Étudier les limites de f aux bornes de son ensemble de définition.
2. En déduire les équations des asymptotes à la courbe $\mathscr{C}$.
3. Étudier la position de $\mathscr{C}$ par rapport à l'axe des abscisses.

> **AIDE**
> On peut reconnaître une identité remarquable.

68. Composée de trois fonctions
On considère la fonction $f : x \mapsto \dfrac{1}{(x^2 - x - 6)^5}$.

1. Donner l'ensemble de définition de la fonction f.
2. Décrire les fonctions u, v et w telles que $f = u \circ v \circ w$.
3. Étudier la limite en 3 de la fonction f.

4. Limites et comparaisons

pour s'échauffer

69. On considère une fonction f telle que pour tout réel x de l'intervalle $]0\ ;\ +\infty[$:
$$-\frac{1}{x} + 3 \leqslant f(x) \leqslant \frac{1}{x} + 3.$$
Déterminer la limite de f en $+\infty$.

70. On considère une fonction f définie sur l'intervalle $]4\ ;\ +\infty[$ telle que pour tout réel x de l'intervalle $]4\ ;\ +\infty[$:
$$\frac{1}{x-4} \leqslant f(x).$$
Déterminer la limite de f en 4.

71. On considère une fonction f définie sur l'intervalle $\left]\frac{5}{2}\ ;\ +\infty\right[$ telle que pour tout réel x de l'intervalle $\left]\frac{5}{2}\ ;\ +\infty\right[$:
$$f(x) \leqslant \frac{1}{5-2x}.$$
Déterminer la limite de f en $\frac{5}{2}$.

72. On donne ci-dessous les représentations graphiques de deux fonctions g et h.

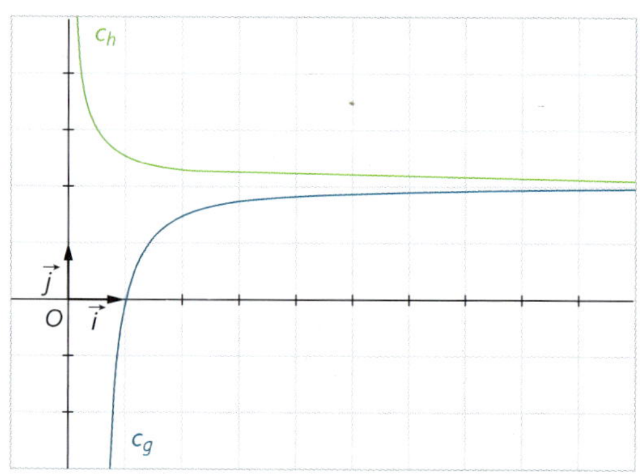

1. Lire sur le graphique les limites en $+\infty$ des fonctions g et h.
2. On considère une fonction f telle que pour tout $x > 0$:
$$g(x) \leqslant f(x) \leqslant h(x).$$
Donner, en justifiant, la limite de f en $+\infty$.

73. TICE On considère la fonction f définie sur $\mathbb{R} \setminus \{3\}$ par :

$$f(x) = \frac{3 - \cos(x)}{x - 3}.$$

1. **Conjecture**

a. À l'aide d'un logiciel de géométrie, construire la courbe $\mathscr{C}_f$ représentant f dans un repère.

b. Sur le même graphique, tracer les courbes $\mathscr{C}_g$ et $\mathscr{C}_h$ représentant respectivement les fonctions :

$$g : x \mapsto \frac{1}{x-3} \quad \text{et} \quad h : x \mapsto \frac{5}{x-3}.$$

c. Déterminer graphiquement les positions relatives des trois courbes.

d. En déduire les limites de la fonction f en $+\infty$ et en $-\infty$.

2. **Démonstration**

a. Démontrer que :

- pour tout x de $]3\ ;+\infty[$, $g(x) < f(x) < h(x)$;
- pour tout x de $]-\infty\ ;3[$, $h(x) < f(x) < g(x)$.

b. En déduire les limites de la fonction f en $+\infty$ et en $-\infty$.

> **Aide**
> Pour tout réel x, $-1 \leqslant \cos(x) \leqslant 1$.

74. Déterminer la limite en $+\infty$ de la fonction f définie sur $\mathbb{R}^*$ par $f(x) = \dfrac{\cos(x)}{x}$.

75. Déterminer la limite en $+\infty$ de la fonction f définie sur $\mathbb{R}^*$ par $f(x) = \dfrac{\sin(x) + 5}{x}$.

76. Soit f la fonction définie sur $\mathbb{R} \setminus \{2\}$ par :

$$f(x) = \frac{3\cos(x) + x - 2}{x - 2}.$$

Soit $\mathscr{C}$ sa courbe représentative dans un repère.

1. Déterminer la limite en $+\infty$ de la fonction f.
2. En déduire l'équation de l'asymptote horizontale à la courbe $\mathscr{C}$ en $+\infty$.

77. On considère la fonction f définie sur $\mathbb{R}^*$ par :

$$f(x) = \frac{2\sin(x)}{x} - 4.$$

On note $\mathscr{C}$ sa courbe représentative dans un repère.
Déterminer l'équation de l'asymptote horizontale à la courbe $\mathscr{C}$ en $+\infty$.

78. On considère la fonction $f : x \mapsto \dfrac{3x - 5}{\cos(x) - 4}$.

1. Justifier que la fonction f est définie sur $\mathbb{R}$.
2. Déterminer la limite en $+\infty$ de la fonction f.

79. On considère la fonction f définie sur $\mathbb{R}^*$ par :

$$f(x) = \frac{\sin(x) \times \cos(x)}{x^2}.$$

On note $\mathscr{C}$ sa courbe représentative dans un repère.

1. Déterminer les limites en $+\infty$ et en $-\infty$ de la fonction f.
2. En déduire l'équation de l'asymptote horizontale à la courbe $\mathscr{C}$ en $+\infty$ et en $-\infty$.

5. Continuité

pour s'échauffer

80. Parmi les courbes suivantes, quelle(s) est(sont) celle(s) qui semble(nt) représenter une fonction continue sur tout intervalle de son ensemble de définition ?

a.

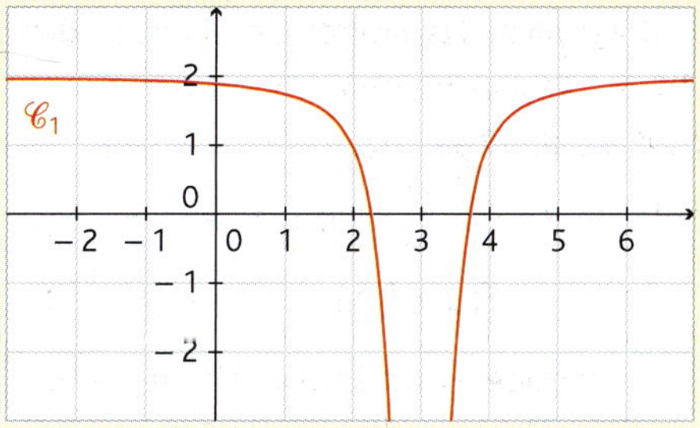

b.

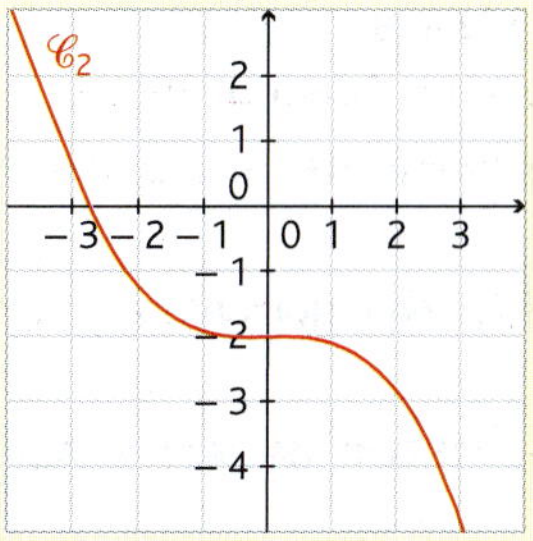

c.

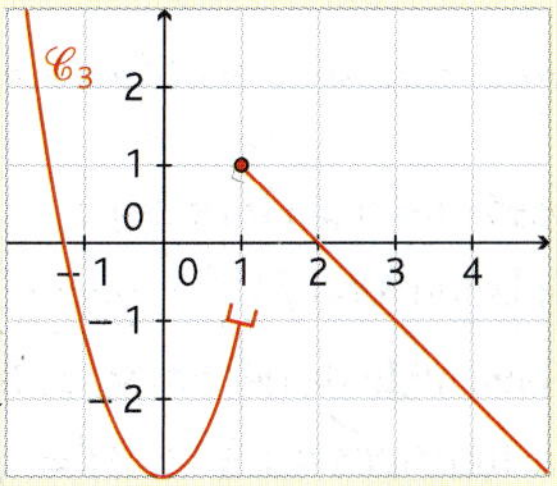

Le saviez-vous ?

En réalité, il existe des fonctions continues qu'on ne peut pas représenter graphiquement car elles ne sont nulle part dérivables. Le mathématicien allemand *Karl Weierstrass* (1815-1897) a été le premier en 1872 à donner une famille de fonctions continues partout et nulle part dérivables.
Le mathématicien français *Henri Poincaré* (1854-1912) qualifiait ces fonctions de monstrueuses.

81. Pour chacune des fonctions f suivantes, dire si elle est continue sur $\mathbb{R}$.

1. f définie sur $\mathbb{R}$ par $f(x) = \begin{cases} x^3 - 8 & \text{si } x > 2 \\ -1 & \text{si } x \leqslant 2 \end{cases}$.

2. f définie sur $\mathbb{R}$ par $f(x) = \begin{cases} \dfrac{1}{x} + 3 & \text{si } x \neq 0 \\ 3 & \text{si } x = 0 \end{cases}$.

3. f définie sur $\mathbb{R}$ par $f(x) = \begin{cases} \sqrt{-3x + 2} & \text{si } x < \dfrac{2}{3} \\ 3x - 2 & \text{si } x \geqslant \dfrac{2}{3} \end{cases}$.

4. f définie sur $\mathbb{R}$ par $f(x) = \begin{cases} 4x + 1 & \text{si } x < 2 \\ (-2x + 1)^2 & \text{si } x \geqslant 2 \end{cases}$.

5. f définie sur $\mathbb{R}$ par $f(x) = \begin{cases} \dfrac{|x + 2|}{x + 2} & \text{si } x \neq -2 \\ 1 & \text{si } x = -2 \end{cases}$.

82. **Corrigé** On considère la fonction f définie sur $\mathbb{R}$ par $f(x) = \begin{cases} -3x + 5 & \text{si } x > 3 \\ k & \text{si } x \leqslant 3 \end{cases}$.
Déterminer le réel k pour lequel la fonction f est continue sur $\mathbb{R}$.

83. Dans chacun des cas, déterminer le réel k pour lequel la fonction f est continue sur $\mathbb{R}$.

1. f définie sur $\mathbb{R}$ par $f(x) = \begin{cases} (x - 4)^2 & \text{si } x > 5 \\ k & \text{si } x \leqslant 5 \end{cases}$.

2. f définie sur $\mathbb{R}$ par $f(x) = \begin{cases} x^3 - 2x^2 + 3 & \text{si } x < 1 \\ k & \text{si } x \geqslant 1 \end{cases}$.

84. On considère la fonction f définie sur $[0\,;\,4]$ par :

$$f(x) = (-2x + 5)^3.$$

Dire si l'équation $f(x) = 40$ admet une solution, sans résoudre cette équation.

Aide
Penser au théorème des valeurs intermédiaires.

85. Dans chacun des cas, déterminer, s'il existe, le réel k pour lequel la fonction f définie sur $\mathbb{R}$, est continue sur $\mathbb{R}$.

1. f définie par $f(x) = \begin{cases} -5x + 2 & \text{si } x < 3 \\ k & \text{si } x = 3 \\ 4x - 25 & \text{si } x > 3 \end{cases}$.

2. f définie par $f(x) = \begin{cases} (2x + 1)^3 & \text{si } x < -1 \\ 5x + 4 & \text{si } -1 \leqslant x \leqslant 5 \\ k & \text{si } x > 5 \end{cases}$.

3. f définie par $f(x) = \begin{cases} x^3 - 2x^2 + 7 & \text{si } x < -2 \\ 3x + 3 & \text{si } -2 \leqslant x \leqslant 4 \\ k & \text{si } x > 4 \end{cases}$.

86. L'équation $-2x^3 + 3x - 4 = 0$ admet-elle une solution dans l'intervalle $[-2\,;\,5]$?
On ne demande pas de résoudre cette équation.

87. On donne ci-dessous le tableau de variations d'une fonction f.

x	-5		2		3		7
Variations de f	1	↗	4	↘	-3	↗	10

Donner, en justifiant, le nombre de solution(s) éventuelle(s) de chacune des équations suivantes et encadrer au mieux ces solutions.

1. $f(x) = 8$.
2. $f(x) = 0$.
3. $f(x) = -3$.
4. $f(x) = 2$.
5. $f(x) = -4$.

88. **Corrigé** On donne ci-dessous le tableau de variations d'une fonction f.

x	$+\infty$		-3		1		6		$+\infty$
Variations de f	$+\infty$	↘	-2	↗	0	↘	-2	↗	5

Discuter, suivant les valeurs du réel k, le nombre de solution(s) de l'équation $f(x) = k$.

89. On donne ci-dessous le tableau de variations d'une fonction f.

x	$-\infty$		-2		2		5		$+\infty$
Variations de f	6	↘	0	↗	$+\infty$ ‖ $-\infty$	↗	3	↘	0

Discuter, suivant les valeurs du réel k, le nombre de solution(s) de l'équation $f(x) = k$.

90. On considère la fonction f définie sur $[-3\,;4]$ par :

$$f(x) = x^3 - 2x^2 + 5x - 4.$$

1. Dresser le tableau de variations de f.

2. Donner, en justifiant, le nombre de solutions de l'équation $f(x) = 2$.

91. **TICE** On considère la fonction f définie sur $[-2\,;2]$ par $f(x) = -3x^3 + x^2 - x + 4$.

1. Dresser le tableau de variations de f.

2. Donner, en justifiant, le nombre de solutions de l'équation $f(x) = 5$.

3. Résoudre cette équation avec un logiciel de calcul formel. (On arrondira à 0,01 près.)

92. **TICE** On considère la fonction f définie sur $[-1\,;3]$ par $f(x) = \frac{2}{5}x^5 - 8x^2 - 3$.

1. Dresser le tableau de variations de f.

2. Démontrer que l'équation $f(x) = 2$ admet une unique solution dans l'intervalle $[2\,;3]$.

3. Chercher une valeur approchée de cette solution à l'aide de la calculatrice. (On arrondira à 0,01 près.)

93. Démontrer que l'équation $\cos(2x) + x = -1$ admet une unique solution dans l'intervalle $\left[-\frac{\pi}{2}\,;0\right]$.

> **AIDE**
> On peut étudier les variations de la fonction :
> $x \mapsto \cos(2x) + x$.

94. Déterminer le nombre de solutions de l'équation $3\sin(x) - 5x = 4$ dans l'intervalle $[-\pi\,;\pi]$.

95. **TICE** **1.** Démontrer que l'équation :

$$\cos(4x + 2) - 8x = -1$$

admet une unique solution dans $\mathbb{R}$.

2. Donner un encadrement de cette solution à 10^{-2} près à l'aide de la calculatrice.

Le saviez-vous ?

Le mathématicien français *Gaston* ***Darboux*** a démontré en 1875 que toutes les fonctions dérivées vérifient le théorème des valeurs intermédiaires.

6. Dérivées

pour s'échauffer

96. Associer chaque fonction de la colonne de gauche à sa dérivée dans la colonne de droite.

$x \mapsto \sqrt{5x-3}$	$x \mapsto \dfrac{-5}{(5x-3)^2}$
$x \mapsto \sqrt{3-5x}$	$x \mapsto 20(5x-3)^3$
$x \mapsto \dfrac{1}{5x-3}$	$x \mapsto \dfrac{5}{2\sqrt{5x-3}}$
$x \mapsto (5x-3)^4$	$x \mapsto \dfrac{5}{\sqrt{5x-3}}$
$x \mapsto 2\sqrt{5x-3}$	$x \mapsto \dfrac{-5}{2\sqrt{-5x+3}}$

97. Même consigne qu'à l'exercice 96.

$x \mapsto \sqrt{x^4+6x-2}$	$x \mapsto 12x^2(2x^3+3)$
$x \mapsto (2x^3+3)^2$	$x \mapsto \dfrac{2x^3+3}{\sqrt{x^4+6x-2}}$
$x \mapsto \sqrt{2x^3+3}$	$x \mapsto 2(4x^3+6)(x^4+6x-2)$
$x \mapsto (x^4+6x-2)^2$	$x \mapsto \dfrac{3x^2}{\sqrt{2x^3+3}}$

***Dans les exercices 98 à 100**, donner l'ensemble de dérivabilité de chacune des fonctions suivantes et calculer l'expression de sa fonction dérivée.*

98. **1.** $f : x \mapsto \sqrt{3x-7}$.

2. $g : x \mapsto \sqrt{4x^2+4x+1}$.

3. $h : x \mapsto \sqrt{2x^2-3x-2}$.

99. **1.** $f : x \mapsto (5x^3-4)^2$.

2. $g : x \mapsto (5x^4-3x+2)^6$.

3. $h : x \mapsto \left(\dfrac{1}{x+6}\right)^3$.

100. **1.** $f : x \mapsto (-7x+3)^5$.

2. $g : x \mapsto \cos(5x+3)$.

3. $h : x \mapsto 2\sin(-3x+2) - \dfrac{4}{x}$.

4. $k : x \mapsto \dfrac{4}{-5x+2} + \sqrt{x-7}$.

5. $l : x \mapsto \dfrac{5}{3x-1} + \sqrt{2x+5}$.

101. Corrigé Étudier les variations de la fonction f définie sur $\mathbb{R}$ par $f(x) = (5x - 1)^6$.

102. On considère la fonction :
$$f : x \mapsto \sqrt{-3x^2 + 11x + 4}.$$
1. Donner l'ensemble de définition de la fonction f.
2. Étudier les variations de la fonction f.

103. On considère la fonction :
$$f : x \mapsto \frac{1}{\cos\left(3x + \frac{\pi}{2}\right)}.$$
1. Donner l'ensemble de définition D de la fonction f.
2. Démontrer que, pour tout x de D : $f'(x) = \dfrac{3\cos(3x)}{\sin^2(3x)}$.

104. On considère la fonction f définie sur $\left[-\frac{\pi}{2} ; \frac{\pi}{2}\right]$ par $f(x) = \sqrt{\cos(x)}$.
1. Donner l'ensemble de dérivabilité de la fonction f et calculer l'expression de sa fonction dérivée.
2. Étudier les variations de la fonction f.

105. On considère la fonction f définie sur $\mathbb{R}$ par :
$$f(x) = \sin^5(x).$$
Étudier les variations de la fonction f.

7. Fonctions trigonométriques

pour s'échauffer

106. Étudier la parité des fonctions suivantes.
1. $f : x \mapsto 3\cos(x) - x^2$.
2. $f : x \mapsto 5x\sin(x) - 1$.
3. $f : x \mapsto \sin(3x) + 2x$.
4. $f : x \mapsto 4\sin(x) - 3\cos(x)$.

107. Démontrer que chacune des fonctions suivantes est périodique de période λ.
1. $f : x \mapsto \cos(4x) - 5$ et $\lambda = \frac{\pi}{2}$.
2. $f : x \mapsto -3\sin(x) + 5\cos^2(x)$ et $\lambda = 2\pi$.

108. On considère la fonction f définie sur $\mathbb{R}$ par :
$$f(x) = |\sin(x)|.$$
1. Étudier la parité de la fonction f.
2. Étudier la périodicité de la fonction f.
3. Tracer la représentation graphique de la fonction f sur l'intervalle $[-\pi ; \pi]$.

109. On considère la fonction f définie sur $\mathbb{R}$ par :
$$f(x) = |\cos(x)| + \cos(x).$$
1. Étudier la parité de la fonction f.
2. Étudier la périodicité de la fonction f.
3. Tracer la représentation graphique de la fonction f sur l'intervalle $[-2\pi ; 2\pi]$.

110. On considère la fonction f définie sur $\mathbb{R}$ par :
$$f(x) = \cos(2x) - 2\cos(x).$$
1. Étudier la parité de la fonction f.
2. Étudier la périodicité de la fonction f.
3. Expliquer pourquoi on peut restreindre l'étude de la fonction f à l'intervalle $[0 ; \pi]$.
4. Dresser le tableau de variations de f sur l'intervalle $[0 ; \pi]$.
5. Tracer la courbe représentative de la fonction f dans un repère sur l'intervalle $[-2\pi ; 2\pi]$.

111. On considère la fonction f définie sur $\mathbb{R}$ par :
$$f(x) = \cos(3x) + 1.$$
1. Étudier la parité de la fonction f.
2. Démontrer que la fonction f est périodique de période $\frac{2\pi}{3}$.
3. Étudier le sens de variation de la fonction f sur l'intervalle $\left[0 ; \frac{\pi}{3}\right]$.
4. En déduire le tableau de variations de la fonction f sur l'intervalle $[-\pi ; \pi]$.

112. 1. Démontrer que pour tout réel x de $[0 ; +\infty[$:
$$\sin(x) \leqslant x.$$
2. En déduire que pour tout réel x de $[0 ; +\infty[$:
$$1 - \frac{x^2}{2} \leqslant \cos(x) \leqslant 1.$$
3. En déduire enfin que pour tout réel x de $[0 ; +\infty[$:
$$x - \frac{x^3}{6} \leqslant \sin(x) \leqslant x.$$

Aide
Étudier les variations de la fonction f définie sur $[0 ; +\infty[$ par $f(x) = x - \sin(x)$.

Le saviez-vous ?

Ces encadrements permettent d'approcher les fonctions cos et sin par des fonctions polynômes au voisinage de 0.
Ces approximations s'appellent des développements limités.

113. TICE

<u>But de l'exercice :</u> *déterminer la limite en 0 de la fonction f définie sur* $\left]-\frac{\pi}{2}\,;\,0\right[\cup\left]0\,;\,\frac{\pi}{2}\right[$ *par* $f(x)=\dfrac{\sin(x)}{\sin(2x)}$.

Partie A - Conjecture

1. Tracer la représentation graphique de la fonction f sur *GeoGebra*.

2. Conjecturer la limite cherchée.

Partie B - Démonstration

1. Donner la limite en 0 des fonctions $x \mapsto \sin(x)$ et $x \mapsto \sin(2x)$.

2. Peut-on conclure directement en utilisant les propriétés sur la limite d'un quotient ?

3. Exprimer $\sin(2x)$ en fonction de $\sin(x)$ et $\cos(x)$ pour tout réel x.

4. En déduire la limite cherchée.

114. TICE On considère le trapèze isocèle $ABCD$ ci-dessous où $AD = AB = BC = 1$.

<u>But de l'exercice :</u> *trouver la valeur de l'angle x pour laquelle l'aire du trapèze est maximale.*

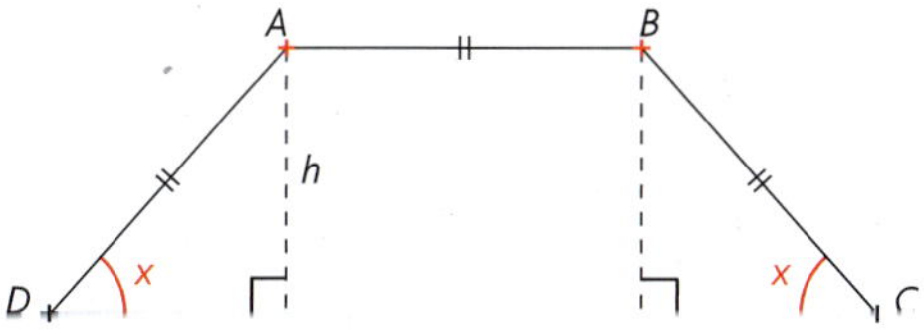

1. Exprimer la hauteur h du trapèze en fonction de l'angle x.

2. Démontrer que l'aire $\mathscr{A}$ du trapèze est définie sur $\left[0\,;\,\frac{\pi}{2}\right]$ par $\mathscr{A}(x) = (\cos(x) + 1) \times \sin(x)$.

3. **Recherche de la solution avec un logiciel de calcul formel**

a. Faire calculer la dérivée $\mathscr{A}'$ de la fonction $\mathscr{A}$ par le logiciel.

b. Déterminer, avec le logiciel, la valeur de x qui annule $\mathscr{A}'$.

c. Résoudre, avec le logiciel, les inéquations $\mathscr{A}'(x) > 0$ et $\mathscr{A}'(x) < 0$.

d. En déduire le tableau de variations de la fonction $\mathscr{A}$.

e. Conclure.

4. **Recherche de la solution par le calcul**

a. Démontrer que la fonction dérivée $\mathscr{A}'$ de la fonction $\mathscr{A}$ est définie sur $\left[0\,;\,\frac{\pi}{2}\right]$ par :

$$\mathscr{A}'(x) = 2\cos^2(x) + \cos(x) - 1.$$

b. Étudier le signe du trinôme $2X^2 + X - 1$.

c. En déduire le signe de $\mathscr{A}'$ en fonction de x, puis les variations de la fonction $\mathscr{A}$.

d. Conclure.

115. TICE **Musique : harmoniques**

1. Avec le logiciel *GeoGebra*, représenter graphiquement les harmoniques définies sur $[0\,;\,2\pi]$ par :

$f(x) = \sin(x)$;

$g(x) = \sin(x) + \sin(2x)$;

$h(x) = \sin(x) + \sin(2x) + \sin(3x)$.

2. Placer les points d'ordonnée maximale sur chacune des courbes. Qu'observe-t-on ?

3. Démontrer que les fonctions f_1, g_1 et h_1 définies sur $\mathbb{R}$ par $f_1(x) = \sin(x)$; $g_1(x) = \sin(x) + \sin(2x)$ et $h_1(x) = \sin(x) + \sin(2x) + \sin(3x)$ sont périodiques de période 2π.

8. Problèmes

116. On considère la fonction f définie sur $\mathbb{R} \setminus \left\{\frac{4}{3}\right\}$ par $f(x) = \dfrac{1}{9x^2 - 24x + 16}$. On note $\mathscr{C}$ la courbe représentative de la fonction f dans un repère.

1. Étudier les limites de f aux bornes de son ensemble de définition.

2. En déduire les équations des asymptotes à la courbe $\mathscr{C}$.

3. Étudier la position de $\mathscr{C}$ par rapport à l'axe des abscisses.

4. Étudier le sens de variation de f.

5. Tracer les asymptotes, puis la courbe représentative de f dans un repère.

117. f est la fonction définie sur $\mathbb{R} \setminus \{3\}$ par :

$$f(x) = \frac{ax + b}{x - 3} \quad \text{où } a \text{ et } b \text{ sont des réels.}$$

On sait que la droite d'équation $y = 4$ est asymptote horizontale à la courbe représentative de f en $+\infty$.

De plus, $f'(1) = -\dfrac{1}{2}$.

1. Retrouver les valeurs de a et de b.

2. Étudier les limites de la fonction f aux bornes de son ensemble de définition.

3. Dresser le tableau de variations de la fonction f.

118. On considère la fonction $f : x \mapsto \dfrac{-2}{(x^2+3x-10)^3}$.

On note $\mathscr{C}$ sa courbe représentative dans un repère.

1. Donner l'ensemble de définition de la fonction f.
2. Déterminer les fonctions u, v et w telles que :
$$f = u \circ v \circ w.$$
3. Étudier les limites de la fonction f aux bornes de son ensemble de définition.
4. En déduire les équations des asymptotes à la courbe $\mathscr{C}$.
5. Étudier la position relative de $\mathscr{C}$ par rapport à l'axe des abscisses.
6. Dresser le tableau de variations de la fonction f.
7. Dans un repère, tracer les asymptotes trouvées à la question 4., puis la courbe $\mathscr{C}$.

119.

Première partie

On considère la fonction f définie sur $[0\,;4]$ par :
$$f(x) = \sqrt{x(4-x)}.$$
On note $\mathscr{C}_f$ sa courbe représentative dans un repère.

1. Démontrer que la fonction f est dérivable sur l'intervalle $]0\,;4[$ et donner l'expression de sa dérivée f' sur cet intervalle.
2. Démontrer que f n'est dérivable ni en 0 ni en 4.
3. Étudier les variations de la fonction f.
4. Donner l'équation de la tangente à la courbe $\mathscr{C}_f$ au point d'abscisse 2.
5. Tracer la courbe $\mathscr{C}_f$ et sa tangente au point d'abscisse 2.

Deuxième partie

On considère la fonction g définie sur $[0\,;4]$ par :
$$g(x) = x\sqrt{x(4-x)}.$$
On note $\mathscr{C}_g$ sa courbe représentative dans un repère.

1. Démontrer que la fonction g est dérivable sur l'intervalle $]0\,;4[$ et donner l'expression de sa dérivée g' sur cet intervalle.
2. La fonction g est-elle dérivable :
   a. en 0 ?
   b. en 4 ?
3. Étudier les variations de la fonction g.
4. a. Démontrer que l'équation $g(x) = 1$ admet une unique solution dans l'intervalle $[0\,;3]$.
   b. À l'aide de la calculatrice, donner un encadrement de cette solution à 0,01 près.
5. Donner l'équation de la tangente à la courbe $\mathscr{C}_g$ au point d'abscisse 2.
6. Tracer la courbe $\mathscr{C}_g$ et sa tangente au point d'abscisse 2.

Troisième partie

On considère la fonction k définie sur $]0\,;4]$ par :
$$k(x) = \frac{\sqrt{x(4-x)}}{x}.$$
On note $\mathscr{C}_k$ sa courbe représentative dans un repère.

1. Étudier la limite de la fonction k en 0.
2. Démontrer que la fonction k est dérivable sur l'intervalle $]0\,;4[$ et donner l'expression de sa dérivée k' sur cet intervalle.
3. La fonction k est-elle dérivable en 4 ?
4. Étudier les variations de la fonction k.
5. Donner l'équation de la tangente à la courbe $\mathscr{C}_k$ au point d'abscisse 2.
6. Tracer la courbe $\mathscr{C}_k$ et sa tangente au point d'abscisse 2.

120. TICE On considère l'équation :
$$\cos(2x) - 2\sin(x) = k \quad \text{où } k \text{ est un réel.}$$
But de l'exercice : trouver le nombre de solution(s) de cette équation dans l'intervalle $[-\pi\,;\pi]$ en fonction de la valeur de k.

Conjecture avec *GeoGebra* ou la calculatrice

1. Tracer la représentation graphique de la fonction f définie sur $[-\pi\,;\pi]$ par $f(x) = \cos(2x) - 2\sin(x)$.
2. Conjecturer le nombre de solution de l'équation $f(x) = k$ en fonction de k.

Démonstration

1. Calculer la fonction dérivée f' de la fonction f.
2. En déduire le tableau de variations de la fonction f.
3. Conclure.

121. TICE **La fonction tangente**

On considère la fonction f définie sur $\left]-\frac{\pi}{2}\,;\frac{\pi}{2}\right[$ par $f(x) = \dfrac{\sin(x)}{\cos(x)}$. On note $\mathscr{C}_f$ la courbe représentative de la fonction f dans un repère.

1. Étudier la parité de la fonction f.
2. Étudier la limite de f en $\frac{\pi}{2}$.
3. En déduire les équations des asymptotes verticales à la courbe $\mathscr{C}_f$.
4. Démontrer que f est dérivable sur $\left]-\frac{\pi}{2}\,;\frac{\pi}{2}\right[$ et pour tout x de $\left]-\frac{\pi}{2}\,;\frac{\pi}{2}\right[$, $f'(x) = \dfrac{1}{\cos^2(x)} = 1 + [f(x)]^2$.

5. Étudier le sens de variation de la fonction f.

6. Démontrer que, pour tout réel k, l'équation $f(x) = k$ admet une unique solution α dans l'intervalle $\left]-\frac{\pi}{2} ; \frac{\pi}{2}\right[$.

7. Tracer la courbe $\mathscr{C}_f$ avec *GeoGebra* et donner une valeur approchée de α pour $k = 2$.

8. On considère la fonction g définie sur :

$$\mathbb{R} \setminus \left\{k\frac{\pi}{2}, k \text{ entier}\right\} \text{ par } g(x) = \frac{\sin(x)}{\cos(x)}.$$

On note $\mathscr{C}_g$ sa courbe représentative dans un repère. Comment peut-on obtenir la courbe $\mathscr{C}_g$ à partir de la courbe $\mathscr{C}_f$? Justifier.

Remarque
Cette fonction g s'appelle la fonction tangente, notée tan.

122. **TICE** Dans la figure ci-dessous :
$\mathscr{C}$ est le cercle trigonométrique de centre O et d'origine A ;
B est le point du cercle $\mathscr{C}$ associé à l'angle x où $x \in \left[0 ; \frac{\pi}{2}\right]$;
H est le pied de la hauteur issue de B du triangle BOA.

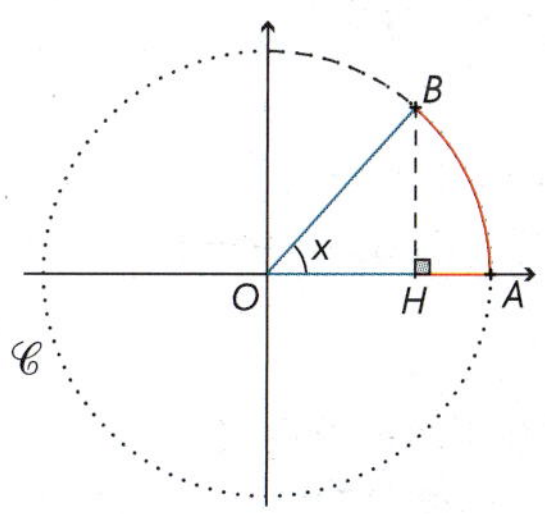

But de l'exercice : donner une valeur approchée du nombre x pour lequel la longueur du chemin bleu (segment $[BO]$ et segment $[OH]$) et celle du chemin rouge (arc $\overset{\frown}{AB}$ et segment $[AH]$) sont égales.

1. a. Exprimer la longueur ℓ_1 du chemin bleu en fonction de x.

b. Exprimer la longueur ℓ_2 du chemin rouge en fonction de x.

2. On considère la fonction f définie sur $\left[0 ; \frac{\pi}{2}\right]$ par :

$$f(x) = 2\cos(x) - x.$$

a. Étudier les variations de la fonction f.

b. Démontrer que l'équation $f(x) = 0$ admet une unique solution α dans l'intervalle $\left[0 ; \frac{\pi}{2}\right]$.

c. Tracer la représentation graphique de la fonction f avec *GeoGebra* et lire une valeur approchée de α.

d. Conclure.

123. **TICE** **Utilisation d'une fonction auxiliaire**
But de l'exercice : étudier la fonction f définie sur $\mathbb{R} \setminus \{1\}$ par $f(x) = \frac{2x+1}{x^3-1}$.

Partie 1 - Recherche des asymptotes

1. Étudier les limites de la fonction f aux bornes de son ensemble de définition.

2. En déduire les équations des asymptotes à la courbe $\mathscr{C}$ représentant la fonction f dans un repère.

Partie 2 - Étude des variations de la fonction f

1. Étudier la dérivabilité de la fonction f et calculer sa fonction dérivée f'.

2. Pour étudier le signe de f', on considère la fonction g définie sur $\mathbb{R} \setminus \{1\}$ par $g(x) = -4x^3 - 3x^2 - 2$.

a. Dresser le tableau de variations de la fonction g.

b. En déduire que l'équation $g(x) = 0$ admet une unique solution α dans $\mathbb{R} \setminus \{1\}$.

c. À l'aide de la calculatrice ou d'un logiciel de calcul formel, donner une valeur approchée de α à 10^{-3} près.

d. En déduire le signe de g.

3. Dresser le tableau de variations de la fonction f.

Partie 3 - Représentation graphique de la fonction f

À l'aide d'un logiciel de géométrie, tracer les asymptotes à la courbe $\mathscr{C}$ et la courbe $\mathscr{C}$.

Partie 4 - Étude d'une tangente

1. Calculer l'équation de la tangente T à $\mathscr{C}$ en 0.

2. Étudier la position relative de $\mathscr{C}$ et de T.

124. 1. **Théorème de Bolzano**
Justifier le théorème suivant :
« Si f est une fonction définie et continue sur un intervalle $[a ; b]$ et si $f(a)$ et $f(b)$ ne sont pas du même signe, alors il existe au moins un réel c dans l'intervalle $[a ; b]$ tel que $f(c) = 0$. »

2. En déduire que si deux fonctions f et g sont continues sur un même intervalle $[a ; b]$ et si leur différence change de signe dans cet intervalle, alors il existe un réel c dans l'intervalle $[a ; b]$ tel que $f(c) = g(c)$.

125. TICE Résolution d'équation : méthode de la sécante

But de l'exercice : *donner des valeurs approchées des solutions de l'équation* $3\cos(x+1) = -x^2$.

Pour cela, on considère la fonction f définie sur $\mathbb{R}$ par :

$$f(x) = 3\cos(x+1) + x^2.$$

On cherche alors à résoudre l'équation $f(x) = 0$.

Partie 1 - Construction du graphique

1. Représenter graphiquement la fonction f sur *GeoGebra*.

2. Vérifier sur ce graphique que l'une des solutions cherchées semble appartenir à l'intervalle $[0\,;\,1]$.

3. Placer les points $A(0\,;\,0)$ et $B(1\,;\,0)$, puis les points $A'(x(A)\,;\,f(x(A)))$ et $B'(x(B)\,;\,f(x(B)))$.

4. Tracer la droite $(A'B')$ et placer le point d'intersection C de la droite $(A'B')$ avec l'axe des abscisses.

5. Construire le point $C'(x(C)\,;\,f(x(C)))$.

6. Tracer la droite $(B'C')$, puis réitérer le processus pour construire de la même façon les points D, D', E, E' et F. Zoomer si nécessaire pour bien distinguer les différents objets.

7. Donner alors une valeur approchée de la solution cherchée.

Partie 2 - Calcul avec le tableur

1. Démontrer que l'équation de la sécante $(A'B')$ est :

$$y = \frac{f(b) - f(a)}{b - a}(x - b) + f(b)$$

où a est l'abscisse de A' et b celle de B'.

2. En déduire la valeur de l'abscisse c du point C en fonction de a, b, $f(a)$ et $f(b)$.

3. Ouvrir le tableur *GeoGebra* et entrer :
=x(A) dans la cellule **A1**
=x(B) dans la cellule **B1**
=B1-(B1-A1)/(f(B1)-f(A1))*f(B1) dans la cellule **C1**
=B1 dans la cellule **A2**
=C1 dans la cellule **B2**

4. Dans la cellule **C2**, copier la formule de la cellule **C1**.

5. Sélectionner les cellules **A2**, **B2** et **C2** et les copier sur quelques lignes.

6. En déduire une valeur approchée de la solution cherchée.

Partie 3 - Valeur approchée de l'autre solution

1. Après avoir vérifié sur le graphique que l'autre solution de l'équation $f(x) = 0$ appartient à l'intervalle $[1{,}5\,;\,2]$, remplacer l'abscisse de A par 1,5 et celle de B par 2.

2. Donner une approximation de la deuxième solution de l'équation $3\cos(x+1) = -x^2$.

Le saviez-vous ?

Dans la méthode de la sécante, on considère que la sécante utilisée représente une approximation affine de la fonction. Par conséquent, l'abscisse du point d'intersection de cette sécante avec l'axe des abscisses est une valeur approchée de la solution cherchée.
Cette méthode est plus lente que la méthode de Newton-Raphson (voir TP info), car la meilleure approximation affine d'une fonction autour d'un point est représentée par sa tangente en ce point.

126. TICE Résolution d'équation : méthode de la fausse position

But de l'exercice : *donner des valeurs approchées des solutions de l'équation* $\sin(x-2) = 2x^3$.

Pour cela, on considère la fonction f définie sur $\mathbb{R}$ par :

$$f(x) = \sin(x-2) - 2x^3.$$

On cherche alors à résoudre l'équation $f(x) = 0$.

Partie 1 - Construction du graphique

1. Représenter graphiquement la fonction f sur *GeoGebra*.

2. Vérifier sur ce graphique que l'une des solutions cherchées semble appartenir à l'intervalle $[-1\,;\,0]$.

3. Placer les points $A(-1\,;\,0)$ et $B(0\,;\,0)$, puis les points $A'(x(A)\,;\,f(x(A)))$ et $B'(x(B)\,;\,f(x(B)))$.

4. Tracer la droite $(A'B')$ et placer le point d'intersection C de la droite $(A'B')$ avec l'axe des abscisses.

5. Construire le point $C'(x(C)\,;\,f(x(C)))$.

6. Vérifier graphiquement que l'ordonnée de C' a le même signe que celle de B', mais pas le même signe que celle de A'.

7. Tracer la droite $(A'C')$ et placer le point d'intersection D de la droite $(A'C')$ avec l'axe des abscisses.

8. Construire le point $D'(x(D)\,;\,f(x(D)))$.

9. Après avoir vérifié graphiquement que les ordonnées de A' et D' sont de signes contraires, tracer la droite $(A'D')$.

10. Réitérer le processus pour construire de la même façon les points E, E', F, F' et G en traçant à chaque étape une droite passant par des points de la courbe dont les ordonnées sont de signes contraires. Zoomer si nécessaire pour bien distinguer les différents objets.

11. Donner alors une valeur approchée de la solution cherchée.

Partie 2 - Calcul avec le tableur

1. Démontrer que l'équation de la sécante $(A'B')$ est :
$$y = \frac{f(b) - f(a)}{b - a}(x - b) + f(b)$$
où a est l'abscisse de A' et b celle de B'.

2. En déduire la valeur de l'abscisse c du point C en fonction de a, b, $f(a)$ et $f(b)$.

3. Ouvrir le tableur *GeoGebra* et entrer :
=x(A) dans la cellule **A1**
=x(B) dans la cellule **B1**
=B1-(B1-A1)/(f(B1)-f(A1))*f(B1) dans la cellule **C1**
=Si[f(A1)*f(C1)<0,A1,B1] dans la cellule **A2**
=C1 dans la cellule **B2**

4. Dans la cellule **C2**, copier la formule de la cellule **C1**.

5. Sélectionner les cellules **A2**, **B2** et **C2** et les copier sur quelques lignes.

6. En déduire une valeur approchée de la solution cherchée.

> **Remarque**
> La fonction si[f(A1)*f(C1)<0,A1,B1] permet d'affecter la valeur **A1** si la condition f(A1)*f(C1)<0 est respectée et la valeur **B1** sinon.

Le saviez-vous ?

La méthode de la fausse position ressemble à la méthode de la sécante vue dans l'exercice 125. Cependant, la méthode de la sécante utilise les deux derniers points alors que la méthode de la fausse position utilise deux points qui encadrent un zéro.

127. TICE On considère la fonction f définie sur $\mathbb{R} \setminus \{1\}$ par $f(x) = 2x + 5 - \frac{1}{(x-1)^2}$.

Partie 1 - Observation

1. Représenter graphiquement la fonction f sur la calculatrice.

2. Conjecturer les limites de f aux bornes de son ensemble de définition.

3. Tracer sur le même graphique la droite d'équation $y = 2x + 5$. Que remarque-t-on ?

Partie 2 - Démonstration

1. Déterminer par le calcul les limites de f aux bornes de son ensemble de définition.

2. Déterminer les limites en $+\infty$ et en $-\infty$ de :
$$f(x) - (2x + 5).$$

3. Étudier la position relative de la courbe $\mathscr{C}$ représentant la fonction f et de la droite (d) d'équation $y = 2x + 5$.

> **Remarque**
> On dit que la droite (d) est asymptote oblique à la courbe $\mathscr{C}$ en $+\infty$ et en $-\infty$.

128. On considère la fonction f définie sur $\mathbb{R} \setminus \{4\}$ par $f(x) = \frac{x^2 - 7x + 14}{x - 4}$.

On note $\mathscr{C}$ sa courbe représentative dans un repère.

1. Déterminer les réels a, b et c tels que, pour tout x de $\mathbb{R} \setminus \{4\}$:
$$f(x) = ax + b + \frac{c}{x-4}.$$

2. Étudier les limites de la fonction f aux bornes de son ensemble de définition.

3. En déduire l'existence d'une asymptote verticale (d_1) à la courbe $\mathscr{C}$ et donner son équation.

4. Étudier les variations de la fonction f.

5. Démontrer que $\lim_{x \to +\infty} (f(x) - (x - 3)) = 0$ et que $\lim_{x \to -\infty} (f(x) - (x - 3)) = 0$.

6. Étudier la position relative de $\mathscr{C}$ et de la droite (d_2) d'équation $y = x - 3$.

7. Dans un repère, tracer les droites (d_1) et (d_2), puis la courbe $\mathscr{C}$.

en route vers le BAC

Dans cette rubrique, on va étudier des suites récurrentes (u_n) du type :

$$u_0 \in \mathbb{R} \text{ et } u_{n+1} = f(u_n)$$

en commençant par établir un résultat important entre ***point fixe d'une fonction*** *et* ***limite d'une suite récurrente****, puis en le mettant en application dans des problèmes.*

DÉFINITION
Soit f une fonction définie sur un intervalle I de $\mathbb{R}$. On appelle **point fixe** de la fonction f, tout réel x de I tel que :

$$f(x) = x.$$

129. $f(I) \subset I$

Soit I un intervalle et f une fonction définie sur I telle que :

Pour tout $x \in I$, $f(x) \in I$ $(\mathcal{S})$.

Démontrer qu'en posant :

« $u_0 \in I$ et, pour $n \in \mathbb{N}$, $u_{n+1} = f(u_n)$ », la suite (u_n) est bien définie et, pour tout $n \in \mathbb{N}$, $u_n \in I$.

INFO
Lorsque la propriété $(\mathcal{S})$ est vérifiée, on dit que l'intervalle I est **stable** par la fonction f. Ce qui permet de construire rapidement une suite récurrente...

130. $\ell = f(\ell)$

Soit f une fonction définie sur un intervalle I et (u_n) une suite vérifiant :

Pour tout $n \in \mathbb{N}$, $u_{n+1} = f(u_n)$ et $u_n \in I$.

Démontrer que si (u_n) admet une limite finie $\ell \in I$ et f est continue en ℓ, alors ℓ vérifie la relation :

$$\ell = f(\ell).$$

AIDE
On pourra éventuellement effectuer un raisonnement par l'absurde.

Les exercices 131. à 135. *s'appuient sur le résultat de l'exercice 130.*

131. Par disjonction des cas

Partie A - Étude de fonction

Soit f la fonction définie sur $\mathbb{R}$ par : $f(x) = x(2 - x)$.

1. Établir le tableau de variations de la fonction f sur $\mathbb{R}$.
2. Effectuer la représentation graphique dans un repère orthonormé $(O\,;\vec{i},\vec{j})$, de la fonction f ainsi que de la droite d'équation $y = x$.
3. Résoudre, dans $\mathbb{R}$, l'équation $f(x) = x$.

Partie B - Étude d'une suite

Soit (u_n) la suite récurrente définie sur $\mathbb{R}$ par :

$$u_0 = a,\ a \in \mathbb{R} \text{ et } u_{n+1} = f(u_n).$$

1. Que peut-on dire de la suite (u_n) si $u_0 \in \{0\,;1\,;2\}$?
2. Établir le signe de $x(1 - x)$ sur $\mathbb{R}$.
3. Montrer que, pour tout $n \in \mathbb{N}$:
$$u_{n+1} - u_n = u_n(1 - u_n).$$
4. On suppose $a \in]0\,;1[$.
a. Montrer que, pour tout $n \in \mathbb{N}$, $u_n \in]0\,;1[$.
b. En déduire que la suite (u_n) est croissante et qu'elle admet une limite finie que l'on précisera.
5. On suppose $a \in]1\,;2[$.
a. Montrer que, pour tout $n \in \mathbb{N}^*$, $u_n \in]0\,;1[$.
b. En déduire que la suite (u_n) est croissante et qu'elle admet une limite finie que l'on précisera.
6. On suppose $a \in]-\infty\,;0[$.
a. Justifier que la suite (u_n) est négative, puis qu'elle est décroissante.
b. En déduire que la suite (u_n) n'est pas minorée, puis conclure sur sa limite.
7. On suppose $a \in]2\,;+\infty[$.
a. Justifier que, pour tout $n \in \mathbb{N}^*$, $u_n < 0$.
b. En déduire que la suite (u_n) est décroissante.
c. En déduire que la suite (u_n) n'est pas minorée, puis conclure sur sa limite.

132. Soit la suite (u_n) définie sur $\mathbb{N}$ par :

$$\begin{cases} u_0 = 1 \\ u_{n+1} = u_n^2 + u_n + 1 \end{cases}.$$

On définit la fonction f sur $\mathbb{R}$ par $f(x) = x^2 + x + 1$.

1. Donner une **condition nécessaire et suffisante** pour qu'une suite croissante admette une limite infinie.
2. Montrer que la suite (u_n) est croissante.
3. Résoudre l'équation $f(x) = x$.
4. En déduire que $\lim\limits_{x \to +\infty} u_n = +\infty$.

133. Un cas général...

Soit $a \in \mathbb{R}^*$. On pose, pour tout $x \in \mathbb{R}$:

$$f(x) = ax + b.$$

On définit sur $\mathbb{N}$ la suite (u_n) par :

$$u_0 \in \mathbb{R} \text{ et } u_{n+1} = f(u_n).$$

On suppose que $b \neq 0$.

1. Montrer que, si la suite (u_n) admet une limite finie ℓ, alors $a \neq 1$.

2. On suppose que $a \neq 1$ et on pose $\ell = \dfrac{b}{1-a}$.

a. Montrer que, la suite (v_n) définie pour tout entier naturel n par $v_n = u_n - \ell$ est une suite géométrique dont on précisera le premier terme et la raison.

b. En déduire, pour tout entier naturel n, v_n en fonction de n.

3. Établir que la suite (u_n) admet une limite finie si, et seulement si, $-1 < a < 1$.

134. BAC Vu et revu !

Soit la suite (u_n) définie sur $\mathbb{N}$ par :

$$u_0 = \frac{1}{2} \text{ et } u_{n+1} = \frac{1}{2}\left(u_n + \frac{2}{u_n}\right).$$

1. a. Soit f la fonction définie sur $]0\,;+\infty[$ par :

$$f(x) = \frac{1}{2}\left(x + \frac{2}{x}\right).$$

Étudier le sens de variation de la fonction f et tracer sa courbe représentative dans un repère orthonormé $(O\,;\vec{i},\vec{j})$. On prendra comme unité 2 cm.

b. Utiliser le graphique précédent pour représenter les points A_0, A_1, A_2 et A_3 de l'axe $(O\,;\vec{i})$ d'abscisses respectives u_0, u_1, u_2 et u_3.

2. a. Montrer que, pour tout entier naturel n non nul :

$$u_n \geqslant \sqrt{2}.$$

b. Montrer que, pour tout $x \geqslant \sqrt{2}$, $f(x) \leqslant x$.

c. En déduire que la suite (u_n) est décroissante à partir du rang 1.

d. Prouver que la suite (u_n) converge.

3. Soit ℓ la limite de la suite (u_n). Montrer que le réel ℓ est solution de l'équation $x = \dfrac{1}{2}\left(x + \dfrac{2}{x}\right)$.

En déduire sa valeur.

D'après Bac 2006

135. Suite et ϕin

> **RAPPEL**
> On note ϕ l'unique solution positive de l'équation $x^2 - x - 1 = 0$. ϕ est appelé le *nombre d'or*.

On pose, pour tout $x \in \left]\frac{1}{2}\,;+\infty\right[$, $f(x) = \dfrac{x^2+1}{2x-1}$.

On pose $u_0 = 2$ et, pour $n \in \mathbb{N}$, $u_{n+1} = f(u_n)$.

1. a. Établir le tableau de variations de la fonction f.

b. En déduire que, pour tout réel x :

$$x > \frac{1}{2} \Rightarrow f(x) \geqslant \phi.$$

2. a. Montrer que, pour tout entier naturel n :

$$\phi \leqslant u_{n+1} \leqslant u_n \leqslant 2.$$

b. Résoudre l'équation $x = f(x)$.

c. En déduire que la suite (u_n) admet une limite finie.

3. a. Montrer que, pour tout entier naturel n :

$$u_{n+1} - \phi \leqslant \frac{1}{2}(u_n - \phi)^2.$$

b. Peut-on supposer qu'il existe un rang $p \in \mathbb{N}$ à partir duquel $u_n - \phi < 1$?

c. Quelle conséquence cela a sur la suite (u_n) à partir de ce rang p ?

4. Montrer alors que, pour tout entier naturel n :

$$u_n - \phi \leqslant \left(\frac{1}{2}\right)^{2^{n+1}-1}.$$

5. En déduire que u_9 est une approximation de ϕ à 10^{-308} près.

Le coquillage nautile a une forme de spirale logarithmique qui peut être dessinée à partir d'une série de rectangles d'or.

en route vers le BAC

vrai ou faux ?

Pour chacune des affirmations ci-dessous, préciser si elle est vraie ou fausse.

136. BAC **1.** Si a est un nombre réel quelconque et f une fonction définie et strictement décroissante sur $[a\ ;\ +\infty[$, alors $\lim\limits_{x \to +\infty} f(x) = +\infty$.

2. Soit f et g deux fonctions définies sur $[0\ ;\ +\infty[$, g ne s'annulant pas :

$$\text{si } \lim_{x \to +\infty} f(x) = -\infty \text{ et } \lim_{x \to +\infty} g(x) = +\infty,$$

$$\text{alors } \lim_{x \to +\infty} \frac{f(x)}{g(x)} = -1.$$

3. Si f est une fonction définie sur $[0\ ;\ +\infty[$ telle que $0 \leqslant f(x) \leqslant \sqrt{x}$ sur $[0\ ;\ +\infty[$, alors $\lim\limits_{x \to +\infty} \dfrac{f(x)}{x} = 0$.

4. On considère un repère $(O\ ;\ \vec{i}, \vec{j})$ du plan.

Si f est une fonction définie sur $\mathbb{R}^*$, alors la droite d'équation $x = 0$ est asymptote à la courbe représentative de f dans le repère $(O\ ;\ \vec{i}, \vec{j})$.

D'après Bac 2005

137. BAC Soit f et g deux fonctions définies sur un intervalle $[A\ ;\ +\infty[$, où A est un réel strictement positif.

Si $\lim\limits_{x \to +\infty} f(x) = 0$, alors :

$$\lim_{x \to +\infty} f(x)g(x) = 0.$$

D'après Bac S 2008

138. BAC Si $f(x) = x \sin 3x$, alors les solutions de l'équation $f(x) = \frac{1}{2}x$ sont :

$$0 \text{ ou } \frac{\pi}{18} + 2k\frac{\pi}{3} \quad \text{ou} \quad \frac{5\pi}{18} + 2k'\frac{\pi}{3}$$

où k et k' sont des entiers relatifs.

D'après Bac 2004

QCM

Pour chacune des questions, une seule des trois propositions est exacte. Indiquer la réponse choisie.

139. BAC **Sur le graphique ci-dessous, on a représenté dans un repère orthonormal, les courbes $\mathscr{C}_1$ et $\mathscr{C}_2$ représentatives de deux fonctions f_1 et f_2 définies sur l'intervalle $]0\ ;\ +\infty[$.**

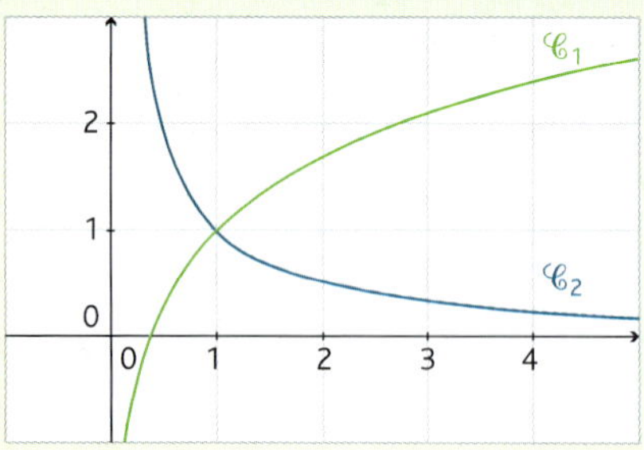

On sait que :

- l'axe des ordonnées est asymptote aux courbes $\mathscr{C}_1$ et $\mathscr{C}_2$;
- l'axe des abscisses est asymptote à la courbe $\mathscr{C}_2$;
- la fonction f_2 est continue et strictement décroissante sur l'intervalle $]0\ ;\ +\infty[$;
- la fonction f_1 est continue et strictement croissante sur l'intervalle $]0\ ;\ +\infty[$;
- la limite quand x tend vers $+\infty$ de $f_1(x)$ est $+\infty$.

1. La limite quand x tend vers 0 de $f_2(x)$ est :

a. 0 ; **b.** $+\infty$; **c.** On ne peut pas conclure.

2. La limite quand x tend vers $+\infty$ de $f_2(x)$ est :

a. 0 ; **b.** 0,2 ; **c.** On ne peut pas conclure.

3. Le tableau de signes de $f_2(x) - f_1(x)$ est :

a.

x	$0 \qquad\qquad +\infty$
$f_2(x) - f_1(x)$	‖ $+$

b.

x	$0 \qquad\qquad +\infty$
$f_2(x) - f_1(x)$	‖ $-$

c.

x	$0 \qquad\qquad +\infty$
$f_2(x) - f_1(x)$	‖ $+ \ 0 \ -$

D'après Bac 2011

exercices

140. BAC Étudier les variations de la fonction :

$$f : x \mapsto \frac{(2x-5)^2}{2x-7} \text{ sur l'intervalle } \left]-\infty\,;\,\frac{5}{2}\right[.$$

D'après Bac 2003

141. BAC On considère la fonction f définie sur $[0\,;\,1]$ par :

$$f(x) = \frac{-x^3}{2(x+2)}.$$

Calculer $f'(x)$ pour x élément de $[0\,;\,1]$, puis déterminer le sens de variation de f sur $[0\,;\,1]$.

D'après Bac 2003

142. BAC Soit f la fonction définie sur $\mathbb{R}$ par :

$$f(x) = \frac{1}{\sqrt{1+x^2}}.$$

On note $(\mathscr{C})$ sa courbe représentative.

1. Montrer que f est paire.
2. Étudier ses variations sur $[0\,;\,+\infty[$ et déterminer sa limite en $+\infty$.
3. Tracer sa courbe $(\mathscr{C})$.
4. Montrer que pour tout réel y de $]0\,;\,1]$ l'équation $f(x) = y$ admet une unique solution dans $[0\,;\,+\infty[$. Exprimer en fonction de y cette solution.

D'après Bac 1997

143. BAC Soit la fonction f définie sur l'intervalle $[0\,;\,2]$ par :

$$f(x) = \frac{2x+1}{x+1}.$$

1. Étudier les variations de f sur l'intervalle $[0\,;\,2]$.
2. Montrer que si $x \in [1\,;\,2]$, alors $f(x) \in [1\,;\,2]$.

D'après Bac 2005

144. BAC Un lapin désire traverser une route de 4 mètres de largeur. Un camion, occupant toute la route, arrive à sa rencontre à la vitesse de 60 km/h. Le lapin décide au dernier moment de traverser, alors que le camion n'est plus qu'à 7 mètres de lui. Son démarrage est foudroyant et on suppose qu'il effectue la traversée en ligne droite au maximum de ses possibilités, c'est-à-dire... 30 km/h !

L'avant du camion est représenté par le segment $[CC']$ sur le schéma ci-dessous.

Le lapin part du point A en direction de D.

Cette direction est repérée par l'angle $\theta = \widehat{BAD}$ avec $0 \leqslant \theta < \frac{\pi}{2}$ (en radians).

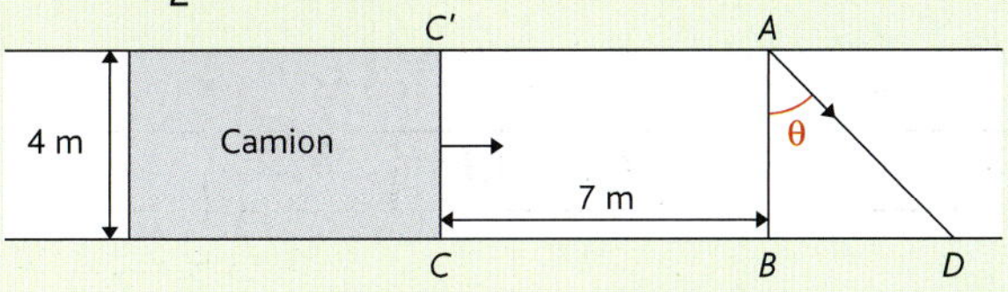

1. Déterminer les distances AD et CD en fonction de θ et les temps t_1 et t_2 mis par le lapin et le camion pour parcourir respectivement les distances AD et CD.
2. On pose $f(\theta) = \frac{7}{2} + 2\tan\theta - \frac{4}{\cos(\theta)}$.

Montrer que le lapin aura traversé la route avant le passage du camion si, et seulement si, $f(\theta) > 0$.

3. Conclure.

D'après Bac 2005

> **Rappel**
> Pour tout réel x de $\left[0\,;\,\frac{\pi}{2}\right[$, $\tan(x) = \frac{\sin(x)}{\cos(x)}$.
> La fonction $x \mapsto \tan(x)$ est dérivable sur :
> $\left[0\,;\,\frac{\pi}{2}\right[$ et a pour dérivée la fonction $x \mapsto \frac{1}{\cos^2(x)}$.

145. BAC On cherche à modéliser l'évolution du nombre, exprimé en millions, de foyers français possédant un téléviseur à écran plat en fonction de l'année.

Soit u_n le nombre, exprimé en millions, de foyers possédant un téléviseur à écran plat l'année n.

On pose $n = 0$ en 2005, $u_0 = 1$ et, pour tout $n \geqslant 0$:

$$u_{n+1} = \frac{1}{10}u_n(20 - u_n).$$

1. Soit f la fonction définie sur $[0\,;\,20]$ par :

$$f(x) = \frac{1}{10}x(20 - x).$$

a. Étudier les variations de f sur $[0\,;\,20]$.

b. En déduire que pour tout $x \subset [0\,;\,10]$, $f(x) \subset [0\,;\,10]$.

c. On donne ci-dessous la courbe représentative $\mathscr{C}$ de la fonction f dans un repère orthogonal.

Représenter à l'aide de ce graphique les cinq premiers termes de la suite $(u_n)_{n \geqslant 0}$ sur l'axe des abscisses.

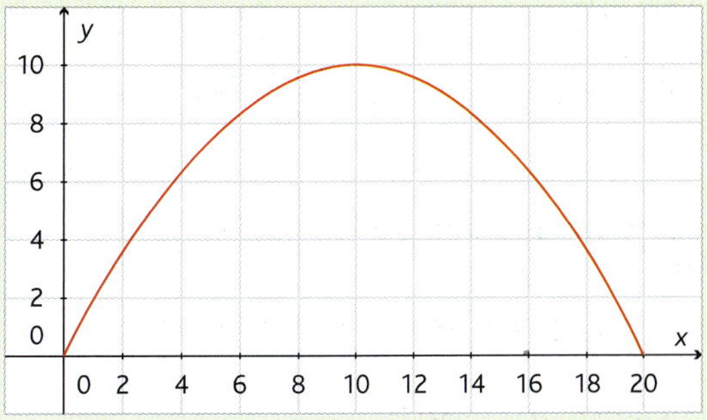

2. Montrer par récurrence que pour tout $n \in \mathbb{N}$:

$$0 \leqslant u_n \leqslant u_{n+1} \leqslant 10.$$

3. Montrer que la suite $(u_n)_{n \geqslant 0}$ est convergente et déterminer sa limite.

D'après Bac 2008

Aide

méthodes pour les exercices 146 à 148

On cherche d'abord à appliquer les propriétés sur la limite d'une somme.

Puis, si on obtient une forme indéterminée, on met en facteur le terme de plus haut degré. Enfin, on utilise les propriétés d'opérations.

Voir l'exercice résolu 1 de ce chapitre.

146. 1. Déterminer la limite en $-\infty$ de la fonction f définie sur $\mathbb{R}$ par $f(x) = 4x^5 - 3x^4 + x^3 - 2x^2 + 1$.

2. a. Peut-on appliquer la même méthode en $+\infty$?

b. Mettre $4x^5$ en facteur dans l'expression de $f(x)$.

c. Conclure.

> **Attention**
> Cette expression existe seulement pour $x \neq 0$.

147. Déterminer les limites en $+\infty$ et en $-\infty$ de la fonction f définie sur $\mathbb{R}$ par $f(x) = 3x^6 + x^3 + 5x^2 - 7$.

148. Déterminer les limites en $+\infty$ et en $-\infty$ de la fonction f définie sur $\mathbb{R}$ par $f(x) = -x^4 + 4x^2 + x - 7$.

méthodes pour les exercices 149 à 151

Si le numérateur et le dénominateur sont des polynômes de degré non nul, alors on ne peut pas trouver directement la limite en l'infini.

On met en facteur au numérateur le terme de plus haut degré, de même au dénominateur. Enfin, on utilise les propriétés d'opérations.

Voir l'exercice résolu 2 de ce chapitre.

149. On considère la fonction f définie sur $\mathbb{R}$ par :

$$f(x) = \frac{3x^3 - x}{4x^2 - 5x + 2}.$$

1. Démontrer que, pour tout réel x non nul :

$$f(x) = \frac{3x}{4} \times \left(\frac{1 - \frac{1}{3x^2}}{1 - \frac{5}{4x} + \frac{1}{2x^2}} \right).$$

2. En déduire les limites en $+\infty$ et en $-\infty$ de la fonction f.

150. Déterminer les limites en $+\infty$ et en $-\infty$ de la fonction f définie sur $\mathbb{R}$ par $f(x) = \dfrac{4x^2 - 7}{5x^2 + x + 3}$.

151. Déterminer les limites en $+\infty$ et en $-\infty$ de la fonction f définie sur $\mathbb{R}$ par $f(x) = \dfrac{2x - 7}{5x^4 - 2x^2 + 1}$.

152. Donner les limites des fonctions suivantes :

a. f définie sur $\mathbb{R}^*$ par $f(x) = \left(\dfrac{1}{x} + 5\right)^6$ en 0 ;

b. g définie sur $]-\infty ; 9]$ par $g(x) = \sqrt{-x + 9}$ en $-\infty$;

c. h définie sur $\mathbb{R}^*$ par $h(x) = (-x + 2)^3 - \dfrac{5}{x}$ en 0 et en $+\infty$.

153. 1. On considère la fonction f définie sur $\mathbb{R}^*$ par :

$$f(x) = \frac{\sin(3x + 1)}{x^4}.$$

a. Démontrer que, pour tout réel x non nul :

$$-\frac{1}{x^4} \leqslant f(x) \leqslant \frac{1}{x^4}.$$

b. En déduire la limite de f en $+\infty$.

2. Donner de même les limites des fonctions suivantes :

a. g définie sur $\mathbb{R} \setminus \left\{\dfrac{\pi}{2}\right\}$ par $g(x) = \dfrac{\cos(x)}{\left(x - \dfrac{\pi}{2}\right)^2}$ en $-\infty$;

b. h définie sur $\mathbb{R}$ par $h(x) = \dfrac{x + 8}{\sin(x) - 2}$ en $+\infty$.

154. On considère la fonction f définie sur $[-2 ; 0]$ par :

$$f(x) = 2x^3 - x^2 + x + 5.$$

1. Dresser le tableau de variations de f.

2. Démontrer que l'équation $f(x) = 0$ admet une unique solution dans l'intervalle $[-2 ; 0]$.

> **Remarque**
> Il ne s'agit pas ici de résoudre l'équation $f(x) = 0$, mais de démontrer l'existence et l'unicité d'une solution.

155. Donner l'ensemble de dérivabilité de chacune des fonctions suivantes et calculer l'expression de sa fonction dérivée :

a. $f : x \mapsto \sqrt{9 - x^2}$;

b. $g : x \mapsto (-x^4 + 6)^7$;

c. $h : x \mapsto \dfrac{5}{3x + 7} - \sqrt{3x + 7} + \cos(-2x + 6)$.

Approfondissement

Ce que dit le B.O.

Ondes progressives sinusoïdales, oscillateur mécanique.

Exemples de fonctions discontinues, ou à dérivées non continues.

156. Fonctions discontinues

On considère la fonction f définie sur $\mathbb{R}$ par $f(x) = E(x) + E(1 - x)$ où E est la fonction partie entière.

1. Recopier et compléter le tableau de valeurs ci-dessous :

x	$-2,5$	$-2,3$	-2	$-1,7$	$-1,5$	-1	$-0,5$	$-0,2$
$f(x)$								

x	0	0,4	0,8	1	1,3	1,5	2	2,5
$f(x)$								

2. Tracer, à la main, la représentation graphique de la fonction f dans un repère.
3. La fonction f est-elle continue sur $\mathbb{R}$?
4. Tracer la représentation graphique de la fonction f sur la calculatrice et commenter le résultat.

157. Un peu de mouvement

Un solide de masse $m = 0,2$ kg se déplace sans frottement sur un axe horizontal, relié à un ressort de constante de raideur $k = 3,6\ \text{N} \cdot \text{m}^{-1}$ et de masse negligeable.

Pour tout réel positif t, l'abscisse $x(t)$ du centre de gravité du solide à l'instant t est définie par $x(t) = 2\cos(3\sqrt{2}\,t)$.

Démontrer que pour tout réel positif t :

$$x''(t) + \frac{k}{m}x(t) = 0.$$

Cette égalité traduit la propriété suivante :

Dans un mouvement rectiligne sinusoïdal, l'accélération x'' est proportionnelle à l'élongation x et de signe contraire.

Remarque

x'' est la dérivée seconde de la fonction x.

158. TICE Courbe paramétrée

On considère l'ensemble (Γ) des points $M(t)$ dont les coordonnées $(x(t)\,;y(t))$ sont définies pour tout réel t de l'intervalle $[-\pi\,;\pi]$ par :

$$\begin{cases} x(t) = 5\cos(t) \\ y(t) = 3\sin(t) \end{cases}.$$

1. **Recherche d'un intervalle d'étude**

a. Exprimer $x(-t)$ et $y(-t)$ en fonction de $x(t)$ et $y(t)$ pour tout réel t de l'intervalle $[-\pi\,;\pi]$.

En déduire la transformation géométrique par laquelle le point $M(-t)$ est l'image du point $M(t)$ de (Γ).

b. Exprimer $x(\pi - t)$ et $y(\pi - t)$ en fonction de $x(t)$ et $y(t)$ pour tout réel t de l'intervalle $[-\pi\,;\pi]$.

En déduire la transformation géométrique par laquelle le point $M(\pi - t)$ est l'image du point $M(t)$ de (Γ).

2. **Tracé de (Γ)**

a. Étudier le sens de variation de chacune des fonctions x et y sur l'intervalle $\left[0\,;\frac{\pi}{2}\right]$ et les faire figurer dans un même tableau.

b. Dans un repère orthonormal, placer les points de (Γ) correspondant aux paramètres 0, $\frac{\pi}{6}$, $\frac{\pi}{3}$, $\frac{\pi}{4}$ et $\frac{\pi}{2}$.

c. Tracer la partie de (Γ) obtenue lorsque t décrit l'intervalle $\left[0\,;\frac{\pi}{2}\right]$.

d. En utilisant la question 1., compléter le tracé de (Γ) sur $[-\pi\,;\pi]$.

e. Vérifier avec *GeoGebra*.

Aide

Pour tracer cette courbe, il faut taper dans la barre de saisie : Courbe[5cos(t),3sin(t),t,-pi,pi]

Cette courbe est une ellipse.

Problèmes à prise d'initiative

159. Calculer la limite en 0 de la fonction f définie sur $]0\,;+\infty[$ par $f(x) = \dfrac{\sin(x)}{\sqrt{x}}$.

160. f est une fonction homographique telle que :

$$\lim_{x \to +\infty} f(x) = -3 \text{ et } \lim_{\substack{x \to 4 \\ x > 4}} f(x) = -\infty.$$

La tangente à la courbe représentative de f au point d'abscisse 1 a pour équation $y = \frac{4}{3}x - \frac{1}{3}$.

Donner l'expression de la fonction f.

161. Soit $(O\,;\vec{i},\vec{j})$ un repère orthonormal direct.

Soit x un réel de l'intervalle $[0\,;\pi]$.

I est le point de coordonnées $(1\,;0)$ et M est le point de coordonnées $(\cos(x)\,;\sin(x))$

Déterminer la valeur de x pour laquelle le triangle MOI est équilatéral.

Algorithme de Newton-Raphson

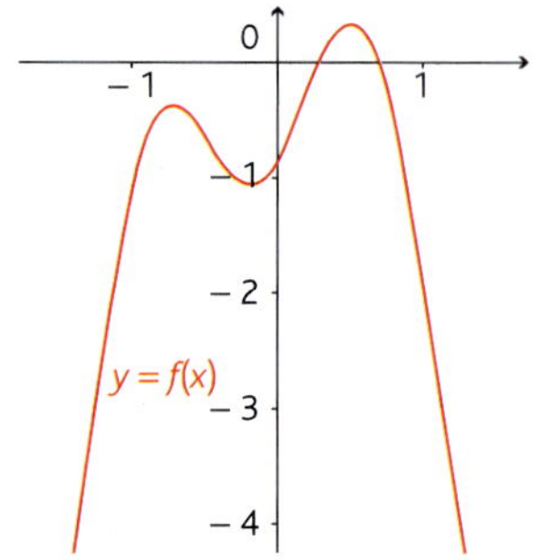

objectif

Trouver des valeurs approchées de solutions d'équations qu'on ne sait pas résoudre algébriquement.

On cherche à trouver une valeur approchée d'une solution de l'équation (E) : $\sin(4x - 1) = 2x^2$. Pour cela, on considère la fonction f définie sur $\mathbb{R}$ par $f(x) = \sin(4x - 1) - 2x^2$. L'équation (E) équivaut alors à $f(x) = 0$.

Nous allons appliquer à cette fonction la méthode qui était, au XVIIe siècle, utilisée par Isaac Newton et par Joseph Raphson sur des fonctions polynômes. Le principe repose sur l'utilisation de tangentes à la courbe de f pour approcher la fonction f. Il est alors aisé de trouver une racine de cette approximation en prenant l'abscisse du point d'intersection de la tangente avec l'axe des abscisses.

1. Construction du graphique et recherche d'une solution

a. Ouvrir une nouvelle figure *GeoGebra*.

b. Créer la fonction f et tracer sa courbe représentative en rouge.

c. On peut observer que les solutions cherchées appartiennent à l'intervalle $[0\ ;\ 1]$. Créer le point A de coordonnées $(1\ ;\ 0)$, puis le point A' de coordonnées $(x(A)\ ;\ f(x(A)))$.

d. Créer la tangente à la courbe passant par A'.

e. Créer le point d'intersection B de la tangente avec l'axe des abscisses.

f. Répéter le processus pour créer les points B', C, C', D, D' et E. Faire des zooms successifs pour distinguer les tangentes.

g. Lire les abscisses des points B, C, D et E.

> **MÉTHODE**
> Utiliser la zone de saisie pour créer la fonction, les points et les tangentes grâce aux commandes :
> $f(x) = \sin(4x - 1) - 2x \wedge 2$ $A' = (x(A), f(x(A)))$
> $A = (1, 0)$ **Tangente** $[A', f]$

> **REMARQUE**
> Les abscisses de B, C, D et E sont des approximations de plus en plus précises de la solution cherchée.

2. Calculs et utilisation du tableur

a. Rappeler l'équation de la tangente à la courbe de f au point d'abscisse a, où a est un réel.

b. Montrer que cette tangente coupe l'axe des abscisses au point $\left(a - \dfrac{f(a)}{f'(a)}\ ;\ 0\right)$ lorsque $f'(a) \neq 0$.

c. Créer, dans la feuille *GeoGebra*, la fonction f' dérivée de la fonction f.

d. Fermer la fenêtre Algèbre et ouvrir la fenêtre Tableur de *GeoGebra*. Dans la cellule **A1**, entrer = x(A) et dans la cellule **B1**, entrer la formule qui permet d'obtenir l'abscisse du point d'intersection de la tangente avec l'axe des abscisses. Dans la cellule **A2**, entrer = B1 , puis dans la cellule **B2**, recopier la formule de la cellule **B1**.

e. Sélectionner **A2** et **B2**, les recopier sur quelques lignes.

f. Donner une valeur approchée à 10^{-4} près de cette solution de (E).

> **MÉTHODE**
> Pour créer la fonction dérivée de la fonction f dans la zone de saisie, on tape **Dérivée[f]**.

> **REMARQUE**
> Les valeurs de la colonne **B** sont des valeurs approchées de plus en plus précises de la solution cherchée.

3. Recherche de l'autre solution

a. Changer les coordonnées de A en lui affectant $(0\ ;0)$.

b. Lire une valeur approchée à 10^{-4} près de l'autre solution de (E).

À vous de jouer

Donner des valeurs approchées des solutions de l'équation $\cos(2x + 3) = x^3$.

I. BTS Comptabilité et gestion des informations

On considère la fonction f définie sur $[0\,;\,1[\,\cup\,]1\,;\,+\infty[$ par $f(x) = \dfrac{x}{1-x^2}$.

1. Étudier les variations de la fonction f sur les intervalles $[0\,;\,1[$ et $]1\,;\,+\infty[$.
2. Déterminer les limites de la fonction f en 1 et en $+\infty$.
3. En déduire que lorsque le nombre réel x décrit l'ensemble $[0\,;\,1[\,\cup\,]1\,;\,+\infty[$, $f(x)$ décrit l'ensemble $\mathbb{R}$ des nombres réels.

II. BTS groupement A

Soit la fonction numérique g définie sur $[0\,;\,\pi]$ par :

$$g(t) = (1 + \cos^2 t)\sin^2 t.$$

1. Montrer que pour tout t de $[0\,;\,\pi]$:
$$g'(t) = 4\sin(t)\cos^3(t).$$
2. En déduire les variations de g sur $[0\,;\,\pi]$.

III. BTS groupement A

On considère la fonction numérique paire, 2π – périodique, définie sur l'intervalle $[0\,;\,\pi]$ par :

$$\begin{cases} f(t) = \cos(t) & \text{si } 0 \leqslant t < \dfrac{\pi}{2} \\ f(t) = 0 & \text{si } \dfrac{\pi}{2} \leqslant t \leqslant \pi \end{cases}.$$

Représenter la fonction f sur l'intervalle $[-\pi\,;\,3\pi]$.

IV. BTS Informatique de gestion

La société TOPGAMES a lancé fin décembre 1999 un nouveau jeu sur console.

Le nombre de jeux vendus au cours des 12 mois de l'an 2000 a fait l'objet d'une statistique dont voici un extrait (le mois 1 est janvier 2000).

Mois	1	2	3	4	...	10	11	12
Nombre de jeux vendus (en milliers)	10	10	25	30	...	57	60	61

La société sait par expérience que, pour ce genre de jeu, les ventes croissent pendant une certaine période pour atteindre un maximum, puis chutent plus ou moins rapidement, les consommateurs attendant alors la nouvelle version du jeu ou un autre jeu.

Les précédents lancements ont montré que le nombre de jeux (en milliers) vendus chaque mois, peut être modélisé par une fonction V du type $V(x) = x(A - B\sqrt{x})$, où A et B sont deux constantes réelles et x désigne la date exprimée en mois ($x = 1$ représentant janvier 2000).

Partie A - Détermination du modèle

Calculer les deux constantes A et B à 10^{-3} près si on impose à la fonction V de coïncider avec la statistique aux deux mois extrêmes, c'est-à-dire $V(1) = 10$ et $V(12) = 61$.

(On donnera aussi les valeurs arrondies à 10^{-2} près des deux constantes cherchées.)

Partie B - Étude du modèle

On choisit le modèle, où la fonction V est définie, pour tout nombre réel $x \geqslant 1$, par $V(x) = 2x(6 - \sqrt{x})$.

1. Résoudre l'équation $V(x) = 0$.
2. Calculer $V'(x)$ et montrer que $V'(x) = 3(4 - \sqrt{x})$.

En déduire le tableau de variations de V.

3. Recopier et compléter le tableau de valeurs (arrondies à l'entier le plus proche) :

x	1	4	8	12	16	20	24	28	32	36
V(x)	10									

Tracer la courbe représentative de la fonction V, dans le plan rapporté à un repère orthogonal, pour les abscisses appartenant à l'intervalle $[1\,;\,36]$, en prenant pour unités :

1 cm pour 2 mois sur l'axe des abscisses ;

1 cm pour 10 milliers de jeux sur l'axe des ordonnées.

On utilisera pour ce tracé le format paysage.

Partie C - Utilisation du modèle

On admet que le modèle de la partie B est utilisable depuis le début de l'année 2000 jusqu'à la fin 2002.

1. À quel mois de quelle année le nombre de jeux vendus sera-t-il maximal ?
2. La société décide d'arrêter la fabrication du jeu le mois pour lequel le nombre de jeux vendus descendra en dessous de 10 000.

Déterminer graphiquement à quelle date (donner le mois et l'année) le nombre de jeux vendus deviendra inférieur à 10 000. (Faire apparaître les tracés permettant cette détermination.)

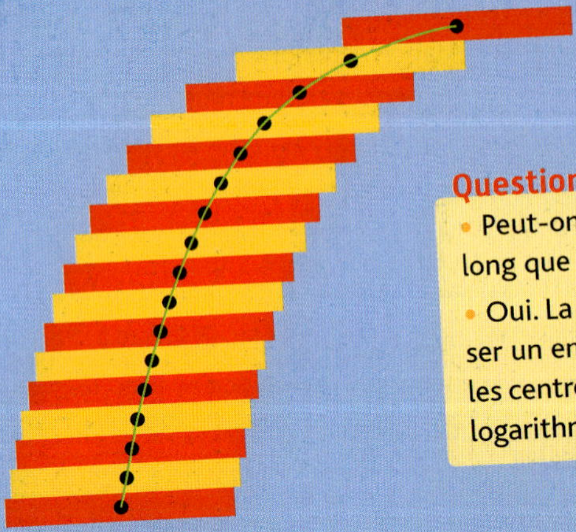

Question-Réponse

- Peut-on réaliser un empilement de briques aussi long que l'on veut ?
- Oui. La meilleure façon de s'y prendre est de réaliser un empilement logarithmique ! C'est-à-dire que les centres de gravité des briques suivent une courbe logarithmique.

Citation

« La progression de la science est exponentielle. Elle se nourrit d'elle-même, comme un virus. Chaque nouvelle avancée en annonce une autre. Il a fallut des milliers d'années pour progresser de la roue à l'automobile. Mais, en quelques décennies, elle est passée de la voiture à la fusée spatiale. Le rythme du progrès scientifique se mesure aujourd'hui en semaines. L'homme est incapable de le maîtriser. »

Anges et démons Dan Brown

Devinette

Lorsque Monsieur Logarithme et Monsieur Exponentielle dînent ensemble au restaurant, pourquoi est-ce toujours Monsieur Exponentielle qui règle l'addition ?

Réponse :
Parce que le logarithme népérien...

3

Fonction exponentielle Fonction logarithme népérien

Prérequis :

- **Étude des fonctions usuelles**
- **Continuité**

Histoire des sciences

Leonhard **Euler** (1707-1783) est un mathématicien suisse à qui nous devons beaucoup de notations mathématiques utilisées de nos jours :
- Il fut le premier à écrire $f(x)$ pour désigner l'image de x par la fonction f,
- il nota i le nombre imaginaire utilisé dans le chapitre des nombres complexes,
- il introduisit la lettre e pour la base de la fonction exponentielle que nous verrons dans ce chapitre,
- il utilisa la lettre Σ pour désigner une somme,
- ...

Il est l'un des plus grands et des plus complets mathématiciens du XVIIe siècle. Il fit de nombreuses découvertes en analyse, en calcul infinitésimale, en théorie des graphes, en mécanique, en dynamique des fluides, en optique, en astronomie...

1. TICE Fonction exponentielle et méthode d'Euler

Soit f une fonction dérivable sur $\mathbb{R}$ et vérifiant : $f(0) = 1$ et pour tout $x \in \mathbb{R}$, $f'(x) = f(x)$.
Le but de cette activité est de représenter graphiquement la fonction f en utilisant la méthode d'Euler.

On va construire une suite de points $(x_n\,;y_n)$ telle que y_n soit proche de $f(x_n)$. Ainsi le nuage de points $(x_n\,;y_n)$ formera une approximation de la courbe représentative de la fonction f. La suite (x_n) sera une suite arithmétique de raison $h > 0$ et de premier terme 0. h est appelé le **pas**.

1. Déterminer l'expression de x_n en fonction de n.
2. La suite y_n est définie par $y_0 = f(0)$ et pour tout $n \in \mathbb{N}$, $y_{n+1} = y_n + hf'(x_n)$.
   Montrer que y_n est une suite géométrique et indiquer sa raison.
3. a. Reproduire la page de tableur ci-contre.
   b. Quelle formule faut-il écrire en **B3**, pour obtenir la valeur de x_1 ? Recopier cette formule jusqu'en **B21**. Recopier la valeur de y_0 en **C2**.
   c. Quelle formule faut-il écrire en **C3**, pour obtenir la valeur de y_1 ? Recopier cette formule jusqu'en **C21**.

	A	B	C	D
1	n	x_n	y_n	
2	0	0		
3	1			h
4	2			0,1
5	3			
6	4			
7	5			
8	6			

   d. Modifier la valeur du pas dans la cellule **D4** et vérifier que cela modifie les valeurs de la suite (y_n).
4. À l'aide du tableur, représenter graphiquement le nuage de points $(x_n\,;y_n)$ pour $0 \leqslant n \leqslant 40$ et $h = 0{,}1$.

Vocabulaire : La fonction vérifiant $f(0) = 1$ et pour tout $x \in \mathbb{R}$, $f'(x) = f(x)$ est appelée fonction exponentielle.

5. En prenant $h = 0{,}001$, calculer $f(1)$ à l'aide du tableur.

Vocabulaire : Nous verrons dans ce chapitre que $f(1)$ correspond au nombre e.

2. TICE Fonction logarithme et méthode d'Euler

Soit f une fonction dérivable sur $\mathbb{R}$ et vérifiant :

$$f(1) = 0 \text{ et pour tout } x \in \mathbb{R}, f'(x) = \frac{1}{x}.$$

<u>Le but de cette activité</u> est de représenter graphiquement la fonction f en utilisant la méthode d'Euler.

On va construire une suite de points $(x_n\,;y_n)$ telle que y_n soit proche de $f(x_n)$. Ainsi le nuage de points $(x_n\,;y_n)$ formera une approximation de la courbe représentative de la fonction f.

La suite (x_n) sera une suite arithmétique de raison $h > 0$ et de premier terme 0. h est appelé le **pas**.

1. Déterminer l'expression de (x_n) en fonction de n.

2. La suite y_n est définie par $y_0 = f(1)$ et pour tout $n \in \mathbb{N}, y_{n+1} = y_n + hf'(x_n)$. Donner l'expression de y_{n+1} en fonction de n, h et y_n.

3. a. Reproduire la page de tableur ci-contre.

	A	B	C	D
1	n	x_n	y_n	
2	0	1		
3	1			h
4	2			0,1
5	3			
6	4			
7	5			
8	6			

b. Quelle formule faut-il écrire en **B3** pour obtenir la valeur de x_1 ? Recopier cette formule jusqu'en **B21** Recopier la valeur de y_0 en **C2**.

c. Quelle formule faut-il écrire en **C3** pour obtenir la valeur de y_1 ? Recopier cette formule jusqu'en **C21**.

d. Modifier la valeur du pas dans la cellule **D4** et vérifier que cela modifie les valeurs de la suite y_n.

4. À l'aide du tableur, représenter graphiquement le nuage de points $(x_n\,;y_n)$ pour $0 \leqslant n \leqslant 40$ et $h = 0,1$.

Vocabulaire : La fonction vérifiant $f(1) = 0$ et pour tout $x \in \mathbb{R}$, $f'(x) = \frac{1}{x}$ est appelée fonction logarithme.

5. En prenant $h = 0,001$; calculer une valeur approchée de $f(2)$ à l'aide du tableur.

3. TICE Découvrir la fonction ln avec sa calculatrice

Pour faire des calculs à l'aide de la fonction logarithme népérien (notée **ln**) on utilisait jadis une « table des logarithmes », maintenant on utilise sur sa calculatrice la touche LN.

1. Calculer plusieurs valeurs de $\ln x$ sur une calculatrice afin de déterminer son ensemble de définition.

2. Représenter graphiquement la courbe de la fonction logarithme népérien.

3. Conjecturer le sens de variation de la fonction *ln*.

4. Conjecturer les valeurs de $\lim\limits_{x \to 0} \ln x$ et $\lim\limits_{x \to +\infty} \ln x$.

5. À l'aide des conjectures, dresser le tableau de variations de la fonction *ln*.

6. À l'aide de la représentation graphique, déterminer le signe de $\ln x$.

7. Existe-t-il une valeur de x pour laquelle $\ln x > 2\,012$?

1. Fonction exponentielle

1.1 Définition et variations de la fonction exponentielle

L'existence est admise.

théorème - définition unicité démontrée page 122

Il existe une unique fonction f définie et dérivable sur $\mathbb{R}$ telle que $f' = f$ et $f(0) = 1$. Cette fonction est appelée fonction **exponentielle** et se note **exp**.

Conséquences

- La fonction exp est définie sur $\mathbb{R}$: $\begin{cases} \exp : \mathbb{R} \to \mathbb{R} \\ \quad x \mapsto \exp(x) \end{cases}$ et $\exp(0) = 1$.
- De plus pour tout $x \in \mathbb{R}$, $(\exp)'(x) = \exp(x)$.

propriétés démontrées page 123

La fonction exp est strictement positive sur $\mathbb{R}$.

La fonction exp est strictement croissante sur $\mathbb{R}$.

1.2 Propriété et corollaires

propriété démontrées page 124

Pour tout réel x et y, on a $\exp(x + y) = \exp(x) \times \exp(y)$ **(1)**

corollaires (3) et (4) démontrés page 124

Pour tout réel x et y et pour tout entier relatif n :

$\exp(-x) = \dfrac{1}{\exp(x)}$ **(2)** ; $\exp(x - y) = \dfrac{\exp(x)}{\exp(y)}$ **(3)** ;

$\exp(nx) = (\exp(x))^n$ **(4)**

Démonstration de la propriété (2)

Pour tout réel $x \in \mathbb{R}$, $\exp(x + (-x)) = \exp(x) \times \exp(-x)$ d'après la propriété **(1)**.

Ainsi $\exp(0) = \exp(x) \times \exp(-x)$ or $\exp(0) = 1$ donc $\exp(x) \times \exp(-x) = 1$ d'où $\exp(-x) = \dfrac{1}{\exp(x)}$.

1.3 La notation e^x

définition

L'image de 1 par la fonction exponentielle est noté **e**, ainsi $\exp(1) = \mathbf{e}$.

Remarques

- À l'aide de la calculatrice on trouve $\mathbf{e} \approx 2{,}718\ 28\ldots$
- Le corollaire **(4)** permet d'écrire que pour tout entier relatif n :

$\exp(n) = \exp(1 \times n) = [\exp(1)]^n = e^n$.

D'autre part la fonction exp possède les mêmes propriétés algébriques que les fonctions puissances. On notera donc pour tout réel x : $\exp(x) = e^x$.

La fonction exponentielle est maintenant la fonction $x \mapsto e^x$.

corollaires

Pour tout réel x et y pour tout entier relatif n, la propriété et les corollaires précédents s'écrivent :

$e^{x+y} = e^x \times e^y$; $e^{-x} = \dfrac{1}{e^x}$; $e^{x-y} = \dfrac{e^x}{e^y}$; $e^{nx} = (e^x)^n$.

Conjecturer et démontrer

1. **À l'aide d'un logiciel on a représenté graphiquement trois fonctions solutions de l'équation $f' = f$. Trouver celle qui correspond à la fonction exponentielle.**

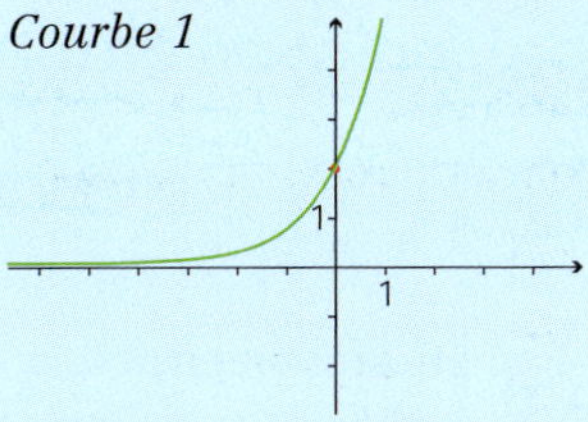

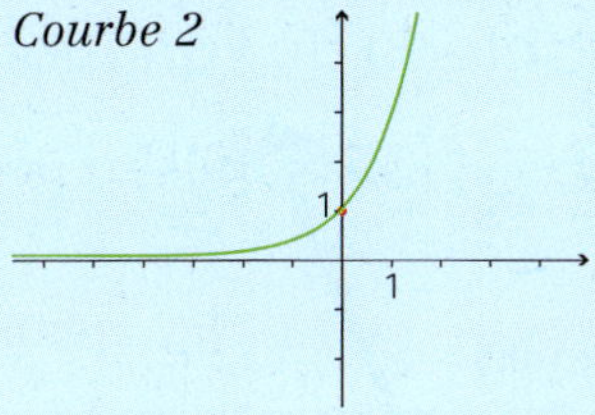

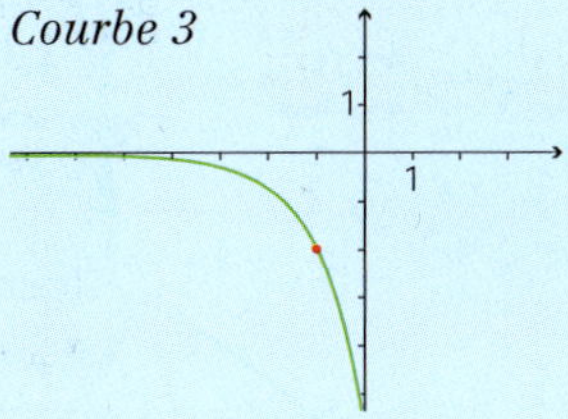

2. **Conjecturer, à l'aide de la représentation graphique de la fonction exponentielle ci-dessus les solutions de l'équation $\exp(x) \geqslant 1$.**

3. **Soit g la fonction définie sur $\mathbb{R}$ par $g(x) = \exp(x) - 1$. Calculer $g'(x)$, étudier son signe puis dresser le tableau de variations de g. En déduire la démonstration de la conjecture émise au 2.**

solution

1. D'après le cours, la fonction exponentielle est l'unique fonction f définie et dérivable sur $\mathbb{R}$ telle que $f' = f$ et $f(0) = 1$. On sait que parmi les représentations graphiques précédentes toutes les fonctions vérifient $f' = f$. Il faut donc vérifier que $f(0) = 1$. Il s'agit de la *courbe 2*.

2. Les solutions de l'équation $\exp(x) \geqslant 1$ sont les abscisses des points de la courbe de la fonction exp situés au-dessus ou sur la droite d'équation $y = 1$.
On peut donc conjecturer que les solutions sont $S = [0\ ;+\infty[$.

3. D'après le cours, la fonction exp est dérivable sur $\mathbb{R}$ et vérifie $\exp' = \exp$, ainsi g est dérivable sur $\mathbb{R}$, et pour tout $x \in \mathbb{R}$:
$g'(x) = (\exp(x) - 1)' = \exp'(x) - 0 = \exp(x)$.
D'après le cours, la fonction exponentielle est strictement positive sur $\mathbb{R}$ donc $g'(x) > 0$, ainsi g est strictement croissante sur $\mathbb{R}$.

x	$-\infty$	0	$+\infty$
$g'(x)$		$+$	
$g(x)$	↗	0	↗

On lit sur le tableau de variations que $g(x) \geqslant 0$ si, et seulement si, $x \in [0\ ;+\infty[$.
Or $g(x) \geqslant 0 \Leftrightarrow \exp(x) - 1 \geqslant 0 \Leftrightarrow \exp(x) \geqslant 1$. La conjecture du **2.** est donc démontrée.

Utiliser les propriétés de la fonction exp

→ Exercices 36 à 45

1. **Exprimer chacun de ces deux réels en fonction du nombre e : $A = \exp\left(\frac{1}{2}\right)$; $B = \dfrac{\exp(3{,}7)}{\exp(1{,}7)}$.**

2. **Démontrer chacune de ces deux égalités : $\dfrac{4e^{2x}}{e^{2x}+3} = \dfrac{4}{1+3e^{-2x}}$; $(e^x + e^{-x})^2 - (e^x - e^{-x})^2 = 4$.**

solution

1. $A = \exp\left(\frac{1}{2}\right) = e^{\frac{1}{2}} = \sqrt{e}$. $B = \dfrac{\exp(3{,}7)}{\exp(1{,}7)} = \exp(3{,}7 - 1{,}7) = \exp(2) = e^2$.

2. • Ici on part du membre de gauche et on veut introduire e^{-2x} au dénominateur donc on multiplie tout par e^{-2x} : $\dfrac{4e^{2x}}{e^{2x}+3} = \dfrac{4e^{2x} \times e^{-2x}}{(e^{2x}+3) \times e^{-2x}} = \dfrac{4e^0}{e^{2x} \times e^{-2x} + 3 \times e^{-2x}} = \dfrac{4 \times 1}{e^0 + 3e^{-2x}} = \dfrac{4}{1+3e^{-2x}}$.

• Ici on développe simplement le membre de gauche en utilisant les propriétés de calcul :
$(e^x + e^{-x})^2 - (e^x - e^{-x})^2 = (e^x)^2 + 2e^x \times e^{-x} + (e^{-x})^2 - \left((e^x)^2 - 2e^x \times e^{-x} + (e^{-x})^2\right)$
$= e^{2x} + 2e^0 + e^{-2x} - \left(e^{2x} - 2e^0 + e^{-2x}\right) = 2 + 2 = 4$.

2. Étude et applications de la fonction exponentielle

2.1 Limites, tableau de variations et représentation graphique

théorèmes démontrés page 125

$$\lim_{x \to -\infty} e^x = 0 \quad \text{et} \quad \lim_{x \to +\infty} e^x = +\infty.$$

Tableau de variations

x	$-\infty$ $\qquad\qquad$ $+\infty$
$\exp'(x)$	$+$
$\exp(x)$	$0 \nearrow +\infty$

Représentation graphique

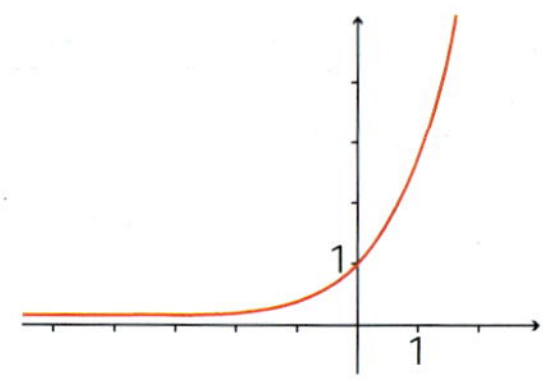

x	-4	-3	-2	-1	0	1	2	3	4
$\exp(x)$	0,0183	0,0498	0,135	0,368	1	2,718	7,3891	20,086	54,598

Lorsque x devient de plus en plus grand, alors e^x croit très vite.

2.2 Croissances comparées

propriétés démontrées page 125

$$\lim_{x \to +\infty} \frac{e^x}{x} = +\infty \quad \textbf{(1)} \quad ; \quad \lim_{x \to -\infty} x e^x = 0 \quad \textbf{(2)} \quad ; \quad \lim_{x \to 0} \frac{e^x - 1}{x} = 1 \quad \textbf{(3)}.$$

Remarque : **(1)** On dit que la fonction exponentielle l'emporte sur x à l'infini.

2.3 Équations et inéquations

propriétés

Soit x et y deux réels, alors on a :

$$e^x = e^y \Leftrightarrow x = y \quad \text{et} \quad e^x < e^y \Leftrightarrow x < y.$$

Exemples

Résoudre $e^{-2x} = e^2$ dans $\mathbb{R}$: $e^{-2x} = e^2 \Leftrightarrow -2x = 2 \Leftrightarrow x = -1$, donc $S = \{-1\}$.

Résoudre $e^{-2x} < 1$ dans $\mathbb{R}$: $e^{-2x} < 1 \Leftrightarrow e^{-2x} < e^0 \Leftrightarrow -2x < 0 \Leftrightarrow x > 0$, donc $S =]0\,;+\infty[$.

2.4 Dérivée de $x \mapsto e^{u(x)}$

théorème

Soit u une fonction dérivable sur un intervalle I de $\mathbb{R}$.
Alors la fonction e^u est dérivable sur I et sa dérivée est $u' e^u$.

2.5 Équation fonctionnelle

théorème démontré page 126

Soit f une fonction dérivable sur $\mathbb{R}$, telle que pour tout réel x et y :
$f(x+y) = f(x) \times f(y)$ et $f(1) = e$, alors pour tout $x \in \mathbb{R}$, $f(x) = e^x$.

Résoudre des équations et des inéquations

→ Exercices 55, 56 et 59 à 64

Résoudre dans $\mathbb{R}$ l'équation puis l'inéquation : $e^{2x-7} = e^{-x+3}$; $e^{x^2} - e^{3x-2} \geqslant 0$.

solution

- $e^{2x-7} = e^{-x+3} \Leftrightarrow 2x - 7 = -x + 3 \Leftrightarrow 3x = 10 \Leftrightarrow x = \frac{10}{3}$. Ainsi $S = \left\{\frac{10}{3}\right\}$.
- $e^{x^2} - e^{3x-2} \geqslant 0 \Leftrightarrow e^{x^2} \geqslant e^{3x-2} \Leftrightarrow x^2 \geqslant 3x - 2 \Leftrightarrow x^2 - 3x + 2 \geqslant 0$. On calcule le discriminant : $\Delta = 1$.
  Δ est positif, on trouve alors $x_1 = 1$ et $x_2 = 2$ d'où $S =]-\infty\,;\,1] \cup [2\,;\,+\infty[$.

Calculer des limites

Calculer les limites suivantes :

1. $\lim\limits_{x \to -\infty} e^{-2x+3}$; **2.** $\lim\limits_{x \to +\infty} xe^x - x$.

> **MÉTHODE**
> Pour calculer $\lim\limits_{x \to +\infty} e^{u(x)}$, on pose $X = u(x)$,
> on calcule $\lim\limits_{x \to +\infty} u(x) = l$
> puis par composition on déduit $\lim\limits_{x \to +\infty} e^{u(x)}$.

solution

1. On pose $X = -2x + 3$. $\left.\begin{array}{l}\lim\limits_{x \to -\infty} -2x + 3 = +\infty \\ \lim\limits_{X \to +\infty} e^X = +\infty \text{ (cours)}\end{array}\right\}$ donc par composition $\lim\limits_{x \to -\infty} e^{-2x+3} = -\infty$.

2. On a $xe^x - x = x(e^x - 1)$. $\left.\begin{array}{l}\lim\limits_{x \to +\infty} x = +\infty \\ \lim\limits_{x \to +\infty} e^x - 1 = +\infty\end{array}\right\}$ donc par produit $\lim\limits_{x \mapsto +\infty} x(e^x - 1) = +\infty$.

Dériver une fonction exponentielle

→ Exercices 88, 91, 93 et 94

Soit f la fonction définie sur $\mathbb{R}$, par $f(x) = e^{-x^2}$.

1. **Calculer $\lim\limits_{x \to -\infty} e^{-x^2}$ et $\lim\limits_{x \to +\infty} e^{-x^2}$.**

2. **Calculer $f'(x)$.**

3. **Dresser le tableau de variations de f.**

4. **Tracer la courbe représentant la fonction f.**

solution

1. On pose $X = -x^2$, ainsi $\left.\begin{array}{l}\lim\limits_{x \to -\infty} (-x^2) = -\infty \\ \lim\limits_{X \to -\infty} e^X = 0 \text{ (cours)}\end{array}\right\}$ donc $\lim\limits_{x \to -\infty} e^{-x^2} = 0$ d'où $\lim\limits_{x \to -\infty} f(x) = 0$.

On pose $X = -x^2$, ainsi $\left.\begin{array}{l}\lim\limits_{x \to +\infty} (-x^2) = -\infty \\ \lim\limits_{x \to -\infty} e^X = 0 \text{ (cours)}\end{array}\right\}$ donc $\lim\limits_{x \to +\infty} e^{-x^2} = 0$ d'où $\lim\limits_{x \to +\infty} f(x) = 0$.

2. f est de la forme e^u avec $u(x) = -x^2$. u est dérivable sur $\mathbb{R}$ comme fonction polynomiale et $u'(x) = -2x$. Ainsi f est dérivable sur $\mathbb{R}$ et on a $f'(x) = -2xe^{-x^2}$.

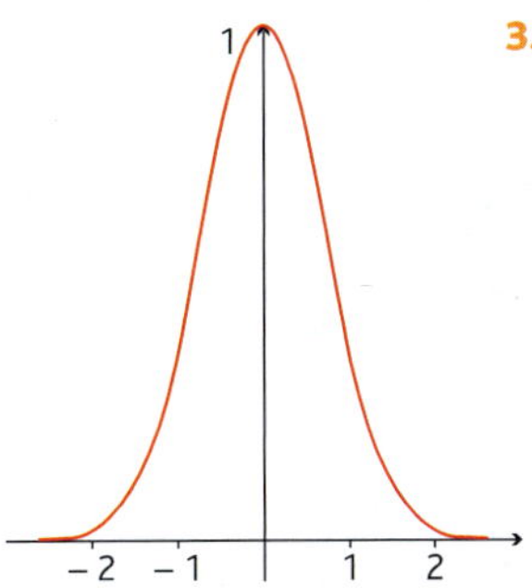

3. On sait que pour tout $x \in \mathbb{R}$, $e^{-x^2} > 0$ donc $f'(x)$ est du signe de $-2x$. On en déduit que f est croissante sur $]-\infty\,;\,0]$ et décroissante sur $[0\,;\,+\infty[$.

x	$-\infty$		0		$+\infty$
$f'(x)$		$+$	0	$-$	
$f(x)$	0	↗	1	↘	0

Cette courbe est appelée « courbe en cloche » ou « courbe de Gauss ». Elle est utilisée dans le chapitre des probabilités pour construire la « loi normale » qui modélise de nombreux phénomènes qu'on rencontre dans la nature. Cette loi a été développée par *Carl Friedrich* **Gauss** (XIXe siècle).

3. Fonction logarithme népérien

3.1 Définition et propriétés de la fonction ln

La fonction exponentielle est strictement croissante sur $\mathbb{R}$ à valeurs dans $]0\,;+\infty[$, donc d'après le corollaire du théorème des valeurs intermédiaires, tout réel $x>0$ admet un unique antécédent t par exp.

théorème - définition

Pour tout réel $x>0$, l'équation $e^t = x$, d'inconnue réelle t admet une unique solution. La fonction qui à x associe cette solution est appelée fonction **logarithme népérien** et se note **ln**.

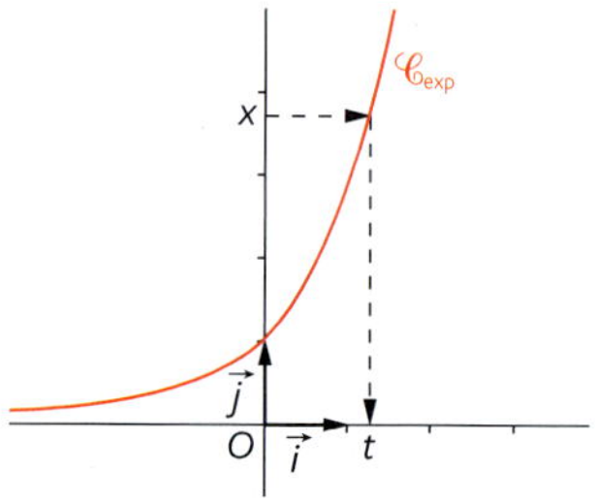

Conséquences

- La fonction ln est définie sur $]0\,;+\infty[$ par : $\begin{cases} \ln :]0\,;+\infty[\to \mathbb{R} \\ x \mapsto \ln(x) \end{cases}$.
- Pour tout réel $x>0$, $e^y = x \Leftrightarrow y = \ln(x)$.

Remarques : L'égalité $e^0 = 1$ donne $\ln(1) = 0$; l'égalité $e^1 = e$ donne $\ln(e) = 1$.

Ces propriétés sont une conséquence directe de la définition.

propriétés

Pour tout réel $x>0$, $e^{\ln(x)} = x$ et pour tout $x \in \mathbb{R}$, $\ln(e^x) = x$.

Démonstration : Pour tout réel $x>0$, $e^y = x \Leftrightarrow y = \ln(x)$ donc $e^{\ln(x)} = x$.
Pour tout $x \in \mathbb{R}$, si on pose $y = e^x \Leftrightarrow x = \ln(y) \Leftrightarrow x = \ln(e^x)$.

(1) est admis ; (3) est une conséquence directe de (2).

propriétés (2) démontrées page 127

(1) La fonction ln est continue sur $]0\,;+\infty[$.
(2) La fonction ln est dérivable sur $]0\,;+\infty[$ et pour tout réel $x>0$, $(\ln)'(x) = \dfrac{1}{x}$.
(3) La fonction ln est strictement croissante sur $]0\,;+\infty[$.

3.2 Étude et signes de la fonction ln

propriétés

$\lim\limits_{x \to 0} \ln(x) = -\infty$ et $\lim\limits_{x \to +\infty} \ln(x) = +\infty$.

Tableau de variations

x	0	1	$+\infty$
$(\ln)'(x)$	‖	+	
$\ln(x)$	‖ $-\infty$	↗ 0 ↗	$+\infty$

x	0		1		$+\infty$
signe de $\ln(x)$	‖	−	0	+	

Représentation graphique

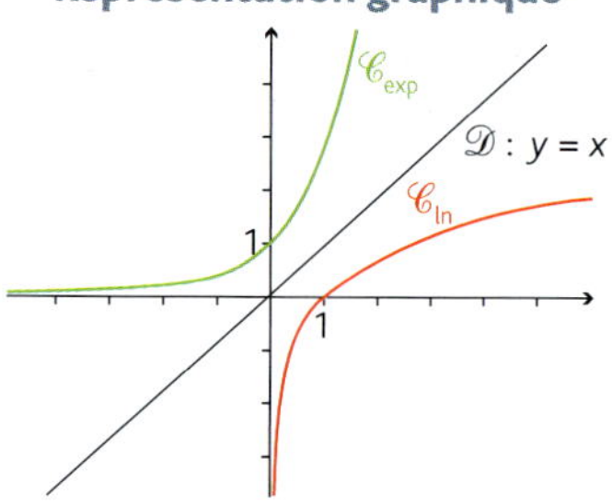

Les courbes représentatives des fonctions exp et ln sont symétriques par rapport à la droite d'équation $y = x$.

Ces propriétés sont une conséquence directe du tableau de variations de la fonction ln.

propriétés

Soit $(a, b) \in (\mathbb{R}_+^*)^2$: $\ln(a) = \ln(b) \Leftrightarrow a = b$ et $\ln(a) < \ln(b) \Leftrightarrow a < b$.
En particulier : $\ln a < 0 \Leftrightarrow 0 < a < 1$; $\ln a = 0 \Leftrightarrow a = 1$ et $\ln a > 0 \Leftrightarrow a > 1$.

■ Utiliser la définition de la fonction ln

Recopier et compléter les expressions suivantes :

1. $\ln(1) = \ldots$ 2. $\ln(e) = \ldots$ 3. $\ln(e^2) = \ldots$ 4. $\ln(e^{-3}) = \ldots$ 5. $\ln(\ldots) = 5$

6. $e^{\ln(3)} = \ldots$ 7. $e^{-\ln(2)} = \ldots$ 8. $e^{\cdots} = 9$ 9. $e^{\cdots} = \frac{3}{2}$ 10. $e^{\ln\left(\frac{1}{7}\right)} = \ldots$

solution

1. $\ln(1) = 0$ car $e^0 = 1$.
2. $\ln(e) = 1$ car $e^1 = e$.
3. $\ln(e^2) = 2$ car pour tout $x \in \mathbb{R}$, $\ln(e^x) = x$.
4. $\ln(e^{-3}) = -3$.
5. $\ln(e^5) = 5$.
6. $e^{\ln(3)} = 3$ car pour tout $x \in]0\,;+\infty[$, $e^{\ln(x)} = x$.
7. $e^{-\ln(2)} = \dfrac{1}{e^{\ln(2)}} = \dfrac{1}{2}$.
8. $e^{\ln(9)} = 9$.
9. $e^{\ln\left(\frac{3}{2}\right)} = \dfrac{3}{2}$.
10. $e^{\ln\left(\frac{1}{7}\right)} = \dfrac{1}{7}$.

■ Déterminer des ensembles de définition

→ Exercice 49

Donner l'ensemble de définition des fonctions suivantes : $f(x) = \ln(2x-1)$; $g(x) = \ln(x^2)$.

solution

- $\ln(2x-1)$ existe lorsque $2x-1>0$ soit $x > \dfrac{1}{2}$ donc $D_f = \left]\dfrac{1}{2}\,;+\infty\right[$.
- $\ln(x^2)$ existe lorsque $x^2 > 0$ soit $x \neq 0$ donc $D_g =]-\infty\,;0[\cup]0\,;+\infty[$.

■ Résoudre une équation, une inéquation

→ Exercices 65 à 68

Résoudre les équations et inéquations suivantes :

1. $\ln(x) = 5$; 2. $\ln(x+2) > 3$; 3. $\ln(-2x+7) \leqslant -1$.

solution

1. L'équation $\ln(x) = 5$ a du sens pour $x > 0$ et dans ce cas on a :
$\ln(x) = 5 \Leftrightarrow \ln(x) = \ln(e^5) \Leftrightarrow x = e^5$. On vérifie qu'on a bien $e^5 > 0$. Ainsi $S = \{e^5\}$.
2. L'inéquation $\ln(x+2) > 3$ a du sens pour $x+2>0$ soit $x > -2$ et dans ce cas on a :
$\ln(x+2) > 3 \Leftrightarrow \ln(x+2) > \ln(e^3) \Leftrightarrow x+2 > e^3 \Leftrightarrow x > e^3 - 2$.
Ainsi $S =]e^3-2\,;+\infty[$.

3. L'équation $\ln(-2x+7) \leqslant -1$ a du sens pour $-2x+7>0$ soit $x < \dfrac{7}{2}$ et dans ce cas on a :
$\ln(-2x+7) \leqslant -1 \Leftrightarrow \ln(-2x+7) \leqslant \ln(e^{-1}) \Leftrightarrow -2x+7 \leqslant e^{-1} \Leftrightarrow x \geqslant \dfrac{7}{2} - \dfrac{1}{2}e^{-1}$.
Ainsi : $S = \left[\dfrac{7}{2} - \dfrac{1}{2}e^{-1}\,;\dfrac{7}{2}\right[$.

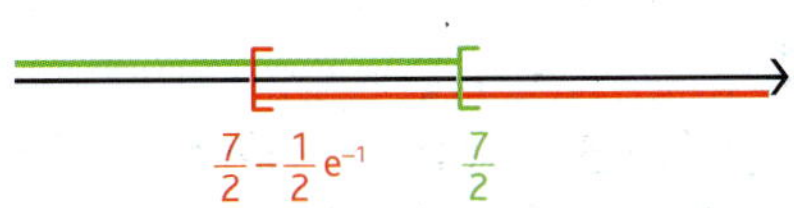

4. Propriétés de la fonction ln

4.1 Propriétés algébriques

propriétés démontrées page 128

Pour tout réel $a > 0$ et $b > 0$ on a :

- $\ln(a \times b) = \ln(a) + \ln(b)$
- $\ln\left(\frac{1}{a}\right) = -\ln(a)$
- $\ln\left(\frac{a}{b}\right) = \ln(a) - \ln(b)$
- $\ln(a^n) = n\ln(a)$ avec n un entier relatif.
- $\ln(\sqrt{a}) = \frac{1}{2}a$

4.2 Croissances comparées

théorème (1) démontré page 128

$\lim\limits_{x \to 0} x\ln(x) = 0$ **(1)** ; $\lim\limits_{x \to +\infty} \frac{\ln(x)}{x} = 0$ **(2)** ; $\lim\limits_{x \to 0} \frac{\ln(1+x)}{x} = 1$ **(3)**.

Remarques

(1) On dit que x l'emporte sur la fonction ln en 0.

(2) On dit que x l'emporte sur la fonction ln en $+\infty$.

4.3 Dérivée de $x \mapsto \ln(u(x))$

théorème

Soit u une fonction dérivable et strictement positive sur un intervalle I de $\mathbb{R}$.
Alors la fonction $\ln u$ est dérivable sur I et sa dérivée est $(\ln(u))' = \frac{u'}{u}$.

Exemple : Calculer la dérivée de la fonction f définie sur $\mathbb{R}$, par $f(x) = \ln(1 + x^2)$.
Pour tout $x \in \mathbb{R}$, $1 + x^2 > 0$ et la fonction $x \mapsto 1 + x^2$ est dérivable sur $\mathbb{R}$ en tant que fonction polynôme donc f est dérivable sur $\mathbb{R}$ et $f'(x) = \frac{2x}{1 + x^2}$.

4.4 Équation fonctionnelle

théorème démontré page 129

Si f est une fonction dérivable sur $]0\,;+\infty[$ telle que :

Pour tout réel $x > 0$ et $y > 0$, $f(x \times y) = f(x) + f(y)$,

alors il existe un réel k tel que, pour tout $x \in\,]0\,;+\infty[$, $f(x) = k\ln(x)$.

Cas particulier : Si $f(\mathrm{e}) = 1$ alors $f = \ln$.

4.5 Logarithme décimal

définition

La fonction **logarithme décimal**, notée **log**, est définie sur $]0\,;+\infty[$ par

$$\log(x) = \frac{\ln(x)}{\ln 10}.$$

La fonction log est très utilisée en Chimie pour les calculs de pH.

propriétés

- La fonction log est strictement croissante et dérivable sur $]0\,;+\infty[$.
- La fonction log possède les mêmes propriétés algébriques que la fonction ln.
- Pour tout $x \in \mathbb{R}$, $\log(10^x) = x$.

Simplifier des écritures

→ Exercices 50 à 54

1. Exprimer les nombres suivants en fonction de ln(2) et ln(3).

$A = \ln(9)$; $B = \ln\left(\frac{9}{8}\right)$; $C = \ln(4\sqrt{3})$.

2. Un logiciel de calcul formel affiche ce résultat :

$\ln(\sqrt{3}-1)+\ln(\sqrt{3}+1)$

$\ln(2)$

Quelle égalité le logiciel donne-t-il ? Démontrer cette égalité.

solution

1. $A = \ln(9) = \ln(3^2) = 2\ln(3)$; $B = \ln\left(\frac{9}{8}\right) = \ln(9) - \ln(8) = \ln(3^2) - \ln(2^3) = 2\ln(3) - 3\ln(2)$;
$C = \ln(4\sqrt{3}) = \ln(4) + \ln(\sqrt{3}) = \ln(2^2) + \frac{1}{2}\ln(3) = 2\ln(2) + \frac{1}{2}\ln(3)$.
2. Le logiciel affirme que $\ln(\sqrt{3}-1) + \ln(\sqrt{3}+1) = \ln 2$.
On a $\ln(\sqrt{3}-1) + \ln(\sqrt{3}+1) = \ln[(\sqrt{3}-1)(\sqrt{3}+1)] = \ln(\sqrt{3}^2 - 1^2) = \ln(3-1) = \ln(2)$.

Étudier une fonction comportant des logarithmes

→ Exercice 123

Soit f la fonction définie sur $]0\,;+\infty[$ par $f(x) = x\ln(x)$.

1. Calculer $f'(x)$.

2. Étudier le signe de $f'(x)$.

3. Calculer $\lim\limits_{x\to 0} f(x)$ et $\lim\limits_{x\to+\infty} f(x)$.

4. Dresser le tableau de variations de f.

solution

1. La fonction $x \mapsto x$ est dérivable sur $]0\,;+\infty[$ comme fonction polynôme, de plus la fonction ln est dérivable sur $]0\,;+\infty[$. f est le produit de fonctions dérivables sur $]0\,;+\infty[$, elle est donc dérivable sur $]0\,;+\infty[$ et on a : pour tout $x \in]0\,;+\infty[$, $f'(x) = 1 \times \ln(x) + x \times \frac{1}{x} = \ln(x) + 1$.
2. Pour tout $x \in]0\,;+\infty[$, $f'(x) = \ln(x) + 1$; donc
$f'(x) > 0 \Leftrightarrow \ln(x) > -1 \Leftrightarrow \ln(x) > \ln(e^{-1}) \Leftrightarrow x > e^{-1}$.
D'où le tableau :

x	0		e^{-1}		$+\infty$
signe de $f'(x)$	‖	$-$	0	$+$	

3. $\lim\limits_{x\to 0} x\ln x = 0$ d'après le cours, donc $\lim\limits_{x\to 0} f(x) = 0$.
$\left.\begin{array}{l}\lim\limits_{x\to+\infty} x = +\infty\\ \lim\limits_{x\to+\infty} \ln(x) = +\infty\end{array}\right\}$ donc par produit $\lim\limits_{x\to+\infty} x\ln(x) = +\infty$. Ainsi $\lim\limits_{x\to+\infty} f(x) = +\infty$.

4.

x	0		e^{-1}		$+\infty$
$f'(x)$	‖	$-$	0	$+$	
$f(x)$	‖ 0	↘	$-e^{-1}$	↗	$+\infty$

$f(e^{-1}) = e^{-1}\ln(e^{-1}) = e^{-1} \times (-1) = -e^{-1}$.

Calculer la dérivée de fonctions logarithmes

→ Exercices 109 à 111

Dériver les fonctions suivantes : $f(x) = \ln(2x+1)$, $x \in \left]-\frac{1}{2}\,;+\infty\right[$; $g(x) = \ln(3+x^2)$, $x \in \mathbb{R}$.

solution

La fonction $x \mapsto 2x+1$ est dérivable sur $\left]-\frac{1}{2}\,;+\infty\right[$ de plus elle est strictement positive, donc f est dérivable sur $\left]-\frac{1}{2}\,;+\infty\right[$ et pour tout $x \in \left]-\frac{1}{2}\,;+\infty\right[$, $f'(x) = \frac{(2x+1)'}{2x+1} = \frac{2}{2x+1}$.

La fonction $x \mapsto 3+x^2$ est dérivable sur $\mathbb{R}$, de plus elle est strictement positive, donc g est dérivable sur $\mathbb{R}$ et pour tout $x \in \mathbb{R}$, $g'(x) = \frac{(3+x^2)'}{3+x^2} = \frac{2x}{3+x^2}$.

Théorème

Il existe une unique fonction f définie et dérivable sur $\mathbb{R}$ telle que $f' = f$ et $f(0) = 1$.
Cette fonction est appelée fonction exponentielle et se note exp.

Démonstration de l'unicité

L'existence d'une telle fonction est admise ; on se propose de démontrer l'unicité.

Voici la démarche que l'on utilisera dans cette démonstration :

– On supposera qu'il existe deux fonctions f et g qui vérifient les hypothèses du théorème, c'est-à-dire que f et g sont définies et dérivables sur $\mathbb{R}$ et $f' = f$; $f(0) = 1$ et $g' = g$; $g(0) = 1$.

– On prouvera qu'on a $f = g$:

Les hypothèses sur f et g incitent à utiliser l'outil « Dériver une fonction ». Dans ce type de démonstration, il faut essayer de transformer ce qu'on souhaite prouver en « Montrons que la fonction... est constante ». En effet, pour montrer qu'une fonction (dérivable) est constante, on montre que sa dérivée est nulle. On pourra ainsi utiliser les hypothèses du théorème.

On prouvera donc que $\dfrac{f}{g}$ est une fonction constante (en montrant que sa dérivée est nulle en utilisant $f' = f$ et $g' = g$), puis en utilisant $f(0) = 1$ et $g(0) = 1$ on montrera que cette constante est 1. Ainsi $\dfrac{f}{g} = 1$ prouve que $f = g$.

Avant de dériver $\dfrac{f}{g}$ on doit tout d'abord montrer que g ne s'annule pas sur $\mathbb{R}$:

- **1re étape : Montrons que g ne peut pas s'annuler sur $\mathbb{R}$.**

Pour le montrer, on introduit une fonction auxiliaire :

Soit h la fonction définie sur $\mathbb{R}$ par $h(x) = g(x)g(-x)$. Montrons que h est constante sur $\mathbb{R}$:

La fonction h est dérivable sur $\mathbb{R}$ car elle est le produit de deux fonctions dérivables sur $\mathbb{R}$.

Pour tout réel x, on a $h'(x) = g'(x)g(-x) - g(x)g'(-x)$.

Par hypothèse, pour tout réel x, on a $g'(x) = g(x)$. Par suite $h'(x) = g(x)g(-x) - g(x)g(-x)$.

Pour tout réel x, on a donc $h'(x) = 0$.

La fonction h est donc constante sur $\mathbb{R}$, or $h(0) = g(0)g(0) = 1$ car $g(0) = 1$.

D'où pour tout réel x, $g(x)g(-x) = 1$. S'il existe $x_0 \in \mathbb{R}$ tel que $g(x_0) = 0$ alors $g(x_0)g(-x_0) = 0$ ce qui est contradictoire. Ainsi la fonction g ne peut pas s'annuler sur $\mathbb{R}$.

- **2e étape : Montrons que $\dfrac{f}{g}$ est une fonction constante.**

g ne s'annulant pas sur $\mathbb{R}$, pour tout x réel, la fonction $\dfrac{f}{g}$ est dérivable sur $\mathbb{R}$, et :

$$\left(\frac{f}{g}\right)'(x) = \frac{f'(x) \times g(x) - f(x) \times g'(x)}{g^2(x)} = (x) = \frac{f(x) \times g(x) - f(x) \times g(x)}{g^2(x)} = 0.$$

La fonction quotient est alors constante sur $\mathbb{R}$. Il existe donc une constante C telle que, sur $\mathbb{R}$, $f = C_g$.

Et puisque $f(0) = g(0) = 1$, on obtient $C = 1$. D'où $f = g$ sur $\mathbb{R}$.

Propriétés

La fonction exp est strictement positive sur $\mathbb{R}$.

La fonction exp est strictement croissante sur $\mathbb{R}$.

Démonstrations

On sait que sur $\mathbb{R}$ la fonction exp ne s'annule pas. Étant donné qu'elle est continue sur $\mathbb{R}$ on va montrer qu'il n'est pas possible d'avoir un réel b tel que $\exp(b) < 0$ en utilisant le théorème des valeurs intermédiaires (voir figure ci-contre).

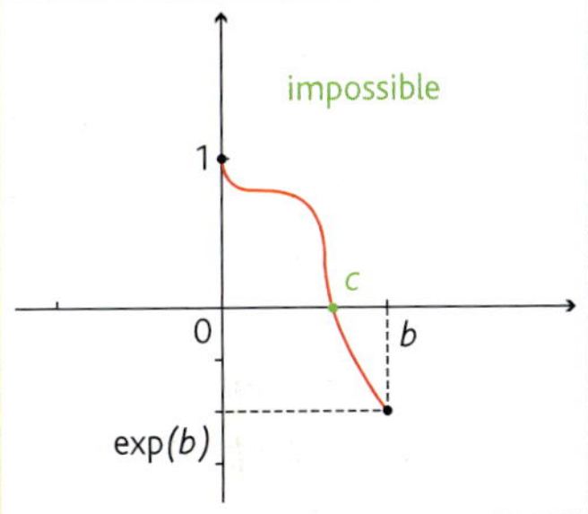

Ainsi exp ne pouvant avoir de valeurs négatives, elle sera positive sur $\mathbb{R}$.
exp ne s'annulant pas, elle sera alors positive stricte sur $\mathbb{R}$.

- **1re étape : Montrons que la fonction exp ne peut pas avoir de valeurs négatives.**

On va démontrer par l'absurde :
Supposons que $\exists b \in \mathbb{R}$ tel que $\exp(b) < 0$.
exp est une fonction dérivable sur $\mathbb{R}$, elle est donc continue sur $\mathbb{R}$.
De plus $\exp(0) = 1$, ainsi $0 \in [\exp(b)\ ;\ \exp(0)]$, donc d'après le théorème des valeurs intermédiaires $\exists c \in [0, b]$ tel que $\exp(c) = 0$, ce qui est impossible (car la fonction exp ne s'annule jamais d'après la démonstration précédente).

Conclusion : L'hypothèse « $\exists b \in \mathbb{R}$ tel que $\exp(b) < 0$ » est fausse, son contraire est donc vrai, ainsi $\forall b \in \mathbb{R}$ on a $\exp(b) \geqslant 0$.

- **2e étape : Conclusion.**

On vient de prouver que $\forall x \in \mathbb{R}$ on a $\exp(x) \geqslant 0$ or on sait que $\exp(x) \neq 0$ on peut donc affirmer que $\forall x \in \mathbb{R}$ on a $\exp(x) > 0$, ce qu'il fallait démontrer.

Pour prouver que exp est strictement croissante sur $\mathbb{R}$, on utilise $\exp' = \exp$ donc $\exp'$ est positive stricte sur $\mathbb{R}$ d'après ce qu'on vient de faire ce qui prouve que exp est strictement croissante sur $\mathbb{R}$.

Le saviez-vous ?

Le groupe « Bourbaki* » a été créé dans les années 1930 par de brillants mathématiciens français : *André* **Weil**, *Henri* **Cartan** et *Jean* **Dieudonné**. Il fut plus tard rejoint par *Laurent* **Schwartz** et *Alexandre* **Grothendieck**.

Ce groupe a entrepris la rédaction d'une série d'ouvrages de mathématiques partant « de zéro » : aucune connaissance mathématique n'étant requise par le lecteur (encore faut-il qu'il commence par le premier tome !).

Ainsi furent rédigés une dizaine de livres d'une rigueur extrême, qui donna un nouvel élan aux mathématiques du XXe siècle et à l'école française de mathématiques.

* Le nom Bourbaki ne correspond à aucun mathématicien, c'est le nom d'un général de la guerre de 1870 qui avait été emprunté par un élève de l'école normale supérieure de Paris lors d'une fausse conférence visant à démontrer un faux théorème.

Propriété

Pour tout réel x et y, on a $\exp(x+y) = \exp(x) \times \exp(y)$ **(1)**

Démonstration

Soit y un réel fixé. On définit sur $\mathbb{R}$ la fonction g par :

$$g(x) = \exp(x+y) \times \exp(-x).$$

Les fonctions $x \mapsto x + y$ et $x \mapsto -x$ sont dérivables sur $\mathbb{R}$ en tant que fonctions affines. Ainsi les fonctions $x \mapsto \exp(x+y)$ sont dérivables en tant que composées de fonctions dérivables sur $\mathbb{R}$. Par suite, g est dérivable sur $\mathbb{R}$ et on a pour tout $x \in \mathbb{R}$:

$$g'(x) = \exp'(x+y) \times \exp(-x) + \exp(x+y) \times (-1)\exp'(-x).$$

Or $\exp'(x+y) = \exp(x+y)$ et $\exp'(-x) = \exp(-x)$ donc :

$$g'(x) = \exp(x+y) \times \exp(-x) - \exp(x+y) \times \exp(-x) = 0.$$

La fonction g est constante sur $\mathbb{R}$, donc pour tout $x \in \mathbb{R}$, $g(x) = g(0)$

$\Leftrightarrow \exp(x+y) \times \exp(-x) = \exp(0+y) \times \exp(-0) \Leftrightarrow \exp(x+y) \times \exp(-x) = \exp(y)$.

En particulier si on prend $y = 0$ alors $\exp(x) \times \exp(-x) = \exp(0) = 1$.

On obtient donc $\exp(-x) = \dfrac{1}{\exp(x)}$. (On rappelle que $\exp(x) \neq 0$).

La relation $\exp(x+y) \times \exp(-x) = \exp(y)$ devient $\exp(x+y) \times \dfrac{1}{\exp(x)} = \exp(y)$ soit :

$$\exp(x+y) = \exp(y) \times \exp(x).$$

Corollaire

Pour tout réel x et pour tout entier relatif n on a $\exp(nx) = (\exp(x))^n$ **(4)**

Démonstration

- On démontre la propriété (4) par récurrence sur $n \in \mathbb{N}$:
- On considère pour n entier naturel, la propriété (P_n) suivante : pour tout x réel, $[\exp(x)]^n = \exp(nx)$.
  1. Puisque, $[\exp(x)]^0 = 1 = \exp(0 \times x)$, la propriété (P_n) est vraie au rang 0 : (P_0) est vraie.
  2. Pour n entier naturel fixé, on suppose la propriété (P_n) vraie. Alors, au rang $n+1$:

$$[\exp(x)]^{n+1} = [\exp(x)]^n \times \exp(x).$$

Or $[\exp(x)]^n = \exp(nx)$ d'après l'hypothèse de récurrence, d'où :

$$[\exp(x)]^{n+1} = \exp(nx) \times \exp(x).$$

On déduit de la propriété **(1)** : $\exp(nx) \times \exp(x) = \exp(nx + x) = \exp((n+1)x)$ ainsi : $[\exp(x)]^{n+1} = \exp((n+1)x)$. La propriété P_n est donc héréditaire.

Conclusion : Pour tout $n \in \mathbb{N}$, $[\exp(x)]^n = \exp(nx)$.

- On suppose maintenant que $n \in \mathbb{Z}$, $n < 0$:

On pose $p = -n$, alors $p \in \mathbb{N}$.

Ainsi $[\exp(x)]^n = [\exp(x)]^{-p} = \dfrac{1}{[\exp(x)]^p}$;

$[\exp(x)]^n = \dfrac{1}{\exp(px)}$ d'après le cas précédent (car $p \in \mathbb{N}$). D'après la propriété **(2)** :

$= \exp(-px) = \exp(nx)$.

Théorème

$$\lim_{x \to -\infty} e^x = 0 \quad \text{et} \quad \lim_{x \to +\infty} e^x = +\infty .$$

Démonstration

On commence par montrer que pour tout $x \in \mathbb{R}$, on a $e^x > x$.

Notons pour tout réel x, $d(x) = e^x - x$.

La fonction d est la somme de deux fonctions dérivables sur $\mathbb{R}$; elle est donc dérivable sur $\mathbb{R}$ et $d'(x) = e^x - 1$, (du fait que $\exp'(x) = \exp(x)$).

On sait que sur $]-\infty\,;\,0[$, $e^x < 1$ et sur $]0\,;\,+\infty[$, $e^x > 1$.

La fonction d est donc strictement décroissante sur $]-\infty\,;\,0[$ et strictement croissante sur $[0\,;\,+\infty[$.

x	$-\infty$	0	$+\infty$
$d(x)$	↘	1	↗

D'après le tableau de variations de d, pour tout x réel, $d(x) \geqslant 1$ et donc $d(x) > 0$, soit pour tout réel x, $e^x > x$.

Or $\lim_{x \to +\infty} x = +\infty$ donc d'après les théorèmes de comparaison $\lim_{x \to +\infty} e^x = +\infty$.

Pour montrer que $\lim_{x \to -\infty} e^x = 0$, on écrit $e^x = \dfrac{1}{e^{-x}}$ et on pose $X = -x$:

$$\left.\begin{aligned} &\lim_{x \to -\infty} -x = +\infty \\ &\lim_{X \to +\infty} e^X = +\infty \end{aligned}\right\} \text{ donc par composition des limites } \lim_{x \to -\infty} e^{-x} = +\infty .$$

Ainsi $\lim_{x \to -\infty} \dfrac{1}{e^{-x}} = 0$ soit $\lim_{x \to -\infty} e^x = 0$.

Théorème

$$\lim_{x \to +\infty} \frac{e^x}{x} = +\infty \ \textbf{(1)} \quad ; \quad \lim_{x \to -\infty} x\,e^x = 0 \ \textbf{(2)} \quad \text{et} \quad \lim_{x \to 0} \frac{e^x - 1}{x} = 1 \ \textbf{(3)}.$$

Démonstration

(1) On va utiliser le résultat démontré ci-dessus : $\forall u \in \mathbb{R}$, on a $e^u > u$.

Soit x un réel strictement positif, on a $\dfrac{e^x}{x} = \left(\dfrac{e^{\frac{x}{2}}}{\sqrt{x}}\right)^2$. Or on a montré que pour tout réel u, $e^u > u$. Ainsi $e^{\frac{x}{2}} > \dfrac{x}{2}$. Étant donné que $x > 0$, on peut diviser par $\sqrt{x}$:

$\dfrac{e^{\frac{x}{2}}}{\sqrt{x}} > \dfrac{\sqrt{x}}{2}$ soit $\dfrac{e^x}{x} > \dfrac{x}{4}$ car si $a > b > 0$ alors $a^2 > b^2$.

Comme $\lim_{x \to +\infty} \left(\dfrac{x}{4}\right) = +\infty$, alors $\lim_{x \to +\infty} \left(\dfrac{e^x}{x}\right) = +\infty$.

(2) Soit un réel x strictement négatif. On pose $X = -x$. Alors :

$xe^x = -(-x)e^{-(-x)} = -\dfrac{(-x)}{e^{(-x)}} = -\dfrac{1}{\dfrac{e^{(-x)}}{(-x)}} = -\dfrac{1}{\dfrac{e^X}{X}}$, or $\lim_{X \to +\infty} \left(\dfrac{e^X}{X}\right) = +\infty$, donc $\lim_{x \to -\infty} xe^x = 0$.

(3) Ce résultat provient directement de la définition de la fonction exp : elle est dérivable avec $\exp'(0) = 1$, ce qui signifie justement que $\lim_{x \to 0} \left(\dfrac{e^x - 1}{x}\right) = 1$.

Théorème

Soit f une fonction dérivable sur $\mathbb{R}$ telle que pour tout réel x et y : $f(x+y) = f(x) \times f(y)$ et $f(1) = \mathrm{e}$, alors pour tout $x \in \mathbb{R}$, $f(x) = \mathrm{e}^x$.

Démonstration

Soit y un réel. Soit g la fonction définie sur $\mathbb{R}$ par $g(x) = f(x+y)$.

La fonction $x \mapsto x + y$ est dérivable sur $\mathbb{R}$ car c'est une fonction affine.

f est aussi dérivable sur $\mathbb{R}$ donc, par composition, g est dérivable sur $\mathbb{R}$ et on a :

$$\text{pour tout } x \in \mathbb{R},\ g'(x) = 1 \times f'(x+y) = f'(x+y).$$

D'autre part pour tout $x \in \mathbb{R}$, $g(x) = f(x) \times f(y)$ donc $g'(x) = f'(x) \times f(y)$.

Ainsi on a $f'(x+y) = f'(x) \times f(y)$.

En particulier si $x = 0$ cette relation donne $f'(y) = f'(0) \times f(y)$.

On pose $a = f'(0)$ donc la relation précédente devient $f'(y) = af(y)$.

Soit h la fonction définie sur $\mathbb{R}$ par $h(x) = f(x)\mathrm{e}^{-ax}$.

h est le produit de fonctions dérivables sur $\mathbb{R}$ et pour tout $x \in \mathbb{R}$:

$h'(x) = f'(x) \times \mathrm{e}^{-ax} + f(x) \times (-a)\mathrm{e}^{-ax} = (f'(x) - af(x))\mathrm{e}^{-ax} = 0$ car $f'(x) = af(x)$.

Donc h est une fonction constante d'où pour tout $x \in \mathbb{R}$,

$h(x) = h(0) \Leftrightarrow f(x)\mathrm{e}^{-ax} = f(0)\mathrm{e}^0$.

Calculons $f(0)$: on a $f(0+0) = f(0) \times f(0)$

soit $f(0) = f(0)^2$

donc $f(0) - f(0)^2 = 0$

$f(0)(1 - f(0)) = 0$

ainsi $f(0) = 0$ ou $f(0) = 1$.

Si $f(0) = 0$, alors $\forall x \in \mathbb{R}$, $f(x+0) = f(x) \times f(0)$ donc $f(x) = 0$,

or $f(1) = \mathrm{e}$ donc l'hypothèse $f(0) = 0$ est fausse et on déduit que $f(0) = 1$.

Ainsi $f(x)\mathrm{e}^{-ax} = 1$ soit $f(x) = \mathrm{e}^{ax}$ or $f(1) = \mathrm{e}$ donc $\mathrm{e} = \mathrm{e}^a$ ce qui prouve que $a = 1$.

Conclusion : Pour tout $x \in \mathbb{R}$, $f(x) = \mathrm{e}^x$.

Théorème

**Soit u une fonction dérivable sur un intervalle I de $\mathbb{R}$.
Alors la fonction e^u est dérivable sur I et sa dérivée est $u'\mathrm{e}^u$.**

Démonstration

u est une fonction dérivable sur I à valeurs dans $\mathbb{R}$ et la fraction exp est dérivable sur $\mathbb{R}$, donc la fonction composée $\exp \circ u$ est dérivable sur I et

$(\exp \circ u)' = u' \times (\exp' \circ u) = u' \times (\exp \circ u)$.

D'où $(\mathrm{e}^u)' = u'\mathrm{e}^u$.

Propriété

La fonction ln est dérivable sur $]0\,;+\infty[$ et pour tout réel $x>0$, $(\ln)'(x)=\dfrac{1}{x}$.

Démonstration

Soit x et x_0 deux réels fixés strictement positifs.

De la relation $x=\mathrm{e}^{\ln x}$, en posant $\mathrm{X}=\ln x$ et $\mathrm{X}_0=\ln x_0$, on a : $x=\mathrm{e}^{\mathrm{X}}$ et $x_0=\mathrm{e}^{\mathrm{X}_0}$.

On forme $t_{x_0}(x)$ le taux d'accroissement de ln en x_0 : $t_{x_0}(x)=\dfrac{\ln x-\ln x_0}{x-x_0}$.

On en déduit alors :

$$t_{x_0}(x)=\frac{\mathrm{X}-\mathrm{X}_0}{\mathrm{e}^{\mathrm{X}}-\mathrm{e}^{\mathrm{X}_0}}=\left(\frac{\mathrm{e}^{\mathrm{X}}-\mathrm{e}^{\mathrm{X}_0}}{\mathrm{X}-\mathrm{X}_0}\right)^{-1}.$$

La fonction ln est continue sur $]0\,;+\infty[$ ainsi,

$$\lim_{x\to x_0}\ln(x)=\ln(x_0)\text{ donc }\lim_{x\to x_0}t_{x_0}(x)=\lim_{\mathrm{X}\to\mathrm{X}_0}\left(\frac{\mathrm{e}^{\mathrm{X}}-\mathrm{e}^{\mathrm{X}_0}}{\mathrm{X}-\mathrm{X}_0}\right)^{-1}.$$

Du fait que la fonction exp est dérivable sur $\mathbb{R}$, la quantité $\dfrac{\mathrm{e}^{\mathrm{X}}-\mathrm{e}^{\mathrm{X}_0}}{\mathrm{X}-\mathrm{X}_0}$ tend vers le nombre dérivé de exp en X_0, soit $\mathrm{e}^{\mathrm{X}_0}=x_0$.

Ainsi, lorsque $x\to x_0$, on obtient $\displaystyle\lim_{x\to x_0}t_{x_0}(x)=\frac{1}{x_0}$.

Ainsi la fonction ln est dérivable sur $]0\,;+\infty[$ et pour tout réel strictement positif x, on a :

$$\ln'(x)=\frac{1}{x}.$$

Propriétés

$$\lim_{x\to 0}\ln(x)=-\infty\text{ et }\lim_{x\to+\infty}\ln(x)=+\infty.$$

Démonstrations

On commence par montrer que : $\displaystyle\lim_{x\to+\infty}\ln(x)=+\infty$.

$\displaystyle\lim_{x\to+\infty}f(x)=+\infty$ si, et seulement si, pour tout réel B, il existe un intervalle du type $]A\,;+\infty[$ (dépendant de B) tel que pour tout $x\in I$ on a :

$$x\in\,]A\,;+\infty[\text{ implique }f(x)>B.$$

Soit B un réel strictement positif fixé. On cherche A tel que :

$$x>A\text{ implique }\ln x>B.$$

Or, $\ln x>B\Leftrightarrow x>\mathrm{e}^B$, car la fonction ln est strictement croissante sur $]0\,;+\infty[$.

En posant $A=\mathrm{e}^B$, on obtient bien :

$$\text{si }x>A,\quad\text{alors}\quad\ln x>B.$$

Ainsi l'intervalle $]B\,;+\infty[$ contient toutes les valeurs de $\ln x$ pour x suffisamment grand.

On peut donc écrire : $\displaystyle\lim_{x\to+\infty}\ln x=+\infty$.

À vous de jouer

1. En posant $\mathrm{X}=\dfrac{1}{x}$, montrer que : $\displaystyle\lim_{x\to 0}\ln(x)=\lim_{\mathrm{X}\to+\infty}(-\ln(\mathrm{X}))$.

2. En déduire $\displaystyle\lim_{x\to 0}\ln(x)$.

Théorèmes

Pour tout réel $a > 0$ et $b > 0$ on a :

$\ln(a \times b) = \ln(a) + \ln(b)$ **(1)**

$\ln\left(\frac{1}{a}\right) = -\ln(a)$ **(2)**

$\ln\left(\frac{a}{b}\right) = \ln(a) - \ln(b)$ **(3)**

$\ln(a^n) = n\ln(a)$, avec n un entier relatif **(4)**

$\ln(\sqrt{a}) = \frac{1}{2}\ln a$ **(5)**

Démonstration

(1) Pour tout réel $a > 0$ et $b > 0$, on a :

$e^{\ln(a \times b)} = a \times b$ et $e^{\ln(a) + \ln(b)} = e^{\ln(a)} \times e^{\ln(b)} = a \times b$.

Ce qui prouve que $e^{\ln(a \times b)} = e^{\ln(a) + \ln(b)}$

et donc $\ln(a \times b) = \ln(a) + \ln(b)$.

(5) $2\ln(\sqrt{a}) = \ln(\sqrt{a}^2)$ d'après la propriété **(4)**.

Donc $2\ln(\sqrt{a}) = \ln(a)$ soit $\ln(\sqrt{a}) = \frac{1}{2}\ln(a)$.

À vous de jouer

1. Démontrer de la même façon les propriétés **(2)** et **(3)**.

2. Démontrer la propriété **(4)** par récurrence.

Théorème

$\lim\limits_{x \to 0} x\ln(x) = 0$ **(1)** ; $\lim\limits_{x \to +\infty} \frac{\ln(x)}{x} = 0$ **(2)** et $\lim\limits_{x \to 0} \frac{\ln(1+x)}{x} = 1$ **(3)**

Démonstration

(1) Posons $X = \ln(x)$. Ainsi $e^X = x$ et donc $x\ln(x) = e^X \times X = Xe^X$.

$\left.\begin{array}{l}\lim\limits_{x \to 0} \ln(x) = -\infty \\ \lim\limits_{X \to -\infty} Xe^X = 0 \text{ (cours)}\end{array}\right\}$ donc par composée $\lim\limits_{x \to 0} x\ln(x) = 0$.

À vous de jouer

1. Démontrer de la même façon la propriété **(2)**.

2. En utilisant le taux d'accroissement de la fonction ln, calculer : $\lim\limits_{x \to 1} \frac{\ln(x) - \ln(1)}{x - 1}$.

Montrer que : $\lim\limits_{x \to 1} \frac{\ln(x) - \ln(1)}{x - 1} = \lim\limits_{x \to 0} \frac{\ln(1+x)}{x}$.

En déduire la propriété **(3)**

Théorème

Soit u une fonction dérivable et strictement positive sur un intervalle I de $\mathbb{R}$.
Alors la fonction $\ln u$ est dérivable sur I et sa dérivée est $(\ln(u))' = \frac{u'}{u}$.

Démonstration

u est une fonction dérivable sur I à valeurs dans $]0\,;+\infty[$ et la fonction ln est dérivable sur $]0\,;+\infty[$, donc la fonction composée $\ln \circ u$ est dérivable sur I et $(\ln \circ u)' = u' \times (\ln' \circ u) = u' \times \frac{1}{u} = \frac{u'}{u}$.

Théorème

Si f est une fonction dérivable sur $]0\,;+\infty[$ telle que :

Pour tout $x > 0$ et $y > 0$, $f(x \times y) = f(x) + f(y)$,

alors il existe un réel k tel que pour tout $x \in]0\,;+\infty[$, $f(x) = k\ln(x)$.

Démonstration

On a $f(x \times 1) = f(x) + f(1)$ donc $f(x) = f(x) + f(1)$ ce qui prouve que $f(1) = 0$.

Soit y un réel strictement positif.

Soit g la fonction définie sur $]0\,;+\infty[$ par $g(x) = f(xy) - f(x)$.

Montrons que g est une fonction constante :

f est dérivable sur $]0\,;+\infty[$, donc g est dérivable sur $]0\,;+\infty[$ et on a :

$$\text{Pour tout } x \in]0\,;+\infty[,\ g'(x) = yf'(xy) - f'(x).$$

D'autre part $g(x) = f(x) + f(y) - f(x) = f(y)$.

g ne dépend donc pas de x, il en découle que g est constante, sa dérivée est donc nulle.

Ce qui prouve que $yf'(xy) - f'(x) = 0$

soit $f'(xy) = \frac{f'(x)}{y}$, en particulier si $x = 1$, $f'(y) = \frac{f'(1)}{y}$.

Si on pose $k = f'(1)$ on obtient le résultat suivant :

$$\text{Pour tout } y \in]0\,;+\infty[,\ f'(y) = \frac{k}{y}.$$

Soit h la fonction définie sur $]0\,;+\infty[$ par $h(x) = f(x) - k\ln(x)$.

Montrons que h est la fonction nulle :

h est dérivable sur $]0\,;+\infty[$ et on a :

$$\text{Pour tout } x \in]0\,;+\infty[\ \ h'(x) = f'(x) - \frac{k}{x} = 0.$$

h est donc une fonction constante sur $]0\,;+\infty[$,

ainsi pour tout $x \in]0\,;+\infty[$, $h(x) = h(1) \Leftrightarrow f(x) - k\ln(x) = f(1) - k\ln(1)$

$$\Leftrightarrow f(x) - k\ln(x) = 0$$

$$\Leftrightarrow f(x) = k\ln(x).$$

Exercice résolu 1 • Transformer des écritures

énoncé

1. **Montrer que pour tout $x \in \mathbb{R}$, $\dfrac{e^x - 1}{e^x + 1} = \dfrac{1 - e^x}{1 + e^{-x}}$.**
2. **Montrer que pour tout $x \in \mathbb{R}$, $\ln(\sqrt{x^2 + 1} - x) + \ln(\sqrt{x^2 + 1}\ \ x) = 0$.**

solution

1. $\dfrac{e^x - 1}{e^x + 1} = \dfrac{e^x\left(1 - \frac{1}{e^x}\right)}{e^x\left(1 + \frac{1}{e^x}\right)} = \dfrac{1 - e^{-x}}{1 + e^{-x}}$ car $\dfrac{1}{e^x} = e^{-x}$.
2. $\ln(\sqrt{x^2 + 1} - x) + \ln(\sqrt{x^2 + 1} + x)$
$= \ln\left[(\sqrt{x^2 + 1} - x)(\sqrt{x^2 + 1} + x)\right]$
car $\ln a + \ln b = \ln(ab)$ avec $a > 0$ et $b > 0$.
Or $(\sqrt{x^2 + 1} - x)(\sqrt{x^2 + 1} + x) = x^2 + 1 - x^2 = 1$
d'où $\ln(\sqrt{x^2 + 1} - x) + \ln(\sqrt{x^2 + 1} + x) = \ln 1 = 0$.

MÉTHODE
Pour transformer des expressions contenant des exponentielles ou des logarithmiques, on utilise les propriétés algébriques suivantes :
- Pour tout réel a et b et $n \in \mathbb{Z}$:
$e^a \times e^b = e^{a+b}$; $\dfrac{e^a}{e^b} = e^{a-b}$ et $(e^a)^n = e^{an}$.
- Pour tout réel strictement positif a et b et pour tout $n \in \mathbb{Z}$, $\ln(ab) = \ln a + \ln b$; $\ln\left(\dfrac{a}{b}\right) = \ln a - \ln b$ et $\ln(a^n) = n\ln a$.

Entraînez-vous

Montrer que pour tout x réel, on a $\dfrac{e^{3x} - e^{x+1}}{e^x - e^{1-x}} = e^{2x}$.

Montrer que pour tout réel $x > 3$, on a $\ln(x^2 - 2x - 3) - 2\ln(x + 1) = \ln\left(\dfrac{x - 3}{x + 1}\right)$.

Exercice résolu 2 • Lever une indétermination dans une limite

énoncé

1. **En utilisant la limite d'une fonction composée, déterminer $\lim\limits_{\substack{x \to 0 \\ x < 0}} e^{\frac{1}{x}}$ et $\lim\limits_{x \to +\infty} \ln\left(\dfrac{x^2 + 1}{x^2 - 4}\right)$.**
2. **En utilisant les limites fondamentales et la transformation d'écriture, déterminer :**
$\lim\limits_{x \to +\infty} xe^{2x} - 3e^x$ et $\lim\limits_{x \to +\infty} x(\ln x)^2 - 3\ln x$.
3. **En utilisant un changement de variable, déterminer :**
$\lim\limits_{x \to -\infty} (x + 1)e^{x+1}$ en posant $X = x + 1$ et $\lim\limits_{x \to +\infty} x\ln\left(1 + \dfrac{3}{x}\right)$ en posant $X = \dfrac{3}{x}$.

MÉTHODE
Pour lever une indétermination, on peut :
- utiliser la limite d'une fonction composée ;
- utiliser la transformation d'écriture ;
- utiliser un changement de variable ;
- utiliser les limites fondamentales.

$\lim\limits_{x \to +\infty} \dfrac{e^x}{x} = +\infty$; $\lim\limits_{x \to +\infty} \dfrac{\ln x}{x} = 0$; $\lim\limits_{x \to -\infty} xe^x = 0$;

$\lim\limits_{x \to 0} x\ln(x) = 0$; $\lim\limits_{x \to 0} \dfrac{e^x - 1}{x} = 1$; $\lim\limits_{x \to 0} \dfrac{\ln(1 + x)}{x} = 1$.

solution

1. • $\left.\begin{array}{l}\lim\limits_{\substack{x \to 0 \\ x>0}} \dfrac{1}{x} = +\infty \\ \lim\limits_{x \to +\infty} e^x = +\infty \text{ (cours)}\end{array}\right\}$ donc **par composition** $\lim\limits_{\substack{x \to 0 \\ x>0}} e^{\frac{1}{x}} = +\infty$.

• Pour calculer $\lim\limits_{x \to +\infty} \ln\left(\dfrac{x^2+1}{x^2-4}\right)$, on effectue un **changement de variable**,

on pose $X = \dfrac{x^2+1}{x^2-4} = \dfrac{x^2\left(1+\dfrac{1}{x^2}\right)}{x^2\left(1-\dfrac{4}{x^2}\right)} = \dfrac{1+\dfrac{1}{x^2}}{1-\dfrac{4}{x^2}}$

> **Attention**
> Toujours vérifier qu'il y a une indétermination avant de transformer l'écriture.

$\left.\begin{array}{l}\lim\limits_{x \to +\infty} 1 + \dfrac{1}{x^2} = 1 \\ \lim\limits_{x \to +\infty} 1 - \dfrac{4}{x^2} = 1\end{array}\right\}$ donc $\lim\limits_{x \to +\infty} \dfrac{1+\dfrac{1}{x^2}}{1-\dfrac{4}{x^2}} = 1$, ainsi $\lim\limits_{x \to +\infty} \dfrac{x^2+1}{x^2-4} = 1$.

$\left.\begin{array}{l}\lim\limits_{x \to +\infty} \dfrac{x^2+1}{x^2-4} = 1 \\ \lim\limits_{X \to 1} \ln(X) = 0\end{array}\right\}$ donc **par composition** $\lim\limits_{x \to +\infty} \ln\left(\dfrac{x^2+1}{x^2-4}\right) = 0$.

2. • Dans l'expression $xe^{2x} - 3e^x$ le terme dominant est xe^{2x}, on factorise donc par xe^{2x} : $xe^{2x} - 3e^x = xe^{2x}\left(1 - \dfrac{3}{xe^x}\right)$.

$\left.\begin{array}{l}\lim\limits_{x \to +\infty} x = +\infty \\ \lim\limits_{x \to +\infty} e^x = +\infty\end{array}\right\}$ donc **par produit** $\lim\limits_{x \to +\infty} xe^x = +\infty$ ainsi $\lim\limits_{x \to +\infty} \dfrac{1}{xe^x} = 0$ et

$\lim\limits_{x \to +\infty} 1 - \dfrac{3}{xe^x} = 1$.

$\left.\begin{array}{l}\lim\limits_{x \to +\infty} 2x = +\infty \\ \lim\limits_{x \to +\infty} e^x = +\infty \text{ (cours)}\end{array}\right\}$ donc **par composition** $\lim\limits_{x \to +\infty} e^{2x} = +\infty$.

Cela se résume ainsi :

$\left.\begin{array}{l}\lim\limits_{x \to +\infty} x = +\infty \\ \lim\limits_{x \to +\infty} e^{2x} = +\infty\end{array}\right\}$ donc **par produit** $\lim\limits_{x \to +\infty} xe^{2x} = +\infty$ or $\lim\limits_{x \to +\infty} 1 - \dfrac{3}{xe^x} = 1$

donc **par produit** $\lim\limits_{x \to +\infty} xe^{2x} - 3e^x = +\infty$.

• Dans l'expression $x(\ln x)^2 - 3\ln x$ le terme dominant est $x(\ln x)^2$, on factorise donc par $x(\ln x)^2$.

$x(\ln x)^2 - 3\ln x = x(\ln x)^2\left(1 - \dfrac{3}{x\ln x}\right)$

$\left.\begin{array}{l}\lim\limits_{x \to +\infty} x = +\infty \\ \lim\limits_{x \to +\infty} \ln x = +\infty\end{array}\right\}$, **par produit** $\lim\limits_{x \to +\infty} x\ln x = +\infty$ d'où $\lim\limits_{x \to +\infty} \dfrac{3}{x\ln x} = 0$

$\left.\begin{array}{l}\lim\limits_{x \to +\infty} x(\ln x)^2 = +\infty \\ \lim\limits_{x \to +\infty} 1 - \dfrac{3}{x\ln x} = 1\end{array}\right\}$ donc **par produit** $\lim\limits_{x \to +\infty} x(\ln x)^2 - 3\ln x = +\infty$.

3. • En posant $X = x + 1$ on obtient $\lim\limits_{x \to -\infty} (x+1)e^{x+1} = \lim\limits_{X \to -\infty} Xe^X = 0$.

• En posant $X = \dfrac{3}{x}$ on a $\lim\limits_{x \to +\infty} x\ln\left(1 + \dfrac{3}{x}\right) = \lim\limits_{X \to 0} \dfrac{3}{X}\ln(1+X)$

$= \lim\limits_{X \to 0} 3\dfrac{\ln(1+X)}{X} = 3$ car $\lim\limits_{x \to 0} \dfrac{\ln(1+x)}{x} = 1$.

Exercice résolu 3 • Limites de fonctions exp et ln

énoncé **Déterminer les limites suivantes :**

1. $\lim\limits_{x\to-\infty} e^{2x}-e^{-x}$; 2. $\lim\limits_{x\to-\infty} x^3 e^{-x}$; 3. $\lim\limits_{x\to+\infty} x\ln x - x^2$; 4. $\lim\limits_{x\to+\infty} \ln(e^x+1)-2x$; 5. $\lim\limits_{x\to 0} \dfrac{\ln(1+2x)}{3x}$.

solution

1. On utilise la limite d'une fonction composée.

$\left.\begin{array}{l}\lim\limits_{x\to-\infty} 2x=-\infty\\ \lim\limits_{x\to-\infty} e^{x}=0\end{array}\right\}$ donc **par composition** $\lim\limits_{x\to-\infty} e^{2x}=0$.

En utilisant un **changement de variable**, on pose $X=-x$ et on obtient $\lim\limits_{x\to-\infty} e^{-x}=\lim\limits_{X\to+\infty} e^{X}=+\infty$. Par somme $\lim\limits_{x\to-\infty} e^{2x}-e^{-x}=-\infty$.

2. On a vu dans le 1. que $\lim\limits_{x\to-\infty} e^{-x}=+\infty$ donc $\left.\begin{array}{l}\lim\limits_{x\to-\infty} x^3=-\infty\\ \lim\limits_{x\to-\infty} e^{-x}=+\infty\end{array}\right\}$ d'où $\lim\limits_{x\to-\infty} x^3e^{-x}=-\infty$.

3. Si on calcule séparément $\lim\limits_{x\to+\infty} x\ln x$ et $\lim\limits_{x\to+\infty} x^2$ on obtient une forme indéterminée. On factorise par le terme dominant : $x\ln x-x^2=x^2\left(\dfrac{\ln x}{x}-1\right)$.

$\left.\begin{array}{l}\lim\limits_{x\to+\infty}\dfrac{\ln x}{x}=0 \text{ donc } \lim\limits_{x\to+\infty}\dfrac{\ln x}{x}-1=-1\\ \lim\limits_{x\to+\infty} x^2=+\infty\end{array}\right\}$

par produit $\lim\limits_{x\to+\infty} x^2\left(\dfrac{\ln x}{x}-1\right)=-\infty$ d'où $\lim\limits_{x\to+\infty} x\ln x-x^2=-\infty$.

4. Si on calcule séparément $\lim\limits_{x\to+\infty}\ln(e^x+1)$ et $\lim\limits_{x\to+\infty} -2x$, on obtient une forme indéterminée.

On met le terme dominant en facteur. Dans l'expression $\ln(e^x+1)$, le terme dominant est e^x : $\ln(e^x+1)-2x=\ln(e^x(1+e^{-x}))-2x$

$=\ln(e^x)+\ln(1+e^{-x})-2x=x+\ln(1+e^{-x})-2x.$

Ainsi $\ln(e^x+1)-2x=\ln(1+e^{-x})-x$.

On calcule $\lim\limits_{x\to+\infty}\ln(1+e^{-x})$: $\lim\limits_{x\to+\infty} e^{-x}=0$, on pose $X=1+e^{-x}$.

$\left.\begin{array}{l}\lim\limits_{x\to+\infty} 1+e^{-x}=1\\ \lim\limits_{X\to1}\ln(X)=0\end{array}\right\}$ donc $\lim\limits_{x\to+\infty}\ln(1+e^{-x})=0$

Ainsi $\left.\begin{array}{l}\lim\limits_{x\to+\infty}\ln(1+e^{-x})=0\\ \lim\limits_{x\to+\infty}(-x)=-\infty\end{array}\right\}$ donc $\lim\limits_{x\to+\infty}\ln(1+e^{-x})-x=-\infty$;

d'où $\lim\limits_{x\to+\infty}\ln(e^x+1)-2x=-\infty$.

5. On reconnaît une forme proche de la limite du cours : $\lim\limits_{x\to0}\dfrac{\ln(1+x)}{x}$.

On utilise le changement de variable $X=2x$ et on obtient :

$$\lim_{x\to0}\frac{\ln(1+2x)}{3x}=\lim_{X\to0}\frac{\ln(1+X)}{3\times\dfrac{X}{2}}=\lim_{X\to0}\frac{2}{3}\,\frac{\ln(1+X)}{X}=\frac{2}{3}\text{ car }\lim_{X\to0}\frac{\ln(1+X)}{X}=1.$$

Entraînez-vous

1. Calculer $\lim\limits_{x\to-\infty} x+\ln(1+e^{-2x})$. 2. Calculer $\lim\limits_{x\to+\infty} x+\ln(1+e^{-2x})$.

3. Calculer $\lim\limits_{x\to-\infty}\dfrac{e^x-e^{-x}}{1+2e^{2x}}$ 4. Calculer $\lim\limits_{x\to+\infty}\dfrac{e^x-e^{-x}}{1+2e^{2x}}$

→ On trouve

1. $+\infty$. 2. $+\infty$

3. $-\infty$. 4. 0.

Exercice résolu 4 • Exponentielles : équations et inéquations

énoncé **Résoudre les équations et inéquations suivantes, d'inconnue réelle x :**

1. $e^{2x} - e^{x+1} = 0$; **2.** $e^{x} + 2e^{-x} = 3$; **3.** $\dfrac{e^2}{e^x} \leqslant e^{3x-1}$; **4.** $e^x(e^x - 1) > e^{2x+1}(e^x - 1)$.

solution

1. $e^{2x} - e^{x+1} = 0 \Leftrightarrow e^{2x} = e^{x+1} \Leftrightarrow 2x = x + 1 \Leftrightarrow x = 1$.

$$S = \{1\}.$$

2. On ne peut pas se ramener à une équation du type $e^a = e^b$.

On effectue alors un changement de variable : $X = e^x$ ainsi $e^{-x} = \dfrac{1}{X}$ (on remarque que $e^x > 0$ donc $X > 0$).

L'équation devient :

$$X + \frac{2}{X} = 3 \Leftrightarrow X + \frac{2}{X} - 3 = 0 \Leftrightarrow \frac{X^2 + 2 - 3X}{X} = 0 \text{ soit } X^2 - 3X + 2 = 0$$

car $X \neq 0$.

On s'est ramené à une équation du second degré, on calcule son discriminant :

$\Delta = (-3)^2 - 4 \times 1 \times 2 = 1$. $\Delta > 0$ il y a donc deux solutions :

$$X = \frac{3 - \sqrt{1}}{2 \times 1} = 1 \text{ ou } X = \frac{3 + \sqrt{1}}{2 \times 1} = 2.$$

Attention : Il faut poursuivre la résolution jusqu'à obtenir les valeurs de x.

Ainsi $e^x = 1$ ou $e^x = 2$ ce qui nous donne $x = \ln 1$ ou $x = \ln 2$.

$$S = \{0 ; \ln 2\}.$$

3. $\dfrac{e^2}{e^x} \leqslant e^{3x-1} \Leftrightarrow e^{2-x} \leqslant e^{3x-1} \Leftrightarrow 2 - x \leqslant 3x - 1 \Leftrightarrow x \geqslant \dfrac{3}{4}$.

$$S = \left[\frac{3}{4} ; +\infty\right[.$$

4. $e^x(e^x - 1) > e^{2x+1}(e^x - 1) \Leftrightarrow e^x(e^x - 1) - e^{2x+1}(e^x - 1) > 0$

$\Leftrightarrow (e^x - 1)(e^x - e^{2x+1}) > 0$

On étudie le signe de $e^x - 1$: $e^x - 1 \geqslant 0 \Leftrightarrow e^x \geqslant 1 \Leftrightarrow e^x \geqslant e^0 \Leftrightarrow x \geqslant 0$;

puis le signe de $e^x - e^{2x+1}$:

$e^x - e^{2x+1} \geqslant 0 \Leftrightarrow e^x \geqslant e^{2x+1} \Leftrightarrow x \geqslant 2x + 1 \Leftrightarrow x \leqslant -1$.

On en déduit ce tableau de signes.

$$S =]-1 ; 0[.$$

x	$-\infty$		-1		0		$+\infty$
$e^x - 1$		$-$		$-$	0	$+$	
$e^x - e^{2x+1}$		$+$	0	$-$		$-$	
$(e^x - 1)(e^x - e^{2x+1})$		$-$	0	$+$	0	$-$	

Méthode

Pour résoudre une équation avec des exponentielles, on essaye de se ramener à une équation du type : $e^a = e^b$ pour appliquer la propriété du cours $e^a = e^b \Leftrightarrow a = b$.

Rappel

Soit a un réel et b un réel strictement positif.

$e^a = b \Leftrightarrow \ln(e^a) = \ln(b) \Leftrightarrow a = \ln(b)$.

Entraînez-vous

Reprendre l'énoncé pour :

1. $e^{-2x} - e^{4x-2} = 0$. 2. $e^x - 4e^{-x} = 2$. 3. $\dfrac{e^2}{e^{x^2}} \leqslant e^{3x+4}$.

→ On trouve

1. $S = \left\{\dfrac{1}{3}\right\}$. 2. $S = \{\ln(1 + \sqrt{5})\}$.
3. $S =]-\infty ; -2] \cup [-1 ; +\infty[$.

Exercice résolu 5 TICE Étude d'une fonction exponentielle

énoncé **Soit f la fonction définie sur $[0\,;+\infty[$ par $f(x)=45\left(1-\mathrm{e}^{-\frac{x}{4}}\right)$.**

1. **Calculer $f'(x)$ puis étudier son signe.**
2. **Déterminer la limite de f lorsque x tend vers $+\infty$. Que peut-on en déduire graphiquement ?**
3. **Dresser le tableau de variations de f sur $[0\,;+\infty[$.**
4. **Résoudre l'inéquation $f(x)\geqslant 40$.**
5. **Soit $\mathscr{C}_f$ la courbe représentative de f dans un repère $(O\,;\vec{i},\vec{j})$. Soit $\mathscr{C}_g$ la courbe représentative de g, la fonction définie sur $[0\,;+\infty[$ par $g(x)=7+3\mathrm{e}^{\frac{x}{4}}$.**
À l'aide d'un logiciel de calcul formel, résoudre l'équation $f(x)>g(x)$.

solution

1. La fonction $x\mapsto-\frac{x}{4}$ est dérivable sur $[0\,;+\infty[$ comme fonction polynôme ;
Ainsi d'après le cours, la fonction $x\mapsto \mathrm{e}^{-\frac{x}{4}}$ est dérivable sur $[0\,;+\infty[$, donc f aussi.
Pour tout $x\in[0\,;+\infty[$, $f'(x)=45\left(0-\left(-\frac{1}{4}\right)\mathrm{e}^{-\frac{x}{4}}\right)=\frac{45}{4}\mathrm{e}^{-\frac{x}{4}}$.
Comme $\frac{45}{4}>0$ et $\mathrm{e}^{-\frac{x}{4}}>0$, alors $f'(x)>0$.

Rappel
La fonction exponentielle est toujours strictement positive.

2. $\left.\begin{array}{l}\lim\limits_{x\to+\infty}\frac{-x}{4}=-\infty\\ \lim\limits_{X\to-\infty}\mathrm{e}^{X}=0\end{array}\right\}$ donc par composition $\lim\limits_{x\to+\infty}\mathrm{e}^{-\frac{x}{4}}=0$.
Par suite $\lim\limits_{x\to+\infty}45\left(1-\mathrm{e}^{-\frac{x}{4}}\right)=45$. On en déduit que la droite d'équation $y=45$ est asymptote à C_f au voisinage de $+\infty$.

x	0	$+\infty$
$f'(x)$	$+$	
$f(x)$	0 ↗	45

3. D'après 1. f est strictement croissante sur $[0\,;+\infty[$; d'après 2. $\lim\limits_{x\to+\infty}f(x)=45$; on calcule $f(0)=45(1-\mathrm{e}^{0})=0$; on a donc le tableau de variations ci-contre.

4. $f(x)\geqslant 40\Leftrightarrow 45\left(1-\mathrm{e}^{-\frac{x}{4}}\right)\geqslant 40\Leftrightarrow 1-\mathrm{e}^{-\frac{x}{4}}\geqslant\frac{40}{45}\Leftrightarrow-\mathrm{e}^{-\frac{x}{4}}\geqslant\frac{8}{9}-1\Leftrightarrow \mathrm{e}^{-\frac{x}{4}}\leqslant\frac{1}{9}$.
Les deux membres de l'inéquation sont positifs stricts, donc :
$\ln\left(\mathrm{e}^{-\frac{x}{4}}\right)\leqslant\ln\left(\frac{1}{9}\right)\Leftrightarrow-\frac{x}{4}\leqslant\ln\left(\frac{1}{9}\right)\Leftrightarrow x\geqslant-4\ln\left(\frac{1}{9}\right)$.
Finalement $x\geqslant 8\ln 3$, car
$\ln\left(\frac{1}{9}\right)=-\ln 9=-\ln 3^2=-2\ln 3$. $S=[8\ln 3\,;+\infty[$.

5. On définit f ; puis g ; Pour résoudre $f(x)>g(x)$, on utilise l'instruction ***solve*** et on indique au logiciel l'inconnue x de l'inéquation. ***evalf*** permet d'obtenir une valeur approchée des solutions, car $x\in[0\,;+\infty[$.
$S=\left]-4\ln\left(\frac{19+\sqrt{226}}{45}\right);-4\ln\left(\frac{19-\sqrt{226}}{45}\right)\right[$.

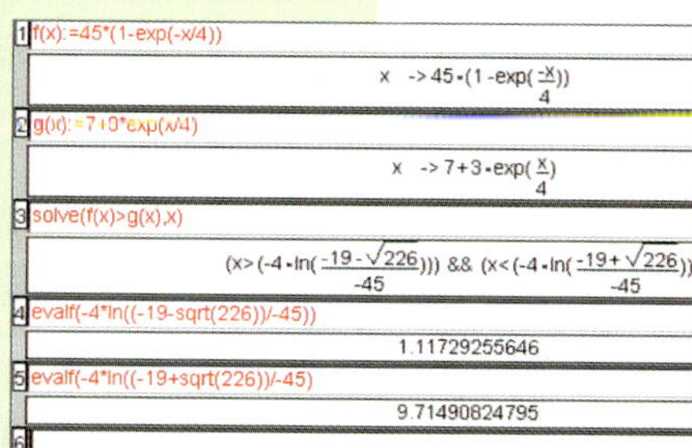

Exercice résolu 6 • Logarithmes : équations et inéquations

énoncé **Résoudre les équations suivantes :**

1. $(\ln x)^2 - 3\ln x - 4 = 0$; **2.** $\ln(x^2 - x - 2) > 2\ln(3 - x)$.

> **AIDE**
> - On pourra poser $X = \ln(x)$.
> - On pourra utiliser pour $a > 0$: $\ln(a^2) = 2\ln(a)$.

solution

1. L'équation $(\ln x)^2 - 3\ln x - 4 = 0$ a un sens pour $x \in]0 ; +\infty]$.
On pose $X = \ln(x)$, ainsi l'équation devient $X^2 - 3X - 4 = 0$.
Le discriminant de ce trinôme est :
$\Delta = (-3)^2 - 4 \times 1 \times (-4) = 9 + 16 = 25$.
$\Delta > 0$, les deux solutions sont $X_1 = \dfrac{3 - \sqrt{25}}{2 \times 1} = -1$ et
$X_2 = \dfrac{3 + \sqrt{25}}{2 \times 1} = 4$ d'où $x = e^{-1}$ ou $x = e^4$. $S = \{e^{-1} ; e^4\}$.

2. L'équation $\ln(x^2 - x - 2) > 2\ln(3 - x)$ a un sens pour
$$\begin{cases} x^2 - x - 2 > 0 \\ 3 - x > 0 \end{cases}.$$
On résout l'inéquation $x^2 - x - 2 > 0$. Le discriminant est $\Delta = 9$; $\Delta > 0$ et les deux racines sont $x_1 = \dfrac{1 - \sqrt{9}}{2} = -1$ et $x_2 = \dfrac{1 + \sqrt{9}}{2} = 2$.
Donc $x^2 - x - 2 > 0 \Leftrightarrow x \in]-\infty ; -1[\cup]2 ; +\infty[$.
Le système $\begin{cases} x^2 - x - 2 > 0 \\ 3 - x > 0 \end{cases}$ équivaut donc à $\begin{cases} x \in]-\infty ; -1[\cup]2 ; +\infty[\\ x \in]-\infty ; 3[\end{cases}$.
L'inéquation a un sens lorsque $x \in]-\infty ; -1[\cup]2 ; 3[$

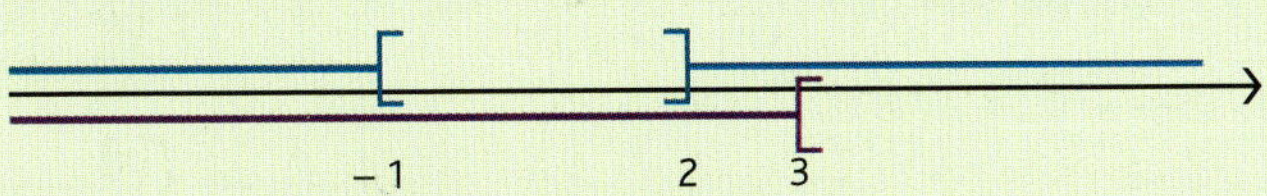

On peut maintenant résoudre l'inéquation :
$\ln(x^2 - x - 2) > 2\ln(3 - x) \Leftrightarrow \ln(x^2 - x - 2) > \ln((3 - x)^2)$
$\Leftrightarrow x^2 - x - 2 > (3 - x)^2 \Leftrightarrow x^2 - x - 2 > 9 - 6x + x^2 \Leftrightarrow 5x > 11 \Leftrightarrow x > \dfrac{11}{5}$.

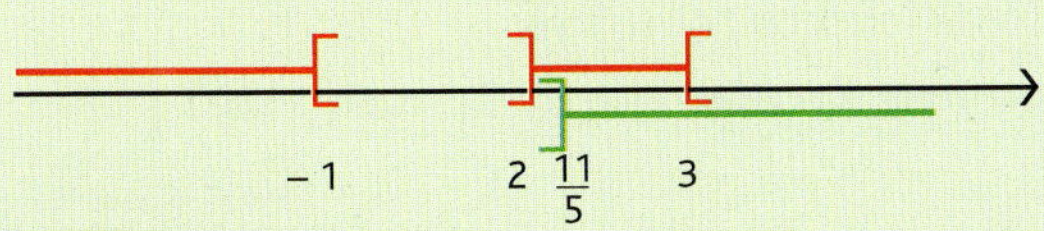

Finalement $S = \left]\dfrac{11}{5} ; 3\right[$.

> **MÉTHODE**
> On pose $X = \ln x$ et on résout l'équation ou l'inéquation polynomiale obtenue.
> En utilisant la croissance de la fonction logarithme, on conclut.

> **MÉTHODE**
> Pour résoudre $\ln(f(x)) > \ln(g(x))$, on détermine les conditions nécessaires d'existence des solutions de l'inéquation (ensemble noté D) puis on résout dans D l'équation $f(x) > g(x)$.

Entraînez-vous

Résoudre les équations et inéquations suivantes :

1. $2(\ln x)^2 - 5\ln x - 3 < 0$. **2.** $e^{-2x} - 8e^{-x} + 12 = 0$.

→ On trouve

1. $S = \left]e^{-\frac{1}{2}} ; e^3\right[$. **2.** $S = \{-\ln(6) ; -\ln(2)\}$.

Exercice résolu 7 • Étude d'une fonction logarithme Tangente

énoncé **Soit f la fonction définie sur $]0\,;+\infty[$ par**

$$f(x) = \ln x - x + 1.$$

1. Calculer $\lim\limits_{x \to 0} f(x)$ et $\lim\limits_{x \to +\infty} f(x)$.

2. Calculer $f'(x)$, étudier son signe et donner le tableau de variations de la fonction f.

3. En déduire le signe de $f(x)$.

4. Soit $\mathscr{C}$ la courbe représentative de la fonction ln. Soit (T) la tangente à la courbe $\mathscr{C}$ au point d'abscisse 1.
Déterminer une équation de la droite (T).

5. Quelle est la position de la courbe $\mathscr{C}$ par rapport à la tangente (T) ?
Vérifier ces résultats à l'aide de la représentation graphique.

Aide
Pour la seconde limite, on pourra mettre le terme dominant en facteur.

Méthode
Pour étudier la position relative d'une courbe $\mathscr{C}_g$ par rapport à une droite $(D) : y = ax + b$ on étudie le signe de $g(x) - (ax + b)$.
Si $g(x) - (ax + b) \geqslant 0$ sur I, alors $\mathscr{C}_g$ est au-dessus de (D) sur I ;
Si $g(x) - (ax + b) \leqslant 0$ sur I, alors $\mathscr{C}_g$ est en dessous de (D) sur I ;

solution

1. On a $\left.\begin{array}{l}\lim\limits_{x \to 0} \ln x = -\infty \text{ (cours)} \\ \lim\limits_{x \to 0} (-x + 1) = 1\end{array}\right\}$ donc par somme $\lim\limits_{x \to 0} (\ln x - x + 1) = -\infty$.

On a $\left.\begin{array}{l}\lim\limits_{x \to +\infty} \ln x = +\infty \text{ (cours)} \\ \lim\limits_{x \to +\infty} (-x + 1) = -\infty\end{array}\right\}$ on est en présence d'une forme indéterminée.

On lève cette indétermination en factorisant par le terme dominant, ici c'est x :

Pour tout $x > 0$, $f(x) = x\left(\dfrac{\ln(x)}{x} - 1 + \dfrac{1}{x}\right)$

$\left.\begin{array}{l}\lim\limits_{x \to +\infty} \dfrac{\ln x}{x} = 0 \text{ (cours)} \\ \lim\limits_{x \to +\infty} -1 + \dfrac{1}{x} = -1\end{array}\right\}$ donc par addition $\left.\begin{array}{l}\lim\limits_{x \to +\infty} \dfrac{\ln x}{x} - 1 + \dfrac{1}{x} = -1 \\ \lim\limits_{x \to +\infty} x = +\infty\end{array}\right\}$

donc $\lim\limits_{x \to +\infty} f(x) = -\infty$.

2. Pour tout $x \in]0\,;+\infty[$, $f'(x) = \dfrac{1}{x} - 1 = \dfrac{1-x}{x}$.
On étudie le signe de ce quotient, on calcule :
$$f(1) = \ln 1 - 1 + 1 = 0$$
et on obtient les variations de la fonction f ci-contre.

x	0		1		$+\infty$
$1-x$		+	0	−	
x		+		+	
$f'(x)$		+	0	−	
$f(x)$	$-\infty$	↗	0	↘	$-\infty$

3. Grâce au tableau de variations on sait que pour tout $x \in]0\,;+\infty[$, $f(x) \leqslant 0$.

4. D'après le cours, l'équation de la tangente est :
$y = (\ln)'(1)(x-1) + \ln(1)$ donc $y = \dfrac{1}{1}(x-1) + 0$.
Ainsi $(T) : y = x - 1$

5. Étudions le signe de $\ln x - (x-1)$:
Or $\ln x - (x-1) = \ln x - x + 1 = f(x)$. D'après la question 3.,
pour tout $x \in]0\,;+\infty[$ $f(x) \leqslant 0$ donc $\ln(x) - x + 1 \leqslant 0$.
Ainsi C est au dessous de la droite (T) sur $]0\,;+\infty[$.
Ceci est bien vérifié sur le graphique ci-contre.

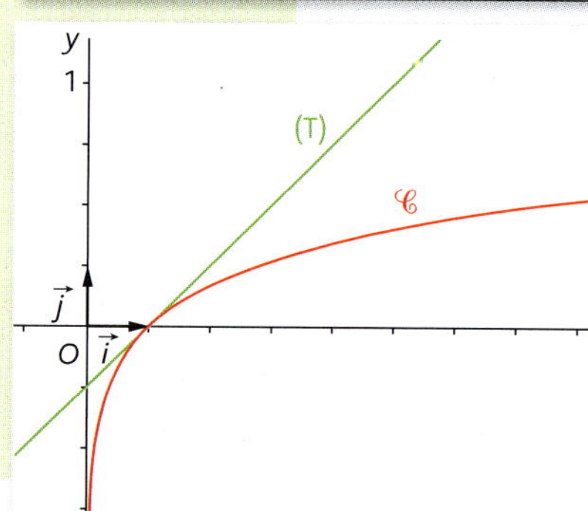

Exercice résolu 8 TICE Utiliser le logarithme décimal

énoncé **Soit p et n deux entiers naturels tels que $10^n \leqslant p < 10^{n+1}$.**

1. **Déterminer le nombre de chiffres de l'entier p (écriture décimale).**
2. **Montrer que $n = E(\log(p))$.**
3. **Commenter chacun de ces écrans et proposer une méthode pour obtenir la valeur de $E(\log(2^{2\,013}))$.**

Casio

```
log (2^2013)

Ma ERROR
  Press:[EXIT]
```

TI Nspire

$\log_{10}(2^{2013})$

$2013 \cdot \log_{10}(2)$

XCas

```
log10(2^2013)
log10(940548665568669306251536958404757081311082661551059108231284930007667721332629761111375451190481936317190934232258529504007879852739014927504122966971722289472552871078398197765642478782382447586745769902600079317250993878191213477456421077323500371729653731804466371042874405729266169033000257306380965325571431702400684077894692739546431970516457689091514390255260678803636290619279616342108306500134556458970287457296562420600045913373517277196622966242525937013186214163166593344799391393518637733932076446381883519208233258347987390537033939221566465437167851936340727978540772997219818300612848648192)
```

4. **En déduire le nombre de chiffres de l'entier $2^{2\,013}$.**

Info

Dans une égalité ou une inégalité, pour passer au logarithme (décimal ou népérien) il faut vérifier que les 2 membres sont strictement positifs.
Pour tous réels strictement positifs, si $a < b$, alors $\log(a) < \log(b)$.

solution

1. $10^n = 1\underbrace{000\ldots0\,000}_{n \text{ zéros}}$ contient donc $n + 1$ chiffres.
   L'entier avant 10^{n+1} est $\underbrace{999\ldots999}_{n+1 \text{ neuf}}$, il contient $n + 1$ chiffres.
   Ainsi l'entier p contient $n + 1$ chiffres.
2. On a $10^n \leqslant p < 10^{n+1}$, tous les membres de cette inéquation sont strictement positifs donc $\log(10^n) \leqslant \log(p) < \log(10^{n+1})$ soit $n \leqslant \log(p) < n + 1$, ce qui prouve que $n = E(\log(p))$.
3. • La calculatrice *Casio* a calculé $2^{2\,013}$, ce qui a provoqué une erreur de dépassement de capacité car $2^{2\,013}$ est un très grand nombre.

```
2013log(2)
        605.9733813
```

   Pour obtenir le résultat souhaité il faut utiliser la propriété de cours : $\log(2^{2\,013}) = 2\,013\log(2)$. Ainsi $E(\log(2^{2\,013})) = 605$.

   • La calculatrice *TInspire* donne directement le résultat du cours.
   Pour obtenir la partie entière de ce nombre on peut :

   Soit demander une valeur approchée (en appuyant sur ***CTRL-ENTRER***) :

   $\log_{10}(2^{2013})$ → 605.973

   Soit utiliser l'instruction ***int*** (qui signifie partie entière) :

   $\text{int}(\log_{10}(2^{2013}))$ → 605

   • Le logiciel *XCAS* calcule $2^{2\,013}$, ce qui donne beaucoup de chiffres !
   Pour avoir la partie entière on utilise l'instruction **floor**.

```
floor(log10(2^2013))
```

4. Le nombre de chiffres de l'entier $2^{2\,013}$ est $n + 1$ avec $n = E(\log(2^{2\,013}))$.
   D'après 3., $n = 605$. Ainsi $2^{2\,013}$ est composé de 606 chiffres !

travail en autonomie

vrai ou faux ? Corrigés en fin de manuel

Indiquer si les propositions suivantes sont vraies ou fausses.

1. Pour tout $x \in \mathbb{R}$, $\ln(e^x) + \ln(e^{-x}) = \ln 1$.

2. Soit f la fonction définie sur $\mathbb{R}$ par $f(x) = e^{2x}$.

Pour tout $x \in \mathbb{R}$, $f'(x) = 2f(x)$.

3. Soit f la fonction définie sur $\mathbb{R}$ par $f(x) = xe^x$.

Pour tout $x \in \mathbb{R}$, $f'(x) = e^x$.

4. Soit f la fonction définie sur $]0\,;1[$ par $f(x) = \ln(x) + \ln(1 - x)$.

Pour tout $x \in]0\,;1[$, $f'(x) = \dfrac{1}{x - x^2}$.

5. Soit x un réel non nul, alors $\ln(x^2) = 2\ln x$.

6. Soit f la fonction définie sur $[0\,;+\infty[$ par $f(x) = 5(1 - e^{-2x})$.

f est une fonction croissante et bornée sur $[0\,;+\infty[$.

7. Soit f la fonction définie sur $\mathbb{R}$ par $f(x) = \dfrac{e^x - 1}{e^x + 1}$.

Pour tout $x \in \mathbb{R}$, $f(x) + f(-x) = 0$.

8. Pour tout $x \in \mathbb{R} - \{1\}$, $\dfrac{e^x + 1}{1 - e^x} = \dfrac{2e^{-x} - 1}{e^{-x} - 1} - 1$.

9. $\lim\limits_{x \to +\infty} e^x - x = 0$.

10. $\lim\limits_{x \to +\infty} (-2x + 1)e^x = -\infty$.

11. Soit x un réel, $\ln(2x) = 5 \Leftrightarrow x = e^{\frac{5}{2}}$.

12. Soit x un réel, $e^{3x} = 1 \Leftrightarrow x = \ln\left(\dfrac{1}{3}\right)$.

13. À l'aide d'un logiciel de calcul formel on a résolu l'équation (E) : $e^x + e^{-x} = 5$.

On a obtenu les résultats suivants :

```
solve(exp(x)+exp(-x)=5,x)
[ln((5-(√21))/2), ln((5+√21)/2)]
```

Soit x_1 et x_2 les deux solutions de l'équation (E).

Alors $x_1 + x_2 = 1$.

14. $\lim\limits_{x \to +\infty} \left(1 + \dfrac{1}{x}\right)^{\frac{1}{x}} = e^2$.

15. $\lim\limits_{x \to +\infty} \left(x^{\frac{1}{x}}\right) = 0$.

16. $\lim\limits_{x \to +\infty} \left(\dfrac{e^x + e^{-x}}{e^x - e^{-x}}\right) = 1$.

17. $\lim\limits_{x \to -\infty} \left(\dfrac{e^x + e^{-x}}{e^x - e^{-x}}\right) = -1$.

18. On admet que $\forall x \geqslant 0$, $\ln(1 + x) \leqslant x$.

Soit (u_n) la suite définie par $\begin{cases} u_0 = 1 \\ u_{n+1} = \ln(1 + u_n),\ n \in \mathbb{N} \end{cases}$,

alors la suite (u_n) est décroissante.

19. L'équation $\ln x + x = 5$ admet au moins une solution sur $\mathbb{R}_+$.

20. Soit f la fonction définie sur $\mathbb{R}$ par $f(x) = \dfrac{e^x - e^{-x}}{2}$,

alors f est croissante sur $\mathbb{R}$.

21. Soit f la fonction définie sur $\mathbb{R}$ par $f(x) = \dfrac{e^x + e^{-x}}{2}$,

alors f est croissante sur $\mathbb{R}$.

22. $\lim\limits_{x \to +\infty} \dfrac{e^x - 1}{x} = +\infty$.

QCM

Corrigés en fin de manuel

Dans les questions suivantes, déterminer la (ou les) bonne(s) réponse(s).

23. Soit f la fonction définie sur $\mathbb{R}$ par $f(x) = 2xe^x$. Sa dérivée f' est définie par :

a. $f'(x) = 2e^x$.
b. $f'(x) = 2 + e^x$.
c. $f'(x) = (2x + 2)e^x$.
d. $f'(x) = 2\,xe^x$.

24. Pour tout réel x strictement positif, $\ln(x^2 + x)$ est égal à :

a. $\ln(x^2) \times \ln(x)$.
b. $\ln(x) + \ln(x + 1)$.
c. $\ln(x^2) \times \ln(x)$.

25. L'équation $e^{-2x} = 6$ admet pour solution dans $\mathbb{R}$:

a. $-\ln(3)$.
b. $\dfrac{e^{-6}}{2}$.
c. $\dfrac{-\ln(6)}{2}$.

26. Soit la fonction f définie sur $\mathbb{R}$ par $f(x) = e^{4x+1}$. Sachant que la fonction f est dérivables, sa fonction dérivée f' est définie sur $\mathbb{R}$ par :

a. $f'(x) = e^{4x+1}$.
b. $f'(x) = (4x + 1)e^{4x+1}$.
c. $f'(x) = 4e^{4x+1}$.

27. Pour tout réel x strictement positif, $e^{2\ln(x)}$ est égal à :

a. x^2.
b. $\ln(x^2)$.
c. $2x$.

28. Parmi les 4 réels suivants, déterminer celui qui est différent des autres :

$A = \ln(\sqrt{e^7}) + \dfrac{e^{\ln 9}}{e^{\ln 2}}$; $B = e^{2\ln 3}$;

$C = \dfrac{e^{\ln 2 + \ln 3}}{e^{\ln 3 - \ln 4}}$; $D = (\ln(e^2))^3$.

29.

a. L'équation $2\ln(x + 1) = \ln(x - 1) + \ln(x + 5)$ n'a pas de solution.

b. Si $x > \dfrac{1}{2}$, alors $\ln(2x - 1) - \ln(x + 1) \leqslant \ln 3$.

c. Si $x > \dfrac{1}{3}$, alors $\ln\sqrt{3x - 1} < \ln(x + 1)$.

d. Si $x > 2$, alors $\ln\sqrt{3x - 1} < \ln(x + 1)$.

30. Soit f la fonction définie sur $\mathbb{R}$ par $f(x) = e^{2x} - x$. L'équation de la tangente à la courbe représentant la fonction f au point d'abscisse 0 est :

a. $y = x$.
b. $y = 0$.
c. $y = -x$.
d. $y = x + 1$.

31. Soit f la fonction définie sur $]0\,;+\infty[$ par $f(x) = 3\ln x - 2x$.
L'équation de la tangente à la courbe représentant la fonction f au point d'abscisse 1 est :

a. $y = -2x + 3$.
b. $y = x - 3$.
c. $y = -2$.
d. $y = -x + 2$.

32. Soit x et y deux réels strictement positifs. Alors $\ln(2x) - \ln(2y)$ est aussi égal à :

a. $\ln\left(\dfrac{x}{y}\right)$.
b. $\ln(3x) - \ln(3y)$.
c. $\ln(x^2) - \ln(y^2)$.
d. $\ln(\sqrt{x}) - \ln(\sqrt{y})$.

33. Soit x un réel. Les solutions de l'inéquation $(e^x + 3)(e^x - 1) \geqslant 0$ sont :

a. $]-\infty\,; 3] \cup [1\,; +\infty[$.
b. $[0\,; +\infty[$.
c. $]-\infty\,; 0]$.
d. $\mathbb{R}$.

34. Soit x un réel. Les solutions de l'équation $\ln(x + 3) + \ln(x - 2) = \ln 14$ sont :

a. $\{-4\,; 5\}$.
b. $\{5\}$.
c. $\{4\}$.
d. $\varnothing$.

35. Soit x un réel. Les solutions de l'inéquation $\ln(2 - x) - \ln(x + 3) \leqslant 0$ sont :

a. $]-8\,; -3] \cup \left[-\dfrac{1}{2}\,; +\infty\right[$
b. $\left[-\dfrac{1}{2}\,; +\infty\right[$
c. $]-8\,; -3] \cup [2\,; +\infty[$
d. $\left[-\dfrac{1}{2}\,; 2\right[$.

1. Calculs algébriques

pour s'échauffer

36. corrigé Simplifier les expressions suivantes :

$A = \exp(3x - 1) \times \exp(2 - x)$;

$B = \dfrac{\exp(x - 5)}{\exp(2x + 1)}$; $C = (\exp(2x))^3$.

37. corrigé Simplifier les expressions suivantes :

$A = e^{3,1} \times e^{-2}$; $B = \dfrac{e^5}{e^{4,3}}$; $C = \dfrac{(e^2)^3 \times (e^3)^{-2}}{e^2}$.

38. corrigé Simplifier les expressions suivantes :

$A = \dfrac{e^{\left(\frac{1}{2}\right)}}{(e^3)^{\frac{3}{4}}}$; $B = \dfrac{e^{1,2} \times e^{-0,3}}{e^{3,5} \times e^{-1}}$; $C = (e^{0,5} - e^{-0,5})^2$.

39. corrigé Exprimer, en fonction de ln2, les réels suivants :

$\ln 8$; $\ln\left(\dfrac{1}{4}\right)$; $\ln(16e)$; $\ln\sqrt{2}$; $\ln\left(\dfrac{64}{e^2}\right)$.

40. corrigé Simplifier les expressions suivantes :

$A = e^x \times e^{-x+2}$; $B = (e^{-x})^2 \times (e^{3x})^3$;

$C = 2(e^{2x} + e^{-2x}) - (e^x + e^{-x})^2 - (e^x - e^{-x})^2$.

41. corrigé Montrer que pour tout $x \in \mathbb{R}$, on a :

$\dfrac{5}{1 + e^x} = 5 - \dfrac{5}{1 + e^{-x}}$.

42. corrigé Déterminer l'ensemble de définition des fonctions dont on a donné l'expression ci-dessous :

$f(x) = \ln(x - 1)$; $g(x) = \ln(x^2)$;

$h(x) = \ln(4 - x)$; $i(x) = \ln(x^2 - 1)$.

43. Simplifier les expressions suivantes :

$A = (\exp(-x))^2$; $B = \dfrac{\exp(-x + 4)}{\exp(x + 4)}$;

$C = (\exp(x + 3) \times \exp(-2x - 2))^2$.

44. Simplifier les expressions suivantes :

$A = (e^{2-\sqrt{3}})^{2+\sqrt{3}}$; $B = e^2 \times e^{-1,4}$;

$C = \dfrac{e^{3,6}}{e^{2,7}}$; $D = \dfrac{e^{\frac{1}{2}}}{e^{\frac{1}{3}}}$.

45. Simplifier les expressions suivantes :

1. $4e^{4x} \times (-5e^{-3x+2})$;
2. $\dfrac{e^{3x} + e^{-3x}}{2} \times \dfrac{e^{3x} - e^{-3x}}{2}$;
3. $\dfrac{e^{-3x+5} \times (e^{x+2})^3}{e^{-2x-6}}$;
4. $e^{3x+5} \times (e^{-x+1})^3 \times (e^{2x-2})^2$.

46. Vérifier que pour tout réel x, on a :

1. $\dfrac{e^x}{e^x + 1} = \dfrac{1}{1 + e^{-x}}$;
2. $\dfrac{e^x - e^{-x}}{e^x + e^{-x}} = \dfrac{1 - e^{-2x}}{1 + e^{-2x}}$.

47. Vérifier que pour tout réel x, on a :

1. $\dfrac{e^{-x}}{e^{-x} + x^2} = \dfrac{1}{1 + x^2 e^x}$;
2. $\dfrac{e^x - 4}{e^x + 3} = 1 - \dfrac{7}{e^x + 3}$.

48. Vérifier que pour tout réel x, on a :

$$\frac{e^x - 1}{e^x + 1} = \frac{1 - e^{-x}}{1 + e^{-x}} = 1 - \frac{2}{e^x + 1}.$$

49. Déterminer l'ensemble de définition des fonctions dont on a donné l'expression ci-dessous :

$f(x) = \ln(2x - 1) + \ln(-x + 5)$;

$g(x) = \ln((2x - 1)(-x + 5))$;

$h(x) = \ln(1 + x^2)$; $i(x) = \ln(1 + e^{2x})$.

50. Exprimer, en fonction de ln 2, les réels suivants :

$\ln 8$; $\ln\left(\dfrac{1}{4}\right)$; $\ln(16e)$; $\ln\sqrt{2}$; $\ln\left(\dfrac{64}{e^2}\right)$.

51. Exprimer, en fonction de ln 2 et ln 5, les réels suivants :

$\ln 10$; $\ln 100$; $\ln 0{,}000\,1$; $\ln\sqrt{1\,000}$; $\ln\left(\dfrac{8}{25}\right)$

$\ln(8 \times 10^5)$; $\ln(32 \times 10^{-8})$; $\ln(0{,}000\,004)$.

52. Simplifier les expressions suivantes :

$\ln((\sqrt{2} + 1)(\sqrt{2} - 1))$; $\ln(\sqrt{7} - 2) + \ln(\sqrt{7} + 2)$;

$\ln\left(\sqrt{\sqrt{11} - 3}\right) + \ln\left(\sqrt{\sqrt{11} + 3}\right)$.

53. TICE Jean-Louis a entré la commande suivante dans un logiciel de calcul formel :

```
simplify(ln((x-1)*(x-2))-(ln(x-1)+ln(x-2)))
                                          0
```

Quelle égalité nous donne le résultat affiché par le logiciel ? Cette égalité est-elle vraie ? Si oui, donner l'ensemble des x pour lesquels cette égalité est vraie.

54. TICE À l'aide d'un logiciel, on a entré les commandes suivantes :

```
f(x):=ln(exp(1)*x^2)-2*ln(x)
                         x -> ln(exp(1)·x^2)-2·ln(x)
simplify(f(x))
                         1
```

Quelle égalité ces résultats nous donnent-ils ?
Démontrer cette égalité.

2. Équations et inéquations

pour s'échauffer

***Pour les exercices** 55. **à** 58. résoudre les équations et inéquations.*

55. corrigé

1. $e^{4x} = 1$.
2. $e^{-3x} = 7$.
3. $e^{3x+4} = 0$.
4. $e^{x^2} = e^{4x-3}$.

56. corrigé

1. $e^{-5x} \geqslant 1$.
2. $e^{x^2} \geqslant (e^3)^3$.
3. $e^{x^2-x} \leqslant e$.
4. $e^{4x-1} \leqslant 2$.

57. corrigé

1. $\ln x = 0$.
2. $\ln x = -1$.
3. $\ln(x+3) = 1$.
4. $\ln(2x-1) = 2$.

58. corrigé

1. $\ln x \geqslant 1$.
2. $\ln x < 0$.
3. $\ln(x+5) \leqslant \ln 2$.
4. $\ln(x+3) \leqslant -1$.

***Pour les exercices** 59. **à** 68., résoudre les équations et inéquations.*

59.

1. $e^{-2x+5} = e^3$.
2. $e^{x^2} = e^{4x+3}$.
3. $e^{x+7} = (e^{-2x+5})^3$.
4. $e^{\frac{x+1}{-2x+5}} = e^3$.

60.

1. $e^{2x} - e^x = 0$.
2. $e^x = e^{\sqrt{x+1}}$.
3. $e^{2\ln x} = 5e^{\ln x} = 6$.
4. $xe^x \leqslant 0$.
5. $e^{1-x^2} \leqslant 0$.

61.

1. $e^{-x} \leqslant e^x$.
2. $e^{4x} > 1$.
3. $e^{x^2-x} \leqslant 1$.
4. $e^{2x+1} > \dfrac{1}{e^x}$.

62.

1. $e^{\frac{1}{x}} \leqslant e^{2x-1}$.
2. $e^{5x} - e^{x^2-3x-9} > 0$.
3. $e^{x^2}e^x \geqslant (e^3)^2$.
4. $e^{x^2-x} < e$.

63.

1. $e^{6-2x} \geqslant 11$.
2. $(e^x-2)(e^x-6) = 0$.
3. $(e^{-x}-3)(e^x+1) \geqslant 0$.
4. $e^{2+\ln x} > \ln 3$.
5. $\dfrac{e^x}{2-e^x} = 7$.

64.

1. $(x-4)e^{-\sqrt{1+x^2}} < 0$.
2. $\dfrac{e^x - e}{e^{x+4}-1} \geqslant 0$.
3. $e^{x^2} \times e^x \geqslant (e^3)^2$.
4. $e^{x^2-x} < e$.
5. $e^{2-x} \times e^{-1+3x} < (e^4)^2$.
6. $\dfrac{e^x-1}{x} \geqslant 0$.

65.

1. $\ln(x-2) = 11$.
2. $\ln(3-2x) = -11$.
3. $\ln(4x+1) = 0$.
4. $\ln\left(7 - \frac{1}{2}x\right) = 1$.

66.

1. $\ln\left(\dfrac{x+1}{2x+1}\right) = \ln\left(\dfrac{1}{3}\right)$.
2. $\ln(3x-1) - \ln(x+2) = -\ln(2)$.

67.

1. $\ln((2x-1)(x+3)) \geqslant \ln 15$.
2. $\ln(2x-1) + \ln(x+3) \geqslant \ln 15$.

68.

1. $\ln(x) \geqslant \ln 4 - \ln(x+1)$.
2. $\ln(1+e^x) + \ln(1-e^x) \geqslant \dfrac{1}{2}$.

69. TICE On cherche à résoudre l'équation (E) :

$$4(\ln x)^3 - 11(\ln x)^2 - 246\ln x + 189 = 0.$$

1. On pose $X = \ln x$. Montrer que (E) équivaut à $4X^3 - 11X^2 - 246X + 189 = 0$.
2. Résoudre cette équation à l'aide d'un logiciel de calcul formel.
3. En déduire les solutions de (E).

70. TICE À l'aide d'un logiciel de calcul formel on a obtenu les résultats suivants :

solve(exp(x)+exp(-x)=5,x)
$\ln(\frac{5-(\sqrt{21})}{2}), \ln(\frac{5+\sqrt{21}}{2})$

1. Quelle est l'équation résolue ?
2. Soit x_1 et x_2 les deux solutions de l'équation ; montrer que $x_1 + x_2 = \ln 2$.

71. Résoudre les équations suivantes :

1. $e^{2x} - 7e^x + 10 = 0$;
2. $2e^x - 9e^{-x} = -3$.

AIDE

On pourra poser $X = e^x$.

72. Résoudre les équations suivantes :

1. $e^{2x} = 24 - 5e^{x}$;   2. $e^{-x} - 3e^{x} = -1$.

> **AIDE**
> On pourra poser $X = e^{x}$.

73. TICE Célia souhaite résoudre l'équation $e^{x} + 4e^{-x} = -3$.
Pour cela elle utilise un logiciel de calcul formel (*TINspire*) et obtient le résultat suivant :

$\text{solve}\left(e^{x}+4\cdot e^{-x}=\frac{13}{3},x\right)$	$x=-\ln\left(\frac{3}{4}\right) \text{ or } x=\ln(3)$

Résoudre l'équation à la main, en posant $X = e^{x}$, puis comparer le résultat à celui de Célia.

Le saviez-vous ?

C'est ***Léonard Euler*** dans son ouvrage ***Introduction à l'analyse infinitésimale*** en 1748 qui utilisa pour la première fois la **notation e^{x}**.

Pour les exercices 74. à 77., étudier le signe des fonctions données.

74. $f(x) = (x-2)e^{-x}$; $g(x) = e^{2x} + e^{x}$.

75. $f(x) = e^{2x} - e^{x}$; $g(x) = e^{2x} - 2e^{x} - 3$.

76. $f(x) = \ln(8x+5)$; $g(x) = \ln x + \ln(x-1)$.

77. $f(x) = \ln(x-5) - \ln(x+4)$;
$g(x) = \ln x + \ln(1+x^2) - \ln(5+3e^{x})$.

78. Dans chaque cas, déterminer le plus petit entier naturel n vérifiant l'inéquation.

1. $0{,}999^{n} < 10^{-11}$;   2. $1{,}000\,001^{n} > 10^{9}$;
3. $5 - \left(\frac{1}{3}\right)^{n} \geqslant 4{,}9999$;   4. $3 + \left(\frac{4}{5}\right)^{n} \geqslant 3{,}0001$.

79. TICE On souhaite résoudre l'inéquation :

$$x\ln(x+1) + 3 > \ln(x+1) + 3x.$$

1. À l'aide d'un logiciel de calcul formel on obtient :

```
solve(x*ln(x+1)+3> ln(x+1)+3x,x)
                         Unable to isolate x in ln(x+1)
```

Expliquer ce que signifie ce résultat.

2. Résoudre cette inéquation.

3. À l'aide de la calculatrice *TINspire* on obtient :

$\text{solve}(x\cdot\ln(x+1)+3>\ln(x+1)+3\cdot x,x)$
$-1<x<1 \text{ or } x>e^{3}-1$

Vérifier le résultat obtenu au 2.

Le saviez-vous ?

CAS signifie Computer Algebra System.

C'est un logiciel qui permet d'utiliser le calcul symbolique. Son développement remonte aux années 1970. Chaque logiciel CAS utilise son propre moteur. Les différents logiciel sont donc de performances variables.

80. TICE On souhaite résoudre l'équation (E) d'inconnue réelle.

$$(E) : \ln(x-1) + \ln(x+4) = \ln 6.$$

Julie utilise sa calculatrice formelle *TINspire* et obtient :

$\text{solve}(\ln(x-1)+\ln(x+4)=\ln(6),x)$	$x=2$

Elle écrit donc $S = \{2\}$.
Jean utilise le logiciel *XCAS* et obtient :

```
solve(ln(x-1)+ln(x+4)=ln(6),x)
                                        [-5, 2 ]
```

Il écrit donc $S = \{-5 ; 2\}$.
Expliquer ces différences de résultats et indiquer quel est l'ensemble de solutions de l'équation (E).

81. Résoudre le système d'équations suivant :

$$\begin{cases} e^{x}e^{y} = 12 \\ e^{x-y} = \frac{4}{3} \end{cases}$$

82. 1. Résoudre le système d'équations suivant :

$$\begin{cases} 3x - y = 17 \\ 2x + 3y = 15 \end{cases}$$

2. En déduire les solutions du système :

$$\begin{cases} 3e^{x} - e^{y} = 17 \\ 2e^{x} + 3e^{y} = 15 \end{cases}$$

83. Résoudre le système d'équations suivant :

$$\begin{cases} 4e^{x} + e^{y} = 13 \\ e^{x} - 2e^{y} = -8 \end{cases}$$

84. 1. Résoudre le système d'équations suivant :

$$\begin{cases} 2x + 5y = -1 \\ 3x - 7y = 13 \end{cases}$$

2. En déduire les solutions du système suivant :

$$\begin{cases} 2\ln x + 5\ln y = -1 \\ 3\ln x - 7\ln y = 13 \end{cases}$$

85. Résoudre le système d'équations suivant :

$$\begin{cases} 6\ln x + \ln y = 1 \\ \ln x - 5\ln y = -5 \end{cases}$$

86. Résoudre le système d'équations suivant :

$$\begin{cases} x + y = 5 \\ \ln x + \ln y = \ln 3 + \ln 2 \end{cases}$$

AIDE
On pourra utiliser cette propriété :
Quels que soient les réels strictement positifs x et y $\ln(xy) = \ln x + \ln y$.

3. Limites

pour s'échauffer

87. **corrigé** Déterminer les limites de chacune des fonctions suivantes aux bornes de son ensemble de définition et indiquer les éventuelles asymptotes :

$$x \mapsto \frac{x}{\ln x}\ ;\quad x \mapsto x + \ln x.$$

88. **corrigé** Déterminer les limites de chacune des fonctions suivantes aux bornes de son ensemble de définition et indiquer les éventuelles asymptotes :

$$x \mapsto \frac{e^x}{x}\ ;\quad x \mapsto x + e^x.$$

89. **corrigé** Déterminer les limites suivantes :

$$\lim_{x \to +\infty} \frac{1 + \ln x}{x}\ ;\quad \lim_{x \to +\infty} \frac{\ln x}{x + 1}.$$

90. **corrigé** Déterminer les limites suivantes :

$$\lim_{x \to -\infty} \frac{e^x + 1}{e^x - 1}\ ;\quad \lim_{x \to +\infty} x + e^{-x}.$$

Dans les exercices 91. à 95., déterminer les limites de chacune des fonctions aux bornes de son ensemble de définition et indiquer les éventuelles asymptotes.

91.
1. $x \mapsto \dfrac{\ln x}{x + 2}$.
2. $x \mapsto x\ln(x + 1)$.
3. $x \mapsto (x + 1)\ln x$.
4. $x \mapsto \ln\left(\dfrac{x}{x + 1}\right)$.

92.
1. $x \mapsto x - \ln x$.
2. $x \mapsto x\ln(\sqrt{x})$.
3. $x \mapsto x - \ln(x^2)$.
4. $x \mapsto \dfrac{\ln(2x)}{x^2 + 1}$.

93.
1. $x \mapsto x - e^x$.
2. $x \mapsto e^{x^2 - x}$.
3. $x \mapsto e^{-\frac{x^2}{2}}$.
4. $x \mapsto e^x - e^{-x}$.

94.
1. $x \mapsto (x - 5)e^{-x}$.
2. $x \mapsto \dfrac{x + 1}{e^x + 1}$.
3. $x \mapsto \dfrac{e^{2x}}{x + 4}$.
4. $x \mapsto \dfrac{e^{2x} - e^x}{e^{3x} + 1}$.

95.
1. $x \mapsto \dfrac{\ln(x^2 - 1)}{x^2 + 1}$.
2. $x \mapsto 2(\ln x)^2 - 5\ln x + 1$.
3. $x \mapsto \ln\left(\dfrac{3x}{x - 1}\right)$.
4. $x \mapsto x^2 - x + 2\ln x + 1$.

Pour les exercices 96. à 101., calculer les limites.

96.
1. $\lim\limits_{x \to +\infty} (x - \ln(x + 1))$.
2. $\lim\limits_{x \to +\infty} \dfrac{\ln(1 + x^2)}{2x}$.
3. $\lim\limits_{x \to -\infty} \dfrac{\ln(1 + x^2)}{2x}$.
4. $\lim\limits_{x \to -\infty} \ln\left(\dfrac{1 + 2e^x}{e^{2x} + 1}\right)$.
5. $\lim\limits_{x \to +\infty} \ln\left(\dfrac{1 + 2e^x}{e^{2x} + 1}\right)$.

97.
1. $\lim\limits_{x \to 0} (x - (\ln x)^2)$.
2. $\lim\limits_{x \to +\infty} (x - (\ln x)^2)$.
3. $\lim\limits_{x \to -\infty} (x - \ln(1 + e^x))$.
4. $\lim\limits_{x \to +\infty} (x - \ln(1 + e^x))$.

98.
1. $\lim\limits_{x \to -\infty} (x + \ln(1 + e^{-x}))$.
2. $\lim\limits_{x \to +\infty} (x + \ln(1 + e^{-x}))$.
3. $\lim\limits_{x \to 0} x\ln(3x)$.
4. $\lim\limits_{x \to +\infty} \ln(3x)$.

99.
1. $\lim\limits_{x \to +\infty} (x^2 + 1)\ln(x + 1)$.
2. $\lim\limits_{x \to -1} (x^2 + 1)\ln(x + 1)$.
3. $\lim\limits_{x \to 0} \ln(e^{3x} - 1)$.
4. $\lim\limits_{x \to +\infty} \ln(e^{3x} - 1)$.

100.
1. $\lim\limits_{x \to +\infty} \dfrac{x - 1}{x}\ln x$.
2. $\lim\limits_{x \to 0} \dfrac{x - 1}{x}\ln x$.
3. $\lim\limits_{x \to 0} \dfrac{\ln(1 + x)}{\ln(1 + 2x)}$.
4. $\lim\limits_{x \to +\infty} \dfrac{\ln(1 + x)}{\ln(1 + 2x)}$.

101.
1. $\lim\limits_{x \to 1} \dfrac{\ln x}{x - 1}$.
2. $\lim\limits_{x \to 0} \dfrac{\ln(1 + x)}{3x}$.
3. $\lim\limits_{x \to 0} \dfrac{\ln(1 + 6x)}{3x}$.
4. $\lim\limits_{x \to 0} \dfrac{\ln(1 - 5x)}{2x}$.

102.
1. $\lim\limits_{x \to 0} \dfrac{\ln(1 + x^2)}{2x}$.
2. $\lim\limits_{x \to 0} \dfrac{\ln(1 + x)}{\ln(1 + 2x)}$.
3. $\lim\limits_{x \to 0} \dfrac{\ln(1 + x)}{\ln(1 + 2x)}$.
4. $\lim\limits_{x \to 0} \dfrac{\ln(1 + x^2)}{\ln(1 + x)}$.

exercices

103.

1. $\lim\limits_{x \to 0} e^{x^2 \ln(2x)}$.
2. $\lim\limits_{x \to +\infty} \dfrac{\ln x}{3x+2}$.
3. $\lim\limits_{x \to +\infty} \dfrac{\ln x}{x^2}$.
4. $\lim\limits_{x \to +\infty} \dfrac{\ln x}{x^2 - x + 2}$.
5. $\lim\limits_{x \to 0} (x+3)\ln x$.
6. $\lim\limits_{x \to 0} (x+3)\ln x$.

4. Dérivées

pour s'échauffer

104. corrigé Calculer la dérivée de la fonction f.

1. $f(x) = e^{x^2}$, $x \in \mathbb{R}$. 2. $f(x) = e^{3x}$, $x \in \mathbb{R}$.
3. $f(x) = 4e^{-2x+1}$, $x \in \mathbb{R}$.
4. $f(x) = -8e^{\frac{1}{2}x+3}$, $x \in \mathbb{R}$.

105. corrigé Calculer la dérivée de la fonction f.

1. $f(x) = \ln(x+1)$, $x \in]-1\,;+\infty[$.
2. $f(x) = \ln(3x+1)$, $x \in \left]-\dfrac{1}{3}\,;+\infty\right[$.
3. $f(x) = \ln(1+x^2)$, $x \in \mathbb{R}$.

106. Calculer la dérivée des fonctions suivantes :
$f(x) = e^{5x}$, $x \in \mathbb{R}$; $g(x) = e^{4-x}$, $x \in \mathbb{R}$.

107. Pour chacune des fonctions suivantes, préciser l'ensemble de définition, montrer la dérivabilité sur l'ensemble de définition et calculer la dérivée.

1. $f(x) = e^{x^2 - 3x}$.
2. $g(x) = e^{\sin x}$.
3. $h(x) = e^{\frac{1}{x}}$.

108. Calculer la dérivée des fonctions suivantes :
$f(x) = xe^x$, $x \in \mathbb{R}$; $g(x) = \dfrac{e^x}{x}$, $x \in]0\,;+\infty[$.

109. Calculer la dérivée des fonctions suivantes :
$f(x) = x\ln x$, $x \in]0\,;+\infty[$; $g(x) = \dfrac{\ln x}{x}$, $x \in]0\,;+\infty[$.

110. Calculer la dérivée des fonctions suivantes :
$f(x) = \ln(4x+1)$, $x \in \left]-\dfrac{1}{4}\,;+\infty\right[$;
$g(x) = \ln(1-x^2)$, $x \in]-1\,;1[$

111. Pour chacune des fonctions suivantes, préciser l'ensemble de définition, montrer la dérivabilité sur l'ensemble de définition et calculer la dérivée.

1. $f(x) = (\ln x)^2$.
2. $g(x) = \ln(\ln x)$.
3. $h(x) = \ln\left(\dfrac{x+1}{x-1}\right)$.

112. Calculer la dérivée des fonctions suivantes :
$f(x) = e^{-\frac{2}{x^2}}$; $x \in]0\,;+\infty[$;
$g(x) = (2x+1)e^{-3x}$, $x \in \mathbb{R}$;
$h(x) = \dfrac{e^{3x}-1}{e^{3x}+1}$, $x \in \mathbb{R}$;
$i(x) = x^2 e^{-x^2}$.

113. TICE Soit f la fonction définie sur $\mathbb{R}$ par :
$$(x) = \ln(1+e^{2x}) - x.$$
À l'aide d'un logiciel de calcul formel, on a obtenu le résultat suivant :

$\dfrac{d}{dx}\left(\ln\left(1+e^{2\cdot x}\right)-x\right)$	$1-\dfrac{2}{e^{2\cdot x}+1}$

Est-il vrai que $f'(x) = \dfrac{e^{2x}-1}{e^{2x}+1}$? Justifier.

114. Calculer la dérivée des fonctions suivantes :
$f(x) = e^{x^2-4x+1}$, $x \in \mathbb{R}$; $g(x) = \dfrac{e^{\cos(x)}}{e^{\sin(x)}}$, $x \in \mathbb{R}$.

115. Calculer la dérivée des fonctions suivantes :
$f(x) = 3(\ln x)^2 - 4\ln x + 3$, $x \in \mathbb{R}\ ]0\,;+\infty[$;
$g(x) = \ln(1+e^x)$, $x \in \mathbb{R}$.

116. Calculer la dérivée des fonctions suivantes :
$f(x) = x^2\ln(2-x)$, $x \in]-\infty\,;2[$;
$g(x) = \ln(\sqrt{x-1})$, $x \in]1\,;+\infty[$.

117. Calculer la dérivée des fonctions suivantes :
$f(x) = (x+1)e^{-x+3}$, $x \in \mathbb{R}$;
$g(x) = \dfrac{e^{2x}}{3x+1}$, $x \in \left]-\infty\,;-\dfrac{1}{3}\right[$.

118. TICE À l'aide d'un logiciel de calcul formel on obtient :

$\dfrac{d}{dx}\left(x\cdot e^{-2\cdot x}\right)$	$(1-2\cdot x)\cdot e^{-2\cdot x}$

En déduire la dérivée de la fonction définie sur $\mathbb{R}$ par :
$$f(x) = x^n e^{-2nx}.$$

119. Calculer la dérivée des fonctions suivantes :
$f(x) = \ln(x^2 - 3x + 9)$, $x \in \mathbb{R}$;
$g(x) = \ln\left(\dfrac{x+2}{1-x}\right)$, $x \in]-2\,;1[$.

120. **TICE** À l'aide d'un logiciel de calcul formel, on obtient les écrans suivants (les instructions entrées sont en rouge).

$f(x):=x-\ln(x+1)$
Terminé
$\frac{d}{dx}(f(x))$
$1-\frac{1}{x+1}$
$\text{factor}\left(\frac{d}{dx}(f(x))\right)$
$\frac{x}{x+1}$

1. Donner l'expression de $f(x)$.
2. Donner la forme factorisée de $f'(x)$.

121. **TICE** Soit f la fonction définie sur $]-1\ ;+\infty[$ par $f(x)=\ln\left(\frac{x+1}{x^2+1}\right)$.

Utiliser un logiciel de calcul formel pour répondre.

1. Calculer $f'(x)$.
2. Factoriser $f'(x)$.
3. Étudier le signe de $f'(x)$.
4. Dresser le tableau de variations de f et le compléter en calculant les limites qui conviennent.

Le saviez-vous ?

Les réponses des logiciels de calcul formel sont parfois surprenantes !

Voici un exemple :

$\frac{d}{dx}\left(\frac{e^x+e^{-x}}{2}\right)$	$\sinh(x)$
$\frac{d}{dx}\left(\frac{e^x-e^{-x}}{2}\right)$	$\cosh(x)$

En fait sinh et cosh sont deux fonctions connues du logiciel… mais pas des élèves de lycée.

La fonction sinh (sinus hyperbolique, notée aussi sh) est définie sur $\mathbb{R}$ par $\sinh(x)=\frac{e^x-e^{-x}}{2}$.

Et la fonction cosh (cosinus hyperbolique, notée aussi ch) est définie sur $\mathbb{R}$ par $\cosh(x)=\frac{e^x+e^{-x}}{2}$.

Vous pouvez vérifiez les résultats indiqués par le logiciel : Pour tout $x\in\mathbb{R}$, $\cosh'(x)=\sinh(x)$ et $\sinh'(x)=\cosh(x)$.

122. **TICE** À l'aide d'un logiciel de calcul formel, calculer la dérivée de chacune des fonctions suivantes et factoriser la dérivée.

1. $f(x)=e^{\frac{3x-1}{x^2+4}}$,
2. $g(x)=\ln\left(\frac{x^2+5}{3x^2+1}\right)$, $x\in\mathbb{R}$.

123. **TICE** Soit f la fonction définie sur $]0\ ;+\infty[$ par $f(x)=\ln(2e^{-x}-3e^{-3x}+1)$.

À l'aide d'un logiciel de calcul formel, on obtient les écrans suivants (les instructions entrées sont en rouge).

1	f(x):=ln(2*exp(-x)-3*exp(-3x)+1)
	x -> ln(2·exp(-x)-3·exp(-3·x)+1)
2	diff(f(x),x)
	$\left(\frac{1}{2\cdot\exp(-x)-3\cdot\exp(-3\cdot x)+1}\right)\cdot(2\cdot(-\exp(-x))-3\cdot(-3\cdot\exp(-3\cdot x)))$
3	factor(diff(f(x),x))
	$\frac{-2\cdot\exp(-x)+9\cdot\exp(-3\cdot x)}{2\cdot\exp(-x)-3\cdot\exp(-3\cdot x)+1}$
4	solve(diff(f(x),x)>0,x)
	$(x>0)\text{and }\left(x<\ln\left(-\left(\frac{(\sqrt{2})\cdot 3}{-2}\right)\right)\right)$
5	evalf(ln(-((sqrt(2)*3)/-2)))
	0.752038698388
6	limit(f(x),x,0)
	$-\infty$
7	limit(f(x),x,+infinity)
	0
8	f(ln((sqrt(2)*3)/2))
	$\ln\left(2\cdot\exp\left(-\ln\left(\frac{(\sqrt{2})\cdot 3}{2}\right)\right)-3\cdot\exp\left(-3\cdot\ln\left(\frac{(\sqrt{2})\cdot 3}{2}\right)\right)+1\right)$
9	
	0.487683515571
10	solve(f(x)=0,x)
	$\ln\left(\frac{\sqrt{6}}{2}\right)$

1. Déduire des résultats précédents le tableau de variations de f. On notera α le maximum de f sur $]0\ ;+\infty]$.
2. La courbe représentant la fonction f admet-elle des asymptotes ?
3. Déterminer le signe de $f(x)$.

124. **TICE** Soit f la fonction définie sur $]-\infty\ ;5[$ par $f(x)=e^{\frac{x^2+x}{x-5}}$.

Utiliser un logiciel de calcul formel pour répondre.

1. Calculer $f'(x)$.
2. Factoriser $f'(x)$.
3. Étudier le signe de $f'(x)$.
4. Dresser le tableau de variations de f et le compléter en calculant les limites qui conviennent.

125. TICE Soit f une fonction définie sur $]0\,;+\infty[$. À l'aide d'un logiciel de calcul formel, on obtient les écrans suivants (les instructions entrées sont en rouge).

$\mathrm{f}(x):=\ln\left(\frac{1+2\cdot e^{x}}{e^{2\cdot x}-1}\right)$	
	Terminé
$\frac{d}{dx}(\mathrm{f}(x))$	
	$\frac{-2}{e^{2\cdot x}-1}-\frac{1}{2\cdot e^{x}+1}-1$
$\mathrm{factor}\left(\frac{d}{dx}(\mathrm{f}(x))\right)$	
	$\frac{-2\cdot e^{x}\cdot\left(e^{2\cdot x}+e^{x}+1\right)}{\left(e^{x}-1\right)\cdot\left(e^{x}+1\right)\cdot\left(2\cdot e^{x}+1\right)}$

1. Donner l'expression de $f(x)$.
2. Donner la forme factorisée de $f'(x)$.
3. À l'aide du résultat précédent, déterminer le signe de $f'(x)$. Quelle instruction aurait-il fallu entrer dans le logiciel pour vérifier ce résultat ?

5. Avec un logiciel de calcul formel

pour s'échauffer

126. corrigé TICE On souhaite étudier la fonction définie sur $\mathbb{R}$ par $f(x) = (x - 1)\,e^{2x}$.
À l'aide d'un logiciel de calcul formel, on obtient les écrans suivants (les instructions entrées sont en rouge).

1	f(x):=(x-1)*exp(2*x)	
		x -> (x-1)·exp(2·x)
2	diff(f(x),x)	
		exp(2·x)+(x-1)·exp(2·x)·2
3	factor(f(x),x)	
		exp(2·x)·(x-1)
4	solve(diff(f(x),x)>0,x)	
		$x>\left(\frac{1}{2}\right)$
5	limit(f(x),x,-infinity)	
		0
6	limit(f(x),x,+infinity)	
		+ ∞

1. Donner l'expression factorisée de la dérivée $f'(x)$.
2. Dresser le tableau de variations de f.

127. corrigé TICE Soit f la fonction définie par :

$$f(x) = \ln\left(\frac{1-x}{x+5}\right).$$

Donner, pour chacune des questions suivantes, l'instruction qu'il faut entrer dans un logiciel de calcul formel ainsi que le résultat renvoyé par ce logiciel.

1. Quelle est l'ensemble de définition de f ?
2. Calculer $f'(x)$.
3. Déterminer le signe de $f'(x)$.
4. Donner les limites de $f(x)$ aux bornes de l'ensemble de définition de f.

128. TICE On souhaite étudier la fonction définie sur $\mathbb{R}$ par $f(x) = \ln(1 + e^{-2x})$.
À l'aide d'un logiciel de calcul formel, on obtient les écrans suivants (les instructions entrées sont en rouge).

1	f(x):=ln(1+exp(-2x))	
		x -> ln(1+exp(-2·x))
2	diff(f(x),x)	
		$\left(\frac{1}{1+\exp(-2\cdot x)}\right)\cdot(-2\cdot\exp(-2\cdot x))$
3	solve(diff(f(x),x)>0,x)	
		[]
4	limit(f(x),x,-infinity)	
		+ ∞
5	limit(f(x),x,+infinity)	
		0

1. Donner l'expression de $f'(x)$.
2. Quel est le signe de $f'(x)$?
3. Donner le tableau de variations de f.

129. TICE On souhaite étudier le signe de la fonction f définie sur $]0\,;+\infty[$ par :

$$f(x) = (x^2 - 3x)\ln x - \frac{1}{2}x^2 + 3x.$$

À l'aide d'un logiciel de calcul formel on essaye de résoudre l'inéquation $f(x) > 0$.

1. Expliquer ce que signifie ce résultat :

solve((x^2-3*x)*ln(x)-x^2/2+3*x>0,x)
Unable to isolate x in 2*ln(x)*x-6*ln(x)-x+6

2. On obtient également les écrans suivants (les instructions entrées sont en rouge).

$f(x):=(x^2-3\cdot x)\cdot\ln(x)-\frac{1}{2}\cdot x^2+3\cdot x$	▸ *Terminé*
$\frac{d}{dx}(f(x))$	▸ $(2\cdot x-3)\cdot\ln(x)$ ⚠
$\text{factor}\left(\frac{d}{dx}(f(x))\right)$	▸ $(2\cdot x-3)\cdot\ln(x)$ ⚠
$\text{solve}\left(\frac{d}{dx}(f(x))>0,x\right)$	▸ $0<x<1$ or $x>\frac{3}{2}$ ⚠
$f(1)$	▸ $\frac{5}{2}$
$f\left(\frac{3}{2}\right)$	▸ $\frac{9\cdot\ln\left(\frac{2}{3}\right)}{4}+\frac{27}{8}$
$\text{approx}\left(f\left(\frac{3}{2}\right)\right)$	▸ 2.4627
$\lim_{x\to 0}(f(x))$	▸ 0
$\lim_{x\to\infty}(f(x))$	▸ ∞

a. Déterminer le tableau de variations de f.

b. En déduire le signe de f.

c. Répondre au problème initial de l'exercice.

130. **TICE** Soit f la fonction définie sur $]0\,;+\infty[$ par $f(x)=x^2\ln x$.
À l'aide d'un logiciel de calcul formel, on obtient les écrans suivants (les instructions entrées sont en rouge).

$f(x):=x^2\cdot\ln(x)$	▸ *Terminé*
$\frac{d}{dx}(f(x))$	▸ $2\cdot x\cdot\ln(x)+x$ ⚠
$\text{factor}\left(\frac{d}{dx}(f(x))\right)$	▸ $x\cdot(2\cdot\ln(x)+1)$ ⚠
$\text{solve}\left(\frac{d}{dx}(f(x))<0,x\right)$	▸ $0<x<e^{\frac{-1}{2}}$ ⚠
$\text{tangentLine}(f(x),x,1)$	▸ $x-1$
$\lim_{x\to 0}(f(x))$	▸ 0
$\lim_{x\to\infty}(f(x))$	▸ ∞
$f\left(e^{\frac{-1}{2}}\right)$	▸ $\frac{-e^{-1}}{2}$

1. Quelle est l'expression de $f'(x)$?

2. Quel est le signe de $f'(x)$?

3. Dresser le tableau de variations de f.

4. Que signifie la cinquième instruction ainsi que sa réponse ?

131. **TICE** On souhaite étudier la fonction f définie sur $\mathbb{R}$.
À l'aide d'un logiciel de calcul formel, on obtient les écrans suivants (les instructions entrées sont en rouge).

1	f(x):=1/2*x^2+3/4*x-2/3+1/2*exp(-3/4*x)
	$x \to \left(\frac{1}{2}\right)\cdot x^2+\left(\frac{3}{4}\right)\cdot x-\left(\frac{2}{3}\right)+\left(\frac{1}{2}\right)\cdot\exp\left(\left(\frac{-3}{4}\right)\cdot x\right)$
2	diff(f(x),x)
	$\frac{2\cdot x}{2}+\frac{3}{4}+\frac{\exp\left(-\left(\frac{3\cdot x}{4}\right)\right)\cdot(-3)}{2\cdot 4}$
3	diff(diff(f(x),x),x)
	$1+\frac{-\left(\frac{3\cdot\exp\left(-\left(\frac{3\cdot x}{4}\right)\right)\cdot(-3)}{2\cdot 4}\right)}{4}$
4	factor(diff(diff(f(x),x),x))
	$\frac{9\cdot\exp\left(-\left(\frac{3\cdot x}{4}\right)\right)+32}{32}$
5	limit(diff(f(x),x),x,-infinity)
	$-\infty$
6	limit(diff(f(x),x),x,+infinity)
	$+\infty$
7	solve(diff(f(x),x)=0,x)
	Unable to isolate x in 8*x-3*exp(-(3*x)/4)+6
8	fsolve(diff(f(x),x)=0,x)
	-0.285469178621
9	limit(f(x),x,-infinity)
	$+\infty$
10	limit(f(x),x,+infinity)

1. Donner les expressions de $f(x)$, $f'(x)$ et $f''(x)$.

2. Quel est le signe de $f''(x)$.

3. Dresser le tableau de variations de $f'(x)$.

4. Montrer que la dérivée ne s'annule qu'une fois sur $\mathbb{R}$. On notera α le réel tel que $f(x)=0$ et on en donnera un encadrement à 10^{-2} près.

5. Déduire de ce qui précède le signe de $f'(x)$ puis dresser le tableau de variations de f.

6. Que signifient les trois dernières instructions et leur résultats entrés dans le logiciel de calcul formel ?

132. TICE Soit f la fonction définie sur $\mathbb{R}$ par

$$f(x) = \mathrm{e}^{\cos(2x)}.$$

À l'aide d'un logiciel de calcul formel, on obtient les écrans suivants (les instructions entrées sont en rouge).

$f(x) := e^{\cos(2\cdot x)}$	▸ *Terminé*
$\frac{d}{dx}(f(x))$	▸ $-2\cdot\sin(2\cdot x)\cdot e^{\cos(2\cdot x)}$
$\text{factor}\left(\frac{d}{dx}(f(x))\right)$	▸ $-2\cdot\sin(2\cdot x)\cdot e^{\cos(2\cdot x)}$
$\text{solve}\left(\frac{d}{dx}(f(x))>0,x\right)$	▸ $\frac{(2\cdot n2-1)\cdot\pi}{2}<x<n2\cdot\pi$
$f\left(\frac{(2\cdot n2-1)\cdot\pi}{2}\right)$	▸ e^{-1}
$f(n2\cdot\pi)$	▸ e

Remarque
La variable $n2$ introduite dans certaines réponses correspond à un entier relatif quelconque.

Donner le tableau de variations de f sur l'intervalle $[0\,;\pi]$.

6. Problèmes

133. Soit g la fonction définie pour tout nombre réel x de l'intervalle $]0\,;+\infty[$ par :

$$g(x) = x - x\ln x.$$

1. Déterminer les limites de la fonction g en 0 et $+\infty$.
2. Montrer que g est dérivable sur $]0\,;+\infty[$ et calculer $g'(x)$.
3. Dresser le tableau de variations de la fonction g.

134. Soit f une fonction définie pour tout nombre réel x par : $f(x) = (1+x)\mathrm{e}^{-x}$

a. Étudier le signe de $f(x)$ sur $\mathbb{R}$.

b. Déterminer la limite de la fonction f en $-\infty$.

Déterminer la limite de la fonction f en $+\infty$.

c. Montrer que f est dérivable sur $\mathbb{R}$ et calculer $f'(x)$.

d. Étudier le signe de $f'(x)$ puis dresser le tableau de variations de f.

135. **La loi de Gumbel** est utilisée lors de l'étude des crûs maximums d'une rivière.

A. Étude d'un cas particulier

La fonction utilisée pour cette loi est la fonction f définie sur $\mathbb{R}$ par $f(x) = \mathrm{e}^{-x-\mathrm{e}^{-x}}$.

1. Calculer $f'(x)$.
2. Étudier le signe de $f'(x)$.
3. Calculer les limites de $f(x)$ lorsque x tend vers $-\infty$ puis vers $+\infty$.
4. Représenter graphiquement la fonction f.

[calcul formel]

B. TICE Étude du cas général

Certains paramètres de la rivière sont à prendre en compte lors de l'étude. Ainsi la fonction utilisée dans la loi de Gumbel est la fonction f définie sur $\mathbb{R}$ par :

$$f(x) = \frac{1}{b}\mathrm{e}^{-\frac{x-a}{b}-\mathrm{e}^{-\frac{x-a}{b}}}.$$

Avec a et b deux paramètres réels positifs stricts.

1. À l'aide d'un logiciel de calcul formel, calculer $f'(x)$.
2. À l'aide d'un logiciel de calcul formel, étudier le signe de $f'(x)$.
3. En posant $X = \frac{x-a}{b}$, calculer les limites de $f(x)$ lorsque x tend vers $-\infty$ puis vers $+\infty$.
4. En déduire le tableau de variations de f.

Histoire des sciences

***Emil Julius* Gumbel** (1891-1966) est un mathématicien allemand qui travailla beaucoup sur la théorie des probabilités. Il quitta l'Allemagne peu de temps avant la Seconde Guerre mondiale pour aller à Paris puis à New York. Il rencontra d'illustres mathématiciens pendant ses voyages notamment Émile Borel.

136. BAC Soit f la fonction définie sur l'intervalle $]-1\,;+\infty[$ par $f(x) = 1 + \ln(1+x)$.

On note $\mathcal{C}_f$ sa courbe représentative dans un repère orthonormal $(O\,;\vec{i},\vec{j})$.

On note (D) la droite d'équation $y = x$.

Partie A

1. a. Étudier le sens de variation de la fonction f.

b. Déterminer les limites de la fonction f aux bornes de son ensemble de définition.

2. On désigne par g la fonction définie sur l'intervalle $]-1\,;+\infty[$ par $g(x)=f(x)-x$.

a. Déterminer $\lim\limits_{x \to -1} g(x)$.

b. Déterminer $\lim\limits_{x \to +\infty} \dfrac{\ln(1+x)}{1+x}$. En déduire $\lim\limits_{x \to +\infty} g(x)$.

c. Étudier le sens de variation de la fonction g, puis dresser son tableau de variations.

d. Montrer que sur l'intervalle $]-1\,;+\infty[$ l'équation $g(x)=0$ admet exactement deux solutions α et β avec α négative et β appartenant à l'intervalle $[2\,;3]$.

e. À l'aide des questions précédentes, déterminer le signe de $g(x)$. En déduire la position relative de la courbe $\mathscr{C}_f$ et de la droite (D).

Partie B

Soit (u_n) la suite définie pour tout nombre entier naturel n par :

$$\begin{cases} u_0 = 2 \\ u_{n+1} = f(u_n) \end{cases}.$$

1. Montrer que, pour tout nombre entier naturel n, $2 \leqslant u_n \leqslant \beta$.

2. La suite (u_n) est-elle convergente ? Justifier la réponse.

137. BAC Soit f la fonction définie sur l'intervalle $[0\,;+\infty[$ par :

$$f(x)=x\mathrm{e}^{-x^2}$$

On désigne par $\mathscr{C}$ la courbe représentative de la fonction f dans un repère orthonormal $(O\,;\vec{i},\vec{j})$ du plan. Cette courbe est représentée ci-dessous.

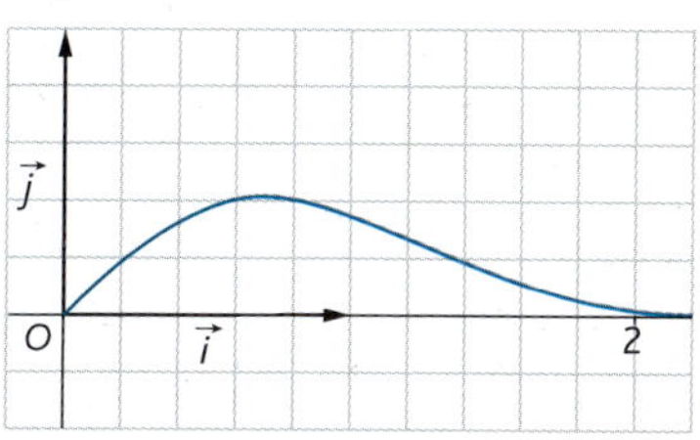

a. Déterminer la limite de la fonction f en $+\infty$.

$\left(\text{On pourra écrire, pour } x \text{ différent de } 0 : f(x)=\dfrac{1}{x}\times\dfrac{x^2}{\mathrm{e}^{x^2}}\right)$.

b. Démontrer que f admet un maximum en $\dfrac{\sqrt{2}}{2}$ et calculer ce maximum.

138. BAC On considère les deux courbes $\mathscr{C}_1$ et $\mathscr{C}_2$ d'équations respectives $y=\mathrm{e}^x$ et $y=-x^2-1$ dans un repère orthogonal du plan.

Le but de cet exercice est de prouver qu'il existe une unique tangente $(\mathscr{T})$ commune à ces deux courbes.

1. Représenter sur un graphique les courbes $\mathscr{C}_1$ et $\mathscr{C}_2$, tracer approximativement une telle tangente à l'aide d'une règle.

Lire graphiquement l'abscisse du point de contact de cette tangente avec la courbe $\mathscr{C}_1$ et l'abscisse du point de contact de cette tangente avec la courbe $\mathscr{C}_2$.

2. On désigne par a et b deux réels quelconques, par A le point d'abscisse a de la courbe $\mathscr{C}_1$ et par B le point d'abscisse b de la courbe $\mathscr{C}_2$.

a. Déterminer une équation de la tangente $(\mathscr{T}_A)$ à la courbe $\mathscr{C}_1$ au point A.

b. Déterminer une équation de la tangente $(\mathscr{T}_B)$ à la courbe $\mathscr{C}_2$ au point B.

c. En déduire que les droites $(\mathscr{T}_A)$ et $(\mathscr{T}_B)$ sont confondues si, et seulement si, les réels a et b sont solutions du système (S) :

$$\begin{cases} \mathrm{e}^a = -2b \\ \mathrm{e}^a - a\mathrm{e}^a = b^2 - 1 \end{cases}.$$

d. Montrer que le système (S) est équivalent au système (S') :

$$\begin{cases} \mathrm{e}^a = -2b \\ \mathrm{e}^{2a} + 4a\mathrm{e}^a - 4\mathrm{e}^a - 4 = 0 \end{cases}$$

3. Le but de cette question est de prouver qu'il existe un unique réel solution de l'équation :

$$(E) : \mathrm{e}^{2x} + 4x\mathrm{e}^x - 4\mathrm{e}^x - 4 = 0.$$

Pour cela, on considère la fonction f définie sur $\mathbb{R}$ par :

$$f(x)=\mathrm{e}^{2x} + 4x\mathrm{e}^x - 4\mathrm{e}^x - 4.$$

a. Montrer que pour tout x appartenant à $]-\infty\,;0[$, $\mathrm{e}^{2x}-4<0$ et $4\mathrm{e}^x(x-1)<0$.

b. En déduire que l'équation (E) n'a pas de solution dans l'intervalle $]-\infty\,;0[$.

c. Démontrer que la fonction f est strictement croissante sur l'intervalle $[0\,;+\infty[$.

d. Démontrer que l'équation (E) admet une solution unique dans l'intervalle $[0\,;+\infty[$.

On note a cette solution. Donner un encadrement d'amplitude 10^{-2} de a.

4. On prend pour A le point d'abscisse a. Déterminer un encadrement d'amplitude 10^{-1} du réel b pour lequel les droites $(\mathscr{T}_A)$ et $(\mathscr{T}_B)$ sont confondues.

139. Fonction de probabilité de densité de Weibull

La fonction de probabilité de densité de Weibull permet, par exemple, de calculer la probabilité que le vent souffle à plus de 10 m.s^{-1}.

A. Étude d'un cas particulier

La fonction utilisée pour cette loi est la fonction f définie sur $[0\,;\,+\infty[$ par $f(x) = x^2 e^{-x^2}$.

1. Calculer $f'(x)$.
2. Étudier le signe de $f'(x)$.
3. Calculer la limite de $f(x)$ lorsque x tend vers $+\infty$.
4. Représenter graphiquement la fonction f.

Le saviez-vous ?

Ernst Hjalmar Waloddi Weibull **(1887-1979), ingénieur mathématicien suédois travailla sur les probabilités, les statistiques, la résistance des matériaux et donna son nom à une loi de probabilité. Ces travaux ont été plusieurs fois récompensés par des prix.**

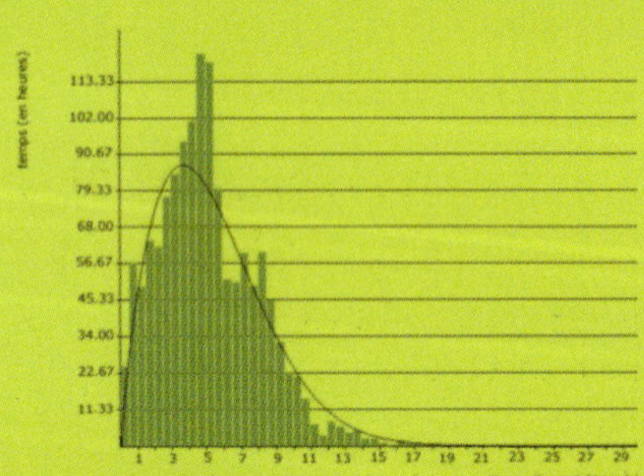

Sur ce graphique présentant les différentes vitesses du vent et leur durée, on a représenté la densité théorique de Weibull. On verra dans le chapitre des probabilités que la probabilité que la vitesse du vent soit comprise entre 7 et 11 m · s^{-1} correspond à l'aire sous la courbe de la fonction représentée ci-dessus et délimité par l'axe (Ox) et les droites d'équations $x = 7$ et $x = 11$. Grâce à cette fonction on peut déterminer le rendement d'une éolienne.

B. TICE Étude du cas général

Certains paramètres géographiques sont à prendre en compte lors de l'étude. Ainsi la fonction utilisée dans la loi de Weibull est la fonction f définie sur $[0\,;\,+\infty[$ par $f(x) = k \cdot c^{-k} x^{k-1} e^{-\left(\frac{x}{c}\right)^k}$, avec c un réel positif strict et k un réel supérieur ou égal à 2.

1. À l'aide d'un logiciel de calcul formel, calculer $f'(x)$.
2. À l'aide d'un logiciel de calcul formel, étudier le signe de $f'(x)$.
3. En posant $\mathrm{X} = \left(\frac{x}{c}\right)^k$, calculer la limite de $xf(x)$ lorsque x tend vers $+\infty$. En déduire celle de $f(x)$.
4. En déduire le tableau de variations de f.

140. Limites de suites classiques

Soit (u_n) la suite définie sur $\mathbb{N}$ par $u_n = n \ln\left(1 + \frac{1}{n}\right)$.

1. Calculer $\lim\limits_{n \to +\infty} u_n$.

Indication : On pourra poser $\mathrm{X} = \frac{1}{n}$ *pour se ramener à une limite de cours.*

2. En déduire $\lim\limits_{n \to +\infty} \left(1 + \frac{1}{n}\right)^n$.

3. ***Généralisation***

Soit a un réel et (v_n) la suite définie par $v_n = \left(1 + \frac{a}{n}\right)^n$, $n \in \mathbb{N}$ et $n > -a$.

a. Calculer $\lim\limits_{n \to +\infty} \ln v_n$.

Indication : On pourra poser $\mathrm{X} = \frac{a}{n}$.

b. En déduire $\lim\limits_{n \to +\infty} \left(1 + \frac{a}{n}\right)^n$.

141. Utile pour le bac... en chimie

On sait en Chimie, que le pH d'une solution permet d'exprimer son caractère acide ou basique. Ce nombre est un décimal compris entre 1 et 14 de sorte que :

- Si pH $<$ 7, alors la solution est dite *acide*.
- Si pH $>$ 7, alors la solution est dite *basique*.
- Si pH = 7, elle est *neutre*.

On sait alors que le pH est associé à la relation $\mathrm{pH} = -\log[H_3O^+]$ où $[H_3O^+]$ est la concentration en ions H_3O^+, exprimée en mol/ℓ.

1. Une solution possède une concentration en ions H_3O^+ égale à 5×10^{-9}. Quel est son pH ? Que peut-on dire d'une solution dont la concentration en ions H_3O^+ est égale à 0,1 ?

2. Quelle est la concentration en ions H_3O^+ d'une solution neutre ?

3. Si l'on augmente la concentration d'ions H_3O^+ dans une solution, diminue-t-on ou augmente-t-on le pH de cette solution ?

4. Que faut-il faire à une solution pour incrémenter ou décrémenter son pH ?

142. BAC **Pour les amateurs de ROC(K)**

Une vibration sonore se mesure par sa fréquence et donc son intensité (I) exprimée en W/m^2 et le décibel (dB) est, quant à lui, utilisé pour exprimer le rapport de deux intensités acoustiques. On définit le nombre de décibels, que l'on note N, engendré par une vibration sonore d'intensité I par :

$$N = 10 \log \frac{I}{I_0}.$$

(I_0 est la plus faible intensité perceptible par l'oreille humaine ; I_0 voisin de 10^{-12} W/m^2.)

1. Que vaut N lorsque $I = I_0$? Lorsque $I = 10I_0$?

2. Le chuchotement (discret) de deux élèves en classe est voisin de 20 dB. Qu'en est-il de l'intensité sonore émise par rapport à I_0 ? Même question, pour une conversation de deux personnes, émettant 50 dB.

3. On dit que le seuil de douleur est atteint à partir de 120 dB. Qu'en est-il alors de l'intensité émise par rapport à I_0 ?

4. Le dernier concert des *Stringers in the night*, a été mesuré à 105 dB ! Qu'en est-il du rapport $\frac{I}{I_0}$?

Le saviez-vous ?

Voici quelques exemples de niveau sonore :

20 dB : chuchotement ;

65 dB : télévision ;

70 dB : Restaurant bruyant (cantine...) ;

100 dB : Travaux publics où le port d'une protection auditive est obligatoire, discothèque... ;

120 dB : Réacteur d'avion à moins d'un mètre.

Le niveau sonore devient pénible à partir de 75 dB et dangereux à partir de 85 dB en provoquant des lésions dans l'oreille (en fonction du temps d'exposition). À partir de 120 dB on ressent la douleur et à plus de 140 dB le système auditif de l'oreille est détruit instantanément !

143. BAC On considère la fonction f_k définie sur l'ensemble $\mathbb{R}$ des nombres réels par : $f_k(x) = (x + k)e^{-x}$ où k est un nombre réel donné.

On note $\mathscr{C}_k$ la courbe représentative de la fonction f_k dans un repère orthogonal.

1. Montrer que f_k admet un maximum en $x = 1 - k$.

2. On note M_k le point de la courbe $\mathscr{C}_k$ d'abscisse $1 - k$. Montrer que le point M_k appartient à la courbe Γ d'équation $y = e^{-x}$.

3. Sur le graphique donné ci-dessous, le repère est orthogonal mais l'unité sur l'axe des abscisses et sur l'axe des ordonnées ainsi que les noms des courbes n'apparaissent pas. Sur ce graphique, on a tracé deux courbes :
- la courbe Γ d'équation $y = e^{-x}$;
- la courbe $\mathscr{C}_k$ d'équation $y = (x + k)e^{-x}$ pour un certain nombre réel k donné.

a. Identifier les courbes et les nommer.

b. En expliquant la démarche utilisée, déterminer la valeur du nombre réel k correspondante ainsi que l'unité graphique sur chacun des axes.

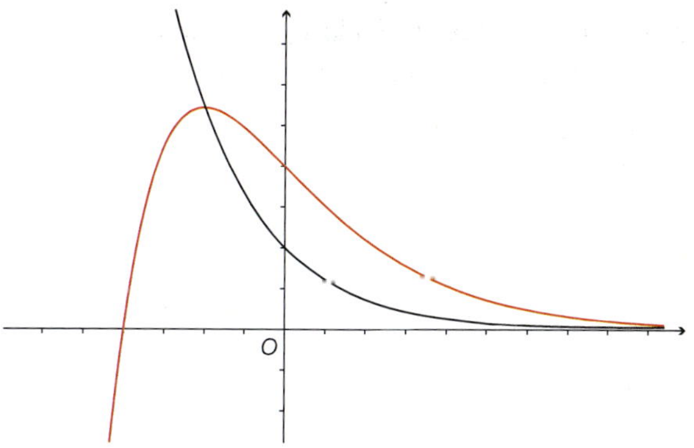

144. BAC On considère la fonction f définie sur $\mathbb{R}$ par :

$$f(x) = \ln(1 + e^{-x}) + \frac{1}{3}x.$$

La courbe $\mathscr{C}$ représente la fonction f dans le plan muni d'un repère orthogonal.

1. Tracer la courbe $\mathscr{C}$.

2. a. Déterminer la limite de la fonction f en $+\infty$.

b. Montrer que la droite (D) d'équation $y = \frac{1}{3}x$ est asymptote à la courbe $\mathscr{C}$. Tracer (D).

c. Étudier la position relative de (D) et de $\mathscr{C}$.

d. Montrer que pour tout réel x, $f(x) = \ln(e^x + 1) - \frac{2}{3}x$.

e. En déduire la limite de f en $-\infty$.

3. a. On note f' la fonction dérivée de la fonction f.

Montrer que pour tout x réel, $f(x) = \dfrac{e^x - 2}{3(e^x + 1)}$.

b. En déduire les variations de la fonction f.

145. BAC Soit n un entier naturel. On note f_n, la fonction définie sur l'ensemble $\mathbb{R}$ des nombres réels par :

$$f_n(x) = \frac{e^{-nx}}{1 + e^{-x}}.$$

On note $\mathscr{C}_n$ la courbe représentative de f_n dans un repère orthogonal $(O\,;\,\vec{i},\,\vec{j})$. Les courbes $\mathscr{C}_0$, $\mathscr{C}_1$, $\mathscr{C}_2$ et $\mathscr{C}_3$ sont représentées ci-dessous :

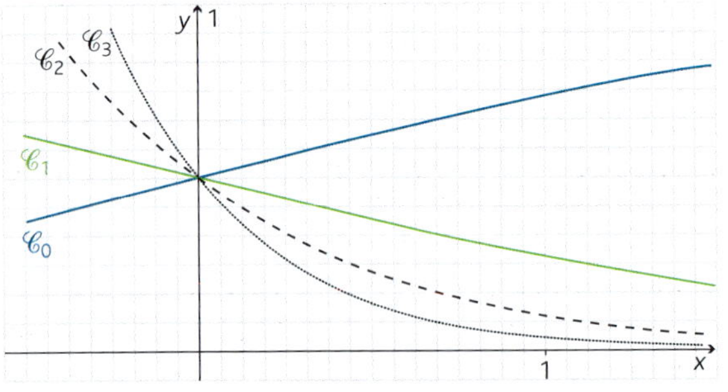

1. Démontrer que pour tout entier naturel n les courbes $\mathscr{C}_n$ ont un point A en commun. *On précisera ses coordonnées.*

2. Étude de la fonction f_0

a. Étudier le sens de variation de f_0.

b. Préciser les limites de la fonction f_0 en $-\infty$ et $+\infty$. Interpréter graphiquement ces limites.

c. Dresser le tableau de variations de fonction f_0 sur $\mathbb{R}$.

3. Étude de la fonction f_1

a. Démontrer que $f_0(x) = f_1(-x)$ pour tout nombre réel x.

b. En déduire les limites de la fonction f_1 en $-\infty$ et $+\infty$, ainsi que son sens de variation.

c. Donner une interprétation géométrique de **3. a.** pour les courbes $\mathscr{C}_0$ et $\mathscr{C}_1$.

4. Étude de la fonction f_n pour $n \geqslant 2$

a. Vérifier que pour tout entier naturel $n \geqslant 2$ et pour tout nombre réel x, on a :

$$f_n(x) = \frac{1}{e^{nx} + e^{(n-1)x}}.$$

b. Étudier les limites de la fonction f_n en $-\infty$ et $+\infty$.

c. Calculer la dérivée $f_n'(x)$ et dresser le tableau de variations de la fonction f_n sur $\mathbb{R}$.

146. BAC **Un grand classique**

On considère la fonction f définie sur $\mathbb{R}$ par :

$$f(x) = x^2 e^{x-1} - \frac{x^2}{2}.$$

Sur l'écran ci-dessous est représentée cette fonction dans un repère orthonormal.

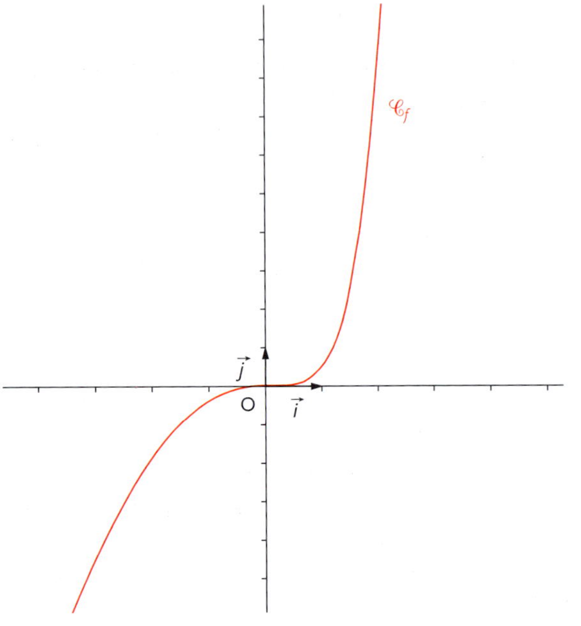

À l'observation de cette courbe, quelles conjectures peut-on faire concernant :

1. Le sens de variation de f sur $[-3\,;\,2]$?

2. La position de la courbe par rapport à l'axe $(x'x)$?

Dans la suite de ce problème, on se propose de valider ou non ces conjectures et de les compléter.

Partie A - Contrôle de la première conjecture

1. Calculer $f'(x)$ pour tout réel x, et l'exprimer à l'aide de l'expression $g(x)$ où g est la fonction définie sur $\mathbb{R}$ par :

$g(x) = (x + 2)e^{x-1} - 1.$

2. Étude du signe de $g(x)$ pour x réel

a. Calculer les limites de $g(x)$ quand x tend vers $+\infty$ puis quand x tend vers $-\infty$.

b. Calculer $g'(x)$ et étudier son signe suivant les valeurs de x.

c. En déduire le sens de variation de la fonction g, puis dresser son tableau de variations.

d. Montrer que l'équation $g(x) = 0$ possède une unique solution dans $\mathbb{R}$. On note α cette solution.
Montrer que $0{,}20 < \alpha < 0{,}21$.

e. Déterminer le signe de $g(x)$ suivant les valeurs de x.

3. Sens de variation de la fonction f sur $\mathbb{R}$

a. Étudier, suivant les valeurs de x, le signe de $f'(x)$.

b. En déduire le sens de variation de la fonction f.

c. Que penser de la première conjecture ?

Partie B - Contrôle de la deuxième conjecture

On note $\mathscr{C}$ la courbe représentative de la fonction f dans un repère orthogonal $(O\,;\,\vec{i}, \vec{j})$.
On se propose de contrôler la position de la courbe par rapport à l'axe $(x'x)$.

1. Montrer que $f(\alpha) = \dfrac{-\alpha^3}{2(\alpha + 2)}$.

2. On considère la fonction h définie sur l'intervalle $[0\,;\,1]$ par :

$$h(x) = \frac{-x^3}{2(x+2)}.$$

a. Calculer $h'(x)$ pour $x \in [0\,;\,1]$, puis déterminer le sens de variation de h sur $[0\,;\,1]$.

b. En déduire un encadrement de $f(\alpha)$.

3. a. Déterminer les abscisses des points d'intersection de la courbe $\mathscr{C}$ avec l'axe $(x'x)$.

b. Préciser alors la position de la courbe $\mathscr{C}$ par rapport à l'axe des abscisses.

c. Que penser de la deuxième conjecture ?

Partie C - Tracé de la courbe

Compte tenu des précédents, on se propose de tracer la partie Γ de $\mathscr{C}$ correspondant à l'intervalle $[-0{,}2\,;\,0{,}4]$ dans le repère orthogonal $(O\,;\,\vec{i}, \vec{j})$, avec les unités suivantes :

- Sur l'axe $(x'x)$, 1 cm représentera 0,05 ;
- Sur l'axe $(y'y)$, 1 cm représentera 0,001.

4. Recopier le tableau suivant et compléter celui-ci à l'aide de la calculatrice en indiquant les valeurs approchées sous la forme $n \cdot 10^{-4}$ (n entier relatif).

x	– 0,20	– 0,15	– 0,10	– 0,05	0	0,05	0,10
f(x)							

x	0,15	0,20	0,25	0,30	0,35	0,40
f(x)						

5. Tracer alors Γ dans le repère choisi.

147. BAC On considère l'équation notée :

$$(E) : \ln x = -x.$$

Le but de l'exercice est de prouver que l'équation (E), admet une solution unique notée α appartenant à l'intervalle $]0\,;\,+\infty[$ et d'utiliser une suite convergente pour en obtenir un encadrement.

Partie A : existence et unicité de la solution

On considère la fonction f définie sur l'intervalle $]0\,;\,+\infty[$ par $f(x) = x + \ln x$.

1. Déterminer le sens de variation de la fonction f sur l'intervalle $]0\,;\,+\infty[$.

2. Démontrer que l'équation $f(x) = 0$ admet une unique solution notée α appartenant à l'intervalle $]0\,;\,+\infty[$.

3. Vérifier que $\frac{1}{2} \leqslant \alpha \leqslant 1$.

Partie B : encadrement de la solution α

On considère la fonction g définie sur l'intervalle $]0\,;\,+\infty[$ par $g(x) = \dfrac{4x - \ln x}{5}$.

1. Étude de quelques propriétés de la fonction g.

a. Étudier le sens de variation de la fonction g sur l'intervalle $]0\,;\,+\infty[$.

b. En déduire que pour tout nombre réel x appartenant à l'intervalle $\left[\frac{1}{2}\,;\,1\right]$, $g(x)$ appartient à cet intervalle.

c. Démontrer qu'un nombre réel x appartenant à l'intervalle $]0\,;\,+\infty[$ est solution de l'équation (E) si, et seulement si, $g(x) = x$.

2. On considère la suite (u_n) définie par $u_0 = \frac{1}{2}$ et pour tout entier naturel n, par $u_{n+1} = g(u_n)$.

a. En utilisant le sens de variation de la fonction g, démontrer par récurrence que pour tout entier naturel n, $\frac{1}{2} \leqslant u_n \leqslant u_{n+1} \leqslant 1$.

b. En déduire que la suite (u_n) converge vers α.

3. Recherche d'une valeur approchée de α

a. À l'aide de la calculatrice, déterminer une valeur approchée de u_{10} arrondie à la sixième décimale.

b. On admet que u_{10} est une valeur approchée par défaut à 5×10^{-4} près de α.
En déduire un encadrement de α sous la forme $u \leqslant \alpha \leqslant v$ où u et v sont deux décimaux écrits avec trois décimales.

148. BAC Soit f la fonction définie sur l'intervalle $[0\,;\,+\infty[$ par :

$$f(x) = \ln(1 + xe^{-x}).$$

On note f' la fonction dérivée de la fonction f sur l'intervalle $[0\,;\,+\infty[$.
On note $\mathscr{C}$ la courbe représentative de la fonction f dans un repère orthogonal.

1. Justifier que $\lim\limits_{x \to +\infty} f(x) = 0$.

2. Justifier que pour tout nombre réel positif x, le signe de $f'(x)$ est celui de $1 - x$.

3. Étudier les variations de la fonction f sur l'intervalle $[0\,;\,+\infty[$.

149. TICE **Parachutiste**

Lors d'un saut en parachute, la vitesse du parachutiste en chute libre avant d'ouvrir son parachute suit l'équation suivante (v exprimé en $\text{m}\cdot\text{s}^{-1}$ représente la vitesse en fonction du temps t et $\frac{dv}{dt}$ correspond à la dérivée de v par rapport à la variable t).

On montre que la vitesse v vérifie l'équation différentielle :

$$\frac{dv}{dt} = 9{,}8 - 0{,}0035 \times v^2.$$

1. À l'aide d'un logiciel de calcul formel (et de quelques manipulations non triviales), on montre que :

$$v(t) = \frac{20\sqrt{7}\left(e^{\frac{7\sqrt{7}t}{50}} - 1\right)}{e^{\frac{7\sqrt{7}t}{50}} + 1}.$$

a. À l'aide d'un logiciel de calcul formel, vérifier que :

$$\frac{dv}{dt} - 9{,}8 + 0{,}0035v^2 = 0.$$

b. À l'aide d'un logiciel de calcul formel, calculer $v'(t)$.

c. En déduire le signe de $v'(t)$.

d. Calculer $\lim\limits_{t \to +\infty} v(t)$.

Vérifier le résultat à l'aide d'un logiciel de calcul formel.

e. Dresser le tableau de variations de v.

2. Quelle est la vitesse maximale du parachutiste (on exprimera le résultat en $\text{km}\cdot h^{-1}$) ?

150. BAC Soient f et g les fonctions définies sur l'intervalle $[0\,;+\infty[$ par :

$$f(x) = xe^{-x} \quad \text{et} \quad g(x) = x^2e^{-x}.$$

On note $\mathscr{C}_f$ et $\mathscr{C}_g$ les représentations graphiques des fonctions f et g dans le plan muni d'un repère $(O\,;\vec{i},\vec{j})$.

1. Représenter les courbes $\mathscr{C}_f$ et $\mathscr{C}_g$.

D'après le graphique, quelles semblent être les variations de la fonction f et sa limite en $+\infty$?

2. Valider ces conjectures à l'aide d'une démonstration.

3. Quelle semble être la position relative de la courbe $\mathscr{C}_f$ par rapport à la courbe $\mathscr{C}_g$?

Valider cette conjecture à l'aide d'une démonstration.

151. BAC

Partie A

La température de refroidissement d'un objet fabriqué industriellement est une fonction f du temps t.

f est définie sur l'ensemble des nombres réels positifs et vérifie l'équation différentielle :

$$f'(t) + \frac{1}{2}f(t) = 10.$$

La température est exprimée en degrés Celsius et le temps t en heures.

1. On admet que la fonction f est définie sur $\mathbb{R}_+$ par :

$$f(t) = 200e^{-\frac{1}{2}t} + 20.$$

On note $\mathscr{C}$ sa représentation graphique dans le plan muni d'un repère orthogonal ; les unités graphiques sont 2 cm pour une heure en abscisse et 1 cm pour vingt degrés Celsius en ordonnée.

a. Étudier les variations de la fonction f sur $\mathbb{R}_+$.

b. Étudier la limite de la fonction f en $+\infty$.

En déduire l'existence d'une asymptote $(\mathscr{D})$ à la courbe $\mathscr{C}$ en $+\infty$.

c. Construire $(\mathscr{D})$ et $\mathscr{C}$ sur l'intervalle $[0\,;7]$.

2. a. Utiliser le graphique pour déterminer une valeur approchée, en heures et minutes, du moment où la température de l'objet est 50 °C. On laissera apparents les traits de construction ?

b. Retrouver ce résultat par le calcul.

Partie B

On considère la suite de terme général :

$$d_n = f(n) - f(n+1) \text{ où } n \in \mathbb{N}.$$

d_n représente l'abaissement de température de l'objet entre l'heure n et l'heure $n+1$.

1. a. Calculer des valeurs approchées au dixième de d_0, d_1 et d_2.

b. Quelle est la limite de d_n quand n tend vers $+\infty$?

2. Déterminer la plus petite valeur de l'entier n à partir de laquelle l'abaissement de température est inférieur à 5 °C.

152. TICE **C'est pour mieux te manger mon enfant**

Une Grand-Mère prépare un gâteau pour l'anniversaire de sa petite-fille.

La température du gâteau à l'instant t (exprimé en minutes) sera notée $f(t)$ (exprimé en degré Celsius).

À 14 heures, ce qui correspond par convention à $t = 0$ Grand-Mère sort le gâteau du four. Sa température est alors de 210 °C.

On admet que f vérifie l'équation :

$$(E) : f' = k(f - 20), \text{ avec } k \text{ une constante.}$$

1. À l'aide d'un logiciel de calcul formel, on essaye de résoudre (E) :

deSolve(f' =k·(f-20),t,f)	$f = c1\cdot e^{k\cdot t}+20$

Montrer que la fonction f définie par $f(t) = 20 + ae^{kt}$ avec a une constante, est solution de (E).

2. Montrer que $f(0) = 210$ et en déduire la valeur de a.

3. Grand-Mère constate à l'aide d'un thermomètre, qu'à 14 h 40 son gâteau a une température de 110 °C.
Montrer alors que $k = \frac{1}{40}\ln\left(\frac{9}{19}\right)$.

4. Étudier les variations de la fonction f sur $[0\,;\,+\infty[$ et dresser son tableau de variations.

5. Grand-Mère estime que son gâteau pourra être mangé par sa petite-fille lorsque sa température sera inférieure à 35 °C. À partir de quelle heure sa petite-fille pourra-t-elle manger ce gâteau ?

6. Grand-Mère, ne connaissant pas la fonction logarithme, ne peut pas trouver facilement la réponse à la question 5.. Elle décide d'écrire un algorithme pour trouver (à la minute près) l'heure à laquelle sa petite fille pourra manger le gâteau :

Variables : A, N, deux entiers naturels
A, K des nombres réels.
T un entier naturel.
Début
...... → A
$\frac{1}{40}\ln\left(\frac{9}{19}\right)$ → K
0 → T
TantQue $20 + Ae^{KT} >$ ......
T + 1 → T
Fin TantQue
Afficher T
Fin

Son algorithme n'est pas complet, compléter les cadres rouges pour que l'algorithme soit correct.

7. Programmer cet algorithme sur sa calculatrice et retrouver les résultats du 5.

Le saviez-vous ?

En physique, on démontre que la vitesse de refroidissement d'un corps à l'instant *t* est proportionnelle à la différence entre la température extérieur *T* et la température du corps (à l'instant *t*).

De façon générale on a l'équation différentielle avec $f' = k(f - T)$. La « température du corps » et k une constante dépendant du corps, du milieu extérieur etc...

153. Modèle logistique

Ce modèle est utilisé en médecine, pour modéliser la probabilité d'être atteint d'une maladie en fonction d'une ou plusieurs variables. Par exemple une étude montre que la probabilité d'avoir un problème cardiaque en fonction de son âge est $f(x) = \frac{1}{1 + 15{,}2e^{-0{,}054x}}$ où x représente l'âge du patient. On prendra $x \in [0\,;\,+\infty[$.

1. Étudier les variations de f.

2. Calculer $\lim\limits_{x \to +\infty} f(x)$ et interpréter le résultat.

3. À partir de quel âge la probabilité d'avoir un problème cardiaque est-elle supérieure à 0,5 ?

154. BAC 1. On considère la fonction g définie sur $[1\,;\,+\infty[$ par : $g(x) = \ln(2x) + 1 - x$

a. Démontrer que l'équation $g(x) = 0$ admet sur $[1\,;\,+\infty[$ une unique solution notée α.

b. Démontrer que $\ln(2\alpha) + 1 = \alpha$.

2. Soit la suite (u_n) définie par $u_0 = 1$ et pour tout entier naturel n, par $u_{n+1} = \ln(2u_n) + 1$.
On désigne par (Γ) la courbe d'équation $y = \ln(2x) + 1$ dans un repère orthonormal $(O\,;\,\vec{i}, \vec{j})$.

a. En utilisant la courbe (Γ), construire sur l'axe des abscisses les quatre premiers termes de la suite.

b. Démontrer que pour tout entier naturel n, $1 \leqslant u_n \leqslant u_{n+1} \leqslant 3$.

c. Démontrer que la suite (u_n) converge vers α.

155. BAC On considère la suite u_n définie, pour tout entier naturel n non nul, par : $u_n = \left(1 + \frac{1}{n}\right)^n$.

1. On considère la fonction f définie sur $[0\,;\,+\infty[$ par :
$$f(x) = x - \ln(1 + x).$$

a. En étudiant les variations de la fonction f, montrer que, pour tout réel x positif ou nul, $\ln(1 + x) \leqslant x$.

b. En déduire que, pour tout entier naturel n non nul, $\ln(u_n) \leqslant 1$.

c. La suite (u_n) peut-elle avoir pour limite $+\infty$?

2. On considère la suite (v_n) définie, pour tout entier naturel n non nul, par : $v_n = \ln(u_n)$.

a. On pose $x = \frac{1}{n}$. Exprimer v_n en fonction de x.

b. Que vaut $\lim\limits_{x \to 0} \frac{\ln(1 + x)}{x}$? Aucune justification n'est demandée.
Calculer $\lim\limits_{n \to +\infty} v_n$.

c. En déduire que la suite (u_n) est convergente et déterminer sa limite.

156. BAC *L'objectif de l'exercice est l'étude d'une fonction et d'une suite liée à cette fonction.*

Partie A

On note f la fonction définie par l'intervalle $]0\ ;+\infty[$ par :

$$f(x)=\frac{1}{x^2}e^{\frac{1}{x}}$$

On note $\mathscr{C}$ la courbe représentative de la fonction f dans un repère orthonormal $(O\ ;\vec{i},\vec{j})$. L'unité graphique est 1 cm.

1. Étude des limites

a. Déterminer la limite de la fonction f quand x tend vers 0.

b. Déterminer la limite de la fonction f quand x tend vers $+\infty$.

c. Quelles conséquences peut-on déduire de ces deux résultats, pour la courbe $\mathscr{C}$?

2. Étude des variations de la fonction f

a. Démontrer que, la fonction dérivée de la fonction f s'exprime, pour tout réel x strictement positif, par :

$$f'(x)=-\frac{1}{x^4}e^{\frac{1}{x}}(2x+1).$$

b. Déterminer le signe de f' et en déduire le tableau de variations de f sur l'intervalle $]0\ ;+\infty[$.

c. Démontrer que l'équation $f(x)=2$ a une unique solution notée α appartenant à l'intervalle $]0\ ;+\infty[$ et donner la valeur approchée de α arrondie au centième.

3. Tracer la courbe $\mathscr{C}$ dans le repère orthonormal $(O\ ;\vec{i},\vec{j})$.

157. BAC Soit f la fonction définie sur $\mathbb{R}$ par :

$$f(x)=x+2-\frac{4e^x}{e^x+3}.$$

On désigne par $\mathscr{C}$ sa courbe représentative dans le plan rapporté à un repère orthonormal $(O\ ;\vec{i},\vec{j})$ d'unité graphique 2 cm.

1. a. Déterminer la limite de f en $-\infty$.

b. Démontrer que la droite $(\mathscr{D}_1)$ d'équation $y=x+2$ est asymptote à la courbe $\mathscr{C}$.

c. Étudier la position de $\mathscr{C}$ par rapport à $(\mathscr{D}_1)$.

2. a. On note f' la fonction dérivée de f. Calculer $f'(x)$ et montrer que, pour tout réel x, on a :

$$f'(x)=\left(\frac{e^x-3}{e^x+3}\right)^2.$$

b. Étudier les variations de f sur $\mathbb{R}$ et dresser le tableau de variations de la fonction f.

3. a. Que peut-on dire de la tangente $(\mathscr{D}_2)$ à la courbe $\mathscr{C}$ au point I d'abscisse $\ln 3$?

b. En utilisant les variations de la fonction f, étudier la position de la courbe $\mathscr{C}$ par rapport à $(\mathscr{D}_2)$.

4. a. Montrer que la tangente $(\mathscr{D}_3)$ à la courbe $\mathscr{C}$ au point d'abscisse 0 a pour équation : $y=\frac{1}{4}x+1$.

b. Étudier la position de la courbe $\mathscr{C}$ par rapport à la tangente $(\mathscr{D}_3)$ sur l'intervalle $]-\infty\ ;\ln 3]$.

On pourra utiliser la dérivée seconde de f notée f'' définie pour tout x de $\mathbb{R}$ par :

$$f''(x)=\frac{12e^x(e^x-3)}{(e^x+3)^3}.$$

5. On admet que le point I est centre de symétrie de la courbe $\mathscr{C}$.

Tracer la courbe $\mathscr{C}$, les tangentes $(\mathscr{D}_2)$, $(\mathscr{D}_3)$ et les asymptotes à la courbe $\mathscr{C}$. On rappelle que l'unité graphique choisie est 2 cm.

158. BAC On considère la fonction f définie sur $\mathbb{R}$ par :

$$f(x)=\ln(e^x+2e^{-x}).$$

1. Montrer que tout réel x, $f(x)=x+\ln(1+2e^{-2x})$.

On admet que, pour tout réel x, $f(x)=-x+\ln(2+e^{2x})$.

2. Calculer $\lim\limits_{x\to+\infty}f(x)$ et montrer que la droite (d) d'équation $y=x$ est asymptote à $\mathscr{C}$.

Étudier la position relative de $\mathscr{C}$ et de (d).

3. Calculer $\lim\limits_{x\to-\infty}f(x)$ et montrer que la droite (d') d'équation $y=x+\ln 2$ est asymptote à $\mathscr{C}$.

4. Étudier les variations de la fonction f.

Montrer que le minimum de la fonction f est égal à $\frac{3}{2}\ln 2$.

159. On considère la fonction f définie sur l'intervalle $]0\ ;+\infty[$ par :

$$f(x)=\ln x-2+x.$$

1. Déterminer les limites de la fonction f en 0 et en $+\infty$.

2. Étudier le sens de variation de la fonction f puis dresser son tableau de variations.

3. Montrer que l'équation $f(x)=0$ admet une unique solution α dans l'intervalle $]0\ ;+\infty[$.

Donner un encadrement du nombe α 10^{-2} à près.

D'après Bac.

160. Encadrement de $\ln(1+x)$.

1. Soit f la fonction définie sur $]-1\ ;+\infty[$ par :

$$f(x)=x-\frac{x^2}{2}+\frac{x^3}{3}-\ln(1+x).$$

a. Calculer $f'(x)$.

b. Étudier le signe de $f'(x)$.

c. Dresser le tableau de variations de f.

d. Démontrer que $\forall x\in\,]-1\ ;+\infty[\ f(x)\geqslant 0$.

2. Soit g la fonction définie sur $]-1\,;+\infty[$ par :

$$g(x)=\ln(1+x)-x+\frac{x^2}{2}.$$

a. Calculer $g'(x)$.

b. Étudier le signe de $g'(x)$.

c. Dresser le tableau de variations de g.

d. Démontrer que $\forall x\in[0\,;+\infty[\ g(x)\geqslant 0$.

3. En déduire que $\forall x\in[0\,;+\infty[$,

$$x-\frac{x^2}{2}\leqslant \ln(1+x)\leqslant x-\frac{x^2}{2}+\frac{x^3}{3}.$$

4. À l'aide de l'encadrement précédent, calculer $\lim\limits_{\substack{x\to 0\\ x>0}}\dfrac{\ln(1+x)}{x}$.

5. a. À l'aide du résultat du **3.** donner un majorant de l'erreur commise en utilisant l'approximation $\ln(1+x)\approx x-\dfrac{x^2}{2}$.

b. Donner, sans utiliser la calculatrice, une valeur approchée de $\ln 1{,}000\,01$ et donner un majorant de l'erreur commise.

161. Pour tout réel $t\geqslant 0$, on pose :

$$h(t)=1-t+\frac{t^2}{2}-\mathrm{e}^{-t}.$$

1. Prouver que la fonction h ainsi définie est dérivable sur $[0\,;+\infty[$, que h' est dérivable sur $[0\,;+\infty[$, et calculer $h'(t)$ et $h''(t)$ pour tout réel $t\geqslant 0$. Préciser les valeurs de $h'(0)$ et $h''(0)$.

2. Démonter que pour tout réel $t\geqslant 0$, $0\leqslant h''(t)\leqslant t$, en déduire un encadrement de h' sur $[0\,;+\infty[$ puis, prouver que, pour tout $t\geqslant 0$, $0\leqslant h(t)\leqslant\dfrac{t^3}{6}$.

3. En déduire que pour tout $t\geqslant 0$,

$$1-t+\frac{t^2}{2}-\frac{t^3}{6}\leqslant \mathrm{e}^{-t}\leqslant 1-t+\frac{t^2}{2}.$$

162. BAC **Partie A**

Soit u la fonction définie sur $]0\,;+\infty[$ par :

$$u(x)=x^2-2+\ln x.$$

1. Étudier les variations du u sur $]0\,;+\infty[$ et préciser ses limites en 0 et en $+\infty$.

2. a. Montrer que l'équation $u(x)=0$ admet une solution unique sur $]0\,;+\infty[$.

On note α cette solution.

b. À l'aide de la calculatrice, déterminer un encadrement d'amplitude 10^{-2} de α.

3. Déterminer le signe de $u(x)$ suivant les valeurs de x.

4. Montrer l'égalité : $\ln\alpha=2-\alpha^2$.

Partie B

On considère la fonction f définie et dérivable sur $]0\,;+\infty[$ par : $f(x)=x^2+(2-\ln x)^2$.

On note f' la fonction dérivée de f sur $]0\,;+\infty[$.

1. Exprimer pour tout x de $]0\,;+\infty[$, $f'(x)$ en fonction de $u(x)$.

2. En déduire les variations de f sur $]0\,;+\infty[$.

Partie C

Dans le plan rapporté à un repère orthonormé $(O\,;\vec{i},\vec{j})$, on note :

- (Γ) la courbe représentative de la fonction ln (logarithme népérien) ;
- A le point de coordonnées $(0\,;2)$;
- M le point de (Γ) d'abscisse x appartenant à $]0\,;+\infty[$.

1. Montrer que la distance AM est donnée par $AM=\sqrt{f(x)}$.

2. Soit g la fonction définie sur $]0\,;+\infty[$ par $g(x)=\sqrt{f(x)}$.

a. Montrer que les fonctions f et g ont les mêmes variations sur $]0\,;+\infty[$.

b. Montrer que la distance AM est minimale en un point de (Γ), noté P, dont on précisera les coordonnées.

c. Montrer que $AP=\alpha\sqrt{1+\alpha^2}$.

3. La droite (AP) est-elle perpendiculaire à la tangente à (Γ) en P ?

163. BAC **1.** On considère l'équation différentielle :

$$2y'+y=\mathrm{e}^{-\frac{x}{2}}(x+1)\qquad (E').$$

a. Déterminer deux réels m et p tels que la fonction f définie sur $\mathbb{R}$ par :

$$f(x)=\mathrm{e}^{-\frac{x}{2}}(mx^2+px)\text{ soit solution de }(E').$$

b. Soit g une fonction définie et dérivable sur $\mathbb{R}$.

Montrer que g est solution de l'équation (E') si, et seulement si, $g-f$ est solution de l'équation (E).

Résoudre l'équation (E').

2. Étudier les variations de la fonction h définie sur $\mathbb{R}$ par : $h(x)=\dfrac{1}{4}\mathrm{e}^{-\frac{x}{2}}(x^2+2x)$.

3. Déterminer les limites en $-\infty$ et en $+\infty$ de la fonction h.

4. Dans le plan rapporté à un repère orthonormé $(O\,;\vec{i},\vec{j})$, on note $\mathscr{C}$ la courbe représentative de h et (Γ) celle de la fonction : $x\mapsto \mathrm{e}^{-\frac{x}{2}}$.

a. Étudier les positions relatives de $\mathscr{C}$ et (Γ).

b. Tracer ces deux courbes sur un même graphique.

164. BAC À tout entier naturel n non nul, on associe la fonction f_n définie sur $\mathbb{R}$ par :

$$f_n(x) = \frac{4e^{nx}}{e^{nx} + 7}.$$

On désigne par $\mathscr{C}_n$ la courbe représentative de la fonction f_n dans un repère orthonormal $(O ; \vec{i}, \vec{j})$.

Partie A - Étude de la fonction f_1 définie sur $\mathbb{R}$ par $f_1(x) = \dfrac{4e^x}{e^x + 7}$

1. Vérifier que pour tout réel x, $f_1(x) = \dfrac{4}{1 + 7e^{-x}}$.

2. a. Démontrer que la courbe $\mathscr{C}_1$ admet deux asymptotes dont on précisera des équations.
b. Démontrer que la fonction f_1 est strictement croissante sur $\mathbb{R}$.
c. Démontrer que pour tout réel x, $0 < f_1(x) < 4$.

3. a. Déterminer une équation de la tangente (T_1) à la courbe $\mathscr{C}_1$ au point I_1 $(\ln 7 ; 2)$.
b. Tracer la droite (T_1).

4. a. Déterminer une primitive de la fonction f_1 sur $\mathbb{R}$.
b. Calculer la valeur moyenne de f_1 sur l'intervalle $[0 ; \ln 7]$.

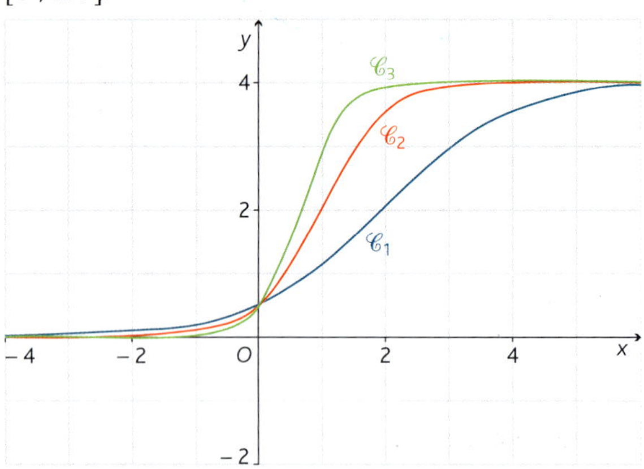

Partie B - Étude de certaines propriétés de la fonction f_n.

1. Démontrer que pour tout entier naturel n non nul le point $A\left(0 ; \dfrac{1}{2}\right)$ appartient à la courbe $\mathscr{C}_n$.

2. a. Démontrer que pour tout entier naturel n non nul la courbe $\mathscr{C}_n$ et la droite d'équation $y = 2$ ont un unique point d'intersection dont on précisera l'abscisse.
On note I_n ce point d'intersection.
b. Déterminer une équation de la tangente (T_n) à la courbe $\mathscr{C}_n$ au point I_n.
c. Tracer les droites (T_2) et (T_3).

165. Pour tout entier naturel n, on considère la fonction f_n définie sur $]0 ; +\infty[$ par :

$$f_n(x) = -nx - x\ln x.$$

On note $(\mathscr{C}_n)$ la courbe représentative de la fonction f_n, dans un repère orthonormal $(O ; \vec{i}, \vec{j})$.

Les courbes $(\mathscr{C}_0)$, $(\mathscr{C}_1)$ et $(\mathscr{C}_2)$ représentatives des fonctions f_0, f_1 et f_2 sont données en annexe.
On rappelle que $\lim\limits_{x \to 0} x\ln x = 0$.

Partie A - Étude de la fonction f_0 définie sur $]0 ; +\infty[$ par $f_0(x) = -x\ln x$.

1. Déterminer la limite de f_0 en $+\infty$.

2. Étudier les variations de la fonction f_0 sur $]0 ; +\infty[$.

Partie B - Étude de certaines propriétés de la fonction f_n, n entier naturel.

Soit n un entier naturel.

1. Démontrer que pour $x \in]0 ; +\infty[$,
$$f'_n(x) = -n - 1 - \ln x$$
où f'_n désigne la fonction dérivée de f_n.

2. a. Démontrer que la courbe $(\mathscr{C}_n)$ admet en un unique point A_n d'abscisse e^{-n-1} une tangente parallèle à l'axe des abscisses.
b. Prouver que le point A_n appartient à la droite (Δ) d'équation $y = x$.
c. Placer sur la figure en annexe les points A_0, A_1, A_2.

3. a. Démontrer que la courbe $(\mathscr{C}_n)$ coupe l'axe des abscisses en un unique point, noté B_n, dont l'abscisse est e^{-n}.
b. Démontrer que la tangente à $(\mathscr{C}_n)$ au point B_n a un coefficient directeur indépendant de l'entier n.
c. Placer sur la figure en annexe les points B_0, B_1, B_2.

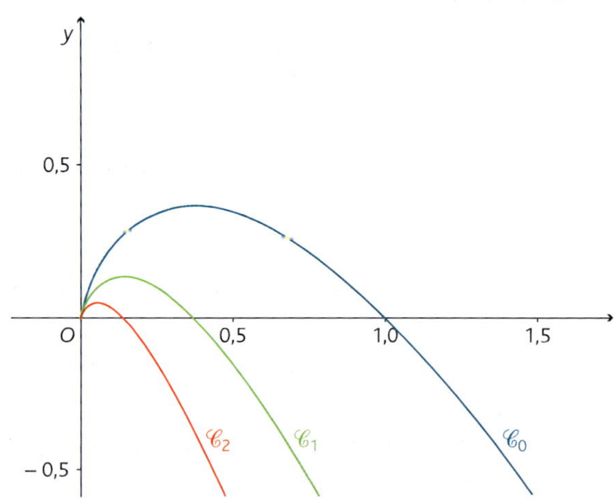

166. BAC **Partie A**

Soit f la fonction définie sur l'en semble des nombres réels par $f(x) = e^x$.
On appelle $\mathcal{C}_f$ la courbe représentative de la fonction f dans un repère orthonormal $(O\,;\vec{i},\vec{j})$.

1. Soit a un nombre réel. Démontrer que la tangente à la courbe $\mathcal{C}_f$ au point M d'abscisse a coupe l'axe des abscisses au point P d'abscisse $a-1$.

2. Soit N le projeté orthogonal du point M sur l'axe des abscisses. Démontrer que $\overrightarrow{NP} = -\vec{i}$.

Partie B

Soit g une fonction dérivable sur l'ensemble des nombres réels telle que $g'(x) \neq 0$ pour tout nombre réel x.
On appelle $\mathcal{C}_g$ la courbe représentative de la fonction g dans un repère orthonormal $(O\,;\vec{i},\vec{j})$.
Soit a un nombre réel. On considère le point M de la courbe $\mathcal{C}_g$ d'abscisse a et le point N projeté orthogonal du point M sur l'axe des abscisses.
Soit P le point d'intersection de la tangente T_a à la courbe $\mathcal{C}_g$ au point M avec l'axe des abscisses.
Le graphique ci-dessous illustre la situation de la partie B.

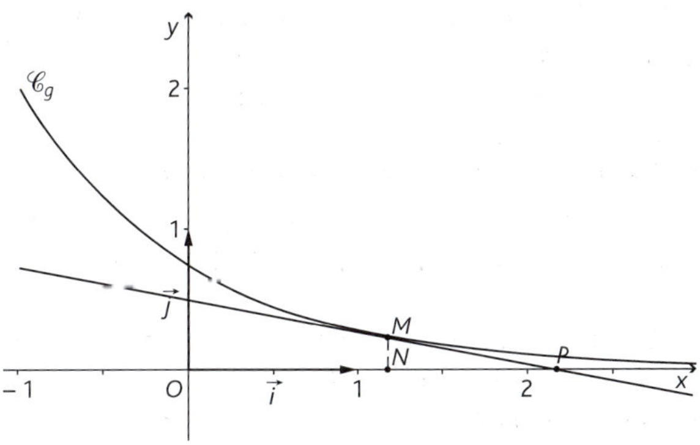

1. Démontrer que le point P a pour coordonnées :

$$\left(a - \frac{g(a)}{g'(a)}\,;\,0\right).$$

2. Existe-t-il une fonction g vérifiant $g(0) = 2$ et $\overrightarrow{NP} = \vec{i}$?

167. BAC Soit f la fonction définie sur l'intervalle $[0\,;+\infty[$ par $f(x) = \ln(x^2+4)$.

1. Étudier le sens de variation de la fonction f sur l'intervalle $[0\,;+\infty[$.

2. Soit g la fonction définie sur l'intervalle $[0\,;+\infty[$ par $g(x) = f(x) - x$.

a. Étudier le sens de variation de la fonction g sur l'intervalle $[0\,;+\infty[$.

b. Montrer que sur l'intervalle $[2\,;3]$ l'équation $g(x) = 0$ admet une unique solution que l'on notera α.
Donner la valeur arrondie de α à 10^{-1}.

c. Justifier que le nombre réel α est l'unique solution de l'équation $f(x) = x$.

168. BAC Soit f la fonction définie pour tout nombre réel x de l'intervalle $]0\,;1]$ par : $f(x) = 1 + x\ln x$.
On note f' la fonction dérivée de la fonction f sur l'intervalle $]0\,;1]$.
$\mathcal{C}$ est la courbe représentative de la fonction f dans un repère orthonormal $(O\,;\vec{i},\vec{j})$. (T) est la droite d'équation $y = x$.
La courbe $\mathcal{C}$ et la droite (T) sont représentées sur ce schéma.

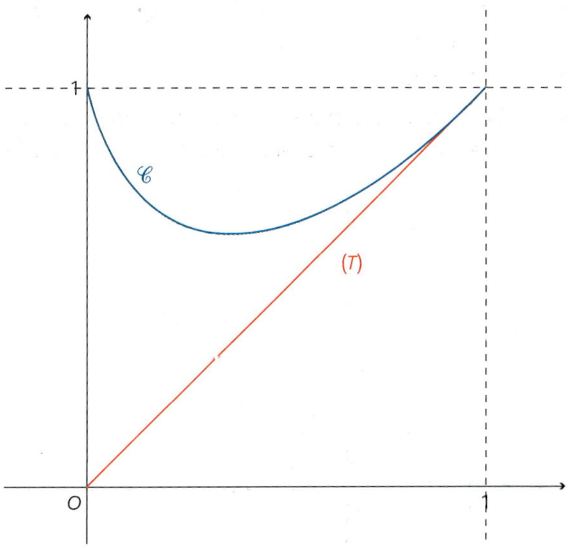

1. a. Justifier que $\lim_{x\to 0} f(x) = 1$.

b. En utilisant le signe de $x\ln x$ sur $]0\,;1]$, montrer que, pour tout nombre réel $x \in\,]0\,;1]$, on a $f(x) \leqslant 1$.

2. a. Calculer $f'(x)$ pour tout nombre réel $x \in\,]0\,;1]$.

b. Vérifier que la droite (T) est tangente à la courbe $\mathcal{C}$ au point d'abscisse 1.

3. On note g la fonction définie pour tout nombre réel par $x \in\,]0\,;1]$: $g(x) = 1 + x\ln x - x$.

a. Étudier les variations de g sur l'intervalle $]0\,;1]$ et dresser le tableau de variation de g.
On ne cherchera pas la limite de g en 0.

b. En déduire les positions relatives de la courbe $\mathcal{C}$ et de la droite (T).

restitution organisée des connaissances

169. On suppose connues la dérivée de la fonction exponentielle et la formule de dérivation de $u \circ v$ ainsi que ses conditions d'utilisation.
On suppose savoir que la fonction ln est dérivable sur $]0\,;+\infty[$ et que pour tout x de $]0\,;+\infty[$ on a : $\exp(\ln x) = x$.
À partir de ces quatre arguments, montrer que la dérivée de la fonction ln est la fonction définie sur $]0\,;+\infty[$ qui à x associe $\frac{1}{x}$.

170. On rappelle que la fonction ln est définie et dérivable sur $]0\,;+\infty[$, positive sur $[1\,;+\infty[$ et vérifie :

- $\ln 1 = 0$
- Pour tous réels strictement positifs x et y,
$$\ln(xy) = \ln x + \ln y$$
- Pour tout réel strictement positif x, $[\ln(x)]' = \frac{1}{x}$
$$\ln(2) \approx 0{,}69 \text{ à } 10^{-2} \text{ près.}$$

On considère la fonction f définie sur $]0\,;+\infty[$ par :
$$f(x) = \sqrt{x} - \ln x.$$

a. Étudier les variations de f et en déduire que f admet un minimum sur $]0\,;+\infty[$

b. En déduire le signe de f puis que, pour tout $x > 1$, $0 < \frac{\ln x}{x} < \frac{\sqrt{x}}{x}$.

c. En déduire que $\lim\limits_{x \to +\infty} \frac{\ln x}{x} = 0$.

171. On suppose connu le résultat suivant :
$$\lim_{x \to +\infty} \frac{e^x}{x} = +\infty.$$
Démontrer que $\lim\limits_{x \to +\infty} xe^{-s} = 0$.

172. ***Prérequis :*** on rappelle que : $\lim\limits_{x \to +\infty} \frac{e^x}{x} = +\infty$.
Démontrer que $\lim\limits_{x \to +\infty} \frac{\ln x}{x} = 0$.

173. On suppose connu la propriété :
« Pour tout couple $(x\,;y)$ de nombres réels strictement positifs, on a $\ln(xy) = \ln(x) + \ln(y)$. »
En déduire que, pour tout nombre réel m strictement positif, on a :
$$\ln(\sqrt{m}) = \frac{1}{2}\ln(m).$$

174. ***Prérequis :***

- la fonction logarithme népérien est dérivable sur $]0\,;+\infty[$ et sa fonction dérivée est la fonction inverse $\left(x \mapsto \frac{1}{x}\right)$;
- $\ln(1) = 0$.

Démontrer que pour tous réels strictement positifs a et x,
$$\ln(ax) = \ln(a) + \ln(x).$$
Utiliser le résultat précédent pour démontrer que :
$$\ln\left(\frac{1}{b}\right) = -\ln(b) \text{ et que } \ln\left(\frac{a}{b}\right) = \ln(a) - \ln(b).$$

D'après Bac

175.

Partie A

On considère la fonction g définie sur $[0\,;+\infty[$ par :
$$g(x) = e^x - x - 1.$$

1. Étudier les varitations de la fonction g.
2. Déterminer le signe de $g(x)$ suivant les valeurs de x.
3. En déduire que pour tout x de $[0\,;+\infty[$, $e^x - x > 0$.

Partie B

On considère la fonction f définie sur $[0\,;1]$ par :
$$f(x) = \frac{e^x - 1}{e^x - x}.$$
On note $\mathscr{C}$ la courbe représentative de la fonction f dans le plan muni d'un repère orthonormal $(O\,;\vec{i},\vec{j})$ d'unité graphique 10 cm (pour chacun des axes).

1. Tracer $\mathscr{C}$.

On admet que f est strictement croissante sur $[0\,;1]$.

2. Montrer que tout x de $[0\,;1]$, $f(x) \in [0\,;1]$.
3. Soit (D) la droite d'équation $y = x$.

a. Montrer que pour tout x de $[0\,;1]$,
$$f(x) - x = \frac{(1-x)g(x)}{e^x - x}.$$
b. Étudier la position relative de la droite (D) et de la courbe $(\mathscr{C})$ sur $[0\,;1]$.

Partie C

On considère la suite (u_n) définie par :

$$\begin{cases} u_0 = \frac{1}{2} \\ u_{n+1} = f(u_n), \text{ pour tout entier naturel } n. \end{cases}$$

1. Construire sur l'axe des abscisses les quatre premiers termes de la suite en laissant apparents les traits de construction.

2. Montrer que pour tout entier naturel n,

$$\frac{1}{2} \leqslant u_n \leqslant u_{n+1} \leqslant 1.$$

3. En déduire que la suite (u_n) est convergente et déterminer sa limite.

D'après Bac

176. **1.** Soit f la fonction définie sur $[0\ ;+\infty[$ par :

$$f(x) = xe^x - 1.$$

a. Déterminer la limite de la fonction f en $+\infty$ et étudier le sens de variation de f.

b. Démontrer que l'équation $f(x) = 0$ admet une unique solution α sur l'intervalle $[0\ ;+\infty[$. Déterminer une valeur approchée de α à 10^{-2} près.

c. Déterminer le signe de $f(x)$ suivant les valeurs de x.

2. On note $\mathscr{C}$ la courbe représentative de la fonction exponentielle et Γ celle de la fonction logarithme népérien dans le plan muni d'un repère orthonormé $(O\ ; \vec{i}, \vec{j})$.

a. Représenter graphiquement les courbes $\mathscr{C}$ et Γ. On prendra 1 cm pour 1 unité pour les deux axes.

b. Soit x un nombre réel strictement positif. On note M le point de $\mathscr{C}$ d'abscisse x et N le point de Γ d'abscisse x.
On rappelle que pour tout réel x strictement positif, $e^x > \ln(x)$.

c. Montrer que la longueur MN est minimale lorsque $x = \alpha$. Donner un valeur approchée de cette longueur minimale 10^{-2} près.
En utilisant la question **1.**, montrer que $e^\alpha = \frac{1}{\alpha}$. En déduire que la tangente à $\mathscr{C}$ au point d'abscisse α et la tangente à Γ au point d'abscisse α sont parallèles.

177. On considère la fonction f définie sur $]0\ ;+\infty[$ par :

$$f(x) = x^2 \ln x.$$

La courbe $(\mathscr{C})$ représentative de la fonction f dans le plan muni d'un repère orthonormal $(O\ ; \vec{i}, \vec{j})$ est donnée en annexe.

1. a. Déterminer la limite de f en $+\infty$.

b. Étudier les variation de f sur $]0\ ;+\infty[$.

2. *Pour cette question, toute trace de recherche, même incomplète, sera prise en compte dans l'évaluation.*
Démontrer qu'il existe une tangente unique à la courbe $(\mathscr{C})$ passant par O.
Préciser une équation de cette tangente.

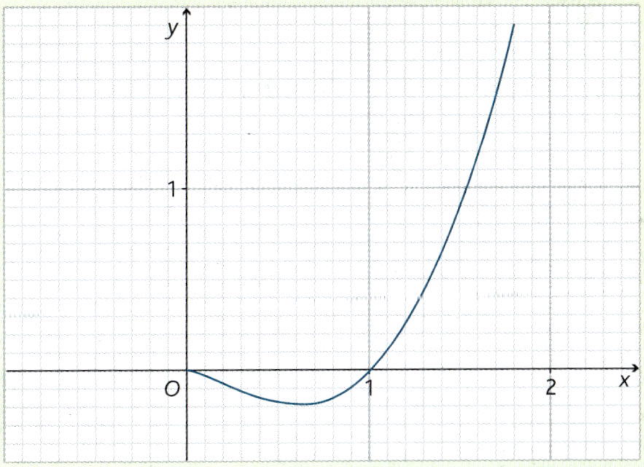

D'après Bac

QCM

Dans les questions suivantes, déterminer la (ou les) bonne(s) réponse(s).

178. Soit f la fonction définie sur $]0\ ;+\infty[$ par $f(x) = -x + 10 + 2\ln x$. L'image de 1 par f est :

a. $f(1) = 11$ **b.** $f(1) = 9$ **c.** $f(1) = 13$

179. La fonction dérivée de f est la fonction f' définie sur $]0\ ;+\infty[$ par :

a. $f'(x) = \frac{2}{x}$ **b.** $f'(x) = \frac{-x+2}{x}$ **c.** $f'(x) = \frac{10}{x}$

180. Soit g la fonction définie sur $\mathbb{R}$ par $g(x) = \frac{-x+10}{e^x}$.
La tangente à la courbe représentative de la fonction g au point d'abscisse 0 a un coefficient directeur égal à :

a. 9 **b.** 10 **c.** 11

Aide

181. Résoudre les équations suivantes d'inconnue réelle x :

a. $e^{2x+1} = e^{-x}$. b. $e^{\frac{1}{x}} = e^{x}$. c. $e^{2x} + e^{x} = -2$.

182. Résoudre les équations suivantes d'inconnue réelle x :

a. $e^{2x} - e^{x} \geqslant 0$. b. $e^{2x} + e^{x} < 2$.

méthodes

- Pour résoudre une équation ou une inéquation, on se ramène à une équation de la forme $e^{f(x)} = e^{g(x)}$ ou une inéquation de la forme $e^{f(x)} < e^{g(x)}$ en utilisant les propriétés algébriques de la fonction exponentielle.
- Pour les équations ou inéquations comportant uniquement des puissances de e^{x}, on peut poser $X = e^{x}$.

183. En utilisant la limite d'une fonction composée, déterminer les limites suivantes :

a. $\lim\limits_{x \to -\infty} e^{x^2 - x}$. b. $\lim\limits_{x \to +\infty} e^{-x}$.

184. En utilisant les limites fondamentales, déterminer les limites suivantes :

a. $\lim\limits_{x \to -\infty} (x+1)e^{x}$. b. $\lim\limits_{x \to +\infty} \dfrac{2e^{x}+1}{e^{x}-1}$.

185. En utilisant un changement de variable, déterminer les limites suivantes :

a. $\lim\limits_{x \to -\infty} xe^{x}$ en posant $X = -x$.

b. $\lim\limits_{\substack{x \to 0 \\ x < 0}} \dfrac{e^{\frac{1}{x}}}{x}$ en posant $X = \dfrac{1}{x}$.

c. $\lim\limits_{x \to -\infty} (x+1)e^{x+1}$ en posant $X = x + 1$.

méthodes

Pour lever les indéterminations sur les limites, on peut utiliser :
- la limite d'une fonction composée ;
- la transformation d'écriture ;
- un changement de variable ;
- les limites fondamentales.

186. Soit f la fonction définie sur $]0\,;+\infty[$ par $f(x) = xe^{\frac{1}{x}}$ et soit $\mathscr{C}_f$ sa courbe représentative.

a. Calculer $f'(x)$ et étudier son signe.

b. Calculer les limites aux bornes de l'ensemble de définition.

c. Dresser le tableau de variations de f.

d. Démontrer que la droite (D) d'équation $y = x + 1$ est asymptote à $\mathscr{C}_f$.

e. Tracer la droite (D) et la courbe $\mathscr{C}_f$ dans un repère orthonormal d'unité 2 cm.

187. Résoudre les équations suivantes d'inconnue réelle x :

a. $\ln(2x-1) = \ln x$. b. $(\ln x)^2 = 2\ln x$.

c. $\ln(3-x) + \ln(x+5) = 2\ln(x+1)$.

188. Résoudre les inéquations suivantes d'inconnue réelle x :

a. $1 < e^{x^2} - 2$. b. $(\ln x)^2 > \ln\left(\dfrac{1}{x}\right) + 2$.

c. $\ln(x^2 - x - 2) < 2\ln(3-x)$.

méthodes

- Pour résoudre une équation ou une inéquation, on se ramène à une équation de la forme $\ln(f(x)) = \ln(g(x))$ ou une inéquation de la forme $\ln(f(x)) < \ln(g(x))$ en utilisant les propriétés algébriques de la fonction logarithme.
- Pour les équations ou inéquations comportant uniquement des puissances de $\ln x$, on peut poser $X = \ln x$.

189. En utilisant la limite d'une fonction composée, déterminer les limites suivantes :

a. $\lim\limits_{x \to +\infty} \ln(x^2 + 2x + 4)$. b. $\lim\limits_{x \to -\infty} \ln(e^{x} + 1)$.

190. En utilisant les limites fondamentales, déterminer les limites suivantes :

a. $\lim\limits_{x \to 0} (x+1)\ln x$. b. $\lim\limits_{x \to +\infty} \dfrac{\ln x + x}{\ln x - 1}$.

191. En utilisant un changement de variable, déterminer les limites suivantes :

a. $\lim\limits_{x \to +\infty} (x-2)\ln(x-2)$ en posant $X = x - 2$.

b. $\lim\limits_{x \to +\infty} \dfrac{\ln(x^2+1)}{x^2}$ en posant $X = x^2 + 1$.

192. Soit f la fonction définie sur $[0\,;+\infty[$ par $f(x) = \dfrac{2x}{1+x} - \ln(1+x)$.

a. Calculer $f'(x)$ et étudier son signe.

b. Étudier la limite de f en $+\infty$.

c. Dresser le tableau de variations de f.

d. Montrer que l'équation $f(x) = 0$ admet une unique solution dans $]0\,;+\infty[$ notée α.

e. À l'aide de la calculatrice, donner une valeur approchée de α.

Approfondissement

Ce que dit le B.O.

Voici quelques propositions d'approfondissement, destinées à des activités dans le cadre de l'accompagnement personnalisé :

Étude de phénomènes d'évolution,

Équations fonctionnelles.

193. Soit f une fonction dérivable sur $\mathbb{R}$ et vérifiant : **(1)** Pour tous réels x et y, $f(x+y) = f(x) + f(y)$.
On cherche à déterminer toutes les fonctions f vérifiant cette condition.

a. Soit $y \in \mathbb{R}$, montrer que pour tout $x \in \mathbb{R}$ on a :
$$f(x) = f(x+y) - f(y).$$

b. En déduire que pour tous réels x et y on a :
$$f'(x+y) = f'(x).$$

c. En déduire que f' est une fonction constante.

d. On notera $a = f'(0)$ et $b = f(0)$. Soit g la fonction définie sur $\mathbb{R}$ par $g(x) = f(x) - ax - b$.
Montrer que g est dérivable sur $\mathbb{R}$ puis que g est constante sur $\mathbb{R}$.

e. Montrer que g est la fonction nulle.

f. Montrer que pour $x \in \mathbb{R}$, $f(x) = ax$.

g. Démontrer que f est solution de **(1)** si, et seulement si, f est une fonction linéaire.

194. Soit f une fonction définie et dérivable sur $]0\,;+\infty[$, positive stricte et vérifiant : **(2)** Pour tout réel positif strict x et y, $f(xy) = f(x)f(y)$.
On cherche à déterminer toutes les fonctions f vérifiant cette condition.

a. Montrer que $f(1) = 1$.

b. Soit x un réel strictement positif. Soit g la fonction définie par : pour tout $y \in \mathbb{R}]0\,;+\infty[$, $g(y) = f(xy)$.
Montrer que $\forall y \in]0\,;+\infty[g'(y) = xf'(xy)$.

c. En déduire que $\forall y \in]0\,;+\infty[$, $xf'(xy) = f(x)f'(y)$.

d. Montrer que pour tout $x \in]0\,;+\infty[$,
$xf'(x) = f'(1)f(x)$.

e. Soit h la fonction définie sur $]0\,;+\infty[$ par $h(x) = \ln(f(x)) - f'(1)\ln x$.
Montrer que h est une fonction constante.

f. En déduire que h est nulle.

g. On pose $a = f'(1)$. Montrer que pour tout $x \in]0\,;+\infty[$, $f(x) = x^a$.

h. Démontrer que f est solution de **(2)** si, et seulement si, il existe $a \in \mathbb{R}$ tel que pour tout $x \in]0\,;+\infty[$, $f(x) = x^a$.

De nombreux modèles mathématiques existent pour étudier la croissance d'une population (composée d'êtres humains, animaux, insectes, etc.).
Chaque modèle est constitué d'hypothèses. Plus le nombre d'hypothèses est élevé, plus le modèle se rapproche de la réalité, mais plus les calculs et la résolution sont complexes…
On se propose d'étudier ci-dessous 2 modèles :

195. Le modèle exponentielle

Soit $f(t)$ la population à l'instant t (on supposera f dérivable sur $[0\,;+\infty[$).
On fait l'hypothèse suivante : pour tout instant t le taux de variation de la population $f'(t)$ est proportionnel à la population $f(t)$.
On admet donc qu'il existe un réel strictement positif k tel que $\forall t \in [0\,;+\infty[f'(t) = k\,f(t)$.

a. Soit g la fonction définie sur $[0\,;+\infty[$ par
$$g(t) = f(t)\mathrm{e}^{-kt}$$
Montrer que g est dérivable sur $[0\,;+\infty[$ et calculer $g'(t)$.

b. En déduire que g est constante sur $[0\,;+\infty[$.

c. Soit $a = f(0)$. Montrer que $\forall t \in [0\,;+\infty[f(t) = a\mathrm{e}^{kt}$.

d. Prenons comme référence 1960 pour $t = 0$.
En 1960 la population mondiale était de 3 023 millions et en 1961 elle a augmenté de 55 millions d'habitants.
Déterminer la valeur de a et de k.

e. Voici les chiffres de l'*INSEE* sur la population mondiale :
1980 : 4 437,6 M ; 1990 : 5 290,5 M ; 2008 : 6 750,1 M.
Que pensez-vous de ce modèle ?

196. Le modèle logistique de Verlhust

Ce modèle considère que le taux d'accroissement est variable et que la population ne peut pas dépasser C, la capacité maximale du milieu :
Ainsi la population $f(t)$ à l'instant t est une fonction dérivable sur $[0\,;+\infty[$ et qui vérifie :
$$f'(t) = a\left(1 - \frac{f(t)}{\mathrm{C}}\right)f(t).$$

a. À l'aide d'un logiciel de calcul formel, résoudre cette équation.

b. Prenons C = 20 000. Déterminer la fonction f vérifiant $f(0) = 3\,023$ et $f(10) = 3\,689$.

c. En reprenant les chiffres de l'exercice précédent, discuter ce modèle.

Distance de O à $\mathscr{C}_{\ln}$

→ objectif

Rechercher la plus petite distance entre O, l'origine du repère, et M, un point de la courbe représentative de la fonction ln.

Soit $\mathscr{C}$ la courbe représentative de la fonction ln dans un repère orthonormal $(O ; \vec{i}, \vec{j})$. Soit x un réel positif strict et M le point de $\mathscr{C}$ d'abscisse x.

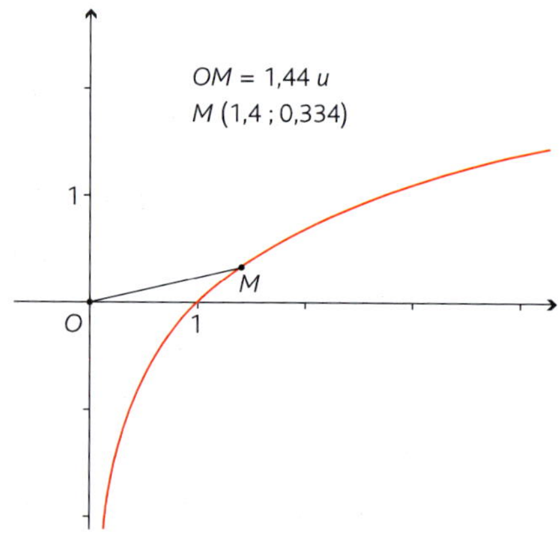

Partie 1 : Résolution numérique avec un logiciel

1. À l'aide d'un logiciel de géométrie dynamique, tracer $\mathscr{C}$, placer un point M d'abscisse x sur $\mathscr{C}$.

2. Calculer, à l'aide du logiciel, la distance du point O au point M.

3. Déterminer la plus petite distance OM lorsque M décrit la courbe $\mathscr{C}$.

Partie 2 : Démonstration

On se propose, dans cette partie, de résoudre le problème en étudiant une fonction.

1. Soit f la fonction définie sur $]0 ; +\infty[$ par $f(x) = OM^2$.

a. Exprimer $f(x)$ en fonction de x.

b. Montrer que pour tout $x \in]0 ; +\infty[$, $f'(x) = 2\dfrac{x^2 + \ln x}{x}$.

2. Soit g la fonction définie sur $]0 ; +\infty[$ par $g(x) = x^2 + \ln x$.

a. Calculer $\lim\limits_{x \to 0} g(x)$ et $\lim\limits_{x \to +\infty} g(x)$.

b. Calculer $g'(x)$ puis étudier le signe de $g'(x)$.

c. En déduire le tableau de variation de g.

d. Montrer que l'équation $g(x) = 0$ admet une unique solution sur $]0 ; +\infty[$ qu'on notera α.
On donnera une valeur approchée de α à 10^{-3} près.

e. Déduire des questions précédentes le signe de $g(x)$ puis celui de $f'(x)$.

f. Dresser le tableau de variations de f.

g. En déduire que f admet un minimum.

h. Montrer que la distance entre O et $\mathscr{C}$ est $\alpha^2 + \alpha^4$, dont on donnera une valeur approchée à 10^{-3}.

i. Comparer avec les résultats de la première partie.

→ À vous de jouer

1. Reprendre l'exercice en déterminant la distance de O à la courbe représentant la fonction exponentielle. On étudiera les variations de $f'(x)$ sans passer par la fonction auxiliaire g. L'ensemble de définition est $\mathbb{R}$.

2. Reprendre l'exercice en déterminant la distance de O à la courbe représentant la fonction définie sur $\mathbb{R}$ par $x \mapsto x^2 + 1$.
On étudiera les variations de $f'(x)$ sans passer par la fonction auxiliaire g. L'ensemble de définition est $\mathbb{R}$.

I. BTS

On se propose d'étudier l'évolution en fonction du temps des températures d'un bain et d'un solide plongé dans ce bain. Ces températures (à l'instant t) sont respectivement notées $\alpha(t)$ et $\beta(t)$. Le temps t est exprimé en seconde et les températures en °C.

Pour tout t dans $[0\,;\,+\infty[$ on pose

$$\alpha(t) = \frac{5}{16}\left(95 + 33\mathrm{e}^{\frac{-4t}{125}}\right)$$

$$\beta(t) = \frac{5}{16}\left(95 + 63\mathrm{e}^{\frac{-4t}{125}}\right).$$

1. Déterminer la limite de α ainsi que celle de β en $+\infty$. Que peut-on en déduire pour les courbes représentatives de ces deux fonctions ?
2. Calculer la dérivée et donner les variations de chacune des fonctions α et β.
3. Déterminer graphiquement à partir de quel instant la différence de température entre le solide et le bain est-elle inférieure à 1 °C.

II. BTS Comptabilité et Gestion

Une entreprise de loisirs qui possède 60 bateaux les loue à la semaine. Cet exercice propose une étude de la rentabilité de cette activité pour une semaine fixée.

Les données financières sont exprimées en milliers d'euros (k€) et les résultats demandés seront arrondis à 10^{-2} près.

Le coût de fonctionnement hebdomadaire $C(q)$, exprimé en milliers d'euros, correspondant à la location d'un nombre q de bateaux est donné par :

$$C(q) = 15 + 2q - 20\ln(0{,}1q + 1)$$

1. a. Calculer $C(10)$ et $C(20)$. Le coût de fonctionnement hebdomadaire est-il proportionnel au nombre de bateaux loués ?
   b. Déterminer le pourcentage d'augmentation du coût de fonctionnement hebdomadaire lorsque le nombre de bateaux loués passe de 10 à 20.
2. Afin d'étudier le coût du fonctionnement hebdomadaire, on considère la fonction f définie sur l'intervalle $[0\,;\,60]$ par $f(x) = 15 + 2x - 20\ln(0{,}1x + 1)$.
   a. Montrer que $\forall x \in [0\,;\,60]$, $f'(x) = \dfrac{0,2x}{0,1x + 1}$.
   En déduire le sens de variation de f.
   b. Calculer le coût de fonctionnement hebdomadaire maximal (exprimé en milliers d'euros).

III. BTS

On considère un produit dont le prix unitaire, exprimé en euros, est noté x.

La demande $f(x)$ est la quantité de ce produit, exprimée en centaines d'unités, que les consommateurs sont prêts à acheter au prix unitaire de x euros.

L'offre $g(x)$ est la quantité de ce produit, exprimée en centaines d'unités, que les producteurs sont prêts à vendre au prix unitaire de x euros.

On appelle prix d'équilibre de ce produit le prix pour lequel l'offre et la demande sont égales. L'objectif de cet exercice est de déterminer un prix d'équilibre.

On considère que la demande, exprimée en centaines d'unités, pour un prix unitaire de x euros est $f(x)$, où f est la fonction définie sur l'intervalle $[1\,;\,3]$ par :

$$f(x) = 20\mathrm{e}^{-0,7x}.$$

De même, l'offre exprimée en centaines d'unités pour un prix unitaire de x euros est $g(x)$, où g est la fonction définie sur l'intervalle $[1\,;\,3]$ par :

$$g(x) = 0{,}15x + 2{,}35.$$

1. a. Calculer $f'(x)$. En déduire le sens de variation de la fonction f sur l'intervalle $[1\,;\,3]$.
   b. Déterminer graphiquement, en faisant figurer les tracés utiles, une valeur approchée, arrondie à 10^{-1} près, de l'abscisse du point d'intersection de $\mathscr{C}$ et Δ.
2. Soit la fonction h définie sur l'intervalle $[1\,;\,3]$ par :
   $$h(x) = f(x) - g(x).$$
   a. Étudier le sens de variations de la fonction h, sur l'intervalle $[1\,;\,3]$.
   b. En déduire, en justifiant, que l'équation $h(x) = 0$ admet dans l'intervalle $[1\,;\,3]$ une solution unique, notée α, dont on donnera la valeur décimale approchée à 10^{-2} près par défaut.

Vérifier que cette valeur est compatible avec la valeur lue sur le graphique au 1. c.

   c. Donner, à 10^{-2} près, le prix d'équilibre en euros, c'est-à-dire le prix pour lequel l'offre et la demande sont égales.

Calculer l'offre correspondant au prix d'équilibre.

Le saviez-vous ?

Louis Napoléon ***Bonaparte*** en visite à l'école en 1868.

Jadis, les élèves de classes préparatoires scientifiques préparaient l'école polytechnique comme principal concours. Ceux qui étaient en deuxième année pouvaient intégrer l'école polytechnique (surnommée l'X à cause de l'insigne de l'école qui représente deux canons croisés) ainsi on les surnommait 3/2. Ceci provient du calcul :

$$\int_1^2 x\,dx = \frac{3}{2}$$

qui est bien en rapport avec ceux qui intègrent l'X entre la 1e et la 2e année...

Devinette : Pourquoi les redoublants de seconde année sont appelés les 5/2 ?

Réponse *: Il suffit de calculer l'intégrale de x entre 2 et 3...*

Le coin des langues

Que signifie le mot INTÉGRALE ?

1. Œuvre complète d'un écrivain, d'un musicien, ex : l'intégrale des cantates de Bach.

2. Qui est entier.
3. Limite, lorsqu'elle existe, de sommes d'un nombre indéfiniment croissant d'éléments indéfiniment petits construits en divisant indéfiniment le domaine de définition d'une fonction !!!

Intégrale et réalité

Gottfried Wilhelm ***Leibniz*** (1646-1716), savant, mathématicien et philosophe allemand. Dans son traité de la « théorie des petites perceptions », il applique sa perception de la réalité au calcul intégral.

Une perception provient de la ſomme d'une grande quantité de petites perceptions : le bruit de toutes les gouttes d'eau qui remuent en grande quantité, qui vont et viennent est interprété par l'homme, comme le bruit de la mer.

On doit à Leibniz la première apparition du symbole $\int$ qui représente le S (de somme) en vieux français.

VIE « PRATIQUE »

Si l'on connait tous les petits changements instantanés d'une certaine quantité, alors on peut calculer le changement général de cette quantité en additionnant tous les petits changements.

4 Intégration

1. Définition de l'intégrale
2. Propriétés et valeur moyenne d'une fonction
3. Primitives
4. Tableau de primitives
5. Calculs d'aires

Prérequis :

- Calcul de dérivée
- Calcul d'aire

1. Distance parcourue et aire

Un cycliste roule à 20 km.h^{-1} pendant 30 minutes, puis il ralentit pendant 10 minutes jusqu'à atteindre 10 km.h^{-1} et reste à cette vitesse pendant 10 minutes. On note $f(t)$ la vitesse en km.h^{-1} du cycliste et t le temps exprimé en heure, $t \in [0 ; 1]$. Voici la courbe représentant la fonction f :

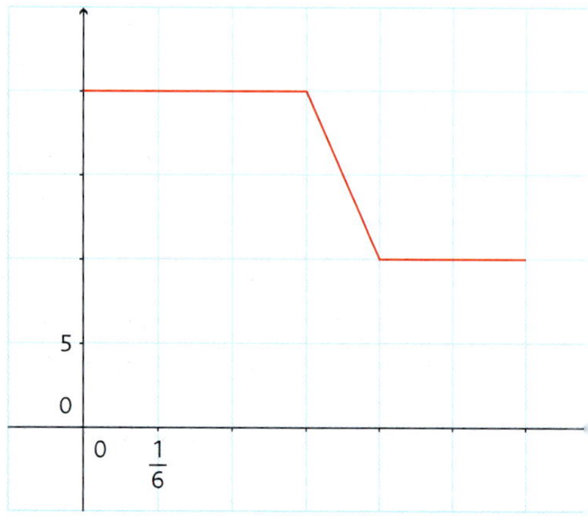

1. Recopier et compléter les égalités suivantes :

Si $t \in \left[0 ; \frac{1}{2}\right[$, alors $f(t) = ...$

Si $t \in \left[\frac{1}{2} ; \frac{2}{3}\right[$, alors $f(t) = ...$

Si $t \in \left[\frac{2}{3} ; 1\right]$, alors $f(t) = ...$

2. a. Calculer l'aire de la partie du plan délimitée par la courbe $\mathscr{C}_f$, l'axe des abscisses, l'axe des ordonnées et la droite d'équation $x = \frac{2}{3}$.

b. En déduire la distance parcourue par le cycliste en 40 minutes.

3. Soit $g(t)$ l'aire de la partie du plan délimitée par la courbe $\mathscr{C}_f$, l'axe des abscisses, l'axe des ordonnées et la droite d'équation $x = t$, avec $t \in [0 ; 1]$.
Exprimer $g(t)$ en fonction de t. *On pourra étudier 3 cas.*

4. Écrire un programme qui demande la valeur de t à l'utilisateur et qui renvoie $g(t)$.

5. Lancer ce programme puis recopier et compléter le tableau de valeurs ci-dessous :

t	0	$\frac{1}{6}$	$\frac{1}{3}$	$\frac{1}{2}$	$\frac{2}{3}$	$\frac{5}{6}$	1
$g(t)$							

6. Quelle est la distance parcourue par le cycliste en 1 heure ?

2. Calcul d'aire par encadrement

Soit $(O ; \vec{i}, \vec{j})$ un repère orthonormé du plan. On considère la fonction f définie par $f(x) = x^2$ où $x \in \mathbb{R}$.

Soit $\mathscr{C}_f$ la courbe représentant la fonction f dans le repère $(O ; \vec{i}, \vec{j})$.

On souhaite déterminer la valeur de $\mathscr{A}$, l'aire de la partie du plan délimitée par l'axe (Ox), la courbe $\mathscr{C}_f$ et les droites d'équations $x = 0$ et $x = 1$.

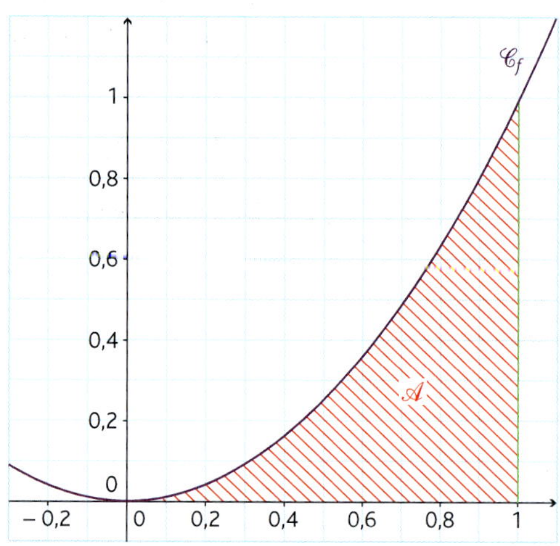

Pour calculer $\mathscr{A}$, on divise l'intervalle $[0\,;\,1]$ en n intervalles de même amplitude et on remarque que $\mathscr{A}$ est comprise entre l'aire u_n de la région délimitée en blanc (***figure 2***) et l'aire v_n de la région délimitée en rouge (***figure 3***).

On notera $B_0, B_1, B_2, \ldots, B_n$ les points de l'axe (Ox) ayant pour abscisses respectives $0, \frac{1}{n}, \frac{2}{n}, \ldots, 1$.

Ainsi le point B_p a pour abscisse $\frac{p}{n}$ $(0 \leqslant p \leqslant n)$.

Soit $C_0, C_1, C_2, \ldots, C_n$ les points de la courbe C_f ayant les mêmes abscisses que les points $B_0, B_1, B_2, \ldots, B_n$.

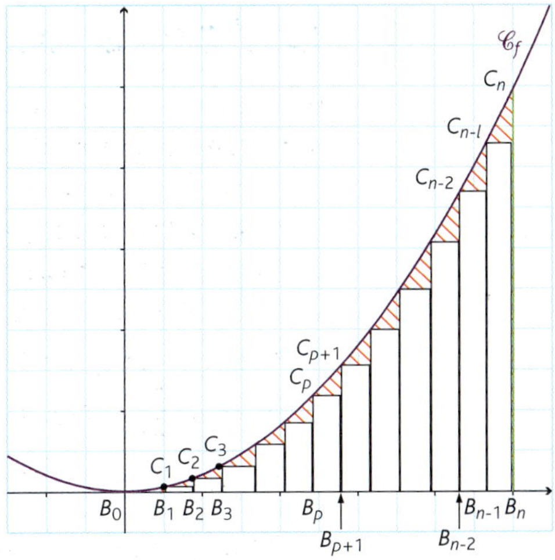

figure 2

1. Quelles sont les coordonnées des points B_p et C_p où $0 \leqslant p \leqslant n$?

2. Soit u_n l'aire obtenue en considérant la somme des aires des rectangles de largeur $[B_pB_{p+1}]$ et de hauteur $[B_pC_p]$ pour p variant de 0 à $n-1$.

Montrer que $u_n = \frac{1}{n} \sum_{p=0}^{n-1} \frac{p^2}{n^2}$.

Démontrer par récurrence sur $n \in \mathbb{N}^*$ que $u_n = \frac{(n-1)n(2n-1)}{6n^2}$.

3. Soit v_n l'aire obtenue en considérant la somme des aires des rectangles de largeur $[B_pB_{p+1}]$ et de hauteur $[B_{p+1}C_{p+1}]$, p variant de 0 à $n-1$.

Montrer que $v_n = \frac{1}{n} \sum_{p=1}^{n-1} \frac{p^2}{n^2}$.

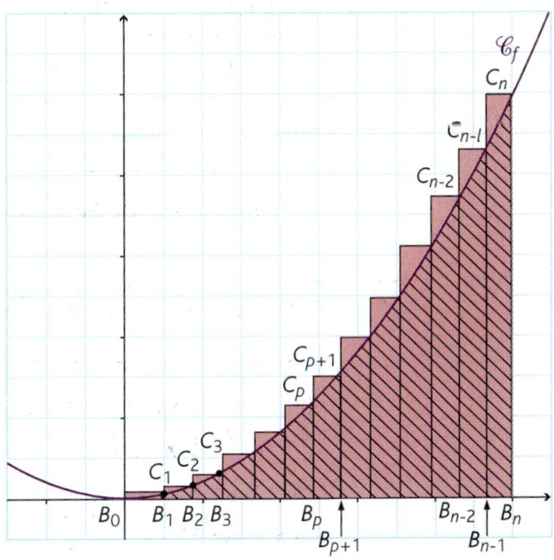

figure 3

4. Par construction, $\forall n \in \mathbb{N}^*$ on a $u_n \leqslant \mathscr{A} \leqslant v_n$.
Calculer $v_n - u_n$. En déduire une valeur de n qui permettra d'avoir un encadrement de $\mathscr{A}$ d'amplitude 10^{-2}.

5. Calculer $\lim_{n \to +\infty} u_n$ et $\lim_{n \to +\infty} v_n$.

6. En déduire la valeur exacte de $\mathscr{A}$.

1. Définition de l'intégrale

Dans toute cette section, on travaillera dans un repère orthogonal $(O ; \vec{i}, \vec{j})$ du plan.

1.1 Intégrale d'une fonction continue positive

Soit f une fonction positive sur un intervalle $[a ; b]$. Soit $\mathscr{C}_f$ sa courbe représentative dans ce repère.

$\int_a^b f(x)\,dx$ se lit « intégrale de a à b de $f(x)\,dx$ ».

Fonction positive

définition

L'aire délimitée par $\mathscr{C}_f$, l'axe des abscisses et les droites d'équation $x = a$ et $x = b$ est notée $\int_a^b f(x)\,dx$.

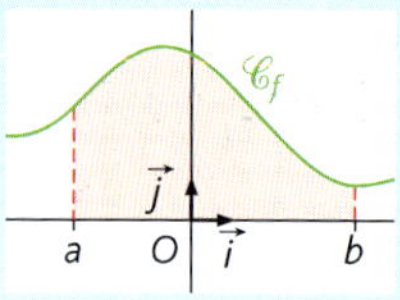

Fonction négative

définition

L'opposée de l'aire délimitée par $\mathscr{C}_f$, l'axe des abscisses et les droites d'équation $x = a$ et $x = b$ est notée $\int_a^b f(x)\,dx$.

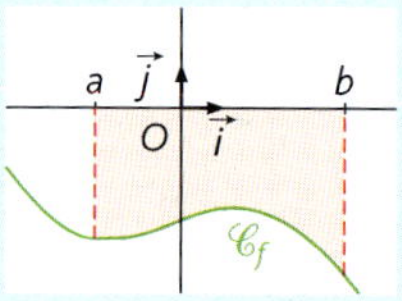

Fonction de signe quelconque

$\int_a^b f(x)\,dx$ correspond à une aire algébrique, c'est-à-dire à une aire avec un signe. On prend pour convention de compter positivement lorsque $\mathscr{C}_f$ est au-dessus de (Ox) et négativement sinon.

définition

$\int_a^b f(x)\,dx$ correspond à l'aire délimitée par l'axe des abscisses, les droites d'équations $x = a$ et $x = b$ et la courbe $\mathscr{C}_f$, comptée **positivement** lorsque $\mathscr{C}_f$ est **au-dessus** de l'axe des abscisses et comptée **négativement** lorsque $\mathscr{C}_f$ est **en dessous**.

En considérant la figure on obtient :

$$\int_a^b f(x)\,dx = \mathscr{A}_1 - \mathscr{A}_2 + \mathscr{A}_3.$$

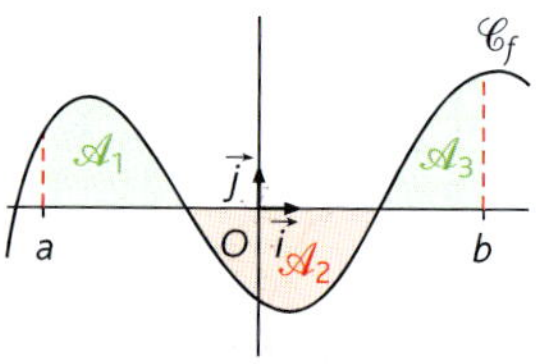

1.2 Propriétés

théorème - Linéarité admis

Soit f et g deux fonctions continues sur un intervalle I et $(a ; b) \in \mathrm{I}^2$; alors pour tous réels α et β, on a : $\int_a^b (\alpha f(x) + \beta g(x))\,dx = \alpha \int_a^b f(x)\,dx + \beta \int_a^b g(x)\,dx$.

propriétés - Relation de Chasles

Soit f une fonction continue sur un intervalle I.

- Pour tout $a \in \mathrm{I}$, $\int_a^a f(t)\,dt = 0$.
- Pour tout $(a ; b ; c) \in I^3$, $\int_a^b f(t)\,dt + \int_b^c f(t)\,dt = \int_a^c f(t)\,dt$ (relation de Chasles).

corollaire

$$\int_b^a f(t)\,dt = -\int_a^b f(t)\,dt.$$

Découvrir le calcul intégral

→ Exercices 28 à 40

Calculer les intégrales $\int_{-1}^{2} 2\mathrm{d}x$ et $\int_{-2}^{2} -3\mathrm{d}x$.

solution

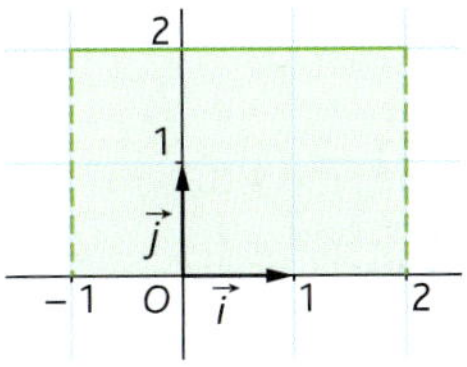

$\int_{-1}^{2} 2\mathrm{d}x = 2 \times (2-(-1)) = 2 \times 3 = 6.$

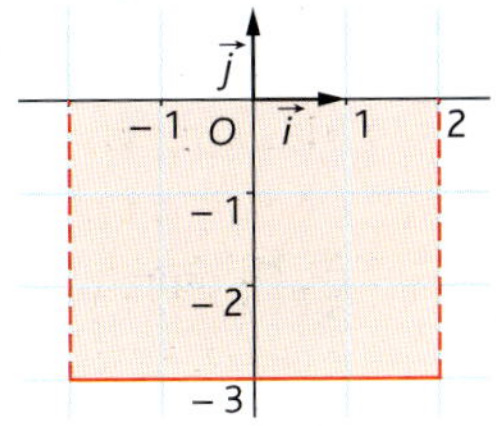

$\int_{-2}^{2} -3\mathrm{d}x = -3 \times (2-(-2)) = -3 \times 4 = -12.$

TICE Utiliser un logiciel de calcul formel

→ Exercices 41 et 44

Soit v la fonction représentant la vitesse (en km.h^{-1}) du marcheur définie par :

Pour tout $t \in [0 ; 5]$, $v(t) = \frac{1}{4}t^2 + \frac{1}{5}t$

(t est exprimé en heures).

Calculer, à l'aide d'un logiciel de calcul formel, $\int_0^5 v(t)\mathrm{d}t$ représentant la distance parcourue lors de ces 5 heures de marche.

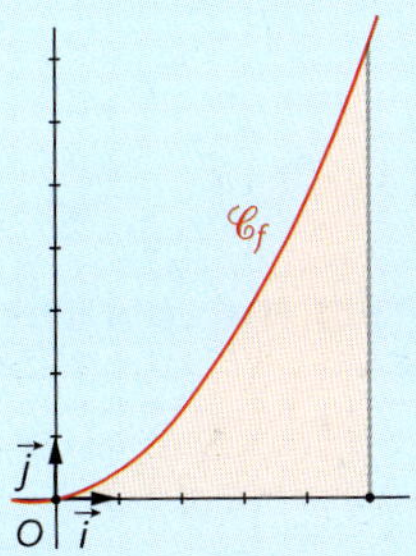

solution

$\int_0^5 \left(\frac{t^2}{4} + \frac{t}{5}\right)\mathrm{d}t$	$\frac{155}{12}$
$\frac{155}{12}$	12,916 666 7

Ainsi le marcheur a parcouru environ 12,9 km pendant ces 5 heures de marche.

Utiliser la relation de Chasles

→ Exercice 42

Calculer $\int_2^5 (t-2)\mathrm{d}t$ et $\int_1^2 (-t+2)\mathrm{d}t$, puis en déduire le calcul de $\mathrm{I} = \int_1^5 |t-2|\mathrm{d}t$.

solution

- Calculons $\int_2^5 (t-2)\mathrm{d}t$:

  On trouve que l'aire du triangle est $\frac{1}{2} \times 3 \times 3 = \frac{9}{2}$ donc $\int_2^5 (t-2)\mathrm{d}t = \frac{9}{2}$.

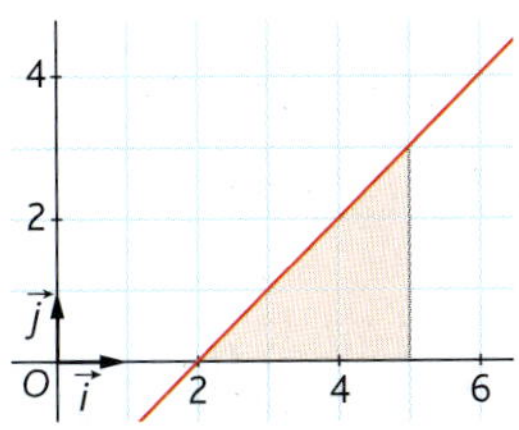

- Calculons $\int_1^2 (-t+2)\mathrm{d}t$:

  On trouve que l'aire du triangle est $\frac{1}{2} \times 1 \times 1 = \frac{1}{2}$ donc $\int_1^2 (-t+2)\mathrm{d}t = \frac{1}{2}$.

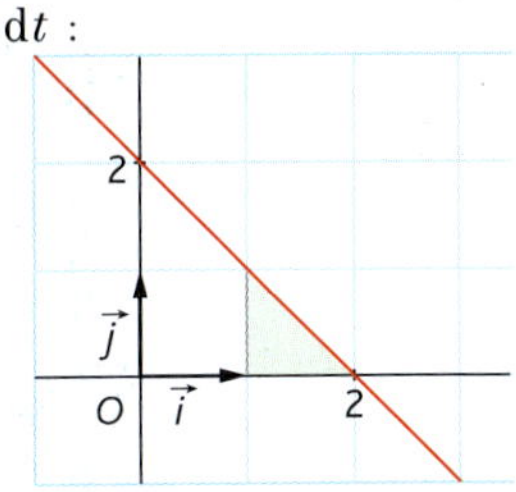

On sait que si $t-2 \geqslant 0$ c'est-à-dire $t \geqslant 2$ on a $|t-2| = t-2$ et si $t-2 \leqslant 0$ c'est-à-dire $t \leqslant 2$ on a $|t-2| = -t+2$. Ainsi $\int_1^5 |t-2|\mathrm{d}t = \int_1^2 |t-2|\mathrm{d}t + \int_2^5 |t-2|\mathrm{d}t$.

Ainsi $\mathrm{I} = \int_1^2 (-t+2)\mathrm{d}t + \int_2^5 (t-2)\mathrm{d}t = \frac{9}{2} + \frac{1}{2} = 5$ d'après la relation de Chasles.

2. Propriétés et valeur moyenne d'une fonction

2.1 Positivité de l'intégrale

théorème admis

Soit a et b deux réels tels que $a < b$. Soit f une fonction continue sur $[a\ ;\ b]$.
Si pour tout $x \in [a\ ;\ b]$, $f(x) \geqslant 0$, alors $\int_a^b f(x)\,\mathrm{d}x \geqslant 0$.

Remarque : La réciproque de ce théorème est fausse. Voir contre-exemple ci contre.
Attention : Il faut impérativement vérifier que $a < b$ car $\int_a^b f(x)\,dx = -\int_b^a f(x)\,dx$.

théorème démontré page 180

Soit a et b deux réels tels que $a < b$.
Soit f et g deux fonctions continues sur $[a\ ;\ b]$.
Si pour tout $x \in [a\ ;\ b]$, $f(x) \leqslant g(x)$, alors $\int_a^b f(x)\,\mathrm{d}x \leqslant \int_a^b g(x)\,\mathrm{d}x$.

Remarque : De même que pour le théorème précédent, la réciproque est fausse.

2.2 Inégalité de la moyenne

propriétés démontrées page 180

Soit a et b deux réels tels que $a < b$.
Soit f une fonction continue sur $[a\ ;\ b]$.
Soit m et M deux réels tels que,
pour tout $x \in [a, b]$, $m \leqslant f(x) \leqslant \mathrm{M}$, alors

$$m(b-a) \leqslant \int_a^b f(x)\,\mathrm{d}x \leqslant \mathrm{M}(b-a).$$

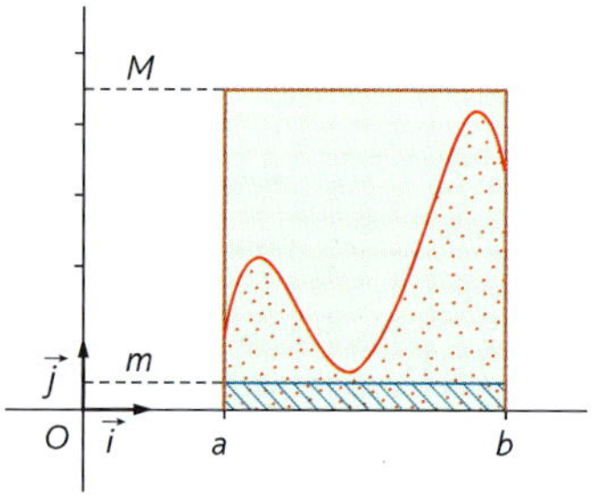

2.3 Valeur moyenne d'une fonction

définition

Soit a et b deux réels tels que $a < b$. Soit f une fonction continue sur $[a\ ;\ b]$.
Alors la valeur moyenne de la fonction f sur l'intervalle $[a\ ;\ b]$ est $\mu = \frac{1}{b-a}\int_a^b f(x)\,\mathrm{d}x$.

Si $f(t)$ représente la vitesse d'un cycliste en fonction du temps t, alors μ représente la vitesse moyenne. μ est la valeur que devrait prendre f si elle était constante sur $[a\ ;\ b]$, pour que l'aire sous la courbe reste inchangée.

Remarque : L'aire (algébrique) de la partie du plan délimitée par $\mathscr{C}_f$, l'axe des abscisses et les droites d'équation $x = a$ et $x = b$ est égale à celle du rectangle de largeur $b - a$ et de hauteur μ (en bleu sur la figure).

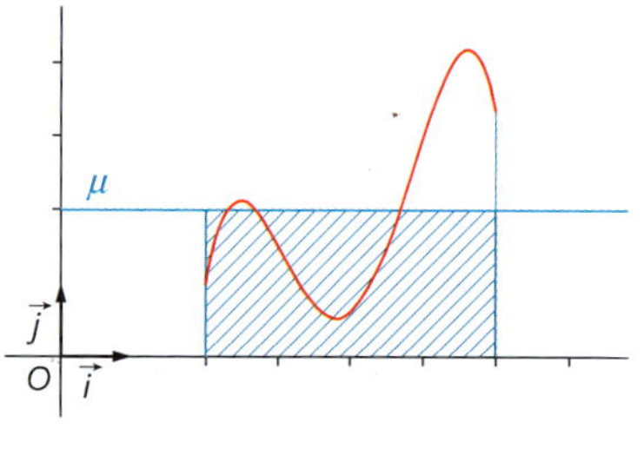

Utiliser les propriétés des intégrales

Soit $n \in \mathbb{N}$ et $I = \int_0^{\frac{\pi}{2}} \cos^n(x)\,dx$.

Démontrer que pour tout $n \in \mathbb{N}$, $I_n \geqslant 0$ sans chercher à calculer I_n.

solution

$\forall x \in \left[0\ ;\ \frac{\pi}{2}\right]$, $\cos(x) \geqslant 0$ donc $\forall x \in \left[0\ ;\ \frac{\pi}{2}\right]$, $\cos^n(x) \geqslant 0$ $\left(\text{on a bien } 0 < \frac{\pi}{2}\right)$.

Ainsi on en déduit que $\int_0^{\frac{\pi}{2}} \cos^n(x)\,dx \geqslant 0$.

Remarque : Il faut bien préciser devant l'inégalité $\cos^n(x) \geqslant 0$ sur quel intervalle on va utiliser cette inégalité (ici $\left[0\ ;\ \frac{\pi}{2}\right]$) et vérifier que les bornes de l'intégrale sont rangées dans l'ordre.

Encadrer une intégrale

→ Exercice 43

Soit $I = \int_0^{\frac{\pi}{2}} t\sin(t)\,dt$. Démontrer que $0 \leqslant I \leqslant \frac{\pi^2}{4}$ sans chercher à calculer I.

solution

$\forall t \in \left[0\ ;\ \frac{\pi}{2}\right]$, $0 \leqslant \sin(t) \leqslant 1$ et $0 \leqslant t \leqslant \frac{\pi}{2}$ donc par produit on en déduit :

$\forall t \in \left[0\ ;\ \frac{\pi}{2}\right]$, $0 \leqslant t\sin(t) \leqslant \frac{\pi}{2}$ ainsi en appliquant l'inégalité de la moyenne on a :

$$0 \times \left(\frac{\pi}{2} - 0\right) \leqslant \int_0^{\frac{\pi}{2}} t\sin(t)\,dt \leqslant \frac{\pi}{2} \times \left(\frac{\pi}{2} - 0\right) \text{ soit } 0 \leqslant I \leqslant \frac{\pi^2}{4}.$$

Valeur moyenne d'une fonction et contre-exemple

→ Exercice 45

On a représenté $\mathscr{C}_f$ la courbe représentant la fonction f sur le graphique ci-dessous.

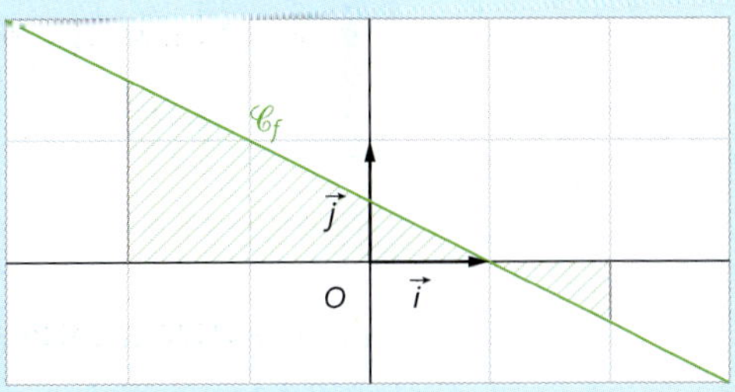

1. **Calculer $\int_{-2}^{2} f(x)\,dx$.**
2. **Soit a et b deux réels tels que $a < b$. La propriété $\int_a^b f(x)\,dx \geqslant 0$ implique-t-elle forcément que $\forall x \in [a\ ;\ b]$, $f(x) \geqslant 0$? Justifier.**
3. **Déterminer la valeur moyenne de f sur $[-2\ ;\ 2]$.**

solution

1. Le « grand » triangle a pour aire $\frac{1}{2} \times \frac{3}{2} \times 3 = \frac{9}{4}$ qui sera compté positivement et le « petit » a pour aire $\frac{1}{2} \times \frac{1}{2} \times 1 = \frac{1}{4}$ qui sera compté négativement ainsi $\int_{-2}^{2} f(x)\,dx = \frac{9}{4} - \frac{1}{4} = 2$.
2. Non car on vient de voir que $\int_{-2}^{2} f(x)\,dx \geqslant 0$ et pourtant la fonction f n'est pas positive sur l'intervalle $[-2\ ;\ 2]$.
3. La valeur moyenne de f sur $[-2\ ;\ 2]$ est $\frac{1}{2-(-2)}\int_{-2}^{2} f(x)\,dx = \frac{1}{4} \times 2 = \frac{1}{2}$.

COURS

3. Primitives

3.1 Ensemble de primitives et condition initiale

définition

Soit f une fonction définie sur un intervalle I et F une fonction définie et dérivable sur I. On dit que la fonction F est une primitive de f sur I si, pour tout $x \in I$, $\mathrm{F}'(x) = f(x)$.

Exemple : Soit f la fonction définie sur $\mathbb{R}$ par $f(x) = x^2$.

La fonction F définie sur $\mathbb{R}$ par $\mathrm{F}(x) = \frac{1}{3}x^3$ est une primitive de f sur $\mathbb{R}$.

En effet, F est dérivable sur $\mathbb{R}$ et $\forall x \in \mathbb{R}$, $\mathrm{F}'(x) = \frac{1}{3} \times 3x^2 = x^2 = f(x)$.

théorème démontré page 181

Soit f une fonction définie sur un intervalle I admettant une primitive de F sur I.

Alors l'ensemble des primitives de f sur I est l'ensemble des fonctions G définies sur I par :

Pour tout $x \in I$, $\mathrm{G}(x) = \mathrm{F}(x) + \mathrm{C}$ avec C un réel.

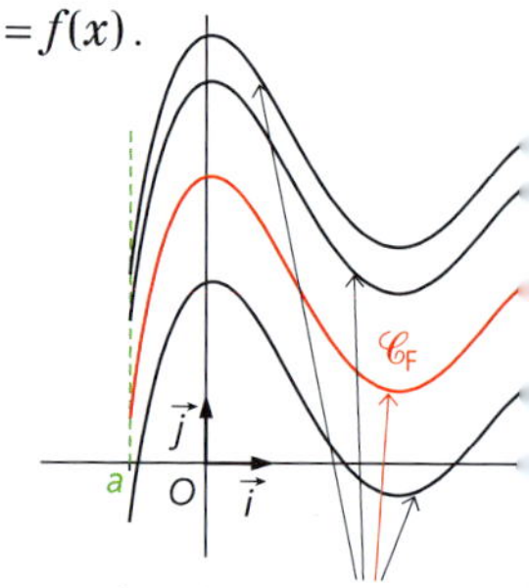

Courbes des primitives de f su

théorème

Soit f une fonction définie sur un intervalle I admettant une primitive sur I. Soit $x_0 \in I$ et $y_0 \in \mathbb{R}$, alors il existe une unique primitive F de f sur I telle que $y_0 \in \mathrm{F}(x_0)$.

3.2 Intégrale et primitive

corollaire

Soit f une fonction définie sur un intervalle I admettant une primitive F sur I.

La fonction $x \mapsto \mathrm{F}(x) - \mathrm{F}(a)$ est l'unique primitive de f sur I qui s'annule en a.

Démonstration : On vérifie facilement que la fonction $x \mapsto \mathrm{F}(x) - \mathrm{F}(a)$ s'annule en a, qu'elle est dérivable sur I et que sa dérivée est f.

théorème d'existence et d'unicité démontré page 182

Soit f une fonction continue sur un intervalle I et $a \in I$.

Alors l'unique primitive de f sur I qui s'annule en a est la fonction définie par :

$$\text{Pour tout } x \in I,\ \mathrm{F}(x) = \int_a^x f(t)\,\mathrm{d}t.$$

3.3 Calcul intégral

théorème démontré page 183

Soit f une fonction continue sur un intervalle I et F une primitive de f sur I.

Alors quel que soit $(a\ ;\ b) \in I^2$

$$\int_{\mathrm{a}}^{\mathrm{b}} f(x)\,\mathrm{d}x = \mathrm{F}(b) - \mathrm{F}(a).$$

Notation : $\mathrm{F}(b) - \mathrm{F}(a)$ se note $[\mathrm{F}(t)]_a^b$; ainsi $\int_a^b f(x)\,\mathrm{d}x = [\mathrm{F}(x)]_a^b = \mathrm{F}(b) - \mathrm{F}(a)$.

Montrer qu'une fonction est une primitive

Soit f et F deux fonctions définies sur $\mathbb{R}$ par $F(x) = 4x^3 - \frac{3}{2}x^2 + 7x - 2$ et $f(x) = 12x^2 - 3x + 7$.
Montrer que la fonction F est une primitive de la fonction f sur $\mathbb{R}$.

solution

F est une fonction polynomiale, elle est donc dérivable sur $\mathbb{R}$ et on a :
pour tout $x \in \mathbb{R}$, $F'(x) = 4 \times 3x^2 - \frac{3}{2} \times 2x + 7 = 12x^2 - 3x + 7 = f(x)$ donc F est bien une primitive de f sur $\mathbb{R}$.

Trouver toutes les primitives d'une fonction

→ Exercices 46 à 54

Trouver toutes les primitives sur I des fonctions suivantes :

1. $f(x) = -2x + 3$, $I = \mathbb{R}$;
2. $g(x) = 5x^2 + x + 1$, $I = \mathbb{R}$;
3. $h(x) = \frac{1}{x^2}$, $I =]0 ; +\infty[$.

solution

1. Pour tout $x \in \mathbb{R}$, $F(x) = -x^2 + 3x + C$, C constante réelle.
2. Pour tout $x \in \mathbb{R}$, $G(x) = \frac{5}{3}x^3 + \frac{1}{2}x^2 + x + C$, C constante réelle.
3. Pour tout $x \in]0 ; +\infty[$, $H(x) = -\frac{1}{x} + C$, C constante réelle.

Trouver la primitive d'une fonction qui s'annule en 1

→ Exercices 77 à 80

Soit f la fonction définie par $f(x) = 3x^2 + 3x - 1$, $x \in \mathbb{R}$.
Déterminer la primitive de f sur $\mathbb{R}$ qui s'annule en 1.

solution

Toutes les primitives sur $\mathbb{R}$ de la fonction f sont les fonctions définies par :
pour tout $x \in \mathbb{R}$, $F(x) = x^3 + \frac{3}{2}x^2 - x + C$ avec C constante réelle.

On cherche C telle que $F(1) = 0$ d'où $1^3 + \frac{3}{2} \times 1^2 - 1 + C = 0$ soit $C = -\frac{3}{2}$.

Conclusion : pour tout $x \in \mathbb{R}$, $F(x) = x^3 + \frac{3}{2}x^2 - x - \frac{3}{2}$.

Calculer une intégrale

→ Exercices 90 à 95

Calculer $\int_0^{\frac{\pi}{2}} \cos(x)\,dx$.

solution

$\int_0^{\frac{\pi}{2}} \cos(x)\,dx = [\sin(x)]_0^{\frac{\pi}{2}} = \sin\left(\frac{\pi}{2}\right) - \sin 0 = 1 - 0 = 1$.

4. Tableau de primitives

En lisant le tableau des dérivées à l'envers, on obtient les résultats suivants :

4.1 Primitives des fonctions usuelles

Fonctions f	Primitives F de f sur I	Intervalle I sur lequel sont définies f et F
$x \mapsto k$ (k réel)	$x \mapsto kx + C$, $C \in \mathbb{R}$	$I = \mathbb{R}$
$x \mapsto x^n$, n entier $n \neq -1$	$x \mapsto \frac{1}{n+1}x^{n+1} + C$, $C \in \mathbb{R}$	$I = \mathbb{R}$ si $n > 0$ $I =]0\ ;+\infty[$ ou $I =]-\infty\ ;0[$ si $n < -1$
$x \mapsto \frac{1}{x}$	$x \mapsto \ln x + C$, $C \in \mathbb{R}$	$I =]0\ ;+\infty[$
$x \mapsto \frac{1}{\sqrt{x}}$	$x \mapsto 2\sqrt{x} + C$, $C \in \mathbb{R}$	$I =]0\ ;+\infty[$
$x \mapsto \cos x$	$x \mapsto \sin x + C$, $C \in \mathbb{R}$	$I = \mathbb{R}$
$x \mapsto \cos(ax+b)$, $a \in \mathbb{R}^*$ et $b \in \mathbb{R}$	$x \mapsto \frac{1}{a}\sin(ax+b) + C$, $C \in \mathbb{R}$	$I = \mathbb{R}$
$x \mapsto \sin x$	$x \mapsto -\cos x + C$, $C \in \mathbb{R}$	$I = \mathbb{R}$
$x \mapsto \sin(ax+b)$, $a \in \mathbb{R}^*$ et $b \in \mathbb{R}$	$x \mapsto -\frac{1}{a}\cos(ax+b) + C$, $C \in \mathbb{R}$	$I = \mathbb{R}$
$x \mapsto e^x$	$x \mapsto e^x + C$, $C \in \mathbb{R}$	$I = \mathbb{R}$
$x \mapsto e^{\alpha x}$, $\alpha \in \mathbb{R}^*$	$x \mapsto \frac{1}{\alpha}e^{\alpha x} + C$, $C \in \mathbb{R}$	$I = \mathbb{R}$

4.2 Opérations et fonctions composées

Dans tout le tableau C est une constante réelle, I un intervalle de $\mathbb{R}$ et u une fonction définie et dérivable sur I.

Fonction f	Primitives de f sur I	Remarque
$u'u^n$, n entier $n \neq -1$	$\frac{1}{n+1}u^{n+1} + C$	
$\frac{u'}{u^n}$, n entier $n \geqslant 2$	$-\frac{1}{n-1} \times \frac{1}{u^{n-1}} + C$	Pour tout $x \in I$, $u(x) \neq 0$.
$\frac{u'}{u}$	$\ln u + C$ si $u > 0$ sur I $\ln(-u) + C$ si $u < 0$ sur I	
$\frac{u'}{\sqrt{u}}$	$2\sqrt{u} + C$	$u > 0$ sur I
$u'e^u$	$e^u + C$	
$u'\cos u$	$\sin u + C$	
$u'\sin u$	$-\cos u + C$	

Trouver toutes les primitives d'une fonction usuelle

→ Exercices 72 et 73

Trouver toutes les primitives sur I des fonctions suivantes :

$f(x) = x^2 - 3x + 1$, $I = \mathbb{R}$; $g(x) = \dfrac{5}{x^2} - \sin x$, $I =]0\,;+\infty[$; $h(x) = \dfrac{2}{\sqrt{x}} + 1$, $I =]0\,;+\infty[$.

solution

On trouve : pour tout $x \in \mathbb{R}$, $F(x) = \frac{1}{3}x^3 - \frac{3}{2}x^2 + x + C$, $C \in \mathbb{R}$.

$\forall x \in]0\,;+\infty[$, $G(x) = -\dfrac{5}{x} + \cos x + C$, $C \in \mathbb{R}$ et pour tout $x \in]0\,;+\infty[$, $H(x) = 4\sqrt{x} + C$, $C \in \mathbb{R}$.

Trouver la primitive d'une fonction usuelle

→ Exercices 77 à 80

Pour chacune des fonctions suivantes, déterminer la primitive sur $\mathbb{R}$ qui vaut 1 en 0 :

$$f(x) = \cos(2x) \quad ; \quad g(x) = e^{-\frac{1}{2}x}.$$

solution

- Pour tout $x \in \mathbb{R}$, $F(x) = \frac{1}{2}\sin(2x) + C$, $C \in \mathbb{R}$.

  Déterminons C : On sait que $F(0) = 1$ donc $\frac{1}{2}\sin(2 \times 0) + C = 1$ soit $C = 1$.

  Conclusion : Pour tout $x \in \mathbb{R}$, $F(x) = \frac{1}{2}\sin(2x) + 1$.

- Pour tout $x \in \mathbb{R}$, $G(x) = \dfrac{1}{-\frac{1}{2}}e^{-\frac{1}{2}x} + C = -2e^{-\frac{1}{2}x} + C$, $C \in \mathbb{R}$.

  Déterminons C : On sait que $G(0) = 1$ donc $-2e^{-\frac{1}{2}\times 0} + C = 1$ donc $C = 3$.

  Conclusion : Pour tout $x \in \mathbb{R}$, $G(x) = -2e^{-\frac{1}{2}x} + 3$.

Identifier des formes usuelles de primitives

→ Exercices 65 à 71

Pour chacune des fonctions suivantes, reconnaître quelle forme classique utiliser pour trouver une primitive de f sur $\mathbb{R}$, puis donner son expression.

1. $f(x) = \dfrac{2x - 3}{(x^2 - 3x + 10)^4}$;
2. $f(x) = \dfrac{2x}{x^2 + 1}$;
3. $f(x) = (x - 2)(x^2 - 4x + 1)^5$;
3. $f(x) = xe^{x^2}$.

solution

1. On reconnaît une forme du type $\dfrac{u'}{u^n}$ avec $n = 4$, $u(x) = x^2 - 3x + 10$ et donc $u'(x) = 2x - 3$.

   Ainsi $\forall x \in \mathbb{R}$, $F(x) = -\dfrac{1}{3} \times \dfrac{1}{(x^2 - 3x + 10)^3}$.

2. On reconnaît une forme du type $\dfrac{u'}{u}$ avec $u(x) = x^2 + 1$ qui est positif strict et $u'(x) = 2x$.

   $F = \ln u$ ainsi $F(x) = \ln(x^2 + 1)$, $x \in \mathbb{R}$.

3. On reconnaît presque une forme du type $u'u^n$ avec $n = 5$, $u(x) = x^2 - 4x + 1$ et donc $u'(x) = 2x - 4$.
   Ainsi on écrit $f(x) = \frac{1}{2}(2x - 4)(x^2 - 4x + 1)^5$ et on obtient $F(x) = \frac{1}{2} \times \frac{1}{6} \times (x^2 - 4x + 1)^6$, $x \in \mathbb{R}$.

4. On reconnaît presque une forme du type $u'e^u$ avec $u(x) = x^2$ et donc $u'(x) = 2x$.
   Ainsi on écrit $f(x) = \frac{1}{2} \times 2xe^{x^2}$ donc $f = \frac{1}{2}u'e^u$ et on obtient $F(x) = \frac{1}{2}e^{x^2}$, $x \in \mathbb{R}$.

5. Calculs d'aires

5.1 Calcul d'aire délimitée par une courbe

théorème

Soit f une fonction continue sur un intervalle I. Soit $(a\ ;\ b) \in I^2$, $a < b$. Soit $\mathscr{C}_f$ sa courbe représentative dans un repère orthogonal $(O\ ;\ \vec{i}, \vec{j})$. Soit $\mathscr{A}$ l'aire de la partie du plan délimitée par la courbe $\mathscr{C}_f$, l'axe des abscisses et les droites d'équation $x = a$ et $x = b$.

Si f est **positive** sur l'intervalle $[a\ ;\ b]$,

alors $\mathscr{A} = \int_a^b f(x)\,dx$ $u.a.$

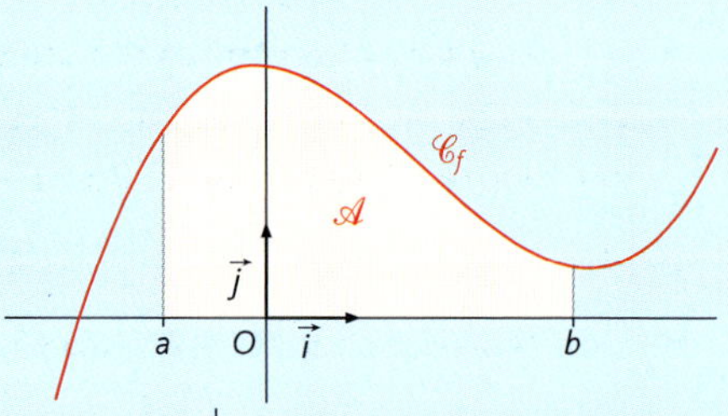

Si f est **négative** sur l'intervalle $[a\ ;\ b]$,

alors $\mathscr{A} = \int_a^b -f(x)\,dx$ $u.a.$

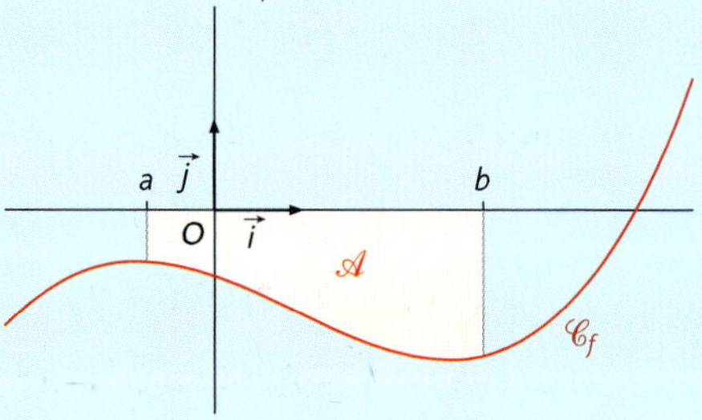

Si f **n'est pas de signe constant** sur l'intervalle $[a\ ;\ b]$, alors $\mathscr{A} = \int_a^b |f(x)|\,dx$ $u.a.$

Remarques

Le résultat est donné en unité d'aire $(u.a.)$: $1\ u.a. = \|\vec{i}\| \times \|\vec{j}\|\ \text{cm}^2$.

Ainsi dans un repère orthogonal $(O\ ;\ \vec{i}, \vec{j})$, si $\|\vec{i}\| = 2$ cm et $\|\vec{j}\| = 3$ cm, alors $1\ u.a. = 2 \times 3\ \text{cm}^2 = 6\ \text{cm}^2$.

5.2 Calcul d'aire délimitée par deux courbes

théorème

Soit f et g deux fonctions continues sur un intervalle I et $(a\ ;\ b) \in I^2$, $a < b$.

On suppose $f \leqslant g$ sur $[a\ ;\ b]$.

Soit $\mathscr{C}_f$ et $\mathscr{C}_g$ les courbes représentatives des fonctions f et g dans un repère orthogonal $(O\ ;\ \vec{i}, \vec{j})$. Soit $\mathscr{A}$ l'aire de la partie du plan délimitée par les courbes $\mathscr{C}_f$ et $\mathscr{C}_g$ et les droites d'équations $x = a$ et $x = b$.

Alors $\mathscr{A} = \int_a^b (g(x) - f(x))\,dx$ $u.a.$

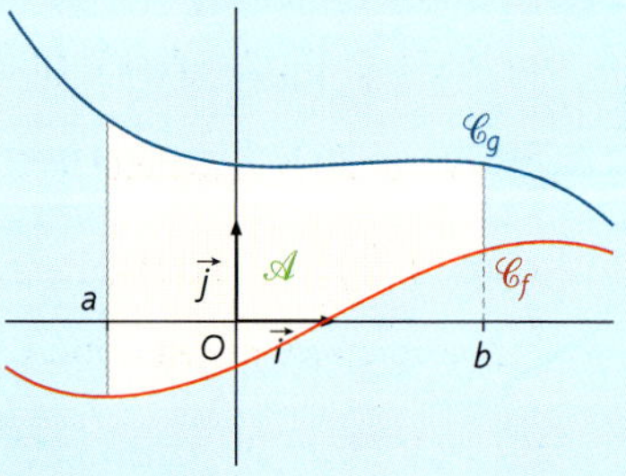

Calculer des aires

→ Exercices 114 et 115

Soit f la fonction définie sur $\mathbb{R}$ par $f(x) = x^2 - 4x + 3$. Soit $\mathscr{C}_f$ sa courbe représentative dans un repère orthogonal $(O ; \vec{i}, \vec{j})$, avec $\|\vec{i}\| = 2$ cm et $\|\vec{j}\| = \frac{3}{2}$ cm.

1. **Calculer $\mathscr{A}_1$, l'aire en cm² de la partie du plan délimitée par $\mathscr{C}_f$, l'axe des abscisses et les droites d'équations $x = 0$ et $x = 1$.**
2. **Calculer $\mathscr{A}_2$, l'aire en cm² de la partie du plan délimitée par $\mathscr{C}_f$, l'axe des abscisses et les droites d'équations $x = 1$ et $x = 3$.**
3. **En déduire $\mathscr{A}$, l'aire en cm² de la partie du plan délimitée par $\mathscr{C}_f$, l'axe des abscisses et les droites d'équations $x = 0$ et $x = 3$.**

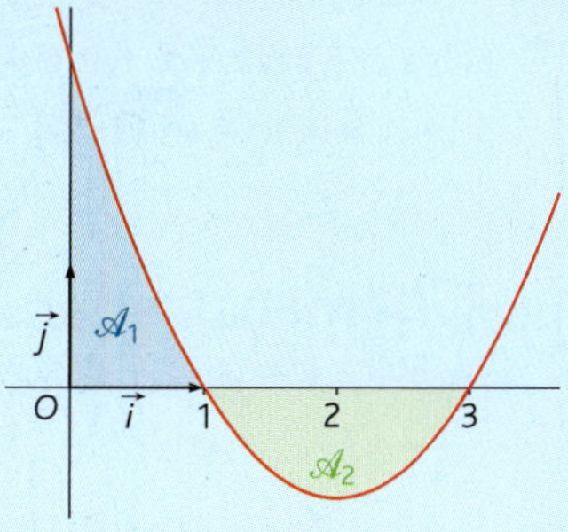

solution

1. On remarque que $\forall x \in \mathbb{R}$, $f(x) = (x - 1)(x - 3)$. Ainsi pour tout $x \in [0 ; 1]$, $f(x) \geqslant 0$.

   Donc $\mathscr{A}_1 = \int_0^1 f(x)\,\mathrm{d}x = \int_0^1 (x^2 - 4x + 3)\,\mathrm{d}x = \left[\frac{1}{3}x^3 - 2x^2 + 3x\right]_0^1$.

   Ainsi $\mathscr{A}_1 = \frac{1}{3} \times 1^3 - 2 \times 1^2 + 3 \times 1 - \left(\frac{1}{3} \times 0^3 - 2 \times 0^2 + 3 \times 0\right) = \frac{1}{3} - 2 + 3 = \frac{4}{3} u.a.$

   Or $1 u.a. = 2 \times \frac{3}{2}\text{cm}^2 = 3\text{ cm}^2$. Donc $\mathscr{A}_1 = \frac{4}{3} \times 3\text{ cm}^2$ soit $\mathscr{A}_1 = 4\text{ cm}^2$.

2. Pour tout $x \in [1 ; 3]$, $f(x) \leqslant 0$.

   Donc $\mathscr{A}_2 = \int_1^3 -f(x)\,\mathrm{d}x = \int_1^3 (-x^2 + 4x - 3)\,\mathrm{d}x = \left[-\frac{1}{3}x^3 + 2x^2 - 3x\right]_1^3$.

   Ainsi $\mathscr{A}_2 = -\frac{1}{3} \times 3^3 + 2 \times 3^2 - 3 \times 3 - \left(-\frac{1}{3} \times 1^3 + 2 \times 1^2 - 3 \times 1\right) = \frac{4}{3} u.a.$ donc $\mathscr{A}_2 = 4\text{ cm}^2$.

3. On en déduit que $\mathscr{A} = 8\text{ cm}^2$.

Calculer l'aire entre 2 courbes

→ Exercices 117, 118 et 120

Soit f et g les fonctions définies sur $\mathbb{R}$ par $f(x) = x\mathrm{e}^{-x}$ et $g(x) = -x\mathrm{e}^{-x}$. Soit $\mathscr{C}_f$ et $\mathscr{C}_g$ leurs courbes représentatives dans un repère orthogonal $(O ; \vec{i}, \vec{j})$, avec $\|\vec{i}\| = 2$ cm et $\|\vec{j}\| = 4$ cm.
À l'aide d'un logiciel de calcul formel, déterminer la valeur exacte et approchée de l'aire en cm² de la partie du plan délimitée par $\mathscr{C}_f$ et $\mathscr{C}_g$ et les droites d'équations $x = 0$ et $x = 3$.

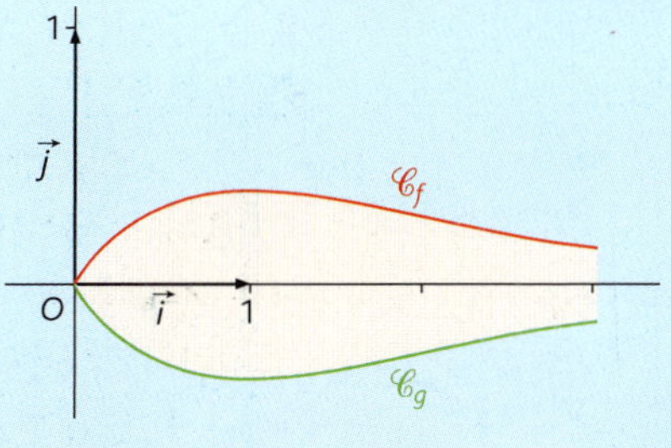

solution

On a $\forall x \in [0 ; 3]$; $f(x) \geqslant g(x)$ donc l'aire recherchée est $\int_0^3 (f(x) - g(x))\,\mathrm{d}x$.

On entre dans le logiciel

```
int(x*exp(-x)-(-x*exp(-x)),x,0,3)
                                   -8e^-3 +2
```

.

Ainsi $\int_0^3 (f(x) - g(x))\,\mathrm{d}x = 2 - 8\mathrm{e}^{-3} u.a.$ Or $1 u.a. = 2 \times 4\text{ cm}^2 = 8\text{ cm}^2$.

L'aire recherchée est donc $(2 - 8\mathrm{e}^{-3}) \times 8\text{ cm}^2 = 16 - 64\mathrm{e}^{-3}\text{ cm}^2$ soit environ $12{,}8\text{ cm}^2$.

démonstrations

Théorème

Soit a et b deux réels tels que $a < b$. Soit f et g deux fonctions continues sur $[a\,;b]$.
Si pour tout $x \in [a\,;b]$, $f(x) \leqslant g(x)$ alors $\int_a^b f(x)\,dx \leqslant \int_a^b g(x)\,dx$.

Démonstration

Soit $\varphi = g - f$, alors d'après les hypothèses, pour tout $x \in [a\,;b]$, $\varphi(x) \geqslant 0$. On en déduit d'après le cours que $\int_a^b \varphi(x)\,dx \geqslant 0$ soit $\int_a^b (g(x) - f(x))\,dx \geqslant 0$ d'où par linéarité $\int_a^b g(x)\,dx - \int_a^b f(x)\,dx \geqslant 0$ soit $\int_a^b g(x)\,dx \geqslant \int_a^b f(x)\,dx$.

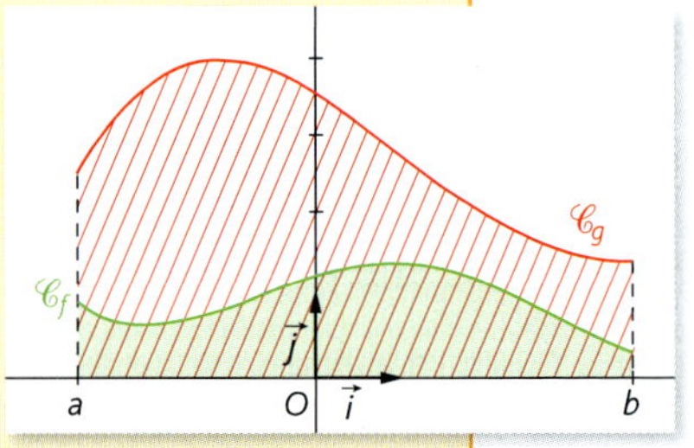

Propriété - Inégalité de la moyenne

Soit a et b deux réels tels que $a < b$. Soit f une fonction continue sur $[a\,;b]$.
Soit m et M deux réels tels que, pour tout $x \in [a\,;b]$, $m \leqslant f(x) \leqslant M$, alors $m(b-a) \leqslant \int_a^b f(x)\,dx \leqslant M(b-a)$.

Démonstration

On sait que pour tout $x \in [a\,;b]$, $m \leqslant f(x) \leqslant M$ donc d'après le théorème précédent on a $\int_a^b m\,dx \leqslant \int_a^b f(x)\,dx \leqslant \int_a^b M\,dx$ soit $m(b-a) \leqslant \int_a^b f(x)\,dx \leqslant M(b-a)$.

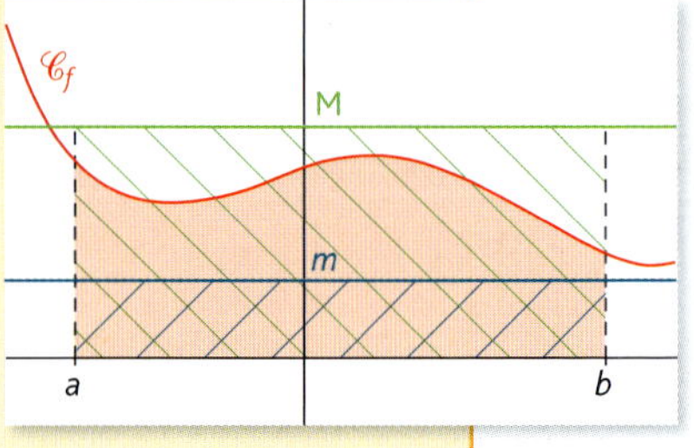

Propriété - Inégalité de la moyenne avec valeur absolue

Soit a et b deux réels tels que $a < b$. Soit f une fonction continue sur $[a\,;b]$.
Soit M un réel tel que, pour tout $x \in [a\,;b]$, $|f(x)| \leqslant M$, alors $\left|\int_a^b f(x)\,dx\right| \leqslant M(b-a)$.

Démonstration

On sait que pour tout $x \in [a\,;b]$, $|f(x)| \leqslant M \Leftrightarrow -M \leqslant f(x) \leqslant M$.

On applique le théorème de l'inégalité de la moyenne et on obtient $-M(b-a) \leqslant \int_a^b f(x)\,dx \leqslant M(b-a)$ ce qui nous donne bien $\left|\int_a^b f(x)\,dx\right| \leqslant M(b-a)$.

Théorème

Soit f une fonction définie sur un intervalle I admettant une primitive F sur I.

Alors l'ensemble des primitives de f sur I est l'ensemble des fonctions G définies sur I par :

Pour tout $x \in I$, $G(x) = F(x) + C$ avec C un réel.

Démonstration

Montrons que si G est une fonction définie par : pour tout $x \in I$, $G(x) = F(x) + C$, avec C une constante réelle alors G est une primitive de f sur I.

On sait que F est dérivable sur I par hypothèse donc G est dérivable sur I et on a : pour tout $x \in I$, $G'(x) = F'(x)$ or $F'(x) = f(x)$ car F est une primitive de f sur I donc pour tout $x \in I$, $G'(x) = f(x)$ ce qui prouve que G est une primitive de f sur I.

Soit F et G deux primitives de la fonction f sur I, montrons qu'il existe une constante réelle C telle que pour tout $x \in I$, $G(x) = F(x) + C$:

Soit φ la fonction définie par $\varphi(x) = F(x) - G(x)$, pour tout $x \in I$. F et G sont par hypothèse deux fonctions dérivables et pour tout $x \in I$, $F'(x) = f(x)$ et $G'(x) = f(x)$. Ainsi pour tout $x \in I$, $\varphi'(x) = 0$, ce qui prouve que φ est une fonction constante sur I (car I est un intervalle).

Remarque : Deux primitives d'une même fonction définie sur un intervalle I ne diffèrent que d'une constante.

Théorème

Soit f une fonction définie sur un intervalle I admettant une primitive sur I. Soit $x_0 \in I$ et $y_0 \in \mathbb{R}$, alors il existe une unique primitive F de f sur I telle que $y_0 = F(x_0)$.

Démonstration

Soit F_1 une primitive de f sur I.

Soit F une autre primitive de f sur I.

On sait que deux primitives d'une même fonction définie sur un intervalle I ne diffèrent que d'une constante.

Donc $\exists\, C \in \mathbb{R}$ tel que $\forall x \in I$, $F(x) = F_1(x) + C$.

Prenons C tel que $F(x_0) = y_0$, alors $y_0 = F(x_0) = F_1(x_0) + c$ donc $C = y_0 - F_1(x_0)$.

Ainsi F est la primitive de f sur I qui vérifie $F(x_0) = y_0$.

démonstrations

Théorème

Soit f une fonctionn continue sur un intervalle $[a\ ;\ b]$.
Alors il existe $c \in [a\ ;\ b]$ tel que $\int_a^b f(x)\,dx = (b-a)f(c)$.

Démonstration

Nous ferons la démonstration dans le cas où la fonction f est croissante sur $[a\ ;\ b]$.

Pour tout $x \in [a\ ;\ b]$, $f(a) \leqslant f(x) \leqslant f(b)$ alors $f(a)(b-a) \leqslant \int_a^b f(x)\,dx \leqslant f(b)(b-a)$ d'après le théorème de l'inégalité de la moyenne. Ainsi $f(a) \leqslant \frac{1}{b-a}\int_a^b f(x)\,dx \leqslant f(b)$ donc $\frac{1}{b-a}\int_a^b f(x)\,dx \in [f(a)\ ;\ f(b)]$, la fonction f étant continue sur $[a\ ;\ b]$ d'après le théorème des valeurs intermédiaires il existe un réel $c \in [a\ ;\ b]$ tel que $\frac{1}{b-a}\int_a^b f(x)\,dx = f(c)$.

Théorème

Soit f une fonction continue sur un intervalle I et $a \in I$.
Alors l'unique primitive de f sur I qui s'annule en a est la fonction définie par :
Pour tout $x \in I$, $F(x) = \int_a^x f(t)\,dt$.

Démonstration

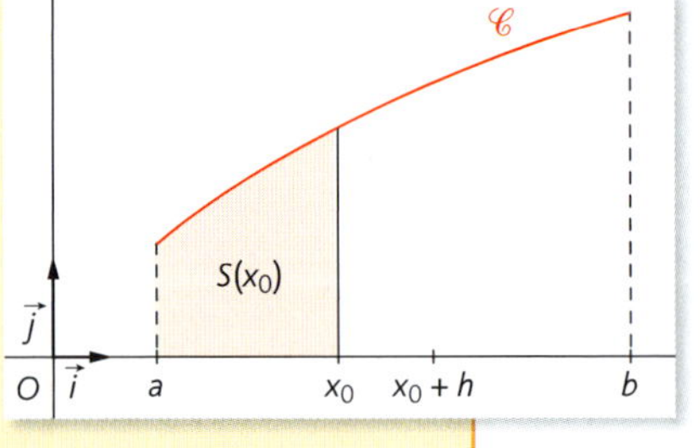

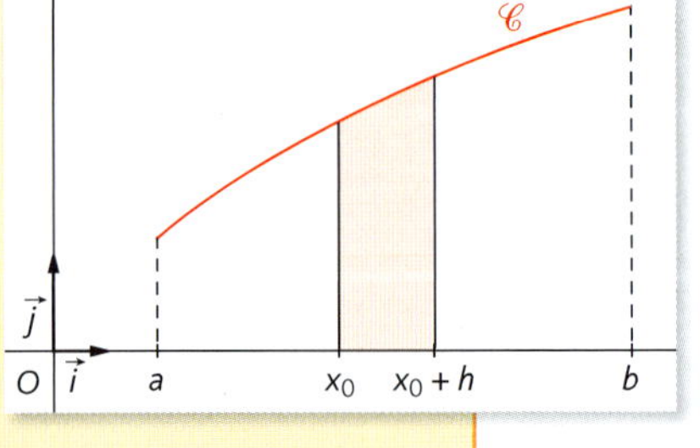

Soit f une fonction continue, positive et croissante sur $[a\ ;\ b]$.
On donne ci-contre sa courbe $\mathscr{C}$ dans un repère orthogonal du plan.
À tout réel x_0 de $[a\ ;\ b]$, on associe l'aire $S(x_0)$ du domaine limité par $\mathscr{C}$, l'axe des abscisses et les droites d'équations $x = a$ et $x = x_0$.
On va étudier la fonction aire S définie sur $[a\ ;\ b]$ par
$S(x) = \int_a^x f(t)\,dt$.

1er cas : Soit h un réel strictement positif.
Encadrons $S(x_0 + h) - S(x_0)$ à l'aide de la fonction f.

$S(x_0 + h) - S(x_0) = \int_{x_0}^{x_0+h} f(x)\,dx$ c'est l'aire de la partie du plan délimitée par $\mathscr{C}_f$, les droites d'équations $x = x_0 + h$ et $x = x_0$ puisqu'on a supposé f positive. On peut l'encadrer par deux aires de rectangle.

$f(x_0) \times h \leqslant S(x_0 + h) - S(x_0) \leqslant f(x_0 + h) \times h$ puisque f est croissante.

Calculons $\lim\limits_{\substack{h \to 0 \\ h > 0}} \dfrac{S(x_0 + h) - S(x_0)}{h}$.

Puisque $h > 0$, $f(x_0) \leqslant \dfrac{S(x_0 + h) - S(x_0)}{h} \leqslant f(x_0 + h)$.

Puisque $\lim\limits_{\substack{h \to 0 \\ h > 0}} f(x_0 + h) = f(x_0)$ car f est continue en x_0, alors par le théorème des gendarmes,

on en déduit : $\lim\limits_{\substack{h \to 0 \\ h > 0}} \dfrac{S(x_0 + h) - S(x_0)}{h} = f(x_0)$.

2e cas : Soit h un réel strictement négatif.

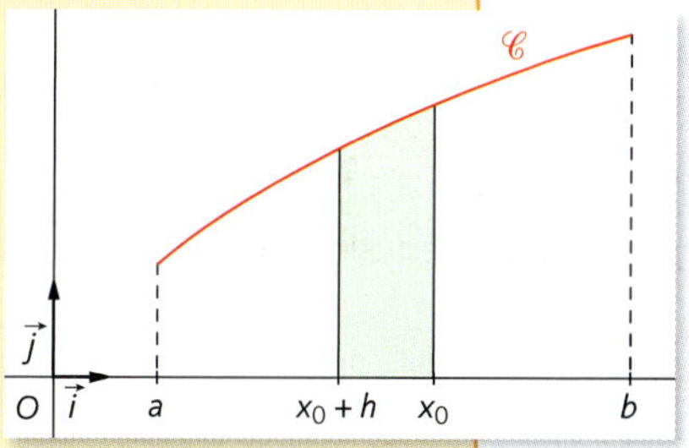

Encadrons $S(x_0) - S(x_0 + h)$ à l'aide de la fonction f.

De la même façon on obtient :

$-f(x_0 + h) \times h \leqslant S(x_0) - S(x_0 + h) \leqslant -f(x_0) \times h$

donc puisque h est négatif,

$-f(x_0) \leqslant \dfrac{S(x_0) - S(x_0 + h)}{h} \leqslant -f(x_0 + h)$,

donc $f(x_0 + h) \leqslant \dfrac{S(x_0 + h) - S(x_0)}{h} \leqslant f(x_0)$.

On en déduit que $\lim\limits_{\substack{h \to 0 \\ h < 0}} \dfrac{S(x_0 + h) - S(x_0)}{h} = f(x_0)$.

D'après ce qui précède on peut dire que $S'(x_0) = f(x_0)$. On en déduit que la fonction S est dérivable sur $[a\ ;\ b]$ et $S'(x) = f(x)$. La fonction S est donc une primitive de f sur $[a\ ;\ b]$.
Ainsi la fonction $x \mapsto \int_a^x f(t)\,dt$ est aussi une primitive de f sur $[a\ ;\ b]$.
On remarque que $S(a) = 0$ donc S est **la** primitive de f sur $[a\ ;\ b]$ qui s'annule en a.

Théorème

Soit f une fonction continue sur un intervalle I et F une primitive de f sur I.
Alors quel que soit $(a, b) \in I^2$

$$\int_a^b f(x)\,dx = F(b) - F(a)$$

Démonstration

D'après le théorème précédent la fonction définie par $\forall x \in I$, $G(x) = \int_a^x f(t)\,dt$ est l'unique primitive de f sur I qui s'annule en a. Ainsi F et G sont deux primitives de f sur I donc il existe une constante $C \in \mathbb{R}$ telle que pour tout $x \in I$, $G(x) = F(x) + C$. Or $G(a) = 0$ d'où $G(a) = F(a) + C$ devient $0 = F(a) + C$, on en déduit $C = -F(a)$.

Conclusion :

Pour tout $x \in I$, $G(x) = \int_a^x f(t)\,dt = F(x) - F(a)$, en particulier $\int_a^b f(t)\,dt = F(b) - F(a)$.

Exercice résolu 1 • Déterminer des primitives

énoncé **Déterminer toutes les primitives des fonctions données sur I.**

1. $f(x) = \cos x \sin^5 x$, $I = \mathbb{R}$;
2. $f(x) = \dfrac{x^2}{1 + x^3}$, $I = [0 ; +\infty[$;
3. $f(x) = \dfrac{7}{(x+2)^5}$, $I =]-\infty ; -2[$;
4. $f(x) = e^{2x-1}x$, $I = \mathbb{R}$;
5. $f(x) = \dfrac{\ln^3(2x+4)}{x+2}$, $I =]-2 ; +\infty[$;
6. $f(x) = \dfrac{x}{\sqrt{3x^2+2}}$, $I = \mathbb{R}$;
7. $f(x) = \dfrac{2x^2 + 3x - 1}{x}$, $I =]0 ; +\infty[$.

solution

1. $f(x) = \cos x \sin^5 x$.

D'après le tableau du cours :

Fonction f	Primitive F
$u'u^n$, $n \in \mathbb{N}$	$\dfrac{1}{n+1}u^{n+1} + C$

d'où pour tout $x \in \mathbb{R}$, $F(x) = \dfrac{1}{6}\sin^6 x + C$, $C \in \mathbb{R}$.

MÉTHODE
On reconnaît une forme du type $u'u^n$ avec $u(x) = \sin x$, $n = 5$ donc $u'(x) = \cos x$.

2. $f(x) = \dfrac{x^2}{1+x^3}$.

D'après le tableau du cours :

Fonction f	Primitive F
$\dfrac{u'}{u}$ avec $u(x) \neq 0$ pour $x \in I$	$\ln\lvert u \rvert + C$

Ainsi pour tout $x \in [0 ; +\infty[$, $f(x) = \dfrac{1}{3} \times \dfrac{3x^2}{1+x^3}$

d'où pour tout $x \in [0 ; +\infty[$, $F(x) = \dfrac{1}{3}\ln(1 + x^3) + C$ (car $1 + x^3 > 0$), $C \in \mathbb{R}$.

MÉTHODE
On reconnaît une forme du type $\dfrac{u'}{u}$ avec $u(x) = 1 + x^3$ donc $u'(x) = 3x^2$.

3. $f(x) = \dfrac{7}{(x+2)^5} = 7 \times \dfrac{1}{(x+2)^5}$.

D'après le tableau du cours :

Fonction f	Primitive F
$\dfrac{u'}{u^n}$, pour $n \in \mathbb{N}$, $n \geqslant 2$	$-\dfrac{1}{n-1} \times \dfrac{1}{u^{n-1}} + C$

Ainsi pour tout $x \in]-\infty ; -2[$, $F(x) = -7 \times \dfrac{1}{4} \times \dfrac{1}{(x+2)^4} + C$, $C \in \mathbb{R}$.

MÉTHODE
On reconnaît une forme du type $\dfrac{u'}{u^n}$ avec $u(x) = x + 2$, $n = 5$ donc $u'(x) = 1$.

4. $f(x) = e^{2x-1}$.

D'après le tableau du cours :

Fonction f	Primitive F
$u'e^u$	e^u

Méthode
On reconnaît une forme du type $u'e^u$ avec $u(x) = 2x - 1$ donc $u'(x) = 2$.

On reconnaît une forme du type $u'e^u$ avec $u(x) = 2x - 1$ et donc $u'(x) = 2$,

ainsi pour tout $x \in \mathbb{R}$, $f(x) = \frac{1}{2} \times 2e^{2x-1}$;

d'où pour tout $x \in \mathbb{R}$, $F(x) = \frac{1}{2}e^{2x-1} + C$, $C \in \mathbb{R}$.

5. $f(x) = \dfrac{\ln^3(2x+4)}{x+2} = \dfrac{1}{x+2} \times \ln^3(2x+4)$.

D'après le tableau du cours :

Fonction f	Primitive F
$u'u^n$, $n \in \mathbb{N}$	$\frac{1}{n+1}u^{n+1} + C$

Méthode
On reconnaît une forme du type $u'u^n$ avec $u(x) = \ln(2x+4)$, $n = 3$ donc $u'(x) = \dfrac{2}{2x+4} = \dfrac{1}{x+2}$.

D'où pour tout $x \in]-2\,;+\infty[$, $F(x) = \frac{1}{4}\ln^4(2x+4) + C$, $C \in \mathbb{R}$.

6. $f(x) = \dfrac{x}{\sqrt{3x^2+2}}$.

D'après le tableau du cours :

Fonction f	Primitive F
$\dfrac{u'}{\sqrt{u}}$	$2\sqrt{u} + C$

Méthode
On reconnaît une forme du type $\dfrac{u'}{\sqrt{u}}$ avec $u(x) = 3x^2 + 2$ donc $u'(x) = 6x$.

Ainsi pour tout $x \in \mathbb{R}$, $f(x) = \frac{1}{6} \times \dfrac{6x}{\sqrt{3x^2+2}}$

d'où $\forall x \in \mathbb{R}$, $F(x) = \frac{1}{6} \times 2\sqrt{3x^2+2} + C = \frac{1}{3}\sqrt{3x^2+2} + C$, $C \in \mathbb{R}$.

7. $f(x) = \dfrac{2x^2+3x-1}{x} = 2x + 3 - \dfrac{1}{x}$,

donc pour tout $x \in]0\,;+\infty[$, $F(x) = x^2 + 3x - \ln x + C$, $C \in \mathbb{R}$.

Entraînez-vous

Déterminer toutes les primitives des fonctions données sur I.

1. $f(x) = \sin(2x)\cos^2(2x)$, $I = \mathbb{R}$;
2. $f(x) = x(2x^2+1)^3$, $I = \mathbb{R}$;
3. $f(x) = xe^{-x^2}$, $I = \mathbb{R}$;
4. $f(x) = \dfrac{1}{\sqrt{5x+1}}$, $I = \left]-\frac{1}{5}\,;+\infty\right[$.

1. $F(x) = -\frac{1}{6}\cos^3(2x) + C$;
2. $F(x) = \frac{1}{16}(2x^2+1)^4 + C$;
3. $F(x) = -\frac{1}{2}e^{-x^2} + C$;
4. $F(x) = \frac{2}{5}\sqrt{5x+1} + C$.

Exercice résolu 2 TICE Encadrer des intégrales

énoncé

1. **Démontrer que $-2 \leqslant \int_1^3 \sin(x^2)\,dx \leqslant 2$.**

2. **Soit f la fonction définie sur $[-1\,;0]$ par**

$$f(x) = \frac{3x+4}{(x+2)^2}.$$

a. **Dresser le tableau de variations de f.**

b. **En déduire un encadrement de $f(x)$ sur $[-1\,;0]$.**

c. **Montrer, sans chercher à calculer l'intégrale, que**

$$1 \leqslant \int_{-1}^0 f(x)\,dx \leqslant \frac{9}{8}.$$

d. **Vérifier cet encadrement en trouvant une valeur approchée de cette intégrale à l'aide de la calculatrice.**

solution

1. Pour démontrer la première inégalité il suffit d'utiliser l'inégalité classique sur la fonction sin :
On sait que pour tout $x \in [1\,;3]$, $-1 \leqslant \sin(x^2) \leqslant 1$
ainsi $-1 \times (3-1) \leqslant \int_1^3 \sin(x^2)\,dx \leqslant 1 \times (3-1)$
ainsi $-2 \leqslant \int_1^3 \sin(x^2)\,dx \leqslant 2$.

2. a. f est une fonction rationnelle, elle est donc dérivable sur son ensemble de définition : Pour tout $x \in [-1\,;0]$,

$$f'(x) = \frac{3 \times (x+2)^2 - (3x+4) \times 2(x+2)}{(x+2)^4} = \frac{(x+2)[3(x+2) - 2(3x+4)]}{(x+2)^4}.$$

Donc $f'(x) = \dfrac{-3x-2}{(x+2)^3}$.

On en déduit le tableau de variations suivant :

x	-1		$-\frac{2}{3}$		0
$f'(x)$		$+$	0	$-$	
$f(x)$	1	↗	$\frac{9}{8}$	↘	1

b. Ainsi pour tout $x \in [-1\,;0]$, $1 \leqslant f(x) \leqslant \frac{9}{8}$.

c. $1 \times (0-(-1)) \leqslant \int_{-1}^0 f(x)\,dx \leqslant \frac{9}{8}(0-(-1))$ soit $1 \leqslant \int_{-1}^0 f(x)\,dx \leqslant \frac{9}{8}$.

d.

TI 82-83-84

Pour afficher la courbe représentative de la fonction f :

- on appuie sur [graph stats f(x)] ;
- on entre la fonction

```
Graph1 Graph2 Graph3
\Y1■(3X+4)/(X+2)²
```

- on entre l'ensemble de définition $[-1\ ;\ 0]$ en appuyant sur [déf table fenêtre] :

```
FENETRE
 Xmin=-1
 Xmax=0
 Xgrad=.5
```

- pour que la machine détermine automatiquement Ymin et Ymax on appuie sur [format zoom] `ZMinMax` ;
- Pour déterminer une valeur approchée de l'aire on appuie sur [2nde] [calculs trace] `7:∫f(x)dx`. On choisit – 1 pour « borne inf » et 0 pour « borne sup ».
- on obtient la représentation graphique ci-dessous :

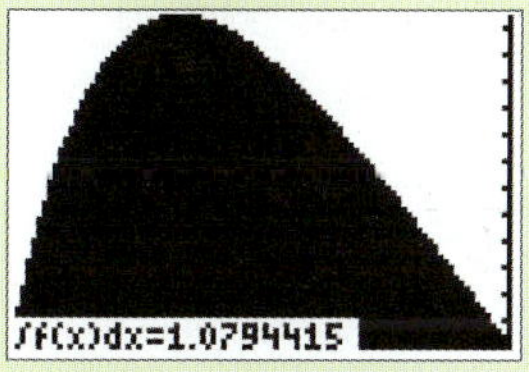

Casio Graph

Pour afficher la courbe représentative de la fonction f :

- on appuie sur [GRAPH] ;
- on entre la fonction

```
Graph Func  :Y=
Y1■ 3X+4
    (X+2)²           [—]
```

- on entre l'ensemble de définition $[-1\ ;\ 0]$ en appuyant sur [SHIFT] [V-Window F3]

```
View Window
Xmin  :-1
 max  :0
 scale:0.5
```

- on appuie sur [EXE]
- pour que la machine détermine automatiquement Ymin et Ymax on appuie sur [Zoom F2] `AUTO`
- Pour calculer l'aire, on appuie sur [G-Solv F5] et on choisit `∫dx`. On entre les bornes d'intégrations et on obtient :

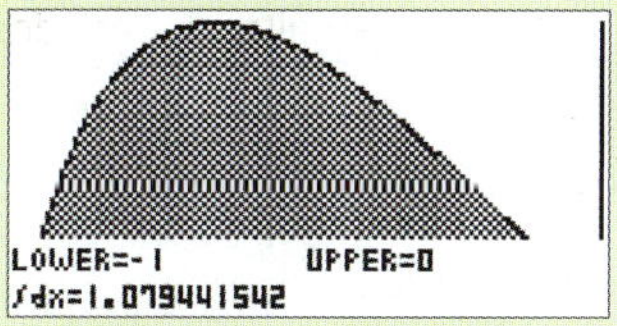

Conclusion : Une valeur approchée de l'intégrale est 1,079 qui est bien compris entre 1 et $\frac{9}{8}$.

Entraînez-vous

Soit $f(x) = \dfrac{e^{-\frac{x}{2}}}{x^2 + 1}$, $x \in [-3\ ;\ -2]$.

1. À l'aide d'un logiciel de calcul formel :
   a. Calculer $f'(x)$.
   b. Étudier le signe de $f'(x)$.
2. En déduire les variations de f puis le tableau de variation de f.
3. Donner, à l'aide des questions précédentes,un encadrement de $\int_{-3}^{-2} f(x)\,dx$.

→ On trouve

1. a. $f'(x) = \dfrac{-(x^2 + 4x + 1)e^{-\frac{x}{2}}}{2(x^2 + 1)^2}$.

   b.

solve $\left(\dfrac{d}{dx}(f(x)) > 0, x\right)$
$-(\sqrt{3} + 2) < x < \sqrt{3} - 2$

$-\sqrt{3} - 2 \approx -3{,}73$; $\sqrt{3} - 2 \approx -0{,}27$, donc $\forall\ x \in [-3\ ;\ -2]$, $f'(x) > 0$.

2. D'après 1. b., on en déduit que f est croissante sur $[-3\ ;\ -2]$.

x	-3	-2
$f'(x)$	+	
$f(x)$	$\dfrac{e^{\frac{3}{2}}}{10}$ ↗	$\dfrac{e}{5}$

3. $\dfrac{e^{\frac{3}{2}}}{10} \leqslant \int_{-3}^{-2} f(x)\,dx \leqslant \dfrac{e}{5}$.

Exercice résolu 3 • Décomposer en éléments simples

énoncé **Soit f la fonction définie par $f(x)=\dfrac{x^2-8x-1}{(x+3)(x-1)^2}$, $x\in\mathbb{R}\setminus\{-3\,;1\}$.**

1. Déterminer trois réels a, b et c tels que pour tout $x\in\mathbb{R}\setminus\{-3\,;1\}$, $f(x)=\dfrac{a}{x+3}+\dfrac{b}{x-1}+\dfrac{c}{(x-1)^2}$.

2. En déduire le calcul de I et J : $I=\displaystyle\int_2^3\frac{x^2-8x-1}{(x+3)(x-1)^2}\,dx$; $J=\displaystyle\int_{-1}^0\frac{x^2-8x-1}{(x+3)(x-1)^2}\,dx$.

solution

1. On a pour tout $x\in\mathbb{R}\setminus\{-3\,;1\}$:

$$\frac{a}{x+3}+\frac{b}{x-1}+\frac{c}{(x-1)^2}=\frac{a(x-1)^2+b(x+3)(x-1)+c(x+3)}{(x+3)(x-1)^2}$$
$$=\frac{a(x^2-2x+1)+b(x^2+2x-3)+c(x+3)}{(x+3)(x-1)^2}$$
$$=\frac{x^2(a+b)+x(-2a+2b+c)+a-3b+3c}{(x+3)(x-1)^2}.$$

Ainsi par identification des coefficients on obtient le système suivant :

$$\begin{cases}a+b=1\\-2a+2b+c=-8\\a-3b+3c=-1\end{cases}\Leftrightarrow\begin{cases}a=1-b\\-2+2b+2b+c=-8\\1-b-3b+3c=-1\end{cases}$$
$$\Leftrightarrow\begin{cases}a=1-b\\c=-6-4b\\1-4b-18-12b=-1\end{cases}\Leftrightarrow\begin{cases}a=1-b\\c=-6-4b\\b=-1\end{cases}\Leftrightarrow\begin{cases}a=2\\c=-2.\\b=-1\end{cases}$$

Conclusion : pour tout $x\in\mathbb{R}\setminus\{-3\,;1\}$, $f(x)=\dfrac{2}{x+3}-\dfrac{1}{x-1}-\dfrac{2}{(x-1)^2}$.

2. $I=\displaystyle\int_2^3\frac{x^2-8x-1}{(x+3)(x-1)^2}\,dx=\int_2^3\left(\frac{2}{x+3}-\frac{1}{x-1}-\frac{2}{(x-1)^2}\right)dx$

$=\left[2\ln(x+3)-\ln(x-1)+\dfrac{2}{x-1}\right]_2^3=2\ln6-\ln2+1-(2\ln5-\ln1+2)$.

Ainsi $I=2\ln6-2\ln5-\ln2-1$.

$J=\displaystyle\int_{-1}^0\frac{x^2-8x-1}{(x+3)(x-1)^2}\,dx=\int_{-1}^0\left(\frac{2}{x+3}-\frac{1}{x-1}-\frac{2}{(x-1)^2}\right)dx$

$=\left[2\ln(x+3)-\ln(-x+1)+\dfrac{2}{x-1}\right]_{-1}^0=2\ln3-\ln1-2-(2\ln2-\ln2-1)$.

Ainsi $J=2\ln3-\ln2-1$.

Entraînez-vous

Soit f la fonction définie sur $\mathbb{R}\setminus\{2\}$ par $f(x)=\dfrac{2x^2-7x+1}{x-2}$.

1. Chercher trois réels a, b, c tels que pour tout $x\in\mathbb{R}\setminus\{2\}$, $f(x)=ax+b+\dfrac{c}{x-2}$.
2. En déduire $\displaystyle\int_3^4 f(x)\,dx$ *et* $\displaystyle\int_0^1 f(x)\,dx$.

→ On trouve

1. $a=2$; $b=-3$ et $c=-5$;
2. $\displaystyle\int_3^4 f(x)\,dx=4-5\ln2$

$\displaystyle\int_0^1 f(x)\,dx=5\ln2-2$

Exercice résolu 4 • Déterminer la valeur moyenne d'une fonction

énoncé **Déterminer la valeur moyenne des fonctions ci-dessous :**

$f(x) = x^2$ sur $[0\,;2]$ et $g(x) = \cos(2x)$ sur $\left[-\frac{\pi}{4}\,;\frac{\pi}{4}\right]$.

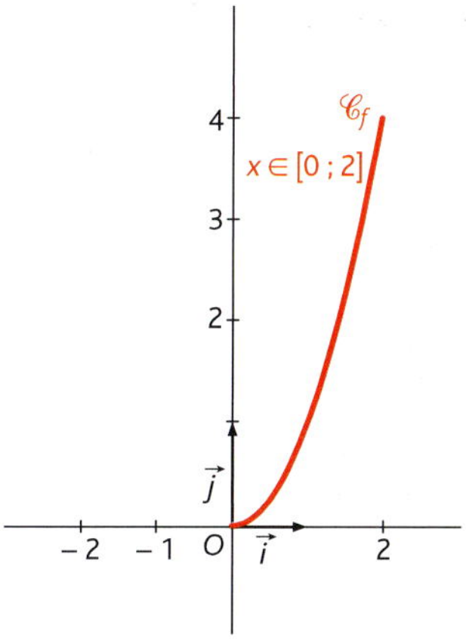

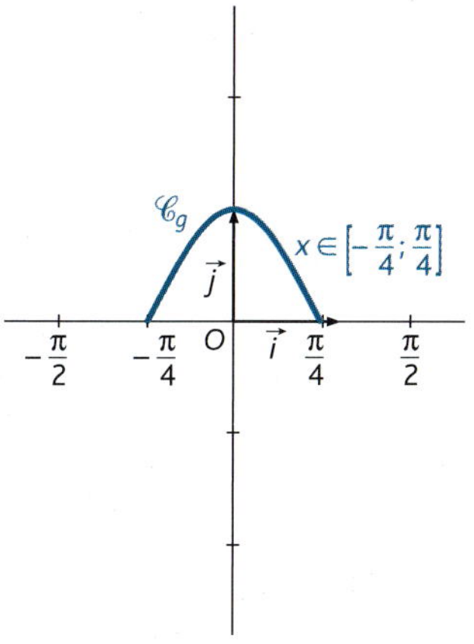

> **RAPPEL**
> La valeur moyenne sur $[a\,;b]$ d'une fonction f continue est $\frac{1}{b-a}\int_a^b f(x)\,dx$.

solution

1. Calculons $\frac{1}{2-0}\int_0^2 f(x)\,dx = \frac{1}{2}\int_0^2 f(x)\,dx$:

   Or $\int_0^2 f(x)\,dx = \int_0^2 x^2\,dx = \left[\frac{1}{3}x^3\right]_0^2 = \frac{1}{3}\times 2^3 - \frac{1}{3}\times 0^3 = \frac{8}{3}$.

   Ainsi la valeur moyenne de la fonction f définie par $f(x) = x^2$ sur $[0\,;2]$ est $\frac{4}{3}$.

2. Calculons $\frac{1}{\frac{\pi}{4}-\left(-\frac{\pi}{4}\right)}\int_{-\frac{\pi}{4}}^{\frac{\pi}{4}} g(x)\,dx = \frac{1}{\frac{\pi}{2}}\int_{-\frac{\pi}{4}}^{\frac{\pi}{4}} g(x)\,dx = \frac{2}{\pi}\int_{-\frac{\pi}{4}}^{\frac{\pi}{4}} g(x)\,dx$.

   $$\int_{-\frac{\pi}{4}}^{\frac{\pi}{4}} g(x)\,dx = \int_{-\frac{\pi}{4}}^{\frac{\pi}{4}} \cos(2x)\,dx = \left[\frac{1}{2}\sin(2x)\right]_{-\frac{\pi}{4}}^{\frac{\pi}{4}} = \frac{1}{2}\sin\left(2\times\frac{\pi}{4}\right) - \frac{1}{2}\sin\left(2\times\left(-\frac{\pi}{4}\right)\right)$$
   $$= \frac{1}{2}\sin\left(\frac{\pi}{2}\right) - \frac{1}{2}\sin\left(-\frac{\pi}{2}\right) = \frac{1}{2}\times 1 - \frac{1}{2}\times(-1) = \frac{1}{2} + \frac{1}{2} = 1.$$

   Ainsi la valeur moyenne de la fonction g définie par $f(x) = \cos(2x)$ sur $\left[-\frac{\pi}{4}\,;\frac{\pi}{4}\right]$ est $\frac{2}{\pi}\times 1 = \frac{2}{\pi}$.

Entraînez-vous

Déterminer la valeur moyenne de f sur $[-2\,;0]$ avec $f(x) = x^3$.

Déterminer la valeur moyenne de g sur $[0\,;1]$ avec $g(x) = e^{\frac{x}{2}}$.

→ On trouve

La valeur moyenne de f sur $[-2\,;0]$ est -2.

La valeur moyenne de g sur $[0\,;1]$ est $2\sqrt{e} - 2$.

Exercice résolu 5 • Rechercher une primitive

énoncé **Pour chacune des fonctions suivantes, déterminer la primitive sur I qui prend la valeur y_0 en x_0.**

1. $f(x) = \left(\frac{1}{2}x - 1\right)^6$, $x_0 = 4$, $y_0 = -1$ et $I = \mathbb{R}$.
2. $g(x) = \frac{e^x}{e^x + 1}$, $x_0 = 0$, $y_0 = -3$ et $I = \mathbb{R}$.

solution

1. $f(x) = \left(\frac{1}{2}x - 1\right)^6$, $x_0 = 4$.

On reconnaît une forme du type $u'u^n$ avec $u(x) = \frac{1}{2}x - 1$, $n = 6$ et donc $u'(x) = \frac{1}{2}$, ainsi pour tout $x \in \mathbb{R}$, $f(x) = 2 \times \frac{1}{2}\left(\frac{1}{2}x - 1\right)^6$.

Ainsi les primitives de f sur $\mathbb{R}$ sont les fonctions F définies par :

pour tout $x \in \mathbb{R}$, $F(x) = 2 \times \frac{1}{7}\left(\frac{1}{2}x - 1\right)^7 + C$, $C \in \mathbb{R}$.

Calculons C :

On sait que $y_0 = F(x_0) \Leftrightarrow -1 = F(4) \Leftrightarrow \frac{2}{7}\left(\frac{1}{2} \times 4 - 1\right)^7 + C = -1 \Leftrightarrow C = -\frac{9}{7}$.

Conclusion : pour tout $x \in \mathbb{R}$, $F(x) = \frac{2}{7}\left(\frac{1}{2}x - 1\right)^7 - \frac{9}{7}$.

Rappel
Dans le cours, on a vu :

Fonction f	Primitive F
$u'u^n$, $n \geqslant 1$	$\frac{1}{n+1}u^{n+1}$

2. On va utiliser ici une autre méthode : d'après le cours, G la primitive de la fonction g sur $\mathbb{R}$ qui vérifie $G(0) = -3$ est définie pour tout $x \in \mathbb{R}$, par $G(x) = -3 + \int_0^x g(t)\,dt$.

$g(t) = \frac{e^t}{e^t + 1}$. On reconnaît une forme du type $\frac{u'}{u}$ avec $u(t) = e^t + 1$ et donc $u'(t) = e^t$.

Ainsi pour tout $x \in \mathbb{R}$, $G(x) = -3 + [\ln(1 + e^t)]_0^x$.

Donc $G(x) = -3 + \ln(1 + e^x) - \ln(1 + e^0) = -3 + \ln(1 + e^x) - \ln 2$.

Rappel
Dans le cours, on a vu :

Fonction f	Primitive F
$\frac{u'}{u}$ avec $u(x) \neq 0$ pour $x \in I$	$\ln\lvert u \rvert$

Entraînez-vous

Même question :

1. $f(x) = \frac{x}{1 + x^2}$, $x_0 = 1$, $y_0 = -2$ et $I = \mathbb{R}$.
2. $g(x) = (x^2 - 1)e^{x^3 - 3x + 1}$, $x_0 = 0$, $y_0 = \frac{e}{3}$ et $I = \mathbb{R}$.

→ **On trouve**

1. $F(x) = \frac{1}{2}\ln(1 + x^2) - 2 - \frac{1}{2}\ln 2$.
2. $G(x) = \frac{1}{3}e^{x^3 - 3x + 1}$.

Exercice résolu 6 • Calculer des aires

énoncé **On considère les fonctions $f(x) = \dfrac{e^x + e^{-x}}{2}$ et $g(x) = \dfrac{e^x - e^{-x}}{2}$, $x \in \mathbb{R}$.**
On note $\mathscr{C}_f$ et $\mathscr{C}_g$ leurs courbes représentatives respectives dans le repère orthonormé $(O\,;\vec{i}, \vec{j})$ d'unité 2 cm.

1. **Calculer $\mathscr{A}_1$ l'aire (en cm²) de la partie du plan délimitée par la courbe $\mathscr{C}_f$, l'axe des abscisses et les droites d'équations $x = -1$ et $x = 1$.**
2. **Calculer $\mathscr{A}_2$ l'aire (en cm²) de la partie du plan délimitée par la courbe $\mathscr{C}_g$, l'axe des abscisses et les droites d'équations $x = -1$ et $x = 0$.**
3. **Calculer $\mathscr{A}_3$ l'aire (en cm²) de la partie du plan délimitée par les courbes $\mathscr{C}_f$ et $\mathscr{C}_g$, l'axe des abscisses et les droites d'équations $x = 1$ et $x = 2$.**

solution

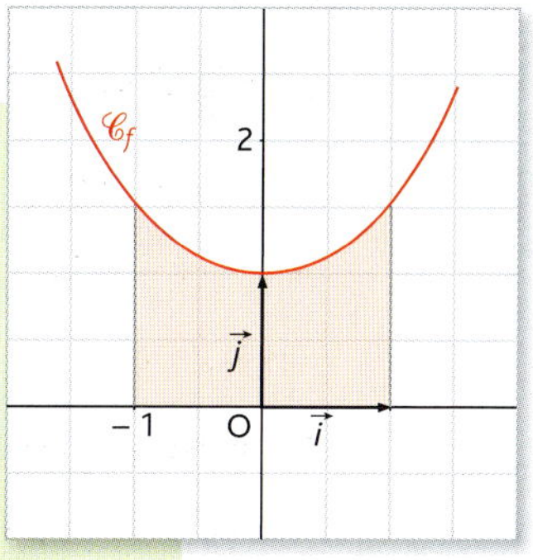

1. Étant donné que $\forall x \in [-1\,;1]$, $f(x) \geqslant 0$, on a :

$$\mathscr{A}_1 = \int_{-1}^{1} f(x)\,dx = \int_{-1}^{1} \frac{e^x + e^{-x}}{2}\,dx = \left[\frac{e^x - e^{-x}}{2}\right]_{-1}^{1}$$
$$= \frac{e^1 - e^{-1}}{2} - \frac{e^{-1} - e^1}{2} = e - e^{-1}\,u.a.$$

Or $1u.a. = \|\vec{i}\| \times \|\vec{j}\|\text{cm}^2 = 4\text{ cm}^2$.

Conclusion : $\mathscr{A}_1 = 4(e - e^{-1})\text{cm}^2$.

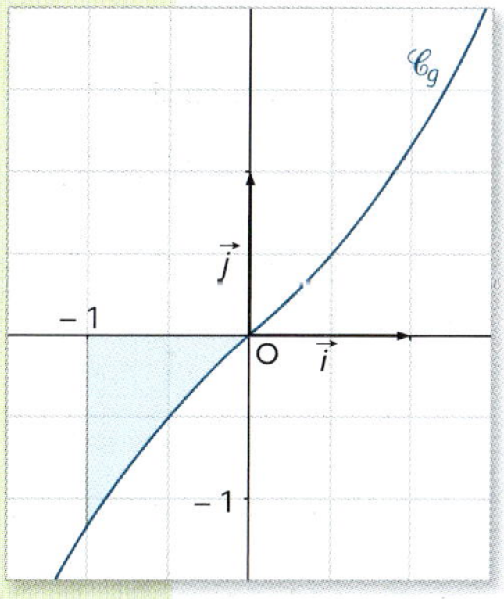

2. Étant donné que pour tout $x \in [-1\,;0]$, $g(x) \leqslant 0$

alors $\mathscr{A}_2 = -\displaystyle\int_{-1}^{0} g(x)\,dx$.

Ainsi $\mathscr{A}_2 = -\displaystyle\int_{-1}^{0} \frac{e^x - e^{-x}}{2}\,dx = -\left[\frac{e^x - e^{-x}}{2}\right]_{-1}^{0} = -\left(\frac{e^0 + e^0}{2} - \frac{e^{-1} + e^1}{2}\right)$

$$= -\left(1 - \frac{e^{-1} + e^1}{2}\right) = \frac{e^{-1} + e^1}{2} - 1\,u.a.$$

Or $1u.a. = \|\vec{i}\| \times \|\vec{j}\|\text{cm}^2 = 4\text{ cm}^2$.

Conclusion : $\mathscr{A}_2 = 2(e + e^{-1}) - 4\text{ cm}^2$.

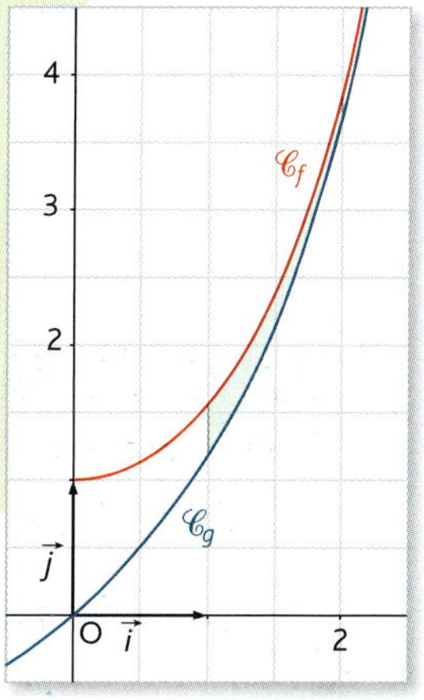

3. On a pour tout $x \in \mathbb{R}$, $f(x) - g(x) = \dfrac{e^x + e^{-x}}{2} - \dfrac{e^x - e^{-x}}{2} = e^{-x} > 0$.

Ainsi pour tout $x \in [1\,;2]$, $f(x) > g(x)$

donc $\mathscr{A}_3 = \displaystyle\int_1^2 (f(x) - g(x))\,dx = \int_1^2 e^{-x}dx = [-e^{-x}]_1^2$

$$= -e^{-2} - (-e^{-1}) = \frac{1}{e} - \frac{1}{e^2}\,u.a.$$

Conclusion : $\mathscr{A}_3 = 4 \times \dfrac{e - 1}{e^2}\text{ cm}^2$.

Exercice résolu 7 TICE Étude d'une fonction définie par une intégrale

énoncé **Soit F la fonction définie par $F(x) = \int_0^x e^{-t^2}dt,\ x \in \mathbb{R}$.**

1. **Démontrer que F est dérivable sur $\mathbb{R}$ et déterminer l'expression de $F'(x)$.**
2. **Étudier les variations de F sur $\mathbb{R}$.**
3. **Soit G la fonction définie par $G(x) = \int_0^{2x} e^{-t^2}dt,\ x \in \mathbb{R}$.**
   En remarquant que pour tout $x \in \mathbb{R}$, $G(x) = F(2x)$, démontrer que G est dérivable sur $\mathbb{R}$ et déterminer l'expression de $G'(x)$.
4. **Soit H la fonction définie par $H(x) = \int_x^{2x} e^{-t^2}dt,\ x \in \mathbb{R}$.**
   a. **Démontrer que pour tout $x \in \mathbb{R}$, $H(x) = F(2x) - F(x)$.**
   b. **En déduire que H est dérivable sur $\mathbb{R}$ et déterminer l'expression de $H'(x)$.**
   c. **Étudier les variations de H.**
   d. **Vérifier les résultats du b. et c. à l'aide d'un logiciel de calcul formel puis dresser le tableau de variations de H (on complétera les limites du tableau de variations en utilisant le logiciel de calcul formel).**

solution

1. La fonction $t \mapsto -t^2$ est continue sur $\mathbb{R}$, par composition, la fonction $t \mapsto e^{-t^2}$ est continue sur $\mathbb{R}$. Donc d'après le cours, la fonction $x \mapsto \int_0^x e^{-t^2}dt$ est la primitive de la fonction $x \mapsto e^{-x^2}$ qui s'annule en 0, elle est donc dérivable sur $\mathbb{R}$ et $F'(x) = e^{-x^2}, x \in \mathbb{R}$.
2. Pour tout $x \in \mathbb{R}$, $e^{-x^2} > 0$ donc $F'(x) > 0$, F est croissante sur $\mathbb{R}$.
3. La fonction $x \mapsto 2x$ est dérivable sur $\mathbb{R}$ (car c'est une fonction polynomiale), de plus la fonction F est dérivable sur $\mathbb{R}$ donc par composition G est dérivable sur $\mathbb{R}$ et pour tout $x \in \mathbb{R}$, $G'(x) = 2F'(2x) = 2e^{-4x^2}$.
4. a. Pour tout $x \in \mathbb{R}$, $F(2x) - F(x) = \int_0^{2x} e^{-t^2}dt - \int_0^x e^{-t^2}dt$

   $$F(2x) - F(x) = \int_0^x e^{-t^2}dt + \int_x^{2x} e^{-t^2}dt - \int_0^x e^{-t^2}dt = \int_x^{2x} e^{-t^2}dt = H(x).$$

   b. D'après 1. et 3. les fonctions $x \mapsto F(x)$ et $x \mapsto F(2x)$ sont dérivables sur $\mathbb{R}$ donc H est dérivable sur $\mathbb{R}$ et pour tout $x \in \mathbb{R}$,
   $H'(x) = 2e^{-4x^2} - e^{-x^2} = e^{-x^2}(2e^{-3x^2} - 1)$.

   c.

```
h(x):=integrate(exp(-t^2),t,x,2x)
                          x -> ∫_x^(2*x) exp(-t^2) dt
simplify(diff(h(x),x))
                          2*exp(-x^2)^4 -exp(-x^2)
```

   Remarque : $2\exp(-x^2)^4 - \exp(-x^2) = 2\exp(-4x^2) - \exp(-x^2) = H'(x)$; on retrouve donc la même expression pour $H'(x)$.

Pour tout $x \in \mathbb{R}$, $e^{-x^2} > 0$. Étudions le signe de $2e^{-3x^2} - 1$:

$$2e^{-3x^2} - 1 \geqslant 0 \Leftrightarrow e^{-3x^2} \geqslant \frac{1}{2} \Leftrightarrow e^{-3x^2} \geqslant e^{\ln\left(\frac{1}{2}\right)}$$

$$\Leftrightarrow -3x^2 \geqslant \ln\left(\frac{1}{2}\right) \text{ (car exp est croissante sur } \mathbb{R})$$

$$\Leftrightarrow x^2 \leqslant \frac{\ln 2}{3}.$$

On sait que $\frac{\ln 2}{3} > 0$ on obtient donc $-\sqrt{\frac{\ln 2}{3}} \leqslant x \leqslant \sqrt{\frac{\ln 2}{3}}$.

Ainsi pour tout $x \in \left[-\sqrt{\frac{\ln 2}{3}} \,;\, \sqrt{\frac{\ln 2}{3}}\right]$, $H'(x) \geqslant 0$.

Vérifions ce résultat :

```
solve(diff(h(x),x)>=0,x)
```

$$\left(x \geq \left(\frac{\sqrt{-3 \cdot \ln\left(\frac{1}{2}\right)}}{-3}\right)\right) \text{ and } \left(x \leq \left(\frac{\sqrt{-3 \cdot \ln\left(\frac{1}{2}\right)}}{3}\right)\right)$$

On a $\frac{\sqrt{-3\ln\left(\frac{1}{2}\right)}}{3} = \frac{\sqrt{-3(-\ln 2)}}{3} = \frac{\sqrt{3\ln 2}}{3} = \sqrt{\frac{\ln 2}{3}}$, ce qui correspond bien au résultat que nous avons trouvé.

Déterminons les limites à l'aide du logiciel :

```
limit(h(x),x,-infinity)
                                   0
limit(h(x),x,+infinity)
                                   0
```

Ainsi qu'une valeur approchée de $H\left(-\sqrt{\frac{\ln 2}{3}}\right)$ et $H\left(\sqrt{\frac{\ln 2}{3}}\right)$:

```
approx(h(-sqrt(ln(2)/3)))
                     -0.28596289106
approx(h(sqrt(ln(2)/3)))
                      0.28596289106
```

On en déduit le tableau de variations ci-contre.

x	$-\infty$		$-\sqrt{\frac{\ln 2}{3}}$		$\sqrt{\frac{\ln 2}{3}}$		$+\infty$
$H'(x)$		$-$	0	$+$	0	$-$	
$H(x)$	0	↘	$H\left(-\sqrt{\frac{\ln 2}{3}}\right)$	↗	$H\left(\sqrt{\frac{\ln 2}{3}}\right)$	↘	0

Entraînez-vous

Soit $f(x) = \int_1^x \frac{e^t + e^{-t}}{t}\,dt$, $x \in]0\,;+\infty[$.

1. Calculer $f'(x)$.
2. Soit g définie sur $\mathbb{R}$ par $g(x) = \int_x^{2x} \frac{e^t + e^{-t}}{t}\,dt$.
   a. Exprimer $g(x)$ en fonction de $f(x)$.
   b. Calculer $g'(x)$.
   c. Étudier le signe de $g'(x)$ à l'aide d'un logiciel de calcul formel.
   d. En déduire les variations de g.

→ On trouve

1. $\forall x \in]0\,;+\infty[$, $f'(x) = \frac{e^x + e^{-x}}{x}$.
2. a. $\forall x \in]0\,;+\infty[$, $g(x) = f(2x) - f(x)$.
   b. $g'(x) = \frac{e^{2x} - e^x - e^{-x} + e^{-2x}}{x}$.
   c. $\text{solve}\left(\text{factor}\left(\frac{d}{dx}(f(x))\right) > 0, x\right)$ $\quad x > 0$
   d. g est croissante sur $]0\,;+\infty[$.

Exercice résolu 8 • Étudier une suite d'intégrales

énoncé **Soit $n \in \mathbb{N}$, on pose $I_n = \int_0^1 t^n e^{-t} dt$.**

1. Démontrer que pour tout $n \in \mathbb{N}$, $0 \leqslant I_n \leqslant 1$.

2. Démonter que (I_n) est décroissante et en déduire que la suite (I_n) est convergente.

3. Montrer que pour tout $n \in \mathbb{N}$, $I_n \leqslant \frac{1}{n+1}$ et en déduire la limite de la suite (I_n).

solution

1. Pour tout $n \in \mathbb{N}$,
si $0 \leqslant t \leqslant 1$, alors $0 \leqslant t^n \leqslant 1$ et si $0 \leqslant t \leqslant 1$, alors $-1 \leqslant -t \leqslant 0$,
d'où $0 < e^{-1} \leqslant e^{-t} \leqslant 1$ car la fonction exp est croissante sur $\mathbb{R}$.
Ainsi $0 \leqslant t^n e^{-t} \leqslant 1$, par suite $0 \leqslant \int_0^1 t^n e^{-t} \leqslant 1$ puis $0 \leqslant I_n \leqslant 1$.

2. Pour tout $n \in \mathbb{N}$, $I_{n+1} - I_n = \int_0^1 t^{n+1} e^{-t} dt - \int_0^1 t^n e^{-t} dt$
$= \int_0^1 (t^{n+1} e^{-t} - t^n e^{-t}) dt = \int_0^1 t^n e^{-t}(t-1) dt$
et pour tout $t \in [0 ; 1]$, $t^n e^{-t} \geqslant 0$ et $t - 1 \leqslant 0$ donc $t^n e^{-t}(t-1) \leqslant 0$.
Ainsi $\int_0^1 t^n e^{-t}(t-1) dt \leqslant 0$ ce qui prouve que $I_{n+1} - I_n \leqslant 0$ soit $I_{n+1} \leqslant I_n$.
La suite (I_n) est décroissante et minorée par 0 donc (I_n) est convergente.

3. Pour tout $n \in \mathbb{N}$ et pour tout $t \in [0 ; 1]$,
$0 \leqslant t \leqslant 1 \Leftrightarrow -1 \leqslant -t \leqslant 0 \Leftrightarrow e^{-1} \leqslant e^{-t} \leqslant e^0$.
Ainsi $e^{-t} \leqslant 1$ or $t^n \geqslant 0$ ainsi pour tout $t \in [0 ; 1]$, $t^n e^{-t} \leqslant t^n$ ce qui prouve que $\int_0^1 t^n e^{-t} dt \leqslant \int_0^1 t^n dt$ soit $I_n \leqslant \int_0^1 t^n dt$.
Or $\int_0^1 t^n dt = \left[\frac{1}{n+1} t^{n+1}\right]_0^1 = \frac{1}{n+1} \times 1^{n+1} - \frac{1}{n+1} \times 0^{n+1} = \frac{1}{n+1}$.
On a donc bien prouvé que $I_n \leqslant \frac{1}{n+1}$.
On a prouvé que pour tout $n \in \mathbb{N}$, $0 \leqslant I_n \leqslant \frac{1}{n+1}$.
Or $\lim\limits_{n \to +\infty} \frac{1}{n+1} = 0$ donc d'après le théorème des gendarmes $\lim\limits_{n \to +\infty} I_n = 0$.

Entraînez-vous

Soit $n \in \mathbb{N}$, on pose $I_n = \int_0^{\frac{\pi}{4}} t^n \sin(t) dt$

1. Démontrer que pour tout $n \in \mathbb{N}$, $0 \leqslant I_n \leqslant 1$.
2. Démontrer que (I_n) est décroissante.
3. En déduire que la suite (I_n) est convergente.
4. Montrer que pour tout $n \in \mathbb{N}$, $I_n \leqslant \frac{1}{n+1} \times \left(\frac{\pi}{4}\right)^{n+1}$.
5. En déduire la limite de la suite (I_n).

→ On trouve

1. $\forall n \in \mathbb{N}, \forall t \in \left[0 ; \frac{\pi}{4}\right]$
$0 \leqslant t^n \sin(t) \leqslant \left(\frac{\pi}{4}\right)^n \leqslant 1$ donc $0 \leqslant I_n \leqslant 1$.
2. $I_{n+1} - I_n = \int_0^{\frac{\pi}{4}} t^n \sin(t)(t-1) dt$, or $\forall n \in \mathbb{N}$,
$\forall t \in \left[0 ; \frac{\pi}{4}\right] t^n \sin(t)(t-1) \leqslant 0 \Rightarrow I_{n+1} - I_n \leqslant 0$.
3. (I_n) est décroissante et minorée elle est donc convergente.
4. $\forall n \in \mathbb{N}, \forall t \in \left[0 ; \frac{\pi}{4}\right]$, $t^n \sin(t) \leqslant t^n$
donc $I_n \leqslant \int_0^{\frac{\pi}{4}} t^n dt$. Ainsi $I_n \leqslant \frac{1}{n+1} \times \left(\frac{\pi}{4}\right)^{n+1}$.
5. $\lim\limits_{n \to +\infty} \frac{1}{n+1}\left(\frac{\pi}{4}\right)^{n+1} = 0$ donc $\lim\limits_{n \to +\infty} I_n = 0$.

Exercice résolu 9 • Étudier une fonction ln avec un paramètre

énoncé **On considère la fonction f définie sur $]0\,;+\infty[$ par $f(x)=\dfrac{1}{x}$.**

1. **Soit $n\in\mathbb{N}^*$, montrer que pour tout $x\in[n\,;n+1]$ on a $f(n+1)\leqslant f(x)\leqslant f(n)$.**
2. **En déduire que pour tout $n\in\mathbb{N}^*$, $f(n+1)\leqslant\int_n^{n+1}f(x)\,\mathrm{d}x\leqslant f(n)$.**
3. **Soit $u_n=1+\dfrac{1}{2}+\dfrac{1}{3}+\ldots+\dfrac{1}{n}$, $n\in\mathbb{N}^*$.**
   Démontrer par récurrence sur n que $\int_1^{n+1}f(x)\,\mathrm{d}x\leqslant u_n\leqslant f(1)+\int_1^n f(x)\,\mathrm{d}x$.
4. **En déduire que la suite u_n diverge.**

solution

1. $n\geqslant 1$ donc pour tout $x\in[n\,;n+1]$ on a $0<n\leqslant x\leqslant n+1$ ainsi $f(n+1)\leqslant f(x)\leqslant f(n)$ car f est décroissante sur $]0\,;+\infty[$.
2. On sait que si $n\geqslant 1$ alors pour tout $x\in[n\,;n+1]$, $f(n+1)\leqslant f(x)\leqslant f(n)$ donc d'après l'inégalité de la moyenne :
$$f(n+1)\times(n+1-n)\leqslant\int_n^{n+1}f(x)\,\mathrm{d}x\leqslant f(n)\times(n+1-n)$$
soit $f(n+1)\leqslant\int_n^{n+1}f(x)\,\mathrm{d}x\leqslant f(n)$.
3. Démontrons par récurrence sur $n\in\mathbb{N}^*$ que
$$\int_1^{n+1}f(x)\,\mathrm{d}x\leqslant u_n\leqslant f(1)+\int_1^n f(x)\,\mathrm{d}x.$$
<u>Montrons que la proposition est vraie au rang 1 :</u>
On sait que $f(2)\leqslant\int_1^2 f(x)\,\mathrm{d}x\leqslant f(1)$ d'après l'inégalité du 2. avec $n=1$.
Or $u_1=f(1)$ d'où $\int_1^2 f(x)\,\mathrm{d}x\leqslant u_1\leqslant f(1)+\int_1^1 f(x)\,\mathrm{d}x$.
<u>Supposons que la proposition soit vraie pour un $n\in\mathbb{N}^*$ fixé et montrons que la proposition est vraie au rang $n+1$:</u>
En utilisant l'inégalité du 2. appliquée à n et à $n+1$ on obtient :
$f(n+1)\leqslant\int_n^{n+1}f(x)\,\mathrm{d}x\leqslant f(n)$ et $f(n+2)\leqslant\int_{n+1}^{n+2}f(x)\,\mathrm{d}x\leqslant f(n+1)$
d'où $\int_{n+1}^{n+2}f(x)\,\mathrm{d}x\leqslant f(n+1)\leqslant\int_n^{n+1}f(x)\,\mathrm{d}x$
Or d'après l'hypothèse de récurrence $\int_1^{n+1}f(x)\,\mathrm{d}x\leqslant u_n\leqslant f(1)+\int_1^n f(x)\,\mathrm{d}x$
d'où par addition :
$\int_1^{n+1}f(x)\,\mathrm{d}x+\int_{n+1}^{n+2}f(x)\,\mathrm{d}x\leqslant u_n+f(n+1)\leqslant f(1)+\int_1^n f(x)\,\mathrm{d}x+\int_n^{n+1}f(x)\,\mathrm{d}x$
soit $\int_1^{n+2}f(x)\,\mathrm{d}x\leqslant u_{n+1}\leqslant f(1)+\int_1^{n+1}f(x)\,\mathrm{d}x$.
Conclusion : Pour tout $n\in\mathbb{N}^*$, $\int_1^{n+1}f(x)\,\mathrm{d}x\leqslant u_n\leqslant f(1)+\int_1^n f(x)\,\mathrm{d}x$.
4. En appliquant l'inégalité du 3. on a $\int_1^{n+1}\dfrac{1}{x}\,\mathrm{d}x\leqslant u_n\leqslant\dfrac{1}{1}+\int_1^n\dfrac{1}{x}\,\mathrm{d}x$ soit $[\ln x]_1^{n+1}\leqslant u_n\leqslant 1+[\ln x]_1^n$ d'où $\ln(n+1)-\ln 1\leqslant u_n\leqslant 1+\ln n-\ln 1$ ainsi en particulier $u_n\geqslant\ln(n+1)$ or $\lim\limits_{n\to+\infty}\ln(n+1)=+\infty$ donc $\lim\limits_{n\to+\infty}u_n=+\infty$, la suite (u_n) diverge.

QCM

Corrigés en fin de manuel

Dans les questions suivantes, déterminer la (ou les) bonne(s) réponse(s).

1. Soit f la fonction définie sur $]-1\,;\,1[$ par :

$$f(x) = \int_0^x \frac{1}{1-t^2}\,dt.$$

a. f est positive sur $]-1\,;\,1[$;

b. f est croissante sur $]-1\,;\,1[$;

c. $f(0) = 1$.

2. Soit f une fonction continue sur $\mathbb{R}$. Soit φ la fonction définie sur $\mathbb{R}$ par $\varphi(x) = \int_0^{2x} f(t)\,dt$. Alors φ est dérivable sur $\mathbb{R}$ et on a pour tout x réel :

a. $\varphi'(x) = f(2x)$; b. $\varphi'(x) = f(x)$;

c. $\varphi'(x) = 2f(2x)$; d. $\varphi'(x) = 2f(x)$.

3. Soit f et g les fonctions définies respectivement sur $\mathbb{R}$ par :

$$f(x) = \frac{1}{1+x^2} \text{ et } g(x) = \int_x^{x^2} f(t)\,dt.$$

a. L'image de $\mathbb{R}$ par f est $]0\,;\,1]$;

b. Pour tout $x \in \mathbb{R}$, $0 \leqslant g(x) \leqslant x^2 - x$;

c. Dans un repère du plan et pour tout $x_0 \in \mathbb{R}$, $g(x_0)$ représente l'aire de la surface plane délimitée par la courbe représentative de la fonction f, l'axe des abscisses et les droites d'équation $x = x_0$ et $x = x_0^2$;

d. g est dérivable sur $\mathbb{R}$ et, pour tout $x \in \mathbb{R}$, $g'(x) = f(x^2) - f(x)$.

4. Soit f et g les fonctions définies par $f(x) = 5x^4 + 3x^2 + 1$ et $g(x) = xe^{x^2}$, pour tout x réels.

a. $\int_{-18}^{0} f(x)\,dx = \int_0^{18} f(x)\,dx$; b. $\int_{-1}^{1} f(x)\,dx = 0$;

c. $\int_0^1 f(x)\,dx = 3$; d. $\int_{-1}^{1} g(x)\,dx = 0$;

e. $\int_0^1 g(x)\,dx = \frac{e-1}{2}$.

5. $I = \int_0^1 (e^{2x} - x)\,dx$.

a. $I = e^2 - 1$; b. $I = e^2 - \frac{1}{2}$;

c. $I = \frac{1}{2}(e^2 - 1)$; d. $I = \frac{1}{2}e^2 - 1$.

6. On donne les deux courbes $\mathscr{C}$ et Γ ci-dessous.

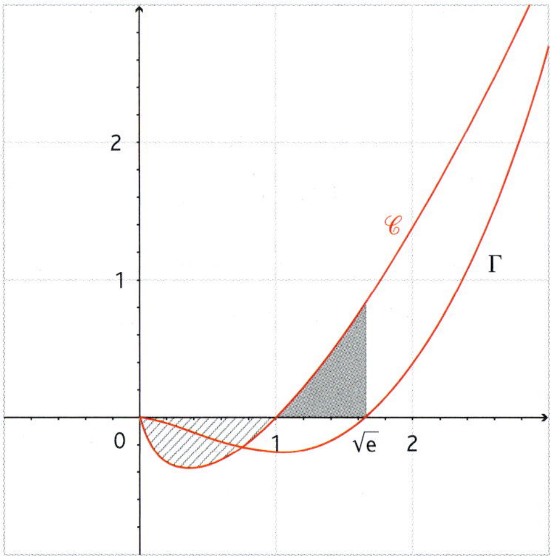

L'une de ces courbes représente une fonction f définie sur $[0\,;\,+\infty[$; l'autre représente une primitive F de f sur $[0\,;\,+\infty[$.

On admettra que Γ possède l'axe des abscisses pour tangente en $O(0, 0)$ et que $\mathscr{C}$ possède l'axe des ordonnées pour tangente en ce point.

a. Γ est la courbe qui représente f.

b. Pour tout $x \in \mathbb{R}+$, $F(x) = \int_0^x f(t)\,dt$.

c. L'aire de la surface hachurée est la même que celle de la surface grisée.

d. F est deux fois dérivable en 0 et $F''(0) = 0$

7. Soit f une fonction continue et positive sur $[0\,;\,+\infty[$. Soient F et G les fonctions définies sur $[0\,;\,+\infty[$ respectivement par :

$$F(x) = \int_1^x f(t)\,dt \text{ et } G(x) = x\int_1^x f(t)\,dt.$$

On désigne par Γ la représentation graphique de f dans un repère du plan.

a. $G(0) = G(1)$.

b. G est dérivable sur $[0\,;\,+\infty[$ et pour tout $x \in [0\,;\,+\infty[$, on a $G'(x) = F(x) + xf(x)$.

c. On ne peut pas prévoir le sens de variation de G sur $[0\,;\,+\infty[$ avec les seules hypothèses de l'énoncé.

d. L'aire de la surface limitée par les droites d'équations $x = 0$, $x = 2$, $y = 0$ et la courbe Γ se calcule par $F(2) + F(0)$.

vrai ou faux ? Corrigés en fin de manuel

Indiquer si les propositions suivantes sont vraies ou fausses.

8. Soit f et g deux fonctions définies et continues sur l'intervalle $[0\ ;\ 1]$. Si $\int_0^1 f(x)\,dx = \int_0^1 g(x)\,dx$ alors $f = g$ sur l'intervalle $[0\ ;\ 1]$.

9. Soit f une fonction continue sur $[a\ ;\ b]$ alors $\int_a^b f^2(x)\,dx = \left(\int_a^b f(x)\,dx\right)^2$; $\int_5^7 f(x)\,dx = -\int_7^5 f(x)\,dx$.

10. Soit f une fonction continue sur $[-3\ ;\ 2]$. Si $\int_{-3}^{2} f(x)\,dx > 0$ alors il existe un $\alpha \in [-3\ ;\ 2]$ tel que $f(\alpha) \geqslant 0$.

11. Soit f une fonction continue sur $[-1\ ;\ 3]$. Si $\int_{-1}^{3} f(x)\,dx < 0$ alors f est négative sur $[-1\ ;\ 3]$.

12. La fonction $x \mapsto x^2 - 5x + 1$ est la primitive sur $\mathbb{R}$ de la fonction $x \mapsto 2x - 5$.

13. $\int_0^{\ln 3} \frac{e^x}{e^x + 2}\,dx = -\ln\left(\frac{3}{5}\right)$.

14. $\int_2^5 (2x + u)\,du = 6x + \frac{21}{2}$.

15. Si la valeur moyenne d'une fonction est nulle sur $[a\ ;\ b]$, alors f est nulle sur $[a\ ;\ b]$.

16. $\int_0^1 e^{2x}\,du = e^{2x}$.

17. $\int_{-1}^{1} (e^x - e^{-x})\,dx = 0$.

18. L'aire de la partie du plan délimitée par $\mathscr{C}_f$, $\mathscr{C}_g$ et les droites d'équations $x = -3$ et $x = 2$ est $\int_{-3}^{2} (g(x) - f(x))\,dx$.

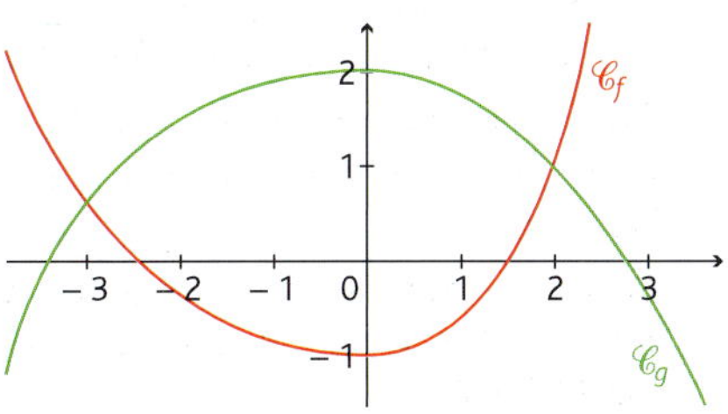

19. La valeur moyenne de la fonction $x \mapsto x^2 + 4$ sur $[0\ ;\ 2]$ est $\frac{16}{3}$.

20. $\int_1^{100} 7\,dx = 700$.

21. Si f est une fonction positive sur $\mathbb{R}$ alors quels que soient les réels a et b on a : $\int_a^b f(x)\,dx \geqslant 0$.

22. Les fonctions $x \mapsto \frac{1}{1 + x^2}$ et $x \mapsto 1$ ont les mêmes primitives sur $\mathbb{R}$.

23. $\int_0^{2\pi} \cos(x)\,dx = 0$.

24. Soit f une fonction définie et continue sur $\mathbb{R}$. Si f est positive sur $\mathbb{R}$ alors la fonction $x \mapsto \int_1^x f(t)\,dt$ est croissante sur $\mathbb{R}$.

25.

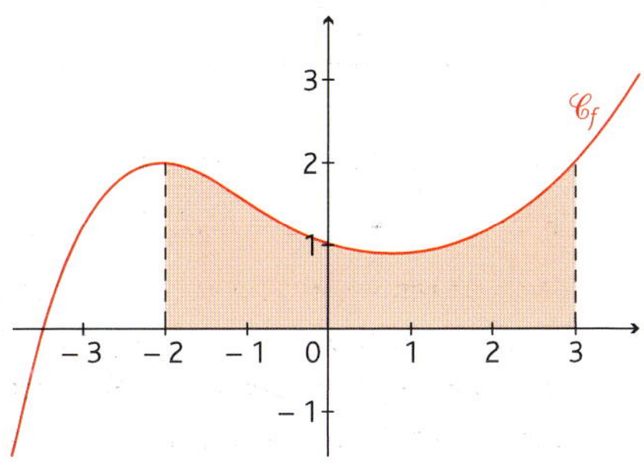

D'après le graphique, on peut affirmer que $\int_{-2}^{3} f(x)\,dx \leqslant 20$.

26. La fonction $x \mapsto x\ln x - x$ est la primitive de la fonction ln sur $]0\ ;\ +\infty[$.

27.

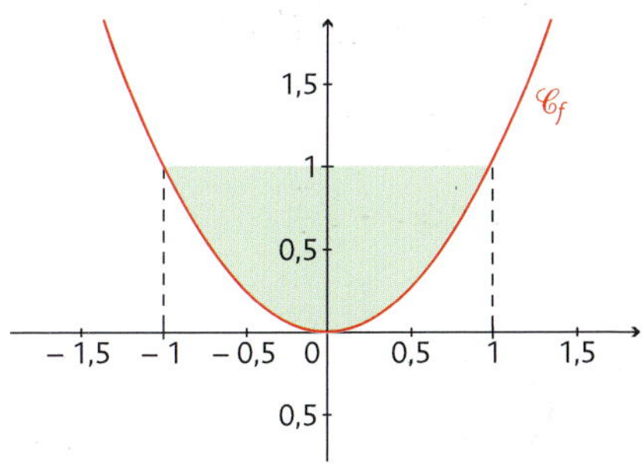

Soit $f(x) = x^2$, $x \in \mathbb{R}$. L'aire verte vaut $\frac{4}{3}$ *u.a.*

1. Calculs algébriques

pour s'échauffer

28. corrigé Calculer $\int_1^3 4\,dx$; $\int_0^4 -5\,dx$; $\int_{-2}^3 2\,dx$.

29. corrigé Soit f la fonction définie sur $[-2\,;3]$ dont on donne la représentation graphique ci-dessous :

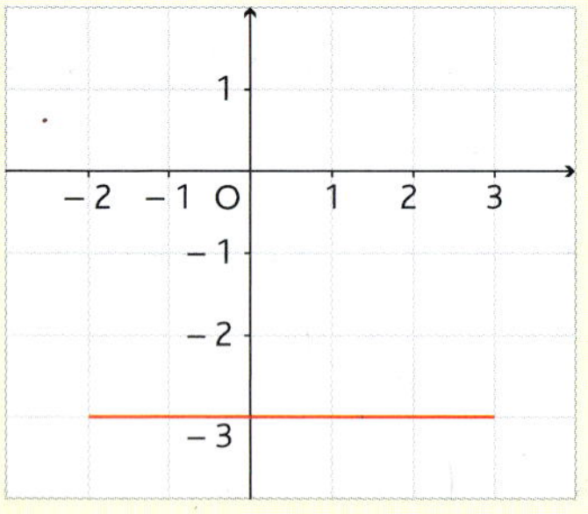

Calculer $\int_{-2}^3 f(x)\,dx$.

30. corrigé Soit f la fonction définie sur $[-3\,;2]$ dont on donne la représentation graphique ci-dessous :

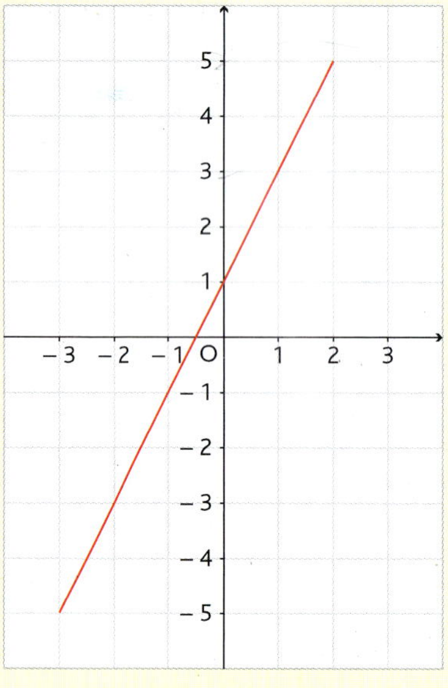

Calculer $\int_{-3}^2 f(x)\,dx$.

31. corrigé Soit f la fonction définie sur $[-2\,;5]$ dont on donne la représentation graphique ci-dessous :

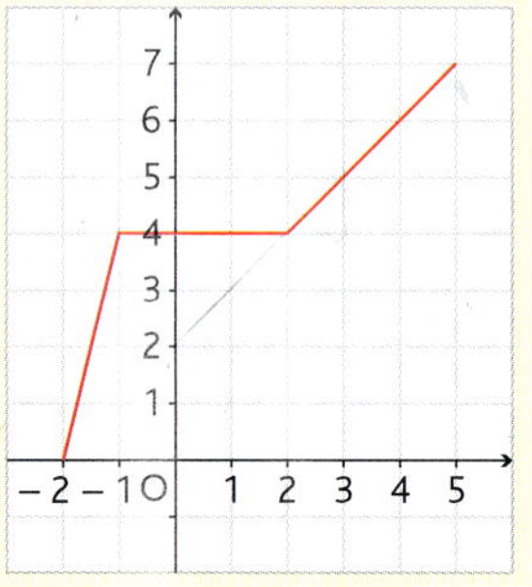

1. Calculer $\int_{-2}^{-1} f(x)\,dx$; $\int_{-1}^2 f(x)\,dx$ et $\int_2^5 f(x)\,dx$.
2. En déduire $\int_{-2}^5 f(x)\,dx$.

32. corrigé Calculer $\int_2^4 (x-2)\,dx$; $\int_{-1}^2 (x-2)\,dx$ puis :

$$\int_{-1}^4 (x-2)\,dx.$$

33. corrigé On admet que $\int_0^2 x^2\,dx = \frac{8}{3}$.

En déduire la valeur de $\int_0^2 (x^2+2x-1)\,dx$.

34. corrigé Soit f une fonction définie sur $[-4\,;5]$. On sait que $\int_{-4}^{-1} f(x)\,dx = 3$; $\int_{-1}^3 f(x)\,dx = 1$ et $\int_3^5 f(x)\,dx = -4$.

Calculer $\int_{-4}^5 f(x)\,dx$ et $\int_{-1}^5 4f(x)\,dx$.

35. corrigé Soit f et g deux fonctions définies sur $[-2\,;4]$. On sait que $\int_{-2}^4 f(x)\,dx = -2$ et $\int_{-2}^4 g(x)\,dx = 5$.

Calculer $\int_{-2}^4 4f(x)\,dx$; $\int_{-2}^4 (f(x)+g(x))\,dx$ et $\int_{-2}^4 (f(x)-2g(x))\,dx$.

36. Calculer $\int_{-2}^2 x\,dx$; $\int_{-2}^9 7\,dx$ et $\int_{-2}^2 (x+7)\,dx$.

37. Soit f la fonction définie sur $[2\,;5]$ dont on donne la représentation graphique ci-dessous :

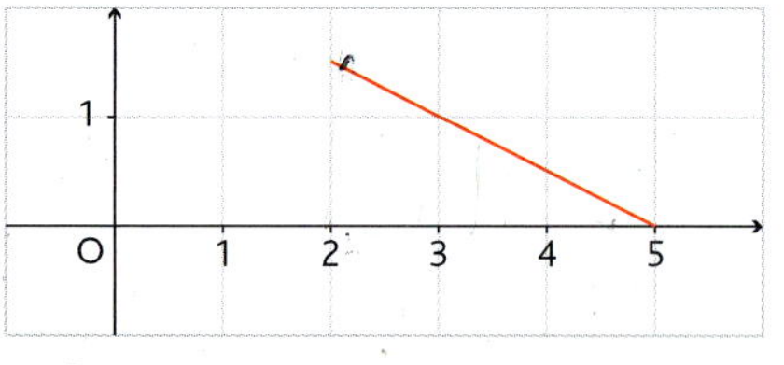

Calculer $\int_2^5 f(x)\,dx$.

38. Soit f la fonction définie sur $[-2\,;3]$ dont on donne la représentation graphique ci-dessous :

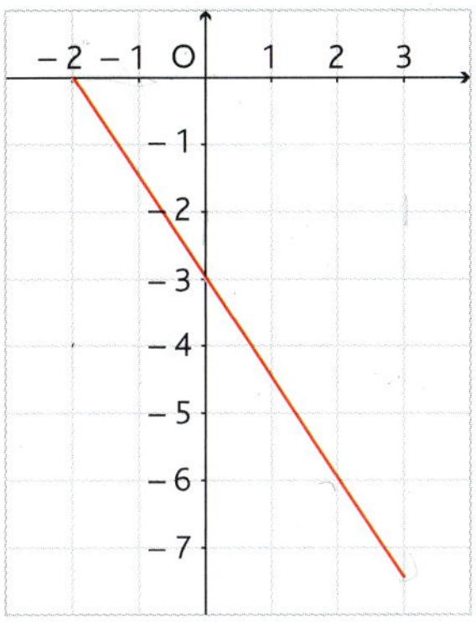

Calculer $\int_{-2}^{3} f(x)\,\mathrm{d}x$.

39. Soit f la fonction définie sur $[-3\,;4]$ dont on donne la représentation graphique ci-dessous :

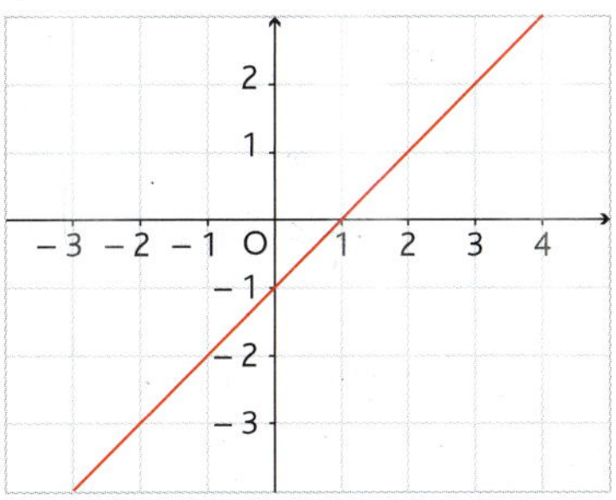

Calculer $\int_{-3}^{1} f(x)\,\mathrm{d}x$ et $\int_{1}^{4} f(x)\,\mathrm{d}x$.

En déduire $\int_{-3}^{4} f(x)\,\mathrm{d}x$.

40. 1. Recopier et compléter l'égalité suivante :
Pour tout $x \in \mathbb{R}$, $\cos^2(x) + \sin^2(x) = \ldots$.

2. Calculer $\int_{0}^{\frac{\pi}{2}} 1\,\mathrm{d}x$.

3. On admet que $\int_{0}^{\frac{\pi}{2}} \cos^2(x)\,\mathrm{d}x = \frac{\pi}{4}$. Déduire des questions précédentes la valeur de $\int_{0}^{\frac{\pi}{2}} \sin^2(x)\,\mathrm{d}x$.

41. **TICE** À l'aide d'un logiciel de calcul formel, on obtient :

```
int(x^2,x,-2,4)
                                  24
int(x^3,x,-2,4)
                                  60
```

1. Traduire ces instructions à l'aide d'intégrales.
2. En déduire $I = \int_{-2}^{4} (x^3 + x^2)\,\mathrm{d}x$; $J = \int_{-2}^{4} (2x^3 - 3x^2)\,\mathrm{d}x$ et $K = \int_{-2}^{4} (-x^3 + 2x^2 + 2)\,\mathrm{d}x$.

42. 1. Calculer $\int_{-3}^{1} (-x + 1)\,\mathrm{d}x$ et $\int_{1}^{2} (x - 1)\,\mathrm{d}x$.

2. En déduire $\int_{-3}^{2} |x - 1|\,\mathrm{d}x$.

43. Soit f et g deux fonctions définies et continues sur $[-5\,;2]$.
On sait que pour tout $x \in [-5\,;2]$, $-1 \leqslant f \leqslant 2$ et $2 \leqslant g \leqslant 5$.

1. Déterminer un encadrement de $f + g$ sur $[-5\,;2]$.
2. Déterminer un encadrement de $2f - 3g$ sur $[-5\,;2]$.
3. En déduire un encadrement de $\int_{-5}^{2} (f(x) + g(x))\,\mathrm{d}x$ et $\int_{-5}^{2} (2f(x) - 3g(x))\,\mathrm{d}x$.

44. **TICE** À l'aide d'un logiciel de calcul formel, donner la valeur exacte des intégrales suivantes :

$$\int_{0}^{\pi} x\cos(x)\,\mathrm{d}x\ ;\ \int_{1}^{2} \ln(x)\,\mathrm{d}x\ ;\ \int_{0}^{1} x^2 e^x\,\mathrm{d}x.$$

45. On sait que la valeur moyenne de f sur $[-1\,;3]$ est 4. En déduire $\int_{-1}^{3} f(x)\,\mathrm{d}x$.

2. Recherche de primitives

pour s'échauffer

Pour les exercices 46. à 48., déterminer une primitive sur $\mathbb{R}$ des fonctions données.

46. **corrigé** $f(x) = x + 4$; $g(x) = 7$; $h(x) = -2x + 6$.

47. **corrigé** $f(x) = x^2 + 5$; $g(x) = 2x^2 - 2x + 4$; $h(x) = -x^2 + 7x - 1$.

48. **corrigé** 1. $f(x) = 2x^2 - 7x + 3$;

2. $f(x) = 6x^3 - \frac{4}{3}x^2 + \frac{1}{2}x - 1$;

3. $f(x) = x^5 - 3x^3 + 5x$.

Pour les exercices 49. à 54., déterminer une primitive sur l'intervalle I des fonctions données.

49. **corrigé** 1. $f(x) = x^5 - 3x^3 + 5x$, $I = \mathbb{R}$;

2. $f(x) = \frac{1}{x}$, $I =]0\,;+\infty[$;

3. $f(x) = \frac{3}{x^2}$, $I =]0\,;+\infty[$;

4. $f(x) = 3x^3 - \frac{1}{2x^2} + \frac{3}{x^3}$, $I =]0\,;+\infty[$.

50. corrigé 1. $f(x) = \frac{1}{\sqrt{x}}$, $I =]0\,;+\infty[$;

2. $f(x) = e^x$, $I = \mathbb{R}$;

3. $f(x) = \cos(x)$, $I = \mathbb{R}$.

51. corrigé 1. $f(x) = 2x^2 - \frac{1}{3}x + \frac{1}{2}$, $I = \mathbb{R}$;

2. $f(x) = 6x - 1 + \frac{4}{x}$, $I =]0\,;+\infty[$;

3. $f(x) = x - 1 + \frac{2}{x} - \frac{3}{x^2}$, $I =]0\,;+\infty[$;

4. $f(x) = \frac{1}{3}x^4 - \frac{3}{4}x^3 + \frac{7}{5}x^2 - 14x + 1$, $I = \mathbb{R}$.

52. corrigé 1. $f(x) = -\frac{2}{x^6}$, $I =]0\,;+\infty[$;

2. $f(x) = \frac{1}{x^2} + \frac{2}{\sqrt{x}}$, $I =]0\,;+\infty[$;

3. $f(x) = -\frac{3}{x^2} - \frac{1}{2\sqrt{x}} + 2x$, $I =]0\,;+\infty[$.

53. corrigé 1. $f(x) = \frac{7x^3 - 4x^2 + 3x - 1}{5}$, $I = \mathbb{R}$;

2. $f(x) = -\frac{5x^4 + 2x^3 - 3x + 6}{x^3}$, $I =]0\,;+\infty[$;

3. $f(x) = \frac{2x^4 - x^3 + 6x - 1}{x}$, $I =]0\,;+\infty[$.

54. corrigé 1. $f(x) = 2x - 4e^x$, $I = \mathbb{R}$;

2. $f(x) = \sin(x)$, $I = \mathbb{R}$;

3. $f(x) = 3\cos(x) - \sin(x)$, $I = \mathbb{R}$.

***Pour les exercices** 55. **à** 58., reconnaître une forme du type $u'u^n$ et déterminer une primitive sur l'intervalle I des fonctions données.*

55. 1. $f(x) = 2x(x^2 + 3)^4$, $I = \mathbb{R}$;

2. $f(x) = (3x^2 - 2)(x^3 - 2x + 3)^3$, $I = \mathbb{R}$;

3. $f(x) = (2x + 1)(x^2 + x + 1)^5$, $I = \mathbb{R}$.

56. 1. $f(x) = \sin(x)\cos^4(x)$, $I = \mathbb{R}$;

2. $f(x) = (x + 1)(x^2 + 2x - 5)^4$, $I = \mathbb{R}$;

3. $f(x) = (2 - x)(x^2 - 4x + 2)^5$, $I = \mathbb{R}$.

57. 1. $f(x) = (3x - 1)(3x^2 - 2x + 3)^3$, $I = \mathbb{R}$;

2. $f(x) = (x^3 - 3x + 4)^5(2x^2 - 2)$, $I = \mathbb{R}$;

3. $f(x) = 4(4x + 3)^3$, $I = \mathbb{R}$;

4. $f(x) = (-2x + 1)^4$, $I = \mathbb{R}$.

58. 1. $f(x) = \frac{1}{x} \times \ln^3(x)$, $I =]0\,;+\infty[$;

2. $f(x) = \cos(x)\sin^3(x)$, $I = \mathbb{R}$;

3. $f(x) = \frac{x}{1 + x^2}\ln(1 + x^2)$, $I = \mathbb{R}$.

59. Soit f la fonction définie sur $\left]-\frac{\pi}{2}\,;\frac{\pi}{2}\right[$ par :

$$f(x) = \tan(x).$$

1. Montrer que pour tout $x \in \left]-\frac{\pi}{2}\,;\frac{\pi}{2}\right[$,

$$f'(x) = 1 + \tan^2(x).$$

2. En déduire une primitive sur $\left]-\frac{\pi}{2}\,;\frac{\pi}{2}\right[$ de la fonction g définie par :

pour tout $x \in \left]-\frac{\pi}{2}\,;\frac{\pi}{2}\right[$, $g(x) = (1 + \tan^2(x))\tan^4(x)$.

3. Montrer que pour tout $x \in \left]-\frac{\pi}{2}\,;\frac{\pi}{2}\right[$, $f(x) = \frac{1}{\cos^2(x)}$.

4. En déduire une primitive sur $\left]-\frac{\pi}{2}\,;\frac{\pi}{2}\right[$ de la fonction h définie par :

pour tout $x \in \left]-\frac{\pi}{2}\,;\frac{\pi}{2}\right[$, $h(x) = \frac{\tan^3(x)}{\cos^2(x)}$.

60. 1. $f(x) = \tan^4 x + \tan^6 x$, $I = \left]-\frac{\pi}{2}\,;\frac{\pi}{2}\right[$.

INDICATION
On pourra mettre $\tan^4(x)$ en facteur. On pourra découper l'intégrale en 3…

2. $f(x) = \tan 3x + \tan^3 3x$, $I = \left]-\frac{\pi}{6}\,;\frac{\pi}{6}\right[$.

61. 1. Montrer que pour tout x réel :

$$\sin^3 x = \sin x - \sin x \cos^2 x.$$

2. En déduire une primitive de la fonction f définie par $f(x) = \sin^3 x$, $x \in \mathbb{R}$.

***Pour les exercices** 62. **à** 67., reconnaître une forme du type $\frac{u'}{u^n}$ et déterminer une primitive sur l'intervalle I des fonctions données.*

62. 1. $f(x) = \frac{2x + 5}{(x^2 + 5x)^4}$, $I =]0\,;+\infty[$;

2. $f(x) = \frac{3x^2 + 2}{(x^3 + 2x)^2}$, $I =]0\,;+\infty[$;

3. $f(x) = \frac{x}{(x^2 + 1)^3}$, $I = \mathbb{R}$.

63. 1. $f(x) = \frac{7}{(x - 1)^4}$, $I =]-\infty\,;1[$;

2. $f(x) = \frac{9}{(4x + 1)^3}$, $I =]0\,;+\infty[$;

3. $f(x) = \frac{2}{3(2x + 3)^2}$, $I =]-1\,;+\infty[$.

64. 1. $f(x) = \dfrac{1 - x^2}{(x^3 - 3x + 1)^3}$, $I = [2\,;+\infty[$;

2. $f(x) = \dfrac{3x^2 + 2}{(x^3 + 2x)^4}$, $I =]0\,;+\infty[$;

3. $f(x) = \dfrac{-\frac{1}{6}x + \frac{1}{3}}{(x^2 - 4x + 9)^4}$, $I = \mathbb{R}$.

65. 1. $f(x) = \dfrac{x - 1}{(3x^2 - 6x + 11)^7}$, $I = \mathbb{R}$;

2. $f(x) = \dfrac{6 - 4x}{(x^2 - 3x - 4)^5}$, $I =]-\infty\,;-1[$.

66. 1. $f(x) = \dfrac{1 - x^2}{(x^3 - 3x + 1)^3}$, $I =]-\infty\,;-2[$;

2. $f(x) = \dfrac{-15x^2 - 10}{(x^3 + 2x)^4}$, $I =]-2\,;0[$;

3. $f(x) = \dfrac{\cos(x)}{\sin^3(x)}$, $I =]0\,;\pi[$.

67. 1. $f(x) = \dfrac{\tan x}{(1 + \tan^2 x)^2}$, $I = \left]-\dfrac{\pi}{2}\,;\dfrac{\pi}{2}\right[$;

2. $f(x) = \dfrac{\sin x}{\cos^3(x)}$, $I = \left]-\dfrac{\pi}{2}\,;\dfrac{\pi}{2}\right[$;

3. $f(x) = \dfrac{\cos x}{\sin^3 x(1 - \cos^2 x)^6}$, $I =]0\,;\pi[$.

***Pour les exercices 68. à 71.**, reconnaître une forme du type $\dfrac{u'}{\sqrt{u}}$ et déterminer une primitive de f sur I.*

68. 1. $f(x) = \dfrac{3}{\sqrt{3x + 1}}$, $I = \left]-\dfrac{1}{3}\,;+\infty\right[$;

2. $f(x) = \dfrac{1}{\sqrt{4 - 5x}}$, $I = \left]-\infty\,;\dfrac{4}{5}\right[$;

3. $f(x) = \dfrac{x}{\sqrt{x^2 + 1}}$, $I = \mathbb{R}$.

69. 1. $f(x) = \dfrac{5}{\sqrt{2x + 1}}$, $I = \left]-\dfrac{1}{2}\,;+\infty\right[$;

2. $f(x) = \dfrac{-2}{\sqrt{x - 6}}$, $I =]6\,;+\infty[$;

3. $f(x) = \dfrac{x - 1}{\sqrt{x(x - 2)}}$, $I =]-\infty\,;0[$.

70. 1. $f(x) = \dfrac{x + 1}{\sqrt{x^2 + 2x + 5}}$, $I = \mathbb{R}$;

2. $f(x) = \dfrac{5x^2 + 5x + 5}{\sqrt{2x^3 + 3x^2 + 6x + 1}}$, $I = [0\,;+\infty[$.

71. 1. $f(x) = \dfrac{2x^2 + \sin x}{\sqrt{2x^3 - 3\cos x + 3}}$, $I = [1\,;+\infty[$;

2. $f(x) = \dfrac{\sin(2x)}{\sqrt{1 + \sin^2 x}}$, $I = \mathbb{R}$.

***Pour les exercices 72. à 76.**, à l'aide du tableau de primitives du cours, déterminer une primitive sur l'intervalle I des fonctions données.*

72. 1. $f(x) = \cos(2x)$, $I = \mathbb{R}$;

2. $f(x) = e^{-x}$, $I = \mathbb{R}$;

3. $f(x) = x^3(x^4 - 2)^3$, $I = \mathbb{R}$.

73. 1. $f(x) = 4e^{3x}$, $I = \mathbb{R}$;

2. $f(x) = \sin(5x)$, $I = \mathbb{R}$;

3. $f(x) = \dfrac{4}{(2x + 3)^3}$, $I = \left]-\dfrac{3}{2}\,;+\infty\right[$;

4. $f(x) = \dfrac{1}{x\ln(x)}$, $I =]1\,;+\infty[$.

74. 1. $f(x) = \dfrac{e^x}{e^x + 2}$, $I = \mathbb{R}$;

2. $f(x) = \dfrac{x}{x^2 + 3}$, $I = \mathbb{R}$;

3. $f(x) = \dfrac{1}{x\ln^3(x)}$, $I =]1\,;+\infty[$;

4. $f(x) = \dfrac{e^{2x} + 1}{e^{2x} + 2x}$, $I = [0\,;+\infty[$.

75. 1. $f(x) = \dfrac{1}{x^2}e^{\frac{1}{x}}$, $I =]0\,;+\infty[$;

2. $f(x) = 4 - \dfrac{3}{2x + 6}$, $I =]-3\,;+\infty[$;

3. $f(x) = e^{3 - 2x}$, $I = \mathbb{R}$;

4. $f(x) = 2xe^{x^2}$, $I = \mathbb{R}$.

76. 1. $f(x) = \dfrac{\cos(3x)}{\sin^4(3x)}$, $I = \left]0\,;\dfrac{\pi}{3}\right[$;

2. $f(x) = e^{2x}(1 + e^{2x})^5$, $I = \mathbb{R}$;

3. $f(x) = (x - 1)e^{x^2 - 2x + 5}$, $I = \mathbb{R}$;

4. $f(x) = 3\cos(3x)$, $I = \mathbb{R}$.

***Pour les exercices 77. à 80.**, déterminer la primitive de la fonction f sur l'intervalle I qui prend la valeur y_0 en $x_0 \in I$:*

77. 1. $f(x) = 3x - 1$, $I = \mathbb{R}$, $x_0 = -1$, $y_0 = 3$;

2. $f(x) = x - \dfrac{1}{x^2}$, $I =]0\,;+\infty[$, $x_0 = 1$, $y_0 = -1$;

3. $f(x) = \dfrac{1}{x} + 2$, $I =]0\,;+\infty[$, $x_0 = e$, $y_0 = 0$.

78. 1. $f(x) = \cos(3x)$, $I = \mathbb{R}$, $x_0 = 0$, $y_0 = 1$;

2. $f(x) = \dfrac{x}{x^2 + 5}$, $I = \mathbb{R}$, $x_0 = -1$, $y_0 = 0$;

3. $f(x) = e^{4x} - x$, $I = \mathbb{R}$, $x_0 = 0$, $y_0 = -2$.

79. 1. $f(x) = \cos(x)\,e^{\sin(x)}$, $I = \mathbb{R}$, $x_0 = \frac{\pi}{2}$, $y_0 = 1$;
2. $f(x) = \dfrac{3}{(2x+1)^3}$, $I = \left]-\frac{1}{2}\,;+\infty\right[$, $x_0 = 0$, $y_0 = 0$;
3. $f(x) = \dfrac{\sin(x)}{\cos(x)}$, $I = \left]-\frac{\pi}{2}\,;\frac{\pi}{2}\right[$, $x_0 = 0$, $y_0 = 1$.

80. 1. $f(x) = x - \dfrac{x}{x^2} - \dfrac{1}{\sqrt{x}}$, $I =]0\,;+\infty[$, $x_0 = 1$, $y_0 = 2$;
2. $f(x) = \dfrac{1}{(2x+5)^4}$, $I = \left]-\infty\,;-\frac{5}{2}\right[$, $x_0 = -3$, $y_0 = 0$;
3. $f(x) = \dfrac{x^4 + 3x^2 - 2}{x^2}$, $I =]0\,;+\infty[$, $x_0 = 2$, $y_0 = -1$;
4. $f(x) = \sin(x)\cos^3(x)$, $I = \mathbb{R}$, $x_0 = \pi$, $y_0 = 0$.

3. Fractions rationnelles

→ pour s'échauffer

81. corrigé Soit f la fonction définie sur $]1\,;+\infty[$ par $f(x) = \dfrac{2x+3}{x-1}$.

1. Démontrer que pour tout $x \in]1\,;+\infty[$,
$$f(x) = 2 + \frac{5}{x-1}.$$
2. En déduire toutes les primitives de f sur $]1\,;+\infty[$.

82. corrigé Soit f la fonction définie sur $]-2\,;+\infty[$ par $f(x) = \dfrac{3x-4}{x+2}$.

1. Soit a et b deux réels. Démontrer que pour tout :
$$x \in]-2\,;+\infty[,\ a + \frac{b}{x+2} = \frac{ax + 2a + b}{x+2}.$$
2. Montrer que si les réels a et b vérifient : $x \in]-2\,;+\infty[$, $f(x) = a + \dfrac{b}{x+2}$, alors ils vérifient le système $\begin{cases} a = 3 \\ 2a + b = -4 \end{cases}$.
3. En déduire les valeurs de a et b.
4. En déduire toutes les primitives de f sur $]-2\,;+\infty[$.

83. Soit f la fonction définie sur $]3\,;+\infty[$ par :
$$f(x) = \frac{5x-2}{x-3}.$$
1. Déterminer deux réels a et b tels que pour tout $x \in]3\,;+\infty[$, $f(x) = a + \dfrac{b}{x-3}$.
2. En déduire toutes les primitives de f sur $]3\,;+\infty[$.

84. Soit $f(x) = \dfrac{x^2 + 5x - 1}{x+2}$, $x \in]-2\,;+\infty[$.

1. Montrer qu'il existe trois réels a, b, et c tels que
$$\forall x \in]-2\,;+\infty[,\ f(x) = ax + b + \frac{c}{x+2}.$$
2. En déduire la primitive de f sur $]-2\,;+\infty[$ qui s'annule en 1.

85. Soit $f(x) = \dfrac{2x^2 - 3x + 4}{(x-1)^2}$, $x \in]1\,;+\infty[$.

1. Montrer qu'il existe trois réels a, b et c tels que :
$$\forall x \in]1\,;+\infty[,\ f(x) = a + \frac{b}{x-1} + \frac{c}{(x-1)^2}.$$
2. En déduire la primitive de f sur $]1\,;+\infty[$ qui vaut 3 en 2.

86. Soit $f(x) = \dfrac{2x+3}{(x+3)^3}$, $x \in]-\infty\,;-3[$.

1. Montrer qu'il existe deux réels a et b tels que :
$$\forall x \in]-\infty\,;-3[,\ f(x) = \frac{a}{(x+3)^2} + \frac{b}{(x+3)^3}.$$
2. En déduire la primitive de f sur $]-\infty\,;-3[$ qui s'annule en -4.

87. Soit $f(x) = \dfrac{5x^2 + 21x + 22}{(x-1)(x+3)^2}$, $x \in]1\,;+\infty[$.

1. Montrer qu'il existe trois réels a, b et c tels que :
$$\forall x \in]1\,;+\infty[,\ f(x) = \frac{a}{x-1} + \frac{b}{x+3} - \frac{c}{(x+3)^2}.$$
2. En déduire la primitive de f sur $]1\,;+\infty[$ qui s'annule en 2.

88. Soit $f(x) = \dfrac{24x^3 + 18x^2 + 10x - 9}{(3x-1)(2x+1)^2}$, $x \in \left]-\frac{1}{2}\,;\frac{1}{3}\right[$.

1. Montrer qu'il existe quatre réel a, b, c et d tels que :
$$f(x) = a + \frac{b}{3x-1} + \frac{c}{2x+1} + \frac{d}{(2x+1)^2}.$$
2. En déduire toutes les primitives de f sur $\left]-\frac{1}{2}\,;\frac{1}{3}\right[$.

89. Soit f la fonction définie sur $\mathbb{R}$ par $f(x) = (2xe^x)^2$ et G la fonction définie sur $\mathbb{R}$ par $G(x) = (ax^2 + bx + c)e^{2x}$ où a, b, c sont des paramètres réels.

1. Calculer $G'(x)$.
2. Montrer que $G' = f$ si, et seulement si, $a = 2$, $b = -2$ et $c = 1$. En déduire une primitive F de f sur $\mathbb{R}$.

4. Calcul d'intégrales

pour s'échauffer

***Pour les exercices** 90. **à** 95., calculer les intégrales données.*

90. corrigé

1. $\int_{-1}^{2} \mathrm{d}x$;
2. $\int_{0}^{2} 3\mathrm{d}t$;
3. $\int_{0}^{3} x^2 \mathrm{d}x$;
4. $\int_{0}^{1} (-3x+2)\,\mathrm{d}x$;
5. $\int_{2}^{3} \frac{1}{x^2}\mathrm{d}x$;
6. $\int_{1}^{\mathrm{e}} \frac{1}{x}\mathrm{d}x$.

91. corrigé

1. $\int_{0}^{\frac{\pi}{4}} \sin x\,\mathrm{d}x$;
2. $\int_{-2}^{1} (x^2+2x)\,\mathrm{d}x$;
3. $\int_{-1}^{1} \mathrm{e}^{-2x}\mathrm{d}x$;
4. $\int_{0}^{1} \frac{2}{3x+2}\mathrm{d}x$.

92. corrigé

1. $\int_{-1}^{2} (t^2+2t-1)\,\mathrm{d}t$;
2. $\int_{-\pi}^{\frac{\pi}{2}} \sin\left(\frac{u}{2}\right)\mathrm{d}u$;
3. $\int_{0}^{\pi} \cos(3x)\,\mathrm{d}x$;
4. $\int_{-2}^{-1} \frac{2}{x^3}\mathrm{d}x$.

93. 1. $\int_{0}^{\pi} (\cos 2t - \sin t)\,\mathrm{d}t$;

2. $\int_{-\frac{\pi}{2}}^{0} (\sin(3u) - 4\cos(u))\,\mathrm{d}u$;

3. $\int_{0}^{\pi} (\cos 3x)\,\mathrm{d}x$;
4. $\int_{-1}^{0} \mathrm{e}^{-2x+1}\mathrm{d}x$.

94. 1. $\int_{0}^{1} \frac{5}{2x-3}\mathrm{d}x$;
2. $\int_{0}^{1} \frac{2x-3}{5}\mathrm{d}x$;
3. $\int_{0}^{1} \mathrm{e}^{3x}\mathrm{d}x$;
4. $\int_{0}^{1} \sqrt{\mathrm{e}^x}\,\mathrm{d}x$.

95. 1. $\int_{-1}^{1} (\mathrm{e}^x + \mathrm{e}^{-x})\,\mathrm{d}x$;
2. $\int_{0}^{1} \frac{1}{(2x+1)^2}\mathrm{d}x$;
3. $\int_{0}^{1} (2x+1)^2\mathrm{d}x$;
4. $\int_{1}^{2} \frac{1}{x} \times (\ln(x))^3\mathrm{d}x$.

96. 1. Calculer $\int_{-1}^{\frac{1}{2}} (2t-1)\,\mathrm{d}t$ et $\int_{\frac{1}{2}}^{3} (-2t+1)\,\mathrm{d}t$.

2. En déduire la valeur de $\int_{-1}^{3} |2t-1|\,\mathrm{d}t$.

97. En s'inspirant de la méthode de l'exercice 86., calculer $\int_{-2}^{1} |t+1|\,\mathrm{d}t$.

98. En s'inspirant de la méthode de l'exercice 86., calculer $\int_{-1}^{3} |2t+5|\,\mathrm{d}t$; $\int_{-1}^{3} |x-4|\,\mathrm{d}x$ et $\int_{-4}^{3} |4x+1|\,\mathrm{d}x$.

99. 1. Étudier le signe de $x^2 - 4x + 3$.

2. En déduire le calcul de $\int_{1}^{5} |x^2 - 4x + 3|\,\mathrm{d}x$.

> **Aide**
> On pourra découper l'intégrale en 2…

100. 1. Étudier le signe de $-x^2 + 2x + 3$.

2. En déduire le calcul de $\int_{-2}^{4} |-x^2 + 2x + 3|\,\mathrm{d}x$.

> **Aide**
> On pourra découper l'intégrale en 3…

101. Calculer $\int_{0}^{\pi} (|\sin x| + |\cos x|)\,\mathrm{d}x$.

102. Calculer $\int_{1}^{3} (|x-1| + |x-2|)\,\mathrm{d}x$.

103. Calculer $\int_{0}^{\frac{\pi}{2}} \frac{\cos x}{(1+\sin x)^3}\mathrm{d}x$; $\int_{-\frac{\pi}{4}}^{\frac{\pi}{4}} \tan^2 x\,\mathrm{d}x$;

$\int_{0}^{1} \frac{\mathrm{d}x}{\sqrt{(x+5)^3}}$; $\int_{-\frac{\pi}{4}}^{\frac{\pi}{4}} \frac{\tan x}{\cos x}\mathrm{d}x$ et $\int_{0}^{\frac{\pi}{4}} \frac{\cos 2x}{(2+3\sin 2x)^3}\mathrm{d}x$.

104. Soit k un nombre réel. Calculer $\int_{-3}^{3} (|x-k| + 1)\,\mathrm{d}x$ en fonction de k.

105. Calculer $\mathrm{I} = \int_{0}^{\sqrt{\pi}} (4x-1)\sin(2x^2 - x)\,\mathrm{d}x$;

$\mathrm{J} = \int_{-\frac{\pi}{4}}^{\frac{\pi}{2}} \frac{\cos x}{\sin x - 2}\mathrm{d}x$ et $\mathrm{K} = \int_{0}^{\pi} \cos(3x)\sin^4(3x)\,\mathrm{d}x$.

106. Calculer $\mathrm{I} = \int_{\frac{\pi}{2}}^{\pi} \frac{x + \cos(2x)}{(x^2 + \sin(2x))^3}\mathrm{d}x$;

$\mathrm{J} = \int_{0}^{\frac{\pi}{2}} \cos^8 x \sin x\,\mathrm{d}x$ et $\mathrm{K} = \int_{0}^{\frac{\pi}{2}} \sin(2x)(1 - \cos(2x))^5\,\mathrm{d}x$.

107. Calculer $\mathrm{I} = \int_{0}^{1} (x-1)(x^2 - 2x + 8)^3\,\mathrm{d}x$;

$\mathrm{J} = \int_{1}^{2} \frac{x}{3x^2 - 2}\mathrm{d}x$ et $\mathrm{K} = \int_{3}^{4} \frac{6x-3}{(x^2 - x)^3}\mathrm{d}x$.

108. Calculer $\mathrm{I} = \int_{-2}^{3} (|x+4| - 2|x+1|)\,\mathrm{d}x$;

$\mathrm{J} = \int_{0}^{2} \left(\frac{2}{x-5} - \frac{3}{2x+1} + \frac{1}{(x-3)^2}\right)\mathrm{d}x$;

$\mathrm{K} = \int_{-2}^{-1} \left(\frac{1}{x} - \frac{2}{x^2} + \frac{1}{x^3}\right)\mathrm{d}x$.

109. Soit $\mathrm{I} = \int_{1}^{2} \frac{1 - x^2}{1 - 2x}\mathrm{d}x$ et $\mathrm{J} = \int_{1}^{2} \left(\frac{1}{2}x + \frac{1}{4}\right)\mathrm{d}x$, calculer $\mathrm{I} - \mathrm{J}$ puis en déduire la valeur de I.

110. Déterminer la valeur moyenne de f sur I dans chacun des cas suivants :

1. $f(x) = \cos(2x)$, $I = [0\ ;\ \pi]$;
2. $f(x) = 2x^2 + x - 2$, $I = [-1\ ;\ 1]$;
3. $f(x) = \dfrac{3}{x-2}$, $I = [-2\ ;\ 1]$.

111. Déterminer la valeur moyenne de f sur I dans chacun des cas suivants :

1. $f(x) = \dfrac{x}{x^2+1}$, $I = [-2\ ;\ 2]$;
2. $f(x) = e^{\frac{1}{2}x}$, $I = [0{,}2\ ;\ \ln 2]$;
3. $f(x) = x(x^2+1)^3$, $I = [-1\ ;\ 3]$.

5. Calculs d'aires

→ pour s'échauffer

112. **corrigé** Soit $(O\ ;\ \vec{i}, \vec{j})$ un repère orthogonal du plan. Dans chacun des cas suivants, exprimer en cm^2 la valeur d'une unité d'aire (*u.a.*) :

1. $\|\vec{i}\| = 2$ cm *et* $\|\vec{j}\| = 3$ cm ;
2. $\|\vec{i}\| = 1$ cm *et* $\|\vec{j}\| = 1$ cm ;
3. $\|\vec{i}\| = 2$ cm *et* $\|\vec{j}\| = \dfrac{1}{2}$ cm ;
4. $\|\vec{i}\| = \|\vec{j}\| = 2$ cm.

113. **corrigé** Soit $(O\ ;\ \vec{i}, \vec{j})$ un repère orthogonal du plan. Sur les figures ci-dessous, on a représenté le repère $(O\ ;\ \vec{i}, \vec{j})$. La grille représente des espaces de 1 cm. Dans chacun des cas, déterminer la valeur en cm^2 d'une *u.a.*

1.

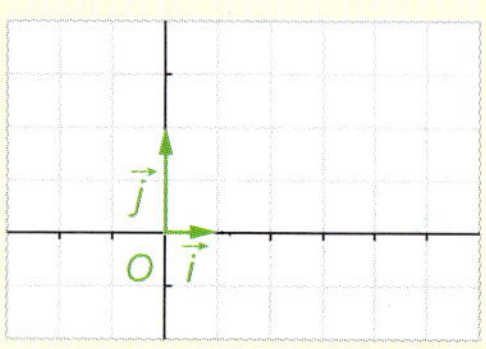

2.

3.

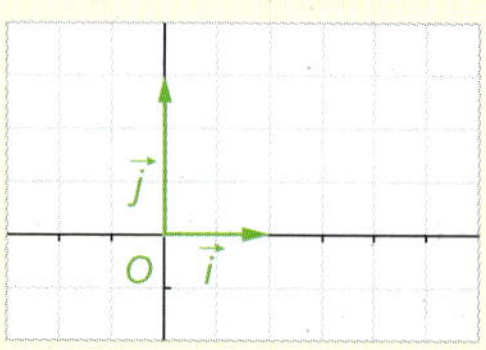

4.

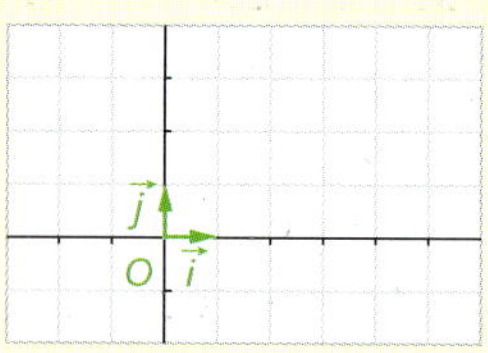

114. Soit f la fonction définie sur $\mathbb{R}$ par $f(x) = -x^2 + 3x$ dont on a dessiné la représentation graphique dans un repère orthogonal $(O\ ;\ \vec{i}, \vec{j})$ ci-dessous :

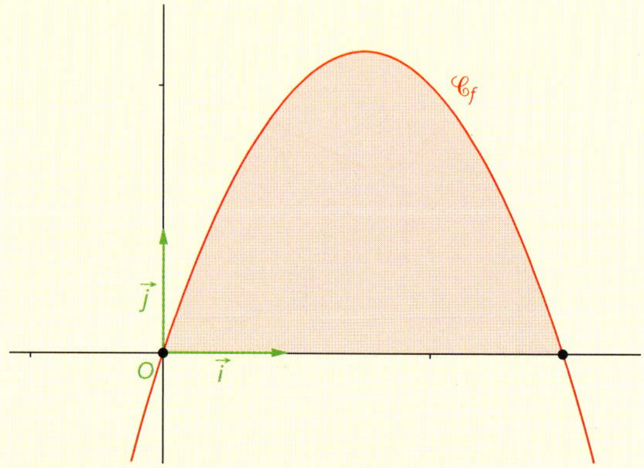

Déterminer l'aire de la partie du plan colorée ci-dessus en *u.a.*

115. Soit f la fonction définie sur $\mathbb{R}$ par $f(x) = x^2 - 2x$ dont on a dessiné la représentation graphique dans un repère orthogonal $(O\ ;\ \vec{i}, \vec{j})$ ci-dessous :

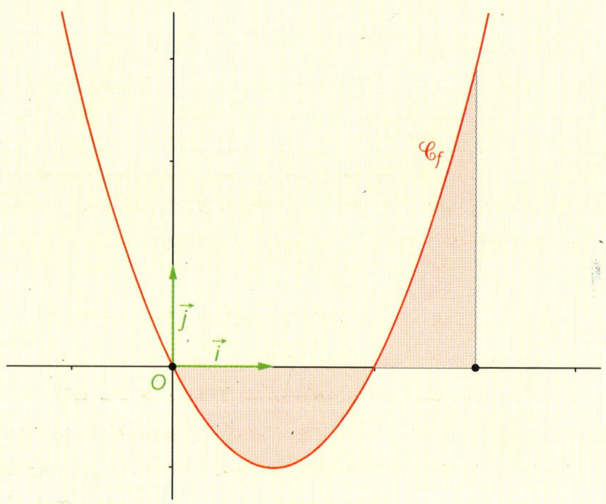

1. Déterminer l'aire de la partie du plan délimitée par $\mathscr{C}_f$ et les droites d'équations $x = 0$ et $x = 2$.
2. Déterminer l'aire de la partie du plan délimitée par $\mathscr{C}_f$ et les droites d'équations $x = 2$ et $x = 3$.
3. En déduire l'aire de la partie du plan colorée.

116. corrigé Soit f la fonction définie sur $\mathbb{R}$ par : $f(x) = (x + 1)\,e^{\frac{x}{2}}$ dont on a dessiné la représentation graphique dans un repère orthogonal $(O\,;\,\vec{i},\vec{j})$ ci-dessous :

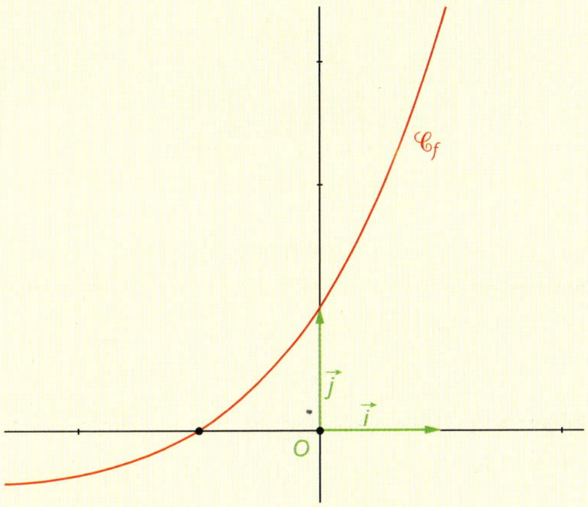

On donne les résultats suivants obtenus à l'aide d'un logiciel de calcul formel :

int((x+1)*exp(x/2),x,-2,-1)
-4*exp(-(1/2))+6*exp(-
int((x+1)*exp(x/2),x,-1,0)
-2+4*exp(-(1/2))
int((x+1)*exp(x/2),x,0,1)
2

En déduire l'aire de la partie du plan délimitée par $\mathscr{C}_f$ et les droites d'équations $x = -2$ et $x = 1$.

117. TICE Soit f la fonction définie sur $\mathbb{R}$ par :

$$f(x) = \ln(1 + e^{-2x}).$$

Soit $(O\,;\,\vec{i},\vec{j})$ un repère orthonormé d'unité 3 cm.

1. À l'aide d'une calculatrice, calculer l'aire $\mathscr{A}$ de la partie du plan délimitée par la courbe représentant f, l'axe des abscisses et les droites d'équations $x = 0$ et $x = 1$. *On exprimera $\mathscr{A}$ en cm² avec 2 décimales de précision.*

2. En déduire la valeur de l'aire représentée en bleu ci-dessous :

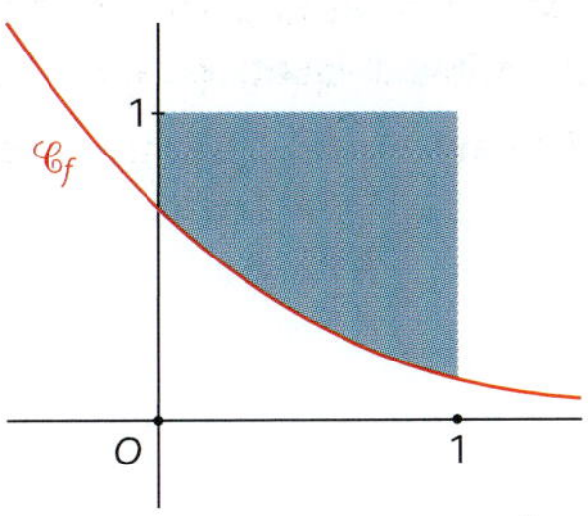

118. Soit f et g deux fonctions définies sur $\mathbb{R}$ par $f(x) = 3 - x^2$ et $g(x) = x^2 - 3x + 4$. Soit $\mathscr{C}_f$ et $\mathscr{C}_g$ les courbes représentatives respectivement des fonctions f et g dans un repère orthogonal $(O\,;\,\vec{i},\vec{j})$ d'unité $\|\vec{i}\| = 5$ cm et $\|\vec{j}\| = 3$ cm.

1. Étudier la position relative de $\mathscr{C}_f$ par rapport à $\mathscr{C}_g$.

2. Calculer l'aire qui sépare les deux courbes $\mathscr{C}_f$ et $\mathscr{C}_g$.

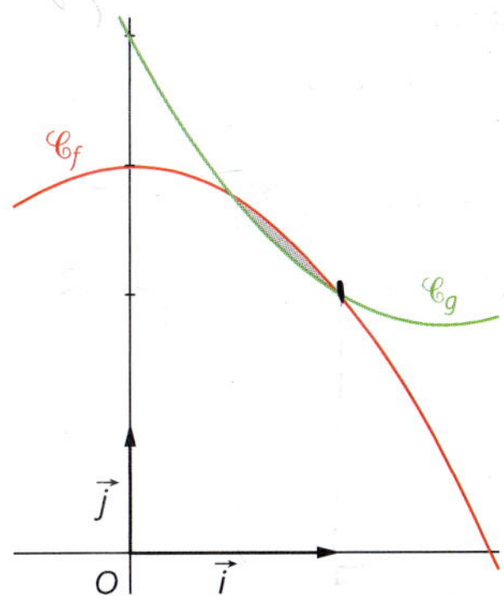

119. Soit f et g deux fonctions définies sur $[-1\,;\,1]$ par $f(x) = e^x$ et $g(x) = e^{\frac{x}{2}}$. Soit $\mathscr{C}_f$ et $\mathscr{C}_g$ les courbes représentatives respectivement des fonctions f et g dans un repère orthogonal $(O\,;\,\vec{i},\vec{j})$.

1. On a représenté $\mathscr{C}_f$ et $\mathscr{C}_g$ sur le graphique ci-dessous. Reconnaître $\mathscr{C}_f$ et $\mathscr{C}_g$.

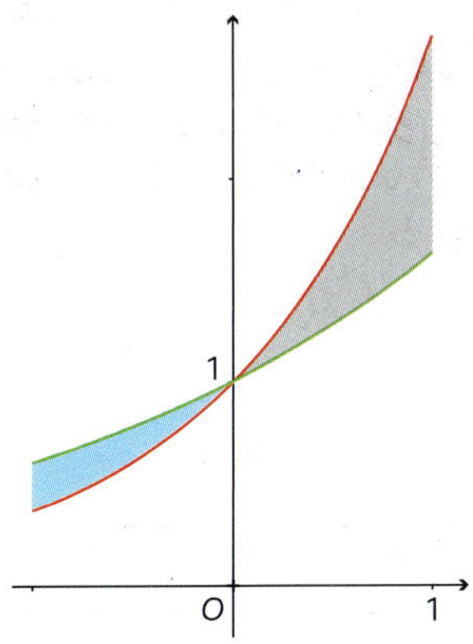

2. Soit $\mathscr{A}_1$ l'aire de la partie du plan délimitée par $\mathscr{C}_f$ et $\mathscr{C}_g$ et les droites d'équations $x = -1$ et $x = 0$.
Calculer $\mathscr{A}_1$.

3. Soit $\mathscr{A}_2$ l'aire de la partie du plan délimitée par $\mathscr{C}_f$ et $\mathscr{C}_g$ et les droites d'équations $x = 0$ et $x = 1$.
Calculer $\mathscr{A}_2$.

120. Le plan est rapporté à un repère orthonormal $(O\,;\,\vec{i},\,\vec{j})$ *(unité graphique : 1 cm)*.

La courbe $\mathscr{C}$ représente la fonction f définie par $f(x) = \sin^2(x)$, $x \in [0\,;\,\pi]$.

1. Un logiciel de calcul formel nous permet de transformer $\sin^4(x)$:

```
tlin(sin(x)^4)
        3     1                 1
        - + -- * cos(2x) +  - * cos(4x)
        8    -2                 8
```

En déduire $\int_0^{\pi} \sin^4(x)\,dx$.

2. Soit $x \in [0\,;\,\pi]$, on considère les points A et B d'abscisses x, A appartenant à l'axe des abscisses et B appartenant à la courbe $\mathscr{C}$. Le segment $[AB]$ pivotant autour de l'axe (Ox) engendre un disque dans l'espace. Exprimer $g(x)$, l'aire en cm^2 de ce disque en fonction de x.

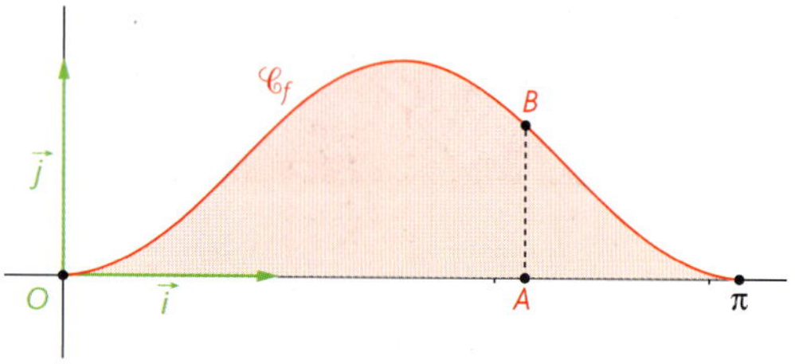

3. On admet que le volume en cm^3 du solide obtenu par rotation de la courbe $\mathscr{C}$ autour de l'axe des abscisses est $V = \int_0^{\pi} g(x)\,dx$. Calculer V.

121. Soit la fonction g définie sur $]-3\,;\,3[$ par $g(x) = \ln\left(\dfrac{3+x}{3-x}\right)$.

Soit $(O\,;\,\vec{i},\,\vec{j})$ un repère orthonormal d'unité graphique 4 cm et $(\mathscr{C})$ la courbe représentative de la fonction g dans ce repère.

1. Calculer la dérivée de la fonction $x \mapsto xg(x)$.
2. Calculer l'aire, exprimée en cm^2, de la portion de plan délimitée par la courbe $(\mathscr{C})$, l'axe des abscisses et les droites d'équations $x = 0$ et $x = 1$. On donnera la valeur exacte de cette aire, puis une valeur approchée au mm^2 près.

122. Soit f la fonction définie sur $]0\,;\,+\infty[$ par :

$$f(x) = \frac{1 + \ln(x)}{x}.$$

Soit $\mathscr{C}_f$ la courbe représentative de la fonction f dans un repère orthogonal $(O\,;\,\vec{i},\,\vec{j})$ d'unités $\|\vec{i}\| = 3$ cm et $\|\vec{j}\| = 0{,}5$ cm.

1. Dresser le tableau des variations de la fonction f.
2. Étudier le signe de $f(x)$.
3. Soit $\mathscr{A}_1$ l'aire de la partie du plan délimitée par $\mathscr{C}_f$, l'axe des abscisses et les droites d'équations $x = \dfrac{1}{e^2}$ et $x = \dfrac{1}{e}$. Calculer $\mathscr{A}_1$ en cm^2.
4. Soit $\mathscr{A}_2$ l'aire de la partie du plan délimitée par $\mathscr{C}_f$, l'axe des abscisses et les droites d'équations $x = \dfrac{1}{e}$ et $x = 1$. Calculer $\mathscr{A}_2$ en cm^2.

6. Intégration par parties

123. Soit u et v deux fonctions dérivables sur un intervalle $[a\,;\,b]$.

1. Démontrer que pour tout $x \in [a\,;\,b]$,
$$u(x)v'(x) = \big(u(x)v(x)\big)' - u'(x)v(x).$$
2. En déduire que :
$$\int_a^b u(x)v'(x)\,dx = [u(x)v(x)]_a^b - \int_a^b u'(x)v(x)\,dx.$$
3. **Application :**

Calculer $\int_0^1 xe^x\,dx$.

> **INDICATION :** Utiliser 2. avec $u(x) = x$ et $v'(x) = e^x$.

Calculer $\int_0^{\frac{\pi}{2}} x\cos(2x)\,dx$.

> **INDICATION :** Utiliser 2. avec $u(x) = x$ et $v'(x) = \cos(2x)$.

124. Reprendre la méthode de l'exercice 123. pour calculer $I = \int_1^e x^2\ln(x)\,dx$ et $J = \int_1^e \dfrac{\ln(x)}{x^2}\,dx$.

125. Reprendre la méthode de l'exercice 123. pour calculer $I = \int_{\frac{1}{e}}^1 \ln(x)\,dx$ et $J = \int_1^e \ln\left(1 + \dfrac{1}{x}\right)dx$.

> **INDICATION :** $\ln(x) = 1 \times \ln(x)$.

126. Reprendre deux fois de suite la méthode de l'exercice 123. pour calculer $I = \int_0^1 x^2e^x\,dx$ et $J = \int_{-1}^0 t^2e^{\frac{t}{2}}\,dt$.

127. 1. Reprendre la méthode de l'exercice 123. pour calculer $\int_0^x (t+1)e^t\,dt$.

2. En déduire la primitive de la fonction $x \mapsto (x+1)e^x$ qui vaut 1 en 0.

7. Calcul approché d'intégrale

Le saviez-vous ?

Des primitives introuvables !

Il existe certaines fonctions dont les primitives ne peuvent s'exprimer à l'aide des fonctions que nous connaissons (polynômes, fractions rationnelles, trigonométrie, exponentielle, logarithme, etc.)

On peut citer par exemple les fonctions suivantes :

$$x \mapsto e^{-x^2} \; ; \; x \mapsto \frac{e^x}{x} \; ; \; x \mapsto \frac{x}{\ln(x)} \text{... etc}$$

Afin de calculer des intégrales faisant intervenir ces fonctions, on doit trouver des méthodes donnant des valeurs approchées de ces intégrales.

128. TICE **Méthode des rectangles :** *Approximation d'une fonction par des fonctions constantes.*

Soit f une fonction décroissante et positive sur $[0 \,;\, 1]$.

Soit $\mathrm{I} = \int_0^1 f(x)\,\mathrm{d}x$.

On découpe l'intervalle $[0 \,;\, 1]$ en n segments de même longueur : $\left[0 \,;\, \frac{1}{n}\right] ; \left[\frac{1}{n} \,;\, \frac{2}{n}\right] ; ... ; \left[\frac{n-1}{n} \,;\, 1\right]$.

Soit R_k le rectangle de base $\left[\frac{k}{n} \,;\, \frac{k+1}{n}\right]$ et de hauteur $f\left(\frac{k}{n}\right)$, $0 \leqslant k \leqslant n-1$.

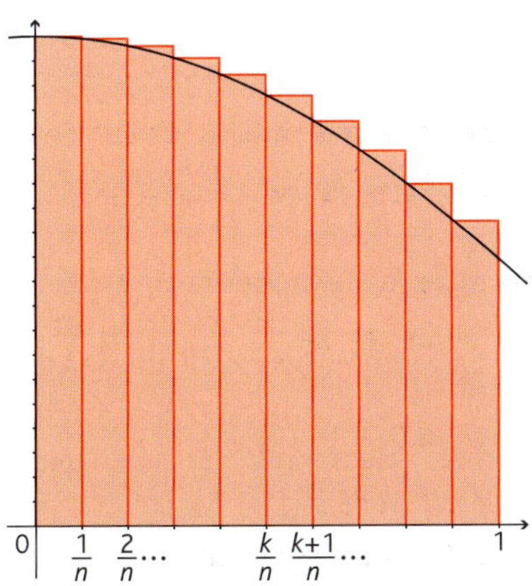

1. Déterminer l'aire du rectangle R_k.

2. On note S_n la somme des aires des rectangles R_k pour $0 \leqslant k \leqslant n-1$.

Montrer que : $\mathrm{S}_n = \frac{1}{n}\sum_{k=0}^{n-1} f\left(\frac{k}{n}\right)$.

3. Par la suite on prendra $f(x) = e^{-x^2}$.

À l'aide de la calculatrice ou d'un tableur, calculer S_{10} ; S_{50} et S_{100}.

4. Soit r_k le rectangle de base $\left[\frac{k}{n} \,;\, \frac{k+1}{n}\right]$ et de hauteur $f\left(\frac{k+1}{n}\right)$, $0 \leqslant k \leqslant n-1$.

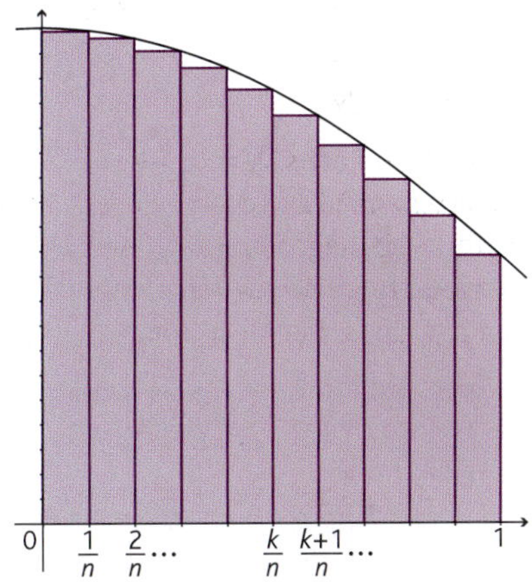

Déterminer l'aire du rectangle r_k.

5. On note s_n la somme des aires des rectangles r_k pour $0 \leqslant k \leqslant n-1$.

Montrer que :

$$s_n = \frac{1}{n}\sum_{k=1}^{n} f\left(\frac{k}{n}\right).$$

À l'aide de la calculatrice ou d'un tableur, calculer S_{10}, S_{50} et S_{100}.

6. Calculer $\mathrm{S}_n - s_n$ en fonction de $f(0)$, $f(1)$ et n.

7. En utilisant $s_n \leqslant \mathrm{I} \leqslant \mathrm{S}_n$ donner une évaluation de l'erreur faite en prenant pour I la valeur S_{100}.

Histoire des sciences

Bernhardt ***Riemann*** (1826-1866) : Ce mathématicien est un des savants à l'origine de la théorie de l'intégration. Il a notamment travaillé sur les valeurs approchées d'intégrales à l'aide des suites s_n et S_n.

129. **Méthode des trapèzes** :

On souhaite trouver une valeur approchée de $I = \int_0^4 \ln(1 + 3x + x^2)\,dx$ en utilisant la méthode des trapèzes. Cette méthode consiste à approximer la fonction par des segments :

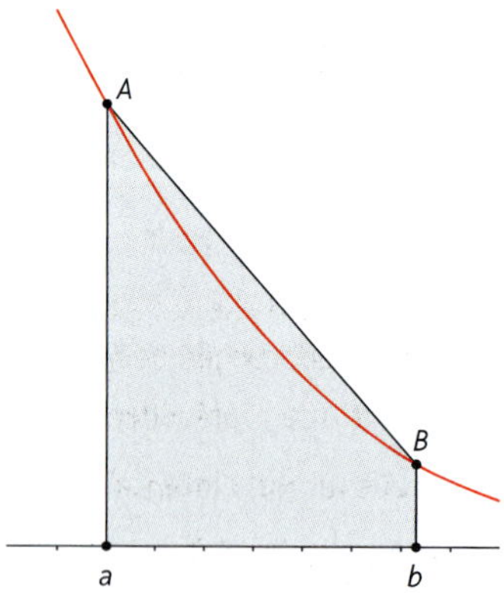

Soit f une fonction définie sur un intervalle I. Soit a et b deux réels appartenant à l'intervalle I.
Soit $A\big(a\,;f(a)\big)$ et $B\big(b\,;f(b)\big)$.

1. Montrer que l'aire grise est égale à :

$$\frac{b-a}{2}\big(f(a)+f(b)\big).$$

2. En déduire une première valeur approchée de I.

3. On découpe l'intervalle $[0\,;\,4]$ en quatre :
$[0\,;\,1]$, $[1\,;\,2]$, $[2\,;\,3]$ et $[3\,;\,4]$.
En utilisant l'approximation de l'aire du **1.** sur chacun de ces intervalles, donner une valeur approchée de I.

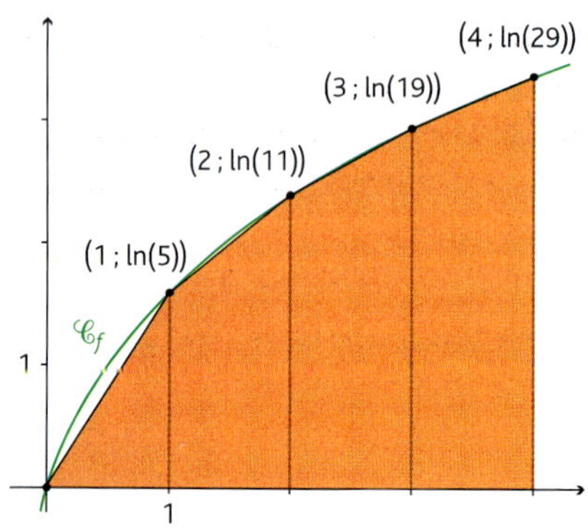

4. L'algorithme suivant demande à l'utilisateur la valeur de l'entier naturel non nul n et permet de calculer une valeur approchée de I en découpant l'intervalle $[0\,;\,4]$ en n intervalles de même amplitude :

Début
Variables : n, k des entiers a, b, c, s des réels
Entrer n
s prend la valeur 0
Pour k allant de 0 à $n-1$
a prend la valeur $\dfrac{4k}{n}$
b prend la valeur $\dfrac{4(k+1)}{n}$
c prend la valeur $\dfrac{b-a}{2}\big(f(a)+f(b)\big)$
s prend la valeur $s + c$
FinPour
Afficher s
Fin

Programmer cet algorithme sur une calculatrice (on prendra soin de définir la fonction f) puis le lancer pour $n = 4$; $n = 10$ et $n = 50$. Quelles sont les résultats ?

5. Modifier cet algorithme pour calculer $\int_\alpha^\beta f(x)\,dx$.
On prend des bornes plus générales.

130. On cherche une valeur approchée de $I = \int_0^1 \frac{1}{1+x^2}\,dx$ à l'aide de la méthode des rectangles de l'exercice précédent.

1. Compléter l'algorithme suivant qui calcule s_n.

Début
Variables : n un entier s un réel
Entrer n, le nombre de subdivisions de l'intervalle $[0\,;\,1]$:
$0 \rightarrow s$
Pour i allant de ...... à ......
...... $+\ s \rightarrow s$
FinPour
Afficher s
Fin

2. Modifier l'algorithme pour qu'il affiche aussi la valeur de S_n.

3. Programmer l'algorithme sur une calculatrice et déterminer la valeur de s_{100} et S_{100}.

131. **TICE** Dans un exercice de probabilité, on cherche à déterminer une valeur approchée de :

$$I = \int_0^1 e^{-\left(\frac{x+1}{2}\right)^2}\,dx.$$

Écrire un programme sur une calculatrice, qui demande à l'utilisateur la valeur de n et qui renvoie s_n et S_n ainsi que l'erreur commise.

Le saviez-vous ?

Méthode de Simpson

Thomas Simpson est un mathématicien anglais du XVIIIe siècle qui travailla sur le calcul intégral pour déterminer des valeurs approchées d'aires. Sa méthode : découper l'intervalle en plusieurs parties (plus il y avait de parties, meilleure était l'approximation) et sur chacune de ces parties, approximer la fonction à l'aide d'un **polynôme du second degré**.

132. TICE Soit f la fonction définie sur $\mathbb{R}$ par :

$$f(x) = ax^2 + bx + c, \text{ avec } a, b \text{ et } c \text{ trois réels.}$$

On note $\mathscr{C}_f$ la représentation graphique de f.

Soit α et β deux réels tels que $\alpha < \beta$. Soit A, B et C les points de $\mathscr{C}_f$ d'abscisses respectives de α, $\dfrac{\alpha+\beta}{2}$ et β.

1. Démontrer à l'aide d'un logiciel de calcul formel :

$$\int_\alpha^\beta f(x)\,dx = \frac{\beta-\alpha}{6}\left(f(\alpha) + 4f\left(\frac{\alpha+\beta}{2}\right) + f(\beta)\right).$$

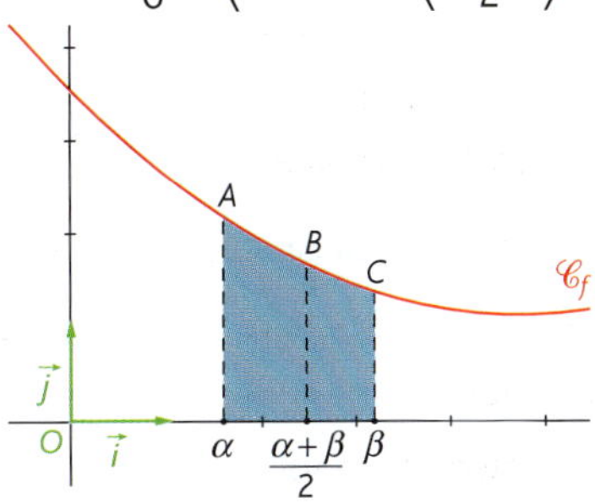

2. En déduire le calcul de $\int_1^2 (x^2 - x + 1)\,dx$.

3. On cherche une valeur approchée de $I = \int_0^3 e^{-\frac{x^2}{2}}dx$

On pose $g(x) = e^{-\frac{x^2}{2}}$ avec $x \in [0\,;3]$.

On va découper l'intervalle $[0\,;3]$ en 6 parties :

$\left[0\,;\frac{1}{2}\right]$; $\left[\frac{1}{2}\,;1\right]$; $\left[1\,;\frac{3}{2}\right]$; $\left[\frac{3}{2}\,;2\right]$; $\left[2\,;\frac{5}{2}\right]$; $\left[\frac{5}{2}\,;3\right]$.

Pour chacun de ces intervalles, on utilisera la formule du **1.** pour trouver valeur approchée de : $\int_0^{\frac{1}{2}} g(x)\,dx$; $\int_{\frac{1}{2}}^1 g(x)\,dx$; ... ; $\int_{\frac{5}{2}}^3 g(x)\,dx$.

Ainsi la valeur approchée de $\int_0^{\frac{1}{2}} e^{-\frac{x^2}{2}}dx$ est $\dfrac{\beta-\alpha}{6}\left(f(\alpha) + 4f\left(\dfrac{\alpha+\beta}{2}\right) + f(\beta)\right)$ avec $\alpha = 0$ et $\beta = \dfrac{1}{2}$.

a. Compléter l'algorithme qui permet de calculer une valeur approchée de :

$$\int_0^{\frac{1}{2}} e^{-\frac{x^2}{2}}dx\,;\int_{\frac{1}{2}}^1 e^{-\frac{x^2}{2}}dx\,;\ldots;\int_{\frac{5}{2}}^3 e^{-\frac{x^2}{2}}dx.$$

qu'on ajoutera pour obtenir une valeur approchée de I.

Début
Variables : a, b et s des réels i un entier
$0 \to s$
Pour i allant de 0 à ......
$\frac{i}{6} \to a$
...... $\to b$
$\frac{b-a}{6}\left(f(a) + 4f\left(\frac{a+b}{2}\right) + f(b)\right) + s \to s$
FinPour
Afficher s
Fin

b. Programmer cet algorithme sur une calculatrice puis déterminer une valeur approchée de I.

c. Modifier l'algorithme précédent pour calculer $\int_5^{-5} e^{-\frac{x^2}{2}}dx$. On découpera l'intervalle $[-5\,;5]$ en 10 intervalles (de même amplitude).

8. Problèmes

133. **Partie A**

1. Soit x un réel supérieur ou égal à 1.
Calculer en fonction de x l'intégrale $\int_1^x (2-t)\,dt$.

2. Démontrer que pour tout réel t appartenant à l'intervalle $[1\,;+\infty[$, on a $2 - t \leqslant \dfrac{1}{t}$.

3. Déduire de ce qui précède que pour tout réel x supérieur ou égal à 1, on a $-\dfrac{1}{2}x^2 + 2x - \dfrac{3}{2} \leqslant \ln x$.

Partie B

Soit h la fonction définie sur $\mathbb{R}$ par $h(x) = -\dfrac{1}{2}x^2 + 2x - \dfrac{3}{2}$.

Sur le graphique ci-dessous, le plan est muni d'un repère orthogonal $(O\,;\vec{i},\vec{j})$ dans lequel on a tracé les courbes représentatives des fonctions h et logarithme népérien sur l'intervalle $[1\,;4]$.

1. Démontrer que $\int_1^4 h(x)\,dx = 0$.

2. Illustrer sur le graphique le résultat de la question précédente.

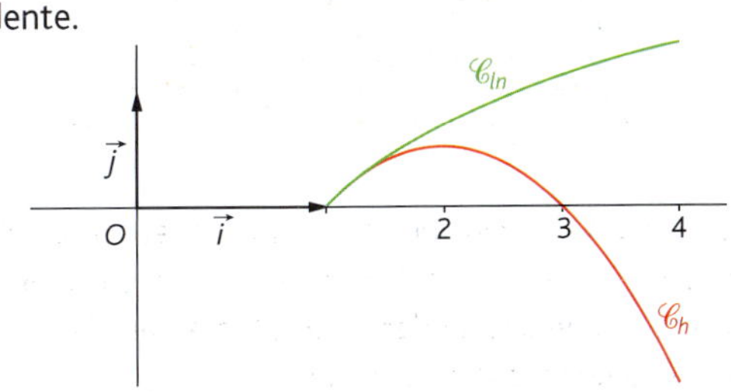

134. TICE Soit f la fonction définie sur $]0\,;\,+\infty[$ par :

$$f(x) = \frac{2\ln x}{x^2 + x}.$$

1. Montrer que pour tout $x > 1$:

$$\frac{\ln x}{x^2} \leqslant f(x) \leqslant \frac{\ln x}{x}.$$

2. a. Calculer $I = \int_2^4 \frac{\ln x}{x}\,dx$.

b. Soit $J = \int_2^4 \frac{\ln x}{x^2}\,dx$.

Un logiciel de calcul formel affiche :

```
int(ln(x)/x^2,x,2,4)
                    -1/4 ln(4) + -1/4 + 1/2 ln(2) + 1/2
```

En déduire que $J = \frac{1}{4}$.

c. En déduire un encadrement de $K = \int_2^4 f(x)\,dx$.

3. La figure ci-dessous donne la courbe représentative de f (unités graphiques : en abscisse 1 cm pour 1 unité, en ordonnées 4 cm pour 1 unité).

On considère l'ensemble des points $M(x\,;\,y)$ tels que $\begin{cases} 2 \leqslant x \leqslant 4 \\ 0 \leqslant y \leqslant f(x) \end{cases}$ et on note $\mathscr{A}$ son aire.

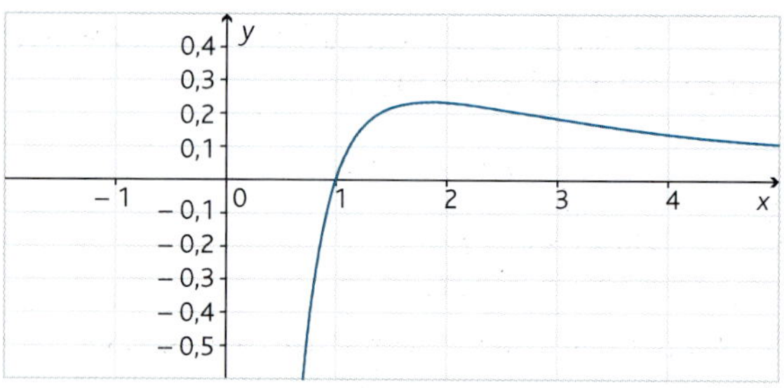

À l'aide de l'encadrement trouvé en 2. c., donner un encadrement de $\mathscr{A}$ en cm^2.

135. Soit $f(x) = \frac{x^4 - 3x^3 + 5x^2 - 3x + 1}{x^2 - 1}$, avec $x \neq -1$ et $x \neq 1$.

1. Chercher les réels a, b, c, d et e tels que $\forall x \in \mathbb{R}\backslash\{-1\,;\,1\}$,

$$f(x) = ax^2 + bx + c + \frac{d}{x-1} + \frac{e}{x+1}.$$

2. Soit F_1 la primitive de f sur $]-1\,;\,1[$ qui s'annule en 0. Soit F_2 la primitive de f sur $]1\,;\,+\infty[$ qui vaut 1 en 2. Déterminer F_1 et F_2.

3. En déduire $\int_0^{\frac{1}{2}} f(x)\,dx$.

136. TICE 1. Soit l'intégrale : $K = \int_0^{\pi} e^x \cos(2x)\,dx$. À l'aide d'un logiciel de calcul formel, donner la valeur exacte de K.

2. Soient $I = \int_0^{\pi} e^x \cos^2(x)\,dx$ et $J = \int_0^{\pi} e^x \sin^2(x)\,dx$. Calculer $I + J$.

3. On rappelle que pour tout $x \in \mathbb{R}$,

$$\cos^2(x) - \sin^2(x) = \cos(2x).$$

En déduire la valeur de $I - J$.

4. Déduire de 2. et 3. la valeur de I et J.

137. TICE *L'objectif de cet exercice est de calculer les intégrales* I, J *et* K :

$$I = \int_0^1 \frac{dx}{\sqrt{x^2+2}}\ ;\ J = \int_0^1 \frac{x^2}{\sqrt{x^2+2}}\,dx \text{ et}$$

$$K = \int_0^1 \sqrt{x^2+2}\,dx.$$

1. **Calcul de I**

Soit la fonction f définie sur $[0\,;\,1]$ par :

$$f(x) = \ln\left(x + \sqrt{x^2+2}\right).$$

a. Calculer la dérivée de la fonction $x \mapsto \sqrt{x^2+2}$.

b. En déduire la dérivée f' de f.

c. Calculer la valeur de I.

2. **Calculs de J et de K**

a. Sans calculer explicitement J et K, vérifier que : $J + 2I = K$.

b. À l'aide d'un logiciel de calcul formel, déterminer la valeur exacte de :

$$\int_0^1 \frac{2x^2+2}{\sqrt{x^2+2}}\,dx.$$

c. En déduire la valeur de $K + J$.

d. En déduire les valeurs de J et de K.

138. 1. Calculer les deux intégrales suivantes :

$$A = \int_0^1 \frac{e^x}{1+e^x}\,dx \text{ et } B = \int_0^1 \frac{e^x}{(1+e^x)^2}\,dx.$$

2. Déterminer trois nombres réels a, b et c tels que pour tout nombre réel t positif ou nul on ait :

$$\frac{1}{(1+t)^2} = a + \frac{bt}{1+t} + \frac{ct}{(1+t)^2} \quad \textbf{(1)}$$

3. En posant $t = e^x$ dans l'égalité **(1)**, calculer l'intégrale :

$$I = \int_0^1 \frac{1}{(1+e^x)^2}\,dx.$$

139. **Méthode d'Euler**

1. On pose $\varphi(x) = \int_0^x \frac{10t^2}{1+t^2}\,dt$ pour $x \in \left[0\,;\,\frac{1}{2}\right]$. Préciser $\varphi(0)$ ainsi que la fonction dérivée de φ.

2. On rappelle que la méthode d'Euler permet de construire une suite de points $M_n(x_n\,;y_n)$ proches de la courbe représenative de φ. En choisissant comme pas $h = 0{,}1$ on obtient la suite de points M_n définie pour n entier naturel par :

$$\begin{cases} x_0 = 0 \\ y_0 = 0 \end{cases} \quad \text{et} \quad \begin{cases} x_{n+1} = x_n + 0{,}1 \\ y_{n+1} = y_n + \varphi(x_n) \times 0{,}1 \end{cases}.$$

En utilisant, sans la justifier, l'égalité $x_n = \dfrac{n}{10}$ vérifier que $y_{n+1} = y_n + \dfrac{n^2}{100 + n^2}$.

3. Calculer y_1 et y_2, puis exprimer y_3, y_4 et y_5 sous la forme d'une somme de fractions que l'on ne cherchera pas à simplifier.

Donner maintenant une valeur approchée à 0,001 près de y_5.

En déduire une valeur approchée de $\varphi\left(\dfrac{1}{2}\right)$.

140. Soit (u_n) la suite définie sur $\mathbb{N}^*$ par :

$$u_n = \sum_{k=n}^{2n} \frac{1}{k} = \frac{1}{n} + \frac{1}{n+1} + \ldots + \frac{1}{2n}.$$

Partie A

1. Montrer que pour tout n de $\mathbb{N}^*$:

$$u_{n+1} - u_n = \frac{-3n-2}{n(2n+2)(2n+1)}.$$

2. En déduire le sens de variation de la suite (u_n).
3. Établir alors que (u_n) est une suite convergente.

Partie B

L'objectif de cette partie est de déterminer la valeur de la limite de la suite (u_n).

Soit f la fonction définie sur l'intervalle $]0\,;+\infty[$ par :

$$f(x) = \frac{1}{x} + \ln\left(\frac{x}{x+1}\right).$$

1. a. Justifier pour tout entier naturel n non nul l'encadrement :

$$\frac{1}{n+1} \leqslant \int_n^{n+1} \frac{1}{x}\,dx \leqslant \frac{1}{n}.$$

b. Vérifier que :

$$\int_n^{n+1} \frac{1}{x}\,dx = \frac{1}{n} - f(n).$$

c. En déduire que pour tout entier naturel n non nul,

$$0 \leqslant f(n) \leqslant \frac{1}{n(n+1)}.$$

2. On considère la suite (S_n) définie sur $\mathbb{N}^*$ par :

$$S_n = \sum_{k=n}^{2n} \frac{1}{k(k+1)} = \frac{1}{n(n+1)} + \frac{1}{(n+1)(n+2)} + \ldots + \frac{1}{2n(2n+1)}.$$

a. Montrer que pour tout entier naturel n non nul,

$$0 \leqslant f(n) + f(n+1) + \ldots + f(2n) \leqslant S_n.$$

b. Déterminer les réels a et b tels que pour tout réel x distinct de -1 et de 0, on ait :

$$\frac{1}{x(x+1)} = \frac{a}{x} + \frac{b}{x+1}.$$

c. En déduire l'égalité :

$$S_n = \frac{n+1}{n(2x+1)}.$$

d. En utilisant les questions précédentes, déterminer alors la limite quand n tend vers $+\infty$ de :

$$\sum_{k=n}^{2n} f(k) = f(n) + f(n+1) + \ldots + f(2n).$$

e. Vérifier que pour tout entier $n \geqslant 1$,

$$f(n) + f(n+1) + \ldots + f(2n) = u_n - \ln\left(2 + \frac{1}{n}\right).$$

f. Déterminer la limite de la suite (u_n).

141. On considère les suites (u_n) et (v_n) définies, pour tout entier naturel n non nul, par :

$$\begin{cases} u_1 = 1 \\ u_n = u_{n-1} + \dfrac{1}{n} \end{cases} \quad \text{pour } n \geqslant 2 \text{ et}$$

$v_n = u_n - \ln n$ pour $n \geqslant 1$.

1. a. Calculer u_2, u_3 et u_4.

b. Montrer que pour tout entier naturel n non nul :

$$u_n = \sum_{k=1}^{n} \frac{1}{k}.$$

2. a. Montrer que pour tout entier naturel k non nul :

$$\frac{1}{k+1} \leqslant \int_k^{k+1} \frac{1}{x}\,dx \leqslant \frac{1}{k}.$$

b. En déduire que pour tout entier n supérieur ou égal à 2 on a les inégalités suivantes :

$$u_n - 1 \leqslant \ln n \leqslant u_n - \frac{1}{n} \quad \text{et} \quad 0 \leqslant v_n \leqslant 1.$$

3. a. Montrer que pour entier naturel n non nul :

$$v_{n+1} - v_n = \frac{1}{n+1} - \int_n^{n+1} \frac{1}{x}\,dx.$$

b. En déduire le sens de variations de la suite (v_n).

4. Montrer que la suite (v_n) converge. On note γ la limite de la suite (v_n) (on ne cherchera pas à calculer γ). Quelle est la limite de la suite (u_n) ?

142. On considère la fonction f définie sur $[0 ; +\infty[$ par :

$$f(x) = \frac{\ln(x+3)}{x+3}.$$

1. Montrer que f est dérivable sur $[0 ; +\infty[$. Étudier le signe de sa fonction dérivée f', sa limite éventuelle en $+\infty$ et dresser le tableau de ses variations.

2. On définit la suite $(u_n)_{n \geqslant 0}$ par son terme général

$$u_n = \int_n^{n+1} f(x)\,dx.$$

a. Justifier que si $n \leqslant x \leqslant n+1$, alors :

$$f(n+1) \leqslant f(x) \leqslant f(n).$$

b. Montrer, sans chercher à calculer u_n, que pour tout entier naturel n,

$$f(n+1) \leqslant u_n \leqslant f(n).$$

c. En déduire que la suite (u_n) est convergente et déterminer sa limite.

3. Soit F la fonction définie sur $[0 ; +\infty[$ par :

$$F(x) = (\ln(x+3))^2.$$

a. Justifier la dérivabilité sur $[0 ; +\infty[$ de la fonction F et déterminer pour tout réel positif x, le nombre $F'(x)$.

b. On pose, pour tout entier naturel n, $I_n = \int_0^n f(x)\,dx$. Calculer I_n.

4. On pose, pour tout entier naturel n,

$$S_n = u_0 + u_1 + \ldots + u_{n-1}.$$

Calculer S_n. La suite (S_n) est-elle convergente ?

143. **1.** Démontrer que pour tout n de $\mathbb{N}^*$ et tout x de $[0 ; 1]$:

$$\frac{1}{n} - \frac{x}{n^2} \leqslant \frac{1}{x+n} \leqslant \frac{1}{n}.$$

2. a. Calculer $\int_0^1 \frac{1}{x+n}\,dx$.

b. Déduire en utilisant **1.**, que pour $n \in \mathbb{N}^*$:

$$\frac{1}{n} - \frac{1}{2n^2} \leqslant \ln\left(\frac{n+1}{n}\right) \quad \textbf{(1)}$$

puis que $\ln\left(\frac{n+1}{n}\right) \leqslant \frac{1}{n}$.

3. On appelle U la suite définie pour $n \in \mathbb{N}^*$ par :

$$U(n) = \sum_{k=1}^{k=n} \frac{1}{k} - \ln(n) = 1 + \frac{1}{2} + \frac{1}{3} + \ldots + \frac{1}{n} - \ln(n).$$

Démontrer que U est décroissante (on peut utiliser **2. b.**).

4. On désigne par V la suite de terme général :

$$V(n) = \sum_{k=1}^{k=n} \frac{1}{k} - \ln(n+1) = 1 + \frac{1}{2} + \ldots + \frac{1}{n} - \ln(n+1)$$

Démontrer que V est croissante.

5. Démontrer que U et V convergent vers une limite commune notée γ.

Déterminer une valeur approchée de γ à 10^{-2} près par la méthode de son choix.

144. **I. Première partie**

On appelle f et g les deux fonctions définies sur l'intervalle $[0 ; +\infty[$ par :

$$f(x) = \ln(1+x) - x \quad \text{et} \quad g(x) = \ln(1+x) - x + \frac{x^2}{2}.$$

1. Étudier les variations de f et de g sur $[0 ; +\infty[$.

2. En déduire que pour tout $x \geqslant 0$:

$$x - \frac{x^2}{2} \leqslant \ln(1+x) \leqslant x.$$

II. Deuxième partie

On se propose d'étudier la suite (u_n) de nombres réels définie par :

$$u_1 = \frac{3}{2} \quad \text{et} \quad u_{n+1} = u_n\left(1 + \frac{1}{2^{n+1}}\right).$$

1. Montrer par récurrence que $u_n > 0$ pour tout entier naturel $n \geqslant 1$.

2. Montrer par récurrence que pour tout entier naturel $n \geqslant 1$:

$$\ln u_n = \ln\left(1 + \frac{1}{2}\right) + \ln\left(1 + \frac{1}{2^2}\right) + \ldots + \ln\left(1 + \frac{1}{2^n}\right).$$

3. On pose $S_n = \frac{1}{2} + \frac{1}{2^2} + \frac{1}{2^3} + \ldots + \frac{1}{2^n}$

et $T_n = \frac{1}{4} + \frac{1}{4^2} + \frac{1}{4^3} + \ldots + \frac{1}{4^n}$.

À l'aide de la première partie, montrer que :

$$S_n - \frac{1}{2}T_n \leqslant \ln u_n \leqslant S_n.$$

4. Calculez S_n et T_n en fonction de n.

En déduire $\lim\limits_{n \to +\infty} S_n$ et $\lim\limits_{n \to +\infty} T_n$.

5. Étude de la convergence de la suite (u_n).

a. Montrer que la suite (u_n) est strictement croissante.

b. En déduire que (u_n) est convergente. Soit ℓ sa limite.

c. On admet le résultat suivant : si deux suites (v_n) et (w_n) sont convergentes et telles que $v_n \leqslant w_n$ pour tout n entier naturel, alors $\lim\limits_{n \to +\infty} v_n \leqslant \lim\limits_{n \to +\infty} w_n$.

Montrer alors que $\frac{5}{6} \leqslant \ln \ell \leqslant 1$ et en déduire, un encadrement de ℓ.

145. On considère les fonctions f et g définies sur $\mathbb{R}$ par :

$$f(x) = e^{-x^2} \quad \text{et} \quad g(x) = x^2 e^{-x^2}.$$

On note respectivement $\mathscr{C}_f$ et $\mathscr{C}_g$ les courbes représentatives de f et g dans un repère orthogonal $(O ; \vec{i}, \vec{j})$.

Partie A

1. Identifier $\mathscr{C}_f$ et $\mathscr{C}_g$ sur la figure fournie. (Justifier la réponse apportée).

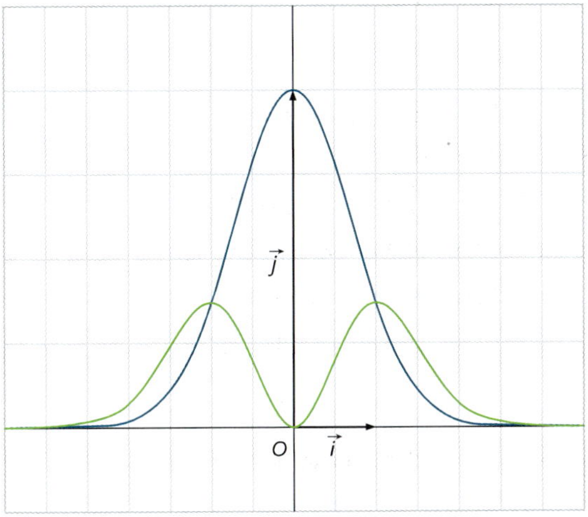

2. Étudier le sens de variation de f et de g. Étudier les limites éventuelles f et de g en $-\infty$ et en $+\infty$.

3. Étudier la position relative de $\mathscr{C}_f$ et $\mathscr{C}_g$.

Partie B

On considère la fonction G définie sur $\mathbb{R}$ par :

$$G(x) = \int_0^2 t^2 e^{-t^2} dt.$$

1. Que représente G pour la fonction g ?

2. Donner, pour $x > 0$, une interprétation de $G(x)$ en termes d'aires.

3. Étudier le sens de variations de G sur $\mathbb{R}$.

On définit la fonction F *sur* $\mathbb{R}$ *par : pour tout réel* x, $F(x) = \int_0^x e^{-t^2} dt$.

4. Démontrer que, pour tout réel x,

$$G(x) = \frac{1}{2}\left[F(x) - xe^{-x^2}\right];$$

(on pourra commencer par comparer les fonctions dérivées de G et de $x \mapsto \frac{1}{2}\left[F(x) - xe^{-x^2}\right]$.

On admet que la fonction F *possède une limite finie* ℓ *en* $+\infty$ *et que cette limite* ℓ *est égale à l'aire, en u.a., du domaine* $\mathscr{A}$ *limité par la courbe* $\mathscr{C}_f$ *et les demi-droites* $[O\,;\vec{i})$ *et* $[O\,;\vec{j})$.

5. a. Démontrer que la fonction G possède une limite en $+\infty$ que l'on précisera.

b. Interpréter en termes d'aires le réel :

$$N = \int_0^1 (1 - t^2)e^{-t^2} dt.$$

c. En admettant que la limite de G en $+\infty$ représente l'aire $\mathscr{P}$ en unités d'aire du domaine $\mathscr{D}$ limité par la demi-droite $[O\,;\vec{i})$ et la courbe $\mathscr{C}_g$ justifier graphiquement que :

$$\int_0^1 (1 - t^2)e^{-t^2} dt \geqslant \frac{\ell}{2}.$$

(On pourra illustrer le raisonnement sur la figure fournie).

146. On considère la fonction f définie sur $[0\,;+\infty[$ par :

$$f(x) = \frac{e^x - 1}{xe^x + 1}.$$

On désigne par $\mathscr{C}$ sa courbe représentative dans le plan rapporté à un repère orthonormal $(O\,;\vec{i},\vec{j})$; unité graphique : 4 cm.

1. Déterminer une équation de la tangente (T) à la courbe $\mathscr{C}$ au point d'abscisse 0.

2. a. Établir que, pour tout x appartenant à l'intervalle $[0\,;+\infty[$,

$$f(x) - x = \frac{(x+1)u(x)}{xe^x + 1} \quad \text{avec} \quad u(x) = e^x - xe^x - 1.$$

b. Étudier le sens de variation de la fonction u sur l'intervalle $[0\,;+\infty[$. En déduire le signe de $u(x)$.

c. Déduire des questions précédentes la position de la courbe $\mathscr{C}$ par rapport à la droite (T).

3. Tracer $\mathscr{C}$ et (T).

4. Montrer que pour tout réel positif x,

$$f(x) = \frac{1 - e^{-x}}{x + e^{-x}}.$$

5. Déterminer une primitive F de f sur $[0\,;+1[$.

6. On note $\mathscr{D}$ le domaine délimité par la courbe $\mathscr{C}$, la tangente (T) et les droites d'équations $x = 0$ et $x = 1$.
Calculer, en cm^2, l'aire $\mathscr{A}$ du domaine $\mathscr{D}$.
Donner une valeur décimale au mm^2 près de l'aire $\mathscr{A}$.

7. Pour entier naturel n, on pose :

$$v_n = \int_n^{n+1} f(x)\,dx.$$

a. Calculer v_0, v_1 et v_2.
On donnera des valeurs décimales approchées à 10^{-2} près de v_0, v_1 et v_2.

b. Interpréter graphiquement v_n.

c. On suppose que f est décroissante sur $[2\,;+\infty[$.
Montrer que, pour tout $n \geqslant 2$,

$$f(n+1) \leqslant \int_n^{n+1} f(x)\,dx \leqslant f(n).$$

En déduire la monotonie de la suite (v_n) à partir de $n = 1$.

d. Déterminer la limite de la suite (v_n).

D'après Bac

147. TICE Les tracés des courbes seront faits dans un plan rapporté à un repère orthonormal $(O\,;\vec{i},\vec{j})$ (unité : 2 cm).

On rappelle qu'une fonction f est majorée par une fonction g (ce qui signifie aussi que g est minorée par f) sur un intervalle I si, et seulement si, pour tout x appartenent à I, $f(x) \leqslant g(x)$.

Partie A

Soit f et g les fonctions définies sur $[0\,;+\infty[$ par :

$$f(x) = \ln(1+x) \quad \text{et} \quad g(x) = \frac{2x}{2+x}.$$

On notera $\mathscr{C}$ la représentation graphique de f et Γ celle de g. On se propose de démontrer que f est minorée par g sur $[0\,;+\infty[$.

Soit h la fonction définie sur $[0\,;+\infty[$ par :

$$h(x) = f(x) - g(x).$$

1. Étudier le sens de variation de h sur $[0\,;+\infty[$; calculer $h(0)$. (L'étude de la limite de h en $+\infty$ n'est pas demandée.)

2. En déduire que pour tout réel x positif ou nul,

$$\frac{2x}{x+2} < \ln(1+x) \quad \textbf{(1)}.$$

3. Construire dans le même repère les courbes $\mathscr{C}$ et Γ et montrer qu'elles admettent en 0 une même tangente D que l'on tracera. (On justifiera rapidement le tracé de ces courbes.)

Partie B

1. À l'aide d'un logiciel de calcul formel, calculer I.

$$\mathrm{I} = \int_0^1 \ln(1+x)\,\mathrm{d}x.$$

2. En déduire le calcul de $\mathrm{J} = \int_0^1 (x - \ln(1+x))\,\mathrm{d}x$ puis de $\mathrm{K} = \int_0^1 \left[\ln(1+x) - \frac{2x}{x+2}\right]\mathrm{d}x$.

Pour calculer K on pourra vérifier que $\frac{2x}{x+2} = 2 - \frac{4}{2+x}$.

Interpréter géométriquement les valeurs des intégrales J et K en utilisant les courbes $\mathscr{C}$, Γ et la droite D obtenues dans la **partie A**.

D'après Bac

148. On considère la fonction f définie sur $]0\,;+\infty[$ par :

$$f(x) = x + \frac{\ln x}{x}.$$

Le but du problème est l'étude de cette fonction et le calcul d'une aire.

On note $\mathscr{C}$ la courbe représentative de la fonction f dans le plan muni d'un repère orthonormal $(O\,;\vec{i},\vec{j})$ d'unité graphique 3 cm.

I - Étude d'une fonction auxiliaire

On considère la fonction g définie sur $]0\,;+\infty[$ par :

$$g(x) = x^2 + 1 - \ln x.$$

1. Étudier les variations de g sur $]0\,;+\infty[$.
2. En déduire le signe de g sur $]0\,;+\infty[$.

II - Étude de f et tracé de sa courbe représentative

1. Déterminer la limite en 0 de la fonction f.
Quelle est l'interprétation graphique de ce résultat ?
2. Déterminer la limite en $+\infty$ de f puis montrer que la droite $\mathscr{D}$ d'équation $y = x$ est asymptote à la courbe $\mathscr{C}$.
3. Soit f' la fonction dérivée de la fonction f. Calculer $f'(x)$ pour tout réel x de $]0\,;+\infty[$.
4. En déduire le sens de variation de f sur $]0\,;+\infty[$ puis dresser le tableau des variations de la fonction f.

III - Calcul d'une aire

1. Montrer que $\int_1^{\mathrm{e}} \frac{\ln x}{x}\,\mathrm{d}x = \frac{1}{2}$.
2. En déduire l'aire de la région du plan délimitée par les droites d'équations $x = 1$, $x = \mathrm{e}$, l'axe des abscisses et la courbe $\mathscr{C}$. On exprimera cette aire en cm^2. Hachurer cette région sur le graphique.

149. *Le but de l'exercice est de donner un encadrement du nombre I défini par :* $\mathrm{I} = \int_0^1 \frac{x^2\mathrm{e}^x}{1+x}\,\mathrm{d}x$.

Soit f la fonction définie sur $[0\,;1]$ par $f(x) = \frac{\mathrm{e}^x}{1+x}$.

1. Étudier les variations de f sur $[0\,;1]$.
2. On pose pour tout entier naturel n, $S_n = \sum_{k=0}^{n} f\left(\frac{k}{5}\right)$.

a. Justifier que pour tout entier k compris entre 0 et 4, on a :

$$\frac{1}{5}f\left(\frac{k}{5}\right) \leqslant \int_{\frac{k}{5}}^{\frac{k+1}{5}} \frac{\mathrm{e}^x}{1+x}\,\mathrm{d}x \leqslant \frac{1}{5}f\left(\frac{k+1}{5}\right).$$

Interpréter graphiquement à l'aide de rectangles les inégalités précédentes.

b. En déduire que : $\frac{1}{5}S_4 \leqslant \int_0^1 \frac{\mathrm{e}^x}{1+x}\,\mathrm{d}x \leqslant \frac{1}{5}(S_5 - 1)$.

c. Donner des valeurs approchées à 10^{-4} près de S_4 et S_5.
En déduire l'encadrement : $1{,}091 \leqslant \int_0^1 \frac{\mathrm{e}^x}{1+x}\,\mathrm{d}x \leqslant 1{,}164$.

3. a. Démontrer que pour tout réel x de $[0\,;1]$, on a :

$$\frac{1}{1+x} = 1 - x + \frac{x^2}{1+x}.$$

b. Justifier l'égalité $\int_0^1 \frac{\mathrm{e}^x}{1+x}\,\mathrm{d}x = \int_0^1 (1-x)\mathrm{e}^x\,\mathrm{d}x + \mathrm{I}$.

c. Calculer $\int_0^1 (1-x)\mathrm{e}^x\,\mathrm{d}x$.

d. En déduire un encadrement de $\mathrm{I} = \int_0^1 \frac{x^2\mathrm{e}^x}{1+x}\,\mathrm{d}x$ d'amplitude strictement inférieure à 10^{-1}.

150. **1.** Soit f la fonction définie sur $\mathbb{R}$ par :

$$f(x) = x^2 e^{1-x}.$$

On désigne par $\mathscr{C}$ sa courbe représentative dans un repère orthonormal $(O ; \vec{i}, \vec{j})$ d'unité graphique 2 cm.

a. Déterminer les limites de f en $-\infty$ et en $+\infty$; quelle conséquence graphique pour $\mathscr{C}$ peut-on en tirer ?

b. Justifier que f est dérivable sur $\mathbb{R}$. Déterminer sa fonction dérivée f'.

c. Dresser le tableau de variations de f et tracer la courbe $\mathscr{C}$.

2. Soit n un entier naturel. On considère l'intégrale I_n définie par :

$$I_n = \int_0^1 x^n e^{1-x} dx.$$

On admet que pour tout $n \in \mathbb{N}$, $I_{n+1} = (n+1)I_n - 1$.

a. Calculer I_0, I_1 et I_2.

b. Donner une interprétation graphique du nombre I_2. On la fera apparaître sur le graphique de la question **1. c.**

3. a. Démontrer que pour tout nombre réel x de $[0 ; 1]$ et pour tout entier naturel n non nul, on a l'inégalité suivante :

$$x_n \leqslant x^n e^{1-x} \leqslant x^n e.$$

b. En déduire un encadrement de I_n puis la limite de I_n quand n tend vers $+\infty$.

151.

Partie 1

On considère la fonction f définie sur l'intervalle $]0 ; +\infty[$ par :

$$f(x) = \ln(x) + 1 - \frac{1}{x}.$$

1. Déterminer les limites de la fonction f aux bornes de son ensemble de définition.

2. Étudier les variations de la fonction f sur l'intervalle $]0 ; +\infty[$.

3. En déduire le signe de $f(x)$ lorsque x décrit l'intervalle $]0 ; +\infty[$.

4. Montrer que la fonction F définie sur l'intervalle $]0 ; +\infty[$ par $F(x) = x\ln(x) - \ln(x)$ est une primitive de la fonction f sur cet intervalle.

5. Démontrer que la fonction F est strictement croissante sur l'intervalle $]1 ; +\infty[$.

6. Montrer que l'équation $F(x) = 1 - \frac{1}{e}$ admet une unique solution dans l'intervalle $]1 ; +\infty[$ qu'on note α.

7. Donner un encadrement de α d'amplitude 10^{-1}.

Partie 2

Soit g et h les fonctions définies sur l'intervalle $]0 ; +\infty[$ par : $g(x) = \frac{1}{x}$ et $h(x) = \ln(x) + 1$.

Sur le graphique ci-dessous, on a représenté dans un repère orthonormal, les courbes $\mathscr{C}_g$ et $\mathscr{C}_h$ représentatives des fonctions g et h.

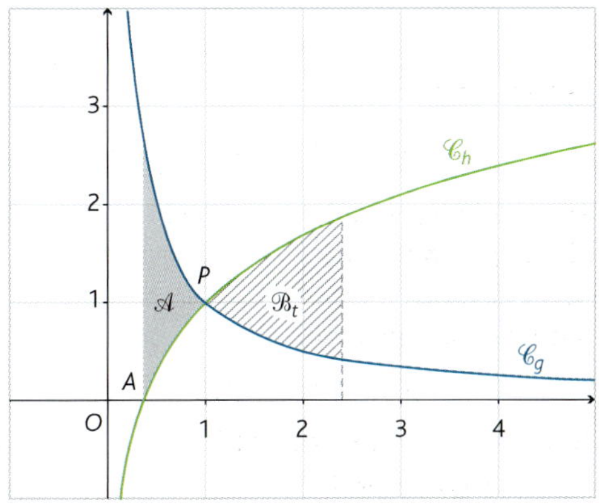

1. A est le point d'intersection de la courbe $\mathscr{C}_h$ et de l'axe des abscisses. Déterminer les coordonnées du point A.

2. P est le point d'intersection des courbes $\mathscr{C}_g$ et $\mathscr{C}_h$. Justifier que les coordonnées du point P sont $(1 ; 1)$.

3. On note $\mathscr{A}$ l'aire du domaine délimité par les courbes $\mathscr{C}_g$, $\mathscr{C}_h$ et les droites d'équations respectives $x = \frac{1}{e}$ et $x = 1$ (domaine grisé sur le graphique).

a. Exprimer l'aire $\mathscr{A}$ à l'aide de la fonction f définie dans la **Partie 1**.

b. Montrer que $\mathscr{A} = 1 - \frac{1}{e}$.

4. Soit t un nombre réel de l'intervalle $]1 ; +\infty[$. On note $\mathscr{B}_t$ l'aire du domaine délimité par les droites d'équations respectives $x = 1$, $x = t$ et les courbes $\mathscr{C}_g$ et $\mathscr{C}_h$ (domaine hachuré sur le graphique).

On souhaite déterminer une valeur de t telle que $\mathscr{A} = \mathscr{B}_t$.

a. Montrer que $\mathscr{B}_t = t\ln(t) - \ln(t)$.

b. Conclure.

152. La suite (u_n) est définie sur $\mathbb{N}$ par :

$$u_n = \int_0^1 x^n \ln(x+1)\, dx.$$

1. Déterminer le sens de variation de la suite (u_n).
La suite (u_n) converge-t-elle ?

2. Démontrer que pour tout entier naturel n non nul, $0 \leqslant u_n \leqslant \frac{\ln 2}{n+1}$.
En déduire la limite de la suite (u_n).

153. Soit f la fonction définie sur $[0\ ;\ +\infty[$ par :

$$f(x) = x + e^{-x}.$$

On note $\mathscr{C}$ la courbe représentative de f dans un repère orthonormal $(O\ ;\ \vec{i},\ \vec{j})$.

Partie A

1. Étudier les variations de la fonction f sur $[0\ ;\ +\infty[$.

2. Déterminer la limite de f en $+\infty$.

3. Montrer que $\mathscr{C}$ admet une asymptote oblique dont on précisera une équation.

Partie B

On considère la suite $(u_n)_{n \geqslant 1}$ à termes positifs définie par $u_1 = 0$ et, pour tout entier naturel n non nul, $u_{n+1} = f(u_n) = u_n + e^{-u_n}$.

1. Démontrer que pour tout réel x positif, $\ln(1 + x) \leqslant x$.
On pourra étudier la fonction g définie sur $[0\ ;\ +\infty[$ par $g(x) = x - \ln(1 + x)$.

2. En déduire que, pour tout entier naturel n non nul, $\ln(n + 1) \leqslant \ln(n) + \dfrac{1}{n}$.

3. Démontrer que pour tout entier naturel n non nul, $f[\ln(n)] = \ln(n) + \dfrac{1}{n}$.

4. Démontrer par récurrence que pour tout entier naturel n non nul, $\ln(n) \leqslant u_n$.

5. En déduire la limite de la suite $(u_n)_{n \geqslant 1}$.

Dans la suite de l'exercice, on admet que, pour tout entier n supérieur ou égal à 2, $u_n \leqslant 1 + \dfrac{1}{2} + \ldots + \dfrac{1}{n-1}$.

6. a. Démontrer que, pour tout entier k supérieur ou égal à 2, on a : $\dfrac{1}{k} \leqslant \displaystyle\int_{k-1}^{k} \dfrac{1}{x}\,dx$.
b. En déduire que, pour tout entier n supérieur ou égal à 2, on a : $u_n \leqslant 1 + \ln(n - 1)$.

7. Pour tout entier n supérieur ou égal à 2, on a montré que : $\ln(n) \leqslant u_n \leqslant 1 + \ln(n - 1)$.
Démontrer que la suite $\left(\dfrac{u_n}{\ln(n)}\right)_{n \geqslant 2}$ converge vers 1.

154. On considère la fonction f définie sur $]0\ ;\ +\infty[$ par : $f(x) = x^2 \ln x$.
La courbe $\mathscr{C}$ représentative de la fonction f dans le plan muni d'un repère orthonormal $(O\ ;\ \vec{i},\ \vec{j})$ est donnée en annexe.

1. a. Déterminer la limite de f en $+\infty$.
b. Étudier les variations de f sur $]0\ ;\ +\infty[$.

2. Démontrer qu'il existe une tangente unique à la courbe $\mathscr{C}$ passant par O. Préciser une équation de cette tangente.

3. On considère le solide obtenu par rotation autour de l'axe (Ox) de la région plane délimitée par la courbe $\mathscr{C}$, l'axe (Ox) et les droites d'équations $x = \dfrac{1}{e}$ et $x = 1$.
On note V une mesure exprimée en unités de volume, du volume de ce solide et on admet que :

$$V = \int_{\frac{1}{e}}^{1} \pi[f(x)]^2\,dx.$$

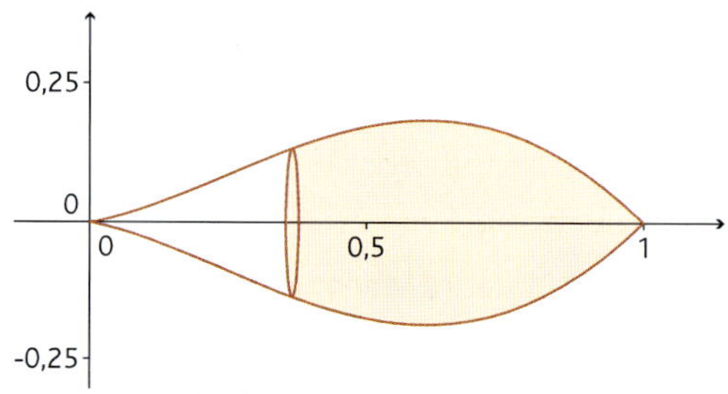

a. Montrer qu'une primitive de la fonction $x \mapsto x^4 \ln x$ sur $]0\ ;\ +\infty[$ est la fonction $x \mapsto \dfrac{x^5}{25}(5\ln x - 1)$.
b. En déduire, à l'aide d'une intégration par parties, que :

$$V = \frac{\pi}{125}\left(2 - \frac{37}{e^5}\right).$$

155. Soit f la fonction définie sur $\mathbb{R}$ par :

$$f(x) = 1 - \frac{4e^x}{e^{2x} + 1}.$$

On note $\mathscr{C}$ sa courbe représentative dans un repère orthogonal $(O\ ;\ \vec{i},\ \vec{j})$. $\mathscr{C}$ coupe l'axe des abscisses aux points A et B.

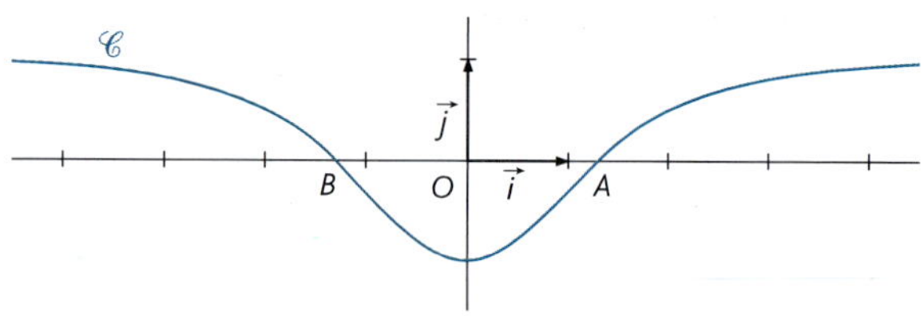

Partie A

L'objet de cette partie est de démontrer certaines propriétés de la fonction f que l'on peut conjecturer à partir du graphique.

1. La fonction f semble croissante sur l'intervalle $[0\ ;\ +\infty[$.
a. Vérifier que pour tout réel x, $f'(x) = \dfrac{4e^x(e^{2x} - 1)}{(e^{2x} + 1)^2}$.
b. En déduire le sens de variation de la fonction f sur l'intervalle $[0\ ;\ +\infty[$.

2. La droite d'équation $x = 0$ semble être un axe de symétrie de la courbe $\mathscr{C}$.
Démontrer que cette conjecture est vraie.

3. On désigne par a l'abscisse du point A et on pose $c = e^a$.

a. Démontrer que le réel c est une solution de l'équation $x^2 - 4x + 1 = 0$. En déduire la valeur exacte de a.

b. Donner le signe de $f(x)$ selon les valeurs de x.

Partie B

L'objet de cette partie est d'étudier quelques propriétés de la fonction F définie sur $\mathbb{R}$ par :

$$F(x) = \int_0^x f(t)\,dt.$$

1. Déterminer les variations de la fonction F sur $\mathbb{R}$.

2. Interpréter géométriquement le réel $F(a)$. En déduire que $-a \leqslant F(a) \leqslant 0$.

3. On cherche la limite éventuelle de F en $+\infty$.

a. Démontrer que pour tout réel positif t, $f(t) \geqslant 1 - 4e^{-t}$.

b. En déduire que pour tout réel positif x, $F(x) \geqslant x - 4$ et déterminer la limite de $F(x)$ lorsque x tend vers $+\infty$.

4. Déterminer la limite de $F(x)$ lorsque x tend vers $+\infty$.

156. On désigne par (I_n) la suite définie pour tout entier n supérieur ou égal à 1 par $I_n = \int_0^1 x^n e^{-x}\,dx$.

1. Soit F la fonction définie sur $\mathbb{R}$ par $F(x) = -(x+1)e^{-x}$. Calculer $F'(x)$. En déduire la valeur de I_1.

2. Sur le graphique ci-dessous, on a représenté les portions des courbes $\mathscr{C}_1$, $\mathscr{C}_2$, $\mathscr{C}_3$, $\mathscr{C}_{10}$, $\mathscr{C}_{20}$ comprises dans la bande définie par $0 \leqslant x \leqslant 1$.

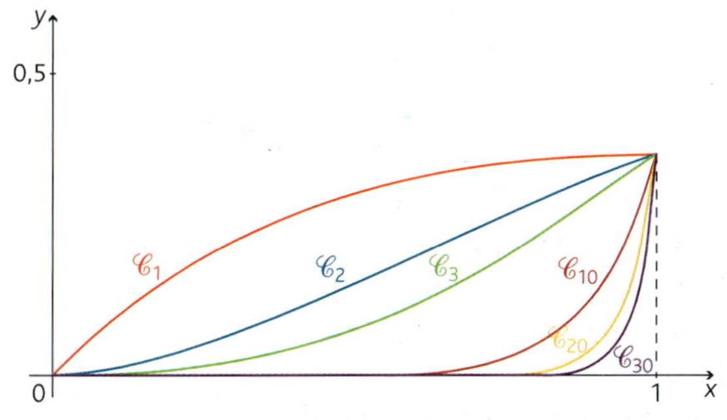

a. Formuler une conjecture sur le sens de variation de la suite (I_n) en décrivant sa démarche.

b. Démontrer cette conjecture.

c. En déduire que la suite (I_n) est convergente.

d. Déterminer $\lim_{n \to +\infty} (I_n)$.

157. *Le but de cet exercice est de déterminer une valeur approchée à 10^{-2} près de l'intégrale :*

$$I = \int_0^1 \left(\frac{e^{-x}}{2-x}\right) dx.$$

1. a. Étudier les variations de la fonction f : $x \mapsto f(x) = \dfrac{e^{-x}}{2-x}$ sur l'intervalle $[0\,;\,1]$.

b. Montrer que, pour tout réel x de l'intervalle $[0\,;\,1]$, on a $\dfrac{1}{e} \leqslant f(x) \leqslant \dfrac{1}{2}$.

2. Soit J et K les intégrales définies par :

$$J = \int_0^1 (2+x)e^{-x}dx \quad \text{et} \quad K = \int_0^1 x^2 f(x)\,dx.$$

a. Soit f la fonction définie sur $[0\,;\,1]$ par :

$$G(x) = (ax^2 + bx + c)e^{-x}.$$

Déterminer les réels a, b, et c pour que pour tout $x \in \mathbb{R}$ $G'(x) = (2+x)e^{-x}$.

b. En déduire la valeur de J.

c. Utiliser un encadrement de $f(x)$ obtenu précédemment pour démontrer que $\dfrac{1}{3e} \leqslant K \leqslant \dfrac{1}{6}$.

d. Démontrer que $J + K = 4I$.

e. Déduire de tout ce qui précède un encadrement de I, puis donner une valeur approchée à 10^{-2} près de I.

158. Soit n un entier naturel non nul. On appelle f_n la fonction définie sur $[0\,;\,+\infty[$ par $f_n(x) = \ln(1 + x^n)$ et on pose $I_n = \int_0^1 \ln(1+x^n)\,dx$.

On note $\mathscr{C}_n$ la courbe représentative de f_n dans un repère orthogonal $(O\,;\,\vec{i}, \vec{j})$.

1. a. Déterminer la limite de f_1 en $+\infty$.

b. Étudier les variations de f_1 sur $[0\,;\,+\infty[$.

c. À l'aide d'une intégration par parties, calculer I_1 et interpréter graphiquement le résultat.

Pour le calcul de I_1 on pourra utiliser le résultat suivant : pour tout $x \in [0\,;\,1]$, $\dfrac{x}{x+1} = 1 - \dfrac{1}{x+1}$.

2. a. Montrer que pour tout entier naturel non nul n, on a $0 \leqslant I_n \leqslant \ln 2$.

b. Étudier les variations de la suite (I_n).

c. En déduire que la suite (I_n) est convergente.

3. Soit g la fonction définie sur $[0\,;\,+\infty[$ par :

$$g(x) = \ln(1+x) - x.$$

a. Étudier le sens de variation de g sur $[0\,;\,+\infty[$.

b. En déduire le signe de g sur $[0\,;\,+\infty[$. Montrer alors que pour tout entier naturel n non nul, et pour tout x réel positif, on a : $\ln(1+x^n) \leqslant x^n$.

c. En déduire la limite de la suite (I_n).

159. À tout entier naturel n non nul, on associe la fonction f_n définie sur $\mathbb{R}$ par :

$$f_n(x) = \frac{4e^{nx}}{e^{nx} + 7}.$$

Soit la suite (u_n) définie pour tout entier naturel n non nul par :

$$u_n = \frac{n}{\ln 7}\int_0^{\frac{\ln 7}{n}} f_n(x)\,dx.$$

Montrer que la suite (u_n) est constante.

160. On donne la représentation graphique d'une fonction f définie et continue sur l'intervalle $I = [-3\,;8]$.

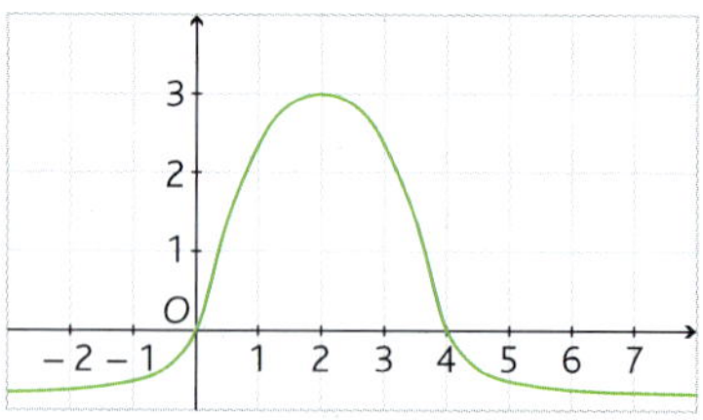

On définit la fonction F sur I, par $F(x) = \int_0^x f(t)\,dt$.

1. a. Que vaut F(0) ?

b. Donner le signe de $F(x)$ pour $x \in [0\,;4]$; pour $x \in [-3\,;0]$.
Justifier les réponses.

c. Justifier graphiquement que $6 \leqslant F(4) \leqslant 12$.

2. a. Que représente f pour F ?

b. Déterminer le sens de variation de la fonction F sur I.
Justifier la réponse à partir d'une lecture graphique des propriétés de f.

3. On dispose de deux représentations graphiques sur I.

Courbe A

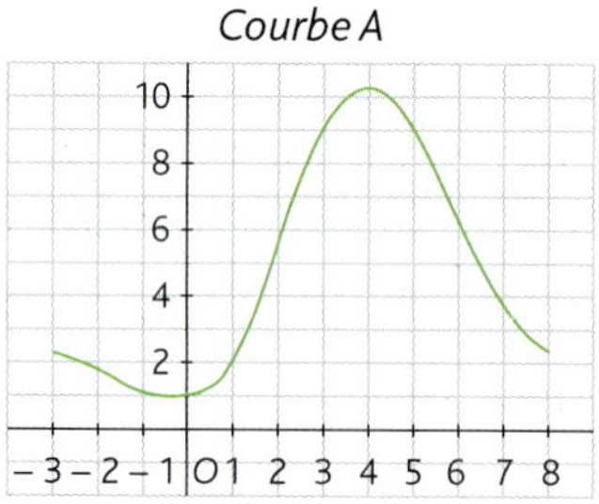

Courbe B

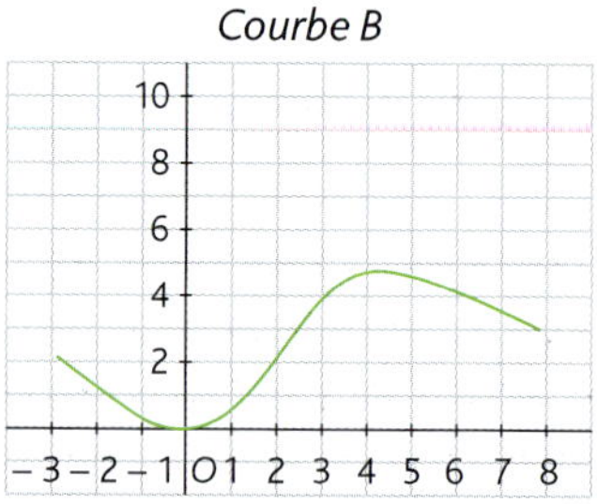

L'une de ces courbes peut-elle représenter la fonction F ?
Justifier la réponse.

161. On considère la suite (u_n) définie pour tout entier naturel n par :

$$u_n = \int_0^1 \frac{e^{-nx}}{1 + e^{-x}}dx.$$

1. a. Montrer que $u_0 + u_1 = 1$.

b. Calculer u_1. En déduire u_0.

2. Montrer que pour tout entier naturel n, $u_n \geqslant 0$.

3. a. Montrer que pour tout entier naturel n non nul,

$$u_{n+1} + u_n = \frac{1 - e^{-n}}{n}.$$

b. En déduire que pour tout entier naturel n non nul, $u_n \leqslant \frac{1 - e^{-n}}{n}$.

4. Déterminer la limite de la suite (u_n).

162. Pour tout entier naturel $n \geqslant 2$, on considère l'intégrale I_n définie par $I_n = \int_1^2 \frac{1}{x^n}e^{\frac{1}{x}}dx$.

1. Calculer I_2.

2. On admet que pour tout entier naturel $n \geqslant 2$ on a :
$I_{n+1} = e - \frac{\sqrt{e}}{2^{n-1}} + (1 - n)I_n$. Calculer I_3.

3. Étude de la limite de la suite de terme général I_n.

a. Établir que pour tout nombre réel x appartenant à l'intervalle $[1\,;2]$, on a $0 \leqslant \frac{1}{x^n}e^{\frac{1}{x}} \leqslant \frac{e}{x^n}$.

b. En déduire un encadrement de I_n puis étudier la limite de la suite (I_n).

163. On considère la suite numérique (J_n) définie, pour tout entier naturel n non nul, par :

$$J_n = \int_1^n e^{-t}\sqrt{1 + t}\,dt.$$

1. Démontrer que la suite (J_n) est croissante.

2. On définit la suite (I_n), pour tout entier naturel n non nul, par $I_n = \int_1^n (t + 1)e^{-t}dt$.

a. Justifier que, pour tout $t \geqslant 1$, on a $\sqrt{t + 1} \leqslant t + 1$.

b. En déduire que $J_n \leqslant I_n$.

c. Calculer I_n en fonction de n. En déduire que la suite (J_n) est majorée par un nombre réel (indépendant de n).

d. Que peut-on en conclure pour la suite (J_n) ?

164. Soit f une fonction définie pour tout nombre réel x par $f(x) = (1 + x)\mathrm{e}^{-x}$.
Le plan est rapporté à un repère orthonormal $(O\,;\,\vec{i}, \vec{j})$ d'unité graphique 1 cm.

1. a. Étudier le signe de $f(x)$ sur $\mathbb{R}$.
b. Déterminer la limite de la fonction f en $-\infty$.
Déterminer la limite de la fonction f en $+\infty$.
c. On note f' la fonction dérivée de la fonction f sur $\mathbb{R}$.
Calculer, pour tout nombre réel x, $f'(x)$.
En déduire les variations de la fonction f sur $\mathbb{R}$.
d. Tracer la courbe représentative de la fonction f sur l'intervalle $[-2\,;\,5]$.

1. On note (I_n) la suite définie pour tout entier naturel n par $\mathrm{I}_n = \int_{-1}^{n} f(x)\,\mathrm{d}x$.
Dans cette question, on ne cherchera pas à calculer la valeur exacte de I_n en fonction de n.
a. Montrer que, pour tout $n \in \mathbb{N} : \mathrm{I}_n \geqslant 0$.
b. Montrer que la suite (I_n) est croissante.

3. a. Soit F la fonction définie sur $\mathbb{R}$ par
$\mathrm{F}(x) = (-2 - x)\mathrm{e}^{-x}$. Calculer $\mathrm{F}'(x)$ et montrer que :
$$\int_a^b f(x)\,\mathrm{d}x = (-2 - b)\mathrm{e}^{-b} + (2 + a)\mathrm{e}^{-a}.$$
b. En déduire l'expression de I_n en fonction de n.
c. Déterminer $\lim_{n \to +\infty} \mathrm{I}_n$.
d. Donner une interprétation graphique de cette limite.

1. Déterminer $\alpha \in \mathbb{R}$ tel que : $\int_{-1}^{\alpha} f(x)\,\mathrm{d}x = \mathrm{e}$.
Ce calcul intégral correspond-il à un calcul d'aire ?

165. Soit f la fonction définie sur l'intervalle $[0\,;\,+\infty[$ par :
$$f(x) = x\mathrm{e}^{-x^2}.$$
On désigne par $\mathscr{C}$ la courbe représentative de la fonction f dans un repère orthonormal $(O\,;\,\vec{i}, \vec{j})$ du plan. Cette courbe est représentée ci-dessous.

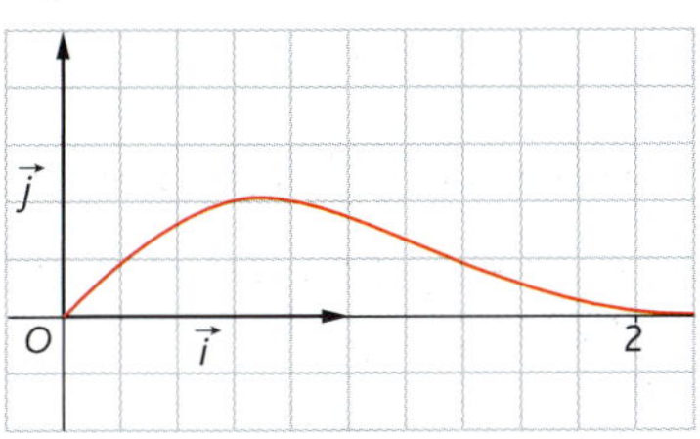

Partie A

1. a. Déterminer la limite de la fonction f en $+\infty$.
On pourra écrire, pour x différent de 0 : $f(x) = \frac{1}{x} \times \frac{x^2}{\mathrm{e}^{x^2}}$.
b. Démontrer que f admet un maximum en $\frac{\sqrt{2}}{2}$ et calculer ce maximum.

2. Soit a un nombre réel positif ou nul. Exprimer en unités d'aire et en fonction de a, l'aire $\mathrm{F}(a)$ de la partie du plan limitée par la courbe $\mathscr{C}$, l'axe des abscisses et les droites d'équations respectives $x = 0$ et $x = a$.
Quelle est la limite de $\mathrm{F}(a)$ quand a tend vers $+\infty$?

Partie B

On considère la suite (u_n) définie pour tout entier naturel n par :
$$u_n = \int_n^{n+1} f(x)\,\mathrm{d}x.$$
On ne cherchera pas à expliciter u_n.

1. a. Démontrer que, pour tout entier naturel n différent de 0 et de 1 :
$$f(n + 1) \leqslant u_n \leqslant f(n).$$
b. Quel est le sens de variation de la suite $(u_n)_{n \geqslant 2}$?
c. Montrer que la suite (u_n) converge. Quelle est sa limite ?

2. a. Vérifier que, pour tout entier naturel strictement positif n, $\mathrm{F}(n) = \sum_{k=0}^{n-1} u_k$.
b. On donne ci-dessous les valeurs de $\mathrm{F}(n)$ obtenues à l'aide d'un tableur, pour n entier compris entre 3 et 7.

n	3	4	5	6	7
$\mathrm{F}(n)$	0,499 938 295 7	0,499 999 943 7	0,5	0,5	0,5

Interpréter ces résultats.

166. On considère la fonction f définie sur l'intervalle $[0\,;\,1]$ par $f(x) = \mathrm{e}^{-x^2}$ et on définit la suite (u_n) par :
$u_0 = \int_0^1 f(x)\,\mathrm{d}x = \int_0^1 \mathrm{e}^{-x^2}\,\mathrm{d}x$ et pour tout entier naturel n non nul $u_n = \int_0^1 x^n f(x)\,\mathrm{d}x = \int_0^1 x^n \mathrm{e}^{-x^2}\,\mathrm{d}x$

1. a. Démontrer que pour tout réel x de l'intervalle $[0\,;\,1]$, $\frac{1}{2} \leqslant f(x) \leqslant 1$.
b. En déduire que $\frac{1}{\mathrm{e}} \leqslant u_0 \leqslant 1$.

2. Calculer u_1.

3. a. Démontrer que pour tout entier naturel n, $0 \leqslant u_n$.
b. Étudier les variations de la suite (u_n).
c. En déduire que la suite (u_n) est convergente.

4. a. Démontrer que pour tout entier naturel n, $u_n \leqslant \frac{1}{n + 1}$.
b. En déduire la limite de la suite (u_n).

167. 1. Montrer que pour tout $x \in \mathbb{R}$, $\ln(1 + e^{-x}) > 0$.

2. Soit f la fonction définie sur $[0\,;+\infty[$ par :

$$f(x) = \ln(1 + x) - x.$$

a. Dresser le tableau de variations de f.

b. En déduire que pour tout $x \in [0\,;+\infty[$, $f(x) \leqslant 0$.

c. En déduire que pour tout $x \in \mathbb{R}$, $\ln(1 + e^{-x}) \leqslant e^{-x}$.

3. Soit $d_n = \int_0^n \ln(1 + e^{-x})\,dx$.

Montrer que pour tout entier naturel n supérieur ou égal à 1, $d_n \leqslant 1$. La suite $(d_n)_{n \geqslant 1}$ est-elle convergente ?

168. Soit n un entier naturel.

On note f_n la fonction définie sur l'ensemble $\mathbb{R}$ des nombres réels par :

$$f_n(x) = \frac{e^{-nx}}{1 + e^{-x}}.$$

On pose, pour tout entier naturel n : $u_n = \int_0^1 f_n(x)\,dx$.

1. Calculer u_1 puis montrer que $u_0 + u_1 = 1$. En déduire u_0.

2. Démontrer que, pour tout entier naturel n :

$$0 \leqslant u_n \leqslant \int_0^1 e^{-nx}\,dx.$$

3. Calculer l'intégrale : $\int_0^1 e^{-nx}\,dx$. En déduire que la suite (u_n) est convergente et préciser sa limite.

169. Le plan est muni d'un repère orthogonal $(O\,;\vec{i}, \vec{j})$.

Partie A

La courbe $\mathscr{C}$ ci-dessous est la courbe représentative d'une fonction f dérivable sur $[0\,;+\infty[$, de fonction dérivée f' continue sur $[0\,;+\infty[$.

La courbe $\mathscr{C}$ passe par les points O et $A\left(1\,;\frac{1}{2e}\right)$ et, sur $[0\,;1]$, elle est au-dessus du segment $[OA]$.

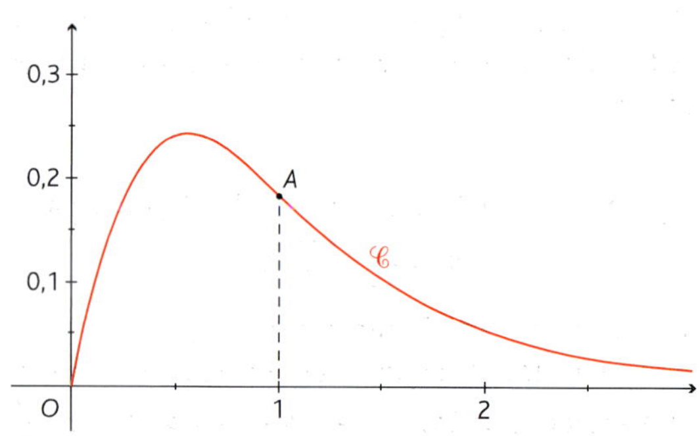

1. Montrer que $\int_0^1 f'(x)\,dx = \frac{1}{2e}$.

2. Montrer que $\int_0^1 f(x)\,dx \geqslant \frac{1}{4e}$.

Partie B

On sait désormais que la fonction f considérée dans la *Partie A* est définie sur $[0\,;+\infty[$ par :

$$f(x) = \frac{xe^{-x}}{x^2 + 1}.$$

1. Déterminer la limite de f en $+\infty$. Interpréter graphiquement le résultat obtenu.

2. On considère la fonction g définie sur $[0\,;+\infty[$ par : $g(x) = x^3 + x^2 + x - 1$.

Établir que l'équation $g(x) = 0$ admet une solution unique α dans l'intervalle $[0\,;+\infty[$.

3. a. Montrer que x de $[0\,;+\infty[$, $f'(x)$ et $g(x)$ sont de signes contraires.

b. En déduire les variations de f sur $[0\,;+\infty[$.

4. On considère la suite (u_n) définie pour tout entier naturel n par :

$$u_n = \int_n^{2n} f(x)\,dx.$$

a. Montrer que pour tout x de $[0\,;+\infty[$, $0 \leqslant \frac{x}{x^2 + 1} \leqslant \frac{1}{2}$.

b. Montrer que pour tout entier naturel n, $0 \leqslant u_n \leqslant \frac{1}{2}(e^{-n} - e^{-2n})$.

c. En déduire que la limite de u_n quand n tend vers $+\infty$.

170. 1. Soit f la fonction définie sur $[1\,;+\infty[$ par

$$f(x) = \frac{x}{e^x - 1}$$

et soit H la fonction définie sur $[1\,;+\infty[$ par

$$H(x) = \int_1^x f(t)\,dt.$$

a. Justifier que f et H sont définies sur $[1\,;+\infty[$.

b. Quelle relation existe-t-il entre H et f ?

c. Soit $\mathscr{C}$ la courbe représentative de f dans un repère orthonormal $(O\,;\vec{i}, \vec{j})$ du plan. Interpréter en termes d'aire le nombre H(3).

2. *On se propose, dans cette question, de donner un encadrement du nombre H(3).*

a. Montrer que pour tout réel $x > 0$,

$$\frac{x}{e^x - 1} = x \times \frac{e^{-x}}{1 - e^{-x}}.$$

b. En déduire que :

$$\int_1^3 f(x)\,dx = 3\ln\left(1 - \frac{1}{e^3}\right) - \ln\left(1 - \frac{1}{e}\right) - \int_1^3 \ln(1 - e^{-x})\,dx.$$

c. Montrer que si $1 \leqslant x \leqslant 3$,

$$\text{alors } \ln\left(1 - \frac{1}{e}\right) \leqslant \ln(1 - e^{-x}) \leqslant \ln\left(1 - \frac{1}{e^3}\right).$$

d. En déduire un encadrement de $\int_1^3 \ln(1 - e^{-x})\,dx$ puis de $\int_1^3 f(x)\,dx$.

171. On considère une fonction f dérivable sur l'intervalle $]-\infty\,;+\infty[$.
On donne le tableau de ses variations :

x	$-\infty$		0		2		$+\infty$
$f'(x)$		$+$		$+$	0	$-$	
$f(x)$	$-\infty$	↗	0	↗	$1+e^{-2}$	↘	1

Soit g la fonction sur $]-\infty\,;+\infty[$ par $g(x)=\int_0^x f(t)\,dt$.

Partie A

1. En tenant compte de toutes les informations contenues dans le tableau de variation, tracer une courbe $\mathscr{C}$ susceptible de représenter f dans le plan muni d'un repère orthogonal (unités graphiques : 1 cm sur l'axe des abscisses, 2 cm sur l'axe des ordonnées).

2. a. Interpréter graphiquement $g(2)$.
b. Montrer que $0 \leqslant g(2) \leqslant 2{,}5$.

3. a. Soit x un réel supérieur à 2.
Montrer que $\int_2^x f(t)\,dt \geqslant x-2$.
En déduire que $g(x) \geqslant x-2$.
b. Déterminer la limite de la fonction g en $+\infty$.

4. Étudier le sens des variations de la fonction g sur l'intervalle $]-\infty\,;+\infty[$.

Partie B

On admet que pour tout réel t, $f(t)=(t-1)e^{-t}+1$.

1. Soit a et b deux réels. Soit F la fonction définie sur $\mathbb{R}$ par $F(t)=(at+b)e^{-t}+t$.
Déterminer les valeurs de a et b pour que $F'=f$.

2. En déduire le calcul de $\int_0^x (t-1)e^{-t}\,dt$.

3. En déduire que pour tout réel x, $g(x)=x(1-e^{-x})$.

4. Déterminer la limite de la fonction g en $-\infty$.

172. On considère les suites (x_n) et (y_n) définies pour tout entier naturel n non nul par :

$$x_n=\int_0^1 t^n\cos t\,dt \quad \text{et} \quad y_n=\int_0^1 t^n \sin t\,dt.$$

1. a. Montrer que la suite (x_n) est à termes positifs.
b. Étudier les variations de la suite (x_n).
c. Que peut-on en déduire quant à la convergence de la suite (x_n) ?

2. a. Démontrer que pour tout entier naturel n non nul,

$$x_n \leqslant \frac{1}{n+1}.$$

b. En déduire la limite de la suite (x_n).

3. On admet que, pour tout entier naturel n non nul on a :

$$x_{n+1}=-(n+1)y_n+\sin(1).$$

En déduire que $\lim_{n\to+\infty} y_n=0$.

4. On admet que, pour tout entier naturel n non nul :

$$y_{n+1}=(n+1)x_n-\cos(1).$$

Déterminer $\lim_{n\to+\infty} nx_n$ et $\lim_{n\to+\infty} ny_n$.

173. **TICE** **Partie A**

Soit f la fonction numérique de la variable réelle x définie sur $]0\,;+\infty[$ par :

$$f(x)=\frac{\ln(x)}{x^2}.$$

Voici sa courbe représentative $\mathscr{C}$, construite dans un repère orthonormal et son tableau de variations :

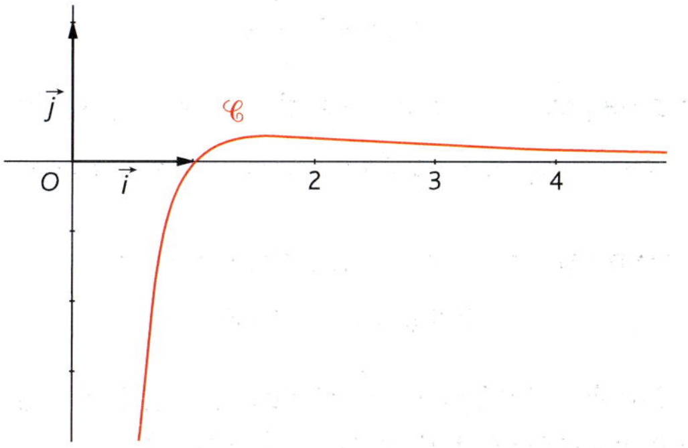

x	0		$e^{\frac{1}{2}}$		$+\infty$
$f(x)$	$-\infty$	↗	$\frac{1}{2e}$	↘	0

1. Le tableau de variations de f donne des propriétés sur les variations de la fonction, les limites aux bornes de l'ensemble de définition ainsi que l'extremum.
Énoncer puis démontrer ces propriétés.

2. Existe-t-il des tangentes à la courbe $\mathscr{C}$ qui contiennent le point O origine du repère ? Si oui donner leur équation.

Partie B

Soit g la fonction définie sur l'intervalle $]0\,;+\infty[$ par :

$$g(x)=\int_1^x \frac{\ln t}{t^2}\,dt.$$

1. a. Que représente f pour la fonction g ?
b. En déduire le sens de variations de g sur $]0\,;+\infty[$?

2. Interpréter géométriquement les réels $g(3)$ et $g\left(\frac{1}{2}\right)$.

3. a. À l'aide d'un logiciel de calcul formel, calculer $g(x)$ en fonction de x.
b. Déterminer la limite de g en $+\infty$.

174. On considère la fonction g définie sur l'intervalle $]0\ ;+\infty[$ par :

$$g(x) = x^2(1 - \ln x).$$

Soit $\mathscr{C}$ la courbe représentative de la fonction g.

1. Tracer $\mathscr{C}$ dans le repère orthonormal ayant pour unité graphique 5 cm.

2. Déterminer une équation de la tangente à la courbe $\mathscr{C}$ au point d'abscisse 1. La tracer sur le graphique.

3. Calculer l'aire en unités d'aire du domaine délimité par la courbe $\mathscr{C}$, l'axe des abscisses et les droites d'équations respectives $x = 1$ et $x = \mathrm{e}$.

175. On considère la fonction f définie sur $]0\ ;+\infty[$ par :

$$f(x) = x + \frac{\ln x}{x}.$$

On note $\mathscr{C}$ la courbe représentative de la fonction f dans le plan muni d'un repère orthonormal $(O\ ;\vec{i},\vec{j})$ d'unité graphique 3 cm.

1. Montrer que $\int_1^{\mathrm{e}} \frac{\ln x}{x}\mathrm{d}x = \frac{1}{2}$.

2. En déduire l'aire de la région du plan délimitée par les droites d'équation $x = 1$, $x = \mathrm{e}$, l'axe des abscisses et la courbe $\mathscr{C}$. On exprimera cette aire en cm^2. Hachurer cette région sur le graphique.

176. On suppose connus les résultats suivants :

Soit u et v deux fonctions continues sur un intervalle $[a\ ;b]$ avec $a < b$:

- si pour tout $x \in [a\ ;b]$; $u(x) \geqslant 0$ alors $\int_a^b u(x)\mathrm{d}x \geqslant 0$
- $\int_a^b [u(x) + v(x)]\mathrm{d}x = \int_a^b u(x)\mathrm{d}x + \int_a^b v(x)\mathrm{d}x$
- $\int_a^b \alpha u(x)\mathrm{d}x = \alpha \int_a^b u(x)\mathrm{d}x$ où α est un nombre réel.

Démontrer que si f et g sont deux fonctions continues sur un intervalle $[a\ ;b]$ avec $a < b$ et si pour tout x de $[a\ ;b]$, $f(x) \leqslant g(x)$ alors :

$$\int_a^b f(x)\mathrm{d}x \leqslant \int_a^b g(x)\mathrm{d}x.$$

Soit f la fonction définie sur $[0\ ;+\infty[$ par :

$$f(x) = x + \mathrm{e}^{-x}.$$

On note $\mathscr{C}$ la courbe représentative de f dans un repère orthonormal $(O\ ;\vec{i},\vec{j})$.

Partie A

1. Étudier les variations de la fonction f sur $[0\ ;+\infty[$.

2. Déterminer la limite de f en $+\infty$.

3. Montrer que $\mathscr{C}$ admet une asymptote oblique dont on précisera une équation.

Partie B

On considère la suite $(u_n)_{n \geqslant 1}$ à termes positifs définie par : $u_1 = 0$ et, pour tout entier naturel n non nul, $u_{n+1} = f(u_n) = u_n + \mathrm{e}^{-u_n}$.

1. Démontrer que, pour tout réel x positif, $\ln(1 + x) \leqslant x$. On pourra étudier la fonction g définie sur $[0\ ;+\infty[$ par $g(x) = x - \ln(1 + x)$.

2. En déduire que, pour tout entier naturel n non nul, $\ln(n + 1) \leqslant \ln(n) + \frac{1}{n}$.

3. Démontrer que, pour tout entier naturel n non nul, $f[\ln(n)] = \ln(n) + \frac{1}{n}$.

4. Démontrer par récurrence que, pour tout entier naturel n non nul, $\ln(n) \leqslant u_n$.

5. En déduire la limite de la suite $(u_n)_{n \geqslant 1}$.

Dans la suite de l'exercice, on admet que, pour tout entier n supérieur ou égal à 2, $u_n \leqslant 1 + \frac{1}{2} + \ldots + \frac{1}{n-1}$.

6. a. Démontrer que, pour tout entier k supérieur ou égal à 2, on a :

$$\frac{1}{k} \leqslant \int_{k-1}^{k} \frac{1}{x}\mathrm{d}x.$$

b. En déduire que, pour tout entier n supérieur ou égal à 2, on a :

$$u_n \leqslant 1 + \ln(n - 1).$$

7. Pour tout entier n supérieur ou égal à 2, on a montré que $\ln(n) \leqslant u_n \leqslant 1 + \ln(n - 1)$.

Démontrer que la suite $\left(\frac{u_n}{\ln(n)}\right)_{n \geqslant 2}$ converge vers 1.

177. **Partie A : ROC**

On supposera connus les résultats suivants :

- Soient u et v deux fonctions continues sur un intervalle $[a\ ;b]$.

Pour tous réels α et β :

$$\int_a^b [\alpha u(x) + \beta v(x)]\mathrm{d}x = \alpha \int_a^b u(x)\mathrm{d}x + \beta \int_a^b v(x)\mathrm{d}x.$$

- Si u désigne une fonction continue sur un intervalle $[a\ ;b]$ et U une primitive de u sur $[a\ ;b]$ alors :

$$\int_a^b u(x)\mathrm{d}x = [\mathrm{U}(x)]_a^b = \mathrm{U}(b) - \mathrm{U}(a).$$

En utilisant la formule de dérivation d'un produit de deux fonctions dérivables, à dérivées continues sur un intervalle $[a\ ;b]$ démontrer la formule d'intégration par parties.

Partie B

On considère la fonction f définie sur $[0\ ;+\infty[$ par :

$$f(x) = x^2 \ln x.$$

La courbe $\mathscr{C}$ représentative de la fonction f dans le plan muni d'un repère orthonormal $(O\ ;\vec{i},\vec{j})$ est donnée en annexe.

1. a. Déterminer la limite de f en $+\infty$.

b. Étudier les variations de f sur $]0\,;+\infty[$.

2. Démontrer qu'il existe une tangente unique à la courbe $\mathscr{C}$ passant par O. Préciser une équation de cette tangente.

3. On considère le solide obtenu par rotation autour de l'axe (Ox) de la région plane délimitée par la courbe $\mathscr{C}$, l'axe (Ox) et les droites d'équations $x = \frac{1}{e}$ et $x = 1$.

On note V une mesure, exprimée en unités de volume, du volume de ce solide et on admet que :

$$V = \int_{\frac{1}{e}}^{1} \pi[f(x)]^2\,dx.$$

a. Montrer qu'une primitive de la fonction $x \mapsto x^4 \ln x$ sur $]0\,;+\infty[$ est la fonction $x \mapsto \frac{x^5}{25}(5\ln x - 1)$.

b. En déduire, à l'aide d'une intégration par parties, que :

$$V = \frac{\pi}{125}\left(2 - \frac{37}{e^5}\right).$$

178. **TICE** Le but de cet exercice est de déterminer une valeur approchée à 10^{-2} près de l'intégrale :

$$I = \int_0^1 \left(\frac{e^{-x}}{2-x}\right)dx.$$

1. a. Étudier les variations de la fonction f : $x \mapsto f(x) = \frac{e^{-x}}{2-x}$ sur l'intervalle $[0\,;1]$.

b. Montrer que, pour tout réel x de l'intervalle $[0\,;1]$, on a $\frac{1}{e} \leqslant f(x) \leqslant \frac{1}{2}$.

2. Soit J et K les intégrales définies par :

$$J = \int_0^1 (2+x)e^{-x}dx \quad \text{et} \quad K = \int_0^1 x^2 f(x)\,dx.$$

À l'aide d'un logiciel de calcul formel, montrer que :

$$J = 3 - \frac{4}{e}.$$

a. Utiliser un encadrement de $f(x)$ obtenu précédemment pour démontrer que $\frac{1}{3e} \leqslant K \leqslant \frac{1}{6}$.

b. Démontrer que $J + K = 4I$.

c. Déduire de tout ce qui précède un encadrement de I, puis donner une valeur approchée à 10^{-2} près de I.

179. **TICE** **Partie A - Restitution organisée de connaissances**

Soit a et b deux réels tels que $a < b$ et f et g deux fonctions continues sur l'intervalle $[a\,;b]$. On suppose connus les résultats suivants :

- $\int_a^b [f(t) + g(t)]dt = \int_a^b f(t)\,dt + \int_a^b g(t)\,dt.$
- Si pour tout $t \in [a\,;b]$, $f(t) \geqslant 0$ alors $\int_a^b f(t)\,dt \geqslant 0$.

Montrer que : si pour tout $t \in [a\,;b]$, $f(t) \leqslant g(t)$ alors $\int_a^b f(t)\,dt \leqslant \int_a^b g(t)\,dt$.

Partie B

Soit n un entier naturel non nul. On appelle f_n la fonction définie sur $[0\,;+\infty[$ par :

$$f_n(x) = \ln(1 + x^n)$$

et on pose $I_n = \int_0^1 \ln(1+x^n)\,dx$.

On note $\mathscr{C}_n$ la courbe représentative de f_n dans un repère orthonormal $(O\,;\vec{i},\vec{j})$.

1. a. Déterminer la limite de f_1 en $+\infty$.

b. Étudier les variations de f_1 sur $[0\,;+\infty[$.

c. À l'aide d'un logiciel de calcul formel on obtient :

```
int(ln(1+x),x,0,1)
                                   2*ln(2)-2+1
```

En déduire la valeur de I_1 et interpréter ce résultat.

2. a. Montrer que pour tout entier naturel non nul n, on a $0 \leqslant I_n \leqslant \ln 2$.

b. Étudier les variations de la suite (I_n).

c. En déduire que la suite (I_n) est convergente.

3. Soit g la fonction définie sur $[0\,;+\infty[$ par :

$$g(x) = \ln(1+x) - x.$$

a. Étudier le sens de variation de g sur $[0\,;+\infty[$.

b. En déduire que le signe de g sur $[0\,;+\infty[$. Montrer alors que pour tout entier naturel n non nul, et pour tout x réel positif, on a :

$$\ln(1+x^n) \leqslant x^n.$$

c. En déduire la limite de la suite (I_n).

180. On considère la fonction f définie sur $\mathbb{R}$ par :

$$f(x) = \frac{1}{e^x + e^{-x}}$$

et on désigne par Γ sa courbe représentative dans un repère orthogonal $(O\,;\vec{i},\vec{j})$.

Partie A

Soit (I_n) la suite définie sur $\mathbb{N}$ par : $I_n = \int_n^{n+1} f(x)\,dx$.

1. Justifier l'existence de (I_n), et donner une interprétation géométrique de (I_n).

2. a. Démontrer, que pour tout entier naturel n, $f(n+1) \leqslant I_n \leqslant f(n)$.

b. En déduire que la suite (I_n) est décroissante.

c. Démontrer que la suite (I_n) est convergente et déterminer sa limite.

Partie B

Soit (J_n) la suite définie sur $\mathbb{N}$ par : $J_n = \int_0^n f(x)\,dx$.

En utilisant l'encadrement obtenu dans la question **A. 2. a.**, démonter que, pour tout entier naturel n :

$$\frac{1}{2}(1 - e^{-n}) \leqslant J_n \leqslant 1 - e^{-n} \leqslant 1.$$

Aide

Soit f et F deux fonctions définies sur un intervalle I. Pour démontrer que F est une primitive de f sur I, on vérifie que pour tout $x \in I$, $F'(x) = f(x)$.

181. Soit f la fonction définie sur $\mathbb{R}$ par :

$$f(x) = -\frac{1}{e^x + 1}$$

Montrer que la fonction F définie sur $\mathbb{R}$ par $F(x) = \ln(1 + e^{-x})$ est une primitive de f sur $\mathbb{R}$.

Pour déterminer une primitive F de f sur I :
- Si f est de la forme $u'u^n$ (avec $n \in \mathbb{Z}$, $n \neq -1$, alors F est de la forme $\frac{1}{n+1}u^{n+1}$.
- Si f est de la forme $\frac{u'}{u}$, alors F est de la forme $\ln|u|$.
- Si f est de la forme $u'e^u$, alors F est de la forme e^u.

182. Déterminer l'ensemble des primitives sur l'intervalle I des fonctions suivantes :

a. $f(x) = (x-1)e^{x^2 - 2x + 5}$ sur $I = \mathbb{R}$;

b. $f(x) = -\frac{13}{(3x-7)^4}$ sur $I = \left]\frac{7}{3} ; +\infty\right[$;

c. $f(x) = \frac{1}{x \ln x}$ sur $I =]1 ; +\infty[$.

183. Déterminer l'ensemble des primitives sur l'intervalle I des fonctions suivantes :

a. $f(x) = (3x-3)(x^2 - 2 - 3)^3$ sur $I = \mathbb{R}$;

b. $f(x) = 4\sin(x)\cos^4(x)$ sur $I = \mathbb{R}$;

c. $f(x) = \frac{4x^2}{x^3 + 8}$ sur $I =]0 ; +\infty[$.

184. Déterminer l'ensemble des primitives sur $\mathbb{R}$ des fonctions suivantes :

a. $f(x) = 3e^{-4x + 5}$;

b. $f(x) = (3x-1)^5$;

c. $f(x) = \sin\left(2x + \frac{\pi}{3}\right)$.

Pour calculer une intégrale :
On cherche une primitive f de F sur $[a ; b]$, puis on calcule $\int_a^b f(x)\,dx = F(b) - F(a)$.

185. Calculer les intégrales suivantes :

$$I = \int_{-1}^{1} x^2 e^{-2x^3 + 1}\,dx \; ; \; J = \int_0^1 \frac{1}{x + 10}\,dx \; ;$$

$$K = \int_1^e \frac{\ln(x)}{x^2}\,dx \; ; \; L = \int_0^{\pi} \sin(2t)\,dt.$$

186. Calculer les intégrales suivantes :

$$I = \int_{-1}^{0} e^{-2x+1}\,dx \; ; \; J = \int_{-1}^{1} (x^2 - 2x - 1)\,dx \; ;$$

$$J = \int_0^1 \frac{7}{(2x+1)^3}\,dx \; ; \; K = \int_{-1}^{0} \frac{e^{2x}}{3 + e^{2x}}\,dx.$$

Pour calculer l'aire A d'un domaine compris entre les droites d'équation $x = a$ et $x = b$ (avec $a < b$), la courbe représentant la fonction f et l'axe des abscisses :
- Si f est positive sur $[a ; b]$, alors $A = \int_a^b f(x)\,dx$ unités d'aire.
- Si f est négative sur $[a ; b]$, alors $A = -\int_a^b f(x)\,dx$ unités d'aire.

187. On considère la fonction f définie sur $\mathbb{R}$ par :

$$f(x) = 2 - e^{-x}.$$

a. Montrer que pour tout $x \in [1 ; 3]\, f(x) \geqslant 0$.

b. En déduire l'aire du domaine délimité par les droites d'équation $x = 1$ et $x = 3$, la courbe représentant la fonction f et l'axe des abscisses.

188. On considère la fonction f définie sur $[-3 ; -2]$ par $f(x) = \frac{x+4}{x+1}$.

a. Montrer que pour tout $x \in [-3 ; -2]$, $f(x) \leqslant 0$.

b. En déduire l'aire du domaine délimité par les droites d'équation $x = -3$ et $x = -2$, la courbe représentant la fonction f et l'axe des abscisses.

Pour étudier une suite définie par une intégrale, on utilise les propriétés de l'intégrale : relation de Chasles, linéarité, positivité ou relation d'ordre.

189. On définit, pour tout $n \in \mathbb{N}$, $I_n = \int_0^{\frac{\pi}{2}} \sin^n(x)\,dx$.

a. Étudier le sens de variation de la suite (I_n).

b. Prouver que (I_n) est minorée. Que peut-on en déduire ?

190. On définit, pour tout $n \in \mathbb{N}$, $u_n = \int_0^1 (1-t)^n e^t\,dt$.

a. Montrer que, pour tout $n \in \mathbb{N}$, $u_n \geqslant 0$.

b. Déterminer le sens de variation de la suite (u_n). Que peut-on en déduire ?

c. Montrer que, pour tout $n \in \mathbb{N}$ et pour tout $t \in [0 ; 1]$, $(1-t)^n e^t \leqslant e(1-t)^n$.

d. En déduire que pour tout $n \in \mathbb{N}$, $u_n \leqslant \frac{e}{n+1}$. Quelle est la limite de la suite (u_n) ?

Approfondissement

Ce que dit le B.O.

Voici quelques propositions d'approfondissement, destinées à des activités dans le cadre de l'accompagnement personnalisé :

Calcul du volume d'un solide

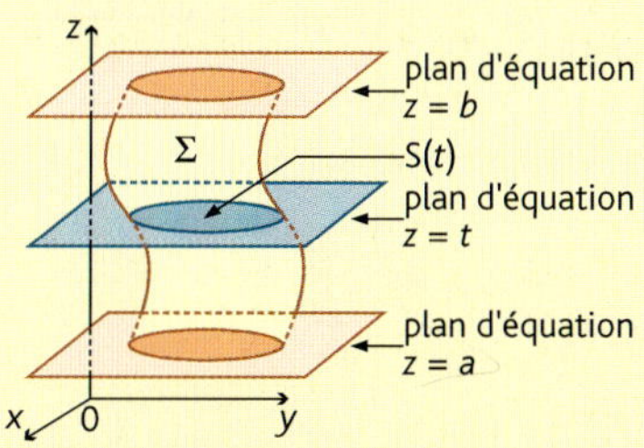

Soit un repère orthonormé $(O\,;\vec{i},\vec{j},\vec{k})$ de l'espace. Soit (Σ) un volume délimitée par les plans d'équation $z = a$ et $z = b$ et V son volume.

Soit $S(t)$ l'aire de la surface obtenue en prenant l'intersection de (Σ) avec le plan d'équation $z = t$ (le plan de cote t, $t \in [a\,;b]$.

Si S est une fonction continue sur $[a\,;b]$, alors :

$$V = \int_a^b S(t)\,dt.$$

191. On considère le cylindre de hauteur h et de rayon R, d'axe (Oz) dont la base est dans le plan (Oxy).

Soit $t \in [O\,;h]$ et $\mathscr{P}_t$ le plan d'équation $z = t$.

Soit $S(t)$ l'aire du disque qui forme l'intersection de $\mathscr{P}_t$ avec le cylindre :

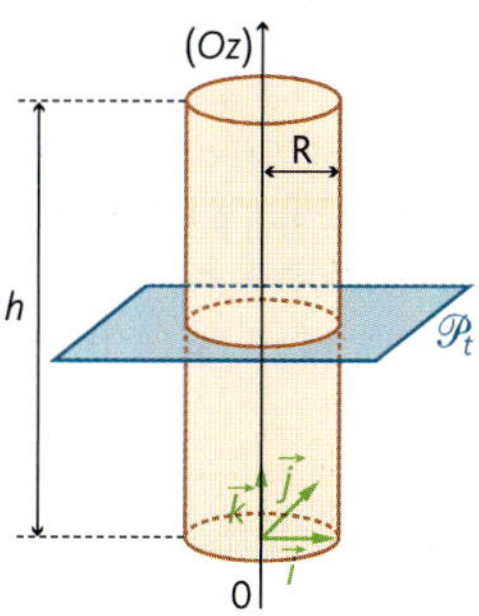

a. Déterminer l'expression de $S(t)$ en fonction de R.

b. En déduire le volume du cylindre de hauteur h.

192. Soit $(O\,;\vec{i},\vec{j},\vec{k})$ un repère orthonormé de l'espace. Soit (S) la demi-boule ci-dessous de centre O et de rayon R, on note V son volume.

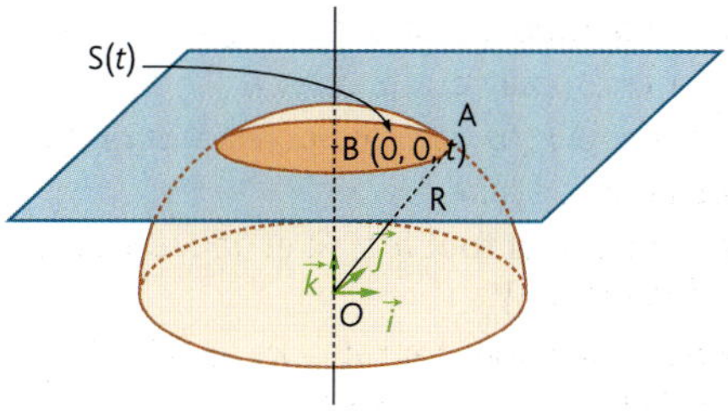

a. On note $S(t)$ l'aire de la surface obtenue en prenant l'intersection de (S) avec le plan d'équation $z = t$ (le plan de cote t, $t \in [0\,;R]$). Calculer $S(t)$.

b. En déduire V.

Calcul du volume d'un solide de révolution

Soit $(O, \vec{i}, \vec{j}, \vec{k})$ un repère orthonormé de l'espace. Dans le plan d'équation $z = 0$, on note $\mathscr{C}_f$ la courbe représentant une fonction f continue sur un intervalle $[a\,;b]$ avec $(a < b)$.

→ théorème

En faisant pivoter $\mathscr{C}_f$ autour de l'axe $(O\,;\vec{i})$, on engendre un solide de révolution dont le volume est :

$$V = \int_a^b \pi[f(t)]^2\,dt.$$

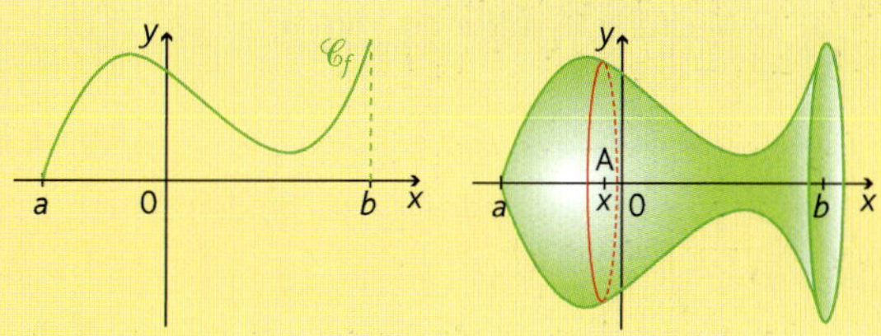

193. Soit f la fonction définie sur $[0\,;2]$ par $f(x) = e^{\frac{x}{2}}$.

Soit $\mathscr{C}_f$ la courbe représentant la fonction f dans un repère orthonormé. On note V le volume du solide (Σ) de révolution engendré par la rotation de $\mathscr{C}_f$ autour de l'axe des abscisses. Soit $x \in [0\,;2]$, on considère le disque formé par l'intersection de (Σ) et du plan perpendiculaire à (Ox) passant par $A(x, 0, 0)$. On note $S(x)$ l'aire de ce disque.

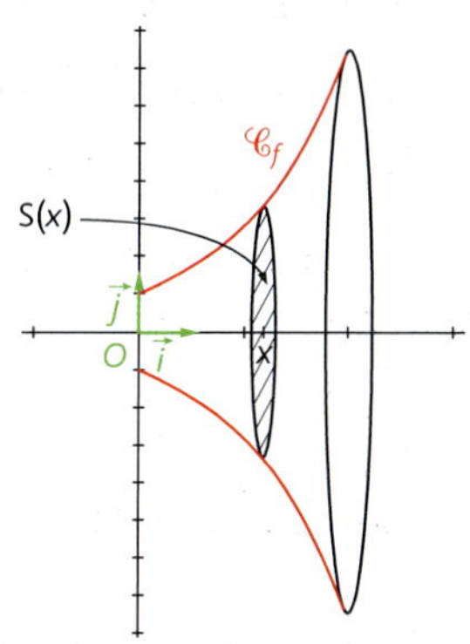

a. Déterminer l'expression de $S(x)$ en fonction de x.

b. En déduire le volume du solide (Σ).

Suite d'intégrales

objectif

Déterminer la limite d'une suite d'intégrales, à l'aide d'un logiciel de géométrie dynamique.

Soit $n \in \mathbb{N}^*$ et f_n la fonction définie sur $[0, 1]$ par $f_n(x) = \dfrac{1}{1 + x^n}$.

Soit C_n la courbe représentative de la fonction f_n dans un repère orthonormal $(O\,;\vec{i}, \vec{j})$.

On considère $I_n = \displaystyle\int_0^1 f_n(x)\,dx$.

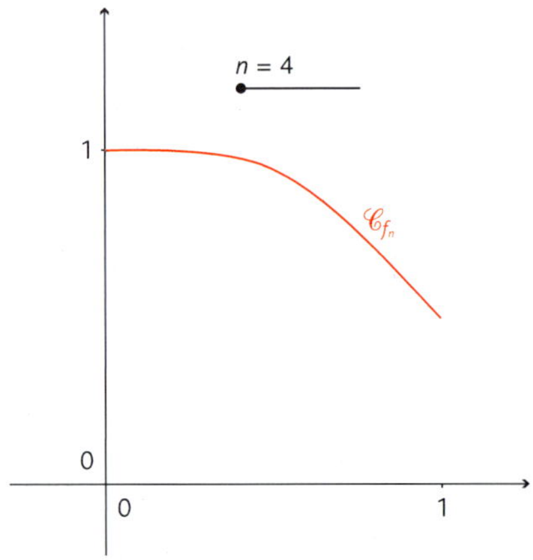

Partie 1 : Résolution numérique avec un logiciel

1. À l'aide d'un logiciel de géométrie dynamique, insérer un curseur qui permet de modifier les valeurs de l'entier n (de 1 à 100). Puis tracer C_n.

2. Calculer I_n, à l'aide du logiciel de géométrie dynamique.

3. Conjecturer la valeur de $\lim\limits_{n \to +\infty} I_n$.

Partie 2 : Démonstration

On se propose dans cette partie de démontrer la conjecture formulée dans la **Partie 1**.

1. Soit $\alpha \in [0\,;1[$.

a. Démontrer que pour tout $x \in [0, \alpha]$

$$\frac{1}{1+\alpha^n} \leqslant \frac{1}{1+x^n} \leqslant 1.$$

b. En déduire que :

$$\frac{\alpha}{1+\alpha^n} \leqslant \int_0^\alpha f_n(x)\,dx \leqslant \alpha.$$

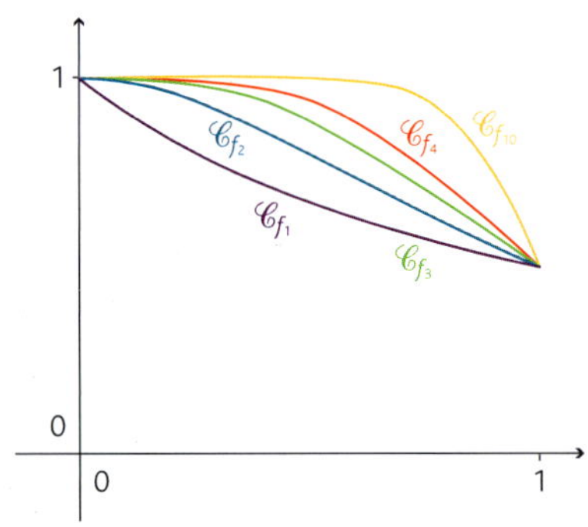

2. Montrer que pour tout $x \in [\alpha\,;1]$

$$0 \leqslant \frac{1}{1+x^n} \leqslant 1.$$

a. En déduire que :

$$0 \leqslant \int_\alpha^1 f_n(x)\,dx \leqslant 1 - \alpha.$$

b. Déduire des questions précédentes que :

$$\frac{\alpha}{1+\alpha^n} \leqslant \int_0^1 f_n(x)\,dx \leqslant 1.$$

3. a. Montrer que $\forall n \in \mathbb{N}^*$ et $\forall x \in [0\,;1]$, $\dfrac{1}{1+x^n} \leqslant \dfrac{1}{1+x^{n+1}}$.

b. En déduire que la suite (I_n) est croissante.

c. Montrer que la suite (I_n) converge. On notera l sa limite.

d. Déduire des questions précédentes que quelque soit $\alpha \in [0\,;1[$, $\alpha \leqslant l \leqslant 1$.

e. En déduire la valeur de l.

INDICATION

On pourra faire un raisonnement par l'absurde pour la question c., en supposant que $0 < l < 1$ et en prenant un α qui convient.

I. D'après un sujet de BTS

À l'aide d'une perfusion, on injecte pendant cinq minutes un médicament antalgique à un patient. Après l'injection, l'organisme élimine peu à peu le médicament. On s'intéresse à la quantité de médicament présente dans l'organisme du patient au cours du temps. L'instant $t = 0$ correspond au début de l'injection.

On fait l'hypothèse qu'à l'instant t, exprimé en minute (min), la quantité de médicament exprimée en millilitre (ml), est égale à $f(t) = 0{,}2t\,\mathrm{e}^{-0{,}2t}$.

1. Déterminer graphiquement, à une minute près, l'instant à partir duquel la quantité de médicament **redevient** inférieure à 0,05 ml.

2. a. On considère la fonction F définie sur l'intervalle $[0\,;+\infty]$ par :
$$\mathrm{F}(t) = (-t-5)\,\mathrm{e}^{-0{,}2t}.$$
Montrer que la fonction F est une primitive de la fonction f.

   b. En déduire la valeur moyenne de la fonction f sur l'intervalle $[0\,;23]$. On donnera la valeur exacte puis une valeur approchée arrondie à 10^{-2}.

   c. Que représente la valeur moyenne calculée au b. dans le contexte de l'exercice ?

II. D'après un sujet de BTS

A. Étude d'une fonction

Soit f la fonction définie sur l'intervalle $[0\,;6]$ par :
$$f(x) = (2x^2 + 3x)\,\mathrm{e}^{-x}.$$

1. Démontrer que, pour tout x de l'intervalle $[0\,;6]$, $f'(x) = (-2x+3)(x+1)\,\mathrm{e}^{-x}$.

2. Étudier le signe de $f'(x)$ sur $[0\,;6]$.

3. Établir le tableau de variation de f sur $[0\,;6]$. On y fera figurer la valeur approchée arrondie à 10^{-2} du maximum de la fonction f.

B. Calcul intégral

1. Soit F la fonction définie sur l'intervalle $[0\,;6]$ par :
$$\mathrm{F}(x) = (-2x^2 - 7x - 7)\,\mathrm{e}^{-x}.$$
Démontrer que F est une primitive de f sur $[0\,;6]$.

2. On note $\mathrm{I} = \int_0^6 f(x)\,\mathrm{d}x$. Démontrer que $\mathrm{I} = 7 - 121\mathrm{e}^{-6}$.

C. Application des résultats des parties A et B

Une société extrait du gravier pour la construction d'autoroutes. Elle envisage l'ouverture d'un nouveau site d'extraction. On admet, qu'au bout de x centaines de jours d'exploitation, la production journalière sur ce site, exprimée en milliers de tonnes, est $f(x)$, où f est la fonction qui a été définie au début de la partie A.

1. Déterminer au bout de combien de jours après l'ouverture du site, la production journalière sera maximale. Quelle est cette production maximale en milliers de tonnes.

2. Déterminer au bout de combien de jours après l'ouverture du site la production journalière après avoir atteint son maximum sera revenue à 1 000 tonnes.

3. Déduire de la partie B. la valeur moyenne, V_m, de f sur $[0\,;6]$. Arrondir V_m à 10^{-3}.

III. D'après un sujet de BTS

La fonction f est définie sur $[0\,;+\infty]$ par :
$$f(t) = \frac{1}{1 + 4{,}9\mathrm{e}^{-0{,}125t}}.$$

1. Démontrer que $f(t) = \dfrac{\mathrm{e}^{0{,}125t}}{4{,}9 + \mathrm{e}^{0{,}125t}}$.

2. Vérifier que la fonction F définie sur $[0\,;+\infty]$ par $\mathrm{F}(t) = 8\ln(4{,}9 + \mathrm{e}^{0{,}125t})$ est une primitive de f.

3. Démontrer que la valeur moyenne de f sur $[10\,;20]$ est : $\mathrm{V}_m = 0{,}8\ln\left(\dfrac{4{,}9 + \mathrm{e}^{2{,}5}}{4{,}9 + \mathrm{e}^{1{,}25}}\right)$.

4. Donner une valeur approchée de V_m à 10^{-3} près.

IV. D'après un sujet de BTS

Soit g la fonction définie sur $[1\,;100]$ par :
$$g(x) = 10\mathrm{e}^{0{,}02x + 0{,}28}.$$

On note $\mathrm{I} = \int_1^{100} g(x)\,\mathrm{d}x$.

1. Démontrer que $\mathrm{I} = 500(\mathrm{e}^{2{,}28} - \mathrm{e}^{0{,}3})$.

2. En déduire la valeur approchée arrondie à 10^{-2} de la valeur moyenne de la fonction g sur l'intervalle $[1\,;100]$.

Citations

Aussi longtemps que les lois des mathématiques se réfèrent à la réalité, elles ne sont pas sûres, et aussi longtemps qu'elles sont certaines, elles ne sont pas liées à la réalité.

Albert Einstein

Si les gens ne croient pas que les mathématiques sont simples, c'est parce qu'ils ne savent pas à quel point la vie est compliquée.

John Von Neumann

Le coin des langues

complexe (n. m.)

- ensemble de sentiments et de souvenirs, en général inconscients, qui influencent l'attitude des personnes ;
- regroupement de bâtiments.

complexe (adj.)

- qui contient, qui réunit plusieurs éléments différents ;
- *(en mathématiques)* les nombres complexes forment une extension de l'ensemble des nombres réels. Ils permettent notamment de définir des solutions à toutes les équations polynomiales à coefficients réels.

Qu'est-ce qu'un homme complexe dit à une femme réelle ?

Réponse : « Voulez-vous danser ? » (dans $\mathbb{C}$)

Les complexes dans la vie

Les complexes ont permis de faire avancer plusieurs domaines de la physique notamment la connaissance des ondes. Ces avancées ont contribué au développement des téléphones portables et de la robotique.

Les suites de nombres complexes sont également à l'origine des fractales (surface morcelée crée en suivant des règles déterministes). Les fractales permettent de décrire par des formules des formes très diverses parfois présentes dans la nature comme les alvéoles pulmonaires.

Une fractale.

5

Nombres complexes

1. Un nouvel ensemble de nombres

- L'équation $x + 1 = 0$ n'admet pas de solution dans $\mathbb{N}$, on a donc construit un ensemble appelé $\mathbb{Z}$ qui contient $\mathbb{N}$ et dans lequel cette équation admet -1 comme solution.
- L'équation $2x + 1 = 0$ n'admet pas de solution dans $\mathbb{Z}$, on a donc construit un ensemble appelé $\mathbb{D}$ qui contient $\mathbb{Z}$ dans lequel cette équation admet $-0,5$ comme solution.
- L'équation $3x + 1 = 0$ n'admet pas de solution dans $\mathbb{D}$, on a donc construit un ensemble appelé $\mathbb{Q}$ qui contient $\mathbb{D}$ dans lequel cette équation admet $-\frac{1}{3}$ comme solution.
- L'équation $x^2 = 2$ n'admet pas de solution dans $\mathbb{Q}$, on a donc construit un ensemble appelé $\mathbb{R}$ qui contient $\mathbb{Q}$ dans lequel cette équation admet $-\sqrt{2}$ et $\sqrt{2}$ comme solutions.
- L'équation $x^2 = -1$ n'admet pas de solution dans $\mathbb{R}$, il faut donc construire un nouvel ensemble.

Histoire des sciences

En France : Au début du XVIIe siècle, ***Descartes*** introduit l'appellation « nombres imaginaires ».
En Italie : Dès le XVIIIe siècle, les algébristes italiens, dont ***Cardan***, utilisent la notation $\sqrt{-a}$ où a est un réel strictement positif. Ils se rendent compte que l'extraction de la racine carrée dans le cas d'un nombre négatif est impossible. Pour manipuler ces nombres qu'ils appellent « nombres impossibles » ; ils définissent des règles de calcul prolongeant celles définies sur $\mathbb{R}$.
En Suisse : Au début du XVIIIe siècle, ***Euler*** déclare que la notation $\sqrt{-1}$ est absurde car elle conduit à une contradiction : $(\sqrt{-1})^2 = -1$ par définition ;
or $(\sqrt{-1})^2 = \sqrt{-1} \times \sqrt{-1} = \sqrt{(-1)^2} = 1$ en appliquant les propriétés sur les racines carrées.
Euler introduit donc en 1777 la notation i qui désigne le nombre vérifiant $i^2 = -1$.
En Allemagne : Au XIXe siècle, ***Gauss***, les nomme les « nombres complexes ».

Sachant que $i^2 = -1$ et en utilisant les règles de calcul définies sur $\mathbb{R}$, résoudre les équations données.

1. $z^2 = -1$; $z^2 = -4$.
2. Montrer que $z^2 - 2z + 2 = (z-1)^2 + 1$. En déduire les solutions de l'équation $z^2 - 2z + 2 = 0$.
3. En utilisant une méthode analogue, résoudre l'équation $z^2 - 4z + 13 = 0$.

2. Première interprétation géométrique des nombres complexes

du mathématicien français du XVIIIe siècle *Jean-Robert* ***Argand***

Un **nombre complexe** $x + iy$ est relié à un point du plan de coordonnées cartésiennes $(x\,;y)$ dans un repère orthonormé direct ; les **réels** sont les points de coordonnées cartésiennes $(x\,;0)$.
Addition de deux points : Si M et M' ont pour *coordonnées cartésiennes* respectives $(x\,;y)$ et $(x'\,;y')$ alors le point $M'' = M + M'$ admet pour coordonnées cartésiennes $(x + x'\,;y + y')$.
Produit de deux points : On peut repérer un point $M \neq O$ par deux données : la distance OM et l'angle $(\vec{u}\,;\overrightarrow{OM})$.
On pose $r = OM$; $r' = OM'$; $\theta = (\vec{u}\,;\overrightarrow{OM})$ et $\theta' = (\vec{u}\,;\overrightarrow{OM'})$.
Le point $M'' = M \times M'$ vérifie alors $OM'' = rr'$ et $(\vec{u}\,;\overrightarrow{OM''}) = \theta + \theta'[2\pi]$.
En utilisant la méthode d'Argand, répondre aux questions suivantes :

1. **Le produit de deux réels est-il un réel ?**
   Considérons deux points M et M' de coordonnées cartésiennes respectives $(a\,;0)$ et $(a'\,;0)$.
   a. Déterminer r, r', θ et θ' pour chacun des cas suivants :
   $a > 0$ et $a' > 0$; $a > 0$ et $a' < 0$; $a < 0$ et $a' > 0$; $a < 0$ et $a' < 0$.

b. Dans chacun des cas, calculer r'' et θ'' et en déduire les coordonnées cartésiennes de M''. Que peut-on répondre à la question du titre ?

2. Peut-on dire que $i^2 = -1$?

Le complexe i (noté $\sqrt{-1}$ à l'époque d'Argand) est associé au point J de coordonnées cartésiennes (0, 1). Déterminer les coordonnées cartésiennes de $J \times J$ et répondre à la question.

3. La méthode d'Argand est-elle compatible avec les règles de calcul prolongeant $\mathbb{R}$?

a. Sachant que $i^2 = -1$ et en respectant les règles de calcul de $\mathbb{R}$, montrer que $(x + iy)(x' + iy') = xx' - yy' + i(xy' + x'y)$.

b. On donne r, r', θ et θ' pour repérer les points M et M'.
Déterminer les coordonnées cartésiennes $(x''; y'')$ du produit $M \times M' = M''$.

c. Donner les coordonnées cartésiennes $(x ; y)$ et $(x' ; y')$ des points M et M'.

d. A-t-on $x'' = xx' - yy'$ et $y'' = xy' + x'y$?
Que peut-on répondre à la question du titre ?

3. TICE Les ensembles de points

Le plan est rapporté à un repère orthonormal direct $(O ; \vec{i}, \vec{j})$. Soit f l'application qui à tout point M du plan de coordonnées $(x ; y)$ avec $(x ; y) \neq (0 ; 0)$ associe le point M' de coordonnées $(x' ; y')$ tel que $x' = \dfrac{-3x}{x^2 + y^2}$ et $y' = \dfrac{3y}{x^2 + y^2}$ avec $(x ; y) \neq (0 ; 0)$.

En utilisant un logiciel de géométrie dynamique, donner une conjecture aux questions posées :

1. Quelle est l'image du cercle C de centre O et de rayon 2 par f ?
2. Quelle est l'image du cercle C' de centre $A(1 ; 1)$ et de rayon 2 par f ?
3. Quelle est l'image de la droite (d) d'équation $y = x + 1$ par f ?

Voici les instructions pour le logiciel Geoplan

Création d'objets géométriques

Créer un point libre dans le plan ;

Créer (numérique, calcul géométrique) x et y abscisse et ordonnée de M ;

Créer (numérique, calcul algébrique) $\dfrac{-3x}{x^2 + y^2}$ nommé x', $\dfrac{3y}{x^2 + y^2}$ nommé y' ;

Créer M' point repéré, de coordonnées $(x' ; y')$. Créer un point repéré dans le plan.

Image d'un cercle

Créer une *ligne cercle* définie par centre et rayon ;
Créer un *point libre* sur un cercle : M ;
Faire un *clic-gauche* sur le point libre M pour obtenir une main qui permet de déplacer le point M sur le cercle.
Afficher *sélection trace*, choisir M'.

Image d'une droite

Créer une *ligne droite* définie par une équation ;
Redéfinir le point M : Créer un *point libre* sur la droite (d).
Afficher *sélection trace*, choisir M'.

COURS

1. Forme algébrique d'un nombre complexe

i est solution de l'équation $x^2 = -1$.

définition

Il existe un ensemble noté $\mathbb{C}$ et appelé **ensemble des nombres complexes** qui vérifie les propriétés suivantes :

- $\mathbb{R} \subset \mathbb{C}$;
- L'ensemble $\mathbb{C}$ est muni d'une addition et d'une multiplication qui prolongent celles de $\mathbb{R}$ et les régles de calcul restent les mêmes ;
- Il existe un nombre complexe, noté i, tel que $i^2 = -1$;
- Tout nombre complexe s'écrit de façon unique sous la forme $x + iy$ avec x et y réels.

Exemples : $1 - 2i$; $4 + 9i$ et $-i$ sont des nombres complexes.

définition

L'écriture $x + iy$ (avec $x \in \mathbb{R}$ et $y \in \mathbb{R}$) d'un nombre complexe z s'appelle la **forme algébrique** d'un complexe.

Vocabulaire : Le réel x est la **partie réelle** du nombre complexe z et se note $\mathrm{Re}(z)$.
Le réel y est la **partie imaginaire** du nombre complexe z et se note $\mathrm{Im}(z)$.

Exemples : $\mathrm{Re}(2i - 3) = -3$; $\mathrm{Im}(3 + 7i) = 7$ et $\mathrm{Re}(15i) = 0$.

Remarque : $\mathrm{Re}(z)$ et $\mathrm{Im}(z)$ sont des nombres réels.

définition

Un nombre complexe de forme algébrique iy avec $y \in \mathbb{R}$ est appelé **imaginaire pur**.

Exemple : $15i$ et $-3i$ sont des imaginaires purs.

Conséquences : Pour tout nombre complexe z :

z est un nombre réel $\Leftrightarrow \mathrm{Im}(z) = 0$;

z est un imaginaire pur $\Leftrightarrow \mathrm{Re}(z) = 0$.

Remarque : On retrouve que $\mathbb{R} \subset \mathbb{C}$.

Application : Si on considère $z_1 = 2(1 - 5i) - (2 + i)$ et $z_2 = -3(-1 + 2i) - (5 - 6i)$ alors $z_1 = 2 - 10i - 2 - i = -11i$ donc z_1 est un nombre imaginaire pur ;
et $z_2 = 3 - 6i - 5 + 6i = -2$ donc z_2 est un nombre réel.

propriété

Deux nombres complexes sont égaux si, et seulement si, ils ont même partie réelle et même partie imaginaire.

Démonstration : Cette propriété découle directement de l'unicité de la forme algébrique.

Conséquence : Un nombre complexe est nul si, seulement si, sa partie réelle et sa partie imaginaire sont simultanément nulles.

Découvrir les nombres complexes

1. **À quelle condition le nombre complexe $z = x + 2 + i(-ix + x) + 2i - 5ix$ est-il un réel ?**

2. **À quelle condition est-il un imaginaire pur ?**

solution

1. $z = x + 2 + x + ix + 2i - 5ix$ sa forme algébrique est $z = (2x + 2) + i(2 - 4x)$.
   z est un réel si, et seulement si, $\text{Im}(z) = 0$.
   $\text{Im}(z) = 2 - 4x$ donc z est un réel $\Leftrightarrow 2 - 4x = 0$
   $\Leftrightarrow x = \frac{1}{2}$.
2. z est un imaginaire pur si, et seulement si, $\text{Re}(z) = 0$.
   $\text{Re}(z) = 2x + 2$ donc z est un imaginaire pur $\Leftrightarrow 2x + 2 = 0$
   $\Leftrightarrow x = -1$.

Résoudre une équation dans $\mathbb{C}$

→ Exercices 59 et 60

1. **Résoudre dans $\mathbb{C}$ l'équation $3z + 6i = z - 2$.**

2. a. **Montrer que $z^2 - 6z + 25 = (z - 3)^2 + 16$.**

b. **En déduire les solutions de l'équation $z^2 - 6z + 25 = 0$.**

solution

1. $3z + 6i = z - 2$ équivaut à $3z - z = -6i - 2$, soit $2z = -6i - 2$ d'où $z = \frac{-6i - 2}{2} = -1 - 3i$.
   $S = \{-1 - 3i\}$.
2. a. $(z - 3)^2 + 16 = z^2 - 6z + 9 + 16 = z^2 - 6z + 25$.
   b. $z^2 - 6z + 25 = 0$ équivaut à $(z - 3)^2 + 16 = 0$,
   soit $(z - 3)^2 = -16 = (4i)^2$,
   d'où $z - 3 = 4i$ ou $z - 3 = -4i$.
   On a donc $z = 3 + 4i$ ou $z = 3 - 4i$;
   $S = \{3 - 4i\ ;\ 3 + 4i\}$.

Utiliser l'unicité de l'écriture algébrique

→ Exercices 61 et 62

Résoudre dans $\mathbb{C}$ l'équation $\frac{-i}{z + 1} = 2$ en utilisant l'écriture algébrique de z.

solution

Posons $z = x + iy$ où x et y sont des nombres réels.

$$\frac{-i}{z+1} = 2 \Leftrightarrow -i = 2(z + 1), \text{ avec } z \neq -1$$
$$\Leftrightarrow -i = 2(x + iy) + 2$$
$$\Leftrightarrow -i = 2x + 2iy + 2$$
$$\Leftrightarrow -i = 2x + 2 + i(2y)$$

La forme algébrique d'un nombre complexe étant unique, on a $\begin{cases} 2x + 2 = 0 \\ 2y = -1 \end{cases} \Leftrightarrow \begin{cases} x = -1 \\ y = \frac{-1}{2} \end{cases}$.

Finalement $S = \left\{-1 - \frac{1}{2}i\right\}$.

2. Opérations sur les complexes

2.1 Opération sur les nombres complexes

Soient deux nombres complexes z et z' de formes algébriques respectives $x + iy$ et $x' + iy'$.

définition

L'**opposé d'un nombre complexe** z est le complexe noté $-z$ défini par :

$$-z = -x - iy.$$

propriétés

Somme de complexes : $z + z' = (x + x') + i(y + y')$.

Produit de complexes : $zz' = (xx' - yy') + i(xy' + x'y)$.

Remarque : $(x + iy)(x - iy) = x^2 - (iy)^2 = x^2 + y^2$.

définitions et propriété propriété démontrée page 246

- Tout nombre complexe non nul z de forme algébrique $x + iy$ admet un **inverse** noté $\frac{1}{z}$ de forme algébrique $\frac{x}{x^2 + y^2} + i\frac{-y}{x^2 + y^2}$.
- On définit le **quotient** $\frac{z}{z'} = z \times \frac{1}{z'}$ avec $z' \neq 0$.

propriété démontrée page 246

$$zz' = 0 \quad \Leftrightarrow \quad z = 0 \text{ ou } z' = 0.$$

2.2 Conjugué d'un nombre complexe

définition

On appelle **conjugué** du nombre complexe $z = x + iy$ (avec $x \in \mathbb{R}$ et $y \in \mathbb{R}$) le nombre complexe noté $\overline{z}$ de forme algébrique $x - iy$. On écrit $\overline{z} = x - iy$.

Remarques : $z + \overline{z} = 2\,\mathrm{Re}(z)$; $z - \overline{z} = 2i\,\mathrm{Im}(z)$.

Conséquences : z est un réel si, et seulement si, $\overline{z} = z$;

z est un imaginaire pur si, et seulement si, $\overline{z} = -z$.

opérations sur les conjugués démontrées page 247

Pour tout nombre complexe z et z' et pour tout entier naturel n non nul on a :

- $\overline{z + z'} = \overline{z} + \overline{z'}$
- $\overline{zz'} = \overline{z} \times \overline{z'}$
- $\overline{z^n} = (\overline{z})^n$

De plus si $z' \neq 0$ alors :

- $\overline{\left(\frac{1}{z'}\right)} = \frac{1}{\overline{z'}}$
- $\overline{\left(\frac{z}{z'}\right)} = \frac{\overline{z}}{\overline{z'}}$

zz est un réel strictement positif si $z \neq 0$.

Remarques : $\overline{\overline{z}} = z$; $z\overline{z} = x^2 + y^2$.

Exemples :
- $\overline{(2 - i)^2} = (2 + i)^2$;
- $\overline{\left(\frac{2 + 3i}{5 - i}\right)} = \frac{2 - 3i}{5 + i}$.

Utiliser les opérations dans $\mathbb{C}$

→ Exercices 41 à 55

Déterminer les formes algébriques des nombres complexes donnés. Préciser, le cas échéant, s'il est réel ou imaginaire pur.

a. $z_1 = i(1-4i)+3(2-i)$; **b.** $z_2=(3-i)^2+6i$; **c.** $z_3=\dfrac{3}{1-i}$; **d.** $z_4=\dfrac{1+2i}{2-i}$.

solution

a. $z_1 = i+4+6-3i = 10-2i$; **b.** $z_2 = 9-6i+i^2+6i=8$; z_2 est un réel.

c. $z_3=\dfrac{3(1+i)}{(1-i)(1+i)}=\dfrac{3+3i}{1^2-(i)^2}=\dfrac{3+3i}{2}=\dfrac{3}{2}+\dfrac{3}{2}i$;

d. $z_4=\dfrac{(1+2i)(2+i)}{(2-i)(2+i)}=\dfrac{2+i+4i+2i^2}{2^2-(i)^2}=\dfrac{2+5i-2}{4+1}=i$; z_4 est un imaginaire pur.

Résoudre une équation dans $\mathbb{C}$

→ Exercices 59 à 62

Résoudre dans $\mathbb{C}$ l'équation (E) : $\dfrac{z+3i}{-5iz+2}=-i$.

solution

$\dfrac{z+3i}{-5iz+2}=-i$ équivaut à $z+3i=-i(-5iz+2)$ avec $-5iz+2\neq 0$ soit $z\neq\dfrac{2}{5i}$ d'où $z\neq-\dfrac{2i}{5}$.

(E) $\Leftrightarrow z+3i=-5z-2i$ avec $z\neq-\dfrac{2i}{5}$ $\Leftrightarrow 6z=-5i$ avec $z\neq-\dfrac{2i}{5}$ $\Leftrightarrow z=\dfrac{-5i}{6}$ avec $z\neq-\dfrac{2i}{5}$.

Comme $\dfrac{-5i}{6}\neq-\dfrac{2i}{5}$ on a $S=\left\{-\dfrac{5}{6}i\right\}$.

Déterminer le conjugué d'un complexe

→ Exercices 63 à 67

1. **Déterminer le conjugué des nombres complexes suivants :**

$z_1=3i$; $z_2=-i(1+4i)$; $z_3=(3-5i)^3$; $z_4=\dfrac{2i}{i+3}-\dfrac{3}{2+3i}$.

2. **Soit $z_5=\dfrac{2-i}{1+i}$ et $z_6=\dfrac{2+i}{1-i}$. Que peut-on dire sans calcul de z_5+z_6 et z_5-z_6 ?**

solution

1. $\overline{z_1}=-3i$; $\overline{z_2}=i(1-4i)$; $\overline{z_3}=(\overline{3-5i})^3=(3+5i)^3$; $\overline{z_4}=\dfrac{\overline{2i}}{\overline{i+3}}-\dfrac{\overline{3}}{\overline{2+3i}}=\dfrac{-2i}{-i+3}-\dfrac{3}{2-3i}$.

2. On remarque que $\overline{z_6}=z_5$ donc $z_5+z_6=2\,\mathrm{Re}(z_5)$ on en déduit que $z_5+z_6\in\mathbb{R}$.
$z_5-z_6=2i\,\mathrm{Im}(z_5)$ on en déduit que z_5-z_6 est un imaginaire pur.

Résoudre une équation contenant un conjugué

→ Exercices 72 à 76

Résoudre dans $\mathbb{C}$ cette équation d'inconnue complexe z : $i\bar{z}-1=2z+2i$.

solution

On pose $z=x+iy$ et on remplace : $i(x-iy)-1=2(x+iy)+2i$; soit $ix+y-1=2x+2iy+2i$.

Deux complexes égaux ont la même partie réelle et la même partie imaginaire :

$\begin{cases} y-1=2x \\ x=2y+2 \end{cases}$ soit $\begin{cases} x=2y+2 \\ y-1=2(2y+2) \end{cases}$ d'où $\begin{cases} y=-\dfrac{5}{3} \\ x=-\dfrac{4}{3} \end{cases}$, finalement $S=\left\{-\dfrac{4}{3}-\dfrac{5}{3}i\right\}$.

3. Équation du second degré à coefficients réels

forme canonique

Résoudre dans $\mathbb{C}$ l'équation $az^2 + bz + c = 0$, avec a, b et c des réels et $a \neq 0$ c'est déterminer l'ensemble des complexes z vérifiant $az^2 + bz + c = 0$.

$$\begin{aligned} az^2 + bz + c &= a\left(z^2 + \frac{b}{a}z + \frac{c}{a}\right) \quad \text{car } a \neq 0 \\ &= a\left[\left(z + \frac{b}{2a}\right)^2 - \frac{b^2}{4a^2} + \frac{c}{a}\right] \\ &= a\left[\left(z + \frac{b}{2a}\right)^2 - \frac{b^2 - 4ac}{4a^2}\right] \end{aligned}$$

Le réel $\Delta = b^2 - 4ac$ est le **discriminant** de l'équation $az^2 + bz + c = 0$.

Pour tout complexe z, $az^2 + bz + c = a\left[\left(z + \frac{b}{2a}\right)^2 - \frac{\Delta}{4a^2}\right]$.

Démonstration par disjonction des cas

Si $\Delta \geqslant 0$, on est dans le cas étudié en 1re S.

Si $\Delta < 0$, alors $-\Delta > 0$ on peut écrire :

$\Delta = (i\sqrt{-\Delta})^2$; $az^2 + bz + c = a\left[\left(z + \frac{b}{2a}\right)^2 - \frac{(i\sqrt{-\Delta})^2}{4a^2}\right]$.

En factorisant, on obtient $az^2 + bz + c = a\left(z + \frac{b}{2a} + i\frac{\sqrt{-\Delta}}{2a}\right)\left(z + \frac{b}{2a} - i\frac{\sqrt{-\Delta}}{2a}\right)$.

Par suite $az^2 + bz + c = 0$ équivaut à $z = \frac{-b - i\sqrt{-\Delta}}{2a}$ ou $z = \frac{-b + i\sqrt{-\Delta}}{2a}$.

Il n'y a pas de relation d'ordre sur les nombres complexes. Donc on ne peut pas utiliser d'inégalités avec les complexes.

théorème

Soit l'équation $az^2 + bz + c = 0$, d'inconnue z, où a, b et c sont des réels et $a \neq 0$.

Le **discriminant** de cette équation du second degré est le réel $\Delta = b^2 - 4ac$.

Si $\Delta > 0$, l'équation admet **deux solutions réelles** distinctes :

$$z_1 = \frac{-b - \sqrt{\Delta}}{2a} \text{ et } z_2 = \frac{-b + \sqrt{\Delta}}{2a} \ ;$$

Si $\Delta = 0$, l'équation admet **une solution double** : $z_0 = \frac{-b}{2a}$;

Si $\Delta < 0$, l'équation admet **deux solutions complexes conjuguées** distinctes :

$$z_1 = \frac{-b - i\sqrt{-\Delta}}{2a} \text{ et } z_2 = \frac{-b + i\sqrt{-\Delta}}{2a}.$$

Remarque

Pour tout complexe z, $az^2 + bz + c = a(z - z_1)(z - z_2)$ avec $a \neq 0$.

Exemple

Pour résoudre dans $\mathbb{C}$ l'équation $4z^2 - 12z + 153 = 0$, on calcule le discriminant

$$\Delta = (-12)^2 - 4 \times 4 \times 153 = -2\,304 = (48i)^2.$$

L'équation admet deux solutions complexes conjuguées :

$$z_1 = \frac{12 - 48i}{8} = \frac{3}{2} - 6i \text{ et } z_2 = \frac{3}{2} + 6i.$$

$$S = \left\{\frac{3}{2} - 6i \ ; \frac{3}{2} + 6i\right\}.$$

Résoudre des équations

→ Exercices 77 à 81

1. **Résoudre dans $\mathbb{C}$ l'équation $z^2 - 2z + 4 = 0$.**

2. **On considère l'équation d'inconnue complexe z :**

$$(E) : z^3 - 5z^2 + 11z - 15 = 0.$$

a. **Montrer qu'il existe trois réels a, b et c tels que, pour tout nombre complexe z :**

$$z^3 - 5z^2 + 11z - 15 = (z - 3)(az^2 + bz + c).$$

Déterminer a, b et c.

b. **En déduire les solutions dans $\mathbb{C}$ de l'équation (E).**

solution

1. Le discriminant de cette équation est $\Delta = 4 - 4 \times 4 = -12 = (2\sqrt{3}\,i)^2$. L'équation admet deux solutions complexes conjuguées : $z_1 = \dfrac{2 - 2i\sqrt{3}}{2} = 1 - i\sqrt{3}$ et $z_2 = 1 + i\sqrt{3}$.

$S = \{1 - i\sqrt{3}\ ;\ 1 + i\sqrt{3}\}$.

2. a. $(z - 3)(az^2 + bz + c) = az^3 + bz^2 + cz - 3az^2 - 3bz - 3c$;

$= az^3 + z^2(b - 3a) + z(c - 3b) - 3c$;

comme $az^3 + z^2(b - 3a) + z(c - 3b) - 3c = z^3 - 5z^2 + 11z - 15$, par identification on a :

$\begin{cases} a = 1 \\ b - 3a = -5 \\ c - 3b = 11 \\ -3c = -15 \end{cases}$ d'où $\begin{cases} a = 1 \\ b = -2 \\ c = 5 \end{cases}$. Donc $z^3 - 5z^2 + 11z - 15 = (z - 3)(z^2 - 2z + 5)$.

b. $z^3 - 5z^2 + 11z - 15 = 0$ équivaut à $(z - 3)(z^2 - 2z + 5) = 0$;

équivaut à $z^2 - 2z + 5 = 0$ ou $z - 3 = 0$;

$\Delta = 4 - 20 = -16 = (4i)^2$; donc $z^2 - 2z + 5 = 0$ admet deux solutions complexes conjuguées :

$$z_1 = \frac{2 - 4i}{2} = 1 - 2i \text{ et } z_2 = 1 + 2i.$$

$S = \{3\ ;\ 1 - 2i\ ;\ 1 + 2i\}$.

Utiliser les polynômes

→ Exercices 82 à 84

On considère dans $\mathbb{C}$ le polynôme défini par $P(z) = z^4 + 4$.

1. **Montrer que si le complexe α est racine de P alors $-\alpha$ est aussi racine de P.**

2. **Vérifier que, pour tout complexe z, on a $\overline{P(z)} = P(\overline{z})$.**

3. **Calculer $P(1 + i)$ et en déduire les solutions de $P(z) = 0$.**

solution

1. $P(-\alpha) = (-\alpha)^4 + 4 = \alpha^4 + 4 = P(\alpha)$.

Si α est racine de P, alors $P(\alpha) = 0$ par suite $P(-\alpha) = 0$ donc $-\alpha$ est racine de P.

2. $\overline{P(z)} = \overline{z^4 + 4} = (\overline{z})^4 + 4 = P(\overline{z})$.

3. $P(1 + i) = (1 + i)^4 + 4 = ((1 + i)^2)^2 + 4 = (1 + 2i - 1)^2 + 4 = (2i)^2 + 4 = -4 + 4 = 0$

$1 + i$ est une racine de P donc d'après **1.** $-1 - i$ est racine de P.

De plus $\overline{P(1 + i)} = P(\overline{1 + i})$ donc $P(\overline{1 + i}) = 0$. Par suite $1 - i$ est racine de P et d'après **1.** $-1 + i$ est racine de P.

Finalement $S = \{1 + i\ ;\ 1 - i\ ;\ -1 - i\ ;\ -1 + i\}$.

4. Représentation graphique

Le plan est rapporté au repère orthonormal direct $(O ; \vec{u}, \vec{v})$

$M(z)$ se lit « le point M a pour affixe z ».

définitions

À tout point M du plan de coordonnées $(x ; y)$ est associé le complexe $z = x + iy$ appelé **affixe du point** M.

À tout nombre complexe $z = x + iy$ avec x et y réels, on associe le point M de coordonnées $(x ; y)$.

Le plan muni d'un repère orthonormal direct dans lequel on représente des nombres complexes est appelé **plan complexe**.

Conséquences graphiques

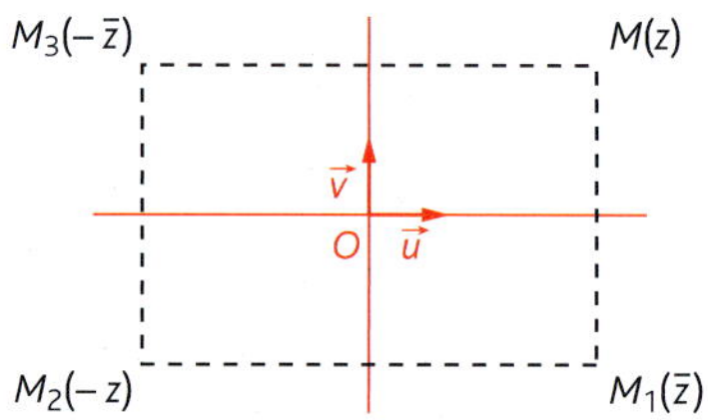

- Les points $M(z)$ et $M_1(\bar{z})$ sont symétriques par rapport à l'axe des abscisses.
- Les points $M(z)$ et $M_2(-z)$ sont symétriques par rapport à l'origine O.

Remarques

- Si $x = \text{Re}(z) = 0$ alors $z = iy$ donc $M \in (O ; \vec{v})$.

L'axe des ordonnées est appelé **axe des imaginaires purs**.

- Si $y = \text{Im}(z) = 0$ alors $z = x$ donc $M \in (O ; \vec{u})$.

L'axe des abscisses est appelé **axe des réels**.

définition

À tout vecteur $\vec{w}$ du plan de coordonnées $(x ; y)$ est associé le complexe $z = x + iy$ appelé **affixe du vecteur** $\vec{w}$.

Notation : On utilise la notation $z_{\vec{w}}$ pour désigner l'affixe du vecteur $\vec{w}$ et on utilise la notation z_A pour désigner l'affixe du point A.

propriétés

Pour tout vecteur $\vec{w}$ et $\overrightarrow{w'}$ d'affixes respectives $z_{\vec{w}}$ et $z_{\overrightarrow{w'}}$.

- L'affixe du vecteur $\vec{w} + \overrightarrow{w'}$ est $z_{\vec{w}} + z_{\overrightarrow{w'}}$.
- Si k est un réel, l'affixe du vecteur $k\vec{w}$ est $kz_{\vec{w}}$.

Exemple

Si $\vec{w}$ a pour affixe $1 + i$ et $\overrightarrow{w'}$ a pour affixe $-1 - 2i$, alors $2\vec{w} - \overrightarrow{w'}$ a pour affixe $2(1 + i) - (-1 - 2i)$ soit $3 + 4i$.

propriétés : affixe d'un vecteur et du milieu d'un segment démontrées page 247

On considère deux points A et B du plan complexe admettant pour affixes respectives z_A et z_B.

- L'affixe du vecteur $\overrightarrow{AB}$ est $z_B - z_A$.
- L'affixe du milieu I de $[AB]$ noté z_I est $z_I = \dfrac{1}{2}(z_B + z_A)$.

Le plan complexe est rapporté au repère orthonormal direct $(O\ ;\ \vec{u},\ \vec{v})$

Utiliser les affixes de points et de vecteurs

→ Exercices 85 à 88

On considère les points A, B, C et D d'affixes respectives $z_A = \frac{3}{2}i$, $z_B = 2 + \frac{1}{2}i$, $z_C = 1 - \frac{3}{2}i$ et $z_D = -1 - \frac{1}{2}i$.

1. Placer ces points sur un graphique puis déterminer l'affixe du milieu I du segment $[AC]$.

2. Déterminer les affixes des vecteurs $\overrightarrow{AB}$ et $\overrightarrow{DC}$. Que peut-on en déduire ?

3. Déterminer l'affixe du point E symétrique de A par rapport à B.

solution

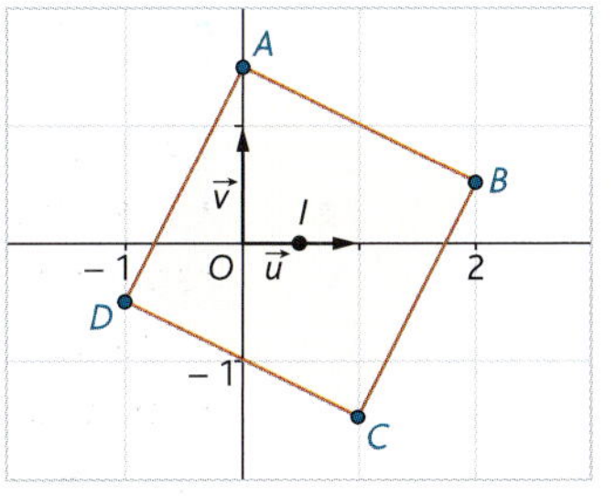

1. L'affixe du point I est $z_I = \dfrac{\frac{3}{2}i + 1 - \frac{3}{2}i}{2} = \dfrac{1}{2}$.

2. $\overrightarrow{AB}\left(2 + \frac{1}{2}i - \frac{3}{2}i\right)$ d'où $\overrightarrow{AB}(2 - i)$;

   $\overrightarrow{DC}\left(1 - \frac{3}{2}i + 1 + \frac{1}{2}i\right)$ d'où $\overrightarrow{DC}(2 - i)$.

   On constate que $\overrightarrow{AB} = \overrightarrow{DC}$ donc $ABCD$ est un parallélogramme.

3. Notons z_E l'affixe du point E. E est le symétrique de A par rapport à B donc $\overrightarrow{AB} = \overrightarrow{BE}$.

   En passant aux affixes, on obtient : $2 - i = z_E - 2 - \frac{1}{2}i$;

   $z_E = 2 - i + 2 + \frac{1}{2}i$;

   $z_E = 4 - \frac{1}{2}i$.

   Soit $E\left(4 - \frac{1}{2}i\right)$.

Déterminer un ensemble de points

→ Exercices 143 à 145

On considère le complexe $z = x^2 + y^2 - 2x - 3 + i(2x - 1 + y)$

1. Déterminer et représenter l'ensemble (E) des points M d'affixe z tel que z soit un réel.

2. Déterminer et représenter l'ensemble (F) des points M d'affixe z tel que z soit un imaginaire pur.

solution

1. z est un réel si, et seulement si, $\text{Im}(z) = 0$.

   Or $\text{Im}(z) = 2x - 1 + y$;

   donc (E) est la droite d'équation $y = -2x + 1$.

2. z est un imaginaire pur si, et seulement si, $\text{Re}(z) = 0$.

   Or $\text{Re}(z) = x^2 + y^2 - 2x - 3 = (x - 1)^2 - 1 + y^2 - 3$;

   $\text{Re}(z) = 0 \Leftrightarrow (x - 1)^2 + y^2 = 4$;

   donc (F) est le cercle de centre $A(1\ ;\ 0)$ et de rayon 2.

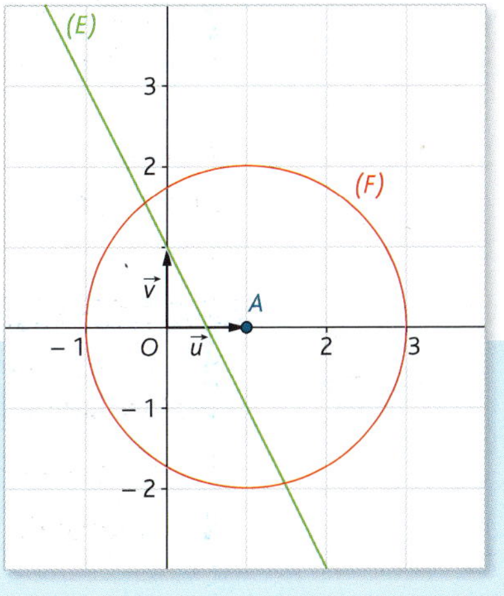

5. Forme trigonométrique d'un nombre complexe

Dans cette partie le plan complexe est rapporté au repère orthonormal direct $(O\,;\vec{u},\vec{v})$.

On a $r > 0$.

Pour tout point M distinct de O, on peut donner les coordonnées cartésiennes $(x\,;y)$.
On note $OM = r$ et $\theta = (\vec{u}\,;\overrightarrow{OM})$.

définitions

Soit z un nombre complexe non nul, M le point d'affixe z, $r = OM$ et $\theta = (\vec{u}\,;\overrightarrow{OM})$ Alors :

- r est **le module de z** et on le note $|z|$;
- θ est **un argument de z** et on le note $\theta = \arg(z)\ [2\pi]$.

Point de vue algébrique

$$|z| = r = \sqrt{x^2+y^2}$$

En notant $\theta = \arg(z)$ on a :

$$\begin{cases}\cos\theta = \dfrac{x}{r}\\ \sin\theta = \dfrac{y}{r}\end{cases}$$

Point de vue géométrique

$$|z| = r = OM$$

$$\arg(z) = \theta = (\vec{u}\,;\overrightarrow{OM}) \quad [2\pi]$$

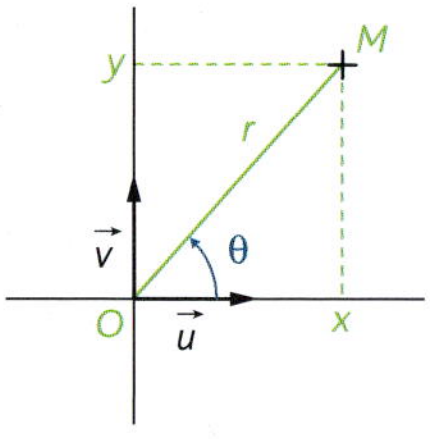

Remarques

- Comme $z\bar{z} = x^2 + y^2$ alors $z\bar{z} = |z|^2$;
- $|z| = 0 \Leftrightarrow z = 0$ car $OM = 0 \Leftrightarrow O = M$.

Configurations de base : Pour tout complexe z non nul, on considère les points M_1, M_2, M_3 et M_4 d'affixes respectives z, $\bar{z}$; $-z$ et $-\bar{z}$.

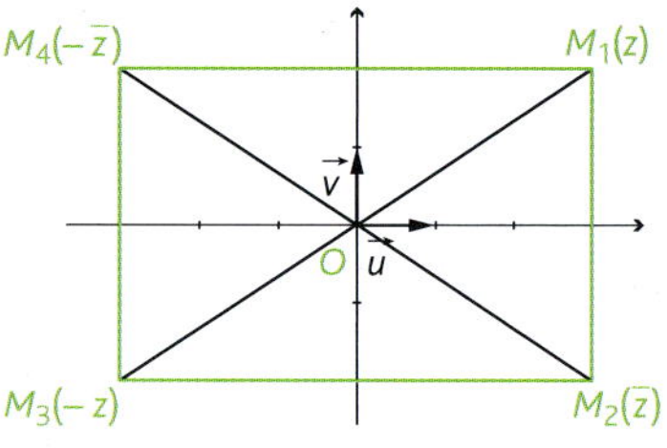

Comme $OM_1 = OM_2 = OM_3 = OM_4$, on déduit $|z| = |\bar{z}| = |-z| = |-\bar{z}|$.

$$\arg(\bar{z}) = -\arg(z)\ [2\pi]$$
$$\arg(-z) = \pi + \arg(z)\ [2\pi]$$
$$\arg(-\bar{z}) = \pi - \arg(z)\ [2\pi]$$

Remarque : Pour $z = 0$, on a $r = 0$ mais θ n'est pas défini.

Conséquence : Pour tout nombre complexe non nul de forme algébrique $z = x + iy$, on a $r = \sqrt{x^2+y^2} > 0$ donc $z = r\left(\dfrac{x}{r} + i\dfrac{y}{r}\right) = r(\cos\theta + i\sin\theta)$.

0 n'a pas de forme trigonométrique.

définition

Soit z un nombre complexe non nul, l'écriture $z = r(\cos\theta + i\sin\theta)$ avec $r = |z|$ et $\theta = \arg(z)\ [2\pi]$ est appelé **forme trigonométrique**.

Attention : $z = -3\left(\cos\dfrac{\pi}{4} + i\sin\dfrac{\pi}{4}\right)$ n'est pas la forme trigonométrique de z car -3 est négatif.

Déterminer le module et un argument

→ Exercices 92 à 98

1. **Dans le repère orthonormal direct $(O\ ;\ \vec{u},\ \vec{v})$; déterminer par lecture graphique le module et un argument des affixes des points A, B, C et D.**

2. **Déterminer le module et l'argument des nombres complexes suivants :**
$z_1 = -\sqrt{3} + i$; $z_2 = 2\left(\cos\frac{\pi}{12} - i\sin\frac{\pi}{12}\right)$ et $z_3 = -3\left(\cos\frac{\pi}{4} + i\sin\frac{\pi}{4}\right)$.

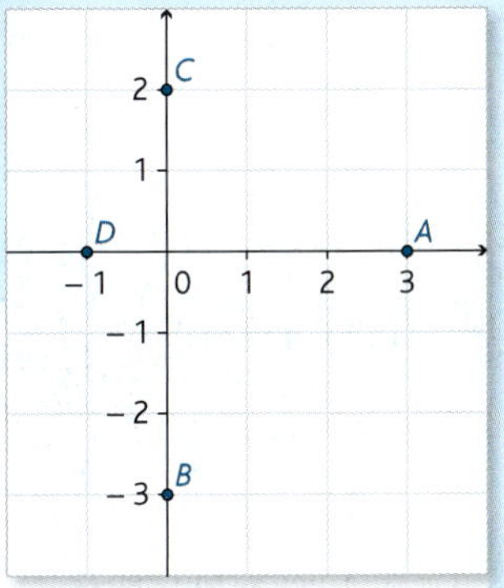

solution

1. Dans le plan rapporté au repère orthonormal direct $(O\ ;\ \vec{u},\ \vec{v})$;
Les coordonnées polaires sont $A(3\ ;\ 0)$; $B\left(3\ ;\ -\frac{\pi}{2}\right)$; $C\left(2\ ;\ \frac{\pi}{2}\right)$ et $D(1\ ;\ \pi)$ donc :

$\begin{cases}|z_A| = 3\\ \arg(z_A) = 0\quad[2\pi]\end{cases}$; $\begin{cases}|z_B| = 3\\ \arg(z_B) = -\frac{\pi}{2}\quad[2\pi]\end{cases}$;

$\begin{cases}|z_C| = 2\\ \arg(z_C) = \frac{\pi}{2}\quad[2\pi]\end{cases}$; $\begin{cases}|z_D| = 1\\ \arg(z_D) = \pi\quad[2\pi]\end{cases}$.

2. $|z_1| = |-\sqrt{3} + i| = \sqrt{(-\sqrt{3})^2 + 1^2} = \sqrt{4} = 2$. De plus $-\sqrt{3} + i = 2\left(-\frac{\sqrt{3}}{2} + \frac{1}{2}i\right)$

or $\begin{cases}\cos\theta = -\frac{\sqrt{3}}{2}\\ \sin\theta = \frac{1}{2}\end{cases}$ pour $\theta = \pi - \frac{\pi}{6}[2\pi]$ d'où $\theta = \frac{5\pi}{6}[2\pi]$, finalement $\begin{cases}|-\sqrt{3} + i| = 2\\ \arg(-\sqrt{3} + i) = \frac{5\pi}{6}[2\pi]\end{cases}$.

$z_2 = 2\left(\cos\frac{\pi}{12} - i\sin\frac{\pi}{12}\right) = 2\left(\cos\frac{-\pi}{12} + i\sin\frac{-\pi}{12}\right)$ donc $\begin{cases}|z_2| = 2\\ \arg(z_2) = \frac{-\pi}{12}[2\pi]\end{cases}$.

$z_3 = -3\left(\cos\frac{\pi}{4} + i\sin\frac{\pi}{4}\right) = 3\left(-\cos\frac{\pi}{4} - i\sin\frac{\pi}{4}\right) = 3\left(\cos\left(\pi + \frac{\pi}{4}\right) + i\sin\left(\pi + \frac{\pi}{4}\right)\right)$;

$= 3\left(\cos\frac{5\pi}{4} + i\sin\frac{5\pi}{4}\right)$ donc $\begin{cases}|z_3| = 2\\ \arg(z_3) = \frac{5\pi}{4}[2\pi]\end{cases}$.

Déterminer la forme trigonométrique d'un nombre complexe

→ Exercices 103 à 105

Déterminer la forme trigonométrique des nombres complexes suivants :
$z_1 = -1 + i\sqrt{3}$; $z_2 = 1 - i$ et $z_3 = -2\left(\cos\frac{\pi}{6} - i\sin\frac{\pi}{6}\right)$.

solution

$|z_1| = |-1 + \sqrt{3}i| = \sqrt{(-1)^2 + \sqrt{3}^2} = \sqrt{4} = 2$; $z_1 = -1 + i\sqrt{3} = 2\left(-\frac{1}{2} + i\frac{\sqrt{3}}{2}\right) = 2\left(\cos\frac{2\pi}{3} + i\sin\frac{2\pi}{3}\right)$.

$|z_2| = |1 - i| = \sqrt{1^2 + (-1)^2} = \sqrt{2}$; $z_2 = 1 - i = \sqrt{2}\left(\frac{\sqrt{2}}{2} - i\frac{\sqrt{2}}{2}\right) = \sqrt{2}\left(\cos\frac{-\pi}{4} + i\sin\frac{-\pi}{4}\right)$.

$$z_3 = -2\left(\cos\frac{\pi}{6} - i\sin\frac{\pi}{6}\right) = 2\left(-\cos\frac{\pi}{6} + i\sin\frac{\pi}{6}\right)$$
$$= 2\left(\cos\left(\pi - \frac{\pi}{6}\right) + i\sin\left(\pi - \frac{\pi}{6}\right)\right)$$
$$= 2\left(\cos\frac{5\pi}{6} + i\sin\frac{5\pi}{6}\right).$$

6. Opérations sur les formes trigonométriques

égalité de deux complexes écrits sous forme trigonométrique démontrée page 247

Les complexes $z = r(\cos\theta + i\sin\theta)$ et $z' = r'(\cos\theta' + i\sin\theta')$ avec $r > 0$ et $r' > 0$ sont égaux si, et seulement si, $\begin{cases} r = r' \\ \theta = \theta' + 2k\pi,\ k \in \mathbb{Z} \end{cases}$.

théorèmes démontrés page 248

$\arg\frac{1}{z} = \arg\bar{z}\quad [2\pi]$

Si $z = r(\cos\theta + i\sin\theta)$ et $z' = r'(\cos\theta' + i\sin\theta')$, alors on a :

- $zz' = rr'(\cos(\theta + \theta') + i\sin(\theta + \theta'))$;
- $\frac{1}{z} = \frac{1}{r}(\cos(-\theta) + i\sin(-\theta))$ lorsque $z \neq 0$;
- $\frac{z}{z'} = \frac{r}{r'}(\cos(\theta - \theta') + i\sin(\theta - \theta'))$ lorsque $z' \neq 0$.

corollaire

Quels que soient les nombres complexes z et z' non nuls, $n \in \mathbb{N}$ on a :

Opération	Produit	Puissance
Module	$\lvert z \times z' \rvert = \lvert z \rvert \times \lvert z' \rvert$	$\lvert z^n \rvert = \lvert z \rvert^n$; $n \in \mathbb{Z}$
Argument	$\arg(zz') = \arg z + \arg z'[2\pi]$	$\arg(z^n) = n \arg z\,[2\pi]$

Opération	Inverse	Quotient
Module	$\left\lvert \frac{1}{z} \right\rvert = \frac{1}{\lvert z \rvert}$; $z \neq 0$	$\left\lvert \frac{z}{z'} \right\rvert = \frac{\lvert z \rvert}{\lvert z' \rvert}$; $z' \neq 0$
Argument	$\arg\left(\frac{1}{z}\right) = -\arg z\,[2\pi]$	$\arg\left(\frac{z}{z'}\right) = \arg z - \arg z'\,[2\pi]$

Il y a peu à dire sur le module d'une somme et il n'y a rien à dire sur l'argument d'une somme.

inégalité triangulaire

Quels que soient les nombres complexes z et z' non nuls, on a :

$$\lvert z + z' \rvert \leqslant \lvert z \rvert + \lvert z' \rvert.$$

Interprétation graphique : z_A, z_B et z_C sont trois nombres complexes distincts, d'images respectives A, B et C dans le plan complexe.

propriétés démontrées page 248

- $\lvert z_B - z_A \rvert = AB$ et $\arg(z_B - z_A) = (\vec{u}\ ;\ \overrightarrow{AB})$;
- $\left\lvert \frac{z_B - z_C}{z_A - z_C} \right\rvert = \frac{CB}{CA}$ et $\arg\left(\frac{z_B - z_C}{z_A - z_C}\right) = (\overrightarrow{CA}\ ;\ \overrightarrow{CB})\,[2\pi]$.

Conséquences

- Les points A, B et C sont alignés si, et seulement si, $\arg\left(\frac{z_B - z_C}{z_A - z_C}\right) = 0\,[\pi]$.
- Les droites (BC) et (AC) sont perpendiculaires si, et seulement si,
$$\arg\left(\frac{z_B - z_C}{z_A - z_C}\right) = \frac{\pi}{2}\,[\pi].$$
- Caractérisation du cercle Γ de centre $\Omega(w)$ et de rayon R :
$$M(z) \in \Gamma \Leftrightarrow \Omega M = R \Leftrightarrow \lvert z - \omega \rvert = R.$$
- Caractérisation de la médiatrice Δ de $[AB]$:
$$M(z) \in \Delta \Leftrightarrow AM = BM \Leftrightarrow \lvert z - z_A \rvert = \lvert z - z_B \rvert.$$

Utiliser la forme trigonométrique

→ Exercices 106 à 108

Soient les nombres complexes $z_1 = 1 + i\sqrt{3}$ et $z_2 = 1 - i$.

Déterminer les formes trigonométriques de z_1, z_2 et $Z = \frac{z_1}{z_2}$. En déduire $\cos\left(\frac{7\pi}{12}\right)$ et $\sin\left(\frac{7\pi}{12}\right)$.

solution

$|z_1| = |1 + i\sqrt{3}| = \sqrt{1+3} = \sqrt{4} = 2$ et $|z_2| = |1 - i| = \sqrt{1+1} = \sqrt{2}$.

D'où $z_1 = 2\left(\frac{1}{2} + i\frac{\sqrt{3}}{2}\right) = 2\left(\cos\left(\frac{\pi}{3}\right) + i\sin\left(\frac{\pi}{3}\right)\right)$ et $z_2 = \sqrt{2}\left(\cos\left(-\frac{\pi}{4}\right) + i\sin\left(-\frac{\pi}{4}\right)\right)$.

$|Z| = \left|\frac{z_1}{z_2}\right| = \frac{|z_1|}{|z_2|} = \frac{2}{\sqrt{2}} = \sqrt{2}$; $\arg(Z) = \arg\left(\frac{z_1}{z_2}\right) = \arg z_1 - \arg z_2\ [2\pi]$; $\arg(Z) = \frac{\pi}{3} + \frac{\pi}{4} = \frac{7\pi}{12}\ [2\pi]$.

La forme trigonométrique de Z est $\sqrt{2}\left(\cos\frac{7\pi}{12} + i\sin\frac{7\pi}{12}\right)$.

La forme algébrique de Z est $\frac{z_1}{z_2} = \frac{1+i\sqrt{3}}{1-i} = \frac{(1+i\sqrt{3})(1+i)}{(1-i)(1+i)} = \frac{1 + i + i\sqrt{3} - \sqrt{3}}{2} = \frac{1-\sqrt{3}}{2} + i\frac{1+\sqrt{3}}{2}$.

En identifiant les deux écritures on obtient :

$$\begin{cases} \sqrt{2}\cos\frac{7\pi}{12} = \frac{1-\sqrt{3}}{2} \\ \sqrt{2}\sin\frac{7\pi}{12} = \frac{1+\sqrt{3}}{2} \end{cases} \Leftrightarrow \begin{cases} \cos\frac{7\pi}{12} = \frac{1-\sqrt{3}}{2\sqrt{2}} \\ \sin\frac{7\pi}{12} = \frac{1+\sqrt{3}}{2\sqrt{2}} \end{cases} \Leftrightarrow \begin{cases} \cos\frac{7\pi}{12} = \frac{\sqrt{2}-\sqrt{6}}{4} \\ \sin\frac{7\pi}{12} = \frac{\sqrt{2}+\sqrt{6}}{4} \end{cases}$$

Étudier la nature d'une configuration

→ Exercices 115 à 121

Dans le plan complexe rapporté au repère orthonormal direct $(O ; \vec{u}, \vec{v})$, on considère les points A, B, C et D d'affixes respectives : $a = -1 + i$; $b = -1 - i$; $c = 2i$ et $d = 2 - 2i$.

1. **Placer ces points sur un graphique.**
2. **Calculer $\frac{c-a}{d-a}$ et en déduire la nature du triangle ACD.**
3. **Montrer que les points A, B, C et D appartiennent à un même cercle dont on précisera le centre et le rayon.**

solution

1.

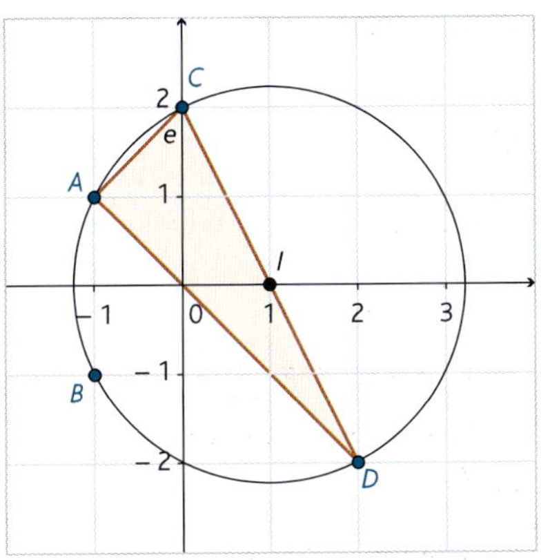

2. $\frac{c-a}{d-a} = \frac{2i+1-i}{2-2i+1-i} = \frac{(i+1)(1+i)}{3(1-i)(1+i)} = \frac{1+2i-1}{3\times 2}$

$= \frac{2i}{6} = \frac{i}{3} = \frac{1}{3}\left(\cos\left(\frac{\pi}{2}\right) + i\sin\left(\frac{\pi}{2}\right)\right)$

$$\begin{cases} \left|\frac{c-a}{d-a}\right| = \frac{1}{3} \\ \arg\left(\frac{c-a}{d-a}\right) = \frac{\pi}{2}\ [2\pi] \end{cases} \Leftrightarrow \begin{cases} \frac{AC}{AD} = \frac{1}{3} \\ (\overrightarrow{AD} ; \overrightarrow{AC}) = \frac{\pi}{2}\ [2\pi] \end{cases}$$

Le triangle ACD est donc un triangle rectangle en A.

3. Soit I le point d'affixe 1.

$IA = |-2+i| = \sqrt{5}$; $IB = |-2-i| = \sqrt{5}$;

$IC = |2i - 1| = \sqrt{5}$; $ID = |1 - 2i| = \sqrt{5}$.

Donc les points A, B, C et D sont sur le cercle de centre I et de rayon $\sqrt{5}$.

7. Forme exponentielle d'un nombre complexe

La fonction f définie sur $\mathbb{R}$ à valeurs dans $\mathbb{R}$ par $f(\theta) = \cos\theta + i\sin\theta$ vérifie : pour tout réel θ et θ' on a $f(\theta + \theta') = f(\theta)f(\theta')$.
Les fonctions cosinus et sinus étant dérivables sur $\mathbb{R}$, en prolongeant les propriétés de la dérivation on obtient $f'(\theta) = -\sin\theta + i\cos\theta = i(\cos\theta + i\sin\theta) = if(\theta)$.
Donc f est solution de l'équation différentielle $y' = iy$ d'où $f(\theta) = e^{i\theta}$.

définition

Pour tout réel θ, on pose $e^{i\theta} = \cos\theta + i\sin\theta$.

La notation e fut introduite par Euler en 1748, il a alors 21 ans !

Remarque : $|e^{i\theta}| = 1$ et $\arg(e^{i\theta}) = \theta \quad [2\pi]$.

définition

Tout nombre complexe z non nul de module r et d'argument θ s'écrit $z = re^{i\theta}$.
Cette écriture est la **forme exponentielle** de z.

propriétés

Pour tout réel r, r', θ et θ' on a :

- $re^{i\theta} \times r'e^{i\theta'} = rr'e^{i(\theta+\theta')}$
- $\dfrac{1}{e^{i\theta}} = e^{-i\theta} = \overline{e^{i\theta}}$
- $\dfrac{re^{i\theta}}{r'e^{i\theta'}} = \dfrac{r}{r'}e^{i(\theta-\theta')}$

Remarque : $e^{i\theta} = e^{i\theta'} \Leftrightarrow \theta = \theta' [2\pi]$.

formules démontrées page 249

Pour tout réel θ et pour tout entier relatif n :

Formule de Moivre : $(\cos\theta + i\sin\theta)^n = \cos n\theta + i\sin n\theta$.

Formule d'Euler : $\cos\theta = \dfrac{e^{i\theta} + e^{-i\theta}}{2}$ et $\sin\theta = \dfrac{e^{i\theta} - e^{-i\theta}}{2i}$.

formules d'addition

$\cos(x + y) = \cos x\cos y - \sin x\sin y$ et $\sin(x + y) = \sin x\cos y + \cos x\sin y$
$\cos(x - y) = \cos x\cos y + \sin x\sin y$ et $\sin(x - y) = \sin x\cos y - \cos x\sin y$

Démonstration

Comme $e^{ix} \times e^{iy} = e^{i(x+y)}$, en passant à la forme algébrique on obtient :
$(\cos x + i\sin x)(\cos y + i\sin y) = \cos(x + y) + i\sin(x + y)$, on développe :
$(\cos x\cos y - \sin x\sin y) + i(\cos x\sin y + \cos y\sin x) = \cos(x + y) + i\sin(x + y)$.

formules de duplication

$\cos(2x) = \cos^2 x - \sin^2 x$ et $\sin(2x) = 2\cos x\sin x$

Démonstration

Comme $(e^{ix})^2 = e^{2ix}$, en passant à la forme algébrique on obtient :
$(\cos x + i\sin x)^2 = \cos(2x) + i\sin(2x)$, on développe :
$\cos^2 x + 2i\cos x\sin x - \sin^2 x = \cos(2x) + i\sin(2x)$.

Déterminer des formes exponentielles

→ Exercices 146 à 148

1. Déterminer la forme algébrique des nombres complexes $e^{i\pi}$; $e^{-2i\pi}$ et $e^{i\frac{\pi}{2}}$.

2. Déterminer la forme exponentielle des nombres complexes :

$z_1 = 3$; $z_2 = -2$; $z_3 = -i$ et $z_4 = -5 + 5i\sqrt{3}$.

solution

1. $e^{i\pi} = \cos\pi + i\sin\pi = -1$; $e^{-2i\pi} = \cos(-2\pi) + i\sin(-2\pi) = 1$; $e^{i\frac{\pi}{2}} = \cos\frac{\pi}{2} + i\sin\frac{\pi}{2} = i$.

2. $z_1 = 3 = 3e^{i0}$; $z_2 = -2 = 2e^{i\pi}$; $z_3 = e^{-i\frac{\pi}{2}}$;

$|z_4| = |-5 + 5i\sqrt{3}| = \sqrt{25 + 25 \times 3} = 10$ d'où $z_4 = 10\left(-\frac{1}{2} + i\frac{\sqrt{3}}{2}\right) = 10e^{\frac{2i\pi}{3}}$.

Utiliser les propriétés sur les formes exponentielles

→ Exercices 150 à 155

On donne $z_1 = -2e^{i\frac{\pi}{2}}$; $z_2 = ie^{i\frac{\pi}{3}}$ et $z_3 = 4e^{-i\frac{2\pi}{3}}$.

1. Déterminer la forme exponentielle de z_1 puis celle de z_2.

2. Déterminer la forme exponentielle de $z_1 z_2 z_3$ puis celle de $z_2(z_1)^2$.

solution

1. Comme $-1 = e^{i\pi}$ alors $z_1 = -2e^{i\frac{\pi}{2}} = 2e^{i\pi}e^{i\frac{\pi}{2}} = 2e^{i\frac{3\pi}{2}}$;

Comme $i = e^{i\frac{\pi}{2}}$ alors $z_2 = ie^{i\frac{\pi}{3}} = e^{i\frac{\pi}{2}}e^{i\frac{\pi}{3}} = e^{i\frac{5\pi}{6}}$.

2. $z_1z_2z_3 = 2e^{i\frac{3\pi}{2}} \times e^{i\frac{5\pi}{6}} \times 4e^{-i\frac{2\pi}{3}}$ d'où $z_1z_2z_3 = 8e^{i\frac{5\pi}{3}}$;

$z_2(z_1)^2 = e^{i\frac{5\pi}{6}}\left(2e^{i\frac{3\pi}{2}}\right)^2 = e^{i\frac{5\pi}{6}} \times 4e^{3i\pi} = 4e^{\frac{23i\pi}{6}} = 4e^{\frac{-i\pi}{6}}$.

Utiliser la forme exponentielle

Le plan complexe est rapporté au repère orthonormal direct $(O\,;\vec{u}, \vec{v})$.

Déterminer les entiers n pour lesquels le point M d'affixe $(\sqrt{6} - i\sqrt{2})^n$ appartient à l'axe $(O\,;\vec{u})$.

solution

$M \in (O\,;\vec{u}) \Leftrightarrow (\sqrt{6} - i\sqrt{2})^n \in \mathbb{R} \Leftrightarrow \arg((\sqrt{6} - i\sqrt{2})^n) = 0\ [\pi] \Leftrightarrow n\arg(\sqrt{6} - i\sqrt{2}) = 0\ [\pi]$

Or $|\sqrt{6} - i\sqrt{2}| = \sqrt{6+2} = 2\sqrt{2}$ d'où $\sqrt{6} - i\sqrt{2} = 2\sqrt{2}\left(\frac{\sqrt{3}}{2} - i\frac{1}{2}\right) = 2\sqrt{2}\,e^{-i\frac{\pi}{6}}$.

Donc $\arg(\sqrt{6} - i\sqrt{2}) = -\frac{\pi}{6}\ [2\pi]$.

Par suite $M \in (O\,;\vec{u}) \Leftrightarrow n \times \left(-\frac{\pi}{6}\right) = 0\ [\pi]$

Or $n \times \left(-\frac{\pi}{6}\right) = 0\ [\pi] \Leftrightarrow$ Il existe $k \in \mathbb{Z}$ tel que $n \times \left(-\frac{\pi}{6}\right) = k\pi$. Donc $M \in (O\,;\vec{u}) \Leftrightarrow n = -6k$.

Le point M d'affixe $(\sqrt{6} - i\sqrt{2})^n$ est sur l'axe $(O\,;\vec{u})$ si, et seulement si, n est un multiple de 6.

Propriété

Tout nombre complexe non nul z de forme algébrique $x + iy$ admet un inverse noté $\frac{1}{z}$ de forme algébrique $\frac{x}{x^2+y^2} + i\frac{-y}{x^2+y^2}$.

Démonstration

Soit z un nombre complexe non nul de forme algébrique $x + iy$. On cherche un nombre complexe z' de forme algébrique $x' + iy'$ vérifiant $zz' = 1$.

Si $(x + iy)(x' + iy') = 1$ alors $(xx' - yy') + i(xy' + x'y) = 1$ d'où $\begin{cases} xx' - yy' = 1 \\ xy' + x'y = 0 \end{cases}$.

On multiplie la première égalité par $(-y)$ et la deuxième par x :

$\begin{cases} -xx'y + y^2y' = -y \\ x^2y' + x'xy = 0 \end{cases}$ par addition on obtient : $\begin{cases} (x^2 + y^2)y' = -y \\ x'y + xy' = 0 \end{cases}$.

Comme $z \neq 0$ alors $x^2 + y^2 \neq 0$ donc $y' = -\frac{y}{x^2+y^2}$.

Par suite $x'y = \frac{xy}{x^2+y^2}$ d'où $x' = \frac{x}{x^2+y^2}$ si $y \neq 0$.

Et si $y = 0$ alors le système devient $\begin{cases} xx' = 1 \\ xy' = 0 \end{cases}$ et $x \neq 0$ donc $\begin{cases} x' = \frac{1}{x} \\ y' = 0 \end{cases}$.

Dans tous les cas $\frac{1}{z} = \frac{x}{x^2+y^2} + i\frac{-y}{x^2+y^2}$.

Réciproquement $(x + iy)\left(\frac{x}{x^2+y^2} + i\frac{-y}{x^2+y^2}\right) = 1$.

Propriété

Soit z et z' deux nombres complexes, alors : $zz' = 0 \Leftrightarrow z = 0$ ou $z' = 0$.

Démonstration

Soit z et z' deux nombres complexes.

- Si $z = 0$ alors $0 \times z' = 0$. Si $z' = 0$ alors $z \times 0 = 0$. Donc si $z = 0$ ou $z' = 0$ alors $zz' = 0$.
- Réciproquement si $zz' = 0$ démontrons par l'absurde que $z = 0$ ou $z' = 0$. (Voir la fiche logique en fin de manuel.)

Supposons que $z \neq 0$ et $z' \neq 0$ alors z' admet un inverse $\frac{1}{z'}$ dans $\mathbb{C}$.

Comme $zz' = 0$ on obtient $(zz') \times \frac{1}{z'} = 0 \times \frac{1}{z'}$ soit $z \times \left(z' \times \frac{1}{z'}\right) = 0$ d'où $z = 0$.

D'où la contradiction, par suite soit $z = 0$ soit $z' = 0$.

- Finalement on a bien l'équivalence : $zz' = 0 \Leftrightarrow z = 0$ ou $z' = 0$.

À vous de jouer

1. Prendre conscience de l'importance de la réciproque

On donne deux propriétés : P_1 « $z = 0$ et $z' = 0$ » et P_2 « $z^2 + z'^2 = 0$ ».

a. A-t-on l'équivalence entre P_1 et P_2 si z et z' sont des réels ? Si oui la démontrer, sinon donner un contre-exemple.

b. A-t-on l'équivalence entre P_1 et P_2 si z et z' sont des complexes ? Si oui la démontrer, sinon donner un contre-exemple.

2. Prendre conscience de l'importance des mots

Dans $\mathbb{C}$, pour que $x^2 + 1 = 0$:

1. il faut et il suffit que $x = i$;
2. il faut que $x = i$;
3. il est nécessaire que $x = i$;
4. il suffit que $x = i$.

Que pensez-vous de ces affirmations ?

Propriétés - Opérations sur les conjugués

Pour tout nombre complexe z et z′ on a :

- $\overline{z+z'} = \bar{z} + \bar{z'}$.
- $\overline{zz'} = \bar{z} \times \bar{z'}$.
- De plus si $z' \neq 0$, alors $\overline{\left(\frac{1}{z'}\right)} = \frac{1}{\bar{z'}}$.

ROC Démonstration

Soit z et z′ deux nombres complexes de forme algébrique $x + iy$ et $x' + iy'$.

- Comme $z + z' = (x + x') + i(y + y')$ alors $\overline{z+z'} = (x + x') - i(y + y')$ donc $\overline{z+z'} = \bar{z} + \bar{z'}$.
- Comme $zz' = (xx' - yy') + i(xy' + x'y)$ alors $\overline{zz'} = (xx' - yy') - i(xy' + x'y)$.

De plus $\bar{z} \times \bar{z'} = (x - iy)(x' - iy') = xx' - ixy' - ix'y - yy' = (xx' - yy') - i(xy' + x'y)$.

Donc $\overline{zz'} = \bar{z} \times \bar{z'}$.

- Si $z \neq 0$ alors $\bar{z} \neq 0$. Comme $\frac{1}{z} \times z = 1$ on a $\overline{\frac{1}{z} \times z} = 1$.

Comme $\overline{zz'} = \bar{z} \times \bar{z'}$ on obtient $\overline{\left(\frac{1}{z}\right)} \times \bar{z} = 1$ d'où $\overline{\left(\frac{1}{z}\right)} = \frac{1}{\bar{z}}$.

À vous de jouer

1. Pour $z' \neq 0$, démontrer que $\overline{\left(\frac{z}{z'}\right)} = \frac{\bar{z}}{\bar{z'}}$.

2. Démontrer par récurrence que pour tout entier naturel n, on a $\overline{z^n} = (\bar{z})^n$.

Propriété

On considère deux points A et B du plan complexe admettant pour affixes respectives z_A et z_B.

- L'affixe du vecteur $\overrightarrow{AB}$ est $z_B - z_A$.
- L'affixe du milieu I de $[AB]$ noté z_I est $z_I = \frac{1}{2}(z_B + z_A)$.

Démonstration

- Comme $\overrightarrow{AB} = \overrightarrow{OB} - \overrightarrow{OA}$ en passant aux affixes on obtient que l'affixe du vecteur $\overrightarrow{AB}$ est $z_B - z_A$.
- Comme $\overrightarrow{AI} = \frac{1}{2}\overrightarrow{AB}$ alors en passant aux affixes on obtient que l'affixe du milieu I de $[AB]$ vérifie

$z_I - z_A = \frac{1}{2}(z_B - z_A)$ d'où $z_I = \frac{1}{2}z_B - \frac{1}{2}z_A + z_A$ c'est-à-dire $z_I = \frac{1}{2}(z_B + z_A)$.

Égalité de deux complexes écrits sous forme trigonométrique

Les complexes $z = r(\cos\theta + i\sin\theta)$ et $z' = r'(\cos\theta' + i\sin\theta')$ avec $r > 0$ et $r' > 0$ sont égaux si, et seulement si, $\begin{cases} r = r' \\ \theta = \theta + 2k\pi, k \in \mathbb{N} \end{cases}$.

Démonstration

Supposons que z et z′ soient égaux et non nuls alors : $OM = OM'$ et $(\vec{u} ; \overrightarrow{OM}) = (\vec{u} ; \overrightarrow{OM'})$ $[2\pi]$.
La réciproque est évidente.

démonstrations

Théorème

Soit $z = r(\cos\theta + i\sin\theta)$ et $z' = r'(\cos\theta' + i\sin\theta')$ deux nombres complexes. On a :

- $zz' = rr'(\cos(\theta + \theta') + i\sin(\theta + \theta'))$
- $\frac{1}{z} = \frac{1}{r}(\cos(-\theta) + i\sin(-\theta))$ lorsque $z \neq 0$.

Démonstration

- $zz' = r(\cos\theta + i\sin\theta) \times r'(\cos\theta' + i\sin\theta')$;
$zz' = rr'(\cos\theta\cos\theta' + i\cos\theta\sin\theta' + i\sin\theta\cos\theta' - \sin\theta\sin\theta')$.
Comme $\cos(a+b) = \cos a\cos b - \sin a\sin b$ et $\sin(a+b) = \sin a\cos b + \cos a\sin b$, on obtient :
$$zz' = rr'(\cos(\theta+\theta') + i\sin(\theta+\theta'))\ ;$$
comme $r > 0$ et $r' > 0$, on a $rr' > 0$ donc $rr'(\cos(\theta+\theta') + i\sin(\theta+\theta'))$ est la forme trigonométrique de zz'.
$$\text{D'où } \begin{cases} |zz'| = rr' = |z| \times |z'| \\ \arg(zz') = \theta + \theta' = \arg z + \arg z'\ [2\pi] \end{cases}.$$

- Pour $z \neq 0$, $\frac{1}{z} = \frac{\bar{z}}{z\bar{z}} = \frac{\bar{z}}{r^2} = \frac{r(\cos\theta - i\sin\theta)}{r^2} = \frac{1}{r}(\cos(-\theta) + i\sin(-\theta))$
$$\text{Comme } \frac{1}{r} > 0, \text{ on a } \begin{cases} \left|\frac{1}{z}\right| = \frac{1}{r} = \frac{1}{|z|} \\ \arg\left(\frac{1}{z}\right) = -\theta = -\arg z \quad [2\pi] \end{cases}.$$

Propriété

z_A, z_B et z_C sont trois nombres complexes distincts, d'images respectives A, B et C dans le plan complexe. On a :

- $|z_B - z_A| = AB$ et $\arg(z_B - z_A) = (\vec{u}\ ; \overrightarrow{AB})$;
- $\left|\frac{z_B - z_C}{z_A - z_C}\right| = \frac{CB}{CA}$ et $\arg\left(\frac{z_B - z_C}{z_A - z_C}\right) = (\overrightarrow{CA}\ ; \overrightarrow{CB})\ [2\pi]$.

ROC Démonstration

- Il existe un unique point M dans le plan complexe tel que $\overrightarrow{OM} = \overrightarrow{AB}$.
Donc $z_M = z_B - z_A$ en notant z_M l'affixe du point M.
Par suite $|z_B - z_A| = |z_M| = OM = AB$ et $\arg(z_B - z_A) = \arg(z_M) = (\vec{u}\ ; \overrightarrow{OM}) = (\vec{u}\ ; \overrightarrow{AB})$.
- $\left|\frac{z_B - z_C}{z_A - z_C}\right| = \frac{|z_B - z_C|}{|z_A - z_C|} = \frac{CB}{CA}$ et $\arg\left(\frac{z_B - z_C}{z_A - z_C}\right) = \arg(z_B - z_C) - \arg(z_A - z_C)$.
$= (\vec{u}\ ; \overrightarrow{CB}) - (\vec{u}\ ; \overrightarrow{CA}) = (\overrightarrow{CA}\ ; \vec{u}) + (\vec{u}\ ; \overrightarrow{CB})$
$= (\overrightarrow{CA}\ ; \overrightarrow{CB})\ [2\pi]$.

À vous de jouer

1. Montrer que $\frac{z}{z'} = \frac{r}{r'}(\cos(\theta - \theta') + i\sin(\theta - \theta'))$ lorsque $z' \neq 0$ et $\begin{cases} \left|\frac{z}{z'}\right| = \frac{|z|}{|z'|} \\ \arg\left(\frac{z}{z'}\right) = \arg z - \arg z'\ [2\pi] \end{cases}$.

2. Montrer par récurrence que pour tout $n \in \mathbb{N}$, $|z^n| = |z|^n$ et $\arg(z^n) = n\arg z\ [2\pi]$.

3. En posant $n' = -n$ avec $n \in \mathbb{Z}^-$, montrer que pour tout n, $|z^n| = |z|^n$ et $\arg(z^n) = n\arg z\ [2\pi]$.

Formule de Moivre

Pour tout réel θ et pour tout entier relatif n : $(\cos\theta + i\sin\theta)^n = \cos n\theta + \sin n\theta$.

Démonstration

Pour tout $n \in \mathbb{N}$, on a $\begin{cases} |e^{i\theta}| = 1 \\ \arg(e^{i\theta}) = \theta\ [2\pi] \end{cases}$ alors $\begin{cases} |(e^{i\theta})^n| = |e^{i\theta}|^n = 1 \\ \arg((e^{i\theta})^n) = n\arg(e^{i\theta}) = n\theta\ [2\pi] \end{cases}$.

On peut écrire $(e^{i\theta})^n = \cos n\theta + i\sin n\theta$. Par suite $(\cos\theta + i\sin\theta)^n = \cos n\theta + i\sin n\theta$.

Pour tout $n \in \mathbb{Z}^-$, on pose $n' = -n$ alors $n' \in \mathbb{N}$.

Comme $e^{in\theta} = e^{-in'\theta} = \dfrac{1}{e^{in'\theta}}$ on a :

$$\begin{cases} \left|\dfrac{1}{e^{in'\theta}}\right| = \dfrac{1}{|e^{in'\theta}|} = 1 \\ \arg\left(\dfrac{1}{e^{in'\theta}}\right) = -\arg(e^{in'\theta}) = -n'\arg(e^{i\theta}) = -n'\theta = n\theta\ [2\pi] \end{cases}.$$

Donc pour tout $n \in \mathbb{Z}^-$, $(\cos\theta + i\sin\theta)^n = \cos n\theta + i\sin n\theta$.

Formules d'Euler

$\cos\theta = \dfrac{e^{i\theta} + e^{-i\theta}}{2}$; $\sin\theta = \dfrac{e^{i\theta} - e^{-i\theta}}{2i}$.

Démonstration

Pour tout réel θ, on a $\begin{cases} e^{i\theta} = \cos\theta + i\sin\theta & \textbf{(1)} \\ e^{-i\theta} = \cos(-\theta) + i\sin(-\theta) = \cos\theta - i\sin\theta & \textbf{(2)} \end{cases}$

(1) + (2) conduit à $e^{i\theta} + e^{-i\theta} = 2\cos\theta$ soit $\cos\theta = \dfrac{e^{i\theta} + e^{-i\theta}}{2}$.

(1) – (2) conduit à $e^{i\theta} - e^{-i\theta} = 2i\sin\theta$ soit $\sin\theta = \dfrac{e^{i\theta} - e^{-i\theta}}{2i}$.

À vous de jouer

1. En utilisant les formules d'Euler et la formule de Moivre, montrer que $(\cos x)^3 = \dfrac{1}{4}\cos 3x + \dfrac{3}{4}\cos x$.

2. En utilisant $e^{ix} \times e^{iy} = e^{i(x-y)}$ démontrer que :

$\cos(x - y) = \cos x\cos y + \sin x\sin y$ et $\sin(x - y) = \sin x\cos y - \cos x\sin y$.

3. On considère un réel x tel que x ne soit pas un multiple de π.

a. Montrer que pour tout entier naturel n non nul, on a $\displaystyle\sum_{k=0}^{k=n} e^{ikx} = \frac{1 - e^{i(n+1)x}}{1 - e^{ix}}$.

b. Montrer que $\left(-2i\sin\dfrac{\theta}{2}\right)e^{i\frac{\theta}{2}} = 1 - e^{i\theta}$. En déduire que $\displaystyle\sum_{k=0}^{k=n} e^{ikx} = \frac{\sin\left(\frac{n+1}{2}x\right)}{\sin\frac{x}{2}}e^{i\frac{nx}{2}}$.

4. Soit p et q et deux réels. Montrer que $e^{ip} + e^{iq} = e^{i\frac{p+q}{2}}\left(e^{i\frac{p-q}{2}} + e^{i\frac{-(p-q)}{2}}\right)$.

En utilisant les formules d'Euler en déduire une factorisation de $\cos p + \cos q$ et de $\sin p + \sin q$.

Utiliser le résultat pour résoudre dans $[0 ; 2\pi]$, l'équation $\cos x + \cos 2x = 0$.

travail en autonomie

Le plan complexe est rapporté à un repère orthonormé $(O\,;\,\vec{u},\,\vec{v})$.

Exercice résolu 1 • Utiliser les différentes écritures d'un complexe

méthodologie

- **Reconnaître les différentes écritures d'un nombre complexe z :**
  Pour s'assurer que $x + iy$ est *l'écriture algébrique* il faut vérifier que x et y sont des réels.
  Pour s'assurer que $r(\cos\theta + i\sin\theta)$ est *l'écriture trigonométrique* il faut vérifier que r est positif.
  Si $r(\cos\theta + i\sin\theta)$ est la forme trigonométrique alors *l'écriture exponentielle* est $re^{i\theta}$.
- **Utiliser les différentes écritures d'un nombre complexe z :**
  La *forme algébrique* facilite les calculs de sommes, de différences et elle permet de faire le lien entre les complexes et les coordonnées cartésiennes.
  La *forme trigonométrique* permet de faire le lien entre les complexes et la géométrie pour les calculs de distances et d'angles.
  La *forme exponentielle* facilite les calculs de produits, de quotients et de puissances.
- **Retenir les liens entre les différentes écritures d'un nombre complexe z :**

Forme algébrique	Forme trigonométrique	Forme exponentielle
$z = x + iy$ et $\begin{cases} x = r\cos\theta \\ y = r\sin\theta \end{cases}$ x et y réels	$z = r(\cos\theta + i\sin\theta),\ r > 0$ $r = \lvert z \rvert = \sqrt{x^2 + y^2}$; $\cos\theta = \dfrac{x}{r}$ et $\sin\theta = \dfrac{y}{r}$	$z = re^{i\theta}$

énoncé

1. **On considère $z_1 = \dfrac{\sqrt{3} + i}{2}$ et $z_2 = \dfrac{\sqrt{3} - i}{2}$. Exprimer z_1 et z_2 sous forme trigonométrique et en déduire une construction des points M_1 et M_2 d'affixes respectives z_1 et z_2 dans le plan (P).**
2. **On considère $z_3 = -\dfrac{i}{2}(1 - i\sqrt{3})$ et $z_4 = \dfrac{2}{-1-\sqrt{3}}$. Exprimer z_3 et z_4 sous forme algébrique et sous forme exponentielle. Placer M_3 et M_4 sur la figure.**
3. **Calculer z_k^6 pour $k \in \{1\,;\,2\,;\,3\,;\,4\}$.**

solution

1. $|z_1| = \left|\dfrac{\sqrt{3}+i}{2}\right| = \dfrac{\sqrt{4}}{2} = 1$ d'où $z_1 = \cos\dfrac{\pi}{6} + i\sin\dfrac{\pi}{6} = e^{i\frac{\pi}{6}}$.
   De plus $z_2 = \overline{z_1}$ donc $z_2 = \cos\dfrac{\pi}{6} - i\sin\dfrac{\pi}{6} = \cos\left(-\dfrac{\pi}{6}\right) + i\sin\left(-\dfrac{\pi}{6}\right)$.
   M_1 et M_2 sont sur le cercle de centre O et de rayon 1 ;
   avec $(\vec{u}\,;\,\overrightarrow{OM_1}) = \dfrac{\pi}{6}[2\pi]$ et $(\vec{u}\,;\,\overrightarrow{OM_2}) = -\dfrac{\pi}{6}[2\pi]$.
2. $z_3 = -\dfrac{i}{2}(1 - i\sqrt{3}) = -\dfrac{\sqrt{3}}{2} - \dfrac{1}{2}i = e^{i\frac{7\pi}{6}}$.
   $z_4 = \dfrac{2}{-i-\sqrt{3}} = \dfrac{2(-\sqrt{3}+i)}{(-\sqrt{3}-i)(-\sqrt{3}+i)} - \dfrac{-2\sqrt{3}+2i}{3+1} = -\dfrac{\sqrt{3}}{2} + \dfrac{1}{2}i = e^{i\frac{5\pi}{6}}$.
   M_3 et M_4 sont sur le cercle de centre O et de rayon 1 ;
   $(\vec{u}\,;\,\overrightarrow{OM_3}) = \dfrac{7\pi}{6}[2\pi]$ et $(\vec{u}\,;\,\overrightarrow{OM_4}) = -\dfrac{5\pi}{6}[2\pi]$.
3. $z_1^6 = \left(e^{i\frac{5\pi}{6}}\right)^6 = e^{i\pi} = -1$; $z_2^6 = \left(e^{-i\frac{\pi}{6}}\right)^6 = e^{-i\pi} = -1$;
   $z_3^6 = \left(e^{i\frac{7\pi}{6}}\right)^6 = e^{7i\pi} = -1$; $z_4^6 = \left(e^{i\frac{5\pi}{6}}\right)^6 = e^{5i\pi} = -1$.

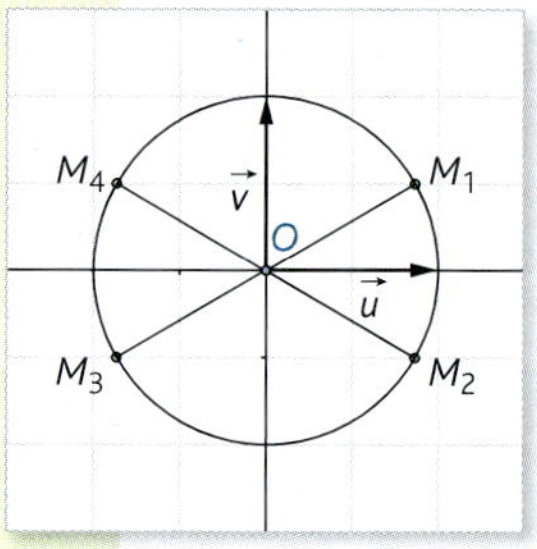

Exercice résolu 2 • Rechercher un ensemble de points

énoncé **Dans chacun des cas, déterminer géométriquement l'ensemble des points M d'affixe z vérifiant la relation donnée.**

1. Autour des modules :

a. $|z + 1 + 4i| = |z - 1 + i|$ b. $|z + 1 + 4i| = 4$ c. $|\bar{z} + 1 - 4i| = |z - 2i|$ d. $|3iz + 6| = 3|z - 1 + i|$

2. Autour des arguments :

a. $\arg(z - 2 + i) = \frac{\pi}{6}\,[\pi]$ b. $\arg(\bar{z} - 1 - i) = \frac{\pi}{3}\,[2\pi]$ c. $\arg\left(\frac{z - 2i}{z - 1 + i}\right) = \frac{\pi}{2}\,[\pi]$.

solution

Dans le plan complexe rapporté au repère orthonormal direct $(O\,;\,\vec{u}, \vec{v})$ on note A, B, C et D les points d'affixes respectives $2i$, $2 - i$, $-1 - 4i$ et $1 - i$.

1. a. $|z + 1 + 4i| = |z - 1 + i|$ équivaut à $CM = DM$.
Donc le point M appartient à la médiatrice du segment $[CD]$.

b. $|z + 1 + 4i| = 4$ équivaut à $CM = 4$.
Donc le point M appartient au cercle de centre C et de rayon 4.

c. $|\bar{z} + 1 - 4i| = |\overline{z + 1 + 4i}| = |z + 1 + 4i|$.
L'équation devient : $|z + 1 - 4i| = |z - 2i| \Leftrightarrow CM = AM$.
Donc le point M appartient à la médiatrice du segment $[AC]$.

d. $|3iz + 6| = \left|3i\left(z + \frac{6}{3i}\right)\right| = |3i| \times |z - 2i| = 3|z - 2i|$.
L'équation devient $3|z - 2i| = 3|z - 1 + i|$ soit $|z - 2i| = |z - 1 + i|$.
$|z - 2i| = |z - 1 + i|$ équivaut à $AM = DM$.
Donc le point M appartient à la médiatrice du segment $[AD]$.

> **MÉTHODE**
> On doit modifier l'écriture de $|\bar{z} + 1 - 4i|$ en utilisant que $|\bar{z}| = |z|$.

2. a. $\arg(z - 2 + i) = \frac{\pi}{6}\ [\pi] \Leftrightarrow (\vec{u}\,;\,\overrightarrow{BM}) = \frac{\pi}{6}\,[\pi]$.
Donc le point M appartient à la droite (BM_1) privée du point B où M_1 est un point tel que $(\vec{u}\,;\overrightarrow{BM_1}) = \frac{\pi}{6}\,[2\pi]$.

b. $\arg(\bar{z} - 1 - i) = \arg(\overline{z - 1 + i}) = -\arg(z - 1 + i)\,[2\pi]$;
$\arg(\bar{z} - 1 - i) = \frac{\pi}{3}\,[2\pi] \Leftrightarrow \arg(z - 1 + i) = -\frac{\pi}{3}\,[2\pi]$ soit
$(\vec{u}; \overrightarrow{DM}) = -\frac{\pi}{3}\,[2\pi]$.
Donc le point M appartient à une demi-droite d'origine D (privée de D) contenant le point M_2 tel que $(\vec{u}\,;\overrightarrow{DM_2}) = -\frac{\pi}{3}\,[2\pi]$.

> **RAPPEL**
> $\arg \bar{z} = -\arg z$

c. $\arg\left(\frac{z - 2i}{z - 1 + i}\right) = \frac{\pi}{2}\,[\pi] \Leftrightarrow (\overrightarrow{DM}\,;\,\overrightarrow{AM}) = \frac{\pi}{2}\,[\pi]$. Donc le point M appartient au cercle de diamètre $[AD]$ privé des points A et D.

Entraînez-vous

On note A, B, C et D les points d'affixes respectives -2 ; $4i$; $-1 + 2i$ et $3 + 2i$; déterminer géométriquement les ensembles E_1, E_2, E_3, E_4 et E_5 des points M d'affixe z vérifiant $|z + 1 - 2i| = 3$; $|\bar{z} - 3 + 2i| = |z - 4i|$; $\arg(\bar{z} - 3 + 2i) = -\frac{\pi}{4}\,[2\pi]$; $\arg\left(\frac{z + 2}{z + 1 - 2i}\right) = \frac{\pi}{2}\,[\pi]$; $2|z + 2| = |(1 + i\sqrt{3})z + 4\sqrt{3} - 4i|$.

→ Solution

E_1 est le cercle de centre C et de rayon 3.
E_2 est la médiatrice du segment $[BD]$.
E_3 est la demi-droite d'origine D (privée de D) contenant le point M_2 tel que $(\vec{u}\,;\overrightarrow{DM_2}) = \frac{\pi}{4}[2\pi]$.
E_4 est le cercle de diamètre $[AC]$ privé des points A et C.
E_5 est la médiatrice du segment $[AB]$.

Exercice résolu 3 • Utiliser les complexes pour démontrer des résultats de géométrie plane

énoncé **On considère les points A, B, C, D, S et T d'affixes respectives :**

$a = -2 + 4i$; $b = -4 + 2i$; $c = 4 + 2i$; $d = -2 + 2i + 6e^{-i\frac{\pi}{2}}$; $s = 5\sqrt{2}\,e^{i\frac{3\pi}{4}}$ et $t = -2 + 2i$.

1. **Placer ces points et compléter la figure au fur et à mesure de l'exercice.**
2. **Montrer que les points A, B, C et D sont sur le cercle de centre O et de rayon $2\sqrt{5}$.**
3. **Montrer que la droite (ST) est la médiatrice du segment $[AB]$.**
4. **On considère les points P et Q milieux respectifs des segments $[AC]$ et $[BD]$, déterminer p et q les affixes respectives des points P et Q.**
5. **Calculer la forme algébrique des complexes $\frac{t-p}{q-s}$ et $\frac{d-c}{b-a}$. Que peut-on en déduire ?**
6. **Que représente le point T pour le triangle PQS ? Le démontrer.**
7. **Déterminer l'affixe du point R tel que $ABSR$ soit un parallélogramme.**

solution

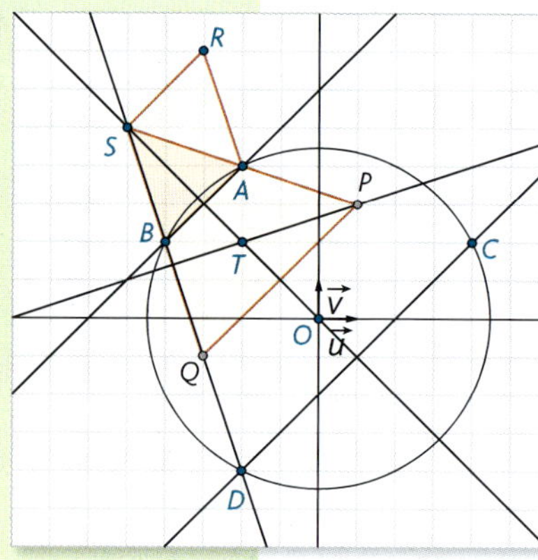

1. Les complexes a, b, c et t sont sous leurs formes algébriques, les points A, B, C et T sont donc faciles à placer.
s est sous sa forme trigonométrique donc S est sur le cercle de centre O et rayon $5\sqrt{2}$ tel que $(\vec{u}\ ;\ \overrightarrow{OS}) = \frac{3\pi}{4}[2\pi]$.
On peut aussi repasser à la forme algébrique :
$$s = 5\sqrt{2}\,e^{i\frac{3\pi}{4}} = 5\sqrt{2}\left(\cos\frac{3\pi}{4} + i\sin\frac{3\pi}{4}\right)$$
$$= 5\sqrt{2}\left(-\frac{\sqrt{2}}{2} + i\frac{\sqrt{2}}{2}\right) = -5 + 5i.$$
$d = -2 + 2i + 6e^{-i\frac{\pi}{2}} = t + 6e^{-i\frac{\pi}{2}}$, d'où D appartient au cercle de centre T et de rayon 6 tel que $(\vec{u}\ ;\overrightarrow{TD}) = -\frac{\pi}{2}[2\pi]$.

2. $OA = |a| = |-2 + 4i| = \sqrt{4 + 16} = 2\sqrt{5}$;
$OB = |b| = |-4 + 2i| = \sqrt{16 + 4} = 2\sqrt{5}$;
$OC = |c| = |4 + 2i| = \sqrt{16 + 4} = 2\sqrt{5}$ et
$OD = |d| = |-2 + 2i - 6i| = |-2 - 4i| = \sqrt{4 + 16} = 2\sqrt{5}$.
Donc les points A, B, C et D sont sur le cercle de centre O et de rayon $2\sqrt{5}$.

3. $SA = |a - s| = |-2 + 4i + 5 - 5i| = |3 - i| = \sqrt{9 + 1} = \sqrt{10}$;
$SB = |b - s| = |-4 + 2i + 5 - 5i| = |1 - 3i| = \sqrt{1 + 9} = \sqrt{10}$;
$TA = |a - t| = |-2 + 4i + 2 - 2i| = |2i| = 2$;
$TB = |b - t| = |-4 + 2i + 2 - 2i| = |-2| = 2$.
Donc $\begin{cases} SA = SB \\ TA = TB \end{cases}$ donc la droite (ST) est la médiatrice du segment $[AB]$.

Rappel
$M(z)$ appartient au cercle de centre $\Omega(\omega)$ et de rayon R si, et seulement si, il existe $\theta \in \mathbb{R}$ tel que $z = \omega + re^{i\theta}$.

4. $p = \frac{a+c}{2} = \frac{-2+4i+4+2i}{2} = 1+3i$

$q = \frac{b+d}{2} = \frac{-4+2i-2-4i}{2} = -3-i.$

5. $\frac{t-p}{q-s} = \frac{-2+2i-1-3i}{-3-i+5-5i} = \frac{-3-i}{2-6i}$

$= \frac{(-3-i)(2+6i)}{(2-6i)(2+6i)} = \frac{-6-18i-2i+6}{4+36} = -\frac{1}{2}i.$

$\frac{d-c}{b-a} = \frac{-2-4i-4-2i}{-4+2i+2-4i} = \frac{-6-6i}{-2-2i}$

$= \frac{(3+3i)(1-i)}{(1+i)(1-i)} = \frac{3-3i+3i+3}{1+1} = 3.$

$\frac{t-p}{q-s}$ est un imaginaire pur donc $(TP) \perp (SQ)$;

$\frac{d-c}{b-a}$ est un réel donc $(CD) \,/\!/\, (AB)$.

6. Il semble que le point T soit l'orthocentre du triangle PQS.
Comme $(TP) \perp (SQ)$ alors la droite (TP) est la hauteur issue de P dans le triangle PQS.
Le vecteur $\overrightarrow{ST}$ a pour affixe $-2+2i+5-5i = 3-3i$.
Le vecteur $\overrightarrow{PQ}$ a pour affixe $-3-i-1-3i = -4-4i$.
$\overrightarrow{ST} \cdot \overrightarrow{PQ} = 3 \times (-4) + (-3) \times (-4)$.
$= -12+12 = 0$. D'où $(ST) \perp (PQ)$.
La droite (ST) est la hauteur issue de S dans le triangle PQS.
Par suite le point T est l'orthocentre du triangle PQS.

7. $ABSR$ est un parallélogramme $\Leftrightarrow \overrightarrow{AB} = \overrightarrow{RS}$.
$\overrightarrow{AB}$ a pour affixe $-4+2i+2-4i = -2-2i$;
$\overrightarrow{RS}$ a pour affixe $-5+5i-r$.
On écrit alors $-5+5i-r = -2-2i$, soit $r = -3+7i$ d'où $R(-3+7i)$.

Méthode

On considère le complexe $Z = \frac{z_C - z_A}{z_B - z_A}$ avec $z_B \neq z_A$.

Si	alors
$\lvert Z \rvert = 1$	$AB = AC$
Z est un réel	A, B et C sont alignés
Z est un imaginaire pur	Les droites (AB) et (AC) sont perpendiculaires
$Z = \pm i$	ABC est rectangle et isocèle en A
$Z = e^{\pm i\frac{\pi}{3}}$	ABC est un triangle équilatéral

Entraînez-vous

1. Placer les points A, B, C et D du plan d'affixes respectives $z_A = 2e^{i\pi}$; $z_B = -\frac{1}{5} - \frac{3}{5}i$; $z_C = -\frac{1}{5} + \frac{3}{5}i$ et $z_D = \sqrt{2}\left(\cos\frac{\pi}{4} + i\sin\frac{\pi}{4}\right)$.
2. Démontrer que les points O, A, B et C sont sur un cercle dont on déterminera le centre et le rayon.
3. Déterminer l'affixe du point E tel que $ABCE$ soit un parallélogramme.
4. Donner la forme algébrique du quotient $\frac{z_A - z_C}{z_D - z_C}$.
Que peut-on en déduire ?

→ Solution

2. Les points O, A, B et C sont sur le cercle de centre $\Omega(-1)$ et de rayon 1.
3. $E\left(-2+\frac{6}{5}i\right)$
4. $\frac{z_A - z_C}{z_D - z_C} = -\frac{3}{2}$
Les points A, C et D sont alignés.

Exercice résolu 4 • Deux méthodes pour un problème

énoncé **Dans le plan complexe rapporté au repère orthonormal direct $(O\,;\vec{u},\vec{v})$ on note A et B les points d'affixes respectives $2i$ et $1+i$.**

1. **Soit z un nombre complexe différent de $1+i$, écrit sous la forme $z=x+iy$, où x et y sont des nombres réels. Calculer, en fonction de x et de y, la partie réelle et la partie imaginaire du nombre complexe $Z=\dfrac{z-2i}{z-1-i}$.**

2. **Déterminer l'ensemble (E) des points M d'affixes z tels que Z soit un réel et l'ensemble (F) des points M d'affixes z tels que Z soit un imaginaire pur.**
a. En utilisant la forme algébrique de Z.
b. En utilisant des considérations sur les arguments.

3. **a. Soit A et B des nombres réels. Calculer $(A+iB)^2$ et en déduire à quelle condition ce carré est un nombre réel.**
b. Déterminer l'ensemble (G) des points M d'affixes z tels que Z^2 soit un réel.

solution

1. On pose $z=x+iy$ et on exprime Z sous sa forme algébrique avec $z\neq 1+i$.

$$Z=\frac{x+iy-2i}{x+iy-1-i}=\frac{x+i(y-2)}{(x-1)+i(y-1)}$$

$$Z=\frac{[x+i(y-2)][(x-1)-i(y-1)]}{[(x-1)+i(y-1)][(x-1)-i(y-1)]}$$

$$Z=\frac{x(x-1)+(y-2)(y-1)+i((y-2)(x-1)+(-x)(y-1))}{(x-1)^2+(y-1)^2}$$

$$Z=\frac{(x^2-x+y^2-2y-y+2)+i(xy-y-2x+2-xy+x)}{(x-1)^2+(y-1)^2}$$

$$\begin{cases}\mathrm{Re}(Z)=\dfrac{x^2+y^2-x-3y+2}{(x-1)^2+(y-1)^2}\\[2ex]\mathrm{Im}(Z)=\dfrac{-x-y+2}{(x-1)^2+(y-1)^2}\end{cases}\quad\text{avec } (x\,;y)\neq(1\,;1).$$

2. a. Z est un réel $\Leftrightarrow \mathrm{Im}(Z)=0$

$$\Leftrightarrow \frac{-x-y+2}{(x-1)^2+(y-1)^2}=0$$

$$\Leftrightarrow -x-y+2=0 \text{ et } (x\,;y)\neq(1\,;1).$$

Donc (E) est la droite d'équation $y=-x+2$ privée du point B (car les coordonnées du point $B(1\,;1)$ vérifient l'équation de la droite).

Z est un imaginaire pur $\Leftrightarrow \mathrm{Re}(Z)=0$

$$\Leftrightarrow \frac{x^2+y^2-x-3y+2}{(x-1)^2+(y-1)^2}=0$$

$$\Leftrightarrow x^2+y^2-x-3y+2=0 \text{ et } (x\,;y)\neq(1\,;1).$$

MÉTHODES
- Z est un réel si, et seulement si : $\mathrm{Im}(Z)=0$; ou $\overline{Z}=Z$; ou $\arg(Z)=0\,[\pi]$ et $Z=0$.
- Z est un imaginaire pur si, et seulement si : $\mathrm{Re}(Z)=0$; ou $\overline{Z}=-Z$; ou $\arg(Z)=\dfrac{\pi}{2}\,[\pi]$ et $Z=0$.

On a : $x^2 + y^2 - x - 3y + 2 = \left(x - \frac{1}{2}\right)^2 - \frac{1}{4} + \left(y - \frac{3}{2}\right)^2 - \frac{9}{4} + 2$;

donc $x^2 + y^2 - x - 3y + 2 = 0 \Leftrightarrow \left(x - \frac{1}{2}\right)^2 + \left(y - \frac{3}{2}\right)^2 = \frac{1}{2}$.

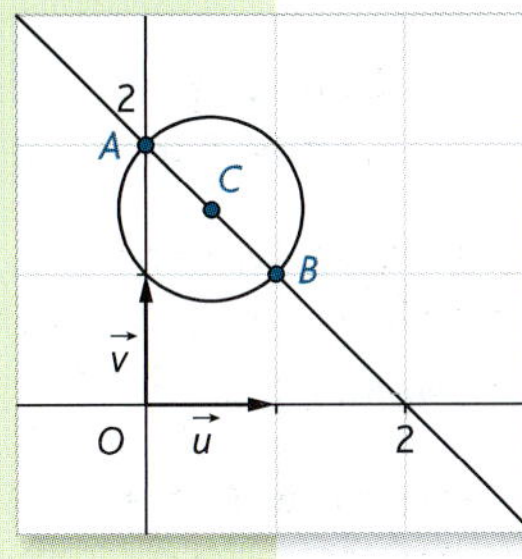

Finalement (F) est le cercle de centre $C\left(\frac{1}{2} + \frac{3}{2}i\right)$ et de rayon $\frac{\sqrt{2}}{2}$ privé du point B (car les coordonnées du point $B(1 ; 1)$ vérifient l'équation du cercle).

b. Z est un réel non nul $\Leftrightarrow \arg(Z) = 0\,[\pi]$

$\Leftrightarrow \arg\left(\frac{z - 2i}{z - 1 - i}\right) = 0\,[\pi]$.

$\Leftrightarrow (\overrightarrow{BM} ; \overrightarrow{AM}) = 0\,[\pi]$ et $M \neq A$ et $M \neq B$

$\Leftrightarrow M \in (AB) \setminus \{A ; B\}$.

Si $M = A$ alors $z = 2i$ par suite $Z = 0$.

Mais 0 est un réel. Donc (E) est la droite (AB) privée du point B.

Z est un imaginaire pur non nul $\Leftrightarrow \arg(Z) = \frac{\pi}{2}\,[\pi]$

$\Leftrightarrow \arg\left(\frac{z - 2i}{z - 1 - i}\right) = \frac{\pi}{2}\,[\pi]$

$\Leftrightarrow (\overrightarrow{BM} ; \overrightarrow{AM}) = \frac{\pi}{2}\,[\pi]$ et $M \neq A$ et $M \neq B$

$\Leftrightarrow M$ appartient au cercle de diamètre $[AB]$ privé des points A et B.

Si $M = A$ alors $z = 2i$ par suite $Z = 0$; et 0 est un imaginaire pur.

Donc (F) est le cercle de diamètre $[AB]$ privé du point B.

3. $(A + iB)^2 = A^2 + 2iAB - B^2$

$(A + iB)^2 \in \mathbb{R} \Leftrightarrow 2AB = 0$ d'où $(A + iB)^2 \in \mathbb{R} \Leftrightarrow A = 0$ ou $B = 0$

$Z^2 \in \mathbb{R} \Leftrightarrow \mathrm{Re}(Z) = 0$ ou $\mathrm{Im}(Z) = 0$ d'où

$\Leftrightarrow y = -x + 2$ ou $\left(x - \frac{1}{2}\right)^2 + \left(y - \frac{3}{2}\right)^2 = \frac{1}{2}$ et $(x ; y) \neq (1 ; 1)$

(G) est la réunion des ensembles (E) et (F).

Aide
Il est plus judicieux d'utiliser la forme algébrique.

Entraînez-vous

À tout point M d'affixe z, distinct de A d'affixe 1, on associe le point M' d'affixe z' définie par $z' = \frac{(1 - i)(z - i)}{z - 1}$.

Déterminer l'ensemble (E) des points M d'affixes z telles que z' soit un réel.

Déterminer l'ensemble (F) des points M d'affixes z telles que z' soit un imaginaire pur.

→ Solution

(E) est le cercle de centre O et de rayon 1 privé du point A

(F) est le cercle de centre B d'affixe $1 + i$ et de rayon 1 privé du point A.

Exercice résolu 5 • Résoudre des équations (I)

énoncé **1.** **Résoudre dans $\mathbb{C}$ les équations d'inconnue complexe z :**
$(2i + z)(z + i(3 - z)) = 0$; $i\bar{z} + 7 = 2z + 2i$; $z^2 - 2(1 + 2\cos\theta)z + 5 + 4\cos\theta = 0$ avec $\theta \in \mathbb{R}$.

2. **Calculer $\left(\frac{1}{2} + i\frac{\sqrt{3}}{2}\right)^2$ et $\left(\frac{1}{2} - i\frac{\sqrt{3}}{2}\right)^2$. En posant $Z = z^2$ résoudre $z^4 + z^2 + 1 = 0$.**

solution

1. • $(2i + z)(z + i(3 - z)) = 0 \Leftrightarrow 2i + z = 0$ ou $z + i(3 - z) = 0$.

Étape 1 : $z + i(3 - z) = 0$; $z + 3i - iz = 0$;

Étape 2 : $z(i - 1) = 3i$;

Étape 3 : $z = \dfrac{3i}{-1 + i} = \dfrac{3i(-1 - i)}{(-1 + i)(-1 - i)} = \dfrac{3}{2} - \dfrac{3}{2}i$;

Étape 4 : $S = \left\{\dfrac{3}{2} - \dfrac{3}{2}i \,;\, -2i\right\}$.

• $i\bar{z} + 7 = 2z + 2i$; *Étape 1* : $z = x + iy$;

Étape 2 : $i(x - iy) + 7 = 2(x + iy) + 2i$;

$(y + 7) + ix = 2x + i(2y + 2)$;

Étape 3 : $\begin{cases} y + 7 = 2x \\ x = 2y + 2 \end{cases}$ soit $\begin{cases} x = 2y + 2 \\ y + 7 = 4y + 4 \end{cases}$;

Étape 4 : $\begin{cases} y = 1 \\ x = 4 \end{cases}$. $S = \{4 + i\}$.

• Soit $z^2 - 2(1 + 2\cos\theta)z + 5 + 4\cos\theta = 0$.

Donc $\Delta = (-2(1 + 2\cos\theta))^2 - 4 \times 1 \times (5 + 4\cos\theta)$

$= 4(1 + 4\cos\theta + 4(\cos\theta)^2) - 20 - 16\cos\theta$.

$= 16(\cos\theta)^2 - 16 = 16((\cos\theta)^2 - 1)$

$= -16(\sin\theta)^2 = (4i\sin\theta)^2$.

$z_1 = \dfrac{2(1 + 2\cos\theta) + 4i\sin\theta}{2} = 1 + 2e^{i\theta}$ et $z_2 = \overline{z_1} = 1 + 2e^{-i\theta}$.

$S = \{1 + 2e^{-i\theta} \,;\, 1 + 2e^{i\theta}\}$.

2. $\left(\frac{1}{2} + i\frac{\sqrt{3}}{2}\right)^2 = \frac{1}{4} + i\frac{\sqrt{3}}{2} - \frac{3}{4} = -\frac{1}{2} + i\frac{\sqrt{3}}{2}$ et $\left(\frac{1}{2} - i\frac{\sqrt{3}}{2}\right)^2 = -\frac{1}{2} - i\frac{\sqrt{3}}{2}$.

En posant $Z = z^2$, on obtient $z^4 + z^2 + 1 = 0 \Leftrightarrow Z^2 + Z + 1 = 0$ (E).

$\Delta = 1 - 4 = -3 = (i\sqrt{3})^2$. Donc l'équation (E) admet deux solutions complexes conjuguées : $Z_1 = -\frac{1}{2} + i\frac{\sqrt{3}}{2}$ et $Z_2 = -\frac{1}{2} - i\frac{\sqrt{3}}{2}$

soit $z^2 = \left(\frac{1}{2} + i\frac{\sqrt{3}}{2}\right)^2$ et $z^2 = \left(\frac{1}{2} - i\frac{\sqrt{3}}{2}\right)^2$.

$S = \left\{\frac{1}{2} + i\frac{\sqrt{3}}{2} \,;\, -\frac{1}{2} - i\frac{\sqrt{3}}{2} \,;\, \frac{1}{2} - i\frac{\sqrt{3}}{2} \,,\, -\frac{1}{2} + i\frac{\sqrt{3}}{2}\right\}$.

MÉTHODE
Équation du premier degré d'inconnue z

Étape 1 : Développer et regrouper les termes dépendants de z d'une part et les autres d'autre part ;
Étape 2 : Écrire l'équation sous la forme $(a + ib)z = c + id$;
Étape 3 : Écrire z sous sa forme algébrique ;
Étape 4 : Conclure.

MÉTHODE
Équation du premier degré d'inconnues z et z'

Étape 1 : Poser $z = x + iy$ alors $\bar{z} = x - iy$;
Étape 2 : Réécrire l'équation en remplaçant z et $\bar{z}$ par leurs expressions algébriques ;
Étape 3 : Utiliser l'unicité de l'écriture sous forme algébrique pour obtenir un système ;
Étape 4 : Résoudre le système.

RAPPEL
Si $\Delta < 0$ alors l'équation admet deux solutions complexes conjuguées.

ATTENTION
Il faut continuer car on cherche les solutions complexes z vérifiant $z^4 + z^2 + 1 = 0$.

Entraînez-vous

1. Résoudre dans $\mathbb{C}$ les équations d'inconnue complexe z :
   a. $2z - 3i = 2iz + 2i - i(z + 1)$; b. $i\bar{z} - 2i = (2 - i)z + 1$.
2. Déterminer les réels a, b et c tels que, pour tout nombre complexe z.
   $z^3 + 5z^2 + 11z + 15 = (z + 3)(az^2 + bz + c)$.
   En déduire les solutions de l'équation $z^3 + 5z^2 + 11z + 15 = 0$.

→ Solution

1. a. $S = \left\{-\frac{4}{5} + \frac{8}{5}i\right\}$. b. $S = \left\{-\frac{1}{2} - \frac{3}{2}i\right\}$.
2. $S = \{-3 \,;\, -1 - 2i \,;\, -1 + 2i\}$.

Exercice résolu 6 • Résoudre des équations (II)

énoncé

1. **Résoudre dans $\mathbb{C}$ l'équation d'inconnue complexe z suivante : $z^2 - (1 + \sqrt{2})z + \sqrt{2} = 0$.**

2. **Résoudre dans $\mathbb{C}$ les équations d'inconnues complexes z suivantes : $z + \frac{1}{z} = 1$ et $z + \frac{1}{z} = \sqrt{2}$.**

3. **Soit $P(z)$ le polynôme de la variable complexe z tel que :**

$$P(z) = z^4 - (1 + \sqrt{2})z^3 + (2 + \sqrt{2})z^2 - (1 + \sqrt{2})z + 1.$$

Vérifier que pour tout $z \neq 0$, on a : $\frac{P(z)}{z^2} = \left(z + \frac{1}{z}\right)^2 - \left(1 + \sqrt{2}\right)\left(z + \frac{1}{z}\right) + \sqrt{2}$; résoudre l'équation $P(z) = 0$.

solution

1. On calcule le discriminant de cette équation :
$\Delta = (1 + \sqrt{2})^2 - 4\sqrt{2} = 1 + 2\sqrt{2} + 2 - 4\sqrt{2} = 1 - 2\sqrt{2} + 2 = (1 - \sqrt{2})^2$.
L'équation admet deux solutions réelles :
$x_1 = \dfrac{1 + \sqrt{2} - (1 - \sqrt{2})}{2} = \sqrt{2}$ et $x_2 = \dfrac{1 + \sqrt{2} + (1 - \sqrt{2})}{2} = 1$.
$S = \{1 ; \sqrt{2}\}$.

2. • Pour $z \neq 0$, $z + \frac{1}{z} = 1$ est équivalent à $z^2 - z + 1 = 0$.
Or $\Delta = 1 - 4 = -3 = (i\sqrt{3})^2$. Donc cette équation admet deux solutions complexes conjuguées. $S = \left\{\frac{1}{2} - i\frac{\sqrt{3}}{2} ; \frac{1}{2} + i\frac{\sqrt{3}}{2}\right\}$.
• Pour $z \neq 0$, $z + \frac{1}{z} = \sqrt{2}$ est équivalent à $z^2 - \sqrt{2}z + 1 = 0$.
Or $\Delta = 2 - 4 = -2 = (i\sqrt{2})^2$. Donc cette équation admet deux solutions complexes conjuguées. $S = \left\{\frac{\sqrt{2}}{2} - i\frac{\sqrt{2}}{2} ; \frac{\sqrt{2}}{2} + i\frac{\sqrt{2}}{2}\right\}$.

3.
$$\left(z + \frac{1}{z}\right)^2 - (1 + \sqrt{2})\left(z + \frac{1}{z}\right) + \sqrt{2} = z^2 + 2 + \frac{1}{z^2} - \left(z + \frac{1}{z} + \sqrt{2}z + \frac{\sqrt{2}}{z}\right) + \sqrt{2}$$
$$= \frac{1}{z^2}(z^4 + (2 + \sqrt{2})z^2 + 1 - (1 + \sqrt{2})z^3 - (1 + \sqrt{2})z)$$
$$= \frac{P(z)}{z^2}.$$
Résoudre $P(z) = 0$ est équivalent à $\left(z + \frac{1}{z}\right)^2 - (1 + \sqrt{2})\left(z + \frac{1}{z}\right) + \sqrt{2} = 0$ (car 0 n'est pas solution de l'équation).
En posant $Z = z + \frac{1}{z}$, l'équation devient $Z^2 - (1 + \sqrt{2})Z + \sqrt{2} = 0$. Cette équation admet 1 et $\sqrt{2}$ comme solution.
De plus $z + \frac{1}{z} = 1$ et $z + \frac{1}{z} = \sqrt{2}$ admet quatre solutions :
$$\frac{\sqrt{2}}{2} - i\frac{\sqrt{2}}{2} ; \frac{\sqrt{2}}{2} + i\frac{\sqrt{2}}{2} ; \frac{1}{2} - i\frac{\sqrt{3}}{2} ; \frac{1}{2} + i\frac{\sqrt{3}}{2}.$$
Réciproquement ces quatre solutions sont bien solutions de $P(z) = 0$.
Donc $S = \left\{\frac{\sqrt{2}}{2} - i\frac{\sqrt{2}}{2} ; \frac{\sqrt{2}}{2} + i\frac{\sqrt{2}}{2} ; \frac{1}{2} - i\frac{\sqrt{3}}{2} ; \frac{1}{2} + i\frac{\sqrt{3}}{2}\right\}$.

travail en autonomie

Dans cette page, le plan complexe P est rapporté au repère orthonormé direct $(O\ ;\ \vec{u}, \vec{v})$.

à compléter

Corrigés en fin de manuel

Recopier et compléter les phrases suivantes.

1. L'écriture $x + iy$, où x et y sont deux nombres réels, est appelée forme .... du nombre complexe.

2. Un nombre complexe est nul si, et seulement si, ... et .... sont nulles.

3. Tout nombre complexe de la forme $z = iy$, avec $y \in \mathbb{R}$, est dit ....

4. Soit z un nombre complexe. Alors z est réel si, et seulement si, $\bar{z} =$ ....

5. Soit z un nombre complexe. Alors z est imaginaire pur si, et seulement si, $\bar{z} =$ ....

6. Soit z un nombre complexe. Alors z est réel si, et seulement si, $\arg z =$ .... ou ....

7. Soit z un nombre complexe. Alors z est imaginaire pur si, et seulement si, $\arg z =$ .... ou ....

8. Soit $M(z)$ et $M'(z')$. La distance MM' est calculée par .... et l'angle $(\vec{u}\ ;\ \overrightarrow{MM'})$ est mesuré, à 2π près, par : ....

9. Soit $z = x + iy$ et $z' = x' + iy'$ deux nombres complexes. Alors l'écriture algébrique de $z + z'$ est .... et celle de $z \times z'$ est ....

10. Soit $z = x + iy$ un nombre complexe non nul. Alors l'écriture algébrique de $\frac{1}{z}$ est ....

11. L'écriture trigonométrique de i est .... Son écriture exponentielle est ....

12. L'écriture trigonométrique de $-i$ est .... Son écriture exponentielle est ....

13. Soit z et z' deux nombres complexes, d'écritures trigonométriques respectives

$$z = r(\cos\theta + i\sin\theta) \text{ et } z = r'(\cos\theta' + i\sin\theta').$$

Alors les écritures trigonométriques de $z \times z'$ et $\frac{z}{z'}$ sont .... et ....

14. Soit A, B, C et D quatre points d'affixes respectives a, b, c et d avec $a \neq c$ et $d \neq c$.
Alors $\arg\left(\frac{d-c}{a-c}\right)$ donne, à 2π près, une mesure de l'angle ....

15. Toute équation de degré 2 à coefficients réels admet .... solutions complexes ....

vrai ou faux ?

Corrigés en fin de manuel

Indiquer si les propositions suivantes sont vraies ou fausses.

16. Pour tout nombre complexe z, $z' \geqslant 0$.

17. $\arg 0 = 0\,(2\pi)$.

18. $\frac{1}{i} = -i$.

19. $\overline{i - 1} = i + 1$.

20. $\overline{-e^{-i\frac{\pi}{3}}} = e^{-i\frac{\pi}{3}}$.

21. Pour tout réels x et y, $(x + iy)(x - iy) = x^2 + y^2$.

22. $\mathrm{Re}\left(-2e^{-i\frac{17\pi}{19}}\right) > 0$.

23. $\mathrm{Im}\left(-2e^{-i\frac{17\pi}{19}}\right) > 0$.

24. Pour tout entier naturel n, $e^{ni\pi} = (-1)^n$.

25. Pour tout entier naturel n, $e^{i\frac{n\pi}{2}} = (-1)^n$.

26. Le point d'affixe $(1 + i)^{10}$ est situé sur un cercle de centre O et de rayon 512.

27. Le point d'affixe $(\sqrt{3} - i)^{10}$ est situé sur un cercle de centre O et de rayon 512.

28. À 2π, près, un argument du nombre complexe $z = \cos\left(\frac{17\pi}{3}\right) - i\sin\left(\frac{17\pi}{3}\right)$ est $\frac{\pi}{3}$.

29. À 2π près, un argument du nombre complexe $z = -\cos\left(\frac{11\pi}{4}\right) - i\sin\left(\frac{11\pi}{4}\right)$ est $\frac{3\pi}{4}$.

30. $e^{i\pi} + 1 = 0$.

QCM

Corrigés en fin de manuel

Dans les questions suivantes, déterminer la (ou les) bonne(s) réponse(s).

31. L'écriture algébrique du nombre complexe $z = \dfrac{1-i}{1+i}$ est :

a. i ; b. $-i$;
c. $\dfrac{1}{i}$; d. $-\dfrac{1}{i}$.

32. L'écriture algébrique du nombre complexe $z = \dfrac{1}{3-4i}$ est :

a. $\dfrac{12i}{25}$; b. $\dfrac{3}{5} + i\dfrac{4}{5}$;
c. $\dfrac{12i}{5}$; d. $\dfrac{3}{25} + i\dfrac{4}{25}$.

33. L'écriture trigonométrique du nombre complexe $z = -1 + i\sqrt{3}$ est :

a. $2\left(\cos\left(-\dfrac{\pi}{3}\right) + i\sin\left(-\dfrac{\pi}{3}\right)\right)$;
b. $2\left(\cos\left(\dfrac{2\pi}{3}\right) + i\sin\left(\dfrac{2\pi}{3}\right)\right)$;
c. $2\left(\cos\left(\dfrac{4\pi}{3}\right) + i\sin\left(\dfrac{4\pi}{3}\right)\right)$;
d. $2\left(\cos\left(\dfrac{5\pi}{3}\right) + i\sin\left(\dfrac{5\pi}{3}\right)\right)$.

34. L'écriture algébrique du nombre complexe $z = (1 + i\sqrt{3})^5$ est :

a. $16(-1 + i\sqrt{3})$; b. $16(-1 - i\sqrt{3})$;
c. $16(1 + i\sqrt{3})$; d. $16(1 - i\sqrt{3})$.

35. On pose $j = e^{i\frac{2\pi}{3}}$. Alors :

a. $1 + j + j^2 = 0$;
b. $1 + \bar{j} + \bar{j}^2 = 0$;
c. $\dfrac{1}{j} = j^2$;
d. Pour tout entier k, $j^{3k+2} = \bar{j}$.

36. Pour tout nombre complexe z et z', on a :

a. $\mathrm{Re}(z) = \dfrac{1}{2}(z + \bar{z})$;
b. $\mathrm{Im}(z) = \dfrac{1}{2}(z + \bar{z})$;
c. $|z \times z'| = |z| \times |z'|$;
d. $|z + z'| = |z| + |z'|$.

37. On considère l'équation (E) :

$$z^4 + z^2 + 1 = 0.$$

a. L'équation admet des solutions complexes conjuguées ;
b. L'équation (E) admet une solution réelle ;
c. $e^{i\frac{\pi}{3}}$ et $e^{i\frac{2\pi}{3}}$ sont solutions de l'équation (E) ;
d. L'équation (E) admet exactement quatre solutions qui sont de la forme :

$$\pm\frac{1}{2} \pm \frac{i\sqrt{3}}{2}.$$

38. On considère l'équation (E) :

$$|z| = \frac{1}{|z|} = |z - 1|.$$

a. j est une des solutions de cette équation ;
b. $-j^2$ est une des solutions de cette équation ;
c. Les points d'affixes z solutions appartiennent au cercle de centre 0 et de rayon 1 ;
d. Les points d'affixes z solutions appartiennent à la médiatrice du segment $[OA]$ où A est d'affixe -1.

39. Soit $\theta \in \mathbb{R}$. On considère l'équation (E), d'inconnue z :

$$z^2 - 2(\cos\theta)z + 1 = 0.$$

a. Les solutions de cette équation sont complexes conjuguées ;
b. Cette équation, à coefficients réels, a pour discriminant : $\Delta = -\sin^2\theta$;
c. $z = \cos\theta + i\sin\theta$ est solution de l'équation (E).

40. Dans le plan complexe, A et B étant les points d'affixes respectives $a = -4$ et $b = 4i$, l'ensemble des points M d'affixe $z = x + iy$ vérifiant la relation :

$$\arg\left(\frac{z+4}{z-4i}\right) = \frac{\pi}{2}[2\pi]$$

est inclus dans :

a. la droite d'équation $y = x$;
b. la droite d'équation $y = -x$;
c. le cercle de centre $I(-2 + 2i)$ et de rayon $2\sqrt{2}$;
d. un demi cercle de diamètre $[AB]$.

exercices

1. Calcul dans $\mathbb{C}$

Pour les exercices 41. à 55., écrire les nombres complexes donnés sous la forme algébrique a + ib.

pour s'échauffer

41. corrigé
a. -6 ; b. $1-(i-1)$.

42. corrigé
a. $-i-(-2-i)$; b. $-2(4+3i)+i(6i-1)$.

43. corrigé
a. $-i-(2i+1)(-2-i)$; b. $-(-2+5i)(-i-1)$.

44. corrigé
a. $3+i-2(5-2i)$; b. $(1+2i)(3-2i)$.

45. corrigé
a. $(2-5i)(2+5i)$; b. $(1-2i)^2$.

46.
a. $(i-1)^2$; b. $(1+i)^2$.

47.
a. $(1+i\sqrt{3})^2$; b. $(\sqrt{3}-1)^2$.

48.
a. $(2-i)^3$; b. $(1+3i)^3$.

49.
a. $\dfrac{1}{i}$; b. $-\dfrac{2}{3i}$.

50.
a. $\dfrac{2-i}{2+i}$; b. $\dfrac{1}{1-i}$.

51.
a. $\dfrac{3-5i}{i}$; b. $\dfrac{i}{2+i}$.

52.
a. $\dfrac{2+7i}{4-2i}$; b. $\dfrac{-1-2i}{4-i}$.

53.
a. $\dfrac{1}{i-\sqrt{3}}$; b. $\dfrac{1+i\sqrt{3}}{1+i}$.

54.
a. $\dfrac{3-5i}{1+i}$; b. $\dfrac{\sqrt{2}-i}{\sqrt{2}+2i}$; c. $\dfrac{6+2i}{-1+3i}$.

55.
a. $z_1=\dfrac{1}{1-i}$; b. $z_2=\dfrac{1}{1+z_1}$.

56. corrigé **« hi hi hi... »**
Calculer i^2, i^3, i^4, i^{2013}. En déduire une règle pour calculer i^n suivant les valeurs de n.

57. corrigé On considère le complexe $j=-\dfrac{1}{2}+i\dfrac{\sqrt{3}}{2}$.
1. Calculer j^2 et j^3 puis $1+j+j^2$.
2. Montrer que, pour tout entier naturel n :
$$(1+j)^{2n+1}=-j^{n+2}.$$
3. Que vaut j^{2012} ?

58. On donne deux complexes $z_1=2-5i$ et $z_2=1+2i$. Donner la forme algébrique des complexes suivants :
a. z_1+z_2 ; b. z_1z_2 ;
c. $\dfrac{z_1}{z_2}$; d. $\left(\dfrac{z_1}{z_2}\right)^2$; e. $z_1z_2^2$.

Pour les exercices 59. à 62., résoudre dans $\mathbb{C}$ les équations données.

59.
a. $2z+i=5-2i$; b. $iz+1=i$.

60.
a. $1-2z=3iz+5-i$; b. $iz+1=z-i$.

61.
a. $\dfrac{2z+1}{z-i}=1$; b. $\dfrac{1-z}{1+z}=i$.

62.
a. $\dfrac{2+iz}{2-iz}=\dfrac{2+i}{2-i}$; b. $\dfrac{2}{iz+\sqrt{3}}=\dfrac{iz+\sqrt{3}}{2}$.

2. Conjugué d'un nombre complexe

pour s'échauffer

Pour les exercices 63. à 67., déterminer le conjugué des nombres complexes donnés.

63. corrigé a. $-i$; b. $i-1$.

64. corrigé a. $i(3+i)$; b. $-2i-2$.

65. corrigé a. $\dfrac{i}{2}$; b. $\dfrac{2}{i}$.

66. corrigé a. $\dfrac{1+i}{1-i}$; b. $\dfrac{1-i}{1+i}$.

67. corrigé a. $(5+2i)^3$; b. $\left(\dfrac{i}{i+1}\right)^5$.

68. 1. Que dire des nombres complexes $z_1 = \dfrac{2+3i}{4+i}$ et $z_2 = \dfrac{2-3i}{4-i}$?

2. En déduire : $z_1 + z_2$ et $z_1 - z_2$.

69. Soit a, b et c trois nombres réels.
On pose $P(z) = az^2 + bz + c$.
Démontrer que, pour tout $z \in \mathbb{C}$, $\overline{P(z)} = P(\bar{z})$.

70. z est un nombre complexe donné. Parmi les nombres complexes suivants, lesquels sont réels et lesquels sont imaginaires purs ?
$z^2 - 2$; $z\bar{z}$; $z - \bar{z}$; $z - \bar{z}$; $(z + iz)(z - iz)$; $\dfrac{(z + iz)}{(z - iz)}$.

71. On pose $j = -\dfrac{1}{2} + \dfrac{i\sqrt{3}}{2}$.

1. Montrer que $\bar{j} = j^2 = \dfrac{1}{j}$.

2. Montrer que $1 + \bar{j} + \bar{j}^2 = 0$.

3. Montrer que, pour tout $z \in \mathbb{C}$, $z^2 + z + 1 = (z - j)(z - \bar{j})$.

Pour les exercices 72. à 76., résoudre dans $\mathbb{C}$ les équations données.

72. corrigé

a. $i\bar{z} = 1$; b. $i\bar{z} + z = 0$.

73. corrigé

a. $\bar{z} - 2z = 1 + 5i$; b. $2i\bar{z} + 3z = 5 - 2i$.

74. corrigé

a. $(1 - i)\bar{z} = z$; b. $(3 + i)\bar{z} = (1 - 5i)z$.

75. corrigé

a. $i\bar{z} - 2i = (2 - i)z + 1$; b. $(3 - 2i)\bar{z} - 2iz = 3 - 2i$.

76. corrigé

a. $\bar{z} = \dfrac{1+i}{1-i}z$; b. $(1 + i\sqrt{3})\bar{z} = (1 - i\sqrt{3})z$.

3. Équations de degré 2

pour s'échauffer

Pour les exercices 77. et 78., résoudre dans $\mathbb{C}$ les équations données.

77. corrigé

a. $z^2 = -1$; b. $z^2 + z + 1 = 0$.

78. corrigé

a. $z^2 + 2z + 5 = 0$; b. $z^2 - z + 1 = 0$.

79.

a. $z^2 - \sqrt{3}z + 31 = 0$; b. $z^2 - 3z + 3 = 0$.

80.

a. $z^2 - 6z + 10 = 0$; b. $z^2 - 22z + 410 = 0$.

81. Soit $\theta \in \mathbb{R}$ et (E) l'équation d'inconnue z :

$$z^2 - 2z\cos\theta + 1 = 0.$$

a. Quelles sont les solutions complexes de l'équation, d'inconnue δ, $\delta^2 = -\sin^2\theta$?

b. En déduire les solutions complexes de l'équation (E).

82. corrigé **« Racine carrée dans $\mathbb{C}$ »**

1. Résoudre dans $\mathbb{R}$, l'équation $X^2 - 3X - 4 = 0$.

2. En déduire les solutions réelles de l'équation $x^4 - 3x^2 - 4 = 0$.

3. On considère dans $\mathbb{C}$, l'équation (E) : $z^2 = 3 - 4i$.

a. Montrer que cette équation équivaut à :

$$(S)\begin{cases} z = x + iy \\ x^2 - y^2 = 3. \\ xy = -2 \end{cases}$$

b. Démontrer que le couple de réels $(x ; y)$ est solution du système :
$$\begin{cases} x^2 - y^2 = 3 \\ xy = -2 \end{cases}.$$

Si, et seulement si, il est solution du système :

$$\begin{cases} x^4 - 3x^2 - 4 = 0 \\ y = -\dfrac{2}{x} \end{cases}.$$

c. En déduire les solutions du système (S'), puis celles du système (S).

d. Conclure sur les solutions de l'équation (E).

4. ***Application :*** En prenant, éventuellement, modèle sur la résolution précédente de l'équation (E), résoudre dans $\mathbb{C}$, les équations suivantes :

a. $z^2 = -2i$;

b. $z^2 = -21 - 20i$;

c. $z^2 = 15 - 8i$.

83. corrigé On considère l'équation (E) :

$$z^3 + 5z^2 + 11z + 15 = 0.$$

1. Montrer que, pour tout $z \in \mathbb{C}$,

$$z^3 + 5z^2 + 11z + 15 = (z + 3)(z^2 + 2z + 5).$$

2. En déduire les solutions dans $\mathbb{C}$ de l'équation (E).

84. corrigé On considère l'équation (E) :
$$z^3 - (2+i)z^2 + 2(1+i)z - 2i = 0.$$
1. Montrer que l'équation (E) admet une unique solution imaginaire pure. La déterminer.
2. Montrer que, pour tout $z \in \mathbb{C}$,
$z^3 - (2+i)z^2 + 2(1+i)z - 2i = (z-i)(z^2 - 2z + 2)$.
3. En déduire les solutions dans $\mathbb{C}$ de l'équation (E).

4. Représentation graphique d'un nombre complexe

pour s'échauffer

85. corrigé Donner l'affixe des points représentés dans le repère orthonormé $(O\,;\vec{u}\,;\vec{v})$ ci-dessous :

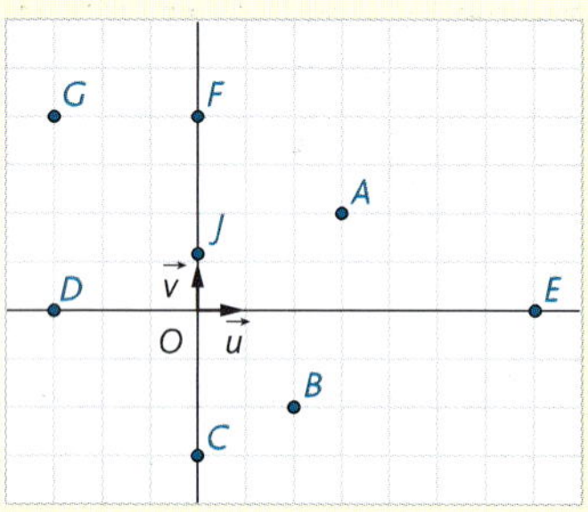

86. corrigé Déterminer l'affixe du vecteur $\overrightarrow{AB}$ sachant que les affixes respectives des points A et B sont :

a. $2-3i$ et $5i$;

b. $3+5i$ et $-2-i$;

c. $-\frac{1}{2}+\frac{i\sqrt{3}}{2}$ et $-\frac{1}{2}-\frac{i\sqrt{3}}{2}$.

87. corrigé Déterminer les affixes des vecteurs dont un représentant est donné ci-dessous :

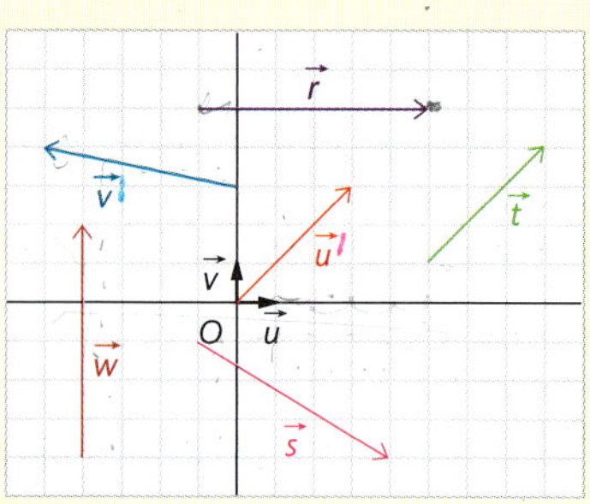

88. Placer à la règle et au compas, dans le plan complexe, les points d'affixes :
a. $1+i\sqrt{3}$ et $1-i\sqrt{3}$;
b. $\sqrt{3}+i$ et $\sqrt{3}-i$.

> **AIDE**
> Commencer par factoriser par « 2 ».

89. TICE On considère un quadrilatère $ABCD$ du plan complexe.

a. À l'aide de *GeoGebra*, construire un quadrilatère $ABCD$ et faire afficher les affixes des points A, B, C et D. Afficher alors les affixes des milieux des segments $[AC]$ et $[BD]$. Quelle propriété géométrique caractéristique cela traduit-il ?

b. Démontrer, en utilisant les affixes des points A, B, C et D, que, lorsqu'il existe, le quadrilatère formé par les milieux des côtés de ce quadrilatère est un parallélogramme.

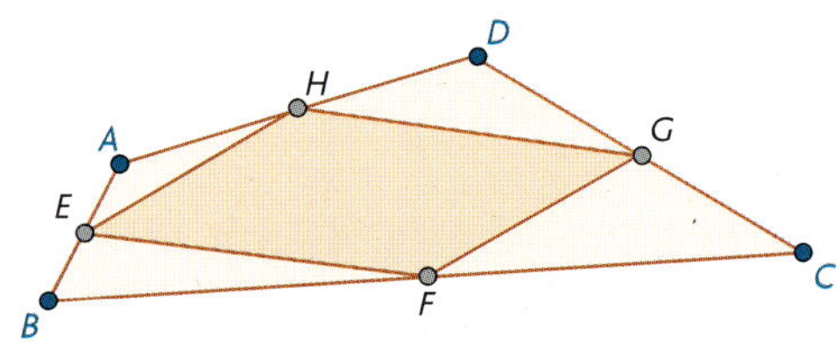

90. TICE Soit A, B et C trois points du plan complexe. On note z_A, z_B et z_C les affixes respectives de ces trois points.

a. À l'aide de *GeoGebra*, construire un triangle ABC et placer le point G d'affixe $\frac{z_A+z_B+z_C}{3}$. Conjecturer la nature de ce point.

b. Montrer que G appartient à chacune des médianes du triangle ABC.

> **AIDE**
> Les points A, G et A' sont alignés dans cet ordre si, et seulement si, $\frac{z_{A'}-z_A}{z_G-z_A}$ est un nombre ....

91. Soit A, B et C trois points du plan complexe et a, b et c trois réels dont la somme est non nulle.

1. Montrer, en utilisant l'outil des nombres complexes, qu'il existe un unique point G tel que :
$$a\overrightarrow{GA} + b\overrightarrow{GB} + c\overrightarrow{GC} = \vec{0}.$$
2. Quel résultat retrouve-t-on lorsque l'on a : $a=b=c$ et toujours $a+b+c \neq 0$?

5. Écriture trigonométrique

pour s'échauffer

***Pour les exercices 92. à 95.**, déterminer le module, un argument et l'écriture trigonométrique de chacun des complexes donnés.*

92. corrigé a. 6 ; b. -3.

93. corrigé a. $5i$; b. $-3i$.

94. corrigé a. $1 \pm i$; b. $i \pm 1$.

95. corrigé a. $1 \pm i\sqrt{3}$; b. $\sqrt{3} - i$.

96. Dans le repère orthonormal direct $(O\,;\vec{u},\vec{v})$; déterminer par lecture graphique le module et un argument des affixes des points A, B, C, D et E.

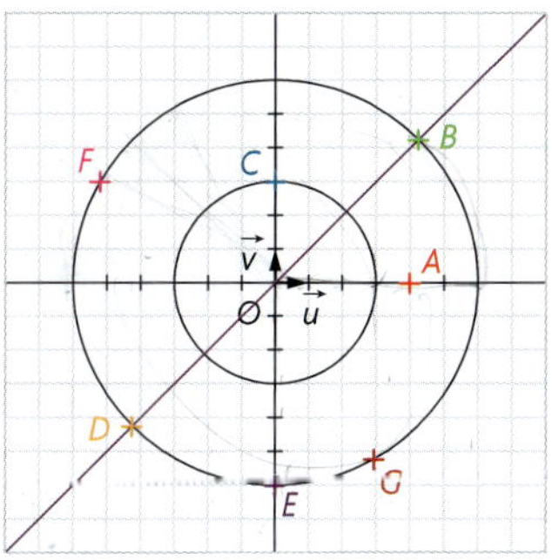

97. Déterminer le module et un argument des nombres complexes suivants :

a. $z_1 = -5i$; b. $z_2 = -3$;

c. $z_3 = (\sqrt{3} + 1)$; d. $z_4 = -i(2 + \sqrt{2})$.

98. Déterminer le module et un argument des nombres complexes suivants :

a. $z_1 = (-1 + i)(-1 + i\sqrt{3})$;

b. $z_2 = -2i(2 + 2i)$;

c. $z_3 = \dfrac{\sqrt{3} + 2}{\sqrt{6} + i\sqrt{2}}$;

d. $z_4 = -i(2\sqrt{3} - 6i)$.

***Pour les exercices 99. et 100.**, calculer le module de chaque nombre complexe donné.*

99.

a. $(4 + 3i)(5 - i)$; b. $(2 - 3i)^5$; c. $\dfrac{5}{(6 - i)^2}$.

100.

a. $\dfrac{x + iy}{x - iy}$, avec $x \neq 0$ et $y \neq 0$;

b. $\dfrac{3 - 7i}{(1 - i)^4}$; c. $\dfrac{1}{4 + 5i} + \dfrac{1}{6 + 7i}$.

101. « Attention aux pièges ! »

Déterminer le module et un argument des nombres complexes suivants :

a. $z_1 = 2\left(\cos\dfrac{\pi}{12} - i\sin\dfrac{\pi}{12}\right)$;

b. $z_2 = -3\left(\cos\dfrac{\pi}{12} - i\sin\dfrac{\pi}{12}\right)$;

c. $z_3 = 4\left(\sin\dfrac{\pi}{12} + i\cos\dfrac{\pi}{12}\right)$.

102. « Classique ! »

Déterminer le module et un argument de $1 + i$ et en déduire le module et un argument de $(1 + i)^{2012}$. Déterminer la forme algébrique $(1 + i)^{2012}$.

103. Déterminer le module et un argument des nombres complexes suivants :

a. $z_1 = (-1 + i)(-\sqrt{2} + i\sqrt{2})^3$;

b. $z_2 = -2i(1 + \sqrt{3}i)^6$;

c. $z_3 = \left(\dfrac{2\sqrt{3} + i}{-1 - i}\right)^2$.

104. Mettre chaque nombre complexe sous forme trigonométrique :

a. $\sqrt{(3 - 1)^7}$; b. $\dfrac{(1 + i)^2}{(1 - i)^3}$;

c. $\dfrac{2 + 2i}{3 - 3i\sqrt{3}}$; d. $\left(\dfrac{i}{1 - i}\right)^{2012}$;

e. $1 + i\sin\dfrac{\pi}{6}$; f. $-i\cos\dfrac{\pi}{12}$.

105. En utilisant l'écriture trigonométrique, déterminer l'écriture algébrique de :

a. $(2 + 2i)^6$; b. $(1 - i)^9$;

c. $(\sqrt{3} - 3i)^6$; d. $\dfrac{1}{(i - 1)^{12}}$;

e. $(1 - i\sqrt{3})^{16}$; f. $\dfrac{(1 + i)^4}{(\sqrt{3} + i)^2}$.

106. Démontrer les formules de Moivre

Pour tout réel θ et tout entier n :

$$(\cos\theta + i\sin\theta)^n = \cos(n\theta) + i\sin(n\theta)\,.$$

107. « Du calcul ! »

Soit $z = -3 - 3i$ et $z' = \sqrt{3} + i$

1. Déterminer le module et un argument de z et de z'.
2. En déduire le module et un argument de zz' et $\dfrac{z}{z'}$.

108. **« À connaître ! »**
On considère deux nombres complexes donnés sous forme algébrique :
$$z_1 = 1 + i\sqrt{3} \text{ et } z_2 = 1 + i.$$
a. Écrire z_1 et z_2 sous forme trigonométrique.
b. Soit $z_3 = \frac{z_1}{z_2}$. Écrire z_3 sous forme algébrique puis sous forme trigonométrique et en déduire les valeurs exactes de $\cos\frac{\pi}{12}$ et $\sin\frac{\pi}{12}$.

109. **Autour du parallélogramme**
Pour tout complexe z et z', calculer $|z+z'|^2 + |z-z'|^2$. Interpréter géométriquement le résultat dans un parallélogramme.

110. **Égalité remarquable**
1. Montrer que pour tout complexe z et z', on a : $|z+z'|^2 + |z-z'|^2 = 2(|z|^2 + |z'|^2)$.
2. Comment peut-on traduire cette égalité si on considère le parallélogramme $ABCD$?

111. **Apparemment compliqué**
Soit le nombre complexe :
$$z = 5\left(-\sqrt{2+\sqrt{2}} + i\sqrt{2-\sqrt{2}}\right).$$
a. Calculer z^2 et le mettre sous forme trigonométrique.
b. En déduire le module et un argument de z.

112. **La trigonométrie en toute simplicité**
On considère le nombre complexe :
$$a = \sqrt{2-\sqrt{3}} - i\sqrt{2+\sqrt{3}}.$$
1. Calculer a^2 puis déterminer son module et un argument.
2. En déduire le module de a et vérifier qu'une mesure de l'argument de a est $\frac{19\pi}{12}$.
Représenter sur le même graphique les nombres a ; $-a$ et a^2.
3. Déduire de ce qui précède les valeurs exactes de $\cos\frac{7\pi}{12}$ et $\sin\frac{7\pi}{12}$, puis de $\cos\frac{\pi}{12}$ et $\sin\frac{\pi}{12}$.

113. **Pas si difficile...**
Soit $\theta \in]0 ; 2\pi[$. on pose :
$$z_1 = 1 + \cos\theta - i\sin\theta \quad \text{et} \quad z_2 = 1 - \cos\theta + i\sin\theta.$$
Déterminer en fonction de θ le module et un argument de z_1 ; z_2 et $\frac{z_1}{z_2}$.

114. **Inégalité triangulaire**
Soit M et M' deux points d'affixes respectives z et z'. Sachant que $OM \leqslant OM' + MM'$, montrer que :
$$|z+z'| \leqslant |z| + |z'|.$$

6. Les nombres complexes et la géométrie

pour s'échauffer

115. corrigé Donner l'affixe du vecteur $\overrightarrow{AB}$ sachant que :
a. $A(1-i)$ et $B(3-5i)$;
b. $A(3i)$ et $B(-2)$;
c. $A(i-2)$ et $B(i+5)$.

116. corrigé Calculer la distance OA, ainsi qu'une mesure de l'angle $(\vec{u} ; \overrightarrow{OA})$ à 2π près, sachant que :
a. $A(1-i)$;
b. $A(1+i)$;
c. $A(1+i\sqrt{3})$;
d. $A(1-i\sqrt{3})$;
e. $A(-5i)$;
f. $A\left(-7\left(\cos\frac{\pi}{7} + i\sin\frac{\pi}{7}\right)\right)$.

117. TICE On considère les points A, B et C du plan ayant pour affixes respectives $z_A = -2 + 2i$; $z_B = 4 + 2i$ et $z_C = -2 - 4i$.
1. a. À l'aide du logiciel *GeoGebra*, placer ces points dans le plan complexe.
b. Afficher la valeur du nombre complexe u tel que :
$$u = \frac{z_B - z_A}{z_C - z_A}.$$
À partir de la lecture d'un argument de u ainsi que de son module, formuler une conjecture sur la nature du triangle ABC.
2. Déterminer les affixes des vecteurs $\overrightarrow{AB}$, $\overrightarrow{AC}$ et $\overrightarrow{BC}$.
3. En déduire une preuve de la conjecture énoncée en question 1.b..

118. TICE Les points A, B et D du plan ont pour affixes respectives $a = -3$, $b = 2i$ et $d = -1 - 3i$.
1. a. À l'aide du logiciel *GeoGebra*, placer ces points dans le plan complexe.
b. Afficher la valeur du nombre complexe u :
$$u = \frac{b-a}{d-a}.$$
À partir de la lecture d'un argument de u ainsi que de son module, formuler une conjecture sur la nature du triangle ABC.
2. Prouver cette conjecture en calculant u.
3. Déterminer alors l'affixe du point C telle que $ABCD$ soit un carré.

119. On considère les points A, B et C du plan ayant pour affixes respectives :

$$z_A = -1 \; ; \; z_B = 2 + i \text{ et } z_C = 1 - i.$$

1. Quelle est la nature du triangle ABC ?
2. Calculer l'affixe du centre de gravité du triangle ABC.

120. TICE Placer les points A, B, C et D du plan d'affixes respectives $z_A = -2$; $z_B = -\frac{1}{5} - \frac{3}{5}i$; $z_C = -\frac{1}{5} + \frac{3}{5}i$ et $z_D = -\frac{1}{2}$.

1. a. À l'aide du logiciel *GeoGebra*, placer ces points dans le plan complexe.
b. Construire les médiatrices des segments $[AB]$, $[BC]$ et $[CD]$. Quelle conjecture peut-on alors formuler sur ces quatre points ?
c. Démontrer cette conjecture.
2. Donner la forme algébrique du quotient $\frac{z_A - z_C}{z_D - z_C}$. Comment cela se traduit-il sur la figure ?

121. Les points A, B et C du plan ont pour affixes respectives $z_A = -1 + i\sqrt{3}$; $z_B = 2$ et $z_C = -1 - i\sqrt{3}$.

1. Écrire z_A, z_B et z_C sous la forme trigonométrique.
2. Déterminer la nature du triangle ABC.

122. Dans le mil

Dans le plan complexe, on note $A(-6 - 2i)$, $B(5 + i)$ et $C(-1 + 4i)$.

1. Placer ces points ainsi que ceux qui seront définis au fur et à mesure.
2. Déterminer z_L et z_K les affixes des points K et L, milieux respectifs des segments $[AC]$ et $[BC]$.
3. Calculer z_M, l'affixe du point M symétrique du point K par rapport au point A.
4. Justifier qu'il existe un unique point I, d'affixe z_I que l'on déterminera, tel que $3\overrightarrow{IA} + \overrightarrow{IB} = \overrightarrow{O}$.
5. Calculer $z_M - z_I$ puis $z_I - z_L$. Que remarque-t-on ?
6. Qu'en déduit-on géométriquement ?

123. On se place dans le plan complexe, rapporté au repère orthonormé direct $(O\,;\vec{u}, \vec{v})$. A est le point d'affixe 1, B le point d'affixe $2i$ et C celui d'affixe z.

1. Que représentent géométriquement $\left|\frac{z-2i}{1-2i}\right|$ et $\arg\left(\frac{z-2i}{1-2i}\right)$?

Dans la suite de l'exercice, on désigne par α le réel de l'intervalle $]-\pi\,;0]$ tel que $\cos\alpha = \frac{1}{\sqrt{10}}$; et le point C est défini par $(\overrightarrow{BA}\,;\overrightarrow{BC})$ et $BC = \sqrt{\frac{2}{5}}BA$.

2. Calculer la valeur exacte de $\sin\alpha$.
3. Démontrer que $\frac{z-2i}{1-2i} = \frac{1-3i}{5}$. En déduire z.
4. Vérifier que le triangle ABC est isocèle en A.

124. TICE Dans le plan complexe rapporté au repère orthonormé direct $(O\,;\vec{u}, \vec{v})$, on considère les points A et B d'affixes respectives $a = 5 - i\sqrt{3}$ et $b = 4 + 2i\sqrt{3}$. On note Q le milieu du segment $[OB]$.

1. a. À l'aide du logiciel *GeoGebra*, placer ces points dans le plan complexe.

> **INFO**
> « **sqrt** » est une contraction de « **square root** ». C'est utile de le savoir...

b. Construire le point K tel que $ABQK$ soit un parallélogramme.
c. Afficher la valeur du nombre complexe $u = \frac{k-a}{k}$ avec k l'affixe du point K.
d. Quelle propriété géométrique, la valeur du nombre u traduit-elle ?
2. Déterminer k par le calcul.
3. Démontrer que u est un nombre imaginaire pur.
Conclure sur la nature du triangle OKA ? Préciser la nature du quadrilatère $OQAK$.
4. Soit C le point d'affixe $c = \frac{2a}{3}$.
a. Placer le point C sur la figure.
b. Conjecturer une propriété entre les points K, C et B en s'aidant des outils du logiciel.
c. Calculer finalement $\frac{k-b}{k-c}$.

125. Concours... de circonstance ?

Dans le plan complexe, on a $A(-5 + 2i)$, $B(2 - 4i)$ et $C(6 + 4i)$.

1. Placer ces points ainsi que ceux qui seront définis au fur et à mesure.
2. Montrer qu'il existe deux points A' et B', d'affixes respectives $z_{A'}$ et $z_{B'}$ définis par :
$$2\overrightarrow{A'B} + \overrightarrow{A'C} = \overrightarrow{O} \text{ et } 2\overrightarrow{B'A} + \overrightarrow{B'C} = \overrightarrow{O}.$$
Déterminer $z_{A'}$ et $z_{B'}$.
3. Calculer $\frac{z_A}{z_{A'}}$ et $\frac{z_B}{z_{B'}}$. Que remarque-t-on ?
4. En déduire une propriété géométrique des points A, O et A' d'une part, et des points B, O et B' d'autre part.
5. On note C' le milieu du segment $[AB]$. Calculer l'affixe $z_{C'}$ du point C'.
6. Montrer que les droites (AA'), (BB') et (CC') sont concourantes en O.

Pour les exercices **126.** *à* **129.**, *on se place dans le plan complexe, muni du repère orthonormé direct* $(O ; \vec{u}, \vec{v})$.

126. **TICE** p et r, deux nombres complexes non nuls, sont les affixes respectives de deux points P et R.

1. À l'aide du logiciel *GeoGebra*, placer deux points P et R arbitraires dans le plan complexe puis construire :
   - le point Q de sorte que le quadrilatère $OPQR$ soit un parallélogramme ;
   - le point S symétrique du milieu du segment $[OP]$ par rapport au point O ;
   - le point T tel que $\overrightarrow{OT} = \frac{1}{3}\overrightarrow{OR}$.

2. Déterminer, en fonction de p et r l'affixe q du point Q, l'affixe s du point S et l'affixe t du point T.

3. a. Afficher le nombre complexe $u = \dfrac{q-t}{s-t}$.

b. Quelle propriété géométrique la valeur de ce quotient met-elle en lumière ?

4. Démontrer cette propriété.

127. **TICE** Sur la figure ci-dessous, les triangles directs OBA et ODC sont rectangles isocèles en O, M le milieu du segment $[BC]$.

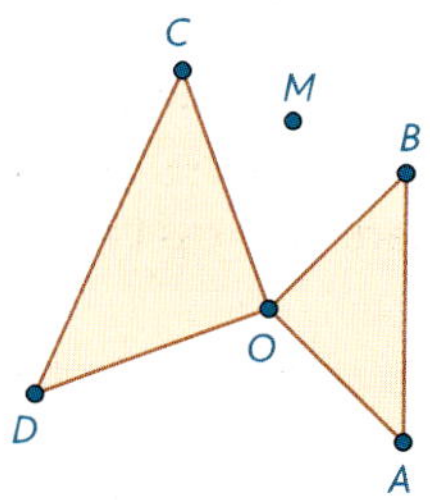

1. Reproduire cette figure à l'aide du logiciel *GeoGebra* en faisant apparaître (dans la fenêtre algèbre) les affixes des points et non leurs coordonnées.

Dans la suite de l'exercice, on note les affixes des différents points par leur lettre minuscule : $A(a)$, $B(b)$, etc.

2. a. Grâce au logiciel, afficher la valeur du nombre complexe $u = \dfrac{d-a}{m}$.

b. Quelles propriétés géométriques (il y en a deux !) la valeur de ce quotient met-elle en lumière ?

3. a. Exprimer les affixes c, a et m en fonction de d et b.

> **AIDE**
> Il s'agit de traduire par exemple pour c le fait que $OD = OC$ et $(\overrightarrow{OD} ; \overrightarrow{OC}) = \frac{\pi}{2} (2\pi)$; c'est-à-dire que $\frac{c}{d} = \ldots$

b. En déduire la valeur de $\dfrac{m}{d-a}$.

c. En déduire la preuve de cette double propriété liant les segments $[OM]$ et $[AD]$ conjecturée précédemment.

128. A, B et C sont trois points du plan complexe d'affixes respectives $-1+\sqrt{3}$, 2 et $-1-i\sqrt{3}$.

1. Écrire les affixes des points A, B et C sous forme trigonométrique.

2. Déterminer la nature du triangle ABC.

129. **TICE** Soit A un point quelconque du plan complexe d'affixe a, $a \in \mathbb{C}$. On considère alors la figure suivante, sur laquelle les triangles OAK et ALB sont équilatéraux de sens directs et le quadrilatère $OABC$ est un carré :

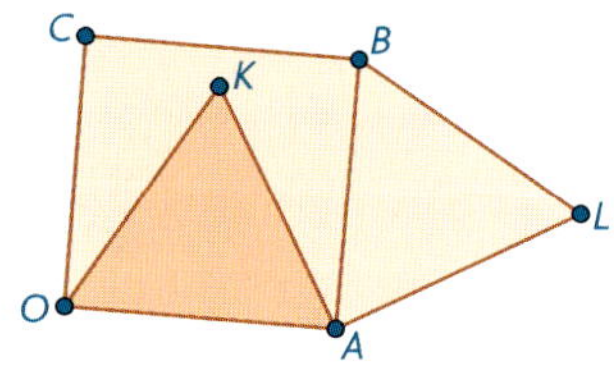

1. À l'aide du logiciel *GeoGebra*, construire une telle figure en faisant apparaître (dans la fenêtre algèbre) les affixes de ses points et non leurs coordonnées.

2. a. Faire apparaître la valeur du nombre complexe u :
$$u = \frac{l-b}{k-b}$$
où b, k et l sont les affixes respectives des points B, K et L.

b. Quelle propriété géométrique concernant les points B, K et L cela permet-il de traduire ?

3. Déterminer l'affixe b du point B, sachant que : $OA = OB$ et $(\overrightarrow{OA} ; \overrightarrow{OB}) = \frac{\pi}{2}$ (2π).

4. En déduire l'affixe du point C, en remarquant par exemple que les segments $[OC]$ et $[AB]$ ont même milieu.

> **AIDE**
> Bien sûr l'affixe de ce milieu est utile à connaître !

5. Soit k l'affixe du point K. Justifier que $\dfrac{k}{a}$ est un complexe de module 1 et d'argument $\dfrac{\pi}{3}$. En déduire k.

6. Par un raisonnement analogue, déduire que l'affixe du point L est : $z_L = a\left(1 + \dfrac{\sqrt{3}}{2} + \dfrac{i}{2}\right)$.

7. Déduire par le calcul la valeur $z = \dfrac{l-b}{k-b}$. Conclure.

> **AIDE**
> Si la version de *GeoGebra* utilisée ne peut le faire, on pourra utiliser un logiciel de calcul formel.

> **REMARQUE**
> Cet exercice est très classique et il est possible de l'avoir déjà rencontré dans les classes précédentes.
> Dès le collège, on peut montrer que les points B, K et L sont alignés en montrant que l'angle $\widehat{BKL}$ est plat (voir le *Repères 2nde* - Chapitre 7).

7. Ensembles de points

pour s'échauffer

***Pour les exercices** 130. **à** 133., préciser l'ensemble des points M d'affixe z, sachant que :*

130. corrigé

a. $|z| = -1$; b. $|z| = 0$; c. $|z| = \sqrt{2}$.

131. corrigé

a. $|z - 1| = 2$; b. $|z + 3 + i| = 8$;
c. $|iz + 4 - i| = 1$; d. $|z - 1| = |z - i|$;
e. $|z| = |z - 1 - i|$; f. $|z + 2 - i| = |z + 5i|$.

132. corrigé

a. $\arg(z) = \frac{\pi}{3}\ (2\pi)$;
b. $\arg(z + 2i) = 0\ (\pi)$;
c. $\arg(z + 1 - i) = \frac{\pi}{2}\ (2\pi)$.

133. corrigé

a. $\arg\left(\frac{z - i}{z - 1}\right) = 0\ (2\pi)$;
b. $\arg\left(\frac{z - i}{z - 1}\right) = \frac{\pi}{2}\ (2\pi)$;
c. $\arg\left(\frac{z + 3 - i}{z - 1 + 2i}\right) = \frac{\pi}{2}\ (\pi)$.

134. Soit M un point d'affixe z, déterminer et représenter graphiquement :

a. l'ensemble E_1 des points M tels que $|z| = 4$;
b. l'ensemble E_2 des points M tels que $|\bar{z}| = 2$;
c. l'ensemble E_3 des points M tels que $|z - 1| = 3$;
d. l'ensemble E_4 des points M tels que $|z - 4i| = 4$.

135. Soit M un point d'affixe z, déterminer et représenter graphiquement :

a. l'ensemble E_1 des points M tels que $|3z + 9i| = 18$;
b. l'ensemble E_2 des points M tels que $|\bar{z} + 1 - 2i| = 5$;
c. l'ensemble E_3 des points M tels que $|iz - 3| = 1$.

136. Soit M un point d'affixe z, déterminer et représenter graphiquement :

a. l'ensemble E_1 des points M tels que $|z| = |z + i|$;
b. l'ensemble E_2 des points M tels que :
$$|3iz + 6| = 3|z - 1 + i| ;$$
c. l'ensemble E_3 des points M tels que :
$$|-2i\bar{z} + 4| = 2|z + 4i|.$$

137. Le plan (P) est ici rapporté à un repère orthonormé direct $(O ; \vec{u}, \vec{v})$, on considère le point M d'affixe z. Déterminer dans chacun des cas l'ensemble E des points M tels que :

a. $|z - 1| = |z + 2i|$; b. $|\bar{z} + 2i| = 2$;
c. $\sqrt{2}|z - 1 + i| = |(1 - i)z|$; d. $|2i\bar{z} + 1 - i| = 2|z + 1|$.

138. Soit M un point d'affixe z, déterminer et représenter graphiquement :

a. l'ensemble E_1 des points M tels que $\arg(z) = \frac{\pi}{2}\ [2\pi]$;
b. l'ensemble E_2 des points M tels que $\arg(z) = \frac{\pi}{2}\ [\pi]$;
c. l'ensemble E_3 des points M tels que $\arg(z) = 0\ [2\pi]$.

139. Soit M un point d'affixe z, déterminer et représenter graphiquement :

a. l'ensemble E_1 des points M tels que $\arg(z) = \frac{\pi}{4}\ [2\pi]$;
b. l'ensemble E_2 des points M tels que :
$$\arg(z + 2) = \frac{\pi}{4}\ [\pi] ;$$
c. l'ensemble E_3 des points M tels que :
$$\arg(z - i) = \frac{\pi}{4}\ [2\pi].$$

140. Le plan (P) est ici rapporté à un repère orthonormé direct $(O ; \vec{u}, \vec{v})$, on considère le point M d'affixe z. Déterminer dans chacun des cas l'ensemble E des points M tels que :

a. $\arg(z) = \frac{\pi}{2}\ [2\pi]$; b. $\arg(z - 1) = \frac{\pi}{2}\ [\pi]$;
c. $\arg(\bar{z}) = \frac{\pi}{4}\ [2\pi]$; d. $\arg(iz) = \frac{\pi}{3}\ [\pi]$.

141. Dans le plan complexe, déterminer géométriquement l'ensemble des points M d'affixe z telle que :

a. $\frac{z + 1}{z - 2i}$ soit un réel ;

b. $\frac{z + 1}{z - 2i}$ soit un imaginaire pur.

142. *Pour le dessin on prendra 4 cm comme unité.*
A, B, C sont les points d'affixes respectives $2i$, 1 et $\frac{1 + i\sqrt{3}}{2}$.

1. Placer les points A et B. Placer de manière précise le point C en utilisant la forme algébrique et le module de son affixe.

2. Γ est l'ensemble des points M d'affixe z telle que : $|z - 2i| = 2$. Déterminer et construire Γ.

3. Δ est l'ensemble des points M d'affixe z telle que : $|z - 1| = \left|z - \frac{1 + i\sqrt{3}}{2}\right|$. Déterminer et construire Δ.

143. Le plan (P) est ici rapporté à un repère orthonormé direct $(O\,;\vec{u},\vec{v})$, unité graphique : 3 cm.

On considère l'application f de $\mathbb{C}\setminus\{-2-i\}$ dans $\mathbb{C}$ définie par $f(z)=\dfrac{z+1-2i}{z+2+i}$.

1. Représenter dans (P) le point A d'affixe $(-3+i)$. Calculer $f(-3+i)$ et représenter dans (P) le point A' d'affixe $f(-3+i)$.
2. Résoudre dans $\mathbb{C}$ l'équation $f(z)=2i$.
3. En posant $z=x+iy$, $x\in\mathbb{R}$, $y\in\mathbb{R}$, déterminer la partie réelle et la partie imaginaire de $f(z)$.
4. Déterminer et représenter dans (P) l'ensemble E_1 des points M d'affixe z tels que $f(z)$ soit réel.
Déterminer et représenter dans (P) l'ensemble E_2 des points M d'affixe z tels que $f(z)$ soit imaginaire pur.

144. Dans le plan complexe (P) rapporté à un repère orthonormé direct $(O\,;\vec{u},\vec{v})$, on donne les points A d'affixe $2i$, B d'affixe 2 et I milieu de $[AB]$. *On prendra 2 cm comme unité graphique.*

On considère la fonction f qui, à tout point M distinct de A, d'affixe z, associe le point M' d'affixe z' telle que :

$$z'=\frac{2z}{z-2i}.$$

1. a. Montrer que f admet comme points invariants le point O et un deuxième point dont on précisera l'affixe.
b. Déterminer les images par f des points B et I.
2. Soit M un point quelconque distinct de A et de O. Établir que :

$$\begin{cases}(\vec{u}\,;\overrightarrow{OM'})=(\overrightarrow{MA}\,;\overrightarrow{MO})+k2\pi,\ k\in Z\\ OM'=2\dfrac{MO}{MA}\end{cases}.$$

3. Soit Δ la médiatrice de $[OA]$. Montrer que les transformés par f des points de Δ appartiennent à un cercle $\mathscr{C}$ que l'on précisera.
4. Soit Γ le cercle de diamètre $[OA]$, privé du point A. Montrer que les transformés par f des points de Γ appartiennent à une droite (D) que l'on précisera.
5. Tracer Δ, Γ, $\mathscr{C}$ et (D) sur une même figure.

8. Forme exponentielle

pour s'échauffer

Pour les exercices 145. à 147., donner si possible la forme exponentielle du nombre complexe z.

145. corrigé

a. $z=0$; $z=4$; $z=-3$.

b. $z=i$; $z=3i$; $z=-5i$.

146. corrigé

a. $z=1+i$; $z=-1-i$; $z=1-i$; $z=-1+i$.

b. $z=1+i\sqrt{3}$; $z=-1-i\sqrt{3}$;
$z=\sqrt{3}+i$; $z=\sqrt{3}-i$.

147. corrigé

a. $z=\cos\dfrac{\pi}{5}-i\sin\dfrac{\pi}{5}$; $z=-\cos\dfrac{\pi}{5}+i\sin\dfrac{\pi}{5}$.

b. $z=-\cos\dfrac{\pi}{5}-i\sin\dfrac{\pi}{5}$; $z=\sin\dfrac{\pi}{5}-i\cos\dfrac{\pi}{5}$.

148. On pose $j=e^{i\frac{2\pi}{3}}$.
Mettre sous forme exponentielle :

$$\bar{j}\,;j^2\,;j+j^2\,;1+j\,;j-j^2\,;1-j.$$

Pour les exercices 149. et 150., en utilisant la notation exponentielle, déterminer le module et un argument du nombre complexe.

149. $(i-1)^{29}$; $(\sqrt{3}-i)^5$; $(2-2i\sqrt{3})^{78}$.

150. $\dfrac{1+i}{\sqrt{3}+i}$; $\dfrac{2i(1-i)}{3+3i\sqrt{3}}$; $\dfrac{\sqrt{3}+i}{1-i\sqrt{3}}$.

151. Simplifier le nombre complexe :

$$z=\frac{(\sqrt{3}+i)^{26}}{(1-i\sqrt{3})^{11}}.$$

152. Écrire sous forme exponentielle les nombres :

$$a=-2+2i \text{ et } b=-3-i\sqrt{3}.$$

En déduire la forme exponentielle du nombre complexe ab.

153. On considère les nombres complexes :

$$z_1=\sqrt{6}-i\sqrt{2} \text{ et } z_2=2-2i.$$

1. Écrire sous forme algébrique le nombre complexe $\dfrac{z_1}{z_2}$.
2. Écrire sous forme exponentielle les nombres complexes z_1 ; z_2 et $\dfrac{z_1}{z_2}$.
3. En déduire les valeurs exactes de $\cos\dfrac{\pi}{12}$ et $\sin\dfrac{\pi}{12}$.

154. On note $j = -\frac{1}{2} + \frac{i\sqrt{3}}{2}$.

1. Écrire le nombre j sous forme exponentielle.
2. Vérifier que : $j^2 = \bar{j}$, que $j^3 = 1$ et que $1 + j + j^2 = 0$.
3. On considère trois points du plan complexe A, B et C d'affixes respectives a, b et c.

Démontrer que le triangle ABC est équilatéral de sens direct si, et seulement si :

a. $\frac{c-a}{b-a} = -j^2$;

b. $a + bj + cj^2 = 0$.

155. On pose $z = 1 + e^{i\theta}$.

Déterminer le module ainsi qu'un argument de z, lorsque :

a. $\theta \in]0 ; \pi[$;

b. $\theta \in]\pi ; 2\pi[$.

156. Déterminer, dans chacun des cas, le module ainsi qu'un argument du nombre complexe donné :

a. $z = 1 - e^{i\theta}$, avec $\theta \in]0 ; 2\pi[$;

b. $z = 1 - e^{-i\theta}$, avec $\theta \in]0 ; 2\pi[$.

157. Écrire les nombres suivants sous forme exponentielle :

a. $z_1 = (3 - i\sqrt{3})^4$;

b. $z_2 = \frac{1 + i\sqrt{3}}{\sqrt{3} - i}$;

c. $z_3 = \frac{\sin\frac{\pi}{12} - i\cos\frac{\pi}{12}}{\cos\frac{\pi}{12} + i\sin\frac{\pi}{12}}$.

158. On donne $z = 3\sqrt{3} + 3i$.

1. Donner la forme exponentielle de z.
2. En déduire la forme exponentielle de $-z$; z^2 et $\frac{1}{z}$.

159. On donne $z_1 = -2e^{i\frac{\pi}{2}}$, $z_2 = ie^{i\frac{\pi}{3}}$ et $z_3 = 4e^{-i\frac{2\pi}{3}}$.

1. Donner la forme exponentielle de z_1 et z_2.
2. Donner la forme exponentielle de $z_1z_2z_3$ et $z_2(z_1)^2$.
3. Donner la forme exponentielle de $(z_1)^3$.

160. En utilisant la forme exponentielle, donner la forme algébrique du nombre complexe :

$$(-1 + i)^4(6 + 3i\sqrt{3})^6.$$

161. Déterminer les entiers n pour lesquels $(\sqrt{6} + 2i\sqrt{2})^n$ est un réel.

Aide
Soit par l'écriture exponentielle, soit par les arguments… Ce qui revient au même !

162. Dans chacun des cas déterminer le module et un argument des complexes donnés :

1. $z = e^{i\theta} - e^{-i\theta}$, avec $\theta \in]0 ; \pi[$;
2. $z = 1 + e^{2i\theta}$, avec $\theta \in \left]-\frac{\pi}{2} ; \frac{\pi}{2}\right[$;
3. $z = 1 - e^{2i\theta}$, avec $\theta \in]0 ; \pi[$;
4. $z = e^{2i\theta} - e^{-2i\theta}$, avec $\theta \in]0 ; \pi[- \left\{\frac{\pi}{2}\right\}$.

163. Donner la forme exponentielle du complexe $z + \frac{1}{z}$ où $z = e^{i\frac{2\pi}{3}}$.

164. Pour tout complexe non nul z, on donne $z' = z\left(z + \frac{1}{z}\right)$. Donner le module et un argument de z' sachant que $z = e^{i\theta}$.

165. On considère le nombre complexe $z = e^{inx}$ et $n \in \mathbb{N}^*$. Montrer que $z^n + \frac{1}{z^n}$ est un nombre réel dont on donnera la valeur en fonction de n et x.

166. On considère dans $\mathbb{C}$ deux complexes z_1 et z_2 de module 1 et d'arguments respectifs a_1 et a_2 à 2π près. Montrer que $\frac{(z_1 + z_2)^2}{z_1z_2}$ est un réel positif ou nul.

167. Le plan complexe est rapporté à un repère orthonormé $(O ; \vec{u}, \vec{v})$ d'unité graphique 1 cm. Soient les nombres complexes $a = \frac{\sqrt{3}+1}{4} + i\frac{\sqrt{3}-1}{4}$ et $z_0 = 6 + 6i$ d'image A_0. Pour tout n entier naturel non nul, on désigne par A_n le point d'affixe z_n définie par $z^n = a^n z_0$.

Partie A

1. Exprimer z_1 et a^2 sous forme algébrique. Écrire z_1 sous forme exponentielle et montrer que $a^2 = \frac{1}{2}e^{i\frac{\pi}{6}}$.
2. Exprimer z_3 et z_7 en fonction de z_1 et a^2 ; en déduire l'expression de z_3 et z_7 sous forme exponentielle.
3. Placer les points A_0, A_1, A_3 et A_7 images respectives des complexes z_0, z_1, z_3 et z_7.

Partie B

Pour tout n entier naturel, on pose $|z_n| = r_n$.

1. Montrer que : $\forall n \in \mathbb{N}$, $r_n = 12\left(\frac{\sqrt{2}}{2}\right)^{n+1}$.
2. En déduire que la suite $(r_n)_{n \in \mathbb{N}}$ est une suite géométrique dont on précisera le premier terme et la raison.
3. Déterminer le plus petit entier naturel p tel que $OA_p \leqslant 10^{-3}$ et donner alors une mesure de l'angle orienté $(\vec{u} ; \overrightarrow{OA_p})$.

168. On pose :

$S = \cos\frac{2\pi}{7} + \cos\frac{4\pi}{7} + \cos\frac{6\pi}{7}$;

$S' = \cos\frac{8\pi}{7} + \cos\frac{10\pi}{7} + \cos\frac{12\pi}{7}$;

$\Sigma = \sin\frac{2\pi}{7} + \sin\frac{4\pi}{7} + \sin\frac{6\pi}{7}$;

$\Sigma' = \sin\frac{8\pi}{7} + \sin\frac{10\pi}{7} + \sin\frac{12\pi}{7}$.

1. Comparer S et S' puis Σ et Σ'.
2. Exprimer $S + S' + i(\Sigma + \Sigma')$ en fonction de $z = e^{i\frac{2\pi}{7}} (= \cos\frac{2\pi}{7} + i\sin\frac{2\pi}{7})$.
3. En déduire alors la valeur de $S + S' + i(\Sigma + \Sigma')$ puis la valeur de S.

169. Pour tout $x \in]0 ; \pi]$; on pose :

$$S = 1 + \cos x + \cos 2x + ... + \cos nx ;$$
$$\text{et } S' = 1 + \sin x + \sin 2x + ... + \sin nx.$$

1. Exprimer $S + iS'$ en fonction de $z = e^{ix}$.
2. En déduire alors la valeur de S et de S'.

9. Un peu de tout

170. 1. Résoudre dans l'ensemble des nombres complexes l'équation : $z^2 - 2z + 4 = 0$.

Les solutions seront notées z' et z'', z' désignant la solution dont la partie imaginaire est positive.

2. Donner les solutions sous forme algébrique puis sous forme exponentielle.
3. Donner la valeur exacte de $(z')^{2012}$ sous forme exponentielle puis sous forme algébrique.

171. 1. Résoudre dans $\mathbb{C}$ l'équation $\frac{z-2}{z-1} = i$ **(1)**.

2. Résoudre dans $\mathbb{C}$ l'équation $\frac{z-2}{z-1} = z$ **(2)**.

Le plan complexe est rapporté à un repère orthonormé direct $(O ; \vec{u}, \vec{v})$; on considère les points M, A et B les points d'affixes respectives z, 1 et 2. On suppose que M est distincts de A et de B. Retrouver géométriquement la solution de l'équation **(1)**.

172. On considère l'équation :

$$z^2 - 2(1 + 2\cos\theta)z + 5 + 4\cos\theta = 0$$

où θ désigne un nombre réel quelconque.

1. Résoudre l'équation dans $\mathbb{C}$.
2. Montrer que les images des solutions appartiennent à un cercle dont on déterminera le centre et un rayon.

173. Pour tout complexe Z, on pose $P(Z) = Z^4 - 1$.

1. Factoriser $P(Z)$.
2. En déduire les solutions dans $\mathbb{C}$ de l'équation $P(Z) = 0$.
3. En déduire les solutions dans $\mathbb{C}$ de l'équation d'inconnue z : $\left(\frac{2z+1}{z-1}\right)^4 = 1$.

174. On considère le polynôme P d'inconnue complexe z :

$$P(z) = z^4 + z^2 + 1.$$

1. Calculer $\left(\frac{1}{2} + i\frac{\sqrt{3}}{2}\right)^2$ et $\left(\frac{1}{2} - i\frac{\sqrt{3}}{2}\right)^2$.
2. En posant $Z = z^2$ résoudre dans $\mathbb{C}$, $P(Z) = 0$.

175. Soit α un réel de l'intervalle $\left]-\frac{\pi}{2} ; \frac{\pi}{2}\right[$.

On considère l'équation (E) suivante d'inconnue complexe z :

$$(1 + iz)^3(1 - i\tan\alpha) = (1i - z)^3(1 - i\tan\alpha).$$

1. Soit z une solution de (E), montrer que
$$|1 + iz| = |1 - iz|.$$
2. En déduire que z est réel.
3. Exprimer le nombre complexe $\frac{(1 - i\tan\alpha)}{(1 + i\tan\alpha)}$ en fonction de $e^{i\alpha}$.
4. Soit z un réel, on pose $z = \tan\phi$, avec $\phi \in \left]-\frac{\pi}{2} ; \frac{\pi}{2}\right[$. Montrer que (E) équivaut à l'équation d'inconnue ϕ : $e^{i6\phi} = e^{2i\alpha}$. Résoudre cette équation.
5. Déterminer les solutions z_1, z_2 et z_3 de l'équation (E).

176. On pose $\omega = e^{i\frac{2\pi}{5}}$.

1. Calculer ω^5 et prouver que :
$$1 + \omega + \omega^2 + \omega^3 + \omega^4 = 0.$$
2. On pose $u = \omega + \omega^4$ et $v = \omega^2 + \omega^3$.
Calculer $u + v$ et uv et en déduire que u et v sont les solutions d'une équation de degré 2 que l'on résoudra.
3. En justifiant l'égalité $u = \omega + \overline{\omega}$, utiliser le résultat précédent pour calculer $\cos\frac{2\pi}{5}$.

177. TICE **Droite d'Euler**

Soient A, B et C trois points non alignés, on note O le centre du cercle circonscrit au triangle ABC. Dans un repère orthonormé direct $(O ; \vec{u}, \vec{v})$, on désigne par a, b et c les affixes respectives des points A, B et C.

1. Montrer que l'on peut écrire $a = re^{i\theta_A}$, $b = re^{i\theta_B}$ et $c = re^{i\theta_C}$ où r est un réel strictement positif et θ_A, θ_B et θ_C sont des réels.
2. On a alors construit, à partir du logiciel *GeoGebra*, une figure correspondant aux données de l'exercice :

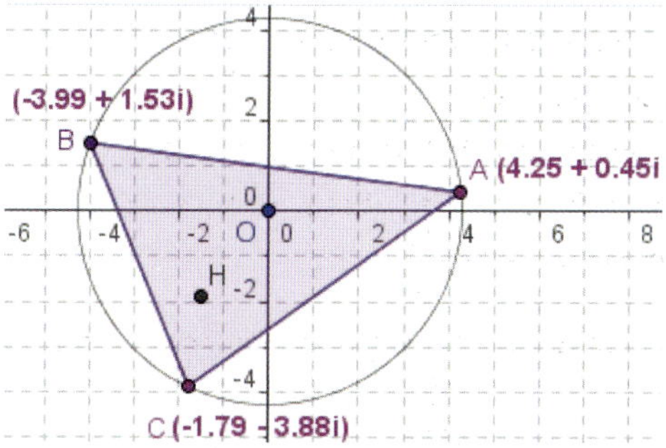

a. Reproduire, sur ce logiciel, une figure semblable à celle-ci-dessus.

b. Construire le point H d'affixe h définie par $h = a + b + c$.

c. Placer les points d'affixes :

$$\frac{z-a}{b-c}\,;\,\frac{z-b}{a-c} \text{ et } \frac{z-c}{a-b}.$$

Que remarque-t-on lorsque l'on déplace les points A ou B ou C ?

d. Quelle conjecture est-il alors légitime de faire sur les droites (AH), (BH) et (CH).

e. Placer le point G d'affixe $g = \frac{h}{3}$.

f. En déduire une conjecture sur les points O, G et H.

3. Montrer que les nombres complexes $\frac{z-a}{b-c}$; $\frac{z-b}{a-c}$ et $\frac{z-c}{a-b}$ sont imaginaires purs.

En déduire la nature du point H.

4. Montrer que les points O, G et H sont alignés et indiquer la position relative de ces trois points.

178. **TICE** On considère un cercle $(\mathscr{C})$ du plan, de centre O, ainsi que six points A, B, C, D, E et F de celui-ci, tels que les trois angles orientés $(\overrightarrow{OA}\,;\,\overrightarrow{OB})$, $(\overrightarrow{OC}\,;\,\overrightarrow{OD})$ et $(\overrightarrow{OE}\,;\,\overrightarrow{OF})$ soient tous de mesure $\frac{\pi}{3}[2\pi]$. On désigne alors par M, N et P les milieux respectifs des cordes $[BC]$, $[DE]$ et $[FA]$.

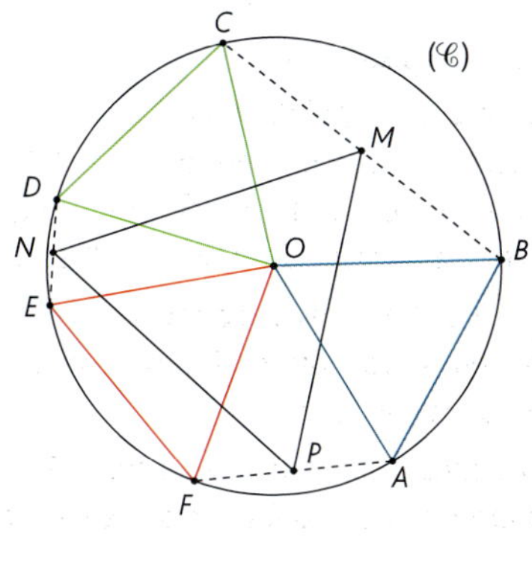

1. Reproduire cette figure à l'aide du logiciel *GeoGebra*.

2. Définir sur ce logiciel le nombre $j = e^{i\frac{2\pi}{3}}$. Afficher ensuite la valeur du nombre complexe u :

$$u = m + nj + pj^2.$$

3. Conjecturer la nature du triangle MNP, éventuellement à l'aide des outils du logiciel.

4. Soit trois points M, N et P d'un plan complexe d'affixes respectives m, n et p. Démontrer la propriété suivante :

« Si $m + nj + pj^2 = 0$, alors MNP est un triangle équilatéral direct ».

5. Que permet de visualiser la valeur du nombre complexe u ?

6. On note a, b, c, d, e et f les affixes respectives des points A, B, C, D, E et F.

Exprimer b en fonction de a, d en fonction de c et f en fonction de e.

7. Exprimer alors m, n et p en fonction des nombres complexes a, c, et e.

8. Conclure en montrant que le triangle MNP est équilatéral direct.

179. **TICE** On construit extérieurement à un triangle ABC, trois triangles équilatéraux BCP, ACQ et ABR, de centres de gravité respectifs U, V et W.

1. Réaliser une figure à l'aide du logiciel *GeoGebra* en s'aidant de la figure ci-dessous :

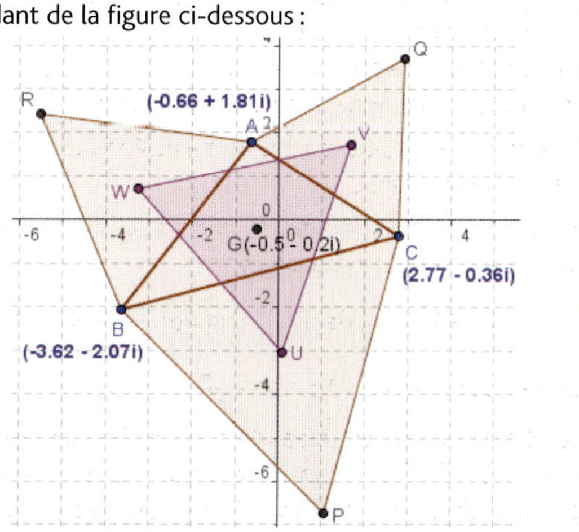

2. Montrer que le triangle UVW est équilatéral et de même centre de gravité que le triangle ABC.

Aide

On pourra se placer dans le plan complexe muni du repère orthonormé direct $(O\,;\,\vec{u}, \vec{v})$. On pose a l'affixe du point A, b l'affixe du point B, etc. Ensuite il suffit d'interpréter avec l'outil des nombres complexes le fait qu'un triangle est équilatéral. Il ne vous reste plus qu'à trouver les bons « arguments »...

en route vers le BAC

QCM

À chaque question, il peut y avoir une ou plusieurs réponses.

180. Soit $z \in \mathbb{C}$ vérifiant $\bar{z} + |z| = 6 + 2i$. L'écriture algébrique de z est :

a. $\frac{8}{3} - 2i$; b. $-\frac{8}{3} - 2i$; c. $\frac{8}{3} + 2i$; d. $-\frac{8}{3} + 2i$.

181. Dans le plan complexe, l'ensemble des points M d'affixe $z = x + iy$ vérifiant $|z - 1| = |z + i|$ est la droite d'équation :

a. $y = x - 1$; b. $y = -x$;
c. $y = -x + 1$; d. $y = x$.

182. Soit $n \in \mathbb{N}$. Le nombre $(1 + i\sqrt{3})^n$ est réel si, et seulement si, n s'écrit sous la forme :

a. $3k + 1$; b. $3k + 2$; c. $3k$; d. $6k$.

183. Soit l'équation d'inconnue z complexe :

$$\frac{6 - z}{3 - z} = z.$$

Une solution de cette équation est :

a. $-2 - i\sqrt{2}$; b. $2 + i\sqrt{2}$;
c. $\sqrt{3} + i$; d. $\sqrt{3} + 2i$.

184. Dans le plan complexe, A et B étant les points d'affixes respectives $a = -2$ et $b = 2i$, l'ensemble des points M d'affixe $z = x + iy$ vérifiant la relation $\arg\left(\frac{z + 2}{z - 2i}\right) = \frac{\pi}{2}(\pi)$ est inclus dans :

a. la droite d'équation $y = x$;
b. la droite d'équation $y = -x$;
c. le cercle de centre $I(1 + i)$ et de rayon $\sqrt{2}$;
d. le cercle de diamètre $[AB]$.

185. Si z est un nombre complexe alors $\text{Im}(-iz)$ est égal à :

a. $i\,\text{Re}(z)$; b. $\text{Im}(z)$; c. $-\text{Im}(z)$; d. $-\text{Re}(z)$.

186. Un argument du nombre complexe $-\sqrt{2} + i\sqrt{6}$ est égal à :

a. $-\frac{\pi}{3}$; b. $-\frac{\pi}{6}$; c. $\frac{\pi}{6}$; d. $\frac{2\pi}{3}$.

187. Un argument de $-2e^{i\frac{\pi}{4}}$ est égal à :

a. $-\frac{3\pi}{4}$; b. $-\frac{\pi}{4}$; c. $\frac{\pi}{4}$; d. $\frac{3\pi}{4}$.

188. Un argument de $-2ie^{i\frac{\pi}{4}}$ est égal à :

a. $-\frac{3\pi}{4}$; b. $-\frac{\pi}{4}$; c. $\frac{\pi}{4}$; d. $\frac{3\pi}{4}$.

189. $e^{i\frac{\pi}{3}} - e^{i\frac{2\pi}{3}}$ est égale à :

a. $i\sqrt{3}$; b. $e^{i\pi}$; c. 1 ; d. $e^{-i\frac{\pi}{3}}$.

190. L'ensemble des points M d'affixe z tels que $|z - i| = 0$ est :

a. une droite ; b. un point ; c. un cercle ; d. vide.

191. L'ensemble des points M d'affixe z tels que $|z - 1| = |z|$ est :

a. une droite ; b. un point ; c. un cercle ; d. vide.

192. L'ensemble des points M d'affixe z tels que $|z - 1| = |-1 - i|$ *est :*

a. une droite ; b. un point ; c. un cercle ; d. vide.

193. On pose $z = -\sqrt{2 + \sqrt{2}} + i\sqrt{2 - \sqrt{2}}$.

1. La forme algébrique de z^2 est :

a. $2\sqrt{2}$; b. $2\sqrt{2} - 2i\sqrt{2}$;
c. $2 + \sqrt{2} + i(2 - \sqrt{2})$; d. $2\sqrt{2} + 2i\sqrt{2}$.

2. z^2 s'écrit sous forme exponentielle :

a. $4e^{i\frac{\pi}{4}}$; b. $4e^{-i\frac{\pi}{4}}$; c. $4e^{i\frac{3\pi}{4}}$; d. $4e^{-i\frac{3\pi}{4}}$.

3. z s'écrit sous forme exponentielle :

a. $2e^{i\frac{7\pi}{8}}$; b. $2e^{i\frac{\pi}{8}}$; c. $2e^{i\frac{5\pi}{8}}$; d. $2e^{i\frac{3\pi}{8}}$.

4. $\frac{\sqrt{2 + \sqrt{2}}}{2}$ et $\frac{\sqrt{2 - \sqrt{2}}}{2}$ sont les cosinus et sinus de :

a. $\frac{7\pi}{8}$; b. $\frac{5\pi}{8}$; c. $\frac{3\pi}{8}$; d. $\frac{\pi}{8}$.

D'après Bac

194. 1. Soit z le nombre complexe défini par : $z = \cos\alpha - i\sin\alpha$, $\alpha \in \mathbb{R}$. z a pour argument, à $2k\pi$ près, $k \in \mathbb{Z}$:

a. $\alpha + \pi$; b. $-\alpha$; c. $\frac{\pi}{2} - \alpha$; d. $\frac{\pi}{2} + \alpha$.

2. Soit z le nombre complexe défini par $z = -\sin\alpha + i\cos\alpha$, $\alpha \in \mathbb{R}$. z a pour argument, à $2k\pi$ près, $k \in \mathbb{Z}$:

a. $\alpha + \pi$; b. $-\alpha$; c. $\frac{\pi}{2} - \alpha$; d. $\frac{\pi}{2} + \alpha$.

3. On considère le nombre complexe $Z = \frac{-\sqrt{2}}{1 + i}e^{i\frac{\pi}{3}}$ alors on a :

a. $|Z| = 1$; b. $Z = (1 - i)e^{i\frac{\pi}{3}}$; c. $\arg(Z) = \frac{\pi}{12}$ $[2\pi]$.

vrai ou faux ?

Dans les trois exercices suivants, indiquer si les affirmations données sont vraies ou fausses.

195. Pour tous nombres complexes z et z' :

1. Si $|z| = |z'|$ alors $z = z'$ ou $z = -z'$.
2. Si $z' \neq 0$ et $\dfrac{|z|}{|z'|} = 1$ alors il existe $\theta \in [0 ; 2\pi[$ tel que $z = e^{i\theta} z'$.
3. On considère $Z = z\overline{z'} + \overline{z}z'$.

a. Si $z = e^{i\frac{\pi}{3}}$ et $z' = e^{i\frac{\pi}{4}}$ alors $Z = 0$.

b. Si $z = z'$ alors $Z = 2|z|$.

4. $(1 + i)^{20}$ est un réel.
5. L'ensemble des points M d'affixe z vérifiant $(z + 1 - 2i)(\overline{z} + 1 + 2i) = 4$ est un cercle de centre $A(-1 + 2i)$ et de rayon 4.
6. L'ensemble des points M d'affixe z tels que $\dfrac{z + 1 - 2i}{z - i} \in \mathbb{R}$ est la droite (AB) privée du point $B(i)$ et du point $A(-1 + 2i)$.

196. Soit z_1 et z_2 les nombres complexes solutions de l'équation : $z^2 - 4z + 6 = 0$.

Dans le plan complexe muni d'un repère orthonormal $(O ; \vec{u}, \vec{v})$, on considère les points M_1 et M_2 d'affixes respectives z_1 et z_2 puis I le milieu du segment $[M_1M_2]$.

1. Le nombre $z_1 + z_2$ est un imaginaire pur.
2. L'affixe du point I est imaginaire pure.
3. Les droites (OI) et (M_1M_2) sont perpendiculaires.
4. Le triangle OM_1M_2 est équilatéral.

197. Soit α un réel et (E_α) l'équation d'inconnue complexe z : $z^2 + (1 + \alpha)z + \alpha^2 = 0$.

On désigne par M_α et M'_α les points du plan dont les affixes sont solutions de (E_α).

1. Le nombre complexe $z = -2 + i\sqrt{5}$ est une solution de (E_α).
2. L'équation (E_α) n'admet jamais une unique solution.
3. Pour tout $\alpha > 1$, le triangle $OM_\alpha M'_\alpha$ est isocèle.
4. Pour tout $\alpha > 1$, on a $M_\alpha M'_\alpha = \sqrt{(3\alpha + 1)(\alpha - 1)}$.

restitution organisée des connaissances

198. ***Prérequis :*** $\cos(a + b) = \cos a \cos b - \sin a \sin b$ et $\sin(a + b) = \sin a \cos b + \cos a \sin b$.

On donne deux complexes non nuls d'écritures trigonométriques :

$$z = r(\cos\alpha + i\sin\alpha) \quad \text{et} \quad z' = r'(\cos\alpha' + i\sin\alpha').$$

1. Quelle est la condition sur r et r' ?
2. Donner l'écriture trigonométrique du complexe zz'.
3. En déduire que $\begin{cases} |zz'| = |z| \times |z'| \\ \arg(zz') = \arg z + \arg z' \; [2\pi] \end{cases}$.
4. **Application :** On donne $z = 1 - i$ et $z' = -\dfrac{1}{2} - i\dfrac{\sqrt{3}}{2}$.

a. Donner l'écriture trigonométrique de z et z'.

b. En déduire le module et l'argument de zz'.

199. ***Prérequis :*** Pour tous complexes z et z' non nuls on a $\arg(zz') = \arg z + \arg z' \; [2\pi]$.

1. Montrer que $\arg\left(\dfrac{1}{z}\right) = -\arg z \; [2\pi]$

et $\arg\left(\dfrac{z}{z'}\right) = -\arg z - \arg z' \; [2\pi]$.

2. **Application :** Déterminer un argument des complexes suivants : $z = \dfrac{\sqrt{3}}{2} + \dfrac{3}{2}i$ et $z' = 3 - \sqrt{3}i$. En déduire un argument de $\dfrac{1}{z}$ et de $\dfrac{z}{z'}$.

200. ***Prérequis :*** Pour tous complexes z et z' non nuls on a $\arg(zz') = \arg z + \arg z' \; [2\pi]$.

1. Montrer que pour tout $n \in \mathbb{N}^*$ on a :

$$\arg(z^n) = n \arg z \; [2\pi].$$

2. **Application :** Déterminer l'argument de $(1 - i)^7$.

201. ***Prérequis :*** Formules d'Euler

$$\cos\theta = \frac{e^{i\theta} + e^{-i\theta}}{2} \quad \text{et} \quad \sin\theta = \frac{e^{i\theta} - e^{-i\theta}}{2i}.$$

On donne $a = e^{i\alpha}$; $b = e^{i\beta}$ et $c = e^{i\delta}$.

1. À l'aide des formules d'Euler, exprimer $\sin\left(\dfrac{\alpha - \beta}{2}\right)$.
2. Vérifier que : $2ie^{i\left(\frac{\alpha + \beta}{2}\right)} \sin\left(\dfrac{\alpha - \beta}{2}\right) = e^{i\alpha} - e^{i\beta}$.

On établirait de même que :

$$2ie^{i\left(\frac{\beta + \delta}{2}\right)} \sin\left(\frac{\beta - \delta}{2}\right) = e^{i\beta} - e^{i\delta}.$$

3. Montrer que $\left(\dfrac{b - c}{a - c}\right)^2 \times \dfrac{a}{b} = \left(\dfrac{\sin\left(\dfrac{\beta - \delta}{2}\right)}{\sin\left(\dfrac{\alpha - \beta}{2}\right)}\right)$.
4. Quelle propriété géométrique reliant les angles $(\overrightarrow{CA} ; \overrightarrow{CB})$ et $(\overrightarrow{OA} ; \overrightarrow{OB})$ peut-on déduire ?

202. Soit $\vec{u}$ et $\vec{u'}$ deux vecteurs non nuls d'affixes respectives z et z'.

1. Montrer que $\vec{u}$ et $\vec{u'}$ sont colinéaires si, et seulement si, $\frac{z'}{z}$ est un réel.

2. Montrer que $\vec{u}$ et $\vec{u'}$ sont orthogonaux si, et seulement si, $\frac{z'}{z}$ est un imaginaire pur.

3. Application : En utilisant les résultats précédents, montrer que :

a. les vecteurs $\vec{u}(-3+2i)$ et $\vec{u'}(4+6i)$ sont orthogonaux ;

b. les vecteurs $\vec{u}\left(-\frac{1}{2}+2i\right)$ et $\vec{u'}(2-8i)$ sont colinéaires.

203. Soit A, B, M et M' des points d'affixes respectives a, b, z et z' ; pour tout complexe $z \neq b$, on considère le complexe $z' = \frac{z-a}{z-b}$.

1. Démontrer que $\arg\left(\frac{z-a}{z-b}\right) = (\overrightarrow{MB}\,;\overrightarrow{MA})\ [2\pi]$.

2. Donner une interprétation géométrique de $|z'|$.

3. Application : Déterminer l'ensemble des points M d'affixe z telle que :

a. z' soit un imaginaire pur ;

b. z' soit un réel ;

c. $|z'| = 1$.

204. Dans le repère $(O\,;\vec{u},\vec{v})$ on considère trois points distincts A, B et C d'affixes respectives z_A, z_B et z_C.

1. Montrer que les points A, B et C sont alignés si, et seulement si, $\arg\left(\frac{z_C - z_B}{z_A - z_B}\right) = 0\ [\pi]$.

2. Montrer que les droites (AB) et (BC) sont perpendiculaires si, et seulement si, $\arg\left(\frac{z_C - z_B}{z_A - z_B}\right) = \frac{\pi}{2}\ [\pi]$.

3. Application : On considère les points A, B, C et G d'affixes respectives $z_A = -1$, $z_B = 3$ et $z_C = 2 - i\sqrt{3}$. Comment sont les droites (AC) et (BC) ?

205. Dans le repère $(O\,;\vec{u},\vec{v})$ on considère trois points distincts Ω, M et M' d'affixes respectives ω, z et z', tels que $\Omega M = \Omega M'$ et $(\overrightarrow{\Omega M}\,;\overrightarrow{\Omega M'}) = \theta\ (2\pi)$.

1. Donner la forme exponentielle du nombre complexe : $\frac{z'-\omega}{z-\omega}$.

2. En déduire que $z' = e^{i\theta}(z-\omega)+\omega$.

3. Application : On considère les points A et B d'affixes respectives $z_A = 3+i$ et $z_B = 2-5i$. Déterminer l'affixe du point C tel que ABC soit un triangle équilatéral de sens direct.

sujets d'annales

206. Le plan (P) complexe est muni d'un repère orthonormé direct $(O\,;\vec{u},\vec{v})$ d'unité 2 cm. On appelle (Γ) le cercle de centre O et de rayon 1.

On fera une figure que l'on complétera tout au long de l'exercice.

On appelle f l'application du plan (P) privé du point O dans (P) qui, à tout point M différent du point O d'affixe z associe le point $M' = f(M)$ d'affixe z' définie par $z' = z + i - \frac{1}{z}$.

1. On considère les points A et B d'affixes respectives $a = i$ et $b = e^{i\frac{\pi}{6}}$ et leurs images A' et B' par f d'affixes respectives a' et b'.

a. Calculer a' et b'.

b. Placer les points A, A', B et B'.

c. Démontrer que $\frac{-b}{b'-b} = \frac{\sqrt{3}}{3}i$.

d. En déduire la nature du triangle OBB'.

2. On recherche l'ensemble (E) des points du plan (P) privé du point O qui ont pour image par l'application f, le point O.

a. Démontrer que, pour tout nombre complexe z,

$$z^2 + iz - 1 = \left(z + \frac{\sqrt{3}}{2} + \frac{1}{2}i\right)\left(z - \frac{\sqrt{3}}{2} + \frac{1}{2}i\right).$$

b. En déduire les affixes des points de l'ensemble (E).

c. Démontrer que les points de l'ensemble (E) appartiennent à l'ensemble (Γ).

3. Soit θ un nombre réel.

a. Démontrer que si $z = e^{i\theta}$ alors $z' = (2\sin\theta + 1)i$.

b. En déduire que si M appartient au cercle (Γ) alors le point M' appartient au segment $[A'C]$ où le point C a pour affixe $-i$.

Bac 2009

207. **Pour chacune des propositions suivantes, indiquer si elle est vraie ou fausse et donner une démonstration de la réponse choisie.**

Il est indiqué dans l'énoncé du sujet de BAC qu'une réponse non démontrée ne rapporte aucun point mais que toute trace de recherche, même incomplète, ou d'initiative, même non fructueuse, sera prise en compte dans l'évaluation.

Le plan complexe est muni d'un repère orthonormé direct $(O\,;\vec{u},\vec{v})$.

1. Soit A le point d'affixe $2-5i$ et le point B d'affixe $7-3i$.

Proposition : Le triangle OAB est isocèle.

2. Soit (Δ) l'ensemble des points M d'affixe z telle que $|z-i|=|z+2i|$.

Proposition : Cet ensemble est une droite parallèle à l'axe des réels.

3. Soit $z=3+i\sqrt{3}$.

Proposition : Pour tout entier naturel non nul, z^{3n} est imaginaire pur.

4. Soit z un nombre complexe non nul.

Proposition : Si $\frac{\pi}{2}$ est argument de z, alors $|i+z|=1+|z|$.

5. Soit z un nombre complexe non nul.

Proposition : Si le module de z est égale à 1 alors $z^2+\frac{1}{z^2}$ est un nombre réel.

Bac 2011

208. Le plan complexe est muni d'un repère orthonormé direct $(O\,;\vec{u},\vec{v})$. On prendra 2 cm pour unité graphique. On appelle J le point d'affixe i.

1. On considère les points A, B, C, H d'affixes respectives $a=-3-i$; $b=-2+4i$; $c=3-i$ et $h=-2$. Placer ces points sur une figure qui sera complétée au fur et à mesure de l'exercice.

2. Montrer que J est le centre du cercle $\mathscr{C}$ circonscrit au triangle ABC. Préciser le rayon de ce cercle.

3. Calculer sous forme algébrique le nombre complexe $\frac{b-c}{h-a}$. En déduire que les droites (AH) et (BC) sont perpendiculaires.

Dans la suite de l'exercice on admet que H est l'orthocentre du triangle ABC, c'est-à-dire le point d'intersection des hauteurs du triangle ABC.

4. On note G le centre de gravité du triangle ABC. Déterminer g l'affixe du point G. Placer le point G sur la figure.

5. Montrer que le centre de gravité G, le centre du cercle circonscrit J ainsi que l'orthocentre du triangle ABC sont alignés. Le vérifier sur la figure.

6. On note A' le milieu du segment $[BC]$ et A_1 le symétrique du point H par rapport au point A'.

a. Montrer que $a'=\frac{1}{2}+\frac{3}{2}i$.

b. Déterminer a_1 l'affixe du point A_1.

c. En déduire que le point A_1 appartient au cercle $\mathscr{C}$.

d. Quelle nouvelle propriété géométrique cela permet-il de déduire ?

e. Peut-on démontrer que le point A_1 appartient au cercle $\mathscr{C}$ sans utiliser l'outil des nombres complexes.

> **AIDE**
> On pourra commencer par se demander pourquoi le quadrilatère BA_1CH est-il un parallélogramme.

D'après Bac 2011

209. **Pour chaque question, une seule des quatre réponses proposées est exacte.**

Le plan complexe est muni d'un repère orthonormé direct $(O\,;\vec{u},\vec{v})$. On désigne par A, B, C, D les points d'affixes respectives $z_A=1$; $z_B=i$; $z_C=-1$; $z_D=-i$.

1. Le point E tel que $AD=AE$ et $(\overrightarrow{AD},\overrightarrow{AE})=\frac{\pi}{3}$ a pour affixe :

a. $z=\frac{1+\sqrt{3}}{2}(1+i)$; **b.** $z=\frac{1+\sqrt{3}}{2}(1-i)$;

c. $z=\frac{1-\sqrt{3}}{2}(1-i)$; **d.** $z=\frac{1-\sqrt{3}}{2}(1+i)$.

2. L'ensemble des points d'affixe z telle que $|z+i|=|z-1|$ est :

a. La médiatrice du segment $[BC]$;

b. Le milieu du segment $[BC]$;

c. Le cercle de centre O et de rayon 1 ;

d. La médiatrice du segment $[AD]$.

3. L'ensemble des points d'affixe z telle que $\frac{z+i}{z+1}$ soit imaginaire pur est :

a. La droite (CD) privée du point C ;

b. Le diamètre $[CD]$ privé du point C ;

c. Le cercle de diamètre $[CD]$ privé du point C ;

d. La médiatrice du segment $[AB]$.

4. L'ensemble des points d'affixe z telle que $\arg(z-i)=-\frac{\pi}{2}+2k\pi$, où $k\in\mathbb{Z}$ est :

a. Le demi cercle de diamètre $[BD]$ passant par A ;

b. La droite (BD) ;

c. La demi droite $]BD)$ d'origine B passant par D et privée de B ;

d. Le cercle de diamètre $[BD]$ privé des points B et D.

Bac 2011

Aide

Dans cette page, le plan complexe (P) est rapporté au repère orthonormé direct $(O\,;\,\vec{u},\,\vec{v})$

formes d'un nombre complexe

- **Forme algébrique :**

$$a + ib$$
$$a \in \mathbb{R},\ b \in \mathbb{R}$$

Elle facilite les calculs de somme et de différence et permet de faire le lien entre les nombres complexes et les coordonnées cartésiennes des points images.

- **Forme trigonométrique :**

$$r(\cos\theta + i\sin\theta)$$
$$r \in [0\,;\,+\infty[,\ \theta \in \mathbb{R}$$

Elle établit un lien entre les nombres complexes et la géométrie euclidienne et permet les calculs de distances et de mesures d'angles.

- **Forme exponentielle :**

$$r\,\mathrm{e}^{i\theta}$$
$$r \in [0\,;\,+\infty[,\ \theta \in \mathbb{R}$$

Elle facilite les calculs de produits, quotients, puissances de nombres complexes.

210. Donner les formes, algébrique, trigonométrique et exponentielle, des nombres complexes suivants :

a. $(1 + i)^3$;

b. $(\sqrt{3} - i)^4$;

c. $-2\sqrt{2}\left(\cos\frac{\pi}{4} + i\sin\frac{\pi}{4}\right)$;

d. $\frac{1-i}{1+i}$;

e. $\frac{8+4i}{3-i}$;

f. $-2\mathrm{e}^{-i\frac{7\pi}{3}}$;

g. $2i\mathrm{e}^{-i\frac{2\,012\pi}{6}}$.

méthodes

Identifier des nombres complexes particuliers

- Pour prouver que **z est réel**, on peut prouver que :

$\mathrm{Im}(z) = 0$;

$\bar{z} = z$;

$\arg z = 0(\pi)$ ou $z = 0$.

- Pour prouver que **z est imaginaire pur**, on peut prouver que :

$\mathrm{Re}(z) = 0$;

$\bar{z} = -z$;

$\arg z = \frac{\pi}{2}(\pi)$ ou $z = 0$.

211. À tout nombre complexe différent de $1 + i$, on associe le nombre complexe z' défini par :

$$z' = \frac{2z - 2i}{z - 1 - i}$$

Déterminer l'ensemble des points M de P d'affixe z telles que :

a. z' est réel ;

b. z' est imaginaire pur.

préciser la position relative de trois points

Soit z_A, z_B et z_C les affixes de trois points distincts A, B et C. On considère le nombre complexe Z défini par :

$$Z = \frac{z_C - z_A}{z_B - z_A}.$$

Alors :

$|Z| = 1$ **équivaut à** $AB = AC$;

$Z \in \mathbb{R}$ **équivaut à** A, B et C alignés ;

$Z \in i\mathbb{R}$ **équivaut à** $(AB) \perp (AC)$;

$Z = \pm i$ **équivaut à** ABC est rectangle isocèle ;

$Z = \mathrm{e}^{\pm i\frac{\pi}{3}}$ **équivaut à** ABC est équilatéral.

212. Dans chacun des cas suivants, que peut-on dire des points A, B et C ? (on ne manquera pas de les placer sur un schéma pour conjecturer avant de se lancer...)

a. $z_A = 2 + i$; $z_B = -11 + 2i$; $z_C = -5 - 5i$.

b. $z_A = 2 + i$; $z_B = 1 + i$; $z_C = 1 - i$.

c. $z_A = -1 + i\sqrt{3}$; $z_B = -1 - i\sqrt{3}$; $z_C = 2$.

d. $z_A = -1 - 2i$; $z_B = -10 - 8i$; $z_C = 2$.

213. À tout nombre complexe différent de 1, on associe le nombre complexe z' défini par :

$$z' = i\left(\frac{z - 3i}{z + 1}\right).$$

Déterminer l'ensemble des points M de P d'affixe z telles que :

a. $|z'| = 1$;

b. z' est réel ;

c. z' est imaginaire pur ;

d. $z' = i$.

Approfondir – *Sujets d'annales*

214. Le plan complexe est muni d'un repère orthonormé direct $(O\,;\vec{u},\vec{v})$.

Partie A : Restitution organisée de connaissances

Soit z un nombre complexe tel que $z = a + bi$ où a et b sont deux nombres réels. On note $\bar{z}$, le nombre complexe défini par $\bar{z} = a - bi$.

1. Démontrer que pour tous nombres complexes, z et z', $\overline{z \times z'} = \bar{z} \times \bar{z'}$.

2. Démontrer que, pour tout entier naturel n non nul, et tout nombre complexe z, $\overline{z^n} = (\bar{z})^n$.

Partie B

On considère l'équation (E) : $z^4 = -4$, où z est un nombre complexe.

1. Montrer que si le nombre complexe z est solution de l'équation (E) alors les nombre complexes $-z$ et $\bar{z}$ sont aussi solutions de l'équation (E).

2. On considère le nombre complexe $z_0 = 1 + i$.

a. Écrire le nombre complexe sous sa forme exponentielle.

b. Vérifier que z_0 est solution de l'équation (E).

3. Déduire des deux questions précédentes trois autres solutions de l'équation (E).

Partie C

Soit A, B, C, D les quatre points d'affixes respectives :

$$z_A = 1 + i\,;\ z_B = -1 + i\,;\ z_C = -1 - i\,;\ z_D = 1 - i$$

On appelle E le point tel que :

$$CB = CE \text{ et } (\overrightarrow{CB}, \overrightarrow{CE}) = -\frac{\pi}{3}(2\pi),$$

F le point tel que $CD = CF$ et $(\overrightarrow{CD}, \overrightarrow{CF}) = -\frac{\pi}{3}(2\pi)$.

1. Montrer que le point E a pour affixe le nombre complexe $z_E = -1 + \sqrt{3}$.

2. Déterminer l'affixe du point F.

3. Démontrer que le quotient $\dfrac{z_A - z_E}{z_A - z_F}$ est réel.

4. Que peut-on dire pour les points A, E et F ?

D'après Bac 2010

215. Le plan complexe est muni d'un repère orthonormé direct $(O\,;\vec{u},\vec{v})$ d'unité 2 cm.

On dessinera une figure que l'on complétera tout au long de l'exercice.

On considère les points A d'affixe i, B d'affixe $-2i$ et D d'affixe 1. E est le point tel que le triangle ADE soit équilatéral direct.

Soit f l'application qui à tout point M d'affixe z, $z \neq i$, associe le point M' d'affixe z' définie par $z' = \dfrac{2z - i}{iz + 1}$.

1. Démontrer que le point E a pour affixe

$$\left(\frac{1}{2} - \frac{\sqrt{3}}{2}\right)(1 + i).$$

2. Exprimer sous forme algébrique l'affixe du point D' associé au point D par l'application f.

3. a. Démontrer que pour tout nombre complexe z différent de i, $(z' + 2i)(z - i) = 1$.

b. En déduire que pour tout point M d'affixe z, $z \neq i$:

$$\begin{cases} BM' \times AM = 1 \\ (\vec{u}\,;\overrightarrow{BM'}) = -(\vec{u}\,;\overrightarrow{AM}) + k \times 2\pi, \quad \text{où} \quad k \in \mathbb{Z}. \end{cases}$$

4. a. Démontrer que le points D et E appartiennent au cercle $(\mathscr{C})$ de centre A et de rayon $\sqrt{2}$.

b. En utilisant les résultats de la question **3.b.**, placer le point E' associé au point E par l'application f.
On laissera apparents les traits de construction.

c. Quelle est la nature du triangle $BD'E'$?

Bac 2010

216. Le plan complexe est muni d'un repère orthonormé direct $(O\,;\vec{u},\vec{v})$ d'unité 1 cm.

On fera une figure que l'on complétera au fur et à mesure des questions.

On considère les points A, B, S et Ω d'affixes respectives $a = -2 + 4i$, $b = -4 + 2i$, $s = -5 + 5i$ et $\omega = -2 + 2i$.

1. On considère les points C et D d'affixes respectives c et d, définis par :

$$\overrightarrow{SC} = 3\overrightarrow{SA} \text{ et } \overrightarrow{SD} = 3\overrightarrow{SB}.$$

Montrer que $c = 4 + 2i$ et $d = -2 - 4i$.

2. Montrer que les points A, B, C et D sont sur un même cercle dont on précisera le centre et le rayon.

3. Démontrer que la droite $(S\Omega)$ est la médiatrice du segment $[AB]$.

4. Soit P le milieu du segment $[AC]$.

a. Déterminer p l'affixe du point P.

b. Démontrer que $\dfrac{\omega - p}{d - b} = -\dfrac{1}{2}i$. En déduire une mesure de l'angle $(\overrightarrow{BD}\,;\overrightarrow{P\Omega})$.

5. Soit Q le milieu du segment $[BD]$.
Que représente le point Ω pour le triangle PQS ?

D'après Bac 2010

Naturel ou complexe ?

objectif

Utiliser les nombres complexes comme outil de résolution de problème.

On se pose le problème suivant :

« La multiplication de deux nombres s'écrivant, chacun d'eux, sous la forme d'une somme de deux carrés d'entiers, donne-t-elle toujours un nombre s'écrivant, lui aussi, sous la forme d'une somme de deux carrés d'entiers ? ».

1. Compréhension du problème

a. Traduire, à l'aide d'écritures mathématiques, le problème posé.

b. Justifier que les deux nombres 0 et 0 satisfont le problème posé, tout comme 1 et 2.

c. La décomposition en somme de carrés d'entiers semble-t-elle unique ?

d. Dans le but de conjecturer plus facilement une réponse à ce problème, on a écrit, à l'aide du logiciel *AlgoBox*, l'algorithme ci-contre :

i. Reproduire cet algorithme sur un logiciel de programmation et l'exécuter avec les entiers $N = 0 ; 1 ; 2 ; 3 ; 4$ et 5.
Que remarque-t-on ?

ii. Quelle est la fonction de cet algorithme ?

iii. Expliquer en quoi cet algorithme peut aider à conjecturer une réponse au problème posé. Formuler une conjecture au problème posé.

```
VARIABLES
  N EST_DU_TYPE NOMBRE
  a EST_DU_TYPE NOMBRE
  b EST_DU_TYPE NOMBRE
  compteur EST_DU_TYPE NOMBRE
DEBUT_ALGORITHME
  LIRE N
  compteur PREND_LA_VALEUR 0
  POUR a ALLANT_DE 0 A N
    DEBUT_POUR
    POUR b ALLANT_DE 0 A N
      DEBUT_POUR
      SI (N==pow(a,2)+pow(b,2)) ALORS
        DEBUT_SI
        compteur PREND_LA_VALEUR compteur+1
        AFFICHER N
        AFFICHER "="
        AFFICHER a
        AFFICHER "²+"
        AFFICHER b
        AFFICHER "²"
        FIN_SI
      FIN_POUR
    FIN_POUR
  SI (compteur==0) ALORS
    DEBUT_SI
    AFFICHER "Pas de décomposition possible !"
    FIN_SI
FIN_ALGORITHME
```

2. Réponse au problème

Soit x, y, x', y' quatre entiers. On pose $N = x^2 + y^2$ et $N' = x'^2 + y'^2$.

1. Calculer le produit $N \times N'$. Peut-on montrer que $N \times N'$ est alors la somme de deux carrés d'entiers ?

2. On pose alors $z = x + iy$ et $z' = x' + iy'$.

a. Exprimer N en fonction de z et N' en fonction de z'.

b. Déduire d'une propriété des nombres complexes, que le nombre $N \times N'$ s'écrit bien sous la forme d'une somme de deux carrés d'entiers.

c. En déduire une astuce algébrique permettant de répondre à ce problème sans passer par les nombres complexes.

d. Le résultat est-il généralisable à des nombres réels ?

→ À vous de jouer

On se pose le même problème, mais avec le **produit** de trois nombres où chacun se décompose sous la forme d'une somme de deux carrés d'entiers.

I. Racine *n*-ièmes de l'unité

Soit $n \in \mathbb{N}, n \geqslant 2$. On considère l'équation (E) d'inconnue complexe z :

$$z^n = 1.$$

Les solutions de l'équation (E) sont appelées « racines n-ièmes de l'unité ».

1. On pose $\omega = e^{i\frac{2k\pi}{n}}$. Vérifier que ω est une solution de l'équation (E).
2. Montrer que z est solution de (E) si et seulement si :
$$|z| = 1 \text{ et } \arg z = \frac{2k\pi}{n},\ k \in \mathbb{Z}.$$
3. En déduire la forme exponentielle des solutions de l'équation (E).
4. En déduire que l'équation (E) admet exactement n solutions qui sont les nombres complexes ω_k de la forme :
$$\omega_k = e^{i\frac{2k\pi}{n}},\ k \in \{0, \ldots, n-1\}.$$
5. Justifier que, pour tout $k \in \mathbb{Z}$,
$$\left|\frac{\omega_{k+1}}{\omega_k}\right| = 1 \text{ et } \arg\left(\frac{\omega_{k+1}}{\omega_k}\right) = \frac{2\pi}{n}.$$
6. En déduire une méthode permettant de représenter graphiquement les solutions de l'équation (E) à partir de la représentation de ω.
7. Justifier que, pour tout $k \in \{0, \ldots, n-1\}$, $\omega_k = \omega^k$.
8. Démontrer que : $\omega^n = 1$ et $1 + \omega + \ldots + \omega^{n-1} = 0$.
9. En déduire la valeur de :
$$\sum_{k=0}^{k=n-1} \cos\left(\frac{2k\pi}{n}\right) \text{ et } \sum_{k=0}^{k=n-1} \sin\left(\frac{2k\pi}{n}\right).$$
10. **Application :** Donner les racines carrées, cubiques et quatrièmes de l'unité.

II. Racine *n*-ièmes d'un nombre complexe

Soit $a \in \mathbb{C}^*$ et $n \in \mathbb{N}$, $n \geqslant 2$. On considère l'équation (E) d'inconnue complexe z : $z^n = a$.

On pose $m = |a|$ et $\alpha = \arg a\ (2\pi)$.

1. Justifier que $z_0 = \sqrt[n]{m}\, e^{i\frac{\alpha}{n}}$ est solution particulière de l'équation (E).
2. Justifier que l'équation (E) équivaut à : $\left(\frac{z}{z_0}\right)^n = 1$.
3. En déduire :
   a. que l'équation (E) admet exactement n solutions ;
   b. une méthode permettant d'obtenir toutes les solutions de l'équation (E) à partir de z_0.
4. **Application :**
   a. Calculer $(1 - 2i)^4$.
   b. Résoudre l'équation : $z^4 = -7 + 24i$.
   c. Résoudre l'équation : $(2z - 1)^4 = z^4$.

III. Pentagone à la règle et au compas

1. Déterminer les racines cinquièmes de 1 et représenter graphiquement les points-images dans le plan complexe.

On pose : $\omega = e^{i\frac{2\pi}{5}}$, $\alpha = \omega + \omega^4$, $\beta = \omega^2 + \omega^3$.

2. Montrer que :
$$\omega^5 = 1 \text{ et } 1 + \omega + \ldots + \omega^4 = 0.$$
3. En déduire que :
$$\begin{cases} X = \omega + \dfrac{1}{\omega} \\ X^2 + X - 1 = 0 \end{cases}.$$
4. En déduire que α et β sont les solutions de l'équation :
$$X^2 + X - 1 = 0.$$
5. Justifier que $\omega^4 = \overline{\omega}$ et en déduire que :
$$\cos\frac{2\pi}{5} = \frac{\sqrt{5} - 1}{4}.$$
6. A partir du cercle de centre Ω d'affixe $-\frac{1}{2}$ et passant par B d'affixe i, en déduire la construction à la règle et au compas de $\cos\frac{2\pi}{n}$.

IV. Factorisation dans $\mathbb{C}$, dans $\mathbb{R}$

On considère le polynôme P à coefficients réels et défini sur $\mathbb{C}$ par : $P(z) = z^6 + 8$.

1. a. Résoudre, dans $\mathbb{C}$, l'équation :
$$z^6 = -8.$$
   b. Représenter graphiquement les points images de ces solutions dans le plan complexe.
2. Soit a un nombre complexe de module 1. Montrer que :
$$(z - a)(z - \overline{a}) = z^2 - 2\,\mathrm{Re}(a)z + 1.$$
3. Soit $z \in \mathbb{C}$. Montrer que si $P(z) = 0$ alors $P(\overline{z}) = 0$. En déduire que $P(z)$ possède trois couples de racines complexes conjuguées.
4. En déduire une factorisation du polynôme P sur $\mathbb{R}$.

Euclide
(325 à 265 avant J.-C.)

Ce savant grec a enseigné à l'école de mathématiques d'Alexandrie et a compilé les travaux des scientifiques de l'époque dans un recueil de 13 livres intitulé *Éléments*.

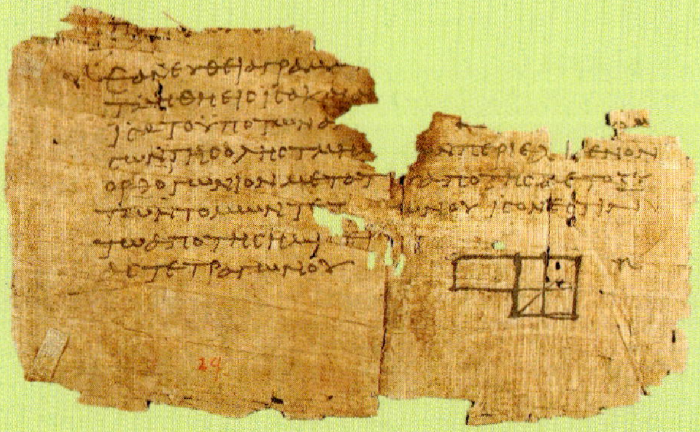

Fragment des *Éléments* d'Euclide sur un papyrus retrouvé en 1896.

Étymologie

- **Cube :** du latin *cubus*, du grec κυβος « dé à jouer ».
- **Espace :** du latin *spatium* « espace » que l'on trouve dans spatial, spationautes.
- **Polyèdre** : du grec πολυ-εδρος « nombreuses bases ».

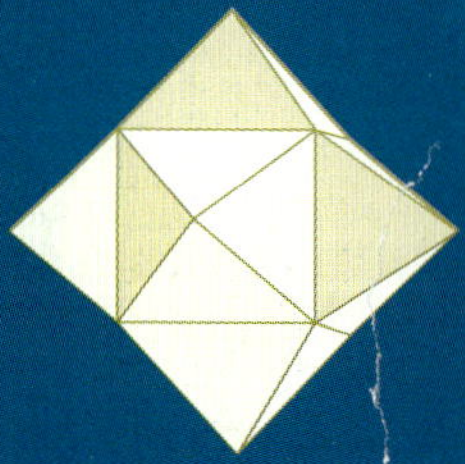

Polyèdre à 24 faces

Littérature

Je te demandais comment réaliser quatre triangles équilatéraux au moyen de six allumettes. Je t'avais donné une phrase pour t'aider à trouver : « Il faut penser différemment. »
Tu avais mis du temps mais tu avais fini par découvrir la solution.
Ouvrir sur la troisième dimension.

Extrait de « *Le jour des fourmis* » Bernard **Werber**, 1992.

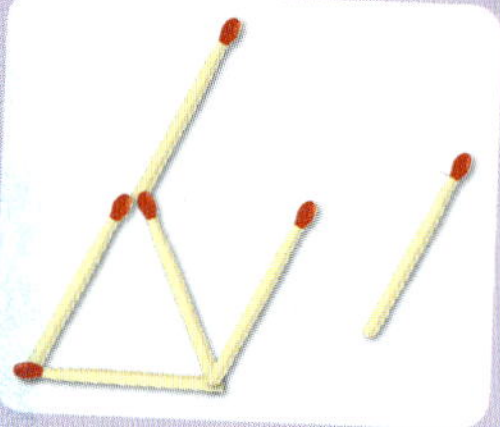

Un solide bien étrange

Le Gömböc est un solide comportant un seul point stable et un unique point instable. Cet objet revient toujours dans la même position d'équilibre, quelque soit sa position de départ.
Il a été inventé en 2007 par deux Hongrois, le mathématicien *Gàbor* ***Domokos*** et l'ingénieur *Peter* ***Vàrkonyie***.

6

Géométrie dans l'espace

1. Positions relatives de droites et plans de l'espace
2. Orthogonalité
3. Géométrie vectorielle dans l'espace
4. Repérage dans l'espace
5. Représentations paramétriques
6. Produit scalaire dans l'espace
7. Équations cartésiennes dans l'espace

Prérequis :

- Calcul vectoriel dans le plan
- Norme et coordonnées dans un repère du plan
- Produit scalaire dans le plan
- Équations cartésiennes dans le plan

1. TICE Démontrer la perpendicularité dans l'espace

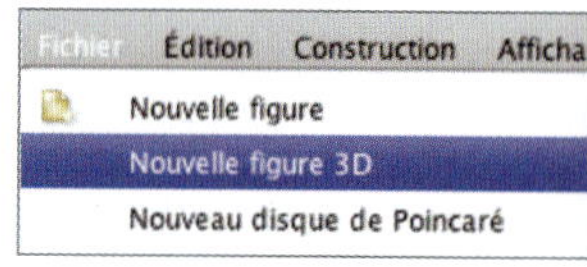

1. À l'aide de *Carmétal* ou sur une feuille

Soit *ABDCDEFGH* un cube de l'espace.

Tracer le plan (*BGE*) et la droite (*FD*).

En modifiant l'angle de vue (clic droit et glisser avec la souris sous *Carmétal*), mettre en évidence que la droite (*FD*) est perpendiculaire au plan (*BGE*).

2. Vers une démonstration

1. On souhaite démontrer que la droite (*BG*) est perpendiculaire au plan (*FCD*).
   Pour cela, il suffit de démontrer que **la droite (*BG*) est orthogonale à deux droites de (*FCD*)**.
   Déterminer ces deux droites et démontrer ainsi que $(BG) \perp (FCD)$.
2. Démontrer de la même manière que $(EG) \perp (FHD)$.
3. Pour conclure : la droite (*FD*) est-elle orthogonale à deux droites sécantes du plan (*BGE*) ? Les citer.
   Nous venons de démontrer que la droite (*FD*) est perpendiculaire au plan (*BGE*).

3. Avec un deuxième plan

Sur la même figure, à l'aide de *Carmétal*, tracer le plan (*ACH*).

En modifiant l'angle de vue, mettre en évidence que la droite (*FD*) est perpendiculaire au plan (*ACH*).

Proposer une démonstration.

> **INDICE**
> Que peut-on dire des plans (*ACH*) et (*BGE*) ?

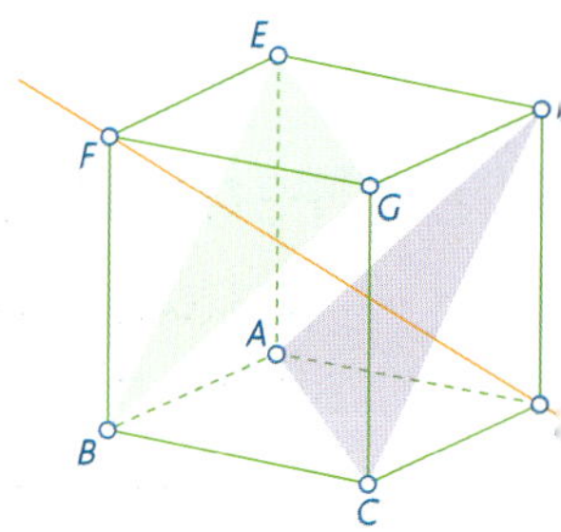

2. Du plan à l'espace : calcul du produit scalaire

La figure fournie ci-contre représente trois cubes d'arêtes 1 les uns à côté des autres.

On souhaite calculer le produit scalaire $\overrightarrow{DQ} \cdot \overrightarrow{DJ}$.

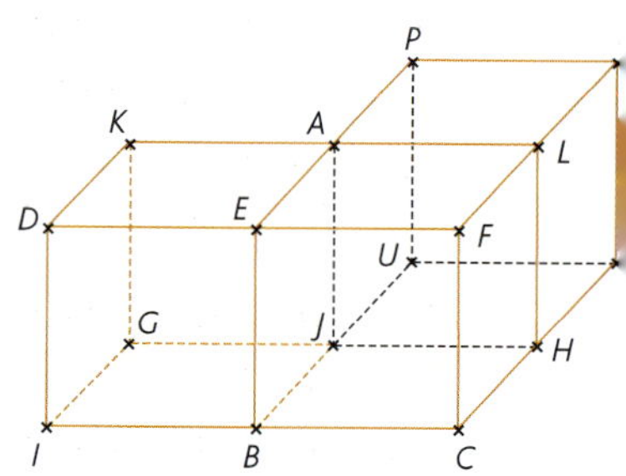

1. Du plan à l'espace

1. À partir d'une figure plane représentant uniquement la situation dans le plan (*DIJ*), calculer $\overrightarrow{DQ} \cdot \overrightarrow{DJ}$.
2. Recopier et compléter cette phrase : dans le plan muni d'un repère orthonormé, si $\vec{u}\begin{pmatrix} x \\ y \end{pmatrix}$ et $\vec{v}\begin{pmatrix} x' \\ y' \end{pmatrix}$, alors le produit scalaire est donné par $\vec{u} \cdot \vec{v} =$ ....

3. On se propose de découvrir qu'une propriété analogue existe dans l'espace.
On se place dans le repère orthonormé $(J ; \overrightarrow{JB}, \overrightarrow{JH}, \overrightarrow{JA})$. K a pour coordonnées $(0 ; -1 ; 1)$ et $P(-1 ; 0 ; 1)$. Déterminer les coordonnées des point D, Q et J.
En déduire les coordonnées x, y, z, x', y' et z' des vecteurs $\overrightarrow{DQ}\begin{pmatrix} x \\ y \\ z \end{pmatrix}$ et $\overrightarrow{DJ}\begin{pmatrix} x' \\ y' \\ z' \end{pmatrix}$.
4. Calculer $xx' + yy' + zz'$. Que constate-t-on ?

2. Vers une démonstration

Dans le repère orthonormé $(O ; \vec{i}, \vec{j}, \vec{k})$, on considère les points $A(x ; y ; z)$ et $B(x ; y ; 0)$.
On pose $\vec{u} = \overrightarrow{OA}$.

1. En représentant le triangle OBA, montrer que $OA^2 = OB^2 + z^2$.
2. En déduire une expression de $\|\vec{u}\|^2$ en fonction de x, y et z.
3. Soit $\vec{v}\begin{pmatrix} x' \\ y' \\ z' \end{pmatrix}$. Exprimer $\|\vec{v}\|^2$ en fonction de x', y' et z' puis $\|\vec{u} - \vec{v}\|^2$ en fonction des coordonnées de $\vec{u}$ et de $\vec{v}$.
4. En utilisant la définition du produit scalaire vue en Première :

$$\vec{u} \cdot \vec{v} = \|\vec{u}\|^2 + \|\vec{v}\|^2 - \|\vec{u} - \vec{v}\|^2, \text{ démontrer que } \vec{u} \cdot \vec{v} = xx' + yy' + zz'.$$

3. Écrire un programme permettant de calculer la valeur du produit scalaire de deux vecteurs à partir de leurs coordonnées dans l'espace.

3. Vers une équation de plan

On recherche une équation de l'ensemble des points $M(x ; y ; z)$ équidistants de $A(1 ; 2 ; 5)$ et de $B(3 ; -2 ; 1)$ par deux méthodes.

1. Soit (E) l'ensemble des points $M(x ; y ; z)$ de l'espace vérifiant $AM = BM$.

1. Calculer AM^2 et BM^2.
2. À partir de l'égalité $AM^2 = BM^2$, déterminer une équation de (E) de la forme :

$$ax + by + cz + d = 0.$$

3. Montrer que les coordonnées du point I, milieu du segment $[AB]$, vérifient cette équation.

2. Soit (E') le plan passant par le milieu I de $[AB]$ et perpendiculaire à la droite (AB).

1. Pour tout point M du plan (E'), montrer que $\overrightarrow{MI} \cdot \overrightarrow{AB} = 0$.
2. Exprimer à l'aide des coordonnées des vecteurs $\overrightarrow{MI}$ et $\overrightarrow{AB}$, une expression du produit scalaire $\overrightarrow{MI} \cdot \overrightarrow{AB}$, puis une équation de (E').

3. Démontrer que les équations de (E) et de (E') sont équivalentes.

Que peut-on conclure sur les ensembles (E) et (E') ?

Définition
L'ensemble des points M équidistants des points A et B est appelé **plan médiateur** du segment $[AB]$.

4. Réaliser un algorithme déterminant une équation cartésienne du plan médiateur du segment $[AB]$, où l'utilisateur donnera les coordonnées des points A et B.

cours

1. Positions relatives de droites et plans de l'espace

Par **parallèles** (au sens large), on entend strictement parallèles ou confondus.

Deux droites sont **coplanaires** si elles sont dans le même plan.

définitions

- Deux plans de l'espace sont **strictement parallèles** s'ils n'ont aucun point commun.

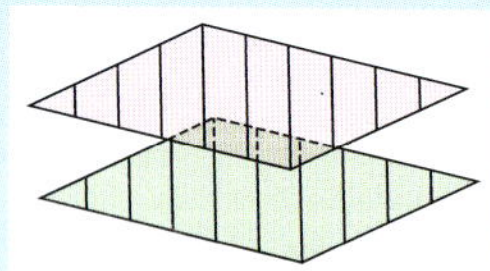

- Une droite et un plan de l'espace sont **strictement parallèles** s'ils n'ont aucun point commun.

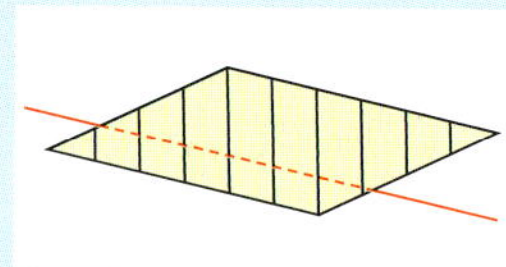

- Deux droites de l'espace sont **strictement parallèles** si elles sont coplanaires et qu'elles n'ont aucun point commun.

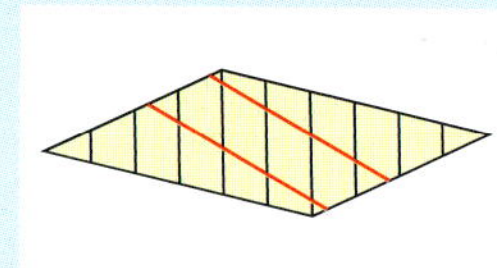

positions relatives de deux plans

- Deux plans peuvent être **confondus.**

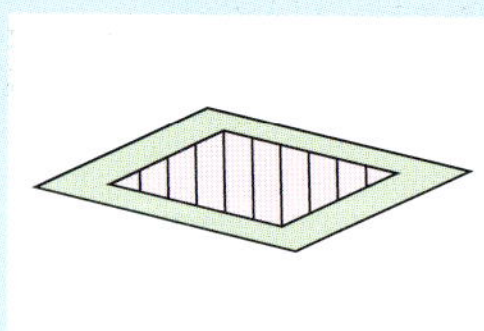

- Deux plans peuvent être **strictement parallèles**.

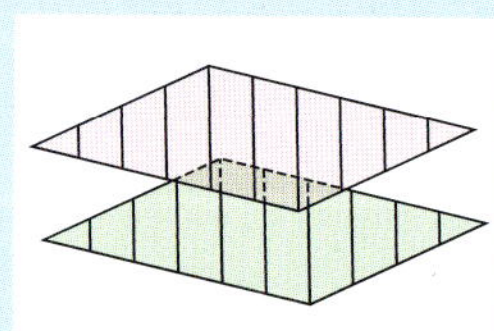

- Deux plans peuvent être **sécants selon une droite**.

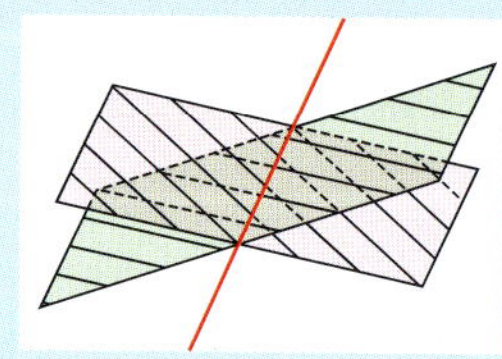

positions relatives d'une droite et d'un plan

- Une droite peut être **incluse** dans un plan.

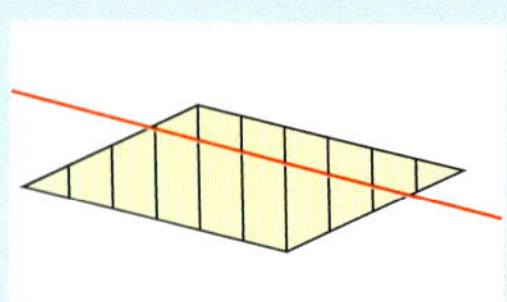

- Une droite et un plan peuvent être **strictement parallèles**.

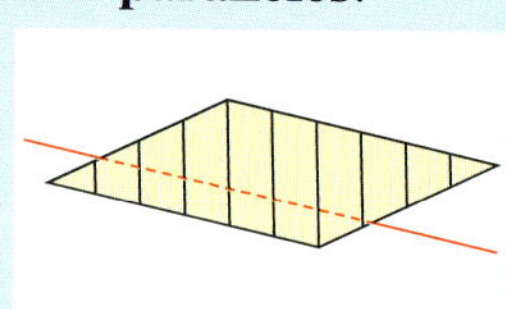

- Une droite et un plan peuvent être **sécants en un point**.

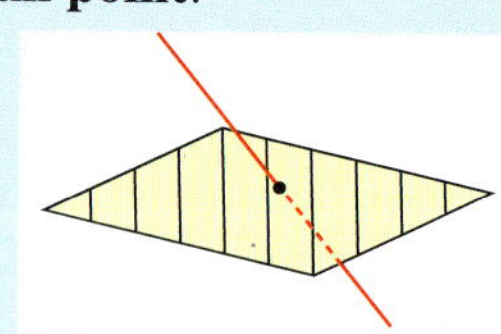

Attention : dans l'espace, deux droites n'ayant aucun point en commun ne sont pas pour autant strictement parallèles !

positions relatives de deux droites

Deux droites peuvent être **coplanaires**.

On distingue alors trois cas :

- elles sont **confondues** ;

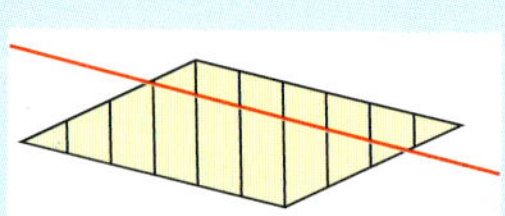

- elles sont **strictement parallèles** ;

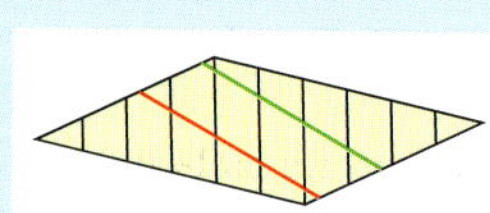

- elles sont **sécantes**.

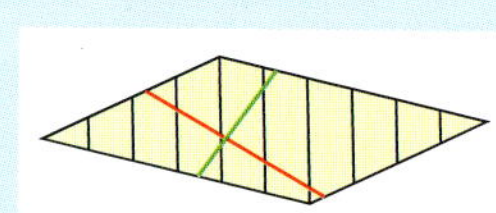

Déterminer la nature d'une intersection de plans

→ Exercice 27

Dans le cube *ABCDEFGH*, on note *I* le milieu de [*AB*], *J* le milieu de [*DH*], *K* le milieu de [*HG*] et *L* le milieu de [*EF*].
Quelle est la nature de l'intersection des plans (*IJK*) et (*BCL*) ? Justifier.

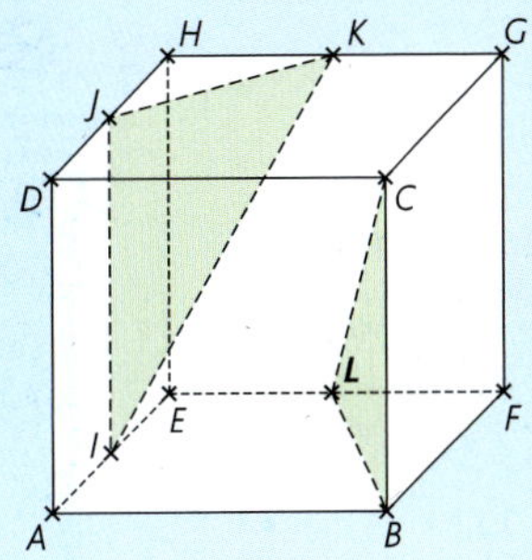

solution

Le plan (*IJK*) contient la droite parallèle à la droite (*IJ*) passant par le point *K*. Cette droite passe par le point *L*, milieu du segment [*EF*].
De même, le plan (*BCL*) contient la droite parallèle à la droite (*BC*) passant par le point *L*.
Cette droite passe par le point *K*, milieu du segment [*HG*].
Donc les plans (*IJK*) et (*BCL*) sont sécants en au moins deux points *L* et *K*. Puisque ces plans ne sont pas confondus (car les points *B*, *C*, *K* et *I* ne sont pas coplanaires), alors l'intersection des deux plans est la droite (*LK*).

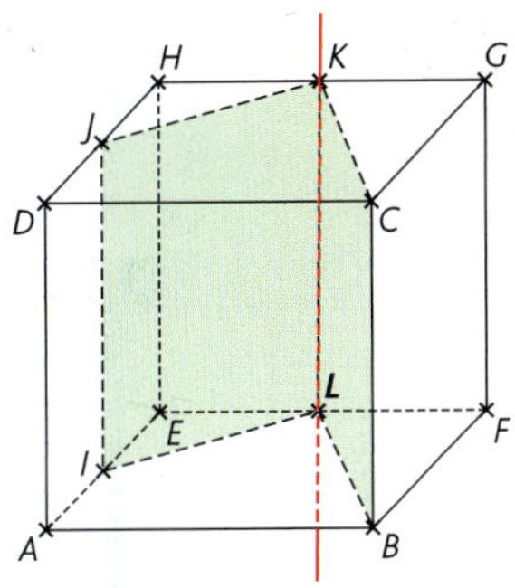

Découper un cube suivant un plan

→ Exercices 26 et 28

On souhaite découper le cube *ABCDEFGH* suivant le plan (*IJK*). Tracer l'intersection du plan avec chaque face, puis réaliser le cube « découpé » de son sommet *C*.

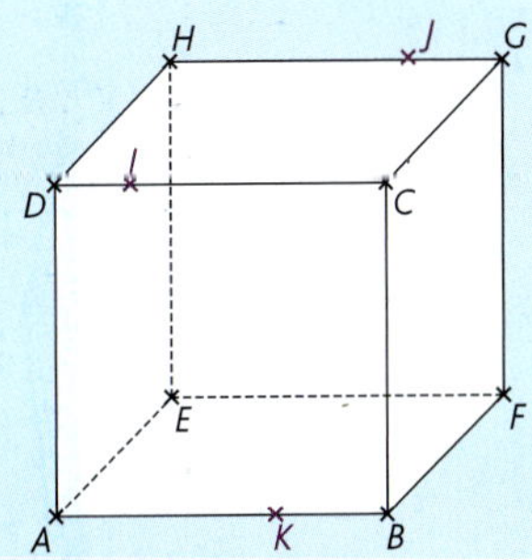

solution

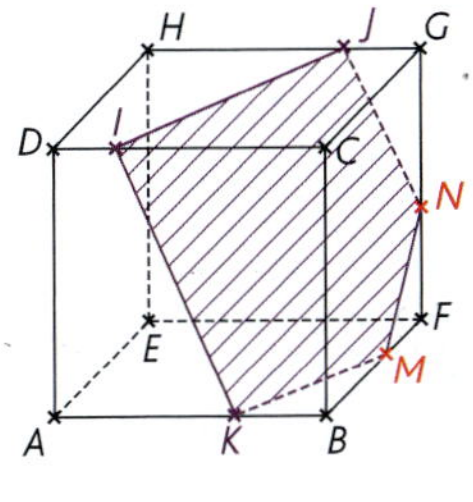

On trace la parallèle à la droite (*IJ*) passant par le point *K*. Elle coupe le segment [*BF*] au point *M*. Ensuite, on trace la parallèle à la droite (*IK*) passant par le point *J*. Elle coupe le segment [*GF*] au point *N*. On trace ensuite le polygone *KIJNM*, il représente le plan de découpe du cube.
On efface ensuite les sommets *C*, *G* et *B* ainsi que les segments issus de ces points vers le plan de découpe.
On obtient alors le cube « découpé ».

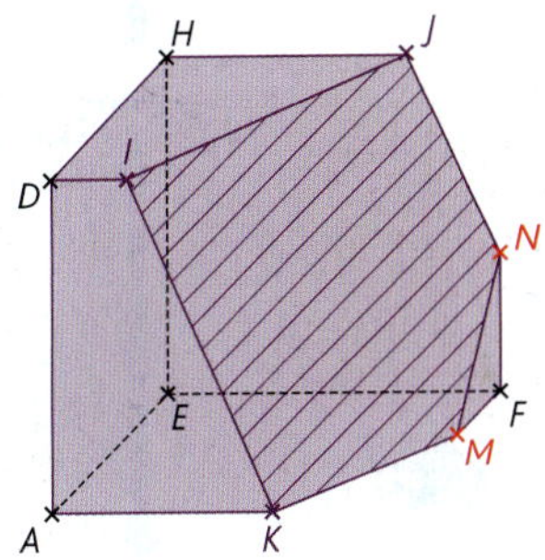

2. Orthogonalité

2.1 Orthogonalité de droites

On parle de droites **perpendiculaires** lorsque les droites sont sécantes.

définition

Deux droites (D) et (D') sont dites **orthogonales** si leurs parallèles passant par un point quelconque de l'espace sont perpendiculaires.
On note $(D) \perp (D')$.

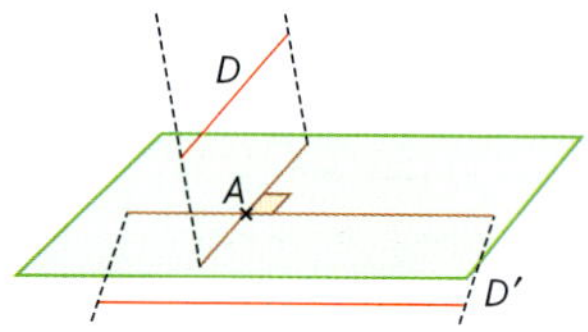

Attention, dans l'espace deux droites perpendiculaires à la même droite ne sont pas obligatoirement parallèles entre elles.

propriété

(1) Si deux droites sont parallèles, alors toute droite orthogonale à l'une est orthogonale à l'autre.

Démonstration : Si les droites (D) et (D') sont orthogonales, alors d'après la définition, leurs parallèles passant par un point quelconque sont perpendiculaires. C'est en particulier vrai pour toute parallèle à (D) qui est donc orthogonale à (D').

2.2 Orthogonalité d'une droite et d'un plan

définition

Une droite (D) est orthogonale à un plan (P) si elle est orthogonale à toute droite de ce plan.
On note $(D) \perp (P)$.

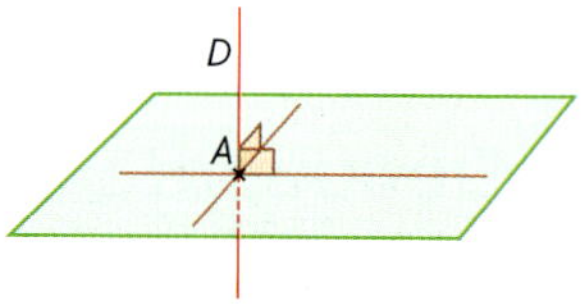

propriétés (2) démontrée page 299

(2) Une droite est orthogonale à un plan si, et seulement si, elle est orthogonale à deux droites sécantes de ce plan.
(3) Si deux droites sont parallèles, alors tout plan orthogonal à l'une est orthogonal à l'autre.
(4) Si deux droites sont orthogonales au même plan, alors elles sont parallèles.

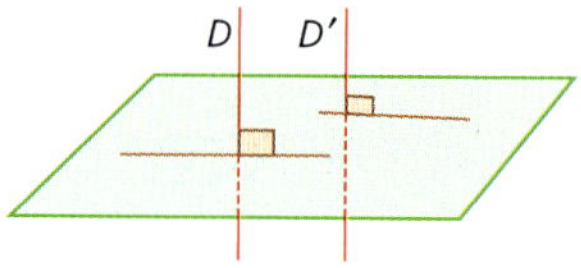

Démonstration (3) : Si les droites (D) et (D') sont parallèles, alors toute droite orthogonale à (D) est orthogonale à (D') (voir propriété **(1)**). Donc toute droite du plan (P) orthogonale à (D) est aussi orthogonale à (D'). Donc $(D') \perp (P)$.

propriétés

(5) Si deux plans sont parallèles, alors toute droite orthogonale à l'un est orthogonale à l'autre.
(6) Si deux plans sont orthogonaux à une même droite, alors ils sont parallèles.

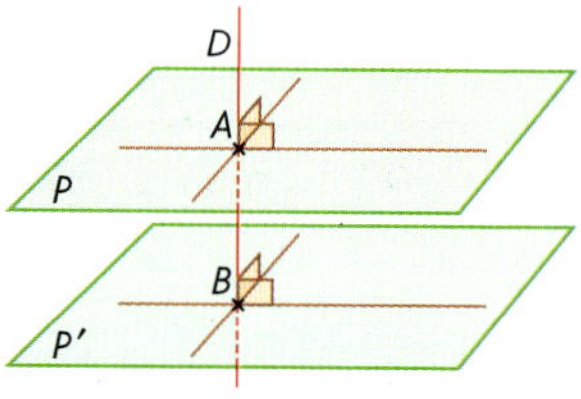

Démontrer que des droites sont orthogonales (1)

→ Exercices 25 et 26

Dans le cube *ABCDEDGH*, montrer que les droites (*AB*) et (*EH*) sont orthogonales.

solution

Dans le carré *ABFE*, les droites (*AB*) et (*EF*) sont parallèles.
Dans le carré *EFGH*, les droites (*EF*) et (*EH*) sont perpendiculaires, donc la droite (*EF*) parallèle à la droite (*AB*) passant par le point *E* est perpendiculaire à la droite (*EH*).
Ce qui montre que les droites (*AB*) et (*EH*) sont orthogonales.

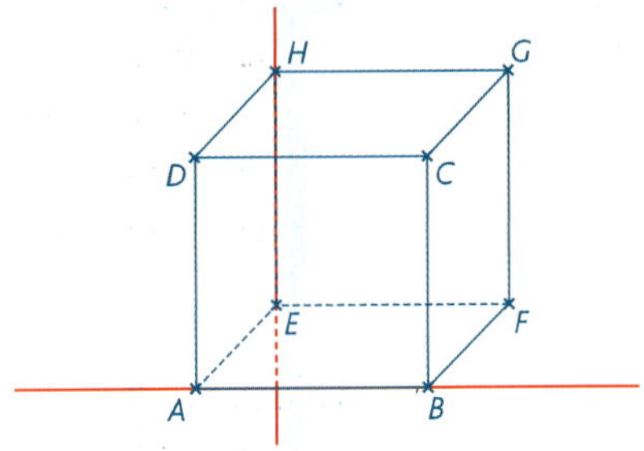

Démontrer que des droites sont orthogonales (2)

→ Exercices 25 et 26

Dans le cube *ABCDEDGH*, montrer que les droites (*AB*) et (*CF*) sont orthogonales.

solution

Dans le carré *ABCD*, les droites (*AB*) et (*BC*) sont perpendiculaires.
Dans le carré *ABFE*, les droites (*AB*) et (*BF*) sont perpendiculaires.
Donc la droite (*AB*) est orthogonale à deux droites sécantes du plan (*BCF*). La droite (*AB*) est donc orthogonale au plan (*BCF*).
Or la droite (*CF*) appartient au plan (*BCF*).
La droite (*AB*) étant orthogonale à toute droite du plan (*BCF*), alors les droites (*AB*) et (*CF*) sont orthogonales.

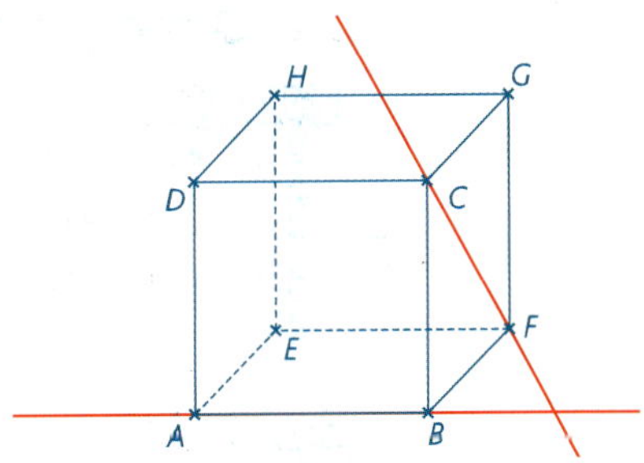

Démontrer qu'une droite est orthogonale à un plan donné

→ Exercices 25 et 26

Dans le cube *ABCDEFGH*, démontrer que la droite (*DG*) est orthogonale au plan (*BCHE*).

solution

Dans le carré *DCGH*, les droites (*DG*) et (*HC*) sont perpendiculaires (étant les diagonales du carré). La droite (*HE*) est perpendiculaire aux droites (*HG*) et (*HD*), elle est donc orthogonale au plan (*DCGH*).
Donc la droite (*HE*) est orthogonale à toute droite du plan (*DCGH*), en particulier les droites (*HE*) et (*DG*) sont orthogonales.
La droite (*DG*) est donc orthogonale à deux droites sécantes (*HE*) et (*HC*) du plan (*HCBE*), elle est donc orthogonale au plan (*HCBE*).

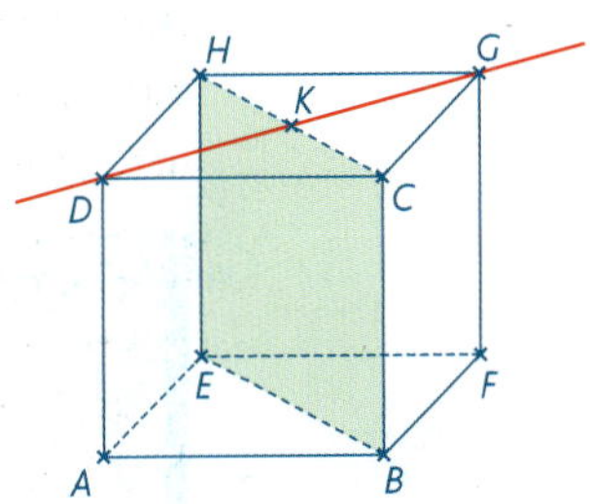

3. Géométrie vectorielle dans l'espace

3.1 Caractérisation d'un plan

Un plan peut donc être complètement défini par un point et deux vecteurs non colinéaires.

définition

Caractérisation d'un plan par un point et deux vecteurs non colinéaires
Soit A un point de l'espace, $\vec{i}$ et $\vec{j}$ deux vecteurs non colinéaires, et I et J les points tels que $\overrightarrow{AI} = \vec{i}$ et $\overrightarrow{AJ} = \vec{j}$.
L'ensemble des points M tels que $\overrightarrow{AM} = \alpha\vec{i} + \beta\vec{j}$, avec α et β réels, est le plan (AIJ).
On dit que le plan (P) est **dirigé** par le couple $(\vec{i}, \vec{j})$.

Le plan (P) est noté $(A ; \vec{i}, \vec{j})$.

3.2 Vecteurs coplanaires

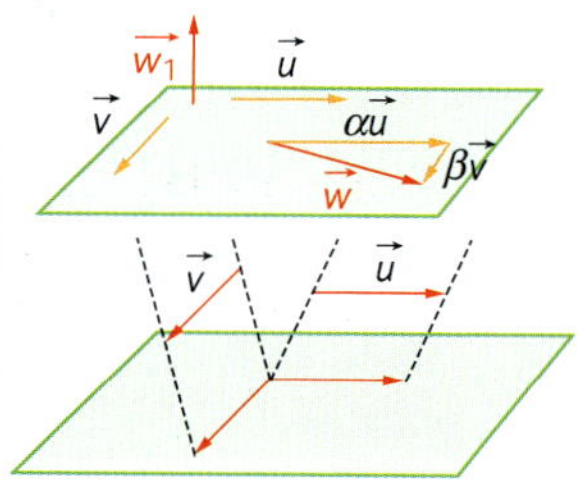

définition

Soit $\vec{u}$, $\vec{v}$ et $\vec{w}$ trois vecteurs de l'espace.
On dit que $\vec{u}$, $\vec{v}$ et $\vec{w}$ sont **coplanaires** s'il existe trois réels non tous nuls α, β et γ tels que :

$$\alpha\vec{u} + \beta\vec{v} + \gamma\vec{w} = \vec{0}.$$

Remarques :

- Il suffit de montrer qu'il existe α_1 et β_1 réels tels que $\vec{w} = \alpha_1\vec{u} + \beta_1\vec{v}$.
- Trois points sont toujours dans le même plan (coplanaires), ce qui explique qu'un trépied ne peut pas être bancal.
- Deux vecteurs sont toujours coplanaires (on peut trouver deux représentants de deux vecteurs dans un même plan).

Remarque
Cette décomposition est unique.

théorème

Quatre points A, B, C et D sont coplanaires si, et seulement si, les vecteurs $\overrightarrow{AB}$, $\overrightarrow{AC}$ et $\overrightarrow{AD}$ sont coplanaires.

Remarques :

- La droite $(A ; \vec{u})$ et le plan $(B ; \vec{v}, \vec{w})$ sont parallèles si, et seulement si, $\vec{u}$, $\vec{v}$ et $\vec{w}$ sont coplanaires.
- $(AB) // (CDE)$ si, et seulement si, $\overrightarrow{AB}$, $\overrightarrow{CD}$ et $\overrightarrow{CE}$ sont coplanaires.

propriété et définition

Soit $\vec{u}$ un vecteur de l'espace et $\vec{i}$, $\vec{j}$ et $\vec{k}$ trois vecteurs non coplanaires.
Alors il existe un unique triplet de réels x, y et z tels que $\vec{u} = x\vec{i} + y\vec{j} + z\vec{k}$.
$\begin{pmatrix} x \\ y \\ z \end{pmatrix}$ sont les **coordonnées du vecteur $\vec{u}$** dans la base $(\vec{i}, \vec{j}, \vec{k})$.

Démontrer que des vecteurs sont coplanaires

→ Exercices 44 à 46

Dans le cube $ABCDEFGH$, démontrer que les vecteurs $\overrightarrow{AB}$, $\overrightarrow{AD}$ et $\overrightarrow{FH}$ sont coplanaires.

solution

Dans le carré $ABFE$, on a $\overrightarrow{AB} = \overrightarrow{EF}$ et dans le carré $ADHE$, on a $\overrightarrow{AD} = \overrightarrow{EH} = \overrightarrow{FG}$.
On peut donc exprimer le vecteur $\overrightarrow{EG} = \overrightarrow{EF} + \overrightarrow{FG}$ en fonction des deux autres $\overrightarrow{EG} = \overrightarrow{AB} + \overrightarrow{AD}$ ou bien $\overrightarrow{AB} + \overrightarrow{AD} - \overrightarrow{EG} = \vec{0}$.
Donc les vecteurs $\overrightarrow{AB}$, $\overrightarrow{AD}$ et $\overrightarrow{FH}$ sont coplanaires.

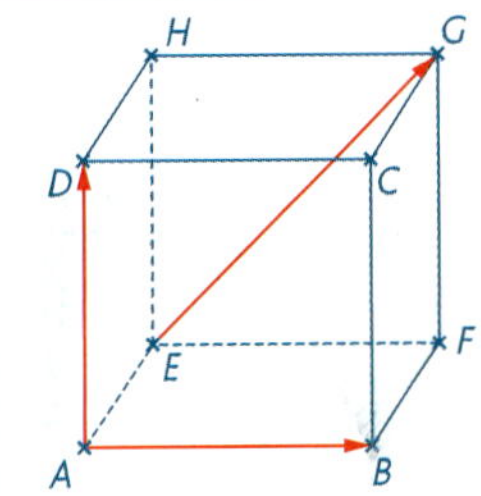

Déterminer les coordonnées dans l'espace

→ Exercices 39 à 41

On considère la figure de l'espace suivante constituée de quatre cubes.
Déterminer les coordonnées des points K, J, M dans le repère $(A\ ;\ \overrightarrow{AL}, \overrightarrow{AN})$.

solution

$\overrightarrow{AK} = -\overrightarrow{AL}$ donc le point K a pour coordonnées $(-1\ ;\ 0)$.
$\overrightarrow{AJ} = -\overrightarrow{AN}$ donc le point J a pour coordonnées $(0\ ;\ -1)$.
$\overrightarrow{AM} = \overrightarrow{AL} + \overrightarrow{AN}$ donc le point M a pour coordonnées $(1\ ;\ 1)$.

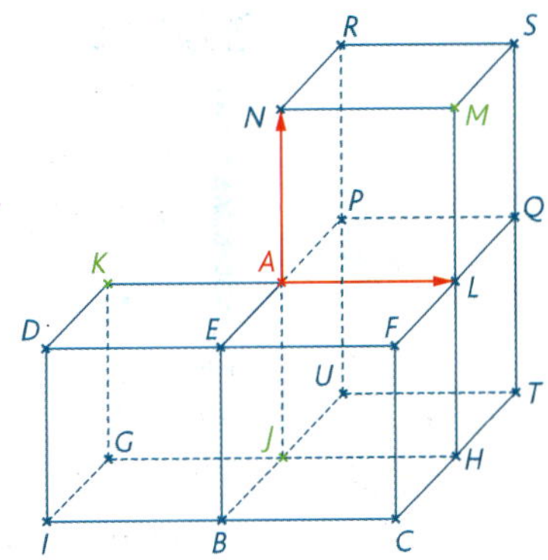

Démontrer que des points sont coplanaires

→ Exercices 36 à 43

On considère la figure de l'espace précédente constituée de quatre cubes.
Démontrer que les points A, R, L et I sont coplanaires.

solution

On essaie de démontrer que les vecteurs $\overrightarrow{AR}$, $\overrightarrow{AL}$ et $\overrightarrow{AI}$ sont coplanaires.
$\overrightarrow{AI} = \overrightarrow{AK} + \overrightarrow{KI}$.
Or $\overrightarrow{AK} = -\overrightarrow{AL}$ et $\overrightarrow{KI} = -\overrightarrow{AR}$,
donc $\overrightarrow{AI} = -\overrightarrow{AL} - \overrightarrow{AR}$, ce qui peut aussi s'écrire :

$$\overrightarrow{AI} + \overrightarrow{AL} + \overrightarrow{AR} = \vec{0}.$$

Donc les vecteurs $\overrightarrow{AR}$, $\overrightarrow{AL}$ et $\overrightarrow{AI}$ sont coplanaires et les points A, L, R et I sont coplanaires.

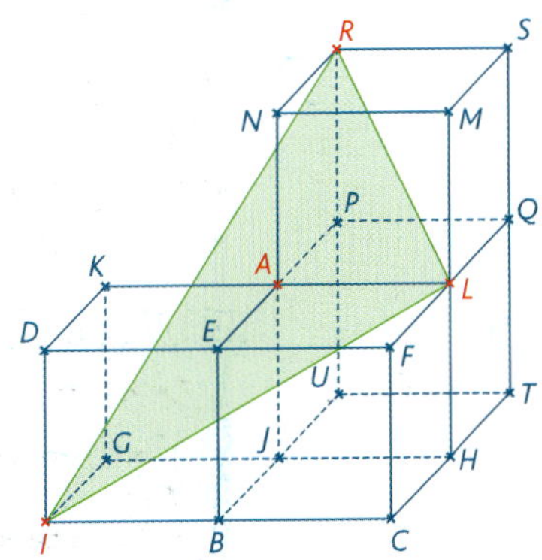

4. Repérage dans l'espace

4.1 Repères de l'espace

$(\vec{i}, \vec{j}, \vec{k})$ est une **base** de l'espace si les vecteurs sont non coplanaires.

définition

Si $\vec{i}$, $\vec{j}$ et $\vec{k}$ sont trois vecteurs non coplanaires et O un point fixe, alors on munit l'espace du repère $(O\,;\vec{i}, \vec{j}, \vec{k})$.

D'après la définition des coordonnées de vecteur, il existe un unique triplet $(x\,;y\,;z)$ tel que, pour tout point M de l'espace, on a $\overrightarrow{OM} = x\vec{i} + y\vec{j} + z\vec{k}$.

x est **l'abscisse** du point M, y est l'**ordonnée** et z est **la cote**.

définition

On dit que le repère est **orthonormé** si $\vec{i}$, $\vec{j}$ et $\vec{k}$ sont trois vecteurs deux à deux orthogonaux et de même norme $\|\vec{i}\| = \|\vec{j}\| = \|\vec{k}\| = 1$.

4.2 Colinéarité et alignement dans un repère de l'espace

On retrouve les propriétés du plan avec une coordonnée de plus : la cote z.

théorèmes

- Deux vecteurs non nuls $\vec{u}\begin{pmatrix}x\\y\\z\end{pmatrix}$ et $\vec{v}\begin{pmatrix}x'\\y'\\z'\end{pmatrix}$ sont colinéaires si, et seulement si, il existe un réel k tel que $\vec{u} = k\vec{v}$, c'est-à-dire tel que $\begin{cases}x = kx'\\y = ky'\\z = kz'\end{cases}$.
- Si $A(x_A\,;y_A\,;z_A)$ et $B(x_B\,;y_B\,;z_B)$, alors le vecteur $\overrightarrow{AB}$ a pour coordonnées :

$$\begin{pmatrix}x_B - x_A\\y_B - y_A\\z_B - z_A\end{pmatrix}.$$

- Trois points A, B et C de l'espace sont alignés si, et seulement si, il existe un réel k tel que $\overrightarrow{AB} = k\overrightarrow{AC}$.

4.3 Milieu, distance

théorèmes

- $I\left(\frac{x_A + x_B}{2}\,;\frac{y_A + y_B}{2}\,;\frac{z_A + z_B}{2}\right)$ est le **milieu** du segment $[AB]$.

Dans un repère orthonormé :

- la **norme** du vecteur $\vec{u}$ est $\|\vec{u}\| = \sqrt{x^2 + y^2 + z^2}$;
- la **distance** $AB = \sqrt{(x_B - x_A)^2 + (y_B - y_A)^2 + (z_B - z_A)^2}$.

Attention : il faut être dans un repère orthonormé pour calculer la norme ou la distance de cette façon.

Démontrer que trois points sont alignés

→ Exercices 29 à 33

On considère la figure de l'espace suivante constituée de quatre cubes.

On appelle I_1 le milieu de $[IB]$ et I_2 le milieu du segment $[RS]$.

En utilisant les coordonnées dans un repère de l'espace que vous choisirez, montrer que les points A, I_1 et I_2 sont alignés.

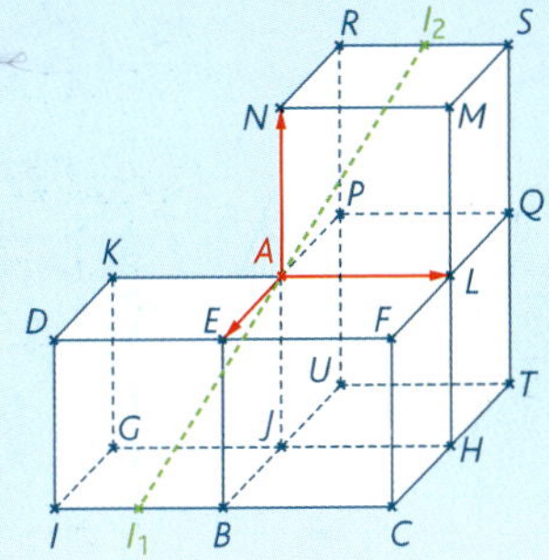

solution

Dans le repère $(A\ ;\ \overrightarrow{AE}, \overrightarrow{AL}, \overrightarrow{AN})$, on a les relations suivantes :

$$\overrightarrow{AI_1} = \overrightarrow{AE} - 0{,}5 \times \overrightarrow{AL} - \overrightarrow{AN} \quad \text{et} \quad \overrightarrow{AI_2} = -\overrightarrow{AE} + 0{,}5 \times \overrightarrow{AL} - \overrightarrow{AN}.$$

Donc on obtient les coordonnées suivantes :

$$A(0\ ;\ 0\ ;\ 0),\ I_1(1\ ;\ -0{,}5\ ;\ -1) \quad \text{et} \quad I_2(-1\ ;\ 0{,}5\ ;\ 1).$$

Le vecteur $\overrightarrow{AI_1}$ a pour coordonnées $\begin{pmatrix} 1 \\ -0{,}5 \\ -1 \end{pmatrix}$ et le vecteur $\overrightarrow{AI_2}$ $\begin{pmatrix} -1 \\ 0{,}5 \\ 1 \end{pmatrix}$.

On a donc la relation $\overrightarrow{AI_1} = -\overrightarrow{AI_2}$, donc il existe un réel $k = -1$ tel que $\overrightarrow{AI_1} = k\overrightarrow{AI_2}$. Donc les points A, I_1 et I_2 sont alignés.

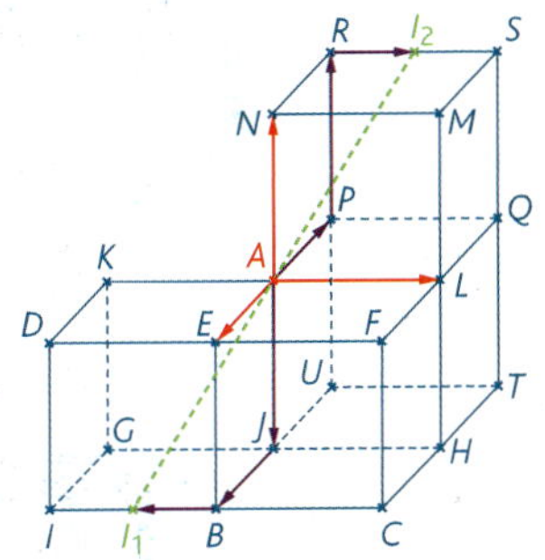

Démontrer que les points appartiennent à une sphère

→ Exercices 79 à 81

Le plan étant muni d'un repère orthonormé, démontrer que les points $I_1(2\ ;\ 0\ ;\ 2)$, $I_2(0\ ;\ 4\ ;\ 4)$ et $I_3(3\ ;\ 3\ ;\ 2)$ appartiennent à la même sphère de centre $A(1\ ;\ 2\ ;\ 3)$.

Déterminer le rayon et une équation de cette sphère.

solution

On calcule les distances suivantes :

$AI_1 = \sqrt{(2-1)^2 + (0-2)^2 + (2-3)^2}$, d'où $AI_1 = \sqrt{6}$;

$AI_2 = \sqrt{(0-1)^2 + (4-2)^2 + (4-3)^2}$, d'où $AI_2 = \sqrt{6}$;

$AI_3 = \sqrt{(3-1)^2 + (3-2)^2 + (2-3)^2}$, d'où $AI_3 = \sqrt{6}$.

Donc les points I_1, I_2 et I_3 sont sur la même sphère de rayon $\sqrt{6}$.

Un point $M(x\ ;\ y\ ;\ z)$ appartient à la sphère de centre $A(x_A\ ;\ y_A\ ;\ z_A)$ et de rayon r si, et seulement si, $AM = r$.

Ce qui s'exprime $(x - x_A)^2 + (y - y_A)^2 + (z - z_A)^2 = r^2$.

L'équation de la sphère de centre $A(1\ ;\ 2\ ;\ 3)$ et de rayon $\sqrt{6}$ est :

$$(x-1)^2 + (y-2)^2 + (z-3)^2 = \sqrt{6}^2.$$

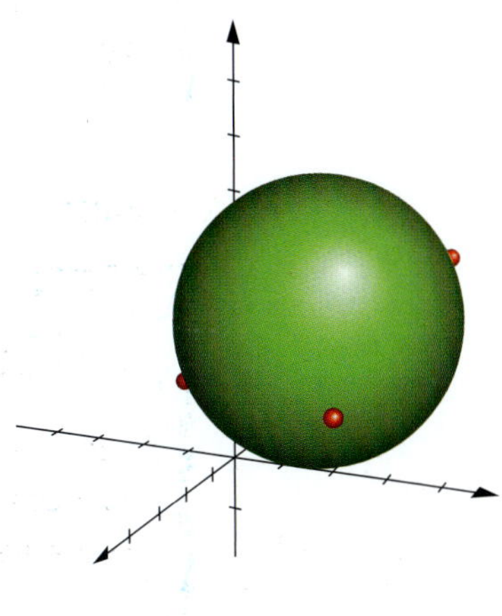

> **REMARQUE**
> On peut aussi l'exprimer sous forme developpée :
> $x^2 - 2x + y^2 - 4y + z^2 - 6z + 8 = 0.$

5. Représentations paramétriques

5.1 Représentations paramétriques d'une droite

théorème

$M(x\ ;\ y\ ;\ z)$ appartient à la droite droite (Δ) passant par $A(x_A\ ;\ y_A\ ;\ z_A)$ et de vecteur directeur non nul $\vec{u}\begin{pmatrix}a\\b\\c\end{pmatrix}$ si, et seulement si, il existe un réel t tel que :

$$\begin{cases}x = at + x_A\\ y = bt + y_A\\ z = ct + z_A\end{cases}.$$

Démonstration :

$M \in (\Delta)$ si, et seulement si, les vecteurs $\overrightarrow{AM}\begin{pmatrix}x - x_A\\y - y_A\\z - z_A\end{pmatrix}$ et $\vec{u}\begin{pmatrix}a\\b\\c\end{pmatrix}$ sont colinéaires,

c'est-à-dire si, et seulement si, il existe un réel t tel que $\overrightarrow{AM} = t\vec{u} \Leftrightarrow \begin{cases}x - x_A = at\\ y - y_A = bt\\ z - z_A = ct\end{cases}.$

définition

$\begin{cases}x = at + x_A\\ y = bt + y_A\\ z = ct + z_A\end{cases}$, $t \in \mathbb{R}$ est appelé **représentation paramétrique** de la droite (Δ).

Remarque : On obtient plusieurs représentations paramètriques pour la même droite : cela dépend des coordonnées du point A et du vecteur directeur choisi.
Si $t \in \mathbb{R}^+$, alors $\overrightarrow{AM}$ et $\vec{u}$ sont de même sens, et dans ce cas on obtient une représentation paramétrique de la **demi-droite** d'origine A et de même sens que $\vec{u}$.

5.2 Représentations paramétriques d'un plan

théorème

$M(x\ ;\ y\ ;\ z)$ appartient au plan (P) passant par $A(x_A\ ;\ y_A\ ;\ z_A)$ et de vecteurs directeurs non colinéaires $\vec{u}\begin{pmatrix}a\\b\\c\end{pmatrix}$ et $\vec{v}\begin{pmatrix}a'\\b'\\c'\end{pmatrix}$ si, et seulement si, il existe un couple de réels t et t' tels que $\begin{cases}x = at + at' + x_A\\ y = bt + bt' + y_A\\ z = ct + ct' + z_A\end{cases}.$

On utilise la caractérisation d'un plan par un point et deux vecteurs non colinéaires (voir paragraphe 3.1).

définition

$\begin{cases}x = at + a't' + x_A\\ y = bt + b't' + y_A\\ z = ct + c't' + z_A\end{cases}$, t et $t' \in \mathbb{R}$ est appelé **représentation paramétrique** du plan (P).

Remarque :
On obtient plusieurs représentations paramètriques pour le même plan : cela dépend des coordonnées du point A et des coordonnées des deux vecteurs directeurs choisis.

Utiliser les équations paramétriques de droite

→ Exercices 85 à 90

1. **Donner un système d'équations paramétriques de la droite (*AB*) avec *A*(– 1 ; 2 ; 3) et *B*(1 ; – 1 ; 1).**

2. **Le point *C*(2 ; 0 ; 4) appartient-il à la droite (*AB*) ?**

3. **Quelles sont les coordonnées de *D*(1 ; *a* ; *b*) pour qu'il appartienne à la droite (*AB*) ?**

solution

1. $\overrightarrow{AB}\begin{pmatrix}2\\-3\\4\end{pmatrix}$ est un vecteur directeur de la droite (*AB*).

Donc un système d'équations paramétriques de la droite (*AB*) est :

$$\begin{cases}x = 2k-1\\ y=-3k+2\,, \quad k\in R.\\ z = 4k-3\end{cases}$$

2. Pour que *C* appartienne à la droite (*AB*), il faut et il suffit qu'il existe un réel *k* qui vérifie le système d'équations paramétriques :

$$\begin{cases}x_c = 2k-1\\ y_c=-3k+2\\ z_c = 4k-3\end{cases} \Leftrightarrow \begin{cases}2 = 2k-1\\ 0=-3k+2\\ 4 = 4k-3\end{cases} \Leftrightarrow \begin{cases}k=\dfrac{3}{2}\\ k=\dfrac{2}{3}\\ k=\dfrac{7}{4}\end{cases}.$$

k n'existe pas, donc le point *C* n'appartient pas à la droite (*AB*) .

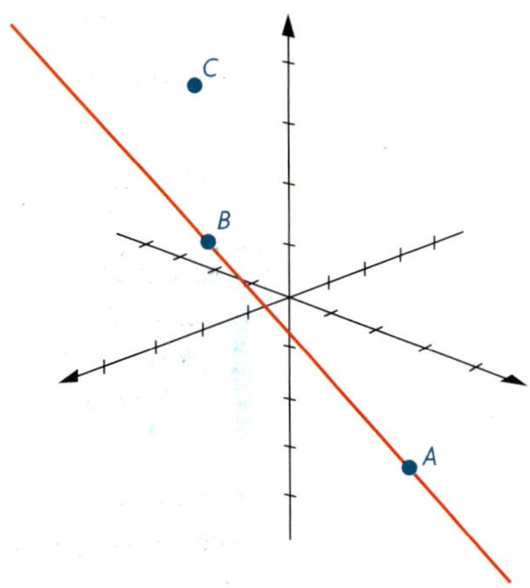

3. *D*(1 ; *a* ; *b*) appartient à la droite (*AB*) si, et seulement si :

$$\begin{cases}1 = 2k-1\\ a=-3k+2\\ b = 4k-3\end{cases} \Leftrightarrow \begin{cases}k=1\\ a=-1\\ b=1\end{cases}.$$

Donc le point *D* a pour coordonnées (1 ; – 1 ; 1).

Déterminer un système d'équations paramétriques de plan

→ Exercices 82 et 83

Dans le cube *ABCDEFGH*, déterminer un système d'équations paramétriques du plan (*ACH*) dans le repère $(E\,;\overrightarrow{EA}, \overrightarrow{EF}, \overrightarrow{EH})$.

solution

Dans le repère $(E\,;\overrightarrow{EA}, \overrightarrow{EF}, \overrightarrow{EH})$, on a *A*(1 ; 0 ; 0), *C*(1 ; 1 ; 1) et *H*(0 ; 0 ; 1).

Le plan (*ACH*) est donc défini par le point *A*(1 ; 0 ; 0) et deux vecteurs non colinéaires $\overrightarrow{AC}\begin{pmatrix}0\\1\\1\end{pmatrix}$ et $\overrightarrow{AH}\begin{pmatrix}-1\\0\\1\end{pmatrix}$.

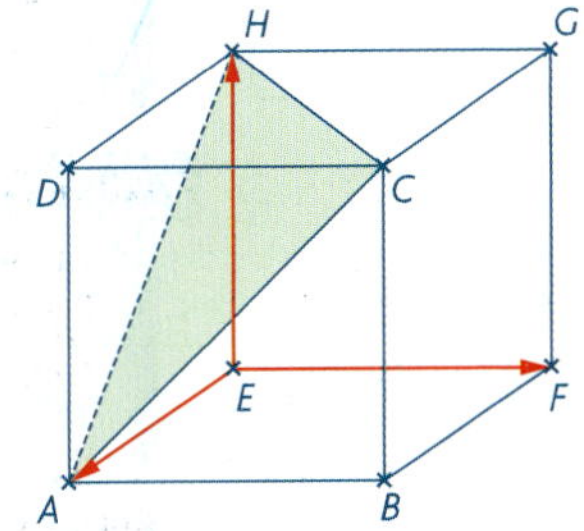

On en déduit le système d'équations paramètriques :

$$\begin{cases}x = 0\times t - 1\times t' + 1\\ y = 1\times t + 0\times t' + 0\\ z = 1\times t + 1\times t' + 0\end{cases} \Leftrightarrow \begin{cases}x = -t'+1\\ y = t\\ z = t+t'\end{cases}, t\in\mathbb{R},\ t'\in\mathbb{R}.$$

6. Produit scalaire dans l'espace

6.1 Différentes expressions du produit scalaire

définition

Si $\vec{u}$ et $\vec{v}$ sont deux vecteurs de l'espace, on prend $\overrightarrow{AB}$ et $\overrightarrow{AC}$ deux représentants de $\vec{u}$ et $\vec{v}$ à partir du même point A.
Alors $\vec{u} \cdot \vec{v} = \overrightarrow{AB} \cdot \overrightarrow{AC}$.
Calculer le produit $\vec{u} \cdot \vec{v}$ dans l'espace revient à calculer $\overrightarrow{AB} \cdot \overrightarrow{AC}$ dans le plan.

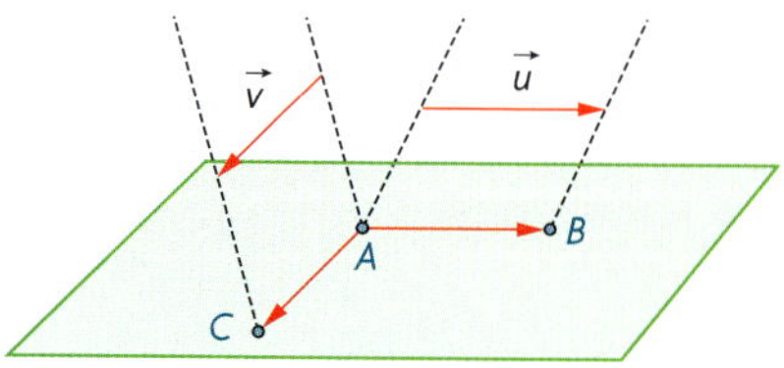

Toutes les propriétés dans le plan vues en Première sont conservées dans l'espace.

Le produit scalaire de deux vecteurs est un nombre réel.

définition

Soit $\vec{u}$ et $\vec{v}$ deux vecteurs du plan.
On appelle produit scalaire de $\vec{u}$ et de $\vec{v}$, noté $\vec{u} \cdot \vec{v}$, le nombre réel défini par :

$$\vec{u} \cdot \vec{v} = \frac{1}{2}(\|\vec{u}\|^2 + \|\vec{v}\|^2 - \|\vec{u} - \vec{v}\|^2) \text{ d'où } \overrightarrow{AB} \cdot \overrightarrow{AC} = \frac{1}{2}(AB^2 + AC^2 - CB^2).$$

propriétés

Pour tous vecteurs $\vec{u}$, $\vec{v}$ et $\vec{w}$ et pour tout réel λ, on a :
- $\vec{u} \cdot \vec{v} = \vec{v} \cdot \vec{u}$;
- $(\lambda\vec{u}) \cdot \vec{v} = \lambda \times (\vec{u} \cdot \vec{v})$ et $\vec{u} \cdot (\lambda\vec{v}) = \lambda \times (\vec{u} \cdot \vec{v})$;
- $\vec{u} \cdot (\vec{v} + \vec{w}) = \vec{u} \cdot \vec{v} + \vec{u} \cdot \vec{w}$ et $(\vec{u} + \vec{v}) \cdot \vec{w} = \vec{u} \cdot \vec{w} + \vec{v} \cdot \vec{w}$.

Ces trois définitions du produit scalaire sont équivalentes.

définition avec le projeté orthogonal

Si A, B et C trois points et H le projeté orthogonal de B sur (AC), alors :
- $\overrightarrow{AB} \cdot \overrightarrow{AC} = AH \times AC$ si $\overrightarrow{AB}$ et $\overrightarrow{AH}$ sont de même sens.
- $\overrightarrow{AB} \cdot \overrightarrow{AC} = -AH \times AC$ si $\overrightarrow{AB}$ et $\overrightarrow{AH}$ sont de sens contraires.

définition avec l'angle ($\hat{A}$)

Si A, B et C sont trois points, alors $\overrightarrow{AB} \cdot \overrightarrow{AC} = AB \times AC \times \cos(\hat{A})$.

6.2 Orthogonalité

propriétés démontrées page 299

Par convention, le vecteur nul est colinéaire à tout vecteur.

- Soit $\vec{u}$ et $\vec{v}$ deux vecteurs non nuls du plan.
$\vec{u}$ et $\vec{v}$ sont orthogonaux si, et seulement si, $\vec{u} \cdot \vec{v} = 0$.
- Si $\vec{u}\begin{pmatrix}x\\y\\z\end{pmatrix}$ et $\vec{v}\begin{pmatrix}x'\\y'\\z'\end{pmatrix}$ sont dans un repère orthonormé, alors :
$$\vec{u} \cdot \vec{v} = xx' + yy' + zz'.$$

Remarque : On considère que le vecteur nul est orthogonal à tous les vecteurs.

■ Calculer les produits scalaires dans le cube

→ Exercices 62 à 65

Dans le cube *ABCDEFGH* d'arête *a*, calculer les produits scalaires suivants :

1. $\overrightarrow{AB}\cdot\overrightarrow{EH}$; **2.** $\overrightarrow{EH}\cdot\overrightarrow{CB}$; **3.** $\overrightarrow{HC}\cdot\overrightarrow{EF}$.

solution

On cherche à trouver des représentants des vecteurs dans un même plan :

1. $\overrightarrow{AB}\cdot\overrightarrow{EH}=\overrightarrow{AB}\cdot\overrightarrow{AD}=0$ car $\overrightarrow{EH}=\overrightarrow{AD}$ et $(AB)\perp(AD)$.

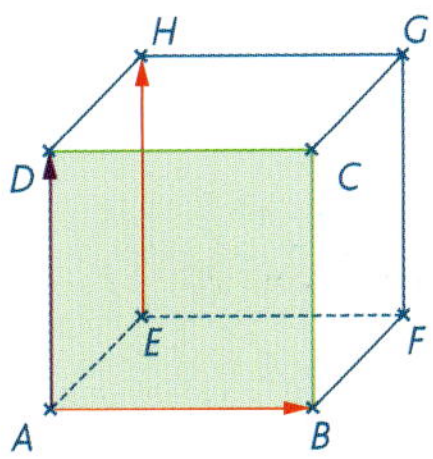

2. $\overrightarrow{EH}\cdot\overrightarrow{CB}=-\overrightarrow{CB}\cdot\overrightarrow{CB}=-a^2$ car $\overrightarrow{EH}=-\overrightarrow{CB}$.

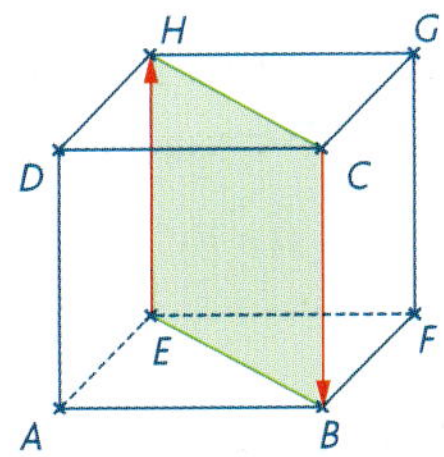

3. Puisque le point G est le projeté orthogonal du point C sur la droite (HG), on a :
$\overrightarrow{HC}\cdot\overrightarrow{EF}=\overrightarrow{HC}\cdot\overrightarrow{HG}=HG\times HG=a^2$.

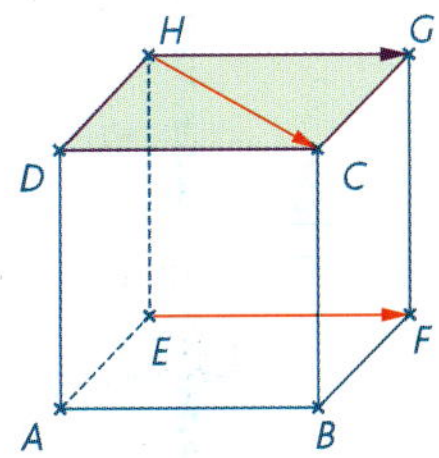

■ Démontrer l'orthogonalité avec les coordonnées

→ Exercices 63 à 65

Dans le repère orthonormé $(O\,;\vec{i},\vec{j},\vec{k})$, on donne $A(1\,;0\,;2)$, $B(3\,;-3\,;3)$ et $C(-2\,;2\,;10)$.

Démontrer que les droites (AB) et (AC) sont perpendiculaires.

solution

Pour démontrer que les droites (AB) et (BC) sont orthogonales, il suffit de montrer que le produit scalaire de leurs vecteurs directeurs est nul.

$\overrightarrow{AB}\begin{pmatrix}2\\-3\\1\end{pmatrix}\cdot\overrightarrow{AC}\begin{pmatrix}-1\\2\\8\end{pmatrix}=2\times(-1)+(-3)\times 2+8=0.$

Donc $\overrightarrow{AB}\cdot\overrightarrow{AC}=0$, d'où les vecteurs $\overrightarrow{AB}$ et $\overrightarrow{AC}$ sont orthogonaux.
Il en résulte que les droites (AB) et (AC) sont orthogonales.
De plus, elles sont sécantes en A, donc elles sont perpendiculaires.

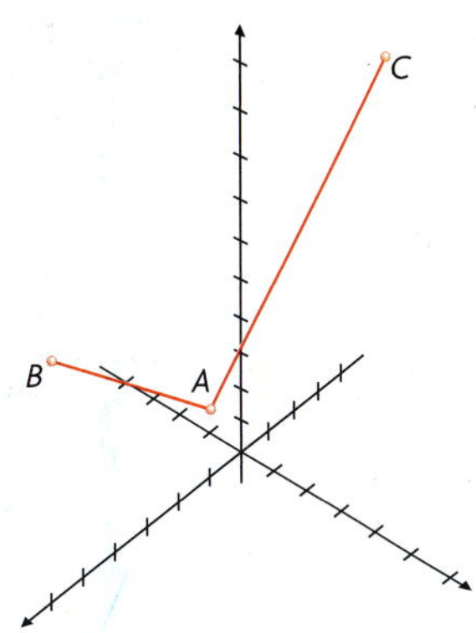

Attention
Deux droites dans l'espace peuvent être orthogonales sans avoir de points communs..

7. Équations cartésiennes dans l'espace

7.1 Vecteur normal à un plan

définition

Un **vecteur normal** à un plan (P) est un vecteur directeur d'une droite orthogonale à (P).

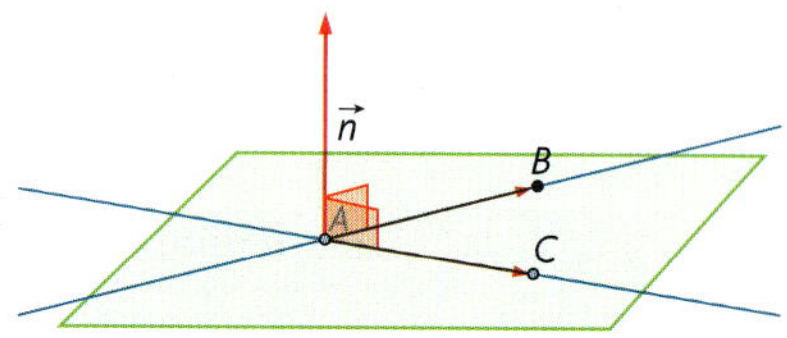

7.2 Orthogonalité de deux plans

propriété

Soit le plan (P_1) de vecteur normal $\vec{n_1}$ et (P_2) le plan de vecteur normal $\vec{n_2}$. Alors (P_1) et (P_2) sont orthogonaux si $\vec{n_1}$ et $\vec{n_2}$ sont orthogonaux.

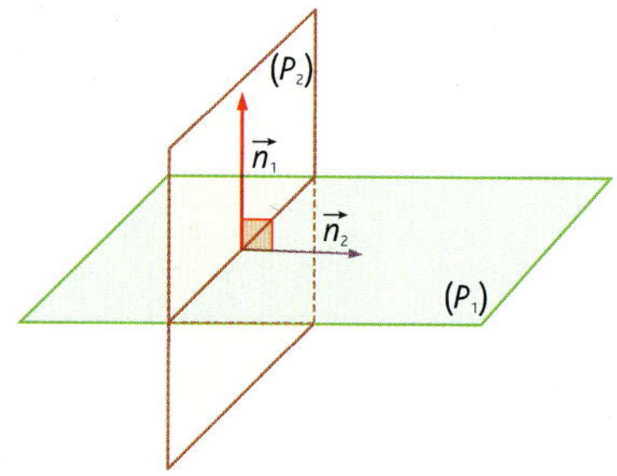

7.3 Équation cartésienne d'un plan

On peut caractériser un plan par un point et deux vecteurs directeurs ou par un point et un seul vecteur normal.

propriété – Caractérisation d'un plan par un point et un vecteur normal

Si A est un point de l'espace et $\vec{n}\begin{pmatrix}a\\b\\c\end{pmatrix}$ un vecteur non nul, alors l'ensemble des points $M(x\,;y\,;z)$ vérifiant $\overrightarrow{AM}\cdot\vec{n}=0$ est le plan (P) passant par A et de vecteur normal $\vec{n}$.

propriété démontrée page 298

Dans un repère orthonormé, toute équation de la forme $ax+by+cz+d=0$ (avec a, b et c non tous nuls) est celle d'un plan (P) de vecteur normal $\vec{n}\begin{pmatrix}a\\b\\c\end{pmatrix}$.

7.4 Équations cartésiennes d'une droite

Ne confondez pas ! Dans le plan, $ax+by+c=0$ est l'équation d'une droite.

propriété

Si les triplets (a, b, c) et (a', b', c') ne sont pas proportionnels, le système $\begin{cases}ax+by+cz+d=0\\a'x+b'x+c'z+d'=0\end{cases}$ caractérise une droite et il est appelé **système d'équations cartésiennes** de cette droite.

Démonstration : Si les vecteurs $\vec{n_1}\begin{pmatrix}a\\b\\c\end{pmatrix}$ et $\vec{n_2}\begin{pmatrix}a'\\b'\\c'\end{pmatrix}$ ne sont pas colinéaires, alors les plans (P_1) et (P_2) d'équations respectives :

$$ax+by+cz+d=0 \text{ et } a'x+b'y+c'z+d'=0$$

sont sécants en une seule droite.

Démontrer l'orthogonalité de deux plans

→ Exercices 66 à 69

Démontrer que les plans (P_1) et (P_2) d'équations respectives $2x + 3y + z = 0$ et $-x + 2y - 4z = 0$ sont orthogonaux.

solution

Le plan (P_1) d'équation $2x + 3y + z = 0$ a pour vecteur normal $\overrightarrow{n_1}\begin{pmatrix}2\\3\\1\end{pmatrix}$.

Le plan (P_2) d'équation $-x + 2y - 4z = 0$ a pour vecteur normal $\overrightarrow{n_2}\begin{pmatrix}-1\\2\\-4\end{pmatrix}$.

Or $\overrightarrow{n_1} \cdot \overrightarrow{n_2} = 2 \times (-1) + 2 \times 3 + 1 \times (-4) = 0$, donc les vecteurs $\overrightarrow{n_1}$ et $\overrightarrow{n_2}$ sont orthogonaux.
Ainsi, les plans (P_1) et (P_2) sont orthogonaux. En utilisant un logiciel de géométrie dynamique 3D, on peut visualiser l'angle entre les deux plans en modifiant le point de vue :

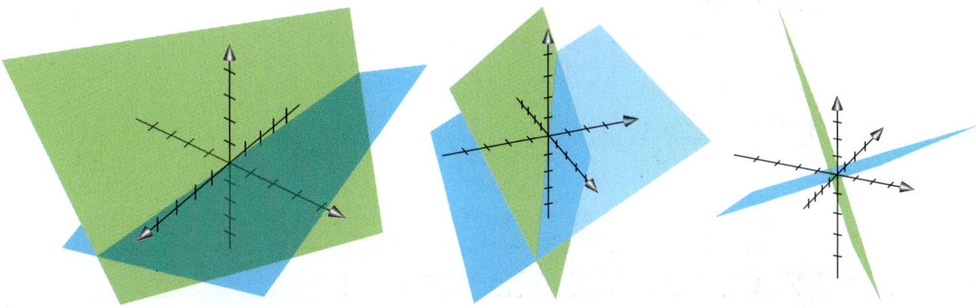

Déterminer l'équation d'un plan orthogonal à un autre

→ Exercices 70 à 76

On donne les points suivants $A(-2\ ;\ 1\ ;\ 3)$, $B(1\ ;\ -2\ ;\ 2)$ et $C(4\ ;\ 1\ ;\ -1)$.

1. **Démontrer que les points A, B et C définissent un seul plan (P).**
2. **Déterminer l'équation cartésienne du plan (P') orthogonal à (P) passant par le point A.**

solution

1. $\overrightarrow{AB}\begin{pmatrix}3\\-3\\1\end{pmatrix}$ et $\overrightarrow{AC}\begin{pmatrix}6\\0\\-4\end{pmatrix}$ ne sont pas colinéaires. En effet, il n'existe pas de réel k unique tel que $\overrightarrow{AB} = k\overrightarrow{AC}$. Donc les points A, B et C ne sont pas alignés et définissent donc un seul plan.

2. $(P') \perp (BC)$, alors $\overrightarrow{BC}\begin{pmatrix}3\\3\\-3\end{pmatrix}$ est un vecteur normal à (P'). On peut choisir $\vec{n}\begin{pmatrix}1\\1\\-1\end{pmatrix}$ comme vecteur normal à (P') pour simplifier les calculs, $\vec{n}$ et $\overrightarrow{BC}$ étant colinéaires : $\overrightarrow{BC} = 3\vec{n}$.

$$M(x\ ;\ y\ ;\ z) \in P' \Leftrightarrow \overrightarrow{AM}\begin{pmatrix}x+2\\y-1\\z-3\end{pmatrix} \cdot \vec{n}\begin{pmatrix}1\\1\\-1\end{pmatrix} = 0$$
$$\Leftrightarrow (x + 2) + (y - 1) - (z - 3) = 0$$
$$\Leftrightarrow x + y - z = -4$$

Donc (P') a pour équation cartésienne $x + y - z = -4$.

Propriété

Dans un repère orthonormé, toute équation de la forme $ax + by + cz + d = 0$ (avec a, b et c non tous nuls) est celle d'un plan (P) de vecteur normal $\vec{n}\begin{pmatrix}a\\b\\c\end{pmatrix}$.

Démonstration

Nous allons démontrer cette propriété dans deux sens.

- Tout d'abord montrons que si le point M appartient à (P) passant par le point A et de vecteur normal $\vec{n}\begin{pmatrix}a\\b\\c\end{pmatrix}$, alors ses coordonnées vérifient l'équation $ax + by + cz + d = 0$.

$A(x_A\,;y_A\,;z_A) \in (P)$ et $\vec{n}\begin{pmatrix}a\\b\\c\end{pmatrix}$ normal à (P), alors :

$$\begin{aligned} M(x\,;y\,;z) \in (P) &\Leftrightarrow \overrightarrow{AM}\begin{pmatrix}x-x_A\\y-y_A\\z-z_A\end{pmatrix}\cdot\vec{n}\begin{pmatrix}a\\b\\c\end{pmatrix} = 0 \\ &\Leftrightarrow a(x-x_A) + b(y-y_A) + c(z-z_A) = 0 \\ &\Leftrightarrow ax + by + cz + d = 0 \text{ avec } d = -ax_A - by_A - cz_A. \end{aligned}$$

- Réciproquement, montrons que l'ensemble des points M dont les coordonnées vérifient l'équation $ax + by + cz + d = 0$ sont sur un plan passant par le point A et de vecteur normal $\vec{n}\begin{pmatrix}a\\b\\c\end{pmatrix}$.

Soit F l'ensemble des points $M(x\,;y\,;z)$ vérifiant $ax + by + cz + d = 0$.
Nous devons démontrer la réciproque par **disjonction des cas.**
Si $a \neq 0$, alors $A\left(-\frac{d}{a}\,;0\,;0\right) \in (F)$. En effet, $a \times \left(-\frac{d}{a}\right) + b \times 0 + c \times 0 + d = 0$.
Si on pose $\vec{n}\begin{pmatrix}a\\b\\c\end{pmatrix}$, alors pout tout point $M(x\,;y\,;z)$ appartenant à (F), on a :

$$\begin{aligned} \overrightarrow{AM}\begin{pmatrix}x+\frac{d}{a}\\y\\z\end{pmatrix}\cdot\vec{n}\begin{pmatrix}a\\b\\c\end{pmatrix} &= a\left(x+\frac{d}{a}\right) + by + cz \\ &= ax + by + cz + d \text{ (on a supposé que } ax + by + cz + d = 0) \\ &= 0. \end{aligned}$$

Les vecteurs $\overrightarrow{AM}$ et $\vec{n}$ sont orthogonaux, donc le point M est sur le plan passant par A et de vecteur normal $\vec{n}$.

À vous de jouer

Terminer la démonstration de la réciproque de cette propriété en traitant les autres cas que $a \neq 0$.

***Indice :** si $a = 0$, alors si $b \neq 0$, on prend le point $A\left(0\,;-\frac{b}{d}\,;0\right)$ appartenant à (F). Comme a, b et c sont non tous nuls, on trouvera toujours un point A appartenant à (F).*
Il faut ensuite reporter cette valeur de A dans la suite de la démonstration.

Propriété

Une droite est orthogonale à un plan si, et seulement si, elle est orthogonale à deux droites sécantes de ce plan.

Démonstration

Soit (Δ) une droite de l'espace de vecteur directeur $\vec{u}$.
Soit (d_1) et (d_2) deux droites sécantes du plan (P).
On appelle respectivement $\vec{u_1}$ et $\vec{u_2}$ deux vecteurs directeurs de (d_1) et (d_2).

- Si la droite (Δ) est orthogonale au plan (P), alors elle est orthogonale à toute droite de ce plan. Ce qui est vrai en particulier pour (d_1) et (d_2).
- On suppose que la droite (Δ) est orthogonale aux droites (d_1) et (d_2).

Les deux droites (d_1) et (d_2) étant sécantes, alors $\vec{u_1}$ et $\vec{u_2}$ forment une base du plan (P).
Pour toute droite (d_3) du plan (P) de vecteur directeur $\vec{u_3}$, on sait qu'il existe un couple de réels a et b vérifiant $\vec{u_3} = a\vec{u_1} + b\vec{u_2}$.
Alors on a :

$$\vec{u} \cdot \vec{u_3} = \vec{u} \cdot (a\vec{u_1} + b\vec{u_2}) = a\vec{u} \cdot \vec{u_1} + b\vec{u} \cdot \vec{u_2} = 0$$

car on a supposé que la droite (Δ) est orthogonale aux droites (d_1) et (d_2).
Donc la droite (Δ) est orthogonale à toute droite du plan (P).

Propriété

Soit $\vec{u}$ et $\vec{v}$ deux vecteurs du plan muni du repère orthonormé $(O\,;\vec{i},\vec{j},\vec{k})$.
Si $\vec{u}$ a pour coordonnées $\begin{pmatrix} x \\ y \\ z \end{pmatrix}$ et $\vec{v}$ a pour coordonnées $\begin{pmatrix} x' \\ y' \\ z' \end{pmatrix}$, alors $\vec{u} \cdot \vec{v} = xx' + yy' + zz'$.

Démonstration (une autre approche est proposée dans l'*activité 2*)

Dans ce repère orthonormé $\vec{i}$, $\vec{j}$ et $\vec{k}$, on a $\|\vec{i}\| = \|\vec{j}\| = \|\vec{k}\|$:

$$\vec{i} \cdot \vec{i} = \vec{j} \cdot \vec{j} = \vec{k} \cdot \vec{k} = \|\vec{i}\|^2 = 1 \text{ et } \vec{i} \cdot \vec{j} = \vec{j} \cdot \vec{k} = \vec{i} \cdot \vec{k} = 0.$$

En utilisant la décomposition des vecteurs dans le repère $(O\,;\vec{i},\vec{j},\vec{k})$, on a :

$$\vec{u} = x\vec{i} + y\vec{j} + z\vec{k} \text{ et } \vec{v} = x'\vec{i} + y'\vec{j} + z'\vec{k}$$

et en produit scalaire, on a :

$$\vec{u} \cdot \vec{v} = (x\vec{i} + y\vec{j} + z\vec{k}) \cdot (x'\vec{i} + y'\vec{j} + z'\vec{k})$$

$$\vec{u} \cdot \vec{v} = xx'\vec{i} \cdot \vec{i} + xy'\vec{i} \cdot \vec{j} + xz'\vec{i} \cdot \vec{k} + yx'\vec{j} \cdot \vec{i} + yy'\vec{j} \cdot \vec{j} + yz'\vec{j} \cdot \vec{k} + zx'\vec{k} \cdot \vec{i} + zy'\vec{k} \cdot \vec{j} + zz'\vec{k} \cdot \vec{k}$$

$$\vec{u} \cdot \vec{v} = xx'\|\vec{i}\|^2 + xy' \times 0 + xz' \times 0 + yx' \times 0 + yy'\|\vec{j}\|^2 + yz' \times 0 + zx' \times 0 + zy' \times 0 + zz'\|\vec{k}\|^2$$

$$\vec{u} \cdot \vec{v} = xx' + yy' + zz'.$$

À vous de jouer

Dans le repère orthonormé $(O\,;\vec{i},\vec{j},\vec{k})$, démontrer que la norme du vecteur $\vec{u}$ est $\|\vec{u}\| = \sqrt{x^2 + y^2 + z^2}$ en utilisant la décomposition du vecteur $\vec{u}$ dans le repère $(O\,;\vec{i},\vec{j},\vec{k})$.
En déduire que la distance $AB = \sqrt{(x_B - x_A)^2 + (y_B - y_A)^2 + (z_B - z_A)^2}$.

Exercice résolu 1 TICE Déterminer l'équation d'un plan médiateur avec les coordonnées

énoncé

> À SAVOIR
> Dans l'espace, le plan médiateur du segment $[AB]$ est le plan perpendiculaire à la droite (AB) passant par le milieu du segment $[AB]$.

1. **Soit $A(3\,;2\,;-1)$, $B(1\,;-4\,;5)$ et $C(1\,;2\,;1)$ trois points de l'espace munis d'un repère orthonormé. Déterminer une équation de (P_1).**

2. **Soit (P_2) le plan médiateur du segment $[BC]$ d'équation $3y - 2z = -9$. Déterminer les coordonnées du point $D(4\,;y\,;z)$ tel qu'il appartienne à $(P_1) \cap (P_2)$. Démontrer qu'il est le centre d'une sphère passant par les points A, B et C dont on déterminera le rayon.**

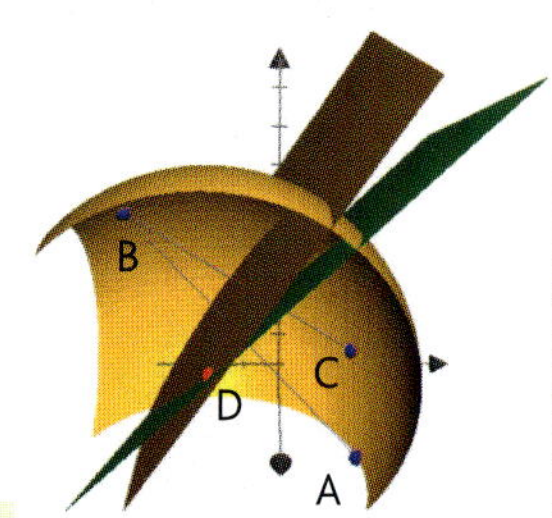

solution

1. Le plan médiateur passe par $I\left(\frac{x_A + x_B}{2}\,;\frac{y_A + y_B}{2}\,;\frac{z_A + z_B}{2}\right)$ et a pour vecteur normal $\overrightarrow{AB}\begin{pmatrix}x_B - x_A\\ y_B - y_A\\ z_B - z_A\end{pmatrix}$. Donc $M(x\,;y\,;z) \in (P_1) \Leftrightarrow \overrightarrow{IM} \cdot \overrightarrow{AB} = 0$

$$\Leftrightarrow \overrightarrow{IM}\begin{pmatrix}x-2\\ y+1\\ z-2\end{pmatrix} \cdot \overrightarrow{AB}\begin{pmatrix}-2\\ -6\\ 6\end{pmatrix} = 0$$

$$\Leftrightarrow -2(x-2) - 6(y+1) + 6(z-2) = 0 \quad (*)$$

$$\Leftrightarrow -2x - 6y + 6z - 14 = 0.$$

Donc le plan (P_1) a pour équation $-2x - 6y + 6z = 14$.

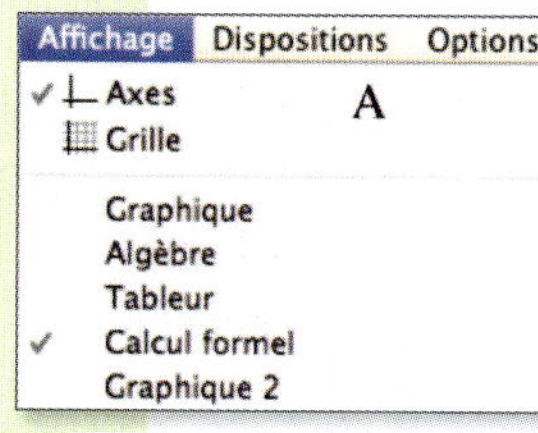

GéoGébra : en faisant apparaître l'outil de calcul formel, on peut obtenir l'équation sous forme développée en saisissant la forme factorisée, puis en appuyant sur ***développer →***.

Calcul formel : c'est la commande ***expand()***.

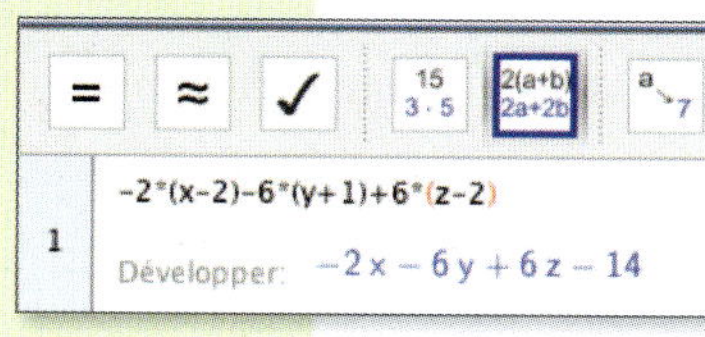

2. Le point $D(4\,;y\,;z) \in (P_1) \cap (P_2)$ est tel que ses coordonnées vérifient les équations des plans :

$$\begin{cases}-8 - 6y + 6z = 14\\ 3y - 2z = -9\end{cases} (**) \Leftrightarrow \begin{cases}y = -\frac{5}{3}\\ z = 2\end{cases} \quad \text{donc } D\left(4\,;-\frac{5}{3}\,;2\right) \in (P_1) \cap (P_2).$$

$D \in (P_1)$, donc $DA = DB$ et $D \in (P_2)$, donc $DB = DC$.

On en déduit que $AD = BD = DC$.

Le point D est donc le centre d'une sphère de rayon :

$$BD = \sqrt{(x_B - x_D)^2 + (y_B - y_D)^2 + (z_B - z_D)^2} = \frac{\sqrt{211}}{3}$$

qui passe par les points A, B et C.

****Calcul formel :** dans l'outil calcul formel, c'est la commande :

solve $(\{-8 - 6y + 6z = 14, 3y - 2z = -9\}, \{y, z\}) \quad \rightarrow y = -\frac{5}{3}$ et $z = 2$.

Exercice résolu 2 • Démontrer l'orthogonalité sans les coordonnées

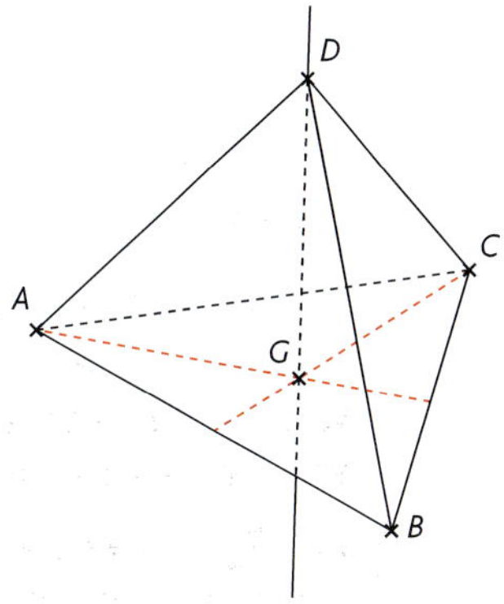

énoncé **Dans le tétraèdre régulier $ABCD$, le point G est le centre de gravité du triangle ABC.**

1. **Montrer que les droites (AD) et (BC) sont orthogonales en montrant que les points A et D appartiennent au plan médiateur du segment $[BC]$.**
2. **Montrer que la droite (DG) et le plan (ABC) sont orthogonaux.**

> **Rappel**
> Dans un tétraèdre régulier, toutes les arêtes ont la même mesure.

solution

> **Méthode**
> On utilise le fait que l'ensemble des points équidistants de B et de C est le plan médiateur du segment $[BC]$ et que si le plan (P) est orthogonal à $[BC]$, alors toute droite de (P) est orthogonale à $[BC]$.

1. Dans le tétraèdre régulier $ABCD$, toutes les arêtes ont la même longueur, donc on a $AB = AC$, donc le point A appartient au plan médiateur de $[BC]$.
$DB = DC$, donc le point D appartient au plan médiateur de $[BC]$, que l'on nommera (P_1).
Donc la droite (AD) est contenue dans (P_1).
Par définition, (P_1), le plan médiateur de $[BC]$, est le plan contenant le milieu de $[BC]$ et orthogonal à la droite (BC). Or toute droite contenue dans le plan (P_1) est orthogonale au segment $[BC]$ (car $(P_1 \perp [BC])$, donc $(AD) \perp (BC)$.

2. On veut montrer que $\overrightarrow{DG} \cdot \overrightarrow{BC} = 0$.
En utilisant la relation de Chasles, on peut écrire :
$\overrightarrow{DG} = \overrightarrow{DA} + \overrightarrow{AG}$ et puisque le triangle ABC est équilatéral, la médiane (AG) est aussi hauteur dans le triangle (ABC) et donc $(AG) \perp (BC)$. Donc, en utilisant les propriétés de bilinéarité du produit scalaire :
$$\begin{aligned}\overrightarrow{DG} \cdot \overrightarrow{BC} &= (\overrightarrow{DA} + \overrightarrow{AG}) \cdot \overrightarrow{BC}\\ &= \overrightarrow{DA} \cdot \overrightarrow{BC} + \overrightarrow{AG} \cdot \overrightarrow{BC}\\ &= 0 \text{ car } \overrightarrow{DA} \cdot \overrightarrow{BC} = 0 \text{ (on a démontré au 1. que } (AD) \perp (BC))\\ &\quad \text{et } \overrightarrow{AG} \cdot \overrightarrow{BC} = 0 \text{ car } (AG) \perp (BC) \text{ dans le triangle équilatéral } ABC.\end{aligned}$$
Le produit scalaire $\overrightarrow{DG} \cdot \overrightarrow{BC} = 0$ donc $(DG) \perp (BC)$.
De la même façon, on peut démontrer que $\overrightarrow{DG} \cdot \overrightarrow{AB} = 0$ et donc que $(DG) \perp (AB)$.
La droite (DG) est orthogonale à deux droites du plan (ABC), donc :
$$(DG) \perp (ABC).$$

> **Méthode**
> On va montrer que les deux droites (AB) et (BC) sont orthogonales à la droite (DG) en montrant que les produits scalaires $\overrightarrow{DG} \cdot \overrightarrow{BC}$ et $\overrightarrow{DG} \cdot \overrightarrow{AB}$ sont nuls.

Entraînez-vous

Exercice 65. page 313.

Exercice résolu 3 • Démontrer le parallélisme dans le théorème du toit

énoncé **On rappelle le théorème du toit :**
Si (P_1) et (P_2) sont deux plans sécants contenant deux droites parallèles (d_1) et (d_2), alors l'intersection de (P_1) et (P_2) est une droite (d_3) parallèle à (d_1) et (d_2).

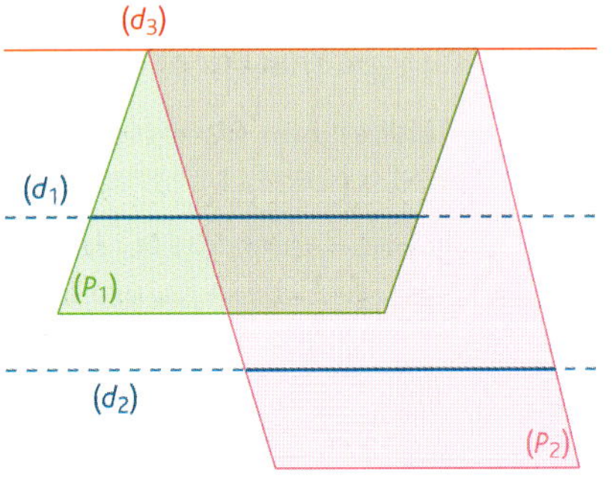

On souhaite démontrer ce théorème.

1. **Avec les hypothèses du théorème, démontrer qu'il existe un plan que l'on notera (P_3) contenant (d_1) et (d_2), puis déterminer les ensembles suivants $(P_1) \cap (P_3)$ et $(P_2) \cap (P_3)$.**
2. **Supposons que les droites (d_1) et (d_3) sont sécantes, démontrer alors que les droites (d_2) et (d_3) sont sécantes.**
3. **En utilisant la contraposée du 2., démontrer le théorème du toit.**

solution

1. Les droites (d_1) et (d_2) étant parallèles, elles sont coplanaires.
Soit (P_3) le plan les contenant toutes les deux :
$$(P_1) \cap (P_3) = (d_1) \quad \text{et} \quad (P_2) \cap (P_3) = (d_2).$$

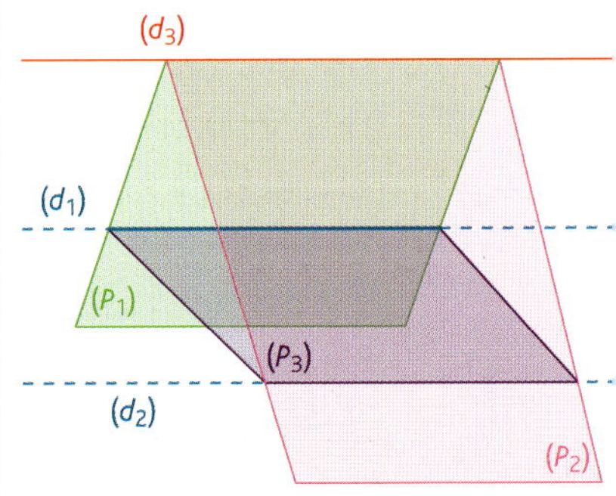

2. Si (d_1) et (d_3) sont sécantes au point A, puisque $(d_3) = (P_1) \cap (P_2)$, alors le point A appartient à (P_2) et puisque $(d_1) = (P_1) \cap (P_3)$, alors le point A appartient aussi à (P_3).
Donc le point A appartient au plan (P_2) et au plan (P_3), d'où A est aussi un point de $(P_2) \cap (P_3) = (d_2)$.
On vient de montrer que :
si (d_1) et (d_3) sont sécantes en A, alors (d_2) et (d_3) sont sécantes en A et alors (d_1) et (d_2) sont sécantes en A.

3.

> **Méthode**
> On utilise la méthode de la contraposée (voir la fiche logique en fin de manuel) :
> si P et Q sont deux propositions, alors $(P \Rightarrow Q) \Leftrightarrow (\text{Non } Q \Rightarrow \text{Non } P)$.

Si P est la proposition « (d_2) est parallèle à (d_3) » et si Q est la proposition « (d_1) est parallèle à (d_3) »,
on vient de démontrer que :

« (d_1) sécante à (d_3) » implique « (d_1) sécante à (d_2) »,

ce qui est équivalent à :

« (d_1) non sécante à (d_2) » implique « (d_1) non sécante à (d_3) ».

On sait que (d_1) et (d_2) sont parallèles, donc les droites (d_1) et (d_3) sont non sécantes et puisqu'elles sont dans le même plan alors elles sont parallèles. De même, puisque (d_1) et (d_2) sont parallèles, alors (d_2) et (d_3) le sont également.

Exercice résolu 4 • Déterminer une équation cartésienne

énoncé **Dans un repère orthonormé, on donne les points $A(2\,;-3\,;2)$ et $B(-4\,;1\,;-2)$.**
Soit S la sphère de diamètre $[AB]$.

1. **Calculer une équation cartésienne de la sphère S. On en donnera le centre I et le rayon r.**
2. **Déterminer l'équation du plan (P_1) tangent à S passant par le point B.**
3. **On souhaite déterminer la nature de l'intersection de S avec le plan (P_2) d'équation $2x + y - z = 2$.**
   a. **Démontrer que le point $C(1\,;1\,;1) \in (P_2)$.**
   b. **En déduire la nature de l'intersection de $S \cap (P_2)$.**

solution

1. La sphère S a pour rayon :
$$\frac{1}{2}AB = \frac{1}{2}\sqrt{(x_B - x_A)^2 + (y_B - y_A)^2 + (z_B - z_A)^2} = \frac{1}{2}\sqrt{68} = \sqrt{17}.$$
Avec la formule $I\left(\frac{x_A + x_B}{2}\,;\frac{y_A + y_B}{2}\,;\frac{z_A + z_B}{2}\right)$, on calcule les coordonnées du point I milieu du segment $[AB]$: $I(-1\,;-1\,;0)$.
Soit $M(x\,;y\,;z)$ un point de l'espace.
Ainsi :
$$M \in S \Leftrightarrow IM = \sqrt{17} \Leftrightarrow IM^2 = 17 \Leftrightarrow (x - x_1)^2 + (y - y_1)^2 + (z - z_1)^2 = 17$$
$$\Leftrightarrow (x + 1)^2 + (y + 1)^2 + (z)^2 = 17 \Leftrightarrow x^2 + 2x + y^2 + 2y + z^2 - 15 = 0.$$
Une **équation cartésienne de la sphère S** est donc :
$$x^2 + 2x + y^2 + 2y + z^2 - 15 = 0.$$
$(x - x_1)^2 + (y - y_1)^2 + (z - z_1)^2 = r^2$ est l'équation d'une sphère de centre I et de rayon r.

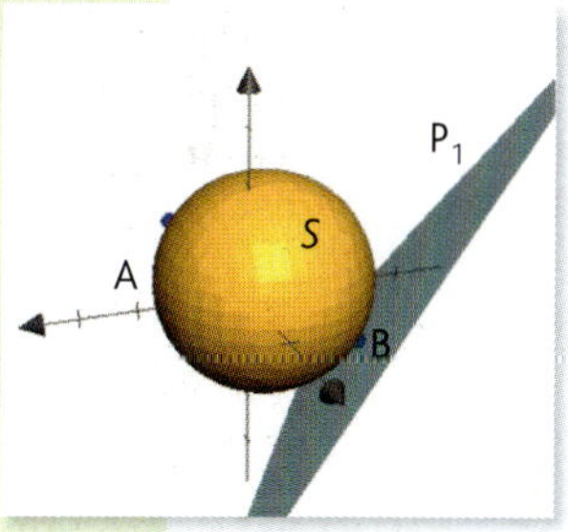

2. On sait que le plan (P) tangent à la sphère S au point B est orthogonal au diamètre $[AB]$. Le vecteur $\overrightarrow{AB}$ est donc un vecteur normal au plan.
$$M(x\,;y\,;z) \in S \Leftrightarrow \overrightarrow{BM}\begin{pmatrix} x+4 \\ y-1 \\ z+2 \end{pmatrix} \cdot \overrightarrow{AB}\begin{pmatrix} -6 \\ 4 \\ -4 \end{pmatrix} = 0$$
$$\Leftrightarrow -6(x + 4) + 4(y - 1) - 4(z + 2) = 0$$
$$\Leftrightarrow -6x + 4y - 4z - 36 = 0.$$
Donc **le plan (P) a pour équation** $-6x + 4y - 4z - 36 = 0$.

À SAVOIR
L'intersection entre un plan et une sphère est de trois natures différentes : soit il n'y a pas d'intersection, soit il y a un seul point d'intersection dans le cas d'un plan tangent à la sphère, soit l'intersection est un cercle.

3. a. Le point $C(1\,;1\,;1) \in (P_2)$ car ses coordonnées vérifient (P_2) l'équation de (P_2) : $2 \times 1 + 1 - 1 = 2$.
   b. La distance $IC = 3$ est inférieure à $IA = \sqrt{17}$.
   Donc le point C du plan (P_2) est à l'intérieur de la sphère S.
   On peut conclure que $(P_2) \cap S$ n'est pas vide, ni réduite à un seul point et donc que **l'intersection de (P_2) et de S est un cercle.**

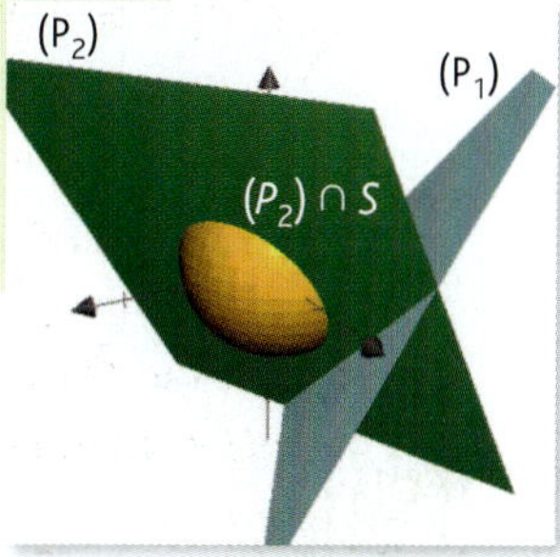

Exercice résolu 5 • Déterminer les équations de droites

énoncé **Le plan est muni d'un repère orthonormé.**

1. **Donner un système d'équations paramétriques de la droite (AB) avec $A(-1\,;2\,;-3)$ et $B(1\,;-1\,;1)$.**
2. **Déterminer a et b tel que le point $D(1\,;a\,;b)$ appartienne à la droite (AB).**
3. **Démontrer que le système d'équations $\begin{cases} x-2y+z-1=0 \\ x-y+2z+1=0 \end{cases}$ est celui d'une droite (d).**
4. **Déterminer un système d'équations paramétriques de (d).**

solution

1. $\overrightarrow{AB}\begin{pmatrix} 2 \\ -3 \\ 4 \end{pmatrix}$ est un vecteur directeur de la droite (AB).

Donc le système d'équation paramétrique de la droite (AB) est :

$$\begin{cases} x=2k-1 \\ y=-3k+2, \quad k\in\mathbb{R}. \\ z=4k-3 \end{cases}$$

Remarque
Ce système n'est pas unique, on aurait pu prendre le point B dans le système par exemple.

2. $D(1\,;a\,;b)\in(AB) \Leftrightarrow \begin{cases} 1=2k-1 \\ a=-3k+2 \\ b=4k-3 \end{cases} \Leftrightarrow \begin{cases} k=1 \\ a=-1. \\ b=1 \end{cases}$

Donc $D(1\,;-1\,;1)\in(AB)$.

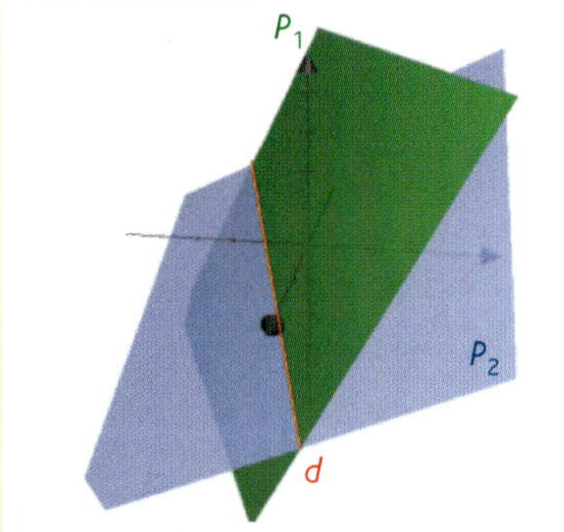

3. $\overrightarrow{n_1}\begin{pmatrix} 1 \\ -2 \\ 1 \end{pmatrix}$ et $\overrightarrow{n_2}\begin{pmatrix} 1 \\ -1 \\ 2 \end{pmatrix}$ sont respectivement des vecteurs normaux de (P_1) d'équation $x-2y+z-1=0$ et de (P_2) d'équation $x-y+2z+1=0$. Or, les vecteurs $\overrightarrow{n_1}$ et $\overrightarrow{n_2}$ ne sont pas colinéaires (car leurs coordonnées ne sont pas proportionnelles), donc les plans (P_1) et (P_2) sont sécants en une seule droite (d).

4. On note L_1 et L_2 les lignes du système :

$$\begin{cases} x-2y+z-1=0 & L_1 \\ x-y+2z+1=0 & L_2 \end{cases}.$$

Méthode
On exprime les deux variables x et z en fonction de x, puis on prend $x=k$ comme paramètre.

En calculant L_2-2L_1, on a :

$$x-2x-y+4y+2z-2z+1+2=0$$
$$\Leftrightarrow -x+3y+3=0 \Leftrightarrow y=\frac{x}{3}-1.$$

En calculant L_1-2L_2, on a :

$$x-2x-2y+2y+z-4z-1-2=0 \Leftrightarrow -x-3z-3=0 \Leftrightarrow z=-\frac{x}{3}+1.$$

En prenant $x=k$ comme paramètre, on trouve un système d'équations paramétriques de la droite (d) :

$$\begin{cases} x=k \\ z=\dfrac{k}{3}-1 \quad, k\in\mathbb{R}. \\ z=-\dfrac{k}{3}-1 \end{cases}$$

Remarque
Ce système nous donne un vecteur directeur $\overrightarrow{u_1}\begin{pmatrix} 1 \\ \frac{1}{3} \\ -\frac{1}{3} \end{pmatrix}$ de la droite (d) et un point de coordonnées $(0\,;-1\,;-1)$ appartenant à la droite (d).

Entraînez-vous

Le système $\begin{cases} 2x+y-2z=9 \\ -x-0,5y+z=3 \end{cases}$ est-il celui d'une droite ?

→ Indice

Vérifier le parallélisme de deux plans.

Exercice résolu 6 • Déterminer une équation de plan à partir de trois points A, B et C

énoncé **Le plan est muni d'un repère orthonormé.**
Soit $A(0\ ;\ 2\ ;\ -3)$, $B(1\ ;\ -1\ ;\ 1)$ et $C(2\ ;\ 0\ ;\ 1)$ trois points de l'espace.

1. **Démontrer que les points A, B et C définissent un seul plan.**
2. **Déterminer un vecteur normal au plan (ABC).**
3. **Déterminer une équation cartésienne du plan (ABC).**

solution

1. A, B et C définissent un seul plan si les points A, B et C ne sont ni alignés ni confondus.

$\overrightarrow{AB}\begin{pmatrix}x_B - x_A\\ y_B - y_A\\ z_B - z_A\end{pmatrix}$, d'où $\overrightarrow{AB}\begin{pmatrix}1\\ -3\\ 4\end{pmatrix}$.

De la même façon, $\overrightarrow{AC}\begin{pmatrix}x_C - x_A\\ y_C - y_A\\ z_C - z_A\end{pmatrix}$, d'où $\overrightarrow{AC}\begin{pmatrix}2\\ -2\\ 4\end{pmatrix}$.

D'après ces coordonnées, il n'existe pas de réel k tels que $\overrightarrow{AB} = k\overrightarrow{AC}$, donc les vecteurs $\overrightarrow{AB}$ et $\overrightarrow{AC}$ ne sont pas colinéaires. Donc les points A, B et C n'étant ni alignés, ni confondus, ils définissent un seul plan.

2. Un vecteur $\vec{n}\begin{pmatrix}a\\ b\\ c\end{pmatrix}$ est normal au plan (ABC) s'il est orthogonal à $\overrightarrow{AB}$ et à $\overrightarrow{AC}$.

Les produits scalaires $\vec{n}\cdot\overrightarrow{AB} = a - 3b + 4c$ et $\vec{n}\cdot\overrightarrow{AC} = 2a - 2b + 4c$ sont donc nuls.

D'où le système d'équations $\begin{cases} a - 3b + 4c = 0\\ 2a - 2b + 4c = 0\end{cases}$.

Il suffit de choisir une valeur d'une des inconnues pour déterminer les deux autres, par exemple en prenant $c = 1$, on obtient :

$\begin{cases} a - 3b + 4 = 0\\ 2a - 2b + 4 = 0\end{cases} \Leftrightarrow \begin{cases} a - 3b + 4 = 0\\ 2a - 2b + 4 = 0\end{cases} \Leftrightarrow \begin{cases} -2a + 6b - 8 = 0\\ 2a - 2b + 4 = 0\end{cases}$

$\Leftrightarrow \begin{cases} 4b - 4 = 0\\ 2a = 2b - 4\end{cases} \Leftrightarrow \begin{cases} b = 1\\ a = -1\end{cases}$.

Donc le vecteur $\vec{n}\begin{pmatrix}-1\\ 1\\ 1\end{pmatrix}$ est un vecteur normal au plan (ABC).

> **Remarque**
> On évitera de prendre zéro comme première valeur pour ne pas obtenir le vecteur nul.

3. Un point $M(x\ ;\ y\ ;\ z)$ appartient au plan (ABC) si, et seulement si :

$$\overrightarrow{AM}\begin{pmatrix}x - x_A\\ y - y_A\\ z - z_A\end{pmatrix}\cdot\vec{n_1}\begin{pmatrix}-1\\ 1\\ 1\end{pmatrix} = 0.$$

En remplaçant, on a :

$\overrightarrow{AM}\begin{pmatrix}x - 0\\ y - 2\\ z + 3\end{pmatrix}\cdot\vec{n}\begin{pmatrix}-1\\ 1\\ 1\end{pmatrix} = 0 \Leftrightarrow (-1)(x) + (1)(y - 2) + (1)(z + 3) = 0$

$\Leftrightarrow -x + y + z + 1 = 0.$

Donc une équation cartésienne du plan (ABC) est $-x + y + z + 1 = 0$.

travail en autonomie

QCM

Corrigés en fin de manuel

Dans les questions suivantes, déterminer la (ou les) bonne(s) réponse(s).

Soit (D) la droite d'équations paramétriques :

$$\begin{cases} x = -1 + 2k \\ y = 2 - k \\ z = 3 + k \end{cases}, k \in \mathbb{R}$$

et (P) le plan d'équation $-x + 2y + 3z = 5$.

1. Un vecteur directeur de la droite (D) est :

a. $\vec{u_1}\begin{pmatrix} -1 \\ 2 \\ 3 \end{pmatrix}$. b. $\vec{u_2}\begin{pmatrix} -1 \\ -1 \\ 3 \end{pmatrix}$.

c. $\vec{u_3}\begin{pmatrix} -2 \\ 1 \\ -1 \end{pmatrix}$. d. $\vec{u_4}\begin{pmatrix} 2 \\ 1 \\ 1 \end{pmatrix}$.

2. Les points suivants appartiennent à (D) :

a. $A_1(2\,;-1\,;1)$. b. $A_2(-1\,;1\,;4)$.

c. $A_3(3\,;0\,;5)$.

3. Une des affirmations suivantes est vraie :

a. (D) est incluse dans (P).

b. (D) est parallèle à (P).

c. (D) est sécante à (P).

4. Les points suivants appartiennent à (P) :

a. $M_1(17\,;-7\,;12)$.

b. $M_2(-1\,;1\,;1)$.

c. $M_3(-1\,;2\,;3)$.

d. $M_4(4\,;0\,;3)$.

5. Soit (P_2) le plan d'équation cartésienne $-3x + 6y + 9z = 12$, alors :

a. (P_2) et (P) sont sécants.

b. (P_2) et (P) sont confondus.

c. (P_2) et (P) sont parallèles.

6. Le point d'intersection de la droite (D) et de (P_2) est :

a. $N_1(-3\,;6\,;9)$. b. $N_2(2\,;-1\,;1)$.

c. $N_3(19\,;-8\,;13)$.

7. Un système d'équations paramétriques de la droite perpendiculaire à (P) passant par $B(2\,;-3\,;1)$ est :

a. $\begin{cases} x = -1 + 2k \\ y = 2 - 3k \\ z = 3 + k \end{cases}, k \in \mathbb{R}$.

b. $\begin{cases} x = 2 + k \\ y = -3 - 2k \\ z = 1 - 3k \end{cases}, k \in \mathbb{R}$.

c. $\begin{cases} x = 2 + 2k \\ y = 2 - k \\ z = 3 + k \end{cases}, k \in \mathbb{R}$.

8. L'ensemble des points M de l'espace vérifiant la relation $x^2 + y^2 + z^2 - 2x + 4y - 4 = 0$ est :

a. une sphère de centre $\Omega(1\,;1\,;1)$ et de rayon 2.

b. une sphère de centre $\Omega(1\,;2\,;0)$ et de rayon 2.

c. une sphère de centre $\Omega(1\,;-2\,;0)$ et de rayon 3.

d. l'ensemble vide.

9. Soit $C(1\,;-1\,;2)$ et $D(3\,;1\,;4)$, alors le plan médiateur du segment $[CD]$ a pour vecteur normal :

a. $\vec{n_1}\begin{pmatrix} 2 \\ 0 \\ 3 \end{pmatrix}$. b. $\vec{n_2}\begin{pmatrix} 4 \\ 0 \\ 6 \end{pmatrix}$. c. $\vec{n_3}\begin{pmatrix} 1 \\ 1 \\ 1 \end{pmatrix}$. d. $\vec{n_4}\begin{pmatrix} 2 \\ 0 \\ 2 \end{pmatrix}$.

10. La droite (CD) a pour équations paramétriques :

a. $\begin{cases} x = 3 + k \\ y = 1 - k \\ z = 4 + 2k \end{cases}, k \in \mathbb{R}$.

b. $\begin{cases} x = 1 + 3k \\ y = -1 - 1k \\ z = 2 + 4k \end{cases}, k \in \mathbb{R}$.

c. $\begin{cases} x = k \\ y = -2 + k \\ z = 1 + k \end{cases}, k \in \mathbb{R}$.

11. Le système suivant :

$$\begin{cases} x = 1 + 2k - k' \\ y = -2 + 2k' \\ z = 2 + k + 3k' \end{cases}, k \in \mathbb{R}, k' \in \mathbb{R}$$

est celui du plan (P_3) passant par :

a. $C_1(1\,;2\,;-1)$.

b. $C_2(2\,;2\,;3)$.

c. $C_3(2\,;0\,;6)$.

d. $C_4(-1\,;2\,;3)$.

QCM

Corrigés en fin de manuel

12. La droite perpendiculaire à (P_3) passant par le point $E(1\,;-2\,;2)$ a pour équations paramétriques :

a. $\begin{cases} x = 1 + 2k \\ y = -2 \\ z = 2 + k \end{cases}, k \in \mathbb{R}.$

b. $\begin{cases} x = 1 - k \\ y = -1 + 2k, k \in \mathbb{R}. \\ z = 2 + 3k \end{cases}$

c. $\begin{cases} x = 1 - 2k \\ y = -2 - 7k, k \in \mathbb{R}. \\ z = 2 + 4k \end{cases}$

vrai ou faux ?

Corrigés en fin de manuel

Indiquer si les propositions suivantes sont vraies ou fausses et donner une démonstration de la réponse choisie.

> **Méthode**
> Dans le cas d'une proposition fausse, la démonstration consistera à proposer un contre-exemple sous forme d'une figure.

***Pour les exercices** 13 **à** 16, on rappelle les notations suivantes :*

- *$(P_1) \cap (P_2)$ désigne l'ensemble des points communs aux plans (P_1) et (P_2) ;*
- *l'écriture $(P_1) \cap (P_2) = \varnothing$ signifie que les plans (P_1) et (P_2) n'ont aucun point commun.*

13. Si (P_1), (P_2) et (P_3) sont trois plans distincts de l'espace vérifiant $(P_1) \cap (P_2) \neq \varnothing$ et $(P_2) \cap (P_3) \neq \varnothing$, alors on peut conclure que (P_1) et (P_3) vérifient :

$$(P_1) \cap (P_3) \neq \varnothing.$$

14. Si (P_1), (P_2) et (P_3) sont trois plans distincts de l'espace vérifiant $(P_1) \cap (P_2) \cap (P_3) = \varnothing$, alors on peut conclure que (P_1), (P_2) et (P_3) sont tels que :

$$(P_1) \cap (P_2) \neq \varnothing \quad \text{et} \quad (P_2) \cap (P_3) \neq \varnothing.$$

15. Si (P_1), (P_2) et (P_3) sont trois plans distincts de l'espace vérifiant $(P_1) \cap (P_2) \neq \varnothing$ et $(P_1) \cap (P_3) \neq \varnothing$, alors on peut conclure que (P_2) et (P_3) vérifient :

$$(P_2) \cap (P_3) \neq \varnothing.$$

16. Si (P_1) et (P_3) sont deux plans distincts et (D) une droite de l'espace vérifiant $(P_1) \cap (D) \neq \varnothing$ et $(P_1) \cap (P_2) \neq \varnothing$, alors on peut conclure que :

$$(P_2) \cap (D) \neq \varnothing.$$

***Pour les exercices** 17 **à** 24, on donne le cube ABCDEFGH, d'arête de longueur 1 et les milieux I et J des arêtes [AB] et [CG]. Les éléments utiles de la figure sont donnés ci-contre.*

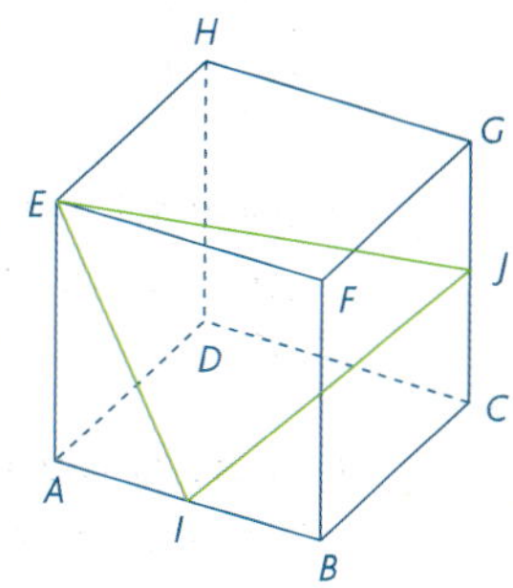

17. $\overrightarrow{AC} \cdot \overrightarrow{AI} = \frac{1}{2}.$

18. $\overrightarrow{AC} \cdot \overrightarrow{AI} = \overrightarrow{AI} \cdot \overrightarrow{AB}.$

19. $\overrightarrow{AB} \cdot \overrightarrow{IJ} = \overrightarrow{AB} \cdot \overrightarrow{IC}.$

20. $\overrightarrow{AB} \cdot \overrightarrow{IJ} = AB \times IC \times \cos\frac{\pi}{3}.$

On utilise à présent le repère orthonormé :

$$(A\,;\overrightarrow{AB}, \overrightarrow{AD}, \overrightarrow{AE}).$$

21. Une représentation paramétrique de la droite (IJ) est $\begin{cases} x = t + 1 \\ y = 2t \\ z = t \end{cases}, t \in \mathbb{R}.$

22. Une représentation paramétrique de la droite (IJ) est $\begin{cases} x = \frac{1}{2}t + 1 \\ y = t + 1 \\ z = \frac{1}{2}t + \frac{1}{2} \end{cases}, t \in \mathbb{R}.$

23. $6x - 7y + 8z - 3 = 0$ est une équation cartésienne de la droite (IJ).

24. L'intersection des plans (FIJ) et (ABC) est la droite passant par le point I et par le milieu de l'arête $[DC]$.

1. L'espace sans produit scalaire

pour s'échauffer

25. corrigé Soit le cube $ABCDEFGH$.

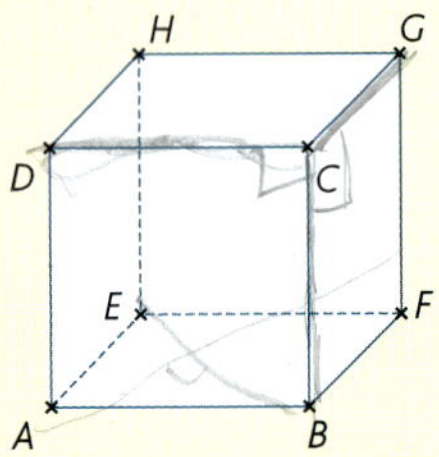

1. Démontrer que la droite (GC) est orthogonale au plan (ABD).
2. Démontrer que les droites (HC) et (AF) sont orthogonales.
3. Démontrer que les droites (DC) et (GB) sont orthogonales.

26. Soit le cube $ABCDEFGH$ d'arête 2 cm.
Soit I le milieu de $[DC]$, J le milieu de $[HG]$.

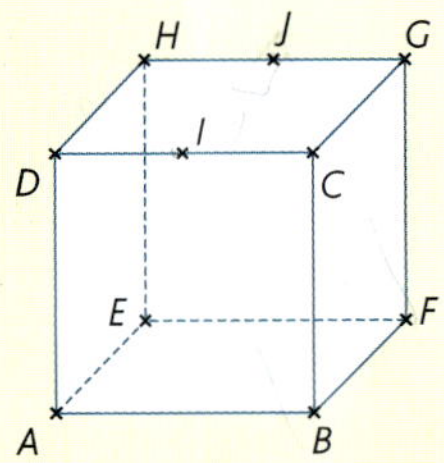

1. Démontrer que la droite (IJ) est orthogonale au plan (ABC).
2. Les droites (IJ) et (JB) sont-elles orthogonales ?
3. Déterminer et tracer la découpe du cube par le plan (IJB).
4. Calculer l'aire du polygone $(IJBF)$ après avoir déterminé sa nature.

27. $ABCD$ est un tétraèdre. On note B' l'image du point B par la translation de vecteur $\overrightarrow{DC}$, et G le centre de gravité du triangle ABC. Quelle est la nature de l'intersection de la droite (AG) et du plan (ADB') ? Justifier.
Recopier et compléter les phrases ci-dessous.
On sait que $\overrightarrow{BB'} = \overrightarrow{DC}$ car …
Donc $CDBB'$ est un … dont les … $[DB']$ et $[BC]$ se coupent en … que l'on note I.
De plus, la droite (AG) est une … du triangle ABC. Elle passe donc aussi par … le milieu de $[BC]$.
La droite (AG) et le plan (ADB') ont au moins deux points communs, le point … et le point … .
Donc la droite (AG) est contenue dans le plan …

28. TICE **Section plane du cube**
Dans une nouvelle figure 3D, insérer un cube et le nommer $ABCDEFGH$ (clic-droit sur chaque point et remplir le nom).
Soit I le milieu de $[EF]$, J le milieu de $[HG]$ et M un point mobile appartenant à $[GH]$. On souhaite réaliser la section plane du cube par le plan (IBM).

1. On place M sur le segment $[HJ]$.
Quelle est la nature de l'intersection du plan (IBM) et de la face (HCD) ?

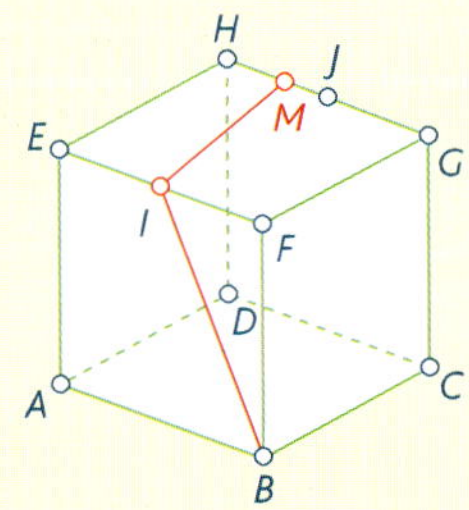

2. Dans *Carmétal*, construire le point M' intersection du plan (IBM) et de la droite (DC), puis le polygone $(IBM'M)$.
3. On place maintenant le point M sur le segment $[GJ]$. Comment construire l'intersection du plan (IBM) et de la face $(BCGF)$.
4. Dans *Carmétal*, construire M'' le point d'intersection du plan (IBM) et du segment $[GC]$, puis le polygone $(BIMM'')$.
En faisant parcourir le segment $[HG]$ au point M, on obtient le plan de coupe du cube par le plan (IBM) avec l'outil animer un point.

29. corrigé Soit le cube $ABCDEFGH$.
1. Représenter les points I, J et K tels que :
$$\overrightarrow{DI} = \frac{1}{3}\overrightarrow{DC}, \quad \overrightarrow{CJ} = \frac{1}{2}\overrightarrow{CB} \quad \text{et} \quad \overrightarrow{AK} = \frac{5}{3}\overrightarrow{AB}.$$
2. Exprimer le vecteur $\overrightarrow{IJ}$ en fonction des vecteurs $\overrightarrow{DC}$ et $\overrightarrow{CB}$.
3. Même question avec le vecteur $\overrightarrow{JK}$.
4. En déduire que les points I, J et K sont alignés.

30. Soit le cube $ABCDEFGH$.
1. Représenter les points I, J et K tels que :
$$\overrightarrow{DI} = \frac{1}{2}\overrightarrow{DC}, \quad \overrightarrow{BJ} = \frac{1}{2}\overrightarrow{BG} \quad \text{et} \quad \overrightarrow{EK} = \frac{3}{2}\overrightarrow{EF}.$$
2. Exprimer le vecteur $\overrightarrow{IJ}$ en fonction des vecteurs $\overrightarrow{DC}$, $\overrightarrow{CB}$ et $\overrightarrow{BF}$.
3. Même question avec le vecteur $\overrightarrow{JK}$.
4. En déduire que les points I, J et K sont alignés.

2. Colinéarité et coplanarité dans l'espace

pour s'échauffer

31. corrigé *Pour chacune des questions, reprendre les exercices 29. et 30. en choisissant un repère de l'espace et en utilisant les coordonnées.*

1. Les points I, J et K sont tels que :
$\overrightarrow{DI}=\frac{1}{3}\overrightarrow{DC}$, $\overrightarrow{CJ}=\frac{1}{2}\overrightarrow{CB}$ et $\overrightarrow{AK}=\frac{5}{3}\overrightarrow{AB}$.
2. Les points I, J et K sont tels que :
$\overrightarrow{DI}=\frac{1}{2}\overrightarrow{DC}$, $\overrightarrow{BJ}=\frac{1}{2}\overrightarrow{BG}$ et $\overrightarrow{EK}=\frac{3}{2}\overrightarrow{EF}$.

Pour les exercices 32. à 35., les points donnés sont-ils alignés ?

32. corrigé
1. $A(1;1;3)$, $B(-1;0;2)$, $C(3;0;1)$.
2. $A(0;-1;3)$, $B(-1;-3;1)$, $C(2;3;7)$.

33.
1. $A(3;5;2)$, $B(7;3;-2)$, $C(1;6;4)$.
2. $A(0;5;2)$, $B(0;-3;1)$, $C(0;2;0)$.

34.
1. $A(1;1;0)$, $B(1;1;2)$, $C(1;1;6)$.
2. $A(-1;1;0)$, $B(3;-1;2)$, $C(-5;3;-2)$.

35.
1. $A\left(\frac{1}{2};\frac{2}{3};\frac{5}{8}\right)$, $B(0;1;2)$, $C(2;-1;3)$.
2. $A\left(\frac{1}{2};\frac{2}{3};\frac{5}{8}\right)$, $B\left(\frac{3}{2};\frac{5}{3};\frac{13}{8}\right)$
$C\left(-\frac{15}{2};-\frac{22}{3};-\frac{59}{8}\right)$.
3. Les points précédents sont-ils coplanaires ? Écrire la démonstration.

36. corrigé Soit $A(1;0;-1)$, $B(2;1;2)$, $C(1;0;1)$ et $D(3;2;7)$.
1. Démontrer que les vecteurs $\overrightarrow{AB}$ et $\overrightarrow{DC}$ sont colinéaires.
2. Les points A, B, C et D sont-ils coplanaires ?

37. Soit $A(1;\ 0;\ 2)$, $B(2;\ 1;\ 2)$, $C(3;\ 0;\ 0)$ et $D(5;-2;-4)$.
1. Les vecteurs $\overrightarrow{AB}$ et $\overrightarrow{DC}$ sont-ils colinéaires ?
2. Les points A, B, C et D sont-ils coplanaires ?

38. Soit $A(0;\ 0;\ 2)$, $B(2;\ 0;\ 2)$, $C(3;\ 1;\ 0)$ et $D(5;2;-1)$.
1. $\overrightarrow{AB}$ et $\overrightarrow{DC}$ sont-ils colinéaires ?
2. A, B, C et D sont-ils coplanaires ?

[algorithmique]

39. corrigé 1. Compléter l'algorithme suivant permettant de déterminer si deux vecteurs $\vec{u}$ et $\vec{v}$ sont colinéaires.

```
▶ VARIABLES
▼ DEBUT_ALGORITHME
    LIRE abscisse_u
    LIRE ordonnée_u
    LIRE cote_u
    LIRE abscisse_v
    LIRE ordonnée_v
    LIRE cote_v
  ▼ SI (                ) ALORS
      DEBUT_SI
      AFFICHER "les vecteurs sont colinéaires"
      FIN_SI
    ▼ SINON
        DEBUT_SINON
        AFFICHER "les vecteurs ne sont pas colinéaires"
        FIN_SINON
FIN_ALGORITHME
```

2. Saisir cet algorithme sous *Algobox* et vérifier son fonctionnement à l'aide des résultats des exercices précédents.

Pour les exercices 40. à 42., on pourra s'aider d'un repère judicieusement choisi et travailler avec les coordonnées dans ce repère.

40. corrigé La figure ci-dessous est constituée de dix-huit parallélépipèdes posés les uns sur les autres.

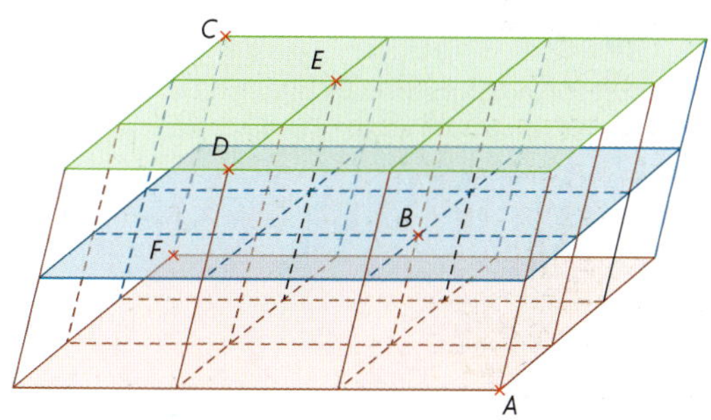

Déterminer et démontrer :
1. si les points A, B et C sont alignés ;
2. si les points A, B et E sont alignés ;
3. si les points A, B, C et D sont coplanaires ;
4. si les points A, B, C et F sont coplanaires.

41. La figure ci-dessous est constituée de dix-huit parallélépipèdes rectangles posés les uns sur les autres.

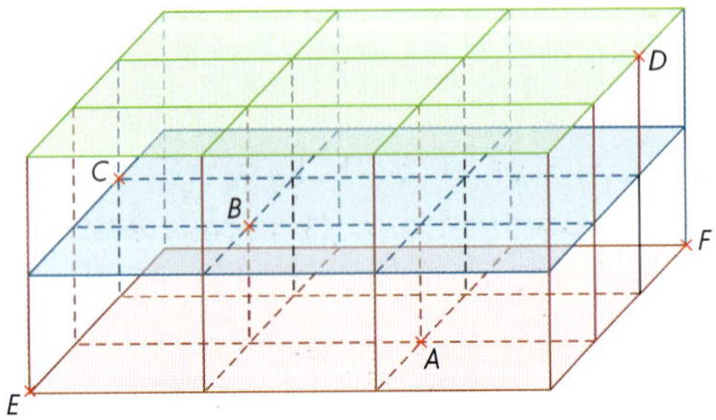

Déterminer et démontrer :

1. si les points A, B, C et D sont coplanaires ;
2. si les points F, A, E et D sont coplanaires.

42. La figure ci-dessous est constituée de dix-huit parallélépipèdes rectangles posés les uns sur les autres.

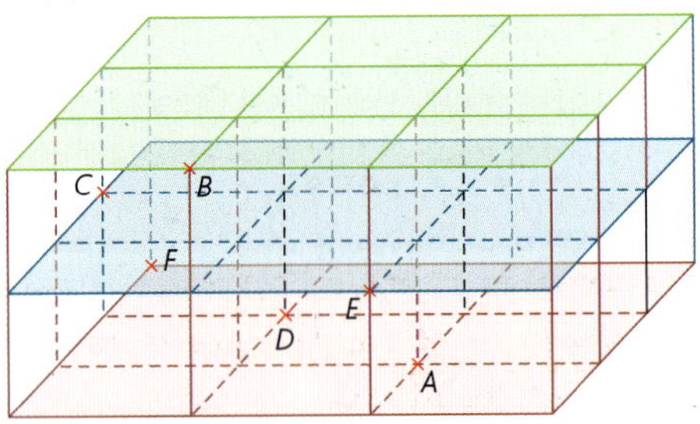

1. Les points A, B, C et D sont-ils coplanaires ?
2. Les points A, B, C et E sont-ils sur un même plan ?
3. Le point F appartient-il au plan (ABC) ?

43.

> **Rappel**
> Par un point de l'espace, il passe un plan et un seul orthogonal à une droite donnée.

Sur la figure, on a représenté le cube $ABCDEFGH$ d'arête 1. On a placé les points I et J tels que $\overrightarrow{BI} = \frac{2}{3}\overrightarrow{BC}$ et $\overrightarrow{EJ} = \frac{2}{3}\overrightarrow{EH}$ et le point K milieu de $[IJ]$.

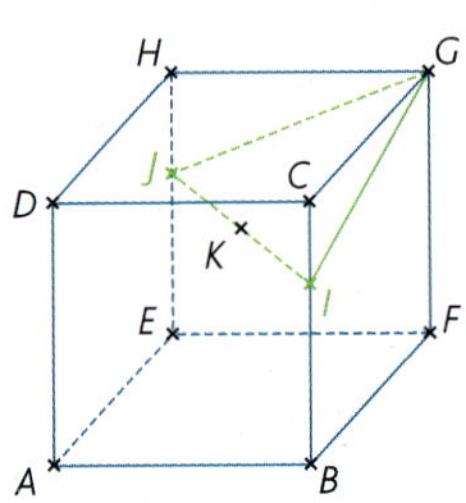

On appelle P le projeté orthogonal de G sur le plan (FIJ).

1. Démontrer que le triangle FIJ est isocèle en F.
En déduire que les droites (FK) et (IJ) sont orthogonales.
2. On admet que les droites (GK) et (IJ) sont orthogonales. Démontrer que la droite (IJ) est orthogonale au plan (FGK).
3. Démontrer que la droite (IJ) est orthogonale au plan (FGP).
4. Montrer que les points F, G, K et P sont coplanaires.
5. En déduire que les points F, P et K sont alignés.

44. **corrigé** Soit $A(3\,;-2\,;-4)$, $B(4\,;-3\,;-2)$ et les vecteurs $\vec{u}\begin{pmatrix}2\\-1\\0\end{pmatrix}$ et $\vec{v}\begin{pmatrix}-1\\0\\2\end{pmatrix}$.

1. Déterminer les coordonnées du point M tel que :
$$\overrightarrow{AM} = \vec{u} + \vec{v}.$$
2. Les vecteurs $\overrightarrow{AB}$, $\vec{u}$ et $\vec{v}$ sont-ils coplanaires ?

45. Soit $A(2\,;4\,;-1)$, $B(3\,;1\,;2)$, $C(1\,;0\,;1)$, $D(3\,;2\,;1)$ et $E(1\,;2\,;0)$.

1. Démontrer que les vecteurs $\overrightarrow{AB}$, $\overrightarrow{AC}$ et $\overrightarrow{AD}$ ne sont pas coplanaires.
2. Le repère $(A\,;\overrightarrow{AB}, \overrightarrow{AC}, \overrightarrow{AD})$ peut-il être un repère de l'espace ?
3. Déterminer les coordonnées du point M tel que $\overrightarrow{AM} = 2\overrightarrow{AB} - \overrightarrow{AC}$. Où se situe le point M ?
4. Déterminer α, β et γ tels que :
$$\overrightarrow{AE} = \alpha\overrightarrow{AB} + \beta\overrightarrow{AC} + \gamma\overrightarrow{AD}.$$
Quelles sont les coordonnées de E dans le repère $(A\,;\overrightarrow{AB}, \overrightarrow{AC}, \overrightarrow{AD})$?

> **Aide**
> On pourra vérifier les résultats avec la commande de calcul formel :
> Résoudre[{eq1,eq2,eq3},{x,y,z}] ou
> solve({eq1,eq2,eq3},{x,y,z})

46. Soit $\vec{u}\begin{pmatrix}2\\-1\\0\end{pmatrix}$, $\vec{v}\begin{pmatrix}-1\\0\\3\end{pmatrix}$ et $\vec{w}\begin{pmatrix}0\\-3\\1\end{pmatrix}$ trois vecteurs ; $A(1\,;2\,;3)$, $B(2\,;0\,;3)$ et $C(6\,;3\,;8)$ trois points de l'espace.

1. Démontrer que les vecteurs $\vec{u}$, $\vec{v}$ et $\vec{w}$ ne sont pas coplanaires.
2. Déterminer α, β et γ tels que :
$$\overrightarrow{AB} = \alpha\vec{u} + \beta\vec{v} + \gamma\vec{w}.$$
3. Déterminer α', β' et γ' tels que :
$$\overrightarrow{BC} = \alpha'\vec{u} + \beta'\vec{v} + \gamma'\vec{w}.$$
4. En déduire les coordonnées du point C dans le repère $(A\,;\vec{u}, \vec{v}, \vec{w})$.

47. Soit $\vec{u}\begin{pmatrix}1\\2\\-1\end{pmatrix}$, $\vec{v}\begin{pmatrix}-1\\-4\\2\end{pmatrix}$ et $\vec{w}\begin{pmatrix}0\\0\\1\end{pmatrix}$ trois vecteurs et $A(0\,;-2\,;1)$, $B(3\,;-2\,;0)$ et $C(-3\,;2\,;0)$ trois points de l'espace.

1. Montrer que $(A\,;\vec{u},\vec{v},\vec{w})$ est un repère de l'espace.
2. Déterminer les coordonnées du point B dans le repère $(A\,;\vec{u},\vec{v},\vec{w})$.
3. Déterminer les coordonnées du point C dans le repère $(A\,;\vec{u},\vec{v},\vec{w})$.
4. Les points A, B et C sont-ils alignés ?

48. TICE Soit $\vec{u}\begin{pmatrix}3\\0\\1\end{pmatrix}$, $\vec{v}\begin{pmatrix}1\\0\\3\end{pmatrix}$ et $\vec{w}\begin{pmatrix}0\\1\\2\end{pmatrix}$ trois vecteurs, $A(-5\,;2\,;2)$, $B(2\,;0\,;3)$ et $C(0\,;0\,;1)$ trois points de l'espace.
Répondre aux questions suivantes en s'aidant d'un logiciel de calcul formel.

1. Vérifier que $(A\,;\vec{u},\vec{v},\vec{w})$ est un repère de l'espace.
2. Les coordonnées du point B dans le repère $(A\,;\vec{u},\vec{v},\vec{w})$ sont :
   a. $\left(\frac{1}{2}\,;\frac{2}{5}\,;-2\right)$; b. $\left(\frac{11}{7}\,;\frac{8}{7}\,;-2\right)$;
   c. $\left(\frac{5}{7}\,;1\,;-2\right)$.
3. Les coordonnées du point C dans le repère $(B\,;\vec{u},\vec{v},\vec{w})$ sont :
   a. $\left(\frac{9}{7}\,;\frac{4}{7}\,;-2\right)$; b. $\left(-\frac{2}{7}\,;-\frac{4}{7}\,;0\right)$;
   c. $\left(\frac{5}{7}\,;1\,;-2\right)$.
4. Les coordonnées du vecteur $\overrightarrow{AC}$ dans le repère $(A\,;\vec{u},\vec{v},\vec{w})$ sont :
   a. $\left(\frac{9}{7}\,;\frac{4}{7}\,;-2\right)$; b. $(5\,;-2\,;-1)$;
   c. $\left(\frac{44}{7}\,;-\frac{10}{7}\,;0\right)$.

3. Calculer un produit scalaire dans le plan

pour s'échauffer

***Pour les exercices 49. et 50.**, le plan étant muni d'un repère orthonormé $(O\,;\vec{i},\vec{j})$, calculer les produits scalaires $\vec{u}\cdot\vec{v}$ et $\vec{u}\cdot\vec{w}$.*

49. 1. $\vec{u}\begin{pmatrix}1\\-1\end{pmatrix}$, $\vec{v}\begin{pmatrix}2\\2\end{pmatrix}$ et $\vec{w}\begin{pmatrix}8\\6\end{pmatrix}$.

2. $\vec{u}\begin{pmatrix}2\\-b\end{pmatrix}$, $\vec{v}\begin{pmatrix}b\\2\end{pmatrix}$ et $\vec{w}\begin{pmatrix}-b\\-2\end{pmatrix}$.

3. $\vec{u}\begin{pmatrix}a\\-b\end{pmatrix}$, $\vec{v}\begin{pmatrix}b\\a\end{pmatrix}$ et $\vec{w}\begin{pmatrix}-b\\-a\end{pmatrix}$.

50. 1. $\vec{u}\begin{pmatrix}\sqrt{3}\\-1\end{pmatrix}$, $\vec{v}\begin{pmatrix}2\sqrt{3}\\2\end{pmatrix}$ et $\vec{w}\begin{pmatrix}4\sqrt{3}\\6\end{pmatrix}$.

2. $\vec{u}\begin{pmatrix}2\\-\sqrt{11}\end{pmatrix}$, $\vec{v}\begin{pmatrix}5{,}5\\\sqrt{11}\end{pmatrix}$ et $\vec{w}\begin{pmatrix}-11\\-2\sqrt{11}\end{pmatrix}$.

3. $\vec{u}\begin{pmatrix}a+b\\a\end{pmatrix}$, $\vec{v}\begin{pmatrix}a-b\\a\end{pmatrix}$ et $\vec{w}\begin{pmatrix}a+b\\a\end{pmatrix}$.

***Pour les exercices 51. et 52.**, le plan étant muni d'un repère orthonormé $(O\,;\vec{i},\vec{j})$, calculer les produits scalaires $\overrightarrow{AB}\cdot\overrightarrow{AC}$ et $\overrightarrow{BA}\cdot\overrightarrow{BC}$.*

51. 1. $A(3\,;1)$, $B(2\,;0)$ et $C(-2\,;0)$.
2. $A(-2\,;3)$, $B(1\,;1)$ et $C(-1\,;2)$.
3. $A(-8\,;-3)$, $B(-1\,;4)$ et $C(4\,;3)$.

52. 1. $A(0\,;2)$, $B(2\,;0)$ et $C(-2\,;0)$.
2. $A(1\,;4\sqrt{13})$, $B(1\,;-3\sqrt{13})$ et $C(-1\,;2\sqrt{13})$.
3. $A(\sqrt{2}\,;-\sqrt{3})$, $B(-\sqrt{8}\,;\sqrt{18})$ et $C(0\,;1)$.

53. $ABCD$ est un carré de côté 1 avec le point I milieu du segment $[AB]$ et le point J milieu du segment $[BC]$.
Démontrer que les droites (DI) et (AJ) sont orthogonales de deux façons :

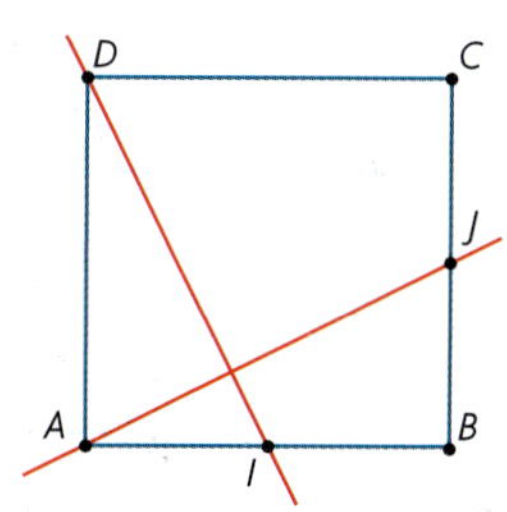

a. en choisissant puis utilisant un repère orthonormé ;
b. sans utiliser de repère.

54. **corrigé** Calculer les produits scalaires $\overrightarrow{AB}\cdot\overrightarrow{AC}$ et $\overrightarrow{BA}\cdot\overrightarrow{BC}$ dans chaque cas :

1.

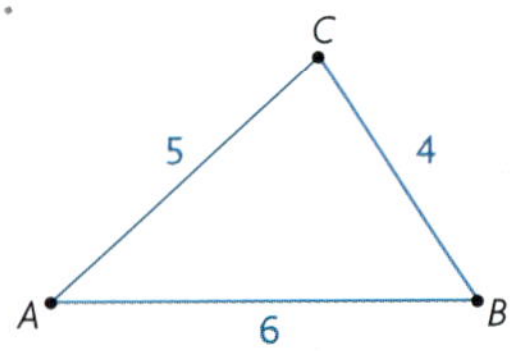

2.

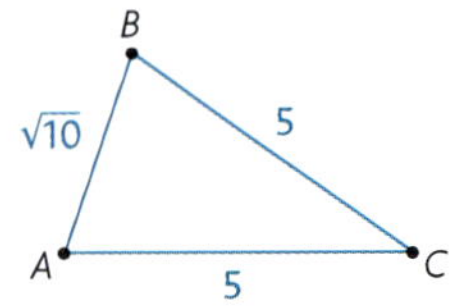

55. Dans le triangle ABC ci-dessous, $AB = 4$ et $HA = 3$.

1. Calculer $\overrightarrow{AC}\cdot\overrightarrow{AB}$.
2. Calculer $\overrightarrow{BA}\cdot\overrightarrow{BC}$.
3. Calculer $\overrightarrow{CA}\cdot\overrightarrow{CB}$ après avoir calculé AC^2 et CB^2.

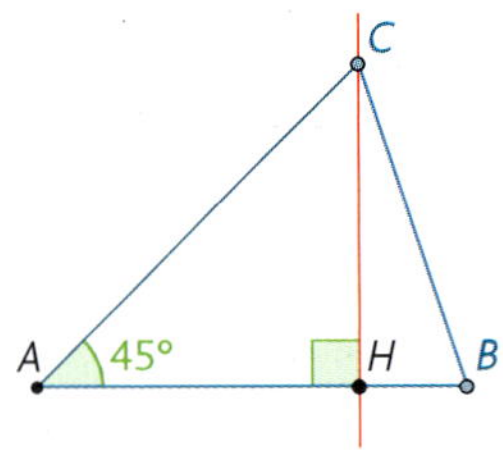

4. Calculer un produit scalaire dans l'espace

pour s'échauffer

***Pour les exercices 56. et 57.**, l'espace étant muni d'un repère orthonormé $(O\,;\vec{i},\vec{j},\vec{k})$, calculer les produits scalaires $\vec{u}\cdot\vec{v}$ et $\vec{u}\cdot\vec{w}$.*

56.
1. $\vec{u}\begin{pmatrix}1\\-1\\1\end{pmatrix}$, $\vec{v}\begin{pmatrix}2\\1\\-1\end{pmatrix}$ et $\vec{w}\begin{pmatrix}8\\6\\-2\end{pmatrix}$.
2. $\vec{u}\begin{pmatrix}2\\-b\\1\end{pmatrix}$, $\vec{v}\begin{pmatrix}b\\2\\0\end{pmatrix}$ et $\vec{w}\begin{pmatrix}-b\\-1\\b\end{pmatrix}$.
3. $\vec{u}\begin{pmatrix}a\\-b\\c\end{pmatrix}$, $\vec{v}\begin{pmatrix}b\\a\\c\end{pmatrix}$ et $\vec{w}\begin{pmatrix}a\\0\\\frac{-a^2}{c}\end{pmatrix}$.

57.
1. $\vec{u}\begin{pmatrix}\sqrt{2}\\-1\\2\sqrt{2}\end{pmatrix}$, $\vec{v}\begin{pmatrix}3\sqrt{2}\\2\\\sqrt{2}\end{pmatrix}$ et $\vec{w}\begin{pmatrix}4\sqrt{3}\\6\\5\sqrt{2}\end{pmatrix}$.
2. $\vec{u}\begin{pmatrix}a+b\\a\\b\end{pmatrix}$, $\vec{v}\begin{pmatrix}a-b\\-a\\b\end{pmatrix}$ et $\vec{w}\begin{pmatrix}a+b\\-a\\-b\end{pmatrix}$.
3. $\vec{u}\begin{pmatrix}a\\1\\a^2\end{pmatrix}$, $\vec{v}\begin{pmatrix}-a\\0\\1\end{pmatrix}$ et $\vec{w}\begin{pmatrix}2a\\a^2\\5\end{pmatrix}$.

58. L'espace étant muni d'un repère orthonormé $(O\,;\vec{i},\vec{j},\vec{k})$, déterminer toutes les valeurs de k pour lesquelles le produit scalaire $\vec{u}\cdot\vec{v}$ est nul.

1. $\vec{u}\begin{pmatrix}2\\5\\3\end{pmatrix}$, $\vec{v}\begin{pmatrix}k\\2\\k\end{pmatrix}$.
2. $\vec{u}\begin{pmatrix}k\\-2k\\3\end{pmatrix}$, $\vec{v}\begin{pmatrix}k\\2\\1\end{pmatrix}$.
3. $\vec{u}\begin{pmatrix}k\\-2k\\1\end{pmatrix}$, $\vec{v}\begin{pmatrix}k\\k\\-1\end{pmatrix}$.

***Pour les exercices 59. et 60.**, l'espace étant muni d'un repère orthonormé $(O\,;\vec{i},\vec{j},\vec{k})$, calculer les produits scalaires $\overrightarrow{AB}\cdot\overrightarrow{AC}$ et $\overrightarrow{BA}\cdot\overrightarrow{BC}$.*

59.
1. $A(0\,;1\,;2)$, $B(2\,;0\,;2)$ et $C(-2\,;0\,;1)$.
2. $A(1\,;0\,;2)$, $B(0\,;1\,;3)$ et $C(-1\,;2\,;0)$.
3. $A(8\,;-3\,;1)$, $B(-1\,;4\,;-2)$ et $C(4\,;0\,;1)$.

60.
1. $A(3\,;-1\,;2)$, $B(2\,;1\,;-2)$ et $C(-2\,;0\,;1)$.
2. $A(-2\,;3\,;2)$, $B(1\,;1\,;3)$ et $C(-1\,;-2\,;-5)$.
3. $A(2\,;1\,;0)$, $B(3\,;2\,;1)$ et $C(4\,;3\,;2)$.

61. **ROC** Démontrer que si $\overrightarrow{AB}$ et $\overrightarrow{AC}$ sont deux vecteurs, non nuls, alors $\overrightarrow{AB}\cdot\overrightarrow{AC}=0$ si, et seulement si, $\overrightarrow{AB}$ et $\overrightarrow{AC}$ sont orthogonaux en utilisant la définition suivante du produit scalaire : $\vec{u}\cdot\vec{v}\ \frac{1}{2}(\|\vec{u}\|^2+\|\vec{v}\|^2-\|\vec{u}-\vec{v}\|^2)$.

62. **corrigé** Dans le cube $ABCDEFGH$ de côté ℓ ci-dessous, calculer les produits scalaires suivants :

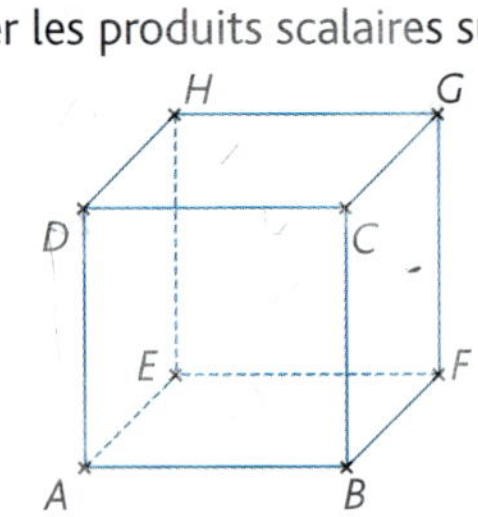

1. $\overrightarrow{AB}\cdot\overrightarrow{AC}$;
2. $\overrightarrow{AB}\cdot\overrightarrow{DC}$;
3. $\overrightarrow{EF}\cdot\overrightarrow{AD}$;
4. $\overrightarrow{AC}\cdot\overrightarrow{HD}$;
5. $\overrightarrow{AH}\cdot\overrightarrow{BG}$;
6. $\overrightarrow{FC}\cdot\overrightarrow{FD}$.

63. Soit le cube $ABCDEFGH$ de l'exercice 62..

1. Montrer que $\overrightarrow{AG}\cdot\overrightarrow{BE}=0$, puis que $\overrightarrow{AG}\cdot\overrightarrow{BD}=0$.
2. En déduire la position relative de la droite (AG) et du plan (BED).
3. En se plaçant dans le repère $(D\,;\overrightarrow{DA},\overrightarrow{DC},\overrightarrow{DH})$, déterminer les coordonnées des points A, B, D, E et G.
4. Avec les coordonnées, démontrer que la droite (AG) est orthogonale au plan (BED).

64. Dans le tétraèdre régulier $ABCD$ de côté ℓ, on nomme I, J et K les milieux respectifs des segments $[BC]$, $[BD]$ et $[AC]$.

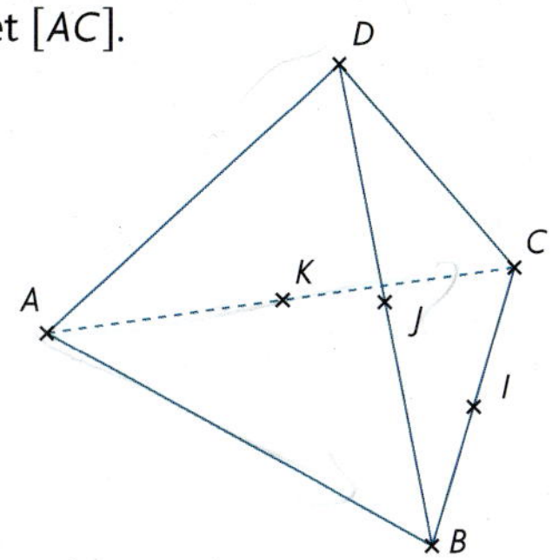

Calculer les produits scalaires suivants :
a. $\overrightarrow{AB} \cdot \overrightarrow{AC}$; **b.** $\overrightarrow{AD} \cdot \overrightarrow{AK}$; **c.** $\overrightarrow{AB} \cdot \overrightarrow{IK}$;
d. $\overrightarrow{AD} \cdot \overrightarrow{JK}$ en écrivant $\overrightarrow{JK} = \overrightarrow{JD} + \overrightarrow{DA} + \overrightarrow{AK}$;
e. $\overrightarrow{AB} \cdot \overrightarrow{CD}$.
Quelle est la particularité des arêtes opposées d'un tétraèdre régulier ?

65. BAC Dans cette partie, $ABCD$ est un tétraèdre régulier, c'est-à-dire un solide dont les quatre faces sont des triangles équilatéraux.

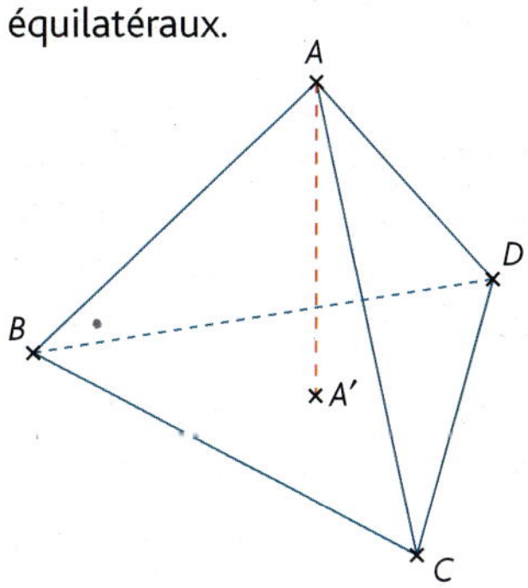

A' est le centre de gravité du triangle BCD. Dans un tétraèdre, le segment joignant un sommet au centre de gravité de la face opposée est appelé médiane. Ainsi, le segment $[AA']$ est une médiane du tétraèdre $ABCD$.
On souhaite démontrer la propriété suivante :
(1) : Dans un tétraèdre régulier, chaque médiane est orthogonale à la face opposée.

1. Montrer que $\overrightarrow{AA'} \cdot \overrightarrow{BD} = 0$ et que $\overrightarrow{AA'} \cdot \overrightarrow{BC} = 0$.
On pourra utiliser le point I milieu du segment [BD].

2. En déduire que la médiane (AA') est orthogonale à la face BCD.

D'après Bac

Remarque
Un raisonnement analogue montre que les autres médianes du tétraèdre régulier $ABCD$ sont également orthogonales à leur face opposée.

5. Équations cartésiennes de plan

L'espace est rapporté au repère orthonormé $(O\,;\,\vec{i},\,\vec{j},\,\vec{k})$.

→ pour s'échauffer

66. corrigé Déterminer les coordonnées d'un vecteur normal à chacun des plans suivants :
$(P_1) : 3x + 4y - 2 = 0$; $(P_2) : x + y = 0$;
$(P_3) : 2x - 4 + 3z + y = 0$; $(P_4) : 4 + y = 0$.

67. Déterminer les coordonnées d'un vecteur normal à chacun des plans suivants :
$(P_1) : y - 2 = 0$; $(P_2) : x + y + 3z = 0$;
$(P_3) : ax - 4 + az + y = 0$; $(P_4) : a + bx + cz = 0$.

68. À quels plans ci-dessous les points $A(3\,;-4\,;2)$, $B(0\,;0\,;2)$, $C(-2\,;2\,;0)$ et $D(2\,;1\,;6)$ appartiennent-ils ?
$(P_1) : 3x + 4y - 2 = 0$; $(P_2) : x + y = 0$;
$(P_3) : 2x - 4 + 3z + y = 0$; $(P_4) : 4 + y = 0$.

69. À quels plans ci-dessous les points $A(5\,;-4\,;-1)$, $B(5\,;1\,;-1)$, $C(-2\,;2\,;0)$ et $D(5\,;-5\,;5)$ appartiennent-ils ?
$(P_1) : x + y - z = 0$; $(P_2) : x + y + z = 5$;
$(P_3) : x - y + 2z = 2$; $(P_4) : x - 5 = 0$.

70. **1.** Déterminer une équation cartésienne des plans (P_1) et (P_2) tels que :
a. le plan (P_1) passant par le point $A(4\,;2\,;1)$ et de vecteur normal $\vec{u}\begin{pmatrix}1\\0\\-1\end{pmatrix}$;
b. le plan (P_2) passant par le point $B(2\,;-1\,;0)$ et de vecteur normal $\vec{v}\begin{pmatrix}2\\-1\\3\end{pmatrix}$.

2. Quelle est la nature de $(P_1) \cap (P_2)$? Justifier.

71. 1. Déterminer une équation cartésienne des plans suivants :

a. le plan (P_1) passant par le point $A(2\,;-3\,;1)$ et de vecteur normal $\vec{u}\begin{pmatrix}0\\1\\3\end{pmatrix}$;

b. le plan (P_2) passant par le point $B(1\,;0\,;-1)$ et de vecteur normal $\vec{v}\begin{pmatrix}0\\-2\\-6\end{pmatrix}$.

2. Quelle est la nature de l'intersection $(P_1)\cap(P_2)$? Justifier.

[algorithmique]

72. Compléter l'algorithme suivant permettant de déterminer d dans l'équation cartésienne $ax+by+cz+d=0$ du plan dont on donne $\vec{u}\begin{pmatrix}a\\b\\c\end{pmatrix}$ et $A(x_A\,;y_A\,;z_A)$.

```
▶ VARIABLES
▼ DEBUT_ALGORITHME
   AFFICHER "On va vous demander les coord de u"
   LIRE a
   LIRE b
   LIRE c
   AFFICHER "On va vous demander les coord de A"
   LIRE xA
   LIRE yA
   LIRE zA
   d PREND_LA_VALEUR
   AFFICHER "Une équation cartésienne de d est "
   AFFICHER "ax+by+cz+ ..."
   AFFICHER d
   AFFICHER "=0"
FIN_ALGORITHME
```

Saisir ce programme sous *Algobox* et vérifier son fonctionnement avec les résultats de l'exercice précédent.

73. 1. Déterminer une équation cartésienne du plan (P_1) médiateur du segment $[AB]$ avec $A(0\,;3\,;-1)$ et $B(4\,;5\,;-3)$.

2. Le point $C(2\,;0\,;1)$ appartient-il au plan (P_1) ?

3. Soit M un point de l'espace tel que $AM=BM=2$. Déterminer une équation du plan passant par le point M et orthogonal à la droite (AB).

74. Déterminer une équation cartésienne du plan (P_1) parallèle au plan (P_2) d'équation $-x+2y+z+3=0$ et passant par $A(0\,;2\,;0)$.

75. Soit $A(2\,;0\,;1)$, $B(1\,;2\,;-1)$ et $C(-3\,;1\,;2)$.

1. Démontrer que les points A, B et C définissent un seul plan.

2. Déterminer un vecteur normal au plan (ABC).

3. Déterminer une équation du plan (ABC).

76. Reprendre les questions de l'exercice **75.** avec les points $A(1\,;3\,;0)$, $B(1\,;2\,;-1)$ et $C(-2\,;1\,;2)$.

77. Soit $A(2\,;5\,;-1)$ et $B(4\,;1\,;-3)$ deux points de l'espace.

1. Déterminer l'équation de la sphère S de diamètre $[AB]$.

2. Déterminer l'équation du plan tangent à S en A.

78. Reprendre les questions de l'exercice **77.** avec les points $A(0\,;4\,;-2)$ et $B(2\,;-2\,;-1)$.

79. 1. Déterminer le centre et le rayon de la sphère d'équation :

$$x^2+y^2+z^2-8x-2y+4z-4=0.$$

2. Montrer que le plan d'équation $x=4$ est tangent à la sphère en $A(4\,;-3\,;0)$.

80. corrigé 1. Déterminer le centre et le rayon de la sphère d'équation :

$$x^2+y^2+z^2-8x-2y+4z-4=0.$$

2. Démontrer que l'intersection entre le plan d'équation $x=-3$ et la sphère est vide.

On essayera de résoudre le système composé des deux équations.

[algorithmique]

81. On souhaite proposer un algorithme permettant de déterminer les coordonnées du centre et le rayon d'une sphère à partir de son équation de la forme $x^2+y^2+z^2+ax+by+cz+d=0$.

1. À quelle condition sur a, b, c et d cette équation est celle d'une sphère ?

2. Si cette condition est vérifiée, déterminer les coordonnées du centre en fonction de a, b et c.

3. Quel est alors le rayon ?

4. Saisir le programme sous *Algobox* et vérifier son fonctionnement avec les exercices précédents.

6. Équations paramétriques

pour s'échauffer

82. corrigé **1.** Déterminer un système d'équations paramétriques du plan (P_1) de vecteurs directeurs $\vec{u}\begin{pmatrix}1\\2\\0\end{pmatrix}$ et $\vec{v}\begin{pmatrix}-1\\0\\4\end{pmatrix}$ et passant par $A(2\,;0\,;1)$.

2. Déterminer un vecteur normal de (P_1).

3. En déduire une équation cartésienne de (P_1).

83. Reprendre les mêmes questions que l'exercice **82.** avec les vecteurs $\vec{u}\begin{pmatrix}-1\\2\\1\end{pmatrix}$, $\vec{v}\begin{pmatrix}3\\0\\2\end{pmatrix}$ et le point $A(1\,;\,3\,;-1)$.

84. Soit $(0\,;2\,;-3)$, $B(1\,;-1\,;1)$ et $C(2\,;0\,;1)$ trois points de l'espace.

1. Justifier qu'un système d'équations paramétriques du plan (ABC) est :

$$\begin{cases}x = t + 2t'\\ y = -3t - 2t' + 2,\ t \in \mathbb{R} \text{ et } t' \in \mathbb{R}.\\ z = 4t + 4t' - 3\end{cases}$$

2. Le système suivant est-il un système d'équations paramétriques du plan (ABC) ?

$$\begin{cases}x = 2t + 2t'\\ y = -6t - 2t' + 2,\ t \in \mathbb{R} \text{ et } t' \in \mathbb{R}.\\ y = -6t - 2t' + 2\end{cases}$$

3. Même question avec :

$$\begin{cases}x = 2t' + 1\\ y = -t - t' - 1,\ t \in \mathbb{R} \text{ et } t' \in \mathbb{R}.\\ y = -t - t' - 1\end{cases}$$

85. **1.** Déterminer un système d'équations paramétriques de la droite (d_1) passant par le point $A(0\,;2\,;-1)$ et de vecteur directeur $\vec{u}\begin{pmatrix}2\\-1\\3\end{pmatrix}$.

2. Déterminer un système d'équations paramétriques de la droite (d_2) passant par le point $B(1\,;0\,;-1)$ et parallèle à la droite (d_1).

86. Reprendre les questions de l'exercice **86.** avec les points $A(-1\,;3\,;2)$, $B(1\,;0\,;0)$ et le vecteur $\vec{u}\begin{pmatrix}-2\\0\\1\end{pmatrix}$.

87. **1.** Déterminer un système d'équations paramétriques de la droite (AB) avec $A(2\,;1\,;3)$ et $B(-1\,;4\,;5)$.

2. Les points $C(-10\,;\,13\,;\,11)$ et $D(2\,;\,0\,;\,-1)$ appartiennent-ils à la droite (AB) ?

88. On considère les points $A(1\,;-3\,;-2)$, $B(-5\,;1\,;3)$ et $C(-1\,;1\,;1)$.

1. Donner une représentation paramétrique :

a. de la droite (AB) ;

b. du segment $[BC]$;

c. de la demi-droite $[AC)$;

2. $\begin{cases}x = 1 + 4t\\ y = 1\\ z = 1 - 2t\end{cases}$ avec $t \in [0\,;\,1]$ est-elle une représentation paramétrique du segment $[BC]$?

89. **1.** Déterminer une représentation paramétrique de la droite orthogonale au plan (P) d'équation $2x - y + z + 5 = 0$ et passant par $A(2\,;1\,;0)$.

2. Déterminer les coordonnées du point H, projeté orthogonal du point A sur le plan (P).

3. En déduire la distance AH.

Rappel
La distance AH représente la distance du point A au plan (P).

90. Reprendre les questions de l'exercice **89.** avec :

a. $(P) : x + y + 2 = 0$ et $A(0\,;-1\,;0)$;

b. $(P) : x + 2y + 3z = 0$ et $A(2\,;-1\,;0)$.

7. Intersections dans l'espace

91. Démontrer que les droites (D) et (D') sont confondues.

1. $(D)\begin{cases} x = -3 + 2t \\ y = -1 + t \\ z = 2 - 3t \end{cases}, t \in \mathbb{R}$ et $(D')\begin{cases} x = 1 + 2t' \\ y = 1 + t' \\ z = -4 - 3t' \end{cases}, t' \in \mathbb{R}$.

2. $(D)\begin{cases} x = t \\ y = -1 - t \\ z = 3 + t \end{cases}, t \in \mathbb{R}$ et $(D')\begin{cases} x = 1 - 2t' \\ y = -2 + 2t' \\ z = 5 - 2t' \end{cases}, t' \in \mathbb{R}$.

92. Démontrer que les droites (D) et (D') sont sécantes.

1. $(D)\begin{cases} x = -3 + 2t \\ y = -1 + t \\ z = 2 - 3t \end{cases}, t \in \mathbb{R}$ et $(D')\begin{cases} x = -1 + t' \\ y = -t' \\ z = -1 - t' \end{cases}, t' \in \mathbb{R}$.

2. $(D)\begin{cases} x = t \\ y = -1 - t \\ z = 3 + t \end{cases}, t \in \mathbb{R}$ et $(D')\begin{cases} x = 8 + t' \\ y = -9 + t' \\ z = 11 - t' \end{cases}, t' \in \mathbb{R}$.

93. 1. Démontrer que les droites (D) et (D') sont coplanaires.

a. $(D)\begin{cases} x = 5 + t \\ y = 2t \\ z = 2 - 3t \end{cases}, t \in \mathbb{R}$ et $(D')\begin{cases} x = -1 + 3t' \\ y = 6t' \\ z = -1 - 9t' \end{cases}, t' \in \mathbb{R}$.

b. $(D)\begin{cases} x = t \\ y = -1 - t \\ z = 3 + t \end{cases}, t \in \mathbb{R}$ et $(D')\begin{cases} x = 1 - 2t' \\ y = 3 + 2t' \\ z = 2 - 2t' \end{cases}, t' \in \mathbb{R}$.

2. Déterminer une équation cartésienne du plan contenant les deux droites (D) et (D').

3. Déterminer un système d'équations paramétriques du plan contenant (D) et (D').

94. Quelle est l'intersection des plans (P) et (P') ?

1. $(P) : x + y + z = 1$ et $(P') : -x - y - z = -1$.
2. $(P) : x + 2y + z = 1$ et $(P') : -x - 2y - z = 2$.
3. $(P) : x + 2y + z = 1$ et $(P') : x + y + z = 2$.

95. Quelle est l'intersection du plan (P) et de la droite (D) ?

$(P)\begin{cases} x = -3 + 2t + t' \\ y = -1 + t - t' \\ z = 2 - 3t + t' \end{cases}, t \in \mathbb{R}, t' \in \mathbb{R}$;

$(D)\begin{cases} x = 2t'' \\ y = t'' \\ z = -3t'' \end{cases}, t'' \in \mathbb{R}$.

96. Soit le plan $(P)\begin{cases} x = 1 + t + t' \\ y = -2 + t - t' \\ z = 2 - t + t' \end{cases}, t \in \mathbb{R}, t' \in \mathbb{R}$;

et la droite $(D)\begin{cases} x = 1 + 5t'' \\ y = -t'' \\ z = 2 + t'' \end{cases}, t'' \in \mathbb{R}$.

1. Déterminer les coordonnées de $\vec{u}$ et $\vec{v}$, deux vecteurs directeurs du plan (P).

2. Montrer que $\vec{w}\begin{pmatrix} 5 \\ -1 \\ 1 \end{pmatrix}$, $\vec{u}$ et $\vec{v}$ sont coplanaires.

3. En déduire la position relative du plan (P) et de la droite (D).

97. Quelle est l'intersection du plan (P) d'équation $2x + y - 2z = 8$ et de la droite (D) $\begin{cases} x = 1 + t \\ y = 4 + 2t \\ z = 3 + 2t \end{cases}$, $t \in \mathbb{R}$?

98. Quelle est l'intersection du plan (P) d'équation $2x + y - 2z = 8$ et de la droite (D) $\begin{cases} x = 1 - t \\ y = 4 + t \\ z = 2 + t \end{cases}$, $t \in \mathbb{R}$?

99. Quelle est l'intersection du plan (P) d'équation $x - y + z = -1$ et de la droite (D) $\begin{cases} x = 1 - t \\ y = 4 + t \\ z = 2 + 2t \end{cases}$, $t \in \mathbb{R}$?

100. BAC Soit (P) et (P') les plans d'équations respectives $x + 2y - z + 1 = 0$ et $-x + y + z = 0$.
Soit A le point de coordonnées $(0 ; 1 ; 1)$.

1. Démontrer que les plans (P) et (P') sont perpendiculaires.
2. Soit (D) la droite dont une représentation paramétrique est $\begin{cases} x = -\dfrac{1}{3} + t \\ y = -\dfrac{1}{3} \\ z = t \end{cases}$, $t \in \mathbb{R}$. Démontrer que les plans (P) et (P') se coupent selon la droite (D).

D'après Bac - juin 2007

101. BAC On donne le point $A(-1 ; 2 ; 3)$ et la droite (D) de système d'équations paramétriques :

$$(D) \begin{cases} x = 9 + 4t \\ y = 6 + t \\ z = 2 + 2t \end{cases}, t \in \mathbb{R}.$$

1. Donner une équation cartésienne du plan (P) perpendiculaire à la droite (D) et passant par le point A.
2. Vérifier que le point $B(-3 ; 3 ; -4)$ appartient à la droite (D).
3. Soit M un point de la droite (D).
Exprimer AM^2 en fonction de t.

> **RAPPEL**
> On appelle distance du point A à la droite (D), la valeur minimale de la distance AM où M est un point de la droite (D).

4. Déterminer cette distance.

D'après Bac - 2008

102. BAC On considère les points $A(2 ; 4 ; 1)$, $B(0 ; 4 ; -3)$, $C(3 ; 1 ; -3)$, $D(1 ; 0 ; -2)$, $E(3 ; 2 ; -1)$, $I\left(\dfrac{3}{5} ; 4 ; -\dfrac{9}{5}\right)$.

Vrai ou faux ?

1. Une équation du plan (ABC) est :
$$2x + 2y - z - 11 = 0.$$
2. Le point E est le projeté orthogonal de la droite (D) sur le plan (ABC).
3. Les droites (AB) et (CD) sont orthogonales.
4. Le point I est sur la droite (AB).

D'après Bac - 2006

103. Soit (S) la sphère d'équation $x^2 + y^2 + z^2 - 4x - 4y + 2z = 7$ et (S') la sphère d'équation $x^2 + y^2 + z^2 - 8x - 6y + 2z = -13$ représentées ci-dessous.

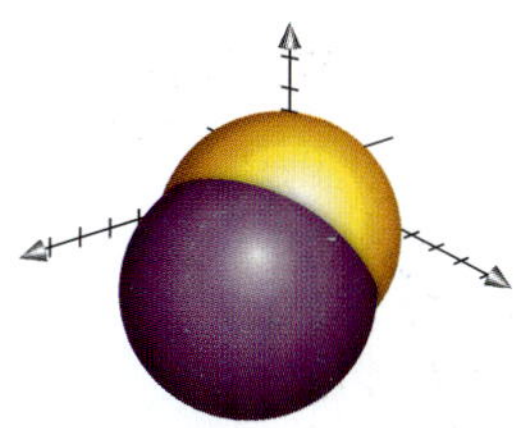

1. Déterminer le centre Ω et le rayon r de (S). De quelle couleur est-elle représentée sur le dessin ci-dessus ?
2. Déterminer le centre Ω' et le rayon r' de (S').
3. Calculer la distance $\Omega\Omega'$ et en déduire que les deux sphères sont sécantes.
4. Soit M un point de l'intersection $(S) \cap (S')$.
a. Démontrer que le point M est sur le plan médiateur de $[\Omega\Omega']$.
b. Démontrer que le point M est sur un cercle dont on déterminera le centre I et le rayon c.
c. Calculer $\overrightarrow{\Omega M} \cdot \overrightarrow{\Omega\Omega'}$.
5. Déterminer une équation cartésienne du plan médiateur de $[\Omega\Omega']$.
6. Déterminer un système d'équations paramétriques de la droite $(\Omega\Omega')$.
7. Le volume de la calotte sphérique d'une sphère de rayon R et de hauteur $h = AB$ représentée ci-contre est donnée par :
$$V_h = \pi \int_{R-h}^{R} (R^2 - x^2)\,dx.$$

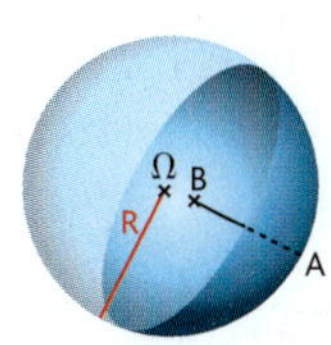

a. Démontrer que $V_h = \dfrac{\pi}{3} \times h^2(3R - h)$.
b. En déduire le volume occupé par le solide constitué des deux sphères (S) et (S').

problèmes

104. La figure ci-dessous représente un cube $ABCDEFGH$ d'arête 1.

On désigne par I et J les milieux respectifs des arêtes $[BC]$ et $[CD]$.

Soit M un point quelconque du segment $[CE]$.

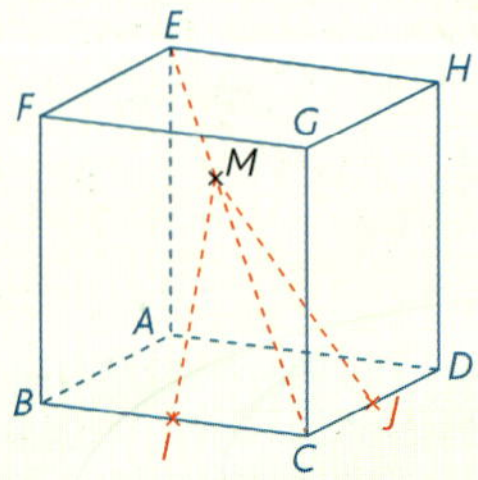

Dans tout l'exercice, on se place dans le repère $(A~;~\overrightarrow{AB}, \overrightarrow{AD}, \overrightarrow{AE})$.

1. a. Donner, sans justification, les coordonnées des points C, E, I et J.

b. Justifier l'existence d'un réel t appartenant à l'intervalle $[0~;~1]$, tel que les coordonnées du point M soient $(1-t~;~1-t~;~t)$.

2. a. Démontrer que les points C et E appartiennent au plan médiateur du segment $[IJ]$.

b. En déduire que MIJ est un triangle isocèle en M.

c. Exprimer IM^2 en fonction de t.

3. *Le but de cette question est de déterminer la position du point M sur le segment [CE] pour laquelle la mesure de l'angle $\widehat{IMJ}$ est maximale.*

On désigne par θ la mesure en radian de l'angle $\widehat{IMJ}$.

a. En admettant que la mesure θ appartient à l'intervalle $[0~;\pi]$, démontrer que la mesure θ est maximale lorsque $\sin(\theta)$ est maximal.

b. En déduire que la mesure est maximale lorsque la longueur IM est minimale.

c. Étudier les variations de la fonction f définie sur l'intervalle $[0~;~1]$ par : $f(t) = 3t^2 - t + \frac{1}{4}$.

d. En déduire qu'il existe une unique position M_0 du point M sur le segment $[EC]$ telle que la mesure de l'angle $\widehat{IMJ}$ soit maximale.

e. Démontrer que le point M_0 est le projeté orthogonal du point I sur le segment $[EC]$.

D'après Bac - 2011

105. L'espace est rapporté à un repère orthonormal $(O~;~\vec{i}, \vec{j}, \vec{k})$.

Soit (P) le plan d'équation $3x + y - z - 1 = 0$ et (D) la droite dont une représentation paramétrique est :

$$\begin{cases} x = 1 - t \\ y = 2t \\ z = -t + 2 \end{cases}, t \in \mathbb{R}.$$

1. a. Le point $C(1~;~3~;~2)$ appartient-il au plan (P) ? Justifier.

b. Démontrer que la droite (D) est incluse dans le plan (P).

2. Soit (P') le plan passant par le point C et orhogonal à la droite (D).

a. Déterminer une équation cartésienne du plan (P').

b. Calculer les coordonnées du point I, point d'intersection du plan (P') et de la droite (D).

c. Montrer que $CI = \sqrt{3}$.

3. Soit t un nombre réel et M_t le point de la droite (D) de coordonnées $(-t+1~;~2t~;~-t+2)$.

a. Vérifier que, pour tout réel t : $CM^2 = 6t^2 - 12t + 9$.

b. Montrer que CI est la valeur minimale de CM_t lorsque t décrit l'ensemble des nombres réels.

D'après Bac - juin 2010

106.

Partie A

On considère deux points A et D de l'espace et on désigne par le point I le milieu du segment $[AD]$.

1. Démontrer que, pour tout point M de l'espace :

$$\overrightarrow{MD} \cdot \overrightarrow{MA} = MI^2 - IA^2.$$

2. En déduire que l'ensemble (E) des points M de l'espace est tel que $\overrightarrow{MD} \cdot \overrightarrow{MA} = 0$.

Partie B

Dans l'espace rapporté au repère orthonormal $(O~;~\vec{i}, \vec{j}, \vec{k})$, les points A, B, C et D ont pour coordonnées respectives :

$$A(3~;~0~;~0),~B(0~;~6~;~0),~C(0~;~0~;~4)$$
$$\text{et } D(-5~;~0~;~1).$$

1. a. Vérifier que le vecteur $\vec{n}\begin{pmatrix}4\\2\\3\end{pmatrix}$ est normal au plan (ABC).

b. Déterminer une équation du plan (ABC).

2. a. Déterminer une représentation paramétrique de la droite (Δ), orthogonale au plan (ABC) passant par le point D.

b. En déduire les coordonnées du point H, projeté orthogonal du point D sur le plan (ABC).

c. Calculer la distance du point D au plan (ABC) (cette distance est la distance DH).

d. Démontrer que le point H appartient à l'ensemble (E) défini dans la ***partie A***.

D'après Bac - 2008

107. L'espace est rapporté à un repère orthonormal direct $(O~;~\vec{i}, \vec{j}, \vec{k})$.

On considère les points $A(-2~;~0~;~1)$, $B(1~;~2~;~-1)$ et $C(-2~;~2~;~2)$.

1. a. Calculer le produit scalaire $\overrightarrow{AB} \cdot \overrightarrow{AC}$, puis les longueurs AB et AC.

b. En déduire une valeur approchée arrondie au degré près de l'angle $\widehat{BAC}$.

c. En déduire que les points A, B et C ne sont pas alignés.

2. Vérifier qu'une équation cartésienne du plan (ABC) est :

$$2x - y + 2z + 2 = 0.$$

3. Soit (P_1) et (P_2) les plans d'équations respectives :

$$x + y - 3z + 3 = 0 \text{ et } x - 2y + 6z = 0.$$

Montrer que les plans (P_1) et (P_2) sont sécants selon une droite (D) dont un système d'équations paramétriques

$$\text{est } \begin{cases} x = -2 \\ y = -1 + 3t \\ z = t \end{cases}, t \in \mathbb{R}.$$

4. Démontrer que la droite (D) et le plan (ABC) sont sécants et déterminer les coordonnées de leur point d'intersection.

5. Soit S la sphère de centre $\Omega(1 ; -3 ; 1)$ et de rayon $r = 3$.

a. Donner une équation cartésienne de la sphère S.

b. Étudier l'intersection de la sphère S et de la droite (D).

c. Démontrer que le plan (ABC) est tangent à la sphère S.

D'après Bac - juin 2011

108. L'espace est rapporté à un repère orthonormal $(O ; \vec{i}, \vec{j}, \vec{k})$. On considère les points : $A(0 ; 0 ; 2)$, $B(0 ; 4 ; 0)$ et $C(2 ; 0 ; 0)$.

1. Vérifier qu'une équation du plan (ABC) est :

$$2x + y + 2z = 4.$$

2. a. Déterminer une équation du plan (P) passant par le point A et orthogonal à la droite (BC).

b. Soit (Δ) la droite d'intersection du plan (P) et du plan (ABC). Déterminer une représentation paramétrique de la droite (Δ). Quel rôle joue (Δ) dans le triangle ABC ?

3. a. Soit (Δ') la médiane issue de B du triangle ABC. Montrer qu'une équation paramétrique de (Δ') dans le triangle ABC est :

$$\begin{cases} x = t \\ y = 4 - 4t \\ z = t \end{cases}, t \in \mathbb{R}.$$

b. Montrer que le triangle ABC est un triangle isocèle.

4. Soit H le point d'intersection des droites (Δ) et (Δ').

Montrer que le point H a pour coordonnées $\left(\frac{8}{9} ; \frac{4}{9} ; \frac{8}{9}\right)$.

Que représente le point H pour le triangle ABC ?

5. a. Montrer que le point H est le projeté orthogonal du point O sur le plan (ABC).

b. Déterminer alors la distance OH aussi appelée distance du point O au plan (ABC).

D'après Bac - novembre 2011

109. L'espace est rapporté à un repère orthonormal $(O ; \vec{i}, \vec{j}, \vec{k})$.

Les points A, B et C ont pour coordonnées respectives $A(1 ; -2 ; 4)$, $B(-2 ; -6 ; 5)$ et $C(-4 ; 0 ; -3)$.

1. a. Démontrer que les points A, B et C ne sont pas alignés.

b. Démontrer que le vecteur $\vec{n}\begin{pmatrix} 1 \\ -1 \\ -1 \end{pmatrix}$ est un vecteur normal au plan (ABC).

c. Déterminer une équation du plan (ABC).

2. a. Déterminer une représentation paramétrique de la droite passant par le point O et orthogonale au plan (ABC).

b. Déterminer les coordonnées du point O' projeté orthogonal du point O sur le plan (ABC).

3. On désigne par H le projeté orthogonal du point O sur la droite (BC).

Soit t le réel tel que $\overrightarrow{BH} = t\overrightarrow{BC}$.

a. Démontrer que $t = \dfrac{\overrightarrow{BO} \cdot \overrightarrow{BC}}{\|\overrightarrow{BC}\|^2}$.

b. En déduire le réel t et les coordonnées du point H.

D'après Bac - juin 2010

110. L'espace est rapporté à un repère orthonormal $(O ; \vec{i}, \vec{j}, \vec{k})$. On note (D) la droite passant par les points $A(1 ; -2 ; -1)$ et $B(3 ; -5 ; -2)$.

1. Montrer qu'une représentation paramétrique de la

$$\text{droite } (D) \text{ est } \begin{cases} x = 1 + 2t \\ y = -2 - 3t \\ z = -1 - t \end{cases}, \text{ avec } t \in \mathbb{R}.$$

2. On note (D') la droite ayant pour représentation

$$\text{paramétrique } \begin{cases} x = 2 - k \\ y = 1 + 2k \\ z = k \end{cases}, \text{ avec } k \in \mathbb{R}.$$

Montrer que les droite (D) et (D') ne sont pas coplanaires.

3. On considère le plan (P) d'équation :

$$4x + y + 5z + 3 = 0.$$

a. Montrer que le plan (P) contient la droite (D).

b. Monter que le plan (P) et la droite (D') se coupent en un point C dont on précisera les coordonnées.

4. On considère la droite (Δ) passant par le point C et de vecteur directeur $\vec{w}\begin{pmatrix} 1 \\ 1 \\ -1 \end{pmatrix}$.

a. Montrer que les droites (Δ) et (D') sont perpendiculaires.

b. Montrer que la droite (Δ) coupe perpendiculairement la droite (D) en un point E dont on précisera les coordonnées.

D'après Bac - juin 2010

QCM

Pour les exercices **111.** à **113.**, déterminer la bonne réponse.

111. Dans l'espace rapporté à un repère orthonormal $(O ; \vec{i}, \vec{j}, \vec{k})$, on considère les points : $A(1 ; 0 ; 0)$, $B(1 ; 1 ; 0)$, $C(1 ; 2 ; 0)$, $D(1 ; 0 ; 1)$, $E(1 ; 1 ; 1)$, $F(1 ; 2 ; 1)$, $G(0 ; 0 ; 1)$, $H(0 ; 1 ; 1)$, $I(0 ; 2 ; 1)$, $J(0 ; 1 ; 0)$, $K(0 ; 2 ; 0)$ comme indiqués sur la figure ci-dessous.

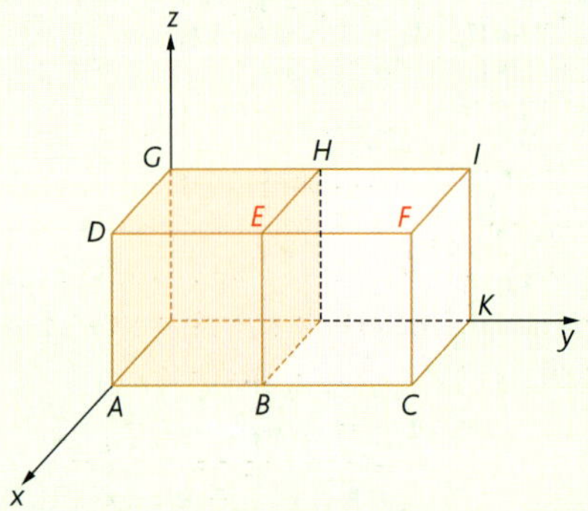

1. Le triangle GBI est :
a. isocèle ; **b.** équilatéral ; **c.** rectangle.

2. Le produit scalaire $\overrightarrow{AH} \cdot \overrightarrow{FC}$ est égal à :
a. 1 ; **b.** -1 ; **c.** 2.

3. Les points B, C, I et H :
a. sont non coplanaires ;
b. forment un rectangle ;
c. forment un carré.

4. Une représentation paramétrique de paramètre t de la droite (KE) est :

a. $\begin{cases} x = t \\ y = 2 + t \\ z = t \end{cases}$; **b.** $\begin{cases} x = 3 + 4t \\ y = t \\ z = 4t \end{cases}$; **c.** $\begin{cases} x = 1 - t \\ y = 1 + t \\ z = 1 - t \end{cases}$.

5. La distance du point C au plan (ADH), c'est-à-dire la distance CH' avec H' le projeté orthogonal du point C sur le plan (ADH) est égale à :
a. $\sqrt{2}$; **b.** 2 ; **c.** $\frac{1}{2}$.

6. Le volume du tétraèdre $HJKB$ est égal à :
a. $\frac{1}{2}$; **b.** $\frac{1}{6}$; **c.** $\frac{1}{3}$.

D'après Bac - juin 2010

112. **1.** L'ensemble des points $M(x ; y ; z)$ tels que :
$$\begin{cases} 2x - 6y + 2z - 7 = 0 \\ -x + 3y - z + 5 = 0 \end{cases}$$ est :
a. l'ensemble vide ; **b.** une droite ;
c. un plan ; **d.** réduit à un point.

2. Les droites de représentations paramétriques respectives :

$\begin{cases} x = 1 - t \\ y = -1 + t, \ t \in \mathbb{R} \\ z = 2 - 3t \end{cases}$ et $\begin{cases} x = 2 + t' \\ y = -2 - t', \ t' \in \mathbb{R} \\ z = 4 + 2t' \end{cases}$ sont

a. parallèles et distinctes ; **b.** confondues ;
c. sécantes ; **d.** non coplanaire

D'après Bac - juin 20

113. L'espace est rapporté à un repère orthonormal $(O ; \vec{i}, \vec{j}, \vec{k})$. On considère :

- les points $A(0 ; 0 ; 3)$, $B(2 ; 0 ; 4)$, $C(-1 ; 1 ; 2)$ $D(1 ; -4 ; 0)$;
- les plans $(P_1) : 7x + 4y - 3z + 9 = 0$ et $(P_2) : x - 2y = 0$.
- les droites (Δ_1) et (Δ_2) définies par leurs systèm d'équations paramétriques respectifs :

$\begin{cases} x = -1 + t \\ y = -8 + 2t \\ z = -10 + 5t \end{cases}$, $t' \in \mathbb{R}$ et $\begin{cases} x = 7 + 2t' \\ y = 8 + 4t' \\ z = 8 - t' \end{cases}$, $t' \in \mathbb{R}$.

1. Le plan (P_1) est :
a. le plan (ABC) ; **b.** le plan (BCD) ;
c. le plan (ACD) ; **d.** le plan (ABD).

2. La droite (Δ_1) contient :
a. le point A ; **b.** le point B ;
c. le point C ; **d.** le point D.

3. Position relative de (P_1) et de (Δ_1):
a. (Δ_1) est strictement parallèle à (P_1) ;
b. (Δ_1) est incluse dans (P_1) ;
c. (Δ_1) coupe (P_1) ;
d. (Δ_1) est orthogonale à (P_1).

4. Position relative de (Δ_1) et (Δ_2):
a. (Δ_1) est strictement parallèle à (Δ_2);
b. (Δ_1) et (Δ_2) sont confondues ;
c. (Δ_1) et (Δ_2) sont sécantes ;
d. (Δ_1) et (Δ_2) sont non coplanaires.

5. L'intersection de (P_1) et de (P_2) est une droite de repr sentation paramétrique :

a. $\begin{cases} x = t \\ y = -2 + \frac{1}{2}t \\ z = 3t \end{cases}$; **b.** $\begin{cases} x = 2t \\ y = t \\ z = 3 + 6t \end{cases}$;

c. $\begin{cases} x = 5t \\ y = 1 - 2t \\ z = t \end{cases}$; **d.** $\begin{cases} x = -1 + t \\ y = 2 + t \\ z = -3t \end{cases}$.

D'après Bac - 20

114. L'espace est rapporté à un repère orthonormal $(O\,;\vec{i},\vec{j},\vec{k})$.

ROC

On désigne par a, b, c et d quatre réels tels que le vecteur $\vec{n}=a\vec{i}+b\vec{j}+c\vec{k}$ soit différent du vecteur nul.

On appelle (P) le plan d'équation $ax+by+cz+d=0$.

Démontrer que le vecteur $\vec{n}$ est un vecteur normal au plan (P), c'est-à-dire que le vecteur $\vec{n}$ est orthogonal à tout vecteur $\overrightarrow{AB}$ où A et B sont deux points quelconques du plan (P).

QCM

Pour chaque question, déterminer la bonne réponse.

On désigne par (P) le plan d'équation cartésienne $2x-y+3z=0$ et par A et B les deux points du plan (P) de coordonnées respectives $(1\,;2\,;0)$ et $(0\,;3\,;1)$.

1. Soit C, D et E les points de coordonnées respectives $(1\,;1\,;-1)$, $(-1\,;4\,;2)$ et $(1\,;5\,;1)$.

a. Les points A, B, C définissent le plan (P).

b. Les points A, B, D définissent le plan (P).

c. Les points A, B, E définissent le plan (P).

2. La droite (D) est définie par la représentation paramétrique : $\begin{cases} x=1-t \\ y=t \\ z=2+t \end{cases}$, $t\in\mathbb{R}$.

a. La droite (D) est perpendiculaire au plan (P).

b. La droite (D) est strictement parallèle au plan (P).

c. La droite (D) est incluse dans le plan (P).

3. Soit (S) la sphère de centre Ω, de coordonnées $(2\,;5\,;1)$ et de rayon $\frac{1}{2}$. L'ensemble des points communs à la sphère (S) et au plan (P) est :

a. vide ;

b. constitué d'un seul point ;

c. un cercle.

On donne pour cette question la formule suivante :
la distance du plan (P) d'équation $ax+by+cz+d=0$ au point $\Omega(x_\Omega\,;y_\Omega\,;z_\Omega)$ est :

$$d_{p,\,\Omega}=\frac{|ax_\Omega+by_\Omega+cz_\Omega+d|}{\sqrt{a^2+b^2+c^2}}.$$

D'après Bac - juin 2011

vrai ou faux ?

115. *Pour chacune des propositions suivantes, indiquer si elle est vraie ou fausse et donner une justification de la réponse choisie.*

L'espace est rapporté à un repère orthonormal $(O\,;\vec{i},\vec{j},\vec{k})$. On considère le point A de coordonnées $(-1\,;-1\,;1)$ et les droites (D) et (D') de représentations paramétriques :

(D) $\begin{cases} x=2t-1 \\ y=-3t+2 \\ z=t \end{cases}$, où $t\in\mathbb{R}$;

(D') $\begin{cases} x=3t' \\ y=t'+2 \\ z=3t'-2 \end{cases}$, où $t'\in\mathbb{R}$.

1. Le point A appartient à la droite (D).

2. Le plan perpendiculaire à la droite (D) passant par le point O a pour équation $2x-3y+z=0$.

3. Les droites (D) et (D') sont orthogonales.

4. Les droites (D) et (D') sont coplanaires.

5. La distance du point A au plan d'équation $2x-3y+z=0$ est $\frac{\sqrt{14}}{7}$.

D'après Bac - novembre 2011

116. L'espace est rapporté à un repère orthonormal $(O\,;\vec{i},\vec{j},\vec{k})$.

Pour chacune des propositions suivantes, démontrer si elle est vraie ou fausse. Dans le cas d'une proposition fausse, la démonstration pourra consister à fournir un contre exemple.

1. La droite de représentation paramétrique $\begin{cases} x=t+2 \\ y=-2t \\ z=-3t-1 \end{cases}$, $t\in\mathbb{R}$ est parallèle au plan dont une équation cartésienne est $x+2y2z-3=0$.

2. Les plans (P), (P'), (P'') d'équations respectives $x-2y+3z=3$, $2x+3y-2z=6$ et $4x-y+4z=12$ n'ont pas de point commun.

3. Les droites de représentations paramétriques respectives $\begin{cases} x=2-3t \\ y=1+t \\ z=-3+2t \end{cases}$, $t\in\mathbb{R}$ et $\begin{cases} x=7+2u \\ y=2+2u \\ z=-6-u \end{cases}$, $u\in\mathbb{R}$ sont sécantes.

4. On considère les points $A(-1\,;0\,;2)$, $B(1\,;4\,;0)$ et $C(3\,;-4\,;-2)$. Le plan (ABC) a pour équation $x+z=1$.

5. On considère les points $A(1\,;-1\,;3)$, $B(2\,;1\,;0)$ et $C(4\,;-1\,;5)$. Les points A, B et C sont alignés.

D'après Bac - avril 2010

Aide

117. QCM le jour du BAC

méthode

Pour un QCM où il n'existe qu'une seule réponse à chaque question, il est souvent judicieux de procéder par élimination.

L'espace est rapporté au repère orthonormé $(O ; \vec{i}, \vec{j}, \vec{k})$. On désigne par (P) le plan d'équation $2x + 3y - z + 4 = 0$ et, par A et B les points de coordonnées respectives $(1 ; 2 ; -4)$ et $(-3 ; 4 ; 1)$.

1. Soit (D) $\begin{cases} x = -8 + 2t \\ y = 7 - t \\ z = 6 + t \end{cases}, t \in \mathbb{R}$.

   a. Le plan (P) et la droite (D) sont sécants.
   b. Le plan (P) et la droite (D) n'ont aucun point en commun.
   c. La droite (D) est incluse dans le plan (P).
   d. Aucune des trois affirmations précédentes n'est vraie.

méthode

Se poser les questions différemment
Comment prouve-t-on que (P) et (D) ont au moins un point commun ?
Si ce n'est pas le cas, quelles réponses peut-on éliminer sans faire de calculs supplémentaires ?

2. On note (P') le plan d'équation $x + 4y - 3z + 4 = 0$.

   a. Les plans (P) et (P') sont parallèles et distincts.
   b. Les plans (P) et (P') sont confondus.
   c. Les plans (P) et (P') sont sécants suivant une droite de vecteur directeur $-\vec{i} + \vec{j} + 2\vec{k}$.
   d. Les plans (P) et (P') sont sécants suivant une droite de vecteur directeur $-\vec{i} + \vec{j} + \vec{k}$.

méthode

Éliminer rapidement des réponses
Quelles réponses peut-on éliminer directement grâce aux vecteurs normaux de (P) et (P') ?
Comment passe-t-on d'un système d'équation cartésienne à un système paramétrique ? (voir exercice résolu 5)

3. L'ensemble des points M de l'espace qui sont équidistants des points A et B est :

   a. une droite passant par le point C de coordonnées $(-1 ; 3 ; -1)$.
   b. une sphère de rayon 3.
   c. le plan d'équation $-4x + 2y + 5z - \frac{5}{2} = 0$.
   d. le plan d'équation $-4x + 2y + 5z + \frac{5}{2} = 0$.

étapes

Reconnaître la nature de l'ensemble (voir exercice résolu 1), **puis trouver un contre-exemple.**
Le point I milieu de $[AB]$ est-il équidistant de A et de B ?
Ses coordonnées vérifient-elles une équation ?

D'après BAC - juin 2011

118. Ne pas mélanger les vecteurs

aide

Vecteur directeur ou normal ?
Dans le cours, on a vu des formules avec *vecteur directeur* ou *vecteur normal*. Que choisir ?

L'équation $ax + by + cz + d = 0$ nous donne-t-elle un vecteur normal ou directeur ?

Même question pour le système d'équations paramétriques d'une droite ou d'un plan ?

Recopier et compléter les phrases suivantes par *normal* ou *directeur* ?

- Un vecteur normal d'un plan est un vecteur .... d'une droite orthogonale à ce plan.
- Un vecteur normal d'un plan est un vecteur .... d'un plan parallèle .
- Un vecteur directeur d'une droite est un vecteur .... d'une droite parallèle.

1. Déterminer une équation du plan (P') parallèle au plan (P) d'équation $2x + 3y - 5z + 3 = 0$ et passant par le point $A(1 ; -2 ; 0)$.
2. Déterminer une équation de la droite (D') passant par A et parallèle à la droite (D) d'équations paramétriques :
$$\begin{cases} x = 1 + 2t \\ y = 2 - t \\ z = -3 + 4t \end{cases}, t \in \mathbb{R}.$$
3. Déterminer un système d'équations paramétriques de la droite (D'') orthogonale au plan (P) et passant par A.
4. Déterminer un système d'équations paramétriques du plan (P'') passant par $A'(3 ; -1 ; 2)$, $B(1 ; 0 ; 3)$ et $C(0 ; -2 ; 3)$.

Approfondissement

119. La perpendiculaire commune à deux droites

boîte à questions

Si deux droites sont parallèles, combien définissent-elles de plan ?
Si deux droites sont coplanaires, combien de perpendiculaire(s) commune(s) peut-on tracer ?
Les droites (D) et (D') sont-elles coplanaires ?

L'espace est rapporté au repère orthonormé $(O\,;\vec{i}, \vec{j}, \vec{k})$. On considère la droite (D) passant par $A(0\,;0\,;3)$ de vecteur directeur $\vec{u}\begin{pmatrix}1\\0\\-1\end{pmatrix}$ et la droite (D') de vecteur directeur $\vec{v}\begin{pmatrix}0\\1\\1\end{pmatrix}$ passant par $B(2\,;0\,;4)$. Nous allons démontrer l'existence d'une unique droite perpendiculaire à la fois à la droite (D) et à la droite (D').

a. Soit M un point appartenant à (D) et M' appartenant à (D') définis par $\overrightarrow{AM} = a\vec{u}$ et $\overrightarrow{BM'} = b\vec{v}$, où a et b sont des nombres réels. Exprimer les coordonnées de M, de M' puis du vecteur $\overrightarrow{MM'}$ en fonction de a et b.

méthode

Écrire les coordonnées des vecteurs $\overrightarrow{AM}$ et $\overrightarrow{BM'}$ pour déterminer celle des points M et M'.

b. Montrer que :
$$MM' = (a + b)^2 + (a - 1)^2 + (b + 1)^2 + 3.$$

c. Démontrer que la droite (MM') est perpendiculaire à (D) et à (D') si, et seulement si, le couple $(a\,;b)$ est solution du système $\begin{cases}2a + b = 1\\a + 2b = -1\end{cases}$.

méthode

Se demander ce qu'on peut dire du produit scalaire : $\overrightarrow{MM'} \cdot \vec{u}$.

d. Résoudre ce système. En déduire les coordonnées des deux uniques point M et M' tels que la droite (MM') soit perpendiculaire à (D) et à (D'). Calculer MM'.

méthode

Se demander à quelle condition un réel positif $(a - 1)^2$ est minimal.

e. De la question b., démontrer que MM' est minimale pour le couple $(a\,;b)$ obtenu à la question c.

conclusion

Énoncer la propriété particulière démontrée en e.

D'après BAC - novembre 2006

120. Intersection de trois plans

méthode

Il sera intéressant avant cette activité de lister tous les cas possibles ; puis se demander pour chaque cas, en utilisant les vecteurs normaux, quelle est la propriété caractéristique ?

Déterminer les positions relatives des plans et en déduire la nature de leur intersection $J = P_1 \cap P_2 \cap P_3$.

1. En raisonnant avec les vecteurs normaux :
$P_1 : 2x - y + z + 3 = 0\,;$
$P_2 : x - 0,5y + 0,5z + 7 = 0\,;$
$P_3 : -4x - 2y + 2z + 15 = 0.$

2. Démontrer que les vecteurs normaux sont coplanaires, déterminer une représentation paramétrique de $P_1 \cap P_2$.
Montrer que $P_1 \cap P_2$ est incluse dans P_3.
En déduire J.
$P_1 : x - z + 2 = 0\,;$
$P_2 : -y + 4z - 2 = 0\,;$
$P_3 : 2x - 3y + 10z - 2 = 0.$

3. Déterminer J.
On remarquera que les vecteurs normaux ne sont pas coplanaires.
$P_1 : x - y + 2z + 1 = 0\,;$
$P_2 : 2x + y + 4z - 2 = 0\,;$
$P_3 : x + y - z + 2 = 0.$

question

Peut-on tracer trois plans ayant des vecteurs normaux non coplanaires et dont l'intersection est vide ?

Intersection d'une sphère avec des plans

→ objectif

On se propose d'utiliser *Géospace* pour déterminer les intersections d'une sphère avec les plans (xOy), (xOz) et (yOz).

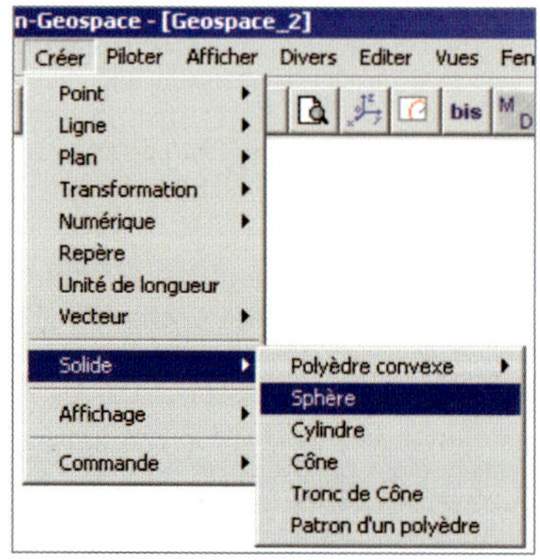

1. Soit (S) la sphère de centre $C(2\ ;-1\ ;\ 1)$ et de rayon 2.

a. Dans *Géospace*, placer dans une Nouvelle figure de l'espace, cette sphère (S) : on devra d'abord créer son centre (Menu Créer ▷ Point ▷ Point repéré de l'espace), puis créer un solide de type sphère.

b. Créer ensuite les plans (xOy), (xOz) et (yOz) que l'on nommera respectivement (P_1), (P_2) et (P_3).
(Menu Créer ▷ Plan ▷ Défini par une équation)

c. Pour faire apparaître les intersections de la sphère avec les plans, on utilisera le menu Créer ▷ Ligne ▷ Cercle ▷ Section d'une sphère et d'un plan.

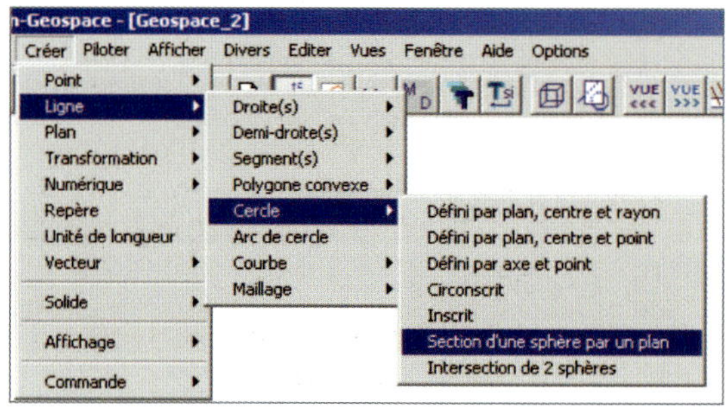

2. a. Quelle semble être la nature de l'intersection du plan (P_1) et de la sphère (S) ? On la note (C_1).

b. Par le calcul, vérifier que (S) a pour équation :

$$x^2 + y^2 + z^2 - 4x + 2y - 2z + 2 = 0.$$

c. Résoudre le système d'équations :

$$\begin{cases} x^2 + y^2 + z^2 - 4x + 2y - 2z + 2 = 0 \\ z = 0 \end{cases}$$

et déterminer alors le centre et le rayon de (C_1).

3. On note (C_2) l'intersection de (P_2) avec la sphère (S).

a. De la même manière, déterminer la nature, une équation et les caractéristiques de (C_2).

b. Quelle est la nature de l'intersection de (C_1) et de (C_2) ?

c. Déterminer les coordonnées des points correspondants.

4. a. Quelle est l'intersection de (C_3) avec la sphère (S) ?

b. Tracer sur la figure le point $A(0\ ;-1\ ;\ 1)$.
Le point A appartient-il à la sphère (S) ?
Appartient-il au plan (yOz) ?

c. Résoudre le système d'équations :

$$\begin{cases} x^2 + y^2 + z^2 - 4x + 2y - 2z + 2 = 0 \\ z = 0 \end{cases}.$$

d. Faire afficher ou calculer la distance AC.
Affichage ▷ Longueur d'un segment
Démontrer que la droite (AC) est orthogonale au plan (yOz).

e. Quelle est la position particulière du plan (yOz) par rapport à la sphère (S) ?

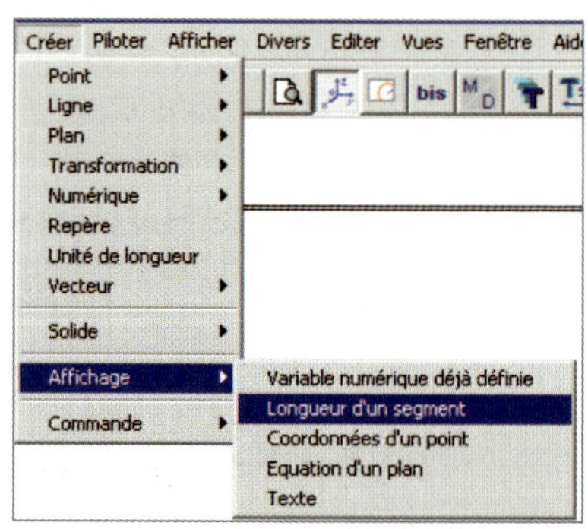

I. Concours FESIC 2008

La FESIC (Fédération d'écoles supérieures d'ingénieurs et de cadres) propose un concours d'entrée vers certaines écoles après le Bac.

Répondre par *Vrai* ou *Faux* sans justification et sans utiliser la calculatrice.

1. L'espace est muni d'un repère orthonormal $(O ; \vec{i}, \vec{j}, \vec{k})$. On considère les points $A(-1 ; 2 ; 4)$, $B(0 ; -2 ; 3)$, $C(7 ; 1 ; -1)$ et $D(-2 ; -2 ; -13)$. On appelle (P) le plan médiateur de $[AB]$, c'est-à-dire le plan contenant les points équidistants de A et de B ou aussi le plan perpendiculaire à $[AB]$ contenant le milieu de $[AB]$. On appelle (Q) le plan médiateur de $[CD]$.
   a. Le vecteur de coordonnées $(8 ; -1 ; -5)$ est normal à (Q).
   b. Le plan (P) a pour équation $x + 4y + z + 4 = 0$.
   c. A, B, C et D appartiennent à une même sphère de centre $\Omega(-1 ; 2 ; -5)$.
   d. L'ensemble des points M tels que $\overrightarrow{AM} \cdot \overrightarrow{BM} = 0$ est la sphère de diamètre $[AB]$.
2. $(P) : x + y = 0$; $(Q) : 2x - y - z - 1 = 0$; $(R) : z = 1$.
   a. (P) est une droite.
   b. L'ensemble des points appartenant à la fois à (P) et à (R) est une droite.
   c. (P) et (Q) sont perpendiculaires.
   d. (P), (Q) et (R) se coupent au point $A\left(\frac{2}{3} ; -\frac{2}{3} ; 1\right)$.
3. On considère le système (S) $\begin{cases} x + 2y - 3z = 1 \\ -3x + y + 2z = -3 \\ 2x - 3y + z = 2 \end{cases}$.

On appelle (P) le plan d'équation cartésienne $x + 2y - 3z = 1$ et (D) la droite définie par le système d'équations $\begin{cases} -3x + y + 2z = -3 \\ 2x - 3y + z = 2 \end{cases}$.

   a. Le système (S) admet pour unique solution en $(x ; y ; z)$ le triplet $(2 ; 1 ; 1)$.
   b. La droite (D) est contenue dans le plan (P).
   c. Le système $\begin{cases} x - y = 1 \\ y - z = 0 \end{cases}$ est un autre système qui permet de définir la droite (D).
   d. Le vecteur $\vec{u}\begin{pmatrix} 2 \\ 1 \\ 1 \end{pmatrix}$ est un vecteur directeur de la droite (D).

II. Concours BTS Design d'espace - 2007

Le BTS Design d'espace forme à la conception et réalisation des espaces, construits ou éphémères.

On considère le repère orthonormal direct $(O ; \overrightarrow{OA}, \overrightarrow{OB}, \overrightarrow{OC})$ sur la figure ci-contre.

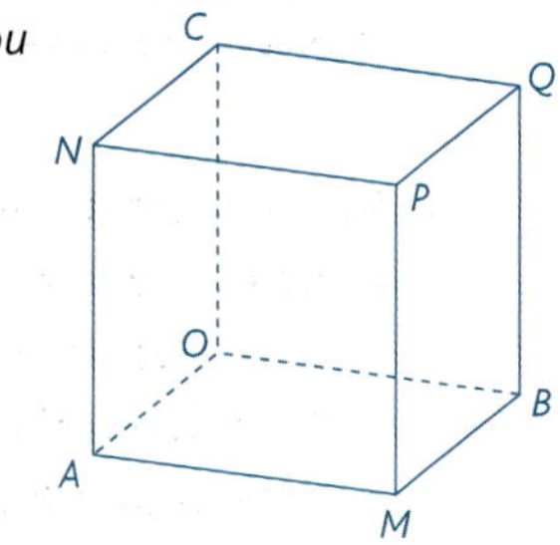

1. a. Donner les coordonnées des points O, A, B, M, C, N, P et Q.
   b. Déterminer les coordonnées des vecteurs $\overrightarrow{AB}$, $\overrightarrow{AC}$ et $\overrightarrow{AP}$.
2. a. Calculer les coordonnées du produit vectoriel $\vec{w} = \overrightarrow{AB} \wedge \overrightarrow{AC}$ (voir Aide).

> **Aide**
> Le produit vectoriel se calcule :
> $$\vec{u}\begin{pmatrix} a \\ b \\ c \end{pmatrix} \wedge \vec{v}\begin{pmatrix} a' \\ b' \\ c' \end{pmatrix} = \vec{w}\begin{pmatrix} bc' - cb' \\ ca' - ac' \\ ab' - ba' \end{pmatrix}.$$

   b. Calculer le produit scalaire $s = \overrightarrow{AP} \cdot \vec{w}$.
   c. On admet que le volume V du tétraèdre $ABCP$ est $V = \frac{1}{6}s$. Calculer le volume V.
3. Soit $I(x ; y ; z)$ le pied de la hauteur $[IP]$ du tétraèdre $ABCP$.
   a. On admet que les vecteurs $\overrightarrow{IP}$ et $\overrightarrow{AB}$ sont orthogonaux. En déduire que $x = y$.
   b. On admet que les vecteurs $\overrightarrow{IP}$ et $\overrightarrow{AC}$ sont orthogonaux. En déduire que $x = z$.
   c. On admet que, le point I étant dans le plan (ABC), ses coordonnées vérifient $x + y + z = 1$. Déduire des questions précédentes les coordonnées du point I.
   d. Montrer que $\overrightarrow{IA} + \overrightarrow{IB} + \overrightarrow{IC} = \vec{0}$.
   Que représente le point I pour le triangle ABC ?

Modéliser des phénomènes aléatoires

Le hasard possède certaines lois.
L'étude des probabilités permet de mieux comprendre ces lois et ainsi de prendre des décisions dans divers domaines : finance, assurance, pharmacologie, météorologie, politique, jeux de hasard...

Le coin des langues

- **Probabilité** : du latin *probare* « prouver ».
- **Densité** : du latin *densitas*, « épaisseur ».

Les ordinateurs permettent de calculer en direct les probabilités que les joueurs de poker ont de gagner.

Le coin des citations

« Le hasard, c'est Dieu qui se promène incognito. »

Albert **Einstein**

« ... la seule divinité raisonnable, je veux dire le hasard. »

Albert **Camus**, *La chute*

7

Probabilités conditionnelles et lois continues

1. Probabilités conditionnelles
2. Arbres de probabilités
3. Indépendance
4. Lois de probabilités continues
5. Loi uniforme – Loi exponentielle

Prérequis :

- Probabilité d'un événement
- Variable aléatoire discrète, espérance
- Loi binomiale
- Intégrale d'une fonction continue

1. Changement d'univers

Une enquête, selon le sexe et le salaire annuel net des employés, a été effectuée dans une entreprise ; elle a donné les résultats suivants, présentés dans un tableau des fréquences. On considère les événements suivants :

	Salaire $\leqslant$ 20 000 €	Salaire $>$ 20 000 €
Femme	0,35	0,1
Homme	0,3	0,25

- F : « L'employé choisi est une femme » ;
- E : « L'employé choisi gagne moins de 20 000 € par an ».

1. Parmi les employés, on en choisit un au hasard.
   a. Quelle est la probabilité qu'il gagne moins de 20 000 € par an ?
   b. Quelle est la probabilité que ce soit une femme ?
   c. Quelle est la probabilité que ce soit une femme qui gagne moins de 20 000 € par an ?
2. Parmi les femmes, on en choisit une au hasard.
   a. Quelle est la probabilité qu'elle gagne moins de 20 000 € par an ?

   Cette probabilité est une probabilité conditionnelle, celle que l'employé choisi gagne moins de 20 000 € sachant qu'elle est une femme.

   b. Comparer la probabilité précédente au quotient $\dfrac{P(\mathrm{F} \cap \mathrm{E})}{P(\mathrm{F})}$.
3. Parmi les employés qui gagnent moins de 20 000 € par an, on en choisit un au hasard.
   a. Quelle est la probabilité que l'employé soit une femme ?
   b. Comparer la probabilité précédente au quotient $\dfrac{P(\mathrm{F} \cap \mathrm{E})}{P(\mathrm{E})}$.

2. Avoir une bonne découpe !

On choisit un nombre au hasard dans l'intervalle [0 ; 1] et on note X la variable aléatoire qui prend pour valeur le nombre choisi. On suppose que tous les nombres ont la même chance d'être obtenus.

→ objectif

Déterminer la probabilité de l'événement $(0,2 \leqslant \mathrm{X} < 0,3)$.

1. On découpe le segment [0 ; 1] en 10 segments de même longueur [0 ; 0,1[, ..., [0,9 ; 1]. On considère alors que la probabilité de l'événement $(0,2 \leqslant \mathrm{X} < 0,3)$ est égale à la probabilité de tirer le segment [0,2 ; 0,3[parmi les dix segments de même longueur [0 ; 0,1[, ..., [0,9 ; 1]. D'après le procédé décrit ci-dessus, quelle est la probabilité de l'événement $(0,2 \leqslant \mathrm{X} < 0,3)$?
2. Décrire un procédé permettant de déterminer la probabilité de l'événement $(0,21 \leqslant \mathrm{X} < 0,25)$, puis donner cette probabilité.
3. Décrire un procédé permettant de déterminer la probabilité de l'événement $(0,216 \leqslant \mathrm{X} < 0,219)$, puis donner cette probabilité.
4. À partir des questions précédentes, conjecturer une formule permettant de calculer pour tous nombres réels a et b dans [0 ; 1], la probabilité de l'événement $(a \leqslant \mathrm{X} < b)$.
5. En déduire quelle serait la probabilité, pour tout a dans [0 ; 1], de l'événement $(\mathrm{X} = a)$.

3. TICE Vers la densité d'une loi de probabilité

Soit X et Y deux variables aléatoires indépendantes prenant des valeurs uniformément réparties dans l'intervalle $[0\ ;\ 1]$. Soit S la variable aléatoire associant au couple (X ; Y) la somme X + Y.
On se propose de déterminer la probabilité des événements $(S \leqslant 1)$, $(S < 0{,}5)$.
Pour répondre à ces questions, nous allons utiliser une démarche expérimentale, puis un nouvel outil : la densité de probabilité d'une variable aléatoire continue.

1. Partie *Simulation*

a. Quel est l'ensemble des valeurs possibles de la variable aléatoire S ?

b. À l'aide du logiciel *XCAS*, utiliser la commande **EchX :=randvector(1000,0..1)** pour simuler un échantillon, appelé EchX, de 1 000 valeurs suivant la loi de X. Répéter l'opération pour simuler un échantillon de 1 000 valeurs suivant la loi de Y. Enfin, créer un échantillon de 1 000 valeurs suivant la loi de S en utilisant la commande **EchS :=EchX+EchY**.

c. Utiliser la fonction « classes » pour déterminer les effectifs d'une classe. En déduire les fréquences correspondantes pour compléter le tableau ci-dessous :

Événement	$S \leqslant 1$	$S < 0{,}5$	$S > 1{,}2$	$0{,}6 \leqslant S \leqslant 1{,}2$	$S \leqslant 2$
Fréquence					

d. Comparer ses résultats avec ceux de son voisin. Que remarque-t-on ?

2. Partie *Modélisation*

On souhaite approcher la loi de S graphiquement à l'aide d'un histogramme. Le programme *dec3()* ci-contre permet de représenter l'histogramme des fréquences d'un échantillon simulé par l'ordinateur.

a. Recopier ce programme et le tester pour des tailles d'échantillon de 1 000, 10 000, 100 000. Que remarque-t-on ?

b. Modifier le programme précédent en remplaçant la ligne « G := ... », par « G :=histogram (S,0,0.1),plot(x,x=0..1),plot(2-x,x=1..2) ; » pour qu'il affiche en même temps l'histogramme et la courbe $\mathscr{C}_f$ représentative de la fonction f définie par :

$$f : x \mapsto \begin{cases} x & \text{si } 0 \leqslant x \leqslant 1 \\ 2-x & \text{si } 1 \leqslant x \leqslant 2 \end{cases}.$$

c. Que penser de cette courbe ?

RAPPEL
Dans un histogramme, l'aire est proportionnelle à l'effectif des classes.

Prog Edit Ajouter

```
dec3():= {
local taille,X,Y,S,G;
saisir(taille);
X:=randvector(taille,0..1);
Y:=randvector(taille,0..1);
S:=X+Y;
G:=histogram(S,0,0.1);
return(G);
}
:;
```

3. Utilisation du modèle

D'après la partie **2.**, il paraît légitime d'utiliser la fonction f, appelée **densité** de la variable aléatoire S, pour calculer la probabilité de certains événements.

a. Calculer l'aire en unités d'aires, située sous cette courbe $\mathscr{C}_f$.

b. Rappeler l'interprétation géométrique de $\int_0^{0,5} f(t)\,dt$. En déduire un lien entre $\int_0^{0,5} f(t)\,dt$ et le calcul des fréquences de la partie **1.** pour $S < 0{,}5$.
On admet que pour tous réels a et b de l'intervalle $[0\ ;\ 2]$, $p(a \leqslant S \leqslant b) = \int_a^b f(t)\,dt$.

c. Compléter le tableau suivant en utilisant l'égalité ci-dessus.

Événement	$S \leqslant 1$	$S < 0{,}5$	$S > 1{,}2$	$0{,}6 \leqslant S \leqslant 1{,}2$	$S \leqslant 2$
Probabilité					

d. Comparer les tableaux des questions **1. d.** et **3.c.** Conclure.

1. Probabilités conditionnelles

L'univers Ω désigne un ensemble fini et P une loi de probabilité sur Ω.

définition

Soit A et B deux événements de Ω, tels que $P(\mathrm{B}) \neq 0$.

On définit la **probabilité que A soit réalisé sachant que B est réalisé**, notée $P_{\mathrm{B}}(\mathrm{A})$, par la relation $P_{\mathrm{B}}(\mathrm{A}) = \dfrac{P(\mathrm{A} \cap \mathrm{B})}{P(\mathrm{B})}$.

$P_{\mathrm{B}}(A)$ se lit « probabilité de A sachant B ».

Remarque

On admettra que P_{B} définit bien une nouvelle loi de probabilité sur Ω. En particulier :

- $P_{\mathrm{B}}(\mathrm{B}) = 1$, $P_{\mathrm{B}}(\Omega) = 1$ et $P_{\mathrm{B}}(\Delta) = 0$;
- pour tous événements C_1 et C_2 incompatibles de Ω, $P_{\mathrm{B}}(\mathrm{C}_1 \cup \mathrm{C}_2) = P_{\mathrm{B}}(\mathrm{C}_1) + P_{\mathrm{B}}(\mathrm{C}_2)$;
- pour tout événement C de Ω, $P_{\mathrm{B}}(\mathrm{C}) + P_{\mathrm{B}}(\overline{\mathrm{C}}) = 1$.

Rappel
Deux événements A et B sont incompatibles lorsque $\mathrm{A} \cap \mathrm{B} \neq \varnothing$.

conséquence directe

Si $P(\mathrm{B}) \neq 0$, alors $P(\mathrm{A} \cap \mathrm{B}) = P(\mathrm{B}) \times P_{\mathrm{B}}(\mathrm{A})$.

définition

Les parties $\mathrm{B}_1, \ldots, \mathrm{B}_n$, pour $n \geqslant 2$, forment une **partition** d'un ensemble E lorsque les trois conditions suivantes sont réalisées.

- Chacune de ces parties est non vide : pour tout entier i avec $1 \leqslant i \leqslant n$, $\mathrm{B}_i \neq \varnothing$.
- Ces parties sont deux à deux disjointes : pour tous entiers i et j, avec $1 \leqslant i \leqslant n$, $1 \leqslant j \leqslant n$ et $i \neq j$: $\mathrm{B}_i \cap \mathrm{B}_j \neq \varnothing$.
- Leur réunion est égale à E : $\mathrm{B}_1 \cup \mathrm{B}_2 \cup \ldots \cup \mathrm{B}_n = \mathrm{E}$.

Illustrations

N = 5

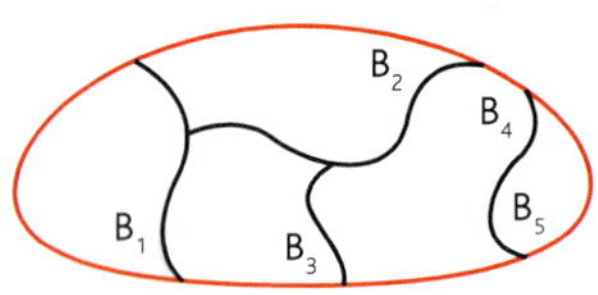

Cas particulier, N = 2

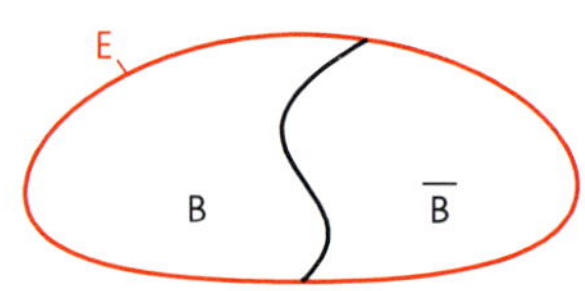

formule des probabilités totales cas particulier démontré page 340

- **Cas général**

Si $\mathrm{B}_1, \ldots, \mathrm{B}_n$ des événements de probabilités non nulles forment une partition de Ω, alors :

$$P(\mathrm{A}) = P(\mathrm{B}_1) \times P_{\mathrm{B}_1}(\mathrm{A}) + \ldots + P(\mathrm{B}_n) \times P_{\mathrm{B}_n}(\mathrm{A})$$

$$\text{ou } P(\mathrm{A}) = P(\mathrm{A} \cap \mathrm{B}_1) + \ldots + P(\mathrm{A} \cap \mathrm{B}_n).$$

- **Cas particulier** (très important)

Si B est un événement de probabilité non nulle, alors pour tout événement A de l'univers : $P(\mathrm{A}) = P(\mathrm{A} \cap \mathrm{B}) + P(\mathrm{A} \cap \overline{\mathrm{B}})$ ou $P(\mathrm{A}) = P_{\mathrm{B}}(\mathrm{A}) \times P(\mathrm{B}) + P_{\overline{\mathrm{B}}}(\mathrm{A}) \times P(\overline{\mathrm{B}})$.

Utilisation d'un tableau à double entrée

→ Exercices 35 et 36

Une société comprend 40 % de cadres dont la moitié parle anglais.
De plus, 70 % de la totalité de ses employés ne parlent pas anglais.
On interroge au hasard un employé de cette entreprise.
On considère les événements suivants :
C : « L'employé interrogé est un cadre » ;
A : « L'employé interrogé parle anglais ».

	A	$\overline{A}$	Total
C			0,4
$\overline{C}$			
Total			1

1. **Compléter le tableau des fréquences à double entrée ci-contre.**
2. **Quelle est la probabilité que l'employé interrogé ne soit pas un cadre et parle anglais ?**
3. **Sachant que l'employé n'est pas un cadre, quelle est la probabilité qu'il parle anglais ?**

solution

1. Les nombres en gras traduisent l'énoncé, les autres sont obtenus par différence.

	A	$\overline{A}$	Total
C	**0,2**	0,2	**0,4**
$\overline{C}$	0,1	0,5	0,6
Total	0,3	**0,7**	**1**

2. La probabilité cherchée est celle que l'employé ne soit pas un cadre **et** parle anglais, ce que l'on traduit par $P(A \cap \overline{C})$. D'après le tableau complété, $P(A \cap \overline{C}) = 0,1$.
3. Par définition, $P_{\overline{C}}(A) = \dfrac{P(A \cap \overline{C})}{P(\overline{C})} = \dfrac{0,1}{0,6} = \dfrac{1}{6}$.

Utilisation des propriétés sur les probabilités conditionnelles

→ Exercices 26, 27, 30 et 31

On considère un univers Ω muni d'une loi de probabilité P et deux événements A et B de Ω de probabilité non nulle, tels que :

$$P(A \cap B) = 0,4,\ P(B) = 0,5 \text{ et } P_{\overline{B}}(A) = 0,2.$$

1. **Déterminer $P_B(A)$.**
2. **Déterminer $P(A)$.**
3. **En déduire $P(A \cup B)$.**

solution

1. Par définition, $P_B(A) = \dfrac{P(A \cap B)}{P(B)}$, donc, d'après l'énoncé :
$$P_B(A) = \frac{0,4}{0,5} = 0,8.$$
2. B étant un événement de probabilité non nulle, d'après la formule des probabilités totales :
$P(A) = P(A \cap B) + P(A \cap \overline{B})$, d'où
$P(A) = P(B) \times P_B(A) + P(\overline{B}) \times P_{\overline{B}}(A)$.
Or, $P(\overline{B}) = 1 - P(B) = 0,5$.
Donc $P(A) = 0,5 \times 0,8 + 0,5 \times 0,2 = 0,5$.
3. On sait que $P(A \cup B) = P(A) + P(B) - P(A \cap B)$.
Donc $P(A \cup B) = 0,5 + 0,5 - 0,4 = 0,6$.

RAPPEL
$P(A \cup B) = P(A) + P(B) - P(A \cap B)$

2. Arbres de probabilités

Voici les règles utilisées pour la construction et l'utilisation des arbres de probabilités, que l'on illustrera à partir des figures ci-dessous.

> Un arbre complété sert de justifications. Les règles ci-dessous sont des reformulations des propriétés du cours.

Cas général

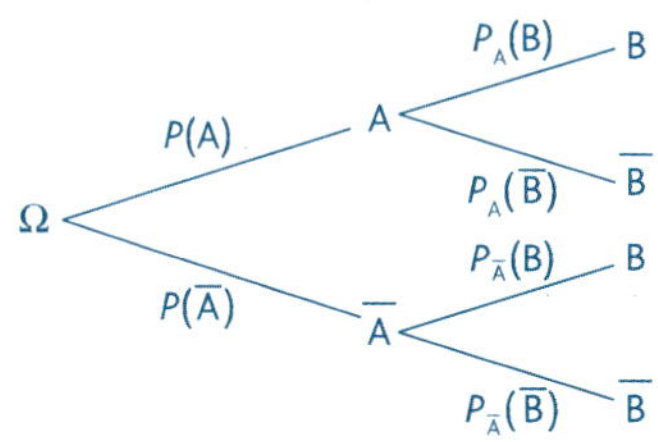

Exemple

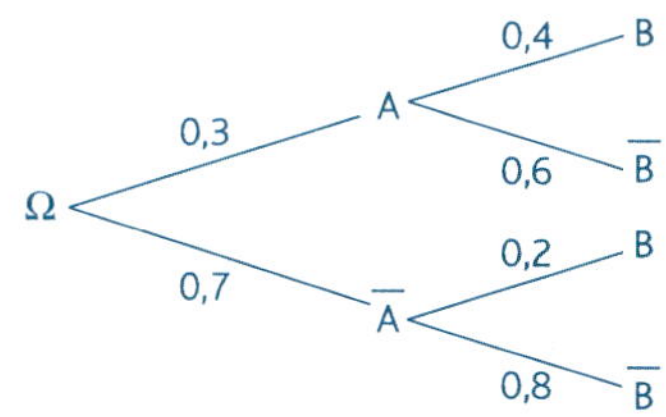

Règles	Illustrations
1. À l'origine de l'arbre, on place l'événement certain, c'est-à-dire l'univers Ω sur lequel on définit une probabilité *P*.	Ω
2. Une branche représente un lien probabiliste entre deux événements, par exemple A et B. **La probabilité de cette branche est la probabilité de B sachant A.** On pourra noter sur la branche la valeur de la probabilité (éventuellement avec sa désignation).	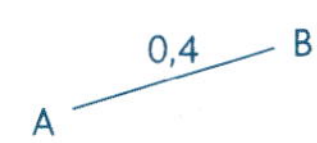
3. Pour les branches issues de Ω, on remarque que quel que soit A : $P_\Omega(A) = \dfrac{P(A \cap \Omega)}{P(\Omega)} = \dfrac{P(A)}{1} = P(A)$.	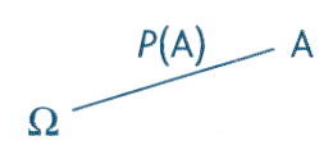
4. Une succession de plusieurs branches est appelée **un chemin**. Ce chemin représente l'intersection des événements rencontrés aux extrémités de ses branches et **sa probabilité est égale au produit des probabilités notées sur ses branches**. Ci-contre, le chemin désigne donc l'événement $A \cap B$ et on a $P(A \cap B) = P(A) \times P_A(B)$, d'après la propriété du cours.	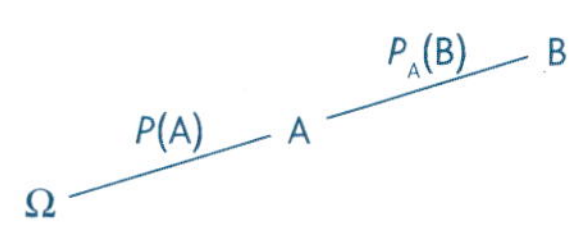
5. **Sur un arbre, la somme des probabilités des branches issues d'un même événement est toujours égale à 1.** Cette règle vient du fait que lorsque $B_1, \ldots, B_n$ forment une partition de Ω, on a : $P_A(B_1) + \ldots + P_A(B_n) = 1$.	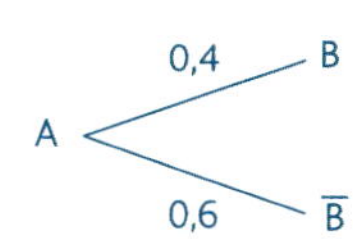
6. **La probabilité d'un événement est égale à la somme des probabilités des chemins qui mènent à celui-ci.** Cette règle est une conséquence de la formule des probabilités totales et de la règle **3**. Ci-contre, $P(B) = 0,3 \times 0,4 + 0,7 \times 0,2 = 0,26$.	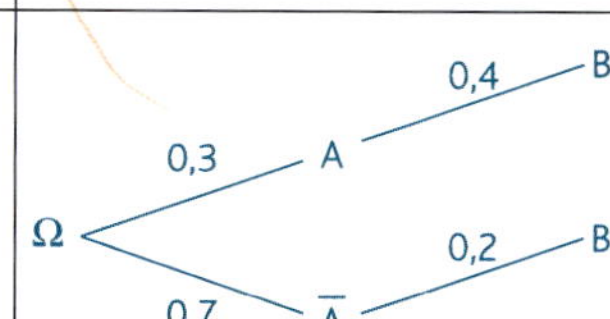

Utilisation des arbres de probabilités

→ Exercices 43 à 46

On considère l'arbre de probabilités ci-contre.

1. **Reproduire et compléter cet arbre.**
2. **Que valent les probabilités $P_A(B)$ et $P_{\overline{A}}(B)$?**
3. **Déterminer $P(A \cap B)$ et $P(\overline{A} \cap B)$.**
4. **En déduire $P(B)$.**

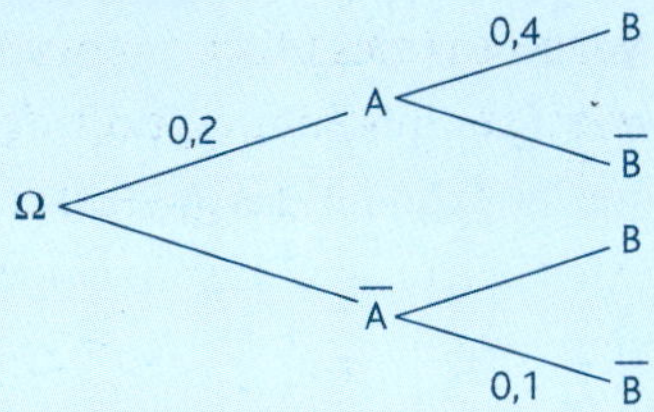

solution

1. L'arbre complété ci-contre est obtenu en utilisant la **règle 5**.
2. Par lecture des branches, on a $P_A(B) = 0,4$ et $P_{\overline{A}}(B) = 0,9$.
3. D'après l'arbre (***règle 4***) :
$P(A \cap B) = 0,2 \times 0,4 = 0,08$ et $P(\overline{A} \cap B) = 0,8 \times 0,9 = 0,72$.
4. D'après l'arbre (***règle 6***) :
$$P(B) = 0,2 \times 0,4 + 0,8 \times 0,9 = 0,8.$$

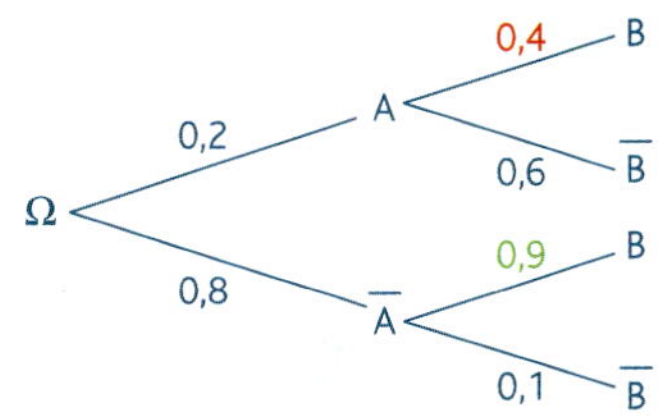

Utilisation des probabilités totales pour résoudre un problème

→ Exercices 41 et 47

Dans une population donnée, la proportion d'individus atteints d'une certaine maladie est 0,001.

On dispose d'un test de dépistage de cette maladie et des données suivantes :

- **sur les personnes malades, la probabilité que le test soit positif est égale à 0,98 ;**
- **sur les personnes saines, la probabilité que le test soit positif est égale à 0,01.**

On choisit au hasard un individu de cette population et on le soumet au test.

On note M : « L'individu est malade » et T : « L'individu a un test positif ».

1. **Traduire l'énoncé par un arbre de probabilités.**
2. **Calculer la probabilité que le test soit positif.**
3. **Calculer la probabilité que l'individu soit malade sachant que le test est positif.**

solution

1. Ci-contre, l'arbre complété à l'aide des données en gras.
2. D'après la ***règle 6*** des arbres de probabilités :
$P(T) = 0,001 \times 0,98 + 0,999 \times 0,01$, c'est-à-dire $P(T) = 0,010\,97$.
3. Pour cette question, on peut créer l'arbre incomplet ci-dessous en utilisant la question 1.. Il permet de visualiser la probabilité cherchée désignée par un point d'interrogation. D'après les règles de l'arbre, on a $P_T(M) \times 0,010\,97 = P(M \cap T)$.
Donc, $P_T(M) = \dfrac{0,001 \times 0,98}{0,010\,97}$ d'après l'arbre de la question 1..
Donc $P_T(M) \approx 0,089$ à 0,001 près.

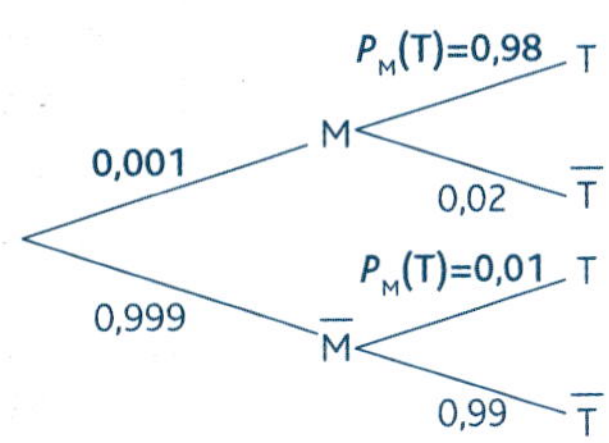

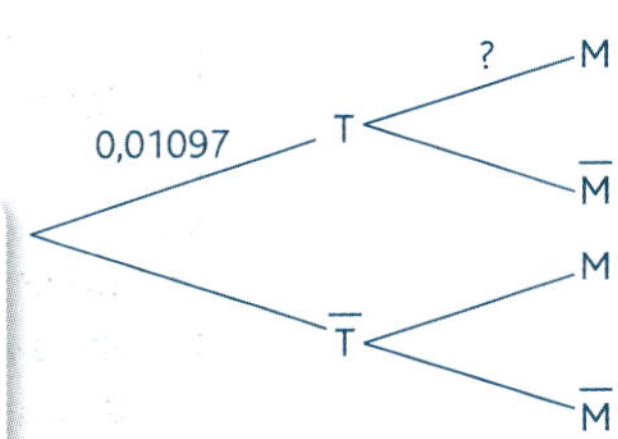

REMARQUE

On apprendra à être critique par rapport aux valeurs fournies. En particulier, la valeur $P_M(T)$ n'est pas une notion intrinsèque au test lui-même ; elle dépend entre autres, de la proportion de malades dans la population. Cette dépendance sera étudiée plus précisément dans l'exercice résolu 2 de ce chapitre.

3. Indépendance

En classe de 1re S, on a vu que lorsque deux expériences sont indépendantes (par exemple, deux tirages successifs **avec remise** dans une urne), la probabilité que les événements A_1 (associé à la première expérience) et A_2 (associé à la seconde expérience) se réalisent conjointement, est égale au produit des probabilités de ces deux événements : $P(A_1 \cap A_2) = P(A_1) \times P(A_2)$. C'est cette idée que nous généralisons pour définir l'indépendance de deux événements.

3.1 Indépendance de deux événements

définition

On dit que deux événements A et B sont **indépendants** si $P(A \cap B) = P(A) \times P(B)$.

L'indépendance de deux événements traduit l'idée suivante : « la réalisation (ou non) de l'un n'influence pas la réalisation (ou non) de l'autre ».

propriété démontrée page 340

Si A et B sont deux événements indépendants, alors $\overline{A}$ et B sont indépendants.

propriétés

Soit A et B deux événements de probabilités non nulles.

1. A et B sont indépendants si, et seulement si, $P_B(A) = P(A)$.
2. A et B sont indépendants si, et seulement si, $P_A(B) = P(B)$.

Démonstrations

1. On suppose que A et B sont indépendants, ainsi $P(A \cap B) = P(A) \times P(B)$.
   De plus, B étant de probabilité non nulle, on a $P(A \cap B) = P(B) \times P_B(A)$.
   Donc $P(A) \times P(B) = P(B) \times P_B(A)$, avec $P(B) \neq 0$. Donc $P_B(A) = P(A)$.

   Réciproquement, on suppose que $P_B(A) = P(A)$.
   Or, $P_B(A) = \dfrac{P(A \cap B)}{P(B)}$, d'où :
   $$P(A) = \frac{P(A \cap B)}{P(B)}, \text{ puis } P(A \cap B) = P(A) \times P(B).$$
   Ce qui montre l'indépendance de A et B.
2. Même démonstration en inversant les rôles joués par A et B.

3.2 Indépendance de deux variables aléatoires discrètes

Soit X et Y deux variables aléatoires discrètes définies sur Ω, avec :
$$X(\Omega) = \{x_i, i \in \mathbb{N}, 1 \leqslant i \leqslant n\} \text{ et } Y(\Omega) = \{y_j, j \in \mathbb{N}, 1 \leqslant j \leqslant p\}.$$

définition

X et Y sont **indépendantes** lorsque, pour tout i dans $\mathbb{N}$, $1 \leqslant i \leqslant n$, et tout j dans $\mathbb{N}$, $1 \leqslant j \leqslant p$, on a :
$$P((X = x_i) \cap (Y = y_j)) = P((X = x_i) \times P((Y = y_j)).$$

Montrer que deux événements sont indépendants ou non

→ Exercices 52 et 58

On dispose d'une urne qui contient trois boules rouges numérotées 1, 2 et 3 ainsi que six boules noires numérotées 1, 1, 1, 2, 2 et 3. Les boules sont indiscernables au toucher.

On tire une boule au hasard dans cette urne et on s'intéresse aux événements suivants :

R : « Tirer une boule rouge » ;

P : « Tirer une boule dont le numéro est pair » ;

U : « Tirer une boule dont le numéro est 1 ».

1. **Montrer que les événements R et P sont indépendants.**
2. **Les événements R et U sont-ils indépendants ?**

solution

1. Comme les boules sont indiscernables au toucher, on considère la loi équirépartie P sur l'ensemble des boules. Ainsi, on a $P(\text{R}) = \dfrac{\text{nombre de boules rouges}}{\text{nombre de boules}} = \dfrac{3}{9} = \dfrac{1}{3}$.

   De même : $P(\text{P}) = \dfrac{3}{9} = \dfrac{1}{3}$. Donc $P(\text{R}) \times P(\text{P}) = \dfrac{1}{3} \times \dfrac{1}{3} = \dfrac{1}{9}$.

   De plus, $\text{R} \cap \text{P} = \{2\}$, donc, par équiprobabilité, $P(\text{R} \cap \text{P}) = \dfrac{1}{9}$.

   Conclusion : $P(\text{R}) \times P(\text{P}) = P(\text{R} \cap \text{P})$, ce qui signifie que R et P sont indépendants.

2. D'après l'équiprobabilité, on a $P(\text{U}) = \dfrac{4}{9}$. Donc d'après **1.**, $P(\text{R}) \times P(\text{U}) = \dfrac{1}{3} \times \dfrac{4}{9} = \dfrac{4}{27}$.

   Or, $\text{U} \cap \text{R} = \{1\}$, donc par équiprobabilité $P(\text{U} \cap \text{R}) = \dfrac{1}{9}$, donc $P(\text{U} \cap \text{R}) \neq P(\text{U}) \times P(\text{R})$.

   Les événements U et R ne sont pas indépendants.

Montrer la non-indépendance de deux variables aléatoires

→ Exercices 59 et 60

On lance deux dés bien équilibrés. On désigne respectivement par S et D les deux variables aléatoires égales respectivement à la somme et au produit des deux dés.

1. **Calculer $P(\text{S} = 2)$, $P(\text{D} = 1)$ et $P((\text{S} = 2) \cap (\text{D} = 1))$.**
2. **En déduire que les deux variables aléatoires S et D ne sont pas indépendantes.**

solution

On considère comme univers Ω l'ensemble des 36 couples $(x_i \,;\, y_j)$ avec x_i et y_j dans $\{1, 2, 3, 4, 5, 6\}$ et P la loi équirépartie sur Ω.

1. On remarque que les événements $(\text{S} = 2)$, $(\text{D} = 1)$ et $(\text{S} = 2) \cap (\text{D} = 1)$ sont tous égaux à $\{(1 \,;\, 1)\}$.

   Donc, par équiprobabilité $P(\text{S} = 2) = P(\text{D} = 1) = P((\text{S} = 2) \cap (\text{D} = 1)) = \dfrac{1}{36}$.

2. Pour montrer la non-indépendance de S et D, il suffit de montrer qu'il existe deux réels s_i et d_i tels que $P(\text{S} = s_i) \times P(\text{D} = d_i) \neq P((\text{S} = s_i) \cap (\text{D} = d_i))$.

   D'après **1.**, $P(\text{S} = 2) \times P(\text{D} = 1) = \dfrac{1}{36} \times \dfrac{1}{36}$ qui est différent de $P((\text{S} = 2) \cap (\text{D} = 1)) = \dfrac{1}{36}$.

   Donc, les variables aléatoires S et D ne sont pas indépendantes.

4. Lois de probabilités continues

Dans cette partie, l'univers Ω est un intervalle de $\mathbb{R}$, a et b sont deux réels tels que $a < b$.

Préliminaires

- Si $I = [a\ ;\ b]$, alors $\int_I f(t)\,\mathrm{d}t$ désigne $\int_a^b f(t)\,\mathrm{d}t$.
- Si $I = [a\ ;\ +\infty[$, alors $\int_I f(t)\,\mathrm{d}t$ désigne $\lim_{x \to +\infty} \int_a^x f(t)\,\mathrm{d}t$.

définition

Soit I un intervalle. On appelle **densité de probabilité** sur I toute fonction f continue et positive sur I telle que :

$$\int_I f(t)\,\mathrm{d}t = 1.$$

définition

Soit I un intervalle. On dit qu'une variable aléatoire X, à valeurs dans I, suit une **loi de probabilité** de densité f sur I, si pour tout intervalle J inclus dans I :

$$P(\mathrm{X} \in J) = \int_J f(t)\,\mathrm{d}t.$$

Remarques

- Une telle variable X est dite **continue**.
- $P(\mathrm{X} \in [a\ ;\ b])$ pourra être noté $P(a \leqslant \mathrm{X} \leqslant b)$.
- $P(a \leqslant \mathrm{X} \leqslant b)$ est donc égale à l'aire du domaine compris entre $\mathscr{C}_f$, l'axe des abscisses et les droites d'équation $x = a$ et $x = b$.

On a représenté ci-contre la densité de probabilité de la variable aléatoire étudiée à la découverte 3..

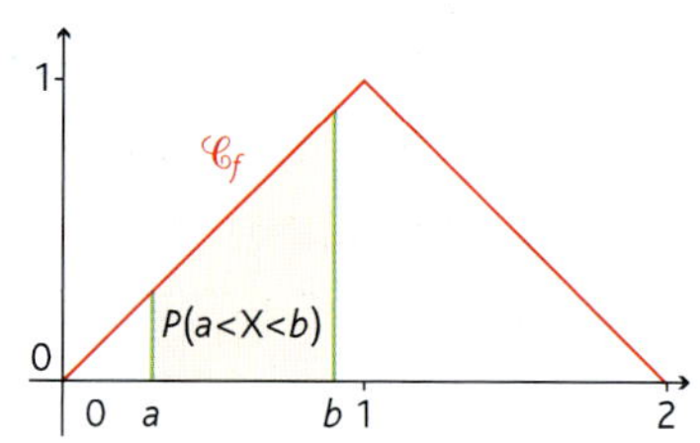

propriétés

Soit X une variable aléatoire suivant une loi de probabilité de densité f sur I.

1. $P(\mathrm{X} \in I) = 1$.
2. Quel que soit x_0 dans $\mathbb{R}$, $P(\mathrm{X} = x_0) = \int_{x_0}^{x_0} f(t)\,\mathrm{d}t = 0$.
3. $P(\mathrm{X} \in [a\ ;\ b]) = P(\mathrm{X} \in]a\ ;\ b]) = P(\mathrm{X} \in [a\ ;\ b[) = P(\mathrm{X} \in]a\ ;\ b[)$ et $P(\mathrm{X} > a) = P(\mathrm{X} \geqslant a)$.

Remarques

- $P(\mathrm{X} \in [a\ ;\ b]) = P(a \leqslant \mathrm{X} \leqslant b)$, $P(\mathrm{X} \in]a\ ;\ b]) = P(a < \mathrm{X} \leqslant b)$, etc.
- On admet pouvoir étendre certaines propriétés sur les lois de probabilités discrètes aux lois continues, en particulier :

$$P_{(\mathrm{X} \in J)}(\mathrm{X} \in K) = \frac{P((\mathrm{X} \in J) \cap (\mathrm{X} \in K))}{P(\mathrm{X} \in J)}.$$

Montrer qu'une fonction est une densité de probabilité sur [*a* ; *b*]

→ Exercices 61 et 63

Soit $f : x \mapsto \left(\frac{x}{4}\right)^3$ pour tout $x \in [0 ; 4]$.

Montrer que f est une densité de probabilité sur $I = [0 ; 4]$.

solution

f est une fonction polynômiale, donc f est continue sur I.

De plus, pour tout x de $[0 ; 4]$, $\left(\frac{x}{4}\right)^3 \geqslant 0$, donc f est positive sur I.

Calculons $A = \int_0^4 f(x)\,dx$.

$A = \int_0^4 \left(\frac{x}{4}\right)^3 dx = \frac{1}{4^3}\int_0^4 x^3\,dx$ par linéarité de l'intégrale.

Donc $A = \frac{1}{4^3}\left[\frac{1}{4}x^4\right]_0^4 = \frac{4^4}{4^4} - 0 = 1$.

Conclusion : f est continue et positive sur I avec $\int_0^4 f(x)\,dx = 1$, f est donc une densité de probabilité sur I.

MÉTHODE

Pour que f soit une densité sur $[a ; b]$, f doit vérifier trois propriétés :
- f positive sur $[a ; b]$;
- f continue sur $[a ; b]$;
- $\int_a^b f(t)\,dt = 1$.

TICE Calculer des probabilités à partir d'une densité

→ Exercices 66 et 68

On considère une variable aléatoire continue X dont la densité de probabilité f est définie sur $[0 ; 4]$ par $f : x \mapsto \frac{3}{32}x(4 - x)$.

1. **Calculer $P(1 \leqslant X \leqslant 2)$. Interpréter graphiquement ce résultat en terme d'aire.**
2. **Représenter f sur votre calculatrice et vérifier les résultats précédents à l'aide d'un calcul approché d'intégrale.**

solution

1. X étant une variable aléatoire continue de densité f sur $[0 ; 4]$, alors $P(1 \leqslant X \leqslant 2) = \int_1^2 f(t)\,dt$.

   Donc $P(1 \leqslant X \leqslant 2) = \int_1^2 \frac{3}{32}(-t^2 + 4t)\,dt = \frac{3}{32}\left[-\frac{1}{3}t^3 + 2t^2\right]_1^2$.

   $P(1 \leqslant X \leqslant 2) = \frac{3}{32}\left(-\frac{2^3}{3} + 2 \times 2^2 - \left(-\frac{1^3}{3} + 2 \times 1^2\right)\right)$; ainsi, $P(1 \leqslant X \leqslant 2) = \frac{3}{32}\left(\frac{11}{3}\right) = \frac{11}{32}$.

   Graphiquement, $P(1 \leqslant X \leqslant 3)$ est égale à l'aire en unités d'aires entre la courbe $\mathscr{C}_f$ et les droites d'équation $x = 1$, $x = 2$ et $y = 0$.

2. Ci-contre la capture d'écran de la calculatrice. « lower » et « upper » désignant respectivement les bornes inférieures et supérieures de l'intégrale.

   La valeur affichée de l'intégrale correspond bien à la probabilité calculée à la question 1..

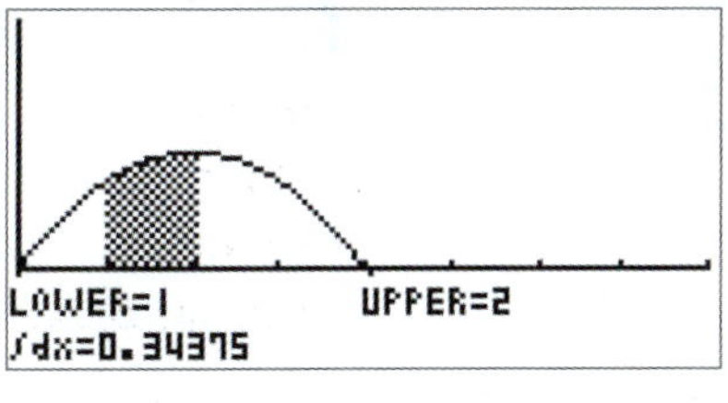

5. Loi uniforme Loi exponentielle

5.1 Loi uniforme sur un intervalle

f est bien une densité de probabilité (voir la démonstration page 340).

définition

On appelle **loi uniforme sur $[a ; b]$**, la loi de probabilité dont la densité est la fonction constante égale à $\dfrac{1}{b-a}$ sur $[a ; b]$.

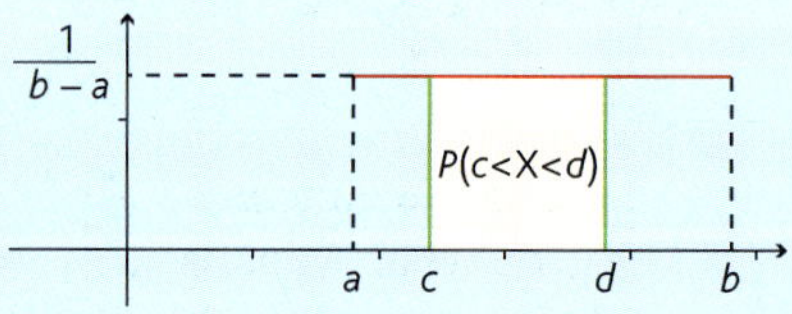

propriété démontrée page 341

Soit X une variable aléatoire suivant une loi uniforme sur $[a ; b]$.
X admet une espérance $E(\mathrm{X})$ définie par $E(\mathrm{X}) = \int_a^b t\,f(t)\,\mathrm{d}t$ égale à $\dfrac{a+b}{2}$.

Remarques

- Les fonctions « **Alea()** » et « **random** » des logiciels ou calculatrices simulent des valeurs d'une variable aléatoire suivant une loi uniforme sur $[0 ; 1]$.
- Cette définition de l'espérance constitue un prolongement de l'idée de moyenne dans le cas continu.

5.2 Loi exponentielle

f est bien une densité de probabilité (voir la démonstration page 341).

définition

Soit λ un réel strictement positif.
La fonction f définie sur $[0 ; +\infty[$ par $f(t) = \lambda \mathrm{e}^{-\lambda t}$ est la **densité d'une loi de probabilité**, appelée loi exponentielle de paramètre λ.

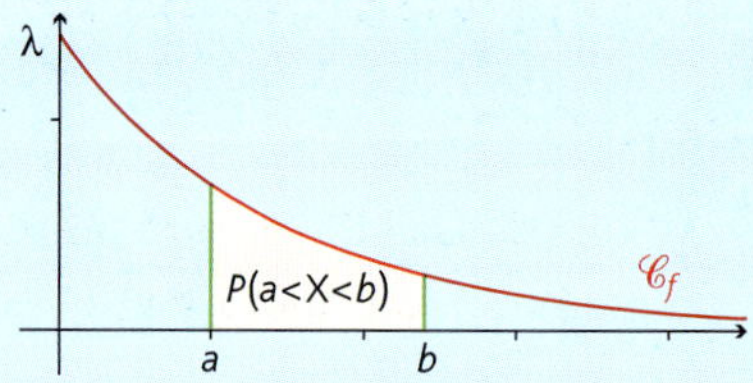

propriétés démontrées page 342

Soit X une variable aléatoire suivant une loi exponentielle de paramètre λ.

1. Pour tout réel t positif : $P(\mathrm{X} \leqslant t) = \int_0^t \lambda \mathrm{e}^{-\lambda x}\,\mathrm{d}x = 1 - \mathrm{e}^{-\lambda t}$ et $P(\mathrm{X} \geqslant t) = \mathrm{e}^{-\lambda t}$.
2. Pour tous réels positifs t et h, $P_{(\mathrm{X} \geqslant t)}(\mathrm{X} \geqslant t + h) = P(\mathrm{X} \geqslant h)$.
3. X admet une espérance $E(\mathrm{X})$ définie par :

$$E(\mathrm{X}) = \lim_{x \to +\infty} \int_0^x t\,\lambda \mathrm{e}^{-\lambda t}\,\mathrm{d}t \text{ égale à } \frac{1}{\lambda}.$$

Remarque

Cette loi porte aussi le nom de loi de durée de vie sans vieillissement (ou loi sans mémoire), ce qui est justifié par la propriété 2.. Dans ce cas, l'espérance peut s'interpréter comme la durée de vie moyenne.

TICE Simuler un échantillon de variable aléatoire suivant une loi uniforme sur [0 ; 1]

→ Exercices 77 et 78

1. Avec le logiciel *Xcas*, simuler un échantillon de taille 1 000, suivant une loi uniforme sur [0 ; 1]. On pourra utiliser la commande « randvector(1000, 0..1) ».

2. Calculer la moyenne de cet échantillon. De quel résultat théorique la moyenne est-elle proche ?

solution

1. On tape la commande « **V := randvector(1000, 0..1)** » pour stocker notre liste de résultats dans V.
2. On tape la commande « **mean(V)** ».
Le résultat affiché est proche de l'espérance d'une variable aléatoire suivant une loi uniforme sur [0 ; 1], à savoir : 0,5.

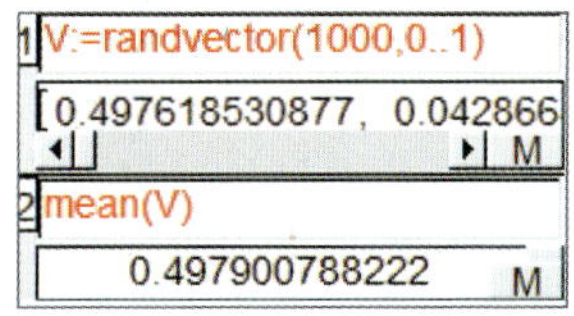

Étudier une variable aléatoire suivant une loi exponentielle

→ Exercices 80 à 87

Soit X une variable aléatoire suivant une loi exponentielle de paramètre $\frac{1}{2}$.

1. Donner la densité de X.

2. Calculer $P(X \leqslant 4)$, puis en donner une valeur approchée à 0,01 près. Vérifier ce résultat en utilisant le calcul intégral de la calculatrice.

3. En déduire $P(X > 4)$.

4. Sachant que $(X \geqslant 2)$, calculer $P(X \geqslant 6)$.

solution

1. La densité d'une variable aléatoire suivant une loi exponentielle de paramètre $\frac{1}{2}$ est la fonction f définie pour tout x de $[0\ ;\ +\infty[$ par $f(x) = \frac{1}{2}e^{-\frac{1}{2}x}$.

2. On sait que $P(X \leqslant 4) = \int_0^4 f(t)\,dt$, donc :
$$P(X \leqslant 4) = \int_0^4 \frac{1}{2}e^{-\frac{1}{2}t}\,dt = \left[-e^{-\frac{1}{2}t}\right]_0^4 = 1 - e^{-2}.$$
À 0,01 près, on a $P(X \leqslant 4) \approx 0,86$.
Avec le calcul intégral et une interprétation en termes d'aire, on obtient l'écran ci-contre.

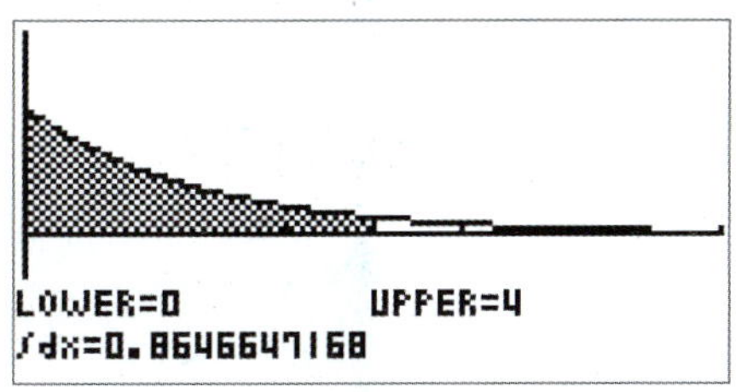

3. Les événements $(X \leqslant 4)$ et $(X > 4)$ sont contraires dans Ω, donc :
$$P(X > 4) = 1 - P(X \leqslant 4) = e^{-2}.$$

4. On cherche $P_{(X \geqslant 2)}(X \geqslant 6)$. Or X suit une loi de durée de vie sans vieillissement, donc : $P_{(X \geqslant 2)}(X \geqslant 6) = P(X \geqslant 4)$ d'après la propriété **2.**. De plus, X étant une variable continue, $P(X \geqslant 4) = P(X > 4)$. Donc, d'après **3.** : $P_{(X \geqslant 2)}(X \geqslant 6) = e^{-2}$.

Formule des probabilités totales dans le cas particulier

Si B est un événement de probabilité non nulle, alors pour tout événement A de l'univers :

$$P(A) = P(A \cap B) + P(A \cap \overline{B}) \text{ ou encore } P(A) = P_B(A) \times P(B) + P_{\overline{B}}(A) \times P(\overline{B}).$$

Démonstration

Comme $B \neq \varnothing$, B et $\overline{B}$ forment une partition de l'univers Ω.

On a alors pour tout événement A de Ω, $A = (A \cap \overline{B}) \cup (A \cap B)$, donc :

$$P(A) = P((A \cap \overline{B}) \cup (A \cap B)).$$

De plus, $(A \cap B)$ et $(A \cap \overline{B})$ sont incompatibles, alors $P(A) = P(A \cap B) + P(A \cap \overline{B})$.

La deuxième propriété s'obtient en utilisant $P(A \cap B) = P_B(A) \times P(B)$ et $P(A \cap \overline{B}) = P_{\overline{B}}(A) \times P(\overline{B})$; donc $P(A) = P_B(A) \times P(B) + P_{\overline{B}}(A) \times P(\overline{B})$.

Propriété de deux événements indépendants

Si A et B sont deux événements indépendants, alors $\overline{A}$ et B sont indépendants.

Démonstration

$B = (A \cap B) \cup (\overline{A} \cap B)$, avec $(A \cap B)$ et $(\overline{A} \cap B)$, incompatibles.

Donc $P(B) = P(A \cap B) + P(\overline{A} \cap B)$ **(1)**.

Or, par indépendance de A et B, $P(A \cap B) = P(A) \times P(B)$ **(2)**.

Donc, en utilisant les égalités **(1)** et **(2)**, on obtient $P(B) - P(\overline{A} \cap B) = P(A) \times P(B)$.

Ainsi, $P(B)(1 - P(A)) = P(\overline{A} \cap B)$.

De plus, $P(\overline{A}) = 1 - P(A)$, donc $P(B) \times P(\overline{A}) = P(\overline{A} \cap B)$.

Conclusion : $\overline{A}$ et B sont indépendants.

Densité de la loi uniforme sur $[a ; b]$

Soit a et b deux réels, $a < b$, et $f : x \mapsto \dfrac{1}{b-a}$ pour tout $x \in [a ; b]$.
f est une densité de probabilité sur $I = [a ; b]$.

Démonstration

Comme $b > a$, f est bien continue et positive sur I.

On calcule $A = \int_a^b f(t)\,dt$.

$A = \int_a^b \frac{1}{b-a}\,dt$ et $t \mapsto \frac{1}{b-a}$ est constante par rapport à t, donc $A = (b-a) \times \frac{1}{b-a} = 1$.

f est continue et positive sur I avec $\int_a^b f(t)\,dt = 1$.

f est donc une densité de probabilité sur I.

Propriété de la loi uniforme

Soit X une variable aléatoire suivant une loi uniforme sur $[a\ ;\ b]$.
X admet une espérance mathématique $E(X)$ définie par $E(x) = \int_a^b tf(t)\,dt$ égale à $\frac{a+b}{2}$.

Démonstration

Soit X une variable aléatoire suivant une loi uniforme sur $[a\ ;\ b]$.
La densité de X est donc la fonction f définie sur $[a\ ;\ b]$ par $f(x) = \frac{1}{b-a}$.
Par définition, $E(X) = \int_a^b t \times f(t)\,dt$, c'est-à-dire $E(X) = \int_a^b \frac{t}{b-a}\,dt$.
Par linéarité de l'intégrale, $E(X) = \frac{1}{b-a}\left[\frac{t^2}{2}\right]_a^b$.
Donc, $E(X) = \frac{b^2 - a^2}{2(b-a)}$.

$$E(X) = \frac{(b-a)(b+a)}{2(b-a)}.$$

$$E(X) = \frac{a+b}{2}.$$

Densité de la loi exponentielle de paramètre λ

Soit λ un réel strictement positif et $f : x \mapsto \lambda e^{-\lambda x}$ pour tout $x \in \mathbb{R}^+$.
f est une densité de probabilité sur $I = [0\ ;\ +\infty[$.

Démonstration

- $\lambda > 0$ et pour tout $x \in \mathbb{R}^+$, $e^{-\lambda x} > 0$, donc f est bien positive sur I.
- f est bien continue sur I comme composée de deux fonctions continues : $x \mapsto -\lambda x$ et $x \mapsto e^x$.
- Montrons maintenant que :

$$\lim_{x \to +\infty} \int_0^x f(t)\,dt = 1.$$

On pose, pour tout $x > 0$, $I(x) = \int_0^x \lambda e^{-\lambda t}\,dt$, d'où :

$$I(x) = [-e^{-\lambda t}]_0^x = 1 - e^{-\lambda x} \quad \textbf{(1)}.$$

Comme $\lambda > 0$, $\lim_{x \to +\infty} -\lambda x = -\infty$, et, d'autre part, $\lim_{x \to -\infty} e^x = 0$;

donc par composition $\lim_{x \to +\infty} e^{-\lambda x} = 0$.

Ainsi, d'après **(1)**, $\lim_{x \to +\infty} \int_0^x f(t)\,dt = 1$.

On a montré que f est positive et continue sur I avec $\lim_{x \to +\infty} \int_0^x f(t)\,dt = 1$; c'est donc une densité de probabilité sur I.

MÉTHODE
Si l'intervalle I est non borné, on travaillera toujours en deux temps : calcul de $\int_0^x f(t)\,dt$, puis calcul de la limite lorsque x tend vers $+\infty$.

Propriétés de la loi exponentielle

Soit X une variable aléatoire suivant une loi exponentielle de paramètre λ, avec $\lambda > 0$.

1. Pour tout réel t positif : $P(X \leqslant t) = 1 - e^{-\lambda t}$ et $P(X \geqslant t) = e^{-\lambda t}$.
2. Pour tous réels positifs t et h : $P_{(x \geqslant t)}(X \geqslant t + h) = P(X \geqslant h)$.
3. L'espérance $E(X)$ définie par $E(X) = \lim\limits_{x \to +\infty} \int_0^x t\lambda e^{-\lambda t} dt$ est égale à $\frac{1}{\lambda}$.

Démonstration

On rappelle que la densité f d'une variable aléatoire suivant une loi exponentielle est définie pour tout x de $[0\,;+\infty[$ par $f(x) = \lambda e^{-\lambda x}$.

1. Pour tout t dans $[0\,;+\infty[$, $P(X \leqslant t) = \int_0^t \lambda e^{-\lambda x} dx$.
Or, une primitive de $x \mapsto \lambda e^{-\lambda x}$ est $x \mapsto -e^{-\lambda x}$ sur $[0\,;+\infty[$.
Donc, $P(X \leqslant t) = [-e^{-\lambda x}]_0^t = 1 - e^{-\lambda t}$ **(1)**.
Pour tout t dans $[0\,;+\infty[$, l'événement $(X \geqslant t)$ est le complémentaire de l'événement $(X < t)$, donc $P(X \geqslant t) = 1 - P(X < t)$. Or, X est une variable aléatoire continue, donc $P(X \leqslant t) = P(X < t)$. On en déduit que $P(X \geqslant t) = 1 - P(X \leqslant t)$.
Donc, d'après **(1)** : $P(X \geqslant t) = 1 - (1 - e^{-\lambda t}) = e^{-\lambda t}$ **(2)**.

2. Pour tous réels t et h : $P_{(x \geqslant t)}(X \geqslant t + h) = \dfrac{P((X \geqslant t + h) \cap (X \geqslant t))}{P(X \geqslant t)}$.
De plus, $(X \geqslant t + h) \cap (X \geqslant t) = (X \geqslant t + h)$ puisque $[t + h\,;+\infty[\subset [t\,;+\infty[$ pour tout $h \geqslant 0$.
Or d'après la propriété **(1)** ci-dessus : $P(X \geqslant t + h) = e^{-\lambda(t+h)}$ et $P(X \geqslant t) = e^{-\lambda t}$.
Donc $P_{(x \geqslant t)}(X \geqslant t + h) = \dfrac{e^{-\lambda(t+h)}}{e^{-\lambda t}}$. Or, $\dfrac{e^a}{e^b} = e^{a-b}$; donc :
$$P_{(x \geqslant t)}(X \geqslant t + h) = e^{-\lambda t} = P(X \geqslant h).$$

3. Comme $x \mapsto x \times f(x)$ est continue sur $[0\,;+\infty[$, la fonction $x \mapsto \int_0^x t \times f(t)\, dt$ est la primitive sur $[0\,;+\infty[$ de la fonction $x \mapsto x \times f(x)$ qui s'annule en 0.
Montrons d'abord que la fonction $F : x \mapsto -xe^{-\lambda x} - \frac{1}{\lambda}e^{-\lambda x} + \frac{1}{\lambda}$ est la primitive de $x \mapsto x\lambda e^{-\lambda x}$ sur $\mathbb{R}^+$ qui s'annule en 0.
F est dérivable sur $\mathbb{R}^+$ et pour tout x dans $\mathbb{R}^+$: $F'(x) = -e^{-\lambda x} + x\lambda e^{-\lambda x} + e^{-\lambda x}$, c'est-à-dire $F'(x) = x\lambda e^{-\lambda x}$. De plus, $F(0) = 0 \times e^{-\lambda \times 0} - \frac{1}{\lambda}e^{-\lambda \times 0} + \frac{1}{\lambda} = -\frac{1}{\lambda} + \frac{1}{\lambda} = 0$.
Ainsi, F est la primitive sur $[0\,;+\infty[$ de $x \mapsto x\lambda e^{-\lambda x}$ qui s'annule en 0.
Montrons que $\lim\limits_{x \to +\infty} F(x) = \frac{1}{\lambda}$ sur $[0\,;+\infty[$.
On remarque que $F(x) = \frac{1}{\lambda}(-\lambda xe^{-\lambda x} - e^{-\lambda x}) + \frac{1}{\lambda}$.
D'une part, $\lim\limits_{x \to +\infty}(-\lambda x) = -\infty$, car $\lambda > 0$ et $\lim\limits_{u \to -\infty} ue^u = 0$.
Donc, par composition : $\lim\limits_{x \to +\infty}(-\lambda xe^{-\lambda x}) = 0$.
D'autre part, $\lim\limits_{u \to -\infty} e^u = 0$, donc par composition : $\lim\limits_{x \to +\infty}(-e^{-\lambda x}) = 0$.
Ainsi par somme : $\lim\limits_{x \to +\infty} F(x) = \frac{1}{\lambda}$.

Conclusion : On a montré que $\int_0^x t\lambda e^{-\lambda t} dt = F(x)$ et que $\lim\limits_{x \to +\infty} F(x) = \frac{1}{\lambda}$:
$$E(x) = \lim_{x \to +\infty} \int_0^x t\lambda e^{-\lambda t}\, dt = \lim_{x \to +\infty} F(x) = \frac{1}{\lambda}.$$

Exercice résolu 1 • Tester la qualité d'un objet

énoncé **Dans une entreprise, une étude statistique a montré que le pourcentage de pièces défectueuses fabriquées est égal à 2 %. Pour éliminer les pièces défectueuses, un test de qualité est mis en place dont les résultats sont les suivants :**

- **le test élimine 98 % des pièces défectueuses ;**
- **le test élimine 0,5 % des pièces non défectueuses.**

On tire une pièce au hasard d'après le processus de test.

On note respectivement D et T les événements : « La pièce tirée est défectueuse » et « Le test élimine la pièce ».

1. **Reproduire et compléter l'arbre ci-contre.**
2. **Calculer la probabilité qu'une pièce soit éliminée.**
3. **Montrer que la probabilité qu'une pièce soit éliminée à tort est égale à 0,004 9.**
4. **Sachant qu'une pièce n'est pas éliminée, calculer la probabilité qu'elle soit défectueuse et donner l'arrondi du résultat à 10^{-4}.**

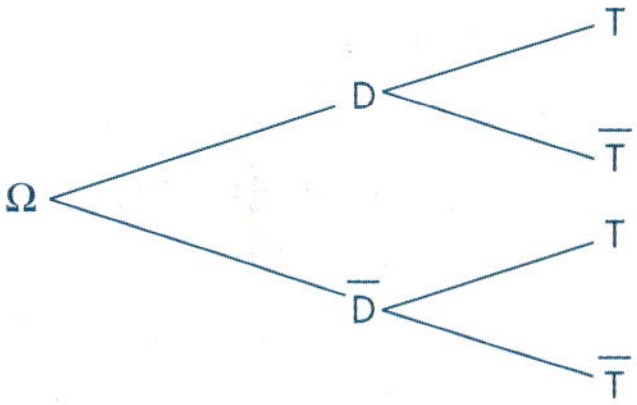

solution

1. Les données en rouge traduisent l'énoncé, puis l'arbre est complété.

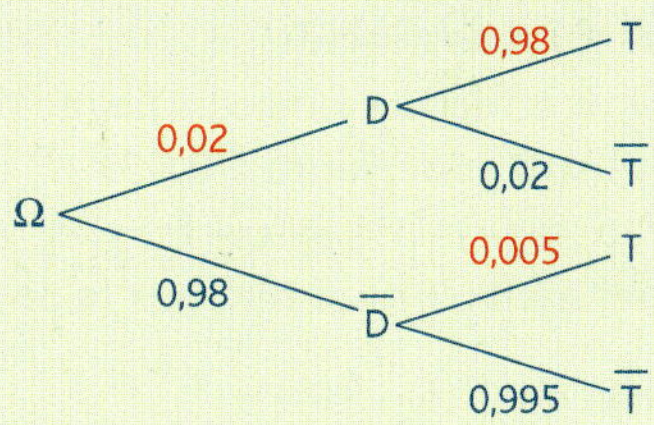

2. D'après l'arbre :
   $P(\text{T}) = 0{,}02 \times 0{,}98 + 0{,}98 \times 0{,}005 = 0{,}024\,5$.
3. Une pièce est éliminée à tort si elle n'est pas défectueuse et si le test élimine la pièce, autrement dit on cherche $P(\overline{\text{D}} \cap \text{T})$.
   D'après l'arbre, $P(\overline{\text{D}} \cap \text{T}) = 0{,}98 \times 0{,}005 = 0{,}004\,9$.
4. On cherche $P_{\overline{\text{T}}}(\text{D}) = \dfrac{P(\text{D} \cap \overline{\text{T}})}{P(\overline{\text{T}})}$; or $P(\overline{\text{T}}) = 1 - P(\text{T}) = 0{,}975\,5$, d'après 2.
   D'après l'arbre, $P(\text{D} \cap \overline{\text{T}}) = 0{,}02 \times 0{,}02$; donc :
   $P_{\overline{\text{T}}}(\text{D}) = \dfrac{0{,}02 \times 0{,}02}{0{,}975\,5} = \dfrac{4}{9\,755}$ ou encore $P_{\overline{\text{T}}}(\text{D}) \approx 0{,}000\,4$ arrondi à 10^{-4} près.

Entraînez-vous

On donne l'arbre ci-contre.

1. Calculer $P(\text{A} \cap \overline{\text{B}})$ et $P(\overline{\text{A}} \cap \overline{\text{B}})$.
2. En déduire $P(\overline{\text{B}})$.
3. Calculer $P_{\text{B}}(\text{A})$.

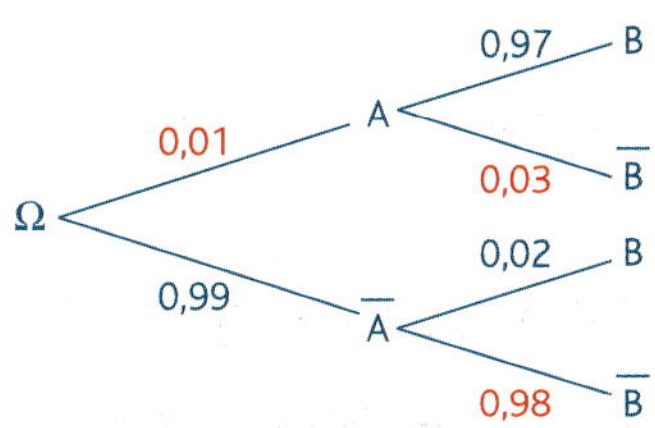

→ On trouve

1. $P(\text{A} \cap \overline{\text{B}}) = 0{,}000\,3$ et $P(\overline{\text{A}} \cap \overline{\text{B}}) = 0{,}970\,2$.
2. $P(\overline{\text{B}}) = 0{,}970\,5$.
3. $P_{\text{B}}(\text{A}) = \dfrac{97}{295}$.

travail en autonomie

Exercice résolu 2 TICE Pertinence d'un test de dépistage

énoncé **Dans une population donnée suffisamment grande, la proportion d'individus atteints d'une certaine maladie est x. Un laboratoire pharmaceutique informe sur les caractéristiques de son test spécifique à cette maladie :**

- **la probabilité qu'un individu malade ait un test positif est 0,99 ;**
- **la probabilité qu'un individu sain ait un test positif est 0,01.**

On choisit un individu au hasard dans cette population et on le soumet au test. On note :

- **M l'événement : « L'individu est malade » ;**
- **T l'événement : « Le test est positif » ;**
- **$f(x)$ la probabilité qu'une personne ayant un test positif soit malade.**

1. Sur quel intervalle I est définie la fonction f ? Montrer que $f(x) = \frac{99x}{98x + 1}$, puis étudier son sens de variation sur I. Tracer $\mathscr{C}_f$ dans un repère orthonormé (prendre 10 cm comme unités en abscisses et 10 cm en ordonnées).

2. On considère que le test est fiable lorsque la probabilité qu'un individu ayant un test positif soit malade est supérieure ou égale à 0,95.

a. Le test est-il fiable lorsque la proportion d'individus atteints par la maladie est de 5 % ?

b. À l'aide d'un logiciel de calcul formel, déterminer la proportion d'individus atteints par la maladie à partir de laquelle le test est fiable.

3. a. Déterminer $g(x)$, où g est la fonction qui à x associe la probabilité qu'un individu dont le test est négatif ne soit pas malade.

b. Pour pouvoir effectuer une campagne de dépistage sans inquiéter la population, on veut que cette probabilité soit supérieure à 0,99.
À l'aide d'un logiciel de calcul formel, déterminer la proportion d'individus atteints par la maladie pour laquelle on n'inquiètera pas la population.

4. Conclure sur la qualité du test.

solution

1. x étant une proportion, la fonction f est définie sur $[0 ; 1]$.

On a pour tout x dans $[0 ; 1]$, $f(x) = P_T(M) = \frac{P(T \cap M)}{P(T)}$ par définition.

D'après la formule des probabilités totales :

$$f(x) = \frac{P_M(T) \times P(M)}{P_M(T) \times P(M) + P_{\overline{M}}(T) \times P(\overline{M})}.$$

D'après l'énoncé :

$$f(x) = \frac{0{,}99x}{0{,}99x + 0{,}01 \times (1 - x)} = \frac{0{,}99x}{0{,}98x + 0{,}01} = \frac{99x}{98x + 1}.$$

f est dérivable sur $[0 ; 1]$ et pour tout x de $[0 ; 1]$:

$$f'(x) = 99 \times \frac{98x + 1 - 98 \times x}{(98x + 1)^2} = 99 \times \frac{1}{(98x + 1)^2}.$$

Donc f est strictement croissante sur $[0 ; 1]$.

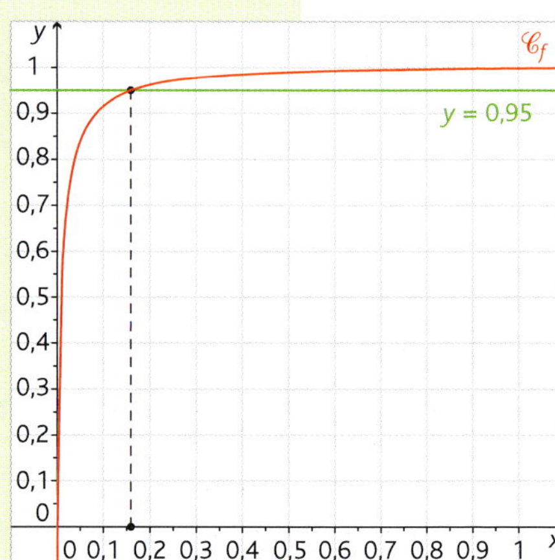

2. a. $f(0{,}05) \approx 0{,}84$ arrondi à 10^{-2}. Donc, lorsque la proportion de malades dans la population est égale à 5 %, le test n'est pas fiable.

b. On résout l'inéquation (I) : $f(x) > 0{,}95$. Avec le logiciel *Xcas*, on obtient l'écran ci-dessous.

```
resoudre((99x)/(98x+1)-95/100>0,x)
```

$$\left[x<\left(\frac{-1}{98}\right),\ x>\left(\frac{19}{118}\right)\right]$$

Comme x est un nombre positif, l'ensemble des solutions de l'inéquation est $\left]\frac{19}{118}\,;\,1\right]$.

Conclusion : le test est fiable à partir d'une proportion égale à $\frac{19}{118}$ de malades (on retrouve ce résultat sur le graphique ci-dessus).

> **ATTENTION**
> Pour la résolution d'inéquation avec *Xcas*, les nombres décimaux tels que 0,95 devront être écrit sous forme de fraction.

3. a. D'après l'énoncé, pour tout x dans $[0\,;\,1]$, $g(x) = P_{\overline{T}}(\overline{M})$.

Donc, par définition : $g(x) = \dfrac{P(\overline{M} \cap \overline{T})}{P(\overline{T})} = \dfrac{P_{\overline{M}}(\overline{T}) \times P(\overline{M})}{1 - P(T)}$.

D'après l'énoncé et la question 1. : $g(x) = \dfrac{0{,}99(1-x)}{1-(0{,}01+0{,}98x)} = \dfrac{99-99x}{99-98x}$.

b. On résout l'inéquation (I') : $g(x) > 0{,}99$.

Avec le logiciel *Xcas*, on obtient l'écran ci-dessous.

```
resoudre((99-99x)/(99-98x)-99/100>0,x)
```

$$\left[x<\left(\frac{1}{2}\right),\ x>\left(\frac{99}{98}\right)\right]$$

Comme x appartient à $[0\,;\,1]$, alors l'ensemble des solutions de l'inéquation est $\left[0\,;\,\frac{1}{2}\right[$.

3. Avec les critères retenus : fiabilité et ne pas inquiéter la population, on peut dire que ce test est de bonne qualité si la proportion d'individus malades dans la population est comprise dans $\left]\frac{19}{118}\,;\,\frac{1}{2}\right[$.

Entraînez-vous

Reprendre l'exercice pour pouvoir juger de la qualité d'un test, avec les données suivantes :

- la probabilité qu'un individu malade ait un test positif est 0,9 ;
- la probabilité qu'un individu sain ait un test positif est 0,1.

→ On trouve

1. $f(x) = \dfrac{9x}{1+8x}$.
2. b. $x \in \left]\frac{19}{28}\,;\,1\right]$.
3. a. $g(x) = \dfrac{9-9x}{9-8x}$. b. $x \in \left[0\,;\,\frac{1}{12}\right[$.
4. Le test ne passe pas les deux critères.

Exercice résolu 3 • Probabilités conditionnelles et suites

énoncé **Dans un stand de tir, un tireur effectue des tirs successifs pour atteindre plusieurs cibles.**
La probabilité que la première cible soit atteinte est $\frac{1}{2}$.
Lorsqu'une cible est atteinte, la probabilité que la suivante le soit est $\frac{3}{4}$.
Lorsqu'une cible n'est pas atteinte, la probabilité que la suivante soit atteinte est $\frac{1}{2}$.
On note, pour tout entier naturel n non nul :

- **A_n l'événement : « La n-ième cible est atteinte » ;**
- **a_n la probabilité de l'événement A_n ;**
- **b_n la probabilité de l'événement $\overline{A_n}$.**

1. a. Donner les valeurs de a_1 et b_1.
b. Calculer a_2 et b_2. On pourra utiliser un arbre.

2. a. Montrer que, pour tout n dans $\mathbb{N}^*$: $a_{n+1} = \frac{3}{4}a_n + \frac{1}{2}b_n$, puis que $a_{n+1} = \frac{1}{4}a_n + \frac{1}{2}$.
b. En déduire par récurrence que, pour tout n dans $\mathbb{N}^*$: $a_n = \frac{2}{3} - \frac{1}{6}\left(\frac{1}{4}\right)^{n-1}$.
c. Déterminer la limite de la suite (a_n).
d. Déterminer le plus petit entier n tel que $a_n \geqslant 0{,}666\,5$.

D'après Bac

solution

1. a. $a_1 = P(A) = \frac{1}{2}$ et $b_1 = P(\overline{A_1}) = 1 - P(A_1) = 1 - a_1 = \frac{1}{2}$.

b. • **Méthode 1 (sans arbre)**

$a_2 = P(A_2) = P(A_1) \times P_{A_1}(A_2) + P(\overline{A_1}) \times P_{\overline{A_1}}(A_2)$;
or, d'après l'énoncé :

$$P_{A_1}(A_2) = \frac{3}{4} \quad \text{et} \quad P_{\overline{A_1}}(A_2) = \frac{1}{2},$$

donc $a_2 = \frac{1}{2} \times \frac{3}{4} + \frac{1}{2} \times \frac{1}{2} = \frac{5}{8}$.

De plus, $b_2 = 1 - a_2 = \frac{3}{8}$.

• **Méthode 2 (avec un arbre pondéré)**

On réalise l'arbre ci-contre et on obtient d'après les propriétés de l'arbre : $a_2 = \frac{1}{2} \times \frac{3}{4} + \frac{1}{2} \times \frac{1}{2} = \frac{5}{8}$.

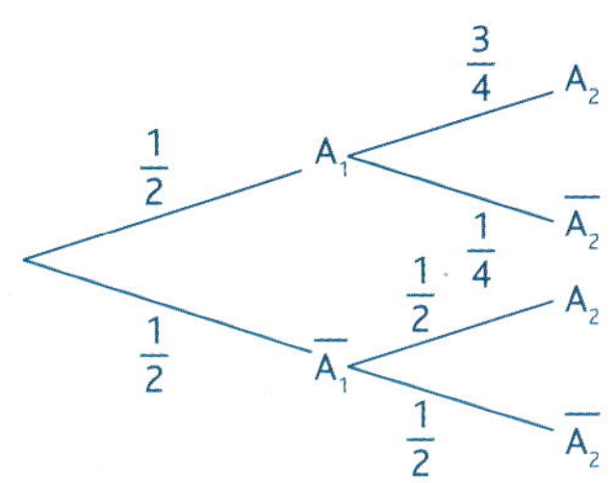

2. a. Pour tout n dans $\mathbb{N}^*$, comme A_n et $\overline{A_n}$ forment une partition de Ω, d'après la formule des probabilités totales :

$$P(A_{n+1}) = P(A_n) \times P_{A_n}(A_{n+1}) + P(\overline{A_n}) \times P_{\overline{A_n}}(A_{n+1}).$$

Or, d'après l'énoncé, $P_{A_n}(A_{n+1}) = \frac{3}{4}$ et $P_{\overline{A_n}}(A_{n+1}) = \frac{1}{2}$.

Donc, pour tout n dans $\mathbb{N}^*$:

$$a_{n+1} = \frac{3}{4}a_n + \frac{1}{2}b_n.$$

De plus, $b_n = 1 - a_n$; donc :

$$a_{n+1} = \frac{3}{4}a_n + \frac{1}{2}(1 - a_n) = \frac{1}{4}a_n + \frac{1}{2}.$$

AUTRE MÉTHODE
On pouvait prendre l'initiative de construire l'arbre ci-dessous et d'utiliser ces propriétés pour faire les calculs.

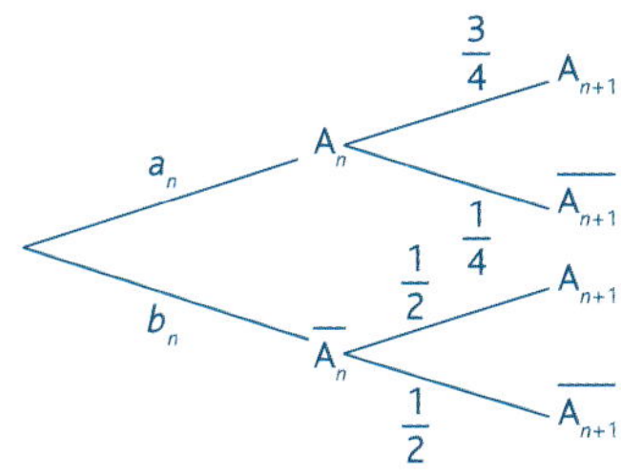

b. On pose $P(n) : a_n = \frac{2}{3} - \frac{1}{6}\left(\frac{1}{4}\right)^{n-1}$.

Montrons par récurrence que,

pour tout n dans $\mathbb{N}^*$, $P(n)$ est vraie.

Initialisation :

Pour $n = 1$, $\frac{2}{3} - \frac{1}{6}\left(\frac{1}{4}\right)^{n-1} = \frac{2}{3} - \frac{1}{6} = \frac{1}{2}$ et $a_1 = \frac{1}{2}$,

donc $P(1)$ est vraie.

Hérédité :

On fixe n dans $\mathbb{N}^*$. On suppose que $P(n)$ est vraie.

D'après 2.a., $a_{n+1} = \frac{1}{4}a_n + \frac{1}{2}$ et par hypothèse de récurrence :

$a_n = \frac{2}{3} - \frac{1}{6}\left(\frac{1}{4}\right)^{n-1}$, donc :

$$a_{n+1} = \frac{1}{4}\left(\frac{2}{3} - \frac{1}{6}\left(\frac{1}{4}\right)^{n-1}\right) + \frac{1}{2} = \frac{1}{6} + \frac{1}{2} - \frac{1}{6}\left(\frac{1}{4}\right)^{n} = \frac{2}{3} - \frac{1}{6}\left(\frac{1}{4}\right)^{n},$$

c'est-à-dire $P(n+1)$ est vraie.

Conclusion : d'après le raisonnement par récurrence, pour tout n dans $\mathbb{N}^*$, $P(n)$ est vraie, c'est-à-dire $a_n = \frac{2}{3} - \frac{1}{6}\left(\frac{1}{4}\right)^{n-1}$.

c. On sait que, comme $-1 < \frac{1}{4} < 1$, $\lim\limits_{x \to +\infty} \left(\frac{1}{4}\right)^{n-1} = 0$, donc $\lim\limits_{x \to +\infty} a_n = \frac{2}{3}$.

d. On résout l'inéquation $(I) : a_n \geqslant 0{,}666\,5$.

$(I) \Leftrightarrow \frac{2}{3} - \frac{1}{6}\left(\frac{1}{4}\right)^{n-1} \geqslant 0{,}666\,5$

$(I) \Leftrightarrow \left(\frac{1}{4}\right)^{n\ \ 1} \leqslant -6\left(0{,}666\,5 - \frac{2}{3}\right)$.

$(I) \Leftrightarrow \ln\left(\left(\frac{1}{4}\right)^{n-1}\right) \leqslant \ln\left(\frac{1}{1\,000}\right)$, car la fonction ln est strictement croissante sur $[0\,;+\infty[$.

$(I) \Leftrightarrow -(n-1)\ln 4 \leqslant -\ln(1\,000)$.

$\Leftrightarrow n - 1 \geqslant \frac{\ln 1\,000}{\ln 4}$.

$\Leftrightarrow n \geqslant \frac{\ln 1\,000}{\ln 4} + 1$.

Or, $\frac{\ln 1000}{\ln 4} + 1 \approx 5{,}98$, donc le plus petit entier n est 6.

Exercice résolu 4 • Étudier la durée de vie d'un composant électronique

énoncé **Une étude statistique a montré que la durée de vie en années X d'un disque dur DD était une variable aléatoire suivant une loi exponentielle et que la durée de vie moyenne d'un disque dur DD était de 5 ans.**

1. **Déterminer le paramètre λ de la loi exponentielle suivie par X.**
2. **Le disque dur DD est garanti 2 ans. Quelle proportion, à 10^{-3} près, de disques durs DD sera retournée au fournisseur pour cause de panne ?**
3. **Calculer $P(X \geqslant 3)$ et interpréter ce résultat.**
4. **Sachant qu'un disque dur DD n'est plus sous garantie, quelle est la probabilité, à 0,01 près, que sa durée de vie totale dépasse 5 ans ?**

solution

1. La durée de vie moyenne d'une variable aléatoire suivant la loi exponentielle de paramètre λ est égale à $\frac{1}{\lambda}$.
On a $E(X) = 5$, donc $\lambda = \frac{1}{5}$.
2. On calcule $P(X \leqslant 2)$. D'après 1., $P(X \leqslant 2) = \int_0^2 \frac{1}{5}e^{-\frac{1}{5}t}\,dt$.
Donc $P(X \leqslant 2) = \left[-e^{-\frac{1}{5}t}\right]_0^2 = 1 - e^{-\frac{2}{5}}$ et $1 - e^{-\frac{2}{5}} \approx 0{,}330$ à 0,001 près.
Ainsi, le fournisseur aura environ 33 %, à 0,1 % près, de retour pour cause de panne.
3. $P(X \geqslant 3) = e^{-\frac{3}{5}\times 3} = e^{-\frac{3}{5}}$. La probabilité que la durée de vie du disque dur dépasse 3 ans est égale à $e^{-\frac{3}{5}}$.
4. On cherche $P_{(X \geqslant 2)}(X \geqslant 5)$. X suit une loi de durée de vie sans vieillissement, donc $P_{(X \geqslant 2)}(X \geqslant 5) = P(X \geqslant 3)$ d'après la propriété de durée de vie sans vieillissement des variables aléatoires suivant une loi exponentielle.
Donc, d'après 3., $P_{(X \geqslant 2)}(X \geqslant 5) = e^{-\frac{3}{5}}$.
Conclusion : la probabilité que sa durée de vie dépasse 5 ans sachant qu'elle a dépassé 2 ans est égale à 0,55 à 0,01 près.

Entraînez-vous

Soit X une variable aléatoire suivant une loi exponentielle de paramètre 0,1.

1. Quelle est l'espérance de X ?
2. Calculer $P(X \geqslant 5)$.
3. En déduire $P_{(X \geqslant 3)}(X \geqslant 8)$.

→ On trouve

1. $E(X) = 10$.
2. et 3. $P(X \geqslant 5) = \frac{1}{\sqrt{e}}$.

Exercice résolu 5 TICE Probabilités conditionnelles et loi exponentielle

énoncé **Un réparateur de vélos a acheté 30 % de son stock de pneus à un premier fournisseur, 40 % à un deuxième et le reste à un troisième. Le premier fournisseur produit 80 % de pneus sans défaut, le deuxième 95 % et le troisième 85 %.**

1. Le réparateur prend au hasard un pneu de son stock.

a. Construire un arbre de probabilités traduisant la situation, et montrer que la probabilité que ce pneu soit sans défaut est égale à 0,875.

b. Sachant que le pneu choisi est sans défaut, quelle est la probabilité qu'il provienne du deuxième fournisseur ? On donnera la valeur arrondie du résultat à 10^{-3}.

2. On note X la variable aléatoire continue qui donne le nombre de kilomètres parcourus par un pneu, sans crevaison. On fait l'hypothèse que X suit une loi exponentielle de paramètre $\lambda > 0$.

a. Montrer que $P(500 \leqslant X \leqslant 1\,000) = e^{-500\lambda} - e^{-1\,000\lambda}$.

b. La probabilité que le pneu parcoure entre 500 et 1000 kilomètres sans crevaison étant égale à $\frac{1}{4}$, déterminer à l'aide d'un logiciel de calcul formel la valeur du paramètre λ.

D'après Bac

solution

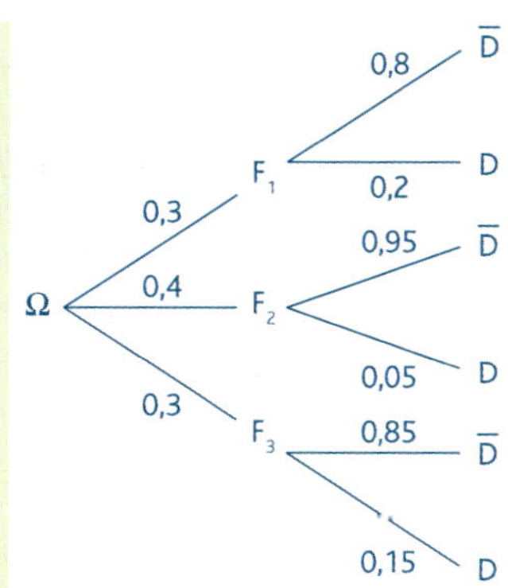

1. On note D l'événement « Le pneu choisi a un défaut » et pour i de 1 à 3, F_i l'événement « Le pneu choisi provient du i-ème fournisseur ».

a. D'après l'arbre de probabilités ci-contre :

$$P(\overline{D}) = 0,3 \times 0,8 + 0,4 \times 0,95 + 0,3 \times 0,85 = 0,875 \;.$$

La probabilité qu'un pneu soit sans défaut est égale à 0,875.

b. On cherche la probabilité $P_{\overline{D}}(F_2)$. Or, par définition :

$P_{\overline{D}}(F_2) = \dfrac{P(\overline{D} \cap F_2)}{P(D)}$ Donc d'après l'arbre et la question 1. a. :

$P_{\overline{D}}(F_2) = \dfrac{0,4 \times 0,95}{0,875}$, c'est-à-dire $P_{\overline{D}}(F_2) \approx 0,434$ arrondi à 10^{-3}.

2. On rappelle que la densité d'une variable aléatoire X suivant une loi exponentielle de paramètre $\lambda > 0$ est la fonction f définie, pour tout x de $\mathbb{R}^+$, par $f(x) = \lambda e^{-\lambda x}$. De plus, pour tous nombres réels a et b, on a :

$$P(a \leqslant X \leqslant b) = \int_a^b f(t)\,dt \;.$$

a. $P(500 \leqslant X \leqslant 1\,000) = \int_{500}^{1\,000} \lambda e^{-\lambda t} dt = [-e^{-\lambda t}]_{500}^{1\,000} = e^{-500\lambda} - e^{-1\,000\lambda}$.

b. D'après la question précédente, on peut dire que λ est une solution de l'équation d'inconnue x (E) : $e^{-500x} - e^{-1\,000x} - \frac{1}{4} = 0$. Avec le logiciel *Xcas*, on obtient l'écran ci-dessous. Donc le paramètre λ est égal à $\frac{\ln 2}{500}$.

```
1 resoudre(exp(-500*x)-exp(-1000*x)-1/4,x))
                                              [ln(2)/500]
```

QCM

Corrigés en fin de manuel

Dans les questions suivantes, déterminer la (ou les) bonne(s) réponse(s).

1. L'événement contraire de « A sachant B » est :

a. $\overline{A}$ sachant B. b. A sachant $\overline{B}$.

c. $\overline{A}$ sachant $\overline{B}$. d. $\overline{A} \cap B$.

2. Soit A et B deux événements indépendants d'un même univers, alors :

a. $P_B(A) = 0$.

b. $P(A \cup B) = P(A) + P(B)$.

c. $P(A \cap B) = P(A) \times P(B)$.

d. $P_B(A) = 1$.

3. Soit A et B deux événements indépendants d'un même univers Ω, tels que $P(A) = 0{,}3$ et $P(\overline{A} \cap B) = 0{,}5$. Alors $P(B)$ est égale à :

a. $\frac{3}{5}$. b. $\frac{5}{7}$.

c. $\frac{1}{2}$. d. $\frac{3}{7}$.

4. On choisit au hasard une boule dans une urne contenant trois boules blanches numérotées 1, 2 et 3, deux boules noires numérotées 1 et 2 et une boule rouge numérotée 1.

On considère les événements suivants :

B : « La boule tirée est blanche » ;

N : « La boule tirée est noire » ;

D : « La boule tirée est numérotée 2 » ;

R : « La boule tirée est rouge ».

Alors les événements suivants sont indépendants :

a. B et D.

b. N et D.

c. R et D.

d. R et $\overline{D}$.

5. Dans un stand de tir, la probabilité pour que Jean atteigne la cible est égale à 0,6. Il effectue trois tirs supposés indépendants.

La probabilité qu'il a d'atteindre la cible au moins une fois sur ces trois tirs est égale à :

a. 0,064.

b. 0,216.

c. 0,288.

d. 0,936.

6. Dans mon jardin, la probabilité qu'il pleuve pendant la nuit est égale à $\frac{1}{4}$. La probabilité que j'arrose mon jardin le soir et qu'il pleuve la nuit suivante est égale à $\frac{1}{40}$.

La probabilité que j'arrose mon jardin le soir et qu'il ne pleuve pas la nuit suivante est égale à $\frac{27}{40}$.

Sachant que j'ai arrosé mon jardin ce soir, la probabilité qu'il pleuve cette nuit est égale à :

a. $\frac{1}{4}$. b. $\frac{1}{28}$. c. $\frac{28}{40}$. d. $\frac{1}{10}$.

7. On choisit au hasard un nombre dans l'intervalle $[0\,;\,1]$. La probabilité que, dans son écriture décimale, le deuxième chiffre après la virgule soit un 3 est :

a. 0,01. b. 0,1. c. 0. d. 1.

8. Soit X une variable aléatoire de densité f sur $[-4\,;\,2]$ telle que $f(x) = \alpha|x|$.

Alors α est égal à :

a. $-0{,}2$. b. 0,2. c. 0,25. d. 0,1.

9. Soit X une variable aléatoire suivant la loi uniforme sur $[0\,;\,1]$. La probabilité de l'événement $(-0{,}4 \leqslant X \leqslant 0{,}2)$ est égale à :

a. $-0{,}2$. b. 0,6. c. 0,2. d. 0.

10. Une variable aléatoire X suit une loi exponentielle de paramètre λ.

La probabilité de l'événement $(1 \leqslant X \leqslant 3)$ est égale à :

a. $e^{-\lambda} - e^{-3\lambda}$. b. $e^{-3\lambda} - e^{\lambda}$.

c. $\frac{e^{-\lambda}}{e^{-3\lambda}}$. d. $\frac{e^{-3\lambda}}{e^{-\lambda}}$.

11. On considère que la durée de vie, exprimée en années, d'un appareil ménager est une variable aléatoire X suivant une loi exponentielle de paramètre λ, telle que :

$$P(X \leqslant 1) = 0{,}18 .$$

Alors :

a. $\lambda = \ln\left(\frac{50}{41}\right)$;

b. $\lambda = \ln\left(\frac{41}{50}\right)$;

c. $\lambda = \ln(0{,}82)$;

d. $\lambda = \frac{\ln(8{,}2)}{\ln(100)}$.

vrai ou faux ? Corrigés en fin de manuel

Indiquer si les propositions suivantes sont vraies ou fausses.

12. A et B sont deux événements d'un même univers, tels que $P(A) = 0,4$, $P_A(B) = 0,7$ et $P_{\overline{A}}(\overline{B}) = 0,1$.
Alors $P_B(A) = \dfrac{14}{41}$.

13. A et B sont deux événements d'un même univers, tels que $P(A) \neq 0$ et $P(\overline{A}) \neq 0$. Alors $P_A(B) + P_{\overline{A}}(B) = 1$.

***Pour les exercices* 14. *et* 15.**, *on considère l'énoncé ci-dessous.*
On dispose de trois urnes numérotées de 1 à 3. Les urnes sont composées ainsi :
- *urne U_1 : 1 boule bleue et 3 boules rouges ;*
- *urne U_2 : 2 boules bleues et 4 boules rouges ;*
- *urne U_3 : 3 boules bleues et 5 boules rouges.*

Un joueur choisit une urne au hasard, puis prélève une boule au hasard de cette urne. Le joueur est gagnant s'il tire une boule bleue. On désigne par G l'événement : « Le joueur gagne » et pour i de 1 à 3 par U_i l'événement : « Le joueur choisit l'urne U_i ».

14. $P_{U_2}(G) = 2 \times P_{U_1}(G)$.

15. $P(G) = P_{U_3}(G)$.

16. Deux machines A et B produisent des pièces, 30 % proviennent de la machine A et les autres sont produites par la machine B. Parmi les pièces produites par la machine A, 2 % sont défectueuses et parmi celles produites par la machine B, 4 % sont défectueuses.
On tire au hasard une pièce et on nomme les événements :
A (respectivement B) : « La pièce provient de la machine A (respectivement B) » ;
D : « La pièce est défectueuse ».
Alors on peut traduire les données par l'arbre de probabilités ci-contre.

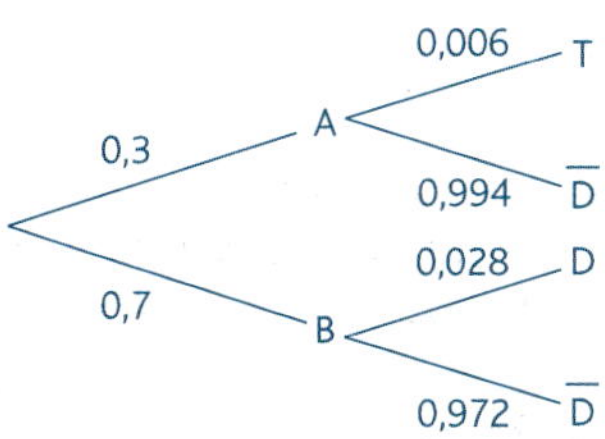

17. On jette deux dés. On considère les deux événements :
A : « La somme des deux dés est égale à 4 » ;
B : « Obtenir au moins un 2 ».
Alors, les deux événements A et B sont indépendants.

18. Si A et B sont deux événements indépendants avec $P(B) \neq 0$ et $P(B) \neq 1$, alors $P(A \cap B) \neq P_B(A)$.

***Pour les exercices* 19. *et* 20.**, *on considère la courbe représentative ci-dessous d'une densité de probabilités sur $[2 ; 8]$ d'une variable aléatoire X. La courbe est symétrique par rapport à la droite d'équation $x = 5$.*

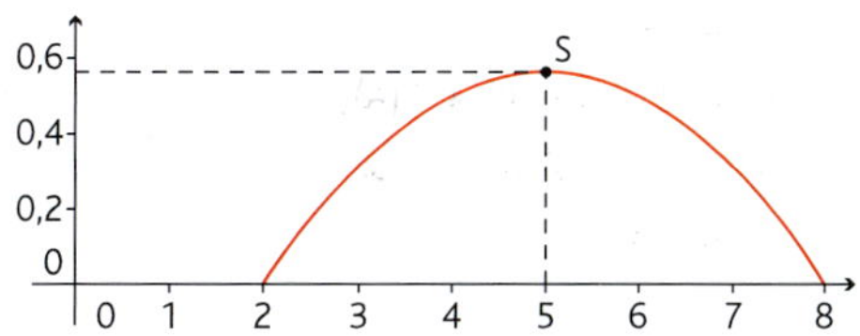

19. $P(3 \leqslant X \leqslant 7) = 2 \times P(3 \leqslant X \leqslant 5)$.

20. $P(X \leqslant 7) = P(X \leqslant 3)$.

21. Soit X une variable aléatoire suivant une loi uniforme sur l'intervalle $[-5 ; 2]$, alors l'espérance $E(X)$ de X est égale à 3,5.

22. Soit deux réels a et b, $a < b$. Une variable aléatoire X suit une loi uniforme sur $[a ; b]$.
On sait que la probabilité d'avoir X compris entre 0 et 5 est égale à 0,2.
On a nécessairement $a = 0$ et $b = 25$.

23. Une variable aléatoire X suit une loi exponentielle de paramètre λ, $\lambda > 0$. Alors, il existe un unique réel a tel que $P(X > a) = P(X \leqslant a)$ et ce réel est égal à $\dfrac{\ln 2}{\ln \lambda}$.

24. Soit X une variable aléatoire suivant une loi exponentielle telle que $P(X \leqslant 5) = \dfrac{1}{4}$.
Alors $P_{(X \geqslant 2)}(X \geqslant 7) = \dfrac{1}{4}$.

25. La durée de vie d'un appareil électronique est une variable aléatoire qui suit une loi exponentielle de paramètre 0,05. Soit t et h deux réels positifs.
Sachant que l'appareil fonctionne à l'instant t, la probabilité qu'il fonctionne encore à l'instant $t + h$ est égale à :
$$1 - e^{0,05h}.$$

1. Probabilités conditionnelles

pour s'échauffer

26. corrigé On considère deux événements A et B d'un même univers tels que :

$$P(A) = \frac{1}{3},\ P(B) = \frac{3}{4} \text{ et } P(A \cap B) = \frac{1}{5}.$$

Calculer $P_B(A)$ et $P_A(B)$.

27. corrigé A et B deux événements d'un même univers tels que :

$$P(A) = 0,2,\ P_A(B) = 0,3 \text{ et } P_B(A) = 0,08.$$

Déterminer $P(A \cap B)$, $P(B)$ et $P(A \cup B)$.

28. corrigé On lance un dé cubique parfaitement équilibré. Sachant que le résultat est impair, quelle est la probabilité d'obtenir un nombre inférieur à 4 ?

29. corrigé Une urne contient trois boules blanches et deux boules noires indiscernables au toucher.
On tire successivement et sans remise deux boules dans l'urne.
Quelle est la probabilité d'obtenir deux boules noires ?

30. On considère deux événements A et B d'un même univers tels que :

$$P(A) = 0,1,\ P(B) = 0,2 \quad \text{et} \quad P(A \cap B) = 0,01.$$

Calculer $P_B(A)$ et $P_A(B)$.

31. Soit A et B deux événements d'un même univers tels que $P(A) = \frac{1}{3}$, $P_A(B) = \frac{1}{4}$ et $P_B(A) = \frac{1}{6}$.
Déterminer $P(A \cap B)$, $P(B)$ et $P(A \cup B)$.

32. On lance un dé cubique parfaitement équilibré. Sachant que le résultat est supérieur à 2, quelle est la probabilité d'obtenir un nombre impair ?

33. Une urne contient quatre boules blanches, trois boules noires et deux boules rouges. On tire successivement et sans remise deux boules dans l'urne. Quelle est la probabilité d'obtenir deux boules rouges ?

34. Soit A et B deux événements d'un même univers tel que $P(A) \neq 0$.
Montrer que $P_A(B) + P_A(\overline{B}) = 1$.

35. On considère la répartition en pourcentage suivante des groupes sanguins dans la population mondiale.

	O	A	B	AB
Rh+	38	34	9	3
Rh –	7	6	2	1

On choisit un individu au hasard.

1. Sachant qu'il est du groupe A, quelle est la probabilité qu'il soit de rhésus positif (Rh +) ?

2. Sachant qu'il est de rhésus négatif (Rh–), quelle est la probabilité qu'il soit de groupe B ?

36. Les trois quarts d'une population sont vaccinés contre une maladie contagieuse. On estime que sur la population totale, 10 % des individus sont malades et que 18 % sont des individus non vaccinés et sains.
On choisit un individu au hasard dans cette population.

1. Traduire les informations dans un tableau à double entrée et le compléter.

2. Sachant que l'individu choisi est vacciné, quelle est la probabilité qu'il soit malade ?

37. On tire une carte au hasard dans un jeu de 52 cartes.
On considère les événements suivants :
C : « La carte tirée est un cœur »,
T : « La carte tirée est un trèfle »,
R : « La carte tirée est rouge »,
D : « La carte tirée est une dame » ;
F : « La carte tirée est une figure ».

1. Déterminer $P_C(D)$, $P_R(C)$, $P(F \cap T)$ et $P(D \cup C)$.

2. Quelle est la probabilité que la carte tirée soit une figure rouge ?

3. Sachant que la carte tirée est une dame, quelle est la probabilité que la carte soit un trèfle ?

38. Une urne A contient trois boules blanches et une boule rouge ; une urne B contient deux boules blanches et une boule rouge. On choisit une urne au hasard, puis une boule dans cette urne. Les boules sont indiscernables au toucher.
On note A l'événement « L'urne A a été choisie », B l'événement « L'urne B a été choisie » et R l'événement « La boule tirée est rouge ». La boule tirée est rouge.
Calculer la probabilité qu'elle provienne de l'urne B.

39. Pour prévenir deux maladies A et B chez les bovins d'un cheptel, on effectue des tests à un échantillon suffisamment important.
Les résultats montrent que :
- 5 % des bovins présentent la maladie A ;
- parmi les bovins atteints de la maladie A, 20 % ont la maladie B ;
- parmi les bovins non atteints de la maladie A, 3 % ont la maladie B.

On choisit au hasard un bovin dans ce cheptel et on considère les événements A : « Le bovin présente la maladie A » et B : « Le bovin présente la maladie B ».

1. Quelle est la probabilité que le bovin présente les deux maladies ?

2. Quelle est la probabilité que le bovin présente la maladie B ?

3. Le bovin choisi au hasard présente la maladie B. Quelle est la probabilité qu'il présente la maladie A ?

40. On dispose d'un jeu de 52 cartes. On distribue au hasard 5 cartes à deux joueurs A et B.

1. Calculer la probabilité que A ait au moins un as.

2. Sachant que le joueur B a un as, calculer la probabilité que le joueur A ait au moins un as.

3. Sachant que le joueur B n'a pas d'as, calculer la probabilité que le joueur A ait un as.

41. BAC Un internaute souhaite faire un achat par l'intermédiaire d'Internet. Quatre sites, un français, un allemand, un canadien et un indien présentent le matériel qu'il souhaite acquérir. L'expérience a montré que la probabilité qu'il utilise chacun de ces sites vérifie les conditions (les initiales du pays désignent les événements « L'achat s'effectue dans le pays ») :

$$P(\mathrm{F}) = P(\mathrm{A}) \;;\; P(\mathrm{F}) = \frac{1}{2}P(\mathrm{C}) \;;\; P(\mathrm{C}) = P(\mathrm{I}).$$

1. Calculer les probabilités $P(\mathrm{F})$, $P(\mathrm{A})$, $P(\mathrm{C})$ et $P(\mathrm{I})$.

2. Sur chacun des quatre sites, l'internaute peut acheter un supplément pour son matériel. Ses expériences précédentes conduisent à formuler ainsi les probabilités conditionnelles de l'événement S « L'internaute achète un supplément » :

$$P_{\mathrm{F}}(\mathrm{S}) = 0{,}2 \;;\; P_{\mathrm{A}}(\mathrm{S}) = 0{,}5 \;;\; P_{\mathrm{C}}(\mathrm{S}) = 0{,}1 \;;\; P_{\mathrm{I}}(\mathrm{S}) = 0{,}4.$$

a. Déterminer $P(\mathrm{S} \cap \mathrm{A})$.

b. Montrer que $P(\mathrm{S}) = \dfrac{17}{60}$.

c. L'internaute a acheté un supplément. Déterminer la probabilité qu'il l'ait acheté sur le site canadien.

D'après Bac, 2010

42. On considère l'algorithme ci-dessous, créé sous *Algobox*, qui simule une partie d'un jeu :

```
VARIABLES
  U EST_DU_TYPE NOMBRE
DEBUT_ALGORITHME
  U PREND_LA_VALEUR ALGOBOX_ALEA_ENT(1,2)
  SI (U==1) ALORS
    DEBUT_SI
    SI (ALGOBOX_ALEA_ENT(1,5)<=1) ALORS
      DEBUT_SI
      AFFICHER "Gagné"
      FIN_SI
      SINON
        DEBUT_SINON
        AFFICHER "Perdu"
        FIN_SINON
    FIN_SI
    SINON
      DEBUT_SINON
      SI (ALGOBOX_ALEA_ENT(1,3)<=1) ALORS
        DEBUT_SI
        AFFICHER "Gagné"
        FIN_SI
        SINON
          DEBUT_SINON
          AFFICHER "Perdu"
          FIN_SINON
      FIN_SINON
FIN_ALGORITHME
```

1. Quelle serait la fréquence de parties gagnées si l'on effectuait un grand nombre de partie avec cet algorithme ? Justifier la réponse.

2. Modifier cet algorithme pour déterminer la fréquence de parties gagnées sur un ensemble de N parties jouées, où N est un entier entré par l'utilisateur.

3. Tester l'algorithme de la question précédente pour les valeurs de N suivante : 10 000, 100 000, 500 000.

Vérifier la cohérence entre la réponse à la question **1.** et les résultats obtenus.

4. Décrire ce jeu avec un exemple de tirages d'urnes et de boules dans ces urnes.

2. Arbres de probabilités

pour s'échauffer

43. corrigé Recopier et compléter l'arbre de probabilités ci-dessous :

a. sachant que :
$P(\mathrm{A}) = 0{,}2$, $P_{\mathrm{A}}(\mathrm{B}) = 0{,}3$
et $P_{\overline{\mathrm{A}}}(\overline{\mathrm{B}}) = 0{,}4$;

b. sachant que :
$P(\overline{\mathrm{A}}) = 0{,}8$, $P_{\overline{\mathrm{A}}}(\mathrm{B}) = 0{,}5$
et $P(\mathrm{A} \cap \mathrm{B}) = 0{,}1$.

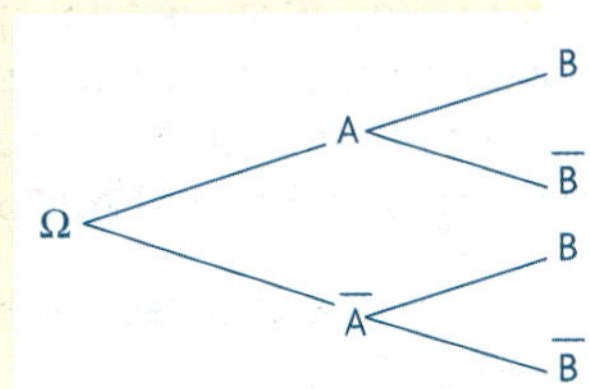

44. corrigé Recopier et compléter l'arbre de proba-probabilités ci-dessous.

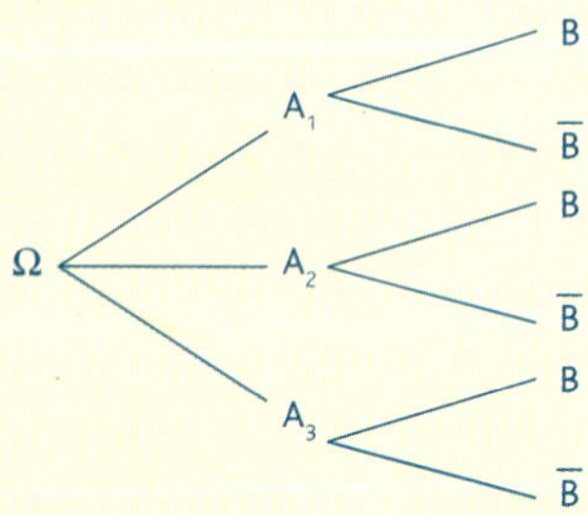

a. sachant que $P(A_1) = 0,2$, $P(A_2) = 0,5$, $P_{A_1}(B) = 0,1$, $P_{A_2}(B) = 0,2$ et $P_{A_3}(B) = 0,4$;

b. sachant que $P(A_1) = 0,4$, $P(B) = 0,6$, $P(A_2 \cap B) = 0,1$, $P(A_3 \cap B) = 0,3$, $P_{A_2}(\overline{B}) = 0,5$ et $P_{A_3}(\overline{B}) = 0,25$.

45. Recopier et compléter l'arbre de probabilités de l'exercice **43.** :

a. sachant que $P(\overline{A}) = \frac{1}{3}$, $P_A(B) = \frac{2}{5}$ et $P_{\overline{A}}(B) = \frac{1}{4}$;

b. sachant que $P(A) = \frac{2}{3}$, $P(A \cap B) = \frac{1}{3}$ et $P(\overline{A} \cap B) = \frac{1}{6}$.

46. Recopier et compléter l'arbre de probabilités de l'exercice **44.** :

a. sachant que $P(A_1) = \frac{1}{3}$, $P(A_2) = \frac{1}{2}$, $P_{A_1}(B) = \frac{2}{3}$, $P_{A_2}(B) = \frac{3}{4}$ et $P_{A_3}(B) = \frac{1}{5}$;

b. sachant que $P(A_1) = \frac{2}{7}$, $P(B) = \frac{4}{7}$, $P(A_2 \cap B) = \frac{2}{7}$, $P(A_3 \cap B) = \frac{1}{7}$ et $P_{A_2}(\overline{B}) = \frac{1}{3}$ et $P_{A_3}(\overline{B}) = \frac{1}{2}$.

47. Une urne A contient trois boules dont une boule rouge ; une urne B contient cinq boules dont deux rouges. On choisit une urne au hasard, puis une boule dans cette urne. Les boules sont indiscernables au toucher.
On note A l'événement : « L'urne A a été choisie », B l'événement : « L'urne B a été choisie » et R l'événement : « La boule tirée est rouge ».

1. Traduire les informations données à l'aide d'un arbre pondéré.

2. Donner $P_A(R)$ et $P_B(R)$.

3. Calculer la probabilité d'obtenir une boule rouge.

4. On tire une boule rouge. Calculer la probabilité qu'elle provienne de l'urne B.

48. Un disquaire range l'ensemble de ces CD en trois catégories :

- les CD de variétés qui représentent 40 % de l'ensemble et dont 75 % sont des albums ;
- les CD de pop-rock qui représentent 35 % de l'ensemble et dont 80 % sont des albums ;
- les CD classique-jazz qui représentent 25 % de l'ensemble et dont 99 % sont des albums.

Le disquaire dispose de deux formats de CD : les albums et les deux-titres.
On trouve un CD par hasard.

1. Traduire les informations données à l'aide d'un arbre pondéré.

2. Quelle est la probabilité que le CD pris par le client soit un album ?

3. Sachant que le CD pris par le client est un album, quelle est la probabilité que ce soit un CD de classique-jazz ?

3. Indépendance

pour s'échauffer

49. corrigé Soit A et B deux événements indépendants d'un même univers tels que :

$$P(A) = \frac{2}{7} \quad \text{et} \quad P(B) = \frac{3}{5}.$$

Calculer $P(A \cap B)$ et $P(A \cup B)$.

50. corrigé Soit A et B deux événements indépendants d'un même univers tels que :

$$P(A) = 0,5 \quad \text{et} \quad P(A \cap B) = 0,3.$$

Déterminer $P(\overline{A} \cap B)$ et $P(\overline{A} \cap \overline{B})$.

51. corrigé Soit A et B deux événements indépendants d'un même univers tels que $P(B) = \frac{2}{3}$ et $P(A \cap B) = \frac{1}{6}$. Calculer $P_B(A)$ et $P_{\overline{B}}(\overline{A})$.

52. corrigé Dans une entreprise de 120 employés, on s'intéresse aux caractéristiques suivantes :

F : « Être fumeur » et C : « Être un cadre ».

On a le tableau des effectifs suivant :

	C	$\overline{C}$
F	16	32
$\overline{F}$	24	48

On choisit un employé au hasard.
Les événements C et F sont-ils indépendants ?

53. Soit A et B deux événements indépendants d'un même univers tels que $P(A) = 0,2$ et $P(B) = 0,3$.
Calculer $P(A \cap B)$ et $P(A \cup B)$.

54. Soit A et B deux événements indépendants d'un même univers tels que $P(A) = 0,6$ et $P(\overline{A} \cap B) = 0,2$.
Calculer $P(A \cap B)$ et $P(\overline{A} \cap \overline{B})$.

55. Soit A et B deux événements indépendants d'un même univers tels que $P(A) = 0,3$ et $P(A \cap B) = 0,15$.
Calculer $P_A(B)$ et $P_{\overline{A}}(B)$.

56. Soit A et B deux événements indépendants d'un même univers Ω, tels que $P(A) = 0,3$ et $P(A \cup B) = 0,65$.
Calculer la probabilité de B.

57. Une usine fabriquant des microprocesseurs pouvant présenter deux défauts A et B a réalisé une étude statistique donnant les résultats suivants :

- 9 % des microprocesseurs présentent le défaut A ;
- 6 % des microprocesseurs présentent le défaut B ;
- 3 % des microprocesseurs présentent les deux défauts.

1. Les événements A : « Le microprocesseur présente le défaut A » et B : « Le microprocesseur présente le défaut B » sont-ils indépendants ?

2. Quelle est la probabilité que le microprocesseur présente uniquement le défaut A ?

3. Quelle est la probabilité que le microprocesseur ne présente aucun défaut ?

58. On lance deux dés cubiques parfaitement équilibrés et on s'intéresse à la somme des nombres obtenus.
On note A et B les événements suivants :
A : « La somme est un nombre pair » ;
B : « la somme est inférieure ou égale à 10 ».
Les événements A et B sont-ils indépendants ?

59. On lance un dé cubique parfaitement équilibré. On s'arrête dès que l'on obtient un 1 ou dès que l'on obtient un nombre strictement plus grand que 1 quatre fois de suite. On considère les variables aléatoires X et Y correspondant respectivement au nombre de lancers réalisés et au nombre de chiffres différents de 1 obtenus.

1. Déterminer la loi de probabilité de X puis la loi de probabilité de Y.

2. Ces deux variables aléatoires sont-elles indépendantes ?

60. On lance trois fois de suite un dé cubique parfaitement équilibré. On désigne par X le nombre de 1 obtenus au premier lancer et par Y le nombre de 1 obtenus aux deuxième et troisième lancer.
Montrer que les variables X et Y sont indépendantes.

4. Lois de probabilités continues

pour s'échauffer

61. corrigé Montrer que la fonction f définie sur $[0 ; 1]$ par :

$$f(x) = 2x$$

est une densité de probabilité sur $[0 ; 1]$.

62. corrigé Déterminer le réel k tel que la fonction :

$$f(x) = k|x|$$

soit une densité de probabilité sur $[-3 ; 1]$.

63. Montrer que la fonction définie sur $[-1 ; 1]$ par :

$$f(x) = -\frac{1}{2}x + \frac{1}{2}$$

est une densité de probabilité sur $[-1 ; 1]$.

64. Déterminer le réel k tel que la fonction f définie sur $\left[-\frac{\pi}{2} ; \frac{\pi}{2}\right]$ par :

$$f(x) = k \cos x$$

soit une densité de probabilité sur $\left[-\frac{\pi}{2} ; \frac{\pi}{2}\right]$.

65. Soit $f(x) = \frac{1}{x}$ une densité de probabilité définie sur $[1 ; a]$, avec $a \in \mathbb{R}$.

1. Déterminer a.

2. Déterminer b sachant que $P(X < b) = 0,6$.

66. On a représenté ci-dessous la courbe représentative d'une densité f de probabilité d'une variable aléatoire X définie sur $[1 ; 9]$.

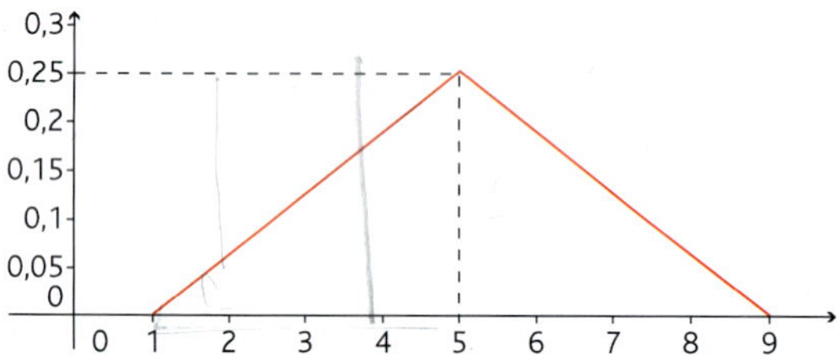

Déterminer par des considérations géométriques :

a. $P(2 \leqslant X \leqslant 5)$;

b. $P(X > 4)$.

67. Soit f la densité de probabilité définie sur $[0 ; \pi]$ par $f(x) = \frac{1}{2}\sin x$ et F la fonction définie sur $[0 ; \pi]$ par :

$$F(x) = \int_0^x f(t)\,dt.$$

Montrer que $F\left(\frac{\pi}{4}\right) = 1 - F\left(\frac{3\pi}{4}\right)$ et interpréter ce résultat graphiquement en terme d'aires.

68. La quantité d'objets produits par semaine par l'usine PROD peut être modélisée par une variable aléatoire X de densité f définie sur $[100 ; 800]$ par :

$$f(x) = \frac{(100 - x)(x - 800)}{k}, \text{ avec } k \in \mathbb{R}.$$

1. Déterminer k, puis tracer la courbe représentative de f dans un repère orthonormé.
2. Calculer la probabilité que l'usine produise moins de 300 objets en une semaine, puis représenter cette probabilité sur le graphique.
3. Calculer $P(350 \leqslant X \leqslant 550)$ et représenter cette probabilité sur le graphique.
4. Calculer $E(X) = \int_{100}^{800} (t \times f(t))\,dt$. Placer la valeur trouvée sur ce graphique.
Pouvait-on s'attendre à ce résultat ?

69. **Partie A - Étude d'un exemple**

Soit X une variable aléatoire de densité de probabilité f définie sur $[2 ; 6]$ par :

$$f(x) = \frac{1}{k}(2 - x)(x - 6), \text{ avec } k \in \mathbb{R}.$$

1. Montrer que $k = \frac{32}{3}$.
2. Calculer $E(X) = \int_2^6 (t \times f(t))\,dt$.
3. Vérifier que $E(X)$ généralise bien cette notion de moyenne pour la variable aléatoire X ci-dessus, c'est-à-dire que :

$$\int_2^6 (t - E(X))f(t)\,dt = 0.$$

Rappel
Pour une série statistique $(x_i)_{1 \leqslant i \leqslant n}$, la moyenne m est le réel tel que $\sum_{i=1}^{n}(x_i - m) = 0$.

Partie B - Généralisation

Soit X une variable aléatoire de densité de probabilité f définie sur $[a ; b]$ par $f(x) = \frac{1}{k}(a - x)(x - b)$, avec $k \in \mathbb{R}$.

1. Montrer que $k = \frac{b^3 - a^3 + 3ba^2 - 3b^2a}{6}$.
2. Montrer que $E(X)$ définie par $E(X) = \int_a^b (t \times f(t))\,dt$ est égale à $\frac{a + b}{2}$.

5. Lois uniformes

pour s'échauffer

70. **corrigé** Soit X une variable aléatoire suivant une loi uniforme sur $[2 ; 5]$.
Calculer $P(X = 3{,}5)$, $P(3 \leqslant X \leqslant 4)$ et $E(X)$.

71. **corrigé** Soit X une variable aléatoire suivant une loi uniforme sur $[-3 ; 5]$.
Calculer $P(-1 \leqslant X \leqslant 2)$ et $E(X)$.

72. **corrigé** Soit X une variable aléatoire suivant une loi uniforme sur $[-4 ; 3]$.
Tracer la densité de probabilité de X et le domaine dont l'aire correspondant à $P(-1 \leqslant X \leqslant 1)$.

73. Soit X une variable aléatoire suivant une loi uniforme sur $[-3 ; -1]$.
Calculer $P(X \leqslant 1)$, $P(-2 \leqslant X \leqslant -1{,}5)$ et $E(X)$.

74. Soit X une variable aléatoire suivant une loi uniforme $[-10 ; 40]$. Calculer $P(-5 \leqslant X \leqslant 25)$, $P(X \geqslant 10)$, $P(10 < X < 50)$ et $E(X)$.

75. Sur les paquets de céréales MATIN-MIAM, la masse indiquée est de 375 g. Statistiquement, on n'a jamais trouvé de paquet pesant moins de 365 g et plus de 385 g. À l'intérieur de cette fourchette, on estime que les masses sont uniformément réparties.

1. Déterminer la densité de X, variable aléatoire continue modélisant la masse d'un paquet de céréales.

2. Que représente 375 g par rapport à la loi de X ?

3. Calculer la probabilité qu'un paquet de céréales ait une masse comprise entre 365 g et 370 g.

76. Martin arrive tous les matins entre 7 h 15 et 7 h 35 à son arrêt de bus. On considère que son heure d'arrivée à cet arrêt est une variable aléatoire suivant une loi uniforme, notée X, sur $[15 ; 35]$.
Le bus qu'il attend passe à 7 h puis toutes les dix minutes précisément et ce jusqu'à 8 h.

1. Quelle est la probabilité que Martin attende moins de 5 min le prochain bus ?

2. S'il rate le bus de 7 h 30, Martin arrive en retard à l'école. Quelle est la probabilité que Martin soit en retard à l'école ?

77. On admet que l'on puisse assimiler la fonction « random » d'une calculatrice a une variable aléatoire suivant une loi uniforme sur $[0 ; 1]$.
Soit p un nombre réel dans $[0 ; 1]$.

1. Calculer $P(\text{random} < p)$.

2. On considère l'algorithme ci-dessous :

Variables
p un réel, X un entier
Début
Lire p
Si random $< p$
  Alors
  $X \to 1$
  Sinon
  $X \to 0$
FinSi
Afficher X
Fin

Quelle est la loi de la variable aléatoire X simulée par cet algorithme ?

3. En déduire un algorithme simulant une variable aléatoire suivant une loi de binomiale de paramètres n et p qui seront entrés par l'utilisateur.

78.

Partie A

Soit X une variable aléatoire suivant une loi uniforme sur $[a ; b]$, a et b deux réels tels que $a < b$.

1. Pour tout x dans $[a ; b]$, on définit la fonction F par $F(x) = P(X \leqslant x)$. Déterminer $F(x)$ en fonction de a et b.

2. En déduire $F(x)$ quand X suit une loi uniforme sur $[0 ; 1]$.

Partie B

Soit X une variable aléatoire uniforme sur $[0 ; 1]$, a et b deux réels tels que $a < b$. On considère la variable aléatoire Y définie par $Y = (b-a)X + a$.

1. Pour tout y dans $[a ; b]$, on définit la fonction G par $G(y) = P(Y \leqslant y)$. Déterminer $G(y)$.

2. Quelle loi semble suivre la variable aléatoire Y ?

Partie C

On rappelle que la fonction « **random** » d'une calculatrice simule une variable aléatoire suivant une loi uniforme sur l'intervalle $[0 ; 1]$. Utiliser la ***Partie B*** pour simuler sur la calculatrice une variable aléatoire uniforme sur l'intervalle $[2 ; 6]$.

6. Lois exponentielles

pour s'échauffer

79. corrigé Soit X une variable aléatoire suivant une loi exponentielle de paramètre 0,01.

1. Donner la densité f de X.

2. Calculer $P(X > 2)$ et $P(3 \leqslant X \leqslant 5)$.

80. corrigé Soit X une variable aléatoire suivant une loi exponentielle d'espérance 1 000. Déterminer la densité de probabilité de X et calculer $P(X \leqslant 5)$.

81. corrigé Soit X une variable aléatoire suivant une loi exponentielle dont la densité de probabilité est la fonction f définie sur $[0 ; +\infty[$ par $f(x) = \frac{2}{3}e^{-\frac{2}{3}x}$.
Déterminer le paramètre λ de cette loi.
Calculer $E(X)$, puis $P(3 \leqslant X \leqslant 6)$.

82. La durée X (en heures) d'un match de tennis suit la loi exponentielle de paramètre 0,34. Quelle est la probabilité que le match dure plus de 5 heures ?

83. Soit X une variable aléatoire suivant une loi exponentielle de paramètre 0,512.

1. Donner la densité f de X.

2. Calculer $P(X \geqslant 1)$.

84. Soit X une variable aléatoire suivant une loi exponentielle d'espérance $\frac{1}{4}$. Déterminer la densité de probabilité de X et calculer $P_{(X \geqslant 1)}(X \geqslant 2)$.

85. Soit X une variable aléatoire dont la densité de probabilité est la fonction f définie sur $[0\,;+\infty[$ par $f(x) = \frac{1}{10}e^{-\frac{1}{10}x}$. Déterminer le paramètre λ de cette loi. Calculer $E(X)$, puis $P(X > 100)$.

86. Le temps d'attente X (en minutes) à un feu tricolore suit une loi exponentielle de paramètre 1.
Montrer que la probabilité que l'attente soit supérieure à 2 minutes est égale à 0,135, à 10^{-3} près.

87. Soit X une variable aléatoire exponentielle dont la densité est telle que $P(X \leqslant 3) = \frac{2}{3}$.
Déterminer la densité de probabilité de X, son espérance et calculer $P_{(X \geqslant 2)}(X \geqslant 5)$.

88. Soit X une variable aléatoire suivant une loi exponentielle de paramètre λ, $\lambda > 0$.
Montrer que $P(X \geqslant E(X))$ est indépendante de λ.

89. Soit X une variable aléatoire suivant une loi exponentielle de paramètre λ, $\lambda > 0$.
Pour quelle(s) valeur(s) de t les événements $(X < t)$ et $(X \geqslant t)$ ont-ils la même probabilité ?

90. La durée de vie, en heures, des ampoules fluo-compactes est une variable aléatoire T, qui suit une loi exponentielle de moyenne 10 000.

1. Donner la densité de cette variable T.
2. Sachant qu'une ampoule a déjà fonctionné pendant 7 000 h, quelle est la probabilité que sa durée de vie dépasse 12 000 h ?

91. Sur le créneau 9 h - 12 h, le temps qu'attend un employé d'une agence immobilière pour voir son premier client est modélisé par une variable aléatoire X suivant une loi de densité f avec :
$$f(x) = \lambda(e^{-\lambda x} + e^{-1}), \text{ avec } \lambda \text{ un réel.}$$
1. Déterminer la constante λ et tracer la courbe représentative de f.
2. Il est 9 h. Déterminer et représenter sur le graphique, la probabilité que le premier client se présente :
a. dans 20 minutes exactement ;
b. dans moins de 30 minutes ;
c. dans plus d'une heure.
3. Il est maintenant 10 h et le premier client ne s'est toujours pas présenté.
Déterminer la probabilité qu'il se présente dans moins de 30 minutes. Le temps d'attente de cet employé est-il celui d'une loi sans mémoire ?

7. Problèmes

92. BAC Des robots se trouvent au centre de gravité O d'un triangle de sommets S, I, X.
Chacun se déplace en trois étapes successives de la manière suivante :
- à chaque étape, il passe par l'un des trois sommets S, I ou X, puis il rejoint le point O ;
- les robots sont programmés de telle sorte que, lors d'une étape, la probabilité de passer par le sommet S est égale à celle de passer par le sommet X et la probabilité de passer par le sommet S est le double de celle de passer par le sommet I ;
- les différentes étapes sont indépendantes les unes des autres ;
- on ne tient pas compte des passages par le point O.

Partie A - Un seul robot

Un seul robot se trouve en O.
1. Démontrer qu'à chaque étape, la probabilité que le robot passe par le sommet I est égale à $\frac{1}{5}$.
2. On note E l'événement « Au cours des trois étapes, le robot passe successivement par les trois sommets S, I et X dans cet ordre ».
Démontrer que la probabilité de E est égale à $\frac{4}{125}$.
3. On note F l'événement « Au cours des trois étapes, le robot passe exactement par les sommets S, I et X dans un ordre quelconque ».
4. Déterminer la probabilité de F.

Partie B - Plusieurs robots

Des robots se retrouvent au point O, leurs déplacements étant indépendants les uns des autres.

Quel nombre minimal n de robots doit-il y avoir pour que la probabilité de l'événement : « Au moins l'un de ces robots passe successivement par les sommets S, I et X dans cet ordre » soit supérieure ou égale à 0,99 ?

D'après Bac, 2010

93. BAC Dans un zoo, l'unique activité d'un manchot est l'utilisation d'un bassin aquatique équipé d'un toboggan et d'un plongeoir.

On a observé que, si un manchot choisit le toboggan, la probabilité qu'il le reprenne est 0,3. Si un manchot choisit le plongeoir, la probabilité qu'il le reprenne est 0,8.

Lors du premier passage, les deux équipements ont la même probabilité d'être choisis.

Pour tout entier naturel n non nul, on considère les événements T_n : « Le manchot utilise le toboggan lors de son n-ième passage » et G_n : « Le manchot utilise le plongeoir lors de son n-ième passage ».

On considère alors la suite (u_n) définie pour tout entier naturel $n \geqslant 1$ par $u_n = P(T_n)$, où $P(T_n)$ est la probabilité de l'événement T_n.

1. a. Donner les valeurs des probabilités $P(T_1)$, $P(G_1)$ et les probabilités conditionnelles $P_{T_1}(T_2)$ et $P_{G_1}(T_2)$.

b. Montrer que $P(T_2) = \frac{1}{4}$.

c. Recopier et compléter l'arbre ci-dessous.

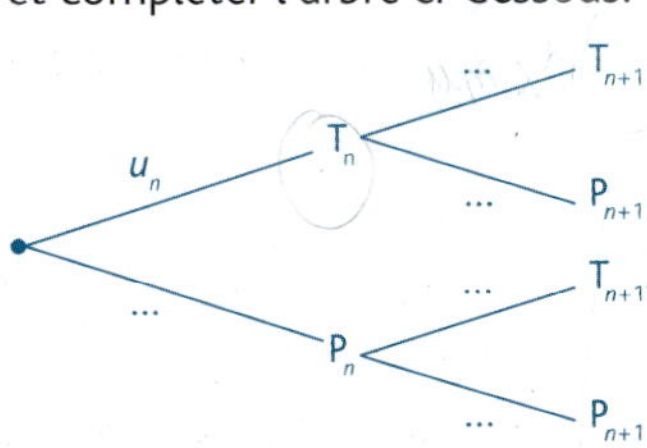

d. Démontrer que, pour tout entier $n \geqslant 1$:

$$u_{n+1} = 0{,}1u_n + 0{,}2.$$

2. On considère la suite (v_n) définie, pour tout entier naturel $n \geqslant 1$, par $v_n = u_n - \frac{2}{9}$.

a. Démontrer que la suite (v_n) est une suite géométrique de raison $\frac{1}{10}$. Préciser son premier terme.

b. Exprimer v_n en fonction de n. En déduire l'expression de u_n en fonction de n.

c. Calculer la limite de la suite (u_n). Ce résultat permet-il de valider la conjecture émise en **1. e.** ?

D'après Bac, 2009

94. BAC Pour réaliser une enquête, un employé interroge des personnes prises au hasard dans une galerie commerçante. Il se demande si trois personnes au moins accepteront de répondre.

1. Dans cette question, on suppose que la probabilité qu'une personne choisie au hasard accepte de répondre est égale à 0,1. L'employé interroge 50 personnes de manière indépendante. On considère les événements A : « Au moins une personne accepte de répondre », B : « Strictement moins de trois personnes acceptent de répondre » et C : « Trois personnes acceptent de répondre ».

Calculer les probabilités des événements A, B et C.

On arrondira au millième.

2. Soit n un entier naturel supérieur ou égal à 3. Dans cette question, on suppose que la variable aléatoire X qui, à tout groupe de n personnes interrogées indépendamment, associe le nombre de personnes ayant accepté de répondre, suit la loi définie pour tout entier k tel que $0 \leqslant k \leqslant n-1$, par :

$$P(X = k) = \frac{e^{-a}a^k}{k!} \quad \text{et} \quad P(X = n) = 1 - \sum_{k=1}^{n-1} \frac{e^{a}a^k}{k!}$$

(formules dans lesquelles $a = \frac{n}{10}$).

a. Montrer que la probabilité qu'au moins trois personnes répondent est donnée par $f(a) = 1 - e^{-a}\left(1 + a + \frac{a^2}{2}\right)$.

b. Calculer $f(5)$. En donner l'arrondi au millième. Cette modélisation donne-t-elle un résultat voisin de celui obtenu à la question **1.** ?

3. On conserve le modèle de la question **2.**. On souhaite déterminer le nombre minimum de personnes à interroger pour que la probabilité que trois d'entre elles au moins répondent soit supérieure ou égale à 0,95.

a. Étudier les variations de la fonction f définie sur $\mathbb{R}^*$ par $f(x) = 1 - e^{-x}\left(1 + x + \frac{x^2}{2}\right)$ ainsi que sa limite en $+\infty$. Dresser son tableau de variations.

b. Montrer que l'équation $f(x) = 0{,}95$ admet une unique solution sur $\mathbb{R}^+$, et que cette solution est comprise entre 6,29 et 6,3.

c. En déduire le nombre minimum de personnes à interroger.

D'après Bac, 2007

95. **Jeu de Monthy Hall**

Le jeu oppose un présentateur à un candidat (le joueur). Ce joueur est placé devant trois portes fermées. Derrière l'une d'elles se trouve une voiture et derrière chacune des deux autres se trouve une chèvre. On suppose que la porte cachant la voiture a été choisie au hasard.

Le joueur doit tout d'abord désigner une porte (qui ne sera pas dévoilée pour l'instant), puis le présentateur ouvre une porte qui n'est ni celle choisie par le candidat, ni celle cachant la voiture (le présentateur sait quelle est la bonne porte dès le début du jeu).

Le joueur a alors le droit ou bien d'ouvrir la porte qu'il a choisie initialement, ou bien d'ouvrir la troisième porte.

Quelle est la meilleure stratégie pour le joueur : garder son choix initial ou changer de porte ?

96. TICE **Problème de rencontre**

Deux amis décident de se retrouver pour déjeuner entre 12 h et 13 h. On considère que leurs instants d'arrivée X et Y sont assimilés à des variables aléatoires suivant une loi uniforme sur $[0\ ;\ 1]$. Chacun décide d'attendre l'autre 10 minutes maximum et repart au plus tard à 13 h.

On cherche à établir la probabilité que ces deux amis déjeunent ensemble.

1. Montrer que la probabilité cherchée est égale à :

$$P\left(|X - Y| \leqslant \frac{1}{6}\right).$$

2. Créer un algorithme pour simuler n expériences (n sera rentré par l'utilisateur) de cette situation.

Utiliser cet algorithme pour conjecturer la valeur de la probabilité cherchée.

3. Déterminer l'aire du domaine contenant les points $M(x\ ;\ y)$ tels que $x \in [0\ ;\ 1]$, $y \in [0\ ;\ 1]$ et $|x - y| \leqslant \frac{1}{6}$.

En déduire la probabilité cherchée.

4. On suppose maintenant que les deux amis s'attendent un temps T. Conjecturer à l'aide d'un programme le temps moyen d'attente.

97. BAC On étudie le mouvement aléatoire d'une puce. Cette puce se déplace sur trois cases notées A, B et C. À l'instant 0, la puce est en A.

Pour tout entier naturel n :

- si à l'instant n la puce est en A, alors à l'instant $(n + 1)$, elle est :
  – soit en B avec une probabilité égale à $\frac{1}{3}$;
  – soit en C avec une probabilité égale à $\frac{2}{3}$;
- si à l'instant n la puce est en B, alors à l'instant $(n + 1)$, elle est :
  – soit en C ;
  – soit en A de façon équiprobable ;
- si à l'instant n la puce est en C, alors elle y reste.

On note A_n (respectivement B_n et C_n) l'événement « À l'instant n, la puce est en A » (respectivement en B et en C).

On note a_n (respectivement b_n et c_n) la probabilité de l'événement A_n (respectivement B_n et C_n).

On a donc $a_0 = 1$, $b_0 = c_0 = 0$.

Pour traiter l'exercice, on pourra s'aider d'un arbre pondéré.

1. Calculer a_k, b_k et c_k, pour k entier naturel tel que :

$$1 \leqslant k \leqslant 3.$$

2. a. Montrer que, pour tout entier naturel n :

$$a_n + b_n + c_n = 1 \quad \text{et} \quad \begin{cases} a_{n+1} = \frac{1}{2}b_n \\ b_{n+1} = \frac{1}{3}a_n \end{cases}.$$

b. Montrer que pour tout entier naturel n, $a_{n+2} = \frac{1}{6}a_n$.

c. En déduire que pour tout entier naturel p :

$$\begin{cases} a_{2p} = \left(\frac{1}{6}\right)^p \\ b_{2p} = 0 \end{cases} \quad \text{et} \quad \begin{matrix} a_{2p+1} = 0 \\ b_{2p+1} = \frac{1}{3}\left(\frac{1}{6}\right)^p \end{matrix}.$$

3. Montrer que $\lim\limits_{n \to +\infty} a_n = 0$.

On admet que $\lim\limits_{n \to +\infty} b_n = 0$. Quelle est la limite de c_n lorsque n tend vers $+\infty$?

D'après Bac, 2005

98. On cherche dans le problème suivant à décrire la loi de la variable aléatoire X de densité f sur $[0\ ;\ +\infty[$, représentant la durée de vie d'un noyau radioactif. Les données expérimentales ont mis en évidence les résultats suivants :

- tous les noyaux ont une durée de vie qui suit la même loi ;
- la mort d'un noyau est indépendante de celles des autres noyaux ;
- pour tous t et h dans $[0\ ;\ +\infty[$:
  $$P_{(X \geqslant t)}(t \leqslant X \leqslant t + h) = P(X \leqslant h).$$

On considère la fonction F définie sur $[0 ; +\infty[$ par :
$$F(t) = P(X \leqslant t).$$

Partie A – Étude théorique

1. Interpréter en termes de durée de vie, le résultat :
$$P_{(X \geqslant t)}(t \leqslant X \leqslant t + h) = P(X \leqslant h).$$
2. Démontrer que, pour tous a et b dans $[0 ; +\infty[$, on a :
$P(a \leqslant X \leqslant b) = F(b) - F(a)$ et $P(X \geqslant a) = 1 - F(a)$.
3. En déduire que, pour tous t et h dans $[0 ; +\infty[$:
$$F(t + h) - F(t) = F(h) \times (1 - F(t)).$$

On considère maintenant la fonction G définie sur $[0 ; +\infty[$ par $G(t) = 1 - F(t)$.

4. Montrer que G est dérivable sur $[0 ; +\infty[$ et calculer sa dérivée.
5. Démontrer que, pour tous t et h dans $[0 ; +\infty[$:
$$G(t + h) = G(t) \times G(h).$$
6. En déduire qu'il existe un réel λ tel que, pour tout t dans $[0 ; +\infty[$: $F(t) = 1 - e^{-\lambda t}$.
7. Montrer que $\lambda > 0$ et en déduire que X suit une loi exponentielle de paramètre λ.

Partie B – Application

On considère un noyau radioactif de carbone 14. Sa durée de vie X est une variable aléatoire qui suit une loi exponentielle de paramètre $\lambda = 1,21 \cdot 10^{-4}$, où λ est appelée la constante radioactive par unité de temps, ici en années.

1. Calculer $P(X \geqslant 1\,000)$ et interpréter ce résultat.
2. Déterminer le réel t tel que $P(X \geqslant t) = P(X \leqslant t)$. Ce réel t est appelé période radioactive ou demi-vie du noyau radioactif.

> **REMARQUE**
> **Le résultat de la question 1. :**
> **$P(a \leqslant X \leqslant b) = F(b) - F(a)$ est vrai pour toutes les lois à densité. Il sera utile dans le chapitre 8.**

99. Un fabriquant de jouets vend un modèle de poupées qui « parle et marche » grâce à un mécanisme électronique.

On appelle « durée de vie » d'une poupée le temps pendant lequel le mécanisme fonctionne correctement avant la première défaillance.

La variable aléatoire T, représentant la durée de vie exprimée en années d'une poupée prise au hasard dans la production, suit une loi exponentielle de paramètre $\frac{1}{3}$.

La probabilité $P(T \leqslant t)$ que la durée de vie de la poupée soit inférieure à t années est alors donnée par :
$$P(T \leqslant t) = 1 - e^{-\frac{1}{3}t}.$$

Dans cet exercice, pour chaque probabilité demandée, on donnera sa valeur exacte, puis une valeur approchée à 10^{-4} près.

1. a. Déterminer la probabilité P qu'une poupée ne fonctionne plus au bout d'une année.
b. Exprimer, en fonction de t, la probabilité $P(T > t)$ qu'une poupée n'ait aucune défaillance pendant t années.

2. J'ai acheté une poupée. On note A l'événement « La poupée n'a aucune défaillance pendant une année » et B l'événement « La poupée n'a aucune défaillance pendant trois ans ».
a. Déterminer les probabilités $P(A)$ et $P(B)$ des événements A et B.
b. Sachant que la poupée fonctionne parfaitement au bout d'un an, quelle est la probabilité $P_A(B)$ que la poupée fonctionne encore au bout de trois ans ?
Justifier le calcul.

3. Le fabriquant garantit les poupées pendant un an et s'engage à rembourser les poupées défectueuses.
a. Donner une valeur approchée à 10^{-2} près du pourcentage de poupées remboursées.
b. Quelle durée de garantie maximale t_0 devrait proposer le fabriquant pour qu'il ne rembourse pas plus de 8 % des poupées vendues ? Calculer la valeur exacte, exprimée en années, de t_0. Justifier le résultat. Donner une valeur approchée, exprimée en mois, de t_0.

4. Un commerçant achète un lot de trois poupées et le fabriquant offre, pour chaque poupée, une garantie d'une année. Soit X la variable aléatoire représentant le nombre de poupées remboursées sur ce lot.
a. Exprimer, en fonction de p défini en 1. a., la probabilité $P(X = 3)$ que les trois poupées ne fonctionnent plus au bout d'un an.
b. Exprimer, en fonction de P, la probabilité $P(X = 1)$ qu'une seule des trois poupées ne fonctionne plus au bout d'un an.
c. Donner la loi de probabilité de X sous forme d'un tableau. Les probabilités seront exprimées en fonction de P.
d. Déterminer, en fonction de P, l'espérance mathématique $E(X)$ de la variable X.

D'après concours ENI-GEIPI-POLYTECH

problèmes

100. Le secteur de production d'une entreprise est composé de trois catégories de personnel :
- les ingénieurs ;
- les opérateurs de production ;
- les agents de maintenance.

Il y a 8 % d'ingénieurs et 82 % d'opérateurs de production. Les femmes représentent 50 % des ingénieurs, 25 % des agents de maintenance et 60 % des opérateurs de production.

Partie A

Dans cette partie, on interroge au hasard un membre du personnel de cette entreprise. On note les événements :
- M : « Le personnel interrogé est un agent de maintenance » ;
- O : « Le personnel interrogé est un opérateur de production » ;
- I : « Le personnel interrogé est un ingénieur » ;
- F : « Le personnel interrogé est une femme ».

1. Construire un arbre pondéré correspondant aux données.

2. Calculer la probabilité d'interroger :

a. un agent de maintenance ;

b. une femme agent de maintenance ;

c. une femme.

Partie B

Le service de maintenance effectue l'entretien des machines, mais il est appelé à intervenir en cas de panne. Pour cela, une alarme est prévue. Des études ont montré que sur une journée :
- la probabilité qu'il n'y ait pas de panne et que l'alarme se déclenche est égale 0,002 ;
- la probabilité qu'une panne survienne et que l'alarme ne se déclenche pas est égale à 0,003 ;
- la probabilité qu'une panne se produise est égale à 0,04.

On note A l'événement « L'alarme se déclenche » et B l'événement « Une panne se produit ».

1. Démontrer que la probabilité qu'une panne survienne et que l'alarme se déclenche est égale à 0,037.

2. Calculer la probabilité que l'alarme se déclenche.

3. Calculer la probabilité qu'il y ait une panne sachant que l'alarme se déclenche.

D'après Bac, 2008

101. Une urne A contient quatre boules rouges et six boules noires. Une urne B contient une boule rouge et neuf boules noires. Les boules sont indiscernables au toucher.

Partie A

Un joueur dispose d'un dé à six faces, parfaitement équilibré, numéroté de 1 à 6. Il le lance une fois : s'il obtient 1, il tire au hasard une boule de l'urne A, sinon il tire au hasard une boule de l'urne B.

1. Soit R l'événement « Le joueur obtient une boule rouge ». Montrer que $P(\mathrm{R}) = 0{,}15$.

2. Si le joueur obtient une boule rouge, la probabilité qu'elle provienne de A est-elle supérieure ou égale à la probabilité qu'elle provienne de B ?

Partie B

Le joueur répète deux fois l'épreuve décrite dans la **partie A**, dans des conditions identiques et indépendantes (c'est-à-dire qu'à l'issue de la première épreuve, les urnes retrouvent leur composition initiale).

Lors de chacune des deux épreuves, le joueur gagne x euros s'il obtient une boule rouge et perd deux euros s'il obtient une boule noire.

On désigne par G la variable aléatoire correspondant au gain algébrique du joueur au terme des deux épreuves. La variable aléatoire G prend donc les valeurs $2x$, $x-2$ et -4.

1. Déterminer la loi de probabilité de G.

2. Exprimer l'espérance $E(\mathrm{G})$ de la variable aléatoire G en fonction de x.

3. Pour quelles valeurs de x a-t-on $E(\mathrm{G}) \geqslant 0$?

D'après Bac, 2008

102. Dans cet exercice, les résultats approchés seront donnés à 0,000 1 près.

Lors d'une épidémie chez des bovins, on s'est aperçu que si la maladie est diagnostiquée suffisamment tôt chez un animal, on peut le guérir ; sinon la maladie est mortelle.

Un test est mis au point et essayé sur un échantillon d'animaux dont 1 % est porteur de la maladie.

On obtient les résultats suivants :
- si un animal est porteur de la maladie, le test est positif dans 85 % des cas ;
- si un animal est sain, le test est négatif dans 95 % des cas.

On choisit de prendre ces fréquences observées comme probabilités pour la population entière et d'utiliser le test pour un dépistage préventif de la maladie.
On note les événements :
M : « L'animal est porteur de la maladie » ;
T : « Le test est positif ».

1. Construire un arbre pondéré modélisant la situation proposée.

2. Un animal est choisi au hasard.
a. Quelle est la probabilité qu'il soit porteur de la maladie et que son test soit positif ?
b. Montrer que la probabilité pour que son test soit positif est 0,058.

3. Un animal est choisi au hasard parmi ceux dont le test est positif. Quelle est la probabilité pour qu'il soit porteur de la maladie ?

4. On choisit cinq animaux au hasard. La taille de ce troupeau permet de considérer les épreuves comme indépendantes et d'assimiler les tirages à des tirages avec remise. On note X la variable aléatoire qui, aux cinq animaux choisis, associe le nombre d'animaux ayant un test positif.
a. Quelle est la loi de probabilité de X ?
b. Quelle est la probabilité pour qu'au moins un des cinq animaux ait un test positif ?

5. Le coût des soins à prodiguer à un animal ayant réagi positivement au test est de 100 € et le coût d'abattage d'un animal non dépisté par le test et ayant développé la maladie est de 1 000 €. On suppose que le test est gratuit. D'après les données précédentes, la loi de probabilité du coût à engager par animal subissant le test est donnée par le tableau suivant :

Coût	0	100	1 000
Probabilité	0,940 5	0,058	0,001 5

a. Calculer l'espérance mathématique de la variable aléatoire associant à un animal le coût à engager.
b. Un éleveur possède un troupeau de 200 bêtes.
Si tout le troupeau est soumis au test, quelle somme doit-il prévoir d'engager ?

D'après Bac, 2010

103. Un joueur débute un jeu vidéo et effectue plusieurs parties successives. On admet que :
- la probabilité qu'il gagne la première partie est de 0,1 ;
- s'il gagne la première partie, la probabilité qu'il gagne la suivante est égale à 0,8 ;
- s'il perd une partie, la probabilité de gagner la suivante est égale à 0,6.

On note, pour tout entier naturel n non nul :
- G_n l'événement « Le joueur gagne la n-ième partie » ;
- p_n la probabilité de l'événement G_n.

On a donc $p_1 = 0{,}1$.

1. Montrer que $p_2 = 0{,}62$. On pourra s'aider d'un arbre pondéré.

2. Le joueur a gagné la deuxième partie. Calculer la probabilité qu'il ait perdu la première.

3. Calculer la probabilité que le joueur gagne au moins une partie sur les trois premières parties.

4. Montrer que pour tout entier naturel n non nul :
$$p_{n+1} = \frac{1}{5}p_n + \frac{3}{5}.$$

5. Montrer par récurrence que pour tout entier naturel n non nul, $p_n = \frac{3}{4} - \frac{13}{4}\left(\frac{1}{5}\right)^n$.

6. Déterminer la limite de la suite (p_n) quand n tend vers $+\infty$.

7. Pour quelles valeurs de l'entier naturel n a-t-on $\frac{3}{4} - p_n < 10^{-7}$?

D'après Bac, 2010

104. La durée de vie, exprimée en heures, d'un agenda électronique est une variable aléatoire X qui suit une loi exponentielle de paramètre λ, où λ est un réel strictement positif. On rappelle que pour tout $t \geqslant 0$:
$$P(X \leqslant t) = \int_0^t \lambda e^{-\lambda x}dx.$$
La fonction R définie sur l'intervalle $[0 ; +\infty[$ par $R(t) = P(X > t)$ est appelée fonction de fiabilité.

1. Restitution organisée des connaissances
a. Démontrer que, pour tout $t \geqslant 0$, on a $R(t) = e^{-\lambda t}$.
b. Démontrer que la variable X suit une loi de durée de vie sans vieillissement, c'est-à-dire que pour tout réel $s \geqslant 0$, la probabilité conditionnelle $P_{(X>t)}(X > t + s)$ ne dépend pas du nombre $t \geqslant 0$.

2. Dans cette question, on prend $\lambda = 0{,}000\,26$.
a. Calculer $P(X \leqslant 1\,000)$ et $P(X > 1\,000)$.
b. Sachant que l'événement $(X > 1\,000)$ est réalisé, calculer la probabilité de l'événement $(X > 2\,000)$.
c. Sachant que l'événement $(X > 1\,000)$ est réalisé, calculer la probabilité de l'événement $(X > 2\,000)$.

D'après Bac, 2008

QCM

Pour les exercices 105. à 108., une ou deux réponses proposées sont correctes. Aucune justification n'est attendue.

105. On tire au hasard une carte d'un jeu de 32 cartes. La probabilité de n'obtenir ni un as, ni un pique est égale à :

a. $\frac{5}{8}$. b. $\frac{21}{32}$. c. $\frac{11}{32}$. d. $\frac{3}{8}$.

106. On tire au hasard et simultanément deux cartes d'un jeu de 32 cartes. La probabilité de n'obtenir ni un as, ni un pique est égale à :

a. $\frac{105}{248}$. b. $\frac{\binom{21}{2}}{\binom{32}{2}}$. c. $\frac{21^2}{32^2}$. d. $\frac{5^2}{8^2}$.

107. On suppose que la durée d'attente à un guichet de service, exprimée en heures, suit la loi uniforme sur l'intervalle $[0\,;1]$. La probabilité que la durée d'attente d'une personne prise au hasard soit comprise entre 15 min et 20 min est :

a. $\frac{1}{3}$. b. $\frac{1}{5}$. c. $\frac{1}{12}$. d. $\frac{1}{4}$.

108. On considère 10 appareils identiques, de même garantie, fonctionnant indépendamment des uns des autres.
La probabilité pour chaque appareil de tomber en panne durant la période de garantie est égale à 0,15.
La probabilité pour qu'exactement 9 appareils soient en parfait état de marche à l'issue de la période de garantie est égale à :

a. 0,35 à 10^{-2} près. b. $0{,}85^9$.
c. $0{,}85^9 \times 0{,}15$. d. $0{,}85^9 \times 0{,}15 \times 10$.

Pour les exercices 109. à 112., une seule des quatre propositions est exacte. Aucune justification n'est demandée.

109. Dans un stand de tir, la probabilité pour un tireur d'atteindre la cible est égale à 0,3. On effectue n tirs supposés indépendants. On désigne par P_n la probabilité d'atteindre au moins une fois la cible sur ces n tirs. La valeur minimale de n pour que P_n soit supérieure ou égale à 0,9 est :

a. 6. b. 7. c. 10. d. 12.

110. Un joueur dispose d'un dé cubique équilibré dont les faces sont numérotées de 1 à 6. À chaque lancer, il gagne s'il obtient 2, 3, 4, 5 ou 6 ; il perd s'il obtient 1.
Une partie est constituée de 5 lancers du dé successifs et indépendants. La probabilité pour que le joueur perde 3 fois au cours d'une partie est égale à :

a. $\frac{125}{3\,888}$. b. $\frac{625}{648}$. c. $\frac{11}{7\,776}$. d. $\frac{3}{5}$.

111. Soit A et B deux événements indépendants d'un même univers Ω tels que :

$$P(\text{A}) = 0{,}3 \quad \text{et} \quad P(\text{A} \cup \text{B}) = 0{,}65.$$

La probabilité de l'événement B est égale à :

a. 0,5. b. 0,35 c. 0,46 d. 0,7

112. Un magasin de matériel informatique vend deux modèles d'ordinateur au même prix et de marques M_1 et M_2. Les deux ordinateurs ont les mêmes caractéristiques et sont proposés en deux couleurs : noire et blanche.
D'après une étude sur les ventes de ces deux modèles, 70 % des acheteurs ont choisi l'ordinateur M_1 et, parmi eux, 60 % ont préféré la couleur noire. Par ailleurs, 20 % des clients ayant acheté un ordinateur M_2 l'ont choisi de couleur blanche. On utilise la liste des clients ayant acheté l'un ou l'autre des ordinateurs précédemment cités et on choisit un client au hasard.

1. La probabilité qu'un client choisi au hasard ait acheté un ordinateur M_2 de couleur noire est :

a. $\frac{3}{5}$. b. $\frac{4}{5}$. c. $\frac{3}{50}$. d. $\frac{6}{25}$.

2. La probabilité qu'un client choisi au hasard ait acheté un ordinateur de couleur noire est :

a. $\frac{21}{50}$. b. $\frac{33}{50}$. c. $\frac{3}{5}$. d. $\frac{12}{25}$.

vrai ou faux ?

Dire, sans justifier, si chacune des propositions est vraie ou fausse.

113. Soit A, B et C trois événements d'un même univers Ω muni d'une probabilité P. On sait que A et B sont indépendants, $P(A) = \frac{2}{5}$, $P(A \cup B) = \frac{3}{4}$, $P(C) = \frac{1}{2}$ et $P(A \cap C) = \frac{1}{10}$.

Proposition 1 : $P(B) = \frac{7}{12}$.

Proposition 2 : $P(\overline{A \cup C}) = \frac{2}{5}$.

114. Une variable aléatoire X suit une loi binomiale de paramètres n et p, où n est égal à 4 et $P \in]0 ; 1[$.

Proposition 1 : Si $P(X = 1) = 8P(X = 0)$, alors $P = \frac{2}{3}$.

Proposition 2 : Si $P = \frac{1}{5}$, alors $P(X = 1) = P(X = 0)$.

115. La durée de vie, exprimée en années, d'un appareil est modélisée par une variable aléatoire X qui suit la loi exponentielle de paramètre $\lambda = 0{,}07$ sur $[0 ; +\infty[$. On rappelle que pour tout $t > 0$, la probabilité de l'événement $(X \leqslant t)$ est donnée par $P(X \leqslant t) = \int_0^t \lambda e^{-\lambda x} dx$.

Proposition 1 : La probabilité que l'appareil ait une durée de vie supérieure à 10 ans est égale à 0,5 à 10^{-2} près.

Proposition 2 : Sachant que l'appareil a fonctionné 10 ans, la probabilité qu'il fonctionne encore 10 ans est égale à 0,5 à 10^{-2} près.

restitution organisée des connaissances

116. 1. ***Prérequis :*** On rappelle que deux événements sont indépendants pour la probabilité P si, et seulement si, $P(A \cap B) = P(A) \times P(B)$. Soit A et B deux événements associés à une expérience aléatoire.

a. Démontrer que $P(B) = P(B \cap A) + P(B \cap \overline{A})$.

b. Démontrer que, si les événements A et B sont indépendants pour la probabilité p, alors les événements $\overline{A}$ et B le sont également.

2. ***Application :*** Chaque matin de classe, Stéphane peut être victime de deux événements indépendants :

- R : « Il n'entend pas son réveil sonner » ;
- S : « Son scooter, mal entretenu, tombe en panne ».

a. Calculer la probabilité qu'un jour de classe donné, Stéphane entende son réveil sonner et que son scooter tombe en panne.

b. Calculer la probabilité que Stéphane soit à l'heure au lycée un jour de classe donné.

c. Au cours d'une semaine, Stéphane se rend cinq fois au lycée. On admet que le fait qu'il entende son réveil sonner un jour de classe donné n'influe pas sur le fait qu'il l'entende ou non les jours suivants. Quelle est la probabilité que Stéphane entende le réveil au moins quatre fois au cours d'une semaine ? Arrondir le résultat à la quatrième décimale.

D'après Bac, 2009

117. On admet que la durée de vie (exprimée en années) d'un certain type de capteur de lumière peut être modélisée par une variable aléatoire X qui suit une loi exponentielle de paramètre λ (λ strictement positif), c'est-à-dire que la probabilité que ce capteur tombe en panne avant l'année t (t positif) s'exprime par :

$$F(t) = P(X \leqslant t) = P([0 ; t]) = \int_0^t \lambda e^{-\lambda x} dx.$$

1. ***Prérequis***

- $P_B(A) = \frac{P(A \cap B)}{P(B)}$ (où A et B sont deux événements tels que $P(B) \neq 0$) ;
- $P(\overline{A}) = 1 - P(A)$ (où A est un événement) ;
- $P([a ; b]) = F(b) - F(a)$ (où a et b sont des réels positifs tels que $a \leqslant b$).

Démontrer que, pour tout nombre réel positif s, on a :

$$P_{[t ; +\infty[}([t ; t+s]) = \frac{F(t+s) - F(t)}{1 - F(t)},$$

et que $P_{[t ; +\infty[}([t ; t+s])$ est indépendant du réel t.

Pour la suite de l'exercice, on prendra $\lambda = 0{,}2$.

2. Démontrer que la probabilité que le capteur ne tombe pas en panne au cours des deux premières années est égale à $e^{-0{,}4}$.

3. Sachant que le capteur n'est pas tombé en panne au cours des deux premières années, quelle est, arrondie au centième, la probabilité qu'il soit encore en état de marche au bout de six ans ?

Aide

méthodes

Pour utiliser les probabilités conditionnelles, on peut :
- construire un arbre de probabilités ;
- utiliser la propriété $P(A \cap B) = P_A(B) \times P(A)$;
- utiliser une partition de l'univers, en particulier :
$$P(B) = P_A(B) \times P(A) + P_{\overline{A}}(B) \times P(\overline{A}).$$

118. On dispose de deux urnes U_1 et U_2.
L'urne U1 contient 4 boules blanches et 3 boules noires ; l'urne U2 contient 3 boules blanches et 5 boules noires. L'expérience consiste à choisir au hasard une urne, puis à tirer une boule dans l'urne choisie. Les boules sont indiscernables au toucher.
On définit les événements suivants U_i : « On choisit l'urne U_i » et B : « La boule tirée est blanche ».

1. Construire un arbre de probabilités traduisant les données.
2. Calculer $P(U_1 \cap B)$ et $P(U_2 \cap B)$.
3. En utilisant la formule des probabilités totales, en déduire $P(B)$.
4. Sachant que la boule tirée est blanche, quelle est la probabilité qu'elle provienne de U_1 ?

méthode

Pour montrer que deux événements A et B sont indépendants ou non, on compare les nombres $P(A \cap B)$ et $P(A) \times P(B)$.

119. On considère un jeu de 32 cartes.
Première expérience : on tire une carte au hasard dans ce jeu. On considère les événements A : « Obtenir exactement une dame » et B : « Obtenir exactement un pique ».

1. Les événements A et B sont-ils indépendants ?

Deuxième expérience : on tire deux cartes au hasard dans ce jeu sans remise. On considère les mêmes événements que pour la première expérience.

2. Les événements A et B sont-ils indépendants ?

INDICATION
On pourra utiliser un arbre de probabilités.

méthodes

Lorsque X suit une loi continue de densité f sur I, on calcule les probabilités en utilisant la propriété :
$$\text{pour tout } J \subset I,\ P(X \in J) = \int_J f(t)\,dt.$$
- Si X suit une loi uniforme sur continue sur $[a\ ;\ b]$, alors $f(t) = \dfrac{1}{b-a}$.
- Si X suit une loi exponentielle sur $[0\ ;\ +\infty[$ de paramètre $\lambda > 0$, alors $f(t) = \lambda e^{-\lambda t}$.

120. La concentration d'une substance chimique varie aléatoirement entre 0 mg/L et 5 mg/L. On considère que la variable aléatoire égale à la concentration suit une loi uniforme sur $[0\ ;\ 5]$.

1. Quelle est la probabilité d'avoir une concentration comprise entre 2 mg/L et 3,5 mg/L ?
2. Quelle est la probabilité d'avoir une concentration strictement supérieure à 4 mg/L ?

121. On admet que la durée de vie en années d'un lave-linge peut être modélisée par une variable aléatoire T dont la loi de probabilité est une loi exponentielle de paramètre λ.

1. Calculer le paramètre de cette loi sachant que $P(T \geqslant 7) = 0{,}6$. On donnera une valeur approchée à 10^{-3} près de λ.
2. Combien d'années peut-on espérer garder le lave-linge ? (Arrondir au mois le plus proche.)
3. Calculer la probabilité qu'un tel lave-linge ait une durée de vie inférieure à 6 mois.
4. Calculer la probabilité qu'un lave-linge ait une durée de vie supérieure ou égale à 10 ans.
5. Le propriétaire de la laverie souhaite installer n lave-linges tels que la probabilité d'avoir au moins un lave-linge qui dépasse 10 ans soit supérieure à 0,9.
Combien de lave-linges doit-il installer ?

INDICATION
Penser à utiliser l'événement contraire de l'événement « Au moins un lave-linge a une durée de vie qui dépasse 10 ans ».

Approfondissement

méthode de Monte-Carlo

La méthode de Monte-Carlo est une méthode qui utilise les probabilités pour effectuer des calculs approchés de surfaces ou de volumes.

Pour appliquer cette méthode, nous utiliserons le protocole suivant :

- on tire un grand nombre de points au hasard dans la carré *ABCD* (*cf.* figure ci-dessous ; on peut imaginer qu'on lance aléatoirement des fléchettes dans le carré *ABCD*) ;
- on considère une fonction F1 définie sur $[0 ; 1]$ et à valeurs dans $[0 ; 1]$;
- on calcule la proportion *p* de points situés à l'intérieur du domaine $\mathcal{S}$ (*cf.* ci-dessous, la surface hachurée), défini par :
  $\mathcal{S} = \{(x ; y) \in [0 ; 1] \times [0 ; 1] / y \leqslant F_1(x)\}$;
- on admet que *p* est une valeur approchée de $\mathcal{S}$.

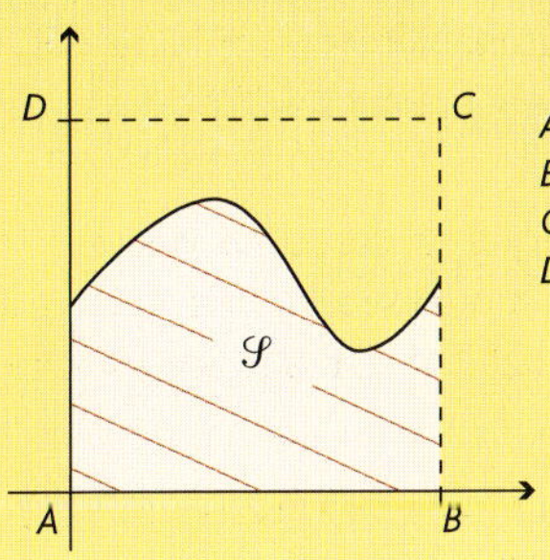

A(0 ; 0)
B(1 ; 0)
C(1 ; 1)
D(0 ; 1)

122. Approximation de π

On considère le quart de cercle trigonométrique supérieur droit.

1. Déterminer $F_1(x)$.
2. Recopier et compléter le programme *Algobox* ci-après en indiquant dans l'onglet « utiliser une fonction numérique », la fonction trouvée au 1..
3. Expliquer le rôle des variables C, *x* et *y*.
4. Lancer ce programme pour les valeurs de N suivantes :
   1 000, 10 000, 100 000, 500 000.
5. De quel nombre ce programme calcule-t-il des valeurs approchées ? Comparer ces résultats avec celui de la calculatrice pour une validation expérimentale de la méthode.

```
VARIABLES
  N EST_DU_TYPE NOMBRE
  x EST_DU_TYPE NOMBRE
  y EST_DU_TYPE NOMBRE
  i EST_DU_TYPE NOMBRE
  aire EST_DU_TYPE NOMBRE
  C EST_DU_TYPE NOMBRE
DEBUT_ALGORITHME
  LIRE N
  AFFICHER "Le nombre de lancer est égal à "
  AFFICHER N
  C PREND_LA_VALEUR 0
  POUR i ALLANT_DE 1 A N
    DEBUT_POUR
    x PREND_LA_VALEUR random()
    y PREND_LA_VALEUR random()
    SI (y<=F1(x)) ALORS
      DEBUT_SI
      C PREND_LA_VALEUR C+1
      TRACER_POINT (x,y)
      FIN_SI
    FIN_POUR
  aire PREND_LA_VALEUR C/N
  AFFICHER "Une valeur approchée de l'aire est "
  AFFICHER aire
FIN_ALGORITHME
```

123. Calcul de probabilité

On considère la variable aléatoire X de densité la fonction $F_1(x) = \frac{1}{\sqrt{2\pi}} e^{-\frac{x^2}{2}}$ définie sur $\mathbb{R}$. On admet que c'est une densité de probabilité (*cf.* chapitre 8), dont on ne connaît pas de primitives (sans utiliser le symbole $\int$).

1. Interpréter graphiquement le calcul de $P(0 \leqslant X \leqslant 1)$.
2. Adapter le programme de l'exercice 120., pour trouver une valeur approchée de $P(0 \leqslant X \leqslant 1)$.
3. Comparer cette valeur avec celle fournie par la calculatrice.

124. Calcul d'aire.

On considère la fonction suivante définie sur :

$$[0 ; 1] \setminus \left\{\frac{1}{2}\right\} \text{ par } F_1(x) = \frac{1}{2}\left(\sin\left(\frac{1}{x - 0{,}5}\right) + 1\right).$$

On souhaite déterminer l'aire du domaine $\mathcal{S}$.

1. Représenter cette fonction à l'aide d'une calculatrice ou d'un logiciel.
2. D'après le cours, peut-on considérer $\int_0^1 f(t)\,dt$ pour calculer l'aire sous la courbe ?
3. Adapter le programme de l'exercice 120., et lancer le pour des valeurs de N suivantes :
   10 000, 100 000 et 500 000.
4. Le résultat obtenu paraît-il satisfaisant ? Justifier.

Remarque
Il existe des généralisations de la notion d'intégrale permettant d'aborder ce type de calcul.

Tirer… sans se fatiguer ?

Deux équipes P et F décident de s'affronter à un « tir à la corde modélisé » en utilisant une méthode beaucoup plus reposante.
Cette méthode est symbolisée par le schéma ci-dessous, où un pion X (correspondant au milieu de la corde) se déplace sur des cases numérotées de – 5 à + 5. Au départ, X est en position 0.

Équipe F					X					Équipe P
– 5	– 4	– 3	– 2	– 1	0	+ 1	+ 2	+ 3	+ 4	+ 5

Voici les règles :
- on lance une pièce de monnaie parfaitement équilibrée, si la pièce tombe sur *Pile* (resp. *Face*), alors le pion X se déplace de + 1 (resp. – 1) ;
- l'équipe P (resp. F) gagne la partie lorsque le pion X atteint la case + 5 (resp. – 5).

→ objectif

Les questions qui se posent sont les suivantes : le jeu va-t-il s'arrêter ? Si oui, que peut-on dire de la variable aléatoire L correspondant au nombre de lancers de la pièce ?

Partie A - Premiers pas

1. Quelle est la plus petite valeur que peut prendre L ?

2. Montrer que la variable aléatoire peut prendre des valeurs aussi grandes que possible.

Partie B - Le jeu est-il équitable ?

1. Écrire un programme qui simule n échantillons de ce jeu et calculer la fréquence de victoire de l'équipe P, puis celle de l'équipe F.

2. Tester ce programme pour les valeurs de n : 1 000, 10 000 et 100 000. Commenter le résultat obtenu.

Partie C - Le jeu ne devient-il pas trop long ?

On s'intéresse maintenant plus particulièrement à la variable aléatoire L. En effet, à trop vouloir se reposer, ne finirait-on pas par y passer la nuit !

1. Peut-on prévoir le nombre de lancers nécessaires pour obtenir un vainqueur ?

2. Modifier le programme précédent afin qu'il renvoie le nombre de lancers nécessaire pour que le jeu s'arrête.

3. Tester ce nouveau programme pour les valeurs de n suivantes : 1, 10 et 50. Commenter les résultats.

4. En utilisant des échantillons de taille : 1 000, 10 000 puis 100 000, déterminer la fréquence du nombre de parties terminées avec un nombre de lancers supérieur ou égal à 100.

Partie D - Représentation de la moyenne de L

1. Modifier et tester le programme pour qu'il affiche l'évolution de la moyenne de L au cours de 100 simulations du jeu. Commenter le résultat.

2. Modifier et tester le programme pour qu'il affiche l'histogramme des fréquences de la moyenne L.
On simulera pour cela 100 échantillons de 100 jeux pour lesquels on calcule la moyenne de L.
Commenter le résultat.

I. BTS automatismes industriels – 2001

Les parties A et B sont indépendantes.

Une entreprise fabrique, en grande quantité, des pièces métalliques rectangulaires dont les côtés sont exprimés en millimètres. Un contrôle de qualité consiste à vérifier que la longueur et la largeur des pièces sont conformes à la norme en vigueur.

Tous les résultats approchés seront arrondis à 10^{-3}.

Partie A

On note E l'événement : « Une pièce prélevée au hasard dans le stock de l'entreprise est conforme ». On suppose que la probabilité de E est 0,9. On prélève au hasard 10 pièces dans le stock. Le stock est assez important pour que l'on puisse assimiler ce prélèvement à un tirage avec remise de 10 pièces. On considère la variable aléatoire X qui, à tout prélèvement de 10 pièces, associe le nombre de pièces conformes parmi ces 10 pièces.

1. Justifier que la variable aléatoire X suit une loi binomiale dont on déterminera les paramètres.
2. Calculer la probabilité que, dans un tel prélèvement, 8 pièces au moins soient conformes.

Partie B

Deux machines automatiques de l'entreprise, notées « machine 1 » et « machine 2 », fabriquent ces mêmes pièces en grande quantité.

On suppose que la probabilité qu'une pièce :

– prélevée au hasard dans la production d'une journée de la machine 1 soit conforme est $P_1 = 0{,}914$;

– choisie au hasard dans la production d'une journée de la machine 2 soit conforme est $P_2 = 0{,}879$.

La machine 1 fournit 60 % de la production totale de ces pièces et la machine 2 le reste de cette production. On prélève au hasard une pièce parmi la production totale de l'entreprise de la journée. Toutes les pièces ont la même probabilité d'être tirées.

On définit les événements suivants :

A : « La pièce provient de la machine 1 » ;

B : « La pièce provient de la machine 2 » ;

C : « La pièce est conforme ».

1. Déterminer les probabilités $P(\mathrm{A})$, $P(\mathrm{B})$, $P_{\mathrm{A}}(\mathrm{C})$ et $P_{\mathrm{B}}(\mathrm{C})$.
2. En déduire $P(\mathrm{C} \cap \mathrm{A})$ et $P(\mathrm{C} \cap \mathrm{B})$.
3. On admet que $\mathrm{C} = (\mathrm{C} \cap \mathrm{A}) \cup (\mathrm{C} \cap \mathrm{B})$. Calculer $P(\mathrm{C})$.

II. Médecine – 1re année

Indiquer les propositions exactes.

1. Dans une certaine maladie grave, la fonction de survie à compter du diagnostic est divisée par deux entre deux dates quelconques différant d'un an.

A. La probabilité de survivre au moins un an après le diagnostic est 0,5.

B. Les patients décèdent sûrement dans les deux ans qui suivent le diagnostic.

C. La probabilité de décéder dans les deux ans suivant le diagnostic est de 0,875.

D. Si l'on a survécu un an, la probabilité de survivre une année supplémentaire est 0,5.

E. Chaque jour, la probabilité de survivre une année supplémentaire est 0,5.

2. La densité de probabilité d'une variable aléatoire X est donnée par $f(x) = hx^2$, si $0 < x < 1$, h est une constante à déterminer. On rappelle que $E(\mathrm{X}) = \int_0^1 t \times f(t)\, dt$.

A. $h = 2$; **B.** $h = 3$; **C.** $P(X < 0{,}5) \leqslant 0{,}5$;

D. $E(\mathrm{X}) = 0{,}75$; **E.** $E(\mathrm{X}) = 0{,}5$.

3. Après avoir pratiqué un nombre très élevé de scanners dans la population des fumeurs de 50 à 55 ans, on considère que l'on dispose des probabilités suivantes :

- 30 % des fumeurs présentent une anomalie au scanner (avoir une anomalie au scanner est noté A) ;
- 20 % des fumeurs affirment tousser régulièrement (tousser régulièrement est noté T).
- 10 % des fumeurs présentent une anomalie (A) et indiquent tousser régulièrement (T).

A. Les événements A et T sont indépendants.

B. Les événements A et T sont incompatibles.

C. La moitié des sujets affirmant tousser régulièrement ont une anomalie au scanner.

D. Le tiers des sujets affirmant tousser régulièrement ont une anomalie au scanner.

E. Le dixième des sujets affirmant tousser régulièrement ont une anomalie au scanner.

Introduction

La *loi normale*, aussi nommée *loi gaussienne*, est la loi de probabilité la plus universelle. On observe en effet que la plupart des caractéristiques physiques, économiques, sociologiques, biologiques, ... sont distribuées selon cette loi.

Le coin des langues

- Initialement nommée « **loi des erreurs** », la loi gaussienne porte son nom en hommage au travail du mathématicien allemand *Carl Friedrich* ***Gauss***. Ce dernier montra en 1809 que les erreurs de mesures en astronomie fluctuent selon cette loi.
- On l'appelle parfois « **loi de Laplace-Gauss** » car le mathématicien français *Pierre-Simon* ***de Laplace*** fut le premier, en 1810, à justifier mathématiquement que la plupart des erreurs sont distribuées selon cette loi.
- Le célèbre statisticien britannique *Karl* ***Pearson*** la nomma dans un article de 1893 « **loi normale** » pour éviter tout conflit de paternité. Mais il le regretta : « cela a l'inconvénient de laisser croire aux gens que les autres distributions sont d'une façon ou d'une autre anormales »... C'est pourtant l'appellation qui prédomine aujourd'hui et justifie la lettre $\mathcal{N}$ de $\mathcal{N}(0 ; 1)$.

En forme de... cloche !

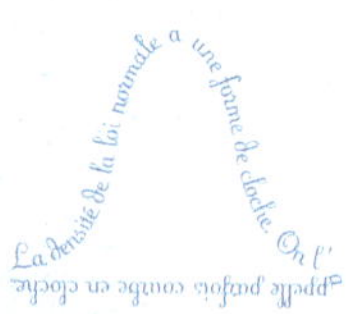

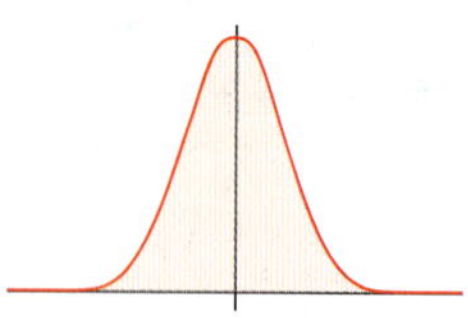

Illustration concrète !

Sur cette photo, les filles d'une classe de 1975 ont été rangées par taille. La forme en cloche montre que la distribution des tailles suit approximativement une loi normale.

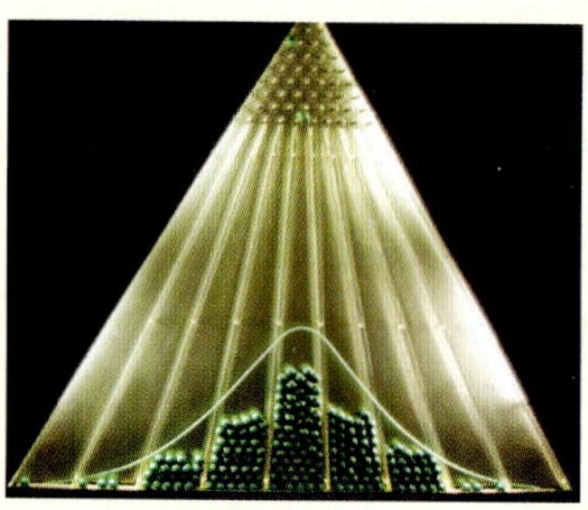

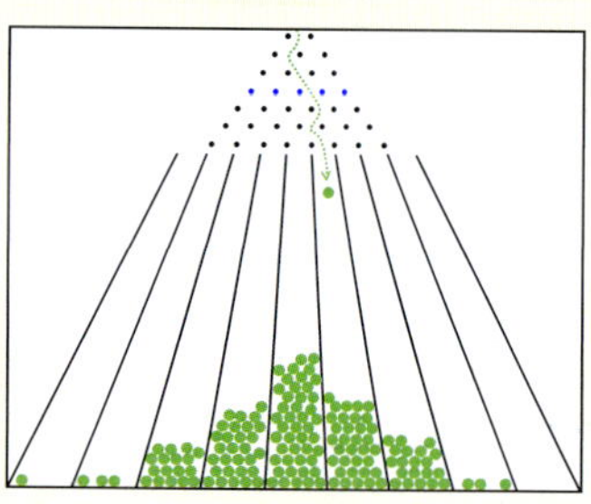

La planche de Galton

a été imaginée par *Sir Francis* ***Galton*** à la fin du XIXe siècle pour illustrer le théorème de Moivre-Laplace. Des billes lâchées au sommet de cette planche rencontrent une série de clous et se répartissent naturellement dans les cases d'arrivée sous forme d'une cloche. La loi du nombre de billes dans chaque case suit approximativement une loi normale.

La loi normale ne laissa pas indifférent Sir Francis Galton :

« Cette loi aurait été personnifiée et déifiée par les grecs, s'ils l'avaient connue. »

8 Loi normale et estimation

1. La loi normale $\mathcal{N}(0\ ;\ 1)$
2. La loi normale $\mathcal{N}(\mu\ ;\ \sigma^2)$
3. Théorème de Moivre-Laplace
4. Estimation du paramètre p d'une loi $\mathcal{B}(n\ ;\ p)$

Prérequis :

- Loi binomiale

Introduction

Soit X_n une variable aléatoire suivant une loi binomiale $\mathcal{B}(n\ ;\ 0,5)$, où n est un entier naturel non nul. L'objectif du problème est d'évaluer la dispersion de X_n autour de son espérance. Pour cela, on cherche à calculer la probabilité de l'événement $X_n \in [E(X_n) - 2\sigma_n\ ;\ E(X_n) + 2\sigma_n]$, où σ_n représente l'écart-type de X_n.

On définit la variable aléatoire Z_n par $Z_n = \dfrac{X_n - E(X_n)}{\sigma_n}$.

On utilisera les notations suivantes, pour tout entier i allant de 0 à n :

$$p_i = P(X_n = i), \quad z_i = \frac{2i - n}{\sqrt{n}}.$$

1. Un calcul impossible sans approximation

1. Montrer que pour tout i entier de 0 à n, $p_i = \dbinom{n}{i} 2^{-n}$.
2. Montrer que lorsque $n = 10\,000$,
$$P(X_n \in [E(X_n) - 2\sigma_n\ ;\ E(X_n) + 2\sigma_n]) = P(4\,900 \leqslant X_n \leqslant 5\,100).$$
3. Compléter la formule suivante lorsque $n = 10\,000$.
$$P(4\,900 \leqslant X_n \leqslant 5\,100) = (....)^{10\,000} \sum_{i=....}^{....} \binom{....}{i}.$$
4. Essayer de calculer à l'aide d'une calculatrice le premier terme de la somme précédente. En déduire que le calcul de $P(X_n \in [E(X_n) - 2\sigma_n\ ;\ E(X_n) + 2\sigma_n])$ est impossible à effectuer lorsque n est grand.

2. TICE Vers une approximation

1. Montrer que $X_n \in [E(X_n) - 2\sigma_n\ ;\ E(X_n) + 2\sigma_n]$ si, et seulement si, $Z_n \in [-2\ ;\ 2]$.
2. Montrer que les valeurs prises par Z_n sont les z_i définis en introduction, pour tout entier i compris entre 0 et n.
3. Justifier que pour tout entier i compris entre 0 et n, $P(Z_n = z_i) = P(X_n = i) = p_i$.

L'objectif fixé en introduction revient donc à calculer $P(-2 \leqslant Z_n \leqslant 2)$. Or il est impossible de calculer cette probabilité lorsque n est grand (voir 1.). On va donc chercher à approcher graphiquement la loi de Z_n. On considère la fonction de Gauss :

$$f(x) = \frac{1}{\sqrt{2\pi}} e^{-\frac{x^2}{2}}, \quad x \in \mathbb{R}.$$

4. On fixe $n = 4$. Dans un tableur, remplir les quatre premières colonnes de la façon suivante :
   - Dans la colonne **A** : saisir les valeurs $z_0, \dots, z_n$ possibles de Z_n ;
   - Dans la colonne **B** : saisir les valeurs de $p_0, \dots, p_n$;
   - Dans la colonne **C** : saisir les valeurs de -3 à 3 par pas de 0,2 ;
   - Dans la colonne **D** : calculer $\dfrac{f(x)}{\sigma_n}$ pour les valeurs x saisies dans la colonne **C**.

   a. Représenter graphiquement la loi de Z_n à l'aide des points de coordonnées $(z_i\ ;\ p_i)$, pour $i \in \{0, \dots, n\}$.

   → Dans OPEN CALC, il suffit de sélectionner les colonnes **A** et **B** puis de choisir une représentation graphique de type XY.

b. Superposer la courbe de $\dfrac{f}{\sigma_n}$ en utilisant les colonnes **C** et **D**.

→ Dans **Open Calc**, cliquer-droit sur le graphique précédent, choisir « **PLAGE DE DONNÉES** » puis « **AJOUTER** » en entrant pour X la colonne **C** et pour Y la colonne **D** ; le rendu sous forme de ligne s'obtient en double-cliquant sur les nouveaux points et en choisissant le style « **CONTINU** » dans les propriétés de la ligne au lieu de « **INVISIBLE** ».

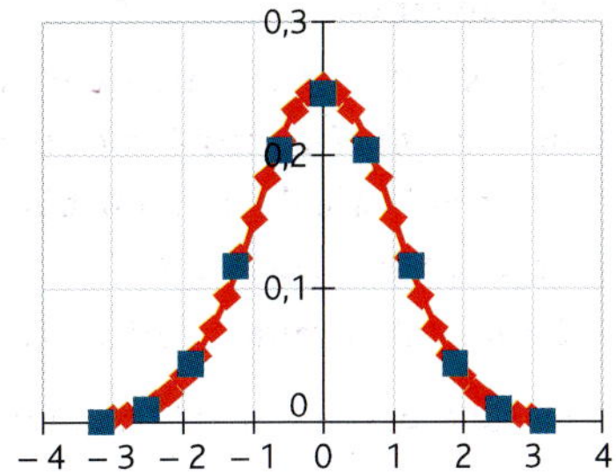

5. Recommencer l'opération précédente pour $n = 10$ puis $n = 30$. Que peut-on conclure ?

3. Utiliser la fonction de Gauss pour approcher la loi de X_n

L'objectif fixé en introduction revient à calculer $P(-2 \leqslant Z_n \leqslant 2)$. Ce calcul est impossible si n est grand (voir 1.), mais on va tirer profit de l'observation faite au 2. : lorsque n est grand la loi de Z_n est correctement approchée par la courbe de $f(x) / \sigma_n$ où

$$f(x) = \frac{1}{\sqrt{2\pi}} e^{-\frac{x^2}{2}}, \quad x \in \mathbb{R}.$$

On admet que les valeurs prises par Z_n sont $z_0, ..., z_n$ avec les probabilités respectives $p_0, ..., p_n$ (voir 2.).

1. Que vaut l'écart entre z_i et z_{i+1} (deux valeurs successives possibles de Z_n) ?

2. On considère la représentation graphique des points de coordonnées $(z_i \,;\, p_i)$, pour $i \in \{0, ..., n\}$ et pour $j < k$, les rectangles construits sur les intervalles $[z_i \,;\, z_{i+1}]$ de hauteur p_i pour $i \in \{j, ..., k-1\}$, conformément à la *Figure 1*.
Que vaut l'aire de l'union de ces rectangles ? Exprimer cette aire en fonction de $P(z_j \leqslant Z_n < z_k)$.

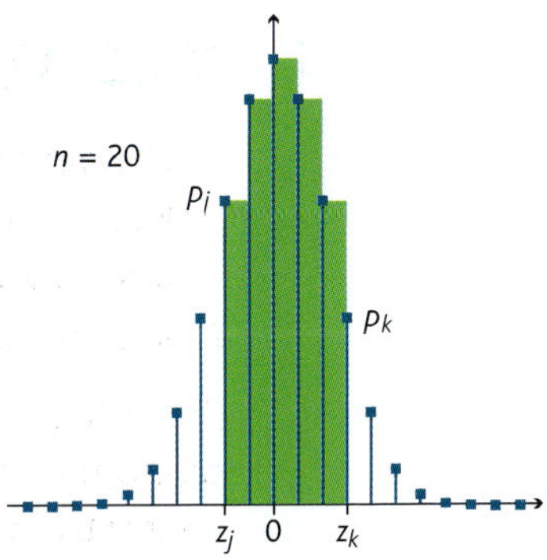

Figure 1

3. À quoi correspond approximativement cette aire pour la fonction $\dfrac{f}{\sigma_n}$, lorsque n est suffisamment grand (voir la *Figure 2*) ?

4. En déduire une conjecture donnant une approximation de $P(z_j \leqslant Z_n < z_k)$ en fonction de f, lorsque n est assez grand.

5. On admet que pour tous réels a et b, lorsque n est grand,

$$P(a \leqslant Z_n \leqslant b) \approx P(a \leqslant Z_n < b) \approx \int_a^b f(x)\,dx.$$

En déduire une approximation de $P(X_n \in [E(X_n) - 2\sigma_n \,;\, E(X_n) + 2\sigma_n])$ pour les grandes valeurs de n. On utilisera une calculatrice ou un logiciel pour obtenir une valeur approchée de l'intégrale.

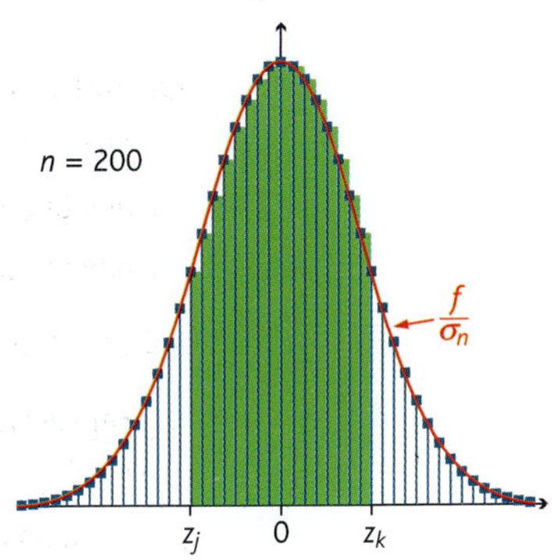

Figure 2

1. La loi normale $\mathcal{N}(0 ; 1)$

1.1 Définition

définition

La variable aléatoire X suit la **loi normale centrée réduite**, notée $\mathcal{N}(0 ; 1)$, si elle admet pour densité de probabilité la fonction définie sur $\mathbb{R}$ par :

$$f(x) = \frac{1}{\sqrt{2\pi}} e^{\frac{-x^2}{2}}, \ x \in \mathbb{R}.$$

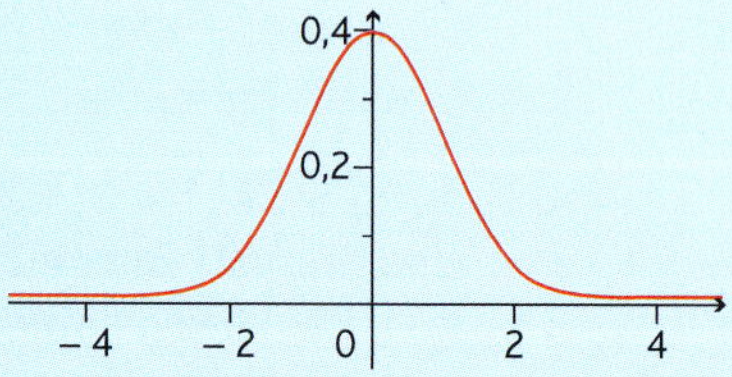

Remarque

La fonction f est continue, positive et on vérifie à l'aide d'une calculatrice que $\int_{-y}^{y} f(x)\,dx$ vaut 1 lorsque y tend vers $+\infty$ (voir l'exercice 42.). Il s'agit bien d'une densité de probabilité.

1.2 Espérance – Variance

propriété : espérance d'une variable aléatoire suivant la loi $\mathcal{N}(0 ; 1)$ démontrée page 382

Soit X une variable aléatoire suivant la loi $\mathcal{N}(0 ; 1)$. L'**espérance** de X est définie par $E(X) = \lim_{x \to -\infty} \int_{x}^{0} t f(t)\,dt + \lim_{y \to +\infty} \int_{0}^{y} t f(t)\,dt$. **Elle vaut** $\mathbf{E(X) = 0}$.

propriété : variance d'une variable aléatoire suivant la loi $\mathcal{N}(0 ; 1)$ voir exercice 45.

Soit X une variable aléatoire suivant la loi $\mathcal{N}(0 ; 1)$. La **variance** est définie par $V(X) = E((X - E(X))^2)$. **Elle vaut** $\mathbf{V(X) = 1}$.

Remarque : Le 0 et le 1 de la notation $\mathcal{N}(0 ; 1)$ font respectivement référence à l'espérance et à la variance de la loi normale centrée réduite.

1.3 Intervalle associé à une probabilité donnée

propriété démontrée page 382

Soit X une variable aléatoire de loi $\mathcal{N}(0 ; 1)$. Pour tout α dans $]0 ; 1[$, il existe un unique réel positif u_α tel que : $P(-u_\alpha \leqslant X \leqslant u_\alpha) = 1 - \alpha$.

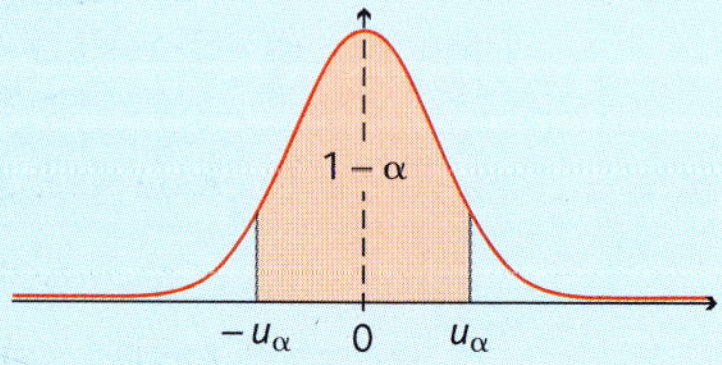

Remarque : Il n'existe pas de formules exprimant u_α en fonction de α. A α donné, on peut néanmoins approcher u_α par des méthodes numériques. Ces valeurs sont disponibles dans les tableurs et les calculatrices (voir exercice résolu 1). On relève en particulier : $u_{0,05} = 1{,}96$ et $u_{0,01} = 2{,}58$. Une variable suivant la loi $\mathcal{N}(0 ; 1)$ fluctue donc à 95 % entre – 1,96 et 1,96, et à 99 % entre – 2,58 et 2,58.

À retenir :
$u_{0,05} = 1{,}96$
$u_{0,01} = 2{,}58$

TICE Calculer une probabilité pour la loi $\mathcal{N}(0\ ;\ 1)$

→ Exercices 40, 46 et 48

Soit X une variable aléatoire suivant la loi $\mathcal{N}(0\ ;\ 1)$.
En utilisant une calculatrice ou un logiciel, calculer à 10^{-4} près :

1. $P(-1 \leqslant X \leqslant 2)$; **2.** $P(X \leqslant 2)$; **3.** $P(X > 0{,}5)$.

solution

1. Par définition $P(-1 \leqslant X \leqslant 2) = \int_{-1}^{2} f(t)\,dt$, où f est la densité de la loi $\mathcal{N}(0\ ;\ 1)$.
On ne connaît pas de primitive explicite de f : le calcul exact de l'intégrale est donc impossible. On peut l'approcher à l'aide d'une calculatrice ou mieux, utiliser les fonctions spéciales suivantes :

TI

Calcul uniquement :
Dans le menu **DISTR** (2ND VARS), la fonction **normalcdf(a,b)** calcule $P(a \leqslant X \leqslant b)$ pour tout $a < b$ et X suivant la loi $\mathcal{N}(0\ ;\ 1)$.
En entrant **normalcdf(–1,2)** on obtient :
$\mathbf{P(-1 \leqslant X \leqslant 2) = 0{,}818\,6}$ à 10^{-4} près.

Calcul et représentation graphique :
Dans le menu **DISTR** (2ND VARS), puis **DRAW**, la fonction **ShadeNorm(a, b)** calcule $P(a \leqslant X \leqslant b)$ pour tout $a < b$, X suivant la loi $\mathcal{N}(0\ ;\ 1)$ et représente l'aire sous la courbe de la densité.

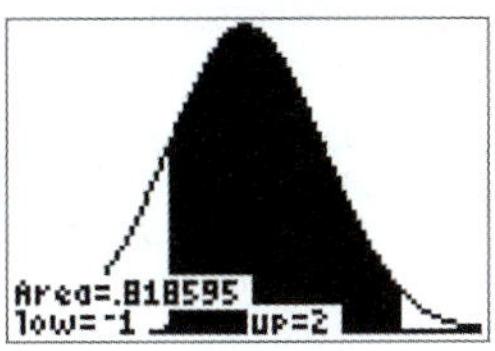

Casio

On se place dans le menu **STAT** puis on choisit **DIST** (F6), **NORM** (F1) et **Ncd** (F2).
L'option **Data** étant fixée à **Variable**, on peut calculer $P(a \leqslant X \leqslant b)$ pour tout $a < b$, et X suivant la loi $\mathcal{N}(0\ ;\ 1)$ en rentrant : la valeur a pour **Lower** ; la valeur b pour **Upper** ; 0 pour μ et 1 pour σ.

Calcul uniquement :
En sélectionnant **CALC** (F1) au niveau de l'option **Execute**, on obtient le résultat :
$\mathbf{P(-1 \leqslant X \leqslant 2) = 0{,}818\,6}$ à 10^{-4} près.

Calcul et représentation graphique :
En sélectionnant **DRAW** et (F6) au niveau de **Execute**, on obtient la représentation de l'aire correspondante.

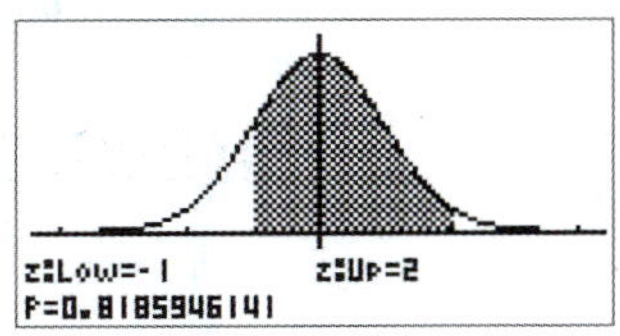

Avec **Open Calc** : La fonction **LOI.NORMALE(a;0;1)** calcule $P(X \leqslant a)$ pour X suivant la loi $\mathcal{N}(0\ ;\ 1)$ et pour tout $a \in \mathbb{R}$. On utilise la relation : $P(-1 \leqslant X \leqslant 2) = P(X \leqslant 2) - P(X \leqslant -1)$.
On obtient le résultat en saisissant dans une cellule : **=LOI.NORMALE(2;0;1)-LOI.NORMALE(–1;0;1).**
Avec **R** : la fonction **pnorm(a,0,1)** calcule $P(X \leqslant a)$ pour X suivant la loi $\mathcal{N}(0\ ;\ 1)$. On obtient le résultat comme ci-dessus en saisissant : **pnorm(2,0,1)-pnorm(–1,0,1).**

Remarque : avec **R Commander** : $P(X \leqslant a)$ se calcule à l'aide du menu **Distributions/Distributions continues/Distribution normale/Probabilités normales**... en saisissant a pour l'option **Quantiles**.

2. **TI** : On saisit : **normalcdf(–1E99,2)**.
Casio : On saisit : **Lower:–1E99** et **Upper:2**.
Open Calc : On saisit : **=LOI.NORMALE(2; 0;1)**.
R : On saisit : **pnorm(2,0,1)**.
On obtient $\mathbf{P(X \leqslant 2) = 0{,}977\,2}$ à 10^{-4} près.

3. **TI** : On saisit : **normalcdf(0.5,1E99)**.
Casio : On saisit : **Lower:0.5** et **Upper:1E99**.
Open Calc : On saisit : **=1-LOI.NORMALE(0,5;0;1)**.
R : On saisit : **1-pnorm(0.5,0,1)**.
On obtient $\mathbf{P(X > 0{,}5) = 0{,}308\,5}$ à 10^{-4} près.

2. La loi normale $\mathcal{N}(\mu\ ;\sigma^2)$

définition

Soit $\mu \in \mathbb{R}$ et $\sigma > 0$. La variable aléatoire X suit une loi normale $\mathcal{N}(\mu\ ;\sigma^2)$ si $\dfrac{X-\mu}{\sigma}$ suit la loi $\mathcal{N}(0\ ;1)$.

Remarque : Lorsque $\mu = 0$ et $\sigma = 1$, la loi normale $\mathcal{N}(\mu\ ;\sigma^2)$ est la loi normale centrée réduite.

propriétés : espérance et variance d'une variable aléatoire suivant une loi $\mathcal{N}(\mu\ ;\sigma^2)$

démontrées page 383

Si X suit une loi normale $\mathcal{N}(\mu\ ;\sigma^2)$ alors :
- son espérance vaut $E(X) = \mu$;
- sa variance vaut $V(X) = \sigma^2$;
- son écart-type vaut σ.

Interprétation :

- Le paramètre μ de la loi $\mathcal{N}(\mu\ ;\sigma^2)$ est un paramètre de *position* : il localise la zone où les réalisations de X ont le plus de chances d'apparaître.

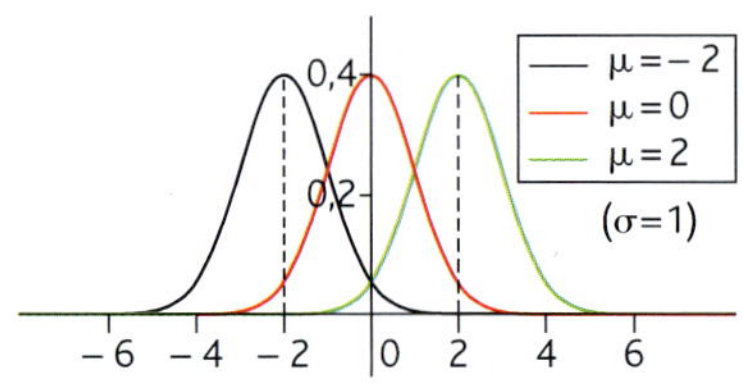

On a toujours :
Espérance → position
Variance → dispersion.

- Le paramètre σ de la loi $\mathcal{N}(\mu\ ;\sigma^2)$ est un paramètre de *dispersion* : il correspond à l'écart-type. Plus σ est élevé, plus les réalisations de X sont dispersées autour de l'espérance μ.

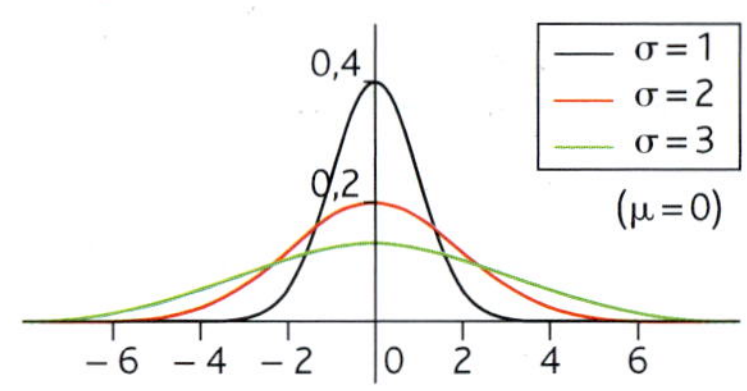

propriétés : intervalles de fluctuation d'une loi $\mathcal{N}(\mu\ ;\sigma^2)$

démontrées page 384

Si X suit une loi $\mathcal{N}(\mu\ ;\sigma^2)$, sa dispersion autour de μ dépend de σ de la façon suivante (à 10^{-3} près) :

$$P(X \in [\mu-\sigma\ ;\ \mu+\sigma]) = 0{,}683,$$
$$P(X \in [\mu-2\sigma\ ;\ \mu+2\sigma]) = 0{,}954,$$
$$P(X \in [\mu-3\sigma\ ;\ \mu+3\sigma]) = 0{,}997.$$

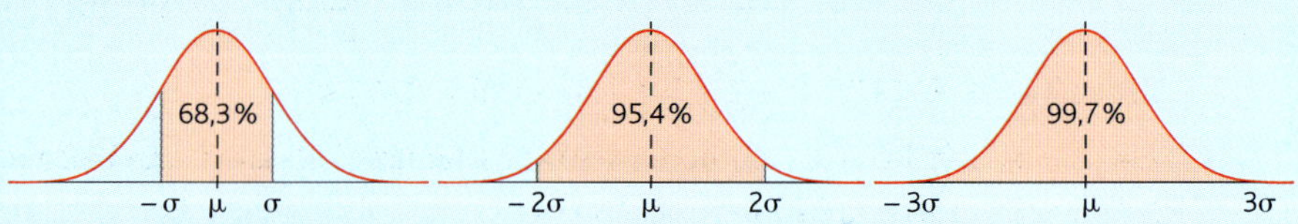

Exemple : Si X suit la loi $\mathcal{N}(10\ ;9)$, on a $\mu = 9$ et $\sigma = 3$ donc les réalisations de X fluctuent à plus de 95 % dans l'intervalle $[10-2\times3\ ;\ 10+2\times3]$ soit $[4\ ;16]$.

TICE Calculer une probabilité pour une loi $\mathcal{N}(\mu ; \sigma^2)$

→ Exercices 54 et 57 à 59

Soit X une variable aléatoire suivant la loi $\mathcal{N}(113 ; 25)$.
En utilisant une calculatrice ou un logiciel, calculer à 10^{-4} près, $P(110 \leqslant X \leqslant 120)$.

solution

Il suffit d'utiliser les mêmes fonctions que pour le calcul de probabilités associées à la loi $\mathcal{N}(0 ; 1)$, mais en précisant en plus ce que valent l'espérance μ et l'écart-type σ (qui sont par défaut fixés dans les calculatrices et locigiels à $\mu = 0$ et $\sigma = 1$).
Ici X suit la loi $\mathcal{N}(113 ; 25)$ donc $\mu = 113$ et $\sigma = \sqrt{\sigma^2} = \sqrt{25} = 5$.

TI : La fonction **normalcdf(a,b,μ,σ)** calcule $P(a \leqslant X \leqslant b)$ pour X suivant une loi $\mathcal{N}(\mu ; \sigma^2)$.
On obtient donc le résultat en tapant **normalcdf(110,120,113,5).**

Casio : Dans le menu **STAT**, **DIST**, **NORM**, **Ncd**, on précise σ:5 et μ:113 en plus de **Lower:110** et **Upper:120**.

Open Calc : La fonction **LOI.NORMALE(a;μ;σ)** calcule $P(X \leqslant a)$ pour X suivant une loi $\mathcal{N}(\mu ; \sigma^2)$.
Puisque $P(110 \leqslant X \leqslant 120) = P(X \leqslant 120) - P(X \leqslant 110)$, on obtient le résultat en saisissant dans une cellule : **=LOI.NORMALE(120;113;5)-LOI.NORMALE(110;113;5)**

R : La fonction **pnorm(a,μ,σ)** calcule $P(X \leqslant a)$ pour X suivant une loi $\mathcal{N}(\mu ; \sigma^2)$. Le résultat s'obtient à l'aide de la même décomposition que ci-dessus : **pnorm (120,113,5)-pnorm (110,113,5).**

On obtient $\mathbf{P(110 \leqslant X \leqslant 120) = 0{,}645\,0}$ à 10^{-4} près.

Centrer et réduire une loi $\mathcal{N}(\mu ; \sigma^2)$

→ Exercices 55 et 60

Soit X une variable aléatoire suivant la loi $\mathcal{N}(113 ; 25)$. Soit $Z = \dfrac{X - 113}{5}$.

1. **Quelle est la loi de Z ?**
2. **Exprimer l'événement $110 \leqslant X \leqslant 120$ à l'aide de Z.**
3. **Que vaut $P(-0{,}6 \leqslant Z \leqslant 1{,}4)$ à 10^{-4} près ? En déduire $P(110 \leqslant X \leqslant 120)$ à 10^{-4} près.**

solution

1. La variable X suit une loi normale d'espérance $\mu = 113$ et de variance $\sigma^2 = 25$.
Par définition la variable $Z = \dfrac{X - 113}{5} = \dfrac{X - \mu}{\sigma}$ suit la loi $\mathcal{N}(0 ; 1)$.
2. Pour faire intervenir Z, on procède en deux étapes :
① on *centre* X, c'est-à-dire on retranche μ à X : on obtient $X - \mu$,
② puis on *réduit*, c'est-à-dire on divise $X - \mu$ par σ : on obtient Z.
Ainsi, $110 \leqslant X \leqslant 120 \Leftrightarrow 110 - 113 \leqslant X - 113 \leqslant 120 - 113$ (on centre),
$$\Leftrightarrow \frac{110 - 113}{5} \leqslant \frac{X - 113}{5} \leqslant \frac{120 - 113}{5} \quad \text{(on réduit).}$$
Donc $110 \leqslant X \leqslant 120 \Leftrightarrow -\dfrac{3}{5} \leqslant Z \leqslant \dfrac{7}{5} \Leftrightarrow -0{,}6 \leqslant Z \leqslant 1{,}4$.
3. Puisque Z suit la loi $\mathcal{N}(0 ; 1)$, on obtient directement à l'aide d'une calculatrice ou d'un logiciel :
$P(-0{,}6 \leqslant Z \leqslant 1{,}4) = 0{,}645\,0$ à 10^{-4} près.
D'après la question 2., les événements $110 \leqslant X \leqslant 120$ et $-0{,}6 \leqslant Z \leqslant 1{,}4$ coïncident.
Donc leur probabilité est la même : $P(110 \leqslant X \leqslant 120) = P(-0{,}6 \leqslant Z \leqslant 1{,}4) = 0{,}645\,0$ à 10^{-4} près.

3. Théorème de Moivre-Laplace

La loi binomiale est très utilisée en modélisation, mais certaines probabilités sont impossibles à calculer pour la loi binomiale (voir l'exercice 1 de découverte). Grâce au théorème suivant, le calcul de ces probabilités est rendu possible à l'aide de la loi normale. C'est historiquement la première motivation de l'utilisation de la loi normale en pratique.

→ théorème de Moivre-Laplace admis

Soit n un entier naturel non nul et p un nombre réel dans $[0\,;\,1]$. Soit X_n une variable aléatoire suivant une loi binomiale $\mathcal{B}(n\,;\,p)$. Alors, pour tous réels a et b,

$$\lim_{n \to +\infty} P\left(a \leqslant \frac{X_n - np}{\sqrt{np(1-p)}} \leqslant b\right) = P(a \leqslant Z \leqslant b) = \int_a^b \frac{1}{\sqrt{2\pi}} e^{-\frac{x^2}{2}} \mathrm{d}x,$$

où Z suit la loi normale centrée réduite $\mathcal{N}(0\,;\,1)$.

→ application pratique

Valable si $n \geqslant 30$, $np \geqslant 5$, $n(1-p) \geqslant 5$.

On considère que la limite dans le théorème de Moivre-Laplace est pratiquement atteinte lorsqu'on a simultanément $n \geqslant 30$, $np \geqslant 5$ et $n(1-p) \geqslant 5$.
Dans ces conditions, on a donc pour tous réels a et b,

$$P\left(a \leqslant \frac{X_n - np}{\sqrt{np(1-p)}} \leqslant b\right) \approx P(a \leqslant Z \leqslant b),$$

où X suit la loi normale centrée réduite $\mathcal{N}(0\,;\,1)$.

→ corollaire 1 : intervalle de fluctuations de F_n démontré page 384

Si X_n suit une loi binomiale $\mathcal{B}(n\,;\,p)$, alors la fréquence de succès $F_n = \frac{X_n}{n}$ vérifie

$$\lim_{n \to +\infty} P\left(p - u_\alpha \frac{\sqrt{p(1-p)}}{\sqrt{n}} \leqslant F_n \leqslant p + u_\alpha \frac{\sqrt{p(1-p)}}{\sqrt{n}}\right) = 1 - \alpha,$$

où u_α vérifie $P(-u_\alpha \leqslant Z \leqslant u_\alpha) = 1 - \alpha$ pour Z suivant la loi $\mathcal{N}(0\,;\,1)$ (voir le paragraphe 1.3).

→ application pratique

Pour $\alpha = 0{,}05$, $u_{0,05} = 1{,}96$. On en déduit que lorsque $n \geqslant 30$, $np \geqslant 5$ et $n(1-p) \geqslant 5$, **la fréquence de succès F_n fluctue avec une probabilité de 0,95** dans l'intervalle

$$\left[p - 1{,}96\frac{\sqrt{p(1-p)}}{\sqrt{n}}\,;\, p + 1{,}96\frac{\sqrt{p(1-p)}}{\sqrt{n}}\right].$$

Cet intervalle est dénommé : intervalle de fluctuations *asymptotique* à 95 % de F_n.

→ corollaire 2 : intervalle de fluctuations de F_n simplifié démontré page 385

Si X_n suit une loi binomiale $\mathcal{B}(n\,;\,p)$, alors pour tout $p \in]0\,;\,1[$, il existe un entier n_0 tel que pour tout $n \geqslant n_0$, $P\left(p - \frac{1}{\sqrt{n}} \leqslant F_n \leqslant p + \frac{1}{\sqrt{n}}\right) > 0{,}95$.

Appliquer le théorème de Moivre-Laplace

→ Exercices 89 et 91

Soit X une variable aléatoire suivant une loi $\mathscr{B}\left(180\ ;\ \frac{1}{6}\right)$. On souhaite calculer $P\left(-0,5 \leqslant \frac{X-30}{5} \leqslant 1,2\right)$.

1. **Est-il raisonnable d'utiliser l'approximation normale fournie par le théorème de Moivre-Laplace pour calculer cette probabilité ?**
2. **Donner une valeur approchée de la probabilité demandée à 10^{-2} près en utilisant l'approximation de Moivre-Laplace.**

solution

1. Le théorème de Moivre-Laplace permet d'approcher en pratique une loi binomiale $\mathscr{B}(n\ ;\ p)$ par une loi normale dès que $n \geqslant 30$, $np \geqslant 5$ et $n(1-p) \geqslant 5$. Dans notre cas $n = 180$ et $p = \frac{1}{6}$ donc $n \geqslant 30$, $np = 180 \times \frac{1}{6} = 30 \geqslant 5$, $n(1-p) = 180 \times \frac{5}{6} = 150 \geqslant 5$. Les trois conditions sont bien réalisées. Il est donc raisonnable d'utiliser l'approximation normale fournie par le théorème de Moivre-Laplace.
2. On remarque que $\sqrt{np(1-p)} = \sqrt{180 \times \frac{1}{6} \times \frac{5}{6}} = 5$, ainsi la probabilité demandée s'écrit :
$$P\left(-0,5 \leqslant \frac{X-30}{5} \leqslant 1,2\right) = P\left(-0,5 \leqslant \frac{X-np}{\sqrt{np(1-p)}} \leqslant 1,2\right).$$
D'après la question précédente, on peut utiliser l'approximation du théorème de Moivre-Laplace :
$$P\left(-0,5 \leqslant \frac{X-30}{5} \leqslant 1,2\right) = P\left(-0,5 \leqslant \frac{X-np}{\sqrt{np(1-p)}} \leqslant 1,2\right) \approx P(-0,5 \leqslant Z \leqslant 1,2),$$
où Z suit la loi $\mathcal{N}(0\ ;\ 1)$.
À l'aide d'une calculatrice on obtient $P(-0,5 \leqslant Z \leqslant 1,2) = 0,58$ à 10^{-2} près.

Établir l'intervalle de fluctuations d'une fréquence

→ Exercices 99 et 103 à 106

On considère que la probabilité qu'une personne tirée au hasard soit une fille est de 50 %.

1. **Dans quel intervalle fluctue la fréquence des filles dans un échantillon de 35 personnes tirées au hasard ?**
2. **Dans une classe de 35 élèves, on dénombre 13 filles. Peut-on considérer qu'il y a une sous-représentation des filles dans cette classe ?**

solution

1. Considérons l'expérience de Bernoulli : « être une fille ». Elle arrive avec une probabilité $p = 0,5$ et est indépendante d'une personne à l'autre. Ainsi le nombre de filles parmi $n = 35$ personnes prises au hasard suit une loi binomiale $\mathscr{B}(35\ ;\ 0,5)$. Puisque $n \geqslant 30$, $np = n(1-p) = 17,5 \geqslant 5$, on peut appliquer l'approximation normale fournie par le théorème de Moivre-Laplace. D'après le **corollaire 1** de ce théorème, on peut affirmer que la fréquence F de filles appartient avec une probabilité de 0,95 à l'intervalle :
$$\left[0,5 - 1,96\frac{\sqrt{0,5(1-0,5)}}{\sqrt{35}}\ ;\ 0,5 + 1,96\frac{\sqrt{0,5(1-0,5)}}{\sqrt{35}}\right] = [0,33\ ;\ 0,67] \text{ à } 10^{-2} \text{ près.}$$
2. On observe dans ce cas $F = \frac{13}{35} = 0,37$. Il y a certes moins de filles que de garçons dans cette classe mais d'après la question précédente, cette différence est conforme aux fluctuations possibles de F sous l'hypothèse $p = 0,5$. On ne peut donc pas affirmer qu'il y a une sous-représentation des filles dans cette classe.

4. Estimation du paramètre p d'une loi $\mathcal{B}(n\ ;\ p)$

Exposé du problème

Considérons une expérience aléatoire à deux issues possibles (succès ou échec) dont on ne connaît pas la probabilité de succès p. On désire estimer au mieux p à partir de la réalisation de n expériences indépendantes.

En notant X_n le nombre de succès parmi n, il est naturel de proposer comme estimateur de p la proportion de succès $F_n = \frac{X_n}{n}$.

À quel point peut-on se fier à cette estimation ? Peut-on évaluer une marge d'erreur ? On répond généralement à cette question en estimant p par un *intervalle de confiance.*

définition

Soit α dans $]0, 1]$. Un intervalle de confiance au niveau $1 - \alpha$ pour l'estimation de p est un intervalle, noté IC, qui ne s'exprime qu'en fonction de F_n et n, tel que $P(p \in \text{IC}) \geqslant 1 - \alpha$.

Remarque

Le but étant d'estimer p, l'intervalle de confiance doit pouvoir être calculé en pratique à partir des réalisations de F_n. Il est donc important qu'il ne dépende pas du paramètre inconnu p.

proposition : intervalle de confiance pour l'estimation de p démontrée page 386

Lorsque n est assez grand (en pratique $n \geqslant 30$, $np \geqslant 5$ et $n(1-p) \geqslant 5$), l'intervalle

$$\text{IC} = \left[F_n - \frac{1}{\sqrt{n}}\ ;\ F_n + \frac{1}{\sqrt{n}}\right]$$

est un intervalle de confiance au niveau 95 % pour l'estimation de p.

L'intervalle IC est appelé intervalle de confiance pour p au *niveau asymptotique* 95 %.

Interprétation

- L'intervalle $\left[F_n - \frac{1}{\sqrt{n}}\ ;\ F_n + \frac{1}{\sqrt{n}}\right]$ est **aléatoire** car il dépend de la réalisation de F_n : il a plus de 95 % de chances de contenir le paramètre inconnu p.
- En pratique, ayant observé une réalisation f de F_n, l'intervalle $\left[f - \frac{1}{\sqrt{n}}\ ;f + \frac{1}{\sqrt{n}}\right]$ n'est plus aléatoire : il contient ou non p mais il n'est pas possible de le savoir puisque p est inconnu.
- Supposons que l'on puisse observer F_n de nombreuses fois et notons $f_1, \ldots, f_N$ ces observations (N grand). On remarquerait la chose suivante : plus de 95 % des intervalles $\left[f_i - \frac{1}{\sqrt{n}}\ ;f_i + \frac{1}{\sqrt{n}}\right]$, $i \in \{1\ ;\ \ldots\ ;\ N\}$, contiendraient p, les autres non (voir l'exercice résolu 5).

Apporter un intervalle de confiance à un sondage → Exercices 113 et 114

Lors d'un scrutin électoral, on souhaite connaître la proportion p de français votant pour le candidat « A ».

L'institut SOFOS mène une enquête auprès de 1 000 personnes tirées au hasard et avec remise (c'est-à-dire qu'une même personne peut éventuellement être choisie plusieurs fois). Le résultat indique qu'une proportion $f = 49\ \%$ d'entre elles voteront pour le candidat « A ».

1. **Quelle est la loi suivie par le nombre de personnes votant pour « A » dans une enquête avec remise effectuée auprès de 1 000 personnes ?**
2. **Étant donné le résultat de l'enquête SOFOS, donner un intervalle de confiance à 95 % pour l'estimation de p.**
3. **Peut-on affirmer d'après l'enquête que le candidat « A » n'aura pas la majorité des votes, c'est-à-dire que $p < 0,5$?**

solution

1. À chaque étape de l'enquête, il y a une probabilité p de tirer une personne votant pour « A », car on procède à des tirages avec remise. De plus, les 1 000 tirages sont effectués de façon indépendante. L'enquête est donc un schéma de Bernoulli dont chaque succès correspond à tirer une personne votant pour « A ». Le nombre de personnes votant pour « A » dans l'enquête suit donc une loi binomiale $\mathcal{B}(1\ 000\ ;\ p)$, où p est inconnu.

2. Notons F la proportion de personnes votant pour « A » parmi 1 000.

   D'après le cours, si $n \geqslant 30$, $np \geqslant 5$ et $n(1-p) \geqslant 5$, un intervalle de confiance au niveau 95 % pour p est $\left[\mathrm{F} - \frac{1}{\sqrt{1\ 000}}\ ;\ \mathrm{F} + \frac{1}{\sqrt{1\ 000}}\right]$. Ici $n = 1\ 000 \geqslant 30$, de plus $np \geqslant 5 \Leftrightarrow p \geqslant 0,005$ et $n(1-p) \geqslant 5 \Leftrightarrow p \leqslant 0,995$. On ne connaît pas la valeur de p mais au vu de l'estimation fournie par l'enquête $(f = 0,49)$, on peut raisonnablement admettre que ces conditions sont vérifiées.

   L'intervalle de confiance au niveau 95 % pour l'estimation de p est donc :

   $$\left[0,49 - \frac{1}{\sqrt{1\ 000}}\ ;\ 0,49 + \frac{1}{\sqrt{1\ 000}}\right] = [0,458\ ;0,522].$$

3. L'intervalle de confiance précédent montre qu'il est tout à fait possible que $p > 0,5$.
   Donc il n'est pas raisonnable d'affirmer suite à l'enquête que le candidat « A » n'obtiendra pas la majorité des votes.

Compléments

Cet exercice a permis de proposer un intervalle de confiance (autrement dit d'ajouter une marge d'erreur au résultat du sondage) en supposant que l'enquête est menée auprès de personnes choisies *au hasard*, on parle alors de *sondage aléatoire*. Pour des raisons pratiques, les instituts de sondage n'utilisent pas les sondages aléatoires mais les sondages par la *méthode des quotas*.

On peut lire sur le site de l'institut de sondages IPSOS (rubrique FAQ) :

« *L'inconvénient majeur de la méthode des quotas est de ne pas permettre de calculer scientifiquement la marge d'erreur du sondage. Les lois statistiques qui permettent de la déterminer ne valent théoriquement que pour les sondages aléatoires. En pratique, on considère cependant que la marge d'erreur des sondages par quotas est égale ou inférieure à celle des sondages aléatoires.* »

Propriété : espérance d'une variable aléatoire suivant la loi $\mathcal{N}(0\,;1)$

Soit X une variable aléatoire suivant la loi $\mathcal{N}(0\,;1)$ dont la densité est notée f.
L'espérance de X, définie par $E(X) = \lim\limits_{x \to -\infty} \int_x^0 tf(t)\,dt + \lim\limits_{y \to +\infty} \int_0^y tf(t)\,dt$, est égale à 0.

Démonstration

On cherche dans un premier temps à calculer les intégrales intervenant dans la définition de $E(X)$. Pour cela il nous faut trouver une primitive de la fonction $g : t \mapsto tf(t) = \frac{1}{\sqrt{2\pi}} te^{-\frac{t^2}{2}}$.

On observe que $g = -\frac{1}{\sqrt{2\pi}} u'e^u$ avec $u(t) = \frac{-t^2}{2}$ donc $u'(t) = -t$.

Or $-\frac{1}{\sqrt{2\pi}} u'\,e^u = \left(-\frac{1}{\sqrt{2\pi}} e^u\right)'$.

Une primitive de g est donc la fonction G définie sur $\mathbb{R}$ par :

$$G(t) = -\frac{1}{\sqrt{2\pi}} e^{u(t)} = -\frac{1}{\sqrt{2\pi}} e^{-\frac{t^2}{2}}.$$

On peut à présent calculer les intégrales intervenant dans la définition de $E(X)$:

$$\int_x^0 tf(t)\,dt = [G(t)]_x^0 = G(0) - G(x) = -\frac{1}{\sqrt{2\pi}} + \frac{1}{\sqrt{2\pi}} e^{-\frac{x^2}{2}},$$

$$\int_0^y tf(t)\,dt = [G(t)]_0^y = G(y) - G(0) = -\frac{1}{\sqrt{2\pi}} e^{-\frac{y^2}{2}} + \frac{1}{\sqrt{2\pi}}.$$

Par composition des limites, on a $\lim\limits_{x \to -\infty} e^{-\frac{x^2}{2}} = \lim\limits_{y \to +\infty} e^{-\frac{y^2}{2}} = 0$. Ainsi on obtient :

$$E(X) = \lim_{x \to -\infty} \int_x^0 tf(t)\,dt + \lim_{y \to +\infty} \int_0^y tf(t)\,dt = -\frac{1}{\sqrt{2\pi}} + \frac{1}{\sqrt{2\pi}} = 0.$$

Propriété ROC

Soit X une variable aléatoire de loi $\mathcal{N}(0\,;1)$. Pour tout α dans $]0\,;1[$, il existe un unique réel positif u_α tel que :

$$P(-u_\alpha \leqslant X \leqslant u_\alpha) = 1 - \alpha.$$

Démonstration

On pose $y = 1 - \alpha$. Puisque α est dans $]0\,;1[$, y est également dans $]0\,;1[$.

Pour n'importe quel réel y fixé dans $]0\,;1[$, il nous faut donc montrer que l'équation :

$$P(-x \leqslant X \leqslant x) = y, \quad x \geqslant 0,$$

admet une unique solution que l'on notera u_α.

Posons $G(x) = P(-x \leqslant X \leqslant x)$, pour $x \geqslant 0$, et étudions les variations de la fonction G ainsi définie sur $[0\,;+\infty[$.

En notant f la densité de la loi $\mathcal{N}(0\,;1)$ et F une primitive de f, on a :

$$G(x) = P(-x \leqslant X \leqslant x) = \int_{-x}^x f(t)\,dt = F(x) - F(-x).$$

La dérivée de G est la différence de la dérivée de F et de celle de $x \mapsto F(-x)$:

1. Puisque F est une primitive de f, $F'(x) = f(x)$;
2. En posant $u(x) = -x$, on peut écrire $F(-x) = F(u(x))$. D'après la formule de dérivation d'une fonction composée, la dérivée de $x \mapsto F(-x)$ vaut donc :
$$u'(x) \times F'(u(x)) = -1 \times F'(-x) = -f(-x).$$

On obtient ainsi, pour tout $x \geqslant 0$,
$$G'(x) = f(x) - (-f(-x)) = f(x) + f(-x).$$

Or $f(x) > 0$ pour tout réel x et donc $G'(x) > 0$ pour tout $x \geqslant 0$. On en déduit que G est strictement croissante sur $\mathbb{R}^+$.

Il est intéressant de remarquer qu'on ne connaît pas la forme explicite de F : on sait seulement que $F' = f$ et cela nous suffit pour établir le signe de G'.

Pour dresser complètement le tableau de variations de G, il nous reste à déterminer les limites aux bornes. On a $G(0) = \int_0^0 f(t)\,dt = 0$ et $\lim_{x \to +\infty} G(x) = \lim_{x \to +\infty} \int_{-x}^{x} f(t)\,dt = 1$ car f est une densité de probabilité.

Le tableau de variations de G est donc le suivant :

x	0	u_α	$+\infty$
$G(x)$	0 ↗	$1-\alpha$	↗ 1

La fonction G est continue, strictement monotone de $]0\,;+\infty[$ à valeurs dans $]0\,;1[$, donc d'après le corollaire du théorème des valeurs intermédiaires pour les fonctions strictement monotones, pour tout $y \in\,]0\,;1[$, il existe un unique u_α dans $]0\,;+\infty[$ tel que $G(u_\alpha) = y$.

Cela montre la proposition.

Propriété : espérance et variance d'une variable aléatoire suivant la loi $\mathcal{N}(\mu\,;\sigma^2)$

Soit X une variable aléatoire de loi $\mathcal{N}(\mu\,;\sigma^2)$.
Alors son espérance vaut μ ; sa variance vaut σ^2 et son écart-type vaut σ.

Démonstration

Notons $Y = \dfrac{X-\mu}{\sigma}$. Par définition, si X suit la loi $\mathcal{N}(\mu\,;\sigma^2)$, alors Y suit la loi $\mathcal{N}(0\,;1)$.

On en déduit en particulier $E(Y) = 0$ et $V(Y) = 1$.

On va utiliser les propriétes suivantes : Pour tous réels a et b,

- $E(aY + b) = aE(Y) + b$,
- $V(aY + b) = a^2V(Y)$.

Ces égalités ont été montrées pour des variables à valeurs discrètes en 1re S. Nous admettons qu'elles restent valables dans le cas de variables à loi continue, en particulier pour la loi normale.

Puisque $X = \sigma Y + \mu$, on a $E(X) = E(\sigma Y + \mu) = \sigma E(Y) + \mu = \mu$, car $E(Y) = 0$.

De même $V(X) = V(\sigma Y + \mu) = \sigma^2 V(Y) = \sigma^2$, car $V(Y) = 1$.

On en déduit finalement l'écart-type de X qui vaut $\sqrt{V(X)} = \sqrt{\sigma^2} = \sigma$.

Propriété : intervalles de fluctuations d'une loi $\mathcal{N}(\mu\ ;\ \sigma^2)$

Si X suit une loi $\mathcal{N}(\mu\ ;\ \sigma^2)$, sa dispersion autour de μ dépend de σ de la façon suivante (à 10^{-3} près) :

$$P(X \in [\mu - \sigma\ ;\ \mu + \sigma]) = 0{,}683\ ;$$
$$P(X \in [\mu - 2\sigma\ ;\ \mu + 2\sigma]) = 0{,}954\ ;$$
$$P(X \in [\mu - 3\sigma\ ;\ \mu + 3\sigma]) = 0{,}997.$$

Démonstration

Par définition, si X suit une loi $\mathcal{N}(\mu\ ;\ \sigma^2)$, la variable $Z = \frac{X-\mu}{\sigma}$ suit la loi $\mathcal{N}(0\ ;\ 1)$.

Pour calculer n'importe quelle probabilité relative à X, on se ramène à Z en deux étapes :

1. en *centrant*, c'est-à-dire en retranchant μ à X : on obtient $X - \mu$,
2. puis en *réduisant*, c'est-à-dire en divisant $X - \mu$ par σ : on obtient Z.

Ainsi :

$$\begin{aligned} P(X \in [\mu - \sigma\ ;\ \mu + \sigma]) &= P(\mu - \sigma \leqslant X \leqslant \mu + \sigma) \\ &= P(-\sigma \leqslant X - \mu \leqslant \sigma) && \text{(on centre)} \\ &= P\left(-1 \leqslant \frac{X-\mu}{\sigma} \leqslant 1\right) && \text{(on réduit)} \\ &= P(-1 \leqslant Z \leqslant 1) && \text{(par définition de Z)} \end{aligned}$$

On utilise à présent une calculatrice ou un logiciel pour évaluer cette dernière probabilité lorsque Z suit la loi $\mathcal{N}(0\ ;\ 1)$. On obtient $P(-1 \leqslant Z \leqslant 1) = 0{,}683$ à 10^{-3} près.

Donc $P(X \in [\mu - \sigma\ ;\ \mu + \sigma]) = 0{,}683$ à 10^{-3} près.

À vous de jouer

En utilisant la même démarche que précédemment, montrer que, à 10^{-3} près,

$$P(X \in [\mu - 2\sigma\ ;\ \mu + 2\sigma]) = P(-2 \leqslant Z \leqslant 2) = 0{,}954$$
$$P(X \in [\mu - 3\sigma\ ;\ \mu + 3\sigma]) = P(-3 \leqslant Z \leqslant 3) = 0{,}997$$

Corollaire 1 du théorème de Moivre-Laplace : intervalle de fluctuations de F_n

Si X_n suit la loi binomiale $\mathcal{B}(n\ ;\ p)$, alors la fréquence de succès $F_n = \frac{X_n}{n}$ vérifie :

$$\lim_{n \to +\infty} P\left(p - u_\alpha \frac{\sqrt{p(1-p)}}{\sqrt{n}} \leqslant F_n \leqslant p + u_\alpha \frac{\sqrt{p(1-p)}}{\sqrt{n}}\right) = 1 - \alpha,$$

où u_α vérifie $P(-u_\alpha \leqslant Z \leqslant u_\alpha) = 1 - \alpha$ pour Z suivant la loi $\mathcal{N}(0\ ;\ 1)$ (voir paragraphe 1.3).

ROC Démonstration

D'après le théorème de Moivre-Laplace, pour tous réels a et b,

$$\lim_{n \to +\infty} P\left(a \leqslant \frac{X_n - np}{\sqrt{np(1-p)}} \leqslant b\right) = P(a \leqslant Z \leqslant b), \qquad (1)$$

où Z suit la loi $\mathcal{N}(0\ ;\ 1)$.

Nous allons manipuler les inégalités dans le terme de gauche pour faire intervenir F_n. Pour cela, il suffit d'isoler X_n puis de diviser par n :

$$a \leqslant \frac{X_n - np}{\sqrt{np(1-p)}} \leqslant b \Leftrightarrow a\sqrt{np(1-p)} \leqslant X_n - np \leqslant b\sqrt{np(1-p)}$$

$$\Leftrightarrow np + a\sqrt{np(1-p)} \leqslant X_n \leqslant np + b\sqrt{np(1-p)}$$

$$\Leftrightarrow \frac{np}{n} + \frac{a\sqrt{np(1-p)}}{n} \leqslant \frac{X_n}{n} \leqslant \frac{np}{n} + \frac{b\sqrt{np(1-p)}}{n}$$

$$\Leftrightarrow p + a\frac{\sqrt{p(1-p)}}{\sqrt{n}} \leqslant F_n \leqslant p + b\frac{\sqrt{p(1-p)}}{\sqrt{n}}$$

Deux événements équivalents ont même probabilité, donc :

$$P\left(a \leqslant \frac{X_n - np}{\sqrt{np(1-p)}} \leqslant b\right) = P\left(p + a\frac{\sqrt{p(1-p)}}{\sqrt{n}} \leqslant F_n \leqslant p + b\frac{\sqrt{p(1-p)}}{\sqrt{n}}\right).$$

D'après **(1)**, nous obtenons la version du théorème de Moivre-Laplace pour la fréquence F_n :

$$\lim_{n \to +\infty} P\left(p + a\frac{\sqrt{p(1-p)}}{\sqrt{n}} \leqslant F_n \leqslant p + b\frac{\sqrt{p(1-p)}}{\sqrt{n}}\right) = P(a \leqslant Z \leqslant b),$$

où Z suit la loi $\mathcal{N}(0\,;1)$. Le résultat énoncé dans le corollaire correspond au cas particulier $a = -u_\alpha$ et $b = u_\alpha$, où u_α est l'unique réel positif vérifiant $P(-u_\alpha \leqslant Z \leqslant u_\alpha) = 1 - \alpha$.

Corollaire 2 du théorème de Moivre-Laplace : intervalle de fluctuations de F_n simplifié

Si X_n suit la loi binomiale $\mathcal{B}(n\,;p)$, alors pour tout $p \in]0, 1[$, il existe un entier n_0 tel que pour tout $n \geqslant n_0$,

$$P\left(p - \frac{1}{\sqrt{n}} \leqslant F_n \leqslant p + \frac{1}{\sqrt{n}}\right) > 0{,}95.$$

ROC Démonstration

Le résultat du corollaire est une conséquence des deux propriétés suivantes, que nous allons montrer :

1. $\left[p - 2\frac{\sqrt{p(1-p)}}{\sqrt{n}}\,;p + 2\frac{\sqrt{p(1-p)}}{\sqrt{n}}\right] \subset \left[p - \frac{1}{\sqrt{n}}\,;p + \frac{1}{\sqrt{n}}\right]$ **(2)**

2. Il existe un entier n_0 tel que pour tout $n \geqslant n_0$, $p_n > 0{,}95$; où p_n est défini par :

$$p_n = P\left(F_n \in \left[p - 2\frac{\sqrt{p(1-p)}}{\sqrt{n}}\,;p + 2\frac{\sqrt{p(1-p)}}{\sqrt{n}}\right]\right).$$

En effet, soit X une variable aléatoire, si deux intervalles I_1 et I_2 vérifient $I_1 \subset I_2$, alors on a toujours $P(X \in I_1) \leqslant P(X \in I_2)$. Ainsi en admettant l'inclusion **(2)** du premier point :

$$P\left(F_n \in \left[p - 2\frac{\sqrt{p(1-p)}}{\sqrt{n}}\,;p + 2\frac{\sqrt{p(1-p)}}{\sqrt{n}}\right]\right) \leqslant P\left(F_n \in \left[p - \frac{1}{\sqrt{n}}\,;p + \frac{1}{\sqrt{n}}\right]\right),$$

autrement dit $P\left(F_n \in \left[p - \frac{1}{\sqrt{n}}\,;p + \frac{1}{\sqrt{n}}\right]\right) \geqslant P_n$.

Le résultat du corollaire est alors une conséquence immédiate de 2..

Montrons à présent les deux propriétés annoncées.

1. L'intervalle de gauche dans **(2)** contient les nombres réels qui sont à une distance de p inférieure à $2\frac{\sqrt{p(1-p)}}{\sqrt{n}}$. L'inclusion revient donc à montrer que quel que soit $p \in [0\ ;\ 1]$,

$$2\frac{\sqrt{p(1-p)}}{\sqrt{n}} \leqslant \frac{1}{\sqrt{n}}.$$

Pour prouver cette inégalité, étudions la fonction $g : p \mapsto p(1-p)$, pour $p \in [0\ ;\ 1]$, afin d'en trouver un majorant. On a $g(p) = p - p^2$, donc $g'(p) = 1 - 2p$. La fonction g est donc croissante sur $\left[0\ ;\ \frac{1}{2}\right]$ et décroissante sur $\left[\frac{1}{2}\ ;\ 1\right]$: elle admet ainsi un maximum en $p = \frac{1}{2}$ qui vaut $g\left(\frac{1}{2}\right) = \frac{1}{2}\left(1 - \frac{1}{2}\right) = \frac{1}{4}$. On en déduit l'inégalité souhaitée :

$$2\frac{\sqrt{p(1-p)}}{\sqrt{n}} \leqslant 2\frac{\sqrt{\frac{1}{4}}}{\sqrt{n}} = \frac{1}{\sqrt{n}}.$$

2. Montrons à présent qu'il existe un entier n_0 tel que pour tout $n \geqslant n_0$, $p_n > 0{,}95$. D'après le corollaire 1 du théorème de Moivre-Laplace appliqué pour $u_\alpha = 2$, on a :

$$\lim_{n \to +\infty} \mathrm{P}\left(p - 2\frac{\sqrt{p(1-p)}}{\sqrt{n}} \leqslant \mathrm{F}_n \leqslant p + 2\frac{\sqrt{p(1-p)}}{\sqrt{n}}\right) = 1 - \alpha,$$

où α est tel que $\mathrm{P}(-2 \leqslant \mathrm{Z} \leqslant 2) = 1 - \alpha$ pour Z suivant la loi $\mathcal{N}(0\,;1)$. On trouve à l'aide d'une calculatrice $1 - \alpha = 0{,}954$ à 10^{-3} près. Ainsi $\lim\limits_{n \to +\infty} p_n = 0{,}954$. Il existe donc un entier n_0 tel que pour tout $n \geqslant n_0$, $p_n \in [0{,}954 - 0{,}003\ ;\ 0{,}954 + 0{,}003]$ ce qui implique que $p_n > 0{,}95$.

Proposition : intervalle de confiance pour l'estimation de p

Lorsque n est assez grand (en pratique $n \geqslant 30$, $np \geqslant 5$ et $n(1-p) \geqslant 5$), l'intervalle :

$$\mathrm{IC} = \left[\mathrm{F}_n - \frac{1}{\sqrt{n}}\ ;\ \mathrm{F}_n + \frac{1}{\sqrt{n}}\right]$$

est un intervalle de confiance au niveau 95 % pour l'estimation de p.

ROC Démonstration

L'intervalle proposé ne dépend que de F_n et n, et ne dépend pas de p : il satisfait donc la première condition de la définition d'un intervalle de confiance. Il nous reste à évaluer son niveau de confiance.

D'après le corollaire 2 du théorème de Moivre-Laplace, $\mathrm{P}\left(\mathrm{F}_n \in \left[p - \frac{1}{\sqrt{n}}\ ;\ p + \frac{1}{\sqrt{n}}\right]\right) \geqslant 0{,}95$, lorsque n est assez grand. Or

$$\begin{aligned}\mathrm{F}_n \in \left[p - \frac{1}{\sqrt{n}}\ ;\ p + \frac{1}{\sqrt{n}}\right] &\Leftrightarrow p - \frac{1}{\sqrt{n}} \leqslant \mathrm{F}_n \leqslant p + \frac{1}{\sqrt{n}}\\ &\Leftrightarrow -\frac{1}{\sqrt{n}} \leqslant \mathrm{F}_n - p \leqslant \frac{1}{\sqrt{n}}\\ &\Leftrightarrow -\frac{1}{\sqrt{n}} \leqslant p - \mathrm{F}_n \leqslant \frac{1}{\sqrt{n}}\\ &\Leftrightarrow \mathrm{F}_n - \frac{1}{\sqrt{n}} \leqslant p \leqslant \mathrm{F}_n + \frac{1}{\sqrt{n}} \Leftrightarrow p \in \mathrm{IC}\end{aligned}$$

Deux évènements équivalents ont même probabilité donc $\mathrm{P}(p \in \mathrm{IC}) \geqslant 0{,}95$, lorque n est assez grand, ce qui montre bien que l'intervalle IC a un niveau de confiance de 95 % pour l'estimation de p.

Exercice résolu 1 • Trouver l'intervalle associé à une probabilité donnée

énoncé **Soit X une variable aléatoire suivant la loi $\mathcal{N}(0\ ;\ 1)$. Le but de cet exercice est de trouver, pour tout $\alpha \in]0\ ;\ 1[$, le réel positif u_α tel que $P(-u_\alpha \leqslant X \leqslant u_\alpha) = 1 - \alpha$.**

Soit F la fonction définie pour tout $x \in \mathbb{R}$ par $F(x) = P(X \leqslant x)$.

1. **Justifier que, pour tout $x \in \mathbb{R}$, $F(x)$ appartient à $]0\ ;\ 1[$.**

Les calculatrices ou logiciels donnent, pour tout $y \in]0\ ;\ 1[$, le nombre $x \in \mathbb{R}$ tel que $P(X \leqslant x) = y$. On va utiliser cette fonctionnalité pour trouver u_α.

2. **Justifier graphiquement l'égalité : pour tout $u_\alpha \geqslant 0$, $P(X \leqslant -u_\alpha) = P(X \geqslant u_\alpha)$.**
3. **En utilisant la relation précédente, montrer que : $P(-u_\alpha \leqslant X \leqslant u_\alpha) = 2P(X \leqslant u_\alpha) - 1$.**
4. **En déduire que $F(u_\alpha) = 1 - \frac{\alpha}{2}$.**
5. **À l'aide d'une calculatrice ou d'un logiciel, donner une valeur approchée de u_α lorsque $\alpha = 0{,}01$; $\alpha = 0{,}05$ et $\alpha = 0{,}1$.**

Indication : **lorsque X suit une loi $\mathcal{N}(\mu\ ;\ \sigma^2)$, on obtient le nombre x tel que $P(X \leqslant x) = y$ par :**

TI : la fonction invnorm(y ; μ ; σ) **du menu** DISTR **;**

Casio : le menu STAT, DIST, NORMInvN, **en saisissant** Tail:Left, Area: y **et les valeurs de μ et σ ;**

Open Calc : la fonction LOI.NORMALE.INVERSE(y ; μ ; σ) **;** **R : la fonction** qnorm(y, μ, σ).

solution

1. Une probabilité est toujours comprise entre 0 et 1. Donc pour tout $x \in \mathbb{R}$, $0 \leqslant F(x) \leqslant 1$. De plus, puisque $F(x) = P(X \leqslant x)$ est par définition l'intégrale d'une fonction continue strictement positive, son interprétation géométrique montre que pour tout $x \in \mathbb{R}$, $F(x) \neq 0$. De même, pour tout x, $1 - F(x) = P(X > x) \neq 0$ ce qui prouve que $F(x) \neq 1$. Ainsi $0 < F(x) < 1$.
2. Quel que soit $u_\alpha \geqslant 0$, l'interprétation géométrique de $P(X \leqslant -u_\alpha)$ et de $P(X \geqslant u_\alpha)$ montre que ces deux probablilités sont égales, par symétrie de la densité de la loi $\mathcal{N}(0\,;\,1)$ par rapport à l'axe des ordonnées.

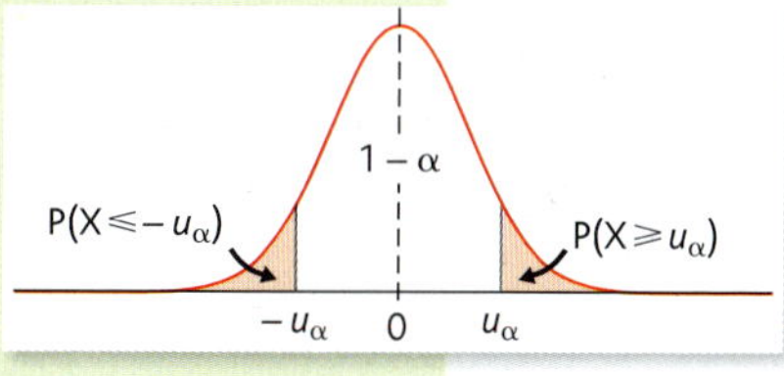

3. On a $P(-u_\alpha \leqslant X \leqslant u_\alpha) = P(X \leqslant u_\alpha) - P(X \leqslant -u_\alpha)$.
   D'après la relation précédente,
   $P(-u_\alpha \leqslant X \leqslant u_\alpha) = P(X \leqslant u_\alpha) - P(X \geqslant u_\alpha)$.
   Or $P(X \geqslant u_\alpha) = 1 - P(X < u_\alpha)$ et $P(X < u_\alpha) = P(X \leqslant u_\alpha)$ car X suit une loi continue.
   Donc $P(-u_\alpha \leqslant X \leqslant u_\alpha) = P(X \leqslant u_\alpha) - (1 - P(X \leqslant u_\alpha)) = 2P(X \leqslant u_\alpha) - 1$.
4. On en déduit par définition de F, $F(u_\alpha) = \frac{1}{2}(P(-u_\alpha \leqslant X \leqslant u_\alpha) + 1)$. Or par définition de u_α, $P(-u_\alpha \leqslant X \leqslant u_\alpha) = 1 - \alpha$. Donc $F(u_\alpha) = \frac{1}{2}(1 - \alpha + 1) = 1 - \frac{\alpha}{2}$.
5. En suivant l'indication avec $y = 1 - \frac{\alpha}{2}$, $\mu = 0$ et $\sigma = 1$, on obtient pour $\alpha = 0{,}01 : u_{0,01} = 2{,}58$; pour $\alpha = 0{,}05 : u_{0,05} = 1{,}96$; pour $\alpha = 0{,}1 : u_{0,1} = 1{,}64$.

Entraînez-vous

Que vaut u_α lorsque $\alpha = 0{,}02$, $\alpha = 0{,}25$, $\alpha = 0{,}5$?

Exercice résolu 2 • Étudier la dispersion d'une variable aléatoire suivant une loi normale

énoncé **Une entreprise de confitures annonce sur ses emballages une teneur en fruits de 60 grammes pour 100 grammes de confitures.**
Le procédé de fabrication est soumis à quelques aléas. On considère que la teneur en fruits pour 100 g de confitures fluctue selon la loi $\mathcal{N}(60 ; 9)$.

1. **Quelle est la probabilité que la teneur en fruits soit différente de plus de 5 grammes de la valeur annoncée sur l'emballage ?**
2. **Dans quel intervalle fluctue la teneur en fruits avec une probabilité de 0,95.**

Ces résultats ne satisfont pas le service qualité de l'entreprise : en présence de trop peu de fruits, le client risque de dénoncer une publicité mensongère et à l'inverse, l'excès de fruits augmente le coût de fabrication d'un pot de confiture et diminue sa rentabilité. Le service qualité demande donc au service technique de modifier l'écart-type σ pour rendre la teneur en fruits moins fluctuante.

3. **Celui-ci doit-il pour cela augmenter ou diminuer la valeur de σ ?**

Plus précisément, le service qualité souhaite que la teneur en fruits fluctue désormais à 95 % dans l'intervalle $[58 ; 62]$.

4. **Quelle valeur de σ le service technique doit-il atteindre ?**
5. **Avec cette nouvelle valeur de σ, quelle est la probabilité que la teneur en fruits soit différente de plus de 5 grammes de la valeur annoncée ?**

solution

1. Soit X la teneur en fruits dans un pot de 100 g. D'après l'énoncé X suit la loi normale $\mathcal{N}(60 ; 9)$. La teneur en fruits est annoncée à 60 g. Elle s'en écarte de plus de 5 grammes si $X \leqslant 55$ ou si $X \geqslant 65$. On cherche donc $P((X \leqslant 55) \cup (X \geqslant 65)) = 1 - P(55 < X < 65)$. À l'aide d'une calculatrice ou d'un logiciel, on obtient, lorsque X suit la loi normale de paramètres $\mu = 60$ et $\sigma = \sqrt{9} = 3$: $P(55 < X < 65) = 0{,}904$ à 10^{-3} près.
Ainsi $P((X \leqslant 55) \cup (X \geqslant 65)) = 0{,}096 \approx 10\ \%$.
2. D'après le cours, on sait qu'une variable suivant une loi $\mathcal{N}(\mu ; \sigma^2)$ fluctue à 95 % dans l'intervalle $[\mu - 2\sigma ; \mu + 2\sigma]$. Puisqu'ici $\mu = 60$ et $\sigma = 3$, la teneur en fruits fluctue à 95 % dans l'intervalle $[54 ; 66]$.
3. L'écart-type σ quantifie la dispersion de la variable aléatoire X. Plus σ est élevé, plus les réalisations de X sont dispersées. Il faut donc diminuer σ pour réduire l'intervalle de fluctuations de X.
4. On souhaite que l'intervalle $[\mu - 2\sigma ; \mu + 2\sigma]$ soit égale à $[58 ; 62]$. Puisque $\mu = 60$, cela implique $\sigma = 1$.
5. À présent X suit la loi $\mathcal{N}(60 ; 1)$. On a de façon similaire à la question 1. :
$P((X \leqslant 55) \cup (X \geqslant 65)) = 1 - P(55 < X < 65)$. On obtient à l'aide d'une calculatrice, lorsque $\mu = 60$ et $\sigma = 1$: $P((X \leqslant 55) \cup (X \geqslant 65)) \approx 6.10^{-7}$, ce qui est négligeable.

Exercice résolu 3 • Approcher la loi binomiale par une loi normale

énoncé **Une compagnie de taxis possède 100 véhicules. On considère que chacun des véhicules a une probabilité de 0,1 d'être en panne. Soit X le nombre de véhicules en panne dans cette compagnie.**

1. **Quelle est la loi de X ? Donner l'expression de $P(X = k)$ pour tout $k \in \{0 ; \dots ; 100\}$.**

On souhaite connaître la probabilité qu'il y ait entre 0 et 5 taxis en panne.

2. **Calculer $P(0 \leqslant X \leqslant 5)$ à l'aide d'une calculatrice.**
3. **Est-il raisonnable d'utiliser l'approximation normale fournie par le théorème de Moivre-Laplace pour calculer la probabilité précédente ?**
4. **Donner une valeur approchée de la probabilité demandée à l'aide de l'approximation précédente.**

solution

1. Nous sommes en présence d'un schéma de Bernoulli dans lequel le « succès » est la panne d'un taxi, qui survient de façon indépendante pour chaque véhicule et avec une probabilité de 0,1. La variable X, qui compte le nombre de « succès » parmi 100 taxis, suit donc une loi binomiale $\mathcal{B}(100 ; 0,1)$. On a par définition de la loi binomiale, pour tout $k \in \{0 ; \dots ; 100\}$, $P(X = k) = \binom{100}{k} 0,1^k \, 0,9^{100-k}$.
2. On obtient à l'aide d'une calculatrice $P(0 \leqslant X \leqslant 5) = 0,058$.
3. Le théorème de Moivre-Laplace permet d'approcher en pratique une loi binomiale $\mathcal{B}(n ; p)$ par une loi normale dès que $n \geqslant 30$, $np \geqslant 5$ et $n(1-p) \geqslant 5$. Dans notre cas $n = 100$ et $p = 0,1$ donc ces trois conditions sont bien réalisées. Il est donc raisonnable d'utiliser l'approximation normale fournie par le théorème de Moivre-Laplace.
4. Afin de pouvoir utiliser le théorème de Moivre-Laplace, il faut *centrer* X, c'est-à-dire lui retrancher son espérance, puis *réduire*, c'est-à-dire diviser par l'écart-type :
$P(0 \leqslant X \leqslant 5) = P\left(\frac{0-10}{3} \leqslant \frac{X-10}{3} \leqslant \frac{5-10}{3}\right) = P\left(-\frac{10}{3} \leqslant \frac{X-10}{3} \leqslant -\frac{5}{3}\right)$.
D'après la question 3., on peut utiliser l'approximation du théorème de Moivre-Laplace, ainsi :
$$P\left(-\frac{10}{3} \leqslant \frac{X-10}{3} \leqslant -\frac{5}{3}\right) \approx P\left(-\frac{10}{3} \leqslant Z \leqslant -\frac{5}{3}\right),$$
où Z suit la loi $\mathcal{N}(0 ; 1)$. À l'aide d'une calculatrice on obtient $P\left(-\frac{10}{3} \leqslant Z \leqslant -\frac{5}{3}\right) = 0,05$ à 10^{-2} près.

Exercice résolu 4 • Interpréter des résultats de sondages

énoncé **Lors d'un scrutin électoral, plusieurs enquêtes sont menées par différents instituts de sondages afin de prédire le futur gagnant. On suppose que chaque enquête est effectuée auprès de 1 000 personnes choisies au hasard et avec remise. À l'issue de ces enquêtes, les instituts fournissent la proportion de personnes votant pour le candidat « A ». Le tableau suivant résume les résultats fournis par 6 instituts de sondages.**

Votes pour A (en %)	*Institut 1*	*Institut 2*	*Institut 3*	*Institut 4*	*Institut 5*	*Institut 6*
	46,9	48,0	50,2	49,1	47,2	50,6

1. Compléter le tableau précédent en ajoutant un intervalle de confiance à 95 % pour chaque estimation.

2. On désire savoir si le candidat « A » obtiendra la majorité des votes (c'est-à-dire plus de 50 %). Quel institut peut-il affirmer connaître la réponse à cette question avec un niveau de confiance de 95 % ?

3. On suppose que les 6 enquêtes précédentes ont été effectuées de façon indépendante.

a. Quelle est la proportion totale de votes pour le candidat « A » parmi les sondés de ces 6 enquêtes ?

b. Soit p la proportion (inconnue) de personnes qui votent pour « A » dans la population totale. Fournir un intervalle de confiance au niveau 95 % pour l'estimation de p en regroupant les 6 enquêtes.

c. D'après vous, le candidat « A » obtiendra-t-il la majorité des votes ?

solution

1. Soit p la proportion (inconnue) de personnes qui votent pour « A » dans la population. Dans une enquête, il y a une probabilité p de tirer une personne votant pour « A » car les tirages sont effectués avec remise. De plus, pour chaque enquête, les 1 000 tirages sont effectués de façon indépendante. Le nombre de personnes votant pour « A » dans une enquête suit donc une loi binomiale $\mathcal{B}(1\,000\,;\,p)$. Notons F la proportion de personnes votant pour « A » parmi 1 000. D'après le cours, si $n \geqslant 30$, $np \geqslant 5$ et $n(1-p) \geqslant 5$, un intervalle de confiance au niveau 95 % pour p est $\left[\mathrm{F}-\frac{1}{\sqrt{n}}, \mathrm{F}+\frac{1}{\sqrt{n}}\right]$.
Ici $n = 1\,000 \geqslant 30$, de plus $np \geqslant 5 \Leftrightarrow p \geqslant 0{,}005$ et $n(1-p) \geqslant 5 \Leftrightarrow p \leqslant 0{,}995$.
On ne connaît pas la valeur de p mais au vu des estimations fournies par les 6 enquêtes, on peut raisonnablement admettre que ces conditions sont vérifiées. On peut donc appliquer l'intervalle de confiance précédent aux 6 réalisations de F de l'énoncé, il suffit de leur ajouter la marge d'erreur $\frac{1}{\sqrt{1\,000}} = 0{,}032$, ce qui donne :

	Institut 1	*Institut 2*	*Institut 3*	*Institut 4*	*Institut 5*	*Institut 6*
Votes pour A (en %)	46,9	48,0	50,2	49,1	47,2	50,6
IC à 95 % (en %)	[43,7 ; 50,1]	[44,8 ; 51,2]	[47,0 ; 53,4]	[45,9 ; 52,3]	[44,0 ; 50,4]	[47,4 ; 53,8]

2. On observe que les intervalles de confiance à 95 % ci-dessus contiennent tous des valeurs inférieures à 0,5 mais aussi des valeurs supérieures à 0,5. Ainsi, aucun des 6 instituts ne peut affirmer avec un niveau de confiance de 95 % que le candidat « A » obtiendra ou non plus de 50 % des votes.
3. En regroupant les 6 enquêtes, on obtient un sondage sur 6 000 personnes choisies au hasard, avec remise et de façon indépendante. Le nombre de personnes votant pour « A » suit donc une loi binomiale $\mathcal{B}(6\,000\ ;\ p)$, où p est inconnu.
   a. La proportion totale de personnes interrogées votant « A » est la moyenne des 6 proportions issues des 6 enquêtes, elle vaut donc $\dfrac{(0,469 + 0,48 + 0,502 + 0,491 + 0,472 + 0,506)}{6} = 0,487$.
   b. Puisque $n = 6\,000$, les conditions $n \geqslant 30$, $np \geqslant 5 \Leftrightarrow p \geqslant 0,0\,008$ et $n(1-p) \geqslant 5 \Leftrightarrow p \leqslant 0,9\,992$ sont vérifiées et on peut donc appliquer l'approximation fournie par le théorème de Moivre-Laplace, qui conduit à l'intervalle de confiance à 95 % pour p : $\left[0,487 - \dfrac{1}{\sqrt{6\,000}}\ ;\ 0,487 + \dfrac{1}{\sqrt{6\,000}}\right] = [0,474\ ;\ 0,499]$.
   c. En regroupant les 6 enquêtes, on observe que l'intervalle de confiance à 95 % pour p est strictement inclus dans $[0\ ;\ 0,5]$. On peut donc affirmer avec un niveau de confiance de 95 % que le candidat « A » n'obtiendra pas la majorité des votes.

Exercice résolu 5 TICE Simuler et analyser des sondages

énoncé **Dans une population de 100 000 personnes, une proportion p valant 35 % de la population achètent régulièrement leurs chaussures sur internet. Soit X la variable aléatoire égale au nombre d'individus, dans un échantillon de 1 000 personnes tirées au hasard, achetant régulièrement leurs chaussures sur internet. Soit $F = \dfrac{X}{1000}$ la fréquence de ces individus dans l'échantillon. On admet que, compte tenu du nombre de personnes sondées par rapport à la taille de la population, on peut assimiler le tirage à un tirage avec remise.**

1. **Quelle est la loi de X ?**
2. **Dans quel intervalle fluctue F avec une probabilité de 0,95 ?**

On suppose qu'on ne connaît pas la proportion p et on désire l'estimer à partir d'un sondage sur 1 000 personnes. Nous allons créer sous *Xcas* une population de 100 000 personnes dont 35 % prennent la valeur 1 (ils achètent leurs chaussures régulièrement sur internet) et les autres prennent la valeur 0 (ils n'achètent pas régulièrement leurs chaussures sur internet). Nous allons ensuite simuler un sondage sur 1 000 personnes pour estimer la proportion p.

3. **Créer un vecteur** pop **contenant 35 000 fois la valeur 1 et 65 000 fois la valeur 0. Pour cela, on pourra taper :** pop:=concat(seq(1,k,1,35000),seq(0,k,1,65000)) ;

4. **Tirer un échantillon** ech **de 1 000 personnes avec la commande** ech:=rand(1000,pop) **;**

5. **Que vaut la fréquence des 1 dans l'échantillon tiré ? (utiliser la fonction** mean**).**

6. **Donner un intervalle de confiance au niveau 95 % pour l'estimation de p, basé sur l'échantillon précédent.**

Évaluons à présent la fluctuation de cette estimation en simulant plusieurs sondages.

7. **Que contiennent les trois vecteurs** frequences, ICinf **et** ICsup **créés par le programme suivant :**

```
ech:=rand(1000,pop) ; frequences:=mean(ech) ;
ICinf:=mean(ech)−1/sqrt(1000) ;   ICsup:=mean(ech)+1/sqrt(1000) ;
for(k:=1;k<100;k++){
    ech:=rand(1000,b) ;
    freq:=mean(ech) ; frequences:=frequences,freq ;
    ICinf:=ICinf,freq-1/sqrt(1000) ; ICsup:=ICup,freq+1/sqrt(1000);}
```

8. **Lancer le programme précédent.**
Combien d'intervalles de confiance à 95 % contiennent la vraie valeur de p ? ***(on pourra utiliser les fonctions** count_inf **et** count_sup**)***

9. **Représenter les intervalles de confiance à l'aide du programme suivant :**

```
line(x=0.35) ;
for(k:=0;k<100;k++){
    if(ICinf[k]< 0.35 && 0.35<ICsup[k]){
        segment(point(ICinf[k],k+1),point(ICsup[k],k+1),couleur=vert);}
    else{segment(point(ICinf[k],k+1),point(ICsup[k],k+1), couleur=rouge);}
      point(frequences[k],k+1, couleur=bleu);}
```

solution

1. Pour chaque personne de l'échantillon, on a deux issues possibles selon qu'elle achète régulièrement ses chaussures sur internet (succès) ou non (échec). D'après l'énoncé, on peut considérer que le sondage est avec remise, donc chaque tirage est une expérience de Bernoulli dont la probabilité de succès est $p = 0,35$.
La variable X qui dénombre le nombre de succès sur l'ensemble de l'échantillon, suit donc la loi binomiale $\mathscr{B}(1\,000\,;0,35)$.

2. Puisque $n = 1\,000 \geqslant 30$, $np = 1\,000 \times 0,35 = 350 \geqslant 5$ et $np(1-p) = 227,5 \geqslant 5$, on peut appliquer l'approximation fournie par le théorème de Moivre-Laplace.
D'après son corollaire 1, on peut affirmer que F fluctue à 95 % dans l'intervalle :
$$\left[0,35 - 1,96\frac{\sqrt{0,35(1-0,35)}}{\sqrt{1000}}\,;\,0,35 + 1,96\frac{\sqrt{0,35(1-0,35)}}{\sqrt{1000}}\right] = [0,32\,;\,0,38]$$
à 10^{-2} près.

3. La commande **pop:=concat(seq(1,k,1,35000),seq(0,k,1,65000))** ; crée le vecteur demandé.

4. La commande **ech:=rand(1000,pop)** ; crée le vecteur **ech** de taille 1 000 composé de 1 000 valeurs tirées aléatoirement dans le vecteur **pop**.

5. En tapant **mean(ech)** ; on obtient la moyenne des valeurs du vecteur **ech**. Comme ce vecteur ne contient que des 0 et des 1, cela correspond à la fréquence des 1 dans **ech**.
Le résultat dépend de l'échantillon tiré et devrait appartenir avec une probabilité de 0,95 à l'intervalle [0,32 ; 0,38], par exemple 0,33.

6. En notant f la fréquence des 1 dans **ech**, l'intervalle de confiance au niveau 95 % pour p est $\text{IC} = \left[f - \frac{1}{\sqrt{1\,000}} ; f + \frac{1}{\sqrt{1\,000}}\right]$.
Par exemple :
$$IC = \left[0,33 - \frac{1}{\sqrt{1000}} ; 0,33 + \frac{1}{\sqrt{1000}}\right] = [0,30 ; 0,36] \text{ à } 10^{-2} \text{ près.}$$

7. Le vecteur **frequences** contient les 100 fréquences de 1 issus des 100 sondages. Les vecteurs **ICsup** et **ICinf** contiennent respectivement les 100 bornes supérieures (resp. inférieures) des 100 intervalles de confiance à 95 % de p, issus des 100 sondages.

8. La commande **count_inf(0.35,[ICsup])** ; compte le nombre de valeurs de **ICsup** qui sont inférieures à 0,35 tandis que **count_sup(0.35,[ICinf])** ; compte le nombre de valeurs de **ICinf** qui sont supérieures à 0,35. La somme de ces deux résultats nous donne le nombre d'IC qui ne contiennent pas 0,35. Puisque le niveau des IC est de 95 %, on devrait relever moins de 5 IC sur 100 qui ne contiennent pas la vraie valeur de p.

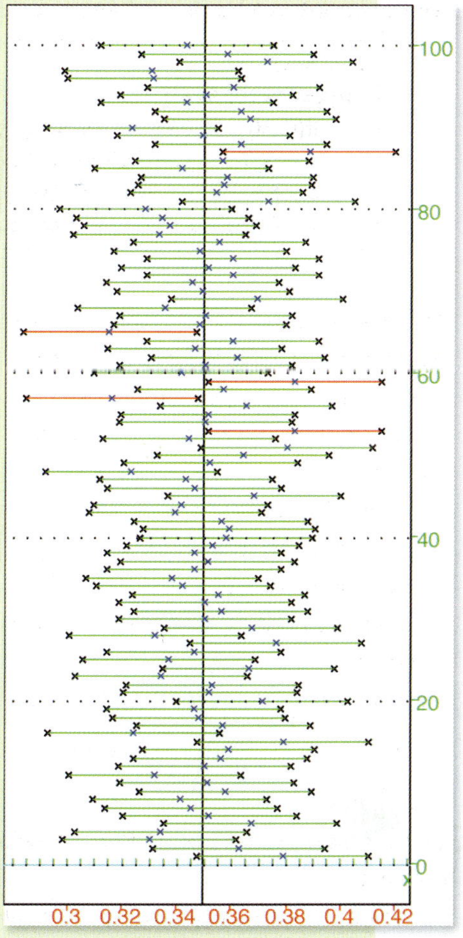

9. Un exemple de représentation graphique est donné ci-contre.
Pour chaque intervalle de confiance : l'ensemble de ses valeurs se lit en abscisse tandis que l'ordonnée correspond à son numéro (de 1 à 100).
La ligne verticale représente la vraie valeur de p : 0,35.
L'intervalle est en vert s'il contient p, en rouge sinon. Les valeurs du vecteur **frequences** sont représentées par des points bleus.
On remarque sur cet exemple que 5 IC sur 100 ne contiennent pas p.

QCM

Corrigés en fin de manuel

Dans les questions suivantes, déterminer la (ou les) bonne(s) réponse(s).

1. Soit X une variable aléatoire suivant la loi $\mathcal{N}(0\,;1)$. Les réalisations de X sont :

a. toujours positives ;

b. toujours négatives ;

c. comprises entre – 3 et 3 ;

d. réelles.

2. Soit X une variable aléatoire suivant la loi $\mathcal{N}(0\,;1)$. Que vaut $P(X < 0{,}8)$?

a. 0,79 ; b. 0,21 ; c. 0,34 ; d. 0,66.

3. Soit X une variable aléatoire suivant la loi $\mathcal{N}(0\,;1)$. Sans l'aide d'une calculatrice, dire ce que vaut $P\left(X > \frac{\pi}{2}\right)$.

a. 0,513 ; b. 1,034 ;

c. 0,058 ; d. 0,971.

4. Soit X une variable aléatoire suivant la loi $\mathcal{N}(0\,;1)$ et $u > 0$. À quoi est égal $P(X > u)$?

a. $1 - P(X < u)$; b. $P(X < -u)$;

c. $P(X > -u)$; d. $P(X \geqslant u)$.

5. Soit X une variable aléatoire suivant la loi $\mathcal{N}(0\,;1)$. Sans l'aide d'une calculatrice, dire ce que vaut $P(-1 < X < 1)$?

a. $1 - 2P(X > 1)$; b. $2P(X < 1) - 1$;

b. $1 - 2P(X \leqslant -1)$; c. $2P(X > -1) - 1$.

6. Soit X une variable aléatoire suivant la loi $\mathcal{N}(0\,;2)$. Que vaut l'écart-type de X ?

a. 1 ; b. $\sqrt{2}$; c. 2 ; d. 4.

7. Soit X une variable aléatoire suivant la loi $\mathcal{N}(3\,;5)$. Que vaut $P(1 \leqslant X < 2)$?

a. 0,327 ; b. 0,142 ;

c. 0,186 ; d. 0,247.

8. Soit X une variable aléatoire suivant la loi $\mathcal{N}(2\,;1)$. Quelle est la loi suivie par la variable $X - 2$?

a. $\mathcal{N}(0\,;1)$; b. $\mathcal{N}(2\,;-1)$;

c. $\mathcal{N}(-2\,;4)$; d. $\mathcal{N}(0\,;2)$.

9. Soit X une variable aléatoire suivant une loi $\mathcal{N}(\mu\,;\sigma^2)$. Plus de 95 % des réalisations de X appartiennent à :

a. $[-2\sigma\,;2\sigma]$; b. $[-3\sigma\,;3\sigma]$;

c. $[\mu - 2\sigma\,;\mu + 2\sigma]$; d. $[\mu - 3\sigma\,;\mu + 3\sigma]$.

10. Soit X une variable aléatoire suivant la loi binomiale $\mathcal{B}(36\,;0{,}5)$. Les réalisations de $\frac{X-18}{3}$ appartiennent toujours à :

a. $[-1\,;1]$; b. $[-2\,;2]$;

c. $[-3\,;3]$; d. $[-6\,;6]$.

11. Soit X une variable aléatoire suivant la loi binomiale $\mathcal{B}(36\,;0{,}5)$. Il est raisonnable d'affirmer que les réalisations de $\frac{X-18}{3}$ fluctuent à plus de 99 % dans :

a. $[-1\,;1]$; b. $[-2\,;2]$;

c. $[-3\,;3]$; d. $[-6\,;6]$.

12. Soit X_n une variable aléatoire suivant une loi binomiale $\mathcal{B}(n\,;p)$ et $F_n = \frac{X_n}{n}$. L'intervalle $[a\,;b]$ est un intervalle de fluctuations asymptotique de F_n à 95 % si :

a. $F_n \in [a\,;b]$;

b. $P(a < F_n < b) = 0{,}95$;

c. $\lim\limits_{n \to \infty} P(a < F_n < b) = 0{,}95$;

d. $\lim\limits_{n \to \infty} P(a \leqslant F_n \leqslant b) = 0{,}95$.

13. Soit X_n une variable aléatoire suivant une loi binomiale $\mathcal{B}\left(n\,;\frac{1}{2}\right)$ et $F_n = \frac{X_n}{n}$. On dit que I_n est un intervalle de fluctuations asymptotique de F_n à plus de 95 % si $\lim\limits_{n \to \infty} P(F_n \in I_n) \geqslant 0{,}95$. Quels intervalles I_n satisfont cette propriété ?

a. $\left[\frac{1}{2} - \frac{1}{\sqrt{n}}\,;\frac{1}{2} + \frac{1}{\sqrt{n}}\right]$;

b. $\left[\frac{1}{2} - \frac{1{,}96}{2\sqrt{n}}\,;\frac{1}{2} + \frac{1{,}96}{2\sqrt{n}}\right]$;

c. $\left[\frac{1}{2} - \frac{1{,}65}{2\sqrt{n}}\,;+\infty\right[$;

d. $\left]-\infty\,;\frac{1}{2} + \frac{1{,}65}{2\sqrt{n}}\right]$.

14. Après avoir examiné 100 poissons pêchés avec remise dans un lac, on a constaté que 20 % d'entre eux étaient malades. Par quel intervalle de confiance au niveau asymptotique 95 % la probabilité qu'un poisson du lac soit malade peut-elle être estimée ?

a. $[0{,}19\,;0{,}21]$; b. $[0{,}15\,;0{,}25]$;

c. $[0{,}1\,;0{,}3]$; d. $[0{,}05\,;0{,}35]$.

vrai ou faux ?

Corrigés en fin de manuel

Indiquer si les propositions suivantes sont vraies ou fausses.

15. La courbe représentative de la densité de probabilité de la loi $\mathcal{N}(0\,;\,1)$ est symétrique par rapport à la droite d'équation $x = 0$.

16. Soit X une variable aléatoire suivant la loi $\mathcal{N}(0\,;\,1)$ et f sa densité de probabilité. Alors pour tout $x \in \mathbb{R}$, $f(x)$ dépend de la réalisation de X.

17. Si X est une variable aléatoire suivant la loi $\mathcal{N}(0\,;\,1)$, alors $P(X = 0) = P(X = 10)$.

18. Si X est une variable aléatoire suivant la loi $\mathcal{N}(0\,;\,1)$, alors :

$P(-0{,}001 < X < 0{,}001) = P(9{,}999 < X < 10{,}001)$.

19. Si X_1 et X_2 sont deux variables aléatoires suivant la loi $\mathcal{N}(0\,;\,1)$, alors pour tous réels a et b tels que $a < b$:

$$P(a < X_1 < b) = P(a < X_2 < b).$$

20. Si la variable aléatoire X suit la loi $\mathcal{N}(0\,;\,1)$, alors $P(X < -1) = P(X > 1)$.

21. Si les variables aléatoires X_1 et X_2 suivent respectivement les lois $\mathcal{N}(7\,;\,9)$ et $\mathcal{N}(-1\,;\,4)$, alors $\dfrac{X_1 - 7}{3}$ et $\dfrac{X_2 + 1}{2}$ suivent la même loi.

22. Si X est une variable aléatoire suivant la loi $\mathcal{N}(0\,;\,1)$, alors $P(X \in [0\,;\,1]) > P(X \in [1\,;\,+\infty[)$.

23. Si X est une variable aléatoire suivant la loi $\mathcal{N}(1\,;\,1)$, alors $P(X \in [0\,;\,1]) > P(X \in [1\,;\,+\infty[)$.

24. La variance d'une loi normale peut être négative.

25. L'espérance d'une loi normale peut être négative.

26. Quel que soient $\mu \in \mathbb{R}$ et $\sigma > 0$, si X suit une loi $\mathcal{N}(\mu\,;\,\sigma^2)$, alors $P(X > \mu) = 0{,}5$.

27. Plus de 95 % des réalisations d'une variable aléatoire suivant une loi $\mathcal{N}(\mu\,;\,\sigma^2)$ appartiennent à $[\mu - 2\sigma\,;\,\mu + 2\sigma]$.

28. Si les variables aléatoires X_1 et X_2 suivent respectivement les lois $\mathcal{N}(0\,;\,1)$ et $\mathcal{N}(0\,;\,2)$, on a pour tous réels a et b tels que $a < b$, $P(a < X_1 < b) > P(a < X_2 < b)$.

29. Si les variables aléatoires X_1 et X_2 suivent respectivement les lois $\mathcal{N}(1\,;\,1)$ et $\mathcal{N}(2\,;\,1)$, on a pour tous réels a et b tels que $a < b$, $P(a < X_1 < b) > P(a < X_2 < b)$.

30. Une loi binomiale $\mathcal{B}(n\,;\,p)$ peut être approchée par une loi normale quel que soient n un entier naturel non nul et $p \in [0\,;\,1]$.

31. Soit une variable aléatoire X suivant la loi binomiale $\mathcal{B}(100\,;\,0{,}2)$. Il est raisonnable d'approcher la loi de $\dfrac{X - 20}{4}$ par la loi normale centrée réduite.

32. Soit une variable aléatoire X suivant une loi binomiale $\mathcal{B}(n\,;\,p)$ et $F = \dfrac{X}{n}$. Si $\dfrac{X - np}{\sqrt{np(1-p)}}$ peut être approchée par la loi $\mathcal{N}(0\,;\,1)$, alors $\sqrt{n}\,\dfrac{F - p}{\sqrt{p(1-p)}}$ aussi.

33. La fréquence de « PILE » obtenus après avoir lancé 100 fois une pièce équilibrée vaut en moyenne 0,5.

34. La fréquence de « PILE » obtenus après avoir lancé 100 fois une pièce équilibrée fluctue à plus de 95 % dans $[0{,}4\,;\,0{,}6]$.

35. Il est impossible d'obtenir 80 « PILE » lorsqu'on lance 100 fois une pièce équilibrée.

36. Il est impossible de ne jamais obtenir 80 « PILE » lorsqu'on lance 100 fois une pièce équilibrée.

37. Si après avoir lancé 100 fois une pièce, on a obtenu 80 « PILE », on peut raisonnablement conclure que la pièce n'est pas équilibrée avec un niveau de confiance de 95 %.

38. Si un candidat est crédité de 54 % des votes de 400 personnes interrogées avec remise, on peut affirmer qu'il obtiendra la majorité des votes sur la population totale avec un niveau de confiance de 0,95.

1. La loi normale centrée réduite

pour s'échauffer

39. Soit X une variable aléatoire suivant la loi $\mathcal{N}(0\,;1)$. On note f la densité de probabilité de X.

1. Donner l'expression de $f(x)$ pour tout $x \in \mathbb{R}$.
2. Tracer la courbe représentative de f sur $[-4\,;4]$.
3. Hachurer sur cette représentation la région dont l'aire correspond à $P(-2 < X \leqslant 2)$.
4. Hachurer sur cette représentation la région dont l'aire correspond à $P((-1 < X < 0) \cup (1 < X < 2))$.

40. corrigé Soit X une variable aléatoire suivant la loi $\mathcal{N}(0\,;1)$. Calculer à l'aide d'une calculatrice :

1. $P(-1 \leqslant X \leqslant 1)$;
2. $P(0{,}2 \leqslant X \leqslant 0{,}3)$;
3. $P(X < 0{,}5)$;
4. $P(X > -0{,}5)$.

41. corrigé Soit X une variable aléatoire suivant la loi $\mathcal{N}(0\,;1)$. En utilisant le fait que $P(X < 2) = 0{,}98$, calculer sans calculatrice les probabilités suivantes.

1. $P(X \leqslant 2)$;
2. $P(X > 2)$;
3. $P(X \leqslant -2)$;
4. $P(0 \leqslant X < 2)$.

42. Densité de probabilité de la loi $\mathcal{N}(0\,;1)$

Soit f la fonction définie pour tout $t \in \mathbb{R}$ par :

$$f(t) = \frac{1}{\sqrt{2\pi}} e^{-\frac{t^2}{2}}.$$

On pose, pour $x > 0$, $I(x) = \int_{-x}^{x} f(t)\,dt$.

1. Calculer à l'aide d'une calculatrice une valeur approchée de $I(x)$ pour $x = 1$, $x = 2$, $x = 3$, $x = 5$, $x = 10$.
2. Que peut-on conjecturer sur $\lim_{x \to +\infty} I(x)$?
3. Vérifier que f est une densité de probabilité.

43. Soit X une variable aléatoire suivant la loi $\mathcal{N}(0\,;1)$. On note f la densité de probabilité de X.

1. Tracer la courbe représentative de f sur $[-4\,;4]$.
2. Hachurer sur cette représentation la région dont l'aire correspond à $P(-1 < X \leqslant 2)$.

44. Soit X une variable aléatoire suivant la loi $\mathcal{N}(0\,;1)$. On note f la densité de probabilité de X.

1. Donner l'expression de $f(x)$ pour tout $x \in \mathbb{R}$.
2. Montrer que f est paire.
3. En déduire que pour tout $u \geqslant 0$,
$$P(X \leqslant -u) = P(X \geqslant u).$$
4. Que vaut $P(X > 0)$?

45. Variance de la loi $\mathcal{N}(0\,;1)$

Soit X une variable aléatoire suivant la loi $\mathcal{N}(0\,;1)$. On note f la densité de probabilité de X. On pose de plus, pour tout $x \in \mathbb{R}$:

$$G(x) = \int_0^x (1 - t^2) e^{-\frac{t^2}{2}} dt \quad \text{et} \quad h(x) = x e^{-\frac{x^2}{2}}.$$

1. Montrer que pour tout x, $G'(x) = h'(x)$.
2. Prouver que pour tout x, $G(x) = h(x)$.
3. En déduire que pour tout x,
$$\int_0^x t^2 f(t)\,dt = \int_0^x f(t)\,dt - \frac{1}{\sqrt{2\pi}} h(x).$$
4. En utilisant $E(X) = 0$ et en admettant que
$$E(X^2) = \lim_{x \to -\infty} \int_x^0 t^2 f(t)\,dt + \lim_{y \to +\infty} \int_0^y t^2 f(t)\,dt,$$
montrer que $V(X) = 1$.

46. Soit X une variable aléatoire suivant la loi $\mathcal{N}(0\,;1)$.

1. Rappeler la définition de $P(1 < X \leqslant 2)$ sous forme d'une intégrale.
2. Calculer la probabilité précédente de deux manières à l'aide d'une calculatrice :
   a. en calculant l'intégrale numériquement.
   b. en utilisant les fonctions spécifiques au calcul des probabilités (voir page 375).

47. Soit X une variable aléatoire suivant la loi $\mathcal{N}(0\,;1)$ et f sa densité de probabilité.

1. Sur la représentation graphique de f, donner l'interprétation géométrique de $P(X < 1)$.
2. Que vaut $P(X \leqslant 0)$?
3. Montrer que $P(X < 1) = P(X \leqslant 0) + P(0 < X < 1)$.
4. À l'aide d'une calculatrice, calculer $P(0 < X < 1)$ et en déduire la valeur de $P(X < 1)$.

48. Soit X une variable aléatoire suivant la loi $\mathcal{N}(0\,;1)$. Calculer à l'aide d'une calculatrice :

1. $P(0 \leqslant X \leqslant 1)$;
2. $P(-2 \leqslant X \leqslant 0{,}3)$;
3. $P(X \geqslant 1)$;
4. $P(X < -0{,}5)$.

49. Soit X une variable aléatoire suivant la loi $\mathcal{N}(0\,;1)$. En utilisant le fait que $P(X < 1) = 0{,}84$, calculer sans calculatrice les probabilités suivantes.

1. $P(X \leqslant 1)$;
2. $P(X > 1)$;
3. $P(X \leqslant -1)$;
4. $P(0 \leqslant X < 1)$.

50. Soit X une variable aléatoire suivant la loi $\mathcal{N}(0\,;1)$. On donne $P(X \leqslant 1) = 0{,}84$ et $P(X \leqslant 2) = 0{,}98$. On rappelle les axiomes suivants : la probabilité d'un événement impossible vaut 0, tandis que la probabilité d'un événement certain vaut 1. Calculer sans calculatrice les probabilités suivantes.

1. $P((X \leqslant 1) \cup (X > 2))$;
2. $P((X \leqslant 1) \cap (X > 2))$;
3. $P((X \leqslant 1) \cap (X \leqslant 2))$;
4. $P((X > 1) \cup (X \leqslant 2))$;
5. $P((X < -2) \cup (X > 1))$;
6. $P(1 < X \leqslant 2)$;
7. $P(-2 < X \leqslant 1)$.

51. Soit X une variable aléatoire suivant la loi $\mathcal{N}(0\,;1)$.

1. Quel est le réel x tel que $P(X < x) = 0{,}5$?
2. Quel est le réel x tel que $P(X > x) = 0{,}5$?
3. Que vaut $P(X = 0)$?

52. **corrigé** Soit X une variable aléatoire suivant la loi $\mathcal{N}(0\,;1)$. Les calculatrices donnent, pour tout $y \in]0\,;1[$, le réel x tel que $P(X \leqslant x) = y$. On obtient ce x en utilisant :

TI la fonction **invnorm(** y, 0, 1) du menu **DISTR** ;

Casio le menu **InvN (STAT, DIST, NORM)**, en entrant **Tail:Left**, **Area:**y et les valeurs $\mu = 0$ et $\sigma = 1$.

1. Donner x tel que $P(X \leqslant x) = 0{,}8$.
2. Donner x tel que $P(X \geqslant x) = 0{,}8$.
3. Donner $x > 0$ tel que $P(-x \leqslant X \leqslant x) = 0{,}8$.

53. Soit X une variable aléatoire suivant la loi $\mathcal{N}(0\,;1)$.

1. Donner la valeur du réel u strictement positif tel que :
$$P(-u \leqslant X \leqslant u) = 0{,}95.$$
2. Déterminer la valeur du réel v strictement positif tel que :
$$P(0 \leqslant X \leqslant v) = 0{,}95.$$
3. Trouver un autre intervalle I tel que $P(X \in I) = 0{,}95$.
4. Combien d'intervalles I de $\mathbb{R}$ sont tels que $P(X \in I) = 0{,}95$?

2. La loi normale $\mathcal{N}(\mu\,;\sigma^2)$

pour s'échauffer

54. **corrigé** Soit X une variable aléatoire suivant la loi $\mathcal{N}(10\,;25)$.

1. Que valent l'espérance, la variance et l'écart-type de X ?
2. Calculer (avec une calculatrice) $P(4 \leqslant X \leqslant 17)$.
3. Calculer (avec une calculatrice) $P(X < 13)$.

55. **corrigé** Soit X une variable aléatoire suivant la loi $\mathcal{N}(10\,;25)$ et Z une variable aléatoire suivant la loi normale centrée réduite.

1. Exprimer les probabilités suivantes en fonction de Z : $P(4 \leqslant X \leqslant 17)$; $P(X < 13)$; $P(X > 9)$.
2. Calculer ces probabilités à l'aide d'une calculatrice en utilisant la loi de Z.

56. **corrigé** Soit X une variable aléatoire suivant la loi $\mathcal{N}(10\,;25)$ et Z une variable aléatoire suivant la loi normale centrée réduite.

1. Soit $x \in \mathbb{R}$, montrer que :
$$P(X \leqslant x) = P\left(Z \leqslant \frac{x-10}{5}\right).$$
2. En déduire le réel x tel que :
$$P(X \leqslant x) = 0{,}95.$$

AIDE
On pourra utiliser les fonctions des calculatrices rappelées dans l'exercice 52..

57. Soit X une variable aléatoire suivant la loi $\mathcal{N}(32\,;\ 49)$.

1. Que valent l'espérance, la variance et l'écart-type de X ?
2. Calculer (avec une calculatrice) $P(30 \leqslant X \leqslant 40)$.
3. Calculer (avec une calculatrice) $P(X < 30)$.
4. Déduire de 2. et 3. $P(X > 40)$.
5. Vérifier ce résultat à la calculatrice.

58. Soit X une variable aléatoire suivant la loi $\mathcal{N}(10\,;9)$.

1. Que valent l'espérance, la variance et l'écart-type de X ?
2. Calculer (avec une calculatrice) $P(X \leqslant 0)$.
3. Calculer (avec une calculatrice) $P((X \leqslant 5) \cup (X > 12))$.

59. Soit X une variable aléatoire suivant la loi $\mathcal{N}(0\,;\sigma^2)$ où $\sigma > 0$. Calculer $P(|X| > 3)$ lorsque :

1. $\sigma = 1$; 2. $\sigma = 2$; 3. $\sigma = 3$.

60. Soit Z une variable aléatoire suivant la loi $\mathcal{N}(0\,;1)$ et X une variable aléatoire suivant la loi $\mathcal{N}(7\,;2)$.

1. Exprimer les probabilités suivantes en fonction de Z : $P(6 < X < 8)$; $P(X < 7)$; $P((X < 5) \cup (X > 9))$.

2. Calculer ces probabilités à l'aide d'une calculatrice de deux manières différentes :

a. en utilisant la loi de X ;

b. en utilisant la loi de Z.

61. Soit X une variable aléatoire suivant la loi $\mathcal{N}(\mu\,;\sigma^2)$ où $\mu \in \mathbb{R}$ et $\sigma > 0$. Centrer et réduire X pour déterminer sans calculatrice $P(X < \mu)$.

62. Soit X une variable aléatoire suivant la loi $\mathcal{N}(\mu\,;\sigma^2)$ où $\mu \in \mathbb{R}$ et $\sigma > 0$. Centrer et réduire X pour déterminer sans calculatrice $P(X > \mu)$.

63. Soit Z une variable aléatoire suivant la loi $\mathcal{N}(0\,;1)$. On donne $P(Z < 1) = 0{,}84$. Déterminer sans calculatrice les probabilités suivantes :

1. $P(X < 10)$ pour X suivant la loi $\mathcal{N}(8\,;4)$.
2. $P(X \geqslant 0)$ pour X suivant la loi $\mathcal{N}(-5\,;25)$.
3. $P(X < 0)$ pour X suivant la loi $\mathcal{N}(5\,;25)$.
4. $P(1 < X < 5)$ pour X suivant la loi $\mathcal{N}(5\,;16)$.

64. Soit X une variable aléatoire suivant la loi $\mathcal{N}(3\,;4)$ et Z une variable aléatoire suivant la loi normale centrée réduite.

1. Soit $x \in \mathbb{R}$, montrer que $P(X \leqslant x) = P\left(Z \leqslant \dfrac{x-3}{2}\right)$.
2. En déduire le réel x tel que $P(X \leqslant x) = 0{,}95$.

> **Aide**
> On pourra utiliser les fonctions des calculatrices rappelées dans l'exercice **52.**.

65. Soit X une variable aléatoire suivant la loi $\mathcal{N}(-4\,;10)$ et Z une variable aléatoire suivant la loi normale centrée réduite.

1. Soit $x \in \mathbb{R}$, montrer que $P(X \leqslant x) = P\left(Z \leqslant \dfrac{x+4}{\sqrt{10}}\right)$.
2. En déduire le réel x tel que $P(X \leqslant x) = 0{,}95$.

> **Aide**
> On pourra utiliser les fonctions des calculatrices rappelées dans l'exercice **52.**.

66. Soit X une variable aléatoire suivant la loi $\mathcal{N}(20\,;4)$.

1. Donner x tel que $P(X \leqslant x) = 0{,}8$.
2. Donner x tel que $P(X \geqslant x) = 0{,}8$.
3. Donner $x > 0$ tel que $P(-x \leqslant X \leqslant x) = 0{,}8$.

67. Soit X une variable aléatoire suivant la loi $\mathcal{N}(3\,;4)$.

1. Déterminer le réel positif x tel que :
$$P(3 - x \leqslant X \leqslant 3 + x) = 0{,}95.$$
2. Déterminer l'ensemble des réels positifs x tels que :
$$P(|X - 3| > x) < 0{,}01.$$

> **Aide**
> Montrer dans un premier temps que la fonction $h : x \mapsto P(|X - 3| > x)$ définie sur $[0\,;+\infty[$ est décroissante.

68. On s'intéresse aux requêtes reçues par le serveur web d'une grande entreprise, provenant de clients dispersés sur le réseau internet. La réception de trop nombreuses requêtes est susceptible d'engendrer des problèmes de surcharge du serveur. On appelle X la variable aléatoire qui prend pour valeurs le nombre de requêtes reçues par le serveur dans un intervalle de 2 dixièmes de secondes. On suppose que la loi de X peut être approchée par la loi normale de moyenne $\mu = 100$ et d'écart-type $\sigma = 10$.

En utilisant cette approximation, calculer :

1. la probabilité $P(X > 120)$;
2. une valeur approchée du nombre réel positif a tel que $P(100 - a \leqslant X \leqslant 100 + a) = 0{,}99$.

D'après BTS Informatique et réseaux, 2009.

69. R Commander Un fabricant de terreau distribue sa production en sacs de 50 litres. Afin d'évaluer la qualité de sa mise en sac, il mesure la quantité de terreau de 20 sacs. Le tableau suivant résume ce qu'il a relevé (en litres).

50,46	50,11	49,75	51,10	47,35
49,77	50,03	48,95	51,06	49,68
50,16	52,10	49,74	49,35	50,06
49,41	50,01	48,86	50,28	50,70

Rappel
R Commander se lance en tapant dans R :
library(Rcmdr)

1. Entrer ces valeurs dans la première colonne d'un tableau.
Dans R Commander *:* **Données/Nouveau jeu de données**

2. Calculer la moyenne et l'écart-type de cet échantillon.
Dans R Commander *:*
Statistiques/Résumés/Statistiques descriptives

Le producteur est satisfait de la moyenne relevée : elle lui paraît conforme aux 50 litres attendus. Par contre, il s'inquiète qu'un sac puisse contenir plus de 52 litres de terreau. Afin d'approfondir son étude il suppose que la quantité de terreau dans chaque sac fluctue selon la loi normale de moyenne $\mu = 50$ et d'écart-type σ.

3. Par quelle valeur peut-on approcher σ ?

On suppose dans la suite que $\sigma = 1$. Vérifions dans un premier temps l'hypothèse du producteur.

4. Créer une nouvelle colonne contenant l'échantillon centré et réduit, c'est-à-dire contenant les valeurs de $\frac{(X-\mu)}{\sigma}$, où X désigne la quantité de terreau relevé.
Dans R Commander *:* **Données/Gérer les variables dans le jeu de données actif/Calculer une nouvelle variable**

5. Tracer l'histogramme de l'échantillon centré et réduit.
Dans R Commander *:* **Graphes/Histogramme** *et choisir l'option* **Densité**.

L'histogramme semblant raisonnablement proche de la courbe de la densité de la loi $\mathcal{N}(0\,;1)$, le producteur valide son hypothèse : la quantité de terreau dans chaque sac suit une loi $\mathcal{N}(\mu\,;\sigma^2)$.

6. Selon cette hypothèse, quelle est la probabilité qu'un sac contienne plus de 52 litres de terreau ?
Dans R Commander *:* **Distributions/Distributions continues/Distribution normale/Probabilités normales**

7. Quelle devrait être la valeur de l'écart-type σ pour que cette probabilité n'excède pas 1 % ?
Dans R Commander *:* **Distributions/Distributions continues/Distribution normale/Quantiles normaux**

Aide
Centrer et réduire pour se ramener à la loi $\mathcal{N}(0\,;1)$.

3. Ajuster les paramètres d'une loi $\mathcal{N}(\mu\,;\sigma^2)$

pour s'échauffer

70. corrigé Soit X une variable aléatoire suivant une loi $\mathcal{N}(0\,;\sigma^2)$ et Z une variable aléatoire suivant la loi normale centrée réduite.

1. Montrer que pour tout $\sigma > 0$,
$$P(X < 5) = P\left(Z < \frac{5}{\sigma}\right).$$
2. Donner le réel $x > 0$ tel que $P(Z < x) = 0,8$.
3. En déduire la valeur de σ telle que $P(X < 5) = 0,8$.

71. corrigé Soit X une variable aléatoire suivant une loi $\mathcal{N}(\mu\,;16)$, où $\mu \in \mathbb{R}$, et Z une variable aléatoire suivant la loi normale centrée réduite.

1. Montrer que pour tout $\mu \in \mathbb{R}$,
$$P(X > 20) = P\left(Z > \frac{20-\mu}{4}\right).$$
2. Donner le réel x tel que $P(Z > x) = 0,01$.
3. En déduire la valeur de μ telle que :
$$P(X > 20) = 0,01.$$

72. Soit X une variable aléatoire suivant une loi $\mathcal{N}(\mu\,;\sigma^2)$.

1. Que vaut $P(|X-\mu| < \sigma)$?
2. Que vaut $P(|X-\mu| < 2\sigma)$?
3. Que vaut $P(|X-\mu| < 3\sigma)$?
4. On fixe $\mu = 100$. Déterminer σ pour que :
$$P(|X-100| < 10) = 0,95.$$

73. Soit X une variable aléatoire suivant une loi $\mathcal{N}(30\,;\sigma^2)$ et Z une variable aléatoire suivant la loi normale centrée réduite.

1. Montrer que pour tout $\sigma > 0$,
$$P(X < 50) = P\left(Z < \frac{20}{\sigma}\right).$$
2. Donner le réel $x > 0$ tel que $P(Z < x) = 0{,}9$.
3. En déduire la valeur de σ, $\sigma > 0$ telle que :
$$P(X < 50) = 0{,}9.$$

74. Soit X une variable aléatoire suivant une loi $\mathcal{N}(0\,;\sigma^2)$ et Z une variable aléatoire suivant la loi normale centrée réduite.

1. Montrer que pour tout $\sigma > 0$,
$$P(-10 < X < 10) = P\left(\frac{-10}{\sigma} < Z < \frac{10}{\sigma}\right).$$
2. Donner le réel $x > 0$ tel que :
$$P(-x < Z < x) = 0{,}95.$$
3. En déduire la valeur de σ, $\sigma > 0$ telle que :
$$P(-10 < X < 10) = 0{,}95.$$

75. Soit X une variable aléatoire suivant la loi $\mathcal{N}(-9\,;\sigma^2)$.

1. Déterminer σ pour que $P(|X + 9| < 4) = 0{,}95$.
2. Déterminer σ pour que $P(X < 0) = 0{,}95$.
3. Déterminer σ pour que $P(X \leqslant -10) = 0{,}95$.

76. Soit X une variable aléatoire suivant une loi $\mathcal{N}(\mu\,;9)$, où $\mu \in \mathbb{R}$, et Z une variable aléatoire suivant la loi normale centrée réduite.

1. Montrer que pour tout $\mu \in \mathbb{R}$,
$$P(X < 100) = P\left(Z < \frac{100-\mu}{3}\right).$$
2. Donner le réel x tel que $P(Z < x) = 0{,}05$.
3. En déduire la valeur de μ telle que $P(X < 100) = 0{,}05$.

77. Une entreprise conditionne et commercialise un désherbant liquide à base de glyphosate en bidons de 540 millilitres. La machine qui remplit les bidons peut être réglée au moyen d'un dispositif gradué en millilitres. Lorsque celui-ci est réglé sur la valeur m, le volume moyen de désherbant par bidon est m. On suppose que la variable aléatoire X qui, à tout bidon choisi au hasard dans la production, associe le volume en millilitres de désherbant qu'il contient, suit une loi normale d'espérance m et d'écart-type 5.

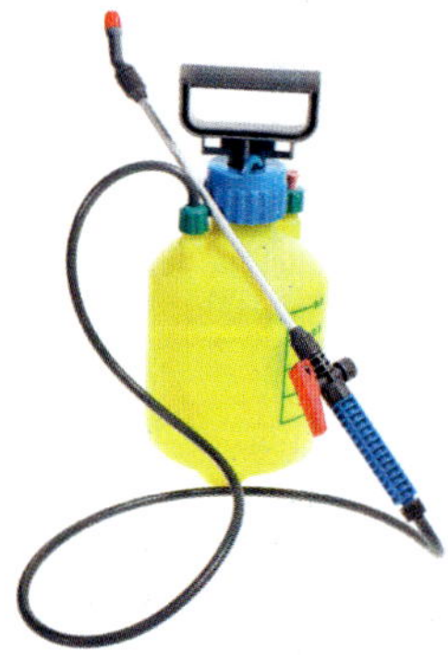

1. On règle le dispositif sur la valeur $m = 540$. Calculer la probabilité de l'événement $(535 \leqslant X \leqslant 545)$. On arrondira le résultat à 10^{-3} près.
2. Sur quelle valeur de m faut-il régler le dispositif pour que la probabilité de l'événement $(X \leqslant 550)$ soit égale à 0,95 (la réponse sera arrondie à l'unité) ?

D'après BTS Chimiste, 2008.

78. Une machine industrielle est capable de produire des pièces métalliques de longueur X (en centimètres) suivant une loi $\mathcal{N}(\mu\,;1)$. Le caractère aléatoire de X et notamment sa variance $\sigma^2 = 1$ reflètent les imprécisions de fabrication. On souhaite régler la machine, autrement dit μ, pour qu'elle produise des pièces de longueur comprise entre 99 et 101 centimètres avec la probabilité la plus grande possible. Pour tout $\mu \in \mathbb{R}$, on pose :
$$g(\mu) = P(99 \leqslant X \leqslant 101).$$

1. Soit $Z = X - \mu$. Quelle loi suit la variable aléatoire Z ?
2. Exprimer $g(\mu)$ en fonction de la variable Z.
3. Soit la fonction F définie pour tout x par $F(x) = \int_{100}^{x} f(t)\,dt$, où f désigne la densité de Z. Déterminer la dérivée de F en fonction de f.
4. Exprimer, pour tout μ, $g(\mu)$ en fonction de F.
5. En déduire $g'(\mu)$ pour tout μ.
6. Établir le tableau de variation de g.
7. En déduire la valeur de μ qui maximise $P(99 \leqslant X \leqslant 101)$. Que vaut cette probabilité maximale ?

79. Une usine fabrique des tubes en polyéthylène pour le chauffage géothermique. Un tube est accepté au contrôle si son épaisseur est comprise entre 1,35 et 1,65 millimètres. On désigne par X la variable aléatoire qui à chaque tube prélevé au hasard dans la production d'une journée associe son épaisseur exprimée en millimètres. On suppose que la variable aléatoire X suit la loi normale de moyenne 1,5 et d'écart-type 0,07.

1. Calculer la probabilité qu'un tube prélevé au hasard dans la production de la journée soit accepté au contrôle.

L'entreprise désire améliorer la qualité de la production des tubes : il est envisagé pour cela de modifier le réglage des machines produisant ces tubes. On note X_1 la variable aléatoire qui, à chaque tube prélevé dans la production future, associera son épaisseur. On suppose que la variable aléatoire X_1 suit la loi normale d'espérance 1,5 et d'écart-type σ_1.

2. Déterminer σ_1 pour que la probabilité qu'un tube prélevé au hasard dans la production future soit accepté au contrôle soit égale à 0,99.

D'après BTS groupement D, 2011.

80. Une machine remplit des flacons de produit de nettoyage pour lentilles de contact. Dans la production d'une journée, on prélève au hasard un flacon. On désigne par V la variable aléatoire qui, à chaque flacon prélevé, associe le volume de produit contenu dans ce flacon, exprimé en millilitres.

1. On suppose que V suit la loi normale d'espérance 250 et d'écart-type 4. Calculer la probabilité que le volume de produit contenu dans le flacon prélevé soit compris entre 245 et 255 millilitres.

2. Le réglage de la machine est modifié de façon que 95 % des flacons contiennent entre 245 et 255 millilitres de produit. On suppose qu'après réglage, la variable aléatoire V suit la loi normale de moyenne 250 et d'écart-type σ. Calculer σ.

D'après BTS Opticien lunetier, 2010.

81. Daniel joue à un jeu vidéo de football. Lors d'un match contre l'ordinateur, il se retrouve à la phase des tirs au but. C'est au tour de l'ordinateur de tirer et Daniel dirige le gardien. Suite à un tir, au moment où le ballon atteint la ligne de but, on mesure sa distance à l'axe central vertical du but, que l'on note X (en mètres). On suppose que l'ordinateur dirige le tir aléatoirement, de telle sorte que X suit une loi $\mathcal{N}(0\,;\sigma^2)$. Sachant que la largeur des buts est de 7,32 mètres, le tir est donc cadré si $|X| < 3{,}66$ (on suppose que les tirs ne partent jamais trop haut).

1. En mode « amateur », les concepteurs du jeu souhaitent que l'ordinateur cadre ses tirs au but avec une probabilité de 0,95. Quelle valeur de σ doivent-ils fixer pour ce mode ?

Aide
Centrer et réduire pour se ramener à la loi $\mathcal{N}(0\,;1)$.

2. En mode « professionnel », les concepteurs du jeu souhaitent que l'ordinateur cadre ses tirs au but avec une probabilité de 0,99. Quelle valeur de σ doivent-ils fixer pour ce mode ?

Au moment du tir : si le joueur dirige le gardien vers la gauche, ce dernier arrête tous les tirs cadrés pour lesquels $X < -1$; si le joueur dirige le gardien vers la droite, ce dernier arrête tous les tirs cadrés pour lesquels $X > 1$; si le joueur laisse le gardien au centre, ce dernier arrête tous les tirs pour lesquels $|X| \leqslant 1$.

3. Daniel adopte la stratégie suivante : il dirige systématiquement le gardien vers la droite lors du tir au but de l'ordinateur. Quelle est la probabilité qu'il encaisse le but en mode « amateur » ? en mode « professionnel » ?

4. Un ami lui conseille plutôt de laisser systématiquement le gardien au centre. Daniel a-t-il intérêt à suivre ce conseil ?

82. Un laboratoire pharmaceutique souhaite produire un nouveau médicament. Il faut pour cela ajuster le dosage de la substance active dans chaque comprimé. Plusieurs techniques industrielles sont envisageables : toutes fournissent un dosage aléatoire X, plus ou moins précis, suivant une loi $\mathcal{N}(\mu\,;\sigma^2)$, où $\mu \geqslant 0$ et $\sigma > 0$. À chaque technique industrielle est associée un unique σ reflétant la précision du dosage induit. De plus, quelle que soit la technique choisie, le dosage moyen peut être réglé au travers du paramètre μ.

Si la teneur en substance active est trop importante, le médicament peut devenir dangereux. Le laboratoire considère ainsi que X doit être inférieur à 60 microgrammes avec une probabilité supérieure ou égale à 0,999. Inversement, si X est trop faible, le médicament n'est plus efficace ; le laboratoire souhaite donc que X soit supérieur à 40 microgrammes avec une probabilité supérieure ou égale à 0,95.

1. Justifier que les deux exigences du laboratoire se traduisent par le système :

$$\begin{cases} P(X \leqslant 40) \leqslant 0{,}05 \\ P(X \leqslant 60) \geqslant 0{,}999 \end{cases}.$$

2. Soit Z une variable aléatoire suivant la loi $\mathcal{N}(0\,;1)$. Écrire le système précédent en fonction de Z.

3. En déduire que μ et σ doivent vérifier :

$$\begin{cases} \dfrac{40-\mu}{\sigma} \leqslant -1{,}64 \\ \dfrac{60-\mu}{\sigma} \geqslant 3{,}09 \end{cases}.$$

4. Supposons que l'on choisisse une technique de dosage industrielle particulière. Cela revient à fixer $\sigma > 0$. À quel intervalle, dépendant de σ, doit alors appartenir μ ?

5. En déduire la valeur maximale possible pour le choix de σ. On la notera σ_{max}.

6. Plus la technique industrielle est précise dans son dosage, plus elle est chère à mettre en œuvre. Le laboratoire désirant minimiser son coût de production, il a intérêt à choisir une technique industrielle associé au σ le plus grand possible, tout en permettant de respecter les exigences de dosage. Le laboratoire choisit donc la technique industrielle associée à σ_{max}. Quelle valeur du dosage moyen μ devra-t-il enfin choisir pour respecter ses exigences ?

4. Le théorème de Moivre-Laplace : approcher une loi binomiale par une loi normale

pour s'échauffer

83. corrigé Soit X une variable aléatoire suivant la loi binomiale $\mathcal{B}(121\,;0{,}5)$.

1. Calculer à l'aide d'une calculatrice

$$P\left(-2 \leqslant \frac{X-60{,}5}{5{,}5} \leqslant 2\right).$$

2. Soit Z une variable aléatoire suivant la loi normale centrée réduite. Que vaut $P(-2 \leqslant Z \leqslant 2)$?

3. Pourquoi ces deux quantités sont-elles proches ?

84. corrigé Soit X une variable aléatoire suivant la loi binomiale $\mathcal{B}(81\,;0{,}2)$.

1. D'après le théorème de Moivre-Laplace, à quelle intégrale est approximativement égale

$$P\left(-\frac{1}{2} < \frac{X-16{,}2}{3{,}6} < \frac{3}{2}\right)\ ?$$

2. Pourquoi peut-on raisonnablement accepter l'approximation précédente ?

3. En déduire que :

$$P(14{,}4 < X < 21{,}6) \approx P\left(-\frac{1}{2} < Z < \frac{3}{2}\right),$$

où Z suit la loi $\mathcal{N}(0\,;1)$.

4. Utiliser l'approximation précédente pour calculer $P(14{,}4 < X < 21{,}6)$.

5. Comparer avec la valeur de $P(14{,}4 < X < 21{,}6)$ fournie par une calculatrice.

85. Soit X une variable aléatoire suivant la loi binomiale $\mathcal{B}(36\,;0{,}2)$.

1. Pour k, entier naturel compris entre 0 et 36, exprimer $P(X = k)$.

2. Que valent l'espérance E(X) et l'écart-type $\sigma(X)$?

3. Calculer à l'aide d'une calculatrice :

a. $P\left(-1 \leqslant \dfrac{X-7{,}2}{2{,}4} \leqslant 1\right)$;

b. $P(20 < X \leqslant 36)$;

c. $P(X \geqslant 7{,}2)$.

4. Justifier l'approximation suivante : pour tous réels a et

b vérifiant $a < b$, $P\left(a < \dfrac{X - E(X)}{\sigma(X)} < b\right) \approx P(a \leqslant Z \leqslant b)$, où Z suit la loi $\mathcal{N}(0\,;1)$.

5. Utiliser l'approximation précédente pour calculer :

a. $P\left(-1 \leqslant \dfrac{X - 7{,}2}{2{,}4} \leqslant 1\right)$;

b. $P(20 < X \leqslant 36)$;

c. $P(X \geqslant 7{,}2)$.

86. Soit X une variable aléatoire suivant la loi binomiale $\mathcal{B}(64\,;0{,}1)$.

1. Pour k, entier naturel compris entre 0 et 64, exprimer $P(X = k)$.

2. Que valent l'espérance E(X) et l'écart-type $\sigma(X)$?

3. Calculer à l'aide d'une calculatrice :

a. $P\left(-2 \leqslant \dfrac{X - 6{,}4}{2{,}4} \leqslant 0{,}5\right)$;

b. $P(4 \leqslant X \leqslant 10)$;

c. $P(X \geqslant 6{,}4)$.

4. Justifier l'approximation suivante : pour tous réels a et b vérifiant $a < b$, $P\left(a < \dfrac{X - E(X)}{\sigma(X)} < b\right) \approx P(a \leqslant Z \leqslant b)$, où Z suit la loi $\mathcal{N}(0\,;1)$.

5. Utiliser l'approximation précédente pour calculer :

a. $P\left(-2 \leqslant \dfrac{X - 6{,}4}{2{,}4} \leqslant 0{,}5\right)$;

b. $P(4 \leqslant X \leqslant 10)$;

c. $P(X \geqslant 6{,}4)$.

87. 87. Soit X une variable aléatoire suivant la loi binomiale $\mathcal{B}(35\,;0{,}3)$.

1. Que valent l'espérance E(X) et l'écart-type $\sigma(X)$?

2. Calculer :

a. $P(8 \leqslant X \leqslant 12)$;

b. $P(X > 20)$;

c. $P(X \leqslant 5)$.

3. Soit Z une variable aléatoire suivant la loi $\mathcal{N}(0\,;1)$. On pose $Y = E(X) + Z\sigma(X)$. Calculer :

a. $P(8 \leqslant Y \leqslant 12)$;

b. $P(Y > 20)$;

c. $P(Y \leqslant 5)$.

> **Aide**
> Exprimer ces probabilités en fonction de Z.

4. Comparer les résultats des questions **2.** et **3.** Justifier l'affirmation suivante : pour tous réels a et b vérifiant $a < b$, $P(a \leqslant X \leqslant b) \approx P(a \leqslant Y \leqslant b)$.

88. Soit X une variable aléatoire suivant une loi binomiale $\mathcal{B}(n\,;p)$ où n est un entier naturel et $p \in]0\,;1[$.

1. Exprimer l'espérance E(X) et l'écart-type $\sigma(X)$ en fonction de n et p.

2. Pour tous réels a et b vérifiant $a < b$, on considère la probabilité $P\left(a < \dfrac{X - E(X)}{\sigma(X)} < b\right)$. Sous quelles conditions sur n et p peut-on raisonnablement approcher cette probabilité par $P(a < Z < b)$ où Z suit la loi normale centrée réduite ?

3. Sous les mêmes conditions, en déduire pour tous réels x et y vérifiant $x < y$ une approximation de $P(x < X < y)$ en fonction de Z.

4. Utiliser le résultat précédent pour calculer une valeur approchée des probabilités suivantes :

a. $P(112 < X < 130)$ lorsque X suit la loi $\mathcal{B}(1000\,;0{,}12)$;

b. $P(53 < X < 59)$ lorsque X suit la loi $\mathcal{B}(365\,;0{,}18)$;

c. $P(40 < X \leqslant 60)$ lorsque X suit la loi $\mathcal{B}(708\,;0{,}05)$.

89. Soit X une variable aléatoire suivant la loi binomiale $\mathcal{B}(70\,;0{,}7)$.

1. Calculer à l'aide d'une calculatrice la valeur à 10^{-3} près, de $P(45 \leqslant X \leqslant 55)$.

2. Justifier que les conditions pratiques d'utilisation du théorème de Moivre-Laplace sont réunies.

3. Calculer la probabilité précédente en utilisant l'approximation fournie par le théorème de Moivre-Laplace.

90. Soit X une variable aléatoire suivant la loi binomiale $\mathcal{B}(1760\,;0{,}1)$.

1. Calculer à l'aide d'une calculatrice $P(X \geqslant 180)$.

2. Compléter la définition suivante en remplaçant les points d'interrogation par leur valeur :

$$P(X \geqslant 180) = \sum_{k=?}^{?} \binom{1760}{k} 0{,}1^k\, 0{,}9^?$$

3. Essayer de calculer le premier terme de cette somme à l'aide d'une calculatrice.

Pour calculer $P(X \geqslant 180)$, les calculatrices ne peuvent pas utiliser la définition précise rappelée en **2.** : elles utilisent une approximation.

4. Justifier que les conditions pratiques d'utilisation du théorème de Moivre-Laplace sont réunies.

5. Calculer la probabilité précédente en utilisant l'approximation fournie par le théorème de Moivre-Laplace.

6. Le résultat est-il le même qu'en **1.** ?

Commentaire : les calculatrices utilisent en fait une autre approximation, plus précise que celle fournie par le théorème de Moivre-Laplace, basée sur la *formule de Stirling*.

91. Soit X une variable aléatoire suivant la loi binomiale $\mathcal{B}(125\,;0{,}3)$.

1. Que valent l'espérance E(X) et l'écart-type $\sigma(X)$?

2. Pourquoi est-il raisonnable d'approcher la loi de $\dfrac{X - E(X)}{\sigma(X)}$ par la loi normale centrée réduite ?

3. En utilisant l'approximation précédente, calculer $P(X > 35)$.

92. **corrigé** Soit X une variable aléatoire suivant la loi binomiale $\mathcal{B}(500\,;0{,}4)$.

1. Que valent l'espérance E(X) et l'écart-type $\sigma(X)$?

2. Pourquoi est-il raisonnable d'approcher la loi de $\dfrac{X - E(X)}{\sigma(X)}$ par la loi normale centrée réduite ?

3. Dans quel intervalle centré autour de l'origine fluctue la loi normale centrée réduite à 95 % ?

4. En utilisant l'approximation précédente, déterminer le nombre $a > 0$ définissant l'intervalle de fluctuations à 95 % de X : $[200 - a\,;\,200 + a]$.

93. Soit X une variable aléatoire suivant la loi binomiale $\mathcal{B}(120\,;0{,}2)$.

1. Que valent l'espérance E(X) et l'écart-type $\sigma(X)$?

2. Pourquoi est-il raisonnable d'approcher la loi de $\dfrac{X - E(X)}{\sigma(X)}$ par la loi normale centrée réduite ?

3. Dans quel intervalle centré autour de l'origine fluctue la loi normale centrée réduite à 95 % ?

4. En utilisant l'approximation précédente, déterminer le nombre $a > 0$ définissant l'intervalle de fluctuations à 95 % de X : $[24 - a\,;\,24 + a]$.

94. Une usine fabrique des balles de tennis. Un contrôle de qualité montre que 3 % des balles produites ne sont pas conformes au cahier des charges de la fabrication. On prélève au hasard dans la production 300 balles de tennis. Le nombre de balles est suffisamment important pour que l'on puisse assimiler ces prélèvements à des tirages indépendants. On note X la variable aléatoire qui, à chaque lot de 300 balles tirées, associe le nombre de balles non conformes.

1. Déterminer la loi de probabilité de la variable aléatoire X.

2. Calculer la probabilité qu'il y ait exactement 4 balles non conformes, puis au plus 4 balles non conformes.

3. Calculer l'espérance mathématique E(X) et l'écart-type $\sigma(X)$ de la variable aléatoire X.

4. On admet que la loi de $\dfrac{X - E(X)}{\sigma(X)}$ peut être approchée par la loi normale centrée réduite. Justifier ce choix.

5. En utilisant l'approximation précédente, calculer $P(X \leqslant 12)$ et $P(6 \leqslant X \leqslant 12)$.

D'après BTS Assistant en création industrielle, 2006.

95. Un magasin spécialisé dans la vente de téléphones portables fait une promotion sur un type d'appareil A. Dans une journée 150 personnes se présentent indépendamment. La probabilité pour qu'une personne achète l'appareil A est de 0,4. On appelle X la variable aléatoire représentant le nombre d'articles A vendus en une journée.

1. Quelle est la loi suivie par la variable aléatoire X ? Calculer son espérance et son écart-type.

2. On admet que la loi de la variable aléatoire $\dfrac{X - 60}{6}$ peut être approchée par la loi normale centrée réduite. Sur quel théorème est basée cette approximation ?

3. En utilisant l'approximation précédente, calculer les probabilités suivantes : $P(X \leqslant 72)$, $P(X \geqslant 69)$ et $P(69 \leqslant X \leqslant 72)$.

D'après BTS Assistant en création industrielle, 2002.

96. Nicolas joue régulièrement au football avec des amis. Il est un peu maladroit et commet parfois une « boullerette » : au moment de passer le ballon à un de ses partenaires, il lui arrive de l'envoyer directement en touche. La probabilité qu'une passe de Nicolas se transforme en boullerette vaut 0,2. On suppose qu'au cours d'une partie, Nicolas tente 36 passes.
On note X le nombre de boullerettes effectuées par Nicolas au cours d'une partie.

1. Quelle est la probabilité que Nicolas ne fasse aucune boullerette au cours d'une partie ?

2. Quelle est la probabilité qu'il en fasse plus de 10 ?

3. On considère à présent que la loi de $\frac{X-7{,}2}{2{,}4}$ est proche de la loi normale centrée réduite. Pourquoi cette approximation est-elle raisonnable ?

4. Lors d'un match important, ses amis avertissent Nicolas qu'à la cinquième boullerette, il sera remplacé par un autre joueur. En utilisant l'approximation précédente, calculer la probabilité que Nicolas finisse le match.

5. Nicolas considère que cette probabilité est trop faible et décide de s'entraîner avant le match pour diminuer sa probabilité p de faire une boullerette lors d'une passe. Quelle valeur de p doit-il atteindre pour que la probabilité qu'il finisse le match soit supérieure à 90 % ?

AIDE
Approcher la loi $\mathscr{B}(36 ; p)$, une fois centrée et réduite, par la loi $\mathcal{N}(0 ; 1)$ en utilisant Moivre-Laplace.

Le saviez-vous ?

Les « fermes » (en rouge sur le schéma) sont les parties principales d'une charpente d'une toiture. Elles sont reliées entre elles par des « pannes » (en vert sur le schéma).

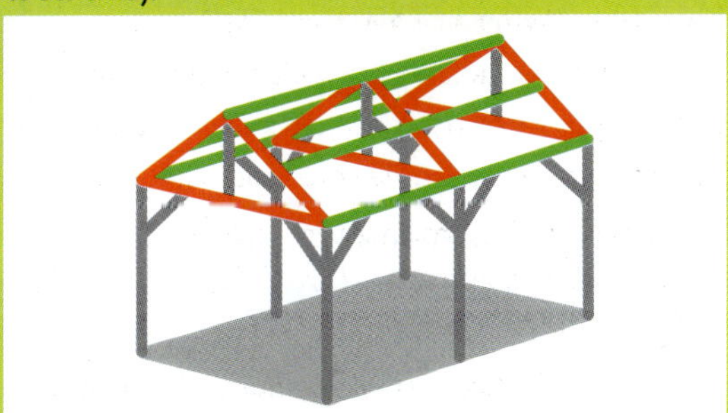

97. Certaines poutres nécessaires à la réalisation des fermes doivent avoir une section rectangulaire de dimensions très précises. On admet que la probabilité qu'une poutre, prise au hasard dans la production, soit conforme, est 0,9. Une commande nécessite 1 500 poutres. On veut évaluer la probabilité que le nombre de poutres non conformes soit d'au plus 160. On note X la variable aléatoire qui, à chaque lot de 1 500 poutres, associe le nombre de poutres non conformes.

1. Quelle est la loi suivie par X ? Que valent son espérance E(X) et son écart-type $\sigma(X)$?

2. En quoi le calcul de $P(X > 1\,340)$ est-il « difficile » ?

3. Pour ce calcul, on décide d'approcher la loi de $\frac{X-E(X)}{\sigma(X)}$ par la loi normale centrée réduite. Justifier ce choix.

4. En utilisant cette approximation, calculer une valeur approchée à 10^{-3} près de $P(X > 1\,340)$.

D'après BTS Agencement de l'environnement architectural, 2007.

5. Fluctuations d'une fréquence

pour s'échauffer

98. corrigé Soit X une variable aléatoire suivant une loi $\mathscr{B}(n ; p)$ où n est un entier naturel et $p \in]0 ; 1[$. On pose $F = \frac{X}{n}$.

1. Donner un intervalle de fluctuations asymptotique de F à 90 %, puis à 95 %, puis à 99 %.

2. Sous quelles conditions sur n et p peut-on utiliser ces intervalles en pratique ?

99. corrigé Soit X une variable aléatoire suivant la loi $\mathscr{B}(77 ; 0{,}7)$ et $F = \frac{X}{77}$.

1. Justifier que les conditions pratiques d'utilisation du théorème de Moivre-Laplace sont réunies.

2. En utilisant cette approximation, montrer que F fluctue à 95 % dans l'intervalle $[0{,}60 ; 0{,}80]$.

3. Montrer de la même manière que F fluctue à 99 % dans l'intervalle $[0{,}57 ; 0{,}83]$.

100. Soit X une variable aléatoire suivant une loi $\mathscr{B}(n ; p)$ où n est un entier naturel et $p \in]0 ; 1[$. On note $F = \frac{X}{n}$. On dit que l'intervalle $[a ; b]$ est un intervalle de fluctuations à 95 % de F si $P(a \leqslant F \leqslant b) = 0{,}95$. On dit que l'intervalle $[a ; b]$ est un intervalle de fluctuations asymptotique à 95 % de F si $\lim_{n \to +\infty} P(a \leqslant F \leqslant b) = 0{,}95$.

1. Donner un intervalle de fluctuations asymptotique à 95 % de F en fonction de n et p.

2. Sous quelles conditions sur n et p peut-on considérer que cet intervalle de fluctuations asymptotique est une bonne approximation d'un intervalle de fluctuations de F ?

101. R ou GeoGebra Soit X une variable aléatoire suivant la loi $\mathscr{B}(70\,;0{,}4)$. On note $F = \dfrac{X}{70}$.

1. Donner un intervalle de fluctuations asymptotique à 95 % de F ?

2. Quel est l'ensemble des valeurs que peut prendre X ?

3. Déduire de **1.** un intervalle de fluctuations asymptotique à 95 % de X.

4. Simuler une réalisation de X à l'aide d'un logiciel.

Dans R, *on peut simuler N réalisations selon la loi* $\mathscr{B}(70\,;0{,}4)$ *en saisissant* **rbinom(N,70,0.4)**.

Dans GeoGebra, *on peut simuler une réalisation selon la loi* $\mathscr{B}(70\,;0{,}4)$ *en saisissant dans le tableur* **AléaBinomiale[70, 0.4]**.

5. La valeur obtenue appartient-elle à l'intervalle de fluctuations établi en **3.** ?

6. Simuler d'autres réalisations et observer leur fluctuation.

7. Si on simulait un très grand nombre de valeurs de X, quelle proportion environ n'appartiendrait pas à l'intervalle de fluctuations établi en **3.** ?

102. Soit X une variable aléatoire suivant la loi $\mathscr{B}(n\,;p)$ où n est un entier naturel et $p \in \,]0\,;1[$. On pose $F = \dfrac{X}{n}$.

Pour tout $\alpha \in \,]0\,;1[$, on note u_α l'unique réel positif tel que $P(-u_\alpha \leqslant Z \leqslant u_\alpha) = 1-\alpha$, où Z désigne une variable aléatoire suivant la loi $\mathscr{N}(0\,;1)$.

1. Vers quelle limite converge

$$P\left(p - u_\alpha \frac{\sqrt{p(1-p)}}{\sqrt{n}} \leqslant F \leqslant p + u_\alpha \frac{\sqrt{p(1-p)}}{\sqrt{n}}\right) ?$$

2. En déduire un intervalle de fluctuations asymptotique à 95 % de F ; puis à 90 % ; puis à 99 %.

3. Quelle est la probabilité que F appartienne à

$$\left[p - 2\frac{\sqrt{p(1-p)}}{\sqrt{n}}\,;\, p + 2\frac{\sqrt{p(1-p)}}{\sqrt{n}}\right] \text{ lorsque } n \to +\infty ?$$

4. Quelle est la probabilité que F appartienne à

$$\left[p - 3\frac{\sqrt{p(1-p)}}{\sqrt{n}}\,;\, p + 3\frac{\sqrt{p(1-p)}}{\sqrt{n}}\right] \text{ lorsque } n \to +\infty ?$$

103. Soit X une variable aléatoire suivant la loi $\mathscr{B}(60\,;0{,}4)$ et $F = \dfrac{X}{60}$.

1. Justifier que les conditions pratiques d'utilisation du théorème de Moivre-Laplace sont réunies.

2. En utilisant cette approximation, montrer que F fluctue à 95 % dans l'intervalle $[0{,}28\,;\,0{,}52]$.

3. Montrer de la même manière que F fluctue à 99 % dans l'intervalle $[0{,}24\,;\,0{,}56]$.

104. Soit X une variable aléatoire suivant la loi $\mathscr{B}(43\,;0{,}6)$ et $F = \dfrac{X}{43}$.

1. Justifier que les conditions pratiques d'utilisation du théorème de Moivre-Laplace sont réunies.

2. En utilisant cette approximation, montrer que F fluctue à 95 % dans l'intervalle $[0{,}45\,;\,0{,}75]$.

3. Montrer de la même manière que F fluctue à 99 % dans l'intervalle $[0{,}41\,;\,0{,}79]$.

105. corrigé On admet que la proportion p de femmes dans la population française est égale à 51,4 %.

1. Si l'on considère 577 personnes françaises tirées aléatoirement avec remise, à quel intervalle appartiendra la proportion de femmes parmi ces 577 personnes avec une probabilité de 95 % ?

2. À l'Assemblée nationale, on dénombre 107 femmes sur 577 députés. Peut-on considérer qu'il y a une sous-représentation des femmes à l'Assemblée nationale ?

Le saviez-vous ?

Ce n'est que depuis 1944 que les femmes ont le droit de voter à un scrutin national en France et de se présenter aux élections législatives. Le 21 octobre 1945, 33 femmes ont été élues pour la première fois à l'Assemblée nationale (sur 586 députés).

106. On admet que la proportion p de femmes dans la population française est égale à 51,4 %.

1. À quel intervalle appartient, avec une probabilité de 95 %, la proportion de femmes dans un échantillon de 40 personnes françaises tirées aléatoirement avec remise ?

2. On dénombre dans une classe de terminale 16 filles et 24 garçons. Peut-on conclure qu'il y a une sous-représentation des filles dans cette classe ?

3. Y a-t-il une sous-représentation des filles dans votre classe ?

107. Selon l'INSEE, environ 51 % de la population française active ayant un emploi appartient à la catégorie socio-professionnelle (CSP) « employés et ouvriers ». Au concours d'entrée à l'ENA en 2009, 17 admis sur 81 ont des parents appartenant à cette CSP.

1. Quel est l'intervalle de fluctuations asymptotique de la fréquence d'apparition de la CSP « employés et ouvriers » dans un échantillon de 81 français tirés aléatoirement avec remise ?

2. Peut-on considérer que les admis d'origine socio-professionnelle « employés et ouvriers » sont sous-représentés à l'ENA ? On comparera leur proportion à l'intervalle de fluctuations précédent.

108. Alexis organise une réception où 380 convives sont attendus. Il souhaite acheter un nombre suffisant de coupes de champagne. L'entreprise de livraison l'avertit qu'en règle général, environ 4 % des coupes sont abîmées par le transport et inutilisables. Suivant cette information, on admet que la probabilité qu'une coupe soit abîmée à la livraison vaut $p = 0{,}04$.

1. Si Alexis commande n coupes de champagnes, quelle loi suit le nombre de coupes abîmées qu'il recevra ?

2. Donner un intervalle de fluctuations asymptotique à 99 % de la proportion de coupes abîmées parmi n ?

3. En déduire un intervalle de fluctuations asymptotique à 99 % du nombre de coupes abîmées parmi n.

On notera cet intervalle $[n_{\min} \,;\, n_{\max}]$.

En se basant sur ce dernier intervalle, on peut en déduire qu'avec une grande probabilité, le nombre de coupes intactes parmi n sera supérieur à $n - n_{\max}$.

4. Calculer la « grande probabilité » précédente.

5. Alexis souhaite commander un nombre n suffisant de coupes pour qu'à la livraison, au moins 400 d'entre elles soient avec la probabilité précédente intactes. Quel nombre minimum de coupes doit-il commander ?

109. Une salle de spectacle peut accueillir 200 spectateurs. On admet qu'un spectateur ayant acheté son billet a une probabilité p égale à 0,1 de ne pas venir au spectacle le soir de la représentation.

1. Si n personnes ont acheté leur billet en avance, dans quel intervalle asymptotique fluctue la proportion d'entres elles qui se rendra au spectacle avec une probabilité de 0,95 ?

2. Devant ce constat le directeur de la salle décide d'autoriser la prévente de n billets avec $n > 200$, pour tenter de remplir au maximum sa salle. Mais en même temps, il ne souhaite pas devoir refuser des spectateurs ayant leur billet le soir de la représentation. Quelle valeur maximale de n peut-il autoriser s'il souhaite qu'il n'y ait pas plus de 200 personnes qui se présentent le soir du spectacle avec une probabilité de 0,95 ?

110. Un fabricant de diodes électroluminescentes (LED) garantit que la probabilité p qu'une diode ne fonctionne pas vaut au plus 0,03. Pascal s'est fait livrer 5 000 diodes. On note X le nombre de diodes défectueuses parmi 5 000 diodes et $F = \dfrac{X}{5\,000}$ leur proportion.

1. Quelle est la loi suivie par X si $p = 0{,}03$?

2. D'après l'approximation de Moivre-Laplace, dans quel intervalle fluctue F avec une probabilité de 0,95 ?

3. On en déduit que X fluctue à plus de 95 % dans l'intervalle $[127 \,;\, 174]$. Vérifier cette affirmation en calculant $P(127 \leqslant X \leqslant 174)$.

Pascal a constaté que 172 diodes ne fonctionnaient pas dans le lot de 5 000 diodes qu'il a commandé. Il trouve ce nombre trop élevé. Le fabricant lui explique que si ce nombre appartient à l'intervalle de fluctuations à 95 % de X, il n'y a pas de raison de considérer ce lot comme non conforme.

4. Suivant cette règle de décision, quelle est la probabilité qu'un lot ne soit pas conforme ?

5. Suivant cette règle de décision, le lot commandé par Pascal est-il non-conforme ?

6. Si le lot de Pascal n'avait contenu aucune diode défectueuse, aurait-il été considéré comme conforme ?

Pascal trouve la règle de décision absurde. Il propose une autre règle : si le lot contient moins de 170 diodes défectueuses, alors il est jugé conforme, sinon il n'est pas jugé conforme.

7. Suivant la règle de décision de Pascal, quelle est la probabilité qu'un lot ne soit pas conforme ?

8. Un lot ne contenant aucune diode défectueuse serait-il jugé conforme ?

9. Quelle règle de décision vous paraît la plus adaptée au problème : celle du fabricant ou celle de Pascal ?

10. Selon sa règle de décision, le lot reçu par Pascal est-il conforme ?

111. M. Frit, gérant d'une boutique de forfaits téléphoniques, vient d'acheter un lot de 100 cartes SIM vierges à son distributeur Dominique. Certaines cartes peuvent présenter des défauts et s'avérer inutilisables. Mais Dominique garantit que la probabilité p qu'une carte SIM soit endommagée vaut au maximum 0,05.

M. Frit constate que 9 cartes SIM dans le lot de 100 étaient endommagées, soit 9 %. Il a l'impression d'avoir été trompé par Dominique sur la qualité des cartes et s'en plaint. Dominique lui affirme que trouver 9 cartes endommagées sur 100 est tout a fait conforme aux 5 % annoncés. Pour le démontrer, il lui propose de faire un test pour décider entre l'hypothèse « $p = 0{,}05$ » (ce qu'il a prétendu) et l'hypothèse « $p > 0{,}05$ » (ce que pense M. Frit). La règle sera la suivante : si $p = 0{,}05$, la proportion de cartes SIM endommagées dans un lot de 100 devrait fluctuer à 95% dans un certain intervalle I. Donc si cet intervalle I contient les 9 % observés par M. Frit, il n'y a aucune raison de remettre en cause l'hypothèse $p = 0{,}05$.

On notera X le nombre de cartes endommagées dans un lot de 100, et $F = \frac{X}{100}$ leur proportion.

1. Montrer que l'intervalle de fluctuations dont parle Dominique est $I \approx [0{,}007 ; 0{,}093]$.

2. Quelle est la décision du test ?

M. Frit n'est pas satisfait et demande à Dominique quelle est la fiabilité de son test. Dominique lui explique que la probabilité de se tromper correspond à la probabilité que F n'appartienne pas à I alors que p vaut 0,05. Il lui assure qu'elle est très faible.

3. Montrer qu'en suivant la définition de Dominique, la probabilité de se tromper vaut environ 5 %.

M. Frit n'abandonne pas : il se demande quelle serait la probabilité que F appartienne à I si p valait 0,09 et non 0,05.

4. En supposant $p = 0{,}09$, quelle loi suit X ?

5. Montrer que $p(F \in I) = P(7 \leqslant X \leqslant 93)$ et calculer cette probabilité lorsque $p = 0{,}09$.

6. Le test vous paraît-il à l'avantage de Dominique ou de M. Frit ?

M. Frit contacte son collègue M. Hésséfer et lui raconte sa mésaventure. M. Hésséfer avait lui aussi commandé un lot de 100 cartes SIM à Dominique. Il avait relevé 8 cartes défectueuses, s'en était plaint à Dominique, mais avait été convaincu par le résultat du test.

7. Effectuer le test pour le lot de M. Hésséfer. Quelle est la conclusion ?

La conclusion n'étonne pas M. Frit. Il propose à M. Hésséfer de mutualiser leurs données.

8. Soit F′ la proportion de cartes défectueuses dans les deux lots. Dans quel intervalle I′ fluctue F′ à 95 % si $p = 0{,}05$?

9. Effectuer le test de Dominique en utilisant toutes les données de M. Frit et M. Hésséfer. Quelle est la conclusion ?

6. Intervalles de confiance

pour s'échauffer

112. corrigé Soit X une variable aléatoire suivant une loi $\mathcal{B}(267 ; p)$, où $p \in]0 ; 1[$ est inconnu.

1. À quel intervalle doit appartenir p pour qu'il soit raisonnable d'utiliser l'approximation normale fournie par le théorème de Moivre-Laplace ?

2. Soit $F = \frac{X}{267}$. On observe à partir d'une réalisation de X, que $F = 0{,}3$. À partir de cette observation, donner un intervalle de confiance au niveau asymptotique 95 % pour estimer p.

3. Cet intervalle de confiance repose sur l'approximation normale issue du théorème de Moivre-Laplace. D'après le résultat de la question **2.** et les conditions établies dans la question **1.**, peut-on accepter *a posteriori* d'avoir utilisé cette approximation ?

113. corrigé Afin d'estimer la proportion p de végétariens dans la population française, un bureau d'études interroge 1 300 personnes choisies au hasard dans la population française. On considère qu'étant donné le nombre de personnes interrogées par rapport à la taille de la population française, le tirage peut être considéré comme un tirage avec remise.

1. Soit X le nombre de végétariens dans un échantillon de 1 300 personnes choisies au hasard dans la population française. Quelle loi suit la variable aléatoire X ?

2. Parmi les personnes interrogées, 28 se sont déclarées végétariennes. Quelle proportion de végétariens cela représente-t-il dans l'échantillon ?

3. En déduire une estimation de p par un intervalle de confiance au niveau asymptotique 95 %.

114. Un sac contient une grande quantité de petites billes rouges et bleues. Afin d'évaluer la proportion de billes rouges et de billes bleues dans le sac, on a tiré aléatoirement 50 billes avec remise du sac. Dans cet échantillon 13 billes étaient rouges, 37 étaient bleues.

1. On note p la proportion (inconnue) de billes rouges dans le sac. Quelle est la loi suivie par le nombre de billes rouges dans un échantillon de 50 billes tirées aléatoirement avec remise ?

2. D'après le résultat du tirage, proposer une estimation de p à l'aide d'un intervalle de confiance au niveau asymptotique 95 %.

115. Une entreprise désire estimer la qualité de sa production. Un échantillon de 370 produits a été testé. Il ressort de cette étude que 26 produits sur 370 ne sont pas conformes au cahier des charges. On considère que la production de l'entreprise est suffisamment importante pour qu'on puisse assimiler le tirage de l'échantillon à un tirage avec remise. À partir de cette étude, estimer la probabilité qu'un produit ne soit pas conforme au cahier des charges à l'aide d'un intervalle de confiance au niveau asymptotique 95 %.

116. Au cours d'une année, le service ophtalmologie d'un centre hospitalier a examiné 5 000 patients. Pour chaque patient, une fiche a été remplie sur laquelle est notamment indiqué le diagnostic posé. Parmi les pathologies rencontrées chez ces patients figure l'aniséïconie (l'aniséïconie se définit comme la perception d'images différentes en taille et/ou en forme par les deux yeux fixant un même objet). On considère un échantillon de 60 fiches prélevées au hasard dans le fichier des patients. Le nombre de fiches est assez important pour qu'on puisse assimiler ce tirage à un tirage avec remise. On constate que 15 fiches de cet échantillon signalent une aniséïconie.

1. Proposer une estimation naturelle de la proportion inconnue p des fiches du fichier qui signalent une aniséïconie.

2. Déterminer un intervalle de confiance de la fréquence p au niveau de confiance asymptotique 95 %.

D'après BTS Opticien Lunetier, 2008.

117. Selon le sondage « les Français et la musique », réalisé par Opinion Way pour la Sacem en 2011, le classement des styles musicaux qu'écoutent les 15-24 ans est le suivant : 1) RnB pour 45 % d'entre eux ; 2) Pop/Rock pour 42 % ; 3) rap pour 38 % ; 4) musiques électroniques pour 28 % ; 5) chanson française pour 26 %.

Ces pourcentages concernent les 15-24 ans de l'échantillon, ce qui représente 222 personnes. On considère que la population française est assez nombreuse pour qu'on puisse assimiler le tirage de l'échantillon à un tirage avec remise.

1. Donner un intervalle de confiance au niveau asymptotique 95 % pour estimer la proportion des 15-24 ans dans la population totale écoutant du RnB.

2. Même question pour le Pop/Rock ; le rap ; les musiques électroniques ; la chanson française.

3. Parmi les 15-24 ans de la population totale, peut-on considérer qu'il y en a significativement plus qui écoutent du RnB que du Pop/Rock ?

4. On convient que si les intervalles de confiance de deux proportions se chevauchent, alors ces deux proportions ne peuvent pas être considérées comme étant différentes. En vous basant sur ce critère, proposer le classement des styles musicaux préférés des 15-24 ans dans la population totale, issu de l'enquête « les Français et la musique » (certains styles pourront être ex-aequo).

118. On considère une grande quantité de pièces en bois devant être livrées à une chaîne d'hypermarchés. On considère un échantillon de 100 pièces prélevées au hasard dans cette livraison. La livraison est assez importante pour que l'on puisse assimiler ce tirage à un tirage avec remise. On constate que 96 pièces sont sans aucun défaut.

1. Donner une estimation de la fréquence inconnue p des pièces de cette livraison qui sont sans aucun défaut.
2. Déterminer un intervalle de confiance de la fréquence p au niveau de confiance asymptotique 95 %.

D'après BTS Assistance technique d'ingénieur, 2008.

119. Un groupe d'assurances s'intéresse aux sinistres susceptibles de survenir aux véhicules de la flotte d'une importante entreprise de maintenance de chauffage collectif. On considère un échantillon de 100 véhicules prélevés au hasard dans le parc de véhicules mis en service depuis 6 mois. Ce parc contient suffisamment de véhicules pour qu'on puisse assimiler ce tirage à un tirage avec remise. On constate que 91 véhicules de cet échantillon n'ont pas eu de sinistre.

1. Donner une estimation du pourcentage p de véhicules de ce parc qui n'ont pas eu de sinistre 6 mois après leur mise en service.
2. Déterminer un intervalle de confiance du pourcentage p au niveau de confiance asymptotique 95 %.

D'après BTS Études et économie de la construction, 2002.

120. R On considère une population dont les groupes sanguins sont répartis de la manière suivante :

Groupe	A	O	B	AB
Fréquence	45 %	42 %	9 %	4 %

1. Simuler sous R une population de 100 000 personnes composée d'individus « A », « O », « B » ou « AB » (selon leur groupe sanguin) respectant la répartition précédente. On pourra créer un vecteur **pop** en utilisant la commande suivante :

R : **pop=c(rep(«A»,45000),rep(«O»,42000),rep(«B»,9000), rep(«AB»,4000)**.

2. Tirer au hasard 100 personnes issues de la population précédente.

R : **sample(100,pop)** *permet de tirer au hasard 100 valeurs dans le vecteur* **pop**.

3. Compter le nombre de personnes de chaque groupe sanguin dans cet échantillon en utilisant la fonction **table**.
4. On se place dans la situation où l'on ne connaît pas la répartition des groupes sanguins dans la population initiale. Seul l'échantillon précédent de 100 personnes est fourni. On considère que le tirage peut être assimilé à un tirage avec remise. En déduire une estimation de la répartition des groupes sanguins dans la population totale par des intervalles de confiance au niveau 95 %.
5. Les intervalles de confiance précédents contiennent-ils les vraies proportions données en préambule ?
6. Recommencer les questions **2.**, **3.**, **4.**, **5.** sur la base d'un autre échantillon de 100 personnes.

121. Daniel et Frédéric se mesurent aux fléchettes. On note p_1 (respectivement p_2) la probabilité que Daniel (respectivement Frédéric) rate le centre de la cible lors d'un tir. Ils lancent chacun leur tour des fléchettes pour déterminer qui est le meilleur lanceur, autrement dit pour savoir si $p_1 < p_2$ ou si $p_2 < p_1$.

1. Quelle est la loi du nombre de tirs manqués parmi n tirs pour Daniel ? pour Frédéric ?

Après 36 tirs, Daniel a raté 10 fois la cible et Frédéric 12 fois.

2. Quelle est la fréquence de tirs manqués chez Daniel ? chez Frédéric ?
3. Estimer p_1 et p_2 à l'aide d'un intervalle de confiance de niveau asymptotique 95 %. Peut-on les départager ?

Ils continuent leur partie et totalisent 90 tirs chacun : Daniel en a raté 25 tandis que Frédéric en a raté 30.

4. Quelle est leur fréquence respective de tirs manqués ? Peut-on les départager ?
5. En supposant que la fréquence de tirs manqués reste à environ 28 % pour Daniel et 33 % pour Frédéric, combien de tirs doivent-ils effectuer pour que l'estimation par intervalles de confiance à 95 % de p_1 et p_2 conduisent de façon significative à $p_1 < p_2$?

122. Deux candidats s'affrontent lors du second tour de l'élection présidentielle. Un institut de sondage souhaite effectuer une enquête auprès d'un échantillon de n personnes tirées aléatoirement afin de connaître les intentions de vote. Étant donné la taille de la population par rapport à n, ce tirage peut être considéré comme un tirage avec remise. L'institut de sondage pense que le scrutin sera serré et souhaite effectuer un sondage suffisamment précis pour pouvoir prédire le vainqueur. Combien de personnes n l'institut doit-il interroger pour que les intervalles de confiance au niveau asymptotique 95 % ait une longueur inférieure à 0,02 ?

123. Un établissement hospitalier pratique l'implant de prothèses en silicone. Quelques rares cas de ruptures de la prothèse sont régulièrement à déplorer. Mais l'établissement s'inquiète du taux de ruptures anormal des prothèses de la marque TIT. En effet sur 81 prothèses TIT implantées, 6 cas de ruptures ont été déclarées, contre 14 cas de ruptures sur 1 303 implants pour l'ensemble des autres marques de prothèses.

1. Calculer le taux de ruptures des prothèses TIT et le taux de ruptures des prothèses des autres marques constatés dans cet établissement.

2. Proposer un intervalle de confiance au niveau asymptotique 95 % pour la probabilité de ruptures des prothèses de la marque TIT.

3. Même question pour la probabilité de ruptures des prothèses des autres marques.

4. D'après les deux questions précédentes, peut-on affirmer qu'il y a une probabilité significativement plus importante qu'une prothèse de la marque TIT se rompe ?

5. On suppose qu'il y aura toujours environ 16 fois plus d'implants de prothèses des autres marques que de la marque TIT. On note n le nombre d'implants de prothèses de la marque TIT totalisés à un instant donné dans l'établissement. Il y a donc $16n$ implants de prothèses des autres marques au même moment. Combien d'implants n faudra-t-il atteindre pour qu'un taux de 7,4 % de ruptures de prothèses TIT puisse être considéré significativement supérieur au taux de ruptures 1,1 % chez les autres marques ?

6. Par principe de précaution, le chef de l'établissement hospitalier ne souhaite pas attendre d'avoir atteint ce nombre et il alerte les autorités sanitaires. Ces dernières lancent immédiatement une enquête et recueillent les informations suivantes auprès de plusieurs établissements hospitaliers : sur 2 017 implants de prothèses TIT, 95 ruptures ont été déplorées alors que sur 29 814 implants de prothèses d'autres marques, 309 ruptures sont survenues. Sur la base de ces données, peut-on affirmer que la probabilité de ruptures des prothèses TIT est supérieure à celle des autres marques ?

7. Problèmes

124. Une entreprise fabrique des vêtements de sport pouvant présenter deux défauts indépendants :

- la probabilité que le tissu présente un défaut est 0,02.
- la probabilité d'un défaut de confection est 0,05.

1. Calculer la probabilité qu'un vêtement ait les deux défauts.

2. Montrer que la probabilité qu'un vêtement soit sans défaut est 0,931.

En une semaine, l'entreprise fabrique 1 000 vêtements. On appelle X la variable aléatoire égale au nombre de vêtements sans défaut fabriqués en une semaine.

3. Quelle est la loi de X ? Calculer son espérance et son écart-type.

4. Pourquoi la loi de $\frac{X-931}{8}$ peut-elle être approchée par la loi normale centrée réduite ?

5. En utilisant cette approximation, calculer :

$$P(927 \leqslant X \leqslant 935).$$

6. À l'aide de la même approximation, pour quelle valeur de x arrondie à l'entier le plus proche a-t-on $P(X \leqslant x) = 0{,}95$?

D'après BTS Assistant en création industrielle, 2004.

125. Une entreprise de confection possède 1 400 machines à coudre. On sait que la durée de vie (en années) de chaque machine à coudre suit la loi exponentielle de paramètre $\lambda = 0,2$.

1. Quelle est la durée de vie moyenne d'une machine à coudre ?

2. Quelle est la probabilité qu'une machine à coudre ait une durée de vie inférieure à 2 ans ?

Depuis sa création, l'entreprise est en difficulté. Au bout de deux ans, elle dépose le bilan et met en vente un lot composé de toutes ses machines à coudre. On suppose qu'elle n'a jamais remplacé les machines devenues hors-service pendant ses deux années d'activité. On note X le nombre de machines hors-service au moment de la vente, cette quantité étant inconnue de l'acheteur.

3. Quelle est la loi de X ? Donner son espérance et son écart-type.

4. À quel intervalle appartient approximativement la proportion de machines à coudre hors-service au moment de la vente, avec une probabilité de 95 % ?

5. En utilisant l'approximation fournie par le théorème de Moivre-Laplace, calculer la probabilité qu'un acheteur se retrouve avec plus de la moitié des machines à coudre qu'il a achetées hors-service.

126.

Partie A

Une entreprise effectue des contrôles pour détecter si un produit satisfait aux normes prévues. Le produit est conditionné en boîtes. Les contrôles montrent que la probabilité qu'une boîte prélevée au hasard dans la production soit défectueuse est égale à 0,006.
Soit n un entier naturel. On note X la variable aléatoire qui à chaque lot de n boîtes du produit tirées au hasard et avec remise dans la production associe le nombre de boîtes défectueuses dans ce lot.

1. Justifier que la variable aléatoire X suit une loi binomiale dont on précisera les paramètres. Donner l'espérance mathématique de X en fonction de n.

2. Déterminer, en fonction de n, la probabilité qu'il n'y ait aucune boîte défectueuse dans le lot.

3. Dans cette question, on prend $n = 10\,000$.
On admet que l'on peut approcher la loi de $\dfrac{X - 60}{7,72}$ par la loi normale centrée réduite. En déduire la probabilité qu'il y ait entre 50 et 70 boîtes défectueuses dans le lot de 10 000 boîtes.

Partie B

L'entreprise désire estimer la proportion inconnue p de clients satisfaits par son produit. Elle organise une enquête de satisfaction auprès d'un échantillon de 100 clients. Cette enquête a révélé que 85 d'entre eux étaient satisfaits. On considère que la taille de l'échantillon par rapport au nombre total des clients est suffisamment faible pour considérer que les personnes ont été tirées avec remise.

1. Proposer une estimation naturelle de la proportion inconnue p basée sur les résultats de l'enquête.

2. Donner une estimation de p par intervalle de confiance au niveau de confiance asymptotique 95 %. Arrondir les bornes à 10^{-2}.

3. Peut-on affirmer que p est compris dans cet intervalle de confiance ? Pourquoi ?

D'après BTS Opticien Lunetier, 2007.

127. Une usine fabrique, en grande quantité, des rondelles d'acier pour la construction. Leur diamètre est exprimé en millimètres.

Partie A

Une rondelle est conforme pour le diamètre lorsque celui-ci appartient à l'intervalle $[89,6\ ;\ 90,4]$.

1. On note X la variable aléatoire qui, à chaque rondelle prélevée au hasard dans la production, associe son diamètre. On suppose que X suit la loi normale d'espérance 90 et d'écart-type $\sigma = 0,17$. Calculer la probabilité qu'une rondelle prélevée au hasard dans la production soit conforme.

2. L'entreprise désire améliorer la qualité de la production des rondelles : il est envisagé de modifier le réglage des machines produisant les rondelles. On note D la variable aléatoire qui, à chaque rondelle prélevée dans la production future, associera son diamètre. On suppose que D suit la loi normale d'espérance 90 et d'écart-type σ_1. Déterminer σ_1 pour que la probabilité qu'une rondelle prélevée au hasard dans la production future ait un diamètre conforme soit égale à 0,99.

Partie B

On note E l'événement : « une rondelle prélevée au hasard dans un stock important a un diamètre non conforme. » On suppose $P(E) = 0,02$. On prélève au hasard quatre rondelles dans le stock pour vérification de leur diamètre. Le stock est assez important pour que l'on puisse assimiler ce prélèvement à un tirage avec remise de quatre rondelles. On considère la variable aléatoire Y qui à tout prélèvement de quatre rondelles associe le nombre de rondelles de ce prélèvement ayant un diamètre non conforme.

1. Justifier que la variable Y suit une loi binomiale dont on déterminera les paramètres.

2. Calculer la probabilité que, dans un tel prélèvement, aucune rondelle n'ait un diamètre non conforme.

3. Calculer la probabilité que, dans un tel prélèvement, au plus une rondelle ait un diamètre non conforme.

Partie C

Les rondelles sont commercialisées par lots de 1 000. On prélève au hasard un lot de 1 000 dans un dépôt de l'usine. On assimile ce prélèvement à un tirage avec remise de 1 000 rondelles. On considère la variable aléatoire Z qui, à tout prélèvement de 1 000 rondelles, associe le nombre de rondelles non conformes parmi ces 1 000 rondelles.

1. Quelle est la loi suivie par Z ?

2. On admet que la loi de $\frac{Z-20}{4{,}43}$ peut être approchée par la loi normale centrée réduite. Justifier cette démarche.

3. À l'aide de cette approximation, calculer la probabilité qu'il y ait au plus 15 rondelles non conformes dans le lot de 1 000 rondelles.

D'après BTS Aéronautique, 2005.

128.

Partie A

Une entreprise A fabrique des composants électroniques. Durant leur montage, ces composants sont soumis à des températures de soudure d'au moins 200 degrés Celsius. On suppose que cette température est variable et vaut $T_A = 200 + E_A$ où E_A est une variable aléatoire suivant la loi exponentielle de paramètre $\lambda_A = 0{,}02$.

1. Que vaut l'espérance de E_A ?

2. Si la température de soudure est supérieure à une température critique de 340 degrés Celsius, le composant électronique est endommagé. Quelle est la probabilité qu'un composant électronique soit endommagé après soudure ?

3. Une autre entreprise B fabrique les mêmes composants électroniques, mais utilise une technique de soudure différente, pour laquelle la température est une variable aléatoire $T_B = 200 + E_B$, où E_B suit la loi exponentielle de paramètre $\lambda_B = 0{,}025$. Quelle est la probabilité qu'un composant électronique soit endommagé après soudure dans l'entreprise B ?

Partie B

Un fabricant de voitures utilise des composants électroniques achetés aux entreprises A et B pour assembler ses véhicules. Ce fabricant achète plus précisément 70 % de ses composants électroniques à A et 30 % à B. On admet dans cette partie que la probabilité p_A que les composants de l'entreprise A soient endommagés vaut 0,06, tandis que pour l'entreprise B, la probabilité p_B vaut 0,03.

1. On prélève au hasard un composant électronique utilisé par le fabricant de voitures. Montrer que la probabilité que le composant soit endommagé vaut 0,051.

> **AIDE**
> On pourra représenter la situation par un arbre pondéré.

2. On prélève au hasard un lot de 500 composants électroniques. On note X le nombre de composants endommagés dans ce lot. Quelle loi suit la variable aléatoire X ?

3. Pourquoi est-il raisonnable d'affirmer que $\frac{X-25{,}5}{4{,}9}$ suit approximativement la loi normale centrée réduite ?

4. En utilisant cette approximation, calculer la probabilité que le lot contienne plus de 30 composants électroniques endommagés.

annales

129. La moyenne des capacités respiratoires X de personnes du sexe masculin est 3,7 litres, avec un écart-type de 0,7 litres.

1. Sachant que les capacités respiratoires X sont distribuées suivant une loi normale, trouver la probabilité qu'une personne de sexe masculin ait une capacité respiratoire comprise entre 3 litres et 4,4 litres.

2. On considère un échantillon de 400 personnes de sexe masculin tirées au hasard avec remise. Dans quel intervalle fluctue la proportion de ces personnes qui ont une capacité respiratoire comprise entre 3 litres et 4,4 litres au niveau asymptotique 0,95 ?

D'après BAC, Lyon, 1965.

130. Un dé est taillé en octaèdre régulier et ses faces sont numérotées de 1 à 8. On appelle E l'événement : « la face cachée du dé (coté tapis) vaut 7 ou 8 ».

1. On suppose que lors d'un lancer du dé, chaque face a la même probabilité $\frac{1}{8}$ de se retrouver coté tapis. Si on lance le dé 7 500 fois, que valent l'espérance et l'écart-type du nombre de fois où l'événement E se réalise ?

2. Sous les mêmes hypothèses que la question précédente, donner l'intervalle de fluctuations asymptotique à 95 % de la fréquence d'apparition de l'événement E.

3. L'événement E s'est produit 1 740 fois sur 7 500 essais réellement effectués. Ce résultat vous paraît-il en adéquation avec l'intervalle précédent ?

4. En se basant sur le résultat de l'expérience de la question **3.**, donner un intervalle de confiance au niveau asymptotique 95 % pour estimer la probabilité de E.

D'après BAC, Dijon, 1965.

131. On considère un stock important de flotteurs. La probabilité qu'un flotteur soit acceptable vaut 0,26. On prélève au hasard n flotteurs dans le stock pour vérification. Le stock est assez important pour que l'on puisse assimiler ce prélèvement de n flotteurs à un tirage avec remise. On considère la variable X qui, à tout prélèvement ainsi défini, associe le nombre de flotteurs acceptables dans le prélèvement.

Partie A

1. Justifier que la variable aléatoire X suit une loi binomiale dont on donnera les paramètres.

2. Dans cette question, on suppose $n = 6$. Calculer la probabilité que, dans un tel prélèvement,
- deux flotteurs exactement soient acceptables ;
- au plus deux flotteurs soient acceptables.

Dans la suite de cette partie, on considère un prélèvement de n flotteurs.

3. Donner, en fonction de n, l'expression de $P(X = 0)$.

4. Soit F l'événement : « dans le prélèvement, au moins un flotteur est acceptable ». Calculer la valeur minimale n_0 de n telle que $P(F) \geqslant 0{,}95$.

Partie B

On désigne par Y la variable aléatoire qui, à chaque flotteur prélevé au hasard dans la production d'une journée, associe sa masse exprimée en grammes. On suppose que la variable aléatoire Y suit la loi normale d'espérance 25 et d'écart-type 1,58.

1. Calculer la probabilité qu'un flotteur prélevé au hasard dans la production de la journée ait une masse inférieure ou égale à 27 grammes.

2. Calculer la probabilité qu'un flotteur prélevé au hasard dans la production de la journée ait une masse inférieure ou égale à 24,5 grammes.

D'après BTS Métiers de l'eau, 2007.

132. On considère trois urnes : l'urne U_1 contient deux boules rouges et trois boules bleues, l'urne U_2 contient une boule rouge et aucune boule bleue et l'urne U_3 contient une boule bleue et aucune boule rouge. On choisit d'abord une de ces trois urnes au hasard. Une fois cette urne choisie, on effectue dans cette urne et sans jamais en changer une série illimitée de tirages d'une boule, avec remise dans cette urne. Pour $i = 1, 2, 3$, on note U_i l'événement : « l'urne choisie pour les tirages est l'urne U_i ». On note X la variable aléatoire égale au nombre de boules rouges obtenues au cours des 200 premiers tirages.

1. Soit k un entier entre 0 et 200, justifier que la probabilité conditionnelle de l'événement « $X = k$ » sachant que U_1 vaut $P_{U_1}(X = k) = \binom{200}{k}\left(\frac{2}{5}\right)^k\left(\frac{3}{5}\right)^{200-k}$.

2. Justifier que lorsque k est compris entre 1 et 199, $P_{U_2}(X = k) = P_{U_3}(X = k) = 0$.

3. En déduire que pour tout entier k tel que :

$$1 \leqslant k \leqslant 199,\ P(X = k) = \frac{1}{3}P_{U_1}(X = k).$$

4. Soit T une variable aléatoire suivant une loi binomiale $\mathcal{B}\left(200\ ;\ \frac{2}{5}\right)$. Montrer que :

$$P(60 < X \leqslant 100) = \frac{1}{3}P(60 < T \leqslant 100).$$

5. En utilisant l'approximation normale issue du théorème de Moivre-Laplace, en déduire que :

$$P(60 < X \leqslant 100) \simeq 0{,}11.$$

Concours admission ESC, 2006

restitution organisée des connaissances

133. Soit X une variable aléatoire suivant la loi $\mathcal{N}(0\ ;1)$. On note f sa densité de probabilité. On pose de plus, pour tout $x \geqslant 0$, $G(x) = P(-x \leqslant X \leqslant x)$.

1. Justifier que $G(0) = 0$ et $\lim\limits_{n \to +\infty} G(x) = 1$.

2. Montrer que pour tout $x \geqslant 0$, $G(x) = F(x) - F(-x)$ où F désigne une primitive de f.

3. En déduire que pour tout $x \geqslant 0$, $G'(x) = f(x) + f(-x)$.

4. Dresser le tableau de variations de G sur $[0\ ;+\infty[$.

5. En déduire que pour tout $\alpha \in]0\ ;1[$, il existe un unique réel positif u_α tel que $P(-u_\alpha \leqslant X \leqslant u_\alpha) = 1 - \alpha$.

134. Pour tout entier naturel n et pour tout réel $p \in]0\ ;1[$, on note X_n une variable aléatoire suivant la loi binomiale $\mathcal{B}(n\ ;p)$ et $F_n = \frac{X_n}{n}$.

Pour tout $\alpha \in]0\ ;1[$, on note u_α l'unique réel positif tel que $P(-u_\alpha \leqslant Z \leqslant u_\alpha) = 1 - \alpha$, où Z désigne une variable aléatoire suivant la loi $\mathcal{N}(0\ ;1)$.

1. En utilisant le théorème de Moivre-Laplace, montrer que :

$$\lim_{n \to +\infty} P\left(-u_\alpha \leqslant \frac{X_n - np}{\sqrt{np(1-p)}} \leqslant u_\alpha\right) = 1 - \alpha.$$

2. Montrer que $-u_\alpha \leqslant \frac{X_n - np}{\sqrt{np(1-p)}} \leqslant u_\alpha$ est équivalent à :

$$p - u_\alpha\frac{\sqrt{p(1-p)}}{\sqrt{n}} \leqslant F_n \leqslant p + u_\alpha\frac{\sqrt{p(1-p)}}{\sqrt{n}}.$$

3. En déduire que l'intervalle de fluctuations asymptotique au seuil $1 - \alpha$ de F_n est :

$$\left[p - u_\alpha\frac{\sqrt{p(1-p)}}{\sqrt{n}}\ ;\ p + u_\alpha\frac{\sqrt{p(1-p)}}{\sqrt{n}}\right].$$

135. Pour tout entier naturel n et pour tout réel $p \in]0\ ;1[$, on note X_n une variable aléatoire suivant la loi binomiale $\mathcal{B}(n\ ;p)$ et $F_n = \frac{X_n}{n}$.

Pour tout $\alpha \in]0\ ;1[$, on note u_α l'unique réel positif tel que $P(-u_\alpha \leqslant Z \leqslant u_\alpha) = 1 - \alpha$, où Z désigne une variable aléatoire suivant la loi $\mathcal{N}(0\ ;1)$.

1. Que vaut :

$$\lim_{n \to +\infty} P\left(p - u_\alpha\frac{\sqrt{p(1-p)}}{\sqrt{n}} \leqslant F_n \leqslant p + u_\alpha\frac{\sqrt{p(1-p)}}{\sqrt{n}}\right)?$$

2. En déduire que :

$$\lim_{n \to +\infty} P\left(p - 2\frac{\sqrt{p(1-p)}}{\sqrt{n}} \leqslant F_n \leqslant p + 2\frac{\sqrt{p(1-p)}}{\sqrt{n}}\right) > 0{,}95.$$

3. Montrer que pour tout $p \in]0\ ;1[$, $p(1-p) \leqslant \frac{1}{4}$.

4. Déduire que :

$$\left[p - 2\frac{\sqrt{p(1-p)}}{\sqrt{n}}\ ;\ p + 2\frac{\sqrt{p(1-p)}}{\sqrt{n}}\right] \subset \left[p - \frac{1}{\sqrt{n}}\ ;\ p + \frac{1}{\sqrt{n}}\right].$$

5. Déduire des questions **2.** et **4.** que :

$$\lim_{n \to +\infty} P\left(p - \frac{1}{\sqrt{n}} \leqslant F_n \leqslant p + \frac{1}{\sqrt{n}}\right) > 0{,}95.$$

6. On rappelle que l'intervalle IC est un intervalle de confiance pour p au niveau asymptotique $1 - \alpha$ si IC ne dépend pas de p et $\lim\limits_{n \to +\infty} P(p \in IC) \geqslant 1 - \alpha$.

Déduire de la question précédente que $\left[F_n - \frac{1}{\sqrt{n}}\ ;\ F_n + \frac{1}{\sqrt{n}}\right]$ est un intervalle de confiance au niveau asymptotique 0,95 pour p.

Aide

méthodes

Si Z suit la loi $\mathcal{N}(0\,;\,1)$, $P(a \leqslant Z \leqslant b)$ vaut par définition $\int_a^b f(t)\,dt$ avec $f(t) = \frac{1}{\sqrt{2\pi}} e^{-\frac{t^2}{2}}$. Mais le calcul explicite de l'intégrale est impossible car on ne connaît pas de primitive de f. On utilise donc une calculatrice ou un logiciel pour l'approcher (voir l'exercice d'applications page 375).

135. Soit Z une variable aléatoire suivant la loi $\mathcal{N}(0\,;\,1)$. Calculer $P(0{,}5 \leqslant Z \leqslant 2)$.

136. Soit Z une variable aléatoire suivant la loi $\mathcal{N}(0\,;\,1)$. Calculer $P(Z \geqslant 4)$.

méthodes

Si Z suit la loi $\mathcal{N}(0\,;\,1)$, la calculatrice permet d'obtenir le réel x tel que $P(Z \leqslant x) = y$ pour y fixé dans $]0\,;\,1[$ (voir exercice résolu 1). On peut toujours se ramener à ce cas en utilisant les propriétés suivantes :

- pour tout $u \geqslant 0$, $P(Z > u) = P(Z < -u)$;
- pour $a < b$, $P(a \leqslant Z \leqslant b) = P(Z \leqslant b) - P(Z \leqslant a)$.

137. Soit Z une variable aléatoire suivant la loi $\mathcal{N}(0\,;\,1)$. Déterminer le réel x tel que $P(Z < x) = 0{,}75$.

138. Soit Z une variable aléatoire suivant la loi $\mathcal{N}(0\,;\,1)$. Déterminer le réel positif x tel que $P(-x < Z < x) = 0{,}75$.

méthodes

Lorsque X suit une loi normale $\mathcal{N}(\mu\,;\,\sigma^2)$, on peut toujours utiliser les méthodes précédentes en utilisant le fait que $\frac{X-\mu}{\sigma}$ suit la loi $\mathcal{N}(0\,;\,1)$.

139. Soit X une variable aléatoire suivant la loi $\mathcal{N}(-3\,;\,9)$. Déterminer le réel positif x tel que :

$$P(-x-3 < X < x-3) = 0{,}75.$$

140. Soit X une variable aléatoire suivant une loi $\mathcal{N}(2\,;\,\sigma^2)$. Déterminer σ pour que :

$$P(|X-2| > 3) = 0{,}05.$$

méthodes

Si X suit une loi binomiale $\mathcal{B}(n\,;p)$, dès que $n \geqslant 30$, $np \geqslant 5$ et $n(1-p) \geqslant 5$, on peut utiliser le fait que $\frac{X-np}{\sqrt{np(1-p)}}$ suit approximativement la loi $\mathcal{N}(0\,;\,1)$.

141. Soit X une variable aléatoire suivant la loi $\mathcal{B}(64\,;0{,}1)$.

1. Pourquoi est-il raisonnable d'affirmer que $\frac{X-6{,}4}{2{,}4}$ suit approximativement la loi $\mathcal{N}(0\,;\,1)$?
2. Utiliser cette approximation pour calculer

$$P(5 \leqslant X < 7).$$

142. Soit X une variable aléatoire suivant la loi $\mathcal{B}(196\,;0{,}5)$.

1. Que valent l'espérance E(X) et l'écart-type $\sigma(X)$?
2. Pourquoi est-il raisonnable d'affirmer que $\frac{X-E(X)}{\sigma(X)}$ suit approximativement la loi $\mathcal{N}(0\,;\,1)$?
3. Utiliser cette approximation pour trouver le nombre a définissant l'intervalle de fluctuations à 95 % de X : $[98-a\,;\,98+a]$.

méthodes

On peut estimer une proportion p inconnue à l'aide d'un échantillon de n individus tirés avec remise. Si $n \geqslant 30$, $np \geqslant 5$ et $n(1-p) \geqslant 5$, alors p est estimé par l'intervalle de confiance à 95 % : $\left[f-\frac{1}{\sqrt{n}}\,;\,f+\frac{1}{\sqrt{n}}\right]$ où f désigne la proportion observée dans l'échantillon.

143. Après avoir interrogé 2 000 Français de plus de 25 ans, on a relevé que 1 327 d'entre eux avaient obtenu un baccalauréat. On considère que le tirage de l'échantillon peut être assimilé à un tirage avec remise. Estimer la proportion de Français de plus de 25 ans ayant obtenu un baccalauréat à l'aide d'un intervalle de confiance à 95 %.

144. On souhaite estimer la proportion de Français possédant un smartphone. Combien de Français n faut-il interroger avec remise pour obtenir une estimation par un intervalle de confiance à 95 % d'une longueur inférieure à 0,01 ?

Approfondissement

145. Contrôle dans une chaîne de production

Dans une chaîne de montage d'automobiles, une machine découpe automatiquement des pièces métalliques. On considère que la pièce métallique après découpe est conforme si sa longueur est comprise entre 72 et 74 millimètres. On admet que, compte tenu des fluctuations du processus industriel, la machine produit des pièces métalliques de longueur aléatoire X, suivant la loi normale d'espérance 73 et d'écart-type σ.

1. On désire régler la machine pour qu'avec une probabilité de 99 %, la longueur des pièces fluctue dans l'intervalle $[72{,}5\ ;\ 73{,}5]$. Quelle valeur de σ faut-il atteindre ?
2. Avec le réglage de σ précédent, quelle est la probabilité qu'une pièce métallique ne soit pas conforme après la découpe ?
3. Chaque pièce métallique issue de la découpe est automatiquement testée pour s'assurer qu'elle ne dépasse pas une longueur maximale d'alerte L. En cas d'alerte, on suspecte la machine de découpe d'être déréglée et une nouvelle calibration de σ est nécessaire. Que doit valoir L pour que, dans le cas où la machine est réglée selon la question 1., $P(X > L) < 10^{-4}$?
4. De même, il existe une longueur minimale d'alerte ℓ. Que doit-elle valoir pour que, dans le cas où la machine est réglée selon la question 1., $P(X < \ell) < 10^{-4}$?

146. Comparaison de deux proportions

Un laboratoire désire comparer l'efficacité de deux traitements contre les migraines. Il a demandé à un échantillon de 54 individus sujets aux migraines de tester le médicament A. Parallèlement, il a demandé à un autre échantillon de 63 individus sujets aux migraines de tester le médicament B. À la fin de l'étude, le laboratoire a demandé à chaque individu si le médicament leur semblait efficace. Dans le groupe A, 37 patients sur 54 ont trouvé le médicament efficace, tandis que dans le groupe B, 34 patients sur 63 ont trouvé le médicament efficace.

1. Quelle est la proportion de patients qui trouvent le médicament efficace dans le groupe A ? dans le groupe B ?
2. Donner un intervalle de confiance à 95 % pour estimer la proportion d'individus dans la population totale qui trouvent le médicament A efficace.
3. Même question pour le médicament B.
4. On considère que les deux proportions sont significativement différentes si leur intervalle de confiance sont disjoints. Selon cette règle, peut-on considérer que le médicament A est plus efficace que le médicament B ?
5. Le laboratoire a distribué à un troisième échantillon de 57 personnes un placébo en leur disant qu'ils allaient tester un médicament contre la migraine. À l'issue de l'étude 18 d'entre eux ont trouvé le placébo efficace. Selon la règle précédente, peut-on considérer que le médicament B est significativement plus efficace qu'un placébo ? Qu'en est-il du médicament A ?

147. Dans une usine produisant des vélos, un test de résistance est réalisé sur un échantillon de n cadres de vélo en acier. Le même test est réalisé auprès de n cadres de vélo en titane. Sur $n = 100$ cadres de chaque type, il a été constaté que 63 cadres en acier, respectivement 79 cadres en titane, passaient le test avec succès. On considère qu'étant donné la taille des échantillons par rapport à la production totale de vélos, le tirage des vélos dans les échantillons peut être assimilé à un tirage avec remise.

1. Estimer la proportion de cadres en acier dans la production totale résistant au test par un intervalle de confiance à 95 %.
2. Même question pour les cadres en titane.
3. On considère que la résistance des cadres en titane est significativement différente de celle des cadres en acier si les intervalles précédents sont disjoints. Peut-on affirmer qu'il y a une différence de résistance significative entre les deux types de cadres, compte tenu des résultats de l'étude ?
4. En supposant que la proportion de succès au test de résistance restera similaire pour les deux types de cadres, quelle taille n d'échantillon faut-il choisir pour que les cadres en titane soient considérés significativement plus résistants que les cadres en acier ?

L'universalité de la loi normale

objectif

Vérifier le théorème de Moivre-Laplace et observer sa généralisation : le Théorème Limite Central.

1. Le théorème de Moivre-Laplace vu comme une loi des erreurs

On dispose de $n = 100$ appareils (numérotés de 1 à 100) pour mesurer une certaine quantité inconnue. Chaque appareil souffre d'une erreur de mesure aléatoire. On note E_i l'erreur de mesure de l'appareil numéro i.

Dans cette première partie, on suppose (de façon simpliste) que chaque erreur E_i ne peut prendre que les valeurs 0 ou 1 : E_i vaut 1 avec la probabilité 0,5 et 0 avec la probabilité 0,5.

On effectue les mesures de manière successive et indépendante par les 100 appareils et on s'intéresse à la somme des erreurs de mesure $X_n = \sum_{i=1}^{100} E_i$.

a. Justifier que X_n suit la loi binomiale $\mathscr{B}(100\,;0{,}5)$. Donner l'espérance $E(X_n)$ et l'écart-type $\sigma(X_n)$ de X_n.

b. Simuler dans la première ligne d'un tableau une réalisation des 100 erreurs de mesure $E_1,\ldots,E_{100}$ puis en calculer la somme X_n dans la dernière colonne.

Avec **R Commander** : il suffit d'utiliser le menu **Distributions/ Distributions discrètes/Distribution binomiale/ Echantillon d'une distribution binomiale**. Dans le menu qui apparaît on fixe les paramètres de la loi binomiale (ici une loi de Bernoulli) : **Nombre d'essais** à 1 et **Probabilité de succès** à 0,5. Le **Nombre d'échantillons** que l'on souhaite doit être fixé à 1 et le **Nombre d'observations** à 100. Pour calculer la somme X_n, il suffit de cocher **Somme des échantillons**. Le tableau créé peut être visualisé en cliquant sur le bouton Visualiser.

c. Simuler dans un nouveau tableau 1 000 réalisations des 100 erreurs de mesures $E_1,\ldots,E_{100}$ puis en déduire les 1 000 réalisations de leur somme X_n.

Avec **R Commander** : procéder comme en **b.** en fixant le **Nombre d'échantillons** à 1 000. Vérifier en cliquant sur Visualiser que le tableau créé contient en dernière colonne les 1 000 réalisations de X_n.

d. Ajouter au tableau une colonne, que l'on nommera « X_n *centré réduit* », valant $\dfrac{X_n - E(X_n)}{\sigma(X_n)}$.

Avec **R Commander** : aller dans **Données/Gérer les variables dans le jeu de données actif/Calculer une nouvelle variable**.

e. Tracer l'histogramme des 1 000 réalisations de « X_n *centré réduit* ».

Avec **R Commander** : aller dans **Graphes/Histogramme** et choisir l'option **Densité**.

f. Quel théorème le résultat précédent illustre-t-il ?

2. Vers la loi universelle des erreurs : le théorème limite central

On suppose dans cette partie que les erreurs E_i ne sont pas restreintes à valoir uniquement 0 ou 1. Reprendre les questions **c.**, **d.**, **e.** et **f.** dans les cas suivants :

(i) Chaque erreur fluctue selon une loi exponentielle $\mathscr{E}(2)$. On admet que $E(X_n) = 50$ et $\sigma(X_n) = 50$.

(ii) Chaque erreur fluctue selon n'importe quelle loi au choix proposée dans **R Commander**, mise à part la loi de Cauchy. On prendra alors pour $E(X_n)$ la moyenne des réalisations de X_n et pour $\sigma(X_n)$ leur écart-type.

Que remarque-t-on ?

Commentaire : ce TP illustre un résultat fondamental de la statistique, le théorème limite central, qui généralise le théorème de Moivre-Laplace : quelle que soit la façon dont fluctuent les erreurs, si elles sont nombreuses leur somme ou leur moyenne fluctue (presque) toujours comme une loi normale.

I. Fonction de répartition

Soit X une variable aléatoire de loi quelconque. La fonction de répartition de X est définie pour tout $x \in \mathbb{R}$ par $F(x) = P(X \leqslant x)$.

1. Justifier que pour tout $x \in \mathbb{R}$, $F(x) \in [0 ; 1]$ et montrer que F est croissante.
2. On suppose dans cette question que X suit la loi uniforme sur $[0 ; 1]$. Calculer $F(x)$ pour tout $x \in \mathbb{R}$ et tracer la courbe représentative de F.
3. On suppose dans cette question que X suit la loi binomiale $\mathcal{B}(6 ; 0{,}5)$. Calculer $F(x)$ pour tout $x \in \mathbb{R}$ et tracer la courbe représentative de F.
4. On suppose dans cette question que X suit la loi normale $\mathcal{N}(0 ; 1)$ et on note f sa densité de probabilité.
   a. Justifier que pour tout $x \in \mathbb{R}$,
   $F(x) = F(0) + \int_0^x f(t)\,dt$.
   b. En déduire que pour tout $x \in \mathbb{R}$, $F'(x) = f(x)$.
   c. Que vaut $F(0)$?
   d. Compléter le tableau suivant à l'aide d'une calculatrice, puis tracer l'allure de la courbe représentative de F.

x	– 3	– 2,5	– 2	– 1,5	– 1	– 0,5	0	0,5	1	1,5	2	2,5	3
F(x)							0,5						

II. Le QQ-plot pour vérifier la normalité

Pour tout $\alpha \in]0 ; 1[$, la fonction quantile $v(\alpha)$ d'une loi $\mathcal{N}(0 ; 1)$ est définie par $P(Z < v(\alpha)) = \alpha$, où Z est n'importe quelle variable aléatoire suivant la loi $\mathcal{N}(0 ; 1)$. On admet que pour α fixé, $v(\alpha)$ est définie de façon unique.

1. Compléter le tableau suivant à l'aide d'une calculatrice :

α	0,05	0,1	0,15	0,2	0,25	0,3	0,35	0,4	0,45	0,5
v(α)										

2. Justifier la relation :
   pour tout $u \geqslant 0$, $P(Z < -u) = P(Z > u)$.
3. En déduire : pour tout $\alpha \in]0 ; 1[$, $v(1 - \alpha) = -v(\alpha)$.
4. Tracer l'allure de la courbe représentative de $v(\alpha)$ pour $\alpha \in]0 ; 1[$.

   Pour tout $\alpha \in]0 ; 1[$, la fonction quantile $q(\alpha)$ d'une loi $\mathcal{N}(\mu ; \sigma^2)$ est définie par $P(X < q(\alpha)) = \alpha$, où X est n'importe quelle variable aléatoire suivant une loi $\mathcal{N}(\mu ; \sigma^2)$.
5. Montrer que pour tout $\alpha \in]0 ; 1[$,
   $q(\alpha) = \sigma v(\alpha) + \mu$.

> **Aide**
> Centrer et réduire X pour se ramener à la loi $\mathcal{N}(0 ; 1)$.

6. En déduire que les points de coordonnées $(v(\alpha) ; q(\alpha))$, pour $\alpha \in]0 ; 1[$, appartiennent à la droite d'équation $y = \sigma x + \mu$.

On admet que l'on peut définir la fonction quantile q de n'importe quelle loi. Supposons que l'on dispose de mesures issues d'une loi inconnue. Pour chaque valeur de α, on peut estimer le quantile $q(\alpha)$ de la loi inconnue de façon naturelle. Par exemple : $q(0{,}5)$ est estimé par la médiane de l'échantillon ; $q(0{,}25)$ par le premier quartile ; $q(0{,}75)$ par le troisième quartile ; etc. On note $\widehat{q}(\alpha)$ ces estimations de $q(\alpha)$.

Lorsque l'on veut vérifier qu'une série de mesures est issue d'une loi normale (de paramètres a priori inconnus), on peut alors tracer un *QQ-plot*. Il s'agit de représenter les points $(v(\alpha) ; \widehat{q}(\alpha))$ pour différentes valeurs de α : d'après la question 6., si ces points sont à peu près alignés, on valide l'hypothèse de normalité, sinon on la rejette.

7. Faire le QQ-plot des mesures de l'exercice 69..

Dans R Commander : **Graphes/Graphe quantile-quantile.**

Dans GeoGebra : **Statistiques à une variable,** *puis choisir* **Quantile Loi Normale.**

8. Peut-on considérer que ces mesures sont issues d'une loi normale $\mathcal{N}(\mu ; \sigma^2)$?
9. À partir du QQ-plot, quelles valeurs de μ et σ peut-on suggérer ?

Sommaire

1. Propriétés sur les sommes

• **Définition, notation**

Soit une suite (u_n) définie à partir d'un entier n_0, ainsi qu'un entier naturel n, $n \geqslant n_0$.

L'écriture symbolique, $\sum_{p=n_0}^{n} u_p$ désigne la somme de termes : $u_{n_0} + u_{n_0+1} + \ldots + u_n$.

Ainsi : $\sum_{p=n_0}^{n} u_p = u_{n_0} + u_{n_0+1} + \ldots + u_n$.

• **Remarque :** p est ici une variable « muette » qui permet d'indexer les termes de la somme.
Elle peut donc être remplacée par n'importe quelle autre lettre, à condition qu'elle ne crée pas d'ambiguïté avec une autre lettre éventuelle...

• **Exemples**

1. $\sum_{p=0}^{100} p = 0 + 1 + 2 + \ldots + 98 + 99 + 100 = 5\,050$.

2. $\sum_{k=0}^{10} \frac{1}{2^k} = 1 + \frac{1}{2} + \frac{1}{2^2} + \ldots + \frac{1}{2^8} + \frac{1}{2^9} + \frac{1}{2^{10}} = \frac{2\,047}{1\,024}$.

Les réponses pouvant être fournies, à l'aide d'un logiciel...

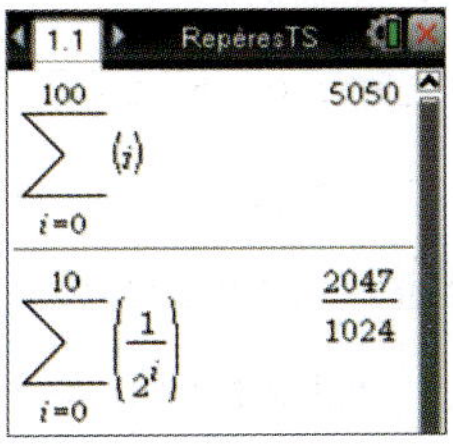

• **Propriétés**

Soit k et l deux nombres réels, $(u_n)_{n \geqslant 0}$, $(v_n)_{n \geqslant 0}$ deux suites réelles et n un entier naturel. Alors :

i. $\sum_{p=0}^{n} 0 = 0$; $\sum_{p=0}^{n} 1 = n + 1$; $\sum_{p=0}^{n} k = k \times (n+1)$;

ii. Pour tout entier naturel m, $0 \leqslant m \leqslant n$, $\sum_{p=0}^{m} u_p + \sum_{p=m+1}^{n} u_p = \sum_{p=0}^{n} u_p$;

iii. $\sum_{p=0}^{n} (u_p + v_p) = \sum_{p=0}^{n} u_p + \sum_{p=0}^{n} v_p$;

iv. $\sum_{p=0}^{n} (k \times u_p) = k \times \sum_{p=0}^{n} u_p$;

v. $\left| \sum_{p=0}^{n} u_p \right| \leqslant \sum_{p=0}^{n} |u_p|$.

• **Remarque :** La démonstration de ces propriétés bien utiles repose sur une écriture plus explicite de ces sommes et sur les propriétés de l'addition et la multiplication des nombres réels.

→ À vous de jouer

1. Calculer les sommes suivantes :

a. $\sum_{p=1}^{1} 1$; b. $\sum_{p=2}^{20} 3$; c. $\sum_{p=0}^{1} \pi$.

2. Expliciter, en fonction de l'entier naturel n, les sommes suivantes :

a. $\sum_{p=1}^{n} p$; b. $\sum_{p=0}^{n} (2p+1)$; c. $\sum_{p=0}^{n-2} (p-1)$.

3. Soit (u_n) une suite arithmétique de raison r, ($r \in \mathbb{R}$) et de premier terme u_0. Montrer que, pour tout entier naturel n, on a :

$$\sum_{p=0}^{n} u_p = (n+1)\left(\frac{u_0 + u_n}{2}\right).$$

4. Soit $q \in \mathbb{R}$, $q \neq 1$. Étudier la limite de la suite (S_n), après avoir montré que, pour tout $n \in \mathbb{N}$:

$$S_n = \sum_{i=0}^{n-1} q^i = \frac{1-q^n}{1-q}.$$

5. Expliciter en fonction de l'entier naturel n, les sommes suivantes :

a. $\sum_{p=1}^{n} (-2)^p$; b. $\sum_{p=0}^{n-1} (-1)^p \left(\frac{1}{3}\right)^{3p}$; c. $\sum_{p=0}^{n} \frac{4}{5^{p+2}}$.

Quelles limites ces sommes admettent-elles, lorsque n tend vers $+\infty$?

6. Écrire à l'aide du symbole Σ :

a. $u_n = 9 \times 10^{-1} + \ldots + 9 \times 10^{-n}$;

b. $v_n = 27 \times 10^{-2} + \ldots + 27 \times 10^{-2n}$.

Déterminer la limite des suites (u_n) et (v_n).

2. Les quantificateurs « ∃ et ∀ »

2.1. Le quantificateur existentiel ∃

• **Définition**

Le symbole $\exists$ est appelé le **quantificateur existentiel** et signifie **« il existe au moins un(e) »**.

• **Exemple :** « Il existe un nombre réel x tel que $x^3 + 2x^2 - x - 2 = 0$ » se traduit en langage formel par :

$$« \exists x \in \mathbb{R}, x^3 + 2x^2 - x - 2 = 0 ».$$

• **Remarque**

La proposition est vraie car si $x = 1$, alors $x^3 + 2x^2 - x - 2 = 0$.

La proposition est aussi vraie pour $x = (-2)$. Le quantificateur n'implique pas l'unicité !

• **Démontrer « il existe... »**

Soit $P(x)$ une propriété dépendant d'un nombre x. Pour montrer qu'« il existe un réel x tel que $P(x)$ est vraie », il suffit de trouver un exemple de valeur de x qui vérifie la propriété.

2.2. Le quantificateur universel ∀

• **Définition**

Le symbole $\forall$ est appelé le **quantificateur universel** et signifie **« pour tout »**.

• **Exemple :** « Pour tout nombre réel x de l'intervalle $[5 ; +\infty[$, $x^2 - 25 \geqslant 0$ » se traduit en langage formel par :

$$« \forall x \in [5 ; +\infty[, x^2 - 25 \geqslant 0 ».$$

• **Remarque**

La proposition traduit la propriété : « Si $x \geqslant 5$, alors $x^2 - 25 \geqslant 0$ ».

Mais on peut avoir $x < 5$ et $x^2 - 25 \geqslant 0$.

• **Démontrer « pour tout... »**

Soit $P(x)$ une propriété dépendant d'un nombre x.

Montrer que « pour tout réel x, $P(x)$ est vraie » nécessite un raisonnement qui établira qu'en remplaçant x par n'importe quel nombre réel la propriété sera toujours vraie.

2.3. ∃ ou ∀ ?

Exemples

L'égalité $x^3 - 3x + 2 = (x-1)^2(x+2)$ est vraie pour $x = 1$.

En effet, $1^3 - 3 \times 1 + 2 = 0$ et $(1-1)^2(1+2) = 0$.

Donc $\exists x \in \mathbb{R}, x^3 - 3x + 2 = (x-1)^2(x+2)$.

Pour savoir si cette égalité est vraie pour tout réel x, développons $(x-1)^2(x+2)$.

Pour tout réel x, $(x-1)^2(x+2) = (x^2 - 2x + 1)(x+2) = x^3 + 2x^2 - 2x^2 - 4x + x + 2 = x^3 - 3x + 2$.

Donc $\forall x \in \mathbb{R}, x^3 - 3x + 2 = (x-1)^2(x+2)$.

→ À vous de jouer

1. **Traduire en langage courant les propositions mathématiques suivantes :**

a. $\exists x \in]2 ; +\infty[, \sqrt{2x+5} = 4$;

b. $\forall n \in \mathbb{N}, n^2 + 3n + 9 \geqslant 0$;

c. $\exists a \in \mathbb{R}, \forall x \in \mathbb{R}, f(x) = e^{ax}$;

d. $\forall M > 0, \exists x_0 > 0, \forall x > x_0, f(x) > M$.

2. **Compléter ces propositions mathématiques en utilisant un quantificateur puis justifier :**

a. ....., $x^3 - 2x + 7 = 0$;

b. ....., $\dfrac{1}{x^2+2} > 0$;

c. ....., $\ln(x) = 3$.

3. Équivalence - Démonstration par contre-exemple

3.1. Implication

La proposition « **si** A **alors** B » est une **implication**. On dit aussi « A **implique** B » et on note $A \Rightarrow B$.
A représente l'hypothèse et B la conclusion.
Pour démontrer que cette **implication** est vraie, on suppose que A est vraie et on montre que B est vraie.
Par exemple, si A est la proposition : « pour tout $x \in]0 ; +\infty[$, $f(x) = \ln(x)$ »
et B la proposition « pour tout réel x et y : $f(x \times y) = f(x) + f(y)$ » ;
alors $A \Rightarrow B$ est vraie (on utilise les propriétés du cours sur la fonction logarithme népérien pour le démontrer).

3.2. Réciproque d'une implication

La proposition réciproque de la proposition « $A \Rightarrow B$ » est « $B \Rightarrow A$ ».
La proposition réciproque peut-être vraie ou fausse.
Dans l'exemple ci-dessus, la réciproque de la proposition $A \Rightarrow B$ est fausse. Pour le démontrer on utilise un contre-exemple.

3.3. Démonstration par le contre-exemple

Pour démontrer que la proposition « Pour tout $x \in E$ on a $P(x)$ » ou « Pour toute fonction f vérifiant $P(f)$ » sont fausses, il suffit de trouver un contre-exemple, c'est-à-dire, on montre, dans le premier cas, qu'il existe un $x \in E$ tel que $P(x)$ est fausse et qu'il existe une fonction f tel que $P(f)$ soit fausse dans le second cas.
Si on reprend l'exemple du **1.** pour démontrer que la proposition
« pour tout réel x et y : $f(x \times y) = f(x) + f(y)$ » $\Rightarrow$ « pour tout $x \in]0 ; +\infty[$, $f(x) = \ln(x)$ » est fausse, on va trouver une fonction f qui vérifie l'hypothèse et qui ne vérifie pas la conclusion : la fonction nulle convient et nous permet donc d'affirmer que la proposition est fausse.

3.4. Équivalence

Soit A et B deux propositions. A équivaut à B se note $A \Leftrightarrow B$ et signifie : $A \Rightarrow B$ **et** $B \Rightarrow A$.
Par exemple si A est la proposition : « f est une fonction dérivable sur $\mathbb{R}$ telle que $f(1) = \mathrm{e}$ et $\forall (x ; y) \in \mathbb{R}^2 : f(x + y) = f(x) \times f(y)$ » et B la proposition : « f est la fonction exponentielle ».
A et B sont deux propositions équivalentes.
Pour démontrer que $A \Leftrightarrow B$ on peut utiliser deux méthodes :
• On démontre tout d'abord que $A \Rightarrow B$ (c'est-à-dire supposer que A est vraie puis démontrer B) **et** on démontre ensuite que $B \Rightarrow A$ (c'est-à-dire supposer que B est vraie puis démontrer A).
Cette méthode est la plus conseillée au lycée.
Souvent un sens est plus facile à démontrer qu'un autre. Dans l'exemple précédent, $B \Rightarrow A$ est facile à démontrer, mais $A \Rightarrow B$ est plus difficile.
• Pour démontrer que $A \Rightarrow B$, on peut faire aussi un **raisonnement « par équivalence »**.
C'est-à-dire qu'à chaque étape de la démonstration on s'assure que la proposition écrite est équivalente à la précédente : On a donc une démonstration qui s'écrit sous la forme suivante :

$$A \Leftrightarrow A_1 \Leftrightarrow A_2 \Leftrightarrow A_3 \Leftrightarrow \dots \Leftrightarrow B$$

Cette façon de démontrer est plus difficile car il faut s'assurer qu'on a bien une équivalence à chaque étape. Elle est déconseillée au lycée. On perd facilement l'équivalence, par exemple si on a $x > 2$ et qu'on écrit après $x^2 > 4$ on perd l'équivalence. En effet $x > 2 \Rightarrow x^2 > 4$ la réciproque étant fausse (prenez $x = -3$...).

4. Négation

4.1. Négation d'une proposition

La négation d'une proposition P signifie que la proposition n'est pas vérifiée.
Elle est notée « non P ».

4.2. Négation des quantificateurs $\exists$ et $\forall$

En français la négation s'obtient en ajoutant « ne pas » mais en mathématiques cela ne suffit pas, il faut changer les **quantificateurs** :

La négation de : « La proposition P n'est pas vraie pour tout objet mathématique »
est : « il existe des objets mathématiques pour lesquels P n'est pas vraie ».

Exemple : On considère la proposition P : « $f(z) \neq 0 \ \forall z \in \mathbb{C}$ » ;
la négation de P est : Non P : « $\exists z \in \mathbb{C}$ tel que $f(z) = 0$ ».

4.3. Négation de « et », négation de « ou »

Non « P **et** Q » est « non P ou non Q »
Non « P **ou** Q » est « non P et non Q »

→ À vous de jouer

1. Donner la négation des phrases suivantes :

a. Tout le monde possède un téléphone portable.

b. Il existe des personnes mesurant plus de 2 mètres de haut.

c. Raphaël veut une voiture ou une moto.

2. Donner la négation des propositions suivantes :

a. Il existe un réel x tel que $x^2 - 1 = 0$.

b. $x > y$.

c. $x \leqslant y$ et $x > 1$.

d. Pour tout $x \in \mathbb{R}$, $f(x) \neq 2$.

e. Pour tout $x \in \mathbb{R}$, Il existe $y \in \mathbb{R}$ tel que $x + y = 0$.

f. $x \leqslant 0$ ou $x > 2$.

g. Pour tout $x \in \mathbb{R}$, $e^x > 0$.

h. $z = 0$ si, et seulement si, $x = 0$ et $y = 0$.

5. Raisonnement par contraposée

L'implication « $H \Rightarrow C$ » indique que si l'hypothèse H est vraie, alors la conclusion C est vraie.
La proposition contraposée de cette implication est « non $C \Rightarrow$ non H ».
Une implication et sa contraposée sont équivalentes. C'est-à-dire lorsque l'une des deux est vraie, l'autre l'est aussi.
Application : Pour démontrer qu'une implication est vraie, on peut démontrer que sa contraposée est vraie.

→ À vous de jouer

1. Donner la contraposée de « Si le triangle ABC est rectangle en A alors $BC^2 = AB^2 + AC^2$ ».

2. Soit x et y des réels, donner la contraposée de « Si $x \neq y$ alors $x^2 \neq y^2$ ».

3. Soit x et y des réels non nuls, démontrer par contraposée que :
« si $x \neq y$, alors $\frac{1}{2x-1} \neq \frac{1}{2y-1}$ ».

4. Démontrer par contraposée que « si n^2 n'est pas pair, alors n n'est pas pair ».

5. Démontrer par contraposée que « si $n^2 - 1$ n'est pas divisible par 2, alors n est pair ».

6. z et z' sont des complexes.

a. Démontrer par contraposée que « si $zz' \neq 0$, alors $z \neq 0$ et $z' \neq 0$ ».

b. Démontrer par contraposée que :
« $z^2 + 1 \neq 0 \Rightarrow z \neq i$ ».
La proposition « $z^2 + 1 = 0 \Rightarrow z = i$ » est-elle vraie ? Quelle est sa contraposée ?

6. Raisonnement par l'absurde

Il est parfois difficile de démontrer une affirmation en distinguant tous les cas possibles, et, dans certains cas il peut s'avérer judicieux de démontrer l'absurdité du contraire.
Cette démarche s'appelle le **raisonnement par l'absurde** :
- on suppose le contraire d'une propriété,
- on démontre que tout raisonnement fondé sur cette supposition **aboutit au moins à un cas absurde**,
- on en déduit que la proposition contraire est absurde et donc que la **propriété est vérifiée**.

Application I : Montrer que trois points définissent un plan
Pour démontrer que trois points A, B et C définissent un plan, il suffit de démontrer que les vecteurs $\overrightarrow{AB}$ et $\overrightarrow{AC}$ ne sont pas colinéaires. En raisonnant par l'absurde, on suppose que les vecteurs $\overrightarrow{AB}$ et $\overrightarrow{AC}$ sont colinéaires.

On prend par exemple les points $A(1\,;5\,;3)$, $B(2\,;7\,;4)$ et $C(3\,;8\,;2)$.

On suppose que les vecteurs $\overrightarrow{AB}\begin{pmatrix}2-1\\7-5\\4-3\end{pmatrix}$ et $\overrightarrow{AC}\begin{pmatrix}3-1\\8-5\\2-3\end{pmatrix}$ sont colinéaires et donc qu'il existe un réel k tel que $\overrightarrow{AB}=k\overrightarrow{AC}$.

Dans ce cas, on a $\begin{pmatrix}1\\2\\1\end{pmatrix}=k\begin{pmatrix}-2\\3\\-1\end{pmatrix} \Leftrightarrow \begin{cases}1=-2k\\2=3k\\1=-k\end{cases} \Leftrightarrow \begin{cases}k=-\frac{1}{2}\\k=\frac{2}{3}\\k=-1\end{cases}$.

Ce raisonnement fournit plusieurs valeurs de k, ce qui est impossible.
k ne peut être égal en même temps à -1 et $-\frac{1}{2}$, c'est absurde. Donc k n'existe pas.
Les vecteurs $\overrightarrow{AB}$ et $\overrightarrow{AC}$ ne sont alors pas colinéaires, il s'ensuit que les points A, B et C définissent un seul plan.

Application II : Montrer la proposition donnée
Soit $\vec{u}$ un vecteur de l'espace et $\vec{i}$, $\vec{j}$ et $\vec{k}$ trois vecteurs non coplanaires.
Alors il existe un **unique** triplet de réels **x, y** et **z** tels que $\vec{u}=x\vec{i}+y\vec{j}+z\vec{k}$.
On admet l'existence, on veut démontrer l'unicité de l'écriture $\vec{u}=x\vec{i}+y\vec{j}+z\vec{k}$.
En raisonnant par l'absurde, on suppose qu'il existe au moins deux triplets de réels (x, y, z) et (x', y', z') tels que $\vec{u}=x\vec{i}+y\vec{j}+z\vec{k}$ et $\vec{u}=x'\vec{i}+y'\vec{j}+z'\vec{k}$.
On peut donc écrire l'égalité : $x\vec{i}+y\vec{j}+z\vec{k}=x'\vec{i}+y'\vec{j}+z'\vec{k}$
$\Leftrightarrow (x-x')\vec{i}+(y-y')\vec{j}+(z-z')\vec{k}=\vec{0}$.
Et en posant $\alpha=x-x'$, $\beta=y-y'$ et $\gamma=z-z'$, on trouve trois réels α, β et γ tels que $\alpha\vec{i}+\beta\vec{j}+\gamma\vec{k}=\vec{0}$.
Ce qui signifie que $\vec{i}$, $\vec{j}$ et $\vec{k}$ sont trois vecteurs coplanaires, ce qui est impossible (car $\vec{i}$, $\vec{j}$ et $\vec{k}$ sont supposés trois vecteurs non coplanaires).
On en déduit donc que s'il existe un triplet de réel x, y et z tels que $\vec{u}=x\vec{i}+y\vec{j}+z\vec{k}$ alors ce triplet est unique.

→ À vous de jouer

1. **Démontrer par l'absurde que la suite (U_n), définie pour tout $n\in\mathbb{N}$ par $U_{n+1}=q\times U_n$ (q un réel non nul) et $U_0=\frac{1}{2}$, n'est jamais nulle.**

2. **Démontrer par l'absurde que pour tout $n\in\mathbb{N}$, $\left(\frac{1}{2}\right)^n\leqslant 1$.**

3. **Démontrer par l'absurde que sur $\mathbb{R}\setminus\{-3\}$, $\frac{x+2}{x+3}$ est différent de 1.**

4. **Démontrer par l'absurde que sur $\mathbb{R}^*$, $\frac{\sqrt{4x^2+6}}{x}$ est différent de 2.**

7. Relations ensemblistes

• **Appartenance**

$e \in E$ se lit « e appartient à E » et signifie que l'élément e est un élément de l'ensemble E.

$e \notin E$ se lit « e n'appartient pas à E » et signifie que l'élément e n'est pas un élément de l'ensemble E.

• **Inclusion**

$A \subset E$ se lit « A est inclus dans E » et signifie que tous les éléments de A appartiennent à l'ensemble E.

$A \not\subset E$ se lit « A n'est pas inclus dans E » et signifie qu'il existe au moins un élément de l'ensemble A qui n'appartient pas à l'ensemble E.

• **Intersection**

$A \cap B$ se lit « A inter B » et est l'ensemble des éléments qui appartiennent à la fois à l'ensemble A et à l'ensemble B.
$e \in A \cap B$ signifie que $e \in A$ et $e \in B$.

• **Réunion**

$A \cup B$ se lit « A union B » et est l'ensemble des éléments qui appartiennent à l'ensemble A ou à l'ensemble B.
$e \in A \cup B$ signifie que $e \in A$ ou $e \in B$.

• **Partie d'un ensemble**

On dit que l'ensemble A est une partie (ou un sous-ensemble) d'un ensemble E, lorsque $A \subset E$.

• **Complémentaire d'une partie d'un ensemble**

Si A est une partie d'un ensemble E, on appelle complémentaire de A dans E, noté $\overline{A}$, l'ensemble des éléments de E qui n'appartiennent pas à A. En particulier $\overline{\varnothing} = E$.

Propriétés

Soit A et B des parties d'un ensemble E.

• $\overline{(\overline{A})} = A$;
• $A \cup \overline{A} = E$ et $A \cap \overline{A} = \varnothing$;
• $A = (A \cap B) \cup (A \cap \overline{B})$.

→ À vous de jouer

1. Soit A et B deux parties d'un ensemble Ω.
Recopier et compléter les relations suivantes à l'aide des symboles : $=, \subset, \not\subset$.
$A \ldots \Omega$; $A \cap \Omega \ldots A$; $B \cup \overline{B} \ldots \Omega$; $A \cup B \ldots \Omega$; $A \cap B \ldots A$.

2. Recopier et compléter les relations suivantes à l'aide des symboles : $\in, \notin, \subset, \not\subset$.
$\mathbb{N} \ldots \mathbb{R}$; $\left\{\frac{1}{3}\right\} \ldots \mathbb{N}$; $\frac{1}{3} \ldots \mathbb{Q}$; $\left\{\sqrt{3}\,;0\,;\frac{1}{3}\right\} \ldots \mathbb{R}$; $e \ldots \mathbb{Q}$.

3. Déterminer les ensembles suivants :
$[0\,;5] \cap [2\,;8]$; $]-\infty\,;100] \cap [2\,;+\infty[$; $[2\,;+\infty[\cap [5\,;+\infty[$.

4. Dans l'ensemble des quadrilatères, on note C l'ensemble des carrés, R l'ensemble des rectangles, P l'ensemble des parallélogrammes et L l'ensemble des losanges.
Déterminer : $R \cap L$, $R \cap \overline{C}$, $R \cup C$, $P \cap \overline{R}$.

5. Montrer par contraposition l'implication suivante :
Pour tous A et B inclus dans un ensemble E, $(A \cap B = A \cup B) \Rightarrow A = B$.

6. Démontrer les propriétés : $A \cup \overline{A} = E$ et $A \cap \overline{A} = \varnothing$.

7. Illustrer avec un diagramme de Venn la propriété suivante : $A = (A \cap B) \cup (A \cap \overline{B})$.

8. Raisonnement par disjonction des cas

Lorsque l'on désire montrer une propriété, il est parfois plus simple de décomposer la démonstration en sous-cas particuliers. Si l'ensemble de ces cas particuliers couvre tous les cas possibles, alors la propriété est montrée dans toute sa généralité. Ce type d'approche correspond à un raisonnement par disjonction des cas.

Exemple 1 : **Montrer que pour tout entier naturel n, l'entier $n(n+1)$ est nécessairement pair.**
On raisonne par disjonction des cas en séparant l'hypothèse « n est n'importe quel entier naturel » en deux : « n est pair » ou « n est impair ».
Si l'on montre que dans chacun des cas $n(n+1)$ est pair, alors la propriété sera montrée pour tout entier n.
- **1er cas :** si n est pair.

Dans ce cas il existe un entier k tel que $n = 2k$, ainsi $n(n+1) = 2k(2k+1)$ est divisible par 2 donc $n(n+1)$ est pair.
- **2e cas :** si n est impair.

Dans ce cas il existe un entier k tel que $n = 2k+1$, ainsi $n(n+1) = (2k+1)(2k+2) = 2(2k+1)(k+1)$ est divisible par 2 donc $n(n+1)$ est pair.

Exemple 2 : **Montrer que pour tout $x \in \mathbb{R}$, $|x-1|-|x-2|+1 \geqslant 0$.**
Les valeurs absolues sont gênantes à manipuler, on va donc raisonner par disjonction des cas pour s'en débarrasser.
On sépare le problème en trois cas selon que $x \leqslant 1$, $1 < x \leqslant 2$ ou $x > 2$.
- **1er cas :** si $x \leqslant 1$.

Dans ce cas $|x-1| = 1-x$ et $|x-2| = 2-x$, ainsi $|x-1|-|x-2|+1 = 1-x-(2-x)+1 = 0 \geqslant 0$.
- **2e cas :** si $1 < x \leqslant 2$.

Dans ce cas $|x-1| = x-1$ et $|x-2| = 2-x$, ainsi $|x-1|-|x-2|+1 = x-1-(2-x)+1 = 2x-2$.
Comme dans ce cas $x > 1$, on a bien $2x-2 \geqslant 0$.
- **3e cas :** si $x > 2$.

Dans ce cas $|x-1| = x-1$ et $|x-2| = x-2$, ainsi $|x-1|-|x-2|+1 = x-1-(x-2)+1 = 0 \geqslant 0$.

Exemple 3 : **Montrer que si les fonctions f et g, définies sur un ensemble $E \subset \mathbb{R}$, sont monotones et ont le même sens de variations, alors la composée $f \circ g$ est croissante sur E.**
On raisonne par disjonction des cas selon que f et g sont croissantes ou décroissantes.
- **1er cas :** *si f et g sont croissantes.* Dans ce cas, pour tout x et y dans E vérifiant $x \leqslant y$, on a $g(x) \leqslant g(y)$.

Comme f est croissante, on a donc $f(g(x)) \leqslant f(g(y))$, ce qui montre que $f \circ g$ est croissante sur E.
- **2e cas :** *si f et g sont décroissantes.* Dans ce cas, pour tout x et y dans E vérifiant $x \leqslant y$, on a $g(x) \geqslant g(y)$.

Comme f est décroissante, on a donc $f(g(x)) \leqslant f(g(y))$, ce qui montre que $f \circ g$ est croissante sur E.

→ À vous de jouer

1. **Montrer que pour tout entier naturel n, l'entier $n^3 - n$ est nécessairement pair.**

2. **Montrer que pour tout $x \in \mathbb{R}$, $|x-1|-|x|-|x+1| \leqslant 1$.**

3. **Montrer que si les fonctions f et g, définies sur un ensemble $E \subset \mathbb{R}$, sont monotones et ont des sens de variations opposés, alors la composée $f \circ g$ est décroissante sur E.**

Chapitre 1

1. c **2.** c et d **3.** a, c et d **4.** c **5.** a et c **6.** d **7.** a et c **8.** F - F - F **9.** F - V- F - F **10.** V - F - V - F **11.** F - F - F **12.** F - F - F - V **13.** F - V - F - V **14.** V - V - F - V **15.** F - V - V - V **16.** F - F - F - F **17.** V - F - F - F

18. 2.

seq(2·n−1,n,0,4,1)	{-1,1,3,5,7}
seq$\left(3-\frac{1}{2^n},n,0,4,1\right)$	$\left\{2,\frac{5}{2},\frac{11}{4},\frac{23}{8},\frac{47}{16}\right\}$
seq$\left(\frac{n}{n+1},n,0,4,1\right)$	$\left\{0,\frac{1}{2},\frac{2}{3},\frac{3}{4},\frac{4}{5}\right\}$
seq$(2+(-1)^n,n,0,4,1)$	{3,1,3,1,3}

3. croissante et non majorée ; croissante et majorée par 3 ; croissante et majorée par 1 ; périodique donc non monotone bornée.

19. 3. ni monotone ni bornée ; décroissante et minorée par 6 ; décroissante non minorée ; non monotone mais bornée.

21. Avec le logiciel TI-NSpire :

1.
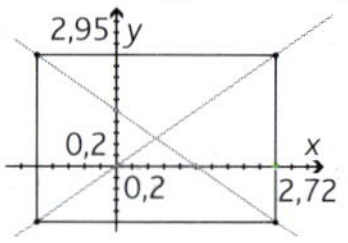

2.
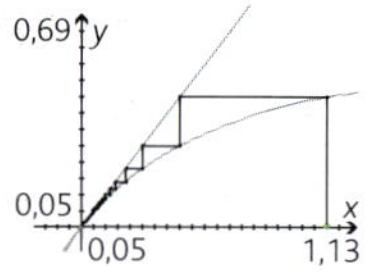

3.
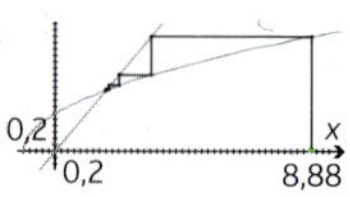

4.
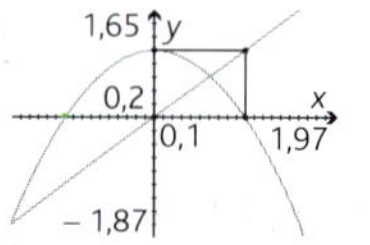

23. • décroissante, non minorée, $\lim\limits_{n\to+\infty} u_n = -\infty$.

• périodique donc n'admet pas de limite.

24. a. $\dfrac{n(n+1)(2n+1)}{6} + (n+1)^2$

$= \dfrac{(n+1)(2n^2+n+6)}{6} = \dfrac{n(n+2)(2n+3)}{6}$.

b. $\left[\dfrac{n(n+1)}{2}\right]^2 + (n+1)^3 = \dfrac{(n+1)^2(n+2)^2}{4}$.

25. a. $4^{n+1} - 1 = (3+1)\times 4^n - 1$;

b. $2^{(n+1)+4} + 3^{3(n+1)+2}$

$= 2\times 2^{n+4} + (25+2)\times 3^{3n+2}$.

28. 1. Soit $n \in \mathbb{N}$, tel que $10^n + 1 = 9k$, avec $k \in \mathbb{Z}$. $10^{n+1} + 1 = (9+1)\times 10^n + 1$ $= 9 + 10^n + 1 = 9 + 9k = 9(k+1)$. P_{n+1} vraie.

2. $P_0 = 2$; $P_1 = 11$; $P_2 = 101$; $P_3 = 1\,001$. Aucun n'est multiple de 9.

3. $10^0 - 1 = 0$ qui est multiple de 9. De plus : Soit $n \in \mathbb{N}$, tel que $10^n - 1 = 9k$, avec $k \in \mathbb{Z}$. Alors : $10^{n+1} - 1 = 9(k+1)$.

Ainsi, si P_n vraie, P_{n+1} aussi.

4. $\exists\, n \in \mathbb{N}$ tel que $10^n + 1$ est multiple de 9. Alors $\exists\, p \in \mathbb{N}$ tel que $10^n + 1 = 9p$ ou $\exists\, k \in \mathbb{N}$ tel que $10^n - 1 = 9k$. Ainsi $9k + 1 = 10^n = 9p - 1$ d'où $9(k-p) = 2$ qui est absurde.

31. $n \in \mathbb{N}^*$ et P_n : « $u_n = 2(2^{n-1}+1) + n$ ».

• $2(2^{1-1}+1) + 1 = 5 = u_1$; est vraie.

• Soit $n \in \mathbb{N}^*$, tel que $u_n = 2(2^{n-1}+1) + n$.

$u_{n+1} = 2u_n - n - 1 = 2\times(2^{(n+1)-1}+1) + (n+1)$.

La propriété est donc héréditaire, on conclut.

33. 1. $u_0 = \dfrac{1}{4}$; $u_1 = \dfrac{1}{4}$; $u_2 = \dfrac{1}{4}$; (u_n) semble constante égale à son premier terme.

2. Soit P_n : « $u_n - \dfrac{1}{4}$ » ; $u_n - \dfrac{1}{4}$ donc P_n est vrai ;

$u_{n+1} = 5\times\dfrac{1}{4} - 1 = \dfrac{1}{4}$ donc la propriété est héréditaire, on conclut.

36. (u_n) semble constante égale à 4. Il faut garder deux hypothèses pour faire valoir la validité du raisonnement par récurrence :

On a $u_0 = u_1 = \dfrac{1}{4}$; on suppose $u_n = \dfrac{1}{4}$ et

$u_{n+1} = \dfrac{1}{4}$, $\forall\, n \in \mathbb{N}$

d'où $u_{n+2} = \dfrac{5}{2}\times\dfrac{1}{4} - \dfrac{3}{2}\times\dfrac{1}{4} = \dfrac{2}{8} = \dfrac{1}{4}$; la propriété est héréditaire, on conclut.

38. Pour $n \in \mathbb{N}^*$, P_n : « $n! = 1\times\ldots\times n$ ».

P_1 est vraie !

• Soit $n \in \mathbb{N}^*$ tel que $n! = 1\times\ldots\times n$.

$(n+1)! = (n+1)\times(1\times\ldots\times n) = 1\times\ldots\times n\times(n+1)$

Ainsi P_n est héréditaire, on conclut.

41. Pour $n \in \mathbb{N}$, on pose P_n : « $t_n = \dfrac{n}{n+1}$ ».

• On sait déjà que P_n est vraie.

• Soit $n \in \mathbb{N}$ tel que $t_n = \dfrac{n}{n+1}$. Alors :

$t_{n+1} = t_n + \dfrac{1}{(n+1)(n+2)} = \dfrac{1}{n+2}$ car $n \neq -1$.

La propriété est héréditaire, on conclut.

43. a. $(n+1)(2n-1)$. b. $\dfrac{3n^2+7n-10}{2}$.

44. a. $2 - 2^{-n}$. b. $\dfrac{3}{4} - \dfrac{3\times 5^{-n}}{20}$.

47. a. $S = \sum\limits_{n=0}^{669} 3n + 5$. b. $T = \sum\limits_{n=0}^{6} 2^{3n+2}$.

c. $R = \sum\limits_{n=0}^{5} 10^{-2n}$.

48. a. $U = \dfrac{x - x^{n+1}}{1-x}$. b. $V = \dfrac{1 - x^{2n+2}}{1-x^2}$.

49. Voir le cours !

50. a. bornée. b. bornée. c. minorée.

55. 1. Par récurrence car « racine carrée » est croissante sur $[0\,;+\infty[$ et à valeurs positives ou nulles.

2.

Variables :
M, un réel ; on suppose bien que $0 \leqslant M < 2$
n un entier ; *u* un réel ;
Début
Saisir M
n prend la valeur 0 ; *u* prend la valeur 0
Tant que *u* < M
u prend la valeur *sqrt* (*u* + 2) .
n prend la valeur *n* + 1
Fin TantQue
Afficher *n*
Fin algorithme

3. « petit ».

4. Soit $n \in \mathbb{N}$. Posons P_n : « $2 - u_n \leqslant \dfrac{1}{2^{n-1}}$ ».

• $u_0 = 2$, la propriété est vraie au rang $n = 0$.

• Soit $n \in \mathbb{N}$ tel que $2 - u_n \leqslant \dfrac{1}{2^{n-1}}$. Alors :

$2 - u_{n+1} \leqslant 2 - \sqrt{u_n + 2}$

$\leqslant \dfrac{(2 - \sqrt{u_n+2})(2 + \sqrt{u_n+2})}{2 + \sqrt{u_n+2}}$.

$2 - u_{n+1} \leqslant \dfrac{2^2 - (\sqrt{u_n+2})^2}{2 + \sqrt{u_n+2}} \leqslant \dfrac{2 - u_n}{2 + \sqrt{u_n+2}}$,

et, puisque $2 + \sqrt{u_n+2} \geqslant 2$, on a :

$2 - u_{n+1} \leqslant \dfrac{1}{2}\times\dfrac{1}{2^n} \leqslant \dfrac{1}{2^{(n+1)-1}}$;

P_n est donc héréditaire, on conclut.

5. Finalement, pour tout entier naturel n,

i. $0 \leqslant 2 - u_n \leqslant \dfrac{1}{2^{n-1}}$; ii. $\lim\limits_{n\to+\infty} \dfrac{1}{2^{n-1}} = 0$.

Donc, $\lim\limits_{n\to+\infty}(2 - u_n) = 0$ et $\lim\limits_{n\to+\infty} u_n = 0$.

59. et **60.** Calquer sur le cours (p. 13)

61. 1. S'il renvoie un entier, quel que soit M, alors cette suite n'est pas majorée.

3. Pour $M = 10$, $n = 9$; pour $M = 100$, $n = 31$.

4. $\lim\limits_{n\to+\infty} u_n = +\infty$.

69. 1. $+\infty$. 2. $-\infty$. 3. -1.

70. 1. $+\infty$. 2. -2. 3. 0.

74. 1. 1. 2. -1. 3. 0.

75. 1. $\dfrac{7}{6}$. 2. $\dfrac{1}{4}$. 3. 5. **80.** a. $-\infty$. b. $+\infty$.

81. a. 0. b. 0. **82.** a. 0. b. 0.

Chapitre 2

1. b, d et e **2.** a, b et d **3.** c **4.** c et d **5.** b **6.** a et c **7.** b **8.** b et c **9.** b **10.** F **11.** a. V b. V ; c. F d. V **12.** F **13.** V **14.** V **15.** V **16.** a. F ; b. F ; c. V **17.** F **18.** F **19.** V **20.** V **21.** F **22.** V **23.** F **24.** V **25.** V **26.** V **27.** V **28.** a. F ; b. V ; c. F **29.** a. F ; b. V ; c. V

30. 1. $\lim\limits_{x\to+\infty} f(x) = +\infty$; 2. $\lim\limits_{x\to-\infty} f(x) = +\infty$;

3. $\lim\limits_{x\to+\infty} f(x) = 5$; 4. $\lim\limits_{x\to-\infty} f(x) = 0$

32. 1. $\lim\limits_{\substack{x\to4\\x<4}} f(x) = -\infty$ et $\lim\limits_{\substack{x\to4\\x>4}} f(x) = +\infty$;

2. $\lim\limits_{\substack{x\to-3\\x<-3}} = \lim\limits_{\substack{x\to-3\\x>-3}} f(x) = +\infty$; 3. $\lim\limits_{\substack{x\to5\\x<5}} f(x) = +\infty$.

41. 1. $\lim\limits_{x\to-\infty} f(x) = 3$ et $\lim\limits_{x\to+\infty} f(x) = -1$.

2. $(y = 3)$ est asymptote horizontale en $-\infty$; $(y = -1)$ est asymptote horizontale en $+\infty$.

44. 1. Pour tout x de D_f

$3 - \dfrac{7}{x+1} = \dfrac{3(x+1) - 7}{x+1} = \dfrac{3x-4}{x+1} = f(x)$.

2. $\lim\limits_{x\to+\infty} f(x) = \lim\limits_{x\to+\infty}\left(3 - \dfrac{7}{x+1}\right) = 3$.

Même résultat en $-\infty$. Donc $(y = 3)$ est asympt horizontale à $\mathscr{C}$ en $-\infty$ et en $+\infty$.

54. 1. $\lim\limits_{x\to-\infty}(7x^3) = \lim\limits_{x\to-\infty}(-4x^2) = \lim\limits_{x\to-\infty}(2x) = -$

donc d'après les propriétés sur la limite d'une somme, $\lim\limits_{x\to-\infty}(f(x)) = -\infty$.

2. a. Pour tout réel x non nul,

$7x^3\left(1 - \dfrac{4}{7x} + \dfrac{2}{7x^2} - \dfrac{4}{7x^3}\right) = 7x^3 - 4x^2 + 2x - 4 = f$

b. $\lim\limits_{x\to+\infty}\left(-\dfrac{4}{7x}\right) = \lim\limits_{x\to+\infty}\left(\dfrac{2}{7x^2}\right) = \lim\limits_{x\to+\infty}\left(-\dfrac{4}{7x^3}\right)$

D'après les propriétés sur la limite d'une somme,

$\lim\limits_{x\to+\infty}\left(1 - \dfrac{4}{7x} + \dfrac{2}{7x^2} - \dfrac{4}{7x^3}\right) = 1$

et $\lim\limits_{x\to+\infty}(7x^3) = +\infty$. D'après les propriétés sur limite d'un produit, $\lim\limits_{x\to+\infty}(f(x)) = +\infty$.

56. 1. $\lim\limits_{\substack{x\to\frac{5}{3}\\<}}(2x^5 + x^2 - 4)$

$= 2\times\left(\dfrac{5}{3}\right)^5 + \left(\dfrac{5}{3}\right)^2 - 4 = \dfrac{5\,953}{243}$

et $\lim\limits_{\substack{x\to\frac{5}{3}\\<}}(3x-5) = 0$ et $\lim\limits_{\substack{x\to\frac{5}{3}\\>}}(3x-5) = 0^+$.

Donc, d'après les propriétés sur la limite d'un quotient, $\lim\limits_{\substack{x\to\frac{5}{3}\\<}} f(x) = -\infty$ et $\lim\limits_{\substack{x\to\frac{5}{3}\\>}} f(x) = +\infty$.

2. a. Pour tout réel x non nul de D_f :

$f(x) = \dfrac{2x^5\left(1 + \dfrac{x^2}{2x^5} - \dfrac{4}{2x^5}\right)}{3x\left(1 - \dfrac{5}{3x}\right)} = \dfrac{2}{3}x^4\left(\dfrac{1 + \dfrac{1}{2x^3} - \dfrac{2}{x^5}}{1 - \dfrac{5}{3x}}\right)$

b. $\lim\limits_{x\to+\infty}\left(\dfrac{1 + \dfrac{1}{2x^3} - \dfrac{2}{x^5}}{1 - \dfrac{5}{3x}}\right) = 1$, $\lim\limits_{x\to+\infty}\left(\dfrac{2}{3}x^4\right) = +\infty$

Donc, d'après les propriétés sur la limite d'un produit, $\lim\limits_{x\to+\infty} f(x) = +\infty$. De même,

$\lim\limits_{x\to-\infty}\left(\dfrac{1 + \dfrac{1}{2x^3} - \dfrac{2}{x^5}}{1 - \dfrac{5}{3x}}\right) = 1$, $\lim\limits_{x\to-\infty}\left(\dfrac{2}{3}x^4\right) = +\infty$

Donc, d'après les propriétés sur la limite d'un produit, $\lim\limits_{x\to-\infty} f(x) = +\infty$.

82. $x \mapsto -3x + 5$ est continue sur $]3\,;+\infty[$. Donc on cherche k tel que $\lim\limits_{x\to3}(-3x+5) = k$, c qui équivaut à : $-3\times3 + 5 = k$; $k = -4$.

88. Si $k < -2$, $f(x) = k$ n'a pas de solution.
Si $k = -2$, alors $f(x) = k$ a deux solutions.
Si $-2 < k < 0$, $f(x) = k$ a quatre solutions.
Si $k = 0$, alors $f(x) = k$ a trois solutions.
Si $0 < k \leqslant 5$, alors $f(x) = k$ a deux solutions.
Si $k > 5$, alors $f(x) = k$ a une solution.

101. La fonction f est une fonction polynôme, elle est donc dérivable sur $\mathbb{R}$ et pour tout réel x, $f'(x) = 6\times5(5x-1)^5 = 30\times(5x-1)^5$.

x	$-\infty$		1/5		$+\infty$
Signe de f'		$-$	0	$+$	
Variations de f	$+\infty$	↘	0	↗	$+\infty$

Chapitre 3

1. V **2.** V **3.** F **4.** F **5.** F **6.** V **7.** V **8.** F **9.** F **10.** V **11.** **12.** F **13.** F **14.** F **15.** F **16.** V **17.** V **18.** V **19.** V **20.** **21.** F **22.** V **23.** c **24.** b **25.** c **26.** c **27.** a **28.** b **29.** b, et d **30.** d **31.** b **32.** a et b **33.** b **34.** c **35.** d

36. $A = e^{3x-1}\times e^{2-x} = e^{2x+1}$

$B = \dfrac{e^{x-5}}{e^{2x+5}} = e^{-x-6}$; $C = (e^{2x})^3 = e^{6x}$.

37. $A = e^{3,1}\times e^{-2} = e^{1,1}$; $B = \dfrac{e^5}{e^{4,3}} = e^{0,7}$

$C = \dfrac{(e^2)^3\times(e^3)^{-2}}{e^2} = \dfrac{e^6\times e^{-6}}{e^2} = \dfrac{1}{e^2} = e^{-2}$.

$A = \frac{\left(e^{\frac{1}{2}}\right)}{\left(e^3\right)^{\frac{3}{4}}} = \frac{e^3}{e^{\frac{9}{4}}} = e^{\frac{12}{4}-\frac{9}{4}} = e^{\frac{3}{4}}$

$B = \frac{e^{1,2} \times e^{-0,3}}{e^{3,5} \times e^{-1}} = \frac{e^{0,9}}{e^{2,5}} = e^{-1,6}$

$C = (e^{0,5} - e^{-0,5})^2 = e^1 - 2 + e^{-1}$.

$\ln 8 = \ln 2^3 = 3\ln 2$

$\ln \frac{1}{4} = \ln 1 - \ln 4 = -2\ln 2$

$\ln 16e = \ln 16 + \ln e = 4\ln 2 + 1$

$\ln \sqrt{2} = \frac{1}{2}\ln 2$

$\ln \frac{64}{e^2} = \ln 64 - \ln e^2 = 6\ln 2 - 2$.

1. $e^x \times e^{-x+2} = e^2$.

$^{-x})^2 \times (e^{3x})^3 = e^{-2x} \times e^{9x} = e^{7x}$.

$(e^{2x} + e^{-2x}) - (e^x + e^{-x})^2 - (e^x - e^{-x})^2 = 0$.

$5 - \frac{5}{1+e^{-x}} = 5 - \frac{5e^x}{1+e^x} = \frac{5}{1+e^x}$.

• $x - 1 > 0 \Leftrightarrow x > 1$; $D_f =]1 ; +\infty[$

$_g = \mathbb{R} \setminus \{0\}$

$-x > 0 \Leftrightarrow -x > -4 \Leftrightarrow x < 4$; $D_h =]-\infty ; 4[$

$^2 - 1 > 0 \Leftrightarrow x^2 > 1$

$D_i =]-\infty ; -1[\cup]1 ; +\infty[$.

1. $e^{4x} = 1$; $e^{4x} = e^0$; $4x = 0$; $x = 0$.

$^{-3x} = 7$; $e^{-3x} = e^{\ln 7}$; $-3x = \ln 7$; $x = \frac{\ln 7}{-3}$.

$^{3x+4} = 0$; pas de solution.

$x^2 = e^{4x-3}$; $x^2 = 4x - 3$; $x^2 - 4x + 3 = 0$

4 ; $x_1 = \frac{4+2}{2} = 3$; $x_2 = \frac{4-2}{2} = 1$

1. $e^{-5x} \geqslant 1$; $e^{-5x} \geqslant e^0$; $-5x \geqslant 0$; $x \leqslant 0$;

$]-\infty ; 0]$.

$^{x^2} \geqslant (e^3)^3$; $e^{x^2} \geqslant e^9$; $x^2 \geqslant 9$;

$]-\infty ; -3] \cup [3 ; +\infty[$

$^{x^2-x} \leqslant e$; $x^2 - x \leqslant 1$; $x^2 - x - 1 \leqslant 0$;

5 ; $x_1 = \frac{1+\sqrt{5}}{2}$; $x_2 = \frac{1-\sqrt{5}}{2}$.

$S = \left[\frac{1-\sqrt{5}}{2} ; \frac{1+\sqrt{5}}{2}\right]$

$^{4x-1} \leqslant 2$; $e^{4x-1} \leqslant e^{\ln 2}$; $4x - 1 \leqslant \ln 2$;

$\frac{\ln 2 + 1}{4}$; $S = \left]-\infty ; \frac{\ln 2 + 1}{4}\right]$.

1. $\ln x = 0$; $\ln x = \ln 1$; $x = 1$.

$n\, x = -1$; $\ln x = \ln e^{-1}$; $x = e^{-1}$.

$n(x+3) = 1$; $\ln(x+3) = \ln e$; $x + 3 = e$; $x = e - 3$.

$n(2x-1) = 2$; $\ln(2x-1) = \ln e^2$;

$-1 = e^2$; $2x = e^2 + 1$; $x = \frac{e^2+1}{2}$.

1. $\ln x \geqslant 1$; $\ln x \geqslant \ln e$; $x \geqslant e$.

$n\, x < 0$; $\ln x < \ln 1$; $0 < x < 1$; $S =]0 ; 1[$.

$n(x+5)$; $0 \leqslant x + 5 \leqslant 2$; $S =]-5 ; -3]$.

$< x + 3 \leqslant e^{-1}$; $x \leqslant e^{-1} - 3$; $S =]0 ; e^{-1} - 3]$

$\lim_{\to 0^+} x = 0$, $\lim_{\to 0^+} \ln x = -\infty$ } par quotient $\lim_{x \to 0^+} \frac{x}{\ln x} = 0$

$\lim_{1^-} x = 1$, $\lim_{1^-} \ln x = 0^-$ } par quotient $\lim_{x \to 1^-} \frac{x}{\ln x} = -\infty$

$\lim_{1^+} x = 1$, $\lim_{1^+} \ln x = 0^+$ } par quotient $\lim_{x \to 1^+} \frac{x}{\ln x} = +\infty$.

$= 1$) est asymptote verticale.

$\lim_{\to 0^+} x = 0$, $\lim_{\to 0^+} \ln x = -\infty$ } par somme $\lim_{x \to 0^+} (x + \ln x) = -\infty$.

$\lim_{+\infty} x = +\infty$, $\lim_{+\infty} \ln x = +\infty$ } par somme $\lim_{x \to +\infty} (x + \ln x) = +\infty$.

• $\lim_{x \to -\infty} e^x = 0$, $\lim_{x \to -\infty} x = -\infty$ } par quotient $\lim_{x \to -\infty} \frac{e^x}{x} = 0$

$= 0$) est asymptote horizontale.

$\lim_{0^-} e^x = 1$, $\lim_{0^-} x = 0^-$ } par quotient $\lim_{x \to 0^-} \frac{e^x}{x} = -\infty$

$= 0$) est asymptote horizontale.

$\lim_{x \to 0^+} x = 0$, $\lim_{x \to 0^+} \ln x = -\infty$ } par quotient $\lim_{x \to 0^+} \frac{e^x}{x} = +\infty$

$\lim_{x \to +\infty} \frac{e^x}{x} = +\infty$

• $\lim_{x \to -\infty} x = -\infty$, $\lim_{x \to -\infty} e^x = 0$ } par somme $\lim_{x \to -\infty} x + e^x = -\infty$

$\lim_{x \to +\infty} x = +\infty$, $\lim_{x \to +\infty} e^x = +\infty$ } par somme $\lim_{x \to +\infty} x + e^x = +\infty$.

89. • $\lim_{x \to +\infty} \frac{1+\ln x}{x} = \lim_{x \to +\infty} \frac{1}{x} + \frac{\ln x}{x}$;

$\lim_{x \to +\infty} \frac{1}{x} = 0$, $\lim_{x \to +\infty} \frac{\ln x}{x} = 0$ } par somme $\lim_{x \to +\infty} \frac{1}{x} + \frac{\ln x}{x} = 0$

• $\lim_{x \to -\infty} \frac{\ln x}{x+1} = \lim_{x \to -\infty} \left(\frac{\ln x}{x} \times \frac{1}{\left(1 + \frac{1}{x}\right)}\right)$

$\lim_{x \to +\infty} \frac{1}{\left(1+\frac{1}{x}\right)} = 1$, $\lim_{x \to -\infty} \frac{\ln x}{x} = 0$ } par produit $\lim_{x \to -\infty} \left(\frac{\ln x}{x} \times \frac{1}{\left(1+\frac{1}{x}\right)} = 0\right)$

90. • $\lim_{x \to -\infty} e^x + 1 = 1$, $\lim_{x \to -\infty} e^x - 1 = -1$ } par quotient $\lim_{x \to -\infty} \frac{e^x+1}{e^x-1} = -1$

• On pose $X = -x$;

$\lim_{X \to -\infty} (-X) = +\infty$, $\lim_{X \to -\infty} e^X = 0$ } par somme $\lim_{x \to +\infty} (-x + e^x) = +\infty$.

104. 1. $D' = \mathbb{R}$; $f'(x) = 2xe^{x^2}$.
2. $D' = \mathbb{R}$; $f'(x) = 3e^{3x}$.
3. $D' = \mathbb{R}$; $f'(x) = -8e^{-2x+1}$.
4. $D' = \mathbb{R}$; $f'(x) = -4e^{\frac{1}{2}x+3}$.

105. 1. $f'(x) = \frac{1}{x+1}$.
2. $f'(x) = \frac{3}{3x+1}$. 3. $f'(x) = \frac{2x}{1+x^2}$.

126. 1. $f'(x) = e^{2x} + (x-1) \times 2 \times e^{2x}$
$= e^{2x}(1 + 2x - 2) = e^{2x}(2x - 1)$.

2.

x	$-\infty$		$1/2$		$+\infty$
$f'(x)$		$-$	0	$+$	
$f(x)$	0	↘		↗	$+\infty$

127. 1.

x	$-\infty$		-5		1		$+\infty$
$1-x$		$+$		$+$	0	$-$	
$x+5$		$-$	0	$+$		$+$	
$\frac{1-x}{x+5}$		$-$	‖	$+$	0	$-$	

2. diff$(f(x), x)$; $f'(x) = \frac{6}{x^2+4x-5}$.
3. solve$(\text{diff}(f(x), x) > 0, x)$;
$f'(x) > 0$ pour $x < -5$ ou $x > 1$.
4. limit$(f(x), x, -5)$ limit$(f(x), x, 1)$
$\lim_{x \to -5} f(x) = +\infty$ $\lim_{x \to 1} f(x) = -\infty$.

Chapitre 4

1. b **2.** c **3.** a ; **4.** a, c, d et e **5.** d **6.** b et c **7.** a et b.
8. F **9.** F - V **10.** V **11.** F **12.** F **13.** V **14.** V **15.** F **16.** V **17.** V **18.** V **19.** V **20.** F **21.** F **22.** V **23.** F **24.** V **25.** V **26.** F **27.** F

28. $\int_1^3 4dx = [4x]_1^3 = 12 - 4 = 8$;
$\int_0^4 -5dx = [-5x]_0^4 = -20 - 0 = -20$;
$\int_{-2}^3 2dx = [2x]_{-2}^3 = 6 + 4 = 10$.

29. $f(x) = -3$ sur $[-2 ; 3]$;
$\int_{-2}^3 -3dx = [-3x]_{-2}^3 = -9 - 6 = -15$.

30. $f(x) = 2x + 1$; $\int_{-2}^3 2x + 1dx = [x^2 + x]_{-3}^{2}$
$= (4 + 2) - (9 - 3) = 6 - 6 = 0$.

31. 1. • Sur l'intervalle $[-2 ; -1]$;
$f(x) = 4x + b$ et $f(-1) = 4$;
$f(-1) = -4 + b$; $4 = -4 + b$; $b = 8$;
$f(x) = 4x + 8$ sur $[-2 ; -1]$;
$\int_{-2}^{1} 4x + 8dx = [2x^2 + 8x]_{-2}^{-1} = -6 + 8 = 2$.
• Sur l'intervalle $[-1 ; 2]$; $f(x) = 4$
$\int_{-1}^2 4x = [4x]_{-1}^2 = 8 + 4 = 12$.
• Sur l'intervalle $[2 ; 5]$; $f(x) = x + b$ et
$f(2) = 4$; $f(2) = 2 + b$; $4 = 2 + b$; $b = 2$;
$f(x) = x + 2$;
$\int_2^5 x + 2dx = \left[\frac{1}{2}x^2 + 2x\right]_2^5 = 22,5 - 6 = 16,5$.
2. $\int_{-2}^5 f(x)dx = \int_{-2}^{-1} f(x)dx + \int_{-1}^2 f(x)dx + \int_2^5 f(x)dx$
$= 2 + 12 + 16,5 = 30,5$.

32. $\int_2^4 (x-2)dx = \left[\frac{1}{2}x^2 - 2x\right]_2^4 = (8 - 8) - (2 - 4) = 2$.
$\int_{-1}^2 (x-2)dx = \left[\frac{1}{2}x^2 - 2x\right]_{-1}^2$
$= (2 - 4) - \left(\frac{1}{2} + 2\right) = -4,5$.
$\int_{-1}^4 (x-2)dx = \int_{-1}^2 (x-2)dx + \int_2^4 (x-2)dx$
$= -4,5 + 2 = -2,5$.

33. $\int_0^2 x^2 + 2x - 1dx = \int_0^2 x^2dx + \int_0^2 2x - 1dx$
$= \frac{8}{3} + [x^2 - x]_0^2 = \frac{8}{3} + [(2) - 0] = \frac{14}{3}$.

34. $\int_{-4}^5 f(x)dx = \int_{-4}^{-1} f(x)dx + \int_{-1}^3 f(x)dx$
$+ \int_3^5 f(x)dx = 3 + 1 - 4 = 0$.
$\int_{-1}^5 4f(x) = 4\int_{-1}^5 f(x) = 4\left(\int_{-1}^3 f(x)dx + \int_3^5 f(x)dx\right)$
$= 4(1 + -4) = -12$.

35. • $\int_{-2}^4 4f(x)dx = 4\int_{-2}^4 f(x)dx = 4(-2) = -8$
• $\int_{-2}^4 (f(x) + g(x))dx = \int_{-2}^4 f(x)dx + \int_{-2}^4 g(x)dx$
$= -2 + 5 = 3$
• $\int_{-2}^4 (f(x) - 2g(x))dx = \int_{-2}^4 f(x) - 2\int_{-2}^4 g(x)dx$
$= -2 - 2(5) = -12$

46. $F(x) = \frac{1}{2}x^2 + 4x$; $G(x) = 7x$; $H(x) = -x^2 + 7x$.

47. $F(x) = \frac{1}{3}x^3 + 5x$; $G(x) = \frac{2}{3}x^3 - x + 4x$;
$H(x) = -\frac{1}{3}x^3 + \frac{7}{2}x^2 - x$.

48. 1. $F(x) = \frac{2}{3}x^3 - \frac{7}{2}x^2 + 3x$.
2. $F(x) = \frac{3}{2}x^4 - \frac{4}{9}x^3 + \frac{1}{4}x^2 - x$.
3. $F(x) = \frac{1}{6}x^6 - \frac{3}{4}x^4 + \frac{5}{2}x^2$.

49. 1. $F(x) = \frac{1}{6}x^6 - \frac{3}{4}x^4 + \frac{5}{2}x^2$. 2. $F(x) = \ln x$.
3. $F(x) = \frac{-3}{x}$. 4. $F(x) = \frac{3}{4}x^4 + \frac{1}{2x} - \frac{3}{2x^2}$.

50. 1. $F(x) = 2\sqrt{x}$. 2. $F(x) = e^x$. 3. $F(x) = \sin x$.

51. 1. $F(x) = \frac{2}{3}x^3 - \frac{1}{6}x^2 + \frac{1}{2}x$.
2. $F(x) = 3x^2 - x + 4\ln(x)$.
3. $F(x) = \frac{1}{2}x^2 - x + 2\ln(x) + \frac{3}{x}$.
4. $F(x) = \frac{1}{15}x^5 - \frac{3}{16}x^4 + \frac{7}{15}x^3 - 7x^2 + x$.

52. 1. $F(x) = \frac{2}{5x^5}$. 2. $F(x) = -\frac{1}{x} + 4\sqrt{x}$.
3. $F(x) = \frac{3}{x} - \sqrt{x} + x^2$.

53. 1. $F(x) = \frac{7}{20}x^4 - \frac{4}{15}x^3 + \frac{3}{10}x^2 - \frac{1}{5}x$.
2. $F(x) = -\frac{5}{2}x^2 - 2x - \frac{3}{x} + \frac{3}{x^2}$.
3. $F(x) = \frac{1}{2}x^4 - \frac{1}{3}x^3 + 6x - \ln x$.

54. 1. $F(x) = x^2 - 4e^x$. 2. $F(x) = -\cos(x)$.
3. $F(x) = 3\sin x + \cos x$.

81. 1. $2 + \frac{5}{x-1} = \frac{2x - 2 + 5}{x-1} = \frac{2x+3}{x-1} = f(x)$.
2. $F(x) = 2x + 5\ln(x-1) + K$.

82. 2. Par identification des coefficients :

3. $\begin{cases} a = 3 \\ 6 + b = -4 \end{cases}$ $\begin{cases} a = 3 \\ b = -10 \end{cases}$.

4. $f(x) = 3 - \dfrac{10}{x+2}$.

90. 1. $\int_{-1}^{2} \mathrm{d}x = [x]_{-1}^{2} = 2 - (-1) = 3$.

2. $\int_{0}^{2} 3\mathrm{d}t = 3[x]_0^2 = 3 \times 2 = 6$.

3. $\int_{0}^{3} x^2 \mathrm{d}x = \left[\frac{1}{3}x^3\right]_0^3 = 9$.

4. $\int_{0}^{1} (-3x + 2)\mathrm{d}x = \left[-\frac{3}{2}x^2 + 2x\right]_0^1$
$= \left(-\frac{3}{2} + 2\right) - 0 = \frac{1}{2}$.

5. $\int_{2}^{3} \frac{1}{x^2}\mathrm{d}x = \left[-\frac{1}{x}\right]_2^3 = \left(-\frac{1}{3}\right) + \frac{1}{2} = \frac{-2+3}{6} = \frac{1}{6}$.

6. $\int_{1}^{\mathrm{e}} \frac{1}{x}\mathrm{d}x = [\ln x]_1^{\mathrm{e}} = \ln \mathrm{e} - \ln 1 = 1$.

91.

1. $\int_{0}^{\frac{\pi}{4}} \sin x \mathrm{d}x = [-\cos x]_0^{\frac{\pi}{4}} = \left(-\cos\left(\frac{\pi}{4}\right) + \cos(0)\right)$
$= -\frac{\sqrt{2}}{2} + 1 = \frac{\sqrt{2}+2}{2}$.

2. $\int_{-2}^{1} (x^2 + 2x)\mathrm{d}x = \left[\frac{1}{3}x^3 + x^2\right]_{-2}^{1} = \frac{4}{3} - \frac{4}{3} = 0$.

3. $\int_{-1}^{1} \mathrm{e}^{-2x}\mathrm{d}x = \left[-\frac{1}{2}\mathrm{e}^{-2x}\right]_{-1}^{1} = \frac{1}{2}(-\mathrm{e}^{-2} + \mathrm{e}^{2})$.

4. $\int_{0}^{1} \frac{2}{3x+2}\mathrm{d}x = \left[\frac{2}{3}\ln(3x+2)\right]_0^1 = \frac{2}{3}\ln 5 - \frac{2}{3}\ln 2$
$= \frac{2}{3}\ln\frac{5}{2}$.

92. 1. $\int_{-1}^{2} (t^2 + 2t - 1)\mathrm{d}t = \left[\frac{1}{3}t^3 + t^2 - t\right]_{-1}^{2}$
$= \left(\frac{8}{3} + 4 - 2\right) - \left(-\frac{1}{3} + 1 + 1\right) = \frac{14}{3} - \frac{5}{3} = \frac{9}{3} = 3$.

2. $\int_{-\pi}^{\frac{\pi}{2}} \sin\left(\frac{u}{2}\right)\mathrm{d}u = \left[-2\cos\left(\frac{u}{2}\right)t\right]_{-\pi}^{\frac{\pi}{2}}$
$= \left[-2\cos\left(\frac{\pi}{4}\right)\right] - \left[-2\cos\left(-\frac{\pi}{2}\right)\right] = -\sqrt{2}$.

3. $\int_{0}^{\pi} \cos(3x)\mathrm{d}x = \left[\frac{1}{3}\sin(3x)\right]_0^{\pi}$
$= \left(\frac{1}{3}\sin 3\pi\right) - \frac{1}{3}\sin 0 = 0 - 0 = 0$.

4. $\int_{-2}^{-1} \frac{2}{x^3}\mathrm{d}x = \left[-\frac{1}{x^2}\right]_{-2}^{-1} = (-1) + \frac{1}{4} = -\frac{3}{4}$.

112. 1. $1u.a. = 6\ \mathrm{cm}^2$. 2. $1u.a. = 1\ \mathrm{cm}^2$.
3. $1u.a. = 1\ \mathrm{cm}^2$. 4. $1u.a. = 4\ \mathrm{cm}^2$.

113. 1. $1u.a. = 2\ \mathrm{cm}^2$. 2. $1u.a. = 6\ \mathrm{cm}^2$.
3. $1u.a. = 6\ \mathrm{cm}^2$. 4. $1u.a. = 1\ \mathrm{cm}^2$.

116. On ajoute les 3 aires : $6 \times \mathrm{e}^{-1}$.

Chapitre 5

1. Algébrique ;
2. Sa partie réelle / sa partie imaginaire ;
3. Imaginaire pur ; **4.** $\bar{z} = z$; **5.** $\bar{z} = -z$;
6. $z \neq 0$ et $\arg z = 0$ ou $z = 0$;
7. $z \neq 0$ et $\arg z = \frac{\pi}{2}$ ou $z = 0$;
8. $|z' - z|$ / $\arg(z' - z)$;
9. $(x + x') + i(y + y')$ / $(xx' - yy') + i(xy' + x'y)$
10. $\dfrac{x - iy}{x^2 + y^2}$; **11.** $\cos\frac{\pi}{2} + i\sin\frac{\pi}{2}$ / $\mathrm{e}^{\frac{i\pi}{2}}$;
12. $\cos -\frac{\pi}{2} + i\sin -\frac{\pi}{2}$ / $\mathrm{e}^{\frac{i\pi}{2}}$;
13. $rr'(\cos(\theta + \theta') + i\sin(\theta + \theta'))$ /
$rr' \times (\cos(\theta - \theta') + i\sin(\theta - \theta'))$;
14. $(\overrightarrow{CA} ; \overrightarrow{CD})$; **15.** Exactement deux solutions ;
16. F **17.** F **18.** V **19.** F **20.** F **21.** V **22.** V **23.** V **24.** V
25. F **26.** V **27.** F **28.** V **29.** F **30.** V

Pour les exercices **31.** *à* **40.***, les réponses vraies sont :* **31.** b et c **32.** d **33.** b et c **34.** d **35.** a, b, c et d **36.** a et c **37.** a, c et d **38.** b et c **39.** a, b et c **40.** c et d

41. a. -6 ; b. $2 - i$. **42.** a. 2 ; b. $-14 - 7i$.
43. a. $4i$; b. $-7 + 3i$. **44.** a. $-7 + 5i$; b. $7 + 4i$.
45. a. 29 ; b. $-3 - 4i$.
56. -1 ; $-i$; 1 ; i. Soit $n \in \mathbb{N}$, on a :
Si $n = 4k$, $k \in \mathbb{N}$, alors $i^n = 1$;
Si $n = 4k + 1$, $k \in \mathbb{N}$, alors $i^n = i$;
Si $n = 4k + 2$, $k \in \mathbb{N}$, alors $i^n = -1$;
Si $n = 4k + 3$, $k \in \mathbb{N}$, alors $i^n = -i$.

57. 1. $j^2 = -\frac{1}{2} - i\frac{\sqrt{3}}{2}$; $j^3 = 1$ et $1 + j + j^2 = 0$.
2. Soit un entier naturel fixé.
$(1 + j)^{2n+1} = (-j^{2n+1}) = (-j^2)^{2n} \times (-j^2)$
$(j^4)^n \times -j^2) = j^n \times (-j^2) = -j^{n+2}$.

63. a. i ; b. $-i - 1$. **64.** a. $-i(3 - i)$; b. $2i - 2$.
65. a. $-\frac{i}{2}$; b. $\frac{2}{-i} = 2i$. **66.** a. $\frac{1 - i}{1 + i}$; b. $\frac{1 + i}{1 - i}$.
67. a. $(5 - 2i)^3$; b. $\left(\frac{-i}{-i + 1}\right)^5$.
72. a. i ; b. $x(-1 + i)$; $x \in \mathbb{R}$.
73. a. $(x - 5)i - 1$; $x \in \mathbb{R}$; b. 0.
73. a. 0 ; b. 0. **75.** a. $-\frac{1}{2} - \frac{3i}{2}$; b. $3 + \left(x - \frac{2}{3}i\right)$.
76. a. $x(-1 + i)$; $x \in \mathbb{R}$; b. $x\left(\frac{\sqrt{3}}{3} + i\right)$; $x \in \mathbb{R}$.
77. a. i ; et $-i$; b. j ; et j^2.
78. a. $-1 + 2i$ et $-1 - 2i$ b. $-j$ et $-j^2$.
82. 1. Les solutions de l'équation sont -1 et 4.
2. Les solutions **réelles** sont 2 et -2.
3. a. $\begin{cases} (x + iy)^2 = (x^2 - y^2) + i(2xy) = 3 - 4i \\ z = + iy\ ;\ x, y \in \mathbb{R} \end{cases}$
$\Leftrightarrow \begin{cases} x^2 - y^2 = 3 \\ xy = -2 \\ z = x + iy\ ;\ x, y \in \mathbb{R} \end{cases}$.

b. $\begin{cases} x^2 - y^2 = 3 \\ xy = -2 \end{cases} \Leftrightarrow \begin{cases} \frac{x^4}{x^2} - \frac{4}{x^2} = \frac{3x^2}{x^2} \\ y = -\frac{2}{x} \\ x \neq 0 \text{ et } y \neq 0 \end{cases}$

$\Leftrightarrow \begin{cases} \frac{x^4 - 3x^2 - 4}{x^2} = 0 \\ y = -\frac{2}{x} \\ x \neq 0 \text{ et } y \neq 0 \end{cases} \Leftrightarrow \begin{cases} x^4 - 3x^2 - 4 = 0 \\ y = -\frac{2}{x} \\ x \neq 0 \text{ et } y \neq 0 \end{cases}$.

Des solutions déterminées en 2. on déduit :
$(S) \Leftrightarrow \begin{cases} z = x + iy \\ (x\ ;\ y) = (-2\ ;\ 1) \text{ ou } (x\ ;\ y) = (2\ ;\ -1) \end{cases}$.
$3 - 4i$ admet donc exactement deux « racines carrées » : $-2 + i$ et $2 - i$.
a. $1 - i$ et $-1 + i$. b. $2 - 5i$ et $-2 + 5i$.
c. $4 - i$ et $-4 + i$.
83. 1. Il suffit de développer.
2. Trois solutions : -3, $-1 + 2i$ et $-1 - 2i$.
84. $z = a \cdot i$ avec $a \in \mathbb{R}$, soit : $a = 0$ ou $a = 1$.
La seule possible est $a = 1$. Ainsi $z = i$ est solution (imaginaire) de cette équation.
2. On développe le second membre.
3. $\{i\ ;\ 1 + i\ ;\ 1 - i\}$.
85. $A(3 + 2i)$; $B(2 - 2i)$; $C(-3i)$; $D(-3)$; $E(7)$; $F(4i)$; $D(-3 + 4i)$.
86. a. $-2 + 8i$; b. $-5 - 6i$; c. $-i\sqrt{3}$.
87. $\vec{u}(3 + 3i)$; $\vec{v}(-5 + i)$; $\vec{w}(6i)$; $\vec{r}(6)$;
$\vec{s}(5 - 3i)$; $\vec{t} = \vec{u}$.
92. a. $|6| = 6$ et $\arg(6) = 0[2\pi]$.
b. $|-6| = 3$ et $\arg(-3) = \pi[2\pi]$.
93. a. $|5i| = 5$ et $\arg(5i) = \frac{\pi}{2}[2\pi]$.
b. $|-3i| = 3$ et $\arg(-3i) = \frac{\pi}{2}[2\pi]$.
94. a. $|1 \pm i| = \sqrt{2}$ et $\arg(1 \pm i) = \pm\frac{\pi}{4}[2\pi]$.
b. $|i \pm 1| = \sqrt{2}$ et $\arg(1 \pm \sqrt{3}) = \pm\frac{\pi}{3}[2\pi]$.
95. a. $|1 \pm i\sqrt{3}| = 2$ et $\arg(1 \pm i3) = \pm\frac{\pi}{3}[2\pi]$.
b. $|\sqrt{3} \pm i| = 2$ et $\arg(\sqrt{3} \pm i) = -\frac{\pi}{6}[2\pi]$.
115. a. $\overrightarrow{AB}(2 - 4i)$. b. $\overrightarrow{AB}(-2 - 3i)$. c. $\overrightarrow{AB}(7)$.
116. a. $OA = \sqrt{2}$ et $(\vec{u}\ ;\ \overrightarrow{OA}) = -\frac{\pi}{4}[2\pi]$.
b. $OA = \sqrt{2}$ et $(\vec{u}\ ;\ \overrightarrow{OA}) = \frac{\pi}{4}[2\pi]$.
c. $OA = 2$ et $(\vec{u}\ ;\ \overrightarrow{OA}) = \frac{\pi}{3}[2\pi]$.
d. $OA = 2$ et $(\vec{u}\ ;\ \overrightarrow{OA}) = -\frac{\pi}{3}[2\pi]$.
e. $OA = 5$ et $(\vec{u}\ ;\ \overrightarrow{OA}) = -\frac{\pi}{2}[2\pi]$.
f. $OA = 7$ et $(\vec{u}\ ;\ \overrightarrow{OA} = -\frac{6\pi}{7}[2\pi]$.
130. a. Vide ; b. Le point O ;
c. Le cercle de centre O de rayon $\sqrt{2}$.
131. a. Le cercle de centre $A(1)$ de rayon 2 ;
b. Le cercle de centre $A(-3 - i)$ de rayon 8 ;
c. Le cercle de centre $A(-1 - 4i)$ de rayon 1 ;
d. La médiatrice $[AB]$, où $A(1)$ et $B(i)$;
e. La médiatrice $[AB]$, où $A(0)$ et $B(1 + i)$;
f. La médiatrice $[AB]$, $A(-2 + i)$ et $B(-5i)$.
132. a. Demi droite d'origine O et d'angle polaire de mesure $\frac{\pi}{3}[2\pi]$;
b. Demi droite d'origine $A(-2i)$ et d'angle pola de mesure $0[2\pi]$;
c. Demi droite d'origine $A(-1 + i)$ et d'angle polaire de mesure $\frac{\pi}{3}[2\pi]$.
133. a. (AB) où $A(1)$ et $B(i)$, privée de $[AB]$;
b. Demi cercle de diamètre $[AB]$ avec $A(1)$ et $B(i$ privé des points A et B, et passant par O ;
b. Cercle de diamètre $[AB]$ avec $B(-3 + i)$ et $A(1 - 2i)$, privé des points A et B.
145. a. Impossible, $4\mathrm{e}^{i0}$, $3\mathrm{e}^{i\pi}$; b. $\mathrm{e}^{\frac{i\pi}{2}}$, $3\mathrm{e}^{\frac{i\pi}{2}}$, $5\mathrm{e}^{\frac{i\pi}{2}}$.
146. a. $\sqrt{2}\,\mathrm{e}^{\frac{i\pi}{4}}$; $\sqrt{2}\,\mathrm{e}^{\frac{i3\pi}{4}}$; $\sqrt{2}\,\mathrm{e}^{\frac{i\pi}{4}}$; $\sqrt{2}\,\mathrm{e}^{\frac{i3\pi}{4}}$;
b. $2\mathrm{e}^{\frac{i\pi}{3}}$; $2\mathrm{e}^{\frac{i2\pi}{3}}$; $2\mathrm{e}^{\frac{i\pi}{6}}$; $2\mathrm{e}^{-\frac{i\pi}{6}}$.
147. a. $\mathrm{e}^{-i\frac{\pi}{5}}$; $\mathrm{e}^{i\frac{4\pi}{5}}$. b. $\mathrm{e}^{-i\frac{4\pi}{5}}$; $\mathrm{e}^{i\frac{3\pi}{5}}$.

Chapitre 6

1. c **2.** c **3.** c **4.** a et d **5.** c **6.** c **7.** b **8.** c **9.** c **10.** c **1**
12. c **13.** F **14.** F **15.** V **16.** F **17.** V **18.** V **19.** V **20.**
21. F **22.** V **23.** F **24.** F
25. a. Le plan (ABD) est la face $(ABCD)$. Or $(CG) \perp (BC)$ et $(CG) \perp (DC)$ donc (GC) est orthogonale au plan (ABD).
b. (HC) et (EB) parallèles et $(EB) \perp (AF)$. Donc $(HC) \perp (AF)$.
c. $(DC) \perp (CG)$ et $(DC) \perp (CB)$. Donc $(DC) \perp (BCG)$.
Donc (DC) est orthogonale à la droite (GB).
d. $(DB) \perp (AC)$ car diagonales du carré.
29. b. $\overrightarrow{IJ} = \overrightarrow{ID} + \overrightarrow{DC} + \overrightarrow{CJ}$ (Chasles)
$\overrightarrow{IJ} = -\frac{1}{3}\overrightarrow{DC} + \overrightarrow{DC} + \frac{1}{2}\overrightarrow{CB} = \frac{2}{3}\overrightarrow{DC} + \frac{1}{3}\overrightarrow{CB}$
c. $\overrightarrow{JK} = \overrightarrow{JB} + \overrightarrow{BK}$ (Chasles)
$\overrightarrow{JK} = \frac{1}{2}\overrightarrow{CB} + \frac{2}{3}\overrightarrow{AB} = \frac{1}{2}\overrightarrow{DC} + \frac{2}{3}\overrightarrow{DC}$
d. $\overrightarrow{IJ} = \overrightarrow{JK}$, donc I, J et K sont alignés.
31. 1. Dans le repère $(A\ ;\ \overrightarrow{AB}, \overrightarrow{AE}, \overrightarrow{AD})$,
$I\left(\frac{1}{3}\ ;\ 0;\ 1\right)$; $J\left(1\ ;\ 0;\ \frac{1}{2}\right)$; $K\left(\frac{5}{3}\ ;\ 0;\ 0\right)$
donc $\overrightarrow{IJ}\begin{pmatrix} 2/3 \\ 0 \\ -1/2 \end{pmatrix} = \overrightarrow{JK}$ et I, J et K sont alignés.
2. Dans le repère $(A\ ;\ \overrightarrow{AB}, \overrightarrow{AE}, \overrightarrow{AD})$:
$I\left(\frac{1}{2}\ ;\ 0;\ 1\right)$; $J\left(1\ ;\ \frac{1}{2}\ ;\ \frac{1}{2}\right)$; $K\left(\frac{3}{2}\ ;\ 1\ ;\ 0\right)$
donc $\overrightarrow{IJ}\begin{pmatrix} 0{,}5 \\ 0{,}5 \\ -0{,}5 \end{pmatrix} = \overrightarrow{JK}$ et I, J et K sont alignés.
32. a. A, B et C sont alignés s'il existe un réel k tel que $\overrightarrow{AB} = k\overrightarrow{AC} \Leftrightarrow \begin{cases} -2 = 2k \\ -1 = -k \\ -1 = -2k \end{cases} \Leftrightarrow \begin{cases} k = -1 \\ k = 1 \\ k = 0{,}5 \end{cases}$.
k n'est pas unique $\overrightarrow{AB}$ et $\overrightarrow{AC}$ ne sont pas colinéai donc A, B et C ne sont pas alignés.
b. $\overrightarrow{AB}\begin{pmatrix} -1 \\ -2 \\ -2 \end{pmatrix}$ et $\overrightarrow{AC}\begin{pmatrix} 2 \\ 4 \\ 4 \end{pmatrix}$ donc
$\overrightarrow{AB} = -0{,}5 \times \overrightarrow{AC}$, les vecteurs $\overrightarrow{AB}$ et $\overrightarrow{AC}$ sont colinéaires, donc A, B et C sont alignés.
36. a. $\overrightarrow{AB}\begin{pmatrix} 1 \\ 1 \\ 3 \end{pmatrix}$ et $\overrightarrow{CD}\begin{pmatrix} 2 \\ 2 \\ 6 \end{pmatrix}$ donc $\overrightarrow{CD} = 2\overrightarrow{AB}$.
Donc les vecteurs $\overrightarrow{AB}$ et $\overrightarrow{DC}$ sont colinéaires.
b. Donc A, B, C et D sont sur des droites parallèle et sont donc coplanaires.
39. $\vec{u}\begin{pmatrix} x \\ y \\ z \end{pmatrix}$ et $\vec{v}\begin{pmatrix} x' \\ y' \\ z' \end{pmatrix}$ sont colinéaires s'il oxisto non nul tel que : $\begin{cases} x = kx' \\ y = ky' \\ z = kz' \end{cases}$.
Attention le test $\frac{x}{x'} = \frac{y}{y'} = \frac{z}{z'}$ ne fonctionnera pas si $x'y'z' = 0$. On peut cowntourner le problème er vérifiant la proportionnalité par couple :
$xy' - yx' = 0$ et $yz' - zy' = 0$ et $xz' - zx' = 0$
Le test peut être écrit de cette façon :
SI $(xy' - yx' == 0)$ et $(yz' - zy' == 0)$ et $(xz' - zx' == 0)$ ALORS
⊢ DEBUT_SI
⊢ afficher ('les vecteurs sont colinéaires')
⊢ FIN_SI
SINON

)ans le repère $(A\ ;\ \vec{u}, \vec{v}, \vec{w})$: $A(0\ ;0\ ;0)$;
; 1 ; 1) ; $C(3\ ;3\ ;2)$; $D(0\ ;2\ ;2)$;
; 2 ; 2) ; $F(3\ ;3\ ;0)$.

$\vec{B}\begin{pmatrix}1\\1\\1\end{pmatrix}$ et $\overrightarrow{AC}\begin{pmatrix}3\\3\\2\end{pmatrix}$ ne sont pas colinéaires

: A, B et C ne sont pas alignés.

$\vec{B}\begin{pmatrix}1\\1\\1\end{pmatrix} = \overrightarrow{BE}\begin{pmatrix}1\\1\\1\end{pmatrix}$ donc A, B et E alignés.

s points A, B, C et D sont coplanaires s'il existe β et γ non tous nuls tels que

$\alpha\overrightarrow{AB} + \beta\overrightarrow{AC} + \gamma\overrightarrow{AD}$ avec $\overrightarrow{AB}\begin{pmatrix}1\\1\\1\end{pmatrix}$, $\overrightarrow{AC}\begin{pmatrix}3\\3\\2\end{pmatrix}$

$\vec{D}\begin{pmatrix}0\\2\\2\end{pmatrix}$.

$\begin{cases}\alpha + 3\beta = 0\\ \alpha + 3\beta + 2\gamma = 0\\ \alpha + 2\beta + 2\gamma = 0\end{cases} \Leftrightarrow \begin{cases}\alpha = 0\\ \beta = 0\\ \gamma = 0\end{cases}$

c A, B, C et D ne sont pas coplanaires.

s points A, B, C et F sont coplanaires s'il existe β et γ non tous nuls tels que

$\alpha\overrightarrow{AB} + \beta\overrightarrow{AC} + \gamma\overrightarrow{AF}$ avec $\overrightarrow{AB}\begin{pmatrix}1\\1\\1\end{pmatrix}$, $\overrightarrow{AC}\begin{pmatrix}3\\3\\2\end{pmatrix}$

$\vec{E}\begin{pmatrix}3\\3\\0\end{pmatrix}$.

$\begin{cases}\alpha + 3\beta + 3\gamma = 0\\ \alpha + 3\beta + 2\gamma = 0\\ \alpha + 2\beta = 0\end{cases} \Leftrightarrow \begin{cases}\alpha = 6\gamma\\ \beta = -3\gamma\\ \gamma \in \mathbb{R}\end{cases}$

n prend $\gamma = 1$ alors $\alpha = 6$ et $\beta = -3$. Donc points A, B, C et F sont coplanaires.

a. $\overrightarrow{AM}\begin{pmatrix}x-3\\y+2\\z+4\end{pmatrix} = \vec{u}\begin{pmatrix}2\\-1\\0\end{pmatrix} + \vec{v}\begin{pmatrix}-1\\0\\2\end{pmatrix}$

$\begin{cases}x - 3 = 2 - 1\\ y + 2 = -1\\ z + 4 = 2\end{cases} \Leftrightarrow \begin{cases}x = 4\\ y = -3\\ z = -2\end{cases}$. M est le point B.

n a $\overrightarrow{AB} = \vec{u} + \vec{v}$ donc les vecteurs $\overrightarrow{AB}$, $\vec{u}$ et $\vec{v}$ t coplanaires.

a. $\overrightarrow{AB}\cdot\overrightarrow{AC} = \frac{1}{2}(AB^2 + AC^2 - CB^2) = 22,5$

$\cdot\overrightarrow{BC} = \frac{1}{2}(BA^2 + BC^2 - CA^2) = 13,5$

$\overrightarrow{AB}\cdot\overrightarrow{AC} = 5$ et $\overrightarrow{BA}\cdot\overrightarrow{BC} = 5$.

a. $\overrightarrow{AB}\cdot\overrightarrow{AC} = \ell^2$ car B peut être considéré mme projeté orthogonal de C sur (AB).

$\overrightarrow{AB}\cdot\overrightarrow{DC} = \ell^2$ car $\overrightarrow{AB} = \overrightarrow{DC}$.

$\overrightarrow{EF}\cdot\overrightarrow{AD} = 0$ car $\overrightarrow{EF} = \overrightarrow{AB}$ et $(AB) \perp (AD)$.

$\overrightarrow{AC}\cdot\overrightarrow{HD} - (\overrightarrow{AD} + \overrightarrow{DC})\cdot\overrightarrow{HD} = 0$

$(AD) \perp (HD)$ et $(DC) \perp (HD)$.

$\overrightarrow{AH}\cdot\overrightarrow{BG} = \ell^2$ car $\overrightarrow{AH} = \overrightarrow{BG}$ et $AH = BG = \sqrt{2}\,\ell$

$\overrightarrow{C}\cdot\overrightarrow{FD} = \overrightarrow{FC}\cdot(\overrightarrow{FC} + \overrightarrow{CD}) = 2\ell^2 + 0$

$\vec{n_1}\begin{pmatrix}3\\4\\0\end{pmatrix}$; $\vec{n_2}\begin{pmatrix}1\\1\\0\end{pmatrix}$; $\vec{n_3}\begin{pmatrix}2\\1\\3\end{pmatrix}$; $\vec{n_4}\begin{pmatrix}0\\1\\0\end{pmatrix}$.

1. $x^2 + y^2 + z^2 - 4x + 6y + 9 = 0$
$(x-2)^2 + (y+3)^2 - 9 + z^2 + 9 = 0$
$(x-2)^2 + (y+3)^2 + z^2 = 4$

centre est $A(2\ ;-3\ ;0)$ et le rayon est 2.

$x^2 + y^2 + z^2 - 4x + 6y + 9 = 0$
$x = -3$

$\begin{cases}(y+3)^2 + z^2 = -21\\ x = -3\end{cases}$

$+ 3)^2 + z^2 = -21$ n'admet pas de solution
nc l'intersection est vide.

a. $\begin{cases}x = 2 + k - k'\\ y = 2k\\ z = 1 + 4k'\end{cases}$ avec k et $k' \in \mathbb{R}$

$\vec{n}$ est normal à $\mathcal{P}_1$ s'il est normal à $\vec{u}$ et $\vec{v}$.

$\begin{pmatrix}a\\b\\c\end{pmatrix}\cdot\vec{u}\begin{pmatrix}1\\2\\0\end{pmatrix} = 0 \Leftrightarrow b = -\frac{a}{2}$

$\begin{pmatrix}a\\b\\c\end{pmatrix}\cdot\vec{v}\begin{pmatrix}-1\\0\\4\end{pmatrix} = 0 \Leftrightarrow c = \frac{a}{4}$

nc $\vec{n}\begin{pmatrix}4\\-2\\1\end{pmatrix}$ est normal à $\mathcal{P}_1$.

c. $M(x\ ;y\ ;z) \in \mathcal{P}_1 \Leftrightarrow \overrightarrow{AM}\begin{pmatrix}x-2\\y\\z-1\end{pmatrix}\cdot\vec{n}\begin{pmatrix}4\\-2\\1\end{pmatrix} = 0$

$\Leftrightarrow 4x - 2y + z - 9 = 0$

91. a. $\begin{cases}1 = -3 + 2t\\ 1 = -1 + t\\ -4 = 2 - 3t\end{cases}$ avec $t = 2$.

D et D' ont même vecteur directeur $\vec{u}\begin{pmatrix}2\\1\\-3\end{pmatrix}$ et passent par le point $A(1\ ;1\ ;-4)$, elles sont confondues.

b. Idem.

Chapitre 7

1. a **2.** c **3.** b **4.** a **5.** d **6.** b **7.** b **8.** d **9.** c **10.** a **11.** a **12.** F **13.** F **14.** F **15.** F **16.** F **17.** F **18.** V **19.** V **20.** F **21.** F **22.** F **23.** F **24.** F **25.** F

26. $P_B(A) = \frac{4}{15}$ et $P_A(B) = \frac{3}{5}$.

27. $P(A \cap B) = 0,06$, $P(B) = \frac{3}{4}$, $P(A \cup B) = 0,89$.

28. $\frac{2}{3}$. **29.** $\frac{1}{10}$.

43 a.

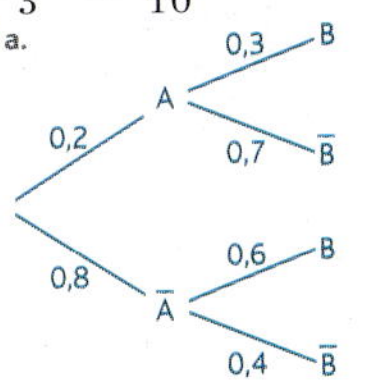

b.

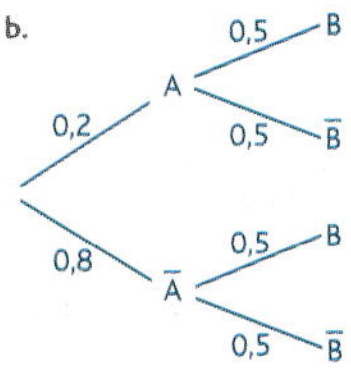

44 a.

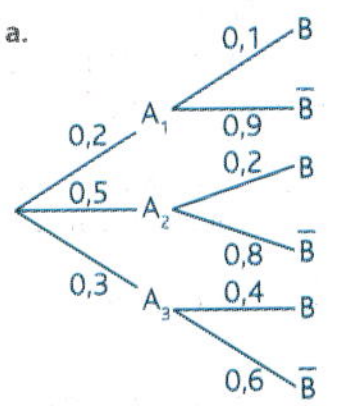

b.

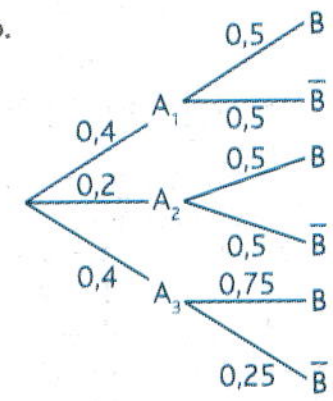

49. $P(A \cap B) = \frac{6}{35}$; $P(A \cup B) = \frac{5}{7}$.

50. $P(\bar{A} \cap B) = 0,3$; $P(\bar{A} \cap \bar{B}) = 0,2$.

51. $P_B(A) = \frac{1}{4}$; $P_{\bar{B}}(\bar{B}) = \frac{3}{4}$.

52. Oui, $P(C \cap F) = P(C) \times P(F) = \frac{2}{15}$.

61. f est continue et strictement positive sur $[0\ ;1]$ et $\int_0^1 f(t)\,dt = [t^2]_0^1 = 1$.

62. $k = \frac{1}{5}$.

70. $P(X = 3,5) = 0$; $P(3 \leqslant X \leqslant 4) = \frac{1}{8}$;
$E(X) = 3,5$.

71. $P(-1 \leqslant X \leqslant 2) = \frac{3}{8}$; $E(X) = 1$.

72.

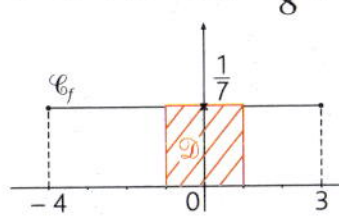

79. 1. $f(x) = 0,01e^{-0,01x}$;

2. $P(X > 2) = e^{-0,02}$ et
$P(3 \leqslant X \leqslant 5) = e^{-0,03} - e^{-0,05}$.

80. La densité est $x \mapsto \frac{1}{1000}e^{\frac{1}{1000}x}$ et
$P(X \leqslant 5) = 1 - e^{\frac{1}{200}}$.

81. $\lambda = \frac{2}{3}$, $E(X) = \frac{3}{2}$, $P(3 \leqslant X \leqslant 6) = e^{-2} - e^{-4}$.

Chapitre 8

1. d **2.** a **3.** c **4.** a, b et d **5.** a, b, c et d **6.** b **7.** b **8.** a **9.** c et d **10.** d **11.** c et d **12.** c. d **13.** a, b, c et d **14.** c et d **15.** V **16.** F **17.** V **18.** F **19.** V **20.** V **21.** V **22.** V **23.** F **24.** F **25.** V **26.** V **27.** V **28.** V **29.** F **30.** F **31.** V

32. V **33.** V **34.** V **35.** F **36.** V **37.** V **38.** F

40. 1. 0,683 à 10^{-3} près. 2. 0,039 à 10^{-3} près.
3. 0,691 à 10^{-3} près. 4. 0,691 à 10^{-3} près.

41. 1. $P(X \leqslant 2) = P(X < 2) = 0,98$.
2. $P(X > 2) = 1 - P(X \leqslant 2) = 0,02$.
3. $P(X \leqslant -2) = P(X \geqslant 2)$ par symétrie de la densité de $\mathcal{N}(0\ ;1)$ par rapport à $(x = 0)$, donc $P(X \leqslant -2) = P(X > 2) = 0,02$.
4. $P(0 \leqslant X < 2) = P(X < 2) - P(X \leqslant 0)$
$= 0,98 - 0,5 = 0,48$
car $P(X \leqslant 0) = P(X \geqslant 0) = 0,5$ par symétrie de la densité de $\mathcal{N}(0\ ;1)$ par rapport à $(x = 0)$.

52. 1. $x = 0,842$ à 10^{-3} près.
2. $P(X \geqslant x) = 1 - P(X < x)$, le réel x vérifiant $P(X \geqslant x) = 0,8$ vérifie $P(X < x) = 0,2$.
La calculatrice donne $x = -0,842$ à 10^{-3} près.
3. $P(-x \leqslant X \leqslant x) = P(X \leqslant x) - P(X \leqslant -x)$.
Or $P(X \leqslant -x) - P(X \geqslant x)$ par symétrie de la densité de $\mathcal{N}(0\ ;1)$ par rapport à $(x = 0)$. Donc $\forall$ $x > 0$, $P(-x \leqslant X \leqslant x) = P(X \leqslant x) - P(X \geqslant x)$
$= P(X \leqslant x) - (1 - P(X < x)) = 2P(X \leqslant x) - 1$.
On cherche $x > 0$ tel que $2P(X \leqslant x) - 1 = 0,8$, c'est-à-dire $P(X \leqslant x) = 0,9$. La calculatrice donne : $x = 1,282$ à 10^{-3} près.

54. 1. $E(X) = 10$, $V(X) = 25$, $\sigma(X) = \sqrt{25} = 5$.
2. 0,804 à 10^{-3} près. 3. 0,726 à 10^{-3} près.

55. 1. Si X suit la loi $\mathcal{N}(10\ ;25)$ alors $Z = \frac{X-10}{5}$ suit la loi $\mathcal{N}(0\ ;1)$.
Ainsi :
$P(4 \leqslant X \leqslant 17) = P\left(\frac{4-10}{5} \leqslant \frac{X-10}{5} \leqslant \frac{17-10}{5}\right)$
$= P\left(-\frac{6}{5} \leqslant Z \leqslant \frac{7}{5}\right)$.

$P(X < 13) = P\left(\frac{X-10}{5} < \frac{13-10}{5}\right) = P\left(Z < \frac{3}{5}\right)$.

$P(X > 9) = P\left(\frac{X-10}{5} > \frac{9-10}{5}\right) = P\left(Z > -\frac{1}{5}\right)$.

2. $P\left(-\frac{6}{5} \leqslant Z \leqslant \frac{7}{5}\right) = 0,804$ à 10^{-3} près ;
$P\left(Z < \frac{3}{5}\right) = 0,726$ à 10^{-3} près ;
$P\left(Z > -\frac{1}{5}\right) = 0,579$ à 10^{-3} près.

56. 1. Si X suit la loi $\mathcal{N}(10\ ;25)$ alors $Z = \frac{X-10}{5}$ suit la loi $\mathcal{N}(0\ ;1)$.
$P(X \leqslant x) = P\left(\frac{X-10}{5} \leqslant \frac{x-10}{5}\right) = P\left(Z \leqslant \frac{x-10}{5}\right)$.
2. x vérifiant $P(X \leqslant x) = 0,95$ vérifie
$P\left(Z \leqslant \frac{x-10}{5}\right) = 0,95$. Pour le réel u vérifiant $P(Z \leqslant u) = 0,95$ la calculatrice donne $u = 1,64$ à 10^{-2} près.
$\frac{x-10}{5} = 1,64$ donc $x = 18,22$ à 10^{-2} près.

70. 1. Si X suit la loi $\mathcal{N}(0\ ;\sigma^2)$ alors $Z = \frac{X}{\sigma}$ suit la loi $\mathcal{N}(0\ ;1)$. Pour tout $\sigma > 0$,
$P(X < 5) = P\left(\frac{X}{\sigma} < \frac{5}{\sigma}\right) = P\left(Z < \frac{5}{\sigma}\right)$.
2. $x = 0,842$ à 10^{-3} près.
3. σ vérifiant $P(X < 5) = 0,8$ vérifie
$P\left(Z < \frac{5}{\sigma}\right) = 0,8$. $\frac{5}{\sigma} = 0,842$ à 10^{-3} près
$\sigma = 5,941$ à 10^{-3} près.

71. 1. Si X suit la loi $\mathcal{N}(\mu\ ;16)$ alors $Z = \frac{X-\mu}{4}$ suit la loi $\mathcal{N}(0\ ;1)$.
$P(X > 20) = P\left(\frac{X-\mu}{4} > \frac{20-\mu}{4}\right) = P\left(Z > \frac{20-\mu}{4}\right)$.
2. x vérifiant $P(Z > x) = 0,01$ vérifie $P(Z \leqslant x) = 0,99$; $x = 2,326$ à 10^{-3} près.
3. μ vérifiant $P(X > 5) = 0,01$ vérifie
$P\left(Z > \frac{20-\mu}{4}\right) = 0,01$. $\frac{20-\mu}{4} = 2,326$ à 10^{-3} près, donc $\mu = 10,695$ à 10^{-3} près.

83. 1. $P\left(-2 \leqslant \frac{X - 60,5}{5,5} \leqslant 2\right) = P(49,5 \leqslant X \leqslant 71,5)$.
X suit une loi binomiale donc prend des valeurs entières, ainsi $P(49,5 \leqslant X \leqslant 71,5)$
$P(50 \leqslant X \leqslant 71) = 0,955$ à 10^{-3} près.
2. $P(-2 \leqslant Z \leqslant 2) = 0,954$ à 10^{-3} près.
3. *Moivre-Laplace* : $n = 121$ et $p = 0,5$, donc $n \geqslant 30$, $np \geqslant 5$ et $n(1-p) \geqslant 5$ sont bien vérifiées.

84. 1. $\int_{-\frac{1}{2}}^{\frac{3}{2}} \frac{1}{\sqrt{2\pi}}e^{-\frac{x^2}{2}}dx$

2. $n \geqslant 30$, $np \geqslant 5$ et $n(1-p) \geqslant 5$ sont bien vérifiées. On a en effet $n = 81$ et $p = 0,2$.
3. $-\frac{1}{2} < \frac{X - 16,2}{3,6} < \frac{3}{2} \Leftrightarrow 14,4 < X < 21,6$, et
$P\left(-\frac{1}{2} < Z < \frac{3}{2}\right) = \int_{-\frac{1}{2}}^{\frac{3}{2}} \frac{1}{\sqrt{2\pi}}e^{-\frac{x^2}{2}}dx$.

Le résultat est donc une conséquence de 1..

4. On obtient à l'aide d'une calculatrice

$P\left(-\frac{1}{2} < Z < \frac{3}{2}\right) = 0{,}623$ à 10^{-3} près. Donc

$P(14{,}4 < X < 21{,}6) \approx 0{,}623$ à 10^{-3} près.

5. X suit une loi binomiale donc prend des valeurs entières, ainsi $P(14{,}4 < X < 21{,}6)$.

$= P(15 \leqslant X \leqslant 21) = 0{,}599$ à 10^{-3} près.

92. 1. $E(X) = 200$ et $\sigma(X) = 10{,}95445$.

2. *Moivre-Laplace*, lorsque X suit une loi binomiale $\mathcal{B}(n\,;p)$, la loi de $\dfrac{X - E(X)}{\sigma(X)}$ est raisonnablement proche d'une loi normale dès que $n \geqslant 30$, $np \geqslant 5$ et $n(1-p) \geqslant 5$. Ici $n = 500$ et $p = 0{,}4$ donc ces conditions sont vérifiées.

3. $[-1{,}96\ ;\ 1{,}96]$ près à 10^{-2} près.

4. Le réel $a > 0$ vérifie par définition
$P(200 - a \leqslant X \leqslant 200 + a) = 0{,}95$.
Comme $E(X) = 200$, $200 - a \leqslant X \leqslant 200 + a$

$$\Leftrightarrow -\frac{a}{\sigma(X)} \leqslant \frac{X - E(X)}{\sigma(X)} \leqslant \frac{a}{\sigma(X)}.$$

Donc $P\left(-\dfrac{a}{\sigma(X)} \leqslant \dfrac{X - E(X)}{\sigma(X)} \leqslant \dfrac{a}{\sigma(X)}\right) = 0{,}95$.

Or d'après 2., $P\left(-\dfrac{a}{\sigma(X)} \leqslant \dfrac{X - E(X)}{\sigma(X)} \leqslant \dfrac{a}{\sigma(X)}\right)$

$$\approx P\left(-\frac{a}{\sigma(X)} \leqslant Z \leqslant \frac{a}{\sigma(X)}\right),$$

où Z désigne une variable aléatoire suivant la loi $\mathcal{N}(0\,;1)$.

Donc $P\left(-\dfrac{a}{\sigma(X)} \leqslant Z \leqslant \dfrac{a}{\sigma(X)}\right) = 0{,}95$. D'après 3.,

$\dfrac{a}{\sigma(X)} = 1{,}96$ et $a = 1{,}96 \times \sigma(X)$

$= 1{,}96 \times 10{,}95445 = 21{,}47$.

98. 1. Pour tout $\alpha \in \,]0\,;1[$, l'intervalle de fluctuations asymptotique au seuil $1 - \alpha$ de F est

$$\left[p - u_\alpha \frac{\sqrt{p(1-p)}}{\sqrt{n}}\ ;\ p + u_\alpha \frac{\sqrt{p(1-p)}}{\sqrt{n}}\right],$$

où u_α est l'unique réel positif tel que

$P(-u_\alpha \leqslant Z \leqslant u_\alpha) = 1 - \alpha$, où Z désigne une variable aléatoire suivant une loi $\mathcal{N}(0\,;1)$. Pour les trois valeurs de α telles que $1 - \alpha = 0{,}9$; 0,95 et 0,99, on obtient : $u_{0,1} = 1{,}64$, $u_{0,05} = 1{,}96$, $u_{0,01} = 2{,}58$.

2. Sous les conditions du théorème de Moivre-Laplace : $n \geqslant 30$, $np \geqslant 5$ et $n(1-p) \geqslant 5$.

99. 1. X suit la loi $\mathcal{B}(n\,;p)$ avec $n = 77$ et $p = 0{,}7$. $n \geqslant 30$, $np \geqslant 5$ et $n(1-p) \geqslant 5$; sont bien vérifiées.

2. L'intervalle de fluctuations asymptotique à 95 % de F correspond à l'intervalle ci-dessus (exercice **98.**) pour $\alpha = 0{,}05$, $p = 0{,}7$ et $n = 77$. Dans ce cas $u_{0,05} = 1{,}96$ et l'intervalle correspond à celui de l'énoncé.

3. Idem avec $\alpha = 0{,}01$: $u_{0,01} = 2{,}58$.

105. 1. Soit X le nombre de femmes dans cet échantillon. On a un schéma de Bernoulli où le « succès » correspond au fait d'être une femme ; il a lieu à chaque expérience avec la probabilité 0,514. Ainsi X suit la loi binomiale $\mathcal{B}(n\,;p)$ avec $n = 577$ et $p = 0{,}514$. La proportion de femmes dans l'échantillon est $F = \dfrac{X}{577}$. On utilise le corollaire 1 du théorème de Moivre-Laplace car $n \geqslant 30$, $np \geqslant 5$ et $n(1-p) \geqslant 5$: F fluctue à 95% dans l'intervalle

$$\left[0{,}514 - 1{,}96\frac{\sqrt{0{,}514\,(1 - 0{,}514)}}{\sqrt{577}}\ ;\ 0{,}514 + 1{,}96\frac{\sqrt{0{,}514\,(1 - 0{,}514)}}{\sqrt{577}}\right]$$

$= [0{,}473\ ;\ 0{,}555]$ à 10^{-3} près.

2. La proportion de femmes à l'Assemblée nationale vaut $\dfrac{107}{577} = 0{,}185$ à 10^{-3} près. Cette proportion est beaucoup plus petite que la borne inférieure de l'intervalle de fluctuations à 95 % : il y a une sous-représentation des femmes à l'Assemblée.

112. 1. $n = 267$ et p est inconnu. $n \geqslant 30$ est b vérifiée ; $np \geqslant 5 \Leftrightarrow p \geqslant \dfrac{5}{267}$ et

$n(1-p) \geqslant 5 \Leftrightarrow p \geqslant \dfrac{262}{267}$. Il faut

$p \in \left[\dfrac{5}{267}\ ;\ \dfrac{262}{267}\right] = [0{,}019\ ;\ 0{,}981]$ à 10^{-3} près.

2. $\left[F - \dfrac{1}{\sqrt{267}}\ ;\ F + \dfrac{1}{\sqrt{267}}\right] = [0{,}239\ ;\ 0{,}36$

à 10^{-3} près.

3. 2. indique $p \in [0{,}019\ ;\ 0{,}981]$ ce qui légiti d'après 1., l'utilisation de l'approximation.

113. 1. On est en présence d'un schéma de Bernoul où le « succès » correspond au fait que la personne tirée soit végétarienne. Ce succès a lieu avec la probabilité p, correspondant à la proportion de végétariens dans la population française, X suit don loi binomiale $\mathcal{B}(1300\,;p)$.

2. En notant $F = \dfrac{X}{1300}$, on en observe une réalisation $f = \dfrac{28}{1300} = 0{,}0215$ à 10^{-4} près, correspond à la proportion de végétariens dans l'échantillon.

3. On estime p par l'intervalle de confiance au niveau asymptotique 95 %

$\left[f - \dfrac{1}{\sqrt{1300}}\ ;\ f + \dfrac{1}{\sqrt{1300}}\right]$ si $n \geqslant 30$, $np \geqslant$ et $n(1-p) \geqslant 5$. On a $n = 1300$ donc ces conditions sont vérifiées si $p \in [0{,}0038\ ;\ 0{,}9962]$ à 10^{-4} près. On a sa doute $f = 0{,}0215$ qui est bien dans cet interva On peut donc utiliser l'approximation issue du théorème de Moivre-Laplace pour estimer p :

$$\left[0{,}0215 - \frac{1}{\sqrt{1300}}\ ;\ 0{,}0215 + \frac{1}{\sqrt{1300}}\right]$$

$= [-0{,}0062\ ;\ 0{,}0492]$ à 10^{-4} p

index

Achevé d'imprimer en Italie par G. Canale - Turin - Dépôt légal : Avril 2012 - Collection n° 68 - Edition 01 - 13/5587/4

Formulaire

Les complexes

- *On se place dans un plan muni d'un repère orthonormé $(O\,;\vec{u},\vec{v})$ et on considère que les points A, B, C, M ont pour affixe respective, a, b, c, z.*

Propriété géométrique	Traduction dans $\mathbb{C}$
$\begin{cases}\dfrac{MB}{MA}=k\\ (\overrightarrow{MA}\,;\,\overrightarrow{MB})=\theta[2\pi]\end{cases}$	$\left\lvert\dfrac{z-b}{z-a}\right\rvert=k$ et $\arg\left(\dfrac{z-b}{z-a}\right)=\theta[2\pi]$ C'est-à-dire : $\dfrac{z-b}{z-a}=ke^{i\theta}$
Les points *A*, *B* et *C* sont alignés	
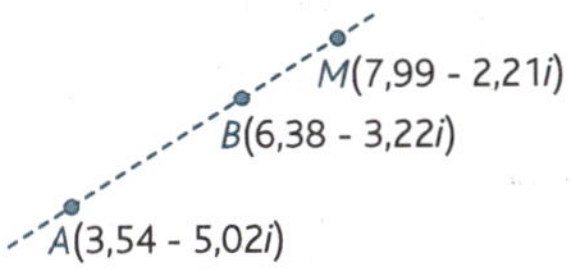	$\operatorname{Im}\left(\dfrac{z-b}{z-a}\right)=0$ ou $\dfrac{z-b}{z-a}\in\mathbb{R}$
Le quadrilatère *ABCM* est un parallélogramme	
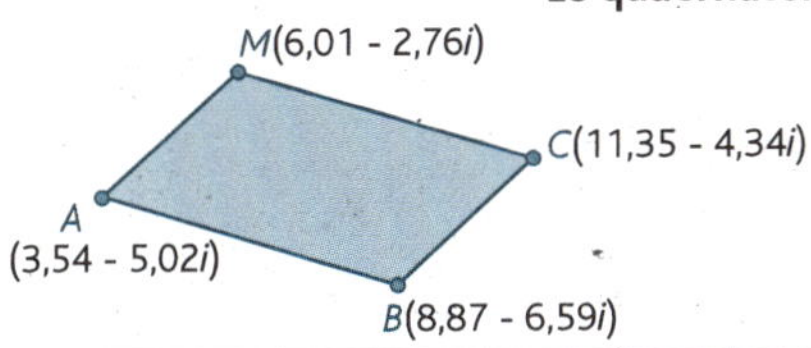	$z-c=a-b$ ou $z+b=a+c$ ou $z=a-b+c$
Le triangle *ABC* est rectangle en *A*	
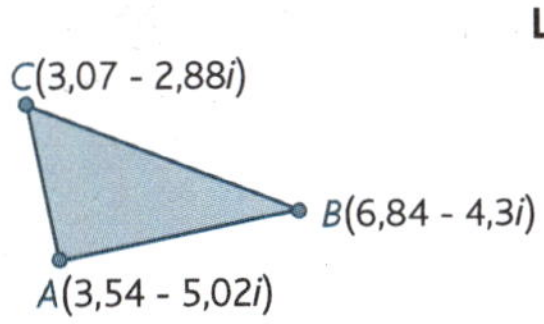	$\operatorname{Re}\left(\dfrac{c-a}{b-a}\right)=0$ ou $\overline{\dfrac{c-a}{b-a}}=\dfrac{c-a}{b-a}$
Le triangle *ABC* est rectangle-isocèle	
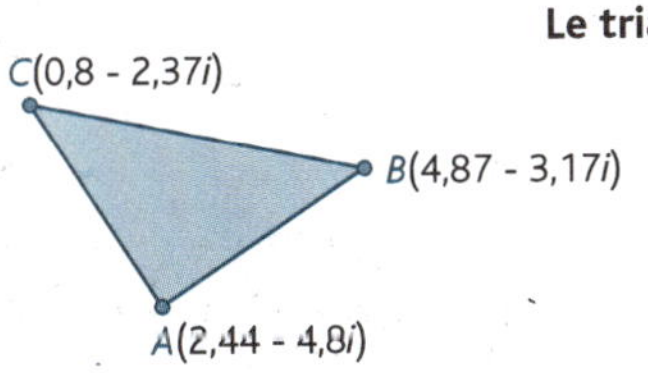	$\dfrac{c-a}{b-a}=\pm i$
Le triangle *ABC* est équilatéral	
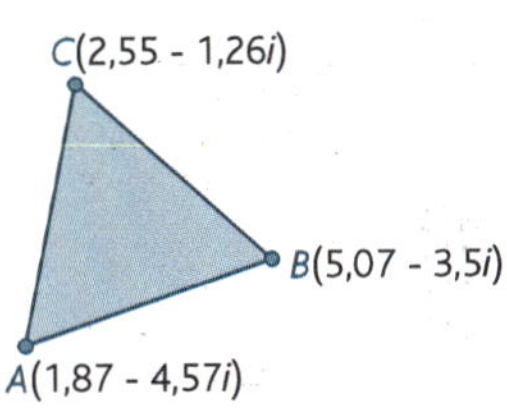	$\dfrac{c-a}{b-a}=\pm e^{i\frac{\pi}{3}}$

Trigonométrie

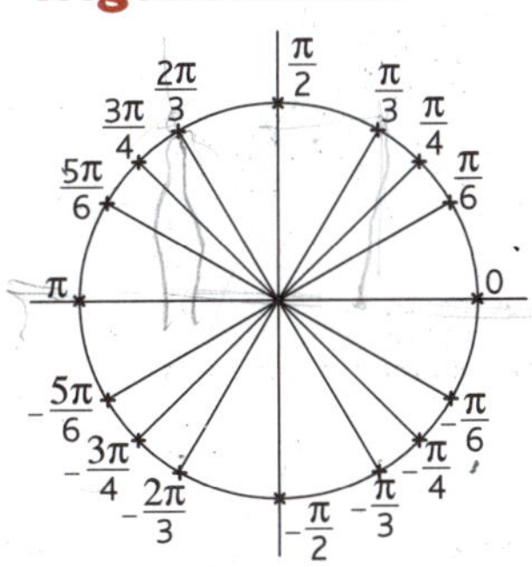

x	0	$\frac{\pi}{6}$	$\frac{\pi}{4}$	$\frac{\pi}{3}$	$\frac{\pi}{2}$
cosx	1	$\frac{\sqrt{3}}{2}$	$\frac{\sqrt{2}}{2}$	$\frac{1}{2}$	0
sinx	0	$\frac{1}{2}$	$\frac{\sqrt{2}}{2}$	$\frac{\sqrt{3}}{2}$	1

Formulaire

Géométrie dans l'espace

Vecteurs coplanaires :

Trois vecteurs $\vec{u}$, $\vec{v}$ et $\vec{w}$ sont des vecteurs coplanaires de l'espace s'il existe trois réels non tous nuls tels que $\alpha\vec{u} + \beta\vec{v} + \gamma\vec{w} = \vec{0}$.

Coordonnées et distance : Soit $A(x_A\,;y_A\,;z_A)$ et $B(x_B\,;y_B\,;z_B)$ dans le repère orthonormal $(O\,;\vec{i},\vec{j},\vec{k})$

- $\overrightarrow{AB}(x_B - x_A\,; y_B - y_A\,; z_B - z_A)$ et $AB = \sqrt{(x_B - x_A)^2 + (y_B - y_A)^2 + (z_B - z_A)^2}$
- Si I est le milieu du segment $[AB]$ alors $I\left(\dfrac{x_A + x_B}{2}\,;\dfrac{y_A + y_B}{2}\,;\dfrac{z_A + z_B}{2}\right)$.
- $\overrightarrow{OA} \cdot \overrightarrow{OB} = x_A x_B + y_A y_B + z_A z_B$
- $\vec{u}$ et $\vec{v}$ sont orthogonaux si, et seulement si, $\vec{u} \cdot \vec{v} = 0$.

Représentation paramétrique d'une droite de l'espace :

$$\begin{cases} x = x_A + at \\ y = y_A + bt \quad \text{avec } t \in \mathbb{R}. \\ z = z_A + ct \end{cases}$$

Cette droite passe par le point $A(x_A\,;y_A\,;z_A)$ et admet $\vec{u}(a\,;b\,;c)$ comme vecteur directeur et réciproquement.

Équation cartésienne d'un plan :

$ax + by + cz + d = 0$. Ce plan admet $\vec{n}\begin{pmatrix} a \\ b \\ c \end{pmatrix}$ comme vecteur normal et réciproquement.

Probabilités

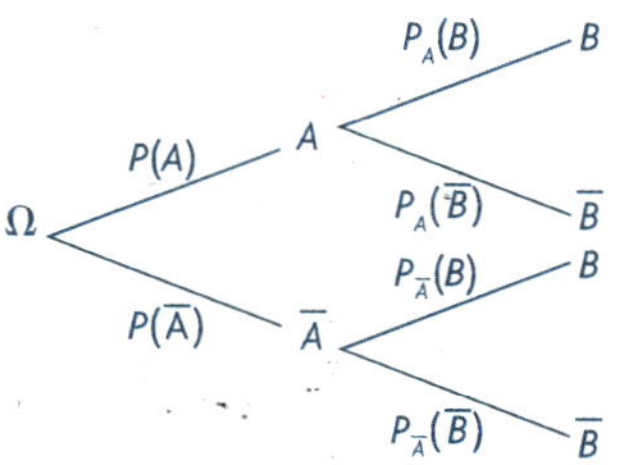

On considère deux événements A et B d'une expérience aléatoire.

Indépendance : A et B sont indépendants si, et seulement si, $P(A \cap B) = P(A) \times P(B)$.

Probabilité conditionnelle : lorsque $P(B) \neq 0$, on a $P_B(A) = \dfrac{P(A \cap B)}{P(B)}$.

Probabilités totales : si $P(B) \neq 0$, alors $P(A) = P(B) \times P_B(A) + P(\overline{B}) \times P_{\overline{B}}(A)$.

L'arbre de probabilité ci-contre résume les deux propriétés ci-dessus.

Lois continues

- f est une densité sur $[a\,;b]$ si f est continue et positive sur $[a\,;b]$ et $\int_a^b f(t)\,\mathrm{d}t = 1$
- Soit une variable aléatoire X suivant une loi de probabilité de densité f sur $[a\,;b]$ alors pour tous c et d de $[a\,;b]$ avec $c \leqslant d$: $P(c \leqslant X \leqslant d) = \int_c^d f(t)\,\mathrm{d}t$.

Loi normale

- Lorsqu'une variable aléatoire X suit la loi normale centrée réduite, l'unique réel $u_\alpha > 0$ vérifiant $P(-u_\alpha \leqslant X \leqslant u_\alpha) = 1 - \alpha$ vaut : 1,96 pour $\alpha = 5\,\%$ et 2,58 pour $\alpha = 1\,\%$.
- Lorsqu'une variable aléatoire X suit la loi normale $\mathcal{N}(\mu\,;\sigma^2)$, on a :
  $P(X \in [\mu - \sigma\,;\mu + \sigma]) = 0{,}68$;
  $P(X \in [\mu - 2\sigma\,;\mu + 2\sigma]) = 0{,}95$;
  $P(X \in [\mu - 3\sigma\,;\mu + 3\sigma]) = 0{,}99$.

Intervalle de fluctuations

Lorsqu'une variable aléatoire X suit la loi binomiale $\mathcal{B}(n\,;p)$, avec $n \geqslant 30$, $np \geqslant 5$ et $n(1-p) \geqslant 5$, alors $F = \dfrac{X}{n}$ fluctue à 95 % dans $\left[p - 1{,}96\dfrac{\sqrt{p(1-p)}}{\sqrt{n}}\,;p + 1{,}96\dfrac{\sqrt{p(1-p)}}{\sqrt{n}}\right]$.

Statistiques

Si on note $x_1, x_2, \ldots x_k$ les valeurs du caractère et $n_1, n_2, \ldots n_k$ les effectifs associés :

Moyenne notée $\overline{x}$	Variance notée V	Écart type noté σ
$\overline{x} = \dfrac{n_1x_1 + n_2x_2 + \ldots + n_kx_k}{n_1 + n_2 + \ldots + n_k}$	$V = \dfrac{n_1x_1^2 + n_2x_2^2 + \ldots + n_kx_k^2}{n_1 + n_2 + \ldots + n_k} - \overline{x}^2$	$\sigma = \sqrt{V}$

Estimation de la probabilité de succès p

Soit X le nombre de succès observé dans un schéma de Bernoulli de taille n, où la probabilité de succès p est inconnue. La variable aléatoire X suit donc la loi binomiale $\mathcal{B}(n\,;p)$. Alors p peut être estimé par :

- La fréquence de succès observée f de la variable aléatoire $F = \dfrac{X}{n}$;
- Un intervalle de confiance IC au niveau 95 %, $IC = \left[f - \dfrac{1}{\sqrt{n}}\,;f + \dfrac{1}{\sqrt{n}}\right]$, où f désigne la fréquence de succès observée sur un échantillon de taille n sous les conditions $n \geqslant 30$, $np \geqslant 5$ et $n(1-p) \geqslant 5$.